2026 최신개정

최신 출제기준 반영

건설재료시험기사

김현우 저

필기

PREFACE

건설재료시험기사 자격증 취득을 준비하시는 분들에게

이 책은 건설업에 근무하는 저자의 실무이론 및 25년간 현장에서 배우며 깨달은 건설실무 경험을 바탕으로 이제 막 건설에 입문하는 대학생과 현장 실무에 종사하시는 분들에게 건설재료시험기사 자격증 취득을 위하여 편집된(신간)도서입니다.

저자는 건설현장에서의 다양한 공종별 현장실무 경험을 바탕으로 토목관련 시방서 및 관련서적 등을 참조하여 본서 집필에 최선을 다하고자 하였습니다. 하지만 독자(수험자)의 입장에서 보기에 따라 본서 내용에 많은 부족한 점이 있을거라 생각됩니다.

부족한 부분은 추후 지속적으로 수정 보완 하도록 하겠습니다. 본서가 건설재료시험기사 자격 시험을 준비하시는 토목기술인 여러분께 도움이 되리라 확신합니다.

끝으로 이 책의 출판 기회를 마련해 주신 (주)올배움 이정훈대표님과 임직원 여러분, 그리고 이 책이 나올 수 있도록 최선을 다해 밤 늦게 책 원고 정리 및 교정 등에 많은 도움을 주신 올배움 출판사관계자 분들에게 다시 한번 감사의 말씀을 드리며 그리고 가족에게도 진심으로 고마움을 표하고자 합니다.

저 자 **김현우**

건설재료시험기사 필기
INFORMATION

01 개요
부실공사에 의한 막대한 인명 및 재산피해를 미연에 방지하기 위해서 건설현장의 기초 공사에 필요한 토질검사를 실시하고, 배합설계도의 강도와 일치하는 건설재료를 사용 하고 있는가를 검사하여 건물이나 시설의 안전을 확보할 수 있는 전문인력의 양성이 요구되어 자격 제도 제정.

02 시행기관 및 원서접수
한국산업인력공단(www.q-net.or.kr)

03 수행직무
공사현장의 흙을 채취하여 여러가지 항목에 걸쳐 검사를 실시한 후 토질이 예정된 공사에 적합한가, 혹은 적절하지 못하다면 어떤 방법으로 이 문제를 해결할 것인가를 조사하며, 교량, 항만, 도로, 건물 등 건설공사에 사용되는 자갈, 모래, 아스팔트, 콘크리트 등의 품질을 배합설계도대로 강도에 일치하게 하기 위하여 혼합비율을 결정하고 공시체를 제작하여 강도시험을 하고 견본자재를 검사하는 업무수행.

04 시험과목 및 검정방법

구분	시험과목	검정방법
필기시험	① 콘크리트공학 ② 건설시공 및 관리 ③ 건설재료 및 시험 ④ 토질 및 기초	객관식 4지 택일형, 과목당 20문항(과목당 30분)
실기시험	토질 및 건설재료 시험	복합형[필답형(2시간)+작업형(3시간 정도)]

05 합격기준
① 필기 : 100점을 만점으로 하여 과목당 40점 이상, 전 과목 평균 60점 이상
② 실기 : 100점을 만점으로 하여 60점 이상

INFORMATION

06 응시절차

1	필기원서접수	• Q-net를 통한 인터넷 원서접수 • 필기접수 기간 내 수험원서 인터넷 제출 • 사진(6개월 이내에 촬영한 3.5×4.5cm 칼라사진, 수수료 전자결제 • 수험표 본인 선택(선착순)
2	필기시험	수험표, 신분증, 필기구(흑색 싸인펜 등), 공학용계산기 지참
3	합격자 발표	• Q-net를 통한 합격확인(마이페이지 등) • 응시자격(기술사, 기능장, 산업기사, 서비스 분야 일부종목) • 제한종목은 합격예정자 발표일부터 8일 이내에(토, 공휴일 제외) • 응시자격서류를 제출하여 합격처리된 사람에 한하여 실기접수가 가능
4	실기원서 접수	• 실기접수기간 내 수험원서 인터넷(www.Q-net.or.kr)제출 • 사진(6개월 이내에 촬영한 반명함판 사진파일(JPG), 수수료(정액) • 시험일시, 장소, 본인 선택(선착순) 단, 기술사 면접시험은 시행 10일 전 공고
5	실기시험	수험표, 신분증, 필기구, 공학용 계산기, 수험자 지참준비물(작업형 시험한정) 지참
6	최종합격자 발표	Q-net를 통한 합격확인(마이페이지 등)
7	자격증 발급	• (인터넷) 인터넷 신청 후 우편 배송 • (방문수령) 여권규격사진 및 신분확인 서류

모두 바르게 빨리 **올배움** 한다.

이러닝교육기관 올배움이 특별한 이유!

01 SINCE 1997 국가기술자격증 이러닝교육기관 올배움

02 고객이 신뢰하는 브랜드대상 수상기관

03 합격생이 인정하는 최고의 명품강의

 www.kisa.co.kr　📞 1544-8509　💬 카톡 ID : kisa

건설재료시험기사 필기

[전국 한국산업인력공단 안내]

기관명	주소	연락처
서울지역본부	(02512)서울 동대문구 장안벚꽃로 279(휘경동 49-35)	02-2137-0590
서울서부지사	(03302)서울 은평구 진관3로 36(진관동 산100-23)	02-2024-1700
서울남부지사	(07225)서울시 영등포구 버드나루로 110(당산동)	02-876-8322
서울강남지사	(06193)서울시 강남구 테헤란로 412 알레르망타워 15층(대치동)	02-2161-9100
인천지사	(21634)인천시 남동구 남동서로 209(고잔동)	032-820-8600
경인지역본부	(16626)경기도 수원시 권선구 호매실로 46-68(탑동)	031-249-1201
경기동부지사	(13313)경기 성남시 수정구 성남대로 1214 광우빌딩(1~7층)	031-750-6200
경기서부지사	(14488) 경기도 부천시 길주로 463번길 69(춘의동)	032-719-0800
경기남부지사	(17561)경기 안성시 공도읍 공도로 51-23	031-615-9000
경기북부지사	(11801)경기도 의정부시 바대논길 21 해인프라자 3~5층(고산동)	031-850-9100
강원지사	(24408)강원특별자치도 춘천시 동내면 원창 고개길 135(학곡리)	033-248-8500
강원동부지사	(25440)강원특별자치도 강릉시 사천면 방동길 60(방동리)	033-650-5700
부산지역본부	(46519)부산시 북구 금곡대로 441번길 26(금곡동)	051-330-1910
부산남부지사	(48518)부산시 남구 신선로 454-18(용당동)	051-620-1910
경남지사	(51519)경남 창원시 성산구 두대로 239(중앙동)	055-212-7200
경남서부지사	(52733)경남 진주시 남강로 1689(초전동 260)	055-791-0700
울산지사	(44538)울산광역시 중구 종가로 347(교동)	052-220-3277
대구지역본부	(42704)대구시 달서구 성서공단로 213(갈산동)	053-580-2300
경북지사	(36616)경북 안동시 서후면 학가산 온천길 42(명리)	054-840-3000
경북동부지사	(37580)경북 포항시 북구 법원로 140번길 9(장성동)	054-230-3200
경북서부지사	(39371)경상북도 구미시 산호대로 253(구미첨단의료 기술타워 2층)	054-713-3000
광주지역본부	(61008)광주광역시 북구 첨단벤처로 82(대촌동)	062-970-1700
전북지사	(54852)전북특별자치도 전주시 덕진구 유상로 69(팔복동)	063-210-9200
전북서부지사	(54098)전북특별자치도 군산시 공단대로 197번지 풍산빌딩 2층(수송동)	063-731-5500
전남지사	(57948)전남 순천시 순광로 35-2(조례동)	061-720-8500
전남서부지사	(58604)전남 목포시 영산로 820(대양동)	061-288-3300
대전지역본부	(35000)대전광역시 중구 서문로 25번길 1(문화동)	042-580-9100
충북지사	(28456)충북 청주시 흥덕구 1순환로 394번길 81(신봉동)	043-279-9000
충북북부지사	(27480)충북 충주시 호암수청2로 14 (호암동) 충주농협 호암행복지점 3~4층	043-722-4300
충남지사	(31081)충남 천안시 서북구 상고1길 27(신당동)	041-620-7600
세종지사	(30128)세종특별자치시 한누리대로 296(나성동)	044-410-8000
제주지사	(63220)제주 제주시 복지로 19(도남동)	064-729-0701

건설재료시험기사 출제기준

직무분야	건설	중직무분야	토목	자격종목	건설재료시험기사	적용기간	2026.01.01.~2027.12.31.

○ 직무내용
　건설공사를 수행함에 있어서 품질을 확보하고 이를 향상시켜 합리적·경제적·내구적인 구조물을 만들어 냄으로써, 건설재료 품질에 대한 신뢰성을 확보하여 건설공사를 수행하는 직무이다.

필기검정방법	객관식	문제수	80	시험시간	2시간

필기과목명	문제수	주요항목
콘크리트공학	20	1. 콘크리트의 성질, 용도, 배합, 시험, 시공 및 품질관리에 관한 지식
건설시공및관리	20	1. 토공사 및 기초공사 2. 구조물 시공 3. 공사, 공정, 품질 및 계측관리
건설재료및시험	20	1. 건설재료의 종류, 성질, 용도 및 시험
토질및기초	20	1. 토질역학 2. 기초공학

건설재료시험기사 필기

건설재료시험기사 필기

PART 01 콘크리트 공학
- CHAPTER 01 콘크리트의 역학적 특성 ······ 2
- CHAPTER 02 굳지 않은 콘크리트 시험 ······ 15
- CHAPTER 03 굳은 콘크리트 시험 ······ 23
- CHAPTER 04 콘크리트 배합설계 ······ 31
- CHAPTER 05 콘크리트 품질관리 및 검사 ······ 45
- CHAPTER 06 콘크리트의 시공 ······ 53
- CHAPTER 07 특수 콘크리트 ······ 65
- CHAPTER 08 철근 콘크리트 구조 및 프리스트레스트 콘크리트 ······ 89
- CHAPTER 09 콘크리트 구조물 유지관리 ······ 98

PART 02 건설시공 및 관리
- CHAPTER 01 토공 ······ 106
- CHAPTER 02 기초 및 흙막이공 ······ 118
- CHAPTER 03 건설기계 ······ 139
- CHAPTER 04 옹벽 ······ 154
- CHAPTER 05 교량공 ······ 160
- CHAPTER 06 도로공 ······ 170
- CHAPTER 07 발파 및 터널공 ······ 186
- CHAPTER 08 댐(Dam) ······ 205
- CHAPTER 09 항만공 ······ 216
- CHAPTER 10 하천공 ······ 222
- CHAPTER 11 암거공 ······ 224
- CHAPTER 12 연약지반 ······ 230
- CHAPTER 13 건설공사 및 공정관리 ······ 240

PART 03 건설재료 및 시험
- CHAPTER 01 재료일반 ······ 254
- CHAPTER 02 목재 ······ 259
- CHAPTER 03 석재 ······ 265
- CHAPTER 04 골재 ······ 270
- CHAPTER 05 골재시험 ······ 276
- CHAPTER 06 시멘트 ······ 289
- CHAPTER 07 시멘트 시험 ······ 296
- CHAPTER 08 혼화재료 ······ 306
- CHAPTER 09 역청재료 ······ 318

CHAPTER 10 화약 및 폭약 ··· 329
CHAPTER 11 도료 및 토목섬유 ··· 336
CHAPTER 12 플라스틱 및 합성수지 ··· 340
CHAPTER 13 금속재료 ··· 342

PART 04 토질 및 기초

CHAPTER 01 흙의 구조 ·· 350
CHAPTER 02 흙의 기본적 성질 ··· 353
CHAPTER 03 흙의 분류 ·· 364
CHAPTER 04 흙의 다짐 ·· 369
CHAPTER 05 토질조사 및 시험 ··· 377
CHAPTER 06 흙의 투수성 ·· 394
CHAPTER 07 흙의 압밀 ·· 420
CHAPTER 08 흙의 전단강도 ··· 433
CHAPTER 09 토압 ·· 453
CHAPTER 10 사면안정 ·· 463
CHAPTER 11 지중응력 ·· 476
CHAPTER 12 직접기초(얕은기초) ·· 483
CHAPTER 13 깊은기초 ·· 495
CHAPTER 14 연약지반 ·· 509

PART 05 과년도 기출문제

2019년 1회 과년도 기출문제 ·· 518
　　　　2회 과년도 기출문제 ·· 534
　　　　4회 과년도 기출문제 ·· 551
2020년 1·2회 과년도 기출문제 ··· 569
　　　　3회 과년도 기출문제 ·· 587
　　　　4회 과년도 기출문제 ·· 605
2021년 1회 과년도 기출문제 ·· 623
　　　　2회 과년도 기출문제 ·· 642
　　　　4회 과년도 기출문제 ·· 660
2022년 1회 과년도 기출문제 ·· 677
　　　　2회 과년도 기출문제 ·· 695
　　　　CBT 모의고사 1회 ·· 713
　　　　CBT 모의고사 2회 ·· 730
　　　　CBT 모의고사 3회 ·· 748
　　　　CBT 모의고사 4회 ·· 767
　　　　CBT 모의고사 5회 ·· 787
　　　　CBT 모의고사 6회 ·· 805
　　　　CBT 모의고사 7회 ·· 822

PART 1

콘크리트 공학

PART 01 콘크리트 공학

1-1 콘크리트의 역학적 특성

1. 콘크리트 응력-변형률 관계
(1) 콘크리트에 일정한 하중을 지속적으로 응력의 변화가 없어도 시간이 경과하면서 변형이 지속되는데 이와 같이 응력-변형률 관계를 나타낸 것을 응력-변형률 곡선이라 한다.
(2) 콘크리트에 하중을 계속 가하면 응력의 변화가 없는 상태에서도 콘크리트의 변형이 재령과 함께 지속적으로 증가하는데 이것을 Creep라고 한다.

2. 강도 특성
(1) 정적강도 재료에 비교적 느린 속도로 하중을 가해서 파괴할 때 파괴시의 응력을 정적강도
(2) 충격강도
  ① 재료에 충격적인 하중이 작용할 때 이에 대한 저항성을 충격강도
  ② 말뚝의 항타, 충격하중을 받는 기계기초, 프리캐스트 부재 취급하중의 충격에 대한 기준으로 충격강도는 압축강도보다는 인장강도와 더 밀접한 관계가 있다.
(3) 피로강도
  ① 하중이 반복 작용할 때 재료는 정적강도보다 낮은 강도에서 파괴되는 현상을 피로파괴(fatigue failure)라 하며 이때 그 응력의 한계를 피로강도라 한다.
  ② S-N 곡선(응력-반복횟수)
    1) 기계재료에 되풀이해서 가해지는 응력(변형력)의 반복회수와 그 진폭과의 관계를 나타내는 곡선으로 콘크리트의 피로 성질을 나타냄
    2) 피로한계 이하에서는 반복횟수(N)가 증가해도 파괴가 안 일어난다.

3. 콘크리트의 크리프 현상
(1) 콘크리트의 크리프(Creep)현상 이란 콘크리트에 하중을 계속 가하면 응력의 변화가 없는 상태에서도 콘크리트의 변형이 재령과 함께 지속적으로 증가하는데 이것을 Creep라고 한다.
(2) Creep 변형은 잔골재량, 단위시멘트, 단위수량의 증가 및 시공관리(다짐 및 양생)가 제대로 이루어 지지 않은 경우 Creep현상은 커지며 또한 외부온도, 습도 등의 조건에 따라서도 Creep에 많은 영향을 주게되며, 지속응력의 크기가 정적강도의 80% 이상 될 때 파괴현상이 일어나게 되는데 이것을 Creep 파괴라 한다.

(3) 콘크리트의 크리프(Creep) 영향요인
  ① 재 료
    1) 보통 포틀랜드 시멘트는 저열시멘트보다 변형 증가
    2) 혼화재료 중 염화칼슘, 감수제 사용시 변형 증가
  ② 배 합
    1) 단위 시멘트량 및 단위수량 증가시 변형 증가
    2) 잔골재율 증가시 변형 증가
  ③ 다짐 및 양생
    1) 내부 진동 다짐기 다짐 불충분시 변형 증가
    2) 초기 및 후기 양생 관리 부실시 변형 증가
  ④ 기타 조건
    1) 온도 높고 습도 낮을 경우 변형 증가
    2) 부재의 크기가 작을수록 변형 증가
    3) 재하 및 재령일수 적을수록 변형 증가

(4) Creep의 특성
  ① Creep 변형은 거의 일정하게 진행
  ② 3개월 이내에 50%정도 진행되면 1년 정도 되면 거의 80% 변형 발생
  ③ 크리프 변형이 탄성변형보다 크다
  ④ 재료의 소성에 기인
  ⑤ 고강도 콘크리트 일수록 크리프가 작다
  ⑥ 조강시멘트를 사용한 콘크리트는 보통 콘크리트 보다 초기 강도발현이 좋아 역학적 성질이 우수하므로 크리프가 작다

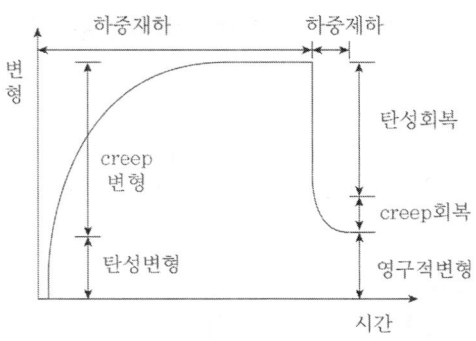

■□ 콘크리트의 Creep 현상

(5) Creep 계수
① 크리프계수$(\phi) = \dfrac{\text{크리프 탄성률}(\varepsilon_c)}{\text{탄성 변형률}(\varepsilon_e)}$

② 크리프 변형률 = 크리프계수 × 탄성변형률

③ 탄성변형률$(\varepsilon_c) = \dfrac{\text{콘크리트 응력}(\sigma)}{\text{콘크리트 탄성계수}(E_c)}$

④ 최종변형량 = 탄성변형량 + 크리프변형량

4. 콘크리트 건조수축

(1) 건조수축
① 경화한 콘크리트는 수분의 변화 및 온도의 변화에 따라서 체적이 변화하게 되는데 이처럼 건조하면서 수축하는 현상을 건조수축 이라고 한다.
② 건조수축은 표면에서는 인장응력이 발생되고 내부에서는 압축응력이 발생된다.

(2) 건조수축에 영향을 미치는 요인
① 재 료
  1) 분말도가 큰 시멘트 일수록 건조수축이 커진다.
  2) 흡수량이 많은 골재 일수록 건조수축이 커진다.
  3) 시멘트 성분 중 함량이 높을수록 건조수축이 커진다.
② 배 합
  1) 단위 시멘트량 및 단위수량 증가 시 건조수축 커진다.
  2) 잔골재율 증가 시 건조수축 커진다.
③ 다짐 및 양생
  1) 내부 진동 다짐기 다짐 불충분시 건조수축 커진다.
  2) 초기 및 후기 습윤양생 관리가 제대로 안되면 건조수축 커진다.
④ 기타 조건
  1) 온도가 높을수록, 습도가 낮을수록 건조수축 커진다.
  2) 단면치수가 작을수록 건조수축이 커진다.
  3) 증기양생을 한 콘크리트가 습윤양생 콘크리트 보다 건조수축 작다.

5. 굳지않은 콘크리트의 성질

(1) 굳지 않은 콘크리트의 성질을 나타내는 용어
① 점 성 : 유동성에 저항하는 정도를 나타내는 성질(Viscosity)
② 유동성 : 콘크리트의 변형능력을 나타내는 성질(Consistency)
③ 마감성 : 마무리하기 쉬운 정도를 나타내는 성질(Finishability)
④ 다짐성 : 다짐의 용이한 정도를 나타내는 성질(Compactability)
⑤ 압송성 : 콘크리트 펌프카의 압송 성능을 말하는 콘크리트의 성질(Pumpability)

⑥ 시공성 : 콘크리트의 유동에 따른 시공의 난이정도를 나타내는 성질(Workability)
⑦ 성형성 : 변형 속도와 저항력에 의해 결정되는 점성의 정도(Plasticity)
⑧ 반죽질기 : 콘크리트의 반죽의 찰진 정도를 나타내는 성질

(2) 워커빌리티 측정방법
① 슬럼프 시험
 콘크리트 반죽질기를 간단히 측정하는 방법으로 콘크리트 자체 무게에 의하여 변형이 발생 되려는 힘과 그 변형에 저항하는 힘이 비길 때 그 변형량을 측정
② 구관입 시험(켈리볼 시험)
 켈리볼 시험이라고 하며, 질량이 14kg 정도의 강철로 만든 반구(半球)를 콘크리트 표면에 놓았을 때 반구가 콘크리트 속으로 들어간 관입깊이를 측정으로 포장콘크리트와 같은 평면으로 타설된 비교적 된 비빔 콘크리트 시험방법
③ 다짐계수시험
 이 시험기는 상부 호퍼에 시료를 다져넣고 신속하게 하부 호퍼로 시료를 낙하시킨 다음 다시 아래 실린더 몰드에 시료를 낙하시킨 후 몰드 윗면을 고르게 한 다음 무게 측정비를 계수치로 나타내는 시험기
④ 흐름시험(Flow Test)
 1) 중력에 의한 콘크리트 퍼짐 정도로 콘크리트 재료 분리 저항성 및 유동성을 측정하는 시험
 2) 콘크리트 중에 굵은 골재 최대 치수가 40mm 이하인 고유동 콘크리트, 수중 불분리성 콘크리트 및 고강도 콘크리트의 워커빌러티를 측정하는데 사용
 3) 흐름값 = $\dfrac{\text{시험 후의 지름} - \text{콘의 밑지름}(254mm)}{\text{콘의 밑지름}(254mm)} \times 100$
⑤ 리몰딩 시험
 리몰딩 시험은 플로우 시험과 동일한 플로우 테이블을 사용하여 원통형의 용기에 시료를 놓고 기계를 자유낙하 시켜서 시료가 퍼지는 정도로 유동성을 측정하는 시험
⑥ VB 시험(Vee - Bee)
 1) 리몰딩 시험에서 발전시킨 것으로 리몰딩 장치 내의 링을 생략하고 낙하 대신에 진동으로 다짐을 실시하여 워커빌리티를 측정하는 시험
 2) 단위수량이 매우 적은 포장용 콘크리트의 컨시스턴시를 측정하거나, 슬럼프가 25~50mm이하의 된비빔 콘크리트의 워커빌러티를 측정하는 데 주로 사용.

(3) 워커빌리티에 영향을 주는 요소
① 단위 Cement량
 1) 단위 시멘트량이 많을수록 워커빌러티는 좋다.
 2) 신선한 시멘트는 워커빌러티가 좋다.
 3) 분말도가 높은 시멘트일수록 워커빌러티가 좋다

② W/C비단위수량이 많을수록 재료분리 가능성이 커지고 워커빌러티가 불량하다.
③ 골재입도
    1) 골재중 세립분(0.3mm이하)은 콘크리트 점성이 좋아지게 하여 워커빌러티가 좋다.
    2) 강자갈을 사용하는 경우 부순자갈 보다 워커빌러티가 좋다.
④ 혼화재료
    1) 고로슬래그 미분말, 플라이애쉬 등을 사용하면 워커빌러티가 좋다.
    2) AE제 또는 AE감수제 등의 혼화제를 사용하면 워커빌러티가 좋다.
⑤ 시간과 온도
    1) 콘크리트 온도가 높을수록 워커빌러티는 감소한다.
    2) 시간이 경과하면서 워커빌러티는 감소한다.

6. 굳지않은 콘크리트 균열

(1) 소성수축 균열 (Plastic Shrinkage Crack)
  ① 원 인
    1) 타설 후 표면건조로 인한 수축 현상으로 내부에 인장력 발생함. 이 인장력이 Con'c 인장응력 보다 크면 발생함.
    2) 블리딩량이 수분 증발량 보다 적을 때
  ② 대 책
    1) 타설 초기 수분손실 방지
    2) 비닐 또는 피막양생 실시

(2) 침하균열 (Settlement Crack)
  ① 원 인
    1) 피복 부족 및 불충분한 다짐에 의한 공극발생
    2) 주로 교량 및 Box 구조물 상면에 타설 후 2~3시간 내 철근 방향으로 발생
  ② 대 책
    1) 거푸집 정확 배치
    2) 충분한 다짐 및 Tamping
    3) Slab, 보, 기둥 타설시 충분한 시간적 간격 유지
    4) Slump 낮게
    5) Concrete 피복두께 증가

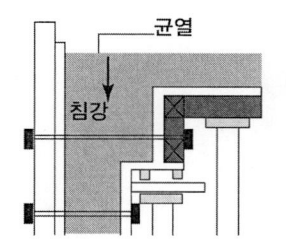
■□ 동바리 변형(침하)에 따른 균열

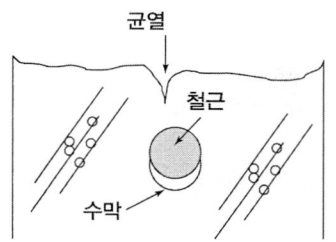
■□ 콘크리트 침하에 따른 균열

7. 굳은(경화후) 콘크리트의 균열

(1) 건조수축 균열

① 원 인
1) 시멘트 페이스트의 판형 사이에 잉여수(겔수+유리수)와 공극이 존재하며 잉여수가 공극 속으로 후퇴하면서 표면장력이 크게 되고 이 과정에서 시멘트 페이스트를 내부공극으로 잡아당겨 "수축"이 발생하면서 건조수축균열 발생
2) 구속정도에 따라 구속응력, 인장응력 발생시 Con'c 인장응력보다 클 때

② 대 책
1) 분말도 낮은 시멘트 사용
2) 수축 Joint 적절배치
3) 굵은골재량 증가
4) 단위수량, 단위시멘트량 감소 (W/C 감소)
5) 습윤양생 철저

③ 건조수축의 크기순서 콘크리트의 건조수축은 시멘트 Paste량에 영향 받음.
시멘트 Paste > 몰탈 > 콘크리트

(2) 화학적 반응에 의한 균열

① 원 인
1) 알카리 골재 반응
2) 알카리 탄산화(중성화) 반응
3) 황산염에 의한 팽창

② 대 책
1) 무반응 골재 사용
2) 저알카리 시멘트 사용 (0.6% 이하)
3) 굵은골재 최대치수 감소유지
4) 내황산염 시멘트 사용
5) Pozzlan 사용

(3) 기상작용에 대한 균열
  ① 원 인
    중성화, 동결융해, 건습, 열의 상승과 냉각
  ② 대 책
    1) W/C비 낮춤으로서 공극비 감소
    2) 피복두께 증가
    3) 부재단면 증가
    4) AE제 사용
    5) 내구성 강한 골재 사용
    6) 동결 전 노출부 보호
    7) 양생 후 구조물 건

(4) 온도응력 균열
  ① 원 인
    1) 시멘트 수화 작용 후 냉각시 인장 균열
    2) 대기온도 변화 → 급냉시 인장응력 발생
    3) 상기 인장응력이 콘크리트 인장응력보다 클 때 발생
    4) 단위 시멘트량 과다시
  ② 대 책
    1) 구속도를 적게
    2) 팽창성 혼화재료 사용
    3) 단위 시멘트량 적게
    4) 중용열 Portland Cement 사용
    5) 1 Lift 타설 높이를 적게 시공 (1.5m 이내)
    6) Pre cooling 및 pipe cooling 사용

(5) 철근부식에 의한 균열
  ① 원 인
    1) 중성화
    2) 염해
    3) 철근 부식으로 부피팽창 → 철근 방향으로 균열 발생
  ② 대 책
    1) 흡수성 낮은 골재 사용
    2) 콘크리트 피복두께 증가
    3) 철근의 코팅, 방청
    4) 전해질 경우 건조상태 유지
    5) CO_2, SO_2 침투 방지

6) 해사 사용주의 - 염분량 0.04% 이하

(6) 시공성 불량 균열
   ① 원 인
      1) 현장가수
      2) 다짐, 양생 부족
      3) 거푸집 부식, 동바리 부실 및 조기 제거
      4) 시공 Joint 부적당
   ② 대 책
      철저한 시공관리

(7) 설계 부실에 따른 균열
   ① 원 인
      1) 철근 오류 배치
      2) 수축 Joint 부족
      3) 기초의 설계 오류
   ② 대 책
      1) 구조 계산서, 시방서 검토 철저
      2) 설계도면 및 배합관리 철저]

(8) 외부하중, 시공 중 초과하중에 의한 균열
   ① 원 인
      1) 외부하중의 반복
      2) Precast 부재 운반 중 운반고리 위치 부적당
      3) 설치, 운반 중 급작 멈춤
      4) 설계구조와 시공 시 구조가 다름
      5) P.C 응력의 방출
      6) 온도변화가 규정 이상 시 열충격
      7) 재료의 과적 및 양생 전 장비가동 재하
   ② 대 책
      1) 시공 시 구조물에 걸리는 하중 고려
      2) 건설하중 제한 명기
      3) 강도 발현 후 장비가동
      4) 양생 전 충격, 진동 방지

8. 굳은 콘크리트의 내구성

(1) 콘크리트의 내구성이란 성능의 변화요인 및 외력에 대한 저항성을 말하며
(2) 내구성을 저하시키는 현상으로는 중성화, 철근부식, 균열 등이 있으며, 이러한 원인으로는 내적요인과, 외적요인에 기인함
(3) 구조물의 성능이 저하가 예상 될 경우에는 기능회복을 위해 보수를 실시하고, 기능 증진과 미관을 개선시키기 위해서 보강을 실시한다.
(4) 내구성 저하 발생원인 및 대책
  ① 동결융해 작용
    1) 평균기온이 4℃ 이하에서는 콘크리트 응결, 경화가 지연되면서 강도증진이 느려지며 초기 동해가 발생되면 콘크리트 강도, 내구성, 수밀성 저하 가져와 콘크리트 수명을 단축하는 결과 발생됨
    2) 발생원인
      · 재 료 : 풍화된 시멘트 사용, 골재의 동결, 빙설의 혼입
      · 운 반 : 콘크리트 운반도중 보온조치 미흡으로 온도 급격히 하강
      · 시 공 : 콘크리트 타설시 콘크리트 온도 보온 대책 미비
    3) 대 책
      가. 조강 시멘트
      나. 물은 청정수 사용하며 가열장치를 이용해서 가열
      다. 골재 가열해서 (60℃ 내외) 사용
      라. 혼화재료 : AE제, AE감수제 사용
      마. 타설 후 동결되지 않게 보호하고 바람 막을 것
  ② 알카리 골재 반응
    1) 반응성 골재가 시멘트의 알카리 성분과 반응하여 불용성 화합물을 생성하면서 골재가 팽창되면서 콘크리트 표면에 균열 발생
    2) 발생원인
      가. 반응성골재(실리카성분) + 시멘트 알카리 성분
      나. 반응성골재 이상팽창 발생으로 콘크리트 표면 균열발생
    3) 대 책
      가. 반응성 골재, 물, 시멘트 중 한 가지 없앤다.
      나. 무반응 골재 사용
      다. 저알카리 시멘트 사용 (0.6% 이하)
      라. Con'c에 알카리량 적게 : $3kg/cm^3$ 이하
      마. 고로 Slag나 Fly-ash 시멘트 사용
  ③ 중성화 현상
    1) 발생원인
      콘크리트가 강도 발현시 수화반응에 의해 생성된 수산화칼슘은 pH 12.~13.0 정도의 강알카리성이나 대기중의 탄산가스와 접촉시 반응하여 탄산화 되는 현상으로

탄산칼슘은 pH = 8.5~10 정도로서 탄산화가 콘크리트 내부로 진행되어 철근을 보호하는 부동태막을 파괴되면서 철근의 부식을 유발

2) 화학반응식
   가. $CaO + H_2O \rightarrow Ca(OH)_2$: 수화반응
   나. $Ca(OH)_2 + CO_2 \rightarrow CaCO_3 + H_2O$: 중성화

3) 대 책
   가. W/C비 적게 사용해서 콘크리트 조직을 치밀하게 만들것
   나. AE감수제 사용
   다. 흡수율 적고, 단단한 골재 사용
   라. 내부 진동기 사용시 충분한 다짐 및 양생관리 철저
   마. 콘크리트 표면 보강 처리(타일, 도장처리)

④ 해수와 염분의 피해
   1) 염분 피해 발생원인
      콘크리트 속에 염분이 일정량 이상 되면 Cl^- 작용에 의해 콘크리트 내의 부동태 막이 파괴되어 철근이 부식되기 쉬운 상태가 되어 구조물 열화현상 촉진하면서 콘크리트에 균열발생

   2) 부식 방지 대책
      가. 중용열 시멘트(장기강도 크고 염해저항성 큼)
      나. 해사 염분제거 방법
         · 준설선에서 세척
         · 야적에 의한 자연강우에 의한 세척
         · Sprinkler를 사용한 세척
         · 제염 PLANT에서의 기계 세척
         · 제염제 사용
      다. 혼화재료 : AE제 사용하여 강도, 내구성, 수밀성 증대
      라. 아연도금 철근 및 Epoxy coating 철근 사용
      마. W/C를 가급적 적게하여 강도, 내구성, 수밀성 확보
      바. 내부진동기 다짐시공 철저히
      사. 도막방수 공법 적용
      아. 콘크리트 표면 Coating 시공
      자. 피복두께를 증가시켜서 철근보호조치

⑤ 황산염에 의해 피해
   1) 발생원인
      황산염(SO_4)은 해수 중에 존재하며 시멘트 수화물과 화학적 반응에 의하여 팽창 화합물 석고를 생성하며 석고($CaSO_4$)는 시멘트 중의 칼슘알루미나(C_3A)와 접촉하여 에트링가이트라고 하는 침상의 불용성 물질을 생성하게 되는데 이물질이 콘크리트의 팽창을 더욱 촉진시켜 콘크리트의 균열을 촉진

2) 반응식

$NaSO_4(MgSO_4) + Ca(OH)_4 \rightarrow CaSO_4 + C_3A \rightarrow$ 에트링가이트 생성

가. 재료
- Cl 이온이 없는 음용수 기준의 물
- 내황산 시멘트
- 양입도의 불순물이 없는 골재사용
- 바다모래 사용시 제염
- 혼화제 : AE 감수제, 고성능 AE 감수제, 유동화제
- 혼화재 : Fly Ash, 고로 Slag, Silica Fume
- 철근 : Epoxy coated rebar, 방청철근

나. 배합

강도, 내구성, 수밀성, 워커빌리티 확보 범위 내에서 단위수량 최소화되며, 공극은 작게, 건조 수축량 작게, 건조수축 균열방지

다. 시공관리
- HWL +60cm ~ LWL -60cm 사이에는 줄눈생성 절대금지
- 기타 부위에 부득이 설치시는 이음면 Chipping → 청소 → 지수판 설치 후 밀실한 다짐실시
- 연속치기, Cold Joint 방지, 치기순서 및 속도 준수
- 초기양생관리(삼각지붕+피막양생)철저

⑥ 화재에 의한 피해

1) 발생원인

주로 고강도 콘크리트에서 화재시 내부 수증기압의 팽창으로 폭렬현상 발생

2) 대책

가. 화재시 콘크리트 내부 공극유도

내부에 폴리에틸렌 같은 화재에 섬유가 녹아서 콘크리트 내부에 팽창압을 수용할 수 있는 공극 형성

나. 내화 피복 시공

1-1 주요핵심문제
콘크리트의 역학적 특성

01 다음 중 콘크리트의 작업성(workability)을 증진시키기 위한 방법으로서 적당하지 않은 것은?

[08 · 14 기사]

① 일정한 슬럼프의 범위에서 시멘트 량을 줄인다.
② 일반적으로 콘크리트 반죽의 온도상승을 막아야 한다.
③ 입도나 입형이 좋은 골재를 사용한다.
④ 혼화재료로서 AE재나 분산제를 사용한다.

해설

일정한 슬럼프의 범위에서 시멘트량을 줄이면 단위수량도 감소되어 작업성이 감소된다.

02 굳지 않은 콘크리트의 성질에 대한 설명으로 틀린 것은? [07.09 · 13.18 기사]

① 단위 시멘트량이 큰 콘크리트일수록 성형성이 좋다.
② 온도가 높을수록 슬럼프는 감소한다.
③ 둥근 입형의 잔골재를 사용한 콘크리트는 모가 진 부순 모래를 사용한 것에 비해 워커빌리티가 나쁘다.
④ 일반적으로 플라이 애시를 사용한 콘크리트는 워커빌리티가 개선된다.

해설

둥근 입형의 잔골재를 사용한 경우 모가 진 부순 모래를 사용하는 것에 비하여 워커빌리티가 개선된다.

03 콘크리트의 재료분리 현상을 줄이기 위한 사항이 아닌 것은? [05 · 08 · 11.17 기사]

① 잔골재 율을 증가시킨다.
② 물 · 시멘트비를 작게 한다.
③ 굵은 골재를 많이 사용한다.
④ 포졸란을 적당량 혼합한다.

해설

일반적으로 굵은골재를 많이 사용하면 콘크리트강도, 내구성, 수밀성 측면에서 유리해지나 잔골재율이 줄어들어 단위수량의 부족으로 작업성이 떨어지며, 배합설계 이상으로 지나치게 많은 굵은골재의 사용은 콘크리트 작업성 감소로 재료분리가 발생하기 쉽다.

04 굳지 않은 콘크리트에서 재료분리가 일어나는 원인으로 볼 수 없는 것은?

[04 · 11 기사]

① 입자가 거친 잔골재를 사용한 경우
② 단위골재량이 너무 적은 경우
③ 단위수량이 너무 많은 경우
④ 굵은 골재의 최대치수가 지나치게 큰 경우

해설

1) 단위골재량이 너무 많은 경우 재료분리가 발생할 가능성이 크다.
2) 단위수량이 너무 많은 경우
3) 굵은골재 최대치수가 지나치게 큰 경우

정답 01 ① 02 ③ 03 ③ 04 ②

05 콘크리트의 크리프에 대한 설명으로 옳지 않은 것은? [00.05.06.09.12.13.14.15 기사]
① 온도가 높을수록 크리프는 증가한다.
② 부재치수가 작을수록 크리프는 증가한다.
③ 시멘트량이 많을수록 크리프는 감소한다.
④ 조강 시멘트를 사용한 콘크리트는 보통시멘트를 사용한 경우보다 크리프가 작다.

▶ 해설
단위시멘트량이 많을수록, 물-시멘트비가 클수록 크리프는 증가하며, 조강시멘트를 사용하는 경우 보통시멘트 보다 크리프가 작게 발생한다.

06 다음중 콘크리트의 탄성계수에 대한 설명으로 잘못된 것은? [04.08.14.15.18 기사]
① 콘크리트 탄성계수는 일반적으로 응력-변형도 곡선의 1/3~1/4 점에 있는 할선계수를 이용한다.
② 같은 종류의 콘크리트에서는 압축강도가 클수록 탄성계수가 크게 나타난다.
③ 같은 강도의 콘크리트에서는 보통콘크리트보다 경량콘크리트 쪽이 탄성계수가 작다.
④ 콘크리트의 탄성계수가 큰 것일수록 같은 응력을 가할 때 변형량이 크다는 것을 의미한다.

▶ 해설
콘크리트의 탄성계수가 클수록 변형량은 작아진다.

07 콘크리트의 건조 수축량에 관한 다음 설명 중 옳은 것은? [01.13.14 기사]
① 단위 굵은 골재량이 많을수록 건조수축량은 크다
② 습도가 낮을수록 온도가 높을수록 건조수축량은 작다.
③ 분말도가 큰 시멘트 일수록 건조수축량은 크다.
④ 물-시멘트비가 동일한 경우 단위 수량의 차이에 따라 건조수축량이 달라지지는 않는다.

▶ 해설
분말도가 클수록 단위수량, 단위시멘트량증가로 건조수축량이 증가된다.

정답 05 ③ 06 ④ 07 ③

1-2 굳지 않은 콘크리트 시험

1. 워커빌리티의 시험

(1) 슬럼프 시험

① 콘크리트 반죽질기를 간단히 측정하는 방법으로 콘크리트 자체 무게에 의하여 변형이 발생 되려는 힘과 그 변형에 저항하는 힘이 비길 때 그 변형량을 측정

② 시험기 예시도

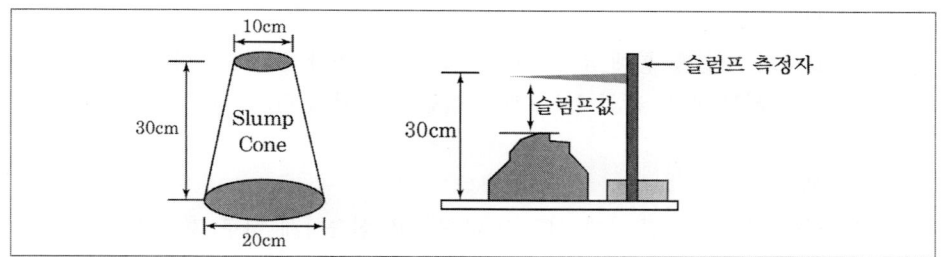

③ 시험기구

1) 슬럼프 콘 : 밑면의 안지름 200mm, 윗면의 안지름 100mm, 높이 300mm, 두께 1.5mm인 금속제
2) 다짐대 : 지름 16mm, 길이 500~600mm인 원형 강봉
3) 슬럼프 측정자, 수밀한 평판
4) 흙손, 작은 삽

④ 시험방법

1) 비비기가 끝난 콘크리트에서 시료를 채취한다.
2) 시료를 슬럼프 콘 부피의 약 1/3 되게 넣고 3층으로 나눠서 각층마다 다짐대로 각 25회 다진다.
3) 윗면 마무리 후 슬럼프 콘 제거
4) 콘크리트가 내려앉은 길이를 콘크리트의 중앙부에서 5mm 단위로 측정한다.

⑤ 슬럼프 시험 일반사항

1) 콘크리트가 내려앉은 길이를 슬럼프 값(mm)으로 한다.
2) 슬럼프 시험은 두 번 이상 시험하여 평균값을 취한다.
3) 슬럼프 콘에 시료를 채우고 벗길 때까지 전 작업시간은 3분 이내로 한다.
4) 슬럼프 콘을 들어 올리는 시간은 높이 30cm에서 3.5±1.5초로 한다.(전 작업시간 3분 이내에 포함)
5) 슬럼프 모양이 불균형된 경우 같은 재료로 재시험을 해서는 안 되며, 다른 재료로 재시험을 실시한다.
6) 슬럼프는 공시체가 충분히 주저 앉은 다음에 측정한다.
7) 일반적으로 부배합 콘크리트가 빈배합 콘크리트 보다 워커빌러티가 좋다.

⑥ 슬럼프 기준 미달 시 대책(불량 레미콘 처리)
  1) 불량 레미콘은 반입 차량에 대한 차량번호 확인 및 기록 후 반출 사진 보관
  2) 불량 레미콘 반입, 반출 기록조치
  3) 레미콘 반출 후 회수처리 시설 이용한 불량 레미콘 관리 사항 확인

(2) 구관입 시험 (켈리볼 시험)
  ① 켈리볼 시험이라고 하며, 질량이 14kg 정도의 강철로 만든 반구(半球)를 콘크리트 표면에 놓았을 때 반구가 콘크리트 속으로 들어간 관입깊이를 측정
  ② 시험방법
    1) 3회 시험을 통해 최대값과 최소값의 차이가 2.5cm 이상일 때 다시 측정
    2) 켈리볼 관입 값의 1.5~2배가 슬럼프 값이 된다.

(3) 다짐계수시험
  이 시험기는 상부 호퍼에 시료를 다져넣고 신속하게 하부 호퍼로 시료를 낙하시킨 다음 다시 아래 실린더 몰드에 시료를 낙하시킨 후 몰드 윗면을 고르게 한 다음 무게 측정비를 계수치로 나타내는 시험기.

(4) 흐름시험(Flow Test)
  ① 중력에 의한 콘크리트 퍼짐 정도로 콘크리트 재료 분리 저항성 및 유동성을 측정하는 시험
  ② 콘크리트 중에 굵은 골재 최대 치수가 40mm 이하인 고유동 콘크리트, 수중 불분리성 콘크리트 및 고강도 콘크리트의 워커빌러티를 측정하는데 사용
  ③ 대형 흐름판 위에 콘을 놓고 콘크리트를 각 층당 25회 다짐으로 2층 다짐을 하고 몰드를 제거한 후 흐름판을 10초 동안 15회 상하운동 시킨다.
  ④ 흐름값 = $\dfrac{\text{시험 후의 지름} - \text{콘의 밑지름}(254mm)}{\text{콘의 밑지름}(254mm)} \times 100$

(5) 리몰딩 시험
  ① 리몰딩 시험은 플로우 시험과 동일한 플로우 테이블을 사용하여 원통형의 용기에 시료를 놓고 기계를 자유낙하 시켜서 시료가 퍼지는 정도로 유동성을 측정하는 시험
  ② 슬럼프 콘에 콘크리트를 재운 후, 콘을 제거하고 콘크리트 상부에 중량 1.9kg의 가압판을 재하한 다음 플로우 테이블을 6mm 높이로 1초당 1회로 낙하시켜 콘크리트 형태의 변형에 필요한 일량을 낙하횟수로 나타낸다.

(6) VB 시험(Vee Bee)
  ① 리몰딩 시험에서 발전시킨 것으로 리몰딩 장치 내의 링을 생략하고 낙하 대신에 진동으로 다짐을 실시하여 워커빌리티를 측정하는 시험

② 단위수량이 매우 적은 포장용 콘크리트의 컨시스턴시를 측정하거나, 슬럼프가 25~50mm이하의 된비빔 콘크리트의 워커빌리티를 측정하는데 주로 사용.

2. 콘크리트의 공기량 시험(KS F 2421)

(1) 콘크리트 공기량 측정법 종류
① 공기실 압력법
② 질량법
③ 용적법(부피법)

(2) 공기실 압력법
① 워싱턴형 공기량 측정기를 사용하며, 공기실에 일정한 압력을 콘크리트에 주었을 때 공기량으로 인하여 내부 압력이 감소되는 것으로부터 공기량 구하는 방법
② 시험기구
  1) 공기량 측정기 (워싱턴형)
  2) 다짐대 (지름 16mm, 길이 600mm 원형 강봉)
  3) 고무망치, 작은 삽
③ 겉보기 공기량 시험 방법
  1) 시료를 용기에 3층으로 나누어 넣고 각 층을 다짐대로 25번씩 다진다.
  2) 용기의 옆면을 고무망치로 가볍게 10~15회 두들겨 내부빈틈을 없앤다.
  3) 용기 윗부분의 콘크리트를 뚜껑을 얹어 공기가 생기지 않게 잠근다.
  4) 공기실의 주밸브를 잠그고 주수구와 배수구 밸브를 열어 놓고 주수구 밸브에 물을 넣어 배기구로 기포가 나오지 않을 때 주수구와 배수구를 잠근다.
  5) 공기실 내의 압력을 초압력까지 올리고 약 5초 지난 뒤에 주밸브를 연다.
  6) 압력계의 지침을 초기 압력 눈금에 일치, 압력계 바늘을 가볍게 두드린 후 압력계를 읽는다.
④ 공기량 시험에 관한 일반사항
  1) 콘크리트 공기량 = 콘크리트 겉보기공기량 - 골재수정계수
  2) 공기량 시험방법은 골재 최대치수 40mm이하 보통골재가 적당
  3) 공기량 1% 증가 되면 슬럼프는 20~25mm 증가
  4) 진동기 다지는 경우 KSF2409 에 준하여 실시한다. 다만 슬럼프가 80mm 이상의 경우 진동기를 사용하지 않는다.
  5) 인공경량골재와 같은 경량콘크리트 대해서는 부적당하다.
  6) 공기량 1% 증가 시 압축강도는 4~6% 감소, 슬럼프 20~25mm 증가
  7) 공기량이 동일한 경우 기포간격계수가 작을수록 내동해성이 향상
  8) 공기량 측정기 용기에 물을 붓고 시험하는 경우(주수법) 공기량 측정기 용기는 적어도 5L로 하고 물을 붓지 않고 시험(무주수법)는 7L 이상으로 한다.
  9) 콘크리트 온도가 낮아지면(물의온도가 낮음)물의 점성계수는 작아지고 투수 계수

는 작아짐(물속의 기포가 많아져서 물의 흐름을 방해)따라서 공기량이 증가됨.
10) 시멘트의 분말도가 증가하면 공기량은 감소한다.
11) 단위시멘트량 증가하면 공기량은 감소한다.

⑤ 골재의 수정계수 측정
1) 다공질의 골재를 사용한 콘크리트의 공기량을 측정하는 경우 골재립의 흡수가 시험결과에 영향을 미치는 경우가 있기 때문에 골재수정계수로 보정이 필요
2) 골재수정계수 산출을 위한 잔골재와 굵은골재의 질량

$$F_s = \frac{V_c}{V_b} \times \acute{F}_s$$

$$C_g = \frac{V_c}{V_b} \times \acute{C}_g$$

여기서, F_s : 용적 V_c의 콘크리트 시료중의 잔골재 질량(kg)
C_g : 용적의 콘크리트 시료중의 굵은골재 질량(kg)
V_b : 1배치의 콘크리트 완성용적(L)
V_c : 콘크리트 시료의 용적(용기 용적과 같음 L)
$F_s{'}$: 1배치에 사용하는 잔골재의 질량(kg)
$C_g{'}$: 1배치에 사용하는 굵은골재의 질량(kg)

3) 결과의 정리
  콘크리트 공기량(%) = 콘크리트 겉보기공기량(%) - 골재수정계수

(3) 질량법 (중량법)
이 방법은 배합에서 이론적으로 계산한 공기량이 전혀 없는 상태에서의 콘크리트 단위중량과 실제의 단위중량을 비교하여 그 차이를 공기량을 구하는 시험방법

(4) 용적법 (부피법, 수주압력법)
콘크리트 속의 공기량을 물로 치환하여 치환한 물의 부피로부터 공기량을 구하는 시험방법

3. 콘크리트의 블리딩 시험
(1) 시험목적
① 블리딩이란 굳지 않은 콘크리트나 모르타르 내부의 물이 표면위로 상승하는 현상으로 콘크리트 중의 혼합수가 콘크리트 입자 침강에 의하여 표면에 떠오르는 블리딩의 상태를 알아보기 위한 시험방법
② 굵은골재 최대치수가 50mm 이하 대하여 블리딩 시험을 규정

(2) 시험기구 및 재료
① 저울(시료무게 0.5% 까지 측정)
② 용기(안지름 : 25±0.5mm, 안높이 28±3.5mm, 두께 2.8~3.5mm 원통형 금속제)
③ 다짐대(길이 50~60mm, 지름 16mm)
④ 피펫 및 메스실린더
⑤ 시료(KS F 2401) 및 흙손, 소형삽, 온도계, 나무망치 등

(3) 시험방법
① 혼합된 콘크리트를 용기에 3층으로 나누어 넣고 각 층을 25회 다지고 용기 바깥을 다짐대로 10~15회 두들겨준다
② 용기 뚜껑을 덮고 용기와 시료전체 질량 측정
③ 처음 60분 동안 매 10분마다 표면에 스며나온 물을 피펫으로 빨아내고 그 이후는 블리딩이 정지할 때까지 30분마다 물을 빨아낸다.
④ 빨아낸 물을 메스실린더에 옮기고 물의 누계를 1mL(1cm³) 까지 기록한다.

(4) 블리딩량 및 블리딩률
① $B = \dfrac{V}{A}$

여기서 B : 블리딩량(cm^3/cm^2)
V : 마지막까지 누계한 블리딩 물의양(cm^3)
A : 콘크리트 윗면의 면적(cm^2)

② $B_r = \dfrac{B_s}{W_s} \times 100\%$

여기서 Br : 블리딩률
Bs : 최종까지 누계한 블리딩에 따른 물의 질량(kg)
Ws : 시료중의 물의 질량(kg)

③ $W_s = \dfrac{W}{C} \times S$

여기서 Ws : 시료중의 물의 질량(kg)
W : 콘크리트 단위수량(kg/m^3)
C : 콘크리트 단위용적질량(kg/m^3)
S : 시료의 질량(kg)

(5) 블리딩 시험 일반사항
① 용기에 콘크리트를 채워넣을 때 콘크리트 표면이 용기의 가장자리에서 3±0.3cm 낮아지도록 고른다.
② 시험 중 실험실 실내온도는 20±3℃로 유지한다.

③ 시멘트 분말도가 높을수록 블리딩은 감소
④ 일반적으로 골재가 클수록 표면적이 크게 되기 때문에 블리딩이 증가

4. 기타시험

(1) 프록터 관입 저항침에 의한 콘크리트 응결시간 시험
① 슬럼프가 0보다 큰 콘크리트에서 체(4.75mm)로 쳐서 얻은 모르타르에 대한 관입 저항을 측정함으로써 콘크리트의 응결시간을 측정하는 시험방법
② 관입저항값은 침의 관입길이가 25mm 될 때까지 소요된 힘을 침의 지지면으로 나누어 계산한다.
③ 관입저항이 (3.5MPa) 되기까지의 경과시간을 초결시간 이라고 하고 관입저항이(28MPa) 되기까지의 시간을 종결시간으로 한다.
④ 다짐대로 다지는 경우는 시료의 위 표면적 645mm^{2}당 1회의 비율로 다진다.
⑤ 응결시간을 시, 분으로 5분까지 기록한다.
⑥ 초결시간 시험 결과의 평균값이 그 평균값의 15%, 종결시간의 경우 13% 이상 달라서는 안 된다.

(2) 염화물 함유량 시험
① 굳지 않은 콘크리트 중의 전 염소이온량은 원칙적으로 0.3kg/m^3 이하로 표시
② 염소이온량 검사 횟수
   1) 바다 잔골재 : 2회/일
   2) 그 외 경우는 1회/주
③ 염화물 분석시험 방법(KS F 2713)에 사용되는 표준용액 및 지시약(암기)
   1) 염화나트륨 표준용액
   2) 질산은 표준용액
   3) 메틸오렌지 지시약
④ 0.02% 염화물이온량(잔골재의 절건질량에 대한 백분율)은 염화나트륨으로 환산하면 약 0.04%에 상당한다.

1-2 주요핵심문제
굳지 않은 콘크리트시험

01 다음 중 콘크리트의 작업성을 측정하기 위한 시험방법이 아닌 것은? (10.13 기사)
① 프록터 관입시험
② 흐름(flow) 시험
③ 비비(Vee-Bee) 시험
④ 다짐계수 측정 시험

해설

워커빌러티 측정 시험방법
1) 슬럼프 시험
2) 구관입(켈리볼)시험
3) 다짐계수 시험
4) 리몰딩 시험
5) VB 시험
프록터 관입시험은 콘크리트 응결시간을 측정하는 시험방법이다.

02 슬럼프 시험에 대한 내용 중에서 옳지않은 것은? (01.10 기사)
① 콘크리트 시료를 콘 용적의 약 1/3씩 되도록 3층으로 나누어 각 층을 다짐대로 25회씩 골고루 다진다.
② 다짐봉은 지름이 16mm이고 길이500~600mm의 강 또는 금속제 원형봉으로 그 앞 끝을 반구 모양으로 한다.
③ 슬럼프 콘은 밑변의 안지름이 200mm, 윗면의 안지름이 100mm, 높이가 300mm인 원추형을 사용한다.
④ 슬럼프는 콘크리트를 다진 후 콘을 윗방향으로 들어 올렸을 때 무너지고 난 후 남은 시료의 높이를 말한다.

해설

슬럼프는 콘크리트를 다진 후 콘을 윗방향으로 들어 올렸을 때 슬럼프 몰드의 높이에서 콘크리트가 내려앉은 높이를 측정한 것을 슬럼프값으로 한다.

03 압력법에 의한 굳지 않은 콘크리트의 공기량 시험(KSF 2421)중 물을 붓고 시험하는 경우(주수법)의 공기량 측정기 용량은 최소 얼마 이상으로 하여야 하는가? (07.13 기사)
① 3L   ② 5L
③ 7L   ④ 9L

해설

1) 주수법 : 5L
2) 무주수법 : 7L

04 다음 중 블리딩(bleeding) 방지법으로 옳지 않은 것은? (07.09 기사)
① 단위 시멘트량을 적게 한다.
② 단위수량이 적은 된 비빔의 콘크리트로 한다.
③ 혼화제 중에서 AE제나 감수제를 사용한다.
④ 골재의 입도 분포가 양호한 것을 사용한다.

해설

블리딩 방지법
1) 단위수량을 적게 한다.
2) 혼화제 중에서 AE제나 감수제 사용
3) 분말도가 높은 시멘트를 사용
4) 골재의 입도분포가 양호한 골재의 사용

정답 01 ① 02 ④ 03 ② 04 ①

05 블리딩에 관한 사항 중 잘못된 것은?
(10,12,13,16 기사)
① 시멘트의 분말도가 높고 단위수량이 적은 콘크리트는 블리딩이 작아진다.
② 블리딩이 많으면 레이턴스도 많아지므로 콘크리트의 이음부에서는 블리딩이 큰 콘크리트는 불리하다.
③ 블리딩이 큰 콘크리트는 강도와 수밀성이 작아지나 철근 콘크리트에서는 철근과 부착을 증가시킨다.
④ 콘크리트 치기가 끝나면 블리딩이 발생하며 대략 2~4시간에 끝난다.

해설

블리딩이 큰 콘크리트는 강도와 수밀성, 내구성, 철근과의 부착성이 작아진다.

정답 05 ③

1-3 굳은 콘크리트 시험

1. 콘크리트 강도 시험
(1) 압축강도 공시체 제작 방법 및 시험($\phi 150 \times 300mm$의 경우)
  ① 압축강도 시험용 공시체
    1) 공시체는 지름의 2배 높이인 원기둥형이며 지름은 굵은골재 최대치수의 3배 이상, 10cm이상으로 한다.
    2) 콘크리트를 몰드에 2층 이상으로 채워 각층은 $1000mm^2$마다 1회 비율로 다진다. (각 층의 채우는 두께는 160mm를 넘어서는 안 된다.)
    3) 양생온도는 20±2℃에서 습윤양생을 한다.
    4) 공시체 Caping은 W/C 27~30%하며, 공시체 지름의 2%이하 두께로 Caping 한다.
    5) 공시체 내부진동기 다짐시 밑에 층에 20mm정도 꽂아 넣어서 다짐을 한다.
  ② 압축강도 시험방법
    1) 습윤상태의 공시체를 꺼내 시험기 가압판 중앙에 놓는다.
    2) 일정한 속도 (매초 0.6±0.2MPa)로 하중을 가한다.
    3) 공시체가 파괴될 때의 최대 하중을 기록한다.
  ③ 콘크리트 압축강도 시험 결과
    1) 압축강도 $(f_{cu} MPa) = \dfrac{\text{최대 하중}(N)}{\text{공시체의 단면적}(mm^2)}$
    2) 3개 이상의 공시체를 평균값으로 나타낸다.
    3) 원주형 공시체의 직경(D)과 높이(H)와의 비(H/D)의 값이 작을수록 압축강도는 커진다.
    4) 공시체에 따른 압축강도 크기
       정육면체 > 원주형 > 각주형
    5) 콘크리트의 강도검사는 콘크리트의 배합검사 실시하는 것을 표준으로함.
    6) 콘크리트 내구성 검사는 공기량, 염소이온량 검사를 실시
  ④ 압축강도에 의한 콘크리트 품질 검사
    1) 1회/일, 또는 구조물의 중요도와 공사규모에 따라 $120m^3$마다, 배합이 변경될 때마다 실시
    2) 1회의 시험값은 공시체 3개 압축강도 시험값의 평균값을 사용
    3) 판정기준
       가. $f_{cn} \leq 35 MPa$인 경우 판정기준
         · 연속3회 시험값의 평균값이 호칭강도(f_{cn}) 이상
         · 1회 시험값이 $(f_{cn} - 3.5 MPa)$이상
       나. $f_{cn} > 35 MPa$인 경우 판정기준

- 연속3회 시험값의 평균값이 호칭강도(f_{cn}) 이상
- 1회 시험값이 f_{cn}의 90% 이상

⑤ 콘크리트 압축강도에 영향을 주는 요인
1) 재하속도가 빠를수록 압축강도 증가
2) 공시체 표면에 요철이 있는 경우 강도가 작게 측정
3) 시험시 공시체의 온도가 높을수록 강도는 작게 측정
4) 공시체의 높이와 지름의 비(H/D)가 작을수록, 높이가 낮을수록 강도는 증가

(2) 콘크리트 인장강도 공시체 제작방법 및 시험
① 인장강도 시험용 공시체
1) 인장강도 시험용 공시체 지름은 굵은골재 최대치수의 4배이상, 150mm 이상
2) 길이는 지름이상으로 지름의 2배 이상을 초과해서는 안 됨.

② 인장강도 시험방법
1) 공시체 제작과 양생은 압축강도 시험과 동일하게 한다.
2) 공시체의 길이를 0.1mm까지 두 곳 이상을 재어 평균값을 구한다.
3) 공시체를 가압판 위에 중심선에 일치시키고 옆으로 뉘어 놓는다.
4) 매초 0.06±0.04MPa의 일정한 비율로 증가시켜 하중을 준다.
5) 공시체가 파괴될 때 최대하중을 기록한다.

③ 콘크리트 인장강도 시험 결과
1) 인장강도 $(f_{sp} MPa) = \dfrac{2P}{\pi d \ell}$

여기서, p : 공시체가 파괴될 때 최대하중(N)
 d : 공시체의 지름(mm)
 ℓ : 공시체의 길이(mm)

2) 3개 이상의 공시체의 평균값으로 나타낸다.
3) 인장강도는 압축강도의 1/10~1/13 정도이다.
4) 휨강도는 압축강도의 1/5~1/8 정도이다.
5) 전단강도는 압축강도의 1/4~1/6 정도이다.

(3) 콘크리트 휨강도 시험
① 휨강도 공시체의 제작방법 (150×150×530mm)
1) 공시체 단면은 정사각형 각주형태이며, 공시체 한 변의 길이는 굵은골재 최대치수의 4배 이상이며 10cm 이상으로 하고 공시체 길이는 단면 한 변 길이의 3배보다 8cm 이상 긴 것으로 한다.
2) 다짐봉을 이용하는 경우에는 층 이상의 거의 같은 층으로 나누어 채우며, 진동기 이용시 1층 또는 2층 이상의 거의 같은 층으로 나누어 채운다.
3) 공시체에 하중을 가하는 속도는 가장자리 응력도의 증가율이 매초 0.06±0.04MPa

되도록 조정한다.
4) 3등분점 재하법에 따른 지간은 공시체 높이의 3배로 한다.

② 휨강도 시험 방법
1) 공시체를 지지 블록의 중심에 시험체의 중심이 오도록 놓는다.
2) 최대 휨 압축응력의 증가가 매초 0.06±0.04MPa를 넘지 않도록 파괴한다.
3) 공시체가 파괴되었을 때 최대 하중을 기록한다.
4) 파괴단면에서의 평균 너비와 두께를 0.1mm 정도까지 측정한다.

③ 콘크리트 휨강도 시험 결과
1) 공시체가 지간의 3등분 중앙 부분에서 파괴되는 경우(3등분 바깥쪽에서 파괴되면 그 시험 결과는 무효)

휨강도 $(f_b) = \dfrac{Pl}{bd^2}$

여기서, P : 시험기에 나타난 최대하중(N)
　　　　l : 지간의 길이
　　　　b : 평균 너비(mm)
　　　　d : 평균 두께(mm)

2) 단순보의 중앙점 하중법의 경우

휨강도 $(f_b MPa) = \dfrac{3Pl}{2bd^2}$

(4) 콘크리트의 길이 변화 시험 (KS F 2424)
① 현미경을 부착한 콤퍼레이터를 이용하는 방법(공시체 측면길이 변화측정)
② 콘택트 스트레인 게이지를 이용하는 방법(공시체 측면길이 변화측정)
③ 다이얼 게이지를 부착한 측정기를 이용하는 방법(공시체 중심축길이 변화측정)

(5) 취도계수(脆渡係數)
① 콘크리트의 인장강도는 압축강도의 1/10~1/20 정도이며 콘크리트의 압축강도와 인장강도의 비를 취도계수
② 취도계수 = $\dfrac{\delta_t}{\delta_c}$ = $\dfrac{압축강도}{인장강도}$
③ 취도계수의 성질
1) 재료의 취도를 나타내는 지표의 하나로, 이 값이 클수록 재료의 취성정도가 크다는 의미
2) 취도계수는 압축강도가 커질수록 커진다.
3) 취도계수가 클수록 취성파괴를 일으키기 쉽다.

2. 비파괴 시험

(1) 슈미트 해머에 의한 콘크리트 강도의 비파괴 시험

① 타격법은 콘크리트의 표면을 햄머로 타격하여 반발경도를 구하는 것으로서 슈미트햄머 측정기를 이용하여 콘크리트의 표면을 타격하여 반발경도로부터 콘크리트의 강도를 추정하는 시험방법으로 현재 가장 많이 사용하는 비파괴 시험 방법

② 테스트 해머 종류에 따른 적용 (콘크리트용)
  1) N형 : 보통 콘크리트용
  2) L형 : 경량 콘크리트 용
  3) M형 : 매스 콘크리트요
  4) P형 : 저강도형 콘크리트용

③ 시험 방법
  1) 측정할 콘크리트 구조물의 표면을 연삭재로 갈아 기포나 부착물을 제거.
  2) 측정할 곳을 3cm 간격으로 20점 이상을 표시한다.
  3) 해머의 타격봉 끝을 콘크리트 표면의 측점에 대고 눌러서 타격한다.
  4) 멈춤 단추를 누르고 게이지 눈금을 읽는다.
  5) 20점 이상을 측정하고 평균값을 측정 반발 경도 R로 표시한다.
  6) 타격각도 및 습윤상태에 따른 수정반발경도 R_O을 구한다.
  7) 수정반발경도를 가지고 압축강도를 구한다.
  8) 압축강도에 재령에 따른 보정계수를 고려한 보정압축강도를 구한다.

④ 수정반발경도 R_O

   $R_O = R + \triangle R$

   여기서 $\triangle R$: (타격 보정 + 습윤상태 보정 + 압축응력에 따른 보정값)
         R : 측정반발경도

⑤ 압축강도 추정 일반식(일본 재료학회)

   $-18.4 + 1.3 R_O$(MPa)

   여기서 R_O : 수정반발경도

⑥ 보정압축강도

   보정압축강도 = 압축강도 × 재령보정계수

⑦ 반발경도 및 추정강도의 보정법
  1) 타격방향에 따른 보정
     수평방향 이외의 방향으로 타격한 경우에는 타격방향에 따른 보정값 $\triangle R$을 구한다.
  2) 콘크리트의 습윤상태에 따른 보정
     콘크리트가 건조상태로 있는 것을 기준으로 하여 습윤상태인 경우에 $\triangle R = +5$로 한다.
  3) 재령에 따른 보정
     시험시 콘크리트의 재령에 따라 강도 추정식에 의해 구한 콘크리트 강도에 재령에 따른 콘크리트 강도보정에 나타낸 보정계수를 곱하여 강도를 보정한다.

(2) 기타 비파괴 시험
  ① 성숙도법(Maturity)
    1) 콘크리트 강도를 온도와 재령의 함수로 판단하는 방법
    2) 성숙도(적산온도) $M = \sum_{0}^{t}(\theta + 10) \cdot \triangle t$

       여기서 θ : $\triangle t$시간 중의 콘크리트 평균 양생온도
              $\triangle t$: 재령(day)
    3) 적산온도의 활용
       가. 거푸집 해체시기 결정
       나. 초기강도의 평가
  ② 초음파법
    1) 물체내에 전파하는 초음파의 전파속도를 측정하여 구조물의 압축강도, 균열깊이, 내부결함 등을 얻을 수 있는 비파괴 시험방법(건조수축량을 알아내지는 못함.)
    2) 초음파 속도법 분류
       가. 직접법(대칭법)
       나. 표면법(표면주사법)
       다. 반직접법(사각법)

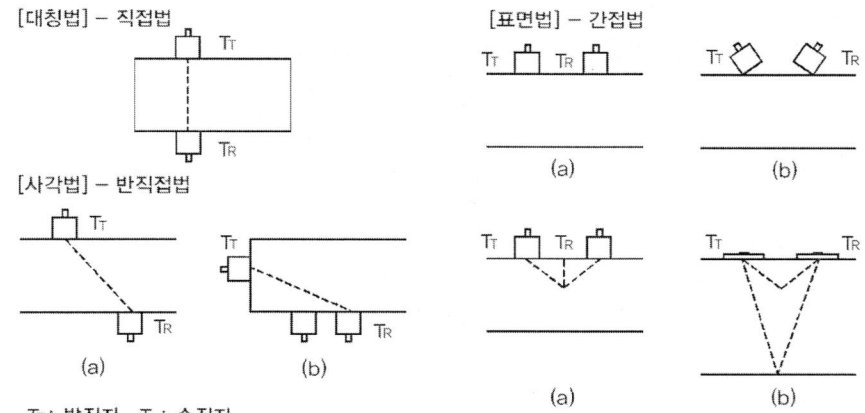

T_T : 발진자, T_R : 수진자

  ③ AE(음향 방출법) : 어쿠스틱 에미션법
    1) 음향방출은 구조물이 파괴되면서 발생되는 초음파(탄성파)를 측정하여 구조의 안전성을 확인하는 방법으로, 균열이 발생되거나 진전이 있을 경우의 미세한 음향을 측정하여 구조물의 균열진행상태를 파악할 수 있다.
    2) 동적 비파괴 시험방법으로 결함 탐지 감도가 매우 높다 하지만 시험자의 경험과 판단이 시험의 결과에 상당히 좌우되는 경향이 크다.

④ Break off 법
  1) 노르웨이나 스웨덴에서 표준화되어 있는 시험방법으로서 원주시험체에 휨하중을 가하여 콘크리트의 압축강도를 추정하는 방법
  2) 미리 플라스틱성 원통 모양의 형틀을 설치하여 콘크리트를 타설한 후 시험하는 방법과 코어보링으로 경화된 콘크리트에 같은 모양의 틈을 만드는 방법이 있으며 이 방법은 휨강도가 압축강도와 상관관계가 있다고 가정하는 것이다.

⑤ Pull-off법
  1) 원주 시험체에 인장하중을 가하고 그때의 인장강도로부터 콘크리트압축강도를 추정하는 시험방법
  2) 주로 보수재의 부착강도를 측정할 때 주로 사용하는 방법이다.

⑥ 관입저항법(Probe Penetration Test)
  1) 총을 사용하여 탐침(Probe)을 콘크리트 내에 관입 시킨 후 침투 깊이를 측정함으로써 콘크리트의 압축강도 및 균질성을 평가하는 방법이다.
  2) 장비가 간단하여 작동하기 쉬우므로 적은 훈련으로도 현장에서 쉽게 사용할 수 있고, 시험체에 손상을 입히지 않는다는 장점이 있으나, 정확한 콘크리트 강도를 제시하지 않을 수 있고 탐침을 제거하기 어려워 콘크리트 표면에 손상이 남을 수 있다는 단점이 있다.

⑦ Pull - Out법
  1) 콘크리트 중에 파묻힌 가력 head를 가진 Insert와 반력 Ring을 사용하여 원추 대상의 콘크리트 덩어리를 뽑아낼때의 최대내력에서 콘크리트 압축강도를 추정하는 방법
  2) 인발용 볼트를 미리 묻는 Pre set 방법과 Post set 방법이 있다

1-3 주요핵심문제
굳은 콘크리트 시험

01 콘크리트 압축강도 평가에 대한 설명 중 틀린 것은? [04 · 13.16 기사]
① 재하속도가 빠를수록 압축강도는 높게 평가된다.
② 모양이 다르면 크기가 작은 공시체의 압축강도가 높게 평가된다.
③ 공시체 직경(D)과 높이(H)의 비(H/D)가 동일하면 원주형 공시체가 각주형 공시체보다 압축강도는 작게 평가된다.
④ 원주형과 각주형 공시체는 직경 또는 한 변의 길이(D)와 높이(H)의 비(H/D)가 작을수록 압축강도는 높게 평가된다.

해설
콘크리트의 압축강도에 미치는 시험 조건의 영향
1) 재하속도가 빠를수록 압축강도가 크다.
2) 크기가 작은 공시체의 압축강도가 더 크다.
3) 압축강도의 크기는
  입방체(정사각형) > 원주체 > 각주체이다.

02 직경이 100mm이고 높이가 200mm인 원주형 콘크리트 공시체를 할렬(쪼갬)시험한 결과 최대하중이 100kN이었다. 이 공시체의 인장강도는 얼마인가?
[05.08.09.10.11.12.16 기사]
① 6.31MPa ② 3.18MPa
③ 8.02MPa ④ 2.02MPa

해설
$$f_{sp} = \frac{2P}{\pi D\ell} = \frac{2 \times 100 \times 10^3}{\pi \times 100 \times 200} = 3.18 N/mm^2$$

03 콘크리트의 인장강도 측정을 위해 간접적으로 주로 시행하는 시험을 무엇이라고 하는가? [99.05 기사]
① 인발시험 ② 초음파시험
③ 할렬시험 ④ 휨 인장시험

해설
콘크리트 인장강도를 측정하는 간접적인 방법으로 할렬인장강도시험

04 콘크리트 압축강도 시험에서 하중은 공시체에 충격을 주지 않도록 똑같은 속도로 가하여야 한다. 이때 하중을 가하는 속도는 압축 응력도의 증가율이 얼마가 되도록 가하여야 하는가? [07.09 기사]
① 1.2~2.0MPa ② 0.4~0.8MPa
③ 2.0~2.5MPa ④ 2.7~3.3MPa

해설
매초 0.6±0.2MPa로 하중을 가한다.

05 콘크리트 휨강도시험에서 공시체가 지간의 3등분 중앙부에서 파괴되고 최대하중이 35kN이었을 때 휨강도는 얼마인가? (단, 공시체의 크기는 150×150×530mm이고, 지간은 450mm이다.)
[99.06.08.13 기사]
① 3.7MPa ② 4.7MPa
③ 5.5MPa ④ 6.5MPa

해설
$$f_b = \frac{P.l}{bd^2} = \frac{35 \times 10^3 \times 450}{150 \times 150^2} = 4.67 N/mm^2$$

정답 01 ③ 02 ② 03 ③ 04 ② 05 ②

06 굳은 콘크리트의 압축강도 시험에 대한 설명으로 잘못된 것은? [09.11.16 기사]
① 공시체 양생은 20±2℃에서 습윤양생으로 한다.
② 몰드를 떼는 시기는 채우기가 끝나고 나서 16시간이상 3일 이내로 한다.
③ 공시체는 지름의 3배의 높이를 가진 원기둥으로 하며, 그 지름은 굵은골재 최대치수의 3배 이상, 150mm 이상으로 한다.
④ 하중을 가하는 속도는 압축 응력도의 증가율이 매초(0.6±0.4)MPa이 되도록 한다.

> 해설

공시체는 지름의 2배 높이인 원기둥형이며 지름은 굵은골재 최대치수의 3배 이상, 100mm 이상으로 한다.

07 콘크리트의 휨 강도 시험에 대한 설명으로 틀린 것은? [12.13 기사]
① 지간은 공시체 높이의 3배로 한다.
② 공시체의 길이는 단면의 한 변의 길이의 3배보다 8cm 이상 긴 것으로 한다.
③ 공시체에 하중을 가하는 속도는 가장자리 응력도의 증가율이 매초 0.6±0.4MPa이 되도록 조정하여야 한다.
④ 공시체가 인장 쪽 표면의 지간 방향 중심선의 3등분점의 바깥쪽에서 파괴된 경우는 그 시험 결과를 무효로 한다.

> 해설

콘크리트 휨 강도용 공시체에 하중을 가하는 속도는 가장자리 응력도의 증가율이 매초(0.06±0.04MPa) 되도록 조정하여야 한다.

1-4 콘크리트 배합설계

1. 개 요
(1) 콘크리트를 만들기 위한 재료(시멘트, 골재, 혼화재료, 물)의 비율 또는 사용량을 결정 하는 것을 배합이라고 하며,
(2) 콘크리트의 소요의 강도, 내구성, 수밀성, 워커빌리티를 갖는 범위 내에서 단위수량이 최소가 되도록 각 재료의 비율을 경제적으로 결정하는 것을 콘크리트 배합설계 라고 한다.

2. 콘크리트 배합의 종류
(1) 시방배합
① 설계도서 및 구조기술사가 정한 것으로 시험실에서 하는 배합이며, 이론배합이라고도 한다.
② 5mm 체를 100% 통과하는 것은 잔골재
③ 5mm 체에 100% 남는 것은 굵은골재
④ 골재의 함수상태 : 표면건조포화상태
⑤ 단위량 : 1m³ 당

(2) 현장배합
① 실내에서 결정한 시방배합은 골재 상태가 모두 표면건조 포화상태이고 잔골재는 5mm체에 전부 통과한 것과 굵은골재는 5mm체에 전부 남는 것으로서 이 조건에서 배합을 의미하나
② 현장의 골재상태는 이와 같이 골재의 시방상태가 아닌 기건상태, 습윤상태 등 다양한 조건에 노출되어 있어 시방배합을 얻으려면 현장 골재의 입도, 표면수 상태를 고려한 수정배합을 실시해야 한다. 이 수정된 배합을 현장배합이라고 한다.
③ 5mm 체를 거의 통과하고 일부만 남아 있을 때는 잔골재
④ 5mm 체에 거의 남게 되고 일부만 통과되었을 때는 굵은골재
⑤ 골재의 함수상태 : 기건상태 또는 습윤상태
⑥ 단위량 표시 : Mixer 용량에 의해 1Batch의 양 표시

3. 배합설계 일반사항
(1) 소요의 강도, 내구성, 수밀성을 고려하여 워커빌러티 확보
(2) 단위수량을 최소화
(3) 잔골재율을 작게
(4) 굵은골재 최대치수는 크게 하는 것을 배합의 원칙이나 지나치게 크면 재료분리 발생될 수 있다.
(5) 잔골재의 입도가 변화하여 조립률이±0.2% 이상 차이가 있을 경우에는 워커빌리티가 변화하므로 배합을 수정(암기)
(6) 굵은골재 치대치수는 부재 최소 단면의 1/5, 철근 최소 순간격의 3/4, 슬래브두께의 1/3을 초과해서는 안 된다.
(7) AE콘크리트의 유효공기량은 일반적으로 3~6%

4. 배합강도(KCS 콘크리트 시방서 기준)

(1) 구조물에 사용된 압축강도는 현장 콘크리트의 품질변동을 고려하여 정해지는 콘크리트의 배합강도(f_{cr})는 설계기준강도(f_{ck})와 내구성 기준 압축강도(f_{cd}) 중에서 큰 값으로 결정된 품질기준강도(f_{cq})보다 크게 정한다.

$$f_{cq} = \max(f_{ck}, f_{cd}) MPa$$

(2) 레디믹스트 콘크리트 사용자는 기온보정강도(T_n)를 더하여 생산자에게 호칭강도(f_{cn})로 주문하여야 한다.

$$f_{cn} = f_{cq} + T_n (MPa)$$

여기서, T_n : 기온이 4℃이하(한중콘크리트)에서 콘크리트강도의 기온에 따른 보정값(MPa)

(3) 콘크리트 품질변동 요인
  ① 작업원의 숙련도 및 경험
  ② 재료의 품질변동
  ③ 시공시 과정에서의 품질변동
  ④ 시험과정 등

5. 콘크리트 배합강도 결정 방법

(1) 배합강도(f_{cr})는 호칭강도(f_{cn}) 범위를 35MPa 기준으로 분류한 아래의 계산식 중 각 두식에 의한 값 중 큰 값으로 정하여야 하고, 이때 호칭강도(f_{cn})는 품질기준강도(f_{cq})에 기온보정강도값(T_n)을 더하여 구한다. (KCS 콘크리트 시방서 기준)

(2) 표준편차(s)에 의한 경우 계산(30회 이상 시험실적)

콘크리트구조설계기준(KDS)	콘크리트 시방서기준(KCS)
$f_{ck} \leq 35 MPa$인 경우	$f_{cn} \leq 35 MPa$인 경우
• $f_{cr} = f_{ck} + 1.34s \ (MPa)$	• $f_{cr} = f_{cn} + 1.34s \ (MPa)$
• $f_{cr} = (f_{ck} - 3.5) + 2.33s \ (MPa)$	• $f_{cr} = (f_{cn} - 3.5) + 2.33s \ (MPa)$
$f_{ck} > 35 MPa$인 경우	$f_{cn} > 35 MPa$인 경우
• $f_{cr} = f_{ck} + 1.34s \ (MPa)$	• $f_{cr} = f_{cn} + 1.34s \ (MPa)$
• $f_{cr} = 0.9f_{ck} + 2.33s \ (MPa)$	• $f_{cr} = 0.9f_{cn} + 2.33s \ (MPa)$

여기서, f_{ck} : 설계기준강도, s : 표준편차, 기온보정강도(T_n)이 없는 경우 $f_{cq} = f_{cn}$

(3) 표준편차(s)에 의한 경우 계산(29회 이하~15회 이상인 시험실적)
  ① 시험횟수가 29회 이하일 때 표준편차의 보정계수

시 험 횟 수	표준편차의 보정계수
15	1.16
20	1.08
25	1.03
30 이상	1.00

② 상기 식에 의해 표준편차 보정 후 배합강도 결정

콘크리트구조설계기준(KDS)	콘크리트 시방서기준(KCS)
$f_{ck} \leq 35MPa$인 경우	$f_{cn} \leq 35MPa$인 경우
· $f_{cr} = f_{ck} + 1.34s\ (MPa)$ · $f_{cr} = (f_{ck} - 3.5) + 2.33s\ (MPa)$	· $f_{cr} = f_{cn} + 1.34s\ (MPa)$ · $f_{cr} = (f_{cn} - 3.5) + 2.33s\ (MPa)$
$f_{ck} > 35MPa$인 경우	$f_{cn} > 35MPa$인 경우
· $f_{cr} = f_{ck} + 1.34s\ (MPa)$ · $f_{cr} = 0.9f_{ck} + 2.33s\ (MPa)$	· $f_{cr} = f_{cn} + 1.34s\ (MPa)$ · $f_{cr} = 0.9f_{cn} + 2.33s\ (MPa)$

(4) 압축강도 시험횟수가 14회 이하이거나 기록이 없는 경우의 배합강도

콘크리트구조설계기준(KDS)		콘크리트 시방서기준(KCS)	
설계기준 압축강도 f_{ck}(MPa)	배합강도 f_{cr}(MPa)	호칭강도 f_{cn}(MPa)	배합강도 f_{cr}(MPa)
21미만	$f_{ck} + 7$	21 미만	$f_{cn} + 7$
21이상 35이하	$f_{ck} + 8.5$	21 이상 35 이하	$f_{cn} + 8.5$
35초과	$1.1f_{ck} + 5.0$	35 초과	$1.1f_{cn} + 5.0$

[예제문제]
설계기준 압축강도 28MPa, 내구성을 고려한 압축강도 30MPa, 30회 이상의 압축강도 시험 실적으로부터 결정한 표준편차가 3MPa 인 콘크리트의 배합강도를 구하시오.

[계산과정]

$f_{cn} \leq 35$MPa인 경우(둘 중 큰값)

$f_{cr} = f_{cn} + 1.34s$ (MPa) = 30+1.34×3 = 34.02 (MPa)

$f_{cr} = (f_{cn} - 3.5) + 2.33s$ (MPa) = (30-3.5)+2.33×3 = 33.49 (MPa)

[정답] 34.02 (MPa) (상기식 둘 중 큰값)

6. 불편분산에 의한 표준편차(s) 구하는 방법

(1) V(불편분산) $= \dfrac{\sum (X_i - \overline{x})^2}{n-1}$

(2) s(표준편차) $= \sqrt{\dfrac{\sum (X_i - \overline{x})^2}{n-1}} = \sqrt{V}$ (불편분산에 의한 경우 : data 샘플사용)

> **참조**
>
> s(표준편차) $= \sqrt{\dfrac{\sum (X_i - \overline{x})^2}{n}}$ =(분산에 의한 경우 : data 전체사용)

(3) v(변동계수) $= \dfrac{s}{\overline{x}} \times 100(\%)$

여기서   V : 불편분산
        v : 변동계수

s : 표준편차
X_i : 각 강도의 시험값
$\bar{x}$: n회의 압축강도 시험 평균값
n : 압축강도 시험횟수
$\sum(X_i - \bar{x})^2$: 편차의 제곱합

7. 물-결합재비 (시멘트비)

(1) 소요의 강도, 내구성, 수밀성 등을 고려하여 결정한다.
(2) 콘크리트의 압축강도를 기준으로 물-결합재비를 정하는 경우 압축강도와 물-결합재비와의 관계는 시험에 의하여 정하는 것을 원칙으로 하며 이때 공시체는 재령 28일을 표준.
(3) 콘크리트의 내동해성을 기준으로 하여 물-결합재비 : 45~60%
(4) 콘크리트의 황산염에 대한 내구성을 기준으로 하여 물-결합재비 : 45~50%
(5) 제빙화학제가 사용되는 콘크리트의 물-결합재비 : 45% 이하
(6) 콘크리트의 수밀성을 기준으로 물-결합재비를 정할 경우 : 50% 이하
(7) 해양 구조물에 쓰이는 콘크리트의 물-결합재비를 정할 경우 최대 물-결합재비

환경구분 \ 시공조건	일반 현장시공의 경우	공장제품 또는 재료의 선정 및 시공에서 공장제품과 동등 이상의 품질이 보증될 때
(a) 해중	50	50
(b) 해상 대기중	45	50
(c) 물보라 지역	45	45

(8) 콘크리트의 탄산화(중성화) 저항성을 고려 물-결합재비 : 55% 이하

8. 단위수량

(1) 워커빌리티가 확보되는 범위내에서 단위수량은 최소가 되도록 정한다.
(2) 물-시멘트비를 일정하게 하고 슬럼프를 일정하게 한 상태에서 혼합수를 증가 시키면서 시멘트를 증감한다.

9. 굵은골재의 최대치수

(1) 부재 최소치수의 1/5, 슬래브 두께의 1/3, 철근피복 및 철근의 최소 순간격의 3/4를 초과해서는 안 된다.
(2) 굵은골재의 최대치수 표준

구조물의 종류	굵은골재의 최대치수 (mm)
일반적인 경우	20 또는 25
단면이 큰 경우	40
무근 콘크리트	40, 부재 최소치수의 1/4 이하

(3) 굵은골재 최대치수가 부배합의 경우 40mm 초과시 강도 저하 우려 있음

10. 슬럼프
(1) 운반, 타설, 다지기 등의 작업에 알맞은 범위(워커빌리티 확보) 내에서 될 수 있는 대로 작은 값으로 정한다.
(2) 슬럼프의 표준값

종 류		슬럼프 값 (mm)
철근 콘크리트	일반적인 경우	80~150
	단면이 큰 경우	60~120
무근 콘크리트	일반적인 경우	50~150
	단면이 큰 경우	50~100

11. 잔골재율(S/a)
(1) 소요의 성능이 확보되도록 워커빌리티, 슬럼프, 공기량에서 잔골재율을 결정하며 물-시멘트비가 최소가 되도록 결정

(2) $S/a = \dfrac{S/G_s(\text{잔골재 절대용적})}{S/G_s + G/G_s(\text{전체골재의 절대용적})} \times 100\%$

(3) 콘크리트 배합을 정할 때 가정한 잔골재의 조립률에 비하여 조립률이 ±0.2% 이상의 변화를 나타내었을 때는 배합을 변경하여야 한다.
(4) 콘크리트 펌프 시공의 경우에는 콘크리트 펌프의 성능, 배관, 압송거리에 따라 결정한다.
(5) 고성능 공기연행 감수제를 사용한 콘크리트의 경우로서 물-결합재비 및 슬럼프가 같으면 일반적인 공기연행 감수제를 사용한 콘크리트와 비교하여 잔골재율을 1~2% 정도 크게하는 것이 좋다.

12. 공기연행 콘크리트의 공기량
(1) 공기연행 콘크리트 공기량의 표준값

종 류	공 기 량(%)
일반콘크리트	3~6
수밀콘크리트	4이하
고강도콘크리트	2~5
경량골재콘크리트	4~7

(2) 운반 후 공기량은 공기연행 콘크리트 공기량의 표준값에서 ±1.5% 이내

13. 혼화재료
(1) 일정량의 AE제를 사용한 경우에 연행되는 공기량
　① 슬럼프 클수록 공기량이 증가한다.
　② 단위 잔골재량이 많을수록 공기량이 증가한다.
　③ 물-시멘트비가 클수록 공기량이 증가한다.
　④ 콘크리트 온도가 낮을수록 공기량이 증가한다.

⑤ 시멘트 분말도가 증가할수록 공기량이 감소한다.
⑥ 공기량 1% 증가시 압축강도 4~6% 감소(콘크리트 단위질량감소)
⑦ 공기량 1%만큼 커질 경우 단위수량을 줄이기 위해서 잔골재율(S/a)은 0.5~1%작게 보정이 필요하다.(S/a를 줄이면 단위수량 줄어듬)

(2) 제빙 화학제에 노출된 콘크리트 최대 혼화재 비율

혼화제의 종류	시멘트와 혼화제 전체에 대한 혼화재의 질량백분율(%)
플라이 애쉬	25
고로슬래그 미분말	50
실리카흄	10
고로슬래그 미분말 및 실리카흄	50
플라이애쉬와 실리카흄	35

14. 콘크리트 배합표

굵은 골재의 최대치수 (mm)	콘크리트의 단위질량 (kg/m³)	슬럼프 범위 (mm)	공기량 범위 (%)	물-결합재비 W/B (%)	잔골재율 S/a (%)	단 위 량 (kg/m³)					
						물 W	시멘트 C	잔골재 S	굵은 골재 G	혼 화 재 료	
										혼화재	혼화제

15. 배합설계 순서

(1) 설계기준강도
(2) 배합강도
(3) 시멘트 강도
(4) 물-시멘트비(결합재)
(5) 슬럼프 결정
(6) 굵은골재 최대치수 결정
(7) 잔골재율
(8) 단위량(W, C, S, G 혼화재료)
(9) 시방배합
(10) 현장배합

16. 시방배합을 현장배합 수정

(1) 골재의 표면수에 대한 보정
(2) 골재의 입도에 대한 보정
　　① 잔골재 중에서 5mm체 남는 굵은 골재량
　　② 굵은골재 중에서 5mm체를 통과하는 잔골재량
(3) 시방배합

① 단위시멘트량(kg)

$$단위시멘트량 = \frac{단위수량}{물-시멘트비(W/C)}$$

② 단위 골재량의 절대부피 (m³)

$$1-(\frac{단위수량}{1,000}+\frac{단위시멘트량}{시멘트의\ 비중\times1,000}+\frac{단위혼화재량}{혼화재의\ 밀도\times1,000}+\frac{공기량}{100})$$

③ 단위 잔골재량의 절대부피 (m³)

단위 골재량의 절대부피×잔골재율(S/a)

④ 단위 잔골재량 (kg)

단위 잔골재량의 절대부피×잔골재의 밀도×1,000

⑤ 단위 굵은골재의 절대부피 (m³)

단위 골재량의 절대부피-단위 잔골재량의 절대부피

⑥ 단위 굵은골재량 (kg)

단위 굵은골재량의 절대부피×굵은골재의 밀도×1,000

(4) 현장배합

① 현장 골재의 입도 및 함수 상태를 고려하여 시방배합을 현장 골재상태에 적합하게 보정한 배합
② 골재의 입도에 대한 보정

  1) 단위 잔골재량(kg) $X=\dfrac{100S-b(S+G)}{100-(a+b)}$

  2) 단위 굵은골재량(kg) $Y=\dfrac{100G-a(S+G)}{100-(a+b)}$

  여기서, S : 시방배합의 단위 잔골재량(kg)
  G : 시방배합의 단위 굵은골재량(kg)
  a : 잔골재 속의 5mm체에 남는 굵은골재량(%)
  b : 굵은골재 속의 5mm체를 통과하는 잔골재량(%)

③ 골재의 표면 수량에 대한 보정

  1) $S'=X(1+\dfrac{c}{100})$

  2) $G'=Y(1+\dfrac{d}{100})$

④ 계량해야할 현장의 물의 양(kg)

$$W'=W-X\cdot\frac{c}{100}-Y\cdot\frac{d}{100}$$

여기서 S' : 계량해야 할 현장의 잔골재량(kg)
G' : 계량해야 할 현장의 굵은골재량(kg)
W' : 계량해야 할 현장의 물의 양(kg)
c : 현장의 잔골재의 표면수량(%)
d : 현장의 굵은골재의 표면수량(%)
W : 시방 배합의 물의 양(kg)

17. 콘크리트 배합설계 예

1 단위 시멘트량 335kg, 물-시멘트비 45%, 공기량 1%, 시멘트 비중 3.15, 잔골재율(S/a) 41%, 잔골재 밀도 2.61g/cm³, 굵은골재 밀도 2.64g/cm³ 혼화재 밀도 2.42g/cm³ 일 때 다음 물음에 답하시오.(단 혼화재 사용은 단위시멘트량의 5%)

(1) 단위수량을 구하시오(단, 소수 첫째 자리에서 반올림)
(2) 골재 전체 부피를 구하시오(단, 소수 넷째 자리에서 반올림)
(3) 잔골재 부피를 구하시오(단, 소수 넷째 자리에서 반올림)
(4) 굵은골재 부피를 구하시오(단, 소수 넷째 자리에서 반올림)
(5) 잔골재량을 구하시오(단, 소수 첫째 자리에서 반올림)
(6) 굵은골재량을 구하시오(단, 소수 첫째 자리에서 반올림)
(7) 혼화재량을 구하시오

[해설]
(1) 단위 수량(W)=335×0.45=151(kg)
(2) 단위 골재량의 절대부피

$$=1-(\frac{151}{1,000}+\frac{335}{3.15\times1,000}+\frac{1}{100}+\frac{16.8}{2.42\times1,000})=0.726(m^3)$$

(3) 단위 잔골재량의 절대부피=0.726×0.41=0.298(m³)
(4) 단위 굵은골재량의 절대부피=0.726-0.298=0.428(m³)
(5) 단위 잔골재량=0.298×2.61×1,000=778(kg)
(6) 단위 굵은골재량=0.428×2.64×1,000=1,130(kg)
(7) 단위 혼화재량=335×0.05=16.8(kg)

2 콘크리트 배합 결과 시방배합표와 현장골재 상태가 다음과 같을 경우 현장배합으로 보정 하시오(소수점 없이 정수)

(1) 시방 배합표

굵은골재의 최대치수 (mm)	콘크리트의 단위질량 (kg/m³)	슬럼프 범위 (mm)	공기량 범위 (%)	물-결합재비 W/B (%)	잔골재율 S/a (%)	단위량 (kg/m³)				혼화재료	
						물 W	시멘트 C	잔골재 S	굵은골재 G	혼화재	혼화제
25	2,400	130	4.5	45	38	175	325	890	1,120		310

(2) 현장골재상태
   ① 잔골재의 5mm체 잔류율 5%
   ② 굵은골재의 5mm체 통과율 8%
   ③ 잔골재의 표면수 3%
   ④ 굵은골재의 표면수 0.8%

[해설]
(1) 입도조정
　① 잔골재
$$X = \frac{100S - b(S+G)}{100 - (a+b)} = \frac{100 \times 890 - 8(890 + 1,120)}{100 - (5+8)} = 838\text{kg}$$
　② 굵은골재
$$Y = \frac{100G - a(S+G)}{100 - (a+b)} = \frac{100 \times 1,120 - 5(890 + 1,120)}{100 - (5+8)} = 1,172\text{kg}$$
(2) 표면수량 보정
　① 잔골재
$$S' = X\left(1 + \frac{c}{100}\right) = 838 \times (1 + 3/100) = 863\text{kg}$$
　② 굵은골재
$$G' = Y\left(1 + \frac{d}{100}\right) = 1,172 \times (1 + 0.8/100) = 1,181\text{kg}$$
　③ 콘크리트 $1m^3$ 계량할 재료
　　1) 시멘트 : 325kg
　　2) 물 : 175-(838×0.03+1,172×0.008)=140kg
　　3) 잔골재 : 863kg
　　4) 굵은골재 : 1,181kg

1-4 주요핵심문제
콘크리트 배합설계

01 콘크리트 배합 설계에서 잔 골재율(S/a)을 작게 하였을 때 나타나는 현상 중 옳지 않은 것은? [00.11 기사]
① 소요의 워커빌러티를 얻기 위하여 필요한 단위 시멘트량이 증가한다.
② 소요의 워커빌러티를 얻기 위하여 필요한 단위수량이 감소한다.
③ 재료분리가 발생하기 쉽다.
④ 워커빌러티가 나빠진다.

해설
잔골재율(S/a)이 작게되면 골재의 비표면적이 전반적으로 줄어들어 단위수량 및 단위시멘트량이 감소된다.

02 굵은골재 최대 치수는 질량비로서 전체 골재량의 몇 % 이상을 통과시키는 체의 최소 공칭 치수를 의미하는가? [05.08 기사]
① 80% ② 95%
③ 90% ④ 95%

해설
질량비로 90% 이상을 통과시키는 체 중에서 최소 치수의 체눈의 호칭 치수로 나타낸 굵은 골재의 치수

03 콘크리트의 압축강도에 영향을 미치는 요인에 대한 설명 중 틀린 것은? [04·10·11 기사]
① 물-시멘트비가 동일한 경우 부순 돌을 사용한 콘크리트의 압축강도는 강자갈을 사용한 콘크리트보다 강도가 증가한다.
② 물-시멘트비가 클수록 압축강도는 저하된다.
③ 콘크리트 성형 시 압력을 가하여 경화시키면 압축강도는 저하된다.
④ 습윤양생이 공기 중 양생보다 압축강도가 증가한다.

해설
콘크리트 성형 시에 가압하여 경화시키면 압축강도가 커진다.

04 일정 슬럼프의 콘크리트를 얻기 위해 필요한 단위수량에 관한 다음 설명 중 옳은 것은? [04·08 기사]
① 외기온도가 높을수록 필요한 단위수량은 작아진다.
② 굵은 골재 최대치수를 크게 하면 필요한 단위수량은 커진다.
③ AE제를 사용하면 필요한 단위수량은 커진다.
④ 쇄사를 사용하면 강모래를 사용한 경우보다도 필요한 단위수량은 커진다.

해설
쇄사(부순돌) 등과 같이 입형이 모난 것이나 편평한 것을 사용하면 입형이 둥근 강모래를 사용하는 것보다 내구성, 수밀성, 및 워커빌리티가 불리해진다.
따라서 일정 슬럼프의 콘크리트를 얻기 위해서 쇄석을 사용하는 경우 단위수량이 증가된다.

정답 01 ① 02 ③ 03 ③ 04 ④

05 콘크리트 구조물의 내구성을 향상시키기 위해 유의하여야 할 사항 중 옳지 않은 것은? [08 · 11.13 기사]
① 배합 시 단위수량을 될 수 있는 한 적게 사용한다.
② 충분한 피복두께를 확보한다.
③ 가능한 한 비중이 작은 골재를 사용한다.
④ 콜드 조인트를 만들지 않는다.

해설
내구성 향상을 위해서는 가능한 비중이 큰 골재를 사용해야 한다.

06 콘크리트 압축강도의 표준편차를 알지 못할 경우로 콘크리트의 설계기준 압축 강도가 30MPa일 때 배합강도는? [07.09.10.11 · 13 기사]
① 37MPa ② 38.5MPa
③ 40MPa ④ 42MPa

해설
표준편차를 모르고 압축강도 시험횟수 14회 이하인 경우 콘크리트 배합강도
f_{cn} : 21미만인 경우 $f_{cn}+7$
f_{cn} : 21이상~35이하인 경우 $f_{cn}+8.5$
f_{cn} : 35초과 $1.1f_{cn}+5$
$f_{cr}=f_{cn}+8.5=30+8.5=38.5MPa$

07 30회 이상의 시험실적으로부터 구한 콘크리트 압축강도의 표준편차가 2.5MPa이고, 콘크리트의 설계기준 압축강도가 30MPa일 때 콘크리트 배합강도는? [08 · 10 · 11.13.17.18 기사]
① 32.3MPa ② 33.4MPa
③ 34.2MPa ④ 35.3MPa

해설
표준편차 의한 경우(30회이상시험)
$f_{cn} \leq 35MPa$
1) $f_{cr}=f_{cn}+1.34s$
 $=30+1.34\times(2.5\times1.0)$
 $=33.35MPa$

2) $f_{cr}=(f_{cn}-3.5)+2.33s$
 $=(30-3.5)+2.33\times(2.5\times1.0)$
 $=32.34MPa$
3) ①, ②값 중 큰 값인 33.35MPa이다.

08 30회 이상의 시험실적으로부터 구한 콘크리트 압축강도의 표준편차가 5MPa이고, 설계기준압축강도가 40MPa인 경우의 배합강도는? [10 · 11 · 12 · 14.15. 기사]
① 46.7MPa ② 47.7MPa
③ 48.2MPa ④ 50.0MPa

해설
$f_{cn}=40MPa>35MPa$
1) $f_{cr}=f_{cn}+1.34s$
 $=40+1.34\times5=46.7MPa$
2) $f_{cr}=0.9f_{cn}+2.33s$
 $=0.9\times40+2.33\times5=47.65MPa$
3) 상기 식 중에서 큰 값을 배합강도로 정한다.
 $\therefore f_{cr}=47.65MPa$

09 23회의 압축강도 시험실적으로부터 구한 표준편차가 2.8MPa이었다. 콘크리트의 설계기준압축강도가 28MPa인 경우 배합강도는?(단, 시험횟수 20회일 때의 표준편차의 보정계수는 1.08이고, 25회일 때의 표준편차의 보정계수는 1.03이다.) [12 · 13.15.16 기사]
① 30MPa ② 31MPa
③ 32MPa ④ 33MPa

해설
1) 23회일 때 직선 보간을 한 표준편차의 보정계수
$\alpha=1.03+\dfrac{(1.08-1.03)\times2}{5}=1.05$
2) 직선보간한 표준편차
$S=1.05\times2.8=2.94MPa$
3) $f_{cn} \leq 35MPa$
 $f_{cr}=f_{cn}+1.34S$
 $=28+1.34\times2.94$
 $=31.94MPa$

정답 05 ③ 06 ② 07 ② 08 ② 09 ③

4) $f_{cr} = (f_{cn} - 3.5) + 2.33S$
   $= (28 - 3.5) + 2.33 \times 2.94$
   $= 31.35 MPa$

위의 계산 값 중에서 큰 값이 배합강도 이므로 31.94MPa

10 단위골재의 절대용적이 0.70m³인 콘크리트에서 잔골재율이 30%일 경우 잔골재의 표건밀도가 2.60g/cm³라면 단위 잔골재량은 얼마인가? [06.07.10.11.15.17.20 기사]
① 485kg ② 546kg
③ 603kg ④ 683kg

▶ 해설

단위 잔골재량
= 단위 잔골재 절대체적×잔골재율×잔골재 비중 ×1,000
= (0.7×0.3)×2.6×1,000=546kg

11 현장의 골재에 대한 체분석 결과 잔골재 속에 5mm체에 남는 것이 5%, 굵은골재 속에 5mm체를 통과하는 것이 10%였다. 시방배합표상의 단위 잔골재량은 643kg/m³이며, 단위 굵은골재량은 1,212kg/m³이다. 현장배합을 위한 단위 잔골재량은 얼마인가? [08·13.15.16 기사]
① 538kg/m³ ② 588kg/m³
③ 613kg/m³ ④ 637kg/m³

▶ 해설

단위잔골재량(X)
$X = \dfrac{100S - b(S+G)}{100 - (a+b)}$
$= \dfrac{100 \times 643 - 10(643 + 1,212)}{100 - (5+10)}$
$= 538.24 kg/m^3$

12 시방배합결과 단위 잔골재량 660kg/m³, 단위 굵은골재량 1000kg/m³을 얻었다. 현장 골재의 입도만을 고려하여 현장배합으로 수정하면 잔골재와 굵은골재의양은?(단, 현장 잔골재 : 야적 상태에서 포함된 굵은 골재 : 3%, 현장 굵은골재 : 야적 상태에서 포함 된 잔골재 : 4%) [04·07.08.09.10.11.16 기사]
① 잔골재량 : 614kg/m³
  굵은 골재량 : 1,046kg/m³
② 잔골재량 : 638kg/m³
  굵은골재량 : 1,022kg/m³
③ 잔골재량 : 644kg/m³
  굵은골재량 : 1,016kg/m³
④ 잔골재량 : 667kg/m³
  굵은골재량 : 993kg/m³

▶ 해설

1) 잔골재 입도조정(X)
$X = \dfrac{100 \cdot S - b(S+G)}{100 - (a+b)}$
$= \dfrac{100 \times 660 - 4(660 + 1000)}{100 - (3+4)}$
$= 638 kg/m^3$

2) 굵은골재 입도조정(Y)
$Y = \dfrac{100 \cdot G - a(S+G)}{100 - (a+b)}$
$= \dfrac{100 \times 1000 - 3(660 + 1000)}{100 - (3+4)}$
$= 1,022 kg/m^3$

13 시방배합 결과 물 180kg/m³, 잔골재 650 kg/m³, 굵은 골재 1000kg/m³을 얻었다. 잔골재의 흡수율이 2%, 표면수율이 3%라고 하면 현장배합상의 단위 잔골재량은? [01.03.06.07.11.12.14.17 기사]
① 637.0kg/m³ ② 656.5kg/m³
③ 663.0kg/m³ ④ 669.5kg/m³

▶ 해설

단위 잔골재량=650+650×0.03=669.5kg/m³

14 단위 골재량의 절대부피가 800ℓ인 콘크리트에서 잔골재율(S/a)이 40%이고, 굵은골재 표건밀도가 2.65g/cm³이면, 단위 굵은 골재량은 얼마인가? [10.11.13.18 기사]
① 848kg ② 1,044kg
③ 1,272kg ④ 2,120kg

해설

1) 단위 잔골재 절대체적
 $= 0.8 \times 0.4 = 0.32 m^3$
2) 단위 굵은 골재 절대체적
 $= 0.8 - 0.32 = 0.48 m^3$
3) 단위 굵은골재량
 $= 0.48 \times 2.65 \times 1,000 = 1,272 kg$

15 콘크리트 배합설계 시 굵은 골재 최대치수의 선정 방법 중 틀린 것은?
[00.03.04.08.10 · 13.15. 기사]
① 단면이 큰 구조물인 경우 40mm를 표준으로 한다.
② 일반적인 구조물의 경우 20mm 또는 25mm를 표준으로 한다.
③ 거푸집 양 측면 사이의 최소거리의 1/3을 초과해서는 안 된다.
④ 개별철근, 다발철근, 긴장재 또는 덕트 사이 최소 순간격의 3/4을 초과해서는 안 된다.

해설

굵은 골재의 최대치수
1) 부재 최소치수의 1/5, 철근피복 및 철근의 최소 순간격의 3/4을 초과해서는 안 된다.
2) 굵은 골재 최대치수의 표준

구조물의 종류		굵은골재 최대치수	
무근 콘크리트		40mm이하, 부재 최소치수의 1/4 이하	
철근콘크리트	일반적인 경우	20mm 또는 25mm 이하	· 거푸집 양측면 사이의 최소거리의 1/5 · 슬래브 두께의 1/3 · 개별철근, 다발철근, 긴장재 또는 덕트 사이 최소 순간격의 3/4을 초과하지 않아야 한다.
	단면이 큰 경우	40mm 이하	
댐콘크리트		150mm 이하	
포장콘크리트		40mm 이하	

16 아래 표와 같은 조건의 시방배합에서 굵은 골재의 단위량은 약 얼마인가?
[01.03.05.06.10 · 13.15 기사]

단위수량=189kg, S/a=50%, W/C=50%
시멘트 밀도=3.15g/cm³
잔골재 표건밀도=2.6g/cm³
굵은골재 표건밀도=2.7g/cm³
공기량=1.5%

① 935kg ② 1,115kg
③ 1,042kg ④ 913kg

해설

1) 단위시멘트량
 $\dfrac{W}{C} = 50\%, \quad \therefore C = \dfrac{189}{0.5} = 378 kg$
2) 단위골재의 체적
 $V = 1 - \left(\dfrac{189}{1,000} + \dfrac{378}{3.15 \times 1,000} + \dfrac{1.5}{100} \right) = 0.676 m^3$
3) 굵은골재의 체적
 $0.676 \times (1 - 0.5) = 0.338 m^3$
4) 굵은골재량
 $2.7 \times 0.338 \times 1,000 = 913 kg$

17 골재의 품질이 콘크리트의 배합 또는 성질에 미치는 영향에 대하여 기술한 내용 중 틀린 것은? [05.07 기사]
① 실적률이 작은 쇄사를 이용하면, 콘크리트의 워커빌리티가 나빠진다.
② 잔골재의 조립률 변동이 커지면 콘크리트의 워커빌러티 변동이 커진다.
③ 같은 슬럼프의 콘크리트를 얻으려 하는 경우, 굵은골재의 최대 치수가 클수록 단위수량은 적게 된다.
④ 콘크리트 배합 설계 시의 단위수량은 골재의 기건 상태를 기준으로 한다.

해설

콘크리트 배합 설계 시의 단위수량은 골재의 표면건조 포화상태를 기준으로 한다.

정답 14 ③ 15 ③ 16 ④ 17 ④

18 콘크리트의 시방배합에 대한 설명으로 옳은 것은? [07.09 기사]
① 배합에 사용된 골재는 표면수 및 흡수량을 고려하여 보정한 배합이다.
② 실제 현장의 조건을 충분히 고려하여 보정한 배합이다.
③ 소정의 품질을 갖는 콘크리트가 얻어지도록 된 배합으로서 시방서 또는 책임기술자가 지시한 배합을 말한다.
④ 시방서 기준을 따르며 현장 조건도 고려한 배합이다.

해설
시방배합은 설계도서 및 구조기술사가 정한 것으로 시험실에서 하는 배합으로 이론배합이라고도 한다.

19 시방배합에서 규정된 배합의 표시법에 포함되지 않는 것은? [06.08 기사]
① 물-결합재비
② 슬럼프
③ 잔골재의 최대치수
④ 잔 골재율

해설
잔골재의 최대치수가 아니고 굵은골재의 최대치수를 나타낸다.

20 다음 중 콘크리트의 시방 배합을 현장배합으로 수정할 때 고려하여야 하는 것은?
[02.03.05.06.08.10.11 기사]
① 골재의 표면수 ② 슬럼프 값
③ 골재의 마모   ④ 시멘트량

해설
시방배합을 현장배합으로 고려시
골재의 입도, 골재의 표면수량에 대한 보정을 고려하여 시방배합을 현장배합으로 변경시킨다.

정답 18 ③ 19 ③ 20 ①

1-5 콘크리트 품질관리 및 검사

1. 공장의 선정
(1) KS 표시허가 공장으로부터 레디믹스트 콘크리트를 구입한다.
(2) KS 표기허가 공장이 공사현장 근처에 없으면 규정 및 심사기준을 참고하여 사용재료, 제설비상태, 품질관리상태 등을 고려하여 공장을 선정한다.
(3) 운반시간은 되도록 짧게 하며, 운반로의 교통 혼잡 상황이나 기후 등에 따라 변동되므로 이를 고려하여 선정한다.
(4) 콘크리트의 제조능력, 운반능력 등을 고려하여 선정한다.
(5) 비비기로부터 타설을 종료할 때까지의 시간은 외기온도가 25℃ 초과시 1.5시간 이내, 25℃ 이하시 2시간 이내를 표준

2. 재료의 계량
(1) 재료의 계량
① 각 재료는 1배치씩 질량으로 계량하는 것을 원칙으로 한다.
② 계량은 현장배합에 의해 실시
③ 연속믹서를 사용하는 경우는 각 재료를 용적으로 계량 할 수 있다.
④ 혼화제를 녹이는데 사용하는 물이나 혼화제를 묽게 하는데 사용하는 물은 단위수량의 일부로 본다.
⑤ 각 재료는 1배치씩 질량으로 계량 다만, 물과 혼화제 용액은 용적계량해도 좋다.

(2) 재료의 계량 오차

재료의 종류	1회 계량 오차
시멘트, 물	시멘트 (-1%, +2%), 물 (-2%, +1%)
혼화재	±2% 이내
골재, 혼화제	±3% 이내
고로슬래그 미분말의 계량오차 최대치 1%	

3. 콘크리트 믹서 종류
(1) 배치믹서
  ① 중력식 믹서
    1) 가경식 믹서 : 드럼믹서 1분30초 이상 비비기
    2) 드럼믹서
  ② 강제식 믹서
    1) 1측믹서, 2측믹서, 팬형믹서 : 1분 이상 비비기
(2) 연속믹서

4. 콘크리트 비비기
   (1) 미리 정해둔 비비기 시간의 3배 이상 계속하지 않아야 한다.
   (2) 시험을 실시하지 않은 경우 가경식 믹서의 비비기 시간은 1분 30초 이상을 표준으로 한다.
   (3) 시험을 실시하지 않은 경우 강제식 믹서의 비비기 시간은 1분 이상을 표준으로 한다.
   (4) 일반적으로 물은 다른 재료보다 먼저 넣기 시작하나, 강제식 믹서 바닥 배출구를 완전 폐쇄 시킬 수 없는 경우에는 물을 다른 재료보다 늦게 넣어주는 것이 좋다.
   (5) 비비기를 시작하기 전에 미리 믹서 내부에 모르타르를 부착시켜야 하며, 연속 믹서 비비기 시작 후 최초 배출되는 콘크리트는 사용 금지한다.

5. 레디믹스트 콘크리트 제조 및 운반 방법
   (1) 센트럴 믹스트 콘크리트(Central mixed concrete)
       고정믹서에서 재료를 계량하고 완전히 비벼진 콘크리트를 운반하여 공급하는 방식으로 일반적으로 가장 많이 사용(단거리 경우)
   (2) 쉬링크 믹스트 콘크리트(Shrink mixed concrete)
       콘크리트를 어느 정도 비빈 후 트럭믹서에 투입 혼합 후 현장 도착 시 완성된 콘크리트를 공급하는 방식(중거리 경우)
   (3) 트랜싯 믹스트 콘크리트(Transit mixed concrete)
       재료를 직접 트럭믹스에 투입 후 운반도중에 물을 첨가해서 콘크리트를 공급하는 방식(장거리 경우)

6. 레미콘 강도
   (1) 1회의 시험결과는 구입자가 지정한 호칭강도 값의 85% 이상일 것
   (2) 3회의 시험결과의 평균치는 구입자가 지정한 호칭강도 값 이상일 것

7. 레디믹스트 콘크리트 품질관리
   (1) 레디믹스트 콘크리트 규정
       ① 일반적으로 레디믹스트 콘크리트 염소 이온 함유량은 $0.3kg/m^3$ 이하
       ② 레디믹스트 콘크리트의 제조 설비 믹서는 고정믹서를 사용
       ③ 트럭 에지테이너로 운반시 콘크리트 균일성은 콘크리트의 1/4과 3/4 부분에서 각각 시료를 채취해 슬럼프 시험을 하였을 때 양쪽을 슬럼프 차가 30mm 이내가 될 것
       ④ 덤프트럭으로 콘크리트 운반시 운반시간은 혼합하기 시작하고 나서 1시간 이내에 현장(공사지점)에서 배출할 수 있도록 한다.
       ⑤ 골재 저장설비는 콘크리트 최대 출하량의 1일분 이상에 상당하는 골재량을 저장할 수 있는 크기이어야 한다.
       ⑥ 단일구조물, 동일 공구에 타설되는 콘크리트는 향후 하자관계가 불분명해질 우려가 있으므로 가능한 1개 공장의 레디믹스트 콘크리트를 사용한다.
       ⑦ KSF 4009에서 정한 레디믹스트 콘크리트 호칭강도 18, 21, 24, 27, 30, 35, 40, 45,

50, 55, 60(MPa) 등

⑧ 굵은골재 FM 시험은 1회 이상/일, 표면수율 1회 이상/일
잔골재 FM 시험은 1회 이상/일 표면수율 2회 이상/일

(2) 레디믹스트 콘크리트 품질관리(타설전)
① 재료의 계량 오차

재료의 종류	1회 계량 오차
시멘트, 물	시멘트 (-1%, +2%), 물 (-2%, +1%)
혼화재	±2% 이내
골재, 혼화제	±3% 이내
고로슬래그 미분말의 계량오차 최대치 1%	

② 운반시간

운 반 장 비	외 부 온 도
A/T : 1.5hr	25℃ 이상 : 1.5hr 이내
D/T : 1.0hr	25℃이내 : 2.0hr 이내

③ Slump 허용오차

슬 럼 프	슬럼프 허용오차
25	±10 mm
50 ~ 65	±15 mm
80 이상	±25 mm

④ 염화물 함유량
1) 현장에 도착된 레미콘의 시료를 채취하여 콘크리트 속에 함유된 염화물을 측정하여 허용치 이내인지 확인 한다.
2) 염화물 함유량 허용치
  · 허용치 : $0.3kg/m^3$ 이하
  · 구입자의 승인이 있는 경우 : $0.6kg/m^3$ 이하

⑤ 공기량
1) 운반시간에 따른 공기량 손실이 허용치 이내로 관리 한다.
2) 일반 콘크리트 : 4.5% ± 1.5%
3) 경량골재 콘크리트 : 5.5% ± 1.5%
4) 고강도 콘크리트 : 3.5 ± 1.5%

⑥ 슬럼프 플로우의 허용오차

슬럼프 플로우	슬럼프 플로우 허용오차
500mm	±75mm
600mm	±100mm
700mm	±100mm

슬럼프 플로우 700mm에서 굵은골재의 최대치수가 15mm인 경우에 한하여 적용한다.

8. 관리도 및 품질관리 7가지 도구

(1) 관리도

공정의 추진상태를 나타내는 특정치에 대하여 Graph로 그려서 공정이 관리 상태를 파악하는데 사용되며, 관리도 사용시 제일먼저 제품선정이 선행되어야 한다.

(2) 관리도 분류

① 계수형 관리도 적용이론 (이항분포, 푸아송분포)(암기)

  1) P관리도 : 이항분포, 불량률 관리도
  2) Pn관리도 : 이항분포, 불량률 개수 관리도
  3) C관리도 : 푸아송분포, 물품크기 일정시 결점수 관리도
  4) U관리도 : 푸아송분포, 단위당 결점수 관리도

② 계량형 관리도 적용이론(정규분포)

  1) $\overline{X} - R$: 정규분포
  2) $X - R$: 정규분포
  3) $\widetilde{X} - R$: 정규분포
  4) 계량형 관리도는 무게, 길이, 강도 등의 연속량에 따른 공정관리에 사용

③ 관리도의 범위 R

  $R = X_{max} - X_{min}$

  여기서, X_{max} : 압축강도 시험치 최대값
  X_{min} : 압축강도 시험치 최소값

(3) 관리도의 판독

① 안전한 관리 상태인 경우

  1) 관리한계선 밖에 분포하는 점이 없다.
  2) 점의 배열상태에 어떤 특이한 경향이 없다.
  3) 중심선의 상·하에 대체로 같은 수의 점이 분포한다.

② 불안전한 관리 상태인 경우

  1) 점이 중심선의 어느 한 측에 연속으로 배열되는 경우
  2) 점의 배열이 상승 또는 하강하는 경향을 나타내는 경우
  3) 점의 배열에 주기적인 경향을 나타내는 경우

4) 모든 점이 중심선 부근에 집중하는 경향을 나타내는 경우
5) 점의 관리한계선 가까이에 배열되는 경우
6) 관리한계선에 근접하는 점이 거의 없는 경우
7) 중심선의 어느 한 편에 많은 수의 점이 배열되는 경우

(4) 품질관리 7가지 도구
① 히스토그램(Histogram)
   1) 막대그래프 형식으로 작성된 도수분포도로 데이터의 분포 상태를 파악
   2) 히스토그램(Histogram)으로 얻을 수 있는 효과
      가. 분포의 모양을 조사가능
      나. 공정능력을 조사가능
      다. 층별 비교 가능
      라. 규격 또는 표준치와 비교 가능

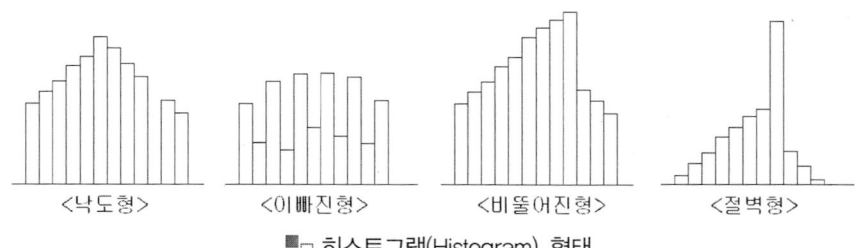

■ 히스토그램(Histogram) 형태

② 파레토도(Pareto Diagram)
   불량 등 발생 건수를 분류 항목별로 나눠서 크기순서대로 나열해 놓은 그림 결과와 원인 분석 후 문제점을 발견하기 위한 그래프
③ 특성요인도(Causes & Effects Diagram)
   결과(특성)에 원인(요인)이 어떻게 관계하고 있는가를 한눈으로 알 수 있도록 작성한 그림으로 생선뼈 그림이라고 한다.

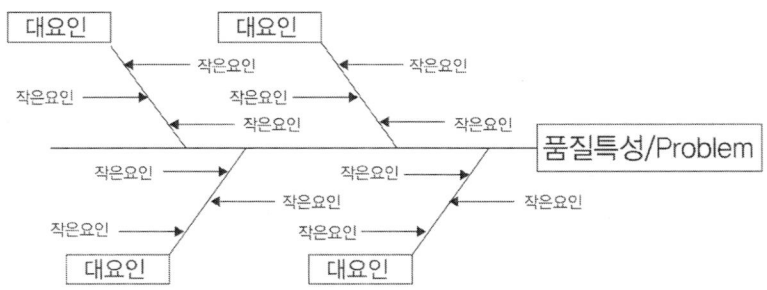

④ 산포도(산점도, Scatter Diagram)
   대응하는 한 쌍(Couple)으로 된 Data를 Graph용지위에 점으로 나타낸 그림으로 품질특성과 이에 영향을 미치는 두 종류의 상호관계를 파악

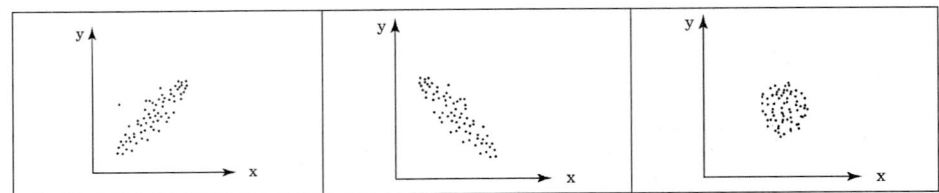

⑤ 체크 시트(Check Sheet)

결점수, 불량수 등의 Data가 주로 어느 항목에 집중되어 있는가를 쉽게 알아볼 수 있도록 나타낸 그림

⑥ 층별(Stratification)

1) 오류의 원인을 몇 개의 소그룹으로 분류하여 문제점을 발견하는 기법
2) 집단을 구성하는 데이터로 부터 특징별로 몇 개의 부분집단으로 나누는 것

⑦ 각종 그래프

1-5 주요핵심문제
콘크리트 품질관리 및 검사

01 재료의 계량 허용오차 중 옳지 않은 것은?
[02.03.04 · 07.08.09.12.14.15.17 기사]
① 물 : 1% ② 골재 : 2%
③ 혼화재 : 2% ④ 혼화제 용액 : 3%

해설

계량오차의 허용범위

재료의 종류	허용오차(%)
물	1
시멘트	1
골재	3
혼화제(용액)	3
혼화재	2

02 일반 콘크리트의 비비기에서 강제식 믹서일 경우 믹서 안에 재료를 투입한 후 비비는 시간의 표준은 어느 것인가?
[03.07.10.12.15.16 기사]
① 30초 이상 ② 1분 이상
③ 1분 30초 이상 ④ 2분 이상

해설

일반 콘크리트 비비기
1) 가경식 믹서일 때 : 1분 30초 이상
2) 강제식 믹서일 때 : 1분 이상

03 일반 콘크리트의 비비기는 미리 정해둔 비비기 시간의 최대 몇 배 이상 계속 해서는 안 되는가? [00.04.11.15.16.17.18 기사]
① 2배 ② 3배
③ 4배 ④ 5배

해설

비비기
비비기는 미리 정해둔 비비기 시간의 3배 이상 계속하지 않아야 한다.

04 외기온도가 25℃를 초과하고 지연제의 사용 등 특별한 조치를 하지 않은 일반 콘크리트 비비기에서 치기가 끝날 때까지 허용되는 최대시간은?
[04 · 09 · 10 · 11 · 14 기사]
① 1.5시간 ② 2시간
③ 2.5시간 ④ 3시간

해설

비비기부터 타설이 끝날 때까지의 시간
1) 외기온도가 25℃ 이상일 때 : 1.5시간이내
2) 외기온도가 25℃ 미만일 때 : 2시간 이내

05 콘크리트 비비기로부터 타설이 끝날 때 까지의 시간 한도를 바르게 설명한 것은?
[05 · 10 기사]
① 외기온도가 25℃ 이상일 때에는 120분이내, 외기온도가 25℃ 미만일 때에는 150분 이내
② 외기온도에 상관없이 90분 이내
③ 외기온도가 25℃ 이상일 때에는 90분이내, 외기온도가 25℃ 미만일 때에는120분 이내
④ 외기 온도에 상관없이 120분 이내

해설

외기온도가 25℃ 이상일 때에는 90분 이내, 외기온도가 25℃ 미만일 때에는 120분 이내로 규정한다.

정답 01 ② 02 ② 03 ② 04 ① 05 ③

06 믹서로 콘크리트를 혼합하는 경우 콘크리트의 혼합시간과 압축강도, 슬럼프 및 공기량의 관계를 설명한 것으로 틀린 것은?
[01.04.06.11 기사]
① 혼합시간이 짧으면 압축강도가 작을 우려가 있다.
② 혼합시간을 너무 길게 하면 골재가 파쇄되어 강도가 저하될 우려가 있다.
③ 어느 정도 이상 혼합하면 소정의 슬럼프가 얻어지며 추가의 혼합에 의한 슬럼프의 변화는 크지 않다.
④ 공기량은 적당한 혼합시간에서 최소값을 나타내며 혼합시간이 길어지면 다시 증가하는 경향이 있다.

해설
공기량은 적당한 혼합시간에서 최대값을 나타내며, 혼합시간이 길어지면 공기량이 감소한다.

07 매일 생산되는 레미콘 공장의 품질 변동상황을 알기 위해 사용되는 통계적 수법으로 적합한 것은? [10.14 기사]
① 관리도 ② 산점도
③ 파레토도 ④ 체크시트

해설
콘크리트 품질변동 상황을 알기위해서는 계량형 관리도를 사용한다.
1) $\overline{X} - R$: 정규분포
2) $X - R$: 정규분포

08 다음 관리도의 종류에서 정규분포이론이 적용되지 않는 것은? [09.11.14 기사]
① P 관리도(불량률 관리도)
② x 관리도(측정값 자체의 관리도)
③ $\overline{x} - R$관리도(평균값과 범위의 관리도)
④ $\overline{x} - \sigma$관리도(평균값과 표준편차의 관리도)

해설
P관리도는 이항분포 이론을 적용한다.

09 $\overline{x} - R$ 품질관리도에서 1조의 측정치가 9, 7, 12, 13의 값을 가지며 2조의 측정치가 8, 9, 10, 11의 값을 가질 때 중심(CL)의 값은? [09.14 기사]
① 9.75 ② 9.88
③ 10.25 ④ 10.50

해설
1) 1조 $\overline{x} = \dfrac{9+7+12+13}{4} = 10.25$
2) 2조 $\overline{x} = \dfrac{8+9+10+11}{4} = 9.5$
∴ $CL = \overline{\overline{x}} = \dfrac{10.25 + 9.5}{2} = 9.88$

10 관리도에 의해 공정관리를 할 때 안정상태라고 볼 수 없는 경우는? [10·12 기사]
① 연속 35점 중 1점이 관리한계선을 벗어났을 때
② 관리한계선 내의 연속 3점이 연속적으로 상승하였을 때
③ 점들의 나열된 방향이 이상이 없을 때
④ 점이 관리한계선 내에 있으나 점들이 한계선에 접하여 자주 나타날 때

해설
불안정한 관리상태
1) 점이 중심선 부근에 집중하는 경향을 나타내는 경우
2) 점이 관리 한계선 가까이에 배열되는 경우
3) 점의 배열이 상승 또는 하강하는 경향을 나타내는 경우
4) 점이 중심선의 어느 한 측에 연속으로 배열되는 경우

정답 06 ④ 07 ① 08 ① 09 ② 10 ④

1-6 콘크리트의 시공

1. 콘크리트 비비기
(1) 콘크리트 비비기에 사용되는 물은 다른 재료보다 먼저 넣어주고 다른 재료의 투입이 끝난 후 조금 지난 뒤에 물을 넣어준다.
(2) 비비기 시간
  ① 가경식 믹서 : 1분30초 이상
  ② 강제식 믹서 : 1분 이상
(3) 비비기로부터 타설이 끝날 때까지의 시간

외 기 온 도	비비기로부터 타설이 끝날 때까지의 시간
25℃ 이상	1.5 시간
25℃ 미만	2.0 시간

2. 콘크리트 운반
(1) 콘크리트 운반시간

운 반 장 비(KS 규정)	외 부 온 도(시방서 규정)
A/T : 1.5hr	25℃ 이상 : 1.5 hr 이내
D/T : 1.0hr	25℃ 이내 : 2.0 hr 이내

(2) 콘크리트 운반방법
  ① 운반차
   1) 운반거리가 멀거나 슬럼프가 큰 콘크리트의 경우에는 애지테이터 등의 설비를 갖춘 운반차로 사용한다.
   2) 슬럼프가 50mm 이하의 된반죽 콘크리트를 10km 이내 장소에 운반하는 경우나 1시간 이내에 운반 가능한 경우 덤프트럭으로 운반한다.
  ② 콘크리트 펌프 운반
   1) 지름 100~150mm 수송관을 사용하여 펌프로 콘크리트를 압송하며 굵은 골재 최대치수 40mm, 슬럼프 범위는 100~180mm에 적용
   2) 펌퍼빌리티(Pumpability)는 가압블리딩 시험과 변형성 시험에 의하여 판정한다.
   3) 펌프의 최대 소요압력은 다음식에 의하여 구한다.
      펌프최대소요압력(P_{max})=(수평관 1m당 관내 압력손실)×(수평환산거리)
   4) 콘크리트 펌프 운반시 수송관내 압력손실을 줄이기 위해서는 슬럼프 값을 크게 하고, 수송관 직경이 클수록 압력손실을 줄이는데 유리하다.
   5) 펌프카는 콘크리트를 연속적으로 압송할 수 있어 재료분리의 우려가 없다.

6) 펌프카 타설능력은 15~30m³/hr인 것을 많이 사용한다.
7) 펌퍼빌리티가 좋은 굳지 않은 콘크리트 3가지 성질
   가. 직선관속을 활동하는 유동성의 확보
   나. 곡관이나 테이퍼관을 통과할 때의 변형성의 확보
   다. 관내 압력의 시간적, 위치적 변동에 대한 분리저항성
8) 펌프 압송시 콘크리트 펌프의 최대 이론 토출압력에 대한 최대 압송부하의 비율이 80% 이하로 펌퍼빌리티를 설정 한다.
9) 펌프를 사용하는 콘크리트의 경우 잔골재율은 펌프를 사용하지 않는 경우에 비하여 2~5% 정도 크게 하는 것이 좋다.

③ 벨트 컨베이어
1) 콘크리트를 연속으로 운반하는데 사용이 편리하다.
2) 된 반죽 콘크리트 운반에 적합하다.
3) 콘크리트의 슬럼프 50~80mm의 범위가 적당하다.

④ 슈트
1) 연직슈트는 깔때기 등을 이용해서 만들고 높은 곳에서 낮은 곳으로 콘크리트 타설시 이용
2) 경사슈트는 재료분리를 일으키기 쉬워서 될 수 있는 대로 사용하지 않도록 한다.

3. 콘크리트 타설전 점검사항

(1) 거푸집 및 동바리 점검사항
① 거푸집의 점검사항
1) 형상 및 치수
2) 콘크리트 새어나오지 않는 구조일 것
3) 내구성 확보
4) 경량구조
5) 거푸집 내면에 박리제 바름

② 동바리의 점검사항
1) 연결부 조임 철저
2) 변형 및 이상 유무
3) 동바리 회전 유무
4) 개수 및 설치간격 이상 유무
5) 동바리 좌굴
6) 침하발생 방지하고 견고하게 설치

(2) 거푸집 및 동바리의 구조계산
① 연직방향 하중
1) 고정하중

가. 철근 콘크리트와 거푸집의 무게를 합한 하중
나. 철근 콘크리트 단위질량
   ($24.5kN/m^3$) + 거푸집하중(최소 $0.4kN/m^2$ 이상)
2) 활하중
   가. 작업원, 장비하중, 자재 및 공구 등의 시공 및 충격하중
   나. 활하중(최소 $2.5kN/m^2$ 이상)
3) 고정하중 + 활하중 합한 수직하중 최소 $5.0kN/m^2$ 이상 고려함.
② 수평방향 하중
   1) 동바리 : 고정하중의 2%이상 또는 $1.5kN/m$ 이상 중 큰 값이 작용하는 것으로 가정
   2) 옹벽 거푸집 : $0.5kN/m^2$ 이상

(3) 콘크리트 측압 증대 요인
① 재료 및 배합
   1) W/C가 높은 경우
   2) 슬럼프가 높은 경우
   3) 단위수량이 클 경우
   4) 부배합 시공(단위수량이 증가)
② 시공 및 기타
   1) 부어넣기 속도가 빠른 경우
   2) 진동 다짐시 과한 경우
   3) 부재단면이 두꺼운 경우
   4) 온도가 낮을 경우
   5) 거푸집의 투수성이 적을수록.
   6) 철근량이 적을수록

(4) 콘크리트 이음(줄눈)
① 줄눈의 시공 목적은 온도변화, 건조수축, Creep 등 2차 응력에 의한 균열을 방지할 목적 구조물에 의도적으로 이음(줄눈)부분을 두게 한 것이다.
② 줄눈의 종류
   1) Construction Joint (시공이음)
   2) Expansion Joint (신축이음) : 분리이음
   3) Contraction Joint (수축줄눈) : 균열유발줄눈
③ 시공이음
   1) 기능상 필요한 것이 아니라 시공상 필요에 의해서 부득이 콘크리트 타설이음부를 주는 것으로 가능한 이음이 발생 되지 않도록 하는 것이 좋으며, 부득이 이음을 하게 될 경우는 신축이음 또는 수축줄눈 위치와 일치시켜서 시공 할 수 있도록

하는 것이 좋다.
2) 시공 이음 시공 시 유의사항
   가. 전단력 작은 위치 설치
   나. 부재 압축력 작용 방향과 직각이 되도록 시공이음 설치
   다. 전단력 큰 곳에 설치시 철근 보강
   라. 1회 타설량과 시공순서에 무리가 없는 곳
   마. 철근으로 보강하는 경우에 철근 정착 길이는 콘크리트와 철근의 부착강도가 충분히 확보되도록 철근지름의 20배 이상으로 한다.
   바. 시공이음부에 지수판 또는 수팽창 지수재 설치
   사. 해양콘크리트 만조위로부터 0.6m위와 간조위로부터 0.6m 아래 사이에는 시공이음 피할 것
   아. 시공이음부에 홈 또는 장부(요철)를 둔다.
   자. 일반적으로 연직시공이음부의 거푸집 제거시기
      - 여름에는 콘크리트 타설 후 4~6시간 정도
      - 겨울에는 콘크리트 타설 후 10~15시간 정도로 한다.
   차. 아치의 시공이음은 아치축에 직각방향이 되도록 설치하여야 한다.
   카. 바닥틀의 시공이음은 슬래브 또는 보의 경간 중앙부 부근에 설치하는 것이 좋다.
   타. 바닥틀과 일체로 된 기둥 또는 벽의 시공이음은 바닥틀과의 경계부근에 설치하는 것이 좋다.
   파. 보가 작은보와 교차시 작은보 폭의 2배 거리만큼 떨어진 곳에 보의 시공이음을 설치한다.

④ 신축이음(Expansion Joint)
   1) 온도변화 및 신축활동에 따른 콘크리트 응력 수용하는 목적으로 설치
   2) 양쪽의 구조물 혹은 부재가 구속되지 않는 구조이어야 한다.★★★
   3) 분리된 양쪽 구조물에 대한 일체거동을 유도 및 전단력 보강위한 다웰바(전단연결재) 시공
   4) 신축 이음의 간극에 채움재(Joint Filler)를 사용한다.
   5) 수밀이 필요한 구조물에서는 신축성 있는 지수판을 사용한다.

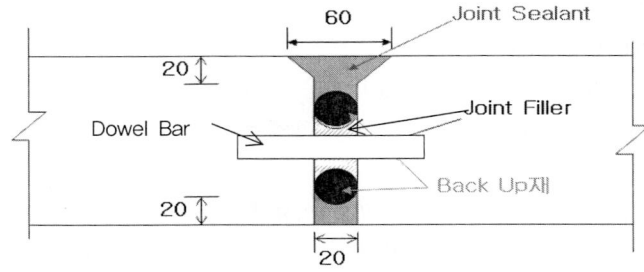

⑤ 수축줄눈 (Contraction Joint)
   1) 2차 응력 (온도변화, 건조수축)에 의한 균열방지 목적으로 소정간격으로 단면의 결손부를 설치
   2) 균열유발줄눈 이라고도 하며 4~5m 내외 간격으로 설치하며 단면 결손부 폭을 확보하기 위해서 구조물 단면 중앙부에 PVC 파이프를 설치하기도 함.
   3) 균열유발줄눈의 간격은 콘크리트 1회 치기 높이의 1~2배 정도 또는 4~5m 정도로 한다.
   4) 단면 결손율은 35% 이상으로 할 필요가 있고, 균열유발 후에 원칙적으로 보수한다.

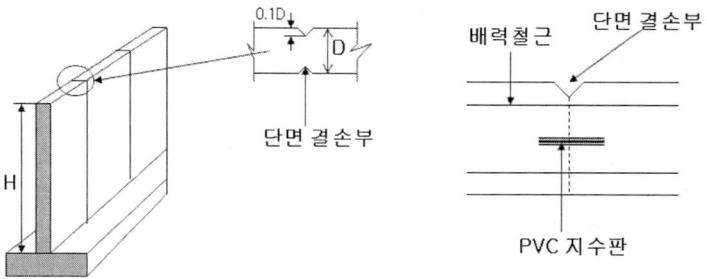

⑥ Cold Joint(시공이음)
   1) 콜드조인트란 시공계획에 의한 Joint가 아닌 시공부주의에 의해 발생한 Joint로 콘크리트 타설 온도가 25℃ 이상에서 2시간 이상 25℃ 이하에서 2.5시간이 지난 후 이어치기를 할 경우 시공부주의에 의해 발생되는 Joint이다.
   2) Cold Joint 문제점
      가. 이음부 내구성 및 수밀성 저하
      나. 누수의 발생
      다. 철근 부식
   3) Cold joint 발생원인
      가. Con'c 타설시 외부온도 25℃이상 상태에서 2hr 이상 콘크리트 타설 지연
      나. 기상변화(강우, 강설 등)로 인한 콘크리트 타설 중단 후 이어치기
      다. A/T 장시간 대기 상태 후 재료분리 상태에서 콘크리트 타설
      라. Massive한 구조물에서 과도한 수화열 발생
      마. 분말도 높은 Cement 사용
      바. 교통장애로 D/T 지연
   4) Cold Joint 시공 대책
      가. 구 타설면과 신타설면 100mm 이상 교차 진동다짐 (Vibrator) 철저
      나. 치기전 타설면 Chipping후 물 청소
      다. 사전에 자재, 장비, 인원, 우천에 대비 계획 수립
      라. Cold Joint 방지할 수 있는 이어치기 활용시간의 한도 준수
      마. 응결지연제 사용

4. 콘크리트 타설

(1) 연속치기, 한곳에 집중적으로 콘크리트 타설을 피하고, 치기속도 및 순서 준수
(2) 철근 및 매설물의 배치나 거푸집이 변형 및 손상되지 않도록 한다.
(3) 한 구획 내의 콘크리트는 타설이 완료될 때까지 연속 타설을 해야 한다.
(4) 콘크리트는 한 구획 내에서 거의 수평이 되도록 타설하는 것을 원칙으로 한다.
(5) 슈트, 펌프배관, 버킷, 호퍼 등의 배출구와 타설면의 높이는 1.5m 이하를 원칙으로 한다.
(6) 벽 또는 기둥과 같이 높이가 높은 콘크리트를 연속해서 타설시 콘크리트를 쳐 올라가는 속도는 일반적으로 1~1.5m/30분 정도로 하는 것이 좋다.
(7) 콘크리트를 2층 이상으로 나누어 타설할 경우, 하층의 콘크리트가 굳기 시작하기 전에 상층부를 타설해야 한다.
(8) 일반적으로 콘크리트 타설은 먼 곳에서 가까운 곳으로 타설한다.
(9) 타설 도중에 심한 재료분리가 생겼을 경우에는 이러한 콘크리트를 타설 작업에 사용하지 않는다.
(10) 재 진동을 할 경우에는 콘크리트에 나쁜 영향이 생기지 않도록 초결이 일어나기 전에 실시하여야 한다.
(11) 콜드조인트 방지를 위한 콘크리트 허용 이어치기 시간

외 기 온 도	허용 이어치기 시간간격
25℃ 초과	2.0 시간
25℃ 이하	2.5 시간

5. 콘크리트 다짐

(1) 내부진동기 사용을 원칙적으로 한다.
(2) 콘크리트 타설 직후 바로 충분히 다진다.
(3) 내부 진동기 사용 방법
   ① 내부 진동기를 하층 콘크리트 속으로 0.1m 정도 찔러 다진다.
   ② 진동기는 연직으로 찔러 다지며 삽입 간격은 0.5m 이하로 한다.
   ③ 1개소 당 진동시간은 5~15초로 한다.
   ④ 진동기를 뽑아 올릴 때는 천천히 빼 구멍이 생기지 않게 한다.
   ⑤ 1대의 내부 진동기로 다지는 콘크리트 용적은 소형의 경우 4~8m³/hr, 대형은 30m³/hr 정도를 다질 수 있다.

6. 콘크리트 표면 마무리

(1) 마무리에는 나무흙손이나 적절한 마무리 기계를 사용해야 한다.
(2) 마무리에 쇠흙손을 사용하면 표면에 물이 모여들고 균열이 발생하기 쉬우므로 나무흙손이나 적절한 마무리 기계를 사용
(3) 다짐을 끝내고 거의 소정의 높이와 형상으로 된 콘크리트의 윗면으로 스며 올라온 물이

없어진 후 표면마무리 한다.
(4) 매끄럽고 치밀한 표면이 필요할 때는 작업이 가능한 범위에서 될 수 있는 대로 늦은 시기에 쇠손으로 강하게 힘을 주어 콘크리트 윗면을 마무리 한다.
(5) 마무리 작업 후 콘크리트가 굳기 시작할 때 일어나는 균열은 다짐 또는 재 마무리에 의해서 제거하며, 필요시 재다짐을 한다.
(6) 마모를 받는 면의 경우에는 물시멘트비가 작은 콘크리트를 꼼꼼하게 다져서 매끈하게 마무리한 후 양생해야 한다. 그러나 포장콘크리트의 경우는 미끄럼 저항성을 크게 하기 위해 거친면 마무리를 한다.
(7) 콘크리트 마무리의 평탄성

콘크리트 면의 마무리	평탄성
마무리 두께 7mm 이상 또는 바탕의 영향을 받지 않는 마무리의경우	1m 당 10mm 이하
마무리 두께 7mm 이하 또는 양호한 평탄함이 필요한 경우	3m 당 10mm 이하
제물치장 마무리 또는 마무리 두께가 얇은 경우	3m 당 7mm 이하

7. 콘크리트 양생(Curing)
(1) 콘크리트를 타설한 후 소요기간까지 경화에 필요한 온도, 습도조건을 유지하며 유해한 작용의 영향을 받지 않도록 보호하는 작업을 양생이라 한다.
(2) 양생 공법 분류 및 특징
　① 습윤 양생(Wet Curing)
　　1) Sheet 보양, 거적 또는 살수
　　2) Sprinkler 이용
　　3) 타설 전 거푸집 등에 살수하여 건조방지
　② 습윤 양생기간의 표준

일평균 기온	조강 포틀랜드 시멘트	보통 포틀랜드 시멘트	고로 슬래그 시멘트 플라이 애시 시멘트 B종
15℃ 이상	3일	5일	7일
10℃ 이상	4일	7일	9일
5℃ 이상	5일	9일	12일

　③ 증기양생(Steam Curing)
　　1) 증기양생은 거푸집을 빨리 제거하고 단시일 내에 소요강도를 발현시키기 위해 고온으로 증기 양생하는 공법으로 촉진양생 방법이다
　　2) 상압증기양생(저압증기양생)
　　　가. 대기압 이하의 압력으로 콘크리트 타설 후 2~3시간 경과 이후부터 증기양생
　　　나. 증기가 직접 닿지 않도록 하고 최대온도 65℃ 될 때까지 시간당 20℃가 넘지 않도록 관리

다. 증기 양생 종료시 온도하강은 시간당 20℃가 넘지 않도록 하고 외기온도보다. 10℃ 높아질 때까지 계속관리
라. 증기양생 완료 후 최소 2일까지는 보온천막 제거 금지
3) 고압증기양생(Autoclave 양생)
가. 내경 2.5~4m, 길이 40~60m인 고온 고압용기에 콘크리트 제품을 넣고 대기압보다 높은 압력으로 통상 180℃의 수증기를 사용해서 1MPa(10기압)의 압력으로 양생한다.
나. 고압증기 양생은 표준온도로 양생한 콘크리트에 비해서 수축률이 다소 감소하는 경향이 있다.
다. 황산염에 대한 저항성이 향상된다.
라. 보통 양생한 것에 비해 철근의 부착강도가 약 1/2이 된다.
④ 피막양생
1) 콘크리트 표면에 피막 양생제를 뿌려 막을 형성시켜 수분 증발을 방지
2) 용도 : Concrete 포장, 넓은 면적의 Slab Concrete
3) 양생제 종류 : 유지계, 수지계
⑤ 온도 냉각 양생
1) Pre-Cooling은 Concrete의 재료 일부 또는 전부를 미리 냉각시켜서 Concrete온도를 내리는 공법
2) Pre-Cooling 냉각방법
가. 굵은 골재 : 골재 BIN에 냉각수(1~4℃) 순환시켜 냉각
나. 물에 얼음을 넣어서 혼합, 비비기가 끝나기 전 완전히 녹임
3) Pipe-Cooling 콘크리트 타설 후 수화열로 인한 온도응력에 의해 온도균열이 발생하는 콘크리트 구조물(Mass Concrete)에서 수화열 억제대책으로 사용
4) Pipe-Cooling 공법의 특징
가. Concrete 온도제어가 용이
나. 시공이 번거롭다
다. 냉각 Pipe, 이음부 Grouting 처리비용이 고가

8. 거푸집 및 동바리 해체

(1) 거푸집 및 동바리의 해체 시기 및 순서는 시멘트의 성질, 콘크리트의 배합, 구조물의 중요도, 부재의 종류, 크기, 하중, 등을 고려하여 결정한다.
(2) 콘크리트의 압축강도 시험할 경우 거푸집 해체시기

부 재	콘크리트 압축강도
확대기초, 보 옆, 기둥, 벽 등의 측벽	5MPa 이상
슬래브 및 보의 밑면, 아치 내면	설계기준 압축강도 ×2/3이상 또는 14MPa 이상

(3) 거푸집널의 존치기간 중 평균 기온이 10℃ 이상인 경우 압축강도 시험을 하지 않을 경우 (기초, 보 옆, 기둥 및 벽의 측벽)거푸집 해체시기

시멘트의 종류 평균기온	조강 포틀랜드 시멘트	보통 포틀랜드 시멘트 고로 슬래그 시멘트(특급) 포틀랜드 포졸란 시멘트(A종) 플라이 애시 시멘트(A종)	고로 슬래그 시멘트(1급) 포틀랜드 포졸란 시멘트(B종) 플라이 애시 시멘트(B종)
20℃ 이상	2일	4일	5일
20℃ 미만 10℃ 이상	3일	6일	8일

1-6 주요핵심문제
콘크리트 시공

01 콘크리트 진동다지기에서 내부진동기 사용방법의 표준으로 틀린 것은?
 [04,05,06,07,10,11,12,13,14,16,17 기사]
① 2층 이상으로 나누어 타설한 경우 상층 콘크리트의 다지기에서 내부진동기는 하층의 콘크리트 속으로 찔러 넣어야 한다.
② 내부진동기의 삽입간격은 일반적으로 0.5m 이하로 하는 것이 좋다.
③ 1개소당 진동시간은 다짐할 때 시멘트 페이스트가 표면 상부로 약간 부상할 때까지 한다.
④ 내부진동기는 콘크리트를 횡방향으로 이동시킬 목적으로 사용하지 않아야 한다.

해설

내부진동기 사용방법의 표준
1) 하층의 콘크리트 속으로 0.1m 정도 찔러 넣는다.
2) 내부진동기는 연직으로 찔러 넣으며, 삽입 간격은 0.5m 이하로 한다.
3) 1개소당 진동시간은 5~15초
4) 콘크리트를 타설한 후 즉시 거푸집의 외측을 가볍게 두드려서 콘크리트를 거푸집 구석구석까지 잘 채워지도록 한다.

02 거푸집의 높이가 높아 슈트, 펌프 배관, 버킷, 호퍼 등으로 콘크리트를 타설 시 배출구와 타설면 까지의 높이는 몇 m 이하로 하는가? [07,10,13 기사]
① 1m   ② 1.5m
③ 2.0m   ④ 2.5m

해설

콘크리트를 타설시 배출구와 타설면까지의 높이는 1.5m 이하로 규정한다.

03 일반 콘크리트 치기에 대한 설명으로 잘못된 것은? [03,07,04,12,13,15,17 기사]
① 타설한 콘크리트를 거푸집 안에서 횡방향으로 이동시켜서는 안 된다.
② 한 구획 내의 콘크리트 타설이 완료될 때까지 연속해서 타설해야 한다.
③ 콘크리트는 그 표면이 한 구획 내에서는 거의 수평이 되도록 타설하는 것을 원칙으로 한다.
④ 콘크리트 타설 도중 표면에 떠올라 고인 블리딩수가 있을 경우는 콘크리트 표면에 도랑을 만들어 물을 제거한 후 콘크리트를 타설해야 한다.

해설

콘크리트 치기 도중 표면에 떠올라 고인 블리딩수가 있을 경우에는 적당한 방법으로 이 물을 제거한 후 그 위에 콘크리트를 타설한다.

04 보통 포틀랜드 시멘트를 사용한 경우 콘크리트의 표준 습윤양생 기간은? (단, 일평균기온이 10°C 이상이고 15°C 미만인 경우)
 [00,03,05,06,09,11,16,17,18 기사]
① 1일 이상   ② 3일 이상
③ 5일 이상   ④ 7일 이상

해설

습윤양생 기간의 표준

일평균 기온	조강 P.C	보통 P.C	고로슬래그및플라이애시 시멘트 B종
15°C 이상	3일	5일	7일
10°C 이상	4일	7일	9일
5°C 이상	5일	9일	12일

정답 01 ① 02 ② 03 ④ 04 ④

05 콘크리트의 치기온도를 낮추기 위하여 콘크리트용 재료를 냉각시키는 것을 나타내는 용어는? [05.11.16 기사]
① 프리쿨링(pre-cooling)
② 프리웨팅(pre-wetting)
③ 파이프쿨링(pipe cooling)
④ 프리캐스팅(pre-casting)

해설

콘크리트용 재료(물, 골재)를 사전에 냉각시키는 방법을 프리쿨링이라고 한다.

06 고압증기 양생한 콘크리트에 대한 설명으로 틀린 것은? [04.10.11.12.14.15.16.17기사]
① 고압증기 양생한 콘크리트는 어느 정도의 취성을 갖는다.
② 고압증기 양생한 콘크리트는 보통 양생한 것에 비해 철근의 부착강도가 약 1/2이 되므로 철근콘크리트 부재에 적용하는 것은 바람직하지 못하다.
③ 고압증기 양생한 콘크리트는 보통 양생한 것에 비해 백태현상이 감소된다.
④ 고압증기 양생한 콘크리트는 보통 양생한 것에 비해 열팽창계수와 탄성계수가 매우 작다.

해설

고압증기양생(오토클레이브 양생)
1) 표준양생의 28일 강도를 약 24시간 만에 달성할 수 있다.
2) 용해성의 유리석회가 없기 때문에 백태현상이 감소된다.
3) 열팽창계수와 탄성계수는 고압증기 양생에 따른 영향을 받지 않는다.
4) 보통 양생한 것에 비해 철근 부착강도가 약 $\frac{1}{2}$로 감소되므로 철근콘크리트 부재에 적용하는 것은 바람직하지 못하다.
5) 양생온도를 높게하면 단기강도는 증가하나 장기강도가 감소하면서 수축과 균열이 발생된다.
6) 황산염에 대한 저항성이 향상된다.

07 거푸집 및 동바리의 구조계산에 관한 설명으로 옳지 않은 것은? [09.11.13.14 기사]
① 고정하중은 철근 콘크리트와 거푸집의 중량을 고려하여 합한 하중이며, 철근의 중량을 포함한 콘크리트의 단위중량은 보통 콘크리트에서는 24kN/m³이상을 적용하고, 거푸집 하중은 최소 0.4kN/m²이상을 적용한다.
② 활하중은 작업원, 경량의 장비하중, 기타 콘크리트 타설에 필요한 자재 및 공구 등의 시공하중, 그리고 충격하중을 포함한다.
③ 동바리에 작용하는 수평방향 하중으로는 고정하중의 2% 이상 또는 동바리 상단의 수평방향 단위길이당 1.5kN/m 이상중에서 큰 쪽의 하중이 동바리 머리 부분에 수평방향으로 작용하는 것으로 가정한다.
④ 벽체 거푸집의 경우에는 거푸집 측면에 대하여 5.0kN/m² 이상의 수평방향 하중이 작용하는 것으로 본다.

해설

거푸집 및 동바리 구조계산 벽체 거푸집의 경우에는 거푸집 측면에 대하여 0.5kN/m² 이상의 수평방향 하중이 작용하는 것으로 본다.

08 철근 콘크리트에서 거푸집을 떼어내도 좋은 시기를 압축강도의 값으로 할 경우 기둥, 벽, 보의 측면인 경우 최소 얼마의 값이면 떼어 내도 좋은가? (03.10.16 기사)
① 2MPa
② 5MPa
③ 4.4MPa
④ 5.5MPa

해설

부 재	콘크리트 압축강도
확대기초, 보 옆, 기둥, 벽 등의 측벽	5MPa 이상
슬래브 및 보의 밑면, 아치 내면	설계기준 압축강도 ×2/3이상 또는 14MPa이상

정답 05 ① 06 ④ 07 ④ 08 ②

09 콘크리트 구조물은 온도변화, 건조수축 등에 의해서 균열이 발생되기 쉽다. 이러한 이유로 균열을 정해진 장소에 집중시킬 목적으로 단면결손부를 설치하는데 이것을 무엇이라고 하는가? (03.07.13 기사)
① 균열유발줄눈　② 시공이음
③ 신축이음　　　④ 콜드조인트

해설
균열유발줄눈(수축이음)에 대한 설명이다.

정답 09 ①

1-7 특수 콘크리트

1. 경량골재 콘크리트

(1) 경량골재 콘크리트는 인공 경량골재를 사용한 콘크리트로서 기건단위질량이 1,400~2,000kg/m³ 인 콘크리트를 말하며, 경량콘크리트의 공기량은 보통 콘크리트에 비해 크게 하는 것을 원칙이다.

(2) 시공시는 일반 보통 콘크리트와 거의 같고 다른 차이점
　① 골재의 Pre-wetting 필요
　② AE제 사용

(3) 경량 콘크리트의 종류
　① 경량 골재 콘크리트 : 경량골재를 사용한 콘크리트
　② 경량 기포 콘크리트 : 기포제를 사용한 콘크리트
　③ 무세골재 콘크리트 : 잔골재를 사용하지 않거나 제한한 콘크리트

(4) 경량골재 종류
　① 팽창 고로 Slag
　② 팽창 질석
　③ Fly-ash
　④ 석탄회
　⑤ 팽창혈암, 팽창점토

(5) 경량 콘크리트 재료, 배합 및 시공관리 사항
　① 경량골재는 강도 높고, 입도 양호, 반응성 골재 배제하며, 사전에 Prewetting 실시
　② 굵은골재 최대치수는 원칙적으로 20mm로 한다.
　③ Slump는 50~180mm 이하 단위시멘트량 최소값은 300kg/m³
　④ 물시멘트비 60% 이하로 하고 수밀성 기준시 : 55% 이하
　⑤ 공기량은 동해우려가 있어 보통 콘크리트보다 1% 정도 크게 한다.
　⑥ 경량콘크리트 진동다짐시 골재밀도가 작아 골재가 부상하고 모르타르가 침하하는 재료분리 발생확률이 크다.
　⑦ 경량골재 콘크리트를 보통콘크리트에 비해 진동기를 찔러 넣는 간격을 작게 하고 진동주는 시간을 약간 길게 해서 다져야 한다.
　⑧ 경량골재는 흡수율이 큰 상태로 배합설계시 콘크리트의 품질변동을 크게 할 우려가 있으므로 사전에 골재를 프리웨팅(Pre-wetting) 시키는 방법이 필요하다.

2. 한중 콘크리트

(1) 일평균기온이 4℃ 이하에서는 콘크리트 응결경화반응이 몹시 지연되어 한밤중이나 새벽 뿐만 아니라 낮에도 콘크리트가 어는 경우가 있다. 이러한 동결현상을 막으려고 시공하는 것이 한중콘크리트이다

(2) 그러므로 콘크리트가 얼지 않도록 주의하고, 추운 날씨에도 원하는 품질이 얻어지도록 재료, 배합, 운반, 치기, 양생 과정에 세심한 콘크리트 관리가 필요하다.

(3) 한중 Concrete의 문제점
   ① 응결, 경화에 시간이 걸리고
   ② 초기 수화반응이 정지 또는 지연됨으로 장기강도증진이 완전하게 발현되지 못함.
   ③ 초기 동해가 되면 Cement의 화학반응이 정상이 되지 않아 양생완료 후에도 소요의 강도, 수밀성, 내구성 저하되며 노화촉진
   ④ 특히 한중 Concrete는 거푸집의 측압이 커지니 치기속도, 치기 높이에 유의

(4) 한중 Concrete 재료, 배합 및 시공관리 사항
   ① 시멘트는 풍화되지 않은 보통 포틀랜드 시멘트 사용을 표준으로 한다.
   ② 시멘트는 절대 가열 금지
   ③ 물은 청정수 사용하며 가열장치를 이용해서 가열하고 빙설이 혼입 되서는 안 됨.
   ④ 골재 가열해서 (60℃ 내외) 사용
   ⑤ 한중콘크리트는 AE제, AE감수제, AE고성능감수제 사용하는 것을 원칙
   ⑥ 강도, 내구성, 수밀성, Workability 확보되는 범위 내에서 단위수량을 최소화
   ⑦ 물-결합재비는 원칙적으로 60% 이하로 하여야 한다.
   ⑧ 한중콘크리트 타설시 온도는 5~20℃의 범위에서 정한다.
   ⑨ 한중콘크리트 타설 완료 후 콘크리트 온도

   $T_2 = T_1 - 0.15 \times (T_1 - T_0) \times t$

   여기서 T_2 : 타설 후 콘크리트 온도(℃)
   T_1 : 비볐을 때 콘크리트 온도(℃)
   T_0 : 주위의 온도(℃)
   t : 비빈 후 부터 타설이 끝났을 때까지의 시간

3. 서중 콘크리트

(1) 일평균기온이 25℃ 넘는 온도에서 콘크리트를 타설시 콘크리트 내부수화열의 급격한 온도 상승으로 내외부 온도차이가 급격히 차이가 나게 되며 이는 내부의 팽창압력의 증가와 콘크리트 표면의 수축량이 증가로 구조물에 균열을 크게 발생시킨다.

(2) 또한 콘크리트 수분의 증발이 빨라 작업성이 떨어지며, 콜드 조인트의 원인이 되기도 함으로 사전에 충분히 재료를 냉각 시켜서 사용하는 방법을 강구해야 하며 또한 응결지연제의 사용을 검토하여야 한다.

(3) 서중 Concrete의 문제점
   ① 단위수량 커져 단위시멘트량 커지고
   ② 수화열 커지고 온도 상승에 의한 온도균열 발생
   ③ 빠른 응결로 인한 콜드조인트 발생이 쉽고 수밀성이 저하된다.
   ④ 수분의 급격한 증발로(소성수축균열) 균열이 발생한다.

(4) 서중 Concrete 재료, 배합 및 시공관리 사항
   ① 시멘트 : 중용열 시멘트, 저발열 시멘트
   ② 물 : 2℃이하 청정수 및 얼음 대체 사용
   ③ 골재 : 사용 하루 전 충분한 살수조치 및 차광막 설치
   ④ 혼화재료 : Fly Ash, Silica Hume, 지연제, AE감수제, AE감수제
   ⑤ 콘크리트를 타설할 때의 콘크리트 온도는 35℃ 이하이어야 한다.
   ⑥ 기온 10℃의 상승에 대하여 단위수량은 2~5% 증가한다.(단위수량 증가)
   ⑦ 지연형 감수제 사용을 강구한 경우라도 콘크리트는 비빈 후 1.5시간(90분) 이내에 타설해야 한다.
   ⑧ 타설 후 적어도 24시간은 노출면이 건조하는 일이 없도록 습윤상태로 유지하며, 또 양생은 적어도 5일 이상 실시한다.
   ⑨ 거푸집을 떼어낸 후에도 양생기간 동안은 노출면을 항상 습윤상태로 유지한다.

(5) 서중 콘크리트 온도균열 방지 대책
   ① 균열 유발 줄눈 설치
   ② 콘크리트의 구속도를 적게 해준다.
   ③ 팽창성 혼화재료를 사용한다.
   ④ 단위 시멘트량 사용량을 적게 한다.
   ⑤ 중용열 Portland Cement 사용
   ⑥ 1 Lift 타설 높이를 적게 시공 (1.5m 이내)
   ⑦ Pre-Cooling 또는 Pipe-Cooling 실시

4. 수밀 콘크리트
(1) 수밀을 요하는 구조물에는 지하구조물, 수리구조물, 수영장, 저수조, 상하수도 시설, 터널구조물 등이 있다
(2) 수밀구조물 시공시 균열, Cold Joint, 누수의 원인이 되는 결함생기지 않도록 재료, 배합, 운반, 치기, 양생 과정에 세심한 콘크리트 관리가 필요하다.
(3) 수밀 콘크리트 재료, 배합 및 시공관리 사항
   ① 시멘트 : 저발열(서중시), 60℃이하, 풍화되지 않을 것,
   ② 물 : 청정수
   ③ 골재 : 강도 높고, 입도 양호, 반응성 골재 배제

④ 혼화재료 : fly ash 및 AE 감수제, 팽창제 사용
⑤ 슬럼프는 180mm를 넘지 않게 하며 콘크리트 타설이 용이할 때에는 120mm이하로 한다.
⑥ 단위수량 및 물-결합재비는 되도록 적게 하고 물-결합재비는 50% 이하를 표준으로 한다.
⑦ 공기연행제, 공기연행 감수제 또는 고성능 공기연행 감수제를 사용하는 경우라도 공기량은 4% 이하가 되게 한다.

5. 매스 콘크리트

(1) Mass Concrete란 수화열로 인한 온도균열, 온도응력을 검토 시공해야하는 구조물로서일반적으로 넓이가 넓은 평판구조두께 0.8m이상이고 하단이 구속된 벽에서는 두께0.5m 이상 되는 구조물을 매스 콘크리트 구조물로 분류함.
(2) 부배합 Concrete의 경우도 필요에 따라서 Mass Concrete의 시공법을 적용한다.
(3) Mass Concrete 시공시 문제점
　① 단위수량 커져 단위시멘트량이 증가됨
　② 수화열 커지고 콘크리트 온도상승
　③ 빠른 응결
　④ 수분의 급격한 증발로(소성수축균열) 균열이 발생
　⑤ 온도구배에 의한 온도응력 발생에 따른 온도균열 발생
　⑥ Cold Joint 생기기 쉽고 콘크리트 수밀성 저하

(4) Mass Concrete 재료, 배합 및 시공관리 사항
　① 중용열 시멘트, 저발열 시멘트, 고로슬래그시멘트, 플라이 애쉬 시멘트
　② 물은 청정수사용하며, 얼음 대체 사용 가능
　③ 골재는 사용 하루 전 충분한 살수조치
　④ 혼화재료는 Fly Ash, Silica Hume, 고성능 AE감수제
　⑤ 균열유발줄눈 설치 시 단면감소율을 20% 이상으로 하며, 균열발생을 확실히 유도하기 위해서 수축이음(균열유발줄눈)의 단면감소율을 35% 이상으로 한다.
　⑥ 단위시멘트량을 10kg/m³ 증가하면 콘크리트 온도 상승량을 약 1℃정도 증가한다.
　⑦ 파이프쿨링에서 파이프 주변의 콘크리트 온도와 통수 온도와의 차는 20℃이하로 하는 것이 효과적임 온도차가 20℃ 이상 차이가 나면 파이프 주변에서 온도 구배차로 인하여 온도응력에 의한 균열 발생이 커짐
　⑧ 매스콘크리트 한 층의 타설 높이는 0.4~0.5m를 표준
　⑨ 균열유발이음의 간격은 대략 콘크리트 1회 치기 높이의 1~2배 정도, 또는 4~5m정도를 기준으로 한다.
　⑩ 온도균열
　　1) 콘크리트 내부의 높은 수화열에 의해 내 외부의 열발산량의 차이로 콘크리트 내

부에는 압축응력이 표면에는 인장응력이 작용하며 표면에 작용하는 인장응력이 콘크리트의 인장강도를 초과시 콘크리트 표면에 균열일 발생하는 것
2) 온도균열지수는 이러한 인장강도와 인장응력의 상관관계를 지수화 한 것
3) 온도 균열지수에 의한 평가
   가. 정밀한 해석법에 의한 평가

$$I_{cr}(t) = \frac{f_{sp}(t)}{f_t(t)} > 1.5$$

   여기서 $f_t(t)$: 부재내부의 온도응력 최대값(MPa)
   $f_{sp}(t)$: 부재내부의 콘크리트 인장강도(MPa)

   나. 표준적인 온도균열지수

구 분	온도 균열 지수
균열발생을 방지하여야 할 경우	1.5 이상
균열발생을 제한할 경우	1.2~1.5
유해한 균열발생을 제한할 경우	0.7~1.2

⑪ 매스 콘크리트 온도균열 방지 대책
 1) 균열 유발 줄눈 설치
 2) 콘크리트의 구속도를 적게 해준다.
 3) 팽창성 혼화재료를 사용한다.
 4) 단위 시멘트량 사용량을 적게한다.
 5) 중용열 Portland Cement 사용
 6) 1 Lift 타설 높이를 적게 시공 (1.5m 이내)
 7) Pre-Cooling 또는 Pipe-Cooling 실시

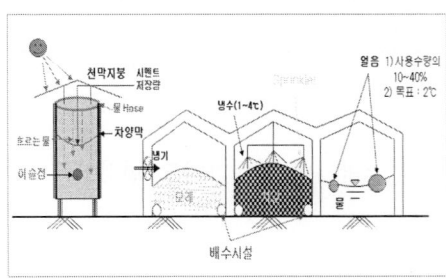

■□ 골재 저장 시설

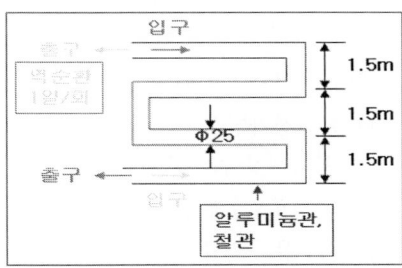

■□ Pipe - cooling

6. 유동화 콘크리트

(1) 유동화 콘크리트란 콘크리트에 유동화제(고성능 감수제)를 첨가하여 유동성을 크게 한 콘크리트로서 재료분리에 대한 저항성, 유동성, 자기충전성을 개선한 것을 말한다.

(2) 고유동 콘크리트란 굳지않은 상태에서 높은 유동성 및 재료분리에 대한 저항성을 가지고 있는 콘크리트로서 다짐작업 없이 거푸집 내부 구석구석 까지 밀실하게 콘크리트 충전이 가능하도록 만든 콘크리트로서 고강도, 고내구성, 고수밀성을 가지는 콘크리트를 말한다.

(3) 유동화 콘크리트의 적용성
　① 시공연도의 개선이 필요한 곳
　② 고강도화 콘크리트가 요구되는 곳
　③ 구조물의 철근배근이 복잡하고 조밀해서 재료분리 우려가 예상되는 경우

(4) 고유동 콘크리트의 적용성
　① 보통 콘크리트로 거푸집 내부 충전이 곤란한 구조체 경우
　② 콘크리트 타설 작업의 공기단축이 필요한 경우
　③ 다짐작업에 의한 소음 진동을 피해야 하는 경우

(5) 유동화 콘크리트 재료, 배합 및 시공관리 사항
　① 유동화 콘크리트의 슬럼프 증가량은 100mm 이하를 원칙으로 하며, 50~80mm를 표준으로 한다.
　② 유동화 콘크리트의 슬럼프 최대값

콘크리트의 종류	베이스 콘크리트	유동화 콘크리트
보통 콘크리트	150mm 이하	210mm 이하
경량골재 콘크리트	180mm 이하	210mm 이하

　③ 베이스 콘크리트를 유동화 시키는 방법
　　1) 현장첨가방식
　　　공사현장에서 유동화제를 에지테이터 교반기내에 첨가하고 현장에서 교반하는 방식으로 가장 효과적임
　　2) 공장유동화방식
　　　레미콘공장에서 믹서내에 유동화제를 첨가하여 공장에서 교반시킨 후 에지테이터 트럭으로 현장에 운반하는 방식
　　3) 공장첨가방식
　　　레미콘공장에서 트럭교반기내에 유동화제를 첨가하여 공사현장에서 교반하는 방식
　④ 유동화제는 물에 희석해서는 안 되고 원액으로 사용하고, 미리 정한 소정의 양을 한꺼번에 첨가하여 유동화 시킨다.

⑤ 유동화 콘크리트의 재유동화는 원칙으로 할 수 없으며, 부득이한 경우 책임기술자의 승인 하에 1회에 한하여 재유동화 할 수 있다.
⑥ 베이스콘크리트 및 유동화콘크리트의 슬럼프 및 공기량 시험은 50m³마다 1회씩 실시하는 것을 표준으로 한다.
⑦ 유동화제 첨가량은 일반적으로 콘크리트를 비비는 용적 계산에서 무시해도 좋다.(시멘트 질량의 1%이하)

7. 고강도 콘크리트

(1) 설계기준 압축강도와 내구성이 큰 구조물 철근 콘크리트 공사에 적용한다.
(2) 일반적으로 표준양생을 한 콘크리트 공시체의 재령 28일 강도를 기준으로 설계기준강도 40MPa 이상을 고강도 콘크리트라고 하며, 고강도 경량골재 콘크리트는 27MPa 이상으로 한다.

(3) 고강도 콘크리트의 특징
① 구조물의 고층화, 대형화 및 장대화가 가능
② 구조물의 단면 감소로 인해 공간 효율성의 증가
③ 조기강도 발현으로 인한 공기단축 등의 경제적인 시공이 가능
④ 구조물의 고강도화로 구조물 강성이 증대
⑤ 화재 발생시 폭렬현상이 발생될 가능성이 크다.

(4) 고강도 콘크리트 재료, 배합 및 시공관리 사항
① 시멘트 : MDF시멘트(시멘트+폴리머) 또는 DSP시멘트
② 물은 청정수를 사용하고 골재는 강도 높고, 입도 양호, 반응성 골재는 배제한다.
③ 혼화재료는 실리카 흄, 고로슬래그, 플라이애쉬 사용하며, 기상의 변화가 심하거나 동결에 대한 대책이 필요한 경우를 제외하고 공기연행제(AE)를 이용하지 않는 것을 원칙으로 한다.
④ 강도, 내구성, 수밀성, 워커빌리티 확보 범위내에서 단위수량 최소화 하면서 높은유동성, 재료분리 저항성을 가져야 한다.
⑤ 고강도 콘크리트의 슬럼프는 150mm 이하로 하고 유동화 콘크리트로 할 경우 210mm 이하로 한다.
⑥ 물-시멘트비는 일반적으로 50% 이하로 한다.

8. 수중 콘크리트

(1) 해양 등 수면하의 비교적 넓은 면적에 Concrete를 쳐서 만드는 구조물과(무근) 현장타설 Concrete 말뚝기초 또는 Slurry Wall 공법과 같이 좁은 장소에 Concrete 쳐서시공하는 콘크리트가 있으며
(2) 대규모 수중콘크리트를 타설하는 경우 원칙적으로 트레미나 펌프공법을 적용한다.

(3) 수중 Concrete의 문제점 및 대책
　① 문제점
　　　1) 철근과의 부착강도 저하
　　　2) 품질의 균등성 저하
　　　3) 시공 후 품질관리 어렵고
　　　4) 재료분리 발생
　　　5) 점성도 (Cement Paste) 떨어짐
　② 대 책
　　　1) 필요에 따라서 가물막이에 의한 Dry Work나 Precast 부재 이용하나
　　　2) 수중시공이 불가피할 경우 배합강도를 높이거나 수중 불분리성 혼화제의 사용을 검토하는 대책이 필요하다.

(4) 수중 Concrete 타설 원칙
　① 부배합 시공
　② 점성이 확보되어서 재료분리를 방지 할 것
　③ 적정한 유동성이 확보될 것
　④ 정수 중 (50mm/sec) 타설할 것
　⑤ Concrete를 수중에 낙하 시 0.5m 이하

(5) 수중콘크리트(수중 불분리성) 재료, 배합 및 시공관리 사항
　① 시멘트 : 보통 Portland 시멘트
　② 골 재 : 양입도이며 비중 큰 것
　③ 혼화제 : Fly-ash, 고로 Slag 미분말, AE제감수제
　④ 수중 콘크리트의 물-결합재비 및 단위시멘트량

종 류	일반 수중콘크리트	현장타설말뚝 및 지하연속벽
물-결합재비	50% 이하	55% 이하
단위 시멘트량	370kg/m^3	350kg/m^3

　⑤ 일반 수중콘크리트의 슬럼프의 표준값(mm)

시공방법	일반 수중콘크리트	현장타설말뚝 및 지하연속벽
트레미	130~180	180~210
콘크리트 펌프	130~180	-
밑열림 상자, 밑열림 포대	100~180	-

⑥ 내구성으로부터 정해진 수중 불분리성 콘크리트의 최대 물-결합재비

환 경 \ 콘크리트의 종류	무근 콘크리트	철근 콘크리트
담수 중	65%	55%
해수 중	60%	50%

⑦ 재료분리 방지 위한 점착성 증대를 및 유동성 확보가 되는 부배합
⑧ 단위 시멘트량을 증가로 잔골재율 증가
⑨ 현장타설 콘크리트 말뚝 및 지하 연속벽에 적용하는 수중 콘크리트는 수중시공시의 강도를 공기중 시공시 강도의 0.8배 정도, 안정액 중에서의 시공시의 강도는 공기중 시공시의 0.7배의 정도로 보고 배합강도를 설정한다.
⑩ 수중 콘크리트의 수중 유동거리는 5m 이하로 하여야 한다.
⑪ 굵은골재의 최대치수는 수중 불분리성 콘크리트의 경우 40mm 이하를 표준으로하며 부재 최소치수의 1/5 및 철근의 최소 순간격의 1/2를 초과해서는 안 된다.
⑫ 수중 불분리성 콘크리트의 1회 비비기 양은 믹서의 공칭용량의 80% 정도로 비빈다.
⑬ 수중 불분리성 콘크리트는 수중 제작 공시체 재령 28일의 압축강도를 배합강도로서 설정하여야 한다.
⑭ 타설은 유속이 50mm/sec 정도 이하의 정수 중에서 수중 낙하높이 0.5m이하로 한다.
⑮ 콘크리트를 타설하는 도중에는 콘크리트 속의 트레미 삽입깊이는 2m이상으로 하여야 한다.
⑯ 트레미관을 이용하여 타설하는 경우 수심 깊이에 따른 트레미관 지름
   1) 수심이 3m이내에서는 안지름 직경 250mm
   2) 수심이 3~5m인 경우는 안지름 300mm
   3) 수심이 5m 이상인 경우는 안지름 300~500mm가 좋으며, 굵은골재 최대치수의 8배 정도가 필요하다.
⑰ 비비기 시간은 시험에 의해 콘크리트 소요의 품질을 확인하여 정하여야 하며 강제식 믹서를 사용하여 90~180초를 표준으로 비비기 한다.
⑱ 수중 불분리성 콘크리트 비비기는 플랜트에 물 투입 전 건식으로 20~30초 비빈 후 전 재료를 투입하여 비비기를 한다.
⑲ 수중 불분리성 콘크리트를 펌프로 압송할 경우 압송 압력은 보통 콘크리트의 2~3배, 타설 속도는 1/2~1/3 정도로 한다.
⑳ 트레미 1개로 타설할 수 있는 일반 수중콘크리트 타설 면적은 30m^2

9. 프리플레이스(Preplaced) 콘크리트

(1) 수중 콘크리트의 종류로 굵은 골재를 거푸집에 미리 채워 넣고 그 공극 속에 주입Mortar를 주입압력 : 3~5kg/cm² 압력으로 채워 넣어서 만드는 콘크리트를 말한다.

(2) 주입 Mortar의 특징은 다음과 같다.
   ① 재료분리가 적어야 하며,
   ② 수축이 적고 유동성이 커야 한다.

(3) Preplaced Concrete의 특징
   ① 재료분리가 적다.
   ② 수축(건조)이 적다.
   ③ 부착력이 우수하다.
   ④ 동결융해에 대한 저항성이 크다.
   ⑤ 압축강도가 일반 콘크리트보다 크다.
      1) 일반 콘크리트 강도: 30MPa
      2) Preplaced Concrete : 40~60MPa

(4) Preplaced Concrete 재료, 배합 및 시공관리 사항
   ① 프리플레이스트 콘크리트에 사용되는 굵은골재의 최소치수는 15mm 이상으로 한다.
   ② 굵은골재 최대치수는 최소치수의 2~4배로 정한다.
   ③ 잔골재는 입경 2.5mm이하, 조립률은 1.4~2.2 범위로 정한다.
   ④ 대규모 프리플레이스트 콘크리트를 대상으로 할 경우, 굵은골재의 최소치수가 클수록 주입 모르타르의 주입성이 현저하게 개선되므로 굵은골재의 최소치수는 40mm 이상이어야 한다.
   ⑤ 굵은골재의 최대치수와 최소치수와의 차이를 작게하면 굵은 골재의 실적률이 낮아지고 주입 모르타르의 소요량이 많아지므로 적절한 입도 분포를 선정해야 한다.
   ⑥ 고강도프리플레이스트 콘크리트는 고성능 감수제를 이용해서 물-결합재비를 40% 이하로 낮추며 재령 91일에서 압축강도 40MPa 이상이 얻어지는 프리플레이스트 콘크리트를 말한다.
   ⑦ 주입몰타의 팽창률은 시험 시작 후 3시간에서의 값이 5~10%인 것을 표준으로 한다. 고강도 프리플레이스트 콘크리트의 경우는 2~5%를 표준으로 하며, 팽창률은 (알루미늄분말:Intrusion Aid) 블리딩의 2배정도 이상이 바람직하다.
   ⑧ 주입 몰탈의 유하시간은 16~20초를 표준으로 하며, 고강도 프리플레이스트 콘크리트의 유하시간 25~50초를 표준으로 한다.
   ⑨ 블리딩률은 시험 시작 후 3시간에서의 값이 3% 이하가 되어야 하며, 고강도 프리플레이스트 콘크리트의 경우 1% 이하로 한다.
   ⑩ 대규모 프리플레이스트 콘크리트의 사용하는 주입 몰탈은 시공 중에 재료분리를 작게 하기 위해 부배합으로 해야 한다.

10. 해양 콘크리트

(1) 항만, 해안에서 시공하는 Concrete를 총칭하며, 해안에서 해수의 작용을 받는 구조물로서 해양 Concrete 구조물을 수중 Concrete로써 시공할 경우 Preplaced Concrete 또는 수중 Concrete로 시공하며,

(2) 주로 해상도시, 비행장, 발전소, 해중 교각, 해저터널 등에 적용된다.

(3) 해양 콘크리트 시공시 문제점
   ① 콘크리트 부식
   ② 철근 부식에 따른 팽창압 발생
   ③ 콘크리트 내구성 저하 및 열화발생

(4) 해양 콘크리트 재료, 배합 및 시공관리 사항
   ① 중용열포틀랜드 Cement, Fly Ash Cement, 고로Slag Cement 등을 사용하는 것을 원칙으로 하며, Polymer 계통 시멘트도 사용이 가능하다.
   ② 보통 포틀랜드 Cement는 사용하지 않는 것을 원칙으로 한다.
   ③ 양입도의 불순물이 없는 골재를 사용하며, 바다모래 사용시 제염방법으로는 준설선에서 세척, 야적에 의한 자연강우에 의한 세척, Sprinkler를 사용한 세척제염제 사용 등이 있다.
   ④ 혼화재료는 AE 감수제, 고성능 AE 감수제, 유동화제, Fly Ash, 고로 Slag, Silica Fume
   ⑤ 철근의 방식 피복 : 아연용융도금, Epoxy Coating
   ⑥ 단위 시멘트량은 일반적으로 280~300 kg/m³ 이상, 수중 : 300 kg/m³ 해상대기중, 물보라(비말대구간) : 330 kg/m³ 이상으로 한다.
   ⑦ 물시멘트비(w/c) : 해상대기중(비말대구간) : 45% 이하
   ⑧ 시공이음 설치위치는 만조위(H.W.L) +60cm ~ 간조위(L.W.L) -60cm 사이에는 시공이음 생기지 않도록 시공계획을 수립한다.
   ⑨ 시멘트는 C_3A 많을수록 콘크리트내 팽창물질 에트링 가이트를 생성시킴
   ⑩ 콘크리트는 충분히 경화전 해수에 접촉시켜서는 안되며, 이기간은 보통 P.C 사용시 5일간은 해수에 접촉 시켜서는 안된다.
   ⑪ 고로 Slag 시멘트 등 혼합시멘트 사용 시 $f_{ck} \times 0.75$ 이상의 강도가 확보 될 때 까지 연장하여야 한다.
   ⑫ 해양 콘크리트 구조물에 쓰이는 콘크리트 설계기준강도는 30MPa 이상으로 한다.
   ⑬ 철근 피복두께는 시방기준을 준수하며, 가능하면 12cm 이상 유지
   ⑭ 콘크리트 표면 보호를 위하여 유리섬유 복합소재 박판, Epoxy Resin Coating 및 피복두께 증가

⑮ 내구성으로 정해지는 최소단위결합재량(kg/m³)

굵은골재의 최대치수	20mm	25mm	40mm
물보라 지역, 간만대 및 해상 대기중	340kg/m³	330kg/m³	300kg/m³
해 중	300kg/m³	300kg/m³	280kg/m³

⑯ 간격재의 개수는 기초, 기둥, 벽 및 난간 등에는 2개/m² 이상, 보, 주 거더 및 슬래브 등에는 4개/m² 이상 개수를 표준으로 한다.

⑰ 해안선으로부터 250m 이내의 육상지역은 콘크리트 구조물이 염해를 입기 쉬우므로 해안으로부터 거리에 따라 구분하여 내구성 향상 대책을 수립하여야 한다.

11. 팽창콘크리트

(1) 팽창콘크리트란 혼화재로서 팽창재를 첨가하여 만든 콘크리트로 경화한 후에도 체적팽창을 일으키는 콘크리트를 말한다.

(2) 팽창 효과에 따라 건조 수축 등에 의한 균열을 줄일 수 있으며 균열 내력을 향상시킬 수 있다.

(3) 팽창콘크리트 특징
  ① 강도 증대
  ② 수밀성 증대
  ③ 균열 발생 억제
  ④ 건조 수축 방지
  ⑤ Prestress 도입 효과

(4) 팽창 콘크리트의 분류
  ① 수축 보상용 콘크리트
    1) 팽창으로 철근 구속시켜서 건조수축 저감(균열저감)
    2) 팽창율 150×10^{-6} 이상 ~ 250×10^{-6} 이하
  ② 화학적 프리스트레스용 콘크리트
    1) Prestress를 도입하여 인장응력에 저항하는 팽창응력을 준 콘크리트
    2) 팽창율 200×10^{-6} 이상 ~ 700×10^{-6} 이하

(5) 팽창콘크리트 재료, 배합 및 시공관리 사항
  ① 팽창재는 습기의 침투를 막을 수 있는 사일로 또는 창고에 다른 재료와 혼입되지 않도록 저장한다.
  ② 포대 팽창재는 12포대 이하로 쌓아야 한다.
  ③ 팽창재는 다른 재료와 함께 동시에 믹서에 투입한다.
  ④ 강제식 믹서로 1분 이상, 가경식 믹서로 1분 30초 이상으로 비빈다.

⑤ 팽창콘크리트 타설한 후 콘크리트 온도는 20℃ 이상일 경우 3일간 이상 유지시켜야 한다.
⑥ 콘크리트 팽창률은 일반적으로 재령 7일에 대한 시험값을 기준으로 한다.
⑦ 공장제품에 사용하는 화학적 프리스트레스용 콘크리트의 팽창률은 200×10^{-6}이상~$1,000 \times 10^{-6}$이하인 값을 표준으로 한다.
⑧ 한중콘크리트에서 팽창재를 타설할 때의 콘크리트 온도는 10℃이상~ 20℃미만으로 한다.
⑨ 팽창콘크리트 타설 후 습윤상태를 유지하고 콘크리트 온도는 2℃이상을 5일 이상 유지한다.
⑩ 콘크리트 거푸집널의 존치기간은 평균기온 20℃미만인 경우에는 5일 이상, 20℃이상인 경우에는 3일 이상으로 한다.

12. 섬유보강 콘크리트

(1) 콘크리트 속에 불연속한 짧은섬유를 콘크리트중에 균일하게 분산시켜 기존 콘크리트형태의 시멘트가 가지고 있는 취약한 인장강도, 휨강도 및 충격강도 등을 개선한 콘크리트

(2) 보강 섬유의 종류
  ① 유리섬유
  ② 탄소섬유
  ③ 아라미드 섬유
  ④ 비닐론 섬유

(3) 보강섬유 재료, 배합 및 시공관리 사항
  ① 배합시 섬유 뭉침현상을 최소화하기 위하여 강제식 믹서 사용을 원칙으로 한다.
  ② 강섬유 보강 콘크리트의 경우 소요단위수량은 강섬유의 혼입률에 거의 비례적으로 증가한다.
  ③ 섬유보강 콘크리트용 섬유의 탄성계수는 시멘트 결합재 탄성계수의 1/5이상 이어야 하며, 형상비는 50이상으로 한다.
  ④ 강섬유 혼입률
   1) 강섬유 혼입률 = $\dfrac{강섬유\ 체적}{공시체\ 체적} \times 100(\%)$률
   2) 강섬유 혼입률 판정기준 : 허용오차 ±0.5%
      여기서 강섬유 체적 = 강섬유질량 / 강섬유의 단위질량(7.85g/cm³)
      공시체 체적 = $\pi \cdot D^2/4$
  ⑤ 강섬유는 길이가 25~60mm, 지름이 0.3~0.9mm로서 형상비(l/d)가 30~100 정도의 것을 사용한다.
  ⑥ 섬유 혼입률에 따라 인장강도, 휨강도, 전단강도 및 인성은 거의 비례하여 증대하지

만 압축강도는 그다지 변화하지 않는다.
⑦ 섬유의 형상은 단섬유와 연속섬유가 있다.
⑧ 강섬유의 평균 인장강도는 700MPa 이상이며, 각각의 인장강도 또한 650MPa이상이어야 한다.
⑨ 강제식 믹서 이용시 비비기 부하는 일반 콘크리트 비해 약 2~4배 증가
⑩ 강섬유 혼입률 1% 일 때 소요단위수량은 약 20kg/m³

13. 방사선 차폐용 콘크리트
(1) 주로 방사선 차단 목적으로 만든 콘크리트로서 차폐성이 요구되는 원자력발전시설 구조물에 주로 사용하고 있으며, 이 같은 구조물은 사용재료에 대하여 엄격한 품질관리가 요구되어진다.

(2) 재료 중에서 시멘트는 수화열 발생이나 건조수축이 적어야 하며, 골재는 차폐성이 높고 비중이 큰 골재를 선정해야하고, 단위수량을 감소시키고 단위 용적중량을 증가시킬 혼화재를 사용하는 것이 바람직하다.

(3) 방사선 차폐 콘크리트 재료, 배합 및 시공관리 사항
  ① 시멘트 : 중용열 시멘트, 내황산염 시멘트
  ② 골 재 : 건조수축 적고 차폐성 높고 비중(밀도)이 큰 골재 산정
  ③ 감수제, 고성능 공기연행 감수제, 플라이 애시의 혼화재를 사용
  ④ 슬럼프는 가능한 작은 값이어야 하며 일반적으로 150mm 이하로 한다.
  ⑤ 물-결합재비는 50% 이하를 원칙으로 한다.

14. 시멘트 콘크리트 포장
(1) J.C.P(무근 콘크리트 포장)
  ① 콘크리트 슬래브 자체로 교통 하중에 대하여 저항하는 방식
  ② 가로수축줄눈 : 6m 간격으로 설치
  ③ 세로수축줄눈 : 4.5m 간격으로 설치
  ④ 다웰바를 통한 인접 슬래브간 하중 전달하는 방식

(2) C.R.C.P(연속철근 콘크리트 포장)
  ① 콘크리트 슬래브 자체로 교통하중에 대하여 저항하는 방식
  ② 슬래브 발생 균열을 철근으로 억제
  ③ 팽창줄눈은 설치하되 가로수축이음은 생략할 수 있다.

(3) 콘크리트 포장 재료, 배합 및 시공관리 사항
  ① 시멘트 : 보통 포틀랜드 시멘트 사용

② 콘크리트 포장 1층의 두께는 350mm이하로 한다.
③ 포장용 콘크리트의 배합기준

항 목	기 준
설계기준 휨강도 (f_{28})	4.5 MPa 이상
단 위 수 량	150 kg/m³ 이하
굵은 골재의 최대치수	40mm 이하
슬 럼 프	40mm 이하
공기연행 콘크리트의 공기량 범위	4~6%

④ 굵은 골재는 콘크리트 휨강도에 매우 큰 영향 미치므로 선정에 유의할 것
  1) 마모율 : 25% 이하
  2) 편세장율 : 25%이하
⑤ 잔골재입도는 Workability 영향 미치므로 잔골재 세립분, 조립분 분포가 좋을 것, 세립분 많은 잔골재는 단위수량증가, 단위시멘트량 증가로 비경제적 조립분 많은 경우 콘크리트 표면이 거칠어지고 Bleeding 증가하며, 표면마무리 곤란함.
⑥ 콘크리트 포장 포설은 Slip Foam Paver 장비로 1m/min 속도로 이동

15. 숏크리트(Shotcrete)

(1) 굳지 않은 상태의 콘크리트를 고압으로 노즐로부터 뿜어내어 소정의 위치에 콘크리트를 뿜어 붙이는 공법을 말한다.
(2) 일반적으로 숏크리트의 장기 설계기준 압축강도는 28일 강도로 21MPa 이상으로 하며, 단, 영구 지보재 개념으로 숏크리트 경우는 설계기준 압축강도를 35MPa 이상으로 한다.
(3) 숏크리트 공법의 종류

구 분	건 식	습 식
Con'c 품질	품질관리 어렵다	품질관리 쉽다
운반시간 제약	적 다	크 다
압송 거리	장거리 (500m)	단거리
분진 발생	큼	적음
반 발 량	큼	적음
청소, 유지보수	Nozzle 청소 쉽다	어렵다

(4) Rebound량 측정
  ① 현장에서 뿜어붙임을 한 후 시트위에 떨어진 콘크리트를 계량한 후 계산
  ② 반발률 = $\dfrac{\text{Rebound의 전 중량}}{\text{Shotcrete 재료의 전 중량}} \times 100\%$

(5) Rebound 저감 대책
  ① 재료
    1) 시멘트 : 일반 포틀랜드 시멘트
    2) 굵은골재 : 최대치수 13mm 이하
    3) 잔골재 : 깨끗한 모래
  ② 배합
    1) 굵은골재 최대치수 : 13mm이하
    2) 단위 시멘트량 : 300kg/m³
    3) 잔골재율 : 55~75%
    4) 급결제 : 시멘트 중량 2~8%정도
  ③ 시공상 대책
    1) 타설면 청소 철저하고 기능공의 숙련도 향상
    2) 강섬유 보강재 첨가
    3) 타설면에 직각 타설
    4) 호스의 타설 공기압 일정하게 유지(0.15MPa)
    5) 타설면과 노즐과 거리 1m내 유지

(6) 숏크리공법 재료, 배합 및 시공관리 사항
  ① 28일 압축강도는 21MPa 이상(영구 지보재 압축강도는 35MPa 이상)이며, 부착강도는 1.0MPa 이상으로 한다.
  ② 강섬유는 숏크리트에 적합한 길이 40mm 이하 지름 0.3~0.6mm, 혼입률은 용적비로 0.5~1.0% 범위의 것을 사용한다.
  ③ 숏크리트 초기강도의 표준 값

재 령	숏크리트의 초기강도 (MPa)
24 시간	5.0 ~ 10.0
3 시간	1.0 ~ 3.0

  ④ 건식 숏크리트는 배치 후 45분 이내, 습식 숏크리트는 배치 후 60분 이내에 뿜어붙이기를 실시하여야 한다.
  ⑤ 숏크리트는 대기온도가 10℃ 이상일 때 뿜어붙이기를 실시한다.
  ⑥ 숏크리트는 타설 장소의 대기온도가 38℃ 이상이 되면 건식 및 습식 숏크리트 모두 뿜어붙이기를 할 수 없다.
  ⑦ 강섬유 뭉침현상 (Fiber Balling) 및 리바운드량 저감 대책으로 낱알형 보다는 번들형으로 강섬유 교체해주는 것이 유리하다.

16. 폴리머 콘크리트(Polymer Concrete)

(1) 보통 포틀랜드 시멘트를 사용한 콘크리트는 경제적, 구조 특성상 장점이 있으나 결합체가 시멘트 수화물로 늦은경화 작은 인장강도, 큰건조수축, 내약품성 등에 대한 취약한 문제점을 가지고 있다

(2) 이러한 콘크리트의 단점을 개선 위해서 Con'c 제조시 사용되는 결합재의 일부 또는 전체를 고분자 화학 구조를 가진 폴리머로 대체시켜 제조한 콘크리트를 말하며 해양콘크리트에 적용성이 우수하나 가격이 고가다.

(3) Polymer Concrete 종류

① 폴리머 시멘트 콘크리트(Polymer Cement Concrete)

1) 시멘트 콘크리트에서 결합재인 시멘트의 일부를 폴리머라텍스 등으로 시멘트 사용량의 5~30% 대체시켜 만든 것을 폴리머 시멘트 콘크리트라 한다.

2) 특 징
  가. 고강도 (120MPa)
  나. 휨강도 우수
  다. 인장강도 크다
  라. 동결융해 저항성 크다
  마. 내화학성 우수

② 폴리머 함침콘크리트(Polymer Impregnated Concrete)

1) 시멘트계의 재료를 건조시켜 미세한 공극에 액상의 모노모(폴리머)를 함침시켜 일체화 시킨 콘크리트를 말한다.

2) 특 징
  가. 고강도(120~150MPa), 인장, 휨강도가 증진, 내화학성 우수
  나. 내충격성이 크며 동결융해 저항성이 크다.
  다. PC관, 전주, 증기 양생콘크리트 등에 사용된다.

③ 폴리머 콘크리트(Polymer Concrete)

1) 결합재로서 시멘트를 전혀 사용하지 않고 폴리머만으로 골재와 혼합하여 만든 콘크리트로서 레진콘크리트(Resin Concrete) 또는 폴리머 콘크리트라 한다.

2) 폴리머 결합재 자체의 강도가 높기 때문에 폴리머 콘크리트의 강도는 골재의 강도에 의존하게 된다.

3) 특 징
  가. 고강도(80~100MPa), 내화학성 우수
  나. 수밀성 우수
  다. 내마모성 우수
  라. 합성수지 재료로 내화성이 떨어진다.
  마. 폴리머 콘크리트의 탄성계수는 시멘트 콘크리트보다 작다
  바. 골재에 대한 부착성이 우수하다.

17. 공장제품 콘크리트

(1) 공장제품 기성 콘크리트는 현장타설 콘크리트 구조물에 비하여 기후상황에 좌우되지 않고 시공이 가능하며 또한 균일한 공장제품 생산이 가능하여 공기 단축하는데 유리하다.

(2) 또한 공장제품 콘크리트는 품질관리 측면에서 현장타설 콘크리트 보다 유리하며 KS 규격에 따라 표준화되어 실물시험이 가능하다.

(3) 공장제품의 재료, 배합 및 시공관리 사항
  ① 일반적으로 공장제품은 재령 14일에서의 압축강도 시험값을 기준(촉진양생)으로 한다.
  ② 촉진양생을 하지 않은 경우이거나, 비교적 부재두께(45mm이상)가 큰 공장제품에 있어서는 재령28일에서의 압축강도 시험값을 기준으로 한다.
  ③ 공장제품에 사용되는 굵은골재 최대치수는 40mm이하이고 공장제품 최소두께의 $\frac{2}{5}$ 이하이며 또한 강재의 최소간격의 $\frac{4}{5}$ 을 넘어서는 안 된다.
  ④ 프리스트레스 콘크리트 공장제품의 경우 순환골재를 사용할 수 없다.

1-7 주요핵심문제
특수 콘크리트

01 다음 조건과 같은 한중 콘크리트의 시공에서 타설이 완료되었을 때의 온도는?
[08·09.15.16 기사]

- 주위의 기온 : 4℃
- 비볐을 때의 콘크리트 온도 : 20℃
- 비빈 후부터 타설이 끝났을 때까지의 시간 : 2시간
- 운반 및 타설시간 1시간에 대해 콘크리트의 온도저하의 정도는 콘크리트 온도와 주위 기온과의 차이 15%

① 14.0℃ ② 15.2℃
③ 16.0℃ ④ 17.0℃

해설
$$T_2 = T_1 - 0.15(T_1 - T_0)t$$
$$= 20 - 0.15(20-4) \times 2 = 15.2℃$$

02 다음 중 한중 콘크리트에 적절하지 않은 양생방법은? (07.10.15 기사)
① 전열양생 ② 증기양생
③ 기건양생 ④ 막 양생

해설
기건양생은 대기 중 양생방법으로 한중 콘크리트 양생 시 동해를 입을 가능성이 크다.

03 한중 콘크리트에 사용하는 재료의 설명 중 틀린 것은? (08.09.10.13 기사)
① 물-결합재비는 원칙적으로 60%이하
② 시멘트는 냉각되지 않도록하고, 사용시 직접 가열하여 온도 저하를 방지 하는것이 좋다.
③ 한중 콘크리트는 AE 콘크리트를 사용하는 것을 원칙으로 한다.
④ 골재는 시트 등으로 덮어서 동결이 방지되도록 저장해야한다.

해설
시멘트는 절대 가열해서는 안된다.

04 다음 서중(暑中) 콘크리트의 영향에 대한 설명 중 옳지 않은 것은? [04·09 기사]
① 소요의 단위수량이 증가하게 된다.
② 운반 중 슬럼프가 떨어진다.
③ 타설 후의 응결이 빠르며 수화열에 의해 온도가 상승한다.
④ 장기강도가 증진된다.

해설
서중 콘크리트
1) 일평균기온이 25℃ 이상일 때 서중 콘크리트로 시공한다.
2) 서중 콘크리트의 영향으로 장기강도가 발현되지는 않는다.

05 서중콘크리트에 대한 설명으로 잘못된 것은? (06.08.09.10.15.17.18 기사)
① 콘크리트의 재료는 온도가 되도록 낮아지도록 하여 사용하여야 한다.
② 수화 작용에 필요한 수분 증발을 방지하기 위하여 촉진제를 사용하는 것을 원칙으로 한다.
③ 콘크리트를 타설하기 전에는 지반, 거푸집 등 콘크리트로부터 물을 흡수할 우려가 있는 부분을 습윤상태로 유지하여야 한다.

정답 01 ② 02 ③ 03 ② 04 ④ 05 ②

④ 콘크리트를 타설할 때의 콘크리트 온도는 35℃ 이하여야 한다.

해설

서중콘크리트
1) 서중콘크리트에서 촉진제는 콘크리트의 응결 경화가 빨라지게 만들어 부실 콘크리트가 될 가능성이 더욱 커진다.
2) 서중 콘크리트는 지연형 감수제를 사용하는 경우라도 콘크리트를 비빈후 1.5시간 이내 타설이 완료되어야 한다.
3) 일반적으로 기온 10℃ 상승에 대하여 단위수량은 2~5% 증가하므로 소요의 압축강도를 확보하기 위해서는 단위수량에 비례하여 단위 시멘트의 증가를 검토하여야 한다.

06 다음 중 수중 콘크리트 타설의 원칙에 대한 설명으로 잘못된 것은?
[05 · 06.07.09.17 기사]
① 콘크리트 타설에서 완전히 물막이를 할 수 없는 경우 유속은 1초간 10cm 이하로 하는 것이 좋다.
② 콘크리트를 수중에 낙하시키면 재료분리가 일어나므로 콘크리트는 수중에 낙하시켜서는 안 된다.
③ 콘크리트가 경화될 때까지 물의 유동을 방지하여야 한다.
④ 한 구획의 콘크리트 타설을 완료한 후 레이턴스를 모두 제거하고 다시 타설하여야 한다.

해설

수중 콘크리트 타설
1) 정수 중에서 치는 것을 원칙으로 한다(유속 5cm/sec이하).
2) 콘크리트를 수중에 낙하시켜서는 안 된다.
3) 콘크리트가 경화될 때까지 물의 유동을 방지한다.
4) 수중콘크리트는 트레미나 콘크리트 펌프를 사용하는 것을 원칙으로 한다. 그러나 부득이 한 경우 소규모 공사일 때 밑열림 상자나 밑열림 포대를 사용한다.

07 숏크리트의 리바운드(rebound)량을 감소시키는 방법 중 틀린 것은? [13.15 기사]
① 벽면과 직각으로 쏜다.
② 압력을 일정하게 한다.
③ 조골재를 13mm 이하로 한다.
④ 시멘트량을 감소시킨다.

해설

숏크리트 리바운드량 감소대책
1) 습식 공법 채용
2) 노즐을 시공면과 직각으로 한다.
3) 단위시멘트량을 크게 한다.
4) 굵은 골재 최대치수를 작게 한다.

08 숏크리트 특징에 대한 설명으로 틀린 것은? (10.13.16 기사)
① 임의 방향으로 시공 가능하나 리바운드 등의 재료손실이 많다.
② 용수가 있는 곳에도 시공하기 쉽다.
③ 수밀성이 적고 작업시에 분진이 생긴다.
④ 노즐맨의 기술에 의하여 품질, 시공성등에 변동이 생긴다.

해설

용수가 있는 곳에서는 리바운드량이 커지며, 용수로 인한 부착성이 저하된다.

09 고강도 콘크리트에 대한 일반적인 설명으로 틀린 것은? [11.12 · 13.15 기사]
① 고강도 콘크리트의 설계기준 압축강도는 일반적으로 40MPa 이상으로 하며, 고강도 경량골재 콘크리트는 27MPa이상으로 한다.
② 고강도 콘크리트의 워커빌리티 확보를 위해 공기연행(AE) 감수제를 사용함을 원칙으로 한다.
③ 고강도 콘크리트의 제조 시 잔골재율은 소요의 워커빌리티를 얻도록 시험에 의하여 결정하여야 하며, 가능한 적게 하도록 한다.
④ 고강도 콘크리트의 제조 시 단위 시멘트량은 소요의 워커빌리티 및 강도를 얻을 수

정답 06 ① 07 ④ 08 ② 09 ②

있는 범위 내에서 가능한 한 적게 되도록 시험에 의해 정하여야 한다.

해설

고강도 콘크리트
기상의 변화가 심하거나 동결융해에 대한 대책이 필요한 경우를 제외하고 공기연행제를 사용하지 않는 것을 원칙으로 한다.

10 AE콘크리트에서 공기량에 영향을 미치는 요인들에 대한 설명으로 잘못된 것은?
[02.05 · 08 기사]
① 단위시멘트량이 증가할수록 공기량은 감소한다.
② 배합과 재료가 일정하면 슬럼프가 작을수록 공기량은 증가한다.
③ 콘크리트의 온도가 낮을수록 공기량은 증가한다.
④ 콘크리트가 응결·경화되면 공기량은 증가한다.

해설

AE콘크리트의 공기량 영향 요인
1) 단위시멘트량이 증가할수록, 분말도가 클수록 공기량은 감소한다.
2) 콘크리트 온도가 낮을수록 공기량은 증가한다.
3) 콘크리트가 응결·경화되면 공기량은 감소한다.

11 넓이가 넓은 평판구조에서는 두께가 최소 얼마 이상일 때 매스 콘크리트로 다루어야 하는가? [06.09 · 12.15.17 기사]
① 0.5m   ② 0.8m
③ 1m   ④ 1.5m

해설

매스콘크리트
매스콘크리트로 다루어야 하는 구조물의 부재 치수는 일반적인 표준으로서 넓이가 넓은 평판구조의 경우 두께 0.8m 이상, 하단이 구속된 벽조의 경우 두께 0.5m 이상으로 한다.

12 매스 콘크리트의 온도균열 제어대책으로 거리가 먼 것은? [04.15 기사]
① 파이프쿨링(pipe-cooling)
② 블록분할과 콘크리트 치기의 시간간격의 적절한 선정
③ 프리웨팅(pre-wetting)
④ 프리쿨링(pre-cooling)

해설

1) 프리웨팅은 경량골재를 사전에 습윤상태로 만들어 함수비에 따른 콘크리트 품질변동을 방지하고자 하는 방법.
2) 콘크리트 온도균열 방지 대책
 ① 균열 유발 줄눈 설치
 ② 콘크리트의 구속도를 적게 해준다.
 ③ 팽창성 혼화재료를 사용한다.
 ④ 단위 시멘트량 사용량을 적게 한다.
 ⑤ 중용열 Portland Cement 사용
 ⑥ Pre-Cooling 또는 Pipe-Cooling 실시

13 매스콘크리트의 온도 균열발생에 대한 검토는 온도균열지수에 의해 평가하는 것을 원칙으로 하고 있다. 철근이 배치된 일반적인 구조물의 균열발생을 방지하여야 할 경우 표준적인 온도 균열지수의 값으로 옳은 것은? (10.1114.16.17.18 기사)
① 1.5 이상   ② 0.7 이하
③ 0.7~1.2   ④ 0.7 이하

해설

구 분	온도 균열 지수
균열발생을 방지하여야 할 경우	1.5 이상
균열발생을 제한할 경우	1.2~1.5
유해한 균열발생을 제한할 경우	0.7~1.2

정답 10 ④ 11 ② 12 ③ 13 ①

14 섬유보강 콘크리트용 섬유로서 갖추어야 할 조건으로 잘못된 것은?
[09·12.13.18 기사]
① 섬유의 탄성계수는 시멘트 결합재 탄성계수의 1/4 이하일 것
② 섬유와 시멘트 결합재 사이의 부착성이 좋을 것
③ 섬유의 인장강도가 충분히 클 것
④ 형상비가 50 이상일 것

해설

섬유의 탄성계수는 시멘트 결합재 탄성계수의 $\frac{1}{5}$ 이상일 것

15 섬유보강 콘크리트에 관한 설명 중 틀린 것은? [05·14 기사]
① 섬유보강 콘크리트는 콘크리트의 인장강도와 균열에 대한 저항성을 높인 콘크리트이다.
② 믹서는 섬유를 콘크리트 속에 균일하게 분산시킬 수 있는 가경식 믹서를 사용하는 것을 원칙으로 한다.
③ 시멘트계 복합재료용 섬유는 강섬유, 유리섬유, 탄소섬유 등의 무기계 섬유와 아라미드 섬유, 비닐론 섬유 등의 유기계 섬유로 분류한다.
④ 섬유보강 콘크리트에 사용되는 섬유는 섬유와 시멘트 결합재 사이의 부착성이양호하고, 섬유의 인장강도가 커야한다.

해설

섬유보강 콘크리트
1) 섬유보강 콘크리트의 믹서는 강제식 믹서를 사용하는 것을 원칙으로 한다.
2) 섬유보강을 사항하면 역학적으로 콘크리트의 인성이 가장 크게 개선된다.

16 폴리머 콘크리트의 특성 중 틀린 것은?
[04·06.09.17 기사]
① 투수성을 증가 시킨다.
② 건조수축이 작아진다.
③ 고강도이기 때문에 부재 단면의 축소에 따른 경량화가 가능하다.
④ 양생기간을 줄인다.

해설

폴리머 콘크리트는 투수성이 작다

17 다음 중 콘크리트-폴리머 복합체의 종류가 아닌 것은? (10.13 기사)
① 폴리머 콘크리트
② 폴리머 시멘트 콘크리트
③ 폴리머 함침 콘크리트
④ 폴리머 압축 콘크리트

해설

폴리머 복합체 종류
① 폴리머 콘크리트
② 폴리머 시멘트 콘크리트
③ 폴리머 함침 콘크리트

18 경량 골재 콘크리트의 특징으로 옳지 않은 것은? (02.06 기사)
① 강도가 낮다.
② 열전도율이 작다.
③ 흡수율이 작다.
④ 탄성 계수가 작다.

해설

경량골재는 흡수율이 커서 사전에 프리웨팅을 적용한다.

정답 14 ① 15 ② 16 ① 17 ④ 18 ③

19 경량 콘크리트에 대한 다음 사항 중 옳지 않은 것은? (01.06.09.11 기사)
① 경량 콘크리트는 가볍지만 장거리 운반에 불리하다.
② 경량콘크리트는 같은 배합일 때 일반콘크리트보다 슬럼프가 크다.
③ 경량콘크리트의 탄성계수는 일반콘크리트보다 작다.
④ 경량골재는 젖은 상태로 사용하는 것이 좋다.

해설

경량골재 콘크리트
1) 경량골재 콘크리트는 같은 배합일 때 일반 콘크리트보다 슬럼프가 작아지는 경향이 있으므로 단위수량을 많이하여 슬럼프를 크게 하는 것이 보통이다.
2) 경량골재 콘크리트의 공기량은 보통콘크리트 보다 1% 정도 크게 한다.

20 고강도 콘크리트에서 유동화를 시키는 경우 슬럼프의 최대치는? (04.07 기사)
① 120mm ② 180mm
③ 150mm ④ 210mm

해설

고강도 콘크리트
1) 고강도 콘크리트에서 슬럼프는 150mm 이하로 하고 유동화시 210mm 이하로 한다.
2) 물-시멘트비는 50% 이하

21 특정한 입도를 가진 굵은골재를 거푸집 속에 채워 넣고 그 공극속에 특수한 몰탈을 적당한 압력으로 주입하여 만든 콘크리트는? (04.10 기사)
① 프리플레이스트 콘크리트
② 레디믹스트 콘크리트
③ 숏크리트
④ 프리스트레스트 콘크리트

해설

프리플레이스트 콘크리트에 대한 설명이다.

22 프리플레이스트 콘크리트에 대한 설명으로 틀린 것은? (07.08.09.11.15.17 기사)
① 수중콘크리트에 적합하다.
② 초기재령에 충분한 압축강도를 발휘할 수 있다.
③ 주입이 끝날 때까지 유동성을 가져야 한다.
④ 콘크리트 품질 확인이 곤란하고 시공이 적절하지 못할 경우에는 결함이 발생되기 쉽다.

해설

프리플레이스트 콘크리트
1) 프리플레이스트 콘크리트에 사용되는 굵은골재의 최소치수는 15mm 이상으로 한다.
2) 굵은골재 최대치수는 부재단면 최소치수의 1/4이하 철근콘크리트 경우 철근 순간격의 2/3이하로 한다.
3) 잔골재는 입경 2.5mm이하, 조립률은 1.4~2.2 범위로 정한다.
4) 유동성은 유하시간에 의해 설정한다. 유하시간의 설정값은 16~20초를 표준으로 한다.
4) 플라이 애쉬 등의 혼화재료의 사용으로 초기 강도보다는 장기강도 커진다.

23 팽창콘크리트의 팽창률에 대한 설명 중 맞지 않는 것은? (01.05.10.16 기사)
① 콘크리트의 팽창률은 일반적으로 재령28일에 대한 시험치 기준으로 한다.
② 수축보상용 콘크리트의 팽창률은 $(150~250) \times 10^{-6}$을 표준으로 한다.
③ 화학적 프리스트레스트용 콘크리트의 팽창률은 $(200~700) \times 10^{-6}$을 표준으로 한다.
④ 공장제품에 사용되는 화학적 프리스트레스용 콘크리트의 팽창율은 $(200~1000) \times 10^{-6}$을 표준으로 한다.

해설

콘크리트의 팽창률은 일반적으로 재령 7일에 대한 시험값을 기준으로 한다.

정답 19 ② 20 ④ 21 ① 22 ② 23 ①

24 방사선을 차폐할 목적으로 사용되는 방사선 차폐용 콘크리트에 관한 설명 중 틀린 것은? (08.12 기사)

① 차폐용 콘크리트로서의 필요한 성능인 밀도, 압축강도, 설계허용온도, 결합수량 등을 확보하여야 한다.
② 방사선 차폐용 콘크리트의 슬럼프는 150mm 이하로 한다.
③ 물-결합재비는 50% 이하를 원칙으로 한다.
④ 방사선 차폐용 콘크리트는 열전도율이 작고 열팽창률이 커야 되므로 밀도가 작은 골재를 사용한다.

해설

방사선 차폐용 콘크리트
1) 재료 중에서 시멘트는 수화열 발생이나 건조수축이 적어야 하며, 골재는 차폐성이 높고 비중이 큰 골재를 선정해야하고, 단위수량을 감소시키고 단위 용적중량을 증가시킬 혼화재를 사용하는 것이 바람직하다.
2) 슬럼프는 가능한 작은 값이어야 하며 일반적으로 150mm 이하로 한다.
3) 물-결합재비는 50% 이하를 원칙으로 한다.

정답 24 ④

1-8 철근 콘크리트 구조 및 프리스트레스트 콘크리트

1. 철근 콘크리트 구조

(1) 철근 콘크리트 구조 중 콘크리트 부재는 압축에 강하고 철근은 인장에 강하기 때문에 압축을 받는 구간에 콘크리트에 의한 압축력에 저항하며, 인장을 받는 부위에는 철근을 배근하여 인장력에 대한 저항성을 높여서 만든 상호보완적인 일체식 콘크리트 구조물을 철근콘크리트 구조물이라 한다.

(2) 철근 콘크리트가 성립하는 이유
 ① 콘크리트 속의 철근은 부식하지 않는다.
 ② 철근과 콘크리트의 열팽창 계수가 거의 같아 내화성이 우수하다.
 ③ 철근과 콘크리트의 부착 강도가 커서 콘크리트속의 철근은 이동하지 않는다.
 ④ 철근의 탄성계수(E_s)와 콘크리트의 탄성계수(E_c)는 탄성계수비 7~10배의 차이가 있다.

(3) 철근 콘크리트의 특징
 ① 장점
  1) 내구성 및 내화성이 우수하다.
  2) 구조물의 형상과 치수에 제약을 받지 않고 자유로이 만들 수 있다.
  3) 구조물을 경제적으로 만들 수 있다.
 ② 단점
  1) 자중이 크고, 인장에 취약하다.
  2) 국부적 파손 및 개조, 보강, 해체가 곤란하다.
  3) 중량이 비교적 무겁다.
  4) 균열이 발생하기 쉽다.

(4) 콘크리트의 등가 직사각형 응력의 분포

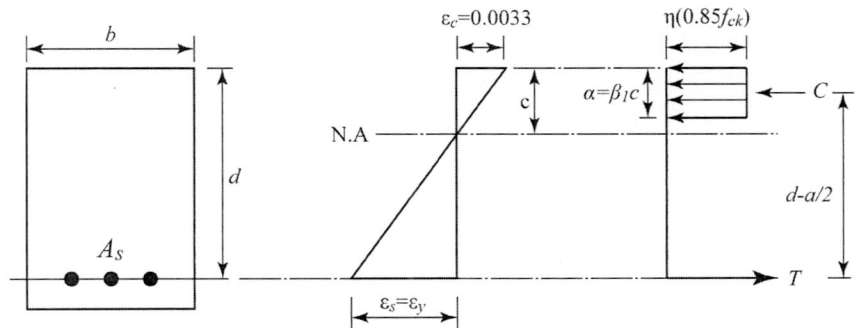

강도 설계법에 의한 보의 변형률과 응력
 ① 압축측 콘크리트 응력 분포는 계산을 간편하게 하기 위하여 바꿔놓은 직사각형을 콘

크리트의 등가 직사각형 응력 분포라 함.
② 극한강도 상태에서 철근 및 콘크리트의 변형률은 중립축으로부터의 거리에 비례한다.
③ 깊이와 계수
　1) 응력 직사각형 깊이
　　$\alpha = \beta_1 \cdot c$
　　여기서 c : 중립축에서부터 콘크리트 압축부 상단까지의 거리
　　　　　β_1 : 콘크리트의 압축 강도에 따라서 변하는 계수
　　　　　α : 응력 직사각형깊이
　2) 계 수 β_1

$f_{ck}(MPa)$	η	β_1
≤ 40	1.00	0.80
50	0.97	0.80
60	0.95	0.76
70	0.91	0.74
80	0.87	0.72
90	0.84	0.70

2. 프리스트레스트 콘크리트

(1) 프리스트레스트 콘크리트는 인장강도가 적은 콘크리트 속에 미리 강재를 긴장시켜 콘크리트에 압축 응력을 주어,
(2) 하중으로 생긴 인장응력을 비기게 하거나 줄이도록 만든 콘크리트를 프리스트레스트콘크리트(PSC : Prestressed concrete) 또는 PS 콘크리트라고 한다.
(3) 굵은골재 최대치수 표준은 25mm를 기준으로 한다.

3. 프리스트레스트 콘크리트(PSC) 장·단점

(1) PSC의 장점
　① RC 보에 비하여 탄성적이고 복원성이 높다.
　② 고강도 콘크리트를 사용하므로 내구성이 우수하다.
　③ RC보에 비하여 복부의 폭을 얇게 할 수 있어서 부재의 자중을 줄일 수 있다.
　④ 전단면을 유효하게 사용한다.
　⑤ 프리캐스트를 사용할 경우 거푸집 및 동바리공이 불필요하므로 시공성이 우수
　⑥ 부재의 처짐이 적다.

(2) PSC의 단점
　① RC에 비하여 강성이 작아 변형이 크고 진동에 취약하다.
　② 고강도 강재는 고온(400℃이상)에 접하는 경우 강도 감소로 RC보다 내화성이 불리하다.
　③ 공사가 복잡하고 고도의 기술이 요구된다.

④ RC에 비해서 고강도 재료, 그라우팅 비용 등으로 공사비가 많이 든다.
⑤ 설계, 제조, 운반, 가설시 처짐에 대한 세심한 안전성 검토가 필요하다.

(3) 프리스트레스트 콘크리트 분류(PSC)
① 내적 프리스트레싱(internal prestressing)
긴장재를 콘크리트 부재속에 배치하여 긴장하여 정착시키는 방법
② 외적 프리스트레싱(external prestressing)
긴장재를 콘크리트 부재밖에 배치하여 긴장하여 정착시키는 방법
③ 파셜(부분) 프리스트레싱(partial prestressing)
사용하중 재하시 부재내에 휨인장응력을 허용하는 프리스트레싱 하는 방법
④ 풀 프리스트레싱(full prestressing)
사용하중 재하시 부재내에 휨인장응력 전혀 발생하지 않도록 하는 프리스트레싱하는 방법
⑤ 선형 프리스트레싱(linear prestressing)
긴장재를 빔이나 슬래브 같은 직선 부재에 프리스트레싱 하는 방법
⑥ 원형 프리스트레싱(circular prestressing)
긴장재를 원형 탱크, 사이로 같은 원형 부재에 프리스트레싱을 주는 방법

(4) 프리스트레스트 콘크리트 그라우팅 재료의 구비조건
① f_{ck} : 20MPa 이상
② W/B : 45% 이하
③ Grouting제 혼합 후 30min 이내로 쉬스관내 주입
④ 팽창율 : 0~10% 이하 표준
⑤ 블리딩률 : 0%를 표준으로 함
⑥ 염화물 이온량 : 0.3kg/m³이하

(5) PS 강선이 갖추어야 할 일반적인 성질
① 강선의 인장강도가 커야 한다.
② 강선의 항복비가 커야 한다.
③ 강선의 릴랙세이션이 작아야 한다.
④ 응력 부식에 대한 저항성이 커야 한다.
⑤ 어느 정도 피로저항강도를 가져야 한다.
⑥ 강선의 직선성이 좋아야 한다.
⑦ 적당한 연성과 인성을 가지고 있어야 한다.

(6) 프리스트레스 콘크리트의 3대 기본 개념
① 응력개념(균등질보의 개념)

RC는 취성재료이므로 인장측의 응력을 무시했으나, PSC는 프리스트레스가 도입되면 탄성재료로서 인장측 응력도 유효한 균등질 보로 생각하는 개념
② 강도 개념(내력 모멘트 개념)
PSC는 RC에서와 같이 압축력은 콘크리트가 받고 인장력은 PS강재가 받아 두 힘의외력이 외력 모멘트에 저항하도록 한다는 개념
③ 하중 평형 개념(등가하중 개념)
부재에 작용하는 외력(하중)의 일부 또는 전부를 프리스트레스힘으로 평형시키겠다는 개념

(7) PSC 강재의 정착 공법 분류
① 쐐기식 공법
1) 프레시네
2) VSL공법
3) CCL공법
4) Magnel 공법
② 지압식 공법
1) BBRV 공법
2) Dywidag 공법
3) Lee-McCall
③ 루프식 공법
1) Leoba 공법
2) Baur-Leonhardt 공법

(8) 프리스트레싱 도입 방법
① 프리텐션(Pretension) 공법
1) 프리텐션(Pretension) 공법은 PS강선을 일정한 장력으로 인장한 채로 콘크리트를친 공법을 말한다.
2) 원 리 : 콘크리트와 PS 강재와의 접착력으로 긴장력 전달
3) 시공순서
지지대(지구) 설치 → 철근배근 강선배치 → 거푸집 → Con'c 타설 및 양생

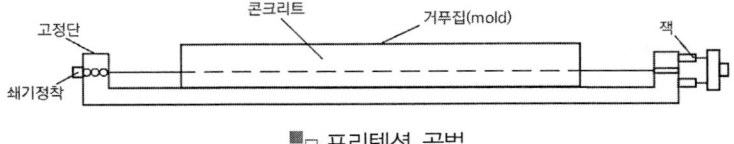

■□ 프리텐션 공법

② 포스트텐션(Post Tension) 공법
1) 포스트텐션(Post Tension)공법은 미리 Sheath관을 배치하고 콘크리트를 친후 콘크

리트가 소요강도가 나온 후 PS 강선을 넣고 긴장시켜 프리스트레싱을 준 공법을 말한다.
2) 원리 : 단부(양끝단)의 정착장치에 의해 긴장력 전달
3) 시공순서
거푸집, 철근배근, 시스관 설치 → Con'c 타설 및 양생 → 시스관 속에 PS강선 삽입 → PS강선 긴장 → 시스관 Grouting

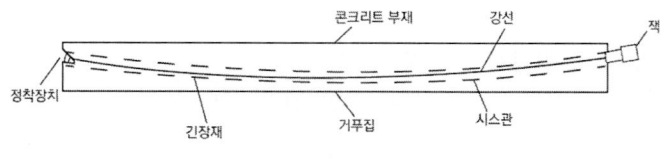

■ 포스트텐션 공법

(9) Prestress의 손실 원인
① 도입시 일어나는 손실 원인(즉시손실)
1) 콘크리트의 탄성 변형
2) 정착 장치의 활동
3) 강재와 Sheath 사이의 마찰
② 도입 후 손실 원인
1) 콘크리트의 Creep
2) 콘크리트의 건조수축(프리텐션방식 > 포스트텐션방식)
3) P.S 강재의 Relaxation

(10) 유효율(R)
① 유효율 $R = \dfrac{P_e}{P_i} = \dfrac{유효 프리스트레스}{초기 프리스트레스} \times 100(\%)$

프리텐션 방식 : R=0.80, 포스트텐션 방식 : R=0.85

② 감소율 $= \dfrac{P_i - P_e}{P_i} = 1 - R = \dfrac{감소량}{초기 프리스트레스} \times 100(\%)$

여기서 P_i: 즉시 손실 발생 후 인장력(초기 프리스트레스)
P_e: 시간적 손실 발생 후 인장력으로 유효 프리스트레스힘

③ 유효율+감소율 = 100%

(11) 프리스트레스의 손실량
① 콘크리트의 탄성변형에 의한 손실
1) 프리텐션 방식

$$\triangle f_p = E_p \varepsilon_p = E_c \varepsilon_c = E_p \dfrac{f_c}{E_c} = n f_c$$

여기서 E_p : PS강재의 탄성계수(2×10^5MPa)

n : 탄성계수비

f_c : 프리스트레스 도입 후 강재 둘레 콘크리트의 응력

$\triangle f_p$: 프리스트레스 도입 후 PS강재의 감소응력

2) 포스트텐션 방식

$$\triangle f_p = \frac{1}{2}nf_c\frac{N-1}{N}$$

여기서, N : 긴장재의 긴장횟수

f_c : 프리스트레싱에 의한 긴장재 도심위치에서의 콘크리트의 압축응력

② 정착장치 활동에 의한 손실

1) 프리텐션 방식은 고정 지주의 정착장치에서 발생

2) 포스트텐션 방식의 경우

가. 1단 정착인 경우

$$\triangle f_p = E_p\cdot\varepsilon = E_p\cdot\frac{\triangle \ell}{\ell} = \frac{P}{A}$$

나. 양단 정착인 경우

$$\triangle f_p = E_p\cdot\varepsilon = E_p\cdot\frac{2\triangle \ell}{\ell}$$

여기서 $\triangle \ell$: PS강재의 활동량

ℓ : 긴장재의 길이

③ 마찰에 의한 손실

1) 곡률마찰과 파상마찰을 동시에 고려할 때

$$P_x = P_o\cdot e^{-(kl+\mu\alpha)}$$

여기서, P_x : 인장단으로부터 x거리에서의 긴장재의 인장력

P_o : 인장단에서의 긴장재의 인장력

ℓ : 인장단으로부터 고려하는 단면까지의 긴장재의 길이(m)

k : 파상마찰계수

α : 각변화(radian)

μ : 곡률마찰계수

2) 근사식

$\mu\alpha + kl \leq 0.3$인 경우 근사식 계산 할 수 있다.

$$P_x = P_o(1-kl-\mu\alpha)$$

④ 건조수축과 크리프에 의한 손실
  1) 콘크리트 건조수축에 의한 손실
     $$\triangle f_{ps} = E_p \cdot \varepsilon_{cs}$$
     여기서, ε_{cs} : 강재가 있는곳의 콘크리트건조 수축 변형률
  2) 콘크리트의 크리프에 의한 손실
     $$\triangle f_{pc} = n f_{ci} \phi$$
     여기서 ϕ : 크리프 계수

⑤ 강재의 릴랙세이션에 의한 손실
  1) 포스트텐션 부재의 경우
     $$\triangle f_{pr} = f_\pi \cdot \frac{\log t}{10} (\frac{f_\pi}{f_{py}} - 0.55)$$
  2) 프리텐션 부재의 경우
     $$\triangle f_{pr} = f_\pi \cdot (\frac{\log t_n - \log t_r}{10})(\frac{f_r}{f_{py}} - 0.55)$$
     여기서, f_π : 프리스트레스 도입 직후의 긴장재의 인장응력
       f_{py} : 긴장재의 항복강도
       t : 프리스트레싱 후 크리프로 인한 손실 계산까지의 시간(hr)

(12) 프리스트레싱 도입시 콘크리트 압축강도
  ① 프리텐션 방식은 콘크리트압축강도 30MPa 이상시 도입하며, 실험이나 기존실적등을 통해서 안정성이 증명된 경우는 25MPa로 하향 조정할 수 있다.
  ② 프리스트레싱을 준 직후의 콘크리트에 일어나는 최대 압축응력의 1.7배 이상이어야 한다.
  ③ 프리스트레싱할 때 긴장재에 인장력을 설계값 이상으로 주었다가 다시 설계 값으로 낮추는 방법으로 시공하지 않아야 한다.

(13) 거푸집 내에서 허용되는 긴장재의 배치오차 한계
  ① 거푸집 내에서 허용되는 긴장재의 배치오차는 부재치수가 1m 미만시 5mm를 넘어서는 안 된다.
  ② 또 1m이상 인 경우 부재치수의 1/200이하로 10mm를 넘지 않도록 한다.

1-8 주요핵심문제
RC구조 및 PS콘크리트

01 프리스트레스트 콘크리트(PSC)와 철근콘크리트(RC)의 비교 설명으로 틀린 것은?
[07.08 · 10.14 기사]
① PSC는 RC에 비하여 강성이 커서 변형이 작고 진동에 강하다.
② PSC는 RC에 비하여 고강도의 콘크리트와 강재를 사용하게 된다.
③ PSC는 RC에 비하여 탄성적이고 복원성이 크다.
④ PSC는 균열이 발생하지 않도록 설계되기 때문에 내구성 및 수밀성이 좋다.

해설
PSC 콘크리트 특징
1) PSC의 장점
  ① RC 보에 비하여 탄성적이고 복원성이 높다.
  ② 고강도 콘크리트를 사용하므로 내구성이 우수하다.
  ③ RC보에 비하여 복부의 폭을 얇게 할 수 있어서 부재의 자중을 줄일 수 있다.
  ④ 부재의 처짐이 적다.
2) PSC의 단점
  ① RC에 비하여 강성이 작아 변형이 크고 진동에 취약하다.
  ② 고강도 강재는 고온(400℃이상)에 접하는 경우 강도 감소로 RC보다 내화성이 불리하다.

02 프리스트레스트 콘크리트에 대한 설명으로 틀린 것은? [04.13 기사]
① 굵은 골재 최대치수는 보통의 경우 25mm를 표준으로 한다.
② 팽창성 그라우트의 재령 28일 압축강도는 최소 25MPa 이상이어야 한다.
③ 프리텐션방식에서는 프리스트레싱할 때 콘크리트 압축강도가 30MPa 이상이어야 한다.
④ 팽창성 그라우트의 팽창률은 0~10%를 표준으로 한다.

해설
PSC 콘크리트
1) 굵은 골재 최대치수는 보통의 경우 25mm를 기준으로 한다.
2) 재령 28일의 압축강도는 팽창성 그라우트의 경우는 20MPa 이상을 표준.
3) 팽창률은 비팽창성 그라우트에서는 -0.5~0.5%, 팽창성 그라우트에서는 0~10%를 표준으로 한다.
4) 프리스트레스트 콘크리트 그라우팅의 물-결합재비는 45% 이하로 한다.

03 프리스트레스트 콘크리트 부재에서 프리텐션 방식의 장점이 아닌 것은?
[09 · 11.18 기사]
① 제품의 품질에 대한 신뢰도가 높다.
② PS강재의 곡선배치가 용이하다.
③ 정착장치가 불필요하다.
④ 공장에서 대량의 제조가 가능하다.

해설
프리텐션 공법 특징
1) 대량생산이 가능하다.
2) 공장제품이므로 품질에 대한 신뢰도가 높다.
3) 프리텐션 방식은 PS강재의 곡선배치가 어렵고 대신 현장제작 방식인 포스트텐션 방식은 대형 구조물 제작에 적당하다.

정답 01 ① 02 ② 03 ②

04 프리스트레스트 콘크리트(PSC)에서 굵은 골재의 최대치수는 일반적인 경우 얼마를 표준으로 하는가? [03,09,12 기사]
① 15mm ② 25mm
③ 40mm ④ 50mm

해설
굵은골재의 최대치수 표준은 25mm를 기준으로 한다.

05 프리스트레스트 콘크리트에 사용하는 그라우트에 대한 설명으로 틀린 것은?
[00,05 · 11,12,13,17 기사]
① 팽창성 그라우트의 팽창률은 0~10%를 표준으로 한다.
② 블리딩률은 0% 이하를 표준으로 한다.
③ 팽창성 그라우트의 재령 28일의 압축강도는 20MPa 이상이어야 한다.
④ 물-결합재비는 50% 이하로 한다.

해설
프리스트레스트 콘크리트 그라우트
1) 블리딩률은 0%를 표준으로 한다.
2) 팽창성 그라우트의 팽창률은 0~10%를 표준으로 한다.
3) 물-결합재비는 45% 이하로 한다.

06 프리텐션 방식의 프리스트레스트 콘크리트에서 프리스트레싱 할 때의 콘크리트 압축강도는 얼마 이상을 기준으로 하는가? (단, 실험이나 기존의 적용실적 등을 통해 안전성이 증명된 경우 제외한다.)
[01,03,05,07,11,12 기사]
① 30MPa ② 35MPa
③ 40MPa ④ 45MPa

해설
프리텐션 방식에 있어서 프리스트레싱 도입시 콘크리트의 압축강도는 30MPa 이상이어야 한다.
포스트 텐션 : 25MPa 이상

07 다음 중 프리스트레스트 콘크리트의 프리스트레스 감소의 원인이 아닌 것은?
[02,04,08 · 09,10,12,14,16 기사]
① 강재의 릴랙세이션
② 콘크리트의 건조수축
③ 콘크리트의 크리프
④ 시스관의 크기

해설
PS콘크리트의 프리스트레스 손실원인
1) 도입 시 일어나는 손실원인
 ① 콘크리트의 탄성변형
 ② PS강재와 시스 사이의 마찰
 ③ 정착장치의 활동
2) 도입 후 손실원인
 ① 콘크리트 크리프
 ② 콘크리트 건조수축
 ③ PS강재의 Relaxation

08 프리스트레스트 콘크리트의 원리를 설명하는 3가지 방법 중 속하지 않는 것은?
(15,17 기사)
① 균등질 보의 개념
② 내력 모멘트의 개념
③ 모멘트 분배의 개념
④ 하중 평형의 개념

해설
프리스트레스 콘크리트 3대 기본개념
1) 균등질보(응력)의 개념
2) 내력모멘트(강도) 개념
3) 하중평형(등가하중)개념

정답 04 ② 05 ④ 06 ① 07 ④ 08 ③

1-9 콘크리트 구조물 유지관리

1. 안전점검 및 외관조사

(1) 안전점검 종류

① 초기점검
1) 시설물 관리 대장에 기록되는 최초로 실시되는 정밀 점검으로 시설물의 유지관리를 하는데 필요한 초기치와 기초자료를 얻기 위한 점검
2) 신설 시설물의 경우는 사용 검사 후 6개월 이내에 초기점검 실시

② 정기점검
1) 육안관찰이 가능한 개소에 대하여 성능저하나 열화 및 하자의 발생부위 파악을 위해 실시
2) 시설물의 전반적인 외관조사를 통하여 심각한 손상인 결함의 유무를 살펴보는 점검

③ 일상 점검
1) 일상의 순회로서 육안관찰을 통하여 열화 발생 위치 및 상황을 파악하기 위해서 실시
2) 육안관찰, 사진, 비디오 등을 사용하여 점검

④ 정밀 점검
1) 안전진단 전문업체를 통한 정기적으로 시설물의 거동을 파악하는 안전점검
2) 정밀점검은 시설물의 현 상태를 정확히 판단하고 최초 또는 이전에 기록된 상태로부터의 변화를 비교 확인하는 면밀한 외관조사와 간단한 측정·시험장비로 필요한 측정 및 시험을 실시

⑤ 긴급 점검
1) 지진이나 풍수해와 같은 천재지변 등의 긴급사태에 실시하는 점검
2) 시설물에 대한 손상 정도 자료수집, 현장조사, 안전성 평가 등을 통한 안전에 관한 정보를 신속히 얻기 위하여 실시하는 점검이다.

(2) 외관조사

① 외관조사는 콘크리트 구조물의 외관상태를 육안으로 손상 현황을 파악하고 균열폭을 측정하고 사진, 비디오 등을 이용하여 조사한 자료를 수집하는 단계
② 외관 조사시 외관 조사망도에 기입되는 사항
1) 균열형태
2) 균열길이
3) 균열폭
4) 철근(위치, 직경, 피복두께, 노출여부, 부식등)기입

2. 균열 보수 공법
   (1) 표면 처리 공법
   (2) 에폭시주입공법
   (3) 충전공법

3. 보강공법
   (1) 강재 Anchor 공법
   (2) 외부 케이블공법 (Prestress 도입공법)
   (3) 강판부착(부착)공법
   (4) 상면 두께 증설 공법
   (5) 하면 두께 증설 공법
   (6) 라이닝 공법
   (7) 연속 섬유 쉬트 접착공법

4. 철근 배근 조사
   (1) 철근 배근조사는 철근위치와 피복두께를 측정하는 시험으로 콘크리트 구조물의 건전도 진단에서는 빼놓을 수 없는 중요한 시험이며, 철근위치를 추정함으로써 다른 비파괴 검사를 위한 예비정보를 얻는 것과 피복두께부족에 의한 조기열화의 가능성을 판단하기 위하여 실시한다.
   (2) 현재 철근배근조사를 위해서 RC-Radar, Ferroscan의 장비가 주로 사용되고 있으며, 이들은 전자파레이다법과 전자유도법을 이용하고 있다.
   (3) 전자파레이더법에 의한 철근탐사
      ① 해당 물체내에 송신된 전자기파가 전기적 특성(유전율 및 도전율)이 다른 물질(철근, 매설물, 공동 등)의 경계에서 반사파를 일으키는 성질을 이용해서 그 반사파의 영상을 해석함으로써 조사하는 방법이다.
      ② 이 방법은 지중 매설물이나 지하의 공동탐사를 목적으로 장치개발 및 실용화가 진행되어 온 방법이며, 콘크리트 구조물에 적용되기 시작한 것은 그렇게 오래된 편은 아니지만, 철근탐사 혹은 골재노출(충전불량), 허니콤 등의 결함부 파악에도 이용되고 있다.
      ③ 전자파 레이더법 의한 콘크리트 내의 전자파 속도(V)
         1) $V = \dfrac{C}{\sqrt{\varepsilon_r}} \ (m/s)$
            여기서, C : 진공 중에서의 전자파 속도
            ε_r : 콘크리트의 비유전율
            V : 콘크리트내 전자파 속도

2) 반사 물체까지의 거리

$$D = \frac{V \cdot T}{2}$$

여기서, D : 반사 물체까지의 거리 (m)
V : 콘크리트 내의 전자파 속도 (m/s)
T : 입사파와 반사파의 왕복 전파 시간

(4) 전자유도법에 의한 철근탐사
① 전자유도법에 의한 철근탐사는 전자유도를 이용하여 콘크리트 내부의 철근위치, 방향, 피복두께, 직경을 측정하기 위하여 사용되고 있다.
② 배근방향, 배근간격의 확인은 비교적 용이하기 때문에 구조체로부터 압축시험용 코어를 채취할 위치를 선정하는 데도 사용된다.
③ 측정은 철근탐사기를 콘크리트 표면에 평행하게 움직이면서 실시한다. 철근탐사기가 콘크리트 내부의 철근의 위치를 지나면, 미터 지시계의 값이 (+)에서 (-)로 변한다. 이 변화지점에 "삐"하면서 부저가 울리며 지시값은 최소가 된다. 이와 같은 조작에 의하여 탐사기의 방향을 90°로 변경하면서 반복하여 각 방향의 배근위치를 파악한다.

5. 철근 부식 평가

(1) 콘크리트의 내부에 묻힌 철근의 부식은 콘크리트 구조물의 성능저하를 일으키는 주요 원인 중의 하나이다. 철근이 부식하면 철근단면이 손실되어 구조물의 전체 강도가 저하될 뿐 아니라 철근의 체적이 본래의 약 2.5배로 팽창하고 그 팽창압으로 콘크리트에 균열이 발생된다.
(2) 철근부식에 따른 2차적 손상으로는 박리, 박락, 균열, 백태 등이 있다.
(3) 철근 콘크리트 구조물의 철근부식상황 조사방법
① 전기화학적인 자연전위법
전위차를 이용한 부식평가기준은 ASTM에 따라 아래와 같이 3단계로 부식성에 대하여 평가를 한다.

부식 등급	자연 전위(E)	부식 확률
V_1	-200mV < E	90%이상의 확률로 부식없음
V_2	-350mV < E ≤ -200mV	불확실함
V_3	E ≤ -350mV	90%이상의 확률로 부식있음

② 분극 저항법
콘크리트 표면에 닿는 외부전극에서 내부철근에 미약한 전류 또는 전위차를 부하할 때에 발생하는 전위변화량 또는 전류변화량에서도 분극저항을 구하고, 내부 철근의 부식속도를 추정하도록 하는 방법
③ 전기적인 전기저항법
1) 피복 콘크리트의 전기 저항을 측정함으로써 그 부식성 및 철근의 부식 속도에 관

계하는 정보를 얻어 부식성에 대한 평가를 한다.
2) 콘크리트를 대상으로 한 대표적인 전기 저항법으로는 4점 전극법

6. 초음파법에 의한 균열 깊이(심도)검사 방법

(1) Tc-To 법
① 종파용 발,수신자를 개구부를 중심으로 등간격 L/2로 설치하였을 때, 균열선단부를 회절한 초음파의 전달시간 Tc와 균열이 없는 부분에서의 발, 수신자의거리 L에서의 전파시간 To로부터 균열의 심도를 구하는 방법이다.

② 균열깊이(심도)
$$d = \frac{L}{2} \cdot \sqrt{\left(\frac{T_c}{T_o}\right)^2 - 1}$$

여기서 d: 균열깊이(심도)
T_c: 균열을 사이에 두고 측정한 전파시간(μs)
T_o: 건전부 표면에서의 전파시간(μs)
L: 송신 및 수신 양 탐촉자의 거리

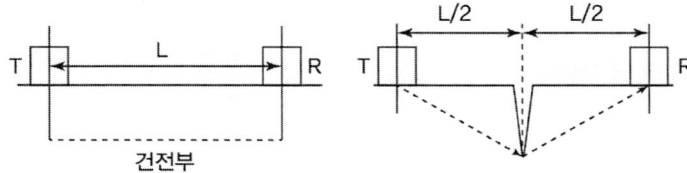

(2) T법
① 종파용 발신자를 고정하고 종파용 수신자를 일정간격으로 이동 시킬 때의 전파시간의 관계로부터 균열의 위치에서의 불연속 시간 t를 도면상에서 구하여 균열의 심도를 구한다.

② 균열심도(d)
$$d = t\cos(t\cot\alpha + 2L) / 2(t\cot\alpha + L_1)$$

여기서 L : 발,수신자의 중심거리
L_1 : 발신자로부터 균열까지의 거리

③ 기타 : BS법

1-9 주요핵심문제
콘크리트 구조물 유지관리

01 공기 중의 탄산가스의 작용을 받아 콘크리트 중의 수산화칼슘이 서서히 탄산칼슘으로 되어 콘크리트가 알칼리성을 상실하는 것을 무엇이라 하는가? [04·11.14.15 기사]
① 알칼리반응   ② 염해
③ 손식   ④ 중성화

해설
중성화에 대한 설명이다.

02 콘크리트의 알칼리 골재반응에 대한 설명으로 틀린 것은? [10·12 기사]
① 알칼리 골재반응이 진행되면 콘크리트구조물에 균열이 생긴다.
② 콘크리트 중 알칼리의 주된 공급원은 골재에 부착된 염분(NaCl)이다.
③ 알칼리 골재반응은 포졸란의 사용에 의해 억제된다.
④ 알칼리 골재반응이 진행되기 위해서는 반응성골재와 알칼리 및 수분이 필요하다.

해설
알카리골재반응은 시멘트의 알카리성분과 골재의 실리카 성분에 의해 주로 발생되므로 시멘트의 알카리성분을 제한해주는 것이 필요하다.(전알칼리량 0.6% 이하), 또한 시멘트의 일부를 고로 슬래그, 플라이애시 등으로 치환해서 사용하는 방법도 필요하다.

03 알칼리 골재반응에 대한 설명 중 잘못된 것은? [04·09 기사]
① 주로 포틀랜드 시멘트 속의 알칼리 성분과 골재 중에 있는 실리카와의 화학반응으로 나타난다.
② 콘크리트가 과도하게 팽창하여 균열이 발생하는 현상이 나타난다.
③ 광물의 종류에 따라 알칼리-실리카반응, 알칼리-탄산염반응, 알칼리-실리게이트반응으로 대별할 수 있다.
④ 반응성 골재를 사용할 경우에는 1.0% 이하의 저알칼리형 시멘트를 사용한다.

해설
알카리골재반응은 시멘트의 알카리성분과 골재의 실리카 성분에 의해 주로 발생되므로 시멘트의 알카리성분을 제한해주는 것이 필요하다.(전알칼리량 0.6% 이하)

04 굳지 않은 콘크리트 중의 전 염화물 이온량은 원칙적으로 몇 kg/m^3 이하로 하는 것을 표준으로 하는가? [08.12 기사]
① $0.20kg/m^3$ ② $0.30kg/m^3$
③ $0.50kg/m^3$ ④ $0.70kg/m^3$

해설
굳지 않은 콘크리트 중의 전 염화물이온량은 원칙적으로 $0.3kg/m^3$ 이하로 한다.

정답 01 ④ 02 ② 03 ④ 04 ②

05 표준시방서상에는 신설 시설물의 경우는 사용 검사 후 몇 월 이내에 초기점검을 하도록 규정하고 있나? (05.10 기사)
① 3월　　　② 6월
③ 9월　　　④ 12월

> 해설

신설 시설물의 경우는 사용 검사 후 6개월 이내에 초기점검을 실시

정답 05 ②

PART 2

건설시공 및 관리

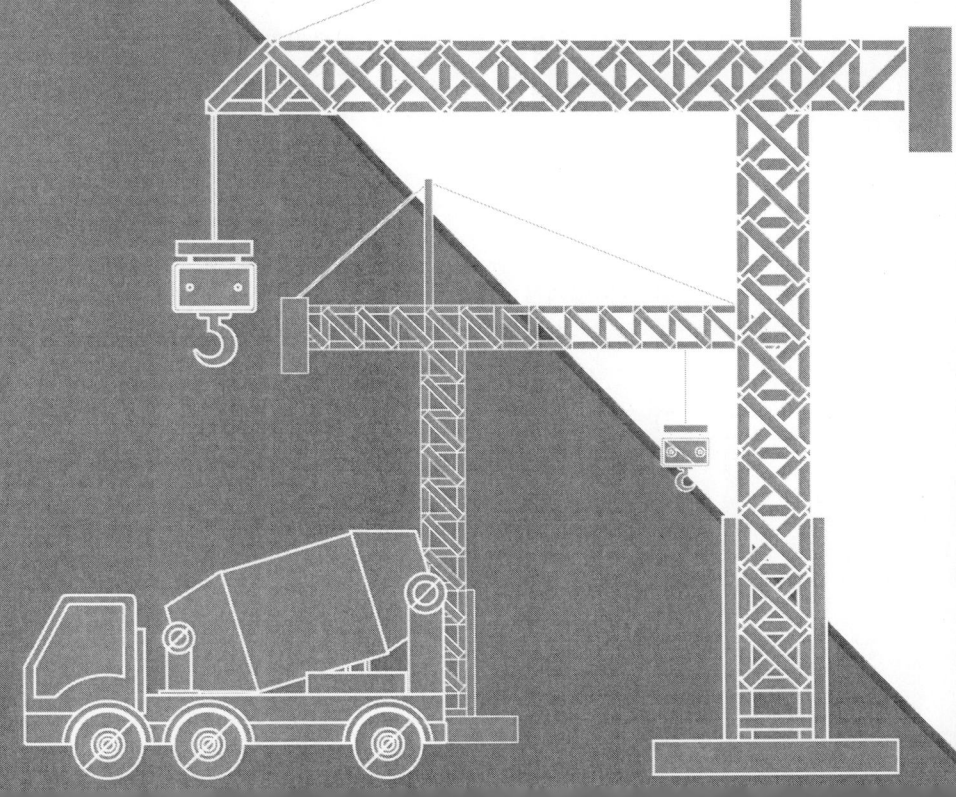

PART 02 건설시공 및 관리

2-1 토공

1. 성토공

(1) 성토재료로 요구되는 성질
① 전단강도가 클 것
② 압축성이 적을 것
③ 투수성이 클 것
④ 지지력이 클 것
⑤ 시공기계의 Trafficability가 확보될 것

(2) 성토 시공법
① 수평층 쌓기
　1) 두꺼운 층 쌓기(후층법)
　　두께 0.6~1.0m 다짐두께가 두꺼우며 다짐작업과 다짐도 측정이 곤란하여 품질관리가 어렵다.
　2) 얇은 층 쌓기(박층법)
　　두께 0.3~0.6m 두께로 흙을 깔아 한 층마다 적당한 수분을 주면서 다짐하므로다짐도 측정이 정확하며 품질관리가 용이하다.

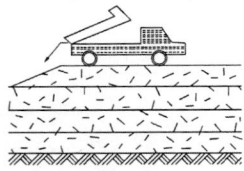
■□ 수평층 쌓기

② 전방층 쌓기
　1) 도로, 철도, 방조제 등에서 낮은 축제에 사용되며 공사 중 압밀이 진행 중인상태로 시공되어 준공 후 잔류침하가 우려되어 품질관리 어려움.
　2) 공기 단축 및 공사비가 저렴하게 시공하는 방법

■□ 전방층 쌓기

③ 비계층 쌓기
1) 가교이용 쌓기법 이라고 하며 가교를 만들어서 위에서 밑으로 흙을 부어가면서 점차로 토공을 시공하는 방법
2) 공사 중 압밀침하가 진행되므로 준공 후 잔류침하 영향으로 품질관리 어려움

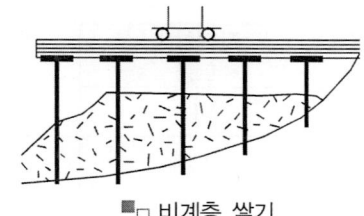

■□ 비계층 쌓기

④ 물다짐 공법
펌프 준설선으로 준설토사를 물에 섞어서 매립지에 운송하여 쌓는 방법

2. 시공기면

(1) 가장 경제적인 시공이 되도록 하기 위해서 절, 성토 토량 계획을 세우는데 필요한 지반 계획고를 정하는 것을 "시공기면" 이라고 한다.
(2) 시공기면 결정시 고려사항
① 토공량은 최소가 되도록 하여 절토와 성토의 균형을 맞출 것
② 토취장 및 사토장의 거리가 짧을 것
③ 산사태 우려(Land slide) 및 연약지반의 경우는 가급적 피할 것
④ 비탈면 등의 안정성을 고려할 것
⑤ 암석 굴착은 되도록 적게 되도록 고려할 것
⑥ 용지보상비가 최소화 되도록 고려 할 것

3. 토량의 변화

(1) 토량은 원지반 토량과 파헤친 토량과 성토 다짐시의 토량의 체적이 차이가 있다.
(2) 토공 작업에서 자연 상태의 흙과 다져진 상태의 흙에 따른 토량변화율을 이용하여 작업 토량을 구하는데 사용되는 계수를 토량환산계수라고 함.
(3) 토량변화율 L값과 C값을 사용하여 산정

(4) 토량변화율

① $L = \dfrac{\text{흐트러진 상태의 토량(느슨한 토량)}}{\text{자연 상태의 토량(원지반 토량)}} = \dfrac{\text{자연 상태의 밀도}}{\text{운반 상태의 밀도}}$

   1) 일반 토사의 경우 : 1.1 ~ 1.4 정도
   2) 운반토량 산출시 이용

② $C = \dfrac{\text{다져진 상태의 토량(다짐 토량)}}{\text{자연 상태의 토량(원지반 토량)}} = \dfrac{\text{자연 상태의 밀도}}{\text{완성 상태의 밀도}}$

   1) 일반 토사의 경우 ; 0.85 ~ 0.95 정도
   2) 반입토량 산출시 이용

(5) 토량환산계수

기준토량 q \ 구하는토량 Q	자연상태 토량	흐트러진상태 토량 (L)	다져진상태 토량 (C)
자연상태토량	1	L	C
흐트러진상태토량 (L)	1/L	1	C/L
다져진상태토량 (C)	1/C	L/C	1

4. 토취장 및 사토장

(1) 토취장 : 흙을 채취하는 장소

(2) 토취장 분류
  ① 육상 토취장
  ② 해상 토취장(준설)

(3) 사토장 : 절토한 흙을 처리하는 장소

(4) 토취장 선정요건
  ① 토질이 양호
  ② 토량이 충분할 것
  ③ 용수, 붕괴의 염려가 없고 배수가 양호한 지역
  ④ 운반로가 양호하고 장애물이 적을 것
  ⑤ 장비 진입이 용이할 것
  ⑥ 용지매수, 보상비가 싸고 쉬울 것
  ⑦ 성토 장소를 향해서 $\dfrac{1}{50} \sim \dfrac{1}{100}$ 정도의 하향 경사를 이룰 것

(5) 사토장 선정요건
① 사토량 수용 할만한 여유부지 확보
② 용수, 붕괴의 염려가 없고 배수가 양호한 지역
③ 운반로가 양호하고 장애물이 적을 것
④ 용지매수, 보상비가 싸고 쉬울 것
⑤ 배수로 확보가 용이한 곳

5. 유토곡선

(1) 유토곡선 정의
① 종단도를 따라서 토공의 절토 및 성토의 과소를 누적하여 그린 곡선
② 유토곡선을 이용하여 장비의 경제적인 운반거리를 적용, 토량의 평균운반 거리, 토취장 및 사토장 선정에 이용

(2) 유토곡선의 작성 목적
① 절성 토량의 효율적인 배분
② 장비기종의 선택
③ 평균운반거리의 산출
④ 시공방법의 결정

(3) 유토곡선(Mass curve) 작성순서
① 측량에 의해 종단면도 및 횡단면도 작성(20m간격)
② 횡단면도에서 각 단면의 절토량을 계산(다짐상태 환산), 양단면 평균법, 중앙단면법, 각주공식, 등고선법, 점고법
③ 토량계산서를 이용하여 누가토량을 계산
④ 유토곡선 작성(종축: 토량, 횡축: 거리)

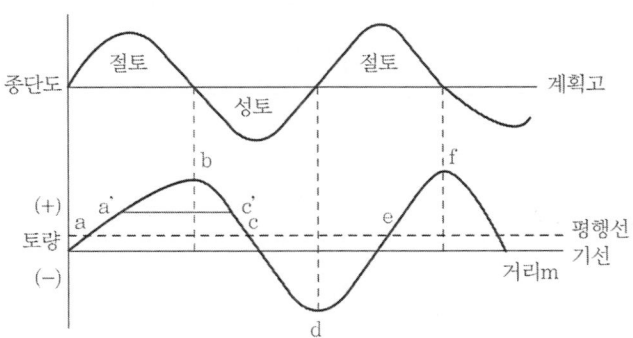

(4) 유토곡선의 성질
① 유토곡선에서 상향구간(a⌒b, d⌒f)은 절토, 하향구간(b⌒d)은 성토
② 절토에서 성토의 경계점은 극대점 성토에서 절토의 경계점은 극소점

③ 기선(기본선)에 평행한 임의직선을 그어 곡선과의 교점을 절토와 성토가 평형되게 하는 선을 평행선
④ 평균운반거리 : a⌒c 구간의 평균운반거리는 a' c'
⑤ 전 토량 : a⌒c 구간의 전 토량은 b지점의 높이임

6. 토량 계산

(1) 토목공사에서 토공량 계산시 단면법, 점고법, 등고선법 등을 이용하며, 철도·도로 및 수로 등을 축조할 때처럼 자세히 토지의 토공량을 산정 하는데는 단면법이 사용된다.
(2) 특히 정지작업을 행할 때와 같이 넓은 면적의 토공량 산정에는 점고법, 등고선법 등이 사용된다.
(3) 토량 계산
   ① 단면법
      1) 윗변 길이 = 밑변 +(기울기×높이)×2
      2) 단면적 = $\dfrac{밑변 + 윗변}{2} \times 높이$

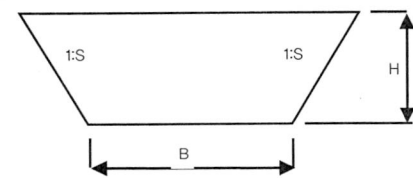

   ② 점고법
      1) 사각형 분할법
$$V = \dfrac{A}{4}(\Sigma h_1 + 2\Sigma h_2 + 3\Sigma h_3 + \cdots n\Sigma h_n)$$
      여기서, A : 단위면적$(a \times b)$

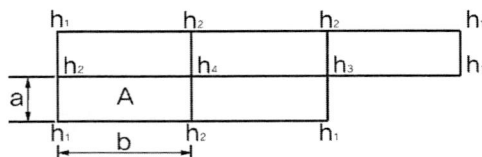

      2) 삼각형 분할법
$$V = \dfrac{a \times b}{6}(\Sigma h_1 + 2\Sigma h_2 + 3\Sigma h_3 + 4\Sigma h_4 + \ldots + n\Sigma h_n)$$

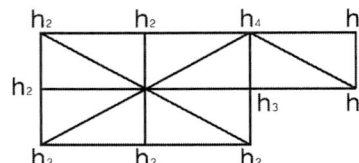

③ 지거법
   1) 심프슨 제1법칙
      심프슨 제1법칙은 지거간격을 균등하게 나누고 경계선을 2차 포물선으로 가정하며 2구간을 1조로 하여 계산하는 방법

      $$A = \frac{d}{3}\{y_0 + 2(y_2 + y_4 + ...) + 4(y_1 + y_3 + ...) + y_n\}$$

      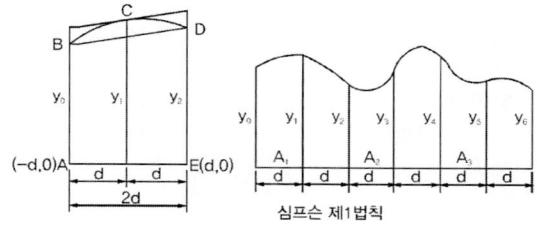

   2) 심프슨 제2법칙
      심프슨 제2법칙은 역시 등간격으로 지거를 나누었을 때 3구간을 1조로 하여 계산하는 방법

      $$A = \frac{3d}{8}(y_0 + y_n + 2\Sigma y_{3의 배수} + 3\Sigma y_{나머지수})(단, n은 3의 배수)$$

      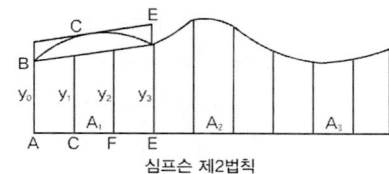

④ 등고선법

   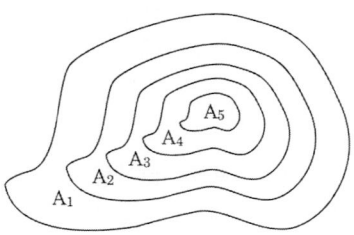

   1) n 단면수가 홀수 인 경우
      전체 토적 V = h/3{A₁ + Aₙ + 4(A₂ + ⋯ + Aₙ₋₁) + 2(A₃ + ⋯ + Aₙ₋₂)}
                                    (짝수)   (홀수)
   2) n 단면이 짝수 인 경우
      전체 토적 V = (A₁+A₂)/2×h+h/3 {A₂+4(A₃+⋯+Aₙ₋₁)+2(A₄+⋯+Aₙ₋₂)+ Aₙ}
              (양단면평균법)   (등고선법)

7. 비탈면 보호공

(1) 비탈면 보호공법 종류

사면보호공법(억제공)	사면보강공법(억지공)
① 식생에 의한 공법 　1) 떼붙이공(잔디) 　2) 식생포공 　3) 씨앗 뿌어 붙이기공 ② 구조물에 의한 공법 　1) 콘크리트 붙이기공 　2) 뿜어 붙이기공(숏크리트) 　3) 콘크리트 틀공 　4) 돌 붙이기공 　5) 돌 쌓기공	① 절토공 ② 압성토공 ③ 옹벽 또는 돌쌓기공 ④ 억지 말뚝공 ⑤ 앵커공 ⑥ Soil Nailing ⑦ Grouting 공

(2) 사면보호공법
　① 식생에 의한 보호공
　　1) 씨앗뿜어붙이기공
　　　가. 녹생토 : 씨앗을 첨가한 특수배합토를 만들어 초고압 펌프의 압력을 이용하여 사면녹화 부위에 뿜어 붙이는 공법
　　　나. 텍솔공법 : 성토사면의 토사속에 고분자 특수 섬유를 설치 고정한 후 모래,부엽토, 접착제 등을 혼합시킨 특수 보강재를 살포하여 인공뿌리 역할을 하도록 함으로써 사면을 보호하는 공법
　　2) 떼붙임공
　　　가. 평떼공 : 주로 절토부 보호공에 적용
　　　나. 줄떼공 : 주로 성토부 보호공에 적용
　② 구조물에 의한 공법
　　1) 돌쌓기공
　　　가. 찰 쌓기 : 옹벽대신에 보통 2m이상 되는 비탈면 구간에 돌을 쌓아 올려시 공하는 공법으로 뒷채움 구간을 콘크리트로 채우며, 저면 돌쌓기 부분의 줄눈에 모르타르를 사용하여 마감을 하는 방법으로 별도의 배수구를 만드는 것이 필요하다.
　　　나. 메 쌓기 : 보통 2m 미만 비탈면 구간에 돌을 쌓아 올려 시공하는 공법으로 뒷채움 구간에 콘크리트 및 전면부 몰탈을 사용하지 않는 돌쌓기 공법으로 배수가 잘된다.
　　2) 뿜어붙이기공(숏크리트)
　　　녹화 사면부에 모르타르 또는 콘크리트를 압축공기로 시공 면에 뿜는 콘크리트 공법으로 비탈면의 풍화 및 붕괴를 방지한다.

3) 콘크리트 틀공 : 콘크리트 틀 또는 플라스틱 틀을 만들어 그 속에 돌, 자갈 등을 채우는 공법으로 풍화암이나 우수의 침식 의해 비탈면의 붕괴를 방지한다.

(3) 사면보강공법
① 절토공
사면의 경사를 완만하게 눕혀서 활동하려는 토괴를 제거하여 사면의 붕괴를 방지하고자 시공하는 공법
② 소일네일 공법
비탈면에 일정한 간격으로 천공 후 강봉을 삽입한 후 몰탈을 채워 넣어서 비탈면의 붕괴를 방지하는 공법
③ Anchor 공법
비탈면에 일정한 간격으로 천공 후 강선을 삽입한 후 몰탈을 채워넣고 강선을 긴장시키는 공법
④ 억지말뚝공법
비탈면 상단(소단)에 천공 후 말뚝을 삽입한 후 몰탈을 채워 넣어서 비탈면의 붕괴를 방지하는 공법

8. 토공 동상 방지 대책

(1) 동상현상이란 외부온도가 0℃ 이하 저온이 계속 될 경우 지표면 근처 물이 얼어 체적의 팽창을 가져오면서 흙의 융기(Heave)를 발생시키는 현상으로,
(2) 동상이 일어날 수 있는 조건은 실트질흙, 물의 존재, 0℃ 이하의 온도가 지속되면 흙의 동상이 발생 될 수 있다
(3) 동상(Frost Heave)의 Mechanism

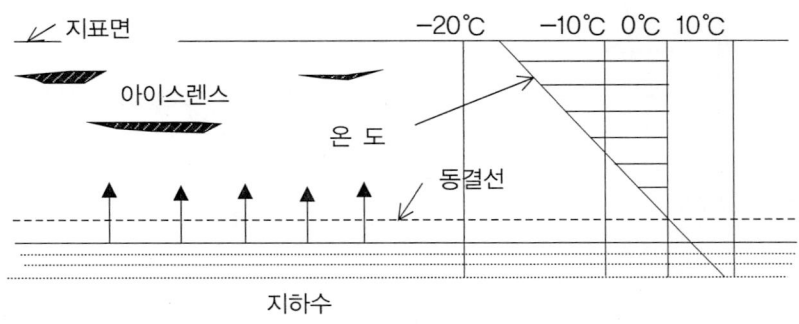
■ 아이스 렌즈의 형성

(4) 동결깊이 산정 방법
① 동결지수에 의한 방법
동결심도(Z) = $C\sqrt{F}$
여기서 C = 정수(3~5), F = 동결지수(℃.day)

② 실측에 의한 방법
③ 동결심도계 이용
④ Test Pit를 이용하여 조사공을 굴착 후 동결상황을 관찰
⑤ 통계 도표를 이용하는 방법
⑥ 열 전도율에 의한 방법

(5) 동상방지 대책
① 동결선 이하로 구조물 시공
② 배수구등의 설치로 지하수위 저하
③ 지표면의 흙을 화학약액($MgCl_2$, $NaCl$, 석회, 시멘트)등으로 안정처리 하여 동결온도를 내린다.
④ 동결깊이 상부에 있는 흙을 동결되지 않는 재료(자갈, 쇄석, 석탄재)로 치환
⑤ 모관수의 상승을 차단할 수 있는 차단층(모래, 콘크리트, 아스팔트) 시공
⑥ 흙속에 단열재료(석탄재, 코오크스)를 매입
⑦ 선택층(동상방지층) 시공

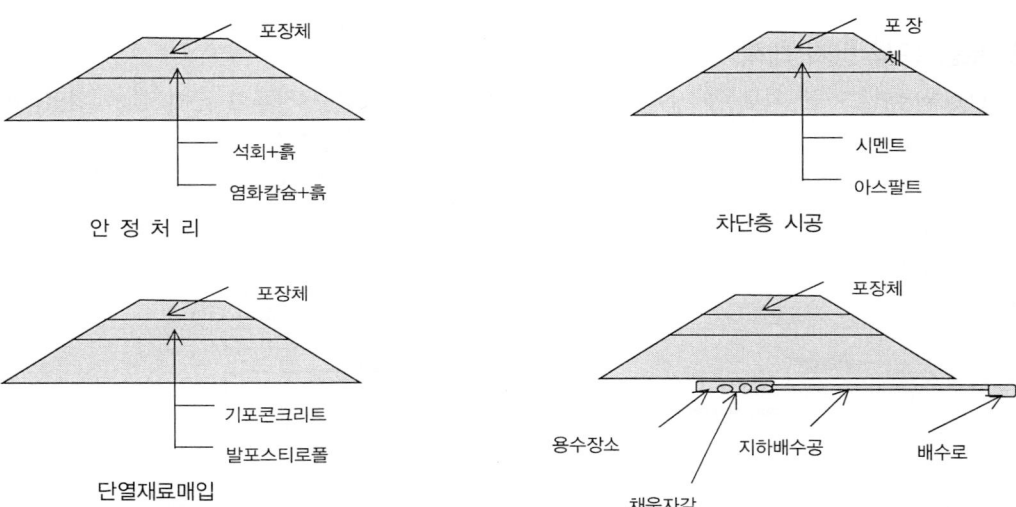

2-1 주요핵심문제

토 공

01 흙을 자연 상태로 쌓아 올렸을 때 급경사 면은 점차로 붕괴하여 안정된 비탈면이 되는데 이때 형성되는 각도를 무엇이라 하는가? [05.14 기사]
① 흙의 자연각 ② 흙의 경사각
③ 흙의 안정각 ④ 흙의 안식각

해설
안정된 비탈면과 수평면과의 강도를 흙의 안식각이라 한다.

02 흙의 성토작업에서 다음 그림의 쌓기 방법은? [05·08.12 기사]

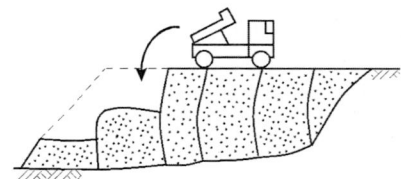

① 전방층 쌓기 ② 수평층 쌓기
③ 물다짐 공법 ④ 비계층 쌓기

해설
전방층 쌓기
도로, 철도, 방조제 등에서 낮은 축제에 사용되며 공사 중 압밀이 진행 중인 상태로 시공되어 준공 후 잔류침하가 우려되어 품질관리 어려움.

03 다음은 성토에 사용되는 흙의 조건에 관한 설명이다. 옳지 않은 것은? [09·13 기사]
① 다루기가 쉬워야 한다.
② 충분한 전단강도를 가져야 한다.
③ 도로성토에서는 투수성이 양호해야 한다.
④ 가급적 점토성분을 많이 포함하고 자갈 및 왕모래 등은 적어야 한다.

해설
성토용재료의 구비조건
1) 공학적으로 안정된 재료
2) 전단강도(지지력)가 큰 재료
3) 투수성이 큰 재료
4) 압축성이 적은 재료

04 성토사면의 토사 속에 고분자 합성수지로 된 특수섬유와 모래를 혼합시킨 특수보강재를 살포하여 인공뿌리역할을 하도록 함으로써 사면보호기능을 하는 공법은?
[04·08·14 기사]
① 코어프레임공법 ② 소일시멘트공법
③ 지오그리드공법 ④ 텍솔공법

해설
텍솔공법
성토사면의 토사속에 고분자 특수 섬유를 설치 고정한 후 모래, 부엽토, 접착제 등을 혼합시킨 특수 보강재를 살포하여 인공뿌리 역할을 하도록 함으로써 사면을 보호하는 공법

05 다음 용어 중 시공하는 지반의 계획고인 최종 끝손질 면으로 토공량의 균형을 이루도록 하여 정하는 것은?
[04.05.10.14 기사]
① 법면경사 ② 천단
③ 시공기면 ④ 토공정규

해설
시공기면 결정시 고려사항
① 토공량은 최소가 되도록 하여 절토와 성토의 균형을 맞출 것
② 토취장 및 사토장의 거리가 짧을 것
③ 산사태 우려(Land slide) 및 연약지반의 경우는 가

정답 01 ④ 02 ① 03 ④ 04 ④ 05 ③

급적 피할 것
④ 비탈면 등의 안정성을 고려할 것
⑤ 암석 굴착은 되도록 적게 되도록 고려할 것
⑥ 용지보상비가 최소화 되도록 고려 할 것

06 토적곡선(mass curve)의 성질에 대한 설명 중 옳지 않은 것은?
[05.08 · 09.14.15.18 기사]
① 토적곡선이 기선 위에서 끝나면 토량이 부족하고, 반대이면 남는 것을 뜻한다.
② 곡선의 지점은 성토에서 절토로의 변이점이다.
③ 동일 단면 내에서 횡방향 유용토는 제외되었으므로 동일 단면 내의 절토량과 성토량을 구할 수 없다.
④ 교량 등의 토공이 없는 곳에는 기선에 평행한 직선으로 표시한다.

> 해설

유토곡선의 성질

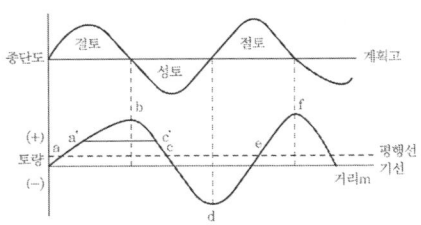

1) 유토곡선에서 상향구간(a⌒b, d⌒f)은 절토, 하향구간(b⌒d)은 성토
2) 절토에서 성토의 경계점은 극대점 성토에서 절토의 경계점은 극소점
3) 기선(기본선)에 평행한 임의직선을 그어 곡선과의 교점을 절토와 성토가 평형되게 하는선을 평행선
4) 평균운반거리 : a⌒c 구간의 평균운반거리는 a' c'
5) 토적곡선이 기선 위에서 끝나면 토량이 남는 것을 뜻하고, 반대이면 토량이 부족하다는 뜻이다.

07 토량의 변화율이 $L=1.2, C=0.9$일 때, 보통 흙으로 45,000m³의 성토를 하고자 한다. 운반하여야 할 토량은?
[03.05.09.10.12.13.15.17 기사]
① 33,750m³   ② 45,00m³
③ 54,000m³   ④ 60,000m³

> 해설

운반토량
$= 45,000 \times \dfrac{L}{C} = 45,000 \times \dfrac{1.2}{0.9} = 60,000 m^3$

08 36,000m³(완성된 토량)의 흙쌓기를 하는데 유용토가 30,000m³(느슨한 토량=운반토량)가 있다. 이때 부족한 토량은 본바닥토량으로 얼마인가? (단, 흙의 종류는 사질토이고, 토량의 변화율은 L=1.25, C=0.90이다.)
[04.06.07.12 · 11.13.14.15.17.18 기사]
① 18,000m³   ② 16,000m³
③ 13,800m³   ④ 7,800m³

> 해설

부족토량
$= 36,000 \times \dfrac{1}{C} - 30,000 \times \dfrac{1}{L}$
$= 36,000 \times \dfrac{1}{0.9} - 30,000 \times \dfrac{1}{1.25}$
$= 16,000 m^3$(본바닥 토량)

09 보통토(사질토)를 재료로 하여 27,000m³의 성토를 하는 경우 굴착 및 운반토량(m³)은 얼마인가? (단, 토량환산계수 L=1.25, C=0.90) [05.11.12.13.17.18 기사]
① 굴착토량=40,000, 운반토량=50,000
② 굴착토량=30,000, 운반토량=37,500
③ 굴착토량=28,800, 운반토량=50,000
④ 굴착토량=32,400, 운반토량=45,000

> 해설

1) 굴착토량
$= 27,000 \times \dfrac{1}{C} = 27,000 \times \dfrac{1}{0.9} = 30,000 m^3$
2) 운반토량
$= 30,000 \times L = 30,000 \times 1.25 = 37,500 m^3$

정답 06 ① 07 ④ 08 ② 09 ②

10 도로공사에서 성토해야 할 토량이 36,000 m³ 인데 흐트러진 토량이 30,000m³가 있다. 이때 L=1.25, C=0.9 라면 자연상태토량의 부족 토량은? [01.04.11.16.17 기사]
① 8,000m³ ② 12,000m³
③ 16,000m³ ④ 20,000m³

> 해설

부족토량(자연 상태)
$= 36{,}000 \times \dfrac{1}{C} - 30{,}000 \times \dfrac{1}{L}$
$= 36{,}000 \times \dfrac{1}{0.9} - 30{,}000 \times \dfrac{1}{1.25} = 16{,}000 m^3$

11 다음 그림과 같은 측량성과의 횡단면적을 심프슨(Simpson)제 2법칙에 의해 구한 값은?(단, 단위는 m이다.) (13 기사)

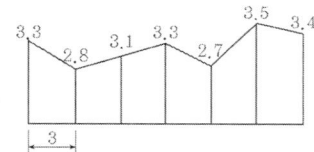

① 35.8m² ② 45.8m²
③ 55.8m² ④ 65.8m²

> 해설

심프슨 제2법칙
$A = \dfrac{3d}{8}(y_o + y_n + 3\sum y_{\text{나머지}} + 2\sum y_{\text{3배수}})$
$= \dfrac{3 \times 3}{8}[3.3 + 3.4 + 3 \times (2.8 + 3.1 + 2.7 + 3.5)$
$\quad + 2 \times (3.3)] = 55.8 m^2$

2-2 기초 및 흙막이공

1. 기초의 분류

(1) 얕은 기초(직접기초)
  ① Df/B < 4인 경우 적용하며, 대체로 1.0이하인 경우를 말함.
  ② 상부 구조물의 하중을 직접 지반에 전달하기 위하여 좋은 토층이 지표면 부근에 있는 경우 지반위에 설치하는 기초
  ③ 얕은기초의 분류
    1) Footing 기초
      가. 독립 푸팅기초
      나. 복합 푸팅기초
      다. 연속 푸팅기초
    2) 전면(mat)기초

(2) 깊은기초
  ① Df/B ≥ 4인 경우 적용함
  ② 구조물 무게가 무겁든지 지지층이 깊고 지표부근 연약층이 존재시 상부하중을 말뚝이나 케이슨을 통해 깊은 지지층에 하중을 전달하는 기초
  ③ 깊은기초의 분류
    1) 말뚝기초
      가. 기성말뚝 : RC말뚝, PC말뚝, 강말뚝, 나무말뚝
      나. 소규모 현장타설말뚝 : Franky 말뚝, Pedestal 말뚝, Raymond 말뚝
    2) 피어기초(Pier)
      가. 인력굴착방법 : Chicaco 공법, Gow 공법
      나. 기계굴착공법 : Earth drill 공법, RCD 공법, Benoto 공법
    3) CAISSON 기초 : 우물통기초, 공기 케이슨 기초, BOX 케이슨 기초

2. 말뚝의 기능에 따른 분류

(1) **선단지지말뚝** : 말뚝선단을 견고한 암반에 도달하게 하여 하중이 암반에 전달되는 형태로 선단 저항이 지배적인 말뚝
(2) **지지말뚝** : 말뚝 선단의 지지력과 말뚝의 주면 마찰력에 의하여 저항하는 말뚝
(3) **마찰말뚝** : 견고한 지지층이 상당히 깊어 말뚝의 주면 마찰력에 의하여 저항하는 말뚝
(4) **다짐말뚝** : 말뚝을 타입하여 지반의 다짐효과를 얻을 수 있으며 느슨한 사질토 지반에 주로 쓰이는 말뚝으로 통상 무리말뚝을 시공한다.
(5) **인장말뚝** : 기초의 인장력에 저항하는 부재로 사용되는 말뚝
(6) **활동방지말뚝** : 비탈면의 활동방지를 목적으로 비탈면 소단에 설치되는 말뚝

(7) 수평저항말뚝 : 기초에 작용하는 수평력에 저항하기 위하여 안벽, 교대 등의 작용하는 수평력에 저항하는 말뚝

3. 기초공의 구조상 요구조건
(1) 시공이 가능할 것
(2) 최소한의 근입깊이가 확보될 것
(3) 충분한 지지력을 확보하고 침하가 허용침하 이내 일 것
(4) 경제성이 확보될 것

4. 말뚝기초
(1) 기성말뚝
① 원심력 철근 콘크리트 말뚝 (RC말뚝)
1) 말뚝재료의 구입이 용이하다.
2) 말뚝길이가 15m 이하 일 때 경제적이다.
3) 지지말뚝으로 사용이 가능하다.
4) 시공가능한 깊이는 20m 정도이다.
5) 토층의 굳기가 N=30인 경우 토층의 관통이 어렵다.
6) 지지층의 경사가 30°이상이 경우 시공상 불리하다.
7) 말뚝 타입 시 본체 균열 발생 우려가 크다.
8) 말뚝의 이음부에 대한 신뢰성이 작다.
② 프리스트레스트 콘크리트 말뚝 (PC말뚝)
1) 항타시 말뚝에 발생하는 균열이나 인장파괴가 작다.
2) 지지말뚝으로 사용이 가능하다.
3) 이음의 시공이 쉽고 신뢰성이 크다.
4) RC에 비하여 균열의 발생이 적다.
5) 부식하지 않고 내구성이 크다.
6) 휨 응력을 받았을 때 변형이 적다.
7) RC보다 가격이 비싸다.
8) 말뚝의 두부(머리)를 절단하는 경우, 내부의 응력에 큰 영향을 주므로 주의하여야 한다.
③ 강 말뚝(Steel pile)
1) 휨강성 EI가 커서 수평 저항력이 우수하다.
2) 지지력이 우수하다.
3) 깊은 층까지 타입이 가능하다.
4) 시공이 간편하며, 장척 시공이 가능하다.
5) 이음과 절단, 용접이 용이하다.
6) 가격이 비싸다.

7) 부식에 주의해야 한다.
8) 마찰말뚝이나 다짐말뚝으로는 적합하지 않다.

(2) 강말뚝의 부식방지 대책
① 두께를 증가시키는 방법
② 도장에 의한 방법
③ 외부전원방식 방법
④ 유전양극 방식(희생양극)방법
⑤ 콘크리트로 피복하는 방법

(3) 소규모 현장타설말뚝기초
① Pedestal 말뚝
내외 이중관을 박은 후 내관을 빼내고 콘크리트 구근이 만들어 진후 외관을 빼내어 만드는 현장타설 말뚝
② Simplex 말뚝
단단한 지반에 철제신을 입힌 외관을 박고 무거운 추로 다지면서 외관을 들어 올려 만드는 현장타설 말뚝
③ Raymond 말뚝
내외관을 동시에 타격하여 소정의 깊이에 도달하면 내관을 뽑아내고 외관 안에 콘크리트를 치는 방법으로 외관은 지중에 남겨 두는 현장타설 말뚝
④ Franky 말뚝
구근을 만들기 위하여 미리 외관속에 콘크리트를 채워서 지지층 까지 박은 후 외관을 빼면서 추로 콘크리트를 타격하여 만드는 현장타설 말뚝

5. 피어기초(pier)

(1) 대구경 현장타설 말뚝의 종류는 Beneto 공법, R.C.D 공법, Earth drill 공법 등이 있으며, 소구경 현장타설 말뚝으로는 C.I.P, P.I.P, M.I.P 등이 있다.
(2) Pier 기초 라고하면 보통 현장타설말뚝(직경0.8m이상)을 말한다.
(3) 인력에 의한 굴착방법
① Chicaco 공법 : 굴착한 벽이 잘 무너지지 않는 지반의 굴착에 이용되는 공법으로 깊이가 약 1.2~1.8m 원통 형태의 구멍을 인력으로 굴착 후 반원형 형태의 강철링을 조립하여 유지시킨 상태로 밑의 지지층까지 굴착하는 방법
② Gow 공법 : 강제 원통을 흙막이로써 사용하며, 조금 연약한 지반에 1.8~5.0m 강재 원통을 땅속에 박고 내부의 흙을 인력으로 굴착하는 공법

(4) 기계식 굴착방법
① RCD(Reverse Circulation Drill)공법

1) RCD(Reverse Circulation Drill)공법은 특수한 비트의 회전으로 토사를 굴착한 후 정수압으로 공벽을 보호하면서 철근망을 삽입하고 트레미관(Tremie Pipe)을 이용하여 콘크리트를 타설하는 방법이다.
2) 주로 대구경 현장타설 말뚝 시공이 가능하며 또한 깊은 심도까지 시공이 가능한 저진동 저소음 현장타설 말뚝 공법임.

② Benoto 공법(All casing 공법)
1) 케이싱에 부착된 요동기(Oscillator)로 케이싱을 요동시키면서 케이싱 내부의 토사를 해머그랩 또는 개폐형버킷 장비로 흙을 배토시키면서 현타말뚝을 시공해 나가는 공법으로 케이싱 인발시 삽입된 철근망이 인발되는 공상현상이 발생우려가 있다.
2) 굴착도중 사력층 또는 전석층 존재시 해머그랩 시공 후 케이싱을 시공하는 경우 피압 대수층에서 공벽붕괴 우려가 있다.

③ Earth drill 공법
1) Earth drill 공법이란 Drilling Bucket을 사용하여 지지층까지 굴착을 하면서 벤토나이트 안정액을 사용하여 지중 공벽을 보호하면서 현장타설 콘크리트 말뚝을 시공하는 공법
2) 공벽의 안정을 위하여 사용되는 벤토나이트 안정액에 대한 점도, 비중, 사분함량 등 시험관리가 매우 중요하다.

(5) 피어기초 공법 비교

구 분	Earth Drill	Benoto	R.C.D
굴착장비	회전 Buket	Hammer Drill	Drill Bit
공벽보호	벤토나이트	Casing	정수압
최대구경	2m	2m	6m
굴착능력	30m	50~60m	80~200m
문 제 점	Rod 이음시간	세사층 관입불능	다량의 물

6. 케이슨 기초(Caisson)

(1) 케이슨 기초 공법 종류
① 우물통 기초(Open Caisson) 공법
② 뉴메틱 케이슨(공기 케이슨)(Pneumatic Caisson) 기초 공법
③ 박스 케이슨(Box Caisson) 공법

(2) 우물통 기초(Open Caisson) 공법
① 우물통을 지표면에 거치한 후 우물통 내부를 굴착하여 소정의 지지층까지 침하하는

우물통을 침설하는 공법이다.
② 우물통 기초는 강성기초로서 수평지지력과 연직지지력이 매우 커서 대형구조물 기초로 많이 사용되어 지고 있는데 일반적으로 교량기초 또는 기계기초등에 주로 많이 사용
③ 공법의 특징
　1) 공사비가 비교적 저렴하다.
　2) 굴착 중 하부 경사변위가 자주 발생
　3) 호박돌, 큰 전석 및 기타 장애물이 있는 경우 제거가 어렵다.
　4) 가설비 및 기계 설비가 비교적 간단하다.
　5) 파랑 파고에 의한 편기우려가 있다.
　6) Boiling 및 Heaving이 발생된다.
④ 우물통 침하를 위한 침하 조건식
　Wc + WL > F + P + U
　(우물통하중+재하중 > 주면마찰력+선단지지력+양압력)

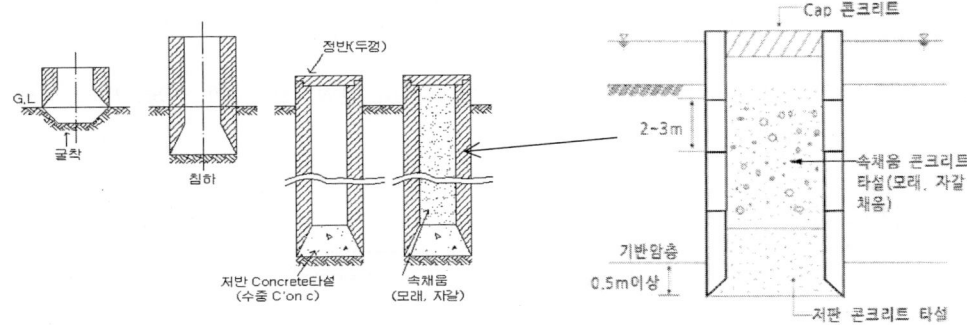

⑤ 우물통 거치 방법
　1) 육상 거치
　　가. 지하수 영향없고 지반의 지지력이 양호한곳에서 주로 사용
　　나. 지반 지지력 부족시 양질토 치환조치
　2) 해상거치(축도법)
　　가. 수심 5~7m 되는 곳에서 가물막이 조치 후 내부에 토사를 채워 넣어 육상과 같이 우물통을 거치시킨 후 우물통을 침하 시키는 방법
　　나. 시공시 예상 최고수위보다 1.0m 가량 높게 축도법을 쌓고 또한 우물통으로부터 2.0m 정도 여유있게 축도 설치

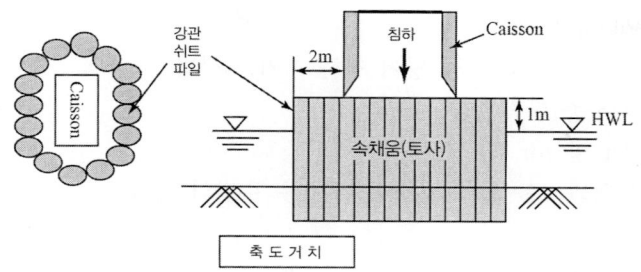

3) 해상거치(예항식)

　가. 육상에서 강제철판으로 제작한 케이슨을 소정의 예인한 후 그 위치에서 우물통 측벽에 콘크리트를 타설하여 침하 시키는 방법

　나. 수심이 5m 이상 되는 곳에 조류 및 파도 등의 영향을 받기 쉬운 곳에 사용

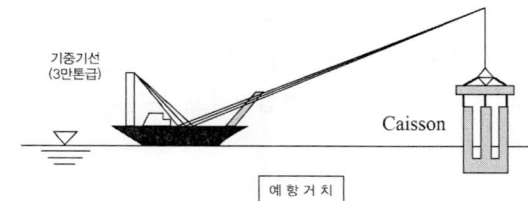

4) 비계식

　가. 케이슨의 상부가 수면위에 0.5m이상 돌출되도록 비계 위에서 제작한 후 서서히 침설

　나. 잠수부에 의해서 지반 정지작업 실시

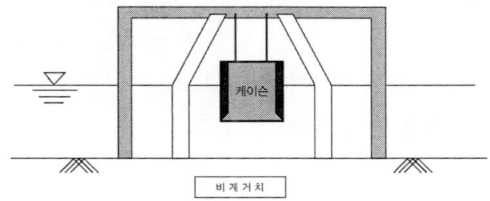

⑥ 우물통 침하 공법(마찰 저항 줄이는 방법)

　1) Friction Cut 시공
　2) 용액 주입 공법
　　가. 우물통 주변에 용액 사용 (활재 : CMC, 폴리그라트)
　　나. 미끄러운 고무줄 용액 사용으로 마찰 감소
　3) 자갈 채움
　　우물통 침하시 주변에 표면 매끄러운 둥근 자갈 사용
　4) 상재 하중에 의한 방법
　　가. 재료 : Rail, 철괴, Concrete Block, 흙가마니 등
　　나. 시공간단 경제적이나 우물통 이을 때마다 하중 제거 후 Con'c 타설 및 양생의 단점

5) 물하중식 침하 공법
　　가. 수밀판 우물통에 물 넣어 침하 시키는 공법
　　나. 상재하중 단점 보완
6) Water Jet 및 Air Jet 사용
　　고압의 물과 공기를 사용하여 우물통 주변의 마찰력을 끊어 침하를 촉진시키는 공법
7) 발파에 의한 침하공법
　　가. 침하 최종관계에서 침하 곤란한 경우 우물통 내부에서 진동 발파 시행
　　나. 화약량은 우물통 단면적 20m^{2}에 대하여 300g 정도 사용

(3) 뉴메틱 케이슨 기초(Pneumatic Caisson) 공법
① 육상에서 제작된 케이슨을 현장에 운반하여 거치시킨 후 케이슨 하부의 작업실에서 고압의 공기를 주입, 지하수의 침입을 방지하면서 굴착, 케이슨을 침하시키는 공법으로 공기 케이슨기초, 압기 케이슨 공법이라고 부른다.
② 침하 원리
　　케이슨 중량 > 구체 선단지지력 + 주면마찰력 + 양압력
③ 뉴메틱 케이슨 기초(Pneumatic Caisson) 특징
　　1) 오픈케이슨 보다 침하속도가 빠르고 장애물 제거가 용이하다.
　　2) 일반적인 굴착깊이는 30~40m로 제한되어 있다.
　　3) 토질 및 토층에 대한 확인이 용이하고 정확한 지지력 측정이 가능하다.
　　4) 콘크리트 시공의 품질관리가 확실하여 신뢰성이 높다.
　　5) 공기압으로 heaving 또는 boiling 발생을 방지할 수 있다.
　　6) 기계설비가 대규모로 공사비가 비싸고 소규모 공사에는 비경제적이다.
　　7) 케이슨 병(잠수병)이 발생 우려가 높다.

(4) 박스 케이슨(Box Caisson) 공법
① 박스 케이슨이란 상자형태의 케이슨을 육상에서 제작한 후 해상에 진수시켜서 소정의 위치까지 케이슨을 이동 시킨 후 케이슨 내부에 속채움(모래, 자갈, 콘크리트 등)을 한 후 케이슨을 침하시켜서 설치하는 공법
② 일반적으로 항만 구조물에 적용되며 대표적인 구조물로 방파제, 침매터널 등이 있다.
③ Box caisson 공법의 특징
　　1) 육상 제작으로 콘크리트 품질관리 용이
　　2) 육상과 해상 작업으로 노무관리 어려움
　　3) 육상 및 해상 공사 동시 진행으로 공기 단축
　　4) 케이슨 운반시 파랑, 조류 등의 영향으로 케이슨 전도 위험
　　5) 침설부위 지지력 확인 어려움

7. 부마찰력 (Negative skin friction)

(1) 점성토 지반에서 타설한 말뚝의 침하량보다 연약지반의 침하가 더 커서 말뚝주면 아래쪽으로 작용하는 마찰력이 발생하게 되는데 이러한 주면 마찰력을 부마찰력

(2) 부마찰력은 말뚝의 침하량을 증가 및 말뚝의 지지력을 감소시키며 때때로 부마찰력이 매우 큰 경우 중립축 부근에서 말뚝의 파손이 발생될 수 있다.

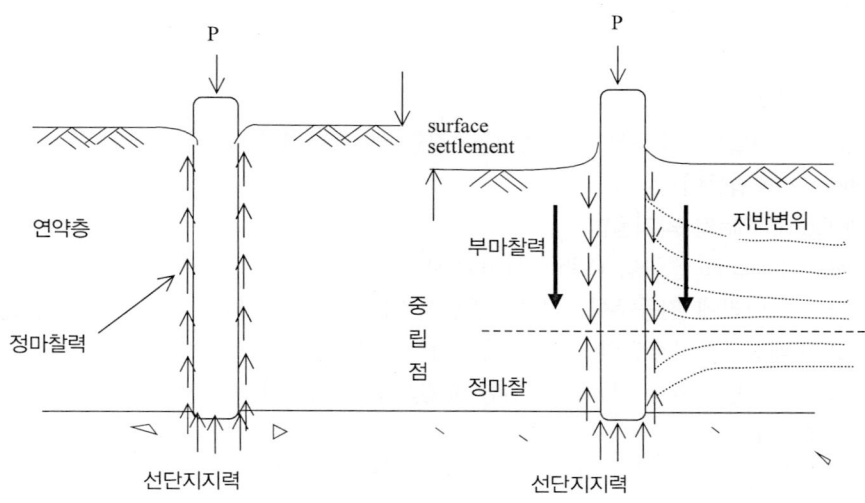

(3) 부마찰력의 발생원인
 ① Pile 이음부 시공불량
 ② 연약지반에서 침하 발생
 ③ Pile 간격이 조밀할 때
 ④ 침하 진행 중인 지반
 ⑤ 상재하중이 말뚝과 지표에 작용하는 경우
 ⑥ 주변지반 굴착 의해서 지하수위 내려갈 때
 ⑦ 팽창성 점토 지반인 경우

(4) 부마찰력의 방지대책
 ① 말뚝 선단면적 증가
 ② 말뚝 본수증가
 ③ 말뚝의 근입깊이 증가
 ④ 이중관(Slip Layer) 사용
 ⑤ 말뚝표면에 아스팔트(역청재) 도포
 ⑥ Tapered Pile 사용
 ⑦ 표면적 적은말뚝 사용(H-형강)
 ⑧ 마찰말뚝 또는 군말뚝으로 설계

(5) 부마찰력의 산정

$$R_{nf} = U \cdot \ell \cdot f_s$$

여기서, R_{nf} : 부마찰력
　　　　U : 말뚝의 둘레 길이(m)
　　　　ℓ : 연약층의 말뚝길이(m)
　　　　f_s : 말뚝의 평균마찰력

8. 말뚝 박기 공법

(1) 콘크리트 파일의 말뚝박기 공법에는 진동공법, 타격공법, 중굴공법, Water Jet 공법, Preboring 공법등이 있다.

(2) 기성 Con'c Pile의 박기공법

① 진동식 Hammer 공법 (Vibro Hammer)
　1) 말뚝머리에 진동주어 말뚝을 관입시키는 방법으로 도심지 공사에 부적합하다
　2) 모래층 및 자갈층의 박기에 유효하다.
　3) 점토지반에서는 진동으로 인한 교란으로 지지력의 저하가 있다.

② 타격공법
　1) 해머를 낙하시켜서 그 타격력으로 말뚝을 박는 방법
　2) 타격공법 종류
　　가. Drop Hammer
　　　- 설비가 간단하여 공사비가 싸므로 소규모 공사에 주로 이용
　　　- 대규모 공사에서는 시공능률이 떨어진다.
　　나. Steam Hammer(증기해머)
　　　- 드롭해머에 비하여 시공능률이 우수하다.
　　　- 수중말뚝 또는 경사말뚝 시공이 가능하다
　　　- 소음, 매연이 심해서 도심지 시공에는 부적합하다.
　　다. Diesel Hammer
　　　- 말뚝의 타격력이 커서 단단한 지반에도 말뚝 시공이 가능하다.
　　　- 항타시 매연 및 소음이 심하여 도심지 시공에는 부적합 하다.
　　　- 연약지반에서는 시공 능률이 떨어진다.
　　라. 유압식 Hammer
　　　- 유압잭으로 말뚝을 압입시키는 방법으로 디젤해머의 폭발음과 비산을 해결하기 위해서 사용한다.

③ 중굴 공법(타격)
　말뚝내부에 오거 굴착장비로 말뚝 선단부의 지반을 굴착하면서 말뚝을 회전, 관입하는 공법

④ Pre-boring 공법 (선행굴착매입말뚝)
　1) 선굴착에 따른 말뚝 시공성이 좋은 공법으로 타격공법에 의한 소음, 진동의 발생

이 작아 도심지 말뚝 박기 공사에 적합하다.
2) 공사비가 다소 비싸고, S.I.P 공법 같은 공벽보호를 위한 안정액관리가 제대로 안 되면 공벽붕괴 위험성이 있으며, 타격공법에 비하여 말뚝지지력이 작게 측정이된다.

(3) 기성말뚝 항타시 유의사항
① 말뚝의 간격유지
② 말뚝 두부파손 방지를 위한 쿠션재 보강
③ 말뚝의 수직도(세우기) 및 편타가 생기지 않도록 관리
④ 시험항타에 대한 기록관리
⑤ 말뚝의 이음시공부 시공 철저
⑥ 항타는 시간 경과에 따른 관입성 저하를 방지하기 위한 연속적 항타 시공
⑦ 항타 시 인접 말뚝의 솟음 현상이 있는 경우 재항타 실시
⑧ 항타 시 1회 관입량이 2mm 이하 시 타격중지

(4) 타격공법과 매입말뚝 비교

구 분	타격공법	매입말뚝
시공성	전석 및 자갈층 시공 곤란	선굴착에 따른 시공성 양호
경제성	공사비 저렴	공사비 상승
공벽 붕괴	공벽 안정성 확보	안정액등 공벽관리 어려움
민원발생	소음, 진동에 따른 민원발생	소음, 진동에 따른 민원 해소
지지력	타격에 따른 지지력큼	선굴착으로 지지력 약화

9. 말뚝의 지지력

(1) 말뚝의 지지력은 말뚝선단 지반의 지지력과 주면마찰력의 합을 말함.
(2) 말뚝의 허용지지력은 말뚝 지지력의 합(合)을 안전율로 나눈 것을 말한다.
(3) 재하시험의 종류
① 정적인 재하시험
  1) 압축재하시험(정재하 시험)
  2) 수평재하시험(횡방향 재하시험)
  3) 인발재하시험
  4) 양방향 재하시험
② 동적인 재하시험(동·정Re)
  1) 동재하시험
  2) 정동재하 시험
  3) Rebound check 시험

(4) 말뚝의 지지력을 구하는 방법(공식 + 정적 + 동적)
   ① 정역학적 공식에 의한 방법
      1) 설계 전에 여건상 재하시험을 실시하기 곤란할 때 이용
      2) Terzaghi 공식 (토질 시험에 의한 방법)
         Ru = Rp + Rf
         (극한지지력 = 선단극한지지력 + 주면극한마찰력)
      3) Meyerhof 공식 (표준 관입 시험에 의한 방법)

         $$R_u = 40 \cdot N \cdot A_p + \frac{1}{5} N_s A_s + \frac{1}{2} N_c A_c$$

                 선단   주면   주변

         여기서, N : 말뚝 선단의 N값   As : 모래지반 말뚝 주면면적(m^2)
                Ns : 모래지반에서 N값   Ac : 점토지반 말뚝 주변면적(m^2)
                Nc : 점토지반에서 N값
                Ap : 말뚝 선단의 지지면적

   ② 동역학적 공식에 의한 방법
      1) 말뚝 타격 Energy와 말뚝의 최종 관입량을 기준으로 측정
      2) 공사규모 작고 비용면에서 재하시험 어려운 경우 큰 안전율을 적용
      3) Sander 공식

         $$Q_a = \frac{W \times H}{8S}$$

         여기서 Q_a : 말뚝의 허용지지력(kg)
                  W : 해머의 중량(kg)
                  H : 해머의 낙하고(Cm)
                  S : 말뚝의 최종 관입량(Cm)

      4) Engineering News 공식

         $$Q_a = \frac{W \times H}{6(S + 0.254)}$$ (단동기 증기해머)

      5) Hiley의 공식
         말뚝과 지반 및 말뚝 머리의 탄성 변형량을 고려하여 말뚝의 지지력을 산정하며 말뚝머리에서 측정되는 리바운드량을 공식에 이용에 활용

         $$Q_u = \frac{e_f \cdot F}{S + \frac{1}{2}(C_1 + C_2 + C_3)} \times \frac{W_r + n^2 W_p}{W_r + W_p}$$

         여기서, F : W_h(해머중량)×h(낙하고)
                e_f : 해머효율

S : 최종관입량
$C_1 + C_2 + C_3$: 탄성압축량
n : 반발계수
W_p : 말뚝의 무게(t)

③ 정적인 재하시험에 의한 방법(정재하 시험 SM TEST 표준재하법)
    1) 지지력 산정을 위하여 실물재하를 하는 가장 확실한 지지력 측정 방법
    2) 시간과 비용이 많이 소요 되므로 대규모의 중요 공사에 적용하는 재하방법이다.

10. 흙막이 공법의 분류
(1) 흙막이 공법이란 흙막이 배면의 토압을 지지하고 내부 굴착공사시 지반의 붕괴방지 및 내부공사가 Dry한 상태에서 작업될 수 있도록 토압과 수압에 지지하는 공법이다.
(2) 흙막이 공법의 분류
    ① 자립식 흙막이
        1) 말뚝의 휨 강성과 근입부의 가로저항에 의존하는 구조로 널말뚝을 지중에 근입시켜서 설치하는 공법
        2) 특 징
            가. 지반이 양호한 경우
            나. 얕은 굴착 깊이
            다. 공사비 저렴

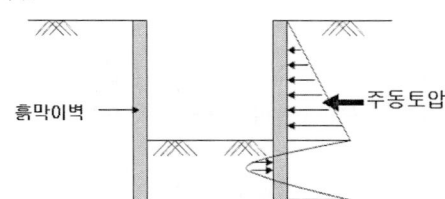

    ② 버팀대식 흙막이
        1) 흙막이 벽 안쪽에 Wale, Strut, Support 등을 설치하여 토압, 수압에 저항성을 크게하여 흙막이 내부를 굴착하는 공법
        2) 특 징
            가. 굴착 폭이 커지면 버팀대의 길이가 길어져 안전성 저하
            나. 굴착심도 깊어지면 구조물 시공장애 초래
    ③ H-Pile 식
        1) Auger로 굴착 후 H-Pile을 박고 내부 토사를 굴착하면서 토류판을 끼워서 띠장과 버팀보로 벽체를 지지하는 공법
        2) 특 징
            가. 지하수위가 낮은 곳에 적용

나. 공사비 저렴
다. 주변지반 침하

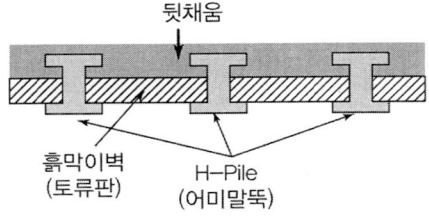

④ Sheet Pile 식
1) Sheet Pile을 지중에 박아 토압과 수압을 지지하는 방식
2) 특 징
가. 지하수위가 높고 연약지반 적합
나. 차수성이 우수하며 시공이 용이

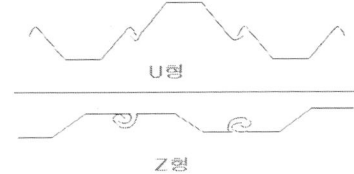

⑤ 강관 Sheet Pile 식
1) 강관말뚝을 지중에 박아 강관 말뚝 연결부에 대한 차수대책을 수립하여 사용하는 것으로 차수성이 우수하여 주로 대형 교량 공사의 가물막이공법에 주로 사용됨.
2) 특 징
가. 차수성 우수, 경질지반 타입, 단면계수 큼
나. 공사비 고가, 이음부 파손시 차수 저하우려

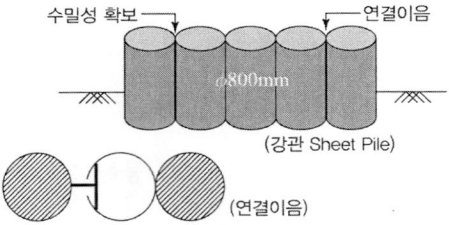

⑥ Slurry Wall 공법
1) 가이드월을 따라 굴착장비로 계획바닥 까지 굴착 후 안정액(벤토나이트)으로 벽체 붕괴를 방지하면서 철근망 삽입 후 수중 콘크리트를 트레미관을 통해 지하에 타설하면서 지중 연속벽을 축조하는 공법으로, 대표적인 공법은 이코스공법, 엘제공법 등이 있다.
2) 종 류
가. 벽 식 : Slurry Wall

나. 주열식 : SCW, CIP, PIP, MIP
　3) 특 징
　　　가. 저소음, 저진동 공법.
　　　나. 벽체의 강성 및 차수성이 우수.
　　　다. 안정액으로 지하수 오염 우려.
　　　라. 공사비가 고가이다.
　　　마. 케이슨 인발시 철근 오름 및 부상의 우려
　　　바. 안정액(비중, 점도)관리가 잘못될 경우 공벽 붕괴 우려.

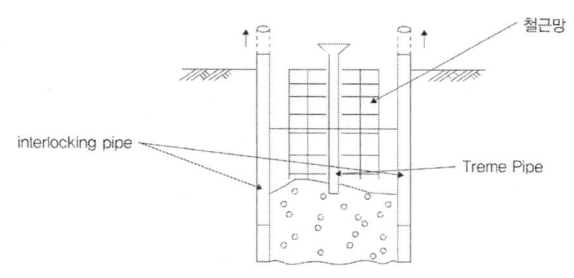

■□ Slurry wall 공법

⑦ 역타공법(Top-down)
　1) 도심지 건물의 고층화로 지하부 심도가 깊어짐에 따라 토류벽체에 작용하는 토압 및 수압 증가 발생되며, 굴착공사 중 인접건물의 침하발생, 가설시설 및 작업공간의 확보 미흡 등의 문제점 발생
　2) 따라서 지하연속벽의 기능과 공사 중 발생되는 공해를 최소화 하며 또한 지하기둥 설치 후 지상/지하공사병행을 통한 공기단축에 유리한 탑다운 공법의 필요성이 제기
　3) 역타공법의 특징
　　　가. 인접 건물이나 인접지대에 영향을 주지않는 공법이다.
　　　나. 지하연속벽 영구구조물을 사용하므로 지하수 차단이 쉽다
　　　다. 대지 활용도를 극대화 할 수 있으므로 도심지에서 유리하다.
　　　라. 지하기둥 설치 후 지상/지하공사병행으로 공기단축
　4) 역타공법 시공순서도

⑧ 어스앵커식 흙막이 공법
　1) 자립식 흙막이 공법의 토류벽 배면으로 천공 후 어스앵커(PC 강선)를 삽입하여 앵커의 긴장력으로 토류벽을 토압과 수압으로부터 지지하는 흙막이 공법을 말한다.

2) 어스앵커식 흙막이 공법의 특징
   가. 작업공간이 넓어 대형 기계의 사용이 가능하다.
   나. 공기가 단축되고 굴착 내부 작업 공간의 활용도가 높다.
   다. 버팀대 작업이 불필요 하다.
   라. 지반이 연약하거나 지하 구조물 존재시 앵커 시공이 어렵다.

11. Boiling 및 Heaving 현상

(1) Boiling 이란?
   ① 모래지반에서 상향의 침투력이 발생되고 모래의 유효중량과 서로 같게 되면서 흙의 유효응력이 상실하여 모래의 전단강도를 완전히 상실하게 되어 물이 상향으로 분출하면서 마치 물이 끓는 상태와 같이 되는 현상을 Boiling(Quicksand, 분사현상)이라고 한다.
   ② Boiling 발생시 문제점
      1) 근입부 지지력 상실
      2) 토립자 유실
      3) 토류벽 붕괴
      4) 전면부 수동토압 상실
      5) 배면부 지반 침하 발생
   ③ Boiling 방지대책
      1) 흙막이 근입깊이의 연장 및 토류벽 배면 Grouting 실시
      2) 배수공법에 의한 지하수위 저하
      3) 약액주입에 의한 흙막이 저부 지반 개량
      4) 흙의 유효응력의 증가를 위해서 흙막이 저부에 추가적인 중량 증가

(2) Heaving 이란?
   ① 연약한 점토를 굴착할 때 흙막이 배면의 토괴 중량이 굴착저면 하단의 지반지지력보다 크게 되어 지반내의 흙이 전단활동 되면서 굴착 저면이 부풀어 오르는 현상을 Heaving 이라고 말한다.
   ② Heaving 발생원인
      1) 흙막이벽의 근입장 부족
      2) 흙막이벽의 내외의 흙의 중량 차이가 클 때
      3) 피압수에 의한 히빙
      4) 연약지반위 급속성토로 인한 사면붕괴
   ③ Heaving 방지 대책
      1) 흙막이의 근입깊이를 연장한다.
      2) 지반개량에 의한 전단강도 증가대책
         가. Preloading

나. 압밀배수촉진 공법
다. 시멘트 Grouting
3) 피압수 히빙 안전대책
가. Well point, Deep well
나. 피압수층 Grouting 처리
다. 피압대수층을 배면 grouting 시공으로 관통
4) 기타 대책
가. Trench cut 공법 또는 부분 굴착을 한다.
나. 표토를 제거하여 하중을 경감 시킨다.

12. 터파기 공법의 분류

(1) 토공사의 터파기 공법은 적용토질, 주변환경, 지하매설물, 공사기간, 민원 등의 여러요소를 시공전 충분한 검토를 통한 공법의 선정이 매우 중요하다.

(2) 터파기 공법의 분류
① OPEN CUT
1) 토질이 양호하고 부지에 여유가 있을 때 사용하는 터파기 공법
2) 10m 정도 깊이의 얕은 기초 터파기에 많이 사용

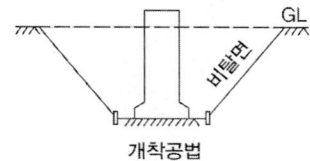
개착공법

② 아일랜드 공법(Island)
1) 저면 중앙부분에 섬과 같이 기초부를 먼저 굴착 후 기초 콘크리트 및 상부구조물을 시공 후 이 부분을 발판으로 주변부를 굴착한 후 나머지 부분의 구조물을 시공 해나가는 방식
2) 20m 정도의 지반이 양호한곳에서 사용하며, 분할시공에 따른 공사비 증가 및 공사기간이 길어진다.

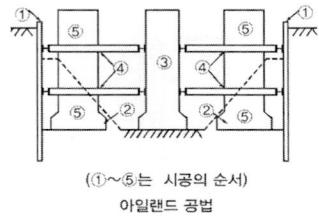
(①~⑤는 시공의 순서)
아일랜드 공법

③ 트랜치 컷(Trench Cut)
1) 아일랜드 공법과는 반대로 주변부 흙을 굴착 후 기초콘크리트 및 상부 구조물을 시공 후 남아있는 중앙부를 굴착해 나가면서 나머지 부분의 구조물을 시공해 나가는 방식

2) 20m 정도의 지반이 연약한곳에서 사용하며, Heaving 현상이 예상될 때 적용하며, 분할시공에 따른 공사비 증가 및 공사기간 길어진다.

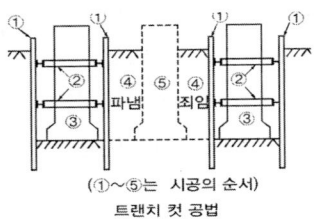

(①~⑤는 시공의 순서)
트랜치 컷 공법

13. 배수공법

(1) Well point 공법
① 주로 사질연약 지반에 유효한 배수 공법의 하나이다.
② 웰 포인트라는 양수관을 1~2m 간격으로 박아 넣고, 상부를 연결하여 진공펌프에 의해 지하수를 강제 배수 시키는 공법으로 집수관, 양수관, 연결관 등의 기계설비가필요하다.

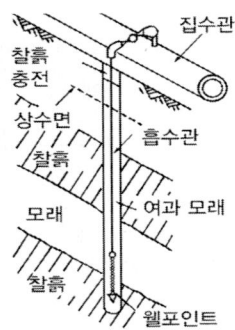

(2) Deep well 공법
① 우물을 파서 지하수위를 펌프로 양수해서 지하수위를 강하시키는 배수 공법이다.
② 투수성이 좋은 지반에 적용하여 대규모의 지하수위 저하를 필요(지표면에서 10m 이상)로 하는 경우 주로 사용되는 공법으로 시공시 주변 지반침하의 영향을 사전에 충분히 검토를 해야 한다.

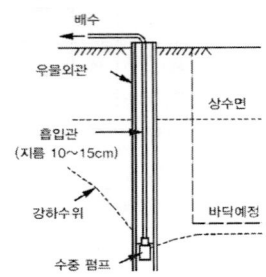

2-2 주요핵심문제
기초 및 흙막이공

01 내외관을 동시에 타격하여 소정의 깊이에 도달하면 내관을 뽑아내고 외관 안에 콘크리트를 치는 방법으로 외관은 지중에 남겨두는 현장 콘크리트 말뚝은?

[00.04·08·12 기사]

① 강널말뚝　② PIP 말뚝
③ 레이몬드 말뚝　④ 페데스탈 말뚝

해설
Raymond 말뚝
내·외관을 동시에 타격하여 소정의 깊이에 도달하면 내관을 빼내고 외관 속에 콘크리트를 쳐서 만든 말뚝이다.

02 피어 기초 중 기계에 의한 시공법이 아닌 것은? [06.08.09.20 기사]

① 시카고(Chicago) 공법
② 베노토(Benoto) 공법
③ 어스드릴(earth drill) 공법
④ 리버스서큘레이션(reverse circulation) 공법

해설
피어기초(기계)
1) Benoto 공법(all casing 공법)
2) Earth drill 공법
3) RCD 공법

03 현장에서 하는 타설 피어 공법 중에서 콘크리트 타설 후 Casing tube의 인발 시 철근이 따라 뽑히는 현상이 발생하는 공법은? [02.05.10 기사]

① Reverse circulation drill 공법
② Earth drill 공법
③ Benoto 공법
④ Gow 공법

해설
Benoto 공법(all casing 공법)에 대한 설명이다.

04 지반 안정용액을 주수하면서 수직굴착하고 철근 콘크리트를 타설한 후 굴착하는 공법으로 타 공법에 비해 차수성이 우수하고 지반변위가 작은 흙막이 공법은?

[04·09·14.16 기사]

① 강널말뚝 흙막이 공법
② 소일네일링 공법
③ 벽식 지하연속벽 공법
④ top-down 공법

해설
벽식 지하연속벽 공법 특징
1) 저소음, 저진동 공법.
2) 벽체의 강성 및 차수성이 우수.
3) 안정액으로 지하수 오염 우려.
4) 공사비가 고가이다.
5) 케이슨 인발시 철근 오름 및 부상의 우려
6) 안정액(비중, 점도)관리가 잘못될 경우 공벽 붕괴 우려.

정답　01 ③　02 ①　03 ③　04 ③

05 지중연속벽 공법에 관한 설명 중 옳지않은 것은? [09 · 13.18 기사]
① 주변 지반의 침하를 방지할 수 있다.
② 시공 시 소음, 진동이 크다.
③ 벽체의 강성이 높고 지수성이 좋다.
④ 큰 지지력을 얻을 수 있다.

> 해설

지중연속벽 공법 특징
1) 저소음, 저진동 공법.
2) 벽체의 강성 및 차수성이 우수.
3) 안정액으로 지하수 오염 우려.
4) 공사비가 고가이다.
5) 케이슨 인발시 철근 오름 및 부상의 우려
6) 안정액(비중, 점도)관리가 잘못될 경우 공벽 붕괴 우려.

06 점성토에서 발생하는 히빙의 방지대책으로 틀린 것은? [04 · 06.10 · 14 기사]
① 널말뚝의 근입깊이를 짧게 한다.
② 표토를 제거하거나 배면의 배수처리로 하중을 작게 한다.
③ 연약지반을 개량한다.
④ 부분굴착 및 트렌치 컷 공법을 적용한다.

> 해설

흙막이의 근입깊이를 깊게 한다.

07 토질이 양호하고 부지에 여유가 있고 또 흙막이가 필요 할 때는 나무 널말뚝, 강널말뚝 등을 사용하는데 이런 경우는 다음의 어느 공법을 선택하면 좋은가?
(03.04.06.08.10.18기사)
① 트렌치 컷 공법
② 오픈 컷 공법
③ 샌드 드레인 공법
④ 웰 포인트 공법

> 해설

터파기 공법의 분류
1) OPEN CUT
① 토질이 양호하고 부지에 여유가 있을 때 사용하는 터파기 공법

② 10m 정도 깊이의 얕은 기초 터파기에 많이 사용

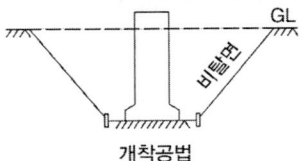
개착공법

2) 아일랜드 공법(Island)
① 저면 중앙부분에 섬과 같이 기초부를 먼저 굴착 후 기초 콘크리트 및 상부구조물을 시공후 이부분을 발판으로 주변부를 굴착한 후 나머지 부분의 구조물을 시공 해나가는 방식
② 20m 정도의 지반이 양호한 곳에서 사용하며, 분할시공에 따른 공사비 증가 및 공사기간 길어진다.

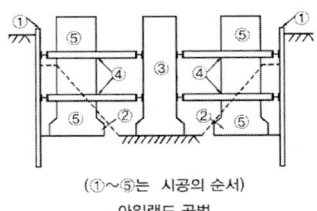
(①~⑤는 시공의 순서)
아일랜드 공법

3) 트랜치 컷(Trench Cut)
① 아일랜드 공법과는 반대로 주변부 흙을 굴착 후 기초콘크리트 및 상부 구조물을 시공 후 남아있는 중앙부를 굴착해 나가면서 나머지 부분의 구조물을 시공해 나가는 방식
② 20m 정도의 지반이 연약한곳에서 사용하며, Heaving 현상이 예상될 때 적용하며, 분할시공에 따른 공사비 증가 및 공사기간 길어진다.

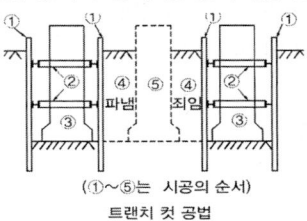
(①~⑤는 시공의 순서)
트랜치 컷 공법

08 케이슨을 침하시킬 때 유의사항으로 틀린 것은? [11·14,18 기사]
① 침하 시 초기 3m까지는 안정하므로 경사이동의 조정이 용이하다
② 케이슨은 정확한 위치의 확보가 중요하다.
③ 토질에 따라 케이슨의 침하속도가 다르므로 사전조사가 중요하다.
④ 편심이 생기지 않도록 주의한다.

해설

케이슨 침하는 초기 3m까지의 정확한 위치 안착이 매우 중요하다. 따라서 정확한 측량 및 침하가 편기가 발생되지 않도록 최대한 신중을 기하여 한다.

09 공기 케이슨 공법에 대한 설명으로 옳지 않은 것은? (07,09,12,13,16,18 기사)
① 장애물 제거가 용이하고 인접지반의 침하 우려가 없다.
② 토층의 토질을 확인할 수 있으며 정확한 측정이 가능하다.
③ 일반적으로 굴착깊이는 35~40m로 제한된다.
④ 소규모 공사나 심도가 얕은 시공에서 경제적이다.

해설

공기케이슨식 공법은 대규모, 수심이 깊은 깊은기초 공사에 적합하다.

10 오픈 케이슨 거치 방법 중 수심 5m이하의 경우 가장 안전한 공법은?
① 축도법 ② 비계식
③ 예항식 ④ 부동식

해설

축도법
1) 수심 5~7m 되는 곳에서 가물막이 조치 후 내부에 토사를 채워넣어 육상과 같이 우물통을 거치시킨후 우물통을 침하 시키는 방법
2) 시공시 예상 최고수위보다 1.0m 가량 높게 축도법을 쌓고 또한 우물통으로부터 2.0m 정도 여유있게 축도 설치

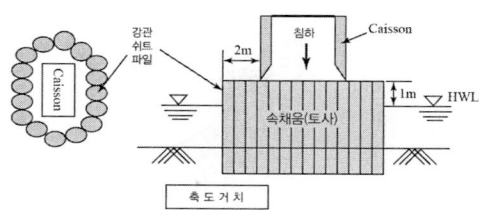

축도거치

11 Terzaghi의 기초에 대한 극한 지지력 공식에 대한 다음 설명 중 옳지 않은 것은?
(01,04 기사)
① 지지력 계수는 내부마찰각이 커짐에 따라서 작아진다.
② 직사각형 단면의 형상계수는 폭과 길이에 따라 정해진다.
③ 근입깊이가 깊어지면 지지력도 증대된다.
④ 점착력이 $\phi ≒ 0$ 인 경우 일축압축시험에 의해서도 구할 수 있다.

해설

테르자기 극한지지력 공식
$q_u = \alpha c N_c + \beta B \gamma_1 N_r + D_f \gamma_2 N_q$
지지력 계수는 내부마찰각이 증가하면 따라서 증가한다.

12 웰포인트 공법으로 강제 배수시 보통 포인트와 포인트 간격으로 적당한 것은?
(00,03,05,06 기사)
① 1~2m ② 3~5m
③ 5~7m ④ 8~10m

해설

Well point 공법
① 주로 사질연약 지반에 유효한 배수 공법의 하나이다.
② 웰 포인트라는 양수관을 1~2m 간격으로 박아 넣고, 상부를 연결하여 진공펌프에 의해 지하수를 강제 배수 시키는 공법으로 집수관, 양수관, 연결관 등의 기계설비가 필요하다.

정답 08 ① 09 ④ 10 ① 11 ① 12 ①

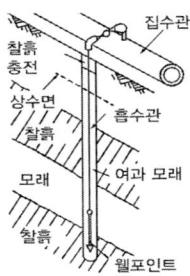

13 말뚝 끝이 견고한 지반에 도달하였을 때는 이것이 기둥 작용을 한다. 이때의 말뚝은 어떤 말뚝인가? (02.06 기사)
① 지지말뚝 ② 마찰말뚝
③ 단독말뚝 ④ 군 말뚝

해설
지지말뚝 : 말뚝 선단의 지지력과 말뚝의 주면 마찰력에 의하여 저항하는 말뚝

14 말뚝의 지지력 산정에 있어서 말뚝과 지반 및 말뚝머리의 탄성 변형량을 고려한 것은? (10.13 기사)
① Meyerhof 공식
② Sander 공식
③ Hilly 공식
④ Engineering news 공식

해설
Hiley 공식
말뚝과 지반 및 말뚝 머리의 탄성 변형량을 고려하여 말뚝의 지지력을 산정하며 말뚝머리에서 측정되는 리바운드량을 공식에 이용에 활용

15 말뚝의 지지력을 결정하기 위한 방법 중에서 가장 정확한 것은? (03.06.09.16 기사)
① 말뚝의 재하시험
② 정역학적 공식
③ 동역학적 공식
④ 허용 지지력표로 구하는 방법

해설
말뚝의 지지력을 구하는 방법중에서 실재 실물재하를 통한 지지력 산정이 가장 신뢰성 및 정확성이 크다. 따라서 말뚝의 재하시험은 중요 구조물 대형구조물의 기초 지지력 산정시 이용할 수 있다.

16 부마찰력에 관한 설명이다 옳지 않은 것은? (00.05.09.10.11.13 기사)
① 말뚝주변지반이 말뚝의 침하보다 상대적으로 큰 침하를 일으키는 경우 부의마찰력이 생긴다.
② 표면적이 적은 말뚝을 사용하여 부마찰력을 줄일 수 있다.
③ 지하수위가 상승할 경우 부마찰력이 생긴다.
④ 말뚝 직경보다 약간 큰 케이싱을 박아서 부마찰력을 차단할 수 있다.

해설
지하수위가 상승하였다가 다시 하강 하면서 지반 침하가 발생될 경우에 연약지반에서 부마찰력이 발생된다.

2-3 건설기계

1. 건설기계
(1) 건설기계는 기계적인 동력으로 작업능력을 향상시켜 짧은 시간내 많은 작업을 처리하여 작업능률을 높이는 효과적인 건설공사 수단이다.
(2) 건설기계의 대형화, 고능률화가 되어 가면서 구조, 용도가 다양해지므로 효율적인 기계 제원의 활용이 중요하다.

2. 건설기계화의 특성
(1) 장점
① 공사규모와 시공 가능성이 확대된다.
② 공사기간의 단축 및 공사비 절감
③ 공사의 품질이 향상된다.

(2) 단점
① 기계의 구입 및 설비비가 고가이다.
② 숙련된 운전자 및 정비원이 필요하다.
③ 소규모 공사에는 인력보다 비용이 많이들 수 있다.

3. 작업 종류별 적정기계의 선정

작업 종류	건설기계 종류
벌개 제근	불도져, 레이크 도져
굴착 및 운반	불도져, 스크레이퍼, 준설선, 트랙터 셔블
굴착 및 적재	파워셔블, 백호, 클램 셸, 준설선
정 지	불도져, 모터 그레이더
다 짐	탬퍼(tamper), 램머, 진동롤러, 탱핑롤러, 불도져

4. 장비의 주행성(Trafficability) 및 시공효율
(1) 트래피커빌리티(Trafficability)란? 토공사시 사용하는 건설기계의 주행성과 가능성을 표시하는 흙의 성질을 트래피커빌리티라 한다.
(2) Cone 관입시험에 의한 Cone Index로 트래피커빌리티를 판단하며 콘지수가 클수록 흙의 강도가 크다.
(3) 시공효율(작업효율)이란?
① 건설기계의 작업시공량을 산출할 때 실제 작업량을 산출하는데 쓰이는 계수이다.

② 시공효율(작업효율)은 가동일수에 작업능률계수와 작업시간율을 곱하여 시공효율을 구함

(4) 장비 주행이 가능한 Cone 지수

기 계 종 류	콘지수(kgf/cm^2)
습지 도쟈	4 이하
중형 도쟈	5 ~ 7
대형 도쟈	7 ~10
견인식 스크레이퍼	7 ~10
자주식 스크레이퍼	10~13
덤프 트럭	15이상

(5) 건설기계의 규격표시

건 설 기 계	규 격
Bulldozer, Roller	전 장비 중량(ton)
Shovel 계 굴착기	버킷 용량(m^3)
Track shovel	버킷 용량(m^3)
Motor grader	Blade의 길이(m)

5. 건설기계 장비

(1) 불도져
① 불도져는 크롤러 트랙터를 주체로 한 상태에서 전면에 배토판을 부착한 것으로 전방 또는 횡경사 방향의 깎기가 가능하다.
② 주행 장치에 의한 불도져 분류
  1) 무한 궤도식(Crawler type)
     접지면적이 넓고 지면 분포하중이 일정하여 연약지반, 경사지에 작업가능하나 작업속도가 느리다.
  2) 타이어식(Tire type)
     좋은 지반(사질토 지반)에서 고속작업 및 기동성이 우수하고 운반거리가 긴 곳이나 제설(除雪)작업에 유리하다.
③ 부수장치에 의한 불도져 분류

분 류	개 요
틸트 도저 (Tilt Dozer)	배토판의 좌우를 밑으로 기울게 하여 도량 파기, 경사굴착 등을 한다.
스트레이트 도저 (Straight Dozer)	배토판의 상단부를 전후로 이동하여 조정하므로 도랑파기 또는 동결지반의 굴착에 편리하다.
앵글 도저 (Angle Dozer)	배토판을 진행 방향에 전후로 20~30°이동시켜서 배토판의 작업각도를 변동할 수 있어 굴착토사를 한쪽으로 이동 시킬 수 있다.
레이크 도저 (Rake Dozer)	배토판 대신에 레이크를 정착하여 벌개제근, 나무뿌리제거 작업 등을 할 수 있다.

④ 유압 리퍼작업(Ripper)
  1) 리퍼를 대형불도저 뒤에 날을 달아 유압으로 지반에 날을 박고 끌어당기면서 불도저를 전진시켜 암석을 굴착하는 공법
  2) 균열이나 절리가 발달하여 발파가 곤란한 암석의 파쇄 또는 호박돌의 제거작업에 사용한다.

⑤ 불도저의 작업량
  1) 사이클 타임(min)
    가. $C_m = \dfrac{L}{V_1} + \dfrac{L}{V_2} + t$

    나. $C_m = 0.037L + 0.25$

      여기서 V_1 : 전진속도(m/min)

      V_2 : 후진속도(m/min)

      L : 평균굴착압토거리(m)

      t : 기어변속시간(min)

  2) 작업량(Q)

    $Q = \dfrac{60 \times q \times f \times E}{C_m}$

      여기서 q : 배토판의 용량 (m³)

      f : 토량 환산 계수

      E : 작업 효율

      C_m : 1회 Cycle Time(min)

  3) 불도져 합성 작업량(Q)

    $Q = \dfrac{Q_1 \times Q_2}{Q_1 + Q_2}$

      여기서 Q_1 : 1시간당의 Ripper 작업량

      Q_2 : 1시간당의 Dozer 작업량

4) 불도져 접지압(kg/cm²)

$$\text{불도져 접지압} = \frac{\text{전 장비 중량}}{\text{접지 면적 (캐터필러 폭} \times \text{접지장} \times 2)}$$

(2) 스크레이퍼
① 스크레이퍼는 트랙터에 견인되어 흙을 굴삭, 적재, 운반, 포설 할 수 있는 피견인식 스크레이퍼와 자주식 모터스크레이퍼가 있다.
② 스크레이퍼는 절삭 칼날을 내리고 흙을 깎으면서 전진하여 흙을 상자(bowl)에 담아 포설장소 까지 주행 후 흙을 포설하는 방식으로 넓은 면적의 표면 굴착, 절취, 성토, 굴착 및 운반에 사용된다.
③ 스크레이퍼 작업량
  1) 사이클 타임(min)

$$C_m = \frac{D}{V_1} + \frac{H}{V_2} + \frac{S}{V_3} + \frac{R}{V_4} + t$$

여기서 V_1 : 굴착, 싣기속도(m/min)
V_2 : 운반속도(m/min)
V_3 : 사토속도(m/min)
V_4 : 돌아오는속도(m/min)
D : 굴착, 싣기거리(m)
H : 운반거리(m)
S : 사토거리(m)
R : 돌아오는거리(m)
t : 기어변속시간(min)

  2) 작업량(Q)

$$Q = \frac{60 \times q \times k \times f \times E}{C_m}$$

여기서 q : Bowl의 적재량(m³)
f : 토량 환산 계수
k : Bowl 적재 계수
E : 작업 효율
C_m : 1회 Cycle Time(min)

(3) 셔블계(Shovel) 굴착, 적재기계
① 백호우 (Back hoe)
  1) 파워 셔블과 유사한 기능을 가지는 백호는 기계 위치보다 낮은 장소의 흙을 굴착(하향굴착)하여 기계보다 높은 곳의 위치에 적재할 수 있다.
  2) 구조물의 기초 굴착에 적합하고 비탈면 끝손질, 옆도랑 파기, 수중 굴착도 가능하

며 굴착능력이 강력하다.
② 클램셸 (Clam shell)
   1) 양쪽으로 개방되는 버킷의 구조로 와이어로프에 매달아서 조작한다.
   2) 주로 우물 통 기초굴착, 협소한 장소의 깊은 굴착, 수중굴착, 지하철 개착공사에서 버팀보가 많은 경우 등에 적합하다.
   3) 적용토질은 주로 연약한 지반의 굴착이나 토사 싣기에 적합하며, 단단한 지반에는 부적합하다.
③ 파워 셔블 (Power shovel)
   1) 기계 위치보다 높은 장소의 지반 굴삭에 적합하고 붐이 튼튼해서 굳은 지반의 굴착도 가능하다.
   2) 파워 셔블은 무한 궤도식과 타이어식이 있고 부속장치에 따라 다양한 기능을 가진다.

 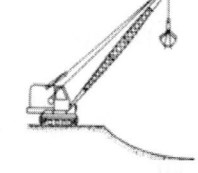 

■□ 백호우(back hoe)　　■□ 클램셸 (Clam shell)　　■□ 파워 셔블 (Power shovel)

④ 드래그 라인 (Drag line)
   1) 드래그라인은 버킷을 와이어로프에 달아 내리는 형식으로 토사를 긁어서 굴삭하는 형식이다.
   2) 주로 기계보다 낮은 장소의 굴삭에 적합하고 하상 굴착이나 골재 채취에 사용된다.

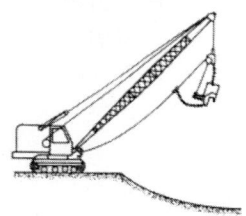

■□ 드래그 라인(Drag line)

⑤ 스키머 스코우프(Skimmer Scoup)
   1) 대형 기계로 회전대에 달린 Boom을 사용하여 버킷을 체인의 힘으로 전후 이동시켜서 굴착하는 장비
   2) 작업이 곤란한 장소 또는 좁은 곳의 얕은 굴착 작업시 적당한 기계이다.
⑥ 셔블계의 작업량(Q)

$$Q = \frac{3{,}600 \times q \times k \times f \times E}{C_m}$$

여기서 q : 버킷의 용량(m³)
E : 작업 효율
f : 토량 환산 계수
k : 버킷 계수
C_m : Cycle Time(sec)

(4) 운반기계

① 덤프트럭

1) 덤프트럭은 장거리 운반에 가장 많이 사용되는 운반기계로서 시공효율 및 기동성이 뛰어나다.

2) 작업량(Q)

$$Q = \frac{60 \times q_t \times f \times E}{C_m}$$

여기서 q_t : 흐트러진 상태의 1회 적재량(m³)
E : 작업 효율
f : 토량 환산 계수
C_m : Cycle Time(min)

3) 적재량(q_t)

$$q_t = \frac{T}{\gamma_t} \times L$$

여기서 T : 덤프트럭의 적재량(ton)
γ_t : 자연 상태의 흙의 단위 중량
L : 토량변화율 = $\dfrac{\text{흐트러진 상태의 토량}}{\text{자연상태의 토량}}$

4) 적재 횟수(n)

$$n = \frac{q_t}{q \times K}$$

여기서 K : 적재 기계의 디퍼 계수
q : 적재 기계의 디퍼 용량
q_t : 흐트러진 상태의 1회 적재량

5) 운반 횟수(N)

$$N = \frac{T}{2 \times \dfrac{L}{V} + t}$$

여기서 T : 1일 작업 가능 시간(min)
t : 적재, 하역시간(min)
L : 운반 거리

V: 차량속도

6) 여유 대수(N)

$$N = \frac{T_1}{T_2} + 1$$

여기서 T_1 : 왕복 소요시간
T_2 : 적재 시간

(5) 다짐 기계

① 다짐 기계의 분류

구 분	전 압 식	진 동 식	충 격 식
다짐기계 종 류	1. Bulldozer 2. Road Roller 　1) macadam roller 　2) tandem roller 3. Tamping Roller 　1) turn foot roller 　2) sheeps foots roller 　3) grid roller 　4) tapper food roller 4. Tire Roller	1. 진동Roller 2. 진동Compactor 3. 소일콤팩터 　(Soil compactor)	1. 램머(Rammer) 2. 탬퍼(Tamper) 3. 프로그래머 　(Frog rammer)

② 전압식 다짐장비

1) 로드롤러(Road Roller)

가. Macadam roller

3륜구조로 자갈 및 사질토, 쇄석층, 아스팔트 포장 1차다짐에 적합

나. Tandem roller 2륜구조로 아스팔트 포장의 마무리 다짐에 적합

2) 타이어롤러(Tire roller)

아스팔트 포장의 2차 다짐 및 사질토 지반 다짐에 적합

3) 탬핑롤러(Tamping Roller)

가. 드럼에 다수의 돌기를 붙여 흙의 깊은 위치를 다지는 기계.

나. 함수비가 높은 점토질 지반의 다짐에 적합

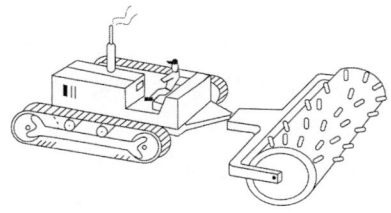

■□ 탬핑롤러(Tamping Roller)

③ 진동식 다짐장비

1) 진동롤러

가. 진동을 주어서 다지는 장비로 사질토 및 자갈질토에 적합하다.
나. 포장 보수에 많이 이용되고 점성토 지반에는 다짐효과가 거의 없다.
2) 진동 콤팩터
기계가 소형으로 가벼워서 소규모 공사의 다짐에 사용된다.
3) 소일 콤팩터
노견 비탈면 등 소규모 공사의 다짐에 사용된다.
④ 충격식 다짐장비
1) 램머(Rammer)
낙하하는 충격으로 구조물 뒷채움 등 협소한 장소의 다짐에 사용된다.
2) 탬퍼(Tamper)
구조물 뒷채움 등 협소한 장소의 다짐에 사용된다.
⑤ 다짐 기계의 작업 능력
1) 운전 1시간당 다짐 토량

$$Q = \frac{1{,}000 \times V \times W \times H \times f \times E}{N}$$

2) 운전 1시간당 다짐 면적

$$A = \frac{1{,}000 \times V \times W \times f \times E}{N}$$

여기서 N : 다짐 횟수
V : 작업 속도(km/hr)
W : 1회의 유효 다짐폭(m)
H : 1층의 깔기 두께(m)
f : 토량 환산 계수
E : 다짐 기계의 작업효율

(6) 준설선
① 펌프 준설선(Pump Dredger)
1) Cutter 준설선이라고 하며 가장 광범위하게 사용되는 준설선으로 추진력이 없이철제 pontoon 구조물로 된 비자항식 형태가 가장 일반적으로 많이 사용된다.
2) 특 징
가. 준설 능력이 크고 송토관 설치로 대규모 준설 가능
나. 준설과 매립을 동시에 작업 할 수 있다.
다. 연약한 토질에 적합한 준설선이다.
라. 해상에 파이프를 설치하므로 파도나 조류의 영향을 많이 받는다.

■□ 펌프 준설선

② 그래브 준설선(Grab Dredger)
　1) 그래브 버킷을 줄에 매달아 그래브를 벌린 채 물밑 바닥에 떨어뜨려 흙·모래·자갈 등을 퍼서 들어 올리는 준설방식
　2) 특 징
　　가. 준설깊이가 깊고(60m내외) 협소한 곳의 소규모 준설에 적합하다.
　　나. 단단한 지반의 준설이 가능하다.
　　다. 준설작업이 비교적 간단하다.

■□ 그래브 준설선

③ 버킷 준설선(Bucket Dredger)
　1) Bucket 준설선은 상향식 에스컬레이터와 같은 사다리를 물밑까지 내리고 체인으로 연결된 많은 버킷들이 사다리 주위를 무한궤도로 돌게 하면서 바닥의 흙·모래 등을 긁어 담는 준설방식
　2) 특 징
　　가. 준설능력이 크고 대규모 공사에 적합하다.
　　나. 점토부터 연암까지 비교적 광범위한 토질에 적합하다.
　　다. 넓은 면적의 토질 준설에 적합하고 선(船)형에 따라 경질토 준설이 가능하다.
　　라. 굴착면을 평탄하게 해저를 비교적 고르게 준설할 수 있다.

■□ 버킷 준설선

④ 디퍼 준설선(Dipper Dredger)
  1) 동력으로 작동되는 강력한 셔블을 가지고 물밑 바닥을 퍼올리는 것으로, 바닥의 토질이 까다로운 바위가 아니면 어떤 것이라도 준설가능
  2) 특 징
     가. 연질토사부터 파쇄된 암석, 발파된 암석 등의 준설에 적합
     나. 경사면 준설에 적합하다.
     다. 준설능력이 적으므로 준설단가가 고가이다.

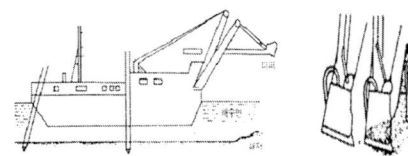

■□ 디퍼 준설선

⑤ 호퍼 준설선(Hopper Dredger)
  1) 일반적으로 '트레일러'라고 부르는 '자항식 호퍼 준설선'은 연안이나 심해 작업에 적합하며, 선내에 있는 진공펌프(Centrifugal Pump of pumps)를 사용하여 전진하면서 선박 양편에 장치된 흡입 파이프(Suction Pipe)로 준설하여 자체 hopper에 적재하므로 토운선이 불필요하다.
  2) 특 징
     가. 기상이나 해상조건에 영향을 별로 받지 않는다.
     나. 단독 선단 작업이 용이하다.
     다. 적용토질은 연질토사~자갈썩인토사
     라. 선박 건조비가 고가이므로 소규모 공사에는 부적합하다.

■□ 호퍼 준설선

⑥ 쇄암선
  1) 해저의 암석을 깨는 장치를 한 배를 말하는 것으로 선상에 높은 망대를 달고, 끝에 특수강을 단 지레를 내리쳐서 해저의 암반을 깨뜨리는 준설선
  2) 특 징
     가. Needle(특수강)을 이용해 해저에 암반을 파쇄
     나. 자갈 섞인 경질부터 경질암반까지 가능
     다. 일반적 준설선으로 불가능 지반 파쇄 가능

(7) 기타 건설 기계
　① 트렌처(Trencher)
　　1) 휠 또는 체인(ladder식)에 수개의 연속된 버킷을 부착하고 이것을 회전하면서 회전력에 의해 연속적으로 홈을 굴착한다.
　　2) 주로 가스관, 수도관, 하수관, 도랑, 암거를 묻기 위한 용도로 사용한다.
　② 스태빌라이저
　　1) 원지반의 노상, 노반의 함수비 조절과 재료의 혼합을 하는 기계의 일종으로 노상, 노반의 안정화를 목적으로 사용한다.
　　2) 주로 석회석, 시멘트, 아스팔트 등을 흙 또는 골재에 혼합하며, 혼합방식에 의해 노상을 진행하면서 일련의 작업을 동시에 하는 노상혼합식(로드 스태빌라이저)과 한 곳에서 집중 혼합하는 중앙 플랜트혼합식(소일 플랜트)이 있다.

6. 건설기계 경비

(1) 기계경비의 구성요소
　① 직접공사비 : 기계손료, 운전경비
　② 간접공사비 : 수송운전비, 조립해체비

(2) 직접공사비
　① 기계손료
　　1) 감가상각비(구입가격, 내용년수)
$$시간당 상각비 = \frac{구입가격 - 잔존가치}{경제적 내용년수 \times 년간 표준 가동시간}$$
　　2) 정비비
　　3) 관리비
　② 운전경비
　　1) 노무비
　　2) 연료 유지비
　　3) 소모품비

(3) 간접공사비
　① 수송운전비
　② 조립해체비

2-3 주요핵심문제
건설기계

01 타이어 도저(tire dozer)의 장점에 대한 설명 중 틀린 것은? [05·09 기사]
① 함수비가 많은 점토질에 유리하다.
② 비교적 고속으로 운행 할 수 있다.
③ 제설(除雪)작업에 유리하다.
④ 운반거리가 긴 곳에 유리하다.

해설
Tire dozer는 고속작업으로 능률이 좋아 운반로가 좋은 곳에서 유리하다.

02 5톤 용량의 불도저를 이용하여 절토한 흙을 20m 운반할 때, 주어진 조건을 이용하여 시공능력(m³/hr)을 구하면?
[02.04.05.07.09.13.15.17.20 기사]

- 현장은 평지
- 전진속도 20m/min
- 후진속도 80m/min
- 기어 변속시간 0.3min
- 배토판 용량 1.3m³
- 작업효율 0.6
- 토량환산계수 0.8

① 14.6 ② 16.6
③ 18.6 ④ 24.2

해설
1) $C_m = \dfrac{1}{V_1} + \dfrac{1}{V_2} + t_g$
$= \dfrac{20}{20} + \dfrac{20}{80} + 0.3 = 1.55분$
2) $Q = \dfrac{60qfE}{C_m}$
$= \dfrac{60 \times 1.3 \times 0.8 \times 0.6}{1.55} = 24.15 m^3/hr$

03 다음 조건과 같을 때 불도저의 1시간당 작업량을 본바닥 토량으로 계산하면?
[00.05.07.09.12.13.17 기사]

- 평균 굴착압토거리(l) : 40m
- 전진속도(V_1) : 3.0km/hr
- 후진속도(V_2) : 6.0km/hr
- 기어 변속시간(t) : 12sec
- 1회의 굴착압토량(q) : 2.3m³
- 토량변화율(L) : 1.15
- 작업효율(E) : 80%

① 45m³ ② 48m³
③ 55m³ ④ 69m³

해설
1) $C_m = \dfrac{l}{V_1} + \dfrac{l}{V_2} + t_g$
$= \dfrac{40}{3,000} \times 60 + \dfrac{40}{6,000} \times 60 + \dfrac{12}{60}$
$= 1.4분$
2) $Q = \dfrac{60qfE}{C_m}$
$= \dfrac{60 \times 2.3 \times \dfrac{1}{1.15} \times 0.8}{1.4}$
$= 69 m^3/hr$

04 셔블계 굴삭기 가운데 수중작업에 많이 쓰이며, 협소한 장소의 깊은 굴착에 가장 적합한 건설기계는? [00.01.04.07.08.16.20 기사]
① 클램셸 ② 파워셔블
③ 파일드라이브 ④ 어스드릴

해설
크렘셸(Clam-shell)

정답 01 ① 02 ④ 03 ④ 04 ①

1) 우물통과 같은 협소한 장소의 깊은굴착에 유리하다.
2) 지하철 등의 개착공사에서 버팀보 등이 많을 때에 사용에 좋다.

05 기계위치보다 낮거나 높은 곳도 굴착이 가능하여 주로 넓은 범위의 굴착 시 사용되고 수로, 하상굴착 또는 골재채취에 이용되는 셔블계 굴착기는? [05.09 기사]
① 백 호 ② 드래그라인
③ 파워셔블 ④ 클램셸

해설
드래그 라인에 대한 설명이다.

06 불도저로 압토와 리핑 작업을 동시에 실시한다. 각 작업 시의 작업량이 다음의 표와 같을 때 시간당 작업량은?
[10.11.14.16 기사]

- 압토 작업만 할 때의 작업량
  $Q_1 = 45 m^3/h$
- 리핑 작업만 할 때의 작업량
  $Q_2 = 60 m^3/h$

① 24m³/h ② 30m³/h
③ 26m³/h ④ 50m³/h

해설
$Q = \dfrac{Q_1 Q_2}{Q_1 + Q_2} = \dfrac{45 \times 60}{45 + 60} = 26 m^3/h$

07 버킷의 용량이 0.6m³, 버킷계수가 0.8, 토량변화율(L)=1.25, 작업효율이 0.7, 사이클 타임이 25sec인 파워셔블의 시간당 작업량은? [00.04.05.06.08.09.10.12.15.16.20 기사]
① 38.71m³/h ② 61.2m³/h
③ 54.4m³/h ④ 43.5m³/h

해설
$Q = \dfrac{3,600 qkfE}{C_m} = \dfrac{3600 \times 0.6 \times 0.8 \times \dfrac{1}{1.25} \times 0.7}{25}$
$= 38.71 m^3/hr$

08 디퍼(dipper) 용량이 0.8m³일 때 파워셔블(power shovel)의 1일 작업량을 구하면? (단, shovel cycle time : 25sec, dipper 계수 : 1.0, 흙의 토량변화율(L)=1.25, 작업효율0.6, 1일 운전시간 : 8시간)
[00.02.04.06.08.16 기사]
① 286.64m³/day ② 324.52m³/day
③ 442.37m³/day ④ 542.50m³/day

해설
1) $Q = \dfrac{3,600 qkfE}{C_m}$
$= \dfrac{3,600 \times 0.8 \times 1 \times \dfrac{1}{1.25} \times 0.6}{25}$
$= 55.296 m^3/hr$
2) 1일 작업량 $= 55.296 \times 8 = 442.37 m^3/day$

09 0.7m³의 백 호(back hoe) 1대를 사용하여 12,000m³의 기초굴착을 시행할 때 굴착에 필요한 일수는? (단, 백 호 사이의 사이클 타임은 0.5min, dipper 계수는 0.9, 토량변화율은 1.2, 작업능률은 0.8, 1일의 운전시간은 8시간이다.)
[09.10 기사]
① 23일 ② 30일
③ 27일 ④ 29일

해설
1) $Q = \dfrac{3,600 akfE}{C_m}$
$= \dfrac{3,600 \times 0.7 \times 0.9 \times \dfrac{1}{1.2} \times 0.8}{0.5 \times 60}$
$= 50.4 m^3/hr$
2) 일수 $= \dfrac{12,000}{50.4 \times 8} = 29.76 ≒ 30$일

정답 05 ② 06 ③ 07 ① 08 ③ 09 ②

10 10,000m³(자연상태)의 사질토를 8m³의 덤프트럭으로 운반하려고 한다. 필요한 트럭의 대수는? (단, 사질토의 토량변화율 $L=1.25$, $C=0.88$) [05·08·14 기사]
① 3,125대   ② 1,563대
③ 2,841대   ④ 2,000대

해설

트럭의 대수
$= \dfrac{10,000 \times L}{8} = \dfrac{10,000 \times 1.25}{8} ≒ 1,563$대

11 8t 덤프트럭으로 보통 토사를 운반하고자 할 때, 적재 장비를 버킷용량 2.0m³인 백호를 사용하는 경우 백 호의 적재횟수는? (단, 흙의 γ=1.5t/m³, 토량변화율(L)=1.25, 버킷계수(K)=0.85, 백 호의 사이클시간(C_{ms})=25s, 작업효율(E)=0.75)
[05,10,11,13,14 기사]
① 2회   ② 4회
③ 6회   ④ 8회

해설

1) $q_t = \dfrac{T}{\gamma_t} L = \dfrac{8}{1.5} \times 1.25 ≒ 6.7 m^3$

2) $n = \dfrac{q_t}{qk} = \dfrac{6.7}{2.0 \times 0.85} = 3.94 ≒ 4$회

12 10m³ 덤프트럭으로 2,000m³의 운반토량을 토사장에 운반할 때, 1일 소요 대수는? (단, 트럭의 운반속도 10km/hr, 상하차시간 8분, 1일 작업시간 8시간, 토사장까지의 거리 3km) [12·13 기사]
① 8대   ② 9대
③ 10대   ④ 19대

해설

1) $C_{mt} = \dfrac{3 \times 2}{10} \times 60 + 8 = 44$분

2) $Q_t = \dfrac{60qtfE_t}{C_{mt}} = \dfrac{60 \times 10 \times 1 \times 1}{44}$
  $= 13.64 m^3/hr$

3) 1일 운반토량 $= 13.64 \times 8 = 109.12 m^3$

4) 1일 소요대수 $= \dfrac{2,000}{109.12} = 18.3 ≒ 19$대

13 다음 중 탬핑 롤러의 종류가 아닌 것은?
[01,09 기사]
① Sheeps foot rooller
② Grid roller
③ Tapper foot roller
④ Tire roller

해설

Tamping roller
1) Sheeps foot rooller
2) Grid roller
3) Tapper foot roller

14 함수비가 큰 점토질 흙의 다짐에 가장 적합한 기계는? [00,02,04,08,10,11,12,17 기사]
① 로드 롤러   ② 진동 롤러
③ 탬핑 롤러   ④ 타이어 롤러

해설

1) 점성토 다짐장비(Tamping Roller)
  ① turn foot roller
  ② sheeps foots roller
  ③ grid roller
  ④ tapper food roller
2) 사질토 다짐장비
  ① 진동Roller
  ② 진동Compactor
  ③ 소일콤팩터

15 아스팔트 포장의 끝손질 다짐(완성 전압)에 가장 적합한 롤러(roller)는?
[02,07,08,09·13. 기사]
① 탠덤 롤러(tandem roller)
② 머캐덤 롤러(macadam roller)
③ 타이어 롤러(tire roller)
④ 탬핑롤러(tamping roller)

해설

1) Macadam roller
3륜구조로 자갈 및 사질토, 쇄석층, 아스팔트 포장 1차다짐에 적합

정답 10 ② 11 ② 12 ④ 13 ④ 14 ③ 15 ①

2) 타이어롤러(Tire roller)
아스팔트 포장의 2차 다짐 및 사질토 지반 다짐에 적합
3) Tandem roller
2륜구조로 아스팔트 포장의 마무리 다짐에 적합

16 모터 그레이더의 규격의 일반적인 표현방법은? (03.09 기사)
① 총장비의 중량(ton)
② Blade의 길이(m)
③ 버킷용량(m^3)
④ 보울(bowl)의 용량(m^3)

해설

모터 그레이더는 토공판의 길이로 규격을 나타낸다.

17 다음 건설 기계 중 준설과 매립을 동시에 할 수 있는 준설선은? (03.10 기사)
① 디퍼 준설선
② 버킷 준설선
③ 그래브 버킷 준설선
④ 펌프 준설선

해설

펌프 준설선(Pump Dredger)
Cutter 준설선이라고 하며 가장 광범위하게 사용되는 준설선으로 추진력이 없이 철제 pontoon 구조물로 된 비자항식 형태가 가장 일반적으로 많이 사용되며 준설과 매립을 동시에 작업이 가능하다.

18 다음 각종 준설선의 특징 중 틀린 것은?
(00.05.08 기사)
① 디퍼 준설선은 파쇄된 암석이나 발파된 암석의 준설에는 부적당하다.
② 그래브 준설선은 버킷으로 해저의 토사를 굴착하여 적재하고 운반하는 준설선이다.
③ 펌프 준설선은 사질 해저의 대량 준설과 매립을 동시에 시행 할 수 있다.
④ 쇄암선은 해저의 암반을 파쇄하는데 사용한다.

해설

준설선
1) 펌프 준설선(Pump Dredger) 특징
  가. 준설 능력이 크고 송토관 설치로 대규모 준설 가능
  나. 준설과 매립을 동시에 작업 할 수 있다.
2) 그래브 준설선(Grab Dredger)특징
  가. 준설깊이가 깊고(60m내외) 협소한 곳의 소규모 준설에 적합하다.
  나. 단단한 지반의 준설이 가능하다.
  다. 준설작업이 비교적 간단하다.
3) 버켓 준설선(Bucket Dredger)
  가. 준설능력이 크고 대규모 공사에 적합.
  나. 점토부터 연암까지 비교적 광범위한 토질에 적합하다.
4) 디퍼 준설선(Dipper Dredger)
  가. 연질토사부터 파쇄된 암석, 발파된 암석등의 준설에 적합
  나. 경사면 준설에 적합하다.
5) 쇄암선
  가. Needle(특수강)을 이용해 해저에 암반을 파쇄
  나. 자갈 섞인 경질부터 경질암반까지 가능

2-4 옹 벽

1. 옹 벽

(1) 옹벽이란?

토압에 저항하여 그 붕괴를 방지하기 위하여 축조하는 구조물로써 안정을 유지하기 위한 조건으로는 전도에 안정, 활동에 안정, 기초 지지력에 대한 안정과 Sliding에 대한 안정 등이 있다.

(2) 옹벽의 붕괴는 옹벽 시공 및 뒷채움 재료 및 시공 불량으로 인한 토압 및 수압증가, 지반침하 및 세굴 등의 여러 원인이 있다.

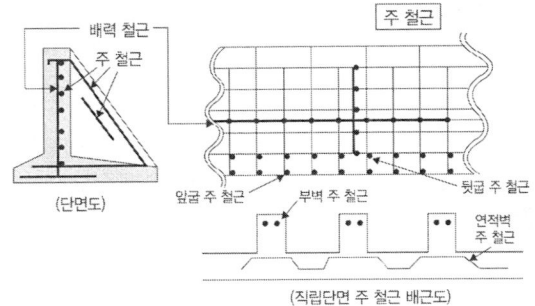

■□ 뒷 부벽식 옹벽 단면도 및 철근배근도

2. 옹벽의 분류

(1) 중력식 옹벽
① 3~4m 높이로 옹벽의 자중에 의해서 토압에 저항하는 형식
② 지반이 견고한 경우에 설치

(2) 반중력식 옹벽
① 중력식 옹벽과 철근 콘크리트 옹벽과의 중간형태
② 중력식 옹벽의 벽두께를 얇게 하고 이로 인해 생기는 인장 응력에 저항시키기 위해 배면부에 철근을 배치한 것이다.

(3) 역 T형 옹벽
① 철근콘크리트로 만들어진 옹벽을 캔틸레버식 옹역이라고 하며 역T형 옹벽이라 고도 함.
② 가장 보편적으로 사용되는 옹벽으로 3~10m 높이로 자중과 뒷채움 토사의 중량으로 토압에 저항하는 형식이다.

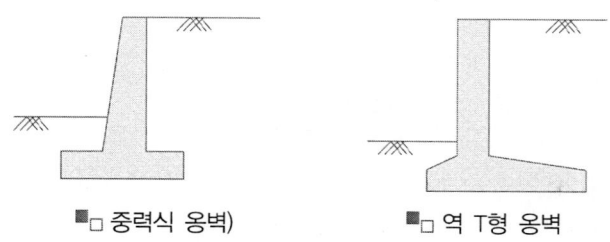

■ 중력식 옹벽)　　　　■ 역 T형 옹벽

(4) 부벽식 옹벽
  ① 뒷부벽식 옹벽
    캔틸레버 옹벽의 후면에 일정한 간격의 부벽을 설치하여 전단 및 휨모멘트에 저항하도록 보강한 옹벽
  ② 앞부벽식 옹벽
    캔틸레버 옹벽의 전면에 일정한 간격의 부벽을 설치하여 전단 및 휨모멘트에 저항하도록 보강한 옹벽

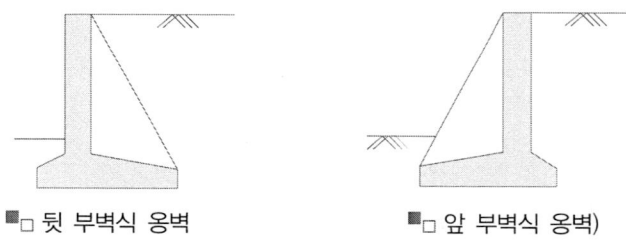

■ 뒷 부벽식 옹벽　　　　■ 앞 부벽식 옹벽)

3. 옹벽의 붕괴원인
  (1) 안정조건 검토 미흡
  (2) 배면 재하중 부족
  (3) 옹벽 뒷굽길이 부족
  (4) 연약지반위 옹벽 설치
  (5) 배수불량
  (6) 뒷채움 재료 및 시공 불량

4. 옹벽 뒷채움 재료의 구비조건
  (1) 압축성이 작은 재료일 것
  (2) 투수성이 큰 조립토(모래섞인 자갈)일 것
  (3) 전단강도가 큰 재료일 것
  (4) 다짐이 잘 되는 재료일 것

5. 옹벽의 안정조건

(1) 활동에 대한 안정

① 안정조건 : $F_S = \dfrac{저면마찰력의 합}{수평력의 합} \geq 1.5$

② 대 책 : Shear Key 설치, 말뚝기초시공, 밑판의 길이를 증대
※ Shear Key(돌기물) 설치가 가장 유리한 방법

(2) 전도에 대한 안정

① 안정조건 : $F_S = \dfrac{전도저항모멘트}{전도모멘트} \geq 2.0$

② 대 책 : 자중증대, 밑판(뒷굽)길이를 증대

(3) 침하에 대한 안정(지지력)(직접기초 지반에 작용하는 최대압력)

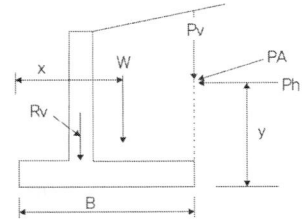

① 합력의 편심거리 ($e \leq \dfrac{B}{6}$ 조건)

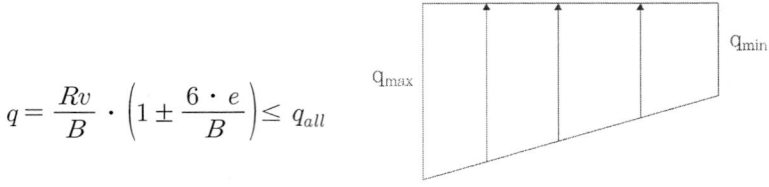

$$q = \dfrac{Rv}{B} \cdot \left(1 \pm \dfrac{6 \cdot e}{B}\right) \leq q_{all}$$

■□ 지반 반력 상태(사다리꼴)

여기서 Rv : 중력식인 경우(옹벽무게 + Pv)
  켄틸레버식인 경우(옹벽무게 + 뒷저판위 흙무게 + Pv)
  q : 저판이 받는 최대 및 최소 지반반력(압축)
  q_{all} : 허용지지력

② 안정조건 : $F_S = \dfrac{지반극한지지력}{지반최대반력(지반허용지지력)} \geq 3.0$

③ 대 책 : 저판면적확대, 지반개량

(4) 원호활동에 대한 안정

① 안정조건 : $F_s = \dfrac{활동에 저항하는 모멘트}{활동하려는 모멘트} \geq 1.5$

② 대 책 : E/A시공, 파일시공

6. 옹벽의 배수대책

(1) 배수용 도랑

석축의 찰쌓기, 콘크리트 옹벽 등의 배면 지표수 침투를 방지하기 위하여 설치하는 공법

(2) 연직배수처리

① 옹벽배수용 filter를 옹벽 뒷면에 수직으로 설치해서 배면으로 침투수가 배수되도록 설치하는 공법

② 간극수압 작용으로 옹벽에 작용하는 토압이 건조단위시 보다 토압의 증가 대략 35% 증가 발생

(3) 경사배수 처리

① 옹벽배면 filter를 옹벽 배면 토사측에 경사를 두어서 설치하는 공법

② 간극수압 작용이 없이 필터층으로 배수처리로 건조단위시 보다 토압의 증가 대략 5% 증가 발생되어 토압 경감에 유리한 공법

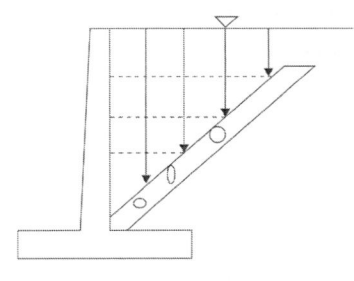

■□ 경사배수처리 방법

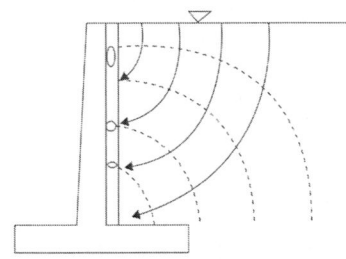

■□ 연직배수처리 방법

7. 보강토 옹벽

(1) 보강토 옹벽은 흙과 그 속에 매설한 인장강도가 큰 보강재를 마찰력에 의해 일체화 시킴으로서 자중이나 외력에 대하여 저항성 증가시킨 구조체이다.

(2) 프리캐스트 제품으로 공기단축 및 용지 폭이 적게 들어 경제적이며, 진동, 소음 등의 건설공해가 적은 공법이다.

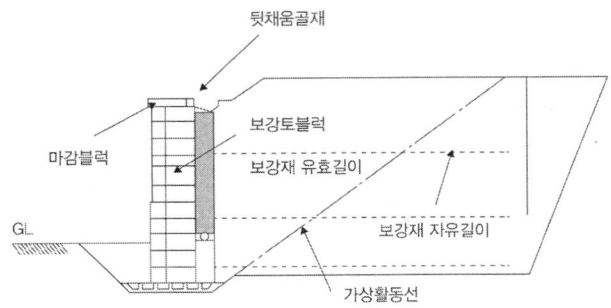

(3) 보강재가 받는 최대힘(T_{max})

$T_{max} = \gamma H K_a S_v S_h$

여기서 S_v : 보강재의 수직간격

S_h : 보강재의 수평간격

H : 보강토옹벽 높이

K_a : 토압계수 $=\tan^2\left(45° - \dfrac{\phi}{2}\right)$

8. 돌쌓기 공

(1) 돌쌓기 형식

① 메쌓기 : 모르타르를 사용하지 않고 맞대임면의 마찰에 의해지지 하는 형식으로 석재의 뒤쪽에 굄돌, 끼움돌로 받치고 그 틈새에 자갈을 채우는 방식이다.

② 찰쌓기 : 돌쌓기 이음부 줄눈에 모르타르를 사용하고 뒤채움에 콘크리트를 채워 석재와 뒤채움이 일체가 되도록 만드는 형식이다.

(2) 돌쌓기 방법

① 돌을 깨끗이 씻고 특히 찰 쌓기는 수분을 충분히 흡수시켜야 한다.
② 돌의 크기가 다르면 큰 돌을 아래층 쌓아서 안정성을 높인다.
③ 수성암과 같이 절리가 있는 돌은 하중 방향과 직각방향이 되도록 쌓는다.
④ 견치돌은 사면에 직각으로 설치한다.

2-4 주요핵심문제

옹 벽

01 옹벽 대신 이용하는 돌쌓기 공사 중 뒤채움에 콘크리트를 이용하고, 줄눈에 모르타르를 사용하는 2m 이상의 돌쌓기 방법은 무엇인가? [05 · 12 기사]
① 메쌓기   ② 찰쌓기
③ 견치돌쌓기   ④ 줄 쌓기

해설
찰쌓기 형식
줄눈에 모르타르를 사용하고 뒤채움에 콘크리트를 채워 석재와 뒤채움이 일체가 되도록 만든다.

02 폭우 시 옹벽 배면에는 침투수압이 발생하는데 이 침투수에 의한 중요한 영양 중 옳지 않은 것은?
[02,04,07,10,11,13,14,16,17 기사]
① 활동 면에서의 양압력 증가
② 포화에 의한 흙의 무게 증가
③ 옹벽 저면에서의 양압력 증가
④ 수평 저항력의 증대

해설
침투수압으로 옹벽 전면의 수평 저항력이 감소된다.

03 옹벽의 안정상 수평 저항력을 증가 시키는 방법으로 가장 유리한 것은?
(05,06,07,13,17 기사)
① 옹벽의 비탈경사를 크게 한다.
② 옹벽의 저면에 Apron을 설치한다.
③ 옹벽 저면 밑에 돌기(Shear key)를 만든다.
④ 배면의 본바닥에 앵커타이(Anchor tie)나 앵커벽을 설치한다.

해설
옹벽의 저항력을 높이는 방법 중에서 저판 뒷굽쪽으로 돌기(Shear key)를 설치하는 방법이 가장 유리하다.

04 옹벽의 뒤채움 재료에 대한 조건으로 틀린 것은? (09.12 기사)
① 투수성이 있어야 한다.
② 압축성이 좋아야 한다.
③ 다짐이 양호한 재료이어야 한다.
④ 물의 침입에 강도 저하가 적은 재료이어야 한다.

해설
뒷채움 재료
1) 전단강도가 클 것
2) 압축성이 작을 것
3) 투수성이 확보 될 것
4) 다짐에 유리한 재료

05 옹벽의 뒤채움에 가장 적합한 흙은?
(11.13 기사)
① 실트질 흙   ② 점토질 흙
③ 모래질 흙   ④ 모래 섞인 자갈

해설
옹벽 뒤채움 재료는 배수가 잘되는 재료를 사용해야 한다. 따라서 투수성이 큰 모래질 흙이나 모래 섞인 자갈이 유리하다.

정답 01 ② 02 ④ 03 ③ 04 ② 05 ④

2-5 교량공

1. 교량
(1) 하천·호소(湖沼)·해협 등 또는 다른 교통로나 구축물(構築物) 위를 건너갈 수 있도록만든 고가구조물을 교량(橋梁)이라고도 한다.
(2) 교량의 구성은 상부구조와 하부구조로 구분할 수 있다.

2. 교량의 위치 선정시 고려사항
(1) 하천과 양안의 지질이 양호한 곳
(2) 하천과 유수가 안정적인 곳
(3) 하상의 변동이 크고 굴곡부(만곡부) 세굴영향이 큰 곳을 피할 것
(4) 교각의 축방향이 유수의 방향과 평행한 곳

3. 교량의 분류
(1) 교량의 분류

구 분	종 류
사용재료	강교, 콘크리트교, 목교, 석교
용 도	도로교, 고가교, 철도교, 육교
교면의 위치	상로교, 중로교, 하로교
형 태	거더교, 아치교, 트러스트교, 라멘교, 사장교, 현수교

(2) 사장교(cable-stayed girder bridge)
① 주탑에서 비스듬히 친 케이블로 거더를 매단 교량으로 경간(徑間) 200~340m 정도 범위의 도로교에 많이 사용되며, 미관이 뛰어난 설계가 가능하다.
② 한국에는 올림픽대교, 서해대교, 인천대교, 진도대교, 돌산대교 등이 있다
③ Cable 배열 형태
  1) 방사형
  2) Harp
  3) Fan 형

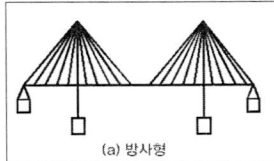
(a) 방사형

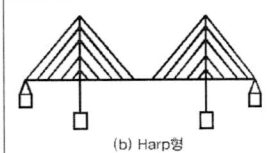
(b) Harp형

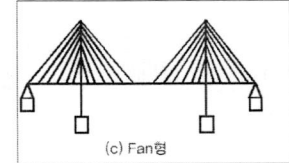
(c) Fan형

(3) 현수교

① 주탑 및 앵커리지(Anchorage)로 주 케이블(Main Cable)을 지지하고 이 주케이블(Main Cable)에 현수재를 매달아 보강형을 지지하는 교량형식

② 현수교는 다른 교량형식과 비교할 때 강성이 경간 길이에 비해 비교적 작은, 유연한 (flexible) 구조적 특성을 갖고 있다

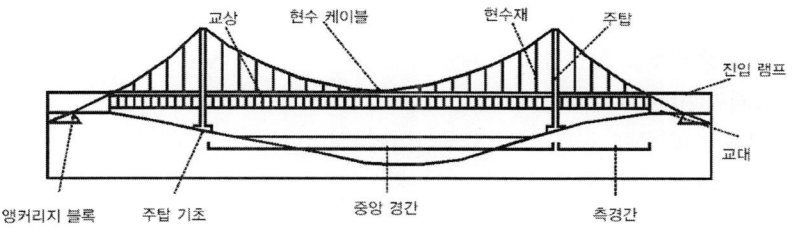

(4) 공법비교

구 분	사 장 교	현 수 교
경간장	200~340m	340m이상
슬래브 지지방식	교각+주탑+케이블	교각+주탑+케이블
특 징	1) 미관이 수려하나 주탑이 높아 경제성 다소 저하 2) 하중분담(케이블70%+슬래브30%) 3) 주탑이 높아 기초가 대형	1) 경간장이 길어 미관 수려 2) 교각수가 적어 시공이 빠름 3) 공사비 고가 4) 선박출입이 많은곳에 적합 5) 풍하중에 대한 보강이 필요하다

4. 교량의 구성

(1) 상부구조

① 교량은 크게 상부구조와 하부구조로 나뉘어지는데 상부구조는 교대나 교각 위에 있는 구조로서 교통하중을 직접 받아주는 부분을 말한다.

② 일반적으로 바닥판(슬래브), 바닥틀, 주형, 교좌, 수직 및 수평브레이싱 등으로 구성되어있다.

③ 상부구조 구성

1) 바닥판(Bridge floor)

   상부의 교통하중을 직접적으로 받는 부분으로서 보통 교면과 그 밑의 슬래브로 되어있다.

2) 바닥틀(Floor system)

   바닥판을 지지하며 바닥에 가해지는 교통하중을 주형으로 전달하는 역할을 한다.

3) 주형(Main girder)

   교량의 주체라고 할 수 있으며, 바닥틀로 부터의 하중을 하부구조로 전달시켜 주

는 역할을 하는 구조체이다.
4) 브레이싱(Bracing)
교량의 좌우 주형을 연결하여 구조물의 횡방향지지, 교량단면 형상유지, 강성의 확보, 횡방향 하중을 받침부로 전달하는 역할을 하는 구조체이다.
5) 받침부(Bearing)
상부구조로 부터의 모든 하중이 이곳을 통하여 하부구조로 전달하는 구조체로서, 가동받침과 고정받침으로 나누어진다.
6) 답괴판(Approach slab)
교대 배면쪽에 구조물과 토공사이에 일어나는 부등침하를 방지하기 위해 구조물과 성토의 접속부에 설치

(2) 하부구조
① 교량의 하부구조는 상부구조에서 작용하는 하중을 지반에 전달하는 역할을 하는 기초, 교대, 교각을 의미한다.
② 교대와 교각은 구체, 날개벽, 기초 부분으로 나누어진다.
③ 하부구조의 구성
  1) 교 대
    교량 양단에 설치되는 구조물로서 교대배면의 토압과 상부구조로부터 오는 연직 및 수평하중을 지반에 전달한다.
  2) 교 각
    상부구조가 2경간 이상인 경우 교량 양단의 교대 사이에 설치되는 기둥으로 유사한 역할을 하는 구조물이다.
  3) 구 체
    교대나 교각 모두 지상으로 돌출되어 있는 부분으로 상부구조에서 오는 전하중을 기초에 전달하고 교대의 배후 토압에 저항하는 역할을 하는 구조물이다.
  4) 날개벽
    교대 배면 성토의 보호 및 세굴을 방지하는 역할을 하는 구조물이다.
  5) 기 초
    구체의 하부를 확대하여 하중을 기초지반에 넓게 분포시키는 역할을 하는 구조물이다.

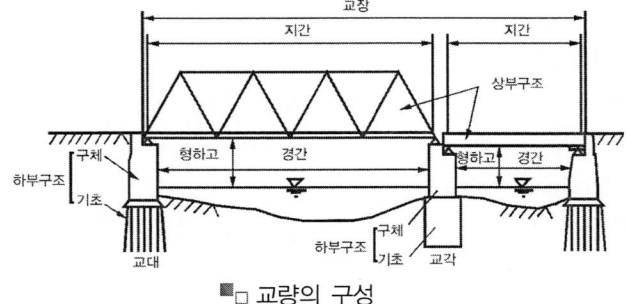

■ 교량의 구성

5. 교대의 종류
(1) 평면 형상에 따른 분류
① 직벽교대

교대 날개벽이 수직형태를 가진 간단한 구조로 일반적으로 도로 교량에 주로 많이 사용한다.

② 익벽교대(날개교대)

교대 날개벽이 경사형태를 가진 구조로서, 교대 뒷부분이 성토지반이고 유수의 장애가 없는 시가지(도심지) 교량에 적합한 교대

③ U형교대

교대 날개벽이 U형태를 가진 구조로서 주로 철도교에 많이 적용한다.

④ T형교대

T자형의 평면형태로 되어있으며 주로 교대가 높고 측벽이 커질 때 적용한다.

(2) 구조형식에 따른 분류
① 중력식 교대

교대 본체의 자중을 크게 하여 구체단면에는 압축응력만 생기는 교대로서 구조가 간단하고 시공이 용이

② 반중력식 교대

중력식과 유사한 구조형식이지만 단면의 형상이 비대칭을 이루며 구체배면이나 기초의 일부에 인장력이 발생한다. 인장력에 대해서는 철근을 배치하여 단면을 보강한 교대

③ 역T형식 교대

구체자중이 작고 흙의 중량으로 구조적 안정을 유지시키는 경제성이 좋은 교대

④ 뒷부벽식 교대

높이 10m 정도 이상일 때 배면쪽으로 부벽을 설치하여 전단 및 휨모멘트에 대한 저항능력이 키운 교대

6. 교각의 종류
(1) 교각은 교량은 받치는 기둥으로서 상부하중과 교각의 자중을 기초지반에 전달하는 구조물로서 교각기초, 기둥, 코핑부로 구성이 된다.

(2) 교각의 분류

① T형 교각

1) 국내에서 가장 많이 사용되는 교각 형식으로 주로 도로의 고가교에 사용된다.

2) 지진, 풍하중 등에 다소 불리하다.

② 문형 교각

1) 문형 교각은 주형이 여러 개인 교량에 주로 사용한다.

2) T형에 비해 지진, 풍하중 및 교축직각방향 하중 저항력이 우수하다.

③ 벽식교각
  1) 기둥부가 중공형태의 교각으로 규모가 크고 매우 높은 교량에 주로 사용된다.
  2) 지진, 풍하중등 교축직각방향 하중에도 저항력이 좋으나 경제성 면에서는 다소 불리하다.
④ 라멘 교각
  철근콘크리트의 보와 기둥을 일체로 만든 구조로서 물 흐름에 방해가 적다.
⑤ 중력식 교각
  교각 자체의 자중으로 안정을 유지하는 교각
⑥ 반중력식 교각
  중력식과 유사한 구조형식이지만, 배면이나 기초의 일부구간에 인장력에 대해서 철근을 배치하여 단면을 보강한 교각

■□ 벽식 교각   ■□ T형 교각   ■□ 문형 교각

7. 교량 가설공법
(1) 비계를 사용하는 공법
  ① 새들(saddle) 공법
    1) 가장 간단한 공법으로, 침목과 같은 각재를 쌓아올려서 받침을 만들고, 그 위에 통로를 만드는 것이다.
    2) 이 공법은 주로 육상에서 사용되며, 물의 깊이가 얕은 곳에서도 이용된다.
    3) 주로 지간이 짧고 높이가 높지 않은 교량의 가설에 사용된다.
  ② 벤트(bent) 공법
    1) 교량 밑에 교각처럼 받치는 보나 기둥을 벤트라 하며, 벤트를 교각사이에 설치해 문형 크레인, 데릭 크레인, 케이블 크레인 등을 이용하여 조립하는 가설 공법.
    2) 수심이 깊지 않고 하천 바닥의 지반 상태가 불량한 경우 사용한다.
  ③ 가설 트러스(Erection truss)
    1) 지형이나 교통 등의 조건 때문에 지반으로부터의 비계 조립이 곤란한 경우에 간단한 방법으로 트러스나 빔을 조립하여, 이것을 먼저 가설해 두고 그 위에 교량 상부공을 조립한다.
    2) 주로 수심이 깊고 거더가 높을 때 안정성이 크며 도심지 고가교에 많이 적용된다.

④ 스테이징(Staging)공법
1) 교량의 높이가 낮은 경우 일반적으로 사용되는 공법으로 전경간에 걸쳐 동바리를 설치하여 교량상부 하중을 동바리가 지지하는 방식이다.
2) 하천 유수의 영향이 적으며 지반의 침하가 없는 양호한 지반에 적용된다.

(2) 비계를 이용하지 않는 공법
① 브라켓(Bracket)가설공법
손펴기(인출) 공법으로 가설용 트러스거더(Truss girder)를 달아서 보를 조립하여 인출하는 공법
② 캔틸레버식(Cantilever)공법
이동식 크레인에 의하여 캔틸레버식으로 조립해 나가는 방식으로 계곡이나 하천 또는 교통량이 많은 경우 가설공법으로 적합하다.
③ 부선식(Pontoon)공법
가교 부근의 육상에서 전부 조립된 교량을 하천 내의 폰툰(pontoon)으로 지지하고 이동하여 가설하는 방법으로 유속이 작은 수상 가설에 적합하다.
④ 크레인식(Crane) 공법
크레인을 이용하여 교대나 교각 위에 교량을 가설하는 공법으로, 트럭 크레인, 크롤러(crawler) 크레인이 가장 많이 사용되며, 문형(門形) 크레인, 케이블 크레인 등도 있다.
⑤ 케이블식(Cable erection)공법
교량 양단에서 앵커로 케이블을 고정시킨 후 이것에 의해 지지하면서 교량 등을 가설하는 공법으로 깊은계곡, 하천의 수심이 깊고 유속이 빠른 곳에 적합하다.

8. P.S.C 교량 가설공법

(1) 교량 가설공법의 종류에는 현장타설 공법과 Precast 부재의 조립에 의한 방법으로 시공방법을 구분
(2) 현장타설 방법은 거푸집 및 동바리를 설치하여 콘크리트를 타설하는 방법이며, 프리캐스트 공법은 제작장에서 프리캐스트를 제작하여 현장으로 운반하여 가설하는 방법이다.
(3) P.S.C 교량 가설공법 분류
① 현장타설공법
1) F.C.M (Free Cantilever Method) : 외팔보공법
2) I.L.M (Incremental Launching Method) : 압출공법
3) M.S.S (Movable Scaffolding System) : 이동식 지보공법
4) F.S.M (Full staging Method) : 동바리 공법
② Precast Segment 방식
1) S.B.S (Span by Span Method)
2) P.F.C.M (Precast Free Cantilever Method)

3) F.S.L.M (Full Span Launching Method)

(4) 현장타설 PSC 교량 가설공법
① I.L.M (Incremental Launching Method) : 압출공법
1) 작업장 (Launching Mould)에서 일정길이로 1 Segment 씩 제작한 다음 압출장치를 써서 교량의 종방향으로 압출시키는 방법으로 직선 또는 일정 곡률반경의 교량 시공이 가능하다.
2) Nose(추진코) 역할은 교각 통과중에 전도 및 휨moment 발생을 방지 및 종단 선형을 유도한다.

■□ I.L.M 공법

② M.S.S (Movable Scaffolding System) : 이동식 지보공법
1) 교각위에 브라켓트를 설치하여 Main Girder와 특수 제작된 거푸집이 교각과 교각 사이를 이동지보하며 슬래브 콘크리트 타설 후 Prestressing 도입하는 공법이다.
2) 유압잭으로 전, 후진 구동이 가능하며 Main girder 및 foam work를 상하좌우로 조절 가능한 기계화된 교량 가설공법이다.

■□ M.S.S 공법

③ F.C.M (Free Cantilever Method) : 외팔보공법
1) 기시공된 교각을 중심으로 좌우평형을 유지하며 순차적으로 이동식 작업차를 이용하여 Segment 제작하면서 상부구조 시공해 나가는 공법으로 캔틸레버식 가설공법이라고 한다.(Dywidag)
2) 동바리가 불필요하며 이동식 작업차에서 공사를 시행하므로 전천후 시공이 가능하다.

■□ F.C.M 공법

④ F.S.M (Full Staging Method) : 동바리 공법
 1) PC박스 거더교의 현장타설에 의한 가설공법으로써, 콘크리트를 타설하는 경간 전체에 동바리를 설치하여 타설된 콘크리트가 소정의 강도에 도달할 때까지 콘크리트의 자중 및 거푸집, 작업대 등의 중량을 일시적으로 동바리가 지지하는 방식
 2) 시공장비의 비용이 저렴하고 비교적 간편해서 교각이 낮고 지간이 짧은 소교량에 적합하다.

 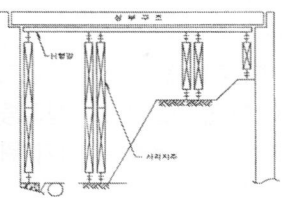

□ F.S.M 공법

2-5 주요핵심문제
교량공

01 교량구조 중 좌우의 주형을 연결하여 구조물의 횡방향 지지 및 강성을 확보, 횡하중의 받침부로 원활한 하중 전달을 하기 위해 설치된 구조는 무엇인가?
[06.10 · 12.13.14 기사]
① 브레이싱 ② 교대
③ 바닥틀 ④ 구체

해설
브레이싱(bracing)
교량의 좌우 주형을 연결하여 구조물의 횡방향지지, 교량단면 형상유지, 강성의 확보, 횡방향 하중을 받침부로 전달하는 역할을 하는 구조체이다.

02 교대에서 날개벽(Wing)의 역할로 가장 적당한 것은? [04.06.12.18 기사]
① 배면(背面)토사를 보호하고 교대 부근의 세굴을 방지한다.
② 교대의 하중을 부담한다.
③ 유량을 경감하여 토사의 퇴적을 촉진시켜 교대의 보호.
④ 교량의 상부구조를 지지한다.

해설
교대의 날개벽은 교대 배면토의 보호 및 세굴을 방지하는 역할을 한다.

03 교량의 가설공법 중 비계를 사용하는 공법이 아닌 것은? [07.08.09.10.13.18.20 기사]
① 새들 공법
② 벤트식 공법
③ 이렉션 트러스 공법
④ 캔틸레버식 공법

해설
교량가설 공법
1) 비계를 사용하는 공법
 · 새들(saddle) 공법
 · 벤트(bent) 공법
 · 이렉션트러스(election truss) 공법
 · 스테이징 벤트(staging bent) 공법
2) 비계를 사용하지 않는 공법
 · ILM 공법
 · 캔틸레버식 공법(FCM 공법)
 · 케이블 공법

04 PSC 교량가설 공법과 시공상의 특징이 적절하지 않은 것은?
[02.04 · 05.07.08.10.11.12.16 기사]
① 연속압출 공법(ILM) : 시공부위의 모멘트 감소를 위해 steel nose(추진코)사용
② 동바리 공법(FSM) : 콘크리트 치기를 하는 경간에 동바리를 설치하여 자중등의 하중을 일시적으로 동바리가 지지하는 방식
③ 캔틸레버 공법(FCM) : 교량 외부의 제작장에서 일정 길이만큼 제작 후 연결시공
④ 이동식 비계 공법(MSS) : 교각 위에 브래킷 설치 후 그 위를 이동하며 콘크리트 타설

해설
현장타설 PSC 교량 가설공법
1) I.L.M (Incremental Launching Method)
 : 압출공법
 ① 작업장 (Launching Mould)에서 일정길이로 1 Segment 씩 제작한 다음 압출장치를 써서 교량의 종방향으로 압출시키는 방법으로 직선 또는 일정 곡률반경의 교량 시공이 가능하다.

정답 01 ① 02 ③ 03 ④ 04 ③

② Nose(추진코) 역할은 교각 통과중에 전도 및 휨 moment 발생을 방지 및 종단 선형을 유도 한다.
2) M.S.S (Movable Scaffolding System)
 : 이동식 지보공법
 ① 교각위에 브라켓트를 설치하여 Main Girder와 특수 제작된 거푸집이 교각과 교각사이를 이동지보하며 슬래브 콘크리트 타설 후 Prestressing 도입하는 공법이다.
 ② 유압잭으로 전, 후진 구동이 가능하며 Main girder 및 foam work를 상하좌우로 조절 가능한 기계화된 교량 가설공법이다.
3) F.C.M (Free Cantilever Method)
 : 외팔보공법
 ① 기시공된 교각을 중심으로 좌우평형을 유지하며 순차적으로 이동식 작업차를 이용하여 Segment 제작하면서 상부구조 시공해 나가는 공법으로 캔틸레버식 가설 공법이라고 한다.(Dywidag)
 ② 동바리가 불필요하며 이동식 작업차에서 공사를 시행하므로 전천후 시공이 가능하다.
4) F.S.M (Full Staging Method) : 동바리 공법
 ① PC박스 거더교의 현장타설에 의한 가설공법으로써, 콘크리트를 타설하는 경간전체에 동바리를 설치하여 타설된 콘크리트가 소정의 강도에 도달할 때까지 콘크리트의 자중 및 거푸집, 작업대 등의 중량을 일시적으로 동바리가 지지하는 방식
 ② 시공장비의 비용이 저렴하고 비교적 간편해서 교각이 낮고 지간이 짧은 소교량에 적합하다.

05 교량 가설의 선정 위치로 적절하지 않은 곳은? (00.06.10.13 기사)
① 하천과 양안의 지질이 양호한곳
② 하폭이 넓을 때에는 굴곡부인 곳일 것
③ 교각의 축방향이 유수의 방향과 평행하게 되는 곳일 것
④ 하천과 유수가 안정한 곳일 것

해설
하상의 변동이 있는 곳이나 굴곡부는 위치를 피한다.

06 교대의 명칭 중 구체(main body)를 가장 적절하게 설명한 것은? (10.15 기사)
① 교량의 일단을 지지하는 것
② 축제의 상부를 지지하여 흙이 교좌에서 무너지는 것을 막는 것
③ 상부구조에서 오는 전하중을 기초에 전달하고 배후 구조에 저항하는 것
④ 하중을 기초 지반에 넓게 분포시켜 교대의 안정을 도모하는 것

해설
교량 양단에 설치되는 구조물로서 교대배면의 토압과 상부구조로부터 오는 연직 및 수평하중을 지반에 전달한다.

정답 05 ② 06 ②

2-6 도로공

1. 아스팔트 콘크리트 포장

(1) 아스팔트 콘크리트 포장 개요

아스팔트 포장은 교통하중을 하부층으로 넓게 분산 시켜 최소의 하중을 노상이 지지하도록 하는 구조로서 가요성 포장의 일종으로 노반의 지지력이 부족한 경우 아스팔트 포장에서 거북이등 모양의 균열(Alligator cracking)이 발생한다.

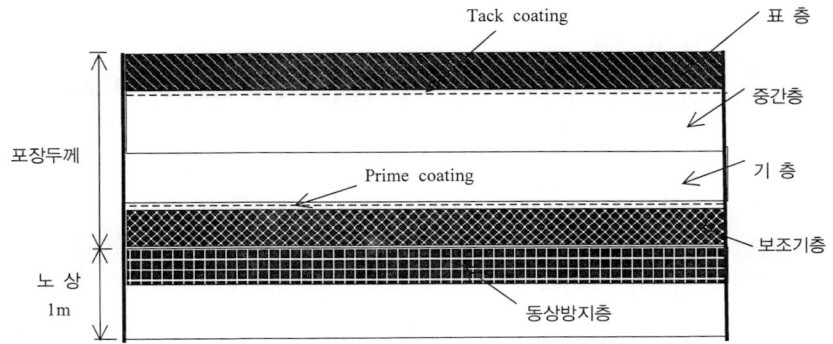

(2) 아스팔트 콘크리트 포장의 구조

① 노 상
1) 포장의 두께를 결정하는 기초부분으로 포장아래 1m 정도의 층을 말한다.
2) 다짐도는 최대건조밀도의 95% 이상

② 보조기층
상부하중을 노상으로 전달하는 층으로서 상부 윤하중을 고르게 분포시키는 역할을 하는 층이다.

③ 기 층
1) 표층하중을 분산시켜 보조기층에 전달하며 교통하중에 의한 전단에 저항하는 역할을 하는 층이다.
2) 가열혼합식에 의한 아스팔트 안정 처리 기층을 블랙베이스(black base)라고 하며, 기층을 시멘트 콘크리트 슬래브로 하는 경우는 화이트베이스(white base)라고 한다.

④ 프라임 코트(Prime coat)
1) 보조기층 또는 기층 등에 침투시켜 이들 층의 방수성을 확보한다.
2) 보조기층 에서 모세관 현상에 의해 올라오는 물의 상승을 차단한다.
3) 보조기층과 기층 아스팔트 혼합물과의 부착이 잘되도록 살포하는 역청재료이다.

⑤ 중간층
1) 중간층은 표층과 기층 사이에 두어 상부하중의 역학적 완충 역할을 한다.

2) 표층에서 전달되는 하중을 분산시켜 기층에 전달하며, 기층요철을 수정하여 표층의 평탄성 유지 하는 층이다.

⑥ 택코트(Tack coat)

아스팔트 중간층 또는 기층위에 표층과의 부착을 좋게하기 위하여 컷백 아스팔트, 아스팔트 유제, 스트레이트 아스팔트 등을 소량 균일하게 살포하여 시공하는 역청재료이다.(중간층이 없는 경우 기층에 포설)

⑦ 표 층

포장의 최상부층으로 가열 아스팔트 혼합물로 만들어 지며, 교통하중에 의한 전단저항성, 방수성, 불투수성, 미끄럼에 대한 저항성 등을 갖추어야한다.

(3) 아스팔트 시험포장

① 본선 포장에 앞서서 포설장비의 선정, 시공방법의 개선, 다짐도 및 평탄성에 대한 문제점을 사전에 도출하여,

② 본선 포장 시공시 기준을 정함으로써 우수한 포장 시공이 되도록 하는데 있다.

③ 시험 포장 위치의 선정

1) 직선 구간 : 종단구배 심하지 않은 곳

2) 시공 연장 : 180m

3) 다짐 장비

    가. 1차 : Macadam

    나. 2차 : Tire Roller

    다. 3차 : Tandem Roller

④ 시험포장 결과로부터 결정사항

1) 혼합물의 현장 배합입도 및 아스팔트 함량 결정

2) 플랜트에서의 작업표준 및 관리목표 설정

3) 시공관리의 목표설정

    가. 포설온도

    나. 다짐순서와 횟수

    다. 다짐속도

(4) 포장두께의 결정

① 포장두께 결정을 위한 지지력 시험

1) 평판재하시험(P.B.T)

현장에 재하판을 설치하여 연직하중을 단계적으로 재하판에 가하여 하중-침하량을 실측하여 지반의 지지력을 측정할 수 있다.

2) 노상 지지력비 시험(C.B.R)

가. 다짐에너지를 변화시켜서 다진 공시체를 수침한 후의 50mm 강봉을 관입 하였을 때 표준단위하중에 대한 시험단위 하중의 비를 CBR이라하며 단위는 %

로 나타냄
나. 캘리포니아 쇄석을 100으로 기준한다.
3) 마아샬 시험
가. 아스팔트 혼합물의 안정도 시험의 하나이다.
나. 원판형의 공시체를 세로로 세워 1분간 50㎜(2in)의 일정 속도로 가압하여 피시험체가 파괴할 때까지 나타난 최대 하중(마샬 안정도)과 그것에 대응하는 변형량(플로값)을 측정한다.

② 포장두께 결정
1) 아스팔트 포장의 구조는 층으로 구성되므로 층별개념에 의하여 노반의 포장두께지수(SN)을 산정하고 같은방법으로 각층에 적용할 상대강도를 이용하여 보조기층, 표층에 필요한 SN치를 계산하여 SN치의 차에 따라 각 층의 두께를 산정한다.
2) 포장두께지수(SN)
$$SN = \alpha_1 D_1 M_1 + \alpha_2 D_2 M_2 + \cdots$$
여기서, α : 각 층의 상대강도계수
D : 각 층의 두께
M : 각 층의 배수계수
3) 포장두께지수 결정 요소
가. 교통조건
나. 신뢰도 및 표준편차
다. 설계 서비스 지수 손실량
라. 유효 노상 회복 탄성계수

(5) 소성변형(Rutting) 방지대책
① 아스팔트 포장에 가장 크게 만연하고 있는 손상형태는 소성변형이 있다.
② 도로 주행 중에 노면의 한 개소를 차량이 집중 통과하여 표면의 재료가 마모되고 유동을 일으켜서 노면이 얕게 패인 자국을 소성변형(Rutting)이라고 한다.
③ 여름철 고온시 중차량이 많이 다니고, 정체가 심한 도로에서 횡방향 밀림현상에 의해서 발생한 요철로서 대형 교통사고의 원인이 된다.
④ 소성변형의 발생원인
1) 내적원인
가. Asphalt함량이 과다한 경우
나. 골재의 최대치수가 적은경우
다. 침입도가 큰 아스팔트 사용
라. 시공불량 : 다짐불량, 온도관리 불량 등
2) 외적요인
가. 외기온도
나. 교통하중

다. 정체상태
라. 교차로 및 급커브구간
마. 대형차 통행과다

⑤ 소성변형 방지대책
1) 편장석이 많은 골재 사용 시 소성변형의 원인이 되므로 편평 및 세장편 20%이하로 하며 굵은 골재의 최대치수 가급적 크게할 것(19mm)
2) 침입도 60~80을 65정도의 낮은 침입도로 조정
3) 아스팔트 사용량을 가급적 적게 할 것(최적 아스팔트 함유량)
4) 혼합물 온도관리 및 다짐시공을 철저히 할 것

(6) 보수공법 선정기준
① 보수공법 선정기준(포장 노면의 평가방법)
1) PSI(Present Serviceability Index, 공용성지수)
가. 아스팔트 포장 조사 후 노면을 종합적으로 평가하여 계획적으로 유지보수를 실시하기 위해 만든 지수를 공용성 지수라 한다.
나. 공용성 지수는 미국 AASHTO 도로 시험결과로 만들어졌으며 포장의 균열과 평탄성을 중요시 한다.
2) MCI(Maintenance Control Index, 유지관리지수)
가. 아스팔트 포장 조사 후 노면을 종합적으로 평가하여 계획적으로 유지보수를 실시하기 위해 만든 지수를 유지관리지수라 한다.
나. 유지관리 지수는 일본에서 도로 시험결과로 만들어졌으며 포장의 균열과 소성변형을 중요시 한다.

② 유지보수공법
1) Patching
가. Pot-hole 단차 등 파손을 포장재료로 채워서 보수하는 공법
나. 파손면적이 10m^{2}이하
2) Milling(절삭공법)
가. 소성변형에 의한 요철을 절삭하는 공법
나. 평탄성, 미끄럼저항성을 회복
3) 표층재생공법
가. Repave : 기존표층의 주행성만 개선하는것으로 기존표층 + 재생용 첨가제
나. Remix : 기존혼합물의 입도,AP량, 침입도등 종합적으로 품질개선
　　　　　　기존표층혼합물 + 재생용 첨가제 + 신재아스팔트
다. Reform : 신재혼합물 미사용
4) 표면처리 : 기존포장에 2.5cm 이하로 Overlay 하는것.
가. Seal coat
표층위에 역청재료 살포하고 그위에 부순돌이나, 모래를 덮어서 만든 표층처

리으로 포장면의 내구성, 수밀성, 미끄럼저항성 향상
　나. Armor coat
　　실코우트를 몇 차례(2~3회) 중복하여 시공하는 공법.
　다. Carpet coat
　　아스팔트 혼합물을 2.5cm 이하로 얇게 포설하여 다짐
　라. Fog seal
　　묽은 유화 아스팔트를 얇게 포설해서 균열, 표면공극을 채우는 공법
　마. Slurry seal
　　세골재, 필러, 아스팔트 유제에 적당량의 물을 첨가해서 혼합한 Slurry를 포장면에 얇게 깔아 미끄럼방지와 균열발생 구간을 표면처리
5) Flush
　가. 표층 아스팔트분이 표층표면으로 아스팔트가 올라오는 현상
　나. 표층표면에 건조쇄석을 살포하여 다짐
6) 전면 재포장
　가. 파손정도가 심한경우 시행하는 보수공법
　나. 보조기층 또는 기층의 일부까지 재시공
7) 부분 재포장
　가. 파손정도가 $10m^2$이상인 경우
　나. 표층부분까지 부분적 재포장 시공
8) Over lay
　노면 파손이 진행된 아스팔트 포장위에 보통 5cm 이상의 두께로 아스팔트혼합물을 포설하는 공법

(7) 포장의 반사균열 (Reflection Crack)
　① 반사균열이란 기존 콘크리트 포장면 새로운 아스팔트 혼합물로 덧씌우기 할 경우하부의 기 시공된 상태의 균열이 상층으로 반사되어 발생하는 균열을 말한다.
　② 노면반사균열 (Reflection Crack)

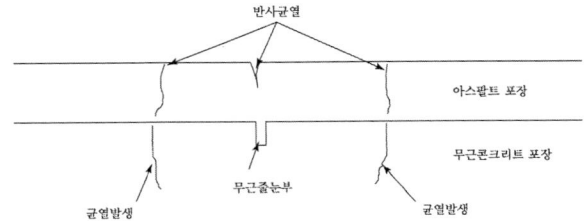

(8) SMA(Stone Mastic Asphalt)
　① 소성변형의 억제방법 중 하나로 기존의 밀입도 아스팔트 혼합물 대신 상대적으로 큰 입경의 골재를 이용하는 아스팔트 포장 방법이다.

② 아스팔트 바인더 자체의 물성변화에 따른 혼합물의 개념보다는 골재의 맞물림 특성을 최대로 하고 아스팔트는 가능한 많이 함유케 하여 기존의 밀입도 아스팔트 혼합물의 단점을 보안한 개념의 혼합물

③ 많은 양의 아스팔트를 함유하여 골재의 피복 두께를 두껍게하여 골재의 탈리, 균열, 노화를 방지하며 또한 아스팔트의 유동성에 저항하기 위해 셀룰로오스 화이바 섬유를 첨가하여 인장에 대한 저항력을 증가시킴.

(9) 구스 아스팔트(Guss Asphalt)
① 구스아스팔트 혼합물은 석유아스팔트에 천연아스팔트의 일종인 트리니데드 레이크(Trinidad Lake) 아스팔트 배합해서 작업성(유동성)과 안정성이 얻어지도록(cooker 안에서) 고온(200 - 260℃)으로 교반, 혼합한 것이다.
② 휨 저항성 및 내구성이 뛰어나 강상판 교량의 포장에 주로 사용되는 특수포장의 일종으로 장비에 의한 다짐을 실시하지 않는다.

(10) 포장 평탄성지수(Pri)
① 평탄성 지수란 도로의 완성된 포장면에 대한 평탄성을 측정하는 방법으로 Profilometer 또는 APL에 의하여 요철정도를 측정하여 평탄성을 관리하는 것으로 총 측정거리에 대한 규정치를 벗어난 수직 측정의 비를 Pri 라 한다.
② Pri 측정 방법 및 측정위치도

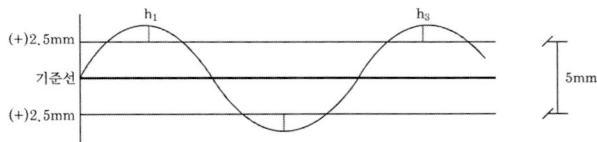

1) 중심선 설정
2) Blanking Band
3) Pri 계산 : $Pri = \dfrac{\Sigma(h_1, h_2 \cdots h_n)}{총\ 측정거리}$ (cm/km)
4) 평탄성 시험기구
   가. 시험기구 : 7.6m Profilometer, 3m 직선자
   나. 시험기구 검정 : 7.6m(1회이상/1개월), 직선자(측정전)
   다. 포장의 요철정도 평탄성을 측정하기 위한 장비로 7.6m Profilometer 사용

(11) Proof Rolling
① 노상이나 보조기층의 다짐이 부족하거나 불량부위를 발견하기 위해서 Dumptruck 또는 타이어 roller를 사용하여 확인이 필요한 전구간에 3회이상 주행시켜서 변형량 등을 검사하는 것
② Proof Rolling 시험의 목적

1) 불량부위를 발견하여 검사다짐
2) 침하 및 변형 방지를 위한 추가다짐
3) 다짐의 균질성 확인

(12) 배수성 포장(에코팔트)
① 하부층이 불투수층으로 빗물등이 포장내부에 정체되지 않는 구조
② 공극률이 20% 정도의 공극을 갖는 아스팔트 포장으로 우천시 공극을 통해 빗물을 배수하는 방식의 포장방식으로 배수의 기능과 저소음 포장으로서의 역할을 할 수 있는 기능성 포장으로 그 사용이 점차 증가하고 있다.
③ 특징으로는 미끄럼 저항성이 우수하고, 소음감소, 포장의 내구성 향상, 우수의 침투에 효과적이다.

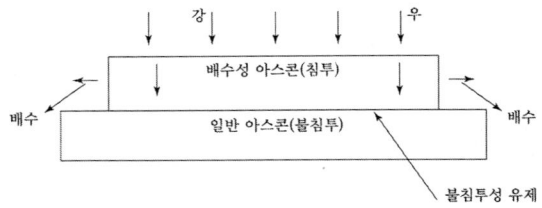

(13) 아스팔트 포장공사 장비
① 생 산
1) 장 비 : Asphalt Mixing Plant 사용
2) 혼합온도 확인 : 145℃~170℃
② 운 반
1) 운반차 : D/T
2) 운반차의 적재함 청소
③ 포 설
1) Asphalt distributor
가. 노상에 아스팔트 유제를 살포하는 장비로 가열아스팔트 혼합물과 상면의 결합력 증대
나. 살포면적이 넓은 경우 침투식공법, 표면처리공법 등으로 포설
2) Asphalt sprayer
가. 아스팔트 유제를 노상에 수동으로 살포하는 장비
나. 주로 아스팔트 보수용으로 사용
3) Asphalt finisher
가. 아스팔트 혼합물을 포설하는 장비
나. 주행장치에 따라 Crawler type과 Tire type으로 나뉘어짐
4) 다 짐

1차다짐(압착)	2차다짐(밀착)	마무리다짐
-고온에서 가벼운 롤러다짐 -다짐온도 : 120℃~140℃ -헤어크랙 방지 -장비 : Macadam Roller	-다짐온도 : 100℃~120℃ -골재 Interlocking 확보 -장비 : Tire Roller	-다짐온도 : 70℃~90℃ -Tire Roller 자국제거, 평탄성 확보 -장비 : Tandem Roller

5) 유지보수

히터 플레이너 장비는 아스팔트 포장의 유지 보수용으로 주로 요철이 발생한 아스팔트 노면을 평탄하게 하기 위해서 사용되는 기계

2. 시멘트 콘크리트 포장

(1) 시멘트 콘크리트 포장 개요

① 무근 콘크리트 포장은 콘크리트 포장에 줄눈을 시공해서 구조적 균열을 방지한 포장이다.

② 콘크리트 포장은 교통하중의 대다수 하중을 콘크리트 슬래브에서 지지하도록 하는 구조로서 강성포장의 일종이다.

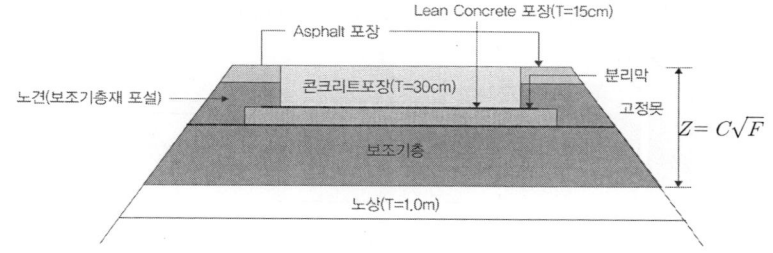

(2) 시멘트 콘크리트 포장의 구조

① 노 상

포장의 두께를 결정할 때 기초가 되는 흙의 부분으로 포장아래 1m 이상 토공으로 포설되는 구간

② 보조기층

콘크리트 슬래브를 지지하는 층으로 균등하고 충분한 지지력을 가져야 한다.

③ 분리막

콘크리트 슬래브 바닥면 마찰저항 감소, 포설진행 방향으로 폴리에틸렌 필름을 30cm 겹이음으로 시공한다.

④ 콘크리트 슬래브

콘크리트 슬래브 자체가 상부하중에 의한 응력을 휨 저항으로 지지한다.

(3) 시멘트 콘크리트 시험포장

① 본 포장 시공에 앞서 제반 장비의 성능, 본 포장 시공시 문제점 등을 검토분석하여 사전에 대책을 강구함으로서 본포장 시공의 기준을 수립하여 우수한 본포장 시공이

이루어 질수 있도록 하고자함.
② 포장 7일전 시험포장계획서를 작성한 후 발주처 승인 득한 후 시험 포장 시공
③ 위치 선정
　1) 중간 선정 및 평면선정이 양호한 직선구간 선정
　2) 시공연장 : 2차선 동시 포설 180m 이상

(4) 무근 콘크리트 포장 파손형태
① 시멘트 콘크리트 포장의 파손은 대부분 균열 및 줄눈시공 불량에 따른 원인이 크며, 포장의 파손을 방지하기 위해서는 줄눈 시공을 잘해야 한다.
② 세로줄눈은 그 간격을 4.5m이하, 가로수축줄눈은 6.0m이하, 가로팽창줄눈은 보통 60~480m 간격으로 설치
③ 파손형태에 따른 파손원인 및 대책
　1) 가로 균열 및 세로균열
　　가. 원 인 : 온도응력, 줄눈 간격 및 절단시기 및 cutting 깊이 부적절 다웰바 시공불량
　　나. 대 책 : 적절한 줄눈 절단시기 선택과 cutting 깊이준수, 다웰바 시공 정확히 제작설치

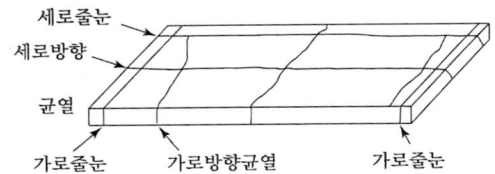

　2) 우각부 균열
　　가. 원 인 : 토공 시공불량, 콘크리트 배합불량, 우각부 다짐불량
　　나. 대 책 : 우각부 다짐철저, 노상층 다짐시공 철저

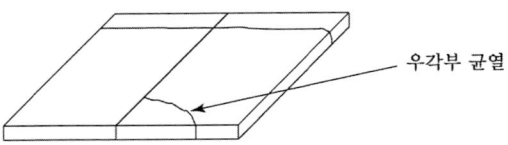

　3) 프라스틱 균열
　　가. 원 인 : 직사광선, 바람, 온도상승(블리딩 속도 < 수분증발속도)
　　나. 대 책 : 초기양생 및 후기양생 시행
　4) Ravelling
　　가. 원 인 : 줄눈 성형 및 절단시기 너무 빠른 경우
　　나. 대 책 : 줄눈절단 시기 적절히 선택 및 1차 절단 후 2차 절단 직전 또는 줄눈재 주입전까지 이물질 침투방지
　5) Spalling
　　가. 원 인 : 줄눈내부에 비압축성 재료의 침투로 인한 콘크리트 수, 팽창 방해 및

하중 전달장치의 불량

나. 대 책 : 줄눈내 미립자 침투방지 대책 강구

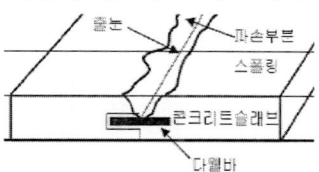

6) Blow Up

가. 원 인 : 슬래브의 줄눈 또는 균열 부근에서 습도나 온도가 높을 때 이물질 때문에 열팽창을 유지하지 못해 발생하는 일종의 좌굴현상

나. 대 책 : 줄눈부 이물질 제거 및 팽창줄눈 추가 설치

7) Pumping

가. 원 인 : 교통하중 반복에 따른 휨하중에 의해서 슬래브의 침하로 노상, 보조 기층내로 우수침투 발생되면서 슬래브 내부에 흙이 이토화되어서 줄눈사이로 물과 함께 토사가 뿜어져 나오는 현상

나. 대 책 : 하부 배수시설 시공 및 줄눈부 주입제 시공

(5) 분리막의 역할(CCP:시멘트 콘크리트 포장)
① 콘크리트 포장의 분리막은 콘크리트 포장 슬래브가 온도, 습도변화에 따른 2차응력을 줄눈부로 집중시켜서 슬래브와 보조기층 사이에 마찰저항을 감소시키기 위해서 설치하는 얇은 막
② 분리막의 품질은 폴리에틸렌 필름을 기준으로 두께 0.08mm이상을 사용한다.

(6) 타이바(Tie Bar)와 다웰바(Dowel Bar)
① 다웰바는 콘크리트 포장의 가로줄눈부에 설치하는 하중 전달장치로서 슬립바(Slip Bar)라고도함.
② 타이바는 하중전달 기능이 아니라 인접 슬래브면을 견고하게 연결시켜 노상면상의 측방향으로 밀려남을 방지하는 목적으로 사용하는 것으로 맹줄눈, 맞댄줄눈, 교합줄눈 등을 횡단하는 콘크리트 슬래브에 삽입한 이형강봉으로 줄눈이 벌어지거나 층이 지는 것을 막는 작용을 한다.

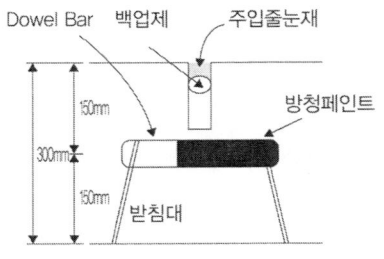 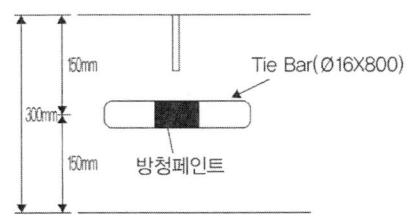

(7) 시멘트 콘크리트 포장 공법 비교

① 시멘트 콘크리트 포장 공법 비교

구 분	JCP(무근 콘크리트 포장)	CRCP(연속철근 콘크리트 포장)
구조특성	- 콘크리트 슬래브 자체로 교통하중에 대하여 저항하는 방식 - 가로수축줄눈 : 6m 간격 - 세로수축줄눈 : 4.5m간격으로 설치 - 다웰바를 통한 인접 슬래브간 하중 전달	- 콘크리트 슬래브 자체로 교통 하중에 대하여 저항하는 방식 - 슬래브 발생 균열을 철근으로 억제 - 팽창줄눈은 설치하되 수축줄눈은 설치하지 않음

② 무근콘크리트 포장(JCP)과 연속철근콘크리트 포장 차이점(CRCP)

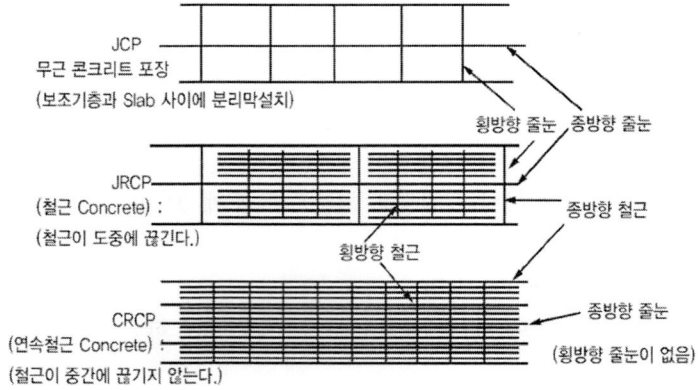

3. 아스팔트 및 콘크리트 포장 공법 비교

(1) 아스팔트 포장은 교통하중을 하부층으로 넓게 분산 시켜 최소의 하중을 노상이 지지하도록 하는 구조로서 가요성 포장의 일종이다.

(2) 콘크리트 포장은 교통하중의 대다수 하중을 콘크리트 슬래브에서 지지하도록 하는 구조로서 강성포장의 일종임.

(3) 아스팔트 포장과 콘크리트 포장 형식 비교

구 분	아스팔트 포장	시멘트 콘크리트 포장
단 면	표층 / 기층 / 보조기층	콘크리트 슬래브 / 보조기층(린 콘크리트) / 보조기층(입상재료)

(4) 포장 형식별 특징 비교

구 분	아스팔트 포장	시멘트 콘크리트 포장(JCP)
시공성	즉시 교통 소통 가능	양생후 교통 소통
내구성	불리(rutting)	유리
경제성	유지관리비 과다	초기 투자비 과다
평탄성	평탄한 구조	다소 평탄한 구조
주행성	유리	불리
소 음	적음	많음
시공실적	실적 많음	실적 적음

2-6 주요핵심문제
도로공

01 다음은 아스팔트 포장의 단면도이다. 상단부터(A~E) 차례로 옳게 기술한 것은?
[00.02.07.10.13.16 기사]

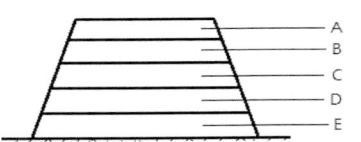

① 차단층, 중간층, 표층, 기층, 보조기층
② 표층, 기층, 중간층, 보조기분, 차단층
③ 표층, 중간층, 차단층, 기층, 보조기층
④ 표층, 중간층, 기층, 보조기층, 차단층

해설

표층 → 중간층 → 기층 → 보조
기층 → 차단층(동방층) → 노상

02 보조기층, 입도조정기층 등에 침투시켜 이들 층의 방수성을 높이고 그 위에 포설하는 아스팔트 혼합물과의 부착을 잘 되게 하기 위하여 보조기층 또는 기층 위에 역청재를 살포하는 것을 무엇이라 하는가?
[04.07.10.11.12.14 기사]

① 프라임 코트(prime coat)
② 택 코트(tack coat)
③ 실 코트(seal coat)
④ 패칭(patching)

해설

프라임 코팅에 대한 설명이다.

03 아스팔트 포장의 기층으로 사용하는 가열 혼합식에 의한 아스팔트 안정처리 기층을 무엇이라고 하는가? [02.09.12 기사]
① 보조기층 ② 블랙베이스
③ 입도조정층 ④ 화이트베이스

해설

블랙베이스(Black base)
아스팔트 안정처리 기층을 블랙베이스하고 한다.

04 AASHTO 콘크리트 포장 설계 시 설계입력 자료가 아닌 것은? [04·05 기사]
① 교통조건
② 신뢰도 및 표준편차
③ 설계서비스지수 손실량
④ 최적배합비

해설

AASHTO 콘크리트 포장 설계입력 자료
1) 교통조건
2) 신뢰도
3) 표준편차
4) 설계서비스 지수 손실량
5) 하중전달계수

05 AASHTO(1986) 설계법에 의해 아스팔트 포장의 설계 시 두께지수(SN ; Structure Number) 결정에 이용되지 않는 것은?
[04·08·11 기사]

① 각 층의 상대강도계수
② 각 층의 두께
③ 각 층의 배수계수
④ 각 층의 침입도 지수

정답 01 ④ 02 ① 03 ② 04 ④ 05 ④

해설

포장두께지수(SN)

$$SN = \alpha_1 D_1 + \alpha_2 D_2 m_2 + \alpha_3 D_3 m_3$$

여기서,
- $\alpha_1, \alpha_2, \alpha_3$: 표층, 기층, 보조기층 각각의 상대강도 계수
- D_1, D_2, D_3 : 표층, 기층, 보조기층 각각의 설계두께 (cm)

06 아스팔트 포장 노면에 대하여 측정기를 사용하여 조사한 후 조사구간 또는 노선별로 노면을 종합적으로 평가하여 시기는 놓치지 않고 계획적으로 유지, 보수를 실천하는 것은 매우 중요한 요소이다. 미국의 AASHTO 도로시험 결과로 만들어진 유지, 관리지수는 무엇인가? [02.05.08.11 기사]
① 공용성지수 ② 관리유지지수
③ 도로평가지수 ④ 변형특성지수

해설

보수공법 선정기준

1) PSI(Present Serviceability Index, 공용성지수)
   가. 아스팔트 포장 조사후 노면을 종합적으로 평가하여 계획적으로 유지보수를 실시하기 위해 만든 지수를 공용성 지수라 한다.
   나. 공용성 지수는 미국 AASHTO 도로 시험결과로 만들어졌으며 포장의 균열과 평탄성을 중요시 한다.

2) MCI(Maintenance Control Index, 유지관리지수)
   가. 아스팔트 포장 조사 후 노면을 종합적으로 평가하여 계획적으로 유지보수를 실시하기 위해 만든 지수를 유지관리지수라 한다.
   나. 유지관리 지수는 일본에서 도로 시험결과로 만들어졌으며 포장의 균열과 소성변형을 중요시 한다.

07 국내 도로 파손의 주요원인은 소성변형으로 전체 파손의 약 75% 정도를 차지하고 있다. 최근 이러한 소성변형의 억제 방법 중 하나로 기존의 밀입도 아스팔트 혼합물 대신 상대적으로 큰 입경의 골재를 이용한 아스팔트 포장 방법을 무엇이라 하는가? [05.08.16 기사]
① SBS ② SBR
③ SMA ④ SMR

해설

SMA(Stone Mastic Asphalt)

1) 소성변형의 억제방법 중 하나로 기존의 밀입도 아스팔트 혼합물 대신 상대적으로 큰 입경의 골재를 이용하는 아스팔트 포장 방법이다.
2) 아스팔트 바인더 자체의 물성변화에 따른 혼합물의 개념보다는 골재의 맞물림특성을 최대로 하고 아스팔트는 가능한 많이 함유케 하여 기존의 밀입도 아스팔트 혼합물의 단점을 보안한 개념의 혼합물

08 아스팔트 포장의 시공에 앞서 실시하는 시험포장의 결과로 얻어지는 사항과 관계가 없는 것은 어느 것인가? [00.01.03.10.13.16 기사]
① 혼합물의 현장배합 입도 및 아스팔트 함량의 결정
② 플랜트에서의 작업표준 및 관리목표의 설정
③ 시공관리 목표의 설정
④ 포장두께의 결정

해설

시험포장

1) 시험포장을 통해서 본포장의 기준 및 문제점에 대한 대책을 수립 할 수 있다.
2) 포장두께는 포장설계 단계에서 결정되어진다.

정답 06 ① 07 ③ 08 ④

09 콘크리트 포장에서 맹줄눈, 맞대줄눈, 교합줄눈 등을 횡단하여 콘크리트 슬래브에 삽입한 이형 봉강으로 줄눈이 벌어지거나 층이 지는 것을 막는 작용을 하는 것은?

[09·13 기사]

① 타이바 ② 슬립바
③ 루팅   ④ 컬러코트

해설

타이바는 하중전달 기능이 아니라 인접 슬래브면을 견고하게 연결시켜 노상면상의 측방향으로 밀려남을 방지하는 목적으로 사용하는 것으로 맹줄눈, 맞댄줄눈, 교합줄눈 등을 횡단하는 콘크리트 슬래브에 삽입한 이형강봉으로 줄눈이 벌어지거나 층이 지는 것을 막는 작용을 한다.

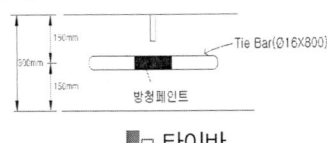

■□ 타이바

10 아스팔트 포장과 콘크리트 포장을 비교 설명한 것 중 아스팔트 포장의 특징이 아닌 것은? (06,08,09,11,12,13 기사)

① 양생기간이 거의 필요없다.
② 유지 수선이 콘크리트 포장보다 쉽다
③ 주행성이 콘크리트 포장보다 좋다.
④ 초기 공사비가 고가다.

해설

아스팔트포장과 콘크리트포장

구 분	아스팔트 포장	시멘트 콘크리트 포장(JCP)
시공성	즉시 교통 소통 가능	양생후 교통 소통
내구성	불리(rutting)	유리
경제성	유지관리비 과다	초기 투자비 과다
평탄성	평탄한 구조	다소 평탄한 구조
주행성	유리	불리
소 음	적음	많음
시공실적	실적 많음	실적 적음

11 정수의 값이 2, 동결지수가 400℃.day 일 때 데라다 공식을 이용하여 동결깊이를 구하면? (10,16 기사)

① 30cm   ② 40cm
③ 50cm   ④ 60cm

해설

$Z = C\sqrt{F} = 2\sqrt{400} = 40cm$

12 아스팔트 포장의 안정성 부족으로 인해 발생되는 대표적인 파손은 소성변형이다. 최근 우리나라 고속도로에서 이 소성변형이 크게 문제가 되고 있는데, 다음 중 그 원인이 아닌 것은? (10,13,15,17 기사)

① 여름철 고온현상
② 중차량 통행
③ 수막현상
④ 표시차선을 따라 차량이 일정 주행

해설

수막현상
비가 와서 물이 고여 있는 노면 위를 고속으로 달릴 때 타이어와 노면 사이에 물의 막이 생기는 현상으로 소성변형과는 상관이 없다.

13 아스팔트포장의 파손현상 중 차량하중에 의해 발생한 변형량의 일부가 회복되지 못하여 발생하는 영구변형으로 차량통과위치에 균일하게 발생하는 침하를 보이는 아스팔트포장의 대표적인 파손현상을 무엇이라 하는가? (13,16,18 기사)

① 피로균열
② 저온균열
③ 라벨링(Revelling)
④ 러팅(Rutting)

해설

러팅(소성변형)에 대한 설명이다.

14 아스팔트 콘크리트 포장의 소성변형(rutting)에 대한 설명 중 옳지 않은 것은?

(08.15 기사)

① 노면에 차량의 바퀴가 집중적으로 통과하여 움푹 파인 자국이다.
② 아스팔트의 양이 많거나 여름철 이상 고온 시 발생하기 쉽다.
③ 변형된 곳에 물이 고여 수막현상으로 주행에 위험을 초래할 수 있다.
④ 골재 입도의 최대 입경이 크거나 침입도가 적은 아스팔트를 사용하게 되면 발생한다.

> 해설

소성변형(rutting)을 줄이기 위해서는 아스팔트 함량을 줄이며, 굵은골재 최대치수는 가급적 크게, 침입도가 작은 AP를 사용하는 것이 필요하다.

정답 14 ④

2-7 발파 및 터널공

1. 발파의 기초
(1) 발파이론
① 자유면
1) 암석이 공기 또는 물과 접하고 있는 면
2) 자유면의 수가 많을수록 동일한 장약량으로 발파할 경우 파쇄효과가 좋아진다.
② 최소저항선(W)
폭약의 중심에서 자유면까지의 최단거리
③ 누두공
암반의 폭파로 생긴 원추형의 파쇄공
④ 누두반경(R)
누두공의 반경
⑤ 누두지수(n)
1) 누두공의 반경(R)과 최소저항선(W)의 비
2) $n = \dfrac{R}{W}$
  · 표준장약량 n = 1
  · 과장약량   n > 1
  · 약장약량   n < 1

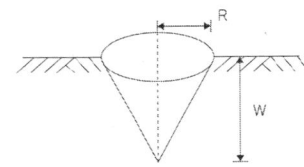

(2) 시험발파
① 본발파 앞서 발파방법과 사용장약량 등을 변화시키면서 발파하여 암석의 비산상태, 장약량에 대한 기준을 정하여 본발파의 우수한 폭파계수(C)를 정하며,
② 또한 방호시설 및 민원(소음, 진동, 비산)에 대한 대책을 수립하기 위해서 소음과 진동에 대한 계측을 실시하는 발파를 말한다.
③ 폭파(발파)계수 C = d · e · f · g
여기서 d : 전색계수, e : 폭약계수, f : 약량수정계수, g : 암석계수

(3) Hauser의 발파식
① Hauser실험식으로 자유면 발파에서는 표준발파의 장약량은 최소저항선의 세제곱에 비례함을 나타낸다.
② Hauser의 발파식

$$L = C \cdot W^3$$

여기서 L : 장약량(Kg), C : 폭파계수, W : 최소저항선(m)

2. 암석 천공방법

(1) 천공기의 종류 및 특성

① 점보드릴(Jumbo drill)

가. 여러개의 착암기를 싣고 동시에 상하 좌우로 천공작업이 가능한 장비이다.

나. NATM 터널 굴착 공법에서 터널 전단면 굴착에 가장 효율적인 작업을 수행할 수 있다.

② 크롤러 드릴(Crawler drill)

가. 트랙터 위에 드리프트를 설치한 것

나. 이동이 간편하고 모든방향으로 천공이 가능하다.

③ 레그드릴(Leg drill)

가. 실린더 속을 압축공기의 힘으로 왕복하는 피스톤 작용에 의해 천공하는 장비

나. 강력한 타격력과 회전력으로 천공능력이 우수하다.

(2) 천공방향에 따른 착암기

① 드리프터(drifter) : 수평방향 천공하는 착암기

② 스토퍼(stopper) : 상향으로 천공하는 착암기

③ 싱 커(sinker) : 하향으로 천공하는 착암기

(3) 천공작업

① 천공속도

$$V_t = \alpha \times (C_1 \times C_2) \times V$$

여기서, V_t : 천공속도(cm/min)

α : 천공시간 중에서 순천공시간 비율

V : 표준암을 천공하는 속도(cm/min)

C_1 : 표준암(화강암)에 대한 대상암의 저항력 계수

C_2 : 암석에 따른 계수

② 천공시간

$$t = \frac{천공장(L)}{천공속도(V_t)}$$

(4) 암석 굴착 방법

① 심빼기공

1) 암반이 공기와 같은 외부에 노출된 면을 자유면이라 하는데, 발파효과는 자유면의

개수에 따라 크게 달라진다.
2) 인위적으로 자유면을 형성시키기 위한 심빼기발파는 터널발파의 성패를 좌우할 정도로 중요한 발파 작업이다.
3) 심빼기 발파 공법
   가. 스윙 컷(Swing cut)
      수직갱의 바닥에 물이 많이 고여있는 경우 우선 밑면의 반만 발파를 하고 물이 발파한 곳으로 모이고 나면 물이 없는 나머지 부분을 발파하는 방법으로 수직갱도 밑에 물이 많이 고였을 때 유리한 공법이다.
   나. V-cut(wedge cut)
      터널의 경사천공법 중에서 가장 일반적인 심빼기 발파 공법으로 V자형으로 천공하는 방법이다.
   다. 피라미드 컷(Pyramid Cut)
      이 공법은 3~4대의 천공기로 심빼기 구멍이 한 점에서 만나도록 천공되며, 주로 굴착에 사용
   라. 번 컷(Burn-cut)
      Jumbo Drill 로 $\phi 102mm$ 대구경의 무장약공을 1~3공을 천공하고 무장약공을 자유면으로 하여 나머지 공을 평행하게 천공하여 일정한 시차로 발파시키는 공법으로 버럭의 비산거리가 짧고 좁은 도갱에서 장공(긴구멍) 발파에 유리하다.

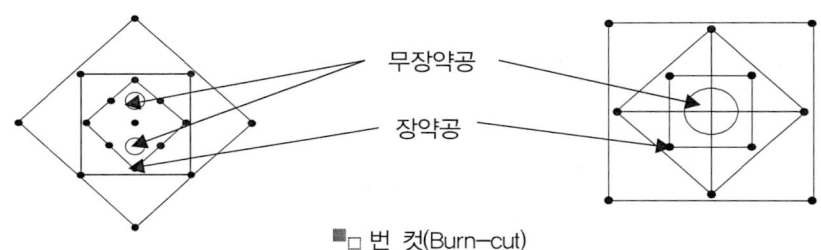

■□ 번 컷(Burn-cut)

   마. 집중식 No Cut
      굴착면에서 평행 천공하여 장약량을 집중시키고 순발뇌관으로 폭파하는 공법으로 천공간격은 10~15cm 정도를 유지한다.
② 조절 폭파 공법(Controlled blasting)
   1) 제어발파 공법이란 공 내의 폭약의 폭발에 의해 발생되는 공벽내 압력을 완화시켜 폭파에너지를 제어함으로서 지반 손상을 억제하고 평활한 굴착면을 얻어 여굴(餘掘)을 줄이기 위한 발파공법
   2) 조절(제어)발파의 종류
      가. 라인 드릴링(Line Drilling)공법
         • 목적하는 파단선을 따라서 좁은간격으로 천공하고 제 1열은 자유면으로 무

장약으로 하고 나머지열은 장약하는 공법으로 제1열은 여굴을 최소화하고 진동을 차단하는 역할
- 주로 노천 발파에 이용하며 경암굴착에 유리하다.

나. 프리 스프리팅(Pre-Splitting)공법
- 제 1열 공속에 폭약 50%를 장전하여 다른 공보다 먼저 발파를 시켜서 예정 파단선을 미리 만들고 다른공을 발파하여 파괴가 제 1열 파단선을 넘지 않도록 하는 제어발파
- 진동, 파괴 등의 영향을 최소화 하고 여굴을 방지하는 공법으로 사면 절취에 효과적

다. 쿠션 블라스팅(Cushion Blasting)공법
- 제1열은 분산장약(공기층 및 저폭속폭약 사용)을 천공경보다 작은 폭약 장전하여 Decoupling 지수를 높임으로써 발파의 위력을 감소시키는 제어발파 공법
- 주로 노천 발파에 사용

라. 스무스 블라스팅(Smooth Blasting)
- 터널 단면의 최 외각부의 발파공에 주로 사용하며 여굴을 최소화하기 위해서 Line Drilling 하거나 큰 천공경에 작은 약포경을 사용하여 Decoupling 지수를 높이면서 정밀화약(FINEX)을 사용하는 발파공법으로 여굴감소, 복공 콘크리트절약, 낙석위험성 감소에 유리한 공법이다.
- 원리는 쿠션블라스팅과 같으나 굴착선에 따라 천공하여 주굴착의 발파공과 동시에 점화하고 그 최종단에서 발파시키는 것이 이 공법의 특징이다.

③ 2차 폭파(소할폭파)
1) 발파에서 생긴 암석을 운반처리가 어려운 경우 운반을 할 수 있을 정도의 크기로 파쇄를 할 필요가 있으며 이때 조각을 내기위한 발파를 2차발파라고 한다.
2) 2차 발파의 종류(B S M)
   가. Block Boring(천공법)
   - 일반적으로 사용하는 방법
   - 암석 중심부에 향하여 수직으로 천공하고 장약 후 흙으로 전색 후 발파하는 방법
   나. Snake Boring(사공법)
   - 시간이 없는 경우에 사용하는 방법
   - 암석 대부분이 묻혀있는 경우로 암석 아래에 장약 후 발파하는 방법
   다. Mud Caping(복토법)
   - 암석의 직경이 작은 곳에 폭약을 장약한 후 그위에 점토를 덮고 발파하는 방법
   - 장약량 $L=C.D^2$(D : 암석의 최소직경, C : 발파계수)

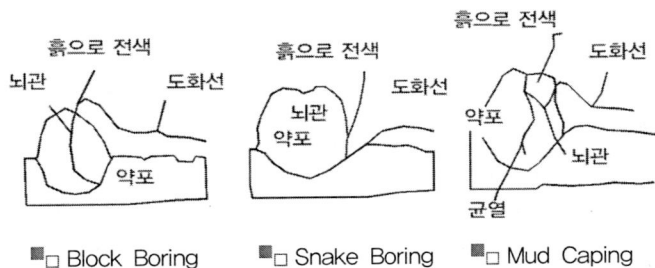

■□ Block Boring   ■□ Snake Boring   ■□ Mud Caping

④ Bench Cut 발파
1) 암반을 굴착할 때 평탄한 여러 단의 Bench(계단)를 조성하여 작업 능률을 향상시키고 굴착이 진행됨에 따라 계단 형상으로 파내려가는 공법으로
2) 다량의 암석을 계단모양으로 굴착하여 점차 후퇴하면서 발파 작업을 하는 암석 굴착 방법이다.
3) 장약량(L)

L = C. S. W. H

여기서 L : 장약량(kg), C : 폭파계수, W : 최소저항선(m)
H : 벤치높이(m), S : 천공간격
4) Bench 공법의 특징
가. 평지작업이 가능
나. 작업이 단순화
다. 값싼 ANFO 폭약 사용
라. 계획적인 굴착의 진행이 가능.

(5) Decoupling 효과(완충효과)
① 천공경에 비하여 직경이 작은 화약을 장전하여 기폭 시키면 장약 실내의 폭력압이 밀실한 장약보다 작아져 암석이 완전히 파쇄 되지 않고 인장균열을 발생시키는 효과
② 제어 발파시 Decoupling 효과를 최대한 이용 (Smooth Blasting)
③ 폭약 폭발시 충격파를 조절하여 계획 굴착선을 따라 정확하게 균열 유도함.
④ Decoupling Index = $\dfrac{발파공의 직경(D)}{폭약의 직경(d)}$

즉, 발파공 직경 = 폭약직경 × (2~3)

3. 터 널 공

(1) 터널의 지질
① 습곡
지각에 작용하는 횡압력으로 인하여 옷주름처럼 세로방향으로 된 지층의 주름
② 단층
지각변동으로 인하여 지층이 어긋난 것으로, 대부분 파쇄대로 구성되어 있으며 지하

수 누출 및 낙반사고가 주로 발생한다.
③ 단구(段丘)
　가. 흙이나 모래가 하천과 바다에 지층을 이루면서 쌓인 것을 단구라고 한다.
　나. 단구에 터널을 시공하면 굴착이 곤란하거나, 용수가 발생하여 터널공사에 문제가 생기므로 주의해야 한다.
④ 애추(崖錐)
지층의 풍화작용으로 경사진 산기슭에 바위의 부스러기가 퇴적되면서 생긴 지층으로 이 구간을 터널 시공시 붕괴 및 붕락의 위험성이 크다.

(2) 터널의 이상지압
① 편토압
　1) 터널의 토피가 낮으며 지형이 급경사지 구간에 터널 시공 시 발생
　2) 압성토, Rock bolt, 억지말뚝, 마이크로파일, 갱구부근 철근라이닝 콘크리트시공을 하여 대책을 수립한다.
② 본바닥의 팽창
　1) 터널 바닥 지반이 점토광물(벤토나이트), 사문암 등 물과 접촉 시 급속히 팽창하며, 풍화가 빨리 진행되는 경우 본바닥이 팽창으로 이상지압 발생
　2) 바닥을 인버트 콘크리트 타설 및 터널 하부로 마이크로 파일 등을 시공
③ 잠재응력의 해방(내부응력의 감소)
　1) 터널 굴착으로 잠재응력의 해방에 따른 터널 내부응력의 감소로 이빨이 빠지듯 암반의 돌출, 낙석, 붕락 등이 발생
　2) 상부 Rock bolt, 소일네일링, 억지말뚝 등 시공

(3) 터널의 단면 형상
① 원형단면
　1) 구조적으로 가장 안정적인 단면 형태
　2) 지질이 불량하고 토압의 영향이 크게 작용하는 경우 채택
　3) 터널 단면이 커져서 경제성이 다소 불리
② 직벽식 반원형 단면
　1) 구조적으로 안정성이 가장 취약한 형태
　2) 지질이 양호하고 토압의 영향이 거의 없는 경우 채택
　3) 시공이 편리하고 경제적이다.
③ 3심원, 5심원 마제형 단면
　1) 굴착 및 시공성이 양호하며, 여굴량이 적어서 경제적
　2) 직벽식 보다는 연암이고 지질이 다소 불량한 경우 채택
　3) 지질이 불량한 곳은 인버트 아치를 설치하여 폐합을 만들어야 한다.

(4) 토질조사
  ① 선진 천공
    천공장비인 점보드릴에 선진천공 기록 장치를 장착 후 천공시 저장 기록된 정압, 토오크, 굴착속도 등의 자료로 암반 상태를 파악하는 방법으로 막장 전방에 대한 지반 파악이 가능하나 코어 관찰이 불가하다.
  ② TSP 탐사(Tunnel Seismic Prediction)
    터널 측벽부에 진동 발생기를 다수 설치하여 폭파시 탄성파를 발생(p파,s파)를 발생시킨 후 터널 후방에서 1개의 수신기로 반사되어온 반사파를 수신하여 전방의 단층 파쇄대 등 지질 현황을 파악하는 방법

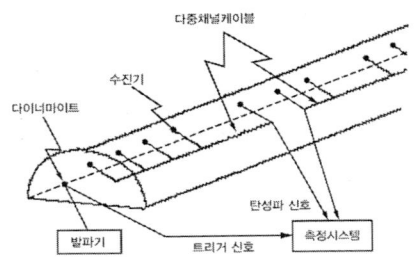

■□ TSP 탐사(Tunnel Seismic Prediction)

  ③ 선진 수평보링 시추
    1) 터널의 계획, 설계, 시공 시 본바닥의 성질 및 지질 구조를 가장 정확하게 파악할 수 있는 조사방법이다.
    2) 회전 타격에 의한 시추, 코아로 부터 단층 파쇄대, 연약층의 경계 위치 및 규모 등 막장 전방의 지반상태를 파악이 가능하다.

■□ 선진 수평보링 조사

  ④ 갱내 관찰조사(Face Mapping)
    매 막장마다 굴착면을 관찰하여 실제 눈으로 확인한 사항을 암반평점 분류법(RMR)의 판정기준으로 평점하여 도표에 표시하고 관찰자의 판단내용 등을 기록하여 지보 패턴을 결정

(5) 터널의 굴착 공법 분류
  ① 재래식 동바리지지 공법(ASSM)
    1) 터널굴착시 동바리를 지지하면서 터널을 굴착하는 공법으로 현재 국내에서는 사

용하지 않고 있다.
2) 터널시공 중 동바리 해체시 붕괴에 대하여 가장 안전에 주의를 해야 한다.
② NATM(New austrian tunneling method) 터널 굴착 공법은 현재 국내에서 거의 대부분 사용되는 굴착공법으로 수평굴착 공법과 수직굴착 공법으로 크게 나눌 수 있다.
③ NATM 터널의 굴착공법 분류
　1) 수평터널
　　가. 전단면 굴착공법
　　　도갱굴착을 하지 않으며 전단면을 한번에 굴착하는 공법으로 지질이 경암 같은 단단하고 안정적인 조건에 굴착하는 공법이다. 터널굴착순서는 굴착 → 강제동바리공 → 복공콘크리트 타설
　　나. 상부반단면 선진공법(Bench cut)
　　　· 상부 반단면의 굴착을 먼저하고 하부의 반단면은 벤치 컷(bench cut)으로 굴착하는 방법으로 지질이 비교적 양호하고 용수량이 적은 짧은 터널에 적합하다.
　　　· Long Bench Cut, Short Bench, Mini Bench 등이 있다.
　　다. 측벽 선진 도갱
　　　· 저부 양측에 도갱을 두개 설치하며 단면이 크고 지질이 나쁜 경우에 시공한다.
　　　· 사이드 파일럿(side pilot) 공법이라고도 한다.
　　　· 사이드 파일럿의 역할은 지질조사 및 지하수를 배제한다.

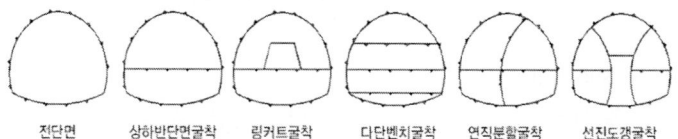

전단면　상하반단면굴착　링커트굴착　다단벤치굴착　연직분할굴착　선진도갱굴착

　2) 수직터널
　　가. Drill and Blast 공법(NATM)
　　나. RC (Raise Climber)
　　다. RBM (Raise Boring Machine)

(6) NATM(New austrian tunneling method)
① NATM 터널 공법은 국내에서 가장 많이 터널 굴착에 사용되는 공법이다.
② 터널을 굴착하면 시간이 경과하면서 터널 주변지반의 응력 이완 영역이 넓어지고 지반이 불량한 경우 경우에 따라서 붕괴하게 된다.
③ 따라서 터널 주변 응력이완으로 지반응력이 최소화되기 전에 록볼트와 숏크리트를 굴착면에 타설하여 본바닥의 응력이완을 최소화 하면서 터널을 굴착해 나가는 공법이다.
④ NATM 공법 시공순서

1) 천공
2) 발파
3) 환기
4) 버럭처리
5) 숏크리트(Shotcrete)타설 및 강지보(Steel rib) 설치
6) 록볼트(Rock bolt) 시공
7) 계측기 설치
8) 배수 및 방수
9) 복공 Lining 콘크리트 타설

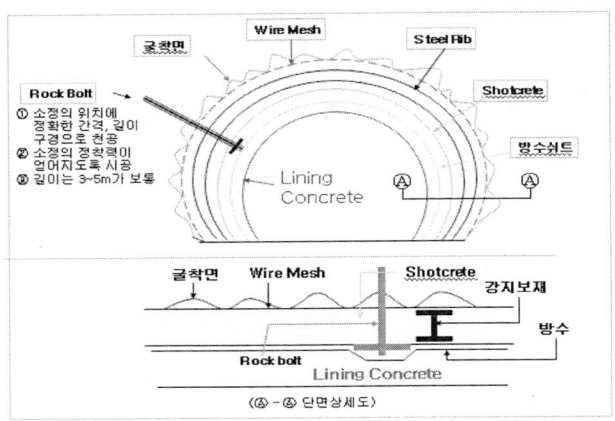

■□ NATM 터널 단면 상세도

⑤ 록볼트(Rock bolt)
  1) 암반에 사용하는 지보(支保)재 로서 갱도(坑道)를 지지하는 재료로서, 암반내에 뚫은 구멍에 꽂아 넣어 사용하는 볼트 및 그 부속품을 말한다.
  2) 갱도, 갱내 공간의 천반(天盤) 또는 측벽(側壁) 등에 볼트를 고정시켜 암반의 탈락을 방지한다. 주로 철근이 사용되며 길이가 짧고 내력이 적은앵커 공법이다.
  3) Rock Bolt 기능
    가. 이완된 암반을 지반에 고정
    나. 터널 주변의 지반과 일체화시켜 내력이 높은 Arch 형성 작용
    다. 붕락방지
    라. 보의 형성 작용
  4) 록 볼트의 종류
    가. 선단접착형
    나. 전면접착형
    다. 혼합형
    라. 마찰형

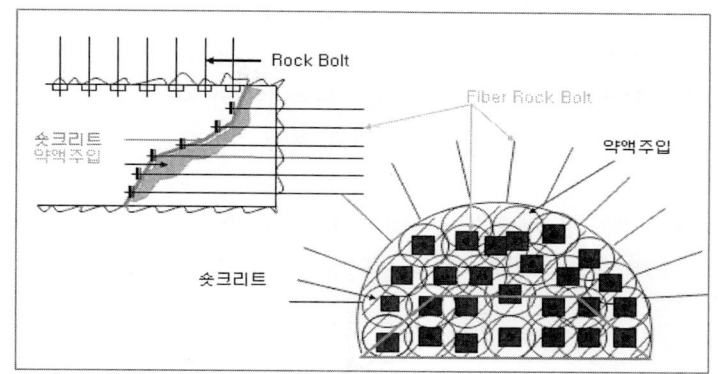

⑥ 숏크리트(Shotcrete)
  1) 터널 내부 지보 공법으로 고압으로 노즐로부터 뿜어내어 소정의 위치에 콘크리트를 뿜어 붙이는 공법
  2) 본바닥은 이완되지 않게 지지하고 크랙(crack)의 발달을 방지함과 동시에 암반 표면의 풍화를 방지하는 공법이다.
⑦ 터널의 복공 Lining 콘크리트
  1) 복공(覆工)은 터널 주벽의 붕괴를 방지하고 본바닥을 안전하게 지지(支持)시키기 위하여 터널 내부 숏크리트면 방수처리 후 타설하는 콘크리트 구조물
  2) 2차 Lining Con'c는 일반적으로 터널의 변위가 수령한 후에 타설한다.
  3) 라이닝 콘크리트의 역할
      가. 터널의 안정성 확보
      나. 지반 불균일, 숏크리트 품질 불량 등에 따른 안전율 증가
      다. 사용개시후의 구조물 내구성 확보
      라. 운전자의 심리적 안정성 확보
      마. 터널 내 각종 조명, 환기등 시설지지 역할
⑧ 터널의 배수 및 방수
  1) 배수형 터널
      가. 주변 지하수위가 높아 터널내로 유입되는 지하수가 많은 경우 터널내로 지하수가 유입이 되도록 시공하여 터널 내 배수관을 통해서 외부로 지하수를 유출 시키는 방식
      나. 무근 콘크리트 라이닝으로 주로 시공한다.
      다. 지하수위가 높거나 유입 지하수량이 적은경우에 적용(산악지역의 도로터널 및 지하철)
      라. 라이닝 구조에 수압이 작용하지 않으므로 건설비용이 저렴
  2) 비배수형 터널
      가. 굴착면을 통하여 터널로 유입되는 지하수를 인위적으로 배수하지 않는 터널 형식 으로서 지하수량이 많아 유지관리비가 크게 증가하는 경우 또는 지하수

위가 그다지 크지 않는 경우에 적용(토사심도 깊은 해저터널)
나. 라이닝 구조에 수압이 작용 하므로 구조물 크기 증가로 건설비용 과다발생
다. 완전방수가 곤란하며 터널내부 누수처리 시설 필요
라. 지하수위 저하로 터널 주위의 지반 침하가 발생하지 않고 지하수위를 보전해야 하는 경우 채택
마. 비배수형 터널은 기술적인 제한 때문에 작용수압이 $4kg/cm^2$ 이하 시 채택되며 주로 철근콘크리트 라이닝을 시공한다.

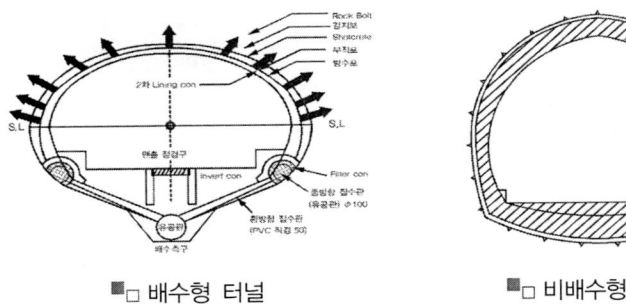

■□ 배수형 터널　　　　　　■□ 비배수형 터널

3) 배수형식별(방수형식) 특징

구 분	배수형 터널(부분방수)	비배수형 터널(완전방수)
형 식	방수막을 천정부와 측벽부에 설치하고 유입수를 터널내부로 유도 배수처리	터널 전단면에 방수막에 의한 차단층 설치하여 지하수 유입을 완전차단
특 징	단면형상이 자유 경제적인 라이닝(무근) 특수대단면 터널시공가능 시공비 적게듬	유지관리비 적게듬(양수,배수) 지하수 자원 보존 주변건물에 영향을 미치지 않음 터널 내부 청결하여 관리용이
	유입 배수처리로 유지관리비용 커짐 지하수위 저하로 지하수원 고갈,	라이닝 두께가 커져 비경제적(철근) 단면형상 제한(원형) 시공비 증가
적용예	지하철, 산악, 터널(도로)	연약 지반 하저, 해저 터널

⑨ 계측관리
1) 계측이란 주변 원지반의 거동파악 및 인접구조물에 대한 영향성 여부를 계측을 통하여 조기에 발견하여 대책을 수립하기 위한 정보화 시공을 말한다.
2) 터널계측에는 일상계측(A)과 대표계측(B)으로 분류가 된다.
3) 계측의 목적
　가. Under Pining의 기초 자료
　나. 민원 대비
　다. 위험 징후 조기 발견
　라. 공학적 이론 검증

마. 시공 방법의 개선
4) 일상계측(A)
   가. 갱내관찰조사
   나. 내공변위측정
   다. 천단침하측정
   라. 록볼트 인발시험
   마. 지표침하측정
5) 대표계측(B)
   가. 지중침하측정
   나. 지중변위측정
   다. 록볼트 축력측정
   라. 숏크리트 응력측정
   마. 라이닝 응력측정
   바. 갱내탄성파 측정
6) 계측기 설치 단면도

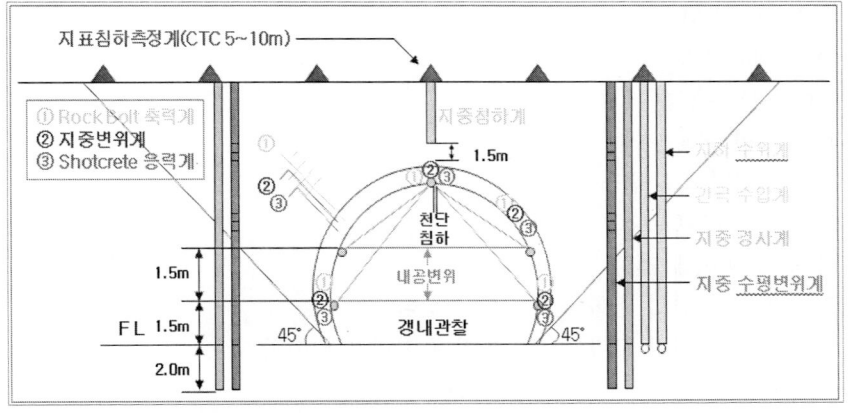

(7) 침매터널 (submerged Tunnel = Immersed Tunnel)
   ① 육상 제작장에서 만들어진 침매함(케이슨구조물)을 물에 띄워서 부설현장으로 예인하여 소정의 위치에서 침매함을 침하시켜 해저지반에 올려놓아 침매함을 연결하여 해저터널을 시공하는 공법이다.
   ② 국내에는 해저 침매터널 부산~거제간거가대교 침매터널 시공실적 있음.

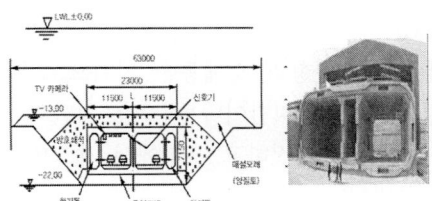

■ 침매터널 해저 시공   ■ 침매터널 육상 제작(콘크리트방식)

PART 02 건설시공 및 관리 | **197**

③ 침매터널 공법의 특징
  1) 육상 제작으로 콘크리트 품질관리 용이
  2) 단면 형상이 비교적 자유롭고 큰 단면을 만들 수 있다.
  3) 연약지반에도 시공이 가능하며 육, 해상 공사 동시 진행으로 공기 단축
  4) 수심이 깊은 곳에서도 시공이 용이하다.
  5) 수중에 설치하므로 부력작용으로 자중이 작아 시공이 용이하다.
  6) 유속이 빠른 장소에서는 침설작업이 어렵다.
  7) 협소한 장소의 수로나 항해 선박이 많은 곳에서는 시공이 어렵다.

(8) T.B.M(Tunnel Boring Machine)
  ① TBM(Tunnel Boring Machine)은 기계식 굴착공법으로서 커터(cutter)에 의하여 암석을 압쇄 및 절삭을 통해 터널 전단면 굴착이 가능한 공법
  ② 시공성, 안전성, 경제성 측면에서 기존 NATM 공법에 비해 효율성이 뛰어난 기계식 터널 굴착 공법 이다.
  ③ TBM 굴착 공법 분류
    1) Open TBM (Hard Rack)
    2) Shield TBM
  ④ TBM 공법 특징
    1) 전단면 굴착 가능
    2) 원형단면으로 구조적 안정성 높다.
    3) 시공속도 빠르다.
    4) 구배 회전에 제약
    5) 복잡한 지질의 변화에 대응이 어렵다.
    6) 설비 투자액이 고가이므로 초기 투자비가 많이 든다.

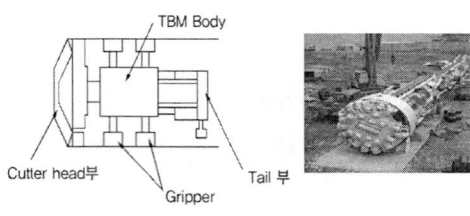

■□ TBM 공법

(9) 쉴드공법(Shield method)
  ① T.B.M 공법의 일종으로 원형의 강제통을 땅속으로 압밀하면서 굴진하는 방법으로 하천이나, 바다 밑 등의 연약지반이나 대수층 지반의 터널을 굴진하는 공법으로 유압잭에 의하여 추진하면서 굴진하고 후미에서 세그먼트를 조립 및 구축하면서 터널을 형성해 나가는 공법이다.
  ② 최근 도시터널의 시공에도 널리 사용되는 기계식 굴착공법으로 이수가압식 및 토압

식 쉴드 공법으로 분류를 한다.
③ 쉴드공법의 분류
　1) 이수가압식(slurry shield TBM)
　　기계 전면부에 이수를 집어넣어 지반 붕괴 방지를 방지하며 Cutter 의해 굴착된 토사는 이수와 혼합되어 배니 파이프로 갱외로 반출시키면서 전진하면서 굴착하는 쉴드공법
　2) 토압식 쉴드공법
　　굴진기의 Chamber내 굴착토사와 첨가재의 혼합토사를 충만 시켜서 굴착면의 토압과 수압에 저항하는 압력을 유지하면서 토사를 Screw Conveyer에 의해 배토시켜 전진하면서 굴착하는 쉴드공법
④ Shied 공법 특징
　1) 지하 수심이 깊은 연약지반에서 시공이 가능하다.
　2) 주야 작업이 가능하며 굴진 속도 빠르다.
　3) 진동, 소음 작아 민원 발생 소지가 적다.
　4) 지질 및 지하수의 영향을 고려해야 한다.
　5) 설비투자비가 많이들며 공사비가 고가이다.
　6) 대단면 시공이 어렵고 곡선부 반경이 작은 경우(급곡선) 시공에 어려움이 있다.
⑤ Shied 공법 종류별 구성

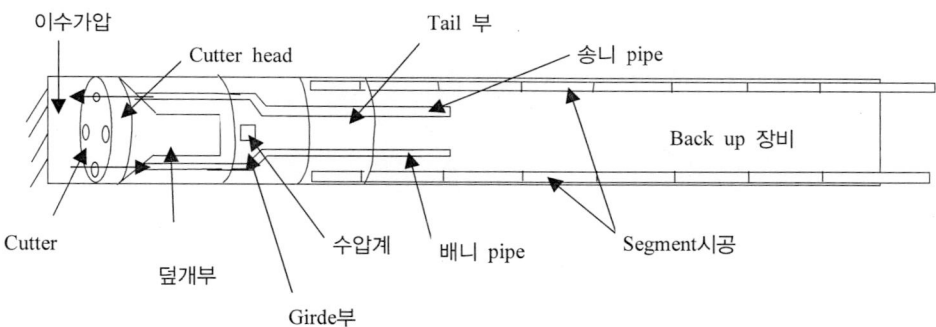

■□ 이수 가압식

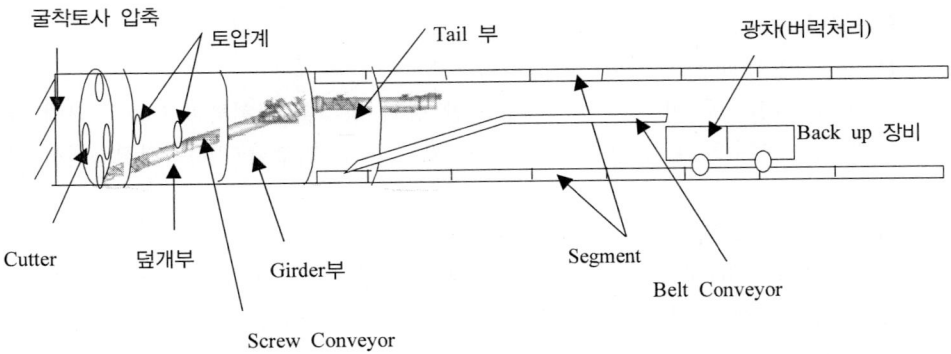

■ 토 압 식

2-7 주요핵심문제
발파 및 터널공

01 착암기로 표준 암을 천공하여 60cm/min의 천공속도를 얻었다. 천공 깊이 3.5m, 천공수 15공을 한 대의 착암기로 암반을 천공할 경우 소요되는 총 소요시간을 구하면? (단, 표준 암에 대한 천공 대상암의 암석항력계수 1.35, 작업조건계수 0.6, 순 천공시각이 천공시간에 점유하는 비율 0.65) [00.08.13.17 기사]
① 2.0시간 ② 2.8시간
③ 3.0시간 ④ 3.4시간

해설
1) 천공속도
$$V_T = \alpha(C_1 C_2)V$$
$$= 0.65 \times (1.35 \times 0.6) \times 60$$
$$= 31.59 cm/min$$
2) 천공시간 $t = \dfrac{L}{V_T} = \dfrac{350}{31.59} = 11.1$분
3) 총 소요시간 =11.1×15=166.5분 ≒2.78시간

02 다음 발파 공법 중에서 심빼기 발파가 아닌 것은? [05·07.09.17 기사]
① 노컷   ② 번컷
③ 피라미드컷 ④ 벤치컷

해설
심빼기 알파
1) 스윙컷   2) 번컷
3) 노컷   4) V컷
5) 피라미트컷

03 다음 중 제어발파 공법에 속하지 않는 것은? (06.08.17 기사)
① 라인드릴링(line drilling) 공법
② 벤치컷(bench cut) 공법
③ 프리스프리팅(pre-splitting) 공법
④ 스무스블라스팅(smooth blasting) 공법

해설
제어발파 공법의 종류
1) 라인드릴링 공법(line drilling method)
2) 쿠션블라스팅(cushion blasting method)
3) 프리스프리팅(pre splitting method)
4) 스무스블라스팅(smooth blasting method)

04 암석발파공법에서 1차발파 후에 발파된 원석의 2차발파공법으로 주로 사용되는 것이 아닌 공법은? [09·13.17 기사]
① 프리 스프리팅 공법
② 블록 보링 공법
③ 스네이크 보링 공법
④ 머드 캐핑 공법

해설
2차폭파(조각발파)
1) 블록보링법
2) 스네이크 보링법
3) 머드캡핑법

05 장약 중심으로부터 자유면까지의 최단거리를 무엇이라 하는가? (05.07.11.16 기사)
① 최소누두반경 ② 누두공
③ 최소저항선   ④ 누두지수

해설
최소저항선에 대한 설명이다.

정답 01 ② 02 ④ 03 ② 04 ① 05 ③

06 암석의 발파이론에서 Hauser의 발파기본식은? (02.04.05.09 기사)
① $L = C \cdot W$
② $L = C \cdot W^2$
③ $L = C \cdot W^3$
④ $L = C \cdot W^4$

해설

Hauser 발파 기본식 $L = C \cdot W^3$

07 터널 라이닝(lining)시 인버트 아치(invert arch)를 필요로 하는 경우는? [00.04.14 기사]
① 용수가 많은 터널에서
② 구배가 큰 터널에서
③ 지질이 불량한 터널에서
④ 경사가 클 때

해설

인버터 아치
지질이 연약하고 불량한 곳에 단면을 원형형태로 폐합시켜 구조적으로 안정을 시킬 목적으로 시공하는 굴착공법을 말한다.

08 TBM(Tunnel Boring Machine)에 의한 굴착의 특징이 아닌 것은? [04.08.10.18 기사]
① 안정성(安定性)이 높다.
② 여굴에 의한 낭비가 적다.
③ 노무비 절약이 가능하다.
④ 복잡한 지질의 변화에 대응이 용이하다.

해설

TBM 공법 특징
1) 전단면 굴착 가능
2) 원형단면으로 구조적 안정성 높다
3) 시공속도 빠르다
4) 구배 회전에 제약
5) 복잡한 지질의 변화에 대응이 어렵다.
   (연약지반에 적응 곤란)
6) 설비 투자액이 고가이므로 초기 투자비가 많이 든다.

09 TBM(Tunnel Boring Machine) 공법을 이용하여 암석을 굴착하여 터널단면을 만들려고 한다. TBM 공법의 단점이 아닌 것은?
[03.04.06.13.16.17기사]
① 설비투자액이 고가이므로 초기투자비가많이 든다.
② 본바닥 변화에 대하여 적응이 곤란하다.
③ 지반에 따라 적용범위에 제약을 받는다.
④ lining 두께가 두꺼워야 한다.

해설

TBM 공법은 주로 지반 조건이 양호한 경우(경암, 극경암) 시공을 하며 전단면 원형 굴착을 통해서 안정성을 확보하는 공법으로 터널의 지보량이 NATM에 비하여 적게 들어가고 lining 두께도 얇게 할 수 있다.

10 터널의 특수 공법 등 원형 강제의 통을 땅속으로 압입하면서 굴진하는 방법으로 본래는 하천이나 바다 및 등의 연약지반이나 대수층 지반의 터널 공법으로 개발되었으나 최근에는 도시터널의 시공에도 널리 쓰이는 공법은? [04.05.06.10.11.12 기사]
① 코퍼댐(coffer dam) 공법
② 트렌치(trench) 공법
③ 실드(shield) 공법
④ 뉴매틱 케이슨(pneumatic caisson) 공법

해설

쉴드(Shield) 공법
1) T.B.M 공법의 일종으로 원형의 강제통을 땅속으로 압밀하면서 굴진하는 방법으로 하천이나, 바다 밑 등의 연약지반이나 대수층 지반의 터널을 굴진하는 공법으로 유압잭에 의하여 추진하면서 굴진하고 후미에서 세그먼트를 조립 및 구축하면서 터널을 형성해 나가는 공법이다.
2) Shied 공법 특징
   ① 지하 수심이 깊은 연약지반에서 시공이 가능하다.
   ② 주야 작업이 가능하며 굴진 속도 빠르다.
   ③ 진동, 소음 작아 민원 발생 소지가 적다.
   ④ 지질 및 지하수의 영향을 고려해야 한다.

11 실드(shield) 공법은 어떠한 지질의 터널공사에 적합한가? [04.08.10.11.14 기사]
① 경암   ② 연암
③ 보통흙 ④ 연약지반

해설
Shied 공법 특징
① 지하 수심이 깊은 연약지반에서 시공이 가능하다.
② 주야 작업이 가능하며 굴진 속도 빠르다.

12 특수 터널공법 중 침매공법의 특징에 대한 설명으로 틀린 것은? [05.06.11.14.18 기사]
① 단면형상이 비교적 자유롭고 큰 단면으로 만들 수 있다.
② 육상에서 터널 본체를 제작하므로, 시공기간이 짧아진다.
③ 시공 시 유속으로 인한 영향이 없으므로, 유속이 빠른 협소한 수로등에 특히 유리하다.
④ 수중에 설치하므로 부력작용으로 자중이 작아 비교적 쉽게 작업할 수 있다.

해설
침매터널 공법의 특징
1) 육상 제작으로 콘크리트 품질관리 용이
2) 단면 형상이 비교적 자유롭고 큰 단면을 만들 수 있다.
3) 연약지반에도 시공이 가능하며 육·해상 공사 동시 진행으로 공기 단축
4) 수심이 깊은 곳에서도 시공이 용이하다.
5) 수중에 설치하므로 부력작용으로 자중이 작아 시공이 용이하다.
6) 유속이 빠른 장소에서는 침설작업이 어렵다
7) 협소한 장소의 수로나 항해 선박이 많은 곳에서는 시공이 어렵다

13 터널 굴착에 대한 다음 설명 중 틀린 것은? (01.09 기사)
① 전단면 굴착공법은 도갱을 하지 않고 전단면을 한꺼번에 굴착하는 공법으로 지질이 안정되어 있는 지반에 이용된다.
② 도갱은 버럭운반로, 용수의 처리 지질의 확인을 목적으로 설치한다.
③ 상부 반단면 공법에서 하단부의 굴착은 벤치 컷 공법이 적당하다.
④ 단면이 크고 지질이 나쁘면 저설도갱식이 적당하다.

해설
단면이 크고 지질이 나쁘면 저설도갱 보다는 측벽도갱으로 굴착하는데 유리하다.

14 숏크리트 시공시 리바운드양을 감소시키는 방법이 아닌 것은? (07.09.13 기사)
① 벽면과 직각으로 분사한다.
② 분사면을 매끄럽게 한다.
③ 압력을 일정하게 한다.
④ 시멘트량을 증가시킨다.

해설
분사면을 거칠어야 부착력이 우수해진다.

15 락볼트의 역할 중 옳지 않은 것은? (06.12.14 기사)
① 암반과의 분리작용
② 보의 형성 작용
③ 아치 형성 작용
④ block의 지보기능

해설
락볼트의 작용
① 이완된 암반을 지반에 고정
② 터널 주변의 지반과 일체화시켜 내력이 높은 Arch 형성 작용
③ 붕락방지
④ 아치, 보, 지보 의 형성 작용

정답 11 ④ 12 ③ 13 ④ 14 ② 15 ①

16 터널을 굴착하면 주변의 응력이 시간이 경과함에 따라 이완의 영역이 넓어지고 경우에 따라 붕괴하게 되므로 본바닥이 이완하기 전에 록볼트와 숏크리트공법으로 시공하여 본바닥의 이완을 방지하는 공법을 무엇이라 하는가? [05.07 기사]
① NATM 공법
② Shield 공법
③ Linning 공법
④ Pre - splitting 공법

해설

NATM 공법에 대한 설명이다.

17 하천이나 해안에 연하여 암반 위에 두껍게 잡석층이 퇴적되어 있는 곳에 터널을 설치하면 굴착이 곤란하거나 용수 때문에 시공이 어렵게 된다. 이와 같은 지질구조를 무엇이라 하는가? (10.13 기사)
① 단층   ② 습곡
③ 단   ④ 애추

해설

흙, 모래가 하천과 바다에서 지층을 이루어 쌓인 것을 "단구"라 한다.

정답 16 ① 17 ③

2-8 댐(Dam)

1. 댐(Dam) 종류
(1) 댐은 축조재료에 따라 Fill Dam과 Concrete Dam으로 분류
(2) 댐의 종류

구 분	Concrete Dam	Fill Dam	
댐의 종류	1) 중력식 댐	1) Rock Fill Dam	2) Earth Dam
	2) 중공식 댐	① 표면차수벽 댐	① 균일형 댐
	3) 부벽식 댐	② 내부차수벽 댐	② Core 댐
	4) Arch 댐	③ 중앙차수벽 댐	③ Zone 댐
	5) RCCDam		

2. 댐의 위치 선정시 고려사항
(1) 댐의 기초는 주위에 단층파쇄대가 없는 곳일 것.
(2) 상류는 넓고 홍수조절이 가능한 곳일 것.
(3) 상류는 구릉에 둘러싸여 집수분지를 이루고 있는 곳일 것.
(4) 댐 설치 지점의 지형 및 기초지반 상태가 양호한 곳일 것.
(5) 댐 축제에 필요한 재료의 구득이 용이한 곳일 것.

3. 가물막이(가체절공 : Coffer dam) 공법
(1) 교량이나 댐, 갑문 등 하천 또는 해양에 구조물을 축조하는 동안 물이 들어오는것을 방지하기 위하여 널말뚝(sheet pile)이나 흙 등을 사용하여 임시로 막아 건조상태의 작업(dry work)이 가능하도록 하는 제방이나 임시댐을 시공하는 것을 가물막이 또는 가체절공이라고 한다.
(2) 가체절공 종류 및 특징
   ① 흙댐식 가체절공
      1) 상당한 양의 토사로 가체절공 시공
      2) 단순구조 형태

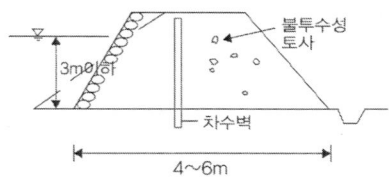

   ② 한겹 Sheet-Pile식(한겹 흙물막이 가체절공)
      1) 소규모 물막이용으로 널말뚝의 강성으로 수압 등의 외력에 저항

2) Cantilever형과 Strut형이 있고 재료로는 목재, 철근 콘크리트, 강재 등을 사용

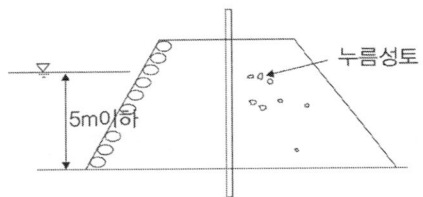

③ 두겹 Sheet-Pile(두겹 널말뚝식 가체절공)
   1) 내, 외벽의 널말뚝을 2열로 시공하는 가체절공으로 대규모 물막이에 적용
   2) Tie-Rod와 볼트로 연결

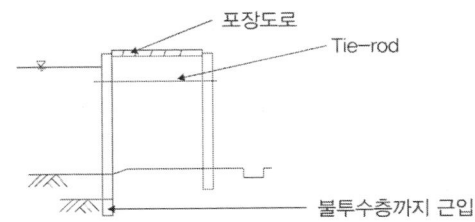

④ Cell식 가체절공
   1) 강널말뚝을 원통형으로 박고 그 속에 토사 채움 방식
   2) 안정성 및 수밀성 우수
⑤ Ring Beam
   1) Sheet-Pile을 원형의 Ring Beam으로 수압 견딤
   2) 교각기초 주로 사용하며, DAM 유수전환

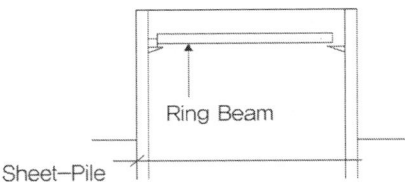

4. 댐의 기초처리 공법

(1) 댐의 기초지반으로 요구되는 조건은 수밀성, 비변형성 및 안전성 등으로 이러한 요구 조건을 갖추기 위해서 기초 지반의 개량공사가 필요하다.
(2) 댐의 기초 처리는 기초의 역학적 성질 개량 및 댐 저류, 기초와 본체의 접합부 처리 등을 목적으로 시공한다.
(3) 댐 기초처리 공법의 분류
   ① 그라우팅 공법
      1) Consolidation Grouting
      2) Curtain Grouting
      3) Contact Grouting

4) Rim Grouting
② 연약층, 단층대 처리
1) 콘크리트 치환(Plugging) : 단층을 제거하고 콘크리트로 치환
2) 암반 PS공
변형을 구속하기 위해 암반을 착공, 이 구멍에 강봉, 강선, Wire Rope를 삽입하여 양단부를 암반에 정착시키는 공법으로 필요에 따라 Prestress를 도입

(4) 그라우팅(Grouting) 공법
① 압밀(Consolidation Grouting) 공법
1) 발파 굴착 등으로 느슨해진 불량 암반 부위의 지반을 보강, 안정 목적으로 설치하는 그라우팅으로 기초암반의 지내력을 향상시킨다.
2) 기초암반의 변형성이나 강도를 개량하여 기초암반에 균일성을 주기위하여 기초 전반에 격자형태로 그라우팅을 실시
3) 시공 위치 : 기초면에 전면적 시공
4) 주입공 배치 : 3m × 3m (격자형)

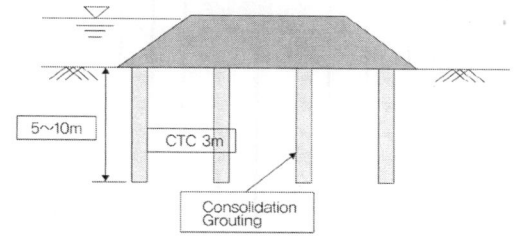

② 커튼(Curtain Grouting) 공법
1) 기초지반내의 균열, 간극에 시멘트, 점토, 약액을 주입하여 지수막을 형성하는 방법으로 기초암반에 침투하는 물을 차수할 목적으로 시공
2) 콘크리트 댐에서는 제체에 작용하는 양압력을 감소하는 목적으로 시공
3) 시공 위치 : 댐축에서 상류측
4) 주입공 배치 : 1m × 2m (병풍모양)

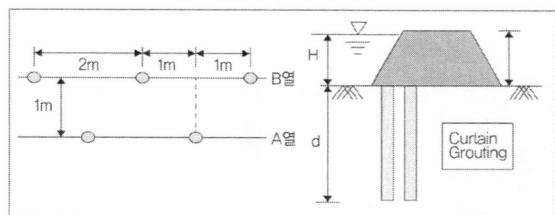

③ 콘택트(Contact Grouting) 공법
1) 암반위에 콘크리트 타설 후 콘크리트와 암반부의 사이의 공극 충진을 하기 위하

여 실시하는 Grouting
2) 댐체의 안전시공
④ 림(Rim Grouting)공법
1) 댐의 또는 저수지 주변에 차수대를 연장하기 위해서 실시하는 것으로 차수 그라우팅에 준하여 실시
2) 담수 전에 시공
⑤ 블랭킷(Blanket Grouting) 공법
1) 기초의 표층부로 흐르는 침투류를 억제
2) 콘솔리데이션과 커튼그라우팅이 효과 증대 목적

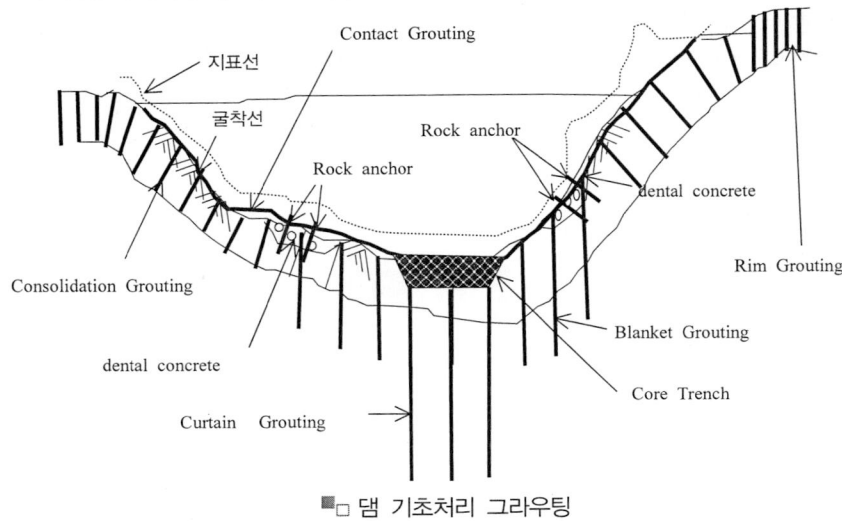

■□ 댐 기초처리 그라우팅

5. 콘크리트 댐(Concrete Dam)종류

(1) 중력식 콘크리트 댐
① 콘크리트 중력식 댐은 시멘트 콘크리트를 주재료로 하여 구조물을 축조하여 만든 댐으로 댐의 자중에 의한 수평력이 수압에 저항하는 방식으로 일반적으로 삼각형 단면 형태를 가지고 있다.
② 설계이론이 간단하고 설계와 시공성의 신뢰성이 크다.
③ 시공 및 유지관리가 용이하며, 공사기간중 홍수가 제체를 넘는 경우에도 안전하다.

■□ 콘크리트 댐(Concrete Dam)

(2) 중공식 중력댐(hollow gravity dam)
① 콘크리트 중력식 구조에서 역학적으로 기여도가 없는 제체 내부를 중공(中空)상태로 만들어 콘크리트 타설량을 줄이고 제체하중을 줄일 수 있는 형식이다.
② 시공이 어렵고 인건비가 많이 소요되어 거의 사용되지 않으나, 댐의 높이가 통상 40m 이상일 때 중력식 콘크리트 댐 보다 경제적이다.

(3) 콘크리트 아치댐(Arch dam)
① 역학적으로 콘크리트 자중외에 아치작용으로 양안에 힘을 분담시키는 형태의 콘크리트 댐이다.
② 하천폭이 좁은 골짜기에서 시공성이 좋다.
③ 바닥 및 양안 부착부분의 암반이 견고해야 한다.
④ 설계이론이 비교적 간단하며 시공이 용이하다.

(4) 부벽댐(buttress dam)
① 콘크리트 옹벽으로 하천을 가로막아 수압에 저항하도록 하고 옹벽의 하류 측에는 버팀대(부벽)를 설치한 구조 형태의 댐이다.
② 주로 지반의 지지력이 적은 장소에 적합하며 중력식 댐에 비하여 시공이 복잡하고 안정성이 다소 떨어진다.
③ 강성이 약하고 지진에 대한 저항이 작다.

(5) RCCD(Roller Compacted Concrete Dam)
① 콘크리트 댐의 경제적이고 합리적인 시공을 위한 새로운 공법으로 댐 본체의 내부 콘크리트에 Slump치가 "0"인 극도의 빈 배합 콘크리트를 사용하고 이 콘크리트를 진동 롤러로 다져서 만든 댐이다.
② 콘크리트 치기는 전면 layer 방식으로 하며 중력식 콘크리트 댐과 달리 Pipe-Cooling 등에 의한 온도제어는 하지 않는다.

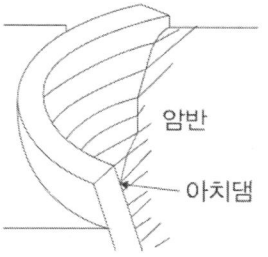
■□ 콘크리트 아치댐(Arch dam)

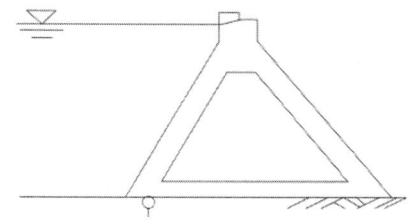
■□ 중공식 중력댐(hollow gravity dam)

6. 콘크리트 댐 시공사항

(1) 콘크리트 생산

① 콘크리트 재료관리

구 분	물	시멘트	골 재	혼화재료
규 정	청정수	중용열포틀랜드	입도, 강도 양호	AE감수제

② 콘크리트 배합

콘크리트 강도, 내구성, 수밀성 확보가 되며 소요의 워커빌러티가 확보되는 가운데 단위수량 및 단위시멘트 사용을 최소화 한다.

- W/C : 50% 이하
- Slump : 2~5cm
- G_{max} : 100mm

→

- 압축강도 : 12~18MPa
- 시멘트량 : 150kg/m^2
- 공기량 : 3%±1.5%

→ 배합관리

③ 콘크리트 운반 및 타설
   1) 능률이 좋고 운반 중 분리가 발생하지 않도록 케이블 크레인이나 타워크레인을 사용해서 콘크리트 운반
   2) Dam Concrete 타설
      가. 콘크리트 타설전 신선한 암반 노출 되도록 부석 및 파쇄암 완전 제거
      나. 댐 콘크리트 타설은 블록 또는 층(Layer)(0.4~0.5m)으로 나누어서 타설계획 수립
      다. 인공냉각을 하지 않는 경우 1층의 타설높이를 1.5m이내하며 인공냉각 방식은 pre-cooling 및 pipe-cooling을 채택한다.

7. 댐의 검사랑(Check hole)

(1) 중력식 및 아치댐의 내부기반 내부에 만들어지는 통로로서 댐의 점검, 배수처리등을 목적으로 콘크리트 내부에 만든 점검용 내부통로를 말한다.

(2) 검사랑 설치 목적
   ① 댐 내부의 균열검사 및 누수 및 배수검사
   ② 양압력 및 온도측정
   ③ 댐 내부의 수축량 검사
   ④ 기초처리 그라우팅 이용

8. 댐의 부속설비

(1) 여수토(Spill way)는 댐 축조공사에서 계획 저수량 이상으로 댐으로 흘러드는 홍수량을 안전하게 하류로 방류할 목적으로 설치하는 시설물

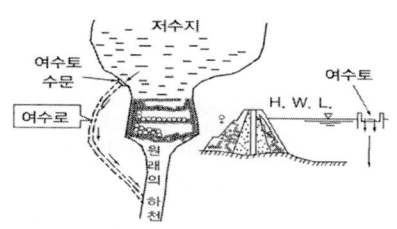

(2) 여수토의 종류
  ① 슈트식(Chute) 여수토
    1) 댐 본체에서 완전히 분리시켜 설치하는 여수토
    2) 댐 가장자리 위치에 설치하고 월류부는 보통 수평으로 한다.
  ② 측수로 여수토
    1) Rock fill 댐 같이 댐 정상부를 월류 시킬 수 없을 때 댐의 한쪽 또는 양쪽에 설치하는 여수토
    2) 월류부는 난류를 막기 위하여 굳은 암반상에 일직선으로 설치한다.
  ③ 사이펀 여수토
    1) 사이펀 여수토는 여수로 설치 공간에 제한을 받는 경우 제체 안에 설치하는 관로 시설물 로서 유출부로부터 공기 유입을 막기 위하여 관로 끝을 U형태로 구부리며 유입된 공기는 사이펀 마루(Crown)에서 방출 되도록 만든 여수토
    2) 상하류면의 수위차를 이용한 것으로 자유월류 방식에 비하여 다량의 물을 하류로 배출시킬 수 있다.

■□ 슈트식 여수토

■□ 측수로 여수토

■□ 사이펀 여수토

  ④ 나팔관형 여수토(그롤리홀 여수토)
    1) 원형나팔관으로 되어 있고 자유낙하부, 곡관부, 원형 터널 등으로 구성되어 있다.
    2) 유수의 유입에 의한 여수토 터널 내부 부압이 발생될 가능성이 있으므로 유의해야 한다.

9. 필 댐(fill dam)

(1) 필댐(fill dam)의 종류
  ① 록필댐(Rock fill dam)
    1) 흙과 같은 재료를 사용하여 만든 댐으로 댐 축조재료 구성이 50% 이상을 암석으로 구성되어져 만든 댐을 록필댐(Rock fill dam)이라고 한다.

2) 록필댐에는 콘크리트 표면(전면)차수벽, 내부차수벽, 중앙차수벽 형태의 댐이 있다.
② 흙댐(Earth fill dam)
1) 흙과 같은 재료를 사용하여 만든 댐으로 댐 축조재료 구성이 50% 이상을 흙으로 구성되어져 만든 댐을 흙댐(Earth fill dam)이라고 한다.
2) 흙댐에는 균일형, Core형, Zone형 형태의 댐이 있다.
3) 흙댐은 지진과 홍수에 의한 월류 등의 재해에 비교적 취약하다.

(2) 필댐(fill dam)의 특징
① 현장 부근의 자연재료를 사용하여 댐을 시공한다.
② 일반적으로 토공용 중장비를 사용한다.
③ 기초바닥의 지반이 암반이 아닌 풍화암에도 시공이 가능하다.
④ 홍수시 월류 방지를 위한 여수로 설치가 필요하며, 침하가 발생된다.
⑤ 저렴한 재료의 사용으로 콘크리트 댐에 비하여 공사비가 저렴하다.
⑥ 비교적 댐의 높이가 낮은 경우에 적용된다.

(3) 콘크리트 표면 차수벽댐(Concrete Face Rockfill Dam)
① Dam 상류에 차수용 Con'c Slab를 시공하는 형식으로 토사재료가 부족한 경우 적용되며, 콘크리트 차수벽, 차수벽지지층, 석괴층으로 구성되어 있다.
② Core 재료(점토) 구득이 어려운 경우에 공기단축을 목적으로 주로 시공한다.

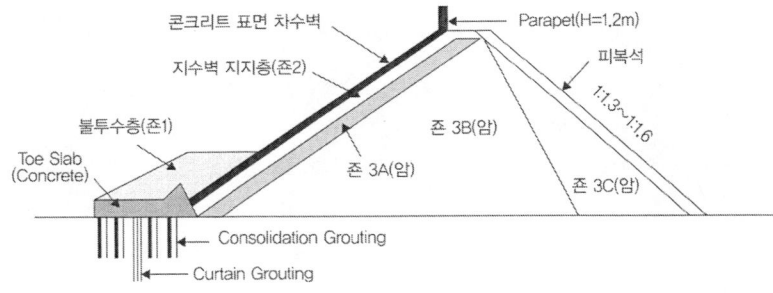

■□ 콘크리트 표면 차수벽댐

(4) 중심 Zone형 필댐(fill dam)
① 제체 내 심벽과 투과층의 Zone을 두어 각층의 투수 특성을 이용하는 댐을 Zone형 필댐이라 한다.
② 투수성재료(Rock zone), 반투수성재료(Filter zone), 불투수성재료(Core zone)로 구성되어있다.

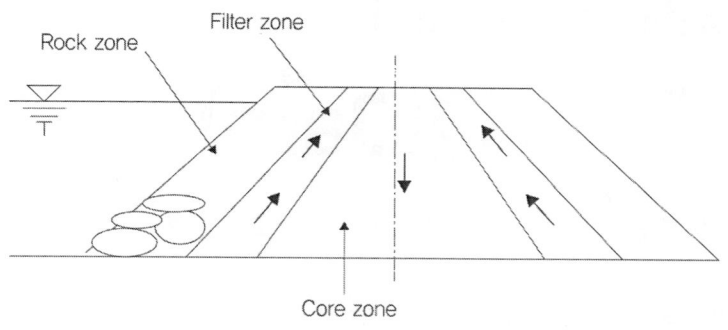

■□ 중심 Zone형 필댐(fill dam)

③ Core zone 재료는 주로 점토, 시멘트, 황토 등의 불투수성 재료로 시공되며 투수계수는 시방규정에 따라 다짐 후 1×10^{-7}cm/sec이하
④ Filter재료 (반투수존)층은 주로 모래, 자갈로 구성되면 필터의 기능은 흙 입자 유출방지, 배수, 역학적 완충 작용, 자기치유 작용을 하며 투수계수는 시방규정에 따라 다짐후 $1 \times 10^{-3} \sim 10^{-4}$cm/sec
⑤ 투수성재료(Rock zone)층은 댐의 안정성을 유지하며 재료는 암석을 사용하며 투수계수는 시방규정에 따라 다짐 후 1×10^{-2}cm/sec 정도 이다.

2-8 주요핵심문제
댐(Dam)

01 댐공사 시 가체절공 중 가장 단단한 구조 형식으로 얕은 수심에는 유리하지만 수심에 비하여 넓은 부지, 상당한 양의 토사가 필요한 가체절공은? [09·13 기사]
① 간이 가체절공
② 셀식 가체절공
③ 흙댐식 가체절공
④ 한겹 흙물막이 가체절공

해설
흙댐식 공법 특징
1) 수심에 비해 넓은 부지가 필요하다.
2) 많은 양의 축제토사가 필요하고 쉽게 구할 수 있어야 한다.

02 다음 댐에 관한 기술 중 옳지 않은 것은? [00,02,04·06,12 기사]
① 흙댐(earth dam)은 기초가 다소 불량해도 시공할 수 있다.
② 중력식 댐(gravity dam)은 안전율이 가장 높고 내구성도 크나 설계이론이 복잡하다.
③ 아치댐(arch dam)은 암반이 견고하고 계곡 폭이 좁은 곳에 적합하다.
④ 부벽식 댐(buttress dam)은 구조가 복잡하여 시공이 곤란하고 강성이 부족한 것이 단점이다.

해설
중력식 콘크리트 댐
1) 콘크리트 중력식 댐은 시멘트 콘크리트를 주 재료로 하여 구조물을 축조하여 만든 댐으로 댐의 자중에 의한 수평력이 수압에 저항하는 방식으로 일반적으로 삼각형 단면 형태를 가지고 있다.
2) 설계이론이 간단하고 자중이 크므로 견고한 지반이 필요하다

03 댐의 기초암반의 변형성이나 강도를 개량하여 균일성을 주기 위하여 기초지반에 걸쳐 격자형으로 그라우팅을 하는 것은? [04·08,09,10,11,12,18 기사]
① 압밀(consolidation) 그라우팅
② 커튼(curtain) 그라우팅
③ 블랭킷(blanket) 그라우팅
④ 림(rim) 그라우팅

해설
댐 기초처리 그라우팅 공법
1) 압밀(Consolidation Grouting) 공법
① 기초표층부를 고결시켜 지지력, 수밀성 증대를 목적으로 설치하는 그라우팅으로 기초암반의 지내력을 향상시킨다.
② 기초암반의 변형성이나 강도를 개량하여 기초암반에 균일성을 주기위하여 기초 전반에 격자형태로 그라우팅을 실시
2) 커튼(Curtain Grouting) 공법
① 기초지반내의 균열, 간극에 시멘트, 점토, 약액을 주입하여 지수막을 형성 하는 방법으로 기초암반에 침투하는 물을 차수할 목적으로 시공
② 콘크리트 댐에서는 제체에 작용하는 양압력을 감소하는 목적으로 시공

정답 01 ③ 02 ② 03 ①

04 커튼 그라우팅(curtain grouting)의 시공목적과 거리가 먼 것은? [09·10 기사]
① 터널이나 댐에서 침투수를 막기 위해서
② 시공중 침수에 의한 공사의 지연을 막기 위해서
③ 콘크리트 내부의 균열 및 수축 검사를 위해서
④ 구조물에 작용하는 양압력을 줄이기 위해서

해설

검사랑
중력식 및 아치댐의 내부기반 내부에 만들어지는 통로로서 댐의 점검(균열, 누수, 추축검사), 배수처리 등을 목적으로 콘크리트 내부에 만든 점검용 내부통로를 말한다.

05 댐의 부속설비 중 상하류면의 수위차를 이용한 것으로 동일단면에서는 자유월류의 경우보다 다량의 물을 배출시킬 수 있는 여수로(spill way)는? [08·11 기사]
① 사이펀 여수로
② 슈트식 여수로
③ 그롤리홀 여수로
④ 측수로 여수로

해설

사이펀 여수로(siphon spill way)
1) 사이펀 여수토는 여수로 설치 공간에 제한을 받는 경우 제체 안에 설치하는 관로시설물 로서 유출부로부터 공기 유입을 막기 위하여 관로 끝을 U형태로 구부리며 유입된 공기는 사이펀 마루(Crown)에서 방출 되도록 만든 여수토
2) 상하류면의 수위차를 이용한 것으로 자유월류 방식에 비하여 다량의 물을 하류로 배출시킬 수 있다.

06 필댐의 특징을 설명한 내용으로 틀린 것은? (07.13.17 기사)
① 현장 부근에 있는 자연 재료를 사용한다.
② 여수로의 설치가 필요치 않아 공사비가 저렴하다.
③ 일반적인 토공용 중장비를 사용한다.
④ 기초 바닥의 지질은 굳은 암반이 아니라도 좋다.

해설

여수로(Spill way)는 댐 축조공사에서 계획 저수량 이상으로 댐으로 흘러드는 홍수량을 안전하게 하류로 방류할 목적으로 설치하는 시설물로서 반드시 설치해야 한다.

07 표면차수벽댐은 core의 필터층이 없이 제체를 느슨한 암으로 축조하여 상하사면은 암의 안식각에 가깝게 하고, 제체가 어느 정도 축조된 후 상류측에 불투수층의 차수벽을 설치하여 차수 역할을 하며 차수벽과 rock 사이에는 입경이 작은 암석층을 두어 완충 역할을 하게 한다. 다음 중 표면 차수벽 댐을 채택할 수 있는 조건이 아닌 것은?
(03.05.11 기사)
① 대량의 점토 화보가 용이한 경우
② 짧은 공사 기간으로 급속 시공이 필요한경우
③ 동절기 및 잦은 강우로 점토 시공이 어려운 경우
④ 추후 댐 높이의 증축이 예상되는 경우

해설

콘크리트 표면 차수벽댐(Concrete Face Rockfill Dam)
1) Dam 상류에 차수용 Con'c Slab를 시공하는 형식으로 토사재료가 부족한 경우 적용되며, 상류에 콘크리트 차수벽을 만들고 중앙 및 하류측은 석괴로 쌓아올린 댐
2) Core 재료(점토) 구득이 어려운 경우에 공기단축을 목적으로 주로 시공한다.

정답 04 ③ 05 ① 06 ② 07 ①

2-9 항만공

1. 항만의 분류
(1) 항만이란 선박이 출입하며 사람이 타고 내리거나 화물을 선박에 싣고 내릴 있는 시설이 구비된 곳을 말한다.
(2) 항만의 분류(구조형태)
① 천연항(natural harbor)
천연의 자연 지형에 의해서 형성되는 항
② 개구항(open harbor)
항구가 항상 개방되어 있는 형태로 선박의 출입이 자유로이 이루어지는 항
③ 폐구항(closed harbor)
조수 간만의 차가 큰 장소에 선박의 출입이 가능하도록 폐구시켜 놓는 항

2. 방파제
(1) 방파제는 항만내의 선박과 시설물의 보호를 목적으로 설치하는 항만 외각시설의 일종이다.
(2) 방파제의 주된 목적은 파랑의 방지, 해안선의 토사유출 방지, 선박 및 항만시설의 보호, 항내 정온을 유지하여 하역의 원활화를 가능하도록 한다.
(3) 보통 방파제의 종류별 특징
① 경사제
1) 경사제는 방파제 중에서 가장 원시적이고 전통적으로 가장 많이 사용해 온 양식으로 사석, 블록 등을 사용하여 방파제면을 경사지도록 만든 방파제이다.
2) 경사제는 수심이 얕고 파고가 비교적 작은 소규모의 어항에 주로 축조된다.
3) 특 징
  가. 연약지반에는 쇄석 자체가 기초가 되므로 연약지반에 적합하다.
  나. 시공설비와 시공법이 간단하여 경제적이다.
  다. 파괴된 경우 복구공사를 용이하게 수행할 수 있다.
  라. 수심이 깊은 곳에서는 대량의 쇄석 또는 콘크리트 블록이 필요하므로 비경제적이다.
  마. 파고가 높은 곳에서는 피해 빈도수가 많아지고, 유지보수비가 많이든다.

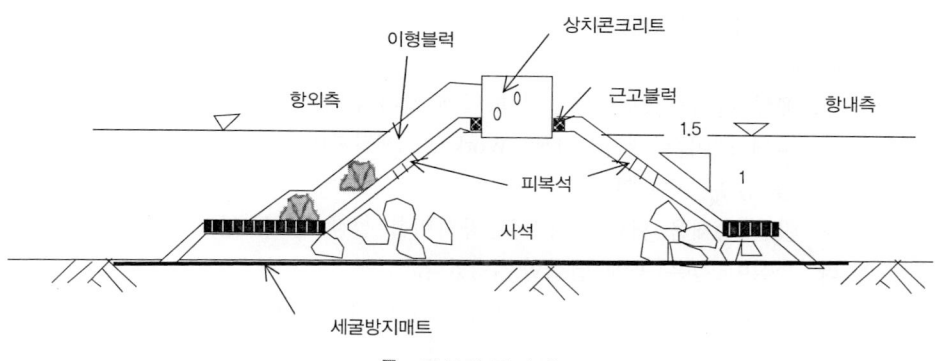

■ 경사제 방파제

② 직립제
  1) 전면을 연직으로 구조물을 만들어 파도를 몸체로 반사시키는 것을 목적으로 하고 있어 반사식 방파제라고 불린다.
  2) 직립제는 지반이 견고하여 파에 의하여 세굴될 염려가 거의 없는 경우에 적용한다.
  3) 특 징
     가. 상부구조물 육상 제작 시공에 용이
     나. 해상+육상 동시로 공기절감 용이
     다. 사석재료 절감
     라. 깊은 수심 가능
     마. 파에 대한 저항성 크다
     바. 초기 투자비 크다
     사. 대형 육상 제작장 별도

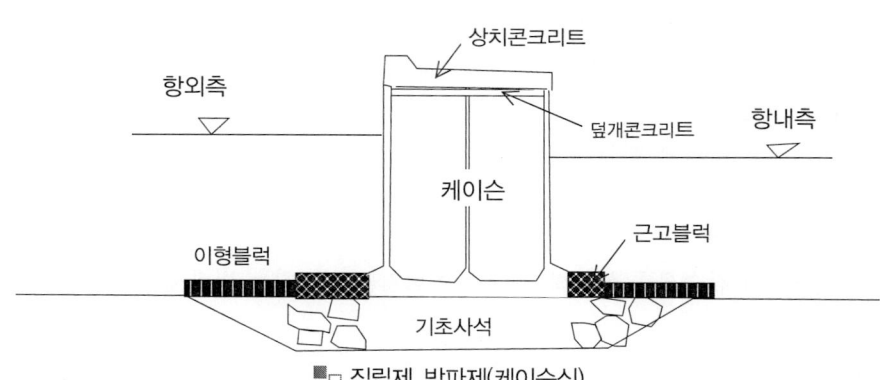

■ 직립제 방파제(케이슨식)

③ 혼성제
  1) 사석부는 경사제 형식을 취하고 본체는 직립제 형식을 혼용한 형식으로 혼성제는 방파제 공사에서 가장 많이 사용되고 있는 양식이다.
  2) 직립제체의 구조양식에 따라 케이슨제, 콘크리트방괴제, 셀블록제, 콘크리트 단괴

제, 돌쌓기제, 돌방틀제 등이 있다.
3) 특 징(케이슨식)
   가. 제체 전체가 일체로 되어 파력에 강하다.
   나. 본체 케이슨 제작시 Dry Work로 제작되어 시공이 확실하며 해상 시공일수를 단축할 수 있다.
   다. 값싼 속채움 재료 사용으로 공사비를 절감 할 수 있다.
   라. 수심이 깊은 곳에 건설할 수 있다.
   마. 진수, 운반, 거치 등이 수심에 따라 크게 좌우된다.

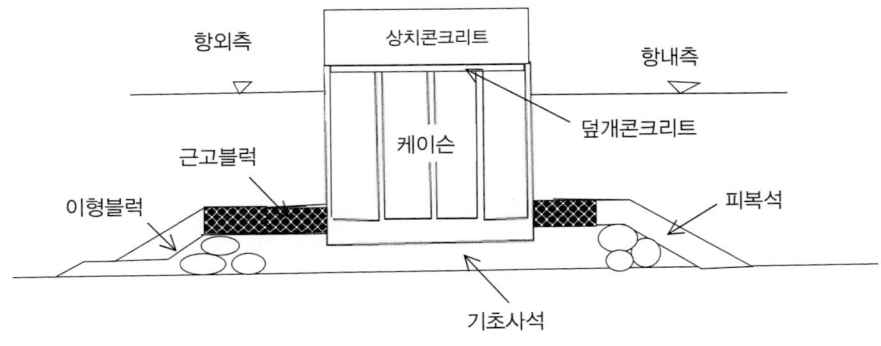

■□ 혼성식 방파제(케이슨식)

(4) 특수방파제
   ① 특수방파제는 방파제의 기존 기능은 물론 항내의 해수 통수 및 예기치 못한 자연재해에 효과적 대비하기 위해 설치되는 구조물이다
   ② 특수방파제 종류
      1) 공기방파제
         해저에 설치된 배기관에서 압축 공기를 배출하여 진행하는 파고의 에너지를 감쇠하는 방파제.
      2) 부양방파제
         부체를 물위에 띄워 파고 에너지를 감쇠하는 방파제로서 주로 임시방파제 가설에 사용
      3) 잠수방파제
         물속에 잠수제를 설치해서 파고 에너지를 감쇠하는 방파제

(5) 방파제 안정
   ① 방파제는 파력에 대하여 활동 및 활동에 대하여 안전하도록 충분한 방파제 자중을 확보해야 한다.
   ② 또한 기초지지력은 허용지지력 이하가 되도록 충분한 지지력 확보 및 단면을 확보하여야 한다.
   ③ 활동에 대한 안전율 및 파압

1) $F_s = \dfrac{f \cdot W}{P_h}$

   여기서, W : 연직력(케이슨용적×케이슨단위중량)(t/m)
   f : 제체와 기초사이의 마찰계수
   P_h : 수평력(케이슨×파압)(t/m)
   F_s : 안전율

2) 파압(P)

   여기서, w : 해수의 단위중량(t/m³)
   h : 파고(m)

3. 안벽(Quay Wall)

(1) 안벽구조물은 접안시설(계류시설)의 일종으로 선박이 접안하는 벽은 수직이고 배면은 사석 및 토사등이 매립된 수심 4.5m 이상인 구조물이다.

(2) 안벽과 물양장의 차이
   ① 물양장 : 수심 4.5m이하, 소형선 접안시설
   ② 안벽 : 수심 4.5m이상, 대형선의 접안시설

(3) 안벽의 종류
   ① 중력식 안벽
      1) 안벽의 자중 및 저면 마찰력에 의해서 저항하는 구조무
      2) 상부공, 구체공, 기초공으로 구성되어 있다.
      3) 중력식 안벽의 종류는 케이슨식, L형 Block식, Block식, Cell Block식이 있으며, 공사비가 고가이다.
   ② 널말뚝식 안벽
      1) 널말뚝을 지반에 박아서 안벽을 만드는 형식으로 보통 지반이 연약한 곳에 사용된다.
      2) 주된 구성은 강널말뚝, Tie Rod, 띠장, 버팀대로 이루어져 있다.
   ③ 잔교식 안벽
      1) 배를 육지와 접안 시킬 목적으로 설치되는 다리구조를 가진 교형(橋刑)구조물을 말하며 각주(脚柱)구조에 따라 말뚝식, 원통식, 교각식으로 분류된다.
      2) 토압을 받지않고 자중이 적어 연약지반에도 시공이 가능하다.
      3) 지진에 대하여 중력식 안벽보다 유리하나, 수평력에 대한 저항력은 작다.
      4) 배치 방식에 따라 돌제식(해안과 직각방향 배치), 횡잔교(해안과 평행배치)을 나눌 수 있다.
      5) 토류사면과 잔교를 조합하는 것이므로 공사비가 높아지는 경우가 있다.

④ 부잔교식 안벽
  1) 부함(Pontoon)을 물에 띄워서 안벽(계선안)으로 사용하는 것으로 조수간만의 차가 클 경우 사용한다.
  2) 수심이 깊고 지반이 나쁜 곳에 적용이 가능하다.
  3) 설치한계치
      가. 유속 : 0.5m/sec 이하
      나. 파고 : 1.0m 이하
⑤ 돌핀(Dolphin)
  1) 선박을 접안시키는 고정식 구조물로서 해안에서 떨어진 해상에 몇 개의 독립된 주상 구조물을 설치하여 안벽으로 이용하는 시설물로 대형선박이나 유조선인 경우에 적합한 구조형식 이다.
  2) 말뚝식, 케이슨식 등이 있으며 구조가 간단하고 공사비가 저렴하다.

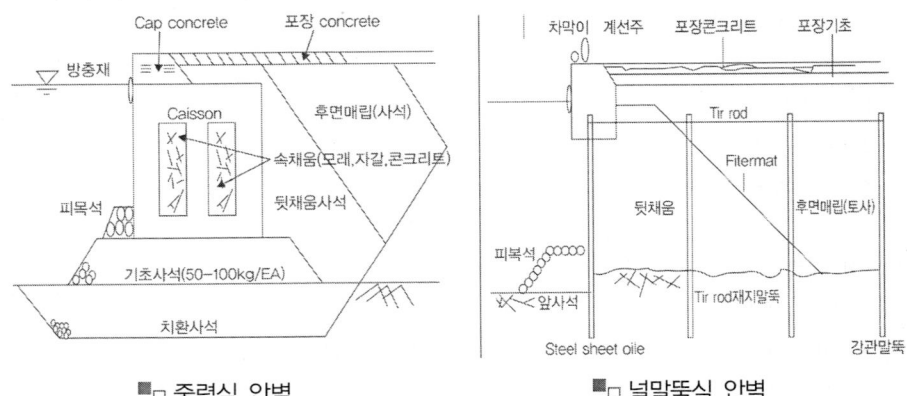

■□ 중력식 안벽　　　　　■□ 널말뚝식 안벽

■□ 돌핀(Dolphin)

2-9 주요핵심문제

항만공

01 다른 형식보다 재료가 적게 소요되고 높은 파고에서도 안전성이 높으며 지반이 양호하고 수심이 얕은 곳에 축조하는 방파제는? (13.16 기사)
① 부양 방파제
② 직립식 방파제
③ 혼성식 방파제
④ 경사식 방파제

해설
직립식 방파제에 대한 설명이다.

02 항만공사에서 간만의 차가 큰 장소에 축조되는 항은? (10.14.18 기사)
① 하구항(coastal harbor)
② 개구항(open harbor)
③ 폐구항(closed harbor)
④ 피난항(refuge harbor)

해설
조수 간만의 차가 큰 장소에 선박의 출입이 가능하도록 폐구시켜 놓는 항을 폐구항이라 한다.

03 잔교란 배를 계선하여 육지와 연락하기 위한 다리 구조를 말한다. 잔교의 특징에 관한 설명으로 잘못 된 것은? (05.12 기사)
① 수평력에 대한 저항력이 크다.
② 토압을 받지 않고 자중이 적으므로 연약지반에 이용할 수 있다.
③ 기존 호안이 있는 곳에 안벽을 축조할 때는 횡잔교가 유리하다.
④ 구조적으로 토류사면과 잔교를 조합하는 것이므로 공사비가 많아지는 경우도 있다.

해설

잔교식 안벽 특징
1) 배를 육지와 접안 시킬 목적으로 설치되는 다리구조를 가진 교형(橋刑) 구조물을 말하며 각주(脚柱)구조에 따라 말뚝식, 원통식, 교각식으로 분류된다.
2) 토압을 받지않고 자중이 적어 연약지반에도 시공이 가능하다.
3) 지진에 대하여 중력식 안벽보다 유리하나, 수평력에 대한 저항력은 작다.
4) 배치 방식에 따라 돌제식(해안과 직각방향 배치), 횡잔교(해안과 평행배치)을 나눌 수 있다.
5) 토류사면과 잔교를 조합하는 것이므로 공사비가 높아지는 경우가 있다.

정답 01 ② 02 ③ 03 ①

2-10 하천공

1. 하천제방
(1) 하천제방이란 하천수가 하천 밖으로 넘치는 것을 방지하기 위하여 하천을 따라 토사 등을 적정 높이로 축조한 구조물
(2) 제방 축조는 시공 전에 충분한 지반조사가 행해져야 하며 하천수량 및 홍수량 등을 고려하여 시공한다.

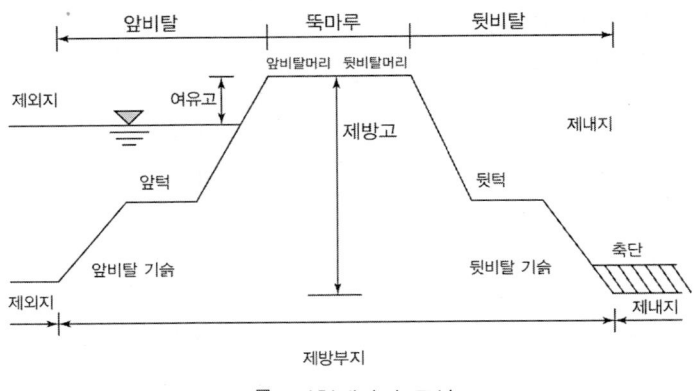

■□ 하천제방의 구성

2. 도류제
하구의 위치를 고정시키고 항상 필요한 수심을 유지 또는 증가 시키기 위한 제방으로 수로 내의 흐름을 부드럽게 유도하기 위한 제방형(堤防形) 구조물로서 도수제(導水堤)라고도 한다.

3. 호안(護岸)
(1) 호안은 제방 또는 하안을 유수에 의한 파괴와 침식으로 부터 직접 보호하기 위해 제방 앞 비탈에 설치하는 구조물이다
(2) 호안의 구성은 비탈면 덮기, 비탈멈춤, 밑다짐의 세 부분으로 구성된다.

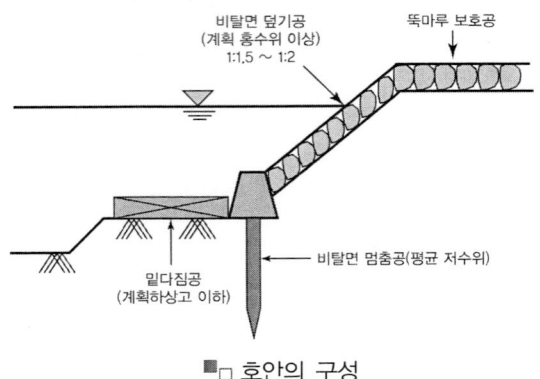

■□ 호안의 구성

4. 호안의 구조

(1) 비탈면 덮기공
① 하안 및 제체의 세굴방지를 목적
② 돌, 콘크리트 쌓기 및 붙임공, 콘크리트 비탈틀공, 돌망태공

(2) 비탈면 멈춤공
① 비탈면 덮기공의 활동, 붕괴 방지 목적
② 사다리 토대, 편책(대나무, 갈대, 수수깡 따위로 발처럼 엮어서 만든 것), Sheet Pile, 콘크리트 기초

(3) 밑다짐공
① 호안 기초의 안정성 도모
② 사석공, 돌망태공, 콘크리트 Block공, 침상공

2-11 암거공

1. 암거공
(1) 도로, 철도, 제방 밑을 통해서 차량통행 및 용수, 배수를 위해서 매설된 구조물
(2) 보통 지름 2m 내외로 상부는 토공으로 덮는다.

2. 암거의 종류
(1) 사이펀 암거(Syphon drain)
   ① 수로교로서 물을 횡단시키지 못하는 경우에 암거 전후의 수로바닥보다 대단히 낮은 위치에 만들어 물을 횡단시키는 목적으로 설치한다.
   ② 용수, 배수, 운하 등 성질이 다른 수로가 교차하지만 합류를 시킬 수 없는 경우 설치하면 편리한 장점이 있다.

(2) 맹암거
   ① 지하수의 집. 배수를 위하여 모래, 자갈, 호박돌, 다발로 묶은 나뭇가지 등을 땅 속에 매설한 일종의 수로이다.
   ② 주로 운동장 또는 광장과 같은 넓은 지역의 배수를 위하여 설치한다.

(3) 다공관거
   ① 관내의 집수 효과를 크게 하기 위해서 관 둘레에 구멍을 내어 하천의 복류수 또는 지하수를 집수하기 위한 집수암거의 일종이다.
   ② 복류수(伏流水)를 취수하기 위해 하천이나 호소(湖沼)의 저부 또는 측부에 흐름의 방향과 직각 또는 평행으로 매설한 유공(有孔) 관거(管渠)이다.

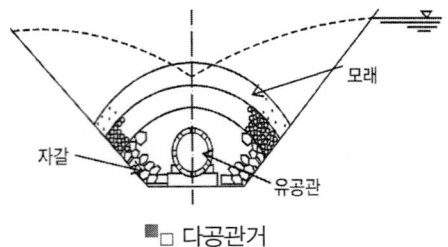

(4) 박스암거(box culvert)
   ① 구조물 위, 아래가 슬래브 형식에 측벽으로 이루어진 단면이 직사각형의 철근콘크리트 구조물을 말한다.
   ② 상부하중이 크게 작용하는 경우 배수구조물로서 유리한 암거이다.

3. 암거의 배열방식

(1) 자연식
자연지형에 맞추어서 암거를 매설하는 방식

(2) 차단식
인접한 지대, 배수 지구를 둘러싼 높은 지대에서의 침투수를 차단할 수 있는 위치에 설치하여 배수구 내의 침투수를 막을 수 있는 곳에 암거를 설치하는 배열방식

(3) 빗 식
집수 지거를 향하여 지형의 경사가 완만하고 같은 습윤상태인 곳에 적합한 배열방식으로, 1개의 간선 집수지 또는 집수지거로 되도록 많은 흡수거를 합류하도록 만든 배열방식

(4) 집단식
1개 지구내에 여러개의 형태의 소규모 암거배수를 집단적으로 설치하여 배수시키는 배열방식

(5) 어골식
길이가 길고 폭이 좁은 오목한 지대의 중앙에 집수지거가 가로로 배치되어 있고 흡수거가 그 양쪽에서 합류하여 물고기뼈와 같은 형태의 배열방식

(6) 2중간선식
배수지구 중앙부에 폭이 넓은 평평한 오목지대나 늪과 같은 습지가 가로놓여 침투수가 경사면을 따라 흐르는 배수지구에 사용되는 것으로 빗식 배열방식의 수정형태

4. 암거 매설공법

(1) 개착공법(Open cut)
터파기 도중 지반이 붕괴 되지 않도록 널말뚝을 시공도중 설치하면서 암거를 매설하는 공법으로 연약한 지반이거나 지하수위가 높은 경우는 쇠 널말뚝을 시공한다.

(2) 프론트 잭킹 공법(Front jacking method)
① Concrete 함체(전단면 Precast Concrete 구조물)을 제작한 후 유압 Jack을 이용하여 함체를 소정위치에 P.S 스트랜드를 사용하여 견인 후 인입 시키는 공법이다.
② 도로, 철도, 지중에 있는 지하도 수로 등의 횡단 기타 개착공법이 곤란한 경우 사용하는 것이며, 소구경의 강관을 입갱 사이에 삽입하거나 또는 당김으로써 관을 매설하는 방법으로 매우 높은 시공성 및 안정성 확보할 수 있는 특수공법이다.

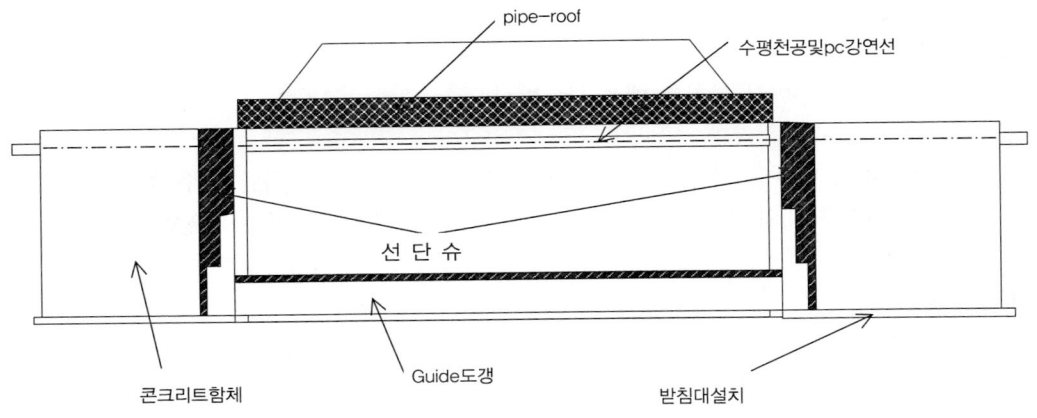

■□ 프런트 재킹 공법(상호 견인 방식)

5. 배수 암거 관련 공식

(1) 지표 배수량(전유출량)

$$Q = \frac{1}{360} \cdot C \cdot I \cdot A$$

여기서, Q : 유출량(집수량)(m^3/sec)
  C : 유출계수
  I : 강우강도(mm)
  A : 집수면적(m^2)

(2) 암거의 배수량 및 간격(Donnan식)

$$Q = \frac{4k(H_0^2 - h_0^2)}{D} = \frac{4kH_0^2}{d}$$

여기서, Q : 암거의 단위길이당 배수량
  D : 암거의 간격
  k : 투수계수
  H_0 : 불투수층에서 최소 침강 지하수면까지의 거리
  h_0 : 불투수층에서 암거 매립 위치까지의 거리

(3) 암거의 깊이와 간격

$$D = \frac{2(H - h - h_1)}{\tan \beta}$$

여기서, D : 암거의 간격
  H : 암거의 깊이
  h : 지하수의 깊이

h_1 : 암거와 지하수면과의 최저점 거리

(4) 암거 내의 유속(Giesler 공식)

$$V = 20\sqrt{\frac{D \cdot h}{L}}$$

여기서, V : 관내의 평균유속(m/sec)
D : 관의 직경(m)
L : 암거의 길이(m)
h : 길이 L에 대한 낙차(m)

6. 암거 기초공 시공시 유의사항

(1) 기초가 다소 불량한 곳은 침목, 콘크리트 침목 등의 기초공을 설치한다.
(2) 기초바닥이 불량한 경우 말뚝기초공을 설치한다.
(3) 관거의 최소 피토 두께를 1.0m 이상 되어야 상부하중의 영향을 받지 않는다.
(4) 부등침하 우려가 있는 경우 기초에 조약돌, 잡석 등을 포설하면 오히려 부등침하가 발생될 가능성이 있다.
(5) 관은 낮은 곳에서 높은 곳으로 부설한다.
(6) 지반이 양질이면 암거를 직접 매설한다.

2-11 주요핵심문제

암거공

01 사이펀 관거(syphon drain)에 대한 다음 설명 중 옳지 않은 것은?
[04 · 05 · 09 · 14 기사]
① 암거가 앞뒤의 수로바닥에 비하여 대단히 낮은 위치에 축조된다.
② 일종의 집수암거로 주로 하천의 복류수를 이용하기 위하여 쓰인다.
③ 용수, 배수, 운하 등 성질이 다른 수로가 교차하지만 합류시킬 수 없을 때 사용한다.
④ 다른 수로 혹은 노선과 교차할 때 사용된다.

해설
사이펀 암거(Syphon drain)
① 수로교로서 물을 횡단시키지 못하는 경우에 암거 전후의 수로바닥보다 대단히 낮은 위치에 만들어 물을 횡단시키는 목적으로 설치한다.
② 용수, 배수, 운하 등 성질이 다른 수로가 교차하지만 합류를 시킬 수 없는 경우 설치하면 편리한 장점이 있다.

02 암거의 배열방식 중 인접한 높은 지대에서 배수지구로 스며드는 침투수를 차단하기 위하여 구역 둘레에 배수암거를 매설하는 방식은? [11 · 14 기사]
① 빗식   ② 차단식
③ 어골식   ④ 자연식

해설
차단식
배수지구의 고지대로부터 배수지구 내로의 침투수를 차단할 수 있는 위치에 배치한 방식

03 암거의 배열방식 중 집수지거를 향하여 지형의 경사가 완만하고, 같은 습윤상태인 곳에 적합하며, 1개의 간선집수지 또는 집수지거로 가능한 한 많은 흡수거를 합류하도록 배열하는 방식은?
[00.03,06,09 · 11 기사]
① 자연식(natural system)
② 차단식(intercepting system)
③ 빗식(gridiron system)
④ 집단식(grouping system)

해설
빗 식
집수 지거를 향하여 지형의 경사가 완만하고 같은 습윤상태인 곳에 적합한 배열방식으로, 1개의 간선 집수지 또는 집수지거로 되도록 많은 흡수거를 합류하도록 만든 배열방식

04 관내의 집수 효과를 크게 하기 위하여 관 둘레에 구멍을 뚫어 지하에 매설하는 집수 암거의 일종으로 하천의 복류수를 주로 이용하기 위하여 쓰이는 것은? (05,06 기사)
① 함거   ② 관거
③ 다공관거   ④ 사이펀 관거

해설
다공관거
1) 관내의 집수 효과를 크게 하기 위해서 관 둘레에 구멍을 내어 하천의 복류수 또는 지하수를 집수하기 위한 집수암거의 일종이다.
2) 복류수(伏流水)를 취수하기 위해 하천이나 호소(湖沼)의 저부 또는 측부에 흐름의 방향과 직각 또는 평행으로 매설한 유공(有孔) 관거(管渠)이다.

정답 01 ② 02 ② 03 ③ 04 ③

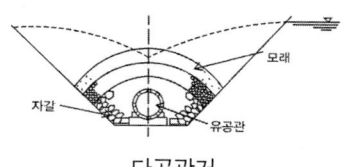

다공관거

05 불투수층에서 잰 암거 중앙에서의 지하수면의 높이를 1m, 암거의 간격 12m, 투수계수 k=10⁻⁵cm/sec 라 할 때 이 암거의 단위 길이당 배수량을 Donnan 식에 의하여 구하면 얼마인가? (00.10.13 기사)
① 2.3×10⁻²cm³/cm/sec
② 5×10⁻⁴cm³/cm/sec
③ 2×10⁻⁴cm³/cm/sec
④ 3.3×10⁻⁴cm³/cm/sec

해설

$$Q = \frac{4k(H_0^2 - h_0^2)}{D} = \frac{4kH_0^2}{D}$$

여기서, Q : 암거의 단위 길이당 배수량
D : 암거의 간격
k : 투수계수
H_0 : 불투수층에서 최소침강 지하수면까지의 거리
h_0 : 불투수층에서 암거매립 위치까지의 거리

$$Q = \frac{4 \times 10^{-5} \times 100^2}{1200} = 3.3 \times 10^{-4} cm^3/cm/\sec$$

06 암거의 매설을 위한 기초공에 대한 설명중 옳지 않은 것은? (10.13 기사)
① 기초가 양호하면 암거를 직접 매설해도 된다.
② 기초가 다소 불량한 곳은 침목, 콘크리트 침목 등의 기초공을 해야 한다.
③ 기초 바닥이 매우 불량할 때는 말뚝기초를 하여야 한다.
④ 부등침하의 우려가 있는 기초에는 잡석, 조약돌 등을 포설한다.

해설

부등침하의 우려가 있는 곳에 잡석, 조약돌을 까는 경우 부등침하 우려가 커지므로 강성의 콘크리트 기초 또는 말뚝 기초를 시공한다.

2-12 연약지반

1. 연약지반
(1) 연약지반이란 일축압축강도가 작고 압축되기 쉬운 흙을 말한다.
(2) 점토, Silt 및 유기질토, 느슨하게 쌓인 사질토 등이 이에 해당되는 지반으로서 상부하중에 의해 침하, 안정성, 측방유동, 액상화 등의 문제가 발생된다.

2. 연약지반 개량 목적
(1) 전단강도 증대
(2) 부등침하 방지
(3) 액상화 방지
(4) 투수성 감소
(5) 지지력 증대

3. 지반개량 공법의 종류

점성토 개량	사질토 개량
치환, 압밀 공법	진동다짐, S.C.P
탈수, 배수 공법	폭파다짐, 전기충격
고결 공법	약액주입, 동다짐

4. 점성토 지반 개량 공법
(1) 치환공법
① 굴착치환공법
연약층을 굴착(백호, 클램쉘)하여 양질토사로 치환하는 방법

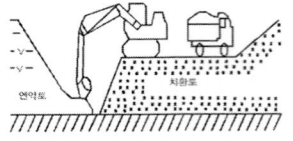 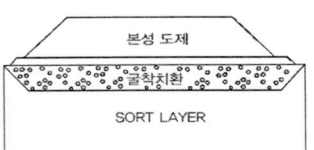

② 폭파치환공법
연약층 내부에 폭약을 설치하여 폭파에 의한 에너지를 이용하여 연약층을 주위로 이동 시키면서 상부의 양질의 흙으로 치환하는 방법

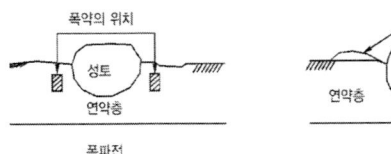

③ 동치환 공법
연약한 점성토 지반에 쇄석 또는 모래자갈 등의 재료를 미리 포설하고 중추로 낙하시켜 지중에 쇄석기둥을 형성하는 방법

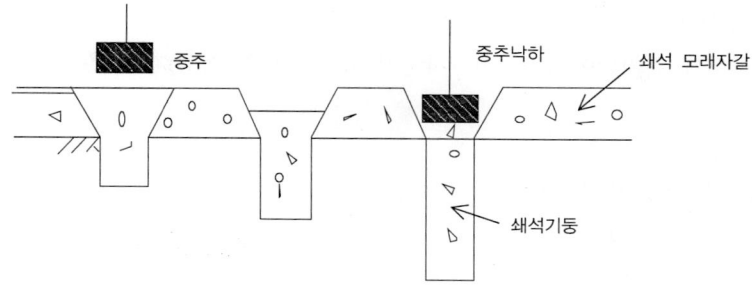

(2) Vertical drain 공법
① Vertical drain 공법은 두꺼운 연약지반 처리공법 중 점성토로서 압밀속도가 극히 늦을 경우에 가장 적당한 공법으로 샌드드레인, 페이퍼드레인, 팩드레인, P.B.D 공법 등이 있다.
② 샌드 드레인(Sand drain)공법
 1) 연약한 점토질지반에 모래기둥 시공하여 점성토층의 배수거리를 짧게하여 압밀을 촉진시켜서 공기 단축하는 공법
 2) Pre-loading 공법과 병용하여 시공을 주로함.
 3) 공법의 특징
  가. 압밀효과 큼
  나. 침하속도 조절가능
  다. 시공비 저렴
  라. 드레인 타설시 주변지반 교란 및 모래기둥 절단 우려
 4) 샌드 드레인 유효지름
  가. 정삼각형 배치 de=1.05d
  나. 정사각형 배치 de=1.13d

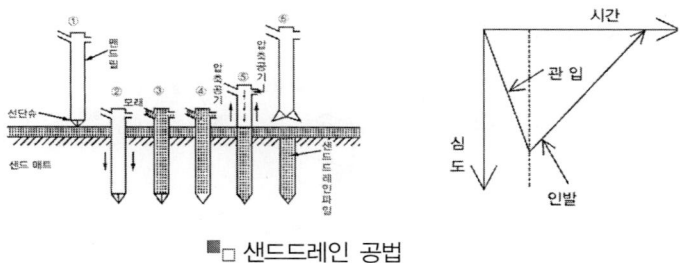

■ 샌드드레인 공법

③ 페이퍼 드레인(Paper drain) 공법
 1) 10cm×0.3cm의 케미칼 보드를 지반속에 투입하여 배수압밀 촉진하는 공법으로 공

장 생산 제품으로 품질이 균일하며 배수효과가 일정하다.
2) 재료의 강도가 약해 습윤상태 및 지중에 장애물이 있는 경우 시공이 어려운 문제점이 있으며 초연약 점성토 지반의 압밀촉진에 사용되며, 장시간 사용시 제품의 열화(熱化)현상으로 배수효과가 감소된다.
3) 준설토가 적치되어 있는 연약지반에 함수비(100%이상)가 높은 지반조건에 적합하다.
4) 특 징
   가. 시공속도가 빠르다.
   나. 주위지반 교란이 적다.
   다. 장시간 사용 시 열화현상으로 배수효과 감소
   라. 단단한 모래층 관입 곤란

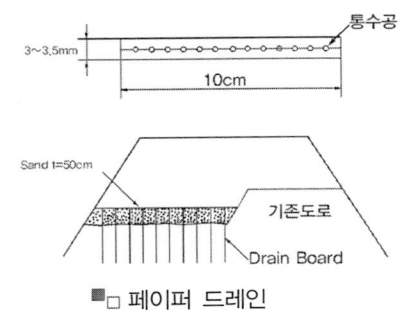
■□ 페이퍼 드레인

④ 팩드래인(Pack drain) 공법
   1) 투수성이 큰 모래를 특수 섬유질의 망태 속에 투입하여 연약지반내 모래기둥을 형성 시키는 공법으로 Sand Drain 공법에서 파일의 절단에 대한 문제점을 보완하기 위해 개발된 공법이다.
   2) 동시에 4공의 모래기둥을 만들 수 있어 시공속도가 빠르다.
   3) 특 징
      가. 모래단면이 절단되지 않고 유지
      나. 시공속도 빠르다.(4본 동시타설)
      다. 장비선정, 작업원 수련도 요구

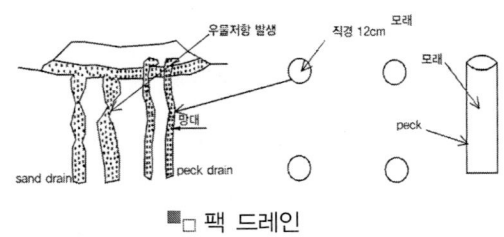
■□ 팩 드레인

⑤ PBD(plastic board drain)공법
   1) 연약지반 개량 공법의 일종인 PBD 공법은 플라스틱 보드재질의 연직배수재로서

기존의 페이퍼 드레인과 같은 공장기성 제품이며 강성이 좋고 시공성이 좋아 최근 사용성이 많아지고 있는 연직배수공법이다.

2) 시공시 연직도 유지가 중요하며 또한 시공시 Smear 및 Well-resistance 발생이 되지 않도록 시공관리 하는것이 매우 중요하다.

(3) 샌드매트(Sand mat) 공법
① 연약한 점성토 지반에 수직의 Drain으로부터 나오는 물을 수평방향으로 배수가 잘되도록 하는 배수층 역할 및 장비의 주행이 원활하도록 지지력을 확보하기 위한 수평방향으로 포설되는 모래이다.
② 연약층이 두껍고 성토 중에 기초 지반의 강도 증가를 기대할 수 없는 지반상에 단기간으로 성토할 때의 공법으로 적당하다.
③ Sand mat 기능
   1) 지반개량에 따른 배수층 역할
   2) 장비 주행성 (Trafficability) 확보
   3) 성토층내로의 수위상승 억제

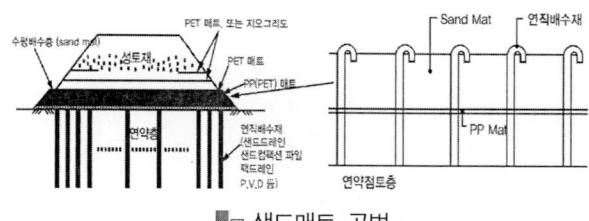

■□ 샌드매트 공법

(4) Pre-loading(재하 압밀공법)
① Pre-loading 공법은 연약지반 상에서 설계하중 이상이 되는 하중을 사전에 재하시켜서 지반의 압밀을 촉진시켜 구조물에 해로운 잔류 침하를 남지 않게 하고 압밀에 의하여 점토 지반의 강도를 증가시켜서 기초지반의 전단파괴를 방지하는 것이 목적인 공법이다.
② Pre-loading 공법은 일반적으로 Vertical Drain 공법과 병행시공한다.
③ 특 징
   1) 특별한 장비나 재료가 필요 없이 성토재료를 사용 시공이 간단하다.
   2) 압밀 촉진으로 점토지반의 전단강도를 증대 시킨다.
   3) 공기가 여유가 있는 경우에 적합하며, 사토장이 별도 요구된다.
   4) 도로, 방파제 등 구조물 자체가 재하중 형태로 영구하중으로 작용하는 형식이다.
   5) 초기 침하를 끝내게 되어 효과는 크나 공사기간이 많이 소요된다.

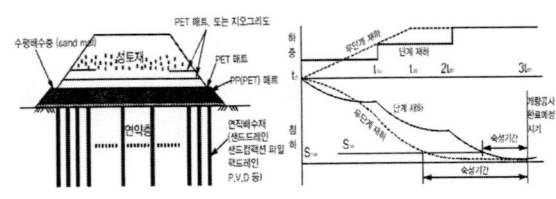

■□ Pre-loading(재하 압밀공법)

(5) 압성토 공법 (Surcharge 공법)
① 토사 성토체의 측방에 소단모양의 성토를 쌓아 원지반의 침하에 따른 활동으로 측방이 융기될 때가 많은데 이를 방지하기 위하여 융기되는 방향으로 소단 모양의 성토를 하여 토사 성토체의 활동에 대한 저항 모멘트를 크게 하여 지반의 안정화를 목적으로 하는 공법이다.
② 압성토 공법의 특징
    1) 압성토의 높이는 성토 본체 높이(H)의 H/3이 한계
    2) 압성토의 길이는 2H 정도
    3) 공사중에는 공사용 도로 이용가능
    4) Heaving 방지
    5) 산사태 응급 대책 가능

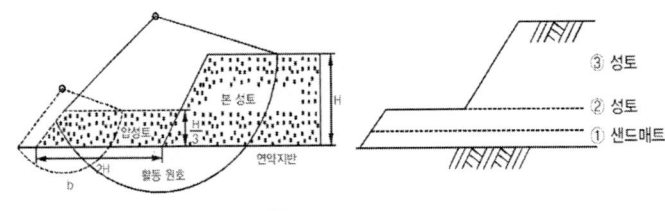

■□ 압성토 공법

5. 사질토 지반개량 공법

(1) 진동다짐(Vibroflotation)공법
① 느슨한 모래지반에 수평방향으로 진동하는 봉상(ϕ약 20cm)의 바이브레이타로 선단에서 물과 진동을 동시에 일으켜서 생긴 빈틈에 자갈을 채워 느슨한 모래지반을 개량하는 공법
② 적용심도 약 20m 내외 시공
③ 진동다짐 공법의 특징
    1) 지반이 균일
    2) 깊은 곳의 다짐을 지상에서 실시
    3) 지하수의 영향을 받지 않고 시공가능
    4) 시공비가 싸고 협소한곳 시공용이
    5) 액상화 방지에 효과적

(2) 다짐모래말뚝 (Sand Compaction Pile) 공법
   ① 점토지반에 모래기둥 형성으로 모래와 점토의 복합강도지반을 형성하여 지반 내 전단강도 증가
   ② 장비의 관입과 인발의 반복을 통한 모래기둥 강성 증대
   ③ 두께 10~15m로서 N치가 0에 가까운 실트(silt)질의 연약지반상에 높이 5m의 성토를 행하였을 때 지반처리 공법으로 적당하다.

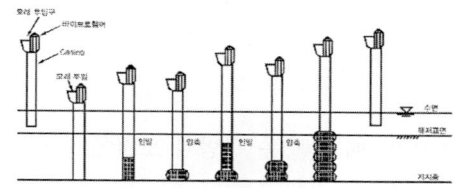

■□ 다짐모래말뚝 (Sand Compaction Pile) 공법

(3) 약액주입공법
   ① 지반 내 주입관을 삽입하여 주입관을 통해 주입재를 지중에 압송, 충전한 후 일정시간(gel time)동안 경화한 후 지반을 고결하는 공법으로 차수, 지수 및 지반강도증진을 목적으로 실시한다.
   ② 공법의 특징
      1) 지반융기 및 수평변위가 생길 수 있으며 지중구조물에 피해가 발생 될 수 있다.
      2) 작업이 간편하고 소규모로 실시 할 수 있다.
      3) 지하수 오염 가능성 큼
      4) 소음, 진동 작다.
      5) 지반강도증대 및 차수효과 높일 수 있다.

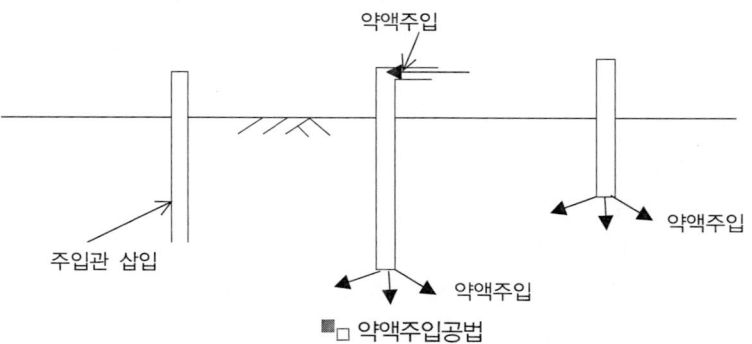

■□ 약액주입공법

(4) 동다짐 공법(동압밀 공법)
   ① 무거운 추(10~200TON)를 크레인을 이용하여 10m 이상 높이에서 낙하시켜 지표면에 가해지는 충격 에너지가 지반의 심층까지 지반을 다짐해주는 공법이다.

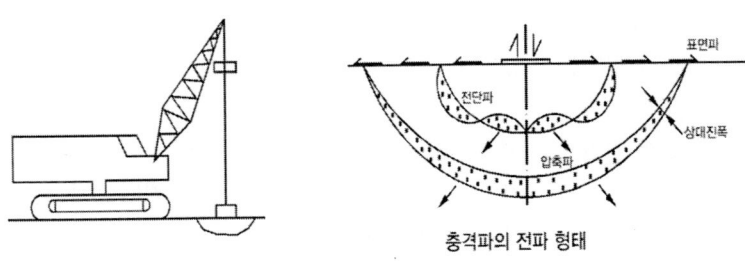

■□ 동다짐 공법

② 공법 특징
1) 사질토, 전석, 쓰레기, 폐기물 등 광범위 토질에 적용할 수 있다.
2) 개량효과가 확실하다.
3) 깊은 심도의 지반개량이 가능하다.
4) 소음, 진동, 분진으로 인한 민원 발생 우려가 있다.

(5) 일시적 지반개량 공법
① 생석회 Pile 공법(산화칼슘 CaO)
지반의 물을 급속하게 탈수함과 동시에 생석회 말뚝이 물을 흡수, 팽창, 발열하여 건조시키는 공법
② 소결공법
점토질 연약지반 중에 연직 또는 수평공동구를 설치하여 그 안에 연료를 연소시켜 고결 탈수하는 방법
③ 동결공법
1) 동결관을 땅속에 박고 액체질소 같은 냉각제를 이용하여 흙을 동결시킴
2) 일시적인 가설공법에 주로 사용되며 동결된 흙의 강도효과는 기대하는데 어려움이 있다.
④ Well point 공법
1) 지중에 pipe를 박고, well point를 사용하여 지하수를 진공 pump로 흡입탈수 시켜서 지하수위를 저하시키는 공법
2) 양정깊이가 7m 이상시는 다단식으로 Well point를 설치함.
3) 연약한 사질지반에 적당하고 집수관, 양수관, 연결관 등의 기계설비가 필요하다.
4) 특 징
가. 굴착공사의 dry Work이 용이
나. 투수성이 비교적 낮은 사질 Silt 층까지도 강제배수 가능
다. 공기단축이나 공비경감에도 크게 기여
라. 압밀침하로 인한 주변 대지 및 도로에 균열발생
⑤ 대기압공법
1) 연약지반 개량 공법의 하나로 연약지반의 지표층에 배수를 위한 샌드매트(Sand

mat)를 시공하고 그 위에 외부와의 차단막을 설치하여 지반을 밀폐시킨 뒤, 진공압을 가하여 지반 내의 물과 공기를 배출시켜 압밀을 촉진시키는 공법이다.

2) 진공으로 탈수시키므로 정적하중에 의한 자연배수보다 2~5배 더 빨리 배수되어 압밀기간이 일반 탈수공법에 비해 2배 이상 단축된다.

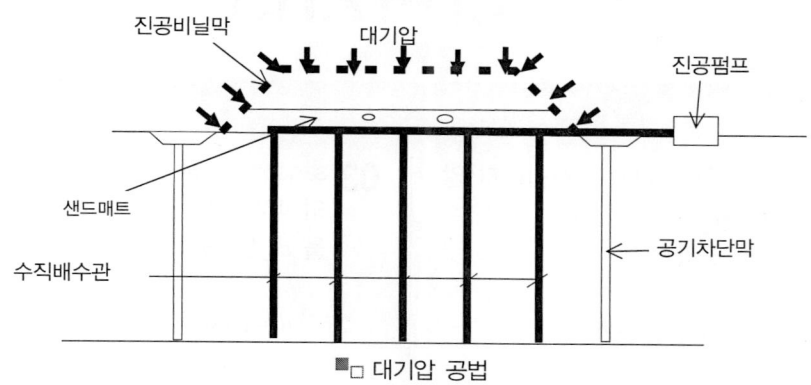

■□ 대기압 공법

2-12 주요핵심문제
연약지반

01 점성토지반의 개량 공법으로 적합하지 않은 것은? [02.06·07·08 기사]
① 샌드 드레인 공법
② 치환 공법
③ 바이브로플로테이션 공법
④ 프리로딩 공법

해설

진동다짐(Vibroflotation)공법
① 느슨한 모래지반에 수평방향으로 진동하는 봉상(ϕ 약20cm)의 바이브레이타로 선단에서 물과 진동을 동시에 일으켜서 생긴 빈틈에 자갈을 채워 느슨한 모래지반을 개량하는 공법
② 적용심도 약 20m 내외 시공

02 연약지반 개량 공법으로 압밀의 원리를 이용한 것은? [08.11 기사]
① 프리로딩 공법
② 바이브로블로테이션 공법
③ 대기압 공법
④ 페이퍼 드레인 공법

해설

Pre-loading 공법은 연약지반 상에서 설계하중 이상이 되는 하중을 사전에 재하시켜서 지반의 압밀을 촉진시켜 구조물에 해로운 잔류 침하를 남지 않게 하고 압밀에 의하여 점토 지반의 강도를 증가시켜서 기초지반의 전단파괴를 방지하는게 목적인 공법이다.

03 sand drain 공법의 지배영역에 관한 Barron의 4각형 배치에서 사주(sand pile)의 간격을 d, 영향원의 지름을 d_e라 할 때 d_e는?
(02.07.08.09.12 기사)
① $d_e=1.13d$ ② $d_e=1.05d$
③ $d_e=1.03d$ ④ $d_e=1.50d$

해설

sand pile의 배열과 영향원 지름
1) 정삼각형 배열 : $d_e=1.05d$
2) 정사각형 배열 : $d_e=1.13d$

04 sand drain 공법에서 sand pile을 정삼각형으로 배치할 때 모래기둥의 간격은? (단, pile의 유효지름은 40cm이다.)
(06·10 기사)
① 38cm ② 40cm
③ 42cm ④ 44cm

해설

$d_e = 1.05d$에서 $40 = 1.05d$
∴ $d = 38.1cm$

05 Paper drain 설계 시 Drain paper의 폭이 10cm, 두께가 0.3cm일 때 Drain paper의 등치환산원의 직경이 얼마이면 Sand Drain과 동등한 값으로 볼 수 있는가?(단, 형상계수 0.75) (06.07.08.09.10.13.16 기사)
① 5cm ② 8cm
③ 10cm ④ 15cm

해설

$D = \alpha\dfrac{2A+2B}{\pi} = 0.75 \times \dfrac{2 \times 10 + 2 \times 0.3}{\pi} = 4.92cm$

정답 01 ③ 02 ① 03 ① 04 ① 05 ①

06 연약지반 처리공법 중 sand drain 공법에서 연직과 방사선 방향을 고려한 평균 압밀도 U는? (단, $U_V=0.20$, $U_h=0.71$이다.) [07·12 기사]
① 0.573　② 0.697
③ 0.712　④ 0.768

해설
$$U_{av} = 1-(1-U_v)(1-U_h)$$
$$= 1-(1-0.2)(1-0.71)$$
$$= 0.768$$

07 사질지반의 개량 공법에 속하지 않은 것은? [95.10 기사]
① 다짐말뚝 공법
② 바이브로플로테이션(vibro flotation) 공법
③ 전기충격 공법
④ 생석회 말뚝 공법

해설
사질토지반 개량 공법
1) 다짐말뚝 공법
2) 다짐모래 말뚝 공법
3) 바이브로플로테이션 공법
4) 폭파다짐 공법
5) 약액주입법
6) 전기충격법

08 연약지반에 축제하면 축제가 침하하여 기초 지반이 옆으로 부풀어 오른다. 다음 중 부풀어 오르는 것을 방지 하는 공법은? (02.08.11)
① 압성토 공법　② 치환공법
③ 샌드드레인 공법④ 웰포인트 공법

해설
압성토 공법에 대한 설명이다.

09 연약지반 처리 공법 중에서 일시적인 공법이 아닌 것은? (09.10.16 기사)
① 약액주입공법　② 대기압공법
③ 동결공법　　　④ 웰포인트 공법

해설
약액주입공법은 일시적인 공법이 아니다.

2-13 건설공사 및 공정관리

1. 공사관리
(1) 건설공사의 복잡화, 다양화로 인하여 요구되는 구조물을 형성하기 위하여 주어진 공기내에 품질과 비용을 만족하기 위하여 계획적인 공사관리가 요구된다.
(2) 공사관리 4요소로는 공정관리, 품질관리, 원가관리, 안전관리이며 서로 상호간의 치밀한 계획을 수립하는 것이 중요하다.

2. 공사관리 4원칙
(1) 공정관리
 ① 공정의 합리화, 소정공기의 엄수 및 단축으로 원가 절감효과
 ② 과학적 기법을 통한 공정관리계획(PERT/CPM)

(2) 품질관리
 ① 통계적 관리기법(7도구)활용
 ② Data 분석 및 평가의 활용 및 신뢰적해석방법 활용

(3) 원가관리
 ① 각 단계별 Cost Planning, Cost Study를 통한 원가절감
 ② VE기법 등 과학적인 기법을 통한 원가관리절감

(4) 안전관리
 ① 공사전반에 내포되어 있는 불안전요소 사전제거조치 및 교육관리철저
 ② 안전관리체계 정비, 안전관리계획수립을 통한 안전사고 예방

3. 공정, 원가, 품질의 상호관계

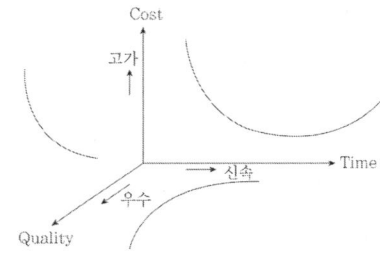

(1) 공정과 원가와의 관계
 공정을 빨리하면 원가는 떨어지나 계속하여 급속작업을 하면 원가는 높아진다.

(2) 공정과 품질과의 관계
공정을 빨리하면 공사품질은 낮아진다.

(3) 원가와 품질과의 관계
비용이 낮아지면 공사품질은 낮아 된다.

4. 품질관리 4단계 사이클
(1) 계획(Plan) : 공정표의 작성
(2) 실시(Do) : 작업원 교육 및 공사감독
(3) 검토(Check) : 작업량 및 진도 확인
(4) 조치(Action) : 작업방법 개선 및 수정

■□ 관리의 PDCA

5. 품질관리의 순서
(1) 품질특성 결정
(2) 품질표준 결정
(3) 작업표준 결정
(4) 작업실시
(5) 관리도 작성
(6) 관리한계 재설정

6. 품질관리 7가지 도구
(1) 히스토그램(Histogram)
① 막대그래프 형식으로 작성된 도수분포도로 데이터의 분포 상태를 파악한다.
② 데이터를 일정한 폭으로 구분하고 막대그래프로 표현하여 중심, 편차, 모양 등의 문제점을 찾아내기 위한 그래프이다.

(2) 파레토도(Pareto Diagram)
① 불량 등 발생 건 수를 분류 항목별로 나눠서 크기순서대로 나열해 놓은 그림
② 결과와 원인 분석 후 문제점을 발견하기 위한 그래프이다.

(3) 특성요인도(Causes & Effects Diagram)
결과(특성)에 원인(요인)이 어떻게 관계하고 있는가를 한눈으로 알 수 있도록 작성한 그림으로 생선뼈 그림 이라고 한다.

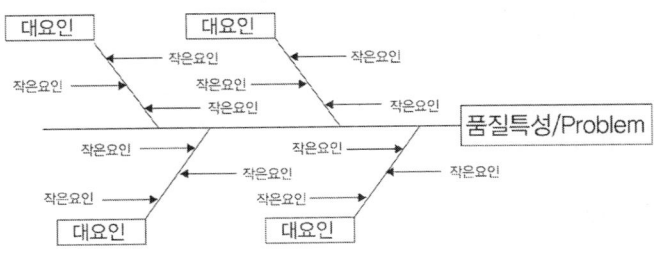

■□ 특성요인도(Causes & Effects Diagram)

(4) 산포도(산점도, Scatter Diagram)
① 대응하는 한 쌍(Couple)으로 된 Data를 Graph용지위에 점으로 나타낸 그림
② 품질특성과 이에 영향을 미치는 두 종류의 상호관계를 파악할 수 있다.

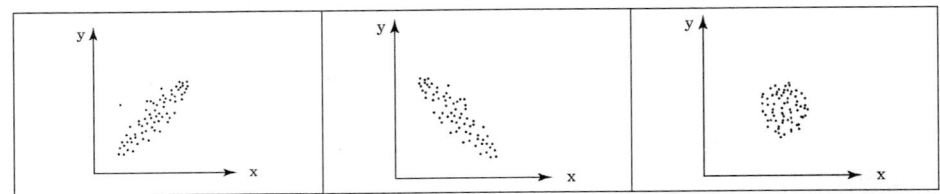

(5) 체크 시트(Check Sheet)
결점수, 불량수 등의 Data가 주로 어느 항목에 집중되어 있는가를 쉽게 알아볼 수 있도록 나타낸 그림

(6) 층별(Stratification)
① 오류의 원인을 몇 개의 소그룹으로 분류하여 문제점을 발견하는 기법
② 집단을 구성하는 데이터로부터 특징별로 몇 개의 부분집단으로 나누는 것

(7) 그래프
데이터의 편차에서 관리상황과 문제점을 발견하기 위한 도구

7. 히스토그램(Histogram)

(1) 상한 규격과 하한 규격치가 있을 때
$$\frac{SU-SL}{\delta} \geq 6$$

(2) 한쪽 규격값만 있을 때

$$\frac{|SU(SL) - \overline{x}|}{\delta} \geq 3$$

여기서, SU : 상한규격치
SL : 하한규격치
$\overline{x}$: 평균치
δ : 표준편차의 추정치

(3) 히스토그램의 모형 및 판독

① 규격치와 분산이 양호하고 여유도 있어 만족하다.

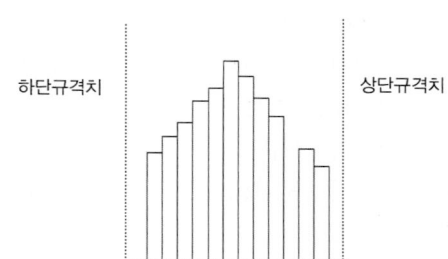

② 하안 규격치를 벗어나므로 평균치를 큰쪽으로 이동시키는 대책이 필요하다

③ 상.하안 규격치를 모두 벗어나므로 어떤대책이 절대적으로 필요하다.

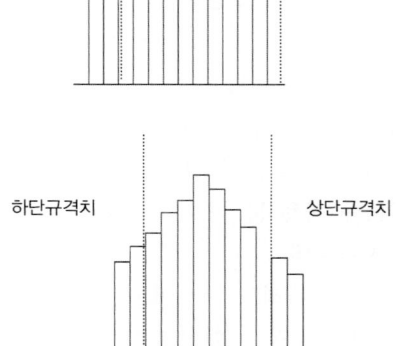

④ 제조 표본에 잘 나타나는 형으로 규격에서 벗어나는 자료를 작위적으로 규격치 부근값에 접근시킨 형이다.

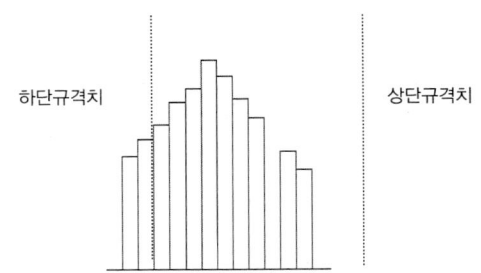

8. 발취검사

(1) 발취 검사의 분류
   ① 계수 샘플링 검사
      샘플링 검사 중 시료의 합격, 불합격 판정을 내리는 기준이 불량개수와 결점수에 의해서 결정되는 검사
   ② 계량 샘플링 검사
      샘플링 검사 중 시료의 합격, 불합격의 판정을 내리는 기준이 계량치(특성치) 의해서 결정되는 검사

(2) 발취검사의 특징
   ① 발취검사는 개개 제품의 양부의 선별이다.
   ② 발취검사에서 불합격시 시험한 그 집단의 시료만을 불합격으로 본다.
   ③ 발취검사를 위한 시료 채취는 항상 규칙적으로 채취한다.
   ④ 발취검사시 시료 채취 집단의 크기를 너무 크게 잡으면 품질이 불량한 것이 합격으로 판정되기 쉽다.

9. 관리도

(1) 관리도는 공정의 추진상태를 나타내는 특정치에 대하여 Graph로 그려서 공정의 관리상태를 파악하는데 사용된다.
(2) 관리도를 적용하는데 제일먼저 제품선정이 필수적으로 선행되어야 한다.
(3) 관리도의 분류
   ① 계수형 관리도 적용이론
      1) P관리도 : 이항분포, 제품의 불량률을 사용하여 관리
      2) Pn관리도 : 이항분포, 제품의 불량률 개수를 사용하여 관리
      3) C관리도 : 푸아송분포, 제품 물품크기 일정시 결점수를 사용하여 관리
      4) U관리도 : 푸아송분포, 제품의 단위가 다를 경우 단위당 결점수를 사용하여 관리
   ② 계량형 관리도 적용이론 : 계량형 관리도는 시료의 길이, 중량, 강도 등과 같은 연속적으로 분포되는 계량값의 경우 공정관리에 사용

1) $\overline{X} - R$: 정규분포
2) $X - R$: 정규분포
3) $\widetilde{X} - R$: 정규분포

10. 품질관리의 데이터 정리

(1) 데이터 평균치($\overline{x}$)

$$\overline{x} = \frac{\Sigma x}{n}$$

여기서, n : 조별측정치수
Σx : 조별측정치합계

(2) 데이터 범위 R

$$R = X_{\max} - X_{\min}$$

여기서, $X_{\max}$: 압축강도 시험치 최대값
$X_{\min}$: 압축강도 시험치 최소값

(3) $\overline{x} - R$관리도의 관리한계선

① 중심선 $CL = \overline{x}$
② 상한 관리 한계 $UCL = \overline{x} + A_2 \cdot R$
③ 하한 관리 한계 $LCL = \overline{x} - A_2 \cdot R$

여기서, $\overline{x}$: x의 평균치
$\overline{R}$: 범위 R의 평균치
A_2 : 군의 크기에 따라 정하는 계수

(4) R 관리도의 관리 한계선

① 중심선 $CL = \overline{x}$
② 상한 관리 한계 $UCL = D_4 \cdot \overline{R}$
③ 하한 관리 한계 $LCL = D_3 \cdot \overline{R}$

여기서 D_3, D_4는 군의 크기에 따라 정하는 계수

(5) 표준편차(s)

① V(불편분산) $= \dfrac{\Sigma (X_i - \overline{x})^2}{n-1}$

② s(표준편차) $= \sqrt{\dfrac{\Sigma (X_i - \overline{x})^2}{n-1}} = \sqrt{V}$ (불편분산에 의한 경우)

$$s(\text{표준편차}) = \sqrt{\frac{\sum (X_i - \overline{x})^2}{n}} = (\text{분산에 의한 경우})$$

③ 변동계수 $= \dfrac{s}{\overline{x}} \times 100\%$

여기서 V : 불편분산(표본분산)
       v : 변동계수
       s : 표준편차
       X_i : 각 데이터 시험값
       $\overline{x}$: n회의 데이터 시험 평균값
       n : 데이터 시험횟수
       $\sum (X_i - \overline{x})^2$: 편차의 제곱합

11. 공정관리 종류

(1) 막대그림 공정표 (Bar chart, Gantt chart)
  ① 장 점
    1) 간단히 작성할 수 있다.
    2) 공정 수정이 쉽다.
    3) 개략적인 공정표 작성에 쓰인다.
  ② 단 점
    1) 작업 상호간의 관계가 불분명 하다.
    2) 대형 공사에서는 적합하지 않다.

(2) 그래프식 기성고 공정표 (바나나 곡선)
  ① 장 점
    1) 예정과 실적 비교로 공정관리가 용이하다.
    2) 공정 전체 흐름을 이해하기 쉽다.
  ② 단 점
    공정의 세부사항을 알기 어렵다.

(3) 네트워크 (Network) 공정표
  ① 각 작업의 상호관계를 네트워크로 표현하는 수법으로 PERT와 CPM의 기법이 대표적이다.
  ② Network (PERT/CPM) 작성의 기본 원칙
    1) 공정의 원칙
      Network 관리도 작성의 기본 원칙 가운데 모든 공정은 대체 공정이 아닌 각각 독립 공정으로 반드시 수행되어야만 공사가 완료될 수 있다.

2) 단계의 원칙

   Activity의 시작과 끝은 반드시 event로 연결되어 있어야 한다.

3) 활동의 원칙

   결합점(Event)과 결합점(Event) 사이에는 하나의 Activity로 연결되어 있어야 한다.

4) 연결의 원칙

   공정표에서의 각 단계는 작업들 간의 관계로서 네트워크가 모두 연결되어 있어야 한다.

③ 종 류

1) PERT 기법(신비 3기event)

   가. 신규사업, 비 반복사업, 경험이 없는 사업 등에 활용

   나. 소요시간 추정 (3점법 확률 계산)

   다. 가중 평균치 사용

   $$t_e = \frac{t_o + 4t_m + t_p}{6}$$

   여기서, t_o : 낙관 작업일수

   t_m : 정상 작업일수

   t_p : 비관 작업일수

   t_e : 3점법에 의한 추정공사일수

   라. 작업단계(event) 중심관리(결합점 중심관리)

   마. 확률론적 검토

   바. 공기 단축이 목적

2) CPM 기법

   가. 반복사업, 경험이 있는 사업에 적용한다.

   나. 1점 시간 추정(t_m)

   다. 작업활동(Activity) 중심관리

   라. 비용견적, 비용구배, 일정단축

   마. 공비 절감이 목적

12. 공정관리 작성

(1) Network의 용어

용어	내용
이벤트 (Event)	1) 어느 작업의 시작과 완료를 표시하는 단계표시법 2) ① ②로 나타낸다.
액티비티 (Activity)	1) 실제로 작업을 실시하는 작업의 최소 단위이며 시간과 자원을 수반 2) 실선과 방향의 화살표(→)로 표시한다.
더미 (Dummy)	1) 자원과 시간이 필요 없는 명목상의 활동이다. 2) 공정의 전후 관계를 명확히 규정하는 점선으로 나타내는 Activity로 점선의 화살표로 표시한다.(⋯→)
EST (Earliest start time)	1) 가장 빠른 개시시간 2) 작업을 시작하는 가장 빠른 시간
EFT (Earliest finish time)	1) 가장 빠른 종료시간 2) 작업을 완료하는 가장 빠른 시간
LST (Latest start time)	1) 가장 늦은 개시 시간 2) 작업을 늦어도 이 시점에서 착수해야만 할 시간
LFT (Latest finish time)	1) 가장 늦은 완료 시간 2) 작업을 늦어도 이 시점에서 완료해야만 할 시간
총 여유 (TF) (Total Float)	작업을 EST 시작하고 LFT로 완료시 생기는 여유시간
자유 여유 (FF) (Free Float)	모든 활동이 EST 시작하고 후속작업도 EST로 시작하여도 이용 가능한 활동 여유시간
독립여유 (IF) (Interfering Float)	TF-FF (총 여유와 자유여유의 차)
간섭여유 (DF) (Dependant Float)	다른 작업에 영향을 주지 않고 소비할 수 있는 여유일수
주공정선 (CP) (Critical path)	1) 개시 결합점에서 종료 결합점에 이르는 가장 긴 경로 2) 공정에 전혀 여유가 없는 경로 (CP=TF=FF=IF=0)

(2) 단계 중심의 일정 계산

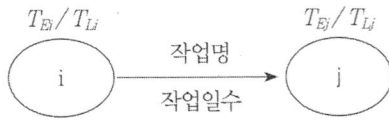

① T_E(early event time) : 각 단계가 가장 빨리 시작될 수 있는 시간
② T_L(latest event time) : 각 단계가 가장 늦게 시작될 수 있는 시간
③ $TF = LFT - (EST + D)$
④ $FF = $ 후속작업의 $EST - (EST + D)$
⑤ $EST = T_{Ei}$ $EFT = T_{Ei} + D$
⑥ $LST = T_{Li} - D$ $LFT = T_{Lj}$

(3) 주공정선 (C.P)의 성질
　① 일정계획의 여유가 없는 작업경로이다.
　② 주공정상의 지연은 곧 공사기간의 연장을 의미한다.
　③ 주공정선은 2개 이상이 존재한다.
　④ 공사하는데 중점 관리해야 할 활동의 연속을 의미한다.
　⑤ 시공자재나 장비를 최우선 투입해야 하는 공정이다.

(4) 공사기간의 단축
　① C.P.M 기법에 의한 MCX(Minimum Cost Expending) 이론
　　1) 주공정선상에서 비용 경사가 최소인 작업 요소부터 공기를 단축한다.
　　2) 비용 경사 (Cost Slop)는 1일 공기 단축시키는데 소요되는 비용이다.
　　3) 비용 경사 (원/일) = $\dfrac{특급비용 - 표준비용}{표준공기 - 특급공기}$
　　4) 단축된 일정으로 주공정을 수립하여 재차 CP선상에서 단축한다.
　② 공기 단축 방법
　　1) 공정표상의 C.P 활동을 분석한다.
　　2) 비용경사가 최소인 활동의 대상을 분석한다.
　　3) 특급 공기 이하로 공기를 단축해서는 안 된다.

2-13 주요핵심문제
건설공사 및 공정관리

01 다음은 어떤 공사의 품질관리에 대한 내용이다. 가장 먼저 해야 할 일은?
[09·13 기사]
① 품질특성의 선정
② 작업표준의 결정
③ 관리한계 설정
④ 관리도의 작성

해설

품질관리 순서
1) 품질특성을 선정
2) 품질표준을 결정
3) 작업표준을 결정
4) 규격 대조
5) 공정, 안전 검토

02 다음 표는 건물공사의 콘크리트 슬럼프 시험결과의 평균치와 범위를 보여준다. 주어진 자료를 이용하여 $\bar{x}$ 관리도의 (상한관리선, 하한관리선)을 구하면? (단, $A_2 = 1.023$을 이용) [05·08 기사]

조번호	1	2	3	4	5
평균치	7.0	7.5	9.0	8.5	9.0
범 위	0.5	1.0	1.5	0.5	1.0

① (8.62, 7.78)   ② (9.12, 7.28)
③ (8.62, 6.78)   ④ (9.12, 6.28)

해설

1) 전체평균치($\bar{\bar{x}}$) : $\bar{x}$의 평균치
$$\bar{\bar{x}} = \frac{7+7.5+9+8.5+9}{5} = 8.2$$
2) R의 평균치($\bar{R}$)
$$\bar{R} = \frac{\Sigma R}{n} = \frac{0.5+1+1.5+0.5+1}{5} = 0.9$$
3) 상한관리선
$UCL = \bar{\bar{x}} + A_2\bar{R} = 8.2 + 1.023 \times 0.9 = 9.12$
4) 하안관리선
$LCL = \bar{\bar{x}} + A_2\bar{R} = 8.2 - 1.023 \times 0.9 = 7.28$

03 어떤 공사에서 하한규격값 $SL = 120 \text{kg/cm}^2$이고, 측정결과 표준편차의 추정값 $\sigma = 15 \text{kg/cm}^2$, 평균값 $\bar{x} = 180 \text{kg/cm}^2$일 때 이 규격값에 대한 여유 값은? [04·09·11기사]
① 7.5kg/cm^2 ② 15kg/cm^2
③ 30kg/cm^2 ④ 45kg/cm^2

해설

1) $\dfrac{|SL - \bar{x}|}{\sigma} = \dfrac{|120 - 180|}{15} = 4 \geq 3$
2) 여유치 $= (4-3) \times 15 = 15 kg/cm^2$

04 네트워크 공정표의 장점에 대한 설명으로 틀린 것은 어느 것인가? [10·11 기사]
① 중점관리가 용이하다.
② 전체와 부분의 관련을 이해하기 쉽다.
③ 기자재, 노무 등 배치인원 계획이 합리적으로 이루어진다.
④ 작성 및 수정이 쉽다.

해설

Network 공정표
1) 공정표 작성이 어렵고 시간이 걸린다.
2) 작업의 종속관계가 명확하다.
3) 중점관리가 용이하다.
4) 공정 작성에 숙련도가 요구된다.

정답 01 ① 02 ② 03 ② 04 ④

05 공정관리에서 PERT와 CPM의 비교설명으로 옳은 것은? [04.09.16.17 기사]
① PERT는 반복사업에, CPM은 신규사업에 좋다.
② PERT는 1점 시간추정이고 CPM은 3점 시간추정이다.
③ PERT는 작업 활동 중심관리이고 CPM은 작업관계 중심관리이다.
④ PERT는 공기단축이 주목적이고 CPM은 공비절감이 주목적이다.

해설

PERT와 CPM 비교
1) PERT 기법
  가. 신규사업, 비 반복사업, 경험이 없는 사업 등에 활용
  나. 소요시간 추정 (3점법 확률 계산)
  다. 가중 평균치 사용
  $$t_e = \frac{t_o + 4t_m + t_p}{6}$$
  여기서, t_o : 낙관 작업일수
  t_m : 정상 작업일수
  t_p : 비관 작업일수
  t_e : 3점법에 의한 추정공사일수

  라. 작업단계(event) 중심관리(결합점 중심관)
  마. 확률론적 검토
  바. 공기 단축이 목적
2) CPM 기법
  가. 반복사업, 경험이 있는 사업에 적용한다.
  나. 1점 시간 추정(t_m)
  다. 작업활동(Activity) 중심관리
  라. 비용견적, 비용구배, 일정단축
  바. 공비 절감이 목적

06 CPM기법 중 더미(dummy)에 대한 설명으로 적당한 것은 어느 것인가?
[04 · 06.10 · 11.12.17 기사]
① 시간은 필요 없으나 자원을 필요로 하는 활동이다.
② 자원은 필요 없으나 시간은 필요한 활동이다.
③ 자원과 시간이 모두 필요 없는 명목상의 활동이다.
④ 자원과 시간이 모두 필요한 활동이다.

해설

더미(dummy)는 명목상의 작업으로서 실제 작업은 없으나 선행과 후속의 관계를 표시하기 위해 사용한다.

07 3점 견적 법에 따른 적정 공사일수는?
(단, 낙관일수=5일, 정상일수=7일, 비관일수=15일) [04 · 08.09.11.12.13.14.18 기사]
① 6일   ② 7일
③ 8일   ④ 9일

해설

$$t_c = \frac{t_0 + 4t_m + t_p}{6} = \frac{5 + 4 \times 7 + 15}{6} = 8일$$

08 공사시간의 단축과 연장은 비용경사(cost slope)를 고려하여 하게 되는데 다음 표를 보고 비용경사를 구하면? [08.12.18 기사]

정상계획		특급계획	
기간	공사비	기간	공사비
10일	34,000원	8일	44,000원

① 10,000원   ② 5,000원
③ -5,000원   ④ -10,000원

해설

$$비용경사 = \frac{특급공비 - 표준공비}{표준공기 - 특급공기}$$
$$= \frac{44,000 - 34,000}{10 - 8} = 5,000원$$

정답 05 ① 06 ③ 07 ③ 08 ②

09 다음과 같은 공정표에서 주공정(CP)을 옳게 나타낸 것은? [04 기사]

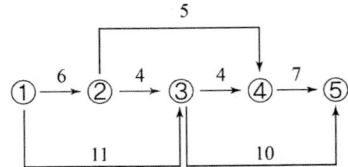

① ①→③→⑤, 21일
② ①→③→④→⑤, 22일
③ ①→②→③→④→⑤, 21일
④ ①→②→④→⑤, 18일

해설

∴ CP : ①→③→④→⑤, 22일

10 그림의 Network에 나타난 공사에 필요한 소요일수는? [04 · 08.16 기사]

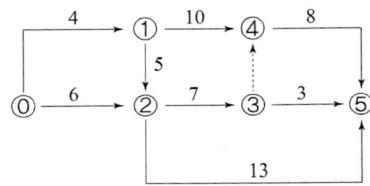

① 28일   ② 24일
③ 22일   ④ 16일

해설

CP : ⓪→①→②→③→④→⑤ 24일

PART 3

건설재료 및 시험

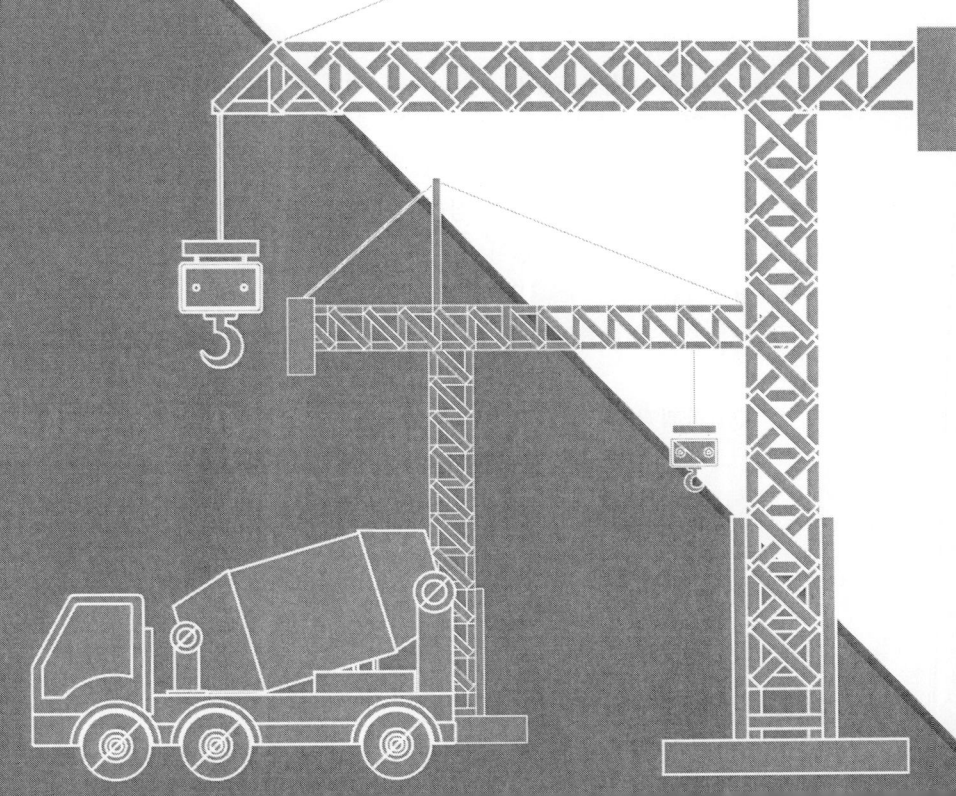

PART 03 건설재료 및 시험

3-1 재료일반

1. 재료의 역학적 성질
(1) 응력-변형률 곡선

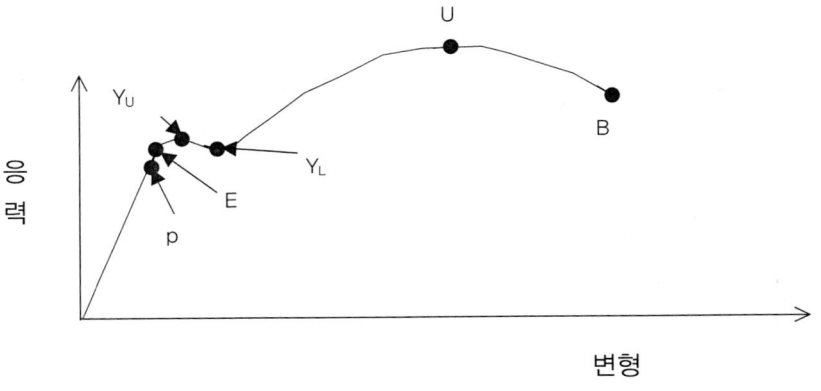

① 탄성한도
응력-변형률도에서 E점까지를 탄성한도(Elastic Limit)라 한다. 이는 외력을 제거하면 원래 상태로 회복되는 한계
② 비례한도
응력-변형률도에서 P점까지를 비례한도(Proportional Limit)라 한다. 훅크의 법칙이 성립되는 최대한도로서 외력을 제거하면 원래상태로 회복되는 한계
③ 항복점 (YU 상항복점, YL 하항복점)
응력-변형률도에서 Y점을 항복점(Yielding Pont)라 한다. 항복점은 외력의 증가가 없는 상태에서 변형이 증가되는 최대 응력점
④ 극한강도
응력-변형률도에서 U점이 극한강도(Ultimate Strength)이며, 응력의 최대점에 해당한다.
⑤ 파괴점
응력-변형률도에서 B점이 파괴점(Breaking Point)이며, 파괴점은 재료가 파괴되는점에 해당한다.

2. 콘크리트의 탄성계수 및 관계식

(1) 콘크리트의 정탄성계수(E_c)

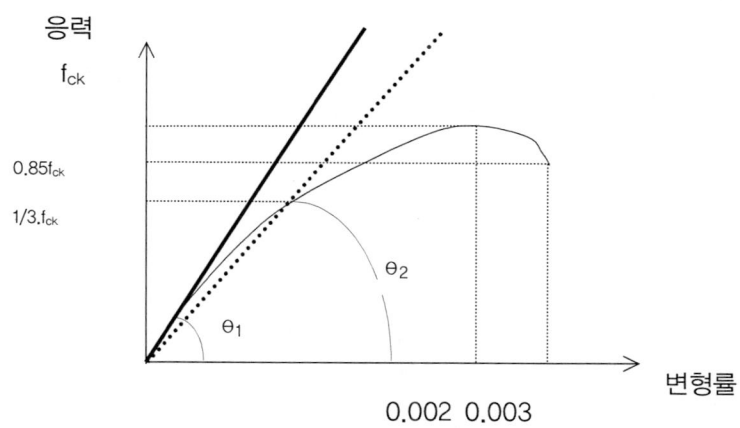

① 초기 탄성계수(Initial Elastic Modulus) : 변형과 응력의 곡선에서 원점에서의 접선의 기울기를 말한다(Ec=tanθ1)
② 할선 탄성계수(Secant Elastic Modules) : 원점과 최대강도의 1/3(25~40%)이 되는 응력을 잇는 직선의 기울기를 말한다.(Ec=tanθ2)
③ 철근 콘크리트에서는 할선 탄성 계수를 탄성계수로 사용

$$E_c = 0.077 m_c^{1.5} \cdot \sqrt[3]{f_{cu}}$$

여기서, m_c : 콘크리트의 단위질량

$$f_{cu} = f_{ck} + \triangle f$$

$\triangle f$는 f_{ck}가 40MPa이하이면 4 적용하고 60MPa이상이면 6MPa적용한다.
(단, 그 사이는 직선보간으로 구함)

④ 보통골재를 사용한 콘크리트는 $m_c = 2,300 kg/m^3$, $E_c = 8,500 \cdot \sqrt[3]{f_{cu}}$

⑤ 정탄성계수 $E_c = \dfrac{\sigma(응력)}{\epsilon(변형률)}$

⑥ 경량 골재의 탄성계수는 보통콘크리트의 40~70%에 해당되며, 곡선의 기울기가 작고 응력-변형률은 보통콘크리트 보다 직선적 경향을 보인다.
⑦ 콘크리트의 응력은 변형률 0.002에서 최대를 나타낸다.

(2) 푸아송비

① 푸아송비 (ν) = $\dfrac{공시체\,횡방향\,변형률}{공시체\,축방향\,변형률}$
② 푸아송수 = 푸아송 비의 역수

(3) 전단탄성계수
① 전단탄성계수(G)

$$G(전단탄성계수) = \frac{\tau(전단응력)}{\gamma(전단변형률)}$$

② $G = \dfrac{E_c}{2 \cdot (1+\nu)}$

(4) 동탄성계수
① 동탄성계수는 동결융해 작용 등에 의한 콘크리트 열화에 따른 정도를 파악하는데 적용된다.
② 전기구동장치에 의해서 진동을 발생시키는 장치(측정기)로 상대동탄성계수를 구할 수 있으며, 음파의 전달경로에 의해 콘크리트 균열이나 공극을 검출하고 콘크리트 품질의 균질성을 판단할 수 가 있다.
③ 상대 동탄성계수

$$P_c = (\frac{n_1}{n})^2 \times 100$$

여기서 P_c : 동결융해 C사이클후의 상대동탄성계수(%)
n_1 : 동결융해 300 싸이클 1차 변형 공명진동수(Hz)
n : 1차 변형 공명진동수(Hz)

3. 재료의 기계적 성질

(1) 강도(强度)
재료가 외력에 저항할 수 있는 힘으로 보통 응력의 최대치

(2) 강성(剛性)
재료가 외력을 받아 생기는 변형에 대하여 재료가 저항하는 성질

(3) 연성(延性)
재료에 인장력을 주었을 때 재료가 가늘고 길게 늘어나는 성질

(4) 인성(靭性)
재료가 하중을 받아 파괴될 때까지의 에너지 흡수 능력

(5) 취성(脆性)
재료가 외력을 받을 때 갑작스럽게 작은 변형에도 파괴되는 성질

(6) 소성(塑性)
하중을 받아 변형된 재료가 하중이 제거되었을 때에 다시 원래대로 돌아가지 성질

3-1 주요핵심문제
재료 일반

01 표점거리 $l=60mm$, 직경 $d=14mm$의 원형단면 봉을 가지고 인장시험을 하였다. 축인장하중 $P=100kN$이 작용하였을 때, 표점거리 $l'=60.433mm$와 직경 $d'=13.970mm$가 측정되었다면 이 재료의 푸아송비 (ν)는?
[01.07.09.10.12.20 기사]
① 0.07 ② 0.297
③ 0.347 ④ 0.5

해설
$$\nu = \frac{\frac{\triangle d}{d}}{\frac{\triangle l}{l}} = \frac{\frac{0.003}{1.4}}{\frac{0.0433}{6}} = 0.297$$

02 어떤 재료의 포아송 비가 1/3이고, 탄성계수는 2.1×10^5MPa일 때 전단 탄성계수는? [03.05.07.08.14 기사]
① 25,600MPa
② 78,750MPa
③ 544,000MPa
④ 229,500MPa

해설
$$G = \frac{E_c}{2.(1+\nu)} = \frac{2.1\times10^5}{2\times(1+1/3)} = 78,750 MPa$$

03 다음 ( ) 안에 들어갈 말로 맞게 연결된 것은 어느 것인가? [04.11.17 기사]

> 외력을 받아 변형을 일으킬 때 이에 저항하는 성질로서 외력에 대해 변형을 적게 일으키는 재료는 (①)가/이 큰 재료이다. 이것은 탄성계수와 관계가 있으나 (②)와는/과는 직접적인 관계가 없다.

① 강도(strength)-강성(stiffness)
② 강성(stiffness)-강도(strength)
③ 인성(toughness)-강성(stiffness)
④ 강도(strength)-인성(toughness)

해설
1) 강도(强度)
재료가 외력에 저항할 수 있는 힘으로 보통 응력의 최대치로서 탄성계수와는 직접적인 관계가 없다.
2) 강성(剛性)
재료가 외력을 받아 생기는 변형에 대하여 재료가 저항하는 성질로서 탄성계수와 관계가 있다.

정답 01 ② 02 ② 03 ②

04 다음 그림은 강의 응력과 변형의 관계를 표시한 곡선이다. 외력을 제거해도 변형없이 원래 상태대로 돌아가는 응력의 한계점은 다음 중 어느 것인가? (01.03.08.10 기사)

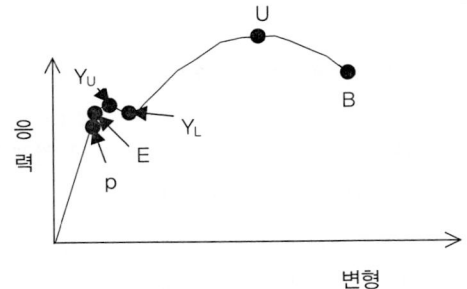

① P : 비례한도 ② E : 탄성한도
③ Y : 항복점   ④ U : 극한강도

해설

① 탄성한도
응력-변형률도에서 E점까지를 탄성한도(Elastic Limit)라 한다. 이는 외력을 제거하면 원래 상태로 회복되는 한계
② 비례한도
응력-변형률도에서 P점까지를 비례한도(Proportional Limit)라 한다. 훅크의 법칙이 성립되는 최대 한도로서 외력을 제거하면 원래상태로 회복되는 한계
③ 항복점 (YU 상항복점, YL 하항복점)
응력-변형률도에서 Y점을 항복점(Yielding Pont)라 한다. 항복점은 외력의 증가가 없는 상태에서 변형이 증가되는 최대 응력점
④ 극한강도
응력-변형률도에서 U점이 극한강도(Ultimate Strength)이며, 응력의 최대점에 해당한다.

05 다음 중 재료에 작용하는 반복 하중과 관계있는 성질은? (01.11 기사)
① 크리프   ② 응력완화
③ 피로   ④ 건조수축

해설

반복 하중과 관계 있는 성질은 피로성질이다.

정답 04 ② 05 ③

3-2 목재

1. 목재의 일반적 성질

(1) 목재의 밀도 및 함수율
① 목재의 밀도는 0.3~0.9(기건상태)이다.
② 목재의 비중(밀도)은 일반적으로 기건 비중(밀도)을 칭한다.
③ 목재의 함수율
  1) 목재의 기건 상태의 함수율은 보통 12~18%이다.
  2) 함수율 = $\dfrac{건조 전 중량(W_1) - 건조 후 중량(W_2)}{건조 후 중량(W_2)} \times 100(\%)$

(2) 목재의 강도
① 압축강도는 비중이 크고 함수율이 적을수록 압축강도는 크다.
② 세로 인장강도는 세로 압축강도 보다 2.5배정도 크다.
③ 휨강도는 세로 압축강도의 1.5배정도 크다.
④ 전단강도는 휨강도보다 작다.
⑤ 섬유에 평행 방향의 인장강도(세로 인장강도)가 가장 크다.
⑥ 목재의 탄성 계수는 일반적으로 압축시험에 의한 탄성계수가 인장시험에 의한 탄성계수 값보다 작다.

2. 목재의 장·단점

(1) 목재의 장점
① 밀도에 비하여 강도가 크다.
② 가볍고 취급 및 가공 등이 쉽다.
③ 온도에 의한 수축이 작고 탄성, 인성이 크다.
④ 충격, 진동을 잘 흡수한다.
⑤ 온도에 대한 신축이 작다
⑥ 가격이 비교적 저렴하다.

(2) 목재의 단점
① 부식이 쉽고 충해를 받기 쉽다.
② 가연성이므로 내화성이 작다.
③ 재질과 강도가 균일하지 못하다.
④ 함수율에 따른 변형과 팽창, 수축이 크다.
⑤ 크기에 제한을 받는다.

3. 목재의 구조 및 방부법

(1) 목재의 구조
   ① 변재
      목질의 중앙부 외관의 연한 색깔 부분으로 연질이며 수액이 이동한다.
   ② 심재
      목질부분의 중앙부의 암색을 나타내며 수목이 성장하면 변재가 심재로 변하여 간다.

(2) 목재의 성분
   목재의 성분 중 셀룰로오스(Cellulose)가 목질 건조 질량의 60% 정도이며, 나머지는 대부분 리그닌(Lignin)으로 20~30% 정도를 차지한다.

(3) 목재의 방부법
   ① 표면 처리법
      가. 표면 탄화법
      나. 약제 도포법
      다. 약제 침적법
   ② 방부제 주입법 종류(가압주입법)
      가. 베셀(Bethel)법
      나. 로오리(Lorry)법
      다. 루핑(Roping)법
      라. 버네트(Burnet)법
      마. 부세리(Boucherie)법

4. 목재의 건조법

(1) 목재의 건조목적
   ① 강도 및 내구성이 증진.
   ② 방부제 등의 약액 주입이 쉽다
   ③ 사용 시 수축 및 균열을 방지
   ④ 중량 경감으로 취급이 쉽다
   ⑤ 균류에 의한 부식과 벌레의 피해를 예방

(2) 목재의 건조방법
   ① 자연 건조법
      1) 공기 건조법
         목재를 옥외에 쌓아 두고 기건 상태에서 건조시키는 방법이다.
      2) 침수법
         목재를 3~4주 동안 물속에 담가서 수액을 용출시키는 방법으로 수침법이라고도 한다.
② 인공 건조법
1) 끓임법(자비법)
목재를 뜨거운 물에 넣어 열탕으로 쪄서 건조시키는 방법으로 침수법보다 건조시간을 줄일 수 있다.
2) 증기법
증기시설 속에 목재를 넣고 압력증기로 건조하는 방법
3) 열기법
건조실 내에 목재를 넣고 가열한 공기로 건조하는 방법
4) 훈연법
열기 대신 톱밥 등을 태운 연기를 건조실에 보내어 건조시키는 방법
5) 전기 건조법
고압 전류를 직접 목재에 흘려 보내 건조시키는 방법

5. 목재의 가공법

(1) 제조 방법에 의한 분류
① 로터리 베니어(Rotary Veneer)(a)
목재의 이용 효율이 높고 가장 널리 쓰이는 방법으로서, 둥근 원목을 나이테에 따라 회전시키면서 얇게 깎아내는 방법으로 낭비가 적다.
② 슬라이스트 베니어(Sliced Veneer)(b)
끌로 각재를 얇게 절단한 것으로서 곧은결과 무늬결을 얻을 수 있어 장식용으로 이용할 수 있다.
③ 소드 베니어(Sawed Veneer)(c)
판재를 얇은 작은 톱으로 켜서 만든 단판으로 아름다운 결이 얻을 수 있어, 고급 합판에 사용되나 톱밥이 많아 비경제적이다.

(a) 로터리 베니어   (b) 슬라이스 베니어   (c) 소드 베니어

(2) 합판의 특징
① 폭이 넓은 판을 쉽게 얻을 수 있다.
② 팽창, 수축에 의한 변형이 거의 없다.
③ 제품이 규격화되어 사용에 능률적이다.
④ 섬유 방향에 따른 강도 차이가 없다.
⑤ 목재 전체를 이용할 수 있다.

⑥ 곡면 가공을 하여도 균열의 발생이 적다.
⑦ 외관이 아름다운 판을 얻을 수 있다.
⑧ 통나무판에 비해서 얇은 판으로 높은 강도를 얻을 수 있다.

3-2 주요핵심문제

목 재

01 다음은 목재의 특성 중 장점을 열거한 사항이다. 이중 잘못된 것은? (07.10.16 기사)
① 가공이 용이하고 외관이 아름답다.
② 무게가 가볍고 취급 및 운반이 쉽다.
③ 내구성은 석재나 콘크리트 보다 떨어지나 방수를 하면 상당한 내구성을 갖는다.
④ 재질이나 강도가 균일하다.

해설
목재는 재질이나 강도가 균일하지 못하다.

02 목재의 역학적 성질에 관한 설명으로 잘못된 것은? (09.11.13 기사)
① 일반적으로 심재가 변재에 비하여 강도가 크다.
② 목재의 인장강도는 섬유 방향에 평행한경우에 가장 강하다.
③ 비중이 큰 목재는 가벼운 목재 보다 강도가 크다
④ 섬유 포화점 이하에서는 함수율이 클수록 강도가 크다.

해설
목재의 섬유 포화점 이하에서는 함수율에서는 목재강도가 거의 일정하며 함수율이 클수록 강도는 작아진다.

03 목재의 건조 방법중 다음 중 목재의 건조 방법이 나머지 셋과 다른 것은?
(00.02.06.08.09.10.11.12 기사)
① 증기법 ② 수침법
③ 자비법 ④ 훈연법

해설
자연건조법 : 공기건조법, 수침법(침수법)

04 일반적으로 사용하는 목재의 비중이란 다음 어느 것을 말하는가?
(00.02.08.12.14 기사)
① 기건비중 ② 진 비중
③ 절건비중 ④ 포화비중

해설
목재의 비중은 기건비중을 말하며 비중은 0.3~0.9 범위 정도이다

05 어떤 목재의 함수율을 측정 하였더니 다음과 같은 값을 얻었다. 함수율은 얼마인가?
(건조전 중량 : 165g, 비중 : 1.5, 목재의 절대건조 중량 : 150g) (01.07.10.17 기사)
① 10% ② 13%
③ 15% ④ 16%

해설
목재의 함수율
1) 목재의 기건 상태의 함수율은 보통 12~18%이다.
2) 함수율

$$\frac{건조\ 전\ 중량(W_1) - 건조\ 후\ 중량(W_2)}{건조\ 후\ 중량(W_2)} \times 100(\%)$$

$$= \frac{165-150}{150} \times 100 = 10\%$$

06 목재의 강도에 대한 설명중 올바른 것은?
(03.10.13.18 기사)
① 일반적으로 세로 인장 강도는 압축강도보다 크다.
② 일반적으로 휨 강도는 압축 강도보다 작다.
③ 일반적으로 섬유에 평행 방향의 압축강도는 섬유에 직각 방향의 압축강도보다 작다.
④ 일반적으로 전단 강도는 휨 강도보다 크다.

정답 01 ④ 02 ④ 03 ② 04 ① 05 ① 06 ①

해설

목재의 강도
1) 압축강도는 비중이 크고 함수율이 적을수록 압축강도는 크다.
2) 세로 인장강도는 세로 압축강도 보다 2.5배정도 크다.
3) 휨강도는 세로 압축강도의 1.5배정도 크다.
4) 전단강도는 휨강도보다 작다.

07 목재 중 합판의 특성에 대한 다음 설명중 틀린 것은? (05.08.11.13 기사)
① 함수량 변화에 의한 신축 변형은 방향성을 가지며 그 변형량이 크다.
② 곡면 가공을 하여도 균열의 발생이 적다.
③ 통나무판에 비해서 얇은 판으로 높은강도를 얻을 수 있다.
④ 표면가공으로 흡음 효과를 얻을 수 있고 의장적 효과를 얻을 수 있다.

해설

합판의 특징
1) 폭이 넓은 판을 쉽게 얻을 수 있다.
2) 팽창, 수축에 의한 변형이 거의 없다.
3) 제품이 규격화되어 사용에 능률적이다.
4) 섬유 방향에 따른 강도 차이가 없다.
5) 목재 전체를 이용할 수 있다.
6) 곡면 가공을 하여도 균열의 발생이 적다.
7) 외관이 아름다운 판을 얻을 수 있다.
8) 통나무판에 비해서 얇은 판으로 높은 강도를 얻을 수 있다

08 합판의 제조 방법 중에서 목재의 이용 효율이 높고 가장 널리 사용되는 것은?
(05.11.12.13 기사)
① 로터리 베니어
② 슬라이스트 베니어
③ 소드 베니어
④ 플라이우드 베니어

해설

제조 방법에 의한 분류
1) 로터리 베니어(Rotary Veneer)
   목재의 이용 효율이 높고 가장 널리 쓰이는 방법으로서, 둥근 원목을 나이테에 따라 회전시키면서 얇게 깎아내는 방법으로 낭비가 적다.
2) 슬라이스트 베니어(Sliced Veneer)
   끌로 각재를 얇게 절단한 것으로서 곧은결과 무늬결을 얻을 수 있어 장식용으로 이용할 수 있다.
3) 소드 베니어(Sawed Veneer)
   판재를 얇은 작은 톱으로 켜서 만든 단판으로 아름다운 결이 얻을 수 있어, 고급 합판에 사용되나 톱밥이 많아 비경제적이다.

3-3 석 재

1. 성인에 의한 암석 분류
(1) 화성암 : 지구 내부에 용융상태로 마그마가 냉각 응고 된 것으로 규산(실리카) 함유량에 따라 산성암, 중성암, 염기성암으로 분류(화성암에 현무 있다)
① 화강암(압축강도, 내구성 크나 내화성이 취약)
② 섬록암
③ 안산암
④ 현무암

(2) 퇴적암(수성암) : 물, 바람의 작용으로 퇴적되어 이루어진 암석
① 응회암(화산회 또는 화산사가 고결된 암석으로 내화성이 크고 풍화되면 실트질의 흙)
② 사암
③ 혈암
④ 점판암
⑤ 석회암
⑥ 규조토

(3) 변성암 : 높은 열, 압력 작용으로 암석이 변질 작용을 받아 생성된 암석
① 편마암
② 편암(천매암)
③ 대리석

2. 암석의 구조와 규격
(1) 암석의 구조
① 절 리
  암석 특유의 천연적으로 갈라진 금으로 주로 화성암에서 볼 수 있는 형태
  1) 주상 절리
     주로 화성암에 많이 생기는 절리로 돌기둥을 배열한 것 같은 모양의 절리
  2) 구상 절리
     양파 모양으로 되어 있는 절리
  3) 판상 절리
     수성암, 안산암 등에 생기는 판자를 겹쳐놓은 모양의 절리
② 층 리
  퇴적암이나 변성암의 일부에서 생기는 평행상의 절리로 수성암에서 주로 볼 수 있다.
③ 편 리

변성암에서 주로 생기는 불규칙한 절리.
④ 석 리
조암 광물의 집합상태에 따라 생기는 눈의 모양을 석리.
⑤ 석 목(돌 눈)
암석의 가공이나 채석에 이용하는 것으로 석재의 갈라지기 쉬운면을 석목 또는 돌눈
⑥ 벽 개
암석의 잘 갈라지는 면을 벽개.

(2) 석재의 규격
① 각 석
폭이 두께의 3배 미만이고 폭보다 길이가 긴 직육면체형의 석재
② 판 석
두께가 15cm 미만이고 폭이 두께의 3배 이상인 판 모양의 석재
③ 견치석
앞면은 규칙적으로 거의 사각형에 가깝고 길이는 최소변의 1.5배 이상인 석재.
④ 활 석(사고석)
앞면은 거의 정사각형에 가깝고 길이는 최소변의 1.2배 이상인 석재.

3. 석재의 성질

(1) 압축 강도 시험
① 석재의 압축강도 공시체는 크기를 50mm×50mm×50mm로 한다.
② 석재의 강도는 일반적으로 비중이 클수록, 빈틈률이 작을수록 크다.
③ 공시체 압축강도

$$f = \frac{P}{A}$$

여기서, f : 공시체의 압축 강도 (MPa)
　　　　P : 공시체의 파괴 하중 (N)
　　　　A : 공시체의 하중 지지면 (mm^2)
④ 압축강도에 의해 50MPa 이상을 경석, 10~50MPa 미만을 준경석, 10MPa 이하를 연석이라 한다.

(2) 휨강도
① 공시체의 크기는 50mm×50mm×30mm, 지간은 250mm를 사용.
② 휨 강도 = $\dfrac{3Pl}{2bd^2}(MPa)$

여기서, P : 공시체의 파괴될 때의 압력 (N)
　　　　b : 공시체의 폭 (mm)

　　　　d : 공시체의 두께 (mm)
　　　　l : 지간 (mm)

(3) 석재의 밀도(비중) 및 흡수율
① 석재의 비중은 일반적으로 겉보기 비중을 말한다.
② 비중은 보통 2.65 g/cm³
③ 석재의 밀도(비중)이 클수록 흡수율이 작고, 압축강도가 크다.
④ 표면 건조 포화 상태의 비중 = $\dfrac{A}{B-C}$

　　여기서, A : 공시체의 건조 질량 (g)
　　　　　B : 공시체의 침수 후 표면 건조 포화 상태의 공시체의 질량 (g)
　　　　　C : 공시체의 물속 질량 (g)

⑤ 흡수율(%) = $\dfrac{B-A}{A} \times 100$

　　여기서, A : 건조 공시체의 질량 (g)
　　　　　B : 침수 후 공시체의 질량 (g)

4. 석재 사용시 주의사항

(1) 석재는 예각부가 생기면 부서지기 쉬우므로 표면에 심한 요철이 없어야한다.
(2) 석재는 압축 응력을 받는 부분에 사용하며, 휨응력 및 인장응력을 받는 곳은 피한다.
(3) 석재는 취급상 1m³ 정도로 한정하여 사용하는 것이 좋다.
(4) 중량이 큰 것은 가장 낮은 곳에 작은 것은 높은 곳에 사용한다.
(5) 1000°C 이상의 고온으로 가열하면 암석은 파괴된다.

3-3 주요핵심문제

석 재

01 석재에 관한 설명 중 틀린 것은?
　　　　　　　　　　　[05.07.12 · 13 기사]
① 암석을 구성하고 있는 조암광물의 집합상태에 따라 생기는 눈의 모양을 석리라 한다.
② 암석 특유의 천연적으로 갈라진 금을 절리라 한다.
③ 변성암에서 주로 생기는 것으로 방향은 불규칙하고 작게 갈라지는 것을 벽개라 한다.
④ 갈라지기 쉬운 석재의 면을 석목 또는 돌눈이라 한다.

해설

암석의 구조
1) 절 리
　암석 특유의 천연적으로 갈라진 금으로 주로 화성암에서 볼 수 있는 형태
2) 층 리
　퇴적암이나 변성암의 일부에서 생기는 평행상의 절리로 수성암에서 주로 볼 수 있다.
3) 편 리
　변성암에서 주로 생기는 불규칙한 절리.
4) 석 리
　조암 광물의 접합상태에 따라 생기는 눈의 모양을 석리.
5) 석 목(돌 눈)
　암석의 가공이나 채석에 이용하는 것으로 석재의 갈라지기 쉬운 면을 석목 또는 돌눈.
6) 벽 개
　암석의 잘 갈라지는 면을 벽개.

02 석재의 일반적 성질에 관한 설명 중 틀린 것은? [02.08 · 12.16 기사]
① 암석의 압축강도가 50MPa 이상을 경석, 10MPa 이상~50MPa 미만을 준경석, 10MPa 미만을 연석이라 한다.
② 암석의 구조에서 암석 특유의 천연적으로 갈라진 금을 절리(節理), 퇴적암이나 변성암에서 나타나는 평행의 절리를 층리(層理)라 한다.
③ 석재는 강도 중에서 압축강도가 제일크며, 인장, 휨 및 전단강도는 작기 때문에 구조용으로 사용할 경우 주로 압축력을 받는 부분에 사용된다.
④ 석재는 일에 대한 양도체이기 때문에 열의 분포가 균일하며, 1,000°C 이상의 고온으로 가열하여도 잘 견디는 내화성재료이다.

해설

석재로 사용되는 암석은 열의 불균등분포가 생겨 내부 열응력에 의해 1000°C 이상으로 가열하면 조직이 파괴된다.

03 화강암의 일반적인 특징에 대한 설명으로 틀린 것은? [04 · 09.11.12.13.17 기사]
① 조직이 균일하고 내구성 및 강도가 크다.
② 내화성이 풍부하여 내화구조물용으로 적당하다.
③ 경도 및 자중이 커서 가공 및 시공이 어렵다.
④ 균열이 적기 때문에 큰 재료를 채취할 수 있다.

정답　01 ③　02 ④　03 ②

해설

화강암
1) 조직이 균일하고 내구성 및 강도가 크다.
2) 풍화나 마모에 강하다.
3) 내화성이 작다.

04 다음 석재 중 조직이 균질하고 내구성 및 강도가 큰 편이며, 외관이 아름다운 장점이 있는 반면 내화성이 작아 고열을 받는 곳에는 적합하지 않은 것은? [09.13.18 기사]
① 응회암 ② 화강암
③ 현무암 ④ 안산암

해설

화강암에 대한 설명이다.

05 암석은 그 성인(成因)에 따라 대별되는데 편마암, 대리석 등은 어느 암으로 분류 되는가? (00.05.06.08.1011 기사)
① 수성암 ② 석회질암
③ 화성암 ④ 변성암

해설

성인에 의한 암석의 분류
1) 화성암(화성암에 현무 있다)
   ① 화강암
   ② 섬록암
   ③ 안산암
   ④ 현무암
2) 퇴적암
   ① 응회암
   ② 사암
   ③ 혈암
   ④ 점판암
   ⑤ 석회암
   ⑥ 규조토
3) 변성암(편 대대)
   ① 편마암
   ② 편암(천매암)
   ③ 대리석

06 석재의 모양에 따른 분류에서 면이 원칙적으로 사각형에 가까운 것으로 길이는 2면을 쪼개어 면에 직각으로 측정한 길이가 면의 최소변의 1.2배 이상인 석재는 무엇인가? [11.14.17 기사]
① 견치석 ② 사고석
③ 각석   ④ 판석

해설

석재의 규격
1) 각 석
   폭이 두께의 3배 미만이고 폭보다 길이가 긴 직육면체형의 석재
2) 판 석
   두께가 15cm 미만이고 폭이 두께의 3배 이상인 판 모양의 석재
3) 견치석
   앞면은 규칙적으로 거의 사각형에 가깝고 길이는 최 소변의 1.5배 이상인 석재.
4) 활 석(사고석)
   앞면은 거의 정사각형에 가깝고 길이는 최소변의 1.2배 이상인 석재.

정답 04 ② 05 ④ 06 ②

3-4 골재

1. 골재의 특성별 분류

(1) 골재의 입경에 따른 분류
  ① 굵은골재 : 5mm체에 거의 남는 골재
  ② 잔골재 : 5mm체를 거의 다 통과하는 골재

(2) 산지 및 제조에 따른 분류
  ① 천연골재 : 하천(강모래, 강자갈), 바다모래, 바다자갈, 산모래, 산자갈
  ② 인공골재 : 부순돌(쇄석), 부순모래, 고로 슬래그, 인공경량골재 등

(3) 골재의 중량(밀도)에 의한 분류
  ① 경량골재 : 밀도가 $2.50g/cm^3$ 이하
  ② 보통골재 : 밀도가 $2.50\sim2.65g/cm^3$ 정도인 골재
  ③ 중량골재 : 댐, 방사선 차폐 콘크리트 등에 사용되는 골재로 밀도가 $3.0g/cm^3$ 이상인 골재

2. 잔골재 및 굵은골재

(1) 잔골재
  ① 깨끗하고, 강하고, 내구적이며, 적당입도, 먼지 등 유해물 함유금지
  ② 입도
    1) 10mm 전부통과, 대소입경 혼합
    2) 미립분 많을수록 단위수량 커짐
  ③ 내구성 : 물리, 화학적으로 안정
  ④ 소요 중량 가질 것
  ⑤ 염류 포함되지 않을 것(콘크리트 잔골재 염분 함유량은 0.04% 이하)
  ⑥ 잔골재의 유해물 함유량의 허용치

종 류	전체시료에 대한 최대무게 백분율(%)
점토덩어리	1.0

⑦ 부순 잔골재의 물리적 성질

시 험 항 목	품 질 기 준
절대 건조 밀도 (g/cm³)	2.5 이상(2.5이상)
흡 수 율 (%)	3.0 이하(3.0이하)
안 정 성 (%)	10 이하(10이하)
0.08mm체 통과량 (%)	7.0 이하(1.0이하)

(　　)는 천연 잔골재 기준으로 0.08mm 통과량이 차이가남

(2) 굵은 골재
① 깨끗하고, 강하고, 내구적이고, 적당한 입도, 얇은편석, 가느다란 석편, 유기물 함유 금지
② 입도 : 대소입자 적당 혼합일 것
③ 내구성 좋을 것
④ 쇄석(부순골재)
  1) 현무암, 안산암, 경질 화강암 등 원석 쇄석
  2) 단위수량 많아짐
  3) 알카리 반응 주의
  4) 수밀성, 내구성은 강자갈 보다 불리
  5) 부순자갈을 콘크리트 배합 시 사용하면 강자갈보다 거칠어서 시멘트와의 부착력이 증가되어 압축강도가 10%정도 증가
  6) 부순자갈은 강자갈에 비해서 실적율이 작다.
  7) 골재 입자가 작을수록 건조수축이 커진다.
  8) 단위 골재량이 많을수록 건조수축은 작아진다.
⑤ 부순 굵은골재의 물리적 성질

시 험 항 목	품 질 기 준
절대 건조 밀도 (g/cm³)	2.5 이상
흡 수 율 (%)	3.0 이하
안 정 성 (%)	12 이하
마 모 율 (%)	40 이하
0.08mm체 통과량 (%)	1.0 이하

⑥ 굵은 골재의 유해물 함유량의 허용치

종 류	전체시료에 대한 최대무게 백분율(%)	비 고
점토 덩어리	0.25	철근콘크리트에 적용
연한석편	5.0	

⑦ 구조물의 종류별 굵은골재 최대치수

구조물의 종류			굵은골재 최대치수
무근 콘크리트			40mm이하, 부재 최소치수의 1/4 이하
철근 콘크리트	일반적인 경우	20mm 또는 25mm 이하	-거푸집 양측면 사이의 최소거리의 1/5 -슬래브 두께의 1/3
	단면이 큰 경우	40mm 이하	-개별철근, 다발철근, 긴장재 또는 덕트 사이 최소 순간격의 3/4을 초과하지 않아야 한다.
댐 콘크리트			150mm 이하
포장 콘크리트			40mm 이하

3. 골재의 함수상태

(1) 골재의 요구조건
① 깨끗하고 유기불순물이 함유하지 않을 것
② 물리적 화학적으로 안정될 것
③ 입경 및 입도 분포가 양호할 것
④ 모양은 구 또는 입방체에 가까울 것
⑤ 강도 및 내구성이 클 것

(2) 골재의 함수상태
① 골재의 함수상태란 내·외부에 포함된 함수 상태에 따른 조건에서 구해지는 골재의 상태를 말함.
② 골재의 유효흡수율
  1) 유효흡수율이란 기건상태의 골재가 표건상태의 골재로 될 때까지 흡수되는 물의 양을 기건상태의 골재 중량으로 나눈값을 백분율로 표시한 것
  2) 골재의 유효흡수율이 클 경우 콘크리트 배합시 단위 수량의 증가, bleeding 증가 및 콘크리트 강도의 품질변동에 영향을 미친다.
③ 골재의 함수 상태

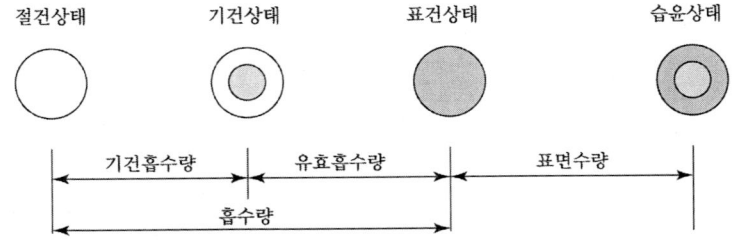

  1) 골재의 유효흡수율

$$\text{유효흡수율} = \frac{\text{표건질량} - \text{기건질량}}{\text{기건질량}} \times 100\%$$

골재의 유효흡수율은 보통 15~30분간 흡수율로 본다.

2) 골재의 흡수율

$$골재\ 흡수율 = \frac{표면질량 - 절건질량}{절건질량} \times 100\%$$

3) 골재의 표면수율

$$골재\ 표면수율 = \frac{습윤질량 - 표건질량}{표건질량} \times 100\%$$

4) 절건상태 (노건조 상태)

건조로 105±5℃ 상태로 골재 내부 물을 모두 없앤 상태

5) 기건상태 (공기중 건조상태)

골재속 일부가 물로 차있는 상태

6) 표면건조 내부포화 상태

Con'c 배합설계기준이며, 표면은 건조상태이며 내부는 물로 포화

4. 골재의 실적률과 공극률

(1) 골재 실적률

골재의 단위용적(m^3)중에서 실적 용적률을 백분율로 나타낸 값

(2) 골재 공극률

골재의 단위용적(m^3)중에서 실적용적률을 뺀 공극의 비율을 백분율로 나타낸 값

(3) 골재의 실적률과 공극률 계산

① 골재의 실적률(%)

$$실적률 = \frac{단위용적질량}{절건\ 밀도} \times 100$$

② 공극률 = 100-실적률(%)

(4) 골재실적률이 콘크리트에 미치는 영향

① 실적률이 크면 단위수량 및 단위시멘트량이 줄어들어서 경제적
② 콘크리트의 내구성, 수밀성 증대 효과
③ 워커빌러티 양호

5. 골재의 입도 및 조립률

(1) 골재조립률

① 골재의 조립율(FM)은 콘크리트에 사용되는 골재의 입도 정도를 표시하는 지표로서 75, 40, 20, 10. 5. 2.5, 1.2, 0.6, 0.3, 0.15mm의 10개 체로 골재체가름 시험을 하였을 때 각체에 남는 누계량의 중량 백분율의 합을 100으로 나눈 값을 말한다.

② 조립률 = $\dfrac{\text{각 체에 남은 잔류시료의 중량백분율의 합}}{100}$

③ 골재의 조립률이 높게 되면 골재의 입경이 크다는 의미

④ 잔골재 및 굵은골재의 조립률은 1일 1회 이상 실시

(2) 골재의 조립률 산정 목적
① 경제적인 배합설계
② 골재의 사용 적부 판단
③ 골재 입도의 균등성 여부

(3) Con'c에 사용되는 골재 최적 조립률
① 잔골재 : 2.3~3.1
② 굵은골재 : 6~8
③ pre packed con'c : 1.4~2.2

(4) 골재의 입도곡선
① 골재 크고 작은 입자의 정도를 체가름 시험 후 정량적으로 구한 시험값을 도시한 곡선
② 입도분포 곡선에서 굵은골재의 최대치수는 체가름시 질량비로 90% 이상을 통과시키는 체중에서 최소치수의 체눈의 호칭치수로 나타낸다.
③ 골재 입도가 콘크리트 품질에 미치는 영향
   1) 양입도 조건
      가. 콘크리트 시공성 및 마감성이 우수
      나. 콘크리트 워커빌러티 양호
   2) 불량입도 조건
      가. 시공성 및 마감성 저하
      나. 콘크리트 재료분리 발생 가능성
      다. 콘크리트 내구성 및 수밀성 저하
      라. 콘크리트 워커빌러티 불량

(5) 골재 조립률 예제

체(mm)	잔류량(g)	잔류율(%)	가적잔류율(%)
10	0	0	0
5	20	4.1	4.1
2.5	41	8.4	12.5
1.2	136	27.9	40.4
0.6	150	30.7	71.7
0.3	84	17.2	88.3
0.15	54	11.1	99.4
pan	3	0.6	100

· 잔류율 = $\dfrac{해당 체의 잔류량}{전체 질량} \times 100$

· 가적잔류율 = 각체의 잔류율의 누계

· 조립률 FM = $\dfrac{4.1 + 12.5 + 40.4 + 71.7 + 88.3 + 99.4}{100}$ = 3.16

(6) 혼합 조립률 계산시 비율계산 예

모래 A의 조립률 3.2, 모래 B의 조립률 2.2를 혼합하여 조립률 2.8 모래 C를 만들려면 모래 A와 B는 얼마의 비율로 정해야 하는가?

☞문제해설

    A+B = 100----------------①

    (3.2A+2.2B)=2.8(A+B) ------②

    ②에서 3.2A+2.2B=2.8A+2.8B

    0.4A - 0.6B = 0-----------③

    0.4A = 0.6×(100-A)

    0.4A = 60-0.6A   A=60%, B=40%

3-5 골재시험

1. 골재의 체가름 시험(KS F 2502)

(1) 개 요

골재의 크고 작은 알이 혼합되어 있는 정도의 골재입도와 조립률을 알기위한 시험으로 시료 채취는 사분법 또는 시료 분취기를 사용하여 채취하며 시험빈도는 골재원마다, 1,000m³ 마다 실시한다.

(2) 시료량

① 굵은골재 최대치수 25mm인 경우(5kg), 20mm인 경우(4kg), 40mm인 경우(8kg)
② 잔골재(600g)

(3) 시험방법

① 굵은골재 체가름 시험

표준체 75mm, 40mm, 20mm, 10mm, 5mm, 2.5mm, 1.2mm, 0.6mm, 0.3mm, 0.15mm 체를 이용하여 체 진동기에 골재를 넣고 조립하여 1분동안 체가름하여 1% 내의 통과가 될 때까지 체가름 실시.

② 잔골재 체가름 시험

표준체 10mm, 5mm, 2.5mm, 1.2mm, 0.6mm, 0.3mm, 0.15mm, 체를 이용하여 체 진동기에 골재를 넣고 조립하여 1분동안 체가름하여 1% 내의 통과가 될 때까지 체가름 실시.

③ 시험방법 및 순서

1) 시료준비(굵은골재 : 25mm기준 5kg, 잔골재 : 600g)
2) 시료건조(105±5℃)로 시료의 겉보기 점착력 제거
3) 체가름 실시(1분동안 각 체에 통과하는 것이 전 시료 질량의 0.1% 이하가 될 때까지 체가름 실시)
4) 체별 잔유량 계량(각 체에 남는 시료를 전시료 질량의 0.1% 이상까지 측정)
5) 결과 계산(소수점 이하 첫째 자리까지 계산)

(4) 골재 체가름 시험 일반사항

① 골재의 혼합시 조립률 계산 방법

A골재의 조립률 : a
B골재의 조립률 : b

$$조립률 = \frac{A \cdot a + B \cdot b}{A + B}$$

② 체가름시 체눈에 막힌 알갱이는 파쇄되지 않도록 하고 체에 남는 시료로 간주

③ 각체에 남는 것과 받침접시 안의 시료의 총 합은 체가름 전에 측정한 시료질량과 1% 이상 달라서는 안 된다.

2. 잔골재 밀도 및 흡수율 시험(KSF 2504)

(1) 개 요
① 잔골재 밀도 시험은 잔골재의 일반적 성질을 판단하고 또한 콘크리트 배합설계에 있어서 잔골재의 절대용적을 알기 위해서 필요하며,
② 잔골재 흡수율 시험은 사용하는 골재의 함수량을 알고 유효흡수량 또는 표면수량을 구할 때 흡수량이 필요하다.

(2) 시험기구 및 시료준비
① 저울, 플라스크(용량 500mL), 원뿔형 몰드, 다짐대, 건조기
② 시료 : 표면건조 포화상태 500g 이상

(3) 시험방법
① 시료를 표건상태 시료로 만듦
② 500ml 플라스크에 검정선까지 물을 채운 후 계량해서 중량측정(물을 플라스크에 넣을 경우 주위에 물이 묻지 않도록 한다)
③ 시료 500g이상을(표건상태) 계량(0.1g까지)
④ 플라스크에 물을 비이커에 부어넣은 후 플라스크 입구에 깔대기를 대고 모래시료 500g이상을 투입
⑤ 비이커에 받아놓았던 물을 다시 플라스크에 채우는데 플라스크 용량의 90% 정도만 채운다.
⑥ 플라스크를 경사지게 굴려서 기포를 확실히 없애고 기포가 어느 정도 올라오고 나서는 스포이드로 플라스크 내부 검정선까지 물이 차도록 만든다.
⑦ (플라스크+물+시료)중량을 측정한 후 결과 계산한다.

(4) 주의사항
① 검정선의 눈금은 시료를 넣는데 필요한 용적의 1.5이상~3배미만
② 플라스크 내부의 기포제거는 플라스크를 굴려서 확실히 제거
③ 플라스크 표면에 물기를 제거한 후 중량 측정

(5) 밀도 및 흡수율
① 표면 건조 포화 상태의 밀도(표건밀도) = $\dfrac{m}{B+m-C} \times \rho_w$
② 절대 건조상태의 밀도(절건밀도) = $\dfrac{A}{B+m-C} \times \rho_w$

여기서 B : (플라스크 +물)질량(g)
m : 표건상태시료의 질량(g)
C : (플라스크+물+시료)질량(g)
A : 절건상태시료의 질량(g)
ρ_w : 물의 밀도

③ 흡수율(%) = $\dfrac{m-A}{A} \times 100$

(6) 시험은 두 번 하고 시험값은 평균값과 차이가 밀도값은 0.01g/cm³ 이하, 흡수율은 0.05% 이하일 것
(7) 잔골재의 밀도는 표면건조포화상태이며 보통 2.50~2.65g/cm³ 정도이다.

3. 굵은골재의 밀도 및 흡수율 시험(KS F 2504)

(1) 개 요
① 굵은골재 밀도 시험은 굵은골재의 일반적 성질을 판단하고 또한 콘크리트 배합설계에 있어서 굵은골재의 절대용적을 알기 위해서 필요하며,
② 흡수율 시험은 사용하는 골재의 함수량을 알고 유효흡수량 또는 표면수량을 할 때 흡수량이 필요하다.

(2) 시험기구 및 시료준비
① 저울, 3mm 또는 그 이하 철선으로 만든 철망태(시료용기), 물탱크, 체
② 시료 : 20mm 최소 3kg, 25mm 최소 4kg 이상

(3) 시험방법
① 시료준비 및 침수(24±4시간)
② 흡수천으로 일일이 닦아서 골재상태(표건상태)로 만듦
③ 시료를 철망에 넣고 흔들어 공기 기포 제거 후 시료의 수중질량 측정
④ 시료를 팬에 놓고 건조(105±5℃)
⑤ 실온냉각 후 질량측정
⑥ 밀도 및 흡수율 계산

(4) 밀도 및 흡수율
① 절대건조상태의 밀도 = $\dfrac{A}{B-C} \times \rho_w$

② 표면 건조 포화상태의 밀도(표건밀도) = $\dfrac{B}{B-C} \times \rho_w$

③ 흡수율(%) = $\dfrac{B-A}{A} \times 100$

여기서 B : 대기 중 시료의 표면건조포화상태의 질량(g)
A : 대기 중 시료의 노건조 질량(g)
C : 물속에서의 시료의 질량(g)
ρ_w : 물의 밀도

④ 진밀도 $= \dfrac{A}{A-C} \times \rho_w$

(5) 굵은골재의 밀도 및 흡수율시험에서 1회 시험시 사용하는 시료의 최소질량 (경량골재)

$m_{\min} = \dfrac{d_{\max} \times De}{25}$

여기서, $m_{\min}$: 시료의 최소질량(kg)
$d_{\max}$: 굵은 골재의 최대치수(mm)
D_e : 굵은 골재의 추정밀도(g/cm³)

(6) 시험을 두 번 하며 평균값과 차가 밀도값은 0.01g/cm³ 이하, 흡수율은 0.03% 이하
(7) 골재의 밀도는 표면건조 포화상태이며 밀도는 2.55~2.70g/cm³ 정도이다.
(8) 골재의 밀도는 콘크리트의 배합설계를 할 때, 골재의 부피와 빈틈 등의 계산에 이용
(9) 시료의 양은 굵은골재 최대치수가 25mm인 경우 10kg (2회 시험) 이상, 40mm인 경우 20kg (2회 시험) 이상이다.

4. 골재의 단위 용적질량 및 실적률 시험(KS F 2505)

(1) 개 요
① 굵은골재, 잔골재 및 이들 혼합골재의 단위용적질량과 공극률을 측정하여 콘크리트 배합의 결정 및 현장에서 골재를 계량할 경우 필요하며,
② 또한 골재의 입도 및 입형의 양부를 판정하는데 사용할 수 있다.

(2) 시험기구
① 저울
② 다짐대
③ 용기

(3) 시험방법의 분류
① 다짐봉을 사용하는 방법
1) 골재의 최대치수가 40mm 이하인 것에 적용한다.
2) 일반적으로 많이 사용한다.
② 충격을 이용하는 방법
1) 골재의 최대치수가 커서 봉 다지기가 곤란한 경우 및 시료가 손상될 염려가 있는

경우.
2) 골재의 최대치수가 40mm 이상 100mm 이하인 경우
③ 삽을 이용하는 방법
골재 최대치수가 100mm 이하인 경우
④ 단위용적 질량의 계산방법
$$W = \frac{A-B}{V}$$
여기서, W= 단위용적질량(kg/m³)
A = 용기+시료의 질량(kg)
B = 용기질량(kg)
V = 용기의 용적(m³)

(4) 실적률(%) $= \dfrac{골재의 \ 단위용적 \ 질량}{골재의 \ 절건밀도} \times 100$
$= \dfrac{골재의 \ 단위용적 \ 질량}{골재의 \ 표건밀도} \times (100 + 흡수율)$

(5) 공극률(빈틈률) = 100-실적률

5. 잔골재의 유기불순물 시험(KS F 2510)

(1) 개 요
① 콘크리트에 사용되는 자연모래 중에 함유되어있는 유기 불순물의 양을 측정하는 시험으로
② 콘크리트 강도, 내구성을 저하시키는 유기물을 색조를 통하여 파악하는 시험
③ 표준용액에 사용되는 약품(수산화나트륨, 탄닌산, 메틸알코올 용액)(암기)

(2) 표준색 용액 제조 절차 및 순서
① 95%의 알코올 용액 10mL와 2g의 탄닌산 분말을 90mL의 물에 섞어 2%의 탄닌산 용액을 만든다.
② 물 97에 수산화나트륨 3의 질량비로 수산화나트륨 용액을 만든다.
③ 2%의 타닌산 용액 2.50mL를 3%의수산화나트륨 용액 97.5mL에 타서 표준색 용액을 만든다.

(3) 시험 용액 제조
① 4분법으로 가장 대표적인 것 약 450mL 채취
② 시료를 무색 유리병에 130mL의 눈금까지 넣고 3%의 수산화나트륨 용액을 200mL의 눈금까지 넣는다.
③ 병 마개를 닫고 잘 흔든 다음 24시간 동안 가만히 둔다.

④ 시험용액에 표준용액을 75mL 눈금까지 넣어준 다음 표준액 용액과 색깔 비교

(4) 결과 판정

시험용액의 색깔이 표준색용액보다 연할 때는 사용 가능하나 진하면 불합격

6. 로스앤젤레스 시험기에 의한 굵은골재 마모시험(KS F 2508)

(1) 개 요

콘크리트의 내구성을 파악하기 위해서 시험기 안에 철구 및 굵은골재를 넣어 시험기를 강제로 돌려 골재의 닮음정도를 파악하여 콘크리트에 사용되는 굵은 골재의 내구성을 파악하기 위한 시험

(2) 시험기구

① 로스앤젤리스 시험기
② 철구(지름 : 46.8mm , 질량 : 390~450g)
③ 저울 : 시료 전체 질량의 0.1% 이상의 정밀도 갖는 것
④ 체 : 1.7mm체망

(3) 시험방법

① 시험방법 선택(A~G)
② 건조시료 질량 측정
③ 시료와 철구를 원통(시험기)에 투입 및 회전(회전속도 30~33회/min)
④ NO 12(1.7mm)체로 체가름
⑤ 체에 남는 시료를 씻은 후 건조(105±5℃)
⑥ 건조 후 질량 측정 및 마모감량 계산

(4) 골재의 마모율

$$마모감량(\%) = \frac{시험전 시료질량(g) - 시험후 1.7\text{mm}체에 남는 시료질량(g)}{시험전 시료질량(g)} \times 100$$

7. 골재에 포함된 잔입자 시험 (0.08mm체 통과량 시험)(KS F 2511)

(1) 개 요

① 골재에 잔입자를 많이 함유하면 콘크리트의 단위수량 및 단위 시멘트 량의 증가로 비경제적이고 단위수량의 증가로 좋은 콘크리트가 되기 어렵다.
② 따라서 골재에 포함된 0.08mm 체를 통과하는 잔 입자의 양을 측정하는 시험으로 골재의 입도가 너무 잔골재가 많지 않도록 하여 좋은 콘크리트를 만드는데 필요한 시험이다.

(2) 시험기구
　① 저울
　② 체 : 0.08mm와 1.2mm 체에 가까운 크기의 체를 한 벌로 하여 사용
　③ 용기
　④ 건조기

(3) 시험방법
　① 시료채취(4분법)
　② 건조(105±5℃)후 질량계량
　③ 용기에 넣고 물에 침수 후 휘저어서 미립자는 물위로 뜨게 함
　④ 한 벌의 체에 붓는다(0.08mm, 1.2mm체)
　⑤ 물이 맑아질 때까지 계속 한 벌의 체에 남는 시료를 다시 붓는다.
　⑥ 건조(105±5℃)후 질량계량 후 결과계산

(4) 0.08mm 통과하는 잔 입자량의 백분율
　① 통과율(%) = $\dfrac{씻기전\ 시료의\ 건조질량(g) - 씻은후\ 시료의\ 건조질량(g)}{씻기전\ 시료의\ 건조질량(g)} \times 100$
　② 골재의 잔입자 함유량 한도

항　　　목	잔입자 함유량 한도값 (%)	
	무근콘크리트	철근콘크리트
콘크리트의 표면이 마모작용을 받는 경우	3.0 (5.0)	3.0 (5.0)
그 밖의 경우	5.0 (7.0)	5.0 (7.0)

※ ( )안의 숫자는 부순모래, 부순돌을 말하며 부순돌의 경우

8. 골재의 안정성 시험(KS F 2507)

(1) 개 요
　① 골재의 안정성 시험은 골재의 내구성을 알기 위해 황산나트륨 또는 황산마그네슘 포화용액으로 골재의 부서짐 작용에 대한 저항성을 시험하는 것으로(인공경량골재는 제외) 골재의 기상작용(동결)에 의한 저항성을 안정성시험을 통해서 확인할 수 있다.
　② 사용용액으로는 황산나트륨과 염화바륨이 사용된다.

(2) 시험기구
　① 체
　② 철망 바구니
　③ 저울
　④ 용기
　⑤ 건조기

(3) 시료
　① 잔골재 : 약2kg
　② 굵은골재 : 20mm(5kg), 25mm(10kg이상)

(4) 시험용 용액
　물(1L) + 무수황산나트륨(250g)

(5) 시험방법
　① 시료를 철망바구니에 넣고 용액에 침수(16~18시간)
　② 시료를 꺼내서 4~6시간 건조(105±5℃)후 냉각
　③ ②과정을 5회 반복
　④ 물 세척(염화바륨 검사) : 씻은 물에 소량의 염화바륨 용액을 가하여도 흰색으로 탁해지지 않을 때까지 세척

(6) 골재의 손실질량 백분율(%) = $\dfrac{시험전의\ 시료질량(g) - 시험후의\ 시료질량(g)}{시험전의\ 시료질량(g)}$

시험용 용액	손실질량 백분율(%)	
	잔 골 재	굵은골재
황산나트륨	10%이하	12%이하
황산마그네슘	15%이하	18%이하

골재 및 시험

01 KS F 2526에 규정되어 있는 콘크리트용 골재의 물리적 성질에 대한 설명으로 틀린 것은? [10·12 기사]
① 굵은 골재의 절대건조밀도는 2.5kg/cm³ 이상이어야 한다.
② 잔골재의 흡수율은 3.0% 이하 이어야 한다.
③ 잔골재의 안정성은 15% 이하 이어야 한다.
④ 굵은 골재 마모율은 40% 이하 이어야 한다.

해설

콘크리트용 골재의 품질기준

잔골재	굵은 골재
· 절건밀도는 2.5g/cm³ 이상	· 절건밀도는 2.5g/cm³ 이상
· 흡수율은 3% 이하	· 흡수율은 3% 이상
· 안정성은 10% 이하	· 안정성은 12 % 이하
	· 마모율은 40% 이하

02 잔골재의 밀도시험의 결과가 다음 표와 같을 때 이 잔골재의 표면건조 포화상태의 밀도는? [10·12 기사]

- 검정된 용량을 나타낸 눈금까지 물로 채운 플라스크의 질량 : 665g
- 표면건조 포화상태 시료의 질량 : 500g
- 절대건조상태 시료의 질량 : 495g
- 시료와 물로 검정된 용량을 나타낸 눈금까지 채운 플라스크의 질량 : 975g
- 시험온도에서 물의 밀도 : 1g/cm³

① 2.65g/cm³ ② 2.63g/cm³
③ 2.60g/cm³ ④ 2.57g/cm³

해설

잔골재 밀도
표면 건조 포화 상태의 밀도

(표건밀도) = $\dfrac{m}{B+m-C} \times P\omega$

여기서 B : (플라스크 +물)질량(g)
   m : 표건상태시료의 질량(g)
   C : (플라스크+물+시료)질량(g)
   A : 절건상태시료의 질량(g)
   $P\omega$: 물의 밀도

$= \dfrac{m}{B+m-c} \times \rho_w$

$= \dfrac{500}{665+500-975} \times 1 = 2.63 g/cm^3$

정답 01 ③ 02 ②

03 중량 500g인 절대건조상태 골재를 24시간 물에 침수하여 측정한 골재의 중량은 520g이었다. 이 골재의 흡수율이 1%인 경우 골재의 표면수율로 맞는 것은?

[08 · 14 기사]

① 1%   ② 2%
③ 3%   ④ 4%

해설

1) 흡수율 = $\dfrac{\text{표건질량} - \text{절건질량}}{\text{절건질량}}$
   = $\dfrac{\text{표건질량} - 500}{500} \times 100 = 1$
   ∴ 표건질량 = 505g

2) 표면수율 = $\dfrac{A - B}{B} \times 100$
   = $\dfrac{520 - 505}{505} \times 100 = 2.97\%$

04 표면건조 포화상태의 골재 1,000g을 공기 중에 건조시켰더니 978g이 되었고, 이를 다시 절대건조상태로 건조시킨 결과 950g이 되었다. 이 골재의 흡수율은 얼마인가?

[03.04.05.08 · 11.12 기사]

① 5.8%   ② 2.2%
③ 2.3%   ④ 5.3%

해설

골재의 함수상태

1) 유효흡수율
   = $\dfrac{\text{표건질량} - \text{기건질량}}{\text{기건질량}} \times 100\%$

2) 골재의 흡수율
   = $\dfrac{\text{표면질량} - \text{절건질량}}{\text{절건질량}} \times 100\%$

   흡수율 = $\dfrac{B - D}{D} \times 100$
   = $\dfrac{1,000 - 950}{950} \times 100 = 5.26\%$

3) 골재의 표면수율
   표면수율 = $\dfrac{\text{습윤질량} - \text{표건질량}}{\text{표건질량}} \times 100\%$

05 단위용적 질량이 1.55t/m³인 굵은 골재 밀도가 2.65g/cm³일 때 이 골재의 공극률은 얼마인가?

[00.01.06.07.09 · 10.11 · 13.16.20년 기사]

① 28.6%   ② 30.3%
③ 33.3%   ④ 41.5%

해설

공극률

$V = \left(1 - \dfrac{w}{g}\right) \times 100 = \left(1 - \dfrac{1.55}{2.65}\right) \times 100 = 41.51\%$

06 굵은 골재 최대치수는 질량비로서 전체골재 질량의 몇 % 이상을 통과시키는 체의 최소 공칭치수를 의미하는가?

[08 · 10 · 11 기사]

① 80%   ② 85%
③ 90%   ④ 95%

해설

굵은 골재 최대치수
굵은골재 최대치수란 중량으로 90% 이상을 통과시키는 체중에서 최소치수의 체눈을 체의 호칭치수로 나타낸 굵은 골재 치수이다.

07 다음 중 골재의 조립률을 구하는데 사용되는 표준체의 크기가 아닌 것은?

[03.05 · 10 · 13 기사]

① 40mm   ② 10mm
③ 1.5mm   ④ 0.3mm

해설

골재의 조립률은 75mm, 40mm, 20mm, 10mm, 5mm, 2.5mm, 1.2mm, 0.6mm, 0.3mm, 0.15mm 등 10개의 체를 1조로 하여 체가름시험을 하였을 때, 각 체에 남는 누계량의 전체 시료에 대한 질량백분율의 합을 100으로 나눈 값이다.

정답 03 ③ 04 ④ 05 ④ 06 ③ 07 ③

08 굵은 골재 체가름 시험결과 각 체의 누적 잔류량이 다음의 표와 같을 때 조립률은 얼마인가? [08,09,11,12 기사]

체의 크기	80 mm	40 mm	20 mm	10 mm	5 mm	2.5 mm
각 체의 잔류 누가 중량 백분율(%)	0	5	55	80	95	100

① 3.35 ② 5.58
③ 7.35 ④ 8.58

해설

$FM = \dfrac{0+5+55+80+95+100+400}{100} = 7.35$

09 콘크리트에 사용되는 잔골재의 조립률로서 적당한 것은? [02,05,07,08 기사]
① 2.3~3.1 ② 4.5~5.8
③ 6.0~8.0 ④ 8.0~9.0

해설
1) 잔골재의 FM=2.3~3.1
2) 굵은 골재 FM=6~8

10 잔골재의 조립률 2.3, 굵은 골재 조립률 7.5을 사용하여 잔골재와 굵은 골재를 1 : 1.5의 중량비율로 혼합하면 이때 혼합된 골재의 조립률은 얼마인가?
[01,04,06,08,12,13 기사]
① 4.92 ② 5.12
③ 5.42 ④ 5.52

해설

$FM = \dfrac{A \cdot a + B \cdot b}{A+B} = \dfrac{(1 \times 2.3)+(1.5 \times 7.5)}{1+1.5} = 5.42$

11 모래 A의 조립률이 3.40이고, 모래 B의 조립률이 2.5인 모래를 혼합하여 조립률 2.80의 모래 C를 만들려면 모래 A와 B는 얼마를 섞어야 하는가?
[00,02,04 · 06,09 · 11,13 기사]
① 41% : 59% ② 43% : 57%
③ 40% : 60% ④ 33% : 67%

해설
A+B=100

$2.8 = \dfrac{A \times 3.4 + B \times 2.5}{A+B}$

$2.8A + 2.8B = 3.4A + 2.5B$
∴ $0.6A = 0.3B$
$0.6 \times (100-B) = 0.3B$
$A = 33\%, \ B = 67\%$

12 기상작용에 대한 골재의 저항성을 평가하기 위한 시험은? [09 · 10 · 12 기사]
① 밀도 및 흡수율 시험
② 안정성 시험
③ 로스앤젤레스 마모시험
④ 유해물 함량시험

해설
동결융해 저항성은 골재의 안정성 시험을 하여 그 결과로부터 판단한다.

13 황산나트륨에 의한 안정성 시험을 할 경우, 조작을 5번 반복했을 때 잔골재의 손실중량 백분율의 한도는 일반적으로 몇 % 이하로 하여야 하는가? [05,07 기사]
① 5% ② 10%
③ 15% ④ 20%

해설
손실중량 백분율의 한도

규격	손실중량 백분율	
	잔골재	굵은골재
황산나트륨에 의한 골재의 안정성 시험	10 % 이하	12 % 이하

정답 08 ③ 09 ① 10 ③ 11 ④ 12 ② 13 ②

14 골재의 내구성 시험 중 황산나트륨에 의한 안정성 시험의 경우 조작을 5회 반복하였을 때 굵은 골재 손실중량의 한도는 일반적으로 얼마로 하는가? [04 · 08 · 10 기사]
① 4%   ② 7%
③ 12%   ④ 15%

해설

손실중량 백분율의 한도

규격	손실중량 백분율	
	잔골재	굵은골재
황산나트륨에 의한 골재의 안정성 시험	10 % 이하	12 % 이하

15 로스앤젤레스 시험기에 의한 굵은 골재의 마모 시험결과가 다음 표와 같을 때 마모 감량은 얼마인가? [09.10.18 기사]

- 시험 전 시료의 질량=5,000g
- 시험 후 1.7mm의 망체에 남은 시료의 질량=4,321g

① 6.4%   ② 7.4%
③ 13.6%   ④ 15.7%

해설

마모율

$$마모감량 = \frac{m_1 - m_2}{m_1} \times 100$$
$$= \frac{5,000 - 4,321}{5,000} \times 100$$
$$= 13.58\%$$

여기서, m_1 : 시험 전 시료의 질량(g)
m_2 : 시험 후 1.7mm체에 남은 시료의 질량(g)

16 콘크리트용 골재의 품질 판정에 대한 설명 중 틀린 것은? [05 · 13 기사]
① 체가름 시험을 통하여 골재의 입도를 판정할 수 있다.
② 골재의 입도가 일정한 경우 실적률을 통하여 골재 입형을 판정할 수 있다.
③ 황산나트륨 용액에 골재를 침수시켜 건조시키는 조작을 반복하여 골재의 안정성을 판정할 수 있다.
④ 조립률로 골재의 입형을 판정할 수 있다.

해설

조립률이란 골재의 입도를 수치적으로 나타낸 것으로서 조립률로 골재의 입도를 판정할 수 으며, 골재의 입형은 골재의 실적률로 판정한다.

17 잔골재의 유해물 함유량의 한도 중 점토덩어리인 경우 중량백분율로 최대치는 얼마인가? [14.16기사]
① 1%   ② 2%
③ 3%   ④ 4%

해설

잔골재의 유해물 함유량

종류	최대값
점토 덩어리	1
염화물(NaCl 환산량)	0.04

18 콘크리트용 골재의 저장과 취급에 관한 다음 설명 중 적절하지 않은 것은? [04 · 08 기사]
① 잔골재, 굵은 골재 및 종류와 입도가 다른 골재는 각각 구분하여 저장해야 한다.
② 골재의 받아들이기, 저장 및 취급 시에는 대소의 알이 분리되지 않도록 주의하고 먼지, 잡물 등이 혼입하지 않도록 해야한다.
③ 겨울에는 빙설의 혼입이나 동결하지 않도록 해야 한다.
④ 여름에는 일광의 직사를 피할 수 있는 적절한 시설을 하여야 하고, 반드시 표면 건조 포화상태로 관리하여야 한다.

해설

여름철 골재의 함수상태를 반드시 표면 건조포화상태로 관리할 필요는 없다. 가능한 표면건조 포화상태가 되면 좋으나, 여건이 맞지 않는 경우 습윤, 기건상태에 있기 때문에 표면수 조정을 통한 현장 배합설계를 하는 것이 필요하다.

19 경량골재 및 중량골재에 대한 설명 중 틀리는 것은? (02,03,04,05,07,08,11 기사)
① 천연 경량 골재는 일반적으로 약하고 모양도 나쁘므로 고강도를 요구하는 콘크리트용으로는 부적당하다.
② 인공 경량골재는 공장에서 제조되기 때문에 일반적으로 깨끗하고 적당한 입도를 가지며, 품질의 변동이 적다.
③ 인공 경량 골재는 흡수량이 비교적 크기 때문에 콘크리트 배합 사용 전 프리웨팅을 하는 것이 좋다.
④ 중량 골재는 원자로 방사선 등의 차폐효과를 높이기 위한 고밀도 콘크리트용으로 많이 사용된다.

해설
인공경량골재는 흡수량이 크기 때문에 단위수량에 따른 품질변동이 커진다.
따라서 사용전 습윤상태로 사용하기 위하여 프리웨팅(pre wetting)해야 좋다.

20 콘크리트용 잔골재로 사용하고자 하는 바닷모래의 염분에 대한 대책 중 틀린 것은? (00,01,04,11 기사)
① 살수법, 침수법 및 자연 방치법 등에 의해서 염분을 사전에 제거한다.
② 염분이 많은 바닷모래를 사용할 경우 콘크리트에 사용되는 철근을 아연 도금 등으로 방청하여 사용한다.
③ 콘크리트용 혼화재료로 방청제를 사용한다.
④ 콘크리트를 가능한 빈배합으로 하여 수밀성을 향상시킨다.

해설
콘크리트를 가능한 부배합 상태로 하여 수밀성을 향상시킨다.

정답 19 ② 20 ④

3-6 시멘트

1. 시멘트 제조
(1) 석회석과 점토를 4:1로 혼합하여 1,400~1,500℃ 정도의 소성로를 거쳐 생산된 클링커를 만든 후 시멘트의 급격한 응결방지 목적으로 석고를 2~3% 정도 넣고 클링커를 분쇄하여 만든 건설재료이다.
(2) 소성(burning)이 부족한 경우 문제점으로는 시멘트 비중 저하, 시멘트 안정성 저하, 석회성분 분리 현상이 발생된다.
(3) 불용해 잔분량이란?
   ① 시멘트를 염산 및 탄산나트륨 용액을 넣었을 때 녹지않고 남는 부분을 "불용해잔분"
   ② 소성반응의 완전여부를 알아내는 척도의 기준으로 보통 P.C의 "불용해잔분"은 0.1~0.6% 정도임.
(4) 시멘트 제조 공정은 원료처리공정 → 소성공정 → 시멘트 제조공정 순

2. 시멘트 제조방법
(1) 건식법
   ① 석회석 점토, 슬래그 등의 원료를 건조 후 적당 비율로 조합하여 회전로에 투입 후 소성하는 방법
   ② 효율이 좋고 품질우수하나, 습식보다 먼지가 많다

(2) 습식법
   ① 석회석 점토, 슬래그 등의 원료에 약 40%의 물을 넣어서 반죽상태로 회전로에 넣어서 소성하는 방법
   ② 먼지가 적으나 많은 물을 사용하여 원료를 소성하므로 열량 손실이 큼

(3) 반습식법
   ① 건조상태 원료에 10~12% 물을 넣어서 소성로안에서 소성하는 방법
   ② 습식법 단점을 보완해서 열량손실이 적다

3. 시멘트의 화학적 성분
(1) 주성분(시멘트 성분 중 가장 많이 함유하고 있는 순서)
   ① 석회(CaO) : 60% 수준
   ② 실리카(SiO_2) : 20~25%
   ③ 알루미나(Al_2O_3) : 5% 내외
   ④ 산화철(Fe_2O_3) : 2~3% 시멘트가 회색을 나타나게 함

(2) 부성분
① 무수황산(SO_3)
② 산화마그네슘(MgO) : 마그네슘은 체적증가를 동반하므로 최대 사용량 5% 이하로 제한
③ 알카리성분(K_2O, Na_2O)

(3) 포틀랜드 시멘트 주원료의 양은 석회석 〉 점토 〉 규석 순으로 많다

4. 시멘트 화합물의 종류 및 특성

(1) 규산 삼석회(C_3S) (알라이트) : $3CaO \cdot SiO_2$
시멘트 클링커 성분중 제일많이 차지하며, 콘크리트 조기강도가 빨리 나타나고 중용열 포틀랜드 시멘트에서는 사용량을 50% 이하로 제한하고 있다.

(2) 규산 이석회(C_2S) (벨라이트) : $2CaO \cdot SiO_2$
시멘트 수산화 작용이 늦고 콘크리트 장기강도가 크게 나타난다.

(3) 알루민산 3석회(C_3A) (알루미네이트) : $3CaO \cdot Al_2O_3$
시멘트 수산화 작용이 가장 빠르며 초기강도가 매우크다 중용열 시멘트에서는 사용량을 8% 이하로 제한하고 있다.

(4) 알루민산철 4석회(C_4AF) (펠라이트) : $4CaO \cdot Al_2O_3 \cdot Fe_2O_3$
시멘트 수산화작용이 늦고 화학적 저항성이 커서 내황산염 시멘트에 사용된다.

5. 시멘트의 일반적 성질

(1) 시멘트의 수화
① 시멘트와 물이 혼합하면 화학반응을 일으켜 응결 및 경화의 과정을 거쳐 강도가 나타나게 되는데 이런 반응을 수화작용 이라고 하며, 이때 수화열을 동반한다.
② 시멘트 수화반응식
   1) 수화 반응식

   $$\begin{matrix} C_3S \\ CaO \\ C_2S \end{matrix} + H_2O \rightarrow C_3S_2 + 125\,cal/g + Ca(OH)_2$$

   2) 상기식에서 C-S-H(CaO_3 - SiO_2 - H_2O) 수화물은 시멘트 강도에 관여하고 수산화칼슘은 백화의 주범이나 고알카리성을 (PH : 12~13) 가지고 있어 철근의 부식을 방지함(부동태막)

(2) 응결 및 경화
   ① 응결
      1) 시멘트풀(시멘트+물)이 시간이 지남에 따라 유동성과 점성을 잃고 굳어지는 현상
      2) 응결은 초결 1시간 이후, 종결은 10시간 이내로 규정되어 있다. 시멘트의 응결시험은 비카침 및 길모어침에 의해 시멘트 응결시간 측정
      3) 염류중 황산칼륨은 시멘트풀의 응결, 강도, 수축의 영향에 가장 적게 줌
   ② 경화
      응결작용이 끝난 후 수화작용이 계속되면서 단단히 굳어져서 강도를 내는 상태를 말한다.

(3) 시멘트의 풍화
   ① 시멘트가 저장 중에 공기와 접하면 공기 중의 수분을 흡수하여 수화 작용을 일으켜 굳어지는 현상
   ② 시멘트의 풍화과정
      1) $CaO + H_2O \rightarrow Ca(OH)_2 + 125g/cal$
      2) $Ca(OH)_2 + CO_2 \rightarrow CaCO_3 + H_2O$
      3) 이와 같이 시멘트의 수화작용과 탄산작용에 의한 반응을 풍화과정으로 봄
   ③ 시멘트 풍화의 특성
      1) 비중이 떨어짐(밀도 $3.15g/cm^3$)
      2) 분말도 높을수록 풍화 빨라짐
      3) 강도가 저하
      4) 수화열 작아짐
      5) 응결이 지연됨
   ④ 시멘트 풍화의 주된 요인
      1) 높은온도
      2) 높은습도
      3) 분말도가 높을 때
   ⑤ 시멘트 풍화 방지방법
      1) 창고의 바닥 높이는 지면에서 30cm 이상 띄어서 습기 방지
      2) 시멘트 반입순서대로 출하
      3) 통풍이 되지 않을 것
      4) 3개월 이상되면 시멘트는 재시험 실시
      5) 시멘트 쌓기는 13포 이내로 하며 장기저장시 7포이하
   ⑥ 풍화 정도를 판단하는 방법(강열감량)
      1) 시멘트를 1,000℃ 가열 후 감소되는 질량 측정 후 백분율로 나타내서 시멘트 풍화정도를 판단

2) 강열감량 = $\dfrac{\text{물}+CO_2\text{와 결합된 Cement량}}{\text{최초의 시멘트량}} \times 100\%$

3) Fresh 한 시멘트 강열감량 범위는 0.5~0.8%이며 관리기준은 3%이하로 한다. 장기 보존시 감열감량이 큼(풍화)

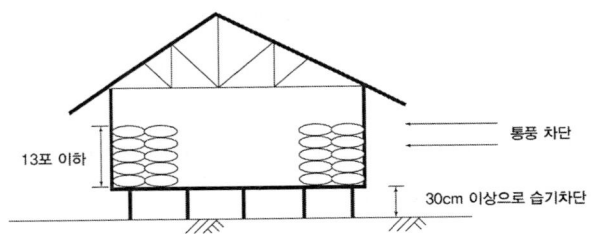

(4) 시멘트의 비중
  ① 보통 포틀랜드 시멘트의 비중은 3.14~3.16 정도이며 콘크리트 배합 및 단위용적절량 계산 등에 사용된다.
  ② 시멘트 비중에 영향을 끼치는 요인
    1) 석고 함유량이 많으면 비중이 작아진다.
    2) 일반적으로 실리카(SiO_2), 산화철(Fe_2O_3) 등이 많으면 비중이 크고, 석회(CaO), 알루미나(Al_2O_3)가 많으면 비중이 작다.
    3) 풍화된 경우 비중이 작아진다.
    4) 클링커의 소성이 불충분할 경우 비중이 작아진다.

(5) 시멘트의 분말도
  ① 시멘트 입자의 굵고 가는 정도를 나타내는 것으로 비표면적으로 나타내며, 분말도가 크면 단기간에 많은 수화 반응이 일어나므로 초기강도가 증가된다.
  ② 보통 포틀랜드 시멘트의 분말도는 3,000cm^2/g 이상이다.
  ③ 분말도가 큰 시멘트의 성질
    1) 수화작용이 빠르고 초기강도가 크게 된다.
    2) 블리딩이 적고 워커빌리티가 좋아진다.
    3) 풍화하기 쉽고 콘크리트 균열 발생 가능성이 증가한다.
    4) 분말도가 큰 시멘트로는 조강시멘트, 초조강시멘트 등 이 있다.
    5) 분말도 높으면, 초기강도 유리하나 초기균열 및 건조수축발생
    6) 분말도가 크면 비표면적이 크다.

(6) 시멘트의 안정성
  ① 시멘트가 경화중에 체적이 팽창하여 균열 등이 생기는 정도를 말한다.
  ② 보통 포틀랜드시멘트의 팽창도는 0.8% 이하.

(7) 시멘트 총알카리량

총알카리량 = $Na_2O + 0.658K_2O$

6. 시멘트의 종류 및 특성

(1) 포틀랜드(Portland Cement)(KSL 5201 규정)
  ① 보통 포틀랜드 시멘트 (1종)
    1) 일반적인 시멘트를 보통 포틀랜드 시멘트라 한다.
    2) 시멘트 표준계량에서 단위용적질량이 1,500(kg/m^3) 정도
  ② 중용열 포틀랜드 시멘트(2종)
    1) 수화열이 보통 시멘트보다 작게 발현되도록 C_3A의 양(8%이하)을 적게 하고 장기강도 발현을 위해 C_2S 량을 많게 한 시멘트로서 댐이나, 방사선차폐용, 매스콘크리트 등에 활용
    2) 조기강도는 작으나 장기강도는 크다
  ③ 조강 포틀랜드 시멘트(3종)
    1) 수화열이 보통시멘트보다 크게 발현되며, 보통 포틀랜드 시멘트의 28일 강도를 재령 7일 정도에서 나타난다.
    2) 거푸집 회전율이 좋고 양생 및 공기단축이이 필요한 한중공사, 긴급공사 등에 사용된다.
  ④ 저열 포틀랜드 시멘트(4종)
    수화열이 중용열 시멘트보다 작게 발현되며, 매스콘크리트 등에 사용
  ⑤ 내황산염 시멘트(5종)
    1) 황산염 등에 의한 콘크리트 침식으로부터 보호하기 위하여 사용되는 시멘트
    2) 주로 해양콘크리트 등 염분과의 접촉이 많은 경우에 사용

(2) 혼합시멘트
  ① 고로 슬래그 시멘트
    1) 시멘트의 일부를 고로슬래그를 대체하기 때문에 수화열이 비교적 적다.
    2) 수밀성이 좋아 내화학약품성이 우려가 있는 해수, 공장폐수, 하수 등에 접하는 콘크리트에 적당하다.
    3) 수화열이 적어 댐 공사에 사용된다.
    4) 초기강도 발현이 늦고 늦게 장기강도가 발현된다.
    5) 고로슬래그 미분말은 시멘트 재료의 50%까지 치환이 가능
  ② 실리카 시멘트
    1) 시멘트의 일부를 실리카로 대체하여 콘크리트 내구성 및 수밀성 증대
    2) 초기강도는 작으나 장기강도가 증대된다.
    3) 수밀성이 좋아 내화학약품성에 대한 저항이 크다
    4) 실리카흄은 시멘트 재료의 10%까지 치환이 가능

③ 플라이 애시 시멘트
  1) 콘크리트 워커빌리티를 중대시키며 단위수량을 감소시킬 수 있다.
  2) 화력발전소에서 채취한 미분탄재로 시멘트 일부를 대체
  3) 수화열이 적고 건조수축도 적다.
  4) 장기강도가 커진다.
  5) 해수에 대한 내화학성이 크다.
  6) 시멘트 재료의 25% 까지 치환이 가능

(3) 특수시멘트
  ① 알루미나 시멘트
    1) 보크사이트와 석회석을 혼합해서 분말로 만든 시멘트
    2) 1일 강도가 보통 포틀랜드 시멘트의 28일 강도와 같다.
    3) 발열량이 커 한중공사, 긴급공사에 적합하다.
    4) 해수 및 기타 화학작용을 받는 곳에 저항성이 크다.
    5) 열분해 온도가 높으므로 내화용 콘크리트에 적합하다.
    6) 알루미나 시멘트가 조강시멘트보다 조기에 고강도 발현(초조강 시멘트)
  ② 초속경 시멘트(Jet Cement)
    1) 2~3시간에 큰 강도를 얻을 수 있다.
    2) 응결시간이 짧고 경화 시 발열이 크다.
    3) 알루미나 시멘트와 같은 전이현상이 없다.
    4) 보통시멘트와 혼합해서 사용하면 안 된다.
    5) 분말도 $5,000 cm^2/g$
  ③ 팽창시멘트
    1) 보통 포틀랜드 시멘트에서 발생되는 수축성을 개선할 목적으로 사용한다.
    2) 팽창시멘트 종류
       수축보상용 시멘트 및 화학적 프리스트레스 도입용 시멘트가 있다.

(4) 시멘트 일반적인 추가사항
  ① 규산율이 높은 시멘트는 일반적으로 C_2S 생성량이 많아서 장기강도 발현에 유리함
  ② 규산율
    1) 규산율(S.M)= $\dfrac{SiO_2}{Al_2O_3 + Fe_2O_3}$ = 1.8 ~ 3.2
    2) 규산율이 높으면 SiO_2 성분이 시멘트 $Ca(OH)_2$ 과 포졸란 반응이 가능해짐
    3) 포졸란 반응이 일어나면 장기강도에 유리해 짐
    4) (규산율)이 높은 시멘트는 일반적으로 C_2S의 생성량이 많아서 장기강도 발현에 유리하며, (규산율)이 낮은 시멘트는 C_3A의 생성량이 높아져 조기강도가 높다.

③ 시멘트 강도 발현 속도
   알루미나 시멘트 > 조강PC 시멘트 > 보통 PC 시멘트 > 고로슬래그 시멘트
④ 시멘트의 수경률(H.M : Hydraulic modulus)
   1) 시멘트의 화학 분석치로 부터 시멘트 성질 유추하는 수치로 염기성분/산기 성분 나눠서 시멘트 원료의 배합비를 결정하는데 사용
   2) $H.M = \dfrac{CaO - 0.7 \times SO_3}{SiO_2 + Al_2O_3 + Fe_2O_3}$
   3) 수경률이 크면 C_3A(알루민산 3석회) 증가로 초기강도 높고 수화열 큼
   4) 수경률은 보통 P.C(2.05~2.15), 중용열 P.C(1.95~2), 조강 P.C(2.2~2.27) 조강P.C가 수경률이 가장 큼
⑤ 시멘트의 온도는 일반적으로 50℃ 이하를 사용

3-7 시멘트 시험

1. 시멘트 밀도(비중)시험(KSL 5110)
(1) 시험용 기구 및 재료
① 르샤틀리에 플라스크 : 용량 274cc(일반적)
② 광 유 : 등유(시멘트 수화반응 방지 위해서 물대신 사용)
③ 시험용 시멘트
④ 천칭 : 칭량 311g, 감량 0.01g

(2) 시험 환경 조건 : 온도 20±1℃

(3) 시험 방법
① 르샤틀리에 병에 광유를 0 ~ 1mL 눈금사이 넣고 눈금을 읽는다.
② 병의 목 부분에 묻은 광유를 철사에 천을 감고 닦아낸다.
③ 시멘트 64g을 넣고 병을 가볍게 굴려서 내부 공기를 뺀 후 광유의 표면 눈금을 읽는다.

(4) 시멘트 밀도(비중) = $\dfrac{\text{시멘트의 질량}(g)}{\text{비중병 눈금의 차}(\text{ml})}$

(5) 참고사항
① 1종 보통 포틀랜드 시멘트의 밀도($3.15g/cm^3$)는 배합설계에 사용(공기기포가 완전히 제거된 상태의 밀도)
② 눈금은 메니스커스 현상이 있으므로 가운데의 최저점부분을 읽는다.
③ 동일 시험자가 동일 재료에 대하여(2회) 측정한 결과가 (±0.03) 이내일것

2. 시멘트의 분말도 시험
(1) 체가름 시험
① 표준체(88μm)에 90% 이상 통과
② 분말도 = $\dfrac{\text{체에 남은 시멘트 무게}}{\text{시료 전체 무게}}$

※ 예제문제
ex) 표준체 $45\mu m$에 의한 시멘트 분말도 시험에 의한 결과가 다음의 표와 같을 때 시멘트의 분말도는?

(해설) 1) $R_c = R_s \times (100 + C) = 0.088(100 + 31.2) = 11.55\%$
2) $F = 100 - R_c = 100 - 11.55 = 88.45\%$

여기서, R_c : 보정된 체안에 남는양(%) , R_s : 시험한 시료의 잔사량(g)
C : 표준체 보정계수 , F : 분말도

(2) 브레인법(비표면적 시험)(KS L 5106)
① 브레인 공기 투과 장치를 사용
② 사용 재료
시멘트, 수은, 거름종이, 유리관
③ 기계 및 기구
1) 블레인 공기 투과 장치 : 투과셀, 다공 금속판, 플런저
2) 초시계
3) 저울
4) 시료병, 숟가락, 붓, 깔때기
④ 분말도 시험
1) 시멘트 1g에 대한 전체 입자의 표면적의 합(cm^2/g)
2) 분말도

$$S = S_s \sqrt{\frac{T}{T_s}}$$

여기서, S : 시험 시료의 비표면적 (cm^2/g)
S_s : 표준 시료의 비표면적 (cm^2/g)
T : 시험시료에 대한 마노미터액의 제2표선에서 제3표선까지 내려오는 시간(초)
T_s : 표준시료에 대한 마노미터 액의 제2표선에서 제3표선가지 내려오는 시간(초)
⑤ 분말도가 큰 시멘트의 성질
1) 수화열이 높아지고 응결이 빠르다
2) 분말도가 높으면 입자가 작아 단위시멘트량 및 단위수량의 증가
3) 균열발생 가능성 커짐
4) 초기강도 증가
⑥ 참고사항
1) 보통 포틀랜드 시멘트 : 2,800cm^2/g 이상
2) 중용열 포틀랜드 시멘트 : 2,800cm^2/g 이상
3) 조강 포틀랜드 시멘트 : 3,300cm^2/g 이상

3. 시멘트의 응결시험방법(비이카침 방법 및 길모어침 방법)(KS L 5103)
(1) 목 적
① 시멘트의 응결시간을 측정함으로써 콘크리트의 응결시간도 추정
② 시멘트의 풍화와 이물의 혼입 등에 의해 비정상적으로 된 경우 시멘트의 응결시험으로 이상유무 파악가능

(2) 시험기구
　① 비이커 장치에 의한 경우
　　1) 비이커 장치 세트
　　2) 천평(저울) : 칭량(최대의 질량) 1kg, 감량 1g
　　3) 모르터 믹서
　　4) 메스실린더 : 용량 200cc, 최소눈금 1cc
　　5) 습기함 또는 습기실
　　6) 시계, 시멘트용 칼, 유리판, 젖은 걸레, 온도계, 흙손
　② 길모아 침에 의한 경우
　　1) 길모아 장치
　　　・초결침 : 무게 113.4 ± 0.5g, 지름 2.12 ± 0.05mm
　　　・종결침 : 무게 453.6 ± 0.5g, 지름 1.06 ± 0.05mm
　　2) 천평 : 칭량 1kg, 감량 1g
　　3) 모르터 믹서
　　4) 메스실린더 : 용량 200cc, 최소눈금 1cc
　　5) 습기함 또는 습기실
　　6) 시계, 시멘트용 칼, 유리판, 젖은 걸레, 온도계, 흙손

(3) 표준반죽질기의 시멘트 풀을 만들기
　① 시멘트 500g + 물을 넣고 혼합기에서 1속도로 30초 동안 2속도로 60초 동안 혼합
　② 링에 시멘트 반죽으로 완전히 채워 넣고 미끄럼 막대를 30초 동안에 풀어놓아 표준봉이 10±1mm점까지 내려갔을 때를 표준반죽질기로 한다.

(4) 비카 침에 의한 응결시간 측정
　비카 장치에 1mm 표준침을 끼워 미끄럼 막대를 풀어놓고 30초 동안 표준침이 25mm 표준반죽된 시료 속에 들어갔을 때 시간을 초결시간으로 측정

(5) 길모어 침에 의한 응결시간 측정
　① 표준 반죽된 시료를 밑면 지름이 7.5cm, 윗면지름이 5cm, 가운데의 높이가 1.3cm인 시험체를 만들고 습기함에 넣어둔다.

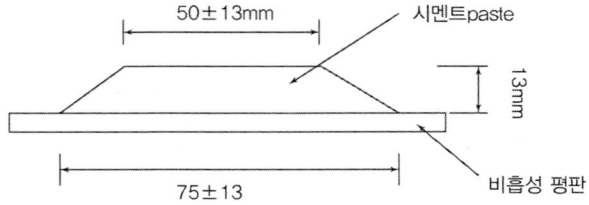
■□ 길모어 방법에 따른 응결시간 결정 위한 패드

② 초결시간 : 패드에 흔적을 내지 않고 초결침을 받치고 있을 때(1시간)

종결시간 : 패드에 흔적을 내지 않고 종결침을 받치고 있을 때(10시간)

패드에 흔적을 내지 않고 있을 때 초결 및 종결시간을 결정함

4. 시멘트의 오토클레이브 팽창도 시험(KS L 5107)

(1) 재료 및 시험용 기구
　① 시멘트, 광유, 고무장갑
　② 오토클레이브
　③ 몰드 (단면 25.4×25.4mm, 표점거리 254mm)
　④ 길이 측정용 콤퍼레이터
　⑤ 저울, 혼합기, 메스 실린더, 습기함, 온도계, 흙손 등

(2) 시료준비
　① 주문진 표준사(KSL 5100)
　② 시멘트 반죽은 KSL 5102 규정에 따라 배합
　③ 시험체는 3개 성형

(3) 시험방법
　① 시료 500g을 표준 반죽 시료가 되게 하여 습기함에 20시간 이상 넣어둠
　② 성형 후 24시간±30분에 콤퍼레이터로 시험체 길이(l_1)을 측정한다.
　③ 시료를 오토클레이브에 넣고 45~75분 동안 증기압이 2±0.07MPa이 되도록 온도를 올려 3시간 동안 유지한다.
　④ 3시간 경과 뒤 가열을 멈춘 후 1시간 30분 후에 압력이 0.07MPa 이하가 되도록 냉각시킨다.
　⑤ 시험체를 꺼내 90℃이상의 물 속에 넣고 시험체 주위에 찬물을 골고루 부어 15분 동안 23℃까지 식히고 23℃에서 15분간 유지
　⑥ 시험체를 꺼내 표면이 건조하면 다시 콤퍼레이터로 길이(l2)를 측정한다.
　⑦ 팽창도 계산

　　· 팽창도(%) = $\dfrac{\ell_2 - \ell_1}{\ell_1} \times 100$

　　· 길이는 0.001mm 까지 측정한다.
　　· 길이의 차는 유효 표점 길이의 0.01%까지 계산한다.

5. 수경성 시멘트 모르타르 인장강도시험(KSL 5014)

(1) 모르타르는 시멘트와 표준모래를 섞어 질량비가 1:2.7의 질량비로 한다.
(2) 시험체를 만들고 양생 후 270±10kg/min 재하속도로 하중을 가해 인장강도 시험.
(3) 공시체 수는 각 재령마다 3개 이상

(4) 인장강도 = $\dfrac{\text{최대 하중}(N)}{\text{시험체의 단면적}(mm^2)}$

(5) 시멘트 인장강도를 알게되면 콘크리트 압축강도 추정가능

(6) 평균값보다 15% 이상의 강도차가 있는 시험체는 인장강도 계산에 넣지 않는다.

6. 수경성 시멘트 모르타르의 압축강도시험(KSL 5015)

(1) 시멘트 품질검사와 콘크리트 강도 추정에 사용

(2) 시멘트와 모래(표준사) 투입비는 1:2.45 질량비

(3) 보통 P.C 28일 압축강도는 29MPa 이상

(4) 표준 모르타르 제조를 위한 혼합수양은 사용 시멘트 무게의 48.5%

(5) 압축강도 = $\dfrac{\text{최대 하중}(N)}{\text{시험체의 단면적}(mm^2)}$

7. 시멘트 모르타르 강도시험(압축 및 휨강도) (KSL ISO 679)

(1) 시멘트 강도를 추정에 사용

(2) 공시체 : 40 × 40 × 160mm 각주형 공시체

(3) 시멘트 강도를 알기위한 모르타르는 시멘트와 모래(표준사)를 1:3의 질량비로 하며 이때 W/C=0.5

(4) 시험체를 수중 양생조로부터 꺼내서 휨강도 측정한 후 깨어진 시편으로 압축강도 시험

(5) 회수수를 사용 시 모르타르 압축강도비는 재령 7일 및 28일에서 90%이상

(6) 압축강도 = $\dfrac{P}{A}$

여기서, P : 최대 파괴하중(N)
A : 가압판 면적 (40mm×40mm=1,600mm²)
공시체 : 40mm×40mm×160mm 각주

(7) 휨강도 = $\dfrac{1.5 P_f \cdot l}{b^3}$

여기서, P_f : 파괴시 각주의 중앙에 가한 하중(N)
l : 지지물 사이 거리(mm)
b : 각 기둥의 직각을 이루는 절개면의 변(mm)

3-6,7 주요핵심문제
시멘트 및 시험

01 다음 중 포틀랜드 시멘트의 주성분으로 짝 지어진 것은 어느 것인가? [04.08.09.12 기사]
① $CaSO_4$, SiO_2, Fe_2O_3, MgO
② $CaSO_4$, SiO_2, Fe_2O_3, Al_2O_3
③ CaO, SiO_2, Fe_2O_3, MgO
④ CaO, SiO_2, Fe_2O_3, Al_2O_3

해설

시멘트 주성분(성분 비율)
① 석회(CaO) : 60% 수준
② 실리카(SiO_2) : 20~25%
③ 알루미나(Al_2O_3) : 5% 내외
④ 산화철(Fe_2O_3) : 2~3% 시멘트가 회색을 나타나게 함

02 다음 시멘트의 성분 중 화합물상에서 발열 량이 가장 많은 성분은? [05·09 기사]
① C_3A ② C_3S
③ C_4AF ④ C_2S

해설

C_3A가 수화작용이 가장 빠르다.

03 포틀랜드 시멘트의 주성분 비율 중 수경률 (H.M.Hydraulic Modulus)에 대한 설명으로 옳지 않은 것은? [01.07.11.12.14 기사]
① 수경률은 CaO 성분이 높을 경우 커진다.
② 수경률은 다른 성분이 일정할 경우 석고 량이 많을 경우 커진다.
③ 수경률이 크면 초기강도가 커진다.
④ 수경률이 크면 수화열이 큰 시멘트가 생 긴다.

해설

수경률(H.M : Hydraulic modulus)
1) 시멘트의 화학 분석치로부터 시멘트 성질 유추하는 수치로 염기성분/산기 성분 나눠서 시멘트 원료의 배합비를 결정하는데 사용
2) $H.M = \dfrac{CaO}{SiO_2 + Al_2O_3 + Fe_2O_3}$
상기식에 석고를 넣은 경우 보정식은 아래와 같다.
$H.M = \dfrac{CaO - 0.7 \times SO_3}{SiO_2 + Al_2O_3 + Fe_2O_3}$
3) 수경률은 다른 성분이 일정한 경우 석고량이 많을수록 작아진다.
4) 수경률이 크면 초기강도 크고 수화열이 큰 시멘트 가 생긴다.

04 시멘트의 비중이 낮아지는 원인으로 맞지 않는 것은? [03.04.07.10.11.12 기사]
① 시멘트 클링커 소성이 불충분하였을 때
② 시멘트의 저장기간이 길어 풍화되었을 때
③ 분쇄한 클링커의 강열감량이 낮았을 때
④ 고로 슬래그, 포졸란 등 광물질 재료의 혼합 비율이 높을 때

해설

1) 시멘트의 비중이 작아지는 경우
  ① 클링커의 소성이 불충분할 때
  ② 시멘트가 풍화되었을 때(강열감량이 클 때)
  ③ 저장기간이 길었을 때
2) 풍화 정도를 판단하는 방법(강열감량)
  ① 시멘트를 1,000℃ 가열 후 감소되는 질량 측정 후 백분율로 나타내서 시멘트 풍화정도를 판단
  ② 강열감량 = $\dfrac{\text{물} + CO_2 \text{와 결합된 Cement량}}{\text{최초의 시멘트량}} \times 100\%$

정답 01 ④ 02 ① 03 ② 04 ③

05 일반적으로 풍화한 시멘트에서 나타나는 성질이 아닌 것은? [11·14 기사]
① 응결지연
② 비중감소
③ 강열감량 감소
④ 강도발현 저하

해설
풍화된 시멘트의 특징
1) 강도의 발현이 저하된다.
2) 강열감량이 증가한다.

06 르 샤틀리에(Le Chatelie) 비중병의 0.5cc 눈금까지 광유를 주입하고 시료로 시멘트 64g을 가하여 눈금이 21.5cc로 증가되었을 때 이 시멘트의 비중은? [03.04.06.11.12 기사]
① 3.01
② 3.05
③ 3.12
④ 3.17

해설
시멘트의 비중 $= \dfrac{64(g)}{비중병 읽음차(ml)}$
$= \dfrac{64}{21.5-0.5} = 3.05$

07 포틀랜드 시멘트 비중시험의 정밀도 및 편차에 대한 아래 표의 ( )에 알맞은 것은? [11.13 기사]

| 동일 시험자가 동일 재료에 대하여 2회 측정한 결과가 (   )이내이어야 한다. |

① ±0.01
② ±0.03
③ ±0.05
④ ±0.07

해설
동일한 시험자가 동일재료에 대하여 2회 측정한 결과 ±0.03% 이내이어야 한다.

08 다음 중 시멘트의 성질과 그 성질을 측정하는 시험기가 잘못 짝지어진 것은? [04·09 기사]
① 응결-길모어침
② 비중-르샤틀리에병
③ 안정성-오토클레이브
④ 풍화-로스앤젤레스 시험기

해설
1) 풍화-시멘트 비중시험
2) 굵은 골재의 마모(닳음)-로스앤젤레스 시험

09 다음 중 시멘트의 성질과 이를 위한 시험의 연결이 바른 것은? [08·14 기사]
① 응결시간-비카트(Vicat)침에 의한 시험
② 비중-블레인(Blaine) 공기투과장치에 의한 시험
③ 안정도-길모어(Gillmore)침에 의한 시험
④ 분말도-오토클레이브(auto-clave) 시험

해설
1) 시멘트 응결시간
   - 길모어침에 의한 시험,
   - 비카트침에 의한 시험
2) 분말도
   -브레인 공기투과장치에 의한 시험
3) 팽창도
   -오토클래이브 시험
4) 비중
   -르샤틀리에 비중시험

10 다음 중 시멘트의 응결시험 방법으로 옳은 것은? [08.09.10.13.14.16 기사]
① 길모어침에 의한 방법
② 오토클레이브 방법
③ 블레인 방법
④ 비비 시험

해설
1) 시멘트 응결시간
   - 길모어침에 의한 시험,
   - 비카트침에 의한 시험

정답 05 ③ 06 ② 07 ② 08 ④ 09 ① 10 ①

2) 분말도
   - 브레인 공기투과장치에 의한 시험
3) 팽창도
   - 오토클래이브 시험
4) 비중
   - 르샤틀리에 비중시험

11 시멘트의 강열감량(ignition loss)에 대한 설명으로 옳은 것은? (00,02,05,10 기사)
① 시멘트를 염산 및 탄산나트륨 용액에 넣었을 때 녹지 않고 남는 양을 나타낸다.
② 강열감량은 시멘트 중에 함유된 H_2O와 CO_2의 양이다.
③ 시멘트의 강열감량이 증가하면 시멘트비중도 증가한다.
④ 시멘트가 풍화하면 강열감량이 적어지므로 시멘트가 풍화된 정도를 판정 하는데 이용된다.

해설

풍화 정도를 판단하는 방법(강열감량)
1) 시멘트를 1,000℃ 가열 후 감소되는 질량 측정 후 백분율로 나타내서 시멘트 풍화정도를 판단
2) 강열감량 = $\dfrac{물 + CO_2 와 결합된\ Cement량}{최초의\ 시멘트량}$ ×100%
3) Fresh 한 시멘트 강열감량 범위는 0.5~0.8%이며 관리기준은 3%이하로 한다.

12 광물질 혼화재 중의 실리카 수화 생성물인 수산화칼슘과 반응하여 장기 강도 증진 효과를 발휘하는 현상을 무엇이라 하는가?
(01,03,06,10,12 기사)
① 수화 반응   ② 포졸란 반응
③ 볼 베어링 작용   ④ 충전

해설

포졸란 반응
① 포졸란은 실리카 또는 실리카질 알루미나의 분말로서 그 자체는 수경성이 없으나, Con'c 속의 물에 녹아 있는 수산화칼슘과 상온에서 화합하여 불용성 화합물을 만드는 것을 포졸란 반응이라한다.(시멘트 중량의 5%이상)
② 포졸란 반응식

1) $SiO_2 + H_2O →$ 잠재수경성
2) $SiO_2 + H_2O + Ca(OH)_2 →$ 수경성
3) 수경성 상태가 되면서 불용성의 화합물을 만들어 콘크리트 내부를 치밀한 조직으로 만들어 고강도 및 수밀 콘크리트 가능해짐

13 시멘트의 성분 중에서 석고를 사용하는 이유는 무엇인가? (02,05 기사)
① 강도의 증진을 높이기 위해서
② 흡수성을 높이기 위해서
③ 응결 시간 조절을 위해서
④ 워커빌러티 증진을 위해서

해설

시멘트의 급격한 응결방지 목적으로 석고를 2~3% 정도 넣어 응결 시간을 조절한다.

14 시멘트 분말도가 모르타르 및 콘크리트 성질에 미치는 영향에 관한 설명 중 옳은 것은? (00,01,03,04,06,11,13)
① 분말도 높을수록 강도 발현이 늦어진다.
② 분말도 높을수록 블리딩이 많게 된다.
③ 분말도 높을수록 수화열이 적게된다.
④ 분말도 높을수록 건조 수축이 크게된다.

해설

1) 분말도 높을수록 건조수축이 증가된다(조강시멘트)
2) 분말도 높을수록 시멘트 또는 고강도 콘크리트 일수록 초기 강도발현이 좋아 역학적 성질이 우수하여 Creep 현상이 작다.
3) 분말도가 높아지면 물과의 접촉 비표면적이 커져서 워커빌러티가 증가 될 수 있다.
4) 분말도가 높아지면 건조수축이 커지나, 콘크리트의 내구성은 증가한다.

15 시멘트 모르타르의 압축강도 시험에서 공시체의 양생온도는? (00,05 기사)
① 10°±2℃   ② 15°±2℃
③ 23°±2℃   ④ 30°±2℃

해설

수온 23°± 2℃의 수조에서 공시체를 양생한다.

16 다음의 시멘트 중에서 한중 콘크리트 공사용으로 사용하기에 가장 효과적인 것은? (10.13 기사)
① 고로 시멘트
② 조강 포틀랜드 시멘트
③ 실리카 시멘트
④ 내황산염 포틀랜드 시멘트

해설
조강 포틀랜드 시멘트에 대한 설명이다.

17 다음의 포틀랜드 시멘트 중 수화열이 가장 작은 시멘트는? (04.07 기사)
① 보통포틀랜드 시멘트
② 조강 포틀랜드 시멘트
③ 중용열 포틀랜드 시멘트
④ 저열 포틀랜드 시멘트

해설
저열 포틀랜드 시멘트는 중용열 포틀랜드 시멘트 보다 약 10%정도 수화열이 적게 발생된다.

18 포틀랜드 시멘트의 성질에 관한 다음 설명 중 틀린 것은? (08.09.11 기사)
① 규산3석회가 많은 시멘트는 조기 강도와 수화열이 커진다.
② 시멘트 응결시간은 풍화가 진행될수록 지연되며, 주변 온도가 높아질수록 빨라진다.
③ 압축 강도 발현이 빠를수록 초기 재령에 있어 수화열은 커진다.
④ 시멘트의 비표면적이 클수록 초기 강도는 작아진다.

해설
시멘트의 비표면적이 클수록 분말도가 높다 따라서 초기 강도가 크게된다.

19 고로 시멘트의 특징이 아닌 것은? (02.05.07 기사)
① 잠재 수경성을 가지고 있다.
② 수화열이 비교적 적다
③ 보통 포틀랜드 시멘트보다 장기강도는 작다.
④ 해수, 공장폐수, 하수 등에 접하는 콘크리트에 적당하다.

해설
고로시멘트
1) 보통 포틀랜드 시멘트보다 장기강도가 크다
2) 일반적으로 해수, 하수, 공장폐수 등에 접하는 콘크리트에 적합하다.
3) 고로 슬래그 시멘트에 사용되는 슬래그는 고로에서 선철을 제조할 때 발생되는 슬래그를 공기중에서 급냉을 시킨다.

20 보통 포틀랜드 시멘트가 28일 낼 수 있는 소요강도를 24시간 만에 낼 수 있게 만든 시멘트는? (03.05.06.07.10.16 기사)
① 팽창시멘트
② 알루미나 시멘트
③ 초속경 시멘트
④ 조강 포틀랜드 시멘트

해설
알루미나 시멘트
1) 1일 강도가 보통 포틀랜드 시멘트의 28일 강도와 같다.
2) 발열량이 커 한중공사, 긴급공사에 적합하다.
3) 해수 및 기타 화학작용을 받는 곳에 저항성이 크다.
4) 열분해 온도가 높으므로 내화용 콘크리트에 적합하다.
5) 알루미나 시멘트가 조강시멘트보다 조기에 고강도 발현(초조강 시멘트)

21 콘크리트의 건조수축 균열을 방지하고 화학적 프리스트레스를 도입하는데 사용되는 시멘트는? (02.06. 기사)
① 팽창시멘트
② 알루미나 시멘트
③ 고로 슬래그 시멘트
④ 초속경 시멘트

정답 16 ② 17 ④ 18 ④ 19 ③ 20 ② 21 ①

해설

팽창시멘트
1) 보통 포틀랜드 시멘트에서 발생되는 수축성을 개선할 목적으로 사용한다.
2) 팽창시멘트 종류
   수축보상용 시멘트 및 화학적 프리스트레스 도입용 시멘트가 있다.
3) 팽창시멘트 특징
   ① 응결, 블리딩 및 워커빌러티는 보통 콘크리트와 비슷하다.
   ② 팽창 콘크리트의 수축률은 보통 콘크리트에 비하여 20~30% 작다.
   ③ 믹싱 시간이 길어지면 팽창률이 감소하므로 주의가 필요하다.

22 다음 중 시멘트 저장 시 주의사항으로 옳지 않은 것은? (05.08.11.13 기사)
① 포대 시멘트 쌓기의 높이는 13 포대를 한도로 한다.
② 저장 중에 약간이라도 굳은 시멘트는 공사에 사용하지 않도록 한다.
③ 통풍이 잘 되도록 환기창을 설치하는 것이 좋다.
④ 포대 시멘트는 지면에서 0.3m 이상 떨어진 마루 위에 저장 한다.

해설

시멘트 풍화 방지방법
1) 창고의 바닥 높이는 지면에서 30cm 이상 떠어서 습기 방지
2) 시멘트 반입순서대로 출하
3) 통풍이 되지 않을 것
4) 3개월 이상되면 시멘트는 재시험 실시
5) 시멘트 쌓기는 13포 이내로 하며 장기저장시 7포이하

23 콘크리트 내부에 미세 독립기포를 형성하여 워커빌리티 및 동결융해 저항성을 높이기 위하여 사용하는 혼화제는?
[09·14 기사]
① 고성능 감수제
② 팽창제
③ 발포제
④ AE제

해설

AE제
콘크리트용 계면활성제(surface active agent)의 일종으로 콘크리트 내부에 독립된 미세기포를 발생시켜 콘크리트의 워커빌리티 개선과 동결융해에 대한 저항성을 갖도록 하기 위해 사용하는 혼화제이다.

24 염화칼슘($CaCl_2$)을 응결경화 촉진제로 사용한 경우 다음 설명 중 틀린 것은?
[09·11기사]
① 염화칼슘은 대표적인 응결경화 촉진제이며, 4% 이상 사용하여야 순결(純潔)을 방지하고, 장기강도를 증진시킬 수 있다.
② 한중 콘크리트에 사용하면 조기발열의 증가로 동결온도를 낮출 수 있다.
③ 염화칼슘을 사용한 콘크리트는 황산염에 대한 화학저항성이 적기 때문에 주의할 필요가 있다.
④ 응결이 촉진되므로 운반, 타설, 다지기작업을 신속히 해야 한다.

해설

염화칼슘($CaCl_2$)
1) 염화칼슘은 일반적으로 시멘트 중량의 2%이하를 사용한다.
2) 조기강도를 증대시켜 주나 2% 이상 사용하면 큰 효과가 없으며 오히려 순결, 강도저하를 나타낼 수가 있다.

정답 22 ③ 23 ④ 24 ①

3-8 혼화재료

1. 혼화재료
(1) 혼화재료란 시멘트, 골재, 물 이외의 재료로서 혼합시 필요에 따라 몰탈, 콘크리트에 첨가하는 재료로서 Con'c의 여러 가지 성질을 개선, 향상시키기 위해 사용하는 재료이다
(2) 좋은 Con'c를 얻기 위해서는 시멘트, 골재, 물 등의 그 목적에 알맞은 성질을 가지고 있다면, 별 문제가 없지만 경우에 따라 경제적, 품질적으로 좋은 Con'c를 얻지 못할 때가 있다. 이 경우 좋은 Con'c를 얻기 위해 사용한다.

2. 사용목적
(1) Workability 개선
(2) 조기에 강도발현
(3) 고강도화
(4) 응결지연 또는 촉진
(5) 수화열 발생억제, 발열량 저감
(6) 특수기상 조건하에서 내구성과 저항성 증진
(7) 알카리 반응 억제

3. 혼화재료의 분류
(1) 혼화재 : Pozzlan과 같이 그 사용량이 많아서 그 부피 자체가 Con'c 배합설계에 계산되는 것(시멘트 중량의 5%이상)
  ① 포졸란 작용 있는 것: Flyash, 고로 Slag, 화산회, 규산백토, 실리카퓸
  ② 경화중 팽창 일으키는 것 : 팽창제
  ③ 착색시키는 것 : 착색제
  ④ 기타 : 고강도용 혼화제, 충진제, 중량제

(2) 혼화제 : 그 사용량이 적어서 그 부피가 Con'c 배합설계시 무시되는 것(시멘트 중량의 1% 미만)
  ① 유동성, 워커빌리티, 동결융해 개선 : AE제, AE 감수제
  ② 응결, 경화 조절 하는 것 : 촉진제, 지연제, 급결제
  ③ 방수효과 나타내는 것 : 방수제
  ④ 기포작용으로 충진성 개선하는 것 : 기포제, 발포제
  ⑤ 기타 : 보수제, 접착제, 방청재 등
  ⑥ 고유동성 및 감수효과 있는 것 : 유동화제, 고성능 감수제

4. 혼화재

(1) 포졸란 반응
① 포졸란은 실리카 또는 실리카질 알루미나의 분말로서 그 자체는 수경성이 없으나, Con'c 속의 물에 녹아 있는 수산화칼슘과 상온에서 화합하여 불용성 화합물을 만든 것을 포졸란 반응이라 한다.(시멘트 중량의 5%이상)

② 포졸란 반응식
1) $SiO_2 + H_2O$ → 잠재수경성
2) $SiO_2 + H_2O + Ca(OH)_2$ → 수경성
3) 수경성 상태가 되면서 불용성의 화합물을 만들어 콘크리트 내부를 치밀한 조직으로 만들어 고강도 및 수밀 콘크리트 가능해짐

③ 특 징
1) 워커빌리티 증진개선
2) 해수에 대한 화학 저항성 증대
3) 알카리골재 반응에 대한 팽창 감소
4) 수화열 적고, 발열량 적음
5) 블리딩 적고, 재료분리 적음
6) 내구성, 수밀성 증대
7) 장기강도 증대

(2) Fly-ash
① 화력발전소에서 분탄을 연료로 연소시킬 때 불연 부분이 용융상태로 부유한 것을 냉각 고화 시켜 채취한 미분탄재로서 주요 화학성분은 실리카, 알루미나 산화철, 석회 등이며 실리카질이 가장 많이 함유하며 품질시험 질량비는
보통 P.C (3) : Fly ash (1)

② 특 징
1) 표면이 매끈한 구형 입자로서 Ball Bearing 작용
2) 워커빌리티 개선
3) 단위수량 감소
4) 수화열 적다.
5) AE제를 흡착하므로 초기 동해 가능성 주의가 필요하나, 장기적으로는 동결 융해 저항성 증대
6) 수밀성 좋다.
7) 건조수축이 적고, 장기강도 큼

(3) 팽창제
① 팽창제를 사용하면 화학적 반응에 의해 석회 팽창 Ettringite 생성되어 몰탈이나 콘크리트의 경화과정에서 팽창하여 건조수축에 의한 균열 방지함.

② 팽창제 특징
  1) 건조수축 균열 방지
  2) 화학적 자체 Prestress 도입효과
  3) 교량 받침용 무수축 콘크리트로 사용
  4) Precast 제품에 사용
  5) 수조, 수영장 방수공사
③ 팽창제 품질기준

항 목			규 정 값
화학성분	산화마그네슘 (%)		5.0 이하
	강열감량 (%)		3.0 이하
물리적 성질	비표면적 (cm²/g)		2,000 이상
	1.2μm체 잔류율 (%)		0.5 이하
	응 결	초결 (분)	60 이후
		응결 (시간)	10 이내
	팽창성 (%) (길이 변화율)	7 일	0.03 이상
		28 일	-0.02 이상
	압축강도 (MPa)	3 일	6.9 이상
		7 일	14.7 이상
		28 일	29.4 이상

(4) 실리카 퓸(Silica Fume)
  ① Silicon 등의 규소 합금 제조시 나오는 폐가스를 집진하여 얻어진 초미립자의 부산물 (혼화재)
  ② 특 징
    1) 장기강도 및 내구성 증대
    2) 장기적으로 동결에 대한 저항성 증대
    3) 시멘트 질량의 5~15% 범위내 치환되면 콘크리트 고강도화
    4) 초기 수화열 감소
    5) 화학적 저항성 증대
    6) W/C가 너무적어서 건조수축 발생가능성 있으나 블리딩은 줄어듬

(5) 고로 슬래그 미분말
  ① 철을 생산하는 경우 발생되는 부산물로서, 용융상태의 고로 Slag를 물, 공기 등으로 급냉하여 입상화한 것을 슬래그라 하며, 냉각처리 방법에 따라 서냉슬래그, 급냉슬래그, 반급냉 슬래그로 분류함
  ② 포졸란 반응식(고로슬래그는 잠재수경성이 가장큼)
    1) $SiO_2 + H_2O$ → 잠재수경성
    2) $SiO_2 + H_2O + Ca(OH)_2$ → 수경성
    3) 수경성 상태가 되면서 불용성의 화합물을 만들어 콘크리트 내부를 치밀한 조직으

로 만들어 고강도 및 수밀 콘크리트 가능해짐
③ 특 징
  1) 장기강도 증진
  2) 장기적으로 동결에 대한 저항성 증대
  3) 콘크리트 수밀성 증대
  4) 내구성 증대
  5) 초기 수화열 감소
  6) 화학적 저항성 증대
④ 염기도 $= \dfrac{CaO + MgO + Al_2O_3}{SiO_2} > 1.6$
  1) 고로슬래그 미분말은 일반 포틀랜드 시멘트보다 낮은 칼슘함유량으로 중성화(탄산화) 저항성이 약한 단점으로 중성화의 문제를 고려하여 염기도가 1.6이상 확보가 필요하다.
  2) 염기도가 높을수록 강도 증가와 탄산화 저항성이 향상되고, 탄산화 후 강도저하가 개선이 가능하다.

5. 혼화제

(1) A E 제
  ① Con'c 속에 미세한 기포(입경10~100um)를 고르게 분산시키는 혼화제이다. AE공기는 아주작지만 자체의 압력을 가지고 있어 그 압력보다 작은 수압의 물을 차단하는 방수성이 있으므로, 동결 융해 저항성을 증가시키고 또한 AE 공기압은 독립된 공 모양으로 워커빌리티를 개선시킨다.
  ② 특 징
    1) 동결 융해 저항성 증대
    2) 알카리골재 반응 억제
    3) 수밀성 증대
    4) 시공연도 좋게 하고 부배합시 강도 저하됨
    5) 연행공기 기포간격계수가 작을수록 동결에 대한 저항성 증대
    6) 고강도 콘크리트에서는 동결대책이 필요한 경우를 제외하고 공기연행제(AE)를 사용하지 않는 것 원칙

(2) AE 감수제
  ① 시멘트 분말을 분사시켜 Con'c의 소요 워커빌리티를 얻기 위한 단위수량을 감소시키는 것이 주목적인 감수제를 사용하면 시멘트 입자의 표면에 이온이 흡착되어 그 반응에 의해 시멘트 입자가 분산되어 유동성 증가된다.
  ② 특 징
    1) 내구성, 수밀성 증가

2) 단위수량 감소 : 15~30%
3) 단위 시멘트량 감소 : 10%
4) 물시멘트비를 줄여 콘크리트 강도증가
5) 슬럼프 경시변화량 시험은 고성능 AE감수제 에서만 실시한다.
6) 고성능 AE감수제 사용시 일반적인 AE감수제 사용한 콘크리트에 비하여 잔골재율 (S/a)1~2%을 크게하는게 좋다
7) AE 공기량 크기가 작을수록 기포간격계수가 작아지며, 내동해성이 향상

(3) 방수제
① 몰탈이나 콘크리트의 흡수성, 투수성 감소
② 수밀성 Con'c 제조가능

(4) 급결제
① 시멘트 응결 촉진으로 조기강도 발현
② 급결제 주재료 : Na_2SO_3, $NaAlO_2$
③ 터널 1차 라이닝 콘크리트
④ 구조물 보수나 지수에 이용

(5) 응결지연제
① 시멘트 응결지연을 목적으로 사용
② 서중 Con'c나 장거리 운반시 사용
③ 콜드조인트 방지 유효
④ 응결지연제 종류로는 리그린설폰산계, 옥시카아본계

(6) 응결촉진제
① 시멘트의 수화반응을 촉진
② 염화칼슘, 염화칼슘 포함된 감수제 사용
③ 사용량은 온도에 따라 다름 : 2%이하
④ 동절기 공사시 초기 동결 억제
⑤ 철근 부식 주의

(7) 수축저감제
① 콘크리트 건조수축을 저감시키고 균열을 억제할 목적으로 사용되는 혼화제
② 수축저감제는 휘발성이 적어 시멘트 입자를 쉽게 흡착해서는 안됨
③ 또한 시멘트의 수화반응 작용에 방해가 되어서도 안된다.

(8) 유동화제
    ① 유동화제란 보통콘크리트에서 시멘트의 응집을 더디게 함으로써 물시멘트비를 유지하고 콘크리트의 Workability 향상을 목적으로 사용하는 혼화제.
    ② 유동화제와 고성능 감수제와의 차이점
        1) 유동화제는 보통콘크리트에서 Workability 향상을 목적으로 사용하는 혼화제로서 동일한 물.시멘트비에서 Workability 향상을 목적으로 사용
        2) 고성능감수제는 동일한 작업성으로 물.시멘트비를 감소할 목적일 때 사용하는 혼화제
    ③ 유동화제의 특징
        1) Slump가 18cm 까지 직선적으로 상승
        2) 분산효과가 발생
        3) 내구성 향상
        4) 감수율이 20~30% 정도
        5) 수밀성 증대
        6) 사용시간은 첨가 후 30분이내
    ④ 유동화 시키는 방법
        1) 공장첨가 방식
        2) A/T에서 유동화 시키는 방식
        3) 현장 첨가 유동화 방식

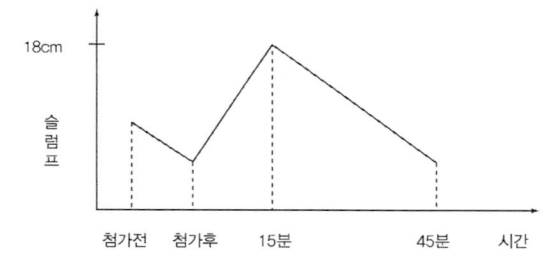

(9) 발 포 제
    ① 알루미늄 또는 아연 등의 분말을 혼합하여 모르타르 및 콘크리트 속에 미세한 기포를 발생하게 한다.
    ② 모르타르나 시멘트풀을 팽창시켜 굵은골재의 간극이나 PC강재의 주위를 채워지게 하기 위해 프리플레이스트 콘크리트용 그라우트나 PC용 그라우트에 사용된다.
    ③ 건축 분야에서는 부재의 경량화, 단열성을 증대하기 위해 사용한다.

(10) 방 청 제
    ① 콘크리트 등의 염화물에 의한 철근의 부식을 억제할 목적으로 사용한다.
    ② 주성분으로 이황산소다, 인산염, 염화제1주석, 리그닌설폰 염화칼슘염 등 사용된다.

(11) 수중불분리성 혼화제
  ① 수중 콘크리트 타설시 콘크리트 재료 분리 방지목적 사용하는 혼화제
  ② 고점도 및 유동성이 큼
  ③ 콘크리트 점성 증대
  ④ 분리 저항성 증대
  ⑤ Bleeding 없음
  ⑥ 응결시간 지연
  ⑦ 건조수축 증대
  ⑧ 해양오염을 줄일 수 있다.

3-8 주요핵심문제

혼화재료

01 콘크리트 내부에 미세 독립기포를 형성하여 워커빌리티 및 동결융해 저항성을 높이기 위하여 사용하는 혼화제는?
[02.09.11.14 기사]
① 고성능 감수제   ② 팽창제
③ 발포제   ④ AE제

해설

AE제는 콘크리트용 계면활성제(surface active agent)의 일종으로 콘크리트 내부에 독립된 미세기포를 발생시켜 콘크리트의 워커빌리티 개선과 동결융해에 대한 저항성을 갖도록 만든 혼화제이다.

02 염화칼슘($CaCl_2$)을 응결경화 촉진제로 사용한 경우 다음 설명 중 틀린 것은?
[00.09.11기사]
① 염화칼슘은 대표적인 응결경화 촉진제이며, 4% 이상 사용하여야 순결(純潔)을 방지하고, 장기강도를 증진시킬 수 있다.
② 한중 콘크리트에 사용하면 조기발열의증가로 동결온도를 낮출 수 있다.
③ 염화칼슘을 사용한 콘크리트는 황산염에 대한 화학저항성이 적기 때문에 주의할 필요가 있다.
④ 응결이 촉진되므로 운반, 타설, 다지기작업을 신속히 해야 한다.

해설

염화칼슘($CaCl_2$)은 일반적으로 시멘트 중량의 2% 이하를 사용하여야 하며, 조기강도를 증대시켜 주나 2% 이상 사용하면 오히려 순결, 강도저하를 나타내고 철근의 부식 우려성도 커진다.

03 플라이애시를 사용한 콘크리트에 대한 설명 중 옳지 않은 것은?
[02.06.08.10.11.12.13 기사]
① 워커빌리티가 좋아진다.
② 초기강도가 크고 장기강도는 다소 작다.
③ 수화열이 작고 혼합량이 증가하면 응결이 지연된다.
④ 수밀성 개선과 단위수량을 감소시킨다.

해설

플라이 애시를 사용한 콘크리트
1) 표면이 매끈한 구형 입자로서 Ball Bearing 작용
2) 워커빌리티 개선
3) 단위수량 감소
4) 수화열 적다
5) AE제를 흡착하므로 초기 동해 가능성 주의가 필요하나, 장기적으로는 동결융해 저항성 증대
6) 수밀성 좋다
7) 건조수축이 적고, 장기강도 큼

04 포졸란을 사용한 콘크리트의 특징으로 옳지 않은 것은? [01.04 · 07.08.09.12 기사]
① 내구성 및 수밀성이 크다.
② 워커빌리티를 개선시키고 재료의 분리가 작다.
③ 발열량이 적어 장기강도가 적다.
④ 해수에 대한 화학적 저항성이 크다.

해설

포졸란을 사용한 콘크리트의 특징
1) 워커빌리티 증진개선
2) 해수에 대한 화학 저항성 증대
3) 알카리골재 반응에 대한 팽창 감소
4) 수화열 적고, 발열량 적음

정답 01 ④ 02 ① 03 ② 04 ③

5) 블리딩 적고, 재료분리 적음
6) 내구성, 수밀성 증대
7) 장기강도 증대

05 포졸란을 혼합한 콘크리트의 설명으로 틀린 것은? [05·08 기사]
① Workability가 좋고 재료분리가 적다.
② 수밀성이 크다.
③ 해수에 대한 화학적 저항성이 크다.
④ 한중 콘크리트에 적합하다.

▶ 해설

포졸란을 사용하면 초기 수화열이 적기 때문에 한중 콘크리트에는 부적합하다.

06 다음 콘크리트용 혼화재료에 대한 설명 중 틀린 것은? [08·14 기사]
① 감수제는 시멘트 입자를 분산시켜 콘크리트의 단위수량을 감소시키는 작용을 한다.
② 촉진제는 시멘트의 수화작용을 촉진하는 혼화제로서 보통 나프탈린 설폰산염을 많이 사용한다.
③ 지연제는 여름철에 레미콘의 슬럼프 손실 및 콜드 조인트의 방지 등에 효과가 있다.
④ 급결제는 시멘트의 응결시간을 촉진하기 위하여 사용하며 숏크리트, 물막이공법등에 사용한다.

▶ 해설

촉진제는 시멘트의 수화작용을 촉진하는 혼화제로 염화칼슘을 포함한 감수제로 사용되며, 나프탈렌 설폰산염은 감수제 또는 유동화제의 단위수량 사용을 줄이는데 사용된다.

07 방청제를 사용한 콘크리트에서 방청제의 작용에 의한 방식방법에 대한 설명으로 틀린 것은? [11·14 기사]
① 콘크리트 중의 철근표면의 부동태피막을 보강하는 방법
② 콘크리트 중의 이산화탄소를 소비하여 철근에 도달하지 않도록 하는 방법
③ 콘크리트 중의 염소이온을 결합하여 고정하는 방법
④ 콘크리트 내부를 치밀하게 하여 부식성 물질의 침투를 막는 방법

▶ 해설

방청제
1) 콘크리트 등의 염화물에 의한 철근의 부식을 억제할 목적으로 사용한다.
2) 주성분으로 이황산소다, 인산염, 염화 제1주석, 리그닌설폰 염화칼슘염 등 사용된다.
3) 방청제의 방식방법
① 철근 표면의 부동태 피막을 보강한다.
② 산소를 소비하거나 염소이온을 결합하여 고정한다.
③ 콘크리트 내부를 치밀하게 하여 부식성 물질의 침투를 막는다.

08 다음 설명 중 틀린 것은?
(05,06,07,09,13 기사)
① 혼화재에는 플라이 애쉬, 고로슬래그, 규산백토 등이 있다.
② 혼화제에는 AE제, 경화 촉진제, 방수제 등이 있다.
③ 혼화재는 그 사용량이 적어서 그 자체의 부피가 콘크리트 배합의 계산에서 무시 하여도 좋다.
④ AE제에 의해 만들어진 공기를 연행공기라 한다.

▶ 해설

혼화재료
1) 혼화재 : Pozzlan과 같이 그 사용량이 많아서 그 부피 자체가 Con'c 배합설계에 계산되는 것(시멘트 중량의 5%이상)
2) 혼화제 : 그 사용량이 적어서 그 부피가 Con'c 배합설계시 무시되는 것(시멘트 중량의 1% 미만)

정답 05 ④ 06 ② 07 ② 08 ③

09 다음 혼화제 중 계면 활성 작용에 의해 워커빌러티, 내동해성을 개선시키는 것이 아닌 것은? (01.04 기사)
① 팽창제 ② AE제
③ 감수제 ④ 고성능 감수제

해설
팽창제는 콘크리트가 굳는 과정에서 팽창을 일으키도록 유도하는 혼화재이다.

10 콘크리트의 품질을 개선할 목적으로 사용되는 혼화재료는 혼화재와 혼화제로 분류된다 분류 기준은? (10.12 기사)
① 사용량 ② 사용용도
③ 사용방법 ④ 사용재료

해설
혼화재료는 사용량에 따라서 시멘트 질량의 5% 이상은 혼화재로 분류되며, 시멘트 질량의 1% 이하로 사용되는 경우는 혼화제로 분류한다.

11 다음 혼화재료 중 사용량이 많아서 콘크리트의 배합설계에 고려하는 혼화재는 어느 것인가? (00.04.07 기사)
① AE제
② 포졸란
③ 응결 경화 촉진제
④ 분산제

해설
포졸란으로 고로슬래그 미분말, 플라이 애쉬, 실리카 품 등이 대표적인 혼화재로서 배합설계시 고려된다.

12 플라이애시를 사용한 콘크리트의 특성으로 옳은 것은? (02.06.15 기사)
① 작업성 저하 ② 단위수량 감소
③ 수화열 증가 ④ 건조수축 증가

해설
플라이애쉬를 사용한 콘크리트는 워커빌러티가 좋아지고 단위수량이 감소한다.

13 플라이 애쉬를 사용할 경우의 효과로 잘못된 것은? (08.10.11.12 기사)
① 콘크리트의 장기 강도가 커진다.
② 시멘트 페이스트의 유동성을 개선시켜 워커빌러티를 향상시킨다.
③ 플라이 애쉬를 사용할 경우 해수에 대한 내화학성이 약해지므로 해양공사에는 적합하지 않다.
④ 콘크리트 초기 온도 상승 억제에 유용하여 매스콘크리트 공사에 많이 사용된다.

해설
플라이 애쉬
1) 플라이 애쉬와 같은 혼화재는 포졸란 반응에 의해서 콘크리트의 내부 조직을 수밀하게 만들어 해수에 대한 내화학성이 증대된다.
2) 포졸란 반응으로 알카리 골재 반응을 억제하는 효과가 있다.
3) 플라이애쉬는 초기강도는 낮으나 장기강도는 증가한다.

14 제철소에서 발생하는 산업부산물로서 찬공기나 냉수로 급냉한 후 미분쇄하여 사용하는 혼화재는? (09.16 기사)
① 고로슬래그 미분말
② 플라이애시
③ 화산회
④ 실리카흄

해설
용광로에서 선철과 동시에 생성되는 슬래그를 급냉하여 얻은 혼화재료로서 잠재수경성 반응이 가장 크게 나타난다.

정답 09 ① 10 ① 11 ② 12 ② 13 ③ 14 ①

15 실리카품이 콘크리트의 성질에 미치는 영향으로 옳지 않은 것은?
(03.05.08.10.12.14 기사)
① 실리카품의 혼합량을 증가시키면서 목표 슬럼프를 유지하기 위하여 필요한 단위수량을 감소시킬 수 있다.
② 실리카품은 매우 미세한 입자이기 때문에 블리딩과 재료의 분리를 감소시킨다.
③ 실리카품은 초미립분말이기 때문에 조기에 포졸란 반응이 발생한다.
④ 실리카품의 혼합률이 증가할수록 어느수준까지는 압축강도가 증가한다.

> 해설

실리카 품 특징
1) 장점
  ① 콘크리트 강도, 내구성, 수밀성을 증대
  ② 골재와 결합재간의 부착력 증대로 콘크리트 강도를 증대 시켜 고강도 콘크리트를 만드는데 사용된다.
  ③ 알카리 골재반응 억제 효과
2) 단점
  ① 워커빌리티가 불량
  ② 건조수축 증가
  ③ 단위수량 증가

16 고성능 감수제를 사용한 콘크리트에 대한 설명 중 틀린 것은? (03.04.06.07.13 기사)
① 고성능 감수제 사용한 콘크리트는 일반적으로 믹싱 후 경과 시간 2시간까지는 슬럼프 손실 현상이 거의 없다.
② 고성능 감수제는 단위 수량을 20~30%정도 크게 감소시킬 수 있어서 고강도콘크리트 제조에 주로 사용된다.
③ 고성능 감수제의 첨가량이 증가할수록 워커빌러티는 증가 하지만 과도하게 사용하면 재료분리가 발생한다.
④ 고성능 감수제를 사용하면 수량이 대폭 감소되기 때문에 건조 수축이 적다.

> 해설

고성능 감수제는 콘크리트는 시간경과에 따른 슬럼프 손실이 크기 때문에 슬럼프 손실에 주의 하여야 한다.

17 시멘트의 수화 작용을 촉진하는 혼화제는?
(01.05.08 기사)
① 염화칼슘   ② 탄산소다
③ 알콜 에테르 ④ 규산소다

> 해설

시멘트 수화작용 촉진은 염화칼슘이 주로 많이 사용되며 사용량은 시멘트량의 2% 이하로 사용한다.

18 콘크리트용 혼화제에 대한 일반적인 설명으로 틀린 것은? (00.06 기사)
① AE제 의한 연행공기는 시멘트, 골재 입자 주위에서 베어링과 같은 작용을 함으로써 콘크리트의 워커빌러티를 개선하는 효과가 있다.
② 고성능 감수제는 그 사용 방법에 따라 고강도 콘크리트용 감수제와 유동화제로 나누어지지만 기본적인 성능은 동일하다.
③ 촉진제는 응결시간이 빠르고 조기 강도를 증대 시키는 효과가 있기 때문에 여름철공사에 사용하면 유리하다.
④ 지연제는 사일로, 대형 구조물 및 수조같이 연속 타설을 필요로 하는 콘크리트구조에 작업 이음의 발생 등의 방지에 유효하다.

> 해설

촉진제는 응결시간이 빠르기 때문에 여름철 공사에 사용하면 안된다.

19 다음 중 급결제를 사용해야 하는 경우는?
(04.06.11 기사)
① 레디믹스트 콘크리트의 운반거리가 멀 경우
② 서중 콘크리트를 시공할 경우
③ 연속 타설에 의한 콜드 조인트를 방지하기 위해
④ 숏크리트 타설시

> 해설

급결제
① 시멘트 응결 촉진으로 조기강도 발현
② 급결제 주재료 : Na_2SO_3, $NaAlO_2$
③ 터널 1차 라이닝 콘크리트
④ 구조물 보수나 지수에 이용
⑤ 숏크리트 타설시

20 일반적으로 알루미늄 분말을 사용하며 프리플레이스트 콘크리트용 그라우트 또는 건축 분야에서 부재의 경량화 등의 용도로 사용되는 혼화제는? (01.04.07.10.12 기사)
① AE제 ② 방수제
③ 방청제 ④ 발포제

> 해설

발포제
① 알루미늄 또는 아연 등의 분말을 혼합하여 모르타르 및 콘크리트 속에 미세한 기포를 발생하게 한다.
② 모르타르나 시멘트풀을 팽창시켜 굵은골재의 간극이나 PC강재의 주위를 채워지게 하기 위해 프리플레이스트 콘크리트용 그라우트나 PC용 그라우트에 사용된다.
③ 건축 분야에서는 부재의 경량화, 단열성을 증대하기 위해 사용한다.

정답 19 ④ 20 ④

3-9 역청재료

1. 역청재료
(1) 역청재료는 천연산의 고체·반고체·액체·기체의 탄화수소 화합물의 총칭을 말하며, 넓게는 석유·천연가스·석탄이나 그것들의 가공물을 말한다.
(2) 인공 역청재료 중에서 토목재료로 주로 이용되는 것은 아스팔트, 타르 및 이들을 원료로 한 유제가 있으며, 무기질 재료가 가지지 못하는 유기질 재료 특성을 이용하여 포장재료, 주입재료, 방수재료 및 줄눈이음재 등에 사용되고 있다.

2. 아스팔트 혼합물 구성
(1) 아스팔트 혼합물의 구성은 아스팔트바인더(binder), 골재(굵은골재, 잔골재), 채움재로 구성된다.
(2) 아스팔트는 석유를 구성하고 있는 성분중에서 경질유분이 제거되고 남은 최종잔사물로서, 천연으로 얻어지는 천연아스팔트(Native Asphalt)와 원유 정제 후 얻어지는 석유아스팔트(Petroleum Asphalt)로 구분 된다
(3) 아스팔트 혼합물의 구성
① 아스팔트 바인더
   침입도 60~80 또는 80~100의 스트레이트 아스팔트 바인더 사용
② 골 재
   1) 골재의 입도, 입형은 골재간의 Interlocking 효과에 영향을 주므로 선정에 유의할 것
   2) 특히 골재중 편평세장한 골재는 교통하중에 의해 파손시 골재 박리유발
③ 채움재(filler : 석분)
   1) 채움재 종류 : 석회암분말, 화강암류분쇄, 소석회, 시멘트 등
   2) 필러는 0.08mm체를 질량으로 65% 이상 통과하는 것이어야 한다.
   3) 아스팔트 결합재의 점도를 증대 시켜서 아스팔트 혼합물의 안정도를 높인다.

3. 아스팔트의 분류
(1) 천연 아스팔트
   ① 레이크 아스팔트
   ② 록 아스팔트
   ③ 오일샌드 아스팔트
   ④ 아스팔타이트

(2) 석유 아스팔트
   ① 스트레이트 아스팔트(straight asphalt)

② 블론 아스팔트(blown asphalt)
③ 컷백 아스팔트(cutback asphalt)
④ 유화 아스팔트(emulsified asphalt)

4. 아스팔트의 특성
(1) 점성과 감온성이 있다.
(2) 불투수성이어서 방수 재료로 사용
(3) 점착성이 크고 부착성이 우수해 결합 및 접착 재료로 사용
(4) 아스팔트는 휘발성 물질이 많아 증발 감량이 크다
(5) 비교적 값이 싸다.

5. 석유 아스팔트
(1) 스트레이트 아스팔트(straight asphalt)
   ① 스트레이트 아스팔트는 원유를 감압증류(減壓蒸溜)할 때 생기는 잔류물로서 신도(伸度)·점착력이 크며, 연화점(軟化點)은 65℃ 이하이다.
   ② 신장성, 점착성, 방수성, 감온성 이 풍부하나 점도 및 연화점이 낮다.
   ③ 주로 도로포장용, 공항포장용으로 사용된다.

(2) 블론 아스팔트(blown asphalt)
   ① 블론아스팔트는 약 260℃로 가열한 스트레이트 아스팔트에 공기를 불어넣고, 산화(酸化)·중합(重合)·축합(縮合) 등을 시켜서 제조한 것으로 스트레이트 아스팔트보다 단단하며 연화점도 높고, 탄성·충격저항도 크고 온도에 의한 굳기변화도 적다.
   ② 융융점이 높고 내구성, 내충격성이 좋으나 신장성, 점착성, 방수성, 침입도 등은 낮음.
   ③ 주로 방수재료, 접착제, 방식 도장용 등에 사용된다.

(3) 유화 아스팔트(emulsified asphalt)
   ① 역청 유제(Bituminous Emulsion)는 연질의 석유 아스팔트에 유화제 및 안정제를 섞은 물을 사용하여 포장용 아스팔트 혼합물간의 부착 및 방수를 목적으로 사용하는 것으로 유화 아스팔트라고도 한다.
   ② 역청 유제에는 아스팔트 유제와 타르 유제(Tar Emulsion)가 있다.
   ③ 분해 속도에 따른 아스팔트 유제의 분류
      1) 급속 응결(RS : Rapid Setting) : 침투 공법용
      2) 중속 응결(MS : Medium Setting) : 굵은 골재 혼합용
      3) 완속 응결(SS : Slow Setting) : 잔 골재 혼합용
   ④ 유화제의 종류에 의한 분류
      1) 점토계 유제
      2) 음이온계 유제

3) 양이온계 유제
⑤ 아스팔트 유제의 종류

양이온계 유화 아스팔트	음이온계 유화 아스팔트	용 도
RS(C)-1	RS(A)-1	보통 침투용 및 표면 처리용
RS(C)-2	RS(A)-2	동절기 침투용 및 동절기 표면 처리용
RS(C)-3	RS(A)-3	프라임 코트용 및 소일 시멘트 안전처리층 양생용
RS(C)-4	RS(A)-4	택 코트용

(4) 컷백 아스팔트(cutback asphalt)
① 컷백 아스팔트(cutback asphalt)는 침입도 60~120 정도의 비교적 연한 스트레이트아스팔트에 적당한 휘발성 용제를 가하여 유동성을 좋게 한 것으로 경화속도는 RC > MC > SC 순으로 빠르다.
② 종 류
   1) 급속 경화(RC)
      가솔린으로 컷 백 시킨 것으로 용해유의 증발 속도가 매우 빠르다.
   2) 중속 경화(MC)
      등유로 컷 백 시킨 것으로 용해유의 증발 속도가 비교적 느리다.
   3) 완속 경화(SC)
      중유로 컷 백 시킨 것으로 용해유의 증발 속도가 늦어 경화 시간이 오래 걸린다.
③ 대부분의 도로 포장에 사용된다.
④ 컷백 아스팔트는 화기에 주의하여야 한다.

6. 아스팔트의 성질

(1) 밀 도
① 아스팔트의 비중은 25℃에서 스트레이트 아스팔트의 경우 1.0~1.1 정도이다.
② 침입도가 작을수록 밀도가 크다.
③ 온도가 상승할수록 밀도는 저하된다.
④ 스트레이트 아스팔트가 블론 아스팔트 밀도보다 크다

(2) 침입도
① 아스팔트의 굳기 정도(경도)를 측정하는 것으로, 침입도는 아스팔트의 반죽질기를 물리적으로 나타내는 것이다.
② 아스팔트의 콘시스턴시를 표준침의 관입 저항을 측정 평가하는 것으로 일정한 온도(25℃), 하중(100g), 시간(5초)을 기준으로 하여 침의 관입 깊이를 나타낸다.
③ 침의 관입량을 0.1mm 단위로 나타낸 것을 침입도 1로 한다.
④ 침입도 지수란 온도에 대한 침입도의 변화를 나타내는 지수이다.

⑤ 스트레이트 아스팔트가 블론 아스팔트보다 침입도가 크다.
⑥ 도로 포장용 아스팔트를 침입도에 따라 분류하여 주로 AC 85~100을 사용

(3) 아스팔트의 인화점과 연소점
① 아스팔트를 가열했을 때 인화하는데 이때의 최저 온도를 인화점이라 한다.
② 아스팔트를 계속 가열하여 불꽃이 5초 동안 계속 될 때의 최저 온도를 연소점이라 한다.
③ 아스팔트의 인화점은 250~320℃이고 연소점은 인화점보다 25~60℃ 정도 높다.
④ 아스팔트의 가열 시에 화재의 위험도를 알기 위해 인화점과 연소점을 측정한다.
⑤ 포장용 아스팔트 규격

구 분	AC40~50	AC60~70	AC85~100	AC120~150
인화점(℃)	230 이상	230 이상	230 이상	220 이상

(4) 아스팔트 점도
① 점도는 아스팔트의 컨시스턴시와 부착력을 나타내는 것이다.
② 아스팔트의 점도를 측정하는 시험법
   1) 앵글러(Engler)법(아스팔트 유제 적용)
   2) 세이볼트(Say bolt)법(스트레이트 아스팔트 적용)
   3) 스토머(Stomer)법

(5) 아스팔트 연화점
① 아스팔트가 온도가 높아지면서 아스팔트가 액상화가 되는 과정 중에 일정한 점도에 도달했을 때의 온도를 연화점이라고 한다.
② 연화점은 시료가 규정된 거리 (25.4mm)로 처졌을 때의 온도를 의미하며, 침입도와 연화점은 반비례 상태로서 연화점은 35~75℃ 정도이다.

(6) 아스팔트 신도
① 아스팔트의 늘어나는 연성을 측정
② 별도의 규정이 없는 한 시험할 때 온도는 (25±0.5)℃를 적용한다.
③ 스트레이트 아스팔트가 블론아스팔트 보다 신도가 크다
④ 저온에서 시험할 때 온도는 4℃로 하며, 인장하는 속도는 1cm/min을 적용한다.

(7) 아스팔트 감온성
① 온도에 따른 아스팔트의 컨시스턴스(반죽질기)가 변화하는 정도를 감온성이라 한다.
② 스트레이트 아스팔트가 블론 아스팔트보다 감온성이 크다.

(8) 아스팔트 안정도
① 아스팔트 혼합물이 교통차량의 하중과 고온에 의한 혼합물의 유동 변형에 대한 저항성을 안정도라고 한다.
② 도로의 표층포장공사에서 사용되는 가열 아스팔트 혼합물의 안정도를 측정하기 위하여 마샬 안정도시험을 실시한다.
③ 마샬 안정도시험은 골재의 최대치수가 25mm 이하의 가열 혼합물에 대하여 적용하며, 시험용 공시체를 60±1°C의 항온 수조 속에서 30~40분간 수침시킨다.
④ 마샬 안정도 시험 품질 측정항목
  1) 안정도(kg)
  2) 흐름값(1/100cm)
  3) 공극률(%)

(9) 박막가열 시험
① 아스팔트의 열이나 공기 등의 작용에 의해 변질되는 경향을 파악하기 위한 시험
② 아스팔트 재료를 3.2mm 두께의 얇은 막 형태로 163°C로 5시간 가열한 후 침입도 시험을 실시하여 침입도 및 신도를 파악.

7. 특수 아스팔트
(1) 고무 혼입 아스팔트
① 스트레이트 아스팔트에 고무를 2~5% 정도 혼입 후 아스팔트의 성질을 개선한 특수 아스팔트를 말한다.
② 고무 혼입 아스팔트의 특징
  1) 스트레이트 아스팔트에 비해서 감온성이 작다.
  2) 스트레이트 아스팔트에 비해서 응집성이 크다.
  3) 스트레이트 아스팔트에 비해서 탄성 및 충격저항이 크다.
  4) 스트레이트 아스팔트에 비해서 마찰 계수가 크다.

(2) 에폭시 수지 혼입 아스팔트
에폭시 수지를 아스팔트에 혼입하여 아스팔트의 인성, 탄성, 감온성 등을 개선한 아스팔트로 비행장의 포장에 이용된다.

(3) 구스 아스팔트(Guss Asphalt)
① 석유아스팔트에 천연아스팔트를 혼합하여 휨 저항성 및 내구성을 개선시킨 특수 아스팔트이다.
② 비투수성이고 내구성이 우수하여 교량의 강상판 포장에 주로 이용되는 가열 혼합식 아스팔트 혼합물이며, 보통 침입도 20~60 정도의 것이 사용된다.
③ 부순 돌, 모래, 필러 및 아스팔트로 이루어져 있지만 필러와 아스팔트로 된 filler-

bitumen을 많이 함유한 무공극 혼합물로 비투수성이고 내구성이 우수하여 교량 상판 포장에 주로 이용되는 가열 혼합식 아스팔트 혼합물

8. 아스팔트 혼합물의 배합설계 식

(1) 이론최대밀도

① 다져진 아스팔트 혼합물에 공극이 전혀 없다고 가정할 때의 밀도

② $D = \dfrac{100}{\dfrac{W_a}{G_a} + \dfrac{W_g}{G_g}} (g/cm^3) = \dfrac{100}{\dfrac{W_a}{G_a} + \dfrac{100 - W_a}{G_g}} (g/cm^3)$

여기서, W_a : 아스팔트 질량비(%)

G_a : 아스팔트비중(밀도)

W_g : 굵은 골재의 질량비(%)

G_g : 굵은 골재의 밀도

D : 이론 최대 밀도

(2) 아스팔트 용적률(부피비)

$V_a = \dfrac{W_a \times d}{G_a}$

여기서, d : 공시체의 실측밀도

V_a : 아스팔트 용적률

(3) 공시체의 실측밀도

$d = \dfrac{공시체\ 공기중\ 질량}{공시체\ 용적} (g/cm^3)$

(4) 공극률

① 다져진 혼합물 전체에 대한 공극량의 체적비를 백분율로 나타낸 것

② $V = \left(1 - \dfrac{d}{D}\right) \times 100(\%)$

여기서, V : 공극률

(5) 포화도

① 골재 공극률에 아스팔트가 채워져 있는 비율

② $S = \dfrac{V_a}{V_a + V} \times 100(\%)$

여기서, S 포화도

V_a : 아스팔트의 용적률

V : 공극률

3-9 주요핵심문제
역청재료

01 다음 중 천연 아스팔트의 종류가 아닌 것은? [04.06.08 · 11.16 기사]
① 록(rock) 아스팔트
② 샌드(sand) 아스팔트
③ 블론(blown) 아스팔트
④ 레이크(lake) 아스팔트

해설
천연 아스팔트
1) 천연 아스팔트(natural asphalt)
  ① 록 아스팔트(rock asphalt)
  ② 레이크 아스팔트(lake asphalt)
  ③ 샌드 아스팔트(sand asphalt)
2) 아스팔타이트(asphaltite)

02 다음 중 도로포장용으로 가장 많이 사용되는 재료는? [08.10 기사]
① 콜타르(coal tar)
② 블론 아스팔트(blown asphalt)
③ 샌드 아스팔트(sand asphalt)
④ 스트레이트 아스팔트(straight asphalt)

해설
1) 스트레이트 아스팔트 : 도로포장
2) 블론 아스팔트 : 방수재료, 접착제, 방식 도장용 등

03 블론 아스팔트와 비교한 스트레이트 아스팔트의 성질에 관한 설명 중 틀린 것은?
(02.05 기사)
① 신장성이 크다.
② 감온성이 작다.
③ 내후성이 작다.
④ 연화점이 낮다.

해설
스트레이트 아스팔트는 블론 아스팔트 보다 연화점이 낮아 감온성이 크고, 투수계수는 작다

04 아스팔트의 인화점 및 연소점 시험에 대한 설명으로 잘못된 것은? [03.04.07.13 기사]
① 인화점과 연소점은 ℃로 나타내며, 정수치로 보고한다.
② 인화점은 연소점보다 3~6℃ 정도 높다.
③ 일반적으로 가열속도가 빠르면 인화점은 떨어진다.
④ 사람과 장치가 같을 때 2회의 시험결과에 있어 그 차가 8℃를 넘지 않을 때에 그 평균값을 취한다.

해설
아스팔트의 인화점과 연소점
1) 아스팔트를 가열했을 때 인화하는데 이때의 최저 온도를 인화점이라 한다.
2) 아스팔트를 계속 가열하여 불꽃이 5초 동안 계속 될 때의 최저 온도를 연소점이라 한다.
3) 아스팔트의 인화점은 250~320℃이고 연소점은 인화점보다 25~60℃ 정도 높다.
4) 아스팔트의 가열 시에 화재의 위험도를 알기 위해 인화점과 연소점을 측정한다.

05 다음 중에서 아스팔트의 점도에 가장 큰 영향을 주는 것은? [07.11 기사]
① 비중 ② 인화점
③ 연화점 ④ 온도

해설
1) 점도는 아스팔트의 컨시스턴시와 부착력을 나타내는 것이다.

정답 01 ③ 02 ④ 03 ② 04 ② 05 ④

2) 온도가 상승하면 아스팔트의 점도는 감소하고 120°C 이상이 되면 용해된다.

06 다음 중 아스팔트의 침입도에 대한 설명으로 틀린 것은? [01.02.04.05.08.11 기사]
① 온도가 상승하면 침입도는 감소한다.
② 침입도지수란 온도에 대한 침입도의 변화를 나타내는 지수이다.
③ 스트레이트 아스팔트가 블론 아스팔트보다 침입도가 크다.
④ 침입도는 아스팔트의 반죽질기를 물리적으로 나타내는 것이다.

■ 해설

침입도
1) 아스팔트의 굳기 정도(경도)를 측정하는 것으로, 침입도는 아스팔트의 반죽질기를 물리적으로 나타내는 것이다.
2) 아스팔트의 콘시스턴시를 표준침의 관입 저항을 측정 평가하는 것으로 일정한 온도(25±0.5°C), 하중(100g), 시간(5초)을 기준으로 하여 침의 관입 깊이를 나타낸다.
3) 침의 관입량을 0.1mm 단위로 나타낸 것을 침입도 1로 한다.
4) 온도가 상승하면 침입도는 증가한다.

07 역청재료의 침입도시험에서 중량 100g의 표준침이 5초 동안에 5mm 관입했다면 이 재료의 침입도는 얼마인가?
[05.07.08.10.11.12.13 기사]
① 100   ② 50
③ 25   ④ 5

■ 해설
0.1mm 관입량이 침입도 1이므로
$0.1 : 1 = 5 : x$
$\therefore x = 50$

08 도로의 표층공사에서 사용되는 가열 아스팔트 혼합물의 안정도 시험은 다음의 어느 방법으로 판정해야 하는가? [02.08 기사]
① 마샬(marshall) 시험
② 클리블랜드 개방식(Cleveland open cup) 시험
③ 앵글러(Engler) 시험
④ 레드우드(red wood) 시험

■ 해설
1) 아스팔트 혼합물이 교통차량의 하중과 고온에 의한 혼합물의 유동 변형에 대한 저항성을 안정도라고 한다.
2) 도로의 표층포장공사에서 사용되는 가열 아스팔트 혼합물의 안정도를 측정하기 위하여 마샬 안정도시험을 실시한다.
3) 마샬 안정도 시험은 골재 최대치수가 25mm 이하의 가열 혼합물에 대하여 적용한다.

09 고무 혼입 아스팔트(rubberized asphalt)가 스트레이트 아스팔트에 비해 가지고 있는 장점이 아닌 것은? [09·12·13 기사]
① 감온성이 크다. ② 응집성이 크다.
③ 충격저항이 크다. ④ 마찰계수가 크다.

■ 해설

고무 혼입 아스팔트
① 스트레이트 아스팔트에 고무를 2~5% 정도 혼입 후 아스팔트의 성질을 개선한 특수 아스팔트를 말한다.
② 고무 혼입 아스팔트의 특징
  1) 스트레이트 아스팔트에 비해서 감온성이 작다.
  2) 스트레이트 아스팔트에 비해서 응집성이 크다.
  3) 스트레이트 아스팔트에 비해서 탄성 및 충격저항이 크다.
  4) 스트레이트 아스팔트에 비해서 마찰 계수가 크다.

10 고무화 아스팔트는 스트레이트 아스팔트에 비해 이점이 있다. 이점에 대한 설명 중 틀린 것은? [02.03.04·06.09·10.11.12.13 기사]
① 탄성 및 충격저항이 크다.
② 감온성이 크다.
③ 마찰계수와 내후성이 크다.
④ 부착력과 응집력이 크다.

■ 해설
고무 아스팔트는 스트레이트 아스팔트에 비하여 감온성이 작다.

정답 06 ① 07 ② 08 ① 09 ① 10 ②

11 역청재료의 점도를 측정하는 시험방법이 아닌 것은? (03.05.07.12 기사)
① 앵글러법 ② 세이볼트법
③ 환구법   ④ 스토머법

해설

아스팔트의 점도 측정하는 시험법
1) 앵글러(Engler)법(아스팔트 유제 적용)
2) 세이볼트(Say bolt)법(스트레이트 아스팔트 적용)
3) 스토머(Stomer)법

12 다음은 아스팔트의 침입도 시험에 관한 설명이다. 틀린 것은? (01.02.04.05.07.12 기사)
① 단위는 0.1mm을 1로 한다.
② 일반적으로 아스팔트의 반죽 질기를 물리적으로 나타내는 것이다.
③ 시험 온도는 30℃이다.
④ 시험 하중은 100g 시간은 5초이다.

해설

침입도
1) 아스팔트의 콘시스턴시를 표준침의 관입 저항을 측정 평가하는 것으로 일정한 온도(25℃), 하중(100g), 시간(5초)을 기준으로 하여 침의 관입 깊이를 나타낸다.
2) 침의 관입량을 0.1mm 단위로 나타낸것을 침입도 1로 한다.

13 아스팔트 비중 측정 시의 표준온도는?
(03.10 기사)
① 15℃ ② 20℃
③ 25℃ ④ 30℃

해설

아스팔트 비중은 25℃에서 1~1.1 정도이다.

14 아스팔트 혼합물의 마샬 안정도 시험은 굵은 골재 최대 치수가 얼마 이하의 가열 혼합물에 대하여 적용하는가?(01.08 기사)
① 10mm ② 15mm
③ 20mm ④ 25mm

해설

마샬 안정도 시험은 골재 최대치수 25mm 이하의 가열 혼합물에 대하여 적용한다.

15 부순 돌, 모래, 필러 및 아스팔트로 이루어져 있지만 필러와 아스팔트로 된 filler-bitumen을 많이 함유한 무공극 혼합물로 비투수성이고 내구성이 우수하여 교량 상판 포장에 주로 이용되는 가열 혼합식 아스팔트 혼합물은? (01.06 기사)
① 매스틱 아스팔트
② 구스 아스팔트
③ 아스팔트 콘크리트
④ 안정 처리 혼합물

해설

구스아스팔트에 대한 설명이다.

16 마샬 시험방법에 따라 아스팔트 콘크리트 배합설계를 진행할 경우 포화도는 몇 %인가? (단, 아스팔트 밀도(G_a) : 1.030g/cm³, 아스팔트 함량(A) : 6.3%, 공시체의 실측 밀도(d) : 2.435g/cm³, 공시체의 공극률(V) : 4.8%) [09·11·13 기사]
① 58% ② 66%
③ 71% ④ 76%

해설

1) 역청재료의 체적비

$$V_a = \frac{W_a d}{G_a} = \frac{6.3 \times 2.435}{1.03} = 14.89\%$$

- W_a : 혼합물 중의 역청재료량(%)
- d : 공시체의 실측 밀도(g/cm³)
- G_a : 역청재료의 밀도(g/cm³)

2) 포화도

$$S = \frac{V_a}{V_a + V} \times 100 = \frac{14.89}{14.89 + 4.8} \times 100 = 75.62\%$$

17 아스팔트 혼합물의 겉보기 밀도가 2.25 g/cm³ 최대밀도가 2.45g/cm³이라면 아스팔트의 공극률은? (07.10 기사)
① 0.81% ② 6.55%
③ 8.16% ④ 5.65%

해설

$$V = (1 - \frac{d}{D}) \times 100(\%)$$
$$= (1 - \frac{2.25}{2.45}) \times 100$$
$$= 8.16\%$$

18 아스팔트 혼합물의 겉보기 밀도가 2.18 g/cm³이고 아스팔트 양이 4.5%, 골재의 평균 밀도가 2.56g/cm³일 때 약 공극률은 얼마인가?(단, 아스팔트 밀도는 1g/cm³)
(04.07 기사)
① 5.79% ② 6.79%
③ 7.85% ④ 8.79%

해설

1) 이론 최대 밀도 (D)

$$D = \frac{100}{\frac{W_a}{G_a} + \frac{W_g}{G_g}}(g/cm^3) = \frac{100}{\frac{W_a}{G_a} + \frac{100-W_a}{G_g}}(g/cm^3)$$
$$= \frac{100}{\frac{4.5}{1} + (\frac{100-4.5}{2.56})} = 2.39 g/cm^3$$

2) 공극률 (V)

$$V = (1 - \frac{d}{D}) \times 100(\%)$$
$$= (1 - \frac{2.18}{2.39}) \times 100$$
$$= 8.79\%$$

19 아스팔트 혼합물에서 채움재(Filler)의 목적은 어느 것인가? (03.08.12 기사)
① 아스팔트의 점도를 높이기 위해서
② 아스팔트의 비중을 높이기 위해서
③ 아스팔트 공극을 메꾸기 위해서
④ 아스팔트의 내열성을 증가시키기 위해서

해설

필러는 아스팔트 혼합물의 점도를 증대 시켜서 아스팔트 혼합물의 안정도를 높인다.

20 역청 재료의 일반적 성질에 관한 설명 중 틀린 것은? (00.03.07 기사)
① 역청 재료는 유기질 재료가 가지지 못하는 무기질 재료 특유의 성질을 가지고 있어 포장 재료, 주입 재료, 방수 재료 및 이음재 등에 사용된다.
② 타르(tar)는 석유 원유, 석탄, 수목 등의 유기물의 건류에 의하여 얻어진 암흑색의 액상 물질로서 아스팔트보다 수분이 많이 포함되어 있다.
③ 역청 유제는 역청을 미립자의 상태에서 수중에 분산시켜 혼탁액으로 만든 것이다.
④ 콜 타르(coal tar)는 석탄의 건류에 의하여 얻어지는 가스 또는 코크스를 제조할 때 생기는 부산물 이다.

해설

인공 역청재료 중에서 토목재료로 주로 이용되는 것은 아스팔트, 타르 및 이들을 원료로 한 유제가 있으며, 무기질 재료가 가지지 못하는 유기질 재료 특성을 이용하여 포장재료, 주입재료, 방수재료 및 줄눈이음재 등에 사용되고 있다.(화석연료 : 유기질)

21 다음 중 컷백 아스팔트에 대한 설명으로 틀린 것은? (00.03.07.08.10 기사)
① 컷백 아스팔트는 비교적 연한 스트레이트 아스팔트에 적당한 휘발성 용제를 가하여 유동성을 좋게 한 것이다.
② 컷백 아스팔트는 사용하는 용제의 양과 질에 따라 제품의 성질이 크게 좌우된다.
③ 컷백 아스팔트의 양생 기간은 휘발성이 큰 용제일수록 그리고 용제량이 적을수록 길게 한다.
④ 컷백 아스팔트는 점도를 일시적으로 저하시킨 것으로 상온에서 시공이 가능하다.

해설

컷백 아스팔트(cutback asphalt)
1) 컷백 아스팔트(cutback asphalt)는 침입도 60~120 정도의 비교적 연한 스트레이트 아스팔트에 적당한 휘발성 용제를 가하여 유동성을 좋게 한 것으로 경화속도는 RC 〉 MC 〉 SC 순으로 빠르다.
2) 컷백 아스팔트의 양생기간은 휘발성이 큰 용제일수록 그리고 용제량이 적을수록 짧게 한다.

정답 21 ③

3-10 화약 및 폭약

1. 화약류 정의
(1) 화약류란 가벼운 타격이나 가열로 짧은 시간에 화학 변화를 일으킴으로써 급격히 많은 열과 가스를 발생하여 순간적으로 큰 에너지를 얻을 수 있는 물질을 말한다.
(2) 화약은 자체 내에 산소를 가지고 있어서 공기가 없는 곳에서도 폭발이 가능하다.

2. 성능에 따른 화약류 분류
(1) 화 약
  ① 흑색화약, 무연화약 기타 이와 동등한 추진적 폭발의 용도에 사용하는 것
  ② 폭속이 340m/sec 이하 속도로 연소하는 것

(2) 폭 약
  ① 뇌홍, 아지화연 등의 기폭제, 니트로글리세린, 니트로글리콜, 다이너마이트 등 파괴적 폭발의 용도에 사용하는 것
  ② 폭속이 2000~8000m/sec 속도로 폭발력이 강력하다.

3. 화약류
(1) 흑색 화약
  ① 흑색화약은 KNO_3(초석), C(목탄), S(황)등의 3 성분으로 구성 되어 있으며, 이 성분의 개개 성질을 보면 폭발성이 없으나 이들을 혼합하면 폭발성을 갖는다.
  ② 폭파력은 그다지 강력하지 않으나 값이 싸고, 취급 및 보관이 용이하여 위험성이 작고, 발화가 간단하여 소규모 폭파에 사용되는 화약이다.
  ③ 흑색 화약은 화학적으로 극히 안정하므로 습기만 피하면 오래 저장할 수 있다.
  ④ 밀도(비중)는 1.5~1.8g/cm³정도이고, 원용적의 약 300배의 Gas로 팽창하여 폭파 시 2,000℃의 고온과 660MPa 정도의 압력이 발생한다.
  ⑤ 충격 또는 가열(260~280℃ 정도)에 의해서 폭발이 가능하다.
  ⑥ 흡수성이 크며 수중에서는 폭발하지 않는다.

(2) 무연 화약
  ① 주성분이 니트로셀룰로오스 와 니트로글리셀린을 주성분으로 하여 만든 것이다.
  ② 탄환의 발사약에 주로 이용하며 로켓트 추진약, 총탄, 포탄 등에 사용한다.
  ③ 무연화약은 발사할 때 연기가 적으므로 연속발사도 용이하다.
  ④ 가격이 흑색 화약에 비하여 고가이며, 폭속이 강하다.
  ⑤ 무연화약은 다년간 저장하면 자연 분해를 일으키나 흑색 화약은 그 점에 있어서 저장의 안정성이 좋다.

4. 폭약류

(1) 기폭약

① 연소 또는 폭발에 의하여 다른 화약 등에 점화 또는 점폭을 목적으로 하는 화약류를 기폭약이라 한다.

② 이 화약은 극히 예민하여 취급에 상당한 주의를 기울여야 하며, 뇌홍(뇌산수은), 질화납, DDNP, 테트라센, 트리시나이트 등이 있다.

③ 기폭약 종류

1) 뇌홍($Hg(ONC_2)$, 뇌산수은)

   가. 뇌홍은 충격, 화염, 마찰 등에 예민해서 취급 부주위시 폭발 위험이 있다.

   나. 뇌홍(뇌산수은)은 비중이 4.4 정도이고, 발화온도는 170~210℃ 이나 100℃ 이하로 유지시키면 분해되어 폭발성이 없다.

2) 질화납($Pb(N_3)_2$, 아지화연)

   가. 순수한 것은 무색의 깨끗한 결정으로 되어 있으나 점폭약으로 많이 사용한다.

   나. 수중에서 폭발하며 낮은온도로 가열해도 분해되는 일이 없으므로 물속에 저장하면 안전하다.

   다. 뇌홍에 비하여 가격이 싸며, 보존성이 우수하다.

3) D.D.N.P(디아조디니트로페놀)

   가. 황색 내지 황갈색의 분말이며, 폭약 중에서 가장 강력한 폭약으로서 폭발력(맹도)이 T.N.T.와 동일하고 뇌산수은(뇌홍)의 2배 정도이다.

   나. 마찰이나 충격감도는 뇌홍, 질화납보다 둔하나 열에 민감해서 발화점은 약 180℃이다.

(2) 폭 약

① 카알릿(Carlit)

1) 과염소산암모늄을 주성분으로 하는 폭약으로 폭발력은 다이너마이트보다 우수하고 흑색화약의 4배에 달하지만 폭속(3,500m/s이상)은 느리다.

2) 폭발시 유해한 가스(HCl)가 발생하고 흡수성이 크므로 터널 공사에는 부적합하고, 큰 돌 채취나 토사를 깎는데 사용된다.

3) 다이너마이트보다 발화점이 높고(295℃), 충격에 둔감하여 취급에 위험성이 적어 안전하다.

② 니트로글리세린(nitroglycerine, NG)

1) 상온에서 무색, 무취의 투명하고 무거운 기름같은 액체 상태로서, 가장 강력한 폭약으로 충격 및 마찰, 진동에 예민하여 폭발위험성이 크다.

2) 단독으로는 사용하지 못하고 다이너마이트 또는 무연 화약의 화약제조에 사용되며, 동해를 입기 쉽고 점화만으로 연소한다.

(3) 다이너마이트 (Dynamite)
   ① 다이너마이트는 NG를 기본 물질로 하는 폭약으로 1866년 스웨덴의 Alfred Nobel이 발명하였다.
   ② 다이너마이트 분류
      1) 스트레이트(고성능)다이너마이트
         가. 질산나트륨을 주성분으로 하고 니트로글리세린(NG 40~60%), 목분, 유황 등을 혼합하여 만든 다이너마이트 이다.
         나. 규조토 다이너마이트 보다 위력이 크며, 폭속은 4200m/s 정도다.
      2) 교질 다이너마이트
         NC(니트로셀룰로오스)에 NG(니트로글리세린)20%를 가하여 교질상태로 융합한 플라스틱한 황색의 엿 같은 물질로 폭약 중에서 폭발력이 가장 강하여 터널과 암석 발파에 주로 사용하고 또한 수중용으로도 사용한다.
      3) 분상(분말) 다이너마이트
         NG(니트로글리세린) 7~25%, 질산암모늄 7% 이상, 목분 3~9%, 나프탈렌 0~6% 를 품고 있는 분상으로 된 폭약으로 탄광용으로 사용된다.
      4) 규조토 다이너마이트
         다공질의 규조토 (주성분 SiO_2)에 액체의 니트로글리세린을 흡수시켜 만든 다이너마이트로서, NG(니트로글리세린)의 취급 위험성을 줄이기 위해 불가연성의 규조토 25%와 NG 75% 비율로 만든다.

(4) 질산암모늄계 폭약
   ① 초안 폭약
      1) 질산암모늄(NH_4NO_3)을 주성분으로 초안 폭약이라 하며, 국내 폭약산업의 초창기부터 널리 사용되고 있는 폭약이다.
      2) 유해가스가 많이 발생하여 주로 석재 채취용과 채광 발파에 사용되고 있으나, 터널공사에는 부적당하다.
   ② 초유 폭약(ANFO, 질산암모늄 유제폭약)
      1) 질산암모늄(NH_4NO_3)(94) 에 연료유(6)를 섞어 혼합한 초안폭약의 일종이다.
      2) 다른 폭약에 비해 기폭 감도가 둔감하여 취급이 극히 안전하고 가격이 저렴하다
      3) 우천시나 습기 있는 곳에 사용이 어렵고, 흡습성이 보통 폭약보다 크므로 취급시 방습에 유의해야 하며 건설 공사 현장 및 광산의 폭파용으로 많이 사용되고 있다.

(5) 함수 폭약
   ① Slurry 폭약
      1) 초안, T.N.T를 물로 미음과 같이 혼합한 것으로 다이너마이트와 ANFO폭약의 단점을 보완한 폭약으로서, 안정성, 내수성 및 후가스 등이 우수한 폭약이다.
      2) Slurry 폭약(함수폭약)은 다이너마이트보다 충격 마찰 감도가 낮으므로 취급이 안

전하며, 폭발 후 가스 내의 유독 가스가 종래 폭발에 비하여 현저하게 적다.

② Emulsion 폭약
1) Emulsion 폭약 역시 함수 폭약의 일종이며 내한성이 우수(-20℃)하며, Slurry 폭약에 비하여 취급이 용이하다.
2) 열, 마찰, 충격, 내수성 및 후가스 등이 우수한 폭약으로 도심지 발파, 장대터널, 통기 불량장소 등 모든 장소에 사용 가능해서 현재 건설 현장에서 가장 널리 사용되는 폭약중의 하나다.

5. 화공품류(기폭용품)

(1) 도화선
① 분말 흑색 화약을 심약(心藥)으로 하여 종이, 테이프 등으로 감고 방수도료로 방수시킨 직경 4~6mm 정도의 선을 말한다.
② 뇌관을 점화시키기 위해서 점화력이 강하고 내수성이 있어야 한다.

(2) 도폭선
① 도폭선은 폭약을 금속 또는 섬유로 피복한 끈 모양의 화공품으로서, 대폭파와 수중 폭파 등을 동시 폭파할 경우 뇌관 대신 사용하는 기폭 용품이다.
② 면화약을 심약으로 하고 마사 면사 등으로 싸서 방습 포장을 한 것으로 점폭하면 5000m/s의 폭속으로 폭굉한다.

(3) 뇌관류
① 피크린산, 니트로글리세린 등의 화약류는 점화에 의하여 즉시 폭굉하지 않으므로 기폭약을 작은 금속관에 넣어 이들 폭약의 폭굉을 유도 시키는 것을 목적으로 만든 것이 뇌관이다.
② 뇌관의 종류
1) 공업뇌관
금속관체에 기폭약과 첨장약을 충전한 것으로, 도화선을 사용하여 점화하고 폭약을 기폭시킨다.
2) 전기뇌관
공업뇌관 윗부분에 전기 점화장치를 조합시킨 것으로 여러 발파를 동시에 일정한 지체시간을 두고 폭발이 가능하도록 만든 뇌관이다.

6. 발파의 기본식

(1) Hauser의 발파식
Hauser는 실험적으로 채합량(採合量) V와 누두공의 깊이(최소저항선)W, 누두공의 반지름 r 과의 사이에는 다음과 같은 관계가 있다는 실험식을 발표하였다.
(2) 자유면 발파에서는 표준발파의 장약량은 최소 저항선의 3제곱에 비례함을 나타낸다.

(3) Hauser의 발파식 L=CW³
여기서, L : 장약량
C : 발파 계수
W : 최소 저항선

7. 화약 취급시 주의사항
(1) 화약 관리자를 수시로 교육, 지도, 감독하여 안전 관리에 만전을 가해야 한다.
(2) 다이너마이트는 직사광선을 피하고 화기에 근접시키지 말아야 한다.
(3) 뇌관과 폭약은 동일 장소에 보관하면 폭발할 위험이 있으므로 같은 장소에 두지 않도록 한다.
(4) 화약을 장기간 보관시는 온도나 습도에 의해 변질하지 않도록 하고 흡수하여 동결하지 않도록 해야 한다.
(5) 화약을 운반시에 화기나 충격을 받지 않도록 한다.
(6) 도화선을 삽입하여 뇌관에 압착할 때 충격이 가해지지 않도록 해야 한다.
(7) 도화선과 뇌관의 이음부에 수분이 침투되지 않도록 기름 등으로 도포해야 한다.

8. 기 타
(1) 비폭성 파쇄제
주재료인 생석회를 사용하여 수화반응을 통한 팽창압으로 암반을 파쇄 팽창성을 가진 무기 화합물을 이용해서 암석을 파쇄하는 공법으로 소음과 진동이 거의 없다.
(2) 무진동, 무소음 공법으로 발파에 의하지 않고 팽창에 의하여 건물이나 암을 폭파하는 폭약으로는 Cammite(캄마이트)가 있다.

3-10 주요핵심문제
화약 및 폭약

01 다음 중 무연화약의 주성분인 것은 어느 것인가? [08 · 12 기사]
① 유황(S)
② 니트로셀룰로오스(Nitro cellulose)
③ 목탄(C)
④ 초석(KNO_3)

해설
1) 주성분이 니트로셀룰로오스와 니트로글리셀린을 주성분으로 하여 만든 것이다.
2) 탄환의 발사약에 주로 이용하며 로켓트 추진약, 총탄, 포탄 등에 사용한다.

02 다음 중 기폭약의 종류로 옳지 않은 것은?
[05 · 08.09 기사]
① 니트로글리세린 ② 뇌산수은
③ 질화납   ④ DDNP

해설
1) 연소 또는 폭발에 의하여 다른 화약 등에 점화 또는 점폭을 목적으로 하는 화약류를 기폭약이라 한다.
2) 이 화약은 극히 예민하여 취급에 상당한 주의를 기울여야 하며, 뇌홍(뇌산수은), 질화납, DDNP, 테트라센, 트리시나이트 등이 있다.

03 도폭선에서 심약(心藥)으로 사용되는 것은? [09 · 13 기사]
① 흑색화약   ② 질화납
③ 뇌홍   ④ 면화약

해설
1) 도폭선은 폭약을 금속 또는 섬유로 피복 한 끈 모양의 화공품으로서, 대폭파와 수중 폭파 등을 동시 폭파할 경우 뇌관 대신 사용하는 기폭용품이다.
2) 면화약을 심약으로 하고 마사 면사 등으로 싸서 방습 포장을 한 것으로 점폭하면 5000m/s의 폭속으로 폭굉한다.

04 다루기 쉽고 안전하여 안전폭약이라고도 하며, 흡습성이 보통 폭약보다 크므로 취급 시 방습에 특히 유의를 해야 하나, 값이 저렴하여 채석, 채광, 갱 등의 발파에 많이 사용하는 폭약은? [04 · 09 기사]
① 질산암모늄계 폭약
② 칼릿
③ 다이너마이트
④ 니트로글리세린

해설
질산암모늄계 폭약
1) 초안 폭약
  ① 질산암모늄(NH_4NO_3)을 주성분으로 초안 폭약이라 하며, 국내 폭약산업의 초창기부터 널리 사용되고 있는 폭약이다.
  ② 유해가스가 많이 발생하여 주로 석재 채취용과 채광 발파에 사용되고 있으나, 터널공사에는 부적당하다.
2) 초유 폭약(ANFO, 질산암모늄 유제폭약)
  ① 질산암모늄(NH_4NO_3)(94)에 연료유(6)를 섞어 혼합한 초안폭약의 일종이다.
  ② 다른 폭약에 비해 기폭 감도가 둔감하여 취급이 극히 안전하고 가격이 저렴하다

정답 01 ② 02 ① 03 ④ 04 ①

05 다이너마이트 중 폭발력이 가장 강하여 터널과 암석발파에 주로 사용되는 것은?

[01.04.05.08.10.14 기사]

① 규조토 다이너마이트
② 교질 다이너마이트
③ 스트레이트 다이너마이트
④ 분상 다이너마이트

해설

교질 다이너마이트
NC(니트로셀룰로오스)에 NG(니트로글리세린)20%를 가하여 교질상태로 융합한 플라스틱한 황색의 엿 같은 물질로 폭약 중에서 폭발력이 가장 강하여 터널과 암석발파에 주로 사용하고 또한 수중용으로도 사용한다.

06 상온에서 액체이며 동해를 입기 가장 쉬운 폭약은? [00.02.04.11 기사]

① T.N.T
② ANFO
③ 비폭성 파쇄제
④ 니트로글리세린

해설

니트로글리세린(nitroglycerine, NG)
1) 상온에서 무색, 무취의 투명하고 무거운 기름같은 액체 상태로서, 가장 강력한 폭약으로 충격 및 마찰, 진동에 예민하여 폭발위험성이 크다.
2) 단독으로는 사용하지 못하고 다이너마이트 또는 무연 화약의 화약제조에 사용되며, 일반적으로 10℃에서 동해를 입기 쉽고 점화만으로 연소한다.

07 흑색화약에 대한 설명으로 틀린 것은?

(02.05.06.07.08.09.10.11 기사)

① 대리석이나 화강암 같은 큰 석재의 채취에 사용된다.
② 수분이 많으면 발화하지 않는다.
③ 값이 싸며, 취급 및 보관하는 데 위험이 적다.
④ 발열량이 많으며 폭발력이 매우 강한 화약이다.

해설

흑색 화약
① 흑색화약은 KNO_3(초석), C(목탄), S(황)등의 3성분으로 구성 되어 있으며 이성분의 개개 성질을 보면 폭발성이 없으나 이들을 혼합하면 폭발성을 갖는다.
② 폭파력은 그다지 강력하지 않으나 값이 싸고, 취급 및 보관이 용이하여 위험성이 작고, 발화가 간단하여 소규모 폭파에 사용되는 화약이다.

08 황색의 미세한 결정으로 기폭약 중에서 가장 강력한 폭약으로 폭발력은 TNT 와 동일하고 발화점은 약 180℃ 정도인 기폭약은? (01.05 기사)

① D.D.N.P
② 뇌산수은
③ 질화납
④ 칼릿

해설

D.D.N.P(디아조디니트로페놀)은 황색 내지 황갈색의 분말이며, 폭약 중에서 가장 강력한 폭약으로서 폭발력(맹도)이 T.N.T.와 동일하고 뇌산수은(뇌홍)의 2배 정도이며, 마찰이나 충격감도는 뇌홍, 질화납보다 둔하나 열에 민감해서 발화점은 약 180℃이다.

정답 05 ② 06 ④ 07 ④ 08 ①

3-11 도료 및 토목섬유

1. 도료의 종류
(1) 페인트
  ① 유성 페인트
    1) 보일유 등의 지방유를 전색제로 하여 여기에 안료를 가하여 만든 착색도료
    2) 주로 옥외에 사용한다.
  ② 수성 페인트
    1) 안료를 물로 용해하여 수용성 교착제와 혼합한 분말 상태의 도료
    2) 주로 실내에 사용한다.
  ③ 에나멜 페인트
    1) 유성(油性) 니스를 안료에 가하여 반죽한 것
    2) 도막이 두껍고 광택과 색채가 우수하다.
  ④ 에멀션 페인트
    1) 수성 페인트에 합성수지와 유제를 혼합한 착색재료이다.
    2) 콘크리트 바탕에 도장하기 쉽다.

(2) 바니시 : 도막형성(塗膜形成)을 위해 사용하는 도료
  ① 유성 바니시
    투명성 도료안에 천연수지, 가공수지, 석유 수지 등과 건성유를 가열 용융하여 회석한 바니시
  ② 휘발성 바니시
    바니시의 일종으로 셀락, 송진, 코발트, 페놀수지 등의 수지를 알코올 등으로 용해한 것.

(3) 합성수지 도료
  합성 수지도료 안료 등의 착색제를 합성수지를 주성분으로 하는 매체에 분산시켜 적당한 첨가제를 배합한 도료

2. 토목 섬유
(1) 토목섬유는 1960년 초반부터 폴리아미드, 폴리에스터, 폴리에스틸렌 등을 이용한 합성섬유
(2) 토목섬유의 특징
  ① 인장강도가 크다
  ② 탄성계수가 크다
  ③ 차수, 분리, 배수, 보강, 필터 기능이 있다
  ④ 수축을 방지한다.

⑤ 강섬유의 평균인장강도는 700MPa이상, 각각의 인장강도는 650MPa 이상

(3) 토목섬유의 기능
　① 배수 기능 (Drainage Function)
　　투수성이 낮은 재료 점토와 밀착시켜 물만 배출시키는 기능.
　② 필터 기능 (Filtration Function)
　　토립자의 이동을 막고 물만을 통과시키는 필터 기능.
　③ 분리 기능 (Separation Function)
　　조립토와 세립토의 혼합을 방지하는 기능
　④ 보강 기능 (Reinforced Function)
　　토목 섬유의 인장 강도를 활용해 토립자의 안정성을 증진시키는 기능
　⑤ 방수 및 차단 기능 (Moisture Barrier Function)
　　지하철, 터널의 방수 및 쓰레기 매립장 등에서 차수 기능

(4) 토목섬유의 종류
　① 지오텍스타일 (Geotextiles)
　② 지오멤브레인 (Geomembranes)
　③ 지오그리드 (Geogrids)
　④ 지오네트 (Geonets)
　⑤ 지오셀 (Geocells)
　⑥ 지오매트 (Geomats)

(5) 지오텍스타일
　① 합성 고분자 재료를 써서 만들어진 투수성을 갖는 토질 안정용 섬유제품을 말한다.
　② 직포형과 부직포형이 있으며 분리, 배수, 보강, 여과 기능을 갖고 오탁방지망, drain board, pack drain, geo web 등에 사용된다.

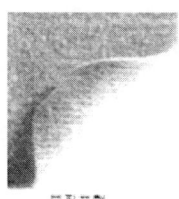
부직포형

직포형

(6) 지오멤브레인
　① 지오멤브레인은 액체봉쇄를 목적으로 최근 널리 사용되고 있다.
　② 독성폐기물, 산업용과 가정용의 쓰레기 매립, 흙 댐 및 터널방수 등 특별한 용도에 사용된다.

(7) 지오그리드
① 지오그리드는 리브 (rib)사이에 대략 1~10 cm의 작은구멍을 가진 격자형 재료이다.
② 주 기능으로 보강 기능 및 분리 기능이 있다.

■ 지오그리드

(8) 지오매트
① 지오매트(Geomat)는 꼬불꼬불한 모양의 semi-rigid monofilament로 구성되어 있으며 직경은 1 mm보다 작고 매우 주름이 넓게 퍼져있는 3차원적으로 엉켜있는 구조이다.
② 주로 침식방지용으로 사용되며, 주기능로 배수 기능, 필터 기능, 분리 기능, 보강 기능을 겸한다.

■ 지오매트

3-11 주요핵심문제
도료 및 토목섬유

01 폴리머를 판상으로 압축시키며 격자 모양의 그리드 형태로 구멍을 내 일축 또는 이축으로 연신하여 제조하므로 분자 배열이 잘 조정되어 높은 강도를 내어 보강 및 분리 기능의 용도로 사용되는 토목섬유는?
(13.15 기사)
① 직포형 지오텍스타일
② 부직포형 지오텍스타일
③ 지오멤브레인
④ 지오그리드

> 해설
지오드리드에 대한 설명이다.

02 토목섬유(geotextiles)의 특징에 대한 설명으로 틀린 것은? (07.14 기사)
① 인장강도가 크다.
② 탄성계수가 작다.
③ 차수성, 분리성, 배수성이 크다.
④ 수축을 방지한다.

> 해설
토목섬유는 탄성계수가 크다.

03 토목섬유가 힘을 받아 한 방향으로 찢어지는 특성을 측정하는 시험법은 무엇인가?
(08.15 기사)
① 인열강도시험
② 할렬강도시험
③ 봉합강도시험
④ 직접전단시험

> 해설
인열강도 시험에 대한 설명이다.

04 지오텍스타일의 특징에 관한 설명으로 틀린 것은? (06.15.16 기사)
① 인장강도가 크다.
② 수축을 방지한다.
③ 탄성계수가 크다.
④ 열에 강하고 무게가 무겁다.

> 해설
토목섬유는 열에 취약하고 무게가 가볍다.

05 토목섬유 중 지오텍스타일의 기능을 설명한 것으로 틀린 것은? (12.15 기사)
① 배수 : 물이 흙으로부터 여러 형태의 배수로로 빠져나갈 수 있도록 한다.
② 보강 : 토목섬유의 인장강도는 흙의 지지력을 증가시킨다.
③ 여과 : 입도가 다른 두 개의 층 사이에 배치될 때 침투수가 세립토층에서 조립토층으로 흘러갈 때 세립토의 이동을 방지한다.
④ 혼합 : 도로 시공 시 여러 개의 흙층을 혼합하여 결합시키는 역할을 한다.

> 해설
혼합 기능은 토목섬유의 기능에 해당되지 않는다.

정답 01 ④ 02 ② 03 ① 04 ④ 05 ④

3-12 플라스틱 및 합성수지

1. 플라스틱

(1) 플라스틱(Plastic)은 합성수지를 주성분으로 하여 여기에 채움재, 가소제, 안정제 및 착색제 등을 넣어 성형한 고분자 물질을 플라스틱 이라고 한다.

(2) 천연수지와 합성수지(synthetic resin)로 크게 구별되며, 플라스틱이라고 하면 합성수지를 가리킨다.

(3) 플라스틱의 장점
 ① 경량으로 고강도이다.
 ② 내절연성, 전기적 특성이 우수하다.
 ③ 착색이 아름답고 빛의 투과율이 우수하다.
 ④ 내수성, 내습성 및 내식성이 양호하다.
 ⑤ 성형 및 가공이 쉽고 공장의 대량생산이 가능하다.
 ⑥ 내알카리성 및 내산성에 대한 저항성이 크다.

(4) 플라스틱의 단점
 ① 탄성계수가 적고 변형이 크다.
 ② 내열성, 내후성이 약하다.
 ③ 열에 의한 팽창 수축이 크다.
 ④ 내마모성이 약하다.
 ⑤ 압축 강도는 크지만 그 이외의 강도가 작다.
 ⑥ 플라스틱 자외선에 의한 부식성(열화현상)이 크다.

2. 합성수지 분류

(1) 열경화성 수지
 ① 고분자 물질에 가열을 계속하여 화학적 반응에 의하여 경화한 것은 다시 가열하여도 연화되지 않는 성질
 ② 페놀수지, 요소수지, 실리콘수지, 멜라민 수지, 알키드 수지 등이 있다.

(2) 열가소성 수지
 ① 열을 가할 때마다 부드럽고 유연하게 되거나 녹으며, 소성을 나타내며 성형되어 상온이 되면 단단하게 굳어지고 소성이 없어진다.
 ② 폴리염화비닐 수지, 폴리스티렌 수지, 폴리에틸렌 수지, 폴리프로필렌 수지, 아크릴수지, 나일론, 염화비닐 수지 등이 있다.
 ③ 염화비닐 수지
  비중이 1.4 정도로 경질성이며, 전기 절연성과 내약품성이 양호하다.

3-12 주요핵심문제
플라스틱 및 합성수지

01 플라스틱의 일반적인 성질에 대항 설명으로 틀린 것은?
[00.02.03.04.06.07.08.09.10 기사]
① 탄성계수가 작다.
② 강이나 콘크리트에 비하여 가볍기 때문에 이를 사용하는 구조물의 경량화가 가능하다.
③ 내수성, 내습성이 우수하다.
④ 열에 의한 체적변화가 작다.

해설

플라스틱의 장·단점

장점	· 경량으로 강인하다. · 내수성, 내습성, 내식성이 양호하다. · 내절연성, 전기적 특성이 우수하다.
단점	· 압축강도 이외의 강도가 작다. · 탄성계수가 작다. · 내열성, 내후성이 약하다. · 열에 의한 팽창수축이 크다. · 목재보다 무겁다

02 다음 설명은 일반적인 플라스틱의 장점에 관한 설명이다. 옳지 않은 것은?
[04·08 기사]
① 경량으로 강인하다.
② 탄성계수가 크다.
③ 공장의 대량생산이 가능하다.
④ 내절연성, 착색의 자유 및 투광성이 우수하다.

해설
플라스틱은 탄성계수가 작고, 변형이 크다.

03 플라스틱의 열화(deterioration)에 대한 설명으로 옳은 것은? (00.02.04 기사)
① 플라스틱의 열에 의한 변형
② 플라스틱의 부식성
③ 물리적인 성질의 영구적인 감소
④ 플라스틱을 성형하는 과정

해설
플라스틱의 열화는 부식성을 의미한다.

04 다음 특성을 갖는 열가소성 수지는?
[04·09.10 기사]

> 강도가 크고 전기절연성 및 내약품성이 양호하다. 고온 및 저온에 약하며, 지수판이나 배수관으로 주로 사용된다. 비중은 1.4정도이다.

① 염화비닐 수지   ② 폴리스티렌 수지
③ 아크릴 수지   ④ 에폭시 수지

해설
염화비닐 수지(PVC)에 대한 설명이다.

05 다음 합성수지 중 열가소성 수지는?
(00.02.05.10 기사)
① 멜라민 수지   ② 실리콘 수지
③ 요소 수지   ④ 아크릴 수지

해설
1) 열경화성 수지
   페놀수지, 요소수지, 실리콘수지, 멜라민 수지, 알키드 수지 등이 있다.
2) 열가소성 수지
   폴리염화비닐 수지, 폴리스티렌 수지, 폴리에틸렌 수지, 폴리프로필렌 수지, 아크릴수지, 나일론, 염화비닐 수지 등이 있다.

정답 01 ④ 02 ② 03 ② 04 ① 05 ④

3-13 금속재료

1. 금속 재료
(1) 금속은 전기 및 열을 잘 전달하며 전성(展性) 및 연성(延性)을 가진 물질로서, 고체상태에서 금속광택이 나며 이음성이 우수하다.
(2) 또한 강도 등의 좋은 성질을 많이 가지고 있어 건설현장에서 교량, 철근, 강널말뚝, 궤도 등의 여러 곳에 사용되고 있다.

2. 금속 재료의 특징
(1) 전기 및 열전도율이 크다.
(2) 경도, 강도, 인성이 크다.
(3) 내식성, 내열성, 내산성이 있다.
(4) 전성(展性) 및 연성(延性)이 크다.
(5) 금속광택이 있다.
(6) 가공성이 양호하다.

3. 강의 분류
(1) 제조방법에 따른 분류
　① 전기로 제강법
　② 전로(轉爐) 제강법
　③ 평로(平爐) 제강법
　④ 도가니 제강법

(2) 성형 방법에 따라
　① 주강
　② 단강
　③ 압연강

(3) 용도에 따라
　① 구조용강
　② 공구강
　③ 특수 용도강

(4) 화학 성분에 따라
　① 탄소강
　② 합금강

4. 강의 일반적 성질

(1) 일반적으로 탄소 함유량이 증가에 따라 인장강도, 경도가 증가하며 또한 비열 및 전기 저항도 증가한다.
(2) 일반적으로 탄소 함유량이 증가하는데 따라 밀도(비중), 선팽창계수, 열전도율 등은 감소한다.
(3) 탄소 함유량이 증가하는데 따라 인성, 연신율, 단면 축소율이 감소한다.
(4) 황(S)의 함유량이 많거나 망간(Mn)이 부족한 경우 취성이 커진다.
(5) 응력-변형률 곡선에서 고강도강 또는 조질강(heat treated steel)의 경우 항복점이 불분명하다.
(6) 강은 적당한 온도로 가열 냉각시 강의 가공법, 강도, 점성 등의 성질을 개선 할 수 있으며, 압연 또는 주조시의 잔류 응력을 제거할 수 있다.
(7) 탄소강은 탄소(C) 0.04~1.7%의 정도를 철과 합금한 것으로 보통강 또는 탄소강이라 한다.
(8) P(인)가 많이 함유되면 진동이나 충격에 대한 저항성이 감소되어 취성, 인성 내식성이 증가한다.
(9) 망간(Mn) 함유량이 증가하면 연신율을 감소시키지 않고 경도 및 강도를 증가 시키나 냉간 가공성은 떨어진다.

5. 강의 열처리

(1) 열처리란 금속 또는 합금에 요구되는 성질, 즉 강도, 경도, 내마모성, 내충격성, 가공성, 자성 등의 제반 성능을 부여하기 위한 목적으로 가열과 냉각의 조작을 여러 가지로 조합시키는 기술을 말한다.
(2) 이러한 열처리는 금속 또는 합금의 재결정, 원자의 확산, 상변태(相變態)를 이용하는 것이다.
(3) 강의 열처리
  ① 풀림
    1) 강을 적당한 온도(800~1,000℃)로 일정한 시간 가열한 후에 용광로 안에서 서서히 냉각시키는 방법
    2) 강을 연화, 결정조직을 균질화, 내부응력의 제거, 및 강의 기계적 물리적 성질변화를 목적으로 한다.
  ② 불림
    1) 강(鋼)의 조직을 균질화 시키기 위해서 변태점 이상의 높은 온도로 가열한 후 대기 중에서 냉각시키는 방법이다.
    2) 불균질한 조직을 미세화하고 균질화, 기계적 성질 향상, 강의 내부변형 및 응력의 제거 등을 목적으로 한다.
  ③ 담금질
    1) 강을 700~750℃ 정도 가열했다가 물 또는 기름 속에서 급냉시키는 열처리 과정을 말한다.

2) 강의 강도 및 경도를 증대시킬 목적으로 한다.
④ 뜨 임
1) 뜨임은 강을 담금질하면 경도는 커지나 메지기 쉬우므로 이를 변태점 이하의 적당한 온도로 재가열했다가 공기 속에서 냉각 시키는 방법
2) 담금질한 강에 인성을 주기위하여 조직을 연화, 안정시켜서 내부응력을 없애는 열처리 방법으로 소려(燒戾)라고도 한다.

6. 주 철
(1) 고로(高爐:용광로)에서 얻은 선철을 주원료로 하여 여기에 규소, 탄소, 망간(철 부스러기) 등을 넣고 녹여서 만든 것을 주철이라 한다.
(2) 일반적으로 가장 널리 쓰이는 주철은 회주철이며, 수도관 및 맨홀뚜껑 등에 사용된다.
(3) 회주철의 특징
  ① 압축강도와 경도가 크다.
  ② 대체로 가공이 쉽다.
  ③ 충격 강도에 취약하다.
  ④ 연성 및 인성이 거의 없다.
  ⑤ 내마멸성이 크다.

7. 냉간가공(Cold Working)
(1) 재료의 가공에 있어서 비교적 낮은 온도에서 재료를 변형시키는 것으로 압축 프레스등을 이용해 재료를 찍어내기 등의 방법을 이용해 재료(깡통, 식판 등)의 모양을 만드는 것을 말한다.
(2) 냉간가공을 하면 금속의 기계적 성질이 변화하며 그 영향은 인장강도, 항복점 탄성한계, 경도 등의 성질은 점차 증가되고, 연신율, 단면수축률, 비중, 신장 등은 반대로 감소된다.

8. 열간가공(Hot Working)
(1) 열간가공이란 재결정이 일어나는 조건이상의 온도와 변형률 속도조건에서 변형을 주는 공정으로 가공경화를 수반하지 않고 큰 변형률을 얻을 수 있다.
(2) 열간가공을 하면 작은 힘으로 가공할 수 있고, 기공(void)등의 결함이 메꿔질 수 있으나, 표면이 산화되고 거칠어진다.

9. 비철금속(구리)
(1) 구리는 천연으로는 드물게 홑원소물질(자연구리)로서 산출되기도 하지만 황동석($CuFeS_2$), 휘동석(Cu_2S) 등의 원광석을 용광로에서 가열 후 이것을 전기 분해하여 만든다.
(2) 구리에 주석의 함유량을 15% 이하로 첨가하면 청동합금이 만들어진다.
(3) 구리의 성질
  ① 비중은 8.93 정도이다.

② 전기 및 열전도율이 높다.
③ 부식이 잘 안되나, 부식하면 청록색으로 변한다.
④ 전성과 연성이 크다.

10. 강재 시험법의 종류

(1) 인장 시험
① 인장시험기를 이용하여 인장에 따른 인장강도, 연신율 등을 측정하는 시험
② 인장강도 $f_B = \dfrac{P_{\max}}{A_o}$

여기서, $P_{\max}$: 최대 인장 하중
A_o : 원단면적

(2) 굴곡 시험
강재를 구부려 굴곡부 바깥쪽의 파열 및 변형 유무 등을 파악하는 시험

(3) 경도 시험 방법
① 일반적인 경도에 대한 개념은 무르다. 딱딱하다는 경험에 둔 것으로서 가장 일반적인 정의는 '압입에 대한 저항'으로 나타낸다.
② 경도 시험 방법
  1) 브리넬(Brinell)식 경도 시험
  브리넬 경도 시험은 일정한 하중을 경(硬)한 강구(Steel ball)로 된 압입자에 유압으로 작용시켜 시험재료의 표면을 누르는 압입식 경도 시험 방법으로 시험하중을 시험편 표면에 나타난 자국의 표면적으로 나눈 값이 브리넬 경도가 된다.
  2) 비커스(Vickers)식 경도 시험
  비커스 경도기는 꼭지각이 136°인 정사각뿔(Pyramid) 형상의 다이아몬드 압입자를 시험면 표면에 수직으로 접촉시키고 일정한 압입하중을 주어 정 마름모꼴의 자국을 형성 시킨 후 압입하중을 그 자국의 표면적으로 나눈 값을 비커스 경도라 한다.

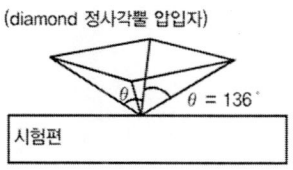
(diamond 정사각뿔 압입자)
$\theta = 136°$
시험편

  3) 로크웰(Rock Well)식 경도 시험
  로크웰 경도는 120°의 dia cone을 사용하여 시험체에 시험하중을 가하여 압입되는 깊이를 이용해서 경도를 산출하는 시험방법으로 측정이 쉽고 정밀도가 높으므로 철강 및 비철합금의 경도 측정에 널리 사용된다.

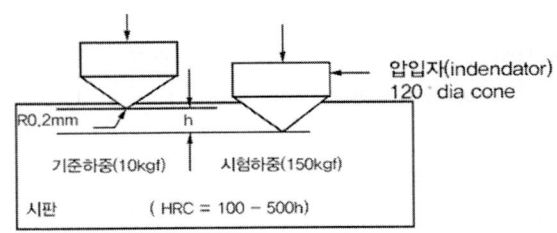

    4) 쇼어(Shore)식 경도 시험

        쇼어 경도는 해머의 낙하(반발)식 경도기에 의해서 측정하는 방법으로 꼭지각이 90°인 다이아몬드 원추를 부착시킨 2.36g의 해머를 254mm 높이에서 재료면에 수직으로 낙하시킨 후 해머가 반발하여 최대로 튀어 올라갔을 때 해머의 끝에 해당하는 눈금의 수치를 읽어서 경도를 산출하는 방법이다.

(4) 피로 시험

    무한 반복적인 하중에 의한 피로응력에 대한 피로응력의 최대치를 구하는 시험

11. 철근의 형태 및 종류기호

(1) 철근은 단면의 형태에 따라 원형철근과 이형철근으로 구분된다.
(2) 철근의 기호는 SR(Steel Round, 원형)과 SD(Steel Deformed, 이형)로 표시하며 뒤에 숫자는 철근의 항복강도를 나타낸다.
(3) 표시방법
    ① SR 30 : 원형철근으로 철근의 항복강도는 300MPa 이상
    ② SD 30 : 이형철근으로 철근의 항복 강도 300MPa 이상
(4) 항복강도 400MPa 이상을 고강도 철근이라 한다.

3-13 주요핵심문제
금속재료

01 강(鋼)의 화학적 성분 중에서 취성(brittleness)을 증가시키는 가장 큰 성분은?
[00.04.05.08 기사]
① 탄소(C)   ② 인(P)
③ 망간(Mn)   ④ 규소(Si)

해설
강 성분 중 인(P)을 많이 함유하면 취성 및 내식성이 증가된다.

02 철근 기호 SD 350이란 무엇을 뜻하는가?
[08·09 기사]
① 원형 철근을 말하며 350은 인장강도가 350N/mm² 이상을 뜻한다.
② 원형 철근을 말하며 350은 항복점이 350N/mm² 이상을 뜻한다.
③ 이형 철근을 말하며 350은 인장강도가 350N/mm² 이상을 뜻한다.
④ 이형 철근을 말하며 350은 항복점이 350N/mm² 이상을 뜻한다.

해설
원형 철근의 기호 : SR
이형 철근의 기호 : SD

03 강(鋼)의 조직을 미세화하고 균질의 조직으로 만들며 강의 내부변형 및 응력을 제어하기 위하여 변태점 이상의 높은 온도로 가열해서 적당한 시간을 두고서 서서히 냉각하는 열처리 방법은 어느 것인가?
[01.03.04.08 기사]
① 불림(normalizing)
② 풀림(annealing)
③ 뜨임질(tempering)
④ 담금질(quenching)

해설
강의 열처리
① 풀림
 강을 적당한 온도(800~1,000℃)로 일정한 시간 가열한 후에 용광로 안에서 서서히 냉각시키는 방법
② 불림
 강(鋼)의 조직을 균질화 시키기 위해서 변태점 이상의 높은 온도로 가열한 후 대기 중에서 냉각시키는 방법이다.
③ 담금질
 강을 700~750℃ 정도 가열했다가 물 또는 기름 속에서 급냉시키는 열처리 과정을 말한다.
④ 뜨임
 뜨임은 강을 담금질하면 경도는 커지나 메지기 쉬우므로 이를 변태점 이하의 적당한 온도로 재가열했다가 공기 속에서 냉각 시키는 방법

04 냉간 가공을 했을 때 강재의 특성으로 옳지 않은 것은? (01.05·11 기사)
① 인장강도가 증가한다.
② 경도가 증가한다.
③ 밀도는 약간 감소한다.
④ 신장이 증가한다.

해설
냉간 압연강(cold rolled steel)
1) 재료의 가공에 있어서 비교적 낮은 온도에서 재료를 변형시키는 것
2) 냉간가공을 하면 금속의 기계적 성질이 변화하며 그 영향은 인장강도, 항복점 탄성한계, 경도 등의 성질은 점차 증가되고, 연신율, 단면수축률, 비중, 신장 등은 반대로 감소된다.

정답 01 ② 02 ④ 03 ① 04 ④

05 다음 중 강재의 경도시험 방법에 속하지 않는 것은? [04.06.11 기사]
① 비커스(Vicker's)
② 로크웰(Rockwell)
③ 아이조드(Izod)
④ 쇼어(Shore)

해설

경도 시험 방법
1) 브리넬(Brinell)식 경도 시험
2) 비커스(Vickers)식 경도 시험
3) 로크웰(Rock Well)식 경도 시험
4) 쇼어(Shore)식 경도 시험

06 강의 성질에 영향을 미치는 첨가 원소의 영향으로 잘못된 것은? (00.05 기사)
① 탄소(C)량의 증가에 따라 인장강도, 항복점, 경도도 증가한다.
② 망간(Mn)은 어느 정도까지는 강의 강도, 경도 및 인성을 증가시키고 냉간가공성을 향상시킨다.
③ 알루미늄(Al)은 강력한 탈산제로 강조직의 미립화에 효과적 이다.
④ 니켈(Ni) 및 크롬(Cr)은 소량을 사용한 경우에도 강도를 증진 시키고 다량 사용한 경우에는 내식성, 내열성을 증가시킨다.

해설

망간(Mn) 함유량이 증가하면 연신율을 감소시키지 않고 경도 및 강도를 증가 시키지만 냉간 가공성은 떨어진다.

07 강철은 선철을 용융 상태에서 정련한 것이다. 이 제조법에 속하지 않는 것은? (00.03 기사)
① 평로 제강법 ② 고로 제강법
③ 도가니 제강법 ④ 전로 제강법

해설

제조방법에 따른 분류
① 전기로 제강법
② 전로(轉爐) 제강법
③ 평로(平爐) 제강법
④ 도가니 제강법

PART 4

토질 및 기초

PART 04 토질 및 기초

4-1 흙의 구조

1. 흙의 구조
(1) 흙의 구조란 흙 입자들의 배치상태 또는 흙입자들 상호간에 여러 가지 힘의 작용을 나타내는 것이다.
(2) 흙의 구조는 비점성토 구조와 점성토 구조로 나누어 볼수 있다.
(3) 비점성토의 구조(단립구조, 봉소구조(벌집구조)(비단봉)
  ① 단립구조로는 모래, 자갈이 있으며, 입자사이의 마찰력에 의하여 맞물려 있는 구조를 가지는 특징이 있다.
  ② 봉소구조로는 실트(silt)가 있으며, 아주 가는 모래와 silt가 물속에 침강하여 이루어져 있으며, 간극비 크고 충격과 진동에 약한 흙의 구조이다.

■□ 단립구조(느슨)

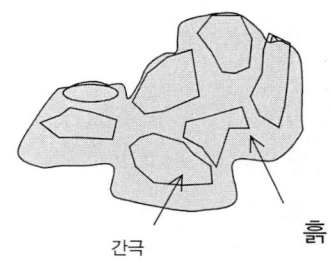
■□ 봉소구조

(4) 점성토의 구조(점면분)
  점성토의 구조는 흙입자 주변의 전기화학적인 힘의 의해 형성되며 표면에는 양이온농도가 많고 표면에서 멀어지면 양이온 농도가 감소됨.
  ① 면모구조의 특징
    1) 불교란 상태
    2) 두께 < 폭, 길이 대단히 큰상태
    3) 입자간의 서로 받혀주고 있는 상태로 안정
    4) 입자사이의 흡인력 > 입자간 반발력
  ② 분산(이산)구조의 특징
    1) 교란상태
    2) 두께 > 폭, 길이

3) 입자간 서로 받혀주지 못한 평형상태로 불안정
4) 입자사이의 흡인력 < 입자간 반발력
5) 함수비가 변하지 않는 상태에서 되비빔(Remolding)되면 시료는 교란상태의 이산 구조로 된다.

면모구조　　　　　이산구조

2. 활성도

(1) 활성도는 점토표면의 화학적, 물리적인 성질의 정도를 나타내는 것으로,
(2) Skempton(공학자)은 흙의 소성지수와 점토의 중량과의 관계가 상호 비례적인 관계를 나타내는 직선의 기울기를 활성도라고 표현함.

$$A(활성도) = \frac{소성지수\,(PI,\,\%)}{2\mu m\,보다\,미세한\,점토의\,중량\,백분율(\%)}$$

(3) 특 징
① 활성도(A)가 크다는 것은 점토량이 많음을 의미함.
② 활성도가 클수록 흙이 팽창가능성이 크고 Heaving 가능성 큼
③ 점토입자의 크기가 작을수록 활성도(A)값이 큼

(4) 활성도에 따른 점토구분

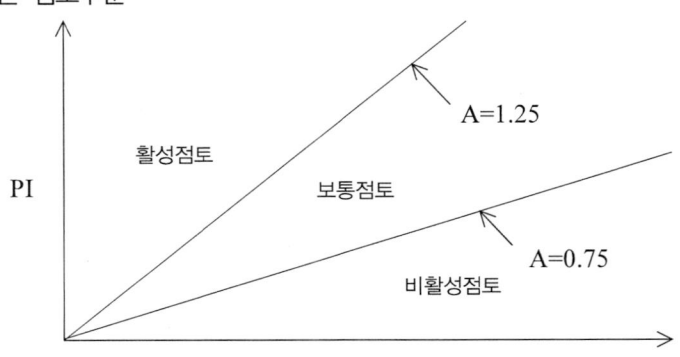

2μm 보다 미세한 점토의 중량 백분율(%)

(5) 활성도 결과의 활용
① 점토광물의 주된 성분을 파악
② 점토광물의 팽창 가능성 파악(heaving 현상)
③ 지반조사시 점토의 구분에 이용

1) A < 0.75 : Kaolinite
2) 0.75 ≤ A ≤ 1.25 : Illite
3) A > 1.25 : Montmorillonite

(6) 3대 점토광물의 기본 구조
   ① Kaolinite (고령토)
      1) 수축, 팽창이 없어 공학적 안정성이 대단히 좋다
      2) 활성이 적다.
      3) 수소결합의 2층 판상구조
   ② Illite(일라이트)
      1) 수축, 팽창이 거의 없지만 공학적 안전성은 중간
      2) 두 개의 규소판 사이에 한 개의 알루미늄판이 결합된 3층 판상구조 사이에 칼륨이온(K^+)으로 결합되어 있는 점토광물
   ③ Montmorillonite(몬모릴로나이트)
      1) 팽창, 수축이 커 공학적 안정성이 제일 불안전
      2) 활성도가 제일 크다.
      3) 3층 판상구조로 구조 결합 사이에 치환성 양이온이 있어서 활성이 제일 크다.

4-2 흙의 기본적 성질

1. 흙의 구성
(1) 흙은 토립자(고체)를 중심으로 그 사이에 물(액체), 공기(기체) 3상으로 구성.
(2) 흙의 상호간의 관계를 체적과 중량으로 나타낼 수 있는데 체적관계는 간극률, 간극비, 포화도를 사용하고 중량관계는 함수비, 함수율을 사용하여 표시할 수 있다.

2. 흙의 단위중량(밀도)

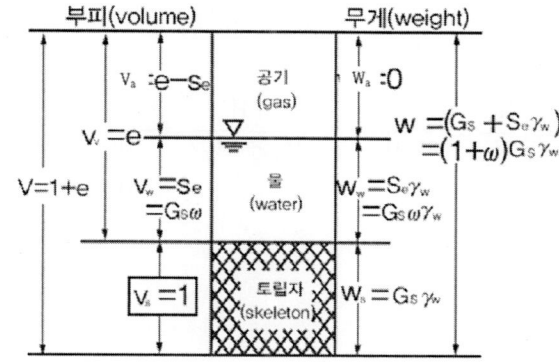

(1) 간극비(Void Ratio) : $e = \dfrac{V_v}{V_s} = \dfrac{n}{100-n} = \dfrac{G_s \cdot w}{S} = \dfrac{\gamma_w}{\gamma_d} \cdot G_s - 1$

(2) 간극률(Porosity) : $n = \dfrac{V_v}{V} \times 100(\%) = \dfrac{e}{1+e} \times (100\%)$

(3) 포화도(Degree of Saturation) : $S = \dfrac{V_w}{V_v} \times (100\%)$

(4) 함수비(Water Content) : $w = \dfrac{W_w}{W_s} \times 100(\%) = \dfrac{W - W_s}{W_s} \times 100(\%)$

(5) 함수율 : $w' = \dfrac{W_w}{W} \times 100(\%)$

(6) 포화도와 비중의 상관관계
$S \cdot e = G_s \cdot w$
여기서 S : 포화도, e : 간극비, G_s : 비중, w : 함수비

(7) 흙의 체적을 Vs = 1로 두면 V = 1+e 가 되고 $W = (G_s + S_e)\gamma_w$ 됨
① 습윤밀도(γ_t)(0 < S < 100%)
$\gamma_t = \dfrac{W}{V} = \dfrac{(G_s + S \cdot e)\gamma_w}{1+e}$

여기서, γ_{sat}을 구하려면 S=1로 놓고 보면

② 포화밀도 (S = 100%)

$$\gamma_{sat} = \frac{W}{V} = \frac{(G_s + e)\gamma_w}{1+e}$$

③ 수중밀도($\gamma_{sat} - \gamma_w$)

$$\gamma_{sub} = \frac{W}{V} = \frac{(G_s + e)\gamma_w}{1+e} - \gamma_w$$

$$\gamma_{sub} = \frac{W}{V} = \frac{(G_s - 1)\gamma_w}{1+e}$$

④ 건조밀도(γ_d)

$$\gamma_d = \frac{W_s}{V} = \frac{W_s}{\frac{W}{\gamma_t}} = \frac{\gamma_t \cdot W_s}{W} = \frac{\gamma_t \cdot W_s}{W_s + W_w} = \frac{\frac{\gamma_t \cdot W_s}{W_s}}{\frac{W_s}{W_s} + \frac{W_w}{W_s}} = \frac{\gamma_t}{1 + \frac{w}{100}}$$

(8) 흙의비중

① 진비중(G_s)

$$G_s = \frac{\gamma_s}{\gamma_w} = \frac{\frac{W_s}{V_s}}{\gamma_w} = \frac{W_s}{V_s \cdot \gamma_w}$$

② 실험비중(G_s)

$$G_s = \frac{W_s}{W_s + W_a - W_b} \times K$$

여기서, W_s : 노 건조시료의 중량
W_a : 비중병에 물 채운 중량
W_b : 비중병에 물과 시료를 넣은 중량
K : 수정계수

3. 상대밀도

(1) 조립토에서 토립자의 배열상태 즉, 조밀한 정도를 판단하는 기준을 나타내는 것을 상대밀도(Dr)라 한다.

(2) 공극비(간극비)를 이용

$$D_r = \frac{e_{\max} - e}{e_{\max} - e_{\min}} \times 100$$

여기서, $e_{\max}$: 가장 느슨한 상태의 공극비

e_{min} : 가장 조밀한 상태의 공극비

e : 자연상태의 공극비

(3) 건조밀도를 이용

$$D_r = \frac{\gamma_d - \gamma_{dmin}}{\gamma_{dmax} - \gamma_{dmin}} \times \frac{\gamma_{dmax}}{\gamma_d} \times 100$$

여기서, γ_{dmax} : 가장 조밀한 상태의 건조밀도

γ_{dmin} : 가장 느슨한 상태의 건조밀도

γ_d : 자연상태의 건조밀도

4. 흙의 Atterberg 한계 (흙의 연경도, Consistency)

(1) 고함수비 점성토를 점차 건조상태로 함수비를 감소시키게 되면 액체 → 소성 → 반고체 → 고체의 4단계를 거치면서 흙의 성상이 변화하게 되는데

(2) 이때 각각의 함수비가 변화하게 되는데 이때 변화되는 함수비의 한계를 Atterberg 한계 라고 함.

(3) 흙의 Atterberg 한계

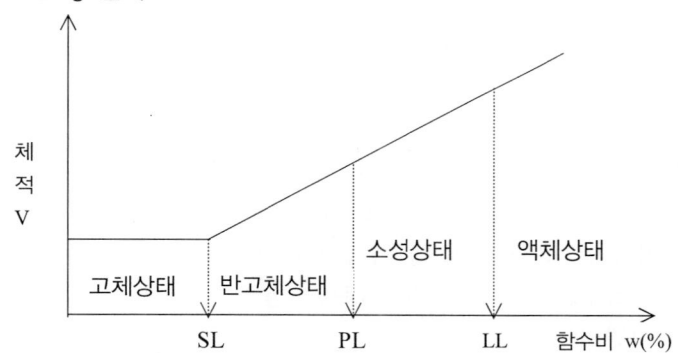

① 액성한계 (LL : Liquid Limit)

흙이 액체상태에서 소성으로 옮겨지는 경계함수비로서 $425\mu m$ 체(No 40체)를 통과한 시료를 증류수로 반죽한 다음 표준액성한계 시험접시에 넣고 홈파기날로 홈을 판 다음 접시를 1cm 높이에서 1초에 2회의 비율로 25회 낙하시켜 양분된 흙이 흘러내려 13mm 정도의 폭으로 접촉시의 함수비

② 소성한계 (PL : Plastic Limit)

흙이 소성에서 반고체상으로 옮겨지는 함수비로 흙이 여러모양으로 만들어 질 수 있는 상태의 최소함수비로서 손바닥으로 밀어서 지름이 3mm 정도에서 막 끊어 질려는 상태 함수비

③ 수축한계 (SL : Shrinkage Limit)

흙이 반고체상태에서 고체상으로 옮겨지는 경계의 함수비로서 함수비가 감소해도 체적변화가 일어나지 않기 시작할 때의 함수비를 말하며, 수은을 사용하여 노건조 시료의 체적

(V_o)을 구한다.

1) 수축비 $R = \dfrac{\gamma_o}{\gamma_w} = \dfrac{W_o}{V_o \cdot \gamma_w}$

2) 수축한계 $SL = \left(\dfrac{1}{R} - \dfrac{1}{G_s}\right) \times 100$ 또는 $SL = w - \left[\dfrac{V - V_0}{W_0} \gamma_w \times 100\right]$

여기서, w : 습윤시료의 함수비(%)
V : 습윤시료의 체적(cm³)
W_o : 노건조 시료의 중량(g)
V_o : 노건조 시료의 체적(cm³)
G_s : 흙의 비중

(4) 각종 지수 관계

① 소성지수 (I_P, PI)(Plastic Index)

$PI = LL - PL$

1) 액성한계와 소성한계의 차이
2) 소성지수를 구하여 소성도로부터 세립토의 흙을 분류하는데 사용

② 액성지수 (I_L, LI)(Liquid Index)

1) $LI = \dfrac{w_n - PL}{PI} = \dfrac{w_n - PL}{LL - PL}$

여기서, w_n : 자연함수비

2) LI는 흙의 유동 가능성을 나타내며 LI=0일 경우 안정(고체상태, 과압밀점토)하며, 1에 가까울수록 불안정(액체상태, 정규압밀점토), 0 < LI < 1이면 흙은 소성상태에 있다.
3) 정규압밀점토 LI = 1, 과압밀점토 LI=0

③ 수축지수(I_S, SI)(Shrinkage Index)

1) 소성한계와 수축한계의 차이
2) $SI = PL - SL$

④ 연경도지수 (CI, I_c)(Consistency index)

1) $I_c = \dfrac{LL - w_n}{PI} = \dfrac{LL - w_n}{LL - PL}$

2) 점성토의 상대적인 굳기를 판단하여 흙의 안정성을 파악한다.
3) $I_c = 1$일 경우 안정하고, 0에 가까울수록 불안정하다.

⑤ 유동지수 (FI)(Flow index)

1) $FI = \dfrac{w_1 - w_2}{\log_{10} N_2 - \log_{10} N_1} = \dfrac{w_1 - w_2}{\log_{10} \dfrac{N_2}{N_1}}$

여기서, w_1 : 타격횟수 N_1(측정번호 1의 낙하회수)일 때 함수비

w_2 : 타격횟수 N_2(측정번호 마지막 낙하회수)일 때 함수비

2) 유동지수는 함수비의 변화에 따른 전단강도의 변화 상태 또는 흙의 안정성 판단에 사용된다.

⑥ 터프니스 지수 (TI)(Toughness index)

1) $TI = \dfrac{PI}{FI}$

2) 터프니스지수(Toughness Index, TI)가 클수록 콜로이드(Colloid) 함유율이 높다.

5. 소성도

(1) Casagrand가 액성한계와 소성지수를 사용하여 세립토흙에 대한 분류방법을 제안하여 만든 도표
(2) 통일분류법에서 세립토에 대한 분류방법에 이용되며, 흙의 분류 및 거동을 예측하는데 사용된다.
(3) 세립토의 연경도(Consistency)에 의한 소성도 분류

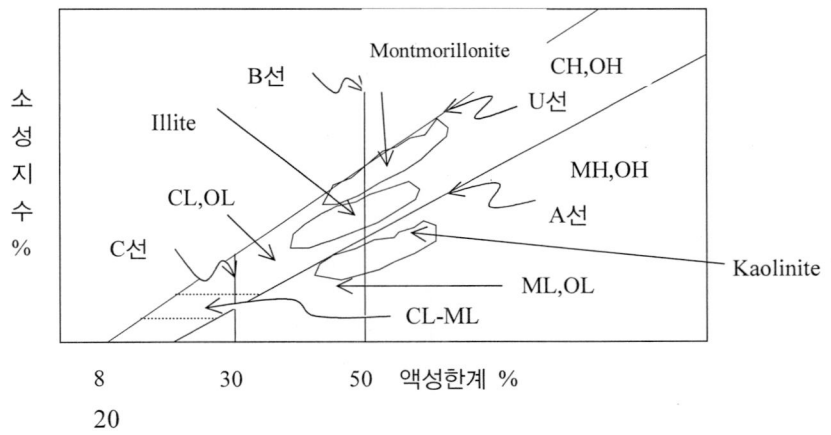

(4) 3대점토 광물과 소성도의 관계
  ① A 선
  1) 실트(M)와 점토(C)의 구분선 : CL과 ML, CH와 MH
  2) 관계식 PI = 0.73(LL − 20)(PI는 소성지수, LL 액성한계)
  3) 유기질 흙(O)로 표시하며 A선 위, 아래에 존재 한다.
  ② U 선
  1) 액성한계와 소성지수의 관계상한선, 즉 U선 위로 시험결과가 PLOT 되었다면 시험이 잘못됨.
  2) 관계식 PI = 0.9(LL − 8)

③ B 선
　액성한계 50% 선으로 압축성의 크기 구분선 분류시 H, L 경계
④ C 선
　1) LL < 30% : 저압축성(저소성)
　2) 30% < LL < 50% : 중간압축성(중간소성)
　3) LL ≥ 50% : 고압축성(고소성)

(5) 점토광물의 위치
① Kaolinite : 결합력 큼, A선 아래위치
② Illite : 결합력 중간, A선 위
③ Montmorillonite : 결합력 작음, U선아래 위치

4-1,2 주요핵심문제
흙의 구조 및 기본적성질

01 3층 구조로 구조결합 사이에 치환성 양이온이 있어서 활성이 크고, 시트 사이에 물이 들어가 팽창, 수축이 크고 공학적 안정성이 약한 점토광물은? [05.16 기사]
① Kaolinite   ② Illite
③ Montmorillonite   ④ Sand

해설

3대 점토광물의 기본 구조
① Kaolinite (고령토)
  1) 수축, 팽창이 없어 공학적 안정성이 대단히 좋다
  2) 활성이 적다.
  3) 수소결합의 2층 판상구조
② Illite(일라이트)
  1) 수축, 팽창이 거의 없지만 공학적 안전성은 중간
  2) 두 개의 규소판 사이에 한 개의 알루미늄판이 결합된 3층 판상구조 사이에 칼륨이온 (K^+) 으로 결합되어 있는 점토광물
③ Montmorillonite(몬모릴로나이트)
  1) 팽창, 수축이 커 공학적 안정성이 제일 불안전
  2) 활성도가 제일 크다.
  3) 3층 판상구조로 구조 결합 사이에 치환성 양이온이 있어서 활성이 제일 크다.

02 실트, 점토가 물속에서 침강하여 이루어진 구조로 단립구조보다 간극비가 크고 충격과 진동에 약한 흙의 구조는? (05.07 기사)
① 분산구조   ② 면모구조
③ 낱알구조   ④ 봉소구조

해설

봉소구조로는 실트(silt)가 있으며, 아주 가는 모래와 silt가 물속에 침강하여 이루어 져있으며, 간극비 크고 충격과 진동에 약한 흙의 구조이다.

03 자연상태 실트질 점토의 액성한계가 65% 소성한계 35%, 0.002mm보다 가는 입자의 함유율이 30%이다 이 흙의 활성도는? (00.04.06 기사)
① 1.0   ② 0.8
③ 1.2   ④ 1.3

해설

1) 소성지수(PI)=LL−PL=65−35=30%
2) 활성도(A)= $\dfrac{PI}{2u \text{이하의 점토 함유율}(\%)}$
   = $\dfrac{30}{30}$ = 1

04 어느 점토의 체가름 시험과 액·소성시험 결과 0.002mm($2\mu m$)이하의 입경이 전시료 중량의 90%, 액성한계 60%, 소성한계 20%이었다. 이 점토 광물의 주성분은 어느 것으로 추정되는가? (08.12.15 기사)
① Kaolinite   ② Illite
③ Calcite   ④ Montmorillonite

해설

활성도에 따른 흙의 분류
$A = \dfrac{PI}{2u \text{이하의 점토입자의 중량백분률}(\%)}$
1) $PI = LL - PL = 60 - 20 = 40\%$
2) $A = \dfrac{40}{90} = 0.44$
3) 판정
   A < 0.75 = 비활성점토(Kaolinite)
   0.75 ≤ A ≤ 1.25 = 보통점토(Illite)
   A > 1.25 = 활성점토(Montmorillonite)
   ∴ Kaolinite로 분류함

정답 01 ③ 02 ④ 03 ① 04 ①

05 흙의 비중 2.70, 함수비 30%, 간극비 0.90일 때 포화도는? [08·09·11 기사]
① 100% ② 90%
③ 80% ④ 70%

해설

$S \cdot e = G_s \cdot w$
$S \times 0.9 = 2.7 \times 30$ ∴ $S = 90\%$

06 토립자의 비중이 2.60인 흙의 전체 단위중량이 2.0t/m³이고 함수비가 20%라고 할 때 이 흙의 포화도는? [11·12.14 기사]
① 67.7% ② 81.2%
③ 92.9% ④ 73.4%

해설

1) $\gamma_t = \dfrac{G_s + Se}{1+e}\gamma_w = \dfrac{G_s + wG_s}{1+e}\gamma_w$

$2 = \dfrac{2.6 + 0.2 \times 2.6}{1+e} \times 1$

∴ $e = 0.56$

2) $S \cdot e = wG_s$

$S \times 0.56 = 20 \times 2.6$

∴ $S = 92.86\%$

07 함수비 18%의 흙 500kg을 함수비 24%로 만들려고 한다. 추가해야 하는 물의 양은? [00.04.10·12.13 기사]
① 17kg ② 54kg
③ 38kg ④ 25kg

해설

1) $w = 18\%$일 때 물의 무게

$W_w = \dfrac{wW}{100+w} = \dfrac{18 \times 500}{100+18} = 76.27kg$

2) 추가할 물의 무게

$18 : 76.27 = (24-18) : X$

$X = \dfrac{76.27 \cdot (24-18)}{18} = 25.43kg$

08 현장에서 모래의 건조단위중량을 측정하였더니 1.58g/cm³, 이 모래를 채취하여 시험실에서 가장 조밀한 상태 및 가장 느슨한 상태에서 건조단중량을 측정한 결과 각각 1.68g/cm³, 1.46g/cm³를 얻었다. 현장에서 이 모래의 상대밀도는? [09.12.15 기사]
① 49% ② 58%
③ 39% ④ 35%

해설

$D_\gamma = \dfrac{\gamma_{dmax}}{\gamma_d} \times \dfrac{\gamma_d - \gamma_{dmin}}{\gamma_{dmax} - \gamma_{dmin}} \times 100$

$= \dfrac{1.68}{1.58} \times \dfrac{1.58 - 1.46}{1.68 - 1.46} \times 100$

$= 58\%$

09 연경도 지수에 대한 설명으로 잘못된 것은? [07·12 기사]
① 소성지수는 흙이 소성상태로 존재할 수 있는 함수비의 범위를 나타낸다.
② 액성지수는 자연 상태인 흙의 함수비에서 소성한계를 뺀 값을 소성지수로 나눈 값이다.
③ 액성지수 값이 1보다 크면 단단하고 압축성이 작다.
④ 컨시스턴시 지수는 흙의 안정성 판단에이용하며, 지수 값이 클수록 고체 상태에 가깝다.

해설

액성지수 (I_L, LI)(Liquid Index)

1) $LI = \dfrac{w_n - PL}{PI} = \dfrac{w_n - PL}{LL - PL}$

여기서, w_n : 자연함수비

2) LI는 흙의 유동 가능성을 나타내며 LI=0일 경우 안정(고체상태, 과압밀점토)하며, 1에 가까울수록 불안정(액체상태, 정규압밀점토), 0 < LI < 1이면 흙은 소성상태에 있다.

3) 정규압밀점토 LI = 1, 과압밀점토 LI=0, LI ≥ 1인 경우 흙은 불안정 상태이다.

정답 05 ② 06 ③ 07 ④ 08 ② 09 ③

10 체적이 $V = 5.83m^3$인 점토를 건조에서 건조시킨 결과 무게는 $W_s = 10.26g$이었다. 이 점토의 비중이 $G_s = 2.65$이라고 하면 이 점토의 수축한계값은 약 얼마인가? (03.05.13 기사)

① 28% ② 24%
③ 19% ④ 8%

해설

1) 수축비

$$R = \frac{\gamma_0}{\gamma_w} = \frac{W_0}{V_0 \gamma_w} = \frac{10.26}{5.83 \times 1} = 1.76$$

2) 수축한계

$$W_s = \left(\frac{1}{R} - \frac{1}{G_s}\right) \times 100$$
$$= \left(\frac{1}{1.76} - \frac{1}{2.65}\right) \times 100$$
$$= 19.08\%$$

11 어떤 흙 1,200g(함수비 20%)과 흙 2,600g(함수비 30%)을 섞으면 그 흙의 함수비는 약 얼마인가? (13 기사)

① 21.1% ② 25.0%
③ 26.7% ④ 29.5%

해설

1) 두흙의 건조토 무게

$$W_s = \frac{100 \cdot W}{100 + \omega} = \frac{100 \cdot 1200}{100 + 20} + \frac{100 \cdot 2600}{100 + 30} = 3,000g$$

2) 두 흙의 물무게(W_w)

두 흙의 전체흙무게(W) − 두 흙의 건조토무게(W_s)
= (1200+2600) − 3000 = 800g

또는 $W_w = \frac{W \cdot \omega}{100 + \omega}$

3) 두 흙을 섞은 흙의 함수비(ω)

$$w = \frac{W_w}{W_s} \times 100 = \frac{800}{3,000} \times 100 = 26.67\%$$

12 다음 그림에서 액성지수(LI)가 $0 < LI < 1$인 구간은?(단, v : 흙의 부피, W : 함수비(%)) (09.13 기사)

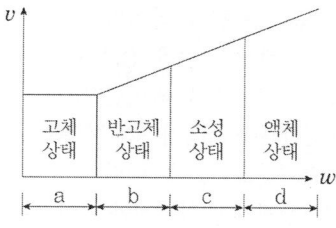

① a ② b
③ c ④ d

해설

1) LI ≤ 0 : 고체, 반고체상태
   0 < LI < 1 : 소성상태
   LI ≥ 0 : 액체상태
2) 따라서 소성상태로 볼 수 있다.

13 현장다짐을 실시한 후 들밀도시험을 수행하였다. 파낸 흙의 체적과 무게가 각각 365.0cm³, 745g이었으며, 함수비는 12.5%였다. 흙의 비중이 2.65이며, 실내표준다짐 시 최대건조단위 중량이 $\gamma_{d\max}$ = 1.90t/m³일 때 상대다짐도는?
(00.09.13.14 기사)

① 88.7% ② 93.1%
③ 95.3% ④ 97.8%

해설

1) γ_t(습윤상태) $= \frac{W}{V} = \frac{745}{365} = 2.04 g/cm^3$

2) γ_d(건조상태) $= \frac{\gamma_t}{1 + \frac{w}{100}} = \frac{2.04}{1 + \frac{12.5}{100}} = 1.81 g/cm^3$

3) C_d(상대다짐도) $= \frac{\gamma_d}{\gamma_{d\max}} \times 100$
$= \frac{1.81}{1.9} \times 100 = 95.26\%$

정답 10 ③ 11 ③ 12 ③ 13 ③

14 다음 중 흙의 연경도(consistency)에 대한 설명 중 옳지 않은 것은? (07.14 기사)
① 액성한계가 큰 흙은 점토분을 많이 포함하고 있다는 것을 의미한다.
② 소성한계가 큰 흙은 점토분을 많이 포함하고 있다는 것을 의미한다.
③ 액성한계나 소성지수가 큰 흙은 연약 점토지반이라고 볼 수 있다.
④ 액성한계가 소성한계와 가깝다는 것은 소성이 크다는 것을 의미한다.

해설
액성한계가 소성한계와 가깝다는 것은 소성이 작다는 것을 의미한다.

15 점토광물에서 점토입자의 동형치환(同形置換)의 결과로 나타나는 현상은? (08.14 기사)
① 점토입자의 모양이 변화되면서 특성도 변하게 된다.
② 점토입자가 음(-)으로 대전된다.
③ 점토입자의 풍화가 빨리 진행된다.
④ 점토입자의 화학성분이 변화 되었으므로 다른 물질로 변한다.

해설
동형치환은 한 원자가 비슷한 원자로 바뀌게 되는 현상을 말하며, 동형치환이 발생하면 음이온(−)전자가 발생되고 이음이온들과 양이온이 서로 균형을 맞추게 된다.

16 흙의 구성도에서 체적 V를 1로 했을 때 간극의 체적은? (단, 흙 입자의 비중 G_s, 함수비 w, 간극률 n, 단위무게 γ_w)
(10.14 기사)
① $G_s w$ ② $\dfrac{n}{100}$
③ $n(G_s-1)$ ④ $(1-n)\gamma_w$

해설
$n = \dfrac{V_v}{V} \times 100$
$\therefore V_v = \dfrac{n \cdot V}{100} = \dfrac{n}{100}$

17 모래지반의 현장상태 습윤 단위 중량을 측정한 결과 1.8t/m³으로 얻어졌으며 동일한 모래를 채취하여 실내에서 가장 조밀한 상태의 간극비를 구한 결과 e_{min}=0.45, 가장 느슨한 상태의 간극비를 구한 결과 e_{max}=0.92를 얻었다. 현장상태의 상대밀도는 약 몇 %인가?(단, 모래의 비중 G_s=2.7이고, 현장상태의 함수비 $w=10\%$이다.)
(15 기사)
① 44% ② 57%
③ 64% ④ 80%

해설
상대밀도
1) 상대밀도 $D_r = \dfrac{e_{max} - e}{e_{max} - e_{min}} \times 100$
$= \dfrac{0.92 - 0.65}{0.92 - 0.45} \times 100$
$= 57\%$

2) 습윤밀도
$\gamma_t = \dfrac{(G_s + S \cdot e)}{1+e} \cdot \gamma_w = \dfrac{(G_s + G_s \cdot w)}{1+e}\gamma_w$
$1.8 = \dfrac{(2.7 + 2.7 \times 0.1)}{1+e} \times 1$
$e = 0.65$

18 어느 흙의 공극비 e=0.62, 함수비 w=12.5%, 포화도 S=64.5% 일 때 토립자의 비중 Gs는? (06.09 기사)
① 2.4 ② 2.6
③ 2.8 ④ 3.2

해설
$G_s = \dfrac{S \cdot e}{w} = \dfrac{64.5 \times 0.62}{12.5} = 3.2$

정답 14 ④ 15 ② 16 ② 17 ② 18 ④

19 다음 설명 중 틀린 것은? (04.07 기사)
① 점토의 경우 입도 분포는 상대적으로 공학적 거동에 큰 영향을 미치지 않고 물의 유무가 거동에 매우 큰 영향을 준다.
② 액성 지수는 자연 상태에 있는 점토 지반의 상대적인 연경도를 나타내는 데 사용되며 1에 가까운 지반일수록 과압밀된 상태에 있다.
③ 활성도가 크다는 것은 점토 광물이 조금만 증가하더라도 소성이 매우 크게 증가한다는 것을 의미하므로 지반의 팽창잠재 능력이 크다.
④ 흐트러지지 않은 자연 상태의 지반인 경우 수축 한계가 종종 소성한계보다 큰 지반이 존재하며 이는 특히 민감한 흙의 경우 나타나는 현상으로 주로 흙의 구조 때문이다.

해설

액성지수 (I_L, LI) (Liquid Index)

1) $LI = \dfrac{w_n - PL}{PI} = \dfrac{w_n - PL}{LL - PL}$

여기서, w_n : 자연함수비

2) LI는 흙의 유동 가능성을 나타내며 LI=0일 경우 안정(고체상태, 과압밀점토)하며, 1에 가까울수록 불안정(액체상태, 정규압밀점토), 0 < LI < 1이면 흙은 소성상태에 있다.

3) 정규압밀점토 LI = 1, 과압밀점토 LI=0, LI ≥ 1인 경우 흙은 불안정 상태이다.

정답 19 ②

4-3 흙의 분류

1. 흙의 분류
(1) 흙의 전단강도, 압축성, 투수성 등의 흙의 공학적 성질을 쉽게 파악하기 위해서 흙 중에서 유사한 거동을 보이는 흙끼리 따라 그룹으로 분류함으로써 흙에 대한 공학적 특성을 쉽게 파악하고자 흙을 분류함.

(2) 흙의 분류방법에는 삼각좌표법, USCS, AASHTO 분류 방법 등이 있으나 대표적인 USCS 및 AASHTO 분류 방법이 주로 많이 사용됨.

(3) 흙의 분류 방법
  ① 간이 판별법
      1) 토질시험에 의하지 않고 시각, 촉각, 후각 등으로 흙의 개략적 성질 분별하는 것
      2) 분 류
          가. ASTM 간이판별법
          나. DIN 간이 판별법
          다. 일본 철도 기술연구소 판별법
  ② 성인(운반작용)에 의한 분류(원인)
      1) 퇴적토 : 운반작용
          가. 빙적토 : 빙하에 의해 운반된 퇴적토
          나. 충적토 : 흐르는 강물에 의해 운반된 퇴적토
          다. 붕적토 : 중력(산사태)에 의해 운반된 퇴적토
          라. 풍적토 : 바람에 의해 운반된 퇴적토
      2) 정적토 : 원위치
          가. 잔적토 : 모암의 성질유지, 세립분이 적다
          나. 식적토 : 식물(이탄)
  ③ 공학적 분류
      1) 삼각좌표 분류법
      2) AC 분류법
      3) 통일분류법
      4) AASHTO 분류법

2. 공학적 분류 방법
(1) 통일 분류법
  ① 통일 분류법은 제1문자와 제2문자의 조합으로 흙을 분류한다.
  ② 제1문자는 흙의 주된 입자크기를 나타내고 제2문자는 흙의 입도, 소성, 압축성 같은성질을 나타냄
  ③ 세계적으로 많이 쓰이는 범용적인 분류법이며, 2개문자 사용

④ 통일분류법에 의한 분류 방법

구 분	0.074mm 통과량					고유기질토
	조립토(50%미만통과)			세립토(50%이상통과)		
	조립토중 4.75mm 통과량			세립분≧12% PI≦4%	세립분≧12% PI≧7%	이탄
	자갈(50%미만)		모래(50%이상)	실트	점토	
제1문자	G		S	M	C	Pt
제2문자	조립토중 0.074mm체 통과된 세립분			액성한계(LL)		
	5%미만	5~12%	12%초과			
	입도분포 양호	입도분포 불량	이중 기호	실트	점토	50%이하	50%이상
	W	P	GW-GM SW-SC	M	C	ML CL	MH CH

(2) AASHTO 분류법

① 흙의 입도분석, 애터버그 한계 및 군지수에 따라 A-1 ~ A-7 7가지 군으로 분류한다.

② A-1, A-2, A-3 : No.200체(0.074mm) 통과율이 35%이하인 입상토로서 자갈 및 모래인 형태

③ A-4, A-5, A-6, A-7 그룹 : No.200체(0.074mm) 통과율이 36%이상인 흙으로 세립토로 분류되며 실트와 점토인 형태

④ 군지수는 한 군내에서 노상토로서의 비교우위를 나타내기 위해 사용한다.

  1) 군지수 : $GI = 0.2a + 0.005ac + 0.01bd$

   여기서 a : 0.074mm체 통과율에서 35를 뺀 값

   b : 0.074mm체 통과율에서 15를 뺀 값(0~40범위 40% 이상이면 40%)

   c : LL-40 값(단 LL > 60%이면 LL=60%로 본다)

   d : PI-10 값

  2) 군지수값이 클수록 공학적으로 불리함.

⑤ AASHTO 분류인 0.074mm 통과량 35% 모래와 자갈 구분은 2mm체 기준이 통일분류법보다 합리적이고 적절하다.

(3) 통일분류법과 AASHTO 분류법의 비교

구 분	USCS	AASHTO
1) 분류요소	입도, 액성한계, 소성지수	입도, 액성한계, 소성지수, 군지수
2) 조립토, 세립토 구분	0.074mm체50%	0.074mm체35%
3) 모래, 자갈 구분	4.75mm체50%	2mm체50%
4) 유기질토	개략적 분류가능	분류없음

3. 입도분포곡선(입경가적곡선)

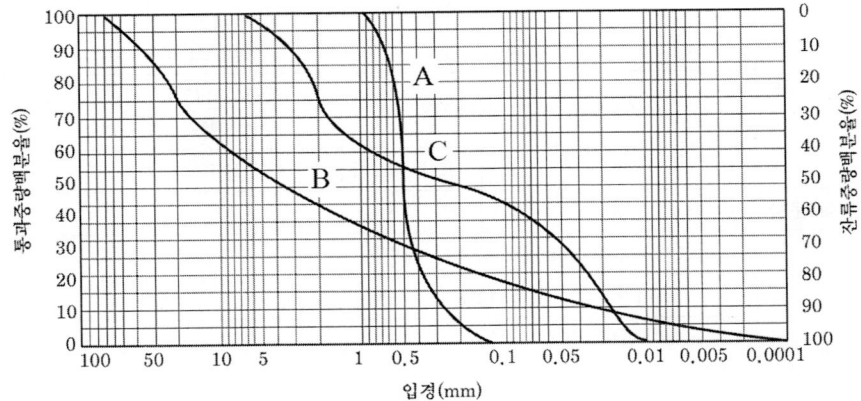

(1) 위 그림에서 A : 입도분포가 균등한 흙(급한 구배로 표준사 같은 균등한 입자)
    B : 입도분포가 좋은 흙(완만한 구배)
    C : 입도분포가 좋지 않은 흙(균등계수는 크지만 곡률계수가 만족되지 않은 입도 분포가 불량한 흙, 특정입자가 결여되고 2종류 이상의 흙이 혼합된 곡선으로 이중 구배)

(2) 입도 분포판정
  ① 균등계수
    1) $C_u = \dfrac{D_{60}}{D_{10}}$
    2) 자갈 : $C_u \geq 4$: 입도가 양호
       모래 : $C_u \geq 6$: 입도가 양호
    3) 유효입경 D_{10} : 가적통과율 10%에 해당하는 입경
    4) 기울기가 완만할수록 균등계수가 크다.
  ② 곡률계수
    1) $C_g = \dfrac{(D_{30})^2}{D_{10} \times D_{60}}$
    2) $C_g = 1 \sim 3$: 입도분포가 양호
    3) 곡선이 완만할수록 곡률계수가 작다.

4-3 주요핵심문제
흙의 분류

01 어떤 흙의 입경가적곡선에서 $D_{10}=0.05$mm, $D_{30}=0.09$mm, $D_{60}=0.15$mm이었다. 균등계수 C_u와 곡률계수 C_g의 값은? [03.06 기사]

① $C_u = 3.0$, $C_g = 1.08$
② $C_u = 3.5$, $C_g = 2.08$
③ $C_u = 1.7$, $C_g = 2.45$
④ $C_u = 2.4$, $C_g = 1.82$

해설

1) $C_u = \dfrac{D_{60}}{D_{10}} = \dfrac{0.15}{0.05} = 3$

2) $C_g = \dfrac{{D_{30}}^2}{D_{10} \cdot D_{60}} = \dfrac{0.09^2}{0.05 \times 0.15} = 1.08$

02 흙의 입경가적곡선에 관한 설명 중 옳은 것은? [08·12 기사]

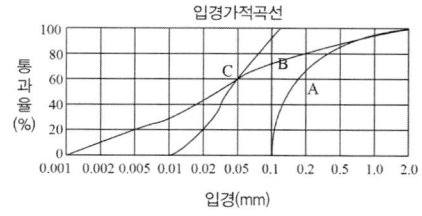

① A는 B보다 유효입경이 작다.
② A는 B보다 균등계수가 작다.
③ A는 B보다 균등계수가 크다.
④ B는 C보다 유효입경이 크다.

해설

1) A 곡선
  $C_u = \dfrac{0.18}{0.12} = 1.5$

2) B 곡선
  $C_u = \dfrac{0.05}{0.002} = 25$

3) C 곡선
  $C_u = \dfrac{0.05}{0.015} = 3.3$

03 흙의 분류법인 AASHTO 분류법과 통일분류법을 비교·분석한 내용으로 틀린 것은? [10·12 기사]

① 통일분류법은 0.075mm체 통과율을 35%를 기준으로 조립토와 세립토로 분류하는데 이것은 AASHTO 분류법보다 적절하다.
② 통일분류법을 입도분포, 액성한계, 소성지수 등을 주요 분류인자로 한 분류법이다.
③ AASHTO 분류법은 입도분포, 군지수 등을 주요 분류인자로 한 분류법이다.
④ 통일분류법은 유기질토 분류방법이 있으나 AASHTO 분류법은 없다.

해설

구 분	USCS	AASHTO
분류요소	입도, 액성한계, 소성지수	입도, 액성한계, 소성지수, 군지수
조립토, 세립토 구분	0.074mm체 50%	0.074mm체 35%
모래자갈 구분	4.75mm체 50%	2mm체 50%
유기질토	개략적 분류가능	분류없음

정답 01 ① 02 ② 03 ①

04 입도분석시험 결과 다음과 같은 결과를 얻었다. 이 흙을 통일분류법에 의해 분류하면? (단, 0.075mm체 통과율=3%, 2mm체 통과율=40%, 4.75mm체 통과율=65%, D_{10}=0.10mm, D_{30}=0.13mm, D_{60}=3.2mm)

[05 · 10 기사]

① GW ② GP
③ SW ④ SP

해설

1) 0.075mm 통과량 3%이하이므로 조립토로 분류 4.75mm 통과량 65%이상이므로 모래(S)로 분류

2) $C_u = \dfrac{D_{60}}{D_{10}} = \dfrac{3.2}{0.1} = 32 > 6$

$C_g = \dfrac{D_{30}^2}{D_{10} \cdot D_{60}} = \dfrac{0.13^2}{0.1 \times 3.2}$

$= 0.05 \neq 1 \sim 3$이므로 빈입도이다.

∴ SP

05 어떤 시료를 입도분석한 결과, 0.075mm (No.200)체 통과량이 65%이었고, 애터버그 한계 시험결과 액성한계가 40%이었으며 소성도표(Plasticity chart)에서 A선 위의 구역에 위치한다면 이 시료의 통일분류법(USCS)상 기호로서 옳은 것은?

(13, 20 기사)

① CL ② SC
③ MH ④ SM

해설

1) 0.075mm체 통과량 50%이상이므로 세립토이며 A선 위에 위치하므로 점토(C)로 분류되며,
2) LL=40% < 50%이므로 저압축성(L)이므로 CL이다.

06 통일분류법(統一分類法)에 의해 SP로 분류된 흙의 설명으로 옳은 것은?

(01.08.14 기사)

① 모래질 실트를 말한다.
② 모래질 점토를 말한다.
③ 압축성이 큰 모래를 말한다.
④ 입도분포가 나쁜 모래를 말한다.

해설

SP는 입도 분포가 나쁜 모래를 말한다.

07 통일분류법에 의한 분류기호와 흙의 성질을 표현한 것으로 틀린 것은?(10.14 기사)

① GP-입도분포가 불량한 자갈
② GC-점토 섞인 자갈
③ CL-소성이 큰 무기질 점토
④ SM-실트 섞인 모래

해설

CL은 저압축성의 점토를 말한다.

08 통일분류법에 의해 분류한 흙의 분류 기호 중 도로 노반으로서 가장 좋은 흙은?

(00.07 기사)

① CL ② ML
③ SP ④ GW

해설

GW : 입도 분포가 양호한 자갈

정답 04 ④ 05 ① 06 ④ 07 ③ 08 ④

4-4 흙의 다짐

1. 다짐시험

(1) 흙의 다짐이란 흙의 함수비를 변화시키지 않고 흙에 인위적으로 압력을 가해 간극 속에있는 공기만을 배출하여 입자간의 결합을 치밀하게 하여 단위중량을 증가시키는 과정을 다짐이라 한다.

(2) 흙의 다짐특성에 가장 큰 영향을 미치는 요인은 함수비이며, 그 외 다짐에 영향을 미치는 요소는 다짐에너지의 크기, 흙의 종류 등이 있다.

(3) 다짐목적
   ① 압축성최소화
   ② 지지력증대
   ③ 전단강도증대
   ④ 투수성감소

(4) 실내 다짐 시험을 통한 다짐곡선 작성
   ① A다짐(표준다짐)에 의해 시료를 몰드에 넣고 각층마다 25회씩 총 3개층을 만들어 다짐을 한 후 시료의 질량을 측정한 후, 시료의 함수비를 구한다.
   ② 위의 과정으로 시료에 함수비 변화를 주면서 5~6회 정도 실시한 후 습윤밀도를 가지고 건조밀도를 구한 다음 건조밀도-함수비 관계 다짐곡선 그래프를 만든 후 $\gamma_{d\max}$, OMC를 구한다.
   ③ 영공기간극곡선
      1) 흙속에 공기는 없는 상태로 물로 100% 포화(습윤) 될 때 이론적으로 건조밀도가 가장 최대치를 가질 때의 다짐곡선(공극이 0 인 상태)이다.
      2) 다짐곡선은 항상 영공기간극곡선 보다 아래쪽에 위치한다.

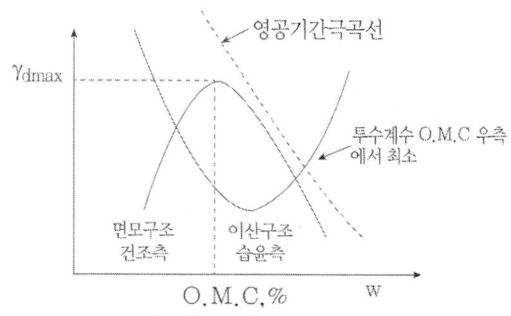

(5) 다짐곡선의 특징
① 조립토가 세립토보다 최대건조밀도가 크고 최적함수비가 작다.
② 조립토의 다짐곡선이 세립토의 다짐곡선보다 구배 경사가 급하다.
③ OMC 보다 건조측에서 최대건조밀도가 나타나고, 약간 습윤측에서 최소투수계수를 보인다.
④ 흙 댐의 심벽공사와 같은 경우처럼 저투수성이 요구되는 경우(차수) 습윤측 다짐을 실시하고 도로 토공의 경우 강도증진을 목적으로 건조측 다짐을 한다.
⑤ 조립토에서 입도 분포가 양호 할수록 최대건조단위중량은 크고 최적함수비는 작다.
⑥ 점성토에서는 소성이 클수록 최대건조단위중량은 작고 최적함수비는 크다.
⑦ 조립토 및 양입도의 경우 다짐곡선은 급경사이며 왼쪽으로 이동한다.
⑧ 세립토 및 빈입도의 경우 다짐곡선은 완만해지며 오른쪽으로 이동한다.

(6) 다짐에너지
① 다짐에너지가 커지면 다짐곡선이 왼쪽으로 이동한다.
② 다짐에너지가 커지면 건조단위중량은 커지고 최적함수비는 감소한다.

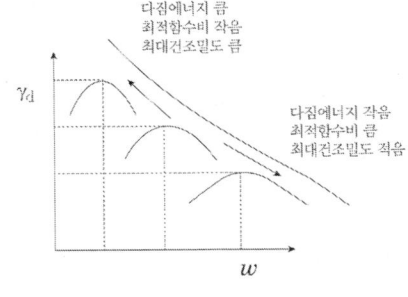 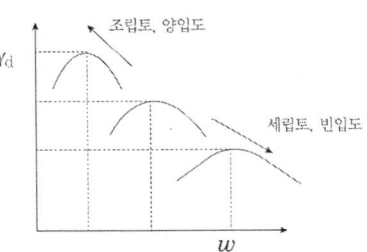

③ 다짐에너지(E_c)

$$E_c = \frac{W_R \cdot H \cdot N_B \cdot N_L}{V}$$

여기서, WR : 해머의 중량(kg)
H : 해머의 낙하고(cm)
NB : 층에 대한 다짐횟수
NL : 층수
V : 몰드의 체적(cm²)

(7) 실내 다짐도 값과 현장 다짐도 값 비교 후 다짐도(RC)판정

$$다짐도 = \frac{\gamma_d (현장 다짐밀도)}{\gamma_{d\max}(실내시험의 최대 건조밀도)} \times 100\%$$

2. 현장밀도 시험 (들밀도 시험)

(1) 현장 단위 중량 시험 종류
① 모래치환법(들밀도시험)
   자갈이 많은 경우 사용
② 고무막법
   흙을 파낸 공간에 모래 대신에 고무막을 넣고 물을 채워 넣어 용적을 측정하는 방법
③ 방사선 동위 원소법
   방사선 동위 원소에 의한 지반의 밀도 및 함수량을 측정하는 방법으로 대규모 공사의 시공관리에 유리
④ 코어절삭법
   코어를 이용하여 샘플링 하는 방법으로 자갈이 없는 지반에 주로 사용한다.

(2) 들밀도 시험방법
① 표준사 밀도의 교정
   1) 들밀도 샌드콘(용기)질량(m_1)을 측정한다.
   2) 표준사를 샌드콘(용기)에 채울 때 표준사의 이동이 멈추고 병과 연결부가 표준사로 채워지면 밸브를 닫고 깔때기 안의 남은 표준사를 버린 후 표준사로 채워진 측정기의 질량(m_3)을 잰다.
   3) 표준사로 채워진 측정기의 질량(m_3)에서 측정기만의 질량(m_1)을 빼서 측정기 안의 표준사 질량(m_4)을 구한다.
   4) 시험조건에 샌드콘 부피가 V=4L=4,000cm^3이므로 공식 $\gamma = \dfrac{W}{V}$에 대입시켜서 모래의 단위용적질량을 계산한다.
② 깔때기 속의 모래질량 측정
   1) 측정기에 표준사를 채우고 질량 측정(표준사를 채울 때 충격을 주지 않도록 한다)
   2) 반듯한 지면이나 유리판 위에 밑판을 놓고 측정기를 세운다.
   3) 밸브를 열어 표준사를 깔때기에 채운 후 모래가 멈추면 밸브를 잠그고 위로 들어올려 질량을 측정한다.
   4) 측정기와 측정기에 남은 표준사 질량 측정을 측정한다.(①-③)
③ 구하고자 하는 위치의 흙의 밀도 측정
   1) 측정 전의 준비와 시험구멍의 굴착 방법
   2) 시험 장소의 지표면을 곧은 날을 이용하여 수평으로 고른다. 이 때 지표면에 느슨한 흙, 돌 또는 쓰레기가 있으면 그것을 제거한다.
   3) 평평하게 고른 지표면에 밑판을 밀착시켜서 놓고 사각면에 못을 한 개씩 박아 밑판을 고정 시킨다.
   4) 밑판의 구멍 안쪽의 흙을 시험 구멍 굴착 기구를 사용하여 파낸 후 파낸 흙의 전량을 시료팬에 넣고 흙의 질량을 측정한다.

5) 구멍안의 흙 일부를 채취하여 함수비 측정 및 시험구멍 속에 들어간 표준사의 질량을 측정 한다.
6) 구멍 속의 흙의 질량을 측정한 후 일부를 채취하여 캔에 담아 전열기에 건조 후 함수비를 측정한다.
7) 들밀도 콘에 표준사를 채운 후 밑판 구멍에 정확히 맞추고 밸브를 열어 표준사가 구멍에 흘러내리도록 한 후 병 안쪽 표준사의 이동이 멈추고 나서 밸브를 잠근다.
8) 시험 전 용기와 표준사의 질량에서, 시험 후 용기와 표준사의 질량 및 깔때기를 채우는 데 필요한 표준사의 질량을 빼서, 시험구멍을 채우는 데 필요한 표준사의질량을 구한다.
9) 성과표에 흙의 습윤상태 밀도(단위용적질량)을 구한 후 건조밀도를 계산한다.

(3) 결과 정리

① 시험구멍의 체적 $V = \dfrac{\text{시험구멍에 들어간 표준사 질량}(W_{sand})}{\text{표준사의 단위질량}(\gamma_{sand})}$

※ 들밀도 시험에서 모래는 시험구멍의 체적을 구하기 위해서 사용

② 시험구멍에서 파낸 흙의 질량

  1) 건조흙 무게 $W_s = \dfrac{W}{1+w}$

   여기서 W : 시험구멍에서 파낸 흙의 질량
   w : 함수비

  2) 간극비 $e = \dfrac{G_s \cdot \gamma_w}{\gamma_d} - 1$

   여기서 $\gamma_d = \dfrac{W_s}{V} = \dfrac{G_s \cdot \gamma_w}{1+e}$ 에서 간극비 e를 계산함

   흙의 습윤상태 밀도 $\gamma_t = \dfrac{\text{채취한 흙의 질량}}{\text{시험구멍의 용적}(V)} (g/cm^3)$

③ 흙의 건조상태 밀도 $\gamma_d = \dfrac{\gamma_t}{1+(\dfrac{w}{100})}$

④ 다짐도(C) 계산(%)

$C = \dfrac{\gamma_d}{\gamma_{dmax}} \times 100$

여기서, γ_{dmax} : 실내시험의 최대건조밀도
  γ_d : 현장다짐 후 시험한 시료의 건조밀도

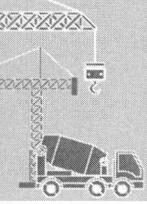

4-4 주요핵심문제
흙의 다짐

01 흙의 다짐에 관한 설명으로 틀린 것은?
(07.14.16 기사)
① 다짐에너지가 클수록 최대건조단위 중량($\gamma_{d\max}$)은 커진다.
② 다짐에너지가 클수록 최적함수비(W_{opt})는 커진다.
③ 점토를 최적함수비(W_{opt})보다 작은 함수비로 다지면 면모구조를 갖는다.
④ 투수계수는 최적함수비(W_{opt})근처에서 거의 최소값을 나타낸다.

해설
다짐에너지가 클수록 $\gamma_{d\max}$는 커지고 최적함수비(W_{opt})는 작아진다.

02 현장 흙의 들밀도시험 결과 흙을 파낸 부분의 체적과 파낸 흙의 무게는 각각 1,800cm³, 3.95kg이었다. 함수비는 11.2%이고, 흙의 비중 2.65이다. 최대건조 단위중량이 2.07g/cm³일 때 상대다짐도는?
(06.09.10.14.16 기사)
① 95.1%   ② 95.2%
③ 97.1%   ④ 98.1%

해설
1) $\gamma_t = \dfrac{W}{V} = \dfrac{3950}{1800} = 2.19 g/cm^3$

2) $\gamma_d = \dfrac{\gamma_t}{1+\dfrac{w}{100}} = \dfrac{2.19}{1+\dfrac{11.2}{100}} = 1.97 g/cm^3$

3) 다짐도
$= \dfrac{\gamma_d}{\gamma_{d\max}} \times 100 = \dfrac{1.97}{2.07} \times 100 = 95.2\%$

03 다음 표는 흙의 다짐에 대해 설명한 것이다. 옳게 설명한 것을 모두 고른 것은?
(09.15 기사)

(1) 사질토에서 다짐에너지가 클수록 최대건조단위 중량은 커지고 최적함수비는 줄어든다.
(2) 입도분포가 좋은 사질토가 입도분포가 균등한 사질토보다 더 잘 다져진다.
(3) 다짐곡선은 반드시 영공기간극곡선의 왼쪽에 그려진다.
(4) 양족롤러(Sheeps foot roller)는 점성토를 다지는데 적합하다.
(5) 점성토에서 흙은 최적함수비보다 큰 함수비로 다지면 면모구조를 보이고 작은 함수비로 다지면 이산구조를 보인다.

① (1), (2), (3), (4)
② (1), (2), (3), (5)
③ (1), (4), (5)
④ (2), (4), (5)

해설
점성토에서 흙은 최적함수비보다 큰 함수비로 다지면 이산구조를 보이고 작은 함수비로 다지면 면모구조를 보인다.

정답 01 ② 02 ② 03 ①

04 흙의 다짐에 관한 사항 중 옳지 않은 것은? (07.13.16 기사)
① 최적 함수비로 다질 때 최대 건조 단위중량이 된다.
② 조립토는 세립토보다 최대 건조 단위중량이 크다.
③ 점토를 최적함수비보다 작은 건조측 다짐을 하면 흙구조가 면모구조로, 습윤측 다짐을 하면 이산구조가 된다.
④ 강도증진을 목적으로 하는 도로 토공의 경우 습윤측 다짐을, 차수를 목적으로 하는 심벽재의 경우 건조측 다짐이 바람직하다.

해설

강도증진을 목적으로 하는 도로 토공의 경우 건조측 다짐을, 차수를 목적으로 하는 심벽재의 경우 습윤측 다짐이 바람직하다.

05 다져진 흙의 역학적 특성에 대한 설명으로 틀린 것은? (06.13 기사)
① 다짐에 의하여 간극이 작아지고 부착력이 커져서 역학적 강도 및 지지력은 증대 하고, 압축성, 흡수성 및 투수성은 감소한다.
② 점토를 최적함수비보다 약간 건조측의 함수비로 다지면 면모구조를 가지게 된다.
③ 점토를 최적함수비보다 약간 습윤측에서 다지면 투수계수가 감소하게 된다.
④ 면모구조를 파괴시키지 못할 정도의 작은 압력으로 점토시료를 압밀할 경우 건조측 다짐을 한 시료가 습윤측 다짐을 한 시료보다 압축성이 크게 된다.

해설

면모구조를 파괴시키지 못할 정도의 작은 압력으로 점토시료를 압밀할 경우 건조측 다짐을 한 시료가 습윤측 다짐을 한 시료보다 흙의 강도가 크게 된다.

06 흙의 다짐에 있어 램머의 중량이 2.5kg, 낙하고 30cm, 3층으로 각층 다짐횟수가 25회일 때 다짐에너지는? (단, 몰드의 체적은 1000cm³이다.) (01.05.07.11.16 기사)
① 5.63kg·cm/cm³
② 5.96kg·cm/cm³
③ 10.45kg·cm/cm³
④ 0.66kg·cm/cm³

해설

다짐에너지
$$E_c = \frac{W_R \cdot H \cdot N_B \cdot N_L}{V} = \frac{2.5 \times 30 \times 25 \times 3}{1,000}$$
$$= 5.63 kg.cm/cm^3$$

07 다짐에 대한 다음 설명 중 옳지 않은 것은? (04.06.13 기사)
① 세립토의 비율이 클수록 최적함수비는 증가한다.
② 세립토의 비율이 클수록 최대건조단위 중량은 증가한다.
③ 다짐에너지가 클수록 최적함수비는 감소한다.
④ 최대건조단위중량은 사질토에서 크고 점성토에서 작다.

해설

세립토의 비율이 많을수록 최대건조단위중량은 감소하고 최적함수비는 증가된다.

08 흙을 다지면 흙의 성질이 개선되는데 설명 중 옳지 않은 것은? [01·07·08 기사]
① 투수성이 감소한다.
② 부착성이 감소한다.
③ 흡수성이 감소한다.
④ 압축성이 작아진다.

해설

다짐의 효과
1) 투수성의 감소
2) 전단강도의 증가
3) 지반의 압축성 감소
4) 지반의 지지력 증대

09 흙의 다짐에 관한 설명 중 옳지 않은 것은? [01.08.10 · 12 기사]
① 일반적으로 흙의 건조밀도는 가하는 다짐에너지가 클수록 크다.
② 모래질 흙은 진동 또는 진동을 동반하는 다짐방법이 유효하다.
③ 건조밀도-함수비곡선에서 최적함수비와 최대건조밀도를 구할 수 있다.
④ 모래질을 많이 포함한 흙의 건조밀도-함수비곡선의 구배는 완만하다.

해설

다짐곡선의 특징
1) 조립토가 세립토보다 최대건조밀도가 크고 최적함수비가 작다.
2) 조립토의 다짐곡선이 세립토의 다짐곡선 보다 구배 경사가 급하다.
3) 조립토에서 입도 분포가 양호 할수록 최대건조단위중량은 크고 최적함수비는 작다.
4) 점성토에서는 소성이 클수록 최대건조 단위중량은 작고 최적함수비는 크다.

10 흙을 다질 때 다짐에너지를 크게 할수록 어떻게 변하는가? [05 · 06 기사]
① 건조단위중량과 최적함수비가 동시에 커진다.
② 건조단위중량은 커지고 최적함수비는 작아진다.
③ 건조단위중량은 작아지고 최적함수비는 커진다.
④ 건조단위중량과 최적함수비가 동시에 작아진다.

해설

다짐에너지를 크게 하면 건조단위중량은 커지고, 최적함수비는 작아진다.

11 다짐에 대한 사항 중 옳지 않은 것은? [03 · 08 · 12 기사]
① 점토분이 많은 흙은 일반적으로 최적함수비가 낮다.
② 사질토는 일반적으로 건조밀도가 높다.
③ 입도배합이 양호한 흙은 일반적으로 최적함수비가 낮다.
④ 점토분이 많은 흙은 일반적으로 다짐곡선의 기울기가 완만하다.

해설

점토분이 많은 흙일수록 OMC는 커지고, γ_{dmax}는 작아진다.

12 토질종류에 따른 다짐곡선을 설명한 것 중 옳지 않은 것은? [08 · 09 기사]
① 조립토가 세립토에 비하여 최대건조 단위중량이 크게 나타나고 최적함수비는 작게 나타난다.
② 조립토에서는 입도분포가 양호할수록 최대 건조단위중량은 크고 최적함수비는 작다.
③ 조립토일수록 다짐곡선은 완만하고 세립토일수록 다짐곡선은 급하게 나타난다.
④ 점성토에서는 소성이 클수록 최대건조단위중량은 감소하고 최적함수비는 증가한다.

해설

조립토 일수록 다짐곡선은 급하고, 세립토일수록 다짐곡선은 완만하게 나타난다.

13 다짐시험에서 동일한 다짐에너지(compactive effort)를 가했을 때 건조밀도가 큰 것에서 작아지는 순서로 되어 있는 것은? [08 · 11 기사]
① SW>ML>CH
② SW>CH>ML
③ CH>ML>SW
④ ML>CH>SW

해설

입도분포 양호한 모래 > 저압축성 실트 > 고압축성 점토

14 모래치환법에 의한 흙의 현장 단위체적중량시험에서 모래는 무엇을 구하기 위하여 쓰이는가? [07.11 기사]

① 시험구멍에서 파낸 흙의 중량
② 시험구멍의 체적
③ 시험구멍에서 파낸 흙의 함수상태
④ 시험구멍의 밑면부의 지지력

해설

측정지반의 흙을 파내어 구멍을 뚫은 후 모래를 이용하여 시험구멍의 체적을 구한다.

4-5 토질조사 및 시험

1. 토질조사
(1) 구조물의 토공사 및 기초 공사에 수반되는 지반의 공학적 특성을 규명하여 안전하고 경제적인 설계 및 공법의 결정을 하기 위하여 실시한다.

(2) 지반조사(토질조사) 분류
  ① 예비조사(기본설계)
    본조사가 효율적으로 수행되도록 자료를 수집하고 현지를 답사하는 기본적인 조사
    (교통량, 지형도, 지질도, 기존공사 자료, 인접구조물 현황, 지하매설물 등)
  ② 현지조사(실시설계단계 검토)
    기본설계 단계에서 누락된 부분, 상이한 부분을 현지에서 추가 조사하는 단계
  ③ 본조사(지반조사)
    지반의 구성상태, 흙의 공학적 성질을 정확히 파악하여 문제점을 토출하고 이에 대하여 대책을 수립하여 공법결정 등을 하기 위한 세부적인 조사.
    1) 지내력시험 : PBT, CBR
    2) Sounding
    3) Boring
    4) Sampling
    5) 토질조사

2. 평판재하시험(P.B.T)
(1) 현장에 재하판을 설치하여 연직하중을 단계적으로 재하판에 가하여 하중-침하량을 실측하여 기초지반의 전단파괴유형, 지지력, 지반반력계수(k), 변형계수, 전단계수 등을 구하것을 목적으로 하는 시험이다.

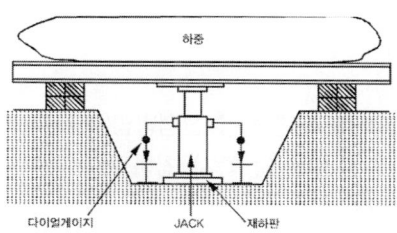

(2) 평판재하시험에 의한 지지력계수 산정방법
  ① 지지력계수 K_{30} = P/S
    여기서 K_{30} : 30cm 재하판 시험값
    P : 기준 침하량에 대한 하중강도(kg/cm^2)
    S : 기준 침하량(콘크리트 포장 0.125cm, 아스팔트 포장 0.25cm)

② 지지력계수 $K_{75} = \dfrac{1}{2.2}K_{30} = \dfrac{1}{1.5}K_{40}$

여기서 K_{75}, K_{40}, K_{30}은 재하판의 지름이 75cm, 40cm, 30cm 사용하여 구한 지지력 계수 값이다.

(3) 평판재하시험에 의한 지반의 허용 지지력 계산방법
① 항복강도(q_y)

$$q_y = \dfrac{P_y(항복하중)}{A(재하판 크기)}$$

② 극한강도(q_u)

$$q_u = \dfrac{P_u(극한하중)}{A(재하판 크기)}$$

③ 재하시험 결과에 의한 허용지지력(q_t)
  1) $q_t = q_y/2 = \dfrac{1}{2} \cdot \dfrac{P_y}{A}$
  2) $q_t = q_u/3 = \dfrac{1}{3} \cdot \dfrac{P_u}{A}$
  3) 허용지지력은 위 둘 중 작은 값을 사용한다.

④ 근입깊이를 고려한 지반의 허용지지력(q_a)
  1) 단기허용지지력 : $q_a = 2q_t + 1/3\gamma \cdot D_f \cdot N_q$
  2) 장기허용지지력 : $q_a = q_t + 1/3\gamma \cdot D_f \cdot N_q$

  여기서 q_t : 재하시험 결과에 의한 허용지지력
  N_q : 지지력 계수
  q_a : 허용지지력
  D_f : 근입깊이
  γ : 흙의 단위밀도

(4) 평판재하시험에 의한 지지력과 침하량 산정방법(Scale effect)
① 점성토 지반의 기초 지지력 및 즉시 침하량
  1) 점성토 기초지지력
    가. Terzaghi 지지력식 $q_u = \alpha C N_c + \beta B \gamma_1 N_r + \gamma_2 D_f N_q$에서 $\phi = 0$ 이면 N_r=0이 되고 근입깊이 무시하는 조건이면 지지력은 기초크기와 무관함
    나. 점성토 기초지지력 $q_{u(f)} = q_{u(p)}$
       (기초크기에 지지력이 무관하므로 재하시험 결과를 그대로 사용함)
  2) 점성토 즉시 침하량
    가. 점성토 즉시 침하량

$$S_f = S_p \cdot \frac{B_f}{B_p}$$

나. 침하량은 기초크기가 증가하면 지중응력 범위가 증가하여 침하 대상층이 더 커지게 된다.

다. 실제기초 크기와 재하판 크기에 따른 침하량은 비례관계가 성립

② 사질토 지반의 기초 지지력 및 즉시 침하량

1) 사질토 기초지지력

가. Terzaghi식 에서의 지지력은 C=0으로 하면 지지력은 기초폭에 비례함.

나. 사질토 기초지지력 $q_{u(f)} = q_{u(p)} \cdot \frac{B_{(f)}}{B_{(p)}}$

2) 사질토의 즉시 침하량

가. 점토와 같으나 기초폭 증가로 내부 구속 응력이 커져 비례적인 관계는 안 된다.

나. 사질토 즉시 침하량 $S_f = S_p \cdot (\frac{2B_f}{B_p + B_f})^2$

여기서, S_f : 실제기초의 침하량

S_p : 재하판의 침하량

B_f : 실제기초 폭

B_p : 30cm 재하판 한변의 길이

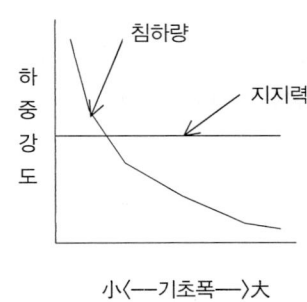

■□ 점 성 토

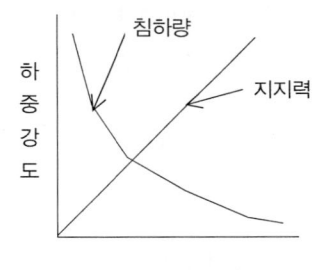

■□ 사 질 토

(5) 평판재하 시험 결과 이용시 유의사항

① 시험한 지점의 지층(토층)구성 상태 파악 중요(구조물 부등침하 발생)
② 재하판 아래흙이 실제기초의 2배폭(심도)과 같은 깊이로 균질
③ 재하판 크기에 대한 영향 (Scale effect)을 고려
④ 지하수위면과 그의 변동을 고려
⑤ 재하시간이 짧은 기간으로 압밀침하량 예측불가

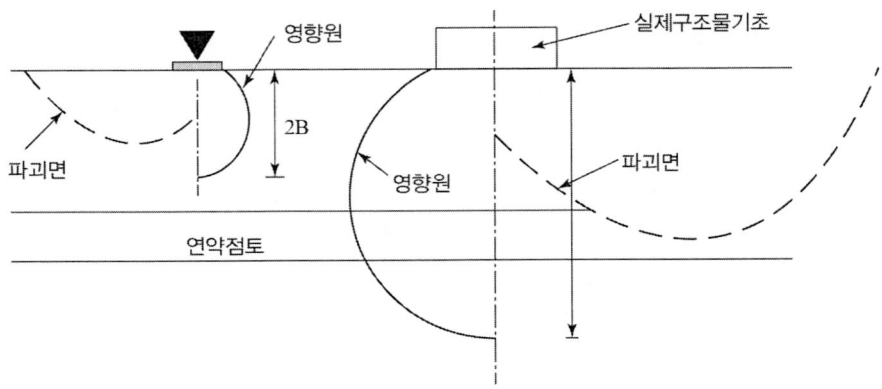

■□ 구조물기초와 재하판 크기관계

(6) 평판재하시험의 종료
① 극한지지력 나타날 때 까지(원칙)
② 항복지지력 나타날 때 까지
③ 재하판 직경의 10%침하 발생될 때
④ 침하량이 15mm에 도달할 때
⑤ 하중강도가 현장에서 예상되는 최대 접지 압력을 초과할 때

3. C.B.R(California Bearing Ratio

(1) 다짐에너지를 변화시켜서 다진 공시체를 수침한 후의 50mm 강봉을 관입하였을 때 표준 단위하중에 대한 시험단위하중의 비를 CBR 이라하며 단위는 %로 나타냄
(2) 캘리포니아 쇄석을 100으로 기준한다.

(3) CBR 시험
① $CBR = \dfrac{시험\ 단위\ 하중}{표준\ 단위\ 하중} \times 100,\ \dfrac{시험하중}{표준하중} \times 100$
② 표준하중강도 및 표준하중

관입깊이	표준하중강도	표준하중
2.5mm	70kg/cm²	1,370kg
5.0mm	105kg/cm²	2,030kg

(4) CBR 시험의 종류
① 실내 CBR
1) 노상 축조가 안된경우에 사용되며 현장시료를 실내에 가져와 실내에서 시험하는 방법으로 현장CBR에 비해서 정확도가 떨어짐.

2) 실내 CBR 종류
   가. 수침 CBR(노상토 재료의 선정)
   나. 수정 CBR(노상재료의 강도를 나타내기 위해사용)
   다. 설계 CBR(포장 두께의 결정)
② 현장 CBR
   1) 현장에서 노상축조가 완료된 경우
   2) 현장에서 노상토의 지지력을 확인하기 위해 사용하며 실내 CBR 시험에 비해 비교적 정확도가 높다.

(5) 수정 CBR
① CBR 시험에 따라 3개의 공시체를 최적함수비 상태로 각 (10회, 25회, 55회) 3개씩 제작해서 총 9개 공시체 제작
② 공시체를 4일간 수침 후 팽창시험 실시 후 팽창비를 구한다.
③ 관입시험하여 각 다짐횟수별로 CBR값 산정 후 건조단위중량-CBR 관계선에서 해당 점들을 PLOT를 해서 곡선을 작성
④ 소요의 다짐도(최대건조밀도×95%또는90%)에 대한 건조밀도에서 수평선을 긋고 건조단위중량과 CBR 관계선에 만났을 때 그 위치에서 CBR을 구하면 이것이 바로 수정 CBR이 된다.

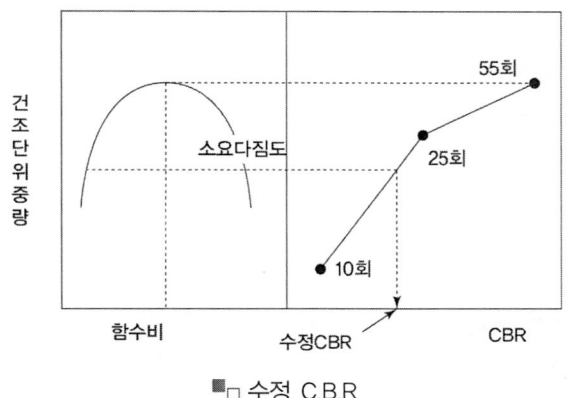

■ㅁ 수정 C.B.R

⑤ CBR값의 적용 방법
   1) CBR2.5
      하중강도-관입량곡선보다 2.5mm관입량에 있어 하중강도를, 그 관입량에 있어서의 표준하중 강도의 비를 백분율로 나타낸 것을 CBR2.5로 함.
      즉 $CBR_{2.5} = \dfrac{시험하중강도}{표준하중강도(70)} \times 100(\%)$
   2) CBR5.0 : 윗식과 동일하게 5mm 관입량에 있어 CBR값을 CBR5.0 으로 함.
      즉 $CBR_{5.0} = \dfrac{시험하중강도}{표준하중강도(105)} \times 100(\%)$

3) CBR5.0 ≧ CBR2.5의 경우 다시 공시체를 만들어 시험을 다시 한다.
4) CBR의 결정
   가. CBR5.0 < CBR2.5의 경우 CBR2.5을 CBR값으로 한다.
   나. CBR5.0 ≧ CBR2.5로 재시험에서도 결과가 동일하게 나오는 경우는 CBR5.0을 CBR값으로 결정한다.

(6) 설계 CBR(Design CBR)
① 여러개의 수정 CBR 결과로부터 포장설계에 적용하는 CBR을 설계CBR이라한다.
② 설계CBR 구하는 방법(일본 도로공단)

$$설계CBR = 평균 CBR - (\frac{최대 CBR - 최소 CBR}{d_2})$$

여기서 d_2 : n개 지점의 설계 CBR 계산용 계수

4. 사운딩(Sounding)

(1) 사운딩(Sounding)이란 현장에서 Rod 선단에 장착된 저항체를 땅속에 관입시켜 관입, 회전, 인발등의 저항 정도로 지반의 상태를 파악하는 원위치 시험을 사운딩이라 한다.

(2) 사운딩의 종류
① 정적사운딩 (점성토 지반)
   휴대용 원추관입시험기, 화란식 원추 관입시험기, 스웨덴식 관입시험기, 이스키미터, 베인시험기 등이 있다.
② 동적사운딩 (사질토 지반)
   동적원추 관입시험기, 표준 관입시험기(S.P.T) 등이 있다.

5. 표준관입시험(S.P.T)

(1) 중공의 Split Spoon Sampler를 Drill Rod에 장착하여 (63.5±0.5)kg의 해머로 (76±1)cm의 높이에서 타격하여 Sampler가 30cm 관입될 때까지 요구되는 타격횟수 N값을 구하는 시험으로, 처음 관입시 Rod 회전으로 인한 교란된 흙을 배제하기 위하여 15cm 관입에 해당하는 N값은 제외한 후 그 후 30cm 관입에 대한 타격수로 N값을 구한다.

(2) 표준관입 시험 특징
① 사용실적 풍부하다.
② 육안확인 가능하다.
③ 사질토 지반에 가장 적합하며, 점성토 지반에도 사용하나 점성토 지반 특성을 잘 반영하지 못한다.
④ 자갈, 암반층 시공곤란하다.
⑤ 불교란 시료의 채취가 어렵다.

(3) N치로부터 추정사항
   ① 모래지반
      1) 상대밀도
      2) 내부마찰각
      3) 기초지반의 허용지지력
   ② 점성토지반
      1) 점토의 Consistency 파악
      2) 일축압축강도($q_u = \dfrac{N}{8}$)
      3) 비배수점착력($C_u = \dfrac{q_u}{2} = \dfrac{N}{2}$)
      4) 기초 지반의 허용지지력

(4) Dunham 공식의 N값의 산정

토질입자가 둥글고 균일한(불량입도)경우	$\phi = \sqrt{12N} + 15$
토질입자가 둥글고 입도분포가 양호 토립자가 모가나고 균일한(불량한입도)경우	$\phi = \sqrt{12N} + 20$
토립자가 모가나고 입도분포가 좋을 때	$\phi = \sqrt{12N} + 25$

(5) N치에 따른 상대밀도와 컨시스턴스와의 관계

상대밀도	N 치	컨시스턴스	N 치
매우느슨	0 ~ 4	매우연약	< 2
느 슨	4 ~ 10	연 약	2 ~ 4
보 통	10 ~ 30	보통단단	4 ~ 8
조 밀	30 ~ 50	단 단	8 ~ 15
매우조밀	50 이상	매우단단	15 ~ 30
		견 고	30이상

(6) N값의 수정 사항
   ① 로드 길이에 대한 수정(N>15)
      타격에너지의 손실로 햄머의 효율이 저하되어 실제의 N치보다 과다 측정됨.
      $N_1 = N(1-X/200)$
      여기서 N_1 : 수정값, N : 측정값, x : 로드의 관입길이
   ② 토질에 대한 수정
      포화된 미세한 실트질 모래에서 N치가 15이상으로 조밀한 경우에는 실제보다 과다 N치 측정
      $N_2 = 15 + 1/2(N_1-15)$

③ 상재하중 수정
모래의 경우 상재하중에 따라 같은 상대밀도 라도 N치가 다르게 측정됨에 따라서 수정

$$N_3 = N \times \left(\frac{5}{1.4P+1}\right)$$

여기서 P : 유효상재하중(kg/cm^2)

6. 베인시험(Vane Test)

(1) Rod 선단에 장착된 십자형 날개(Vane)를 시추공 아래에 내려 지중에 압입한 후 회전시켜 원위치 점토의 전단강도를 직접구하는 방법으로 보통 연약점토 지반에 적용

(2) 전단강도 산정

① 점착력(C) = $\dfrac{M_{max}}{\pi D^2 \left(\dfrac{H}{2} + \dfrac{D}{6}\right)}$

② 수정계수(μ) = $1.7 - 0.541 \log(PI)$

③ 수정 비배수 전단강도 : $C_u = \mu \cdot C$

여기서, M_{max} : 최대 우력 모멘트
D : Vane날개폭
H : Vane날개높이
PI : 소성지수(LL-PL)

■□ 베인전단시험(Vane Test)기

(3) Vane 시험 특징
① 초연약점토 시험에 적합하다.
② 지반개량 전후에 실시하여 지반의 개량효과를 확인
③ 연약한 점성토 지반에만 적용가능하다.
④ 연속적인 시험이 어렵다.
⑤ 심도가 깊어질수록 rod 저항이 커져 과대평가가 발생한다.
⑥ 시료채취가 불가능 하다.

7. 피조콘관입시험(Piezocone Penetration Test)

(1) 피조콘은 기존의 더치콘을 개량하여 콘저항치와 마찰력을 측정하면서 간극수압 및 간극수압 소산이 동시 측정되는 연약지반 조사장비이다.

(2) 측정값
   ① 선단지지력
   ② 마찰저항력
   ③ 간극수압

(3) 특 징
   ① 연속적인 토층을 파악
   ② 점토층에 있는 Sand seam의 깊이, 두께판단
   ③ 지반개량 전후의 강도를 파악

8. 보 링 (Boring)

(1) 보링의 목적
   ① 지반의 구성과 지하수위를 파악한다.
   ② 불교란 시료를 채취한다.
   ③ 보링구멍으로 표준관입시험

(2) 보링의 종류
   ① 오거보링(Auger Boring)
      1) 오거를 회전하면서 지중에 압입하여 지반을 천공하고 그 굴착토를 지상에 배출하는 방법으로 교란시료가 채취되므로 흙의 분류목적에 적합하다.
      2) 비교적 연약한 흙에는 Post hole auger를 사용하고, 비교적 단단한 흙에는 Screw hole auger를 사용
   ② 수세식 Boring
      천공비트의 상하운동과 비트 내부를 통해 뿜어진 압력수의 작용에 의해 지반을 파쇄하는 방식으로 굴착된 흙입자는 수압에 의해 지표면으로 이동됨
   ③ 회전식 Boring(Rotary Boring)
      로드 선단 드릴비트를 고속으로 회전 및 가압으로 토사 및 암을 절삭분쇄하여 굴진하는 공법
   ④ 충격식 Boring(Percussion Boring)
      공저에 충격을 가하면서 굴진하므로 코어채취가 불가능하며 주로 우물, 지하수개발, 석유조사 등에 사용됨

9. 시료의 채취(Sampling)

(1) 시료 채취기 종류 (Sampling)
① 분리형 원통 시료기(split spoon sampler)
   교란된 시료 채취용으로 채취.
② 피스톤 튜브 시료기(piston tube sampler)
   불교란 시료 채취용으로 사용
③ 얇은관 시료기(thin wall tube sampler)
   불교란 시료 채취용으로 사용
④ Laval 시료기(Laval sampler)
   불교란 시료 채취용으로 사용

(2) 시료의 교란정도 판단
① 시료회수비에 의한 방법
  1) 시료회수비 = $\dfrac{\text{실채취 시료길이}}{\text{샘플러의 압입길이}} \times 100(\%)$
  2) 시료회수비가 95%이상인 경우 불교란 시료로 판정
② 면적비에 의한 방법
  1) $A_r = \dfrac{D_o^2 - D_i^2}{D_i^2} \times 100$
  2) 면적비는 샘플러를 삽입하므로서 배제되는 흙체적의 비율을 나타내며 시료면적비가 10% 이하인 경우 불교란 시료로 판정

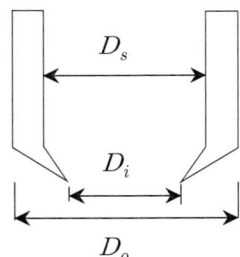

10. RQD (Rock Quality Designation)

(1) RQD란 Deere가 암반의 Core 채취상태를 가지고 암반의 양호도를 표시하는 기준으로 구경이 75mm인 NX규격이상의 회전식 Boring을 통해 얻어진 코어(core) 10cm이상의 회수 암석의 길이의 총합에 대한 굴진전장의 백분율로 나타낸다.

(2) 즉 $RQD = \dfrac{10cm \text{이상 회수된 길이의 합}}{\text{굴착 암석의 관입깊이}} \times 100(\%)$

(3) 회수율 = $\dfrac{\text{채취된 시료의 길이}}{\text{굴착암석의 관입깊이}} \times 100(\%)$

(4) RQD값이 클수록 암질이 좋다는 것을 나타낸다.

(5) 특 징
   ① 직접 육안으로 판정 가능
   ② 각국에서 널리 보편적으로 사용된다.
   ③ 터널공사에서 필수적 사용
   ④ RMR 분류 및 Q분류 방법에도 이용 가능

(6) RQD와 암질관계

R Q D	암 질 상 태
0 ~ 25	상당히 나쁨
25 ~ 50	나 쁨
50 ~ 75	보 통
75 ~ 90	양 호
90 ~ 100	매우양호

(7) RQD 결과의 활용
   ① RMR 분류
   ② Q 분류
   ③ 지지력 추정

4-5 주요핵심문제
토질조사 및 시험

01 토질조사에서 사운딩(sounding)에 관한 설명 중 옳은 것은? [04.06 · 08 · 11.15 기사]
① 동적인 사운딩방법은 주로 점성토에 유효하다.
② 표준관입시험(S.P.T)은 정적인 사운딩이다.
③ 사운딩은 보링이나 시굴보다 확실하게 지반구조를 알아낸다.
④ 사운딩은 주로 원위치시험으로서 의의가 있고 예비조사에 사용하는 경우가 많다.

해설
1) 동적인 사운딩은 주로 조립토에 유효하다.
2) SPT는 동적인 사운딩이다.

02 Rod에 붙인 어떤 저항체를 지중에 넣어 타격관입, 인발 및 회전할 때의 흙의 전단강도를 측정하는 원위치 시험은? [03.07 기사]
① 보링(boring)
② 사운딩(sounding)
③ 시료채취(sampling)
④ 비파괴시험(NDT)

해설
Sounding에 대한 설명이다.

03 다음 중 사운딩(sounding)이 아닌 것은? [07 · 09.13.16 기사]
① 표준관입시험
② 일축압축시험
③ 원추관입시험
④ 베인 시험

해설
Sounding의 종류
1) 정적사운딩 (점성토 지반)
휴대용 원추관입시험기, 화란식 원추 관입시험기, 스웨덴식 관입시험기, 이스키미터, 베인시험기 등이 있다.
2) 동적사운딩 (사질토 지반)
동적원추 관입시험기, 표준 관입시험기(S.P.T) 등이 있다.

04 다음은 중요한 Sounding(사운딩)의 종류를 나타낸 것이다. 이 가운데 사질토에 가장 적합하고 점성토에서도 쓰이는 조사법은? [01 · 09 기사]
① 단관 콘(cone)관입시험기
② 베인시험기(vane tester)
③ 표준관입시험기
④ 이스키미터(Isky-meter)

해설
표준관입시험은 사질토 및 점성토 지반에 모두 사용될 수 있으나, 점토 지반의 전단강도 및 연약한 정도는 개략적 추정만 가능하다

정답 01 ④ 02 ② 03 ② 04 ③

05 보링의 목적이 아닌 것은? (00.08 기사)
① 불교란 시료의 채취
② 지반 토질 구성의 파악
③ 지하수위 파악
④ 평판재하시험을 위한 재하면의 형성

해설
보링의 목적 중 평판재하시험을 위한 재하면의 형성은 해당되지 않는다.

06 토질조사에 대한 설명 중 옳지 않은 것은? (10.13 기사)
① 사운딩(Sounding)이란 지중에 저항체를 삽입하여 토층의 성상을 파악하는 현장시험이다.
② 불교란시료를 얻기 위해서 Foil Sampler, Thin wall tube sampler등이 사용된다.
③ 표준관입시험은 로드(Rod)의 길이가 길어질수록 N치가 작게 나온다.
④ 베인 시험은 정적인 사운딩이다.

해설
Rod 길이가 길수록 지중흙의 응력이 커져서 똑같은 토질의 흙도 N치가 크게 측정된다.

07 전체 시추 코어길이가 200cm이고, 이 중 회수된 코어길이의 합이 83cm, 10cm 이상인 코어길이의 합이 70cm였다면 코어회수율(TCR)은?[01.02.06.12 기사]
① 35.0% ② 41.5%
③ 51.5% ④ 65.0%

해설
회수율 $= \dfrac{채취된 시료의 길이}{굴착 암석의 관입깊이} \times 100(\%)$

회수율 $= \dfrac{83}{200} \times 100 = 41.5\%$

08 CBR 시험에서 CBR 값이 100%라는 것은 지름 5cm의 관입 시 하중이 2.5mm 관입될 경우 얼마의 시험 단위 하중을 받는가? (00.03.05 기사)
① 2,030kg/cm² ② 1,370kg/cm²
③ 70kg/cm² ④ 105kg/cm²

해설
CBR 시험
① CBR
$CBR = \dfrac{시험\ 단위\ 하중}{표준\ 단위\ 하중} \times 100, \dfrac{시험하중}{표준하중} \times 100$

② 표준하중강도 및 표준하중

관입깊이	표준하중강도	표준하중
2.5mm	70kg/cm²	1,370kg
5.0mm	105kg/cm²	2,030kg

09 CBR 시험에서 관입깊이가 2.5mm일 때, 피스톤에 작용하는 하중이 900kg이다. 이 재료의 $CBR_{2.5}$의 값은? (07.09 기사)
① 80% ② 66%
③ 63% ④ 62%

해설
$CBR_{2.5} = \dfrac{900}{1,370} \times 100 = 66\%$

10 표준관입시험(S.P.T)결과 N치가 30이었고, 그 때 채취한 교란시료로 입도시험을 한 결과 입자가 둥글고, 입도분포가 불량할 때 Dunham공식에 의해서 구한 내부 마찰각은? (00.02.04.06.08.09.10.11.13.14 기사)
① 33.97° ② 37.3°
③ 42.3° ④ 48.3°

해설
Dunham 공식의 N값 산정

토질입자가 둥글고 균일한(불량입도)경우	$\Phi = \sqrt{12N} + 15$
토질입자가 둥글고 입도분포가 양호 토립자가 모가나고 균일한(불량한입도)경우	$\Phi = \sqrt{12N} + 20$
토립자가 모가나고 입도분포가 좋을때	$\Phi = \sqrt{12N} + 25$

정답 05 ④ 06 ③ 07 ② 08 ③ 09 ② 10 ①

Dunham 공식
$$\phi = \sqrt{12N} + 15 = \sqrt{12 \times 30} + 15 = 33.97°$$

11 표준관입시험에 관한 설명 중 옳지 않은 것은? (09.13 기사)
① 표준관입시험의 N값으로 모래지반의 상대밀도를 추정할 수 있다.
② N값으로 점토지반의 연경도에 관한 추정이 가능하다.
③ 지층의 변화를 판단할 수 있는 시료를 얻을 수 있다.
④ 모래지반에 대해서도 흐트러지지 않은 시료를 얻을 수 있다.

해설
원위치 시험을 하는 표준관입시험은 동적인 타격방식에 의해서 교란된 시료가 얻어진다.

12 직경 30cm의 평판재하시험에서 작용압력이 30t/m²일 때 평판의 침하량이 30mm이었다면, 직경 3m의 실제 기초에 30t/m²의 압력이 작용할 때의 침하량은?(단, 지반은 사질토 지반이다.) (07.08.11.15 기사)
① 30mm ② 99.2mm
③ 187.4mm ④ 300mm

해설
$$S_{(f)} = S_{(p)} \cdot \left[\frac{2B_{(f)}}{B_{(p)} + B_{(f)}}\right]^2$$
$$= 30 \times \left[\frac{2 \times 3}{0.3 + 3}\right]^2 = 99.17 mm$$

13 도로의 평판재하시험을 끝낼 수 있는 조건이 아닌 것은? (10.15 기사)
① 하중강도가 현장에서 예상되는 최대접지압을 초과 시
② 하중강도가 그 지반의 항복점을 넘을 때
③ 침하가 더 이상 일어나지 않을 때
④ 침하량이 15mm에 달할 때

해설
평판재하시험(PBT-test)종료 조건
1) 침하량이 15mm에 달할 때
2) 하중강도가 최대접지압을 넘거나 또는 지반의 항복점을 초과할 때

14 표준관입시험에 대한 설명 중 틀린 것은? (00.04.08 기사)
① 고정 피스톤 샘플러를 사용한다.
② 해머무게는 64kg이다.
③ 해머 낙하 높이 76cm이다.
④ 30cm 관입에 필요한 낙하 횟수를 N치라 한다.

해설
표준관입시험(S.P.T)
1) 중공의 Split Spoon Sampler를 Drill Rod에 장착하여 (63.5±0.5)kg의 해머로 (76±1)cm의 높이에서 타격하여 Sampler가 30cm 관입될때까지 요구되는 타격횟수 N값을 구하는 시험
2) 처음 관입시 Rod 회전으로 인한 교란된 흙을 배제하기 위하여 15cm 관입에 해당하는 N값은 제외한 후 그 후 30cm 관입에 대한 타격수로 N값을 구한다.

15 포화된 모래반에 표준관입 시험 한 결과 표준관입 저항치 N=25이었다 수정 표준관입 저항치는? (03.05.07 기사)
① 20 ② 19
③ 18 ④ 21

해설
N값의 수정 사항
토질에 대한 수정
$$15 + \frac{1}{2} \cdot (25 - 15) = 20$$

16 연약한 점성토의 지반특성을 파악하기 위한 현장조사 시험방법에 대한 설명 중 틀린 것은? (05.07.16 기사)
① 현장베인시험은 연약한 점토층에서 비배수 전단강도를 직접 산정할 수 있다.
② 정적콘관입시험(CPT)은 콘지수를 이용하여 비배수 전단강도 추정이 가능하다.
③ 표준관입시험에서의 N값은 연약한 점성토 지반특성을 잘 반영해 준다.
④ 정적콘관입시험(CPT)은 연속적인 지층분류 및 전단강도 추정 등 연약점토 특성분석에 매우 효과적이다.

해설
표준관입시험은 사질토 지반에 가장적합하며 점성토 지반에도 사용하나 점성토 지반 특성을 잘 반영하지 못한다.

17 도로지반의 평판재하 시험에서 1.25mm 침하될 때 하중 강도가 2.5kg/cm² 일 때 지지력 계수 K는? (04.08 기사)
① 2kg/cm³   ② 20kg/cm³
③ 1kg/cm³   ④ 10kg/cm³

해설
지지력 계수
$\frac{하중강도}{침하량} = \frac{2.5}{0.125} = 20 kg/cm^3$

18 평판 재하 실험에서 재하판의 크기에 의한 영향(scale effect)에 관한 설명으로 틀린 것은? (06.08.10.15기사)
① 사질토 지반의 지지력은 재하판의 폭에 비례한다.
② 점토지반의 지지력은 재하판의 폭에 무관하다.
③ 사질토 지반의 침하량은 재하판의 폭이 커지면 약간 커지기는 하지만 비례하는 정도는 아니다.
④ 점토지반의 침하량은 재하판의 폭에 무관하다.

해설
재하판 크기에 대한 보정
1) 점성토 기초지지력
   $q_{u(f)} = q_{u(p)}$
2) 점성토 즉시 침하량
   $S_f = S_p \cdot \frac{B_f}{B_p}$
3) 사질토 기초지지력
   $q_{u(f)} = q_{u(p)} \cdot \frac{B_{(f)}}{B_{(p)}}$
4) 사질토 즉시 침하량
   $S_f = S_p \cdot (\frac{2B_f}{B_p + B_f})^2$

19 다음 그림과 같은 Sampler에서 면적비는 얼마인가? (13.14.15 기사)

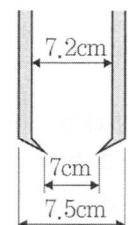

① 5.80%   ② 5.97%
③ 14.62% ④ 14.80%

해설
$A_r = \frac{D_w^2 - D_e^2}{D_e^2} \times 100 = \frac{7.5^2 - 7^2}{7^2} \times 100$
$= 14.79\%$

20 베인 시험(Vane test)에 관하여 잘못 설명된 것은? (10.14 기사)
① 연약 점토의 강도 측정에 이용된다.
② 비배수 조건하의 사면 안정해석에 이용된다.
③ 내부 마찰각을 정확히 측정할 수 있다.
④ 회전 모멘트에 의하여 강도를 구할 수 있다.

해설

1) 비배수 점착력 $C = \dfrac{M_{max}}{\pi D^2 \left(\dfrac{H}{2} + \dfrac{D}{6}\right)}$

2) 베인 시험은 내부마찰각을 정확히 측정하지 못한다.

21 연약한 점토지반의 전단강도를 구하는 현장시험방법은? [00.07 기사]
① 평판재하시험
② 현장 함수당량시험
③ 베인시험
④ 현장 CBR 시험

해설

Vane test
연약한 점토지반의 점착력을 지반 내에서 직접 측정하는 현장시험이다.

22 포화 점토에 대해 베인전단시험을 하였다. 베인의 직경과 높이는 각각 5cm, 10cm이고 시험 도중에 사용된 최대 회전모멘트는 150kg · cm이었다. 이 점성토의 비배수 전단강도는? [00.05.09 기사]
① 0.13kg/cm²
② 0.25kg/cm²
③ 0.33kg/cm²
④ 0.45kg/cm²

해설

$C = \dfrac{M_{max}}{\pi D^2 \left(\dfrac{H}{2} + \dfrac{D}{6}\right)}$

$= \dfrac{150}{\pi \times 5^2 \left(\dfrac{10}{2} + \dfrac{5}{6}\right)} = 0.33 kg/cm^2$

23 포화 점토에 대해 베인전단시험을 실시하였다. 베인의 직경과 높이는 각각 7.5cm와 15cm이고, 시험 중 사용한 최대 회전모멘트는 250kg · cm이다. 점성토의 액성한계는 65%이고 소성한계는 30%이다. 설계에 이용할 수 있도록 수정 비배수 강도를 구하면?
(단, 수정계수(μ)=1.7−0.54log(PI)를 사용하고, 여기서 PI는 소성지수이다.)
(12.14 기사)
① 0.8t/m²
② 1.40t/m²
③ 1.82t/m²
④ 2.0t/m²

해설

1) $C = \dfrac{M_{max}}{\pi D^2 \left(\dfrac{H}{2} + \dfrac{D}{6}\right)}$

$= \dfrac{250}{\pi \times 7.5^2 \left(\dfrac{15}{2} + \dfrac{7.5}{6}\right)}$

$= 0.16 kg/cm^2$

2) 수정계수 μ=1.7−0.54 log(PI)
   =1.7−0.54 log(65−30)
   =0.87

3) 수정전단강도 $C_u' = \mu C_u = 0.87 \times 0.16$
   $= 0.14 kg/cm^2$
   $= 1.4 t/m^2$

24 전체 시추 코어 길이가 150cm이고 이 중 회수된 코어길이의 합 80cm 이었으며, 10cm 이상인 코어 길이의 합이 50cm 였을 때 암질의 상태는? (01.02.03.05.06 기사)
① 매우불량
② 불량
③ 보통
④ 양호

해설

1) RQD
$RQD = \dfrac{10cm \text{ 이상 회수된 길이의 합}}{\text{굴착 암석의 관입깊이}} \times 100(\%)$

$= \dfrac{50}{150} \times 100 = 33\%$

정답 21 ③ 22 ③ 23 ② 24 ②

2) RQD와 암질관계

R Q D	암 질 상 태
0 ~ 25	매우불량
25 ~ 50	불 량
50 ~ 75	보 통
75 ~ 90	양 호
90 ~ 100	매우양호

4-6 흙의 투수성

1. Darcy의 법칙

(1) 흙속이 물로 포화되고 층류상태 조건(Re < 4)일 때 침투유량 Q는 동수구배 I와 투수단면적 A에 비례하는 관계가 성립된다.(지하수는 Re =1에서 적용)이러한 관계를 Darcy 법칙이라고 하며 다음 식으로 표현된다.

(2) $v = ki$, $Q = kiA = k\dfrac{\triangle h}{L}A$

여기서, v : 유출속도(cm/sec)
  i : 동수구배
  k : 투수계수
  L : 두 점간의 거리
  Q : 단위시간당 유량(cm³/sec)
  A : 흐름방향에 직교하는 흙의 단면적

※ 유체의 흐름에서는 점성에 의한 힘이 층류가 되게끔 작용하며, 관성에 의한 힘은 난류를 일으키는 방향으로 작용하고 있다. 이 관성력과 점성력의 비를 취한 것이 레이놀즈수(Re)라 한다.

(3) 침투속도(V_s)
  ① Darcy 법칙에서 단면적은 A로 취한다.
  ② 실제 물의 흐름은 지반 내 간극으로만 흐른다.
  ③ 따라서 $Q = vA = v_s A_v$

  $$v_s = \dfrac{A}{A_v} \cdot v = \dfrac{A \cdot L}{A_v \cdot L} \cdot v = \dfrac{V}{V_v} \cdot v = \dfrac{v}{n} = \dfrac{k \cdot i}{\dfrac{e}{1+e} \times 100}$$

  여기서, v_s : 실제침투속도
    v : 유출속도
    A_v : 간극 단면적
    n : 공극률 $\left(\dfrac{v_v}{v}\right)$

  ④ 실제 침투속도(v_s)가 유출속도(v)보다 빠르다(크다)
  ⑤ t 시간동안 면적 A를 통과하는 전투수량
    $Q = kiAt$

(4) 동수구배(동수경사)
  ① 동수구배 i는 두점간의 수두차($\triangle h$)를 물이 흙속을 통과한 거리(L)로 나눈 값을 말

하며 침투유량 및 침투압 계산에 활용된다.

② 동수구배 ($i = \dfrac{\Delta h}{L}$)

2. 투수계수에 영향을 미치는 요소

(1) 흙에 의한 영향 (입구간)

① 조립토에서 흙 입자를 구(球)라고 가정하면 투수계수는 입경의 제곱에 비례한다. 따라서 입경이 커지면 투수계수도 커진다.($k = C \cdot D_{10}^{\ 2}$)

② 점토 흙입자가 면모구조인 경우 이산구조에 비하여 투수계수가 크다.

③ 조립토에서 간극비가 클수록 투수계수가 커진다.

(2) 물에 의한 영향 (점포)

① 물의 온도가 높아지면 점성계수는 감소하며 투수계수는 증가한다. 이때 투수계수는 물의 온도 15℃를 기준으로 한다.

$$k_{15} : k_t = \mu_t : \mu_{15}, \ k_{15} = k_t \dfrac{\mu_t}{\mu_{15}}$$

여기서, k_{15} : 15℃에서의 투수계수

k_t : t℃에서의 투수계수

② 흙의 포화도(S)가 높을수록 투수계수는 커진다.

3. 투수계수와 관련된 경험식

(1) Taylor 경험식

① 투수계수는 수두차에 의해 흙의 단면으로 흐르는 물의 접근속도이며, Taylor는 아래와 같은 식을 제안 하였다.

② $k = D_{10}^{\ 2} \cdot \dfrac{r_w}{\mu} \cdot \dfrac{e^3}{1+e} \cdot C$

여기서, D_{10} : 흙의 유효입경

μ : 물의 점성계수

γ_w : 물의 단위중량

e : 간극비

C : 합성형상계수(입자사각형 0.3, 원형 0.5)

(2) A.Hazen의 경험식

① A.Hazen은 균등한 모래에 대한 투수계수의 경험식을 아래와 같이 제시하였다

② 조립토에서 흙 입자를 구(球)라고 가정하면 투수계수는 입경의 제곱에 비례한다. 따라서 입경이 커지면 투수계수도 커진다.

③ $k = C \cdot D_{10}^2 \ (cm/sec)$

여기서, C : 비례상수로 100~150cm · sec
D_{10} : 흙의 유효입경

4. 투수계수 측정 방법

(1) 실내투수시험(정변압)

① 정수위 투수시험

1) 조립토(자갈, 모래질)의 투수계수를 측정한다. ($k > 10^{-3} \, cm/sec$)
2) 시험방법은 수두차를 일정하게 유지시키면서 t시간 동안의 투수량을 측정하여 투수계수를 결정한다.
3) $Q_t = A \cdot v \cdot t = A \cdot k \cdot i \cdot t = A \cdot k \cdot \dfrac{h}{L} \cdot t$

투수계수 $k = \dfrac{Q_t \cdot L}{A \cdot h \cdot t}$

여기서, Q_t : t시간의 투수량(cm²)
A : 시료의 단면적(cm²)
h : 수위차(cm)
L : 시료의 길이(cm)

② 변수위 투수시험

1) 세립토의 투수계수를 측정한다. ($k = 10^{-3} \sim 10^{-6} \, cm/sec$)
2) 시험방법은 Stand pipe내에 들어있는 물이 흐르며 내려가는데 소요되는 시간 t를 측정하여 투수계수를 결정한다.
3) 투수계수 $k = 2.3 \dfrac{aL}{A \cdot t} \log \dfrac{h_1}{h_2}$

여기서, A : 시료의 단면적(cm²)
a : Stand Pipe의 단면적(cm²)
L : 시료의 길이(cm)
t : 수위가 h_1에서 h_2까지 내려오는데 걸린 시간(sec)
h_1 : 시험 개시시의 수위(cm)
h_2 : 시험 종료시의 수위(cm)

③ 압밀시험 결과로부터 간접적인 계산방법

1) 점토의 투수계수($k < 10^{-7} \, cm/sec$)너무 작은 경우 변수위 투수시험방법으로는 시간이 많이 걸려 압밀시험에 의한 간접적인 방법으로 투수계수를 결정한다.
2) 투수계수 $k = C_v \cdot m_v \cdot r_w = C_v \cdot \dfrac{a_v}{1+e} \cdot \gamma_w$

여기서, C_v : 압밀계수

m_v : 체적변화계수

γ_w : 물의 단위중량

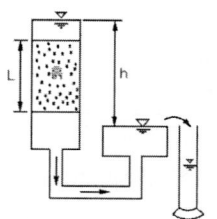
■□ 정수위 투수 시험법

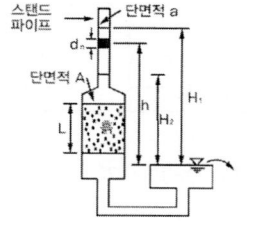
■□ 변수위 투수 시험법

(2) 현장투수시험
  ① 수위변화법
   보링공을 이용하여 strainer를 대수층에 관입한 후 지하수를 양수 또는 주수시킨 다음 정지하고 각 시간의 변화 수위를 측정하여 투수계수를 구하는 시험법
  ② 압력주수법(Lugeon 시험)
   보링공을 이용하여 시험 구간에 팩커(packer) 설치 후 압력을 가하면서 물을 주입한 후 단위시간당의 주수량으로 투수계수를 측정하는 시험법
  ③ 관측정법
   시험정에서 양수하여 관측정의 수위변화로 투수계수 측정하는 시험법

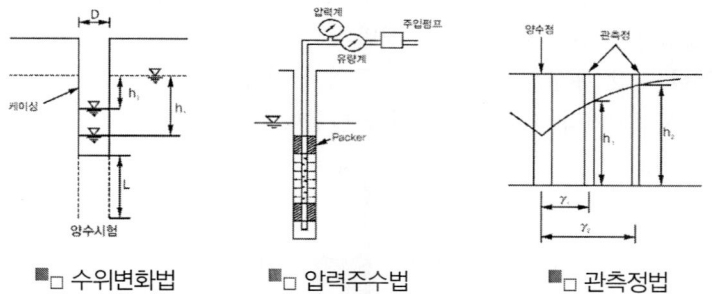
■□ 수위변화법　　■□ 압력주수법　　■□ 관측정법

5. 수평, 연직 투수계수

(1) 수평방향의 투수계수 (k_h)

$$\therefore k_h = \frac{1}{H}(k_1 \cdot h_1 + k_2 \cdot h_2 + \ldots + k_n \cdot h_n)$$

(2) 연직방향의 투수계수 (k_v)

$$\therefore k_v = \frac{H}{\dfrac{h_1}{k_1} + \dfrac{h_2}{k_2} + \dfrac{h_n}{k_n}}$$

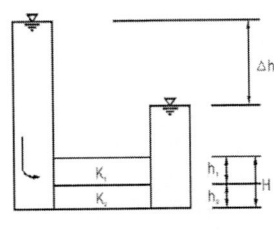 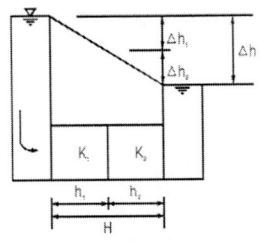

　　　　■□ 수평투수계수비　　　　　　■□ 연직투수계수비

(3) 이방성(비등방성)의 투수계수
　① 수평방향과 연직방향의 투수계수가 다른 경우
　② $k = \sqrt{k_h \cdot k_v}$
　　여기서, k_h : 수평방향투수계수
　　　　　　k_v : 연직방향투수계수
　③ 수평방향 투수계수가 연직방향 투수계수 보다 일반적으로 크다.
　　　$k_v < k_h$

6. 유 선 망(flow net)

(1) 유선망 이란?
　① 유선(flow line)과 등수두선으로 이루어진 곡선군을 말한다.
　② 물이 상하류의 수위차에 의해서 지반내로 침투하여 흐르는 물의 자취(흔적)
　③ 등수두선은 각 유선을 따라 손실수두의 높이가 같은 위치를 연결한선을 말하며 침윤선은 유선 중 가장 최상단의 유선을 말한다.

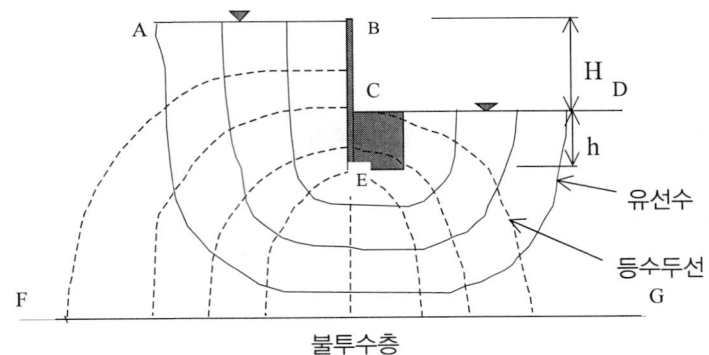

(2) 유선망의 경계조건
　　① 선분 AB, 선분CD : 등수두선
　　② BEC, 선분FG : 유선

(3) 유선망의 작성 목적
   ① 침투유량을 구한다.
   ② 등수두선간의 공극수압(간극수압)을 측정한다.
   ③ 동수구배 산정
   ④ Piping 검토

(4) 유선망의 특징
   ① 각 유로의 침투유량은 동일
   ② 인접해 있는 2개의 등수두선의 손실수두는 일정
   ③ 유선망으로 되는 사각형은 이론적으로 정사각형
   ④ 유선과 등수두선은 서로 직교
   ⑤ 유선망 작도에 필요한 유선의 수는 4~6개가 필요하다.
   ⑥ 침투속도 및 동수구배는 유선망의 폭에 반비례 한다.

(5) 침투유량
   ① 등방성 지반 침투유량($N_f = N_d$)

   $$Q = k \cdot H \cdot \frac{N_f}{N_d}$$

   ② 이방성 지반 침투유량

   $$Q = \sqrt{k_v \cdot k_h} \cdot H \cdot \frac{N_f}{N_d}$$

   여기서, Q : 단위폭당 침투유량(cm³/sec)
   K : 투수계수(cm/sec)
   H : 상하류의 수두차(cm)
   N_f : 유선으로 나눈 간격수(유로의 수)
   N_d : 등수두선으로 나눈 간격수(등수두면의 수)

   ③ 유선망에 의한 간극수압
   1) 전수두 (h_t)

   $$h_t = \frac{N_d'}{N_d} \cdot H$$

   2) 위치수두 (h_e)

   $$h_e = (-)\triangle H$$

   3) 압력수두 (h_p)

   $$h_p = h_e + h_p$$

   $$h_p = h_t - h_e = \frac{N_d'}{N_d} \cdot H + \triangle H$$

여기서, N_d : 등수두선으로 나눈 간격수(등수두면의수)

N_d' : 하류측에서 부터 등수두선으로 나눈 간격수

△H : 지중속의 위치

4) 간극수압(U_p)

$$U_p = h_p \times \gamma_w$$

7. 흙의 유효응력

(1) 흙의 유효응력

① 전응력
물과 흙이 부담하는 압력으로 간극수압과 유효응력의 합을 말한다.

② 간극수압 (중립응력, 공극수압 u)
하중이 작용할 때 간극수가 부담하는 압력

③ 유효응력
하중이 작용할 때 토립자가 부담하는 압력으로 흙덩어리의 변형과 전단에 관계된다.

(2) 유효응력, 간극수압, 전응력 관계

① 포화상태시 유효응력

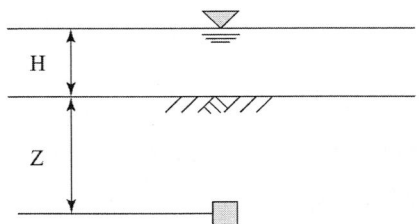

1) 전응력

$$\sigma_v = H \cdot \gamma_w + Z \cdot \gamma_{sat}$$

2) 간극수압

$$u = (H+Z)\gamma_w$$

3) 흙입자로 전달되는 유효응력은 전응력 - 간극수압

$$\sigma' = \sigma_v - u = h\gamma_w + z\gamma_{sat} - (h+z)\gamma_w = z(\gamma_{sat} - \gamma_w) = z \cdot \gamma\text{sub}$$

② 모관수에 의해 포화 되었을 때 유효응력

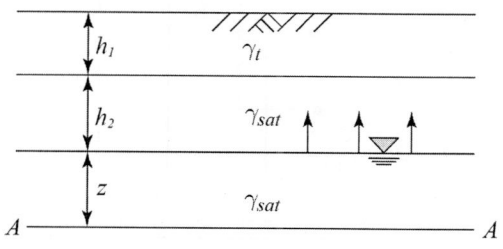

■□ h_2까지 모관상승시 A-A 단면의 유효응력

$\sigma = \overline{\sigma} + u$

$\sigma = \gamma_t \cdot h_1 + \gamma_{sat} \cdot (h_2 + z)$

$u = \gamma_w \cdot (h_2 + z) - \gamma_w \cdot h_2$

$\overline{\sigma} = \gamma_t \cdot h_1 + \gamma_{sat} \cdot (h_2 + z) - \gamma_w \cdot (h_2 + z) + \gamma_w \cdot h_2$
$\phantom{\overline{\sigma}} = \gamma_t \cdot h_1 + \gamma_{sat} \cdot h_2 + \gamma_{sub} \cdot z$

③ 모관수에 의해 부분적으로 포화되었을 때 A-A 단면의 유효응력

$\sigma = \overline{\sigma} + u$

$\sigma = \gamma_t \cdot h_1 + \gamma_{sat}(h_2 + z)$

$u = \gamma_w \cdot (h_2 + z) - (\gamma_w \cdot h_2 \cdot \dfrac{S}{100})$

$\overline{\sigma} = \gamma_t \cdot h_1 + \gamma_{sat} \cdot (h_2 + z) - \gamma_w(h_2 + z) + (\gamma_w \cdot h_2 \cdot \dfrac{S}{100})$

$\overline{\sigma} = \gamma_t \cdot h_1 + \gamma_{sub}(h_2 + z) + \gamma_w \cdot h_2 \cdot \dfrac{S}{100}$

8. 침투가 있는 포화토의 유효응력

(1) 침투수압

① 토층내부의 두 점 사이의 수두차에 의한 침투수 인하여 생긴 유효응력을 침투수압이라 하고 이것은 흙입자의 표면과 유수의 마찰저항으로 생긴다.

② 단위체적당 침투수압

  1) 침투수압은 물이 흐르는 방향으로 작용하며 그 크기는 $\triangle h \cdot \gamma_w$ 이다.

  2) $F = \dfrac{\text{침투력}}{\text{흙의 체적}} = \dfrac{\triangle h \cdot \gamma_w \cdot A}{z \cdot A} = i \cdot \gamma_w$

③ 단위면적당 침투수압

  $F = i \cdot \gamma_w \cdot z$

④ 수조 내의 유효 수직응력

  $\overline{\sigma} = \gamma_{sub} \cdot z - i \cdot \gamma_w \cdot z = \gamma_{sub} \cdot z - \dfrac{\triangle h}{L} \cdot \gamma_w \cdot z$

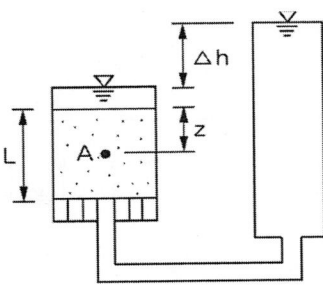

(2) 상향침투 및 하향침투시 유효응력 변화
　① 하향침투시
　　1) 전응력 $\sigma = h \cdot \gamma_w + z \cdot \gamma_{sat}$
　　2) 간극수압 $\mu = (h+z) \cdot \gamma_w - \triangle h \cdot \gamma_w$
　　3) 유효응력 $\overline{\sigma} = \sigma - \mu = z \cdot \gamma_{sub} + \triangle h \cdot \gamma_w$

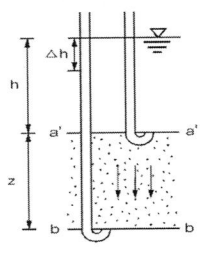

■□ 하향 침투시

　② 상향침투시
　　1) 전응력 $\sigma = h \cdot \gamma_w + z \cdot \gamma_{sat}$
　　2) 간극수압 $\mu = (h+z) \cdot \gamma_w + \triangle h \cdot \gamma_w$
　　3) 유효응력 $\overline{\sigma} = \sigma - \mu = z \cdot \gamma_{sub} = \triangle h \cdot \gamma_w$

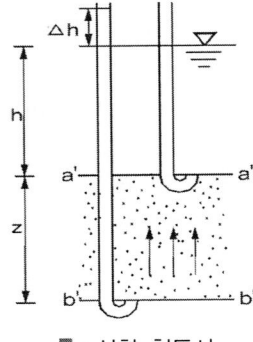

■□ 상향 침투시

9. 흙의 모세관 현상

(1) 모세관 현상
① 모세관을 물속에 세우면 물의 표면장력에 의하여 관 속의 물이 상승하며 어느 일정한 높이에 이르면 정지하게 되는데 이러한 현상을 모세관 현상이라 하며, 모세관 현상에 의하여 상승된 물의 높이를 모관상승고라고 한다.

② 모세관 현상의 특징
  1) 모관상승 발생부분은 (-)간극수압이 생겨 유효응력이 증가한다.
  2) 지하수면에서의 간극수압 u=0이다.
  3) 흙의 유효입경(D_{10})과 간극비가 크면 모관 상승고는 작아진다.
  4) 모관현상은 유리관과 물사이의 부착력 즉 표면장력에 의하여 발생된다.
  5) 개략적인 모관상승고
       가. 점토, 실트 : 1~10m
       나. 가는모래 : 0.4~1.0m
       다. 중간모래 : 0.1~0.4m
  6) 모관상승 속도는 모래가 점토보다 빠르다.

(2) 흙의 모관상승고(모관수두)
① 모관상승고

$$\pi \cdot D \cdot T \cos\alpha = \frac{\pi D^2}{4} \cdot h_c \cdot r_w$$

$$h_c = \frac{4 T \cos\alpha}{r_w \cdot D}$$

여기서 h_c : 모관상승고(cm)
     α : 관벽과 표면장력의 방향선이 이루는 접촉각
     T : 표면장력
     D : 모세관 직경

② Hazen의 모관 상승고 근사식

$$h_c = \frac{C}{e \cdot D_{10}}$$

여기서, e : 공극비
       D_{10} : 유효입경
       C : 흙 입자의 모양과 표면상태 정수

10. 침 윤 선

(1) 침윤선이란?
① 제체를 구성하는 흙 속에서 침투수가 작용하는 한계선으로 유선망을 그릴 때 최상단 경계의 유선이다.

② 즉 대기압과 접하는 자유수면을 의미하며, 수압이 "0"이되는 하나의 유선이다.
③ 제체에서 침윤선을 통해서 유선망을 그리는 4가지 경계조건을 파악할수 있음.
    AB,CD : 등수두선,   AD,BC : 유선

(2) 침윤선의 용도
① 체내지 배수층 위치 결정
② 제방 단면폭의 결정
③ 제방의 거동 파악

(3) 침윤선 결정방법

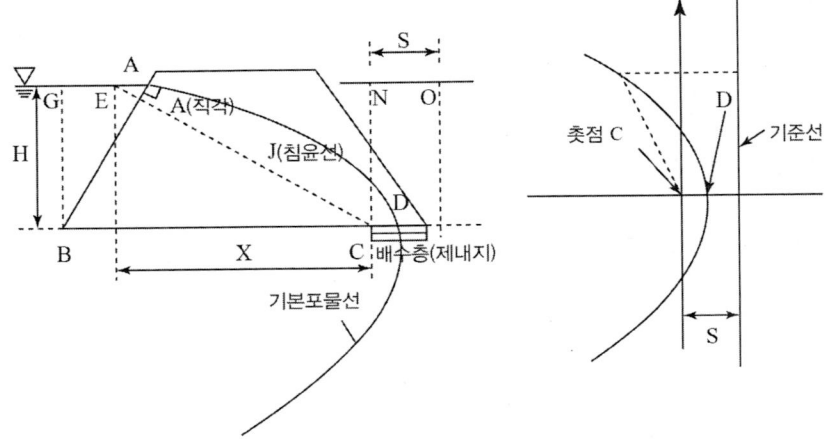

① 유선망 경계조건
    AB,CD : 등수두선,   AD,BC : 유선
② 침윤선 결정방법
    1) AE = 0.3AG
    2) S(촛점거리) = $\sqrt{H^2 + X^2} - X$
    3) CD = 1/2 × S

11. 분사현상(Boiling, Quick sand)

(1) 분사현상
① 모래지반에서 상향의 침투력이 발생되고 모래의 유효중량과 서로 같게되면서 흙의 유효응력이 상실하여 모래의 전단강도를 완전히 상실하게 되어 물이 상향으로 분출하게 되는 현상을 Boiling(Quick sand, 분사현상)이라 한다.
② 이와 같은 현상은 상향의 침투수압에 의한 동수경사(i_c)가 지반내 안정성 검토영역 구간내의 한계동수경사(i_{cr})보다 커지게 되면서 분사현상이 발생 하게 된다.

③ 분사현상이 가속화 되면서 지반내 물의 통로가 마치 파이프(Pipe)처럼 발생되는 경우를 파이핑(piping)현상이라 한다.

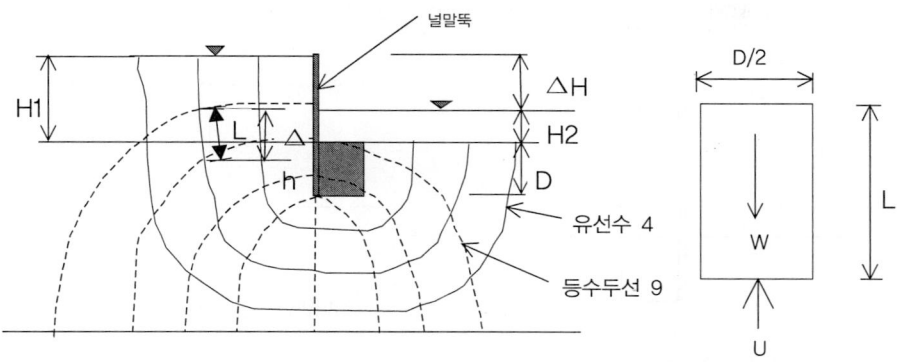

④ Boiling의 발생원리
  1) 동수경사
  $$i = \frac{\triangle H}{L}$$
  2) 한계동수경사
  $$i_{cr} = \frac{\gamma_{sub}}{\gamma_w} = \frac{\gamma_{sat} - \gamma_w}{\gamma_w} = \frac{G_s - 1}{1+e} = \frac{\frac{S.e}{w} - \frac{w}{w}}{1+e} = \frac{S.e - w}{w(1+e)} = \frac{e - w}{w(1+e)}$$
  여기서, 비중 G_s를 구하는 경우
  $$S \cdot e = G_s \cdot w \text{에서 비중 } G_s \text{를 구할 수 있다.}$$
  간극비 e를 구하는 경우
  $$e = \frac{n}{100-n} \text{에서 간극비 } e \text{를 구할 수 있다.}$$

⑤ 분사현상 발생조건
  1) 분사현상 발생조건
  $$i > \frac{G_s - 1}{1+e}$$
  2) 분사현상이 발생하지 않을 조건
  $$i < \frac{G_s - 1}{1+e}$$
  3) 안전율(F)
  $$F = \frac{i_{cr}}{i_c} = \frac{\frac{G_s - 1}{1+e}}{\frac{\triangle H}{L}}$$

⑥ Boiling 대책방안
  1) 근입깊이의 연장 및 토류벽 배면 Grouting 실시
  2) 추가적인 필터층 설치로 유효응력의 증가

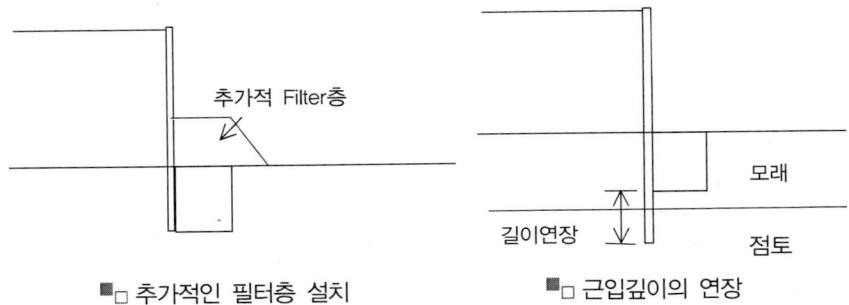

■ㅁ 추가적인 필터층 설치   ■ㅁ 근입깊이의 연장

12. Heaving 현상

(1) Heaving 현상
  ① 연약한 점토를 굴착할 때 흙막이 배면의 토괴 중량이 굴착저면 하단의 지반 지지력 보다 크게 되어 지반내의 흙이 전단활동 되면서 굴착 저면이 부풀어 오르는 현상을 말한다.
  ② 또한 연약 지반 상에 급속으로 성토하는 경우 원지반의 전단강도 부족으로 전단파괴가 발생하여 주변지반이 부풀어 오르는 현상을 Heaving 이라고함.

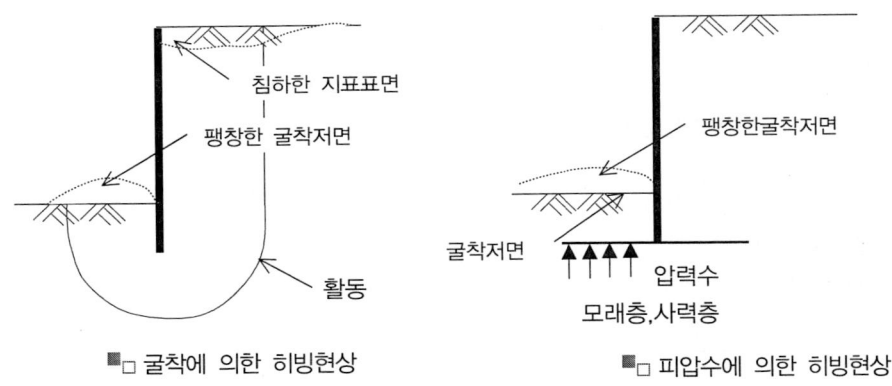

■ㅁ 굴착에 의한 히빙현상   ■ㅁ 피압수에 의한 히빙현상

(2) Heaving 발생원인
  ① 흙막이벽의 근입장 부족
  ② 흙막이벽의 내외의 흙의 중량 차이가 클 때
  ③ 피압수에 의한 히빙
  ④ 연약지반위 급속성토로 인한 사면붕괴

(3) Heaving 대책
    ① 굴착 히빙 안전대책
        1) 근입깊이 연장
        2) 지반개량에 의한 전단강도 증가시켜 히빙 안전율 만족
            가. Preloading
            나. 압밀배수촉진 공법
            다. 시멘트 Grouting

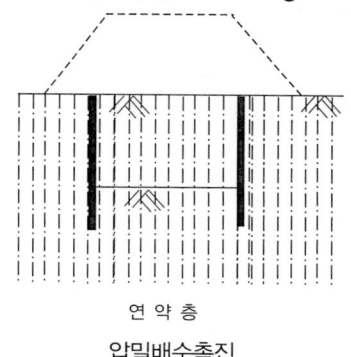

압밀배수촉진

Preloading

    ② 피압수 히빙 안전대책
        1) Well point, Deep well
        2) 피압수층 Grouting 처리
        3) 피압대수층을 배면 grouting 시공으로 관통

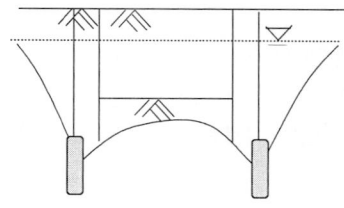

Well point, Deep well

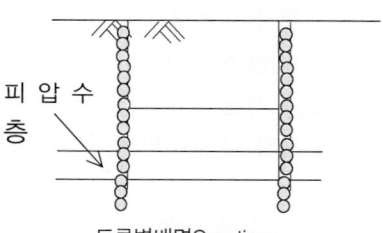

토류벽배면Grouting

(4) 지지력 방법에 의한 Heaving 안전율 검토

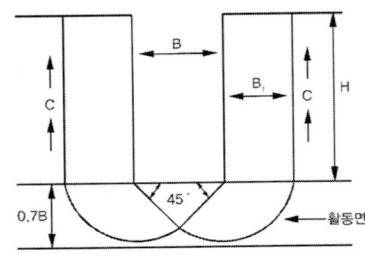

$Q = \gamma H B_1 - CH(B_1 = 0.7B)$
$Q_u = 5.7 CB_1$
$F_s = \dfrac{5.7C}{\gamma H - \dfrac{CH}{0.7B}}$

여기서, C : 흙의 점착력
 γ : 흙의 단위체적중량
 H : 굴착깊이
 B : 굴착폭

13. 흙의 동상 및 연화 현상

(1) 흙의동상 및 연화현상
① 외부온도가 0℃ 이하 저온이 계속 될 경우 지표면 근처 물이 얼어 체적의 팽창을 가져오면서 흙의 융기(Heave)를 발생시키는 현상이다.
② 동상이 일어날 수 있는 조건은 실트질흙, 물의 존재, 0℃ 이하의 온도가 지속되면 흙의 동상이 발생될 수 있다.
③ 연화현상(융해현상)은 얼음이 녹아 흙 속의 과잉수분에 의해 흙이 연약화 되는 현상으로, 증가된 함수비 때문에 지반이 연약하고 강도가 떨어지게 된다. 원인으로 지표수의 침입, 지하수의 상승, 융해수가 배수되지 않고 저류하게 될 때 발생한다.

(2) 동상량을 지배하는 인자
① 흙의 투수성
② 모관상승고의 크기
③ 동결온도의 지속시간
④ 동결선과 지하수면까지 거리가 모관 상승고보다 짧을 경우

(3) 동상방지 대책
① 동결선 이하로 구조물 시공
② 배수구등의 설치로 지하수위 저하
③ 지표면의 흙을 화학약액($MgCl_2$, NaCl, 석회, 시멘트)등으로 안정처리

④ 동결깊이 상부에 있는 흙을 동결되지 않는 재료(자갈, 쇄석, 석탄재)로 치환
⑤ 모관수의 상승을 차단할 수 있는 차단층(모래, 콘크리트, 아스팔트) 시공
⑥ 흙속에 단열재료(석탄재, 코오크스)를 매입
⑦ 선택층(동상방지층) 시공

(4) 동결 깊이 (동결 심도)
$Z = C\sqrt{F}$
여기서, A : 동결 깊이
C : 정수 (3~5)
F : 동결지수=기온×일수

4-6 주요핵심문제
흙의 투수성

01 흙의 투수계수 K에 관한 설명으로 옳은 것은? [02.09 기사]
① K는 간극비에 반비례한다.
② K는 형상계수에 반비례한다.
③ K는 점성계수에 반비례한다.
④ K는 입경의 제곱에 반비례한다.

해설

$$K = D_{10}^2 \frac{\gamma_w}{\mu} \frac{e^3}{1+e} c$$

02 흙 속에서 물의 흐름에 대한 설명으로 틀린 것은? (11.15 기사)
① 투수계수는 온도에 비례하고 점성에 반비례한다.
② 불포화토는 포화토에 비해 유효응력이 작고, 투수계수가 크다.
③ 흙 속의 침투수량은 Darcy 법칙, 유선망, 침투해석 프로그램 등에 의해 구할 수 있다.
④ 흙 속에서 물이 흐를 때 수두차가 커져 한계 동수구배에 이르면 분사현상이 발생한다.

해설

1) 온도가 증가함에 따라 물의 점성계수는 감소하고 투수계수는 증가한다.

$$k_{15} = k_t \cdot \frac{\eta_t}{\eta_{15}}$$

여기서, k_{15} : 15℃에서의 투수계수
η_{15} : 15℃에서의 점성계수
k_t : t시간에서의 투수계수
η_t : t시간에서의 점성계수

2) 흙이 포화 되지 않았다면(불포화토) 물속의 기포가 물의 흐름을 방해하므로 투수계수는 작아지고 부의 간극수압으로 유효응력이 증가된다.

03 흙속에서의 물의 흐름에 대한 설명으로 틀린 것은? (10.11.13.14 기사)
① 흙의 간극은 서로 연결되어 있어 간극을 통해 물이 흐를 수 있다.
② 특히 사질토의 경우에는 실험실에서 현장 흙의 상태를 재현하기 곤란하기 때문에 현장에서 투수시험을 실시하여 투수계수를 결정하는 것이 좋다.
③ 점토가 면모구조로 퇴적되었다면 이산구조인 경우보다 더 작은 투수계수를 갖는것이 보통이다.
④ 흙이 포화되지 않았다면 포화된 경우보다 투수계수는 낮게 측정된다.

해설

점토의 면모구조는 분산(이산)구조보다 투수계수가 크며, 흙이 포화되지 않았다면 기포의 존재가 물의 흐름을 방해하므로 투수계수가 낮게 측정된다. 반대로 포화도가 높을수록 투수계수는 크게 측정된다.

04 투수계수에 영향을 미치는 인자로 거리가 먼 것은? [00.02.06.11 기사]
① 흙의 점성   ② 흙의 비중
③ 흙의 간극비 ④ 흙의 입경

해설

$$K = D_{10}^2 \frac{\gamma_w}{\mu} \frac{e^3}{1+e} c$$

비중은 투수계수와 상관이 없다.

정답 01 ③ 02 ② 03 ③ 04 ②

05 그림에서 투수계수 K=4.5×10⁻³cm/sec 일 때 Darcy 유출속도 V와 실제 물의 속도 (침투속도) V_s는? [00.03.05.12 기사]

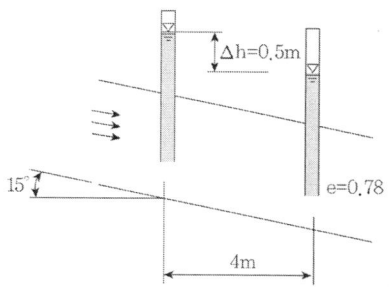

① $V=3.4\times 10^{-4}cm/\sec$,
  $V_s=5.6\times 10^{-4}cm/\sec$
② $V=4.6\times 10^{-4}cm/\sec$,
  $V_s=9.4\times 10^{-4}cm/\sec$
③ $V=5.2\times 10^{-4}cm/\sec$,
  $V_s=10.8\times 10^{-4}cm/\sec$
④ $V=5.4\times 10^{-4}cm/\sec$,
  $V_s=12.4\times 10^{-4}cm/\sec$

해설

1) $V=K\cdot i=K\cdot\dfrac{h}{L}$
   $=(4.5\times 10^{-3})\times\dfrac{50}{\left(\dfrac{400}{\cos 15°}\right)}$
   $=5.4\times 10^{-4}cm/\sec$

2) $V_s=\dfrac{V}{n}$
   $n=\dfrac{e}{1+e}=\dfrac{0.78}{1+0.78}=0.438$
   $\therefore V_s=\dfrac{5.4\times 10^{-4}}{0.438}$
   $=12.4\times 10^{-4}cm/\sec$

06 실내에서 투수성이 매우 낮은 점성토의 투수계수를 알 수 있는 실험방법은?
[06.11 기사]
① 정수위 투수실험법
② 변수위 투수실험법
③ 일축압축실험법
④ 압밀실험법

해설

실내투수시험의 종류
1) 정수위 투수시험
   조립토(자갈, 모래질)의 투수계수를 측정한다.
   (k > 10⁻³cm/sec)
2) 변수위 투수시험
   세립토의 투수계수를 측정한다.
   ($k=10^{-3}\sim 10^{-6}cm/\sec$)

07 정수위 투수시험에 있어서 투수계수(K)에 관한 설명 중 옳지 못한 것은? [02.09 기사]
① K는 유출수량에 비례
② K는 시료길이에 반비례
③ K는 수두에 반비례
④ K는 유출 소요시간에 반비례

해설

$Q=KiA=K\cdot\dfrac{h}{L}\cdot A$

08 단면적 100cm², 길이 30cm인 모래 시료에 대한 정수두 투수시험결과가 다음의 표와 같을 때 이 흙의 투수계수는?
(00.07.12.13 기사)

- 수두차 : 500cm
- 물을 모은 시간 : 6분
- 모은 물의 부피 : 500cm²

① 0.008cm/sec ② 0.0005cm/sec
③ 0.0008cm/sec ④ 0.005cm/sec

해설

1) $Q=KiA=K\cdot\dfrac{h}{L}\cdot A$
2) $K=\dfrac{Q\cdot L}{A\cdot h\cdot t}=\dfrac{500\times 30}{100\times 500\times 6\times 60}$
   $=0.0008cm/\sec$
   $\therefore K=0.0008cm/\sec$

정답 05 ④ 06 ② 07 ③ 08 ③

09 공극비가 e_1=0.80인 어떤 모래의 투수계수가 K_1=8.5×10⁻²cm/sec일 때 이 모래를 다져서 공극비를 e_1=0.59로 하면 투수계수 K_2는? [03.06.11 기사]

① 4.12×10⁻²cm/sec
② 3.68×10⁻²cm/sec
③ 3.86×10⁻²cm/sec
④ 5.34×10⁻²cm/sec

해설

$K_1 : K_2 = \dfrac{e_1^3}{1+e_1} : \dfrac{e_2^3}{1+e_2}$ 에서

$K_2 = \dfrac{\dfrac{0.59^3}{1+0.59}}{\dfrac{0.8^3}{1+0.8}} \times 8.5 \times 10^{-2}$

$= 3.86 \times 10^{-2} cm/sec$

10 유선망을 작성하여 침투수량을 결정할 때 유선망의 정밀도가 침투수량에 큰 영향을 끼치지 않는 이유는? (05.13 기사)

① 유선망은 유로의 수와 등수두면의 수의 비에 좌우되기 때문이다.
② 유선망은 등수두선의 수에 좌우되기 때문이다.
③ 유선망은 유선의 수에 좌우되기 때문이다.
④ 유선망은 투수계수에 좌우되기 때문이다.

해설

유선망은 그리는 사람에 따라 조금씩 달라질 수 있다 유선망의 정밀도는 정확하게 유선망을 그리는것 보다는 정확한 유로의 수와 등수두면의수가 침투수량에 영향을 준다.

$Q = K.H. \dfrac{N_f}{N_d}$

11 그림에서 흙의 단면적이 40cm²이고 투수계수가 0.1cm/sec일 때 흙속을 통과하는 유량은? (04.13 기사)

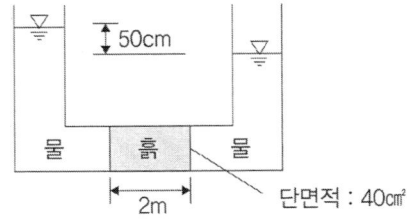

① 1m³/hr
② 1cm³/sec
③ 100m³/hr
④ 100cm³/sec

해설

$Q = KiA = K\dfrac{h}{L}A$

$= 0.1 \times \dfrac{50}{200} \times 40 = 1 cm^3/sec$

12 쓰레기 매립장에서 누출되어 나온 침출수가 지하수를 통하여 100미터 떨어진 하천으로 이동한다. 매립장 내부와 하천의 수위차가 1미터이고, 포화된 중간지반은 평균투수계수 1×10⁻⁴cm/sec의 자유면 대수층으로 구성되어 있다고 할 때 매립장으로부터 침출수가 하천에 처음 도착하는데 걸리는 시간은 약 몇 년인가? (단, 이때 대수층의 간극비(e)는 0.25였다.)[07·11 기사]

① 3.45년
② 63.4년
③ 10.56년
④ 17.23년

해설

1) $n = \dfrac{e}{1+e} = \dfrac{0.25}{1+0.25} = 0.2$

2) $V = Ki = (1 \times 10^{-4}) \times \dfrac{1}{100}$
$= 1 \times 10^{-6} cm/\sec$

3) $V_s = \dfrac{V}{n} = \dfrac{1 \times 10^{-6}}{0.2} = 5 \times 10^{-6} cm/\sec$

4) $t = \dfrac{L}{V_s} = \dfrac{100 \times 10^2}{5 \times 10^{-6}} = 2 \times 10^9$ 초

$= 555,555$시간 $= 23,148$일 $= 63.4$년

13 다음 그림에서 C점의 압력수두 및 전수두 값은 얼마인가? (13.16 기사)

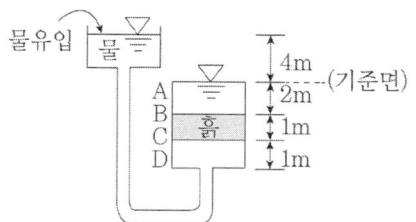

① 압력수두 3m, 전수두 2m
② 압력수두 7m, 전수두 0m
③ 압력수두 3m, 전수두 3m
④ 압력수두 7m, 전수두 4m

해설

1) C점의 전수두 = $\frac{4}{1} \times 1 = 4m$
2) C점의 위치수두 = -3m
3) C점의 압력수두 = 전수두 - 위치수두
　　= 4-(-3) = 7m

14 수평방향투수계수가 0.12cm/sec이고, 연직방향 투수계수가 0.03cm/sec일 때 1일 침투유량은? (08.11.12.16 기사)

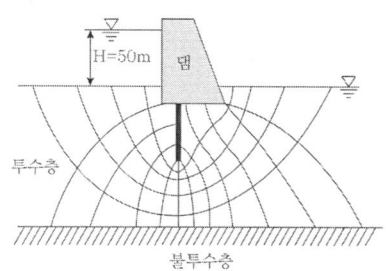

① 970m³/day/m
② 1080m³/day/m
③ 1220m³/day/m
④ 1410m³/day/m

해설

1일 침투유량 Q

$Q = \sqrt{K_v \cdot K_h} \cdot H \cdot \frac{N_f}{N_d}$

$= \sqrt{0.0003 \times 0.0012} \times 50 \times \frac{5}{12}$

$= 0.0125 m^3/\sec$
$= 0.0125 \times 60 \times 60 \times 24 = 1,080 m^3/day$

15 수평방향의 투수계수(K_h)가 0.47cm/sec 이고 연직방향의 투수계수가 (K_v)가 0.2 cm/sec일 때 등가투수계수를 구하면?
[01.09.16 기사]

① 0.31cm/sec　② 0.25cm/sec
③ 0.30cm/sec　④ 0.35cm/sec

해설

$K = \sqrt{K_h \times K_v} = \sqrt{0.47 \times 0.2} = 0.31 cm/\sec$

16 그림과 같은 지반에 대해 수직방향 등가투수계수를 구하면? [06.10.11.14 기사]

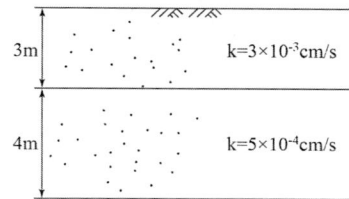

① 3.89×10⁻⁴cm/sec
② 7.78×10⁻⁴cm/sec
③ 1.57×10⁻³cm/sec
④ 3.14×10⁻³cm/sec

해설

$K_v = \dfrac{H}{\dfrac{h_1}{K_{v1}} + \dfrac{h_2}{K_{v2}}} = \dfrac{300+400}{\dfrac{300}{3 \times 10^{-3}} + \dfrac{400}{5 \times 10^{-4}}}$

$= 7.78 \times 10^{-4} cm/\sec$

정답 13 ④ 14 ② 15 ① 16 ②

17 그림과 같이 3층으로 되어 있는 성층토의 수평방향의 평균 투수계수는?
[03.06.09 기사]

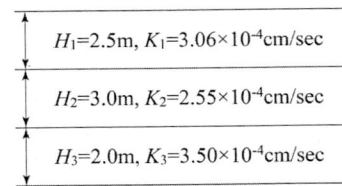

① 2.97×10^{-4} cm/sec
② 3.04×10^{-4} cm/sec
③ 6.04×10^{-4} cm/sec
④ 4.04×10^{-4} cm/sec

해설

$$K_h = \frac{K_1 h_1 + K_2 h_2 + K_3 h_3}{H}$$

$$= \frac{\{3.06 \times 10^{-4} \times 250 + 2.55 \times 10^{-4} \times 300 + 3.5 \times 10^{-4} \times 200\}}{250 + 300 + 200}$$

$$= 2.97 \times 10^{-4} cm/\sec$$

18 유선망의 특징을 설명한 것으로 옳지 않은 것은? [09.11 기사]
① 각 유로의 침투량은 같다.
② 유선은 등수두선과 직교한다.
③ 유선망으로 이루어지는 사각형은 정사각형이다.
④ 침투속도 및 동수구배는 유선망 폭에 비례한다.

해설

유선망의 특징
1) 각 유로의 침투수량은 같다.
2) 인접한 등수두선의 수두차는 모두 같다.
3) 유선과 등수두선은 서로 직교한다.
4) 유선망으로 되는 사각형은 정사각형이다.
5) 침투속도 및 동수구배는 유선망의 폭에 반비례한다.

19 그림과 같은 경우의 투수량은? (단, 투수지반의 투수계수는 2.3×10^{-3}cm/sec이다.)
[01·09 기사]

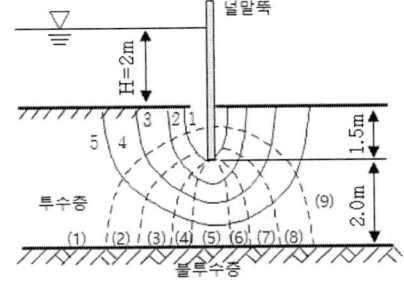

① $0.0267 cm^3/sec$
② $0.256 cm^3/sec$
③ $0.864 cm^3/sec$
④ $0.0864 cm^3/sec$

해설

$$Q = KH\frac{N_f}{N_d} = (2.3 \times 10^{-3}) \times 200 \times \frac{5}{9}$$

$$= 0.256 cm^2/\sec$$

20 어떤 유선망도에서 상하류면의 수두차가 4m, 등수두면의 수가 13개, 유로의 수가 7개일 때 단위폭 1m당 1일 침투수량은 얼마인가? (단, 투수층의 투수계수 $K=2.0 \times 10^{-4}$cm/sec)
[10.11 기사]

① $8.0 \times 10^{-1} m^3/day$
② $9.62 \times 10^{-1} m^3/day$
③ $3.72 \times 10^{-1} m^3/day$
④ $1.83 \times 10^{-1} m^3/day$

해설

$$Q = KH\frac{N_f}{N_d} = (2 \times 10^{-6}) \times 4 \times \frac{7}{13}$$

$$= (2 \times 10^{-6}) \times (24 \times 60 \times 60) \times 4 \times \frac{7}{13}$$

$$= 3.72 \times 10^{-1} m^3/day$$

21 수직방향의 투수계수가 4.5×10^{-8} m/sec이고, 수평방향의 투수계수가 1.6×10^{-8} m/sec인 균질하고 비등방(比等方)인 흙댐의 유선망을 그린 결과 유로(流路)수가 5개이고 등수두선의 간격수가 17개이었다. 단위길이(m)당 침투수량은? (단, 댐의 상하류의 수면의 차는 18m이다.)

[08 · 11 기사]

① 1.1×10^{-7} m³/sec
② 2.3×10^{-7} m³/sec
③ 2.3×10^{-8} m³/sec
④ 1.42×10^{-7} m³/sec

해설

1) $K = \sqrt{K_h \times K_v}$
$= \sqrt{(1.6 \times 10^{-8}) \times (4.5 \times 10^{-8})}$
$= 2.68 \times 10^{-8}$ m/sec

2) $Q = KH \dfrac{N_f}{N_d}$
$= 2.68 \times 10^{-8} \times 18 \times \dfrac{5}{17} \times 1$
$= 1.42 \times 10^{-7}$ m³/sec

22 그림과 같은 흙댐의 유선망을 작도하는데 있어서 경계조건으로 틀린 것은?

[99.00 기사]

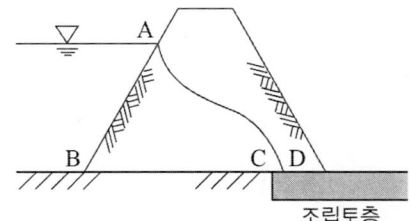

① $\overline{AB}$는 등수두선이다.
② $\overline{BC}$는 유선이다.
③ $\overline{CD}$는 침윤선이다.
④ $\overline{AD}$는 유선이다.

해설

경계조건
1) 유선 : $\overline{AD}$, $\overline{BC}$
2) 등수두선 : $\overline{AB}$, $\overline{CD}$

23 직경 2mm의 유리관을 15℃의 정수 중에 세웠을 때 모관상승고는 얼마인가? (단, 물과 유리관의 접촉각은 9°, 표면장력은 0.075g/cm) [03 기사]

① 0.15cm
② 1.1cm
③ 1.48cm
④ 15.0cm

해설

$h_c = \dfrac{4T\cos\theta}{\gamma_w D} = \dfrac{4 \times 0.075 \times \cos 9°}{1 \times 0.2} \fallingdotseq 1.48cm$

24 간극률 50%이고, 투수계수가 9×10^{-2} cm/sec인 지반의 모관 상승고는 대략 어느 값에 가장 가까운가?(단, 흙입자의 형상에 관련된 상수 C=0.3 cm², Hazen공식 : k=$c_1 \times D_{10}^2$에서 c_1=100으로 가정)

(14.16 기사)

① 1.0cm
② 5.0cm
③ 10.0cm
④ 15.0cm

해설

1) 모관상승고(Hazen 근사식)
$h_c = \dfrac{C}{e \cdot D_{10}} = \dfrac{0.3}{1 \times 0.03} = 10cm$

2) 간극비
$e = \dfrac{n}{100-n} = \dfrac{50}{100-50} = 1$

3) 흙의 유효입경
$D_{10} = \sqrt{\dfrac{k}{c}} = \sqrt{\dfrac{9 \times 10^{-2}}{100}} = 0.03$

정답 21 ④ 22 ③ 23 ③ 24 ③

25 그림에서 A점의 간극 수압은? (08 기사)

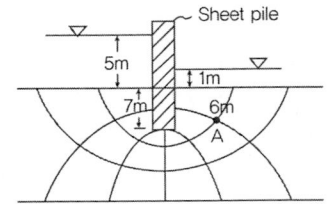

① $4.87t/m^2$ ② $12.31t/m^2$
③ $6.67t/m^2$ ④ $4.65t/m^2$

해설

전수두 : $\dfrac{nd'}{nd} \times \triangle h = \dfrac{1}{6} \times 4 = 0.67m$

위치수두 : $-6m$

압력수두 : $0.67 - (-6) = 6.67m$

간극수압 : $1t/m^3 \times 6.67m = 6.67t/m^2$

26 다음 그림과 같이 피압수압을 받고 있는 2m 두께의 모래층이 있다. 그 위의 포화된 점토층을 5m 깊이로 굴착하는 경우 분사현상이 발생하지 않기 위한 수심(h)는 최소 얼마를 초과하도록 하여야 하는가?

(13,15 기사)

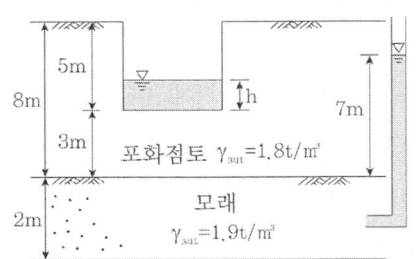

① 1.3m ② 1.6m
③ 1.9m ④ 2.4m

해설

1) $\sigma = 1 \times h + 1.8 \times 3 = h + 5.4$
2) $u = 1 \times 7 = 7t/m^2$
   $\overline{\sigma} = \sigma - u$이면 $heaving$이 발생되므로
3) $\overline{\sigma} = \sigma - u = h + 5.4 - 7 = 0$
   $h = 1.6m$

27 그림과 같이 모래층에 널말뚝을 설치하여 물막이공 내의 물을 배수하였을 때, 분사현상이 일어나지 않게 하려면 얼마의 압력을 가하여야 하는가? (단, 모래의 비중은 2.65, 간극비는 0.65, 안전율은 3)

(00,04,08,14 기사)

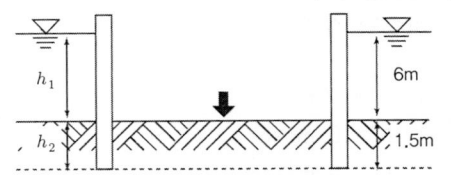

① $6.5t/m^2$ ② $13t/m^2$
③ $33t/m^2$ ④ $16.5t/m^2$

해설

1) $\gamma_{sub} = \dfrac{G_s - 1}{1 + e}\gamma_w = \dfrac{2.65 - 1}{1 + 0.65} = 1t/m^3$
2) $\overline{\sigma} = \gamma_{sub} h_2 = 1 \times 1.5 = 1.5t/m^2$
3) $F = \gamma_w h_1 = 1 \times 6 = 6t/m^2$
4) F_s(안전율)

F_s(안전율) $= \dfrac{\text{흙의 유효응력}(\overline{\sigma})}{\text{수두차에 의한 침투압력}(h_1 \cdot \gamma_w)}$

$F_s = \dfrac{\overline{\sigma} + \triangle \overline{\sigma}}{F}$ 에서 $3 = \dfrac{1.5 + \triangle \overline{\sigma}}{6}$

$\triangle \overline{\sigma} = 16.5t/m^2$

28 다음 그림에서 분사현상에 대한 안전율을 구하면? (03,08,10,14 기사)

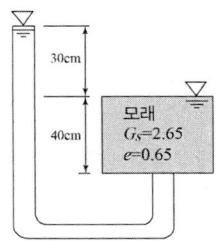

① 1.01 ② 1.33
③ 1.66 ④ 2.01

해설

$F_s = \dfrac{i_c}{i} = \dfrac{\dfrac{G_s - 1}{1 + e}}{\dfrac{h}{L}} = \dfrac{\dfrac{2.65 - 1}{1 + 0.65}}{\dfrac{30}{40}} = 1.33$

정답 25 ③ 26 ② 27 ④ 28 ②

29 널말뚝을 모래지반에 5m 깊이로 박았을 때 상류와 하류의 수두차가 4.5m이었다. 이때 모래지반의 포화단위중량이 $2.0t/m^3$ 이다. 현재 이 지반의 분사현상에 대한 안전율은? (11.14 기사)

① 0.85   ② 1.11
③ 2.0   ④ 2.5

> 해설

1) $i = \dfrac{H}{L} = \dfrac{4.5}{5} = 0.9$

2) $i_c = \dfrac{\gamma_{sub}}{\gamma_w} = \dfrac{(2-1)}{1} = 1$

3) $F = \dfrac{i_c}{i} = \dfrac{1}{0.9} = 1.11$

30 아래 그림의 각측 손실수두 $\triangle h_1$, $\triangle h_2$, $\triangle h_3$를 구한 값은? (14.15 기사)

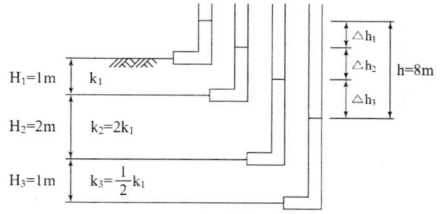

① $\triangle h_1$=3m, $\triangle h_2$=4m, $\triangle h_3$=1m
② $\triangle h_1$=4m, $\triangle h_2$=2m, $\triangle h_3$=2m
③ $\triangle h_1$=2m, $\triangle h_2$=3m, $\triangle h_3$=3m
④ $\triangle h_1$=2m, $\triangle h_2$=2m, $\triangle h_3$=4m

> 해설

각 층의 손실수두

1) $\triangle h_1 = \dfrac{H_1}{K_1} = \dfrac{1}{K_1}$

2) $\triangle h_2 = \dfrac{H_2}{K_2} = \dfrac{2}{2K_1} = \dfrac{1}{K_1}$

3) $\triangle h_3 = \dfrac{H_3}{K_3} = \dfrac{1}{\frac{1}{2}K_1} = \dfrac{2}{K_1}$

4) 총 손실수두가 8m에 대하여 1 : 1 : 2 비율을 고려하면 2m, 2m, 4m 이다.

31 어느 흙 댐의 동수경사 1.1, 흙의 비중이 2.65, 함수비 45%인 포화토에 있어서 분사현상에 대한 안전율을 구하면? (09.15 기사)

① 0.7   ② 1.0
③ 1.2   ④ 1.4

> 해설

1) $S \cdot e = w \, G_s$에서 $1 \times e = 0.45 \times 2.65$
   $\therefore e = 1.19$

2) $F_s = \dfrac{i_c}{i} = \dfrac{\dfrac{G_s - 1}{1 + e}}{i} = \dfrac{\dfrac{2.65 - 1}{1 + 1.19}}{1.1} = 0.68$

32 그림에서 안전율 3을 고려하는 경우, 수두차 h를 최소 얼마로 높일 때 모래시료에 분사현상이 발생하겠는가?(05.09.16 기사)

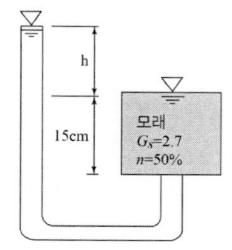

① 12.75cm   ② 9.75cm
③ 4.25cm   ④ 3.25cm

> 해설

한계동수 경사에 의한 분사현상

1) $F_s = \dfrac{i_{cr}}{i} = \dfrac{0.85}{\dfrac{\triangle H}{L}} = \dfrac{0.85}{\dfrac{\triangle H}{15}}$

2) $\triangle H = \dfrac{0.85 \times 15}{3} = 4.25 cm$

$i = \dfrac{\triangle H}{L} = \dfrac{\triangle H}{15}$

$i_{cr} = \dfrac{G_s - 1}{1 + e} = \dfrac{2.7 - 1}{1 + 1} = 0.85$

$e = \dfrac{n}{100 - n} = \dfrac{50}{100 - 50} = 1$

정답 29 ② 30 ④ 31 ① 32 ③

33 그림에서 분사현상에 대하여 안전율 2.5 이상이 되기 위해서는 $\triangle h$를 얼마 이하로 하여야 하는가? [05.08.09.10.20 기사]

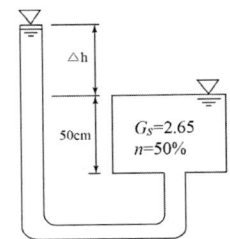

① 18.6cm 이하 ② 16.5cm 이하
③ 14.6cm 이하 ④ 12.6cm 이하

해설

1) $e = \dfrac{n}{100-n} = \dfrac{50}{100-50} = 1$

2) $F_s = \dfrac{i_c}{i} = \dfrac{\dfrac{G_s-1}{1+e}}{\dfrac{h}{L}} \geq 2.5$

$\dfrac{\dfrac{2.65-1}{1+1}}{\dfrac{\triangle h}{50}} \geq 2.5$

∴ $\triangle h \leq 16.5 cm$

34 그림과 같은 점성토 지반의 굴착저면에서 바닥융기에 대한 안전율을 Terzaghi의 식에 의해 구하면? (단, $\gamma_t = 1.731 t/m^3$, $c = 2.4 t/m^2$이다.) [05·12 기사]

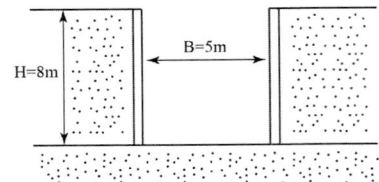

① 3.21 ② 2.32
③ 1.64 ④ 1.17

해설

$F_s = \dfrac{5.7c}{\gamma H - \dfrac{cH}{0.7B}} = \dfrac{5.7 \times 2.4}{1.731 \times 8 - \dfrac{2.4 \times 8}{0.7 \times 5}}$

$= 1.636$

35 그림에서 A-A 단면의 유효압력(有效壓力)은 어느 값인가? (단, 모래의 포화밀도(γ_{sat})는 2.0g/cm³이다.) [01.08 기사]

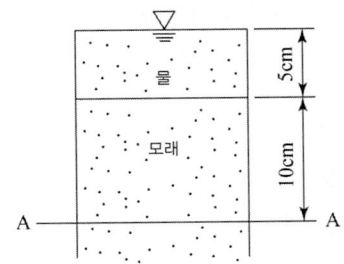

① 20g/cm³ ② 15g/cm³
③ 10g/cm³ ④ 7.5g/cm³

해설

1) $\sigma = \gamma_w h_1 + \gamma_{sat} h_2$

$= 1 \times 5 + 2 \times 10 = 25 g/cm^3$

2) $u = \gamma_w h = 1 \times (5+10) = 15 g/cm^3$

3) $\overline{\sigma} = \sigma - u = 25 - 15 = 10 g/cm^3$

36 그림에서 X-X 단면에 작용하는 유효응력은? (00.12 기사)

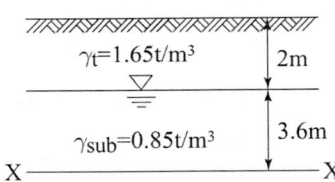

① 4.26t/m² ② 5.24t/m²
③ 6.36t/m² ④ 7.21t/m²

해설

1) $\sigma = \gamma_t h_1 + \gamma_{sat} h_2 = 1.65 \times 2 + 1.85 \times 3.6$

$= 9.96 t/m^2$

2) $u = \gamma_w h = 1 \times 3.6 = 3.6 t/m^2$

3) $\overline{\sigma} = \sigma - u = 9.96 - 3.6 = 6.36 t/m^2$

정답 33 ② 34 ③ 35 ③ 36 ③

37 흙의 동상에 영향을 미치는 요소가 아닌 것은? [07 · 12 기사]
① 모관상승고
② 흙의 투수계수
③ 흙의 전단강도
④ 동결온도의 계속시간

해설

동상량을 지배하는 인자
1) 모관상승고의 크기
2) 흙의 투수성
3) 동결온도의 지속시간

38 흙의 동상에 대한 방지대책이 아닌 것은? (04.06.10 기사)
① 배수구를 설치하여 지하수위를 낮추는 방법
② 지표의 흙을 화학약액으로 처리하는 방법
③ 동결심도 아래에 있는 흙을 사질토로 치환하는 방법
④ 흙 속에 단열재를 매설하는 방법

해설

1) 배수구를 설치하여 지하수위를 낮춘다.
2) 모관수의 상승을 방지하기 위해 지하수위보다 높은 곳에 조립의 차단층(모래, 콘크리트, 아스팔트)을 설치한다.
3) 동결심도보다 위에 있는 흙을 동결하기 어려운 재료(자갈, 쇄석, 석탄재)로 치환한다.
4) 지표면 근처에 단열재료(석탄재, 코크스)를 넣는다.
5) 지표의 흙을 화학약품처리($CaCl_2$, $NaCl$, $MgCl_2$)하여 동결온도를 낮춘다.

39 흙의 동상현상에 대하여 옳지 않은 것은? [07 · 08 기사]
① 점토는 동결이 장기간 계속될 때에만 동상을 일으키는 경향이 있다.
② 동상현상은 흙이 조립일수록 잘 일어나지 않는다.
③ 하층으로부터 물의 공급이 충분할 때 잘 일어나지 않는다.
④ 깨끗한 모래는 모관상승 높이가 작으므로 동상을 일으키지 않는다.

해설

동상현상은 하층으로부터 물의 공급이 충분할 때 잘 일어난다.

4-7 흙의 압밀

1. 압밀(consolidation)

(1) 압밀(consolidation)이란?
  ① 포화된 흙에 외부의 하중이 작용할 경우 하중으로 간극수압이 발생한다. 이것을 과잉 간극수압 이라고 한다.
  ② 이때 오랜시간 걸쳐서 흙 속의 물이 빠져나가면서 흙이 천천히 압축되는 현상을 압밀이라고 한다.

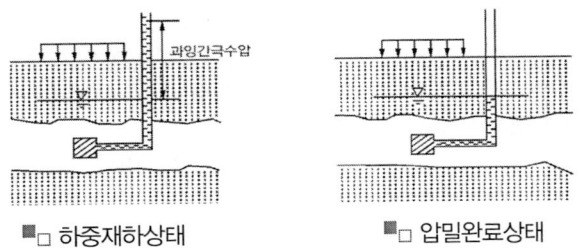

■□ 하중재하상태   ■□ 압밀완료상태

2. Terzaghi의 1차 압밀

(1) 가정사항
  ① 흙은 균질하고 토립자 공극은 완전포화되어 있다.
  ② 흙 입자와 물의 비압축성이다.
  ③ 흙 속의 물은 Darcy 법칙에 따르며 투수계수는 압력크기와 상관없이 일정하다.
  ④ 압밀침하는 일축방향(1차원)으로만 진행된다.
  ⑤ 어떤 압력이 작용해도 토립자의 성질은 변하지 않는다.

(2) Terzaghi의 1차 압밀
  ① 반무한의 넓이의 하중을 지표면에 가하면 흙의 압밀은 1차원인 연직방향으로만 일어나고 횡방향은 변형없이 정지상태로 유지한다.
  ② 이러한 조건과 동일하게 하기 위하여 시험 시 횡방향 변형을 구속시켜서 1차원 압밀상태를 재현하게 된다.
  ③ 이러한 Terzaghi의 1차원 압밀 조건은 실제 국부적으로 재하되는 하중의 경우 합리성이 결여된다.
  ④ 따라서 Terzaghi 1차원 압밀은 대단위의 해안 매립지 또는 점토층의 두께에 비하여 재하되는 면적이 넓은 경우에 적용이 된다.

3. 침하의 종류

(1) 즉시침하(Immediate settlement)
   ① 외부하중이 짧은시간에 가해져 즉시적으로 발생되는 침하
   ② 모래는 배수성이 양호해서 즉시침하가 전체침하량과 거의 같음
   ③ 점토는 체적변화가 없이 발생되는데 투수계수가 작아 전체 침하량의 15%정도 발생한다.

(2) 1차 압밀침하(primary consolidation settlement)
   점토지반에 하중이 작용하면 배수가 불량하여 과잉공극수압이 발생되고 시간이 지나면서 과잉간극수압의 소산이 일어나면서 생기는 침하.

(3) 2차 압밀침하(secondary consolidation settlement)
   흙 속의 과잉공극수압이 완전히 배제된 후 즉 1차 압밀 침하 후 점토의 Creep으로 점토입자 재배열이 되면서 발생되는 침하.

4. 압밀시험(KSF 2316)

(1) 시험방법
   ① 공시체를 성형하여 압밀상자에 시료를 넣은 후 가압판을 시료위에 올려놓고 변형량 측정장치를 설치
   ② 압밀하중($0.05 \sim 12.8 kg/cm^2$) 한 단계의 재하시간을 24시간으로 하여 재하한다.
   ③ 시간 - 침하량 곡선, 하중과 간극비 곡선(e-P곡선, e-logP곡선)을 작도하여 이것을 이용하여 각종 계수를 구한다.

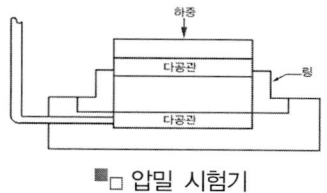

■□ 압밀 시험기

(2) 압밀시험 결과정리
   ① 시간-침하량 곡선
   ② 하중-간극비 곡선(e-logP곡선, e-P 곡선)

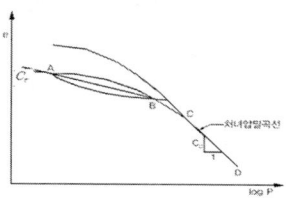

■□ e – logP 곡선

   ③ 상기 곡선을 작도하여 이것을 이용하여 각종 계수를 구한다.

④ 압밀시험으로부터 구하는 각종 계수
  1) 압축지수(C_c)
  2) 팽창지수(C_s)
  3) 압축계수(a_v)
  4) 선행압밀하중(P_c)
  5) 체적변화계수(m_v)

5. 압밀시험으로부터 구하는 각종계수

(1) 압축지수(C_c)
  ① e-log P 곡선에서 직선구간의 기울기로서 무차원
  ② $C_c = \dfrac{e_1 - e_2}{\log P_2 - \log P_1} = \dfrac{e_1 - e_2}{\log \dfrac{P_2}{P_1}} = \dfrac{e_1 - e_2}{\log \dfrac{P_1 + \triangle P_2}{P_1}}$

  여기서, P_1 : 초기 유효 연직 응력
  e_1 : 초기 간극비
  e_2 : 압밀 종료 후 간극비

  ③ 압축지수는 흙의 압밀침하량을 알기 위해 구한다.
  ④ Skempton 의 경험식에 의한 Cc 값의 추정
  1) 불교란 시료의 압축지수(Cc)
  $C_c = 0.009(w_L - 10)$
  2) 교란시료의 압축지수(Cc)
  $C_c = 0.007(w_L - 10)$
  여기서 w_L : 액성한계

(2) 팽창지수(C_s)
  점 A와 B를 연결하는 직선의 기울기

(3) 압축계수(a_v)
  ① 하중 증가에 따른 간극비의 감소비율을 나타내는 계수로서 e-P 곡선의 기울기
  ② $a_v = \dfrac{e_1 - e_2}{P_2 - P_1}$

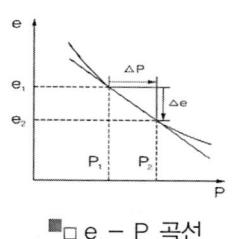

■ e - P 곡선

(4) 선행압밀하중(P_c)

① 선행압밀하중(P_c)

1) 현재 지반이 과거에 받았던 최대의 하중

2) Casagrande는 압밀시험 결과 e-logP 곡선에서 선행압밀하중(P_c)을 결정하는 작도법을 제안함.

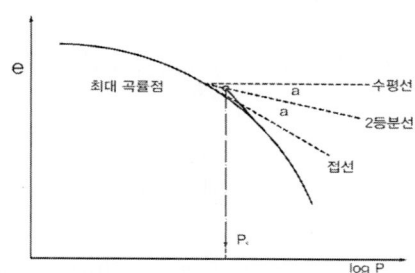

② 현재유효상재하중(P_o)

현재 지반이 받고 있는 최대의 하중

(5) 압밀계수(C_v)

① 지반 압밀의 진행 속도를 나타내는 계수

$$C_v = \frac{k}{m_v \cdot \gamma_w} = \frac{k(1+e)}{a_v \cdot \gamma_w}$$

② 실내시험에서 압밀계수(C_v)를 구하는 방법

1) $\sqrt{t}$ 법

$$C_v = \frac{T_v \cdot H^2}{t_{90}} = \frac{0.848 H^2}{t_{90}}$$

2) log t법

$$C_v = \frac{T_v \cdot H^2}{t_{50}} = \frac{0.197 H^2}{t_{50}}$$

여기서, H : 배수거리(양면 배수인 경우 $\frac{H}{2}$, 일면 배수인 경우 H를 대입)

a_v : 압축계수

T_v : 시간계수

t : 압밀시간

k : 투수계수

t_{50} : 압밀도 50%에 해당하는 시간

t_{90} : 압밀도 90%에 해당하는 시간

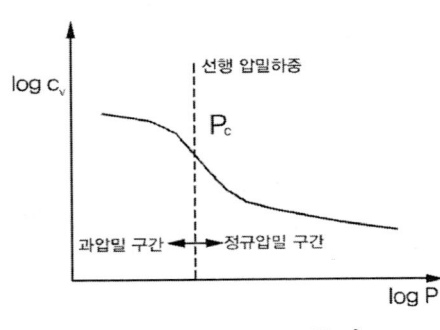

■□ $\log C_v - \log P$ 곡선

(6) 체적변화(압축)계수(m_v)

① 압밀하중 증가에 대한 시료체적의 감소비율을 나타내는 계수로 시료의 높이변화를 체적 변화 계수(m_v)라 한다.

② 체적 변화 계수는 압밀침하량 및 투수계수 산정에 이용된다.

③ $m_v = \dfrac{a_v}{1+e_o}$

$S = m_v \cdot \triangle P \cdot H$

$k = C_v \cdot m_v \cdot \gamma_w = C_v (\dfrac{a_v}{1+e_0}) \gamma_w$

여기서, C_v : 압밀계수

m_v : 체적변화계수

a_v : 압축계수

e_0 : 초기간극비

6. 압밀시험 결과의 이용

(1) 최종 압밀 침하량 계산(정규압밀)

$S = \dfrac{a_v}{1+e} \cdot \triangle P \cdot H = m_v \cdot \triangle P \cdot H = \dfrac{C_c}{1+e_0} \cdot H \cdot \log \dfrac{P_o + \triangle P}{P_o}$

(2) 압밀상태 판단

① 과압밀비 $O.C.R = \dfrac{\text{선행 압밀하중}(P_c)}{\text{현재 유효상재하중}(P_o)}$

② 점토의 과압밀비를 구하여 흙의 이력상태 파악
  1) 정규압밀하중의 경우 OCR = 1
  2) 과압밀하중의 경우 OCR > 1
  3) 압밀이 진행중인 경우 OCR < 1

(3) 압밀소요시간계산

① 압밀에 걸리는 시간(t)은 배수거리(H)의 제곱에 비례한다.
② 압밀에 걸리는 시간

$$t = \dfrac{TH^2}{C_v}$$

여기서, T : 압밀도에 따른 시간계수
  H : 배수거리
  t : 압밀에 필요한 시간
  C_v : 압밀계수

(4) 투수계수 간접계산

$$k = C_v \cdot m_v \cdot \gamma_w = C_v \left(\dfrac{a_v}{1+e_0}\right)\gamma_w$$

7. 압밀도(Degree of Consolidation)

(1) 압밀도(U)란?

① 흙의 압밀에서 t 시간 까지 침하량(S_t)과 최종적인 침하량(S)의 비를 백분율로 표시한 것을 압밀도라고 한다.
② 이는 지반내의 어떤 점에서 임의시간(t)에 있어서의 간극수압의 소산정도 또는 압밀이 진행 되는 정도를 백분율로 나타낸 것이다.

(2) 간극수압에 의한 압밀도

① $U_z = \dfrac{u_i - u}{u_i} \times 100 = \left(1 - \dfrac{u}{u_i}\right) \times 100$

여기서, U : 압밀도
  u : 시간이 t시간일 때의 간극수압
  u_i : 초기 간극수압

(3) 하중에 의한 압밀도
$$U_z = \frac{P-u}{P} \times 100 = (1 - \frac{u}{P}) \times 100$$

(4) 평균압밀도
① 지층의 깊이에 따라 압밀도가 다르므로 압밀층 전두께에 대하여 과잉간극수압의 평균을 취하여 구한 압밀도를 평균압밀도라 한다.
② 평균압밀도
$$\overline{U} = \frac{S_t}{S} \times 100$$
여기서, $\overline{U}$: 임의시간 t에서의 평균압밀도(%)
S : 전압밀 침하량
S_t : 임의 시간 t에서의 침하량

8. e-log P 곡선에서 시료 교란으로 인한 간극비 변화
(1) 교란의 정도가 작을수록 선행압밀하중까지의 간극비 변화가 적다.
(2) 교란이 클수록 e-logP 곡선의 구배가 완만해지며 교란된 만큼 압축지수와 선행압밀하중이 작아진다.
(3) 교란된 지반이 불교란 지반 보다 투수계수가 작아 압밀침하가 잘 이루어지지 않는다.
(4) e-log P 곡선으로부터 선행압밀하중(P_c)를 구할 수 있으며, 압밀계수, 체적변화계수, 투수계수는 시간-침하량 곡선으로부터 구할 수 있다.

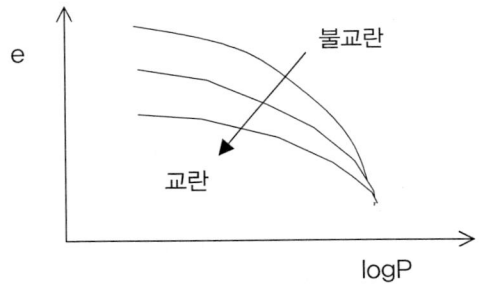

■□ 간극비-압밀응력 곡선

9. 압밀 침하량
(1) 최종 압밀침하량
① 정규압밀점토
1) $S = \frac{C_c}{1+e_o} H \log \frac{P_o + \Delta P}{P_o}$
2) $S = m_v \cdot \Delta P \cdot H$

3) $S = \dfrac{e_o - e_1}{1 + e_o} H$

② 과압밀점토

1) $P_o + \triangle P \leq P_c$

$$S = \dfrac{C_r}{1+e_o} H \log \dfrac{P_o + \triangle P}{P_o}$$

2) $P_o + \triangle P > P_c$

$$S = \dfrac{C_r}{1+e_o} H \log \dfrac{P_c}{P_o} + \dfrac{C_c}{1+e_o} H \log \dfrac{P_o + \triangle P}{P_c}$$

여기서, C_r : 과압밀점토구간에서의 압축지수($0.05 \sim 0.1 C_c$)

C_c : 정규압밀점토구간에서의 압축지수

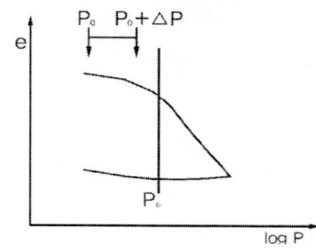
$P_o + \triangle P \leq P_c$

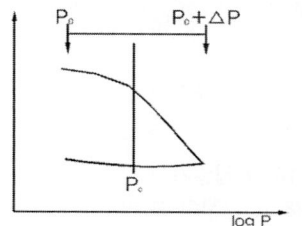
$P_o + \triangle P > P_c$

③ 과소압밀점토

$$S = \dfrac{C_c}{1+e_o} H \log \dfrac{P_o + \triangle P}{P_c}$$

(2) t 시간 후의 압밀 침하량

$S_t = U \cdot S$

여기서, U : 평균압밀도

S_t : 시간 t에서 발생된 압밀침하량

S : 1차 최종 압밀침하량

(3) 과잉간극수압

$u = u_i \cdot (1 - u_z) = \triangle P \cdot (1 - u_z)$

여기서, u_i : 초기과잉간급수압 = $\triangle P$

4-7 주요핵심문제
흙의 압밀

01 Terzaghi는 포화점토에 대한 1차 압밀이론에서 수학적 해를 구하기 위하여 다음과 같은 가정을 하였다. 이 중 옳지 않은 것은? [03.06·10 기사]
① 흙은 균질하다.
② 흙입자와 물의 압축성은 무시한다.
③ 흙 속에서의 물의 이동은 Darcy 법칙을 따른다.
④ 투수계수는 압력의 크기에 따라 변한다.

해설
Terzaghi의 1차원 압밀가정
1) 흙은 균질하고 완전히 포화되어 있다.
2) 토립자와 물은 비압축성이다.
3) 압축과 투수는 1차원적(수직적)이다.
4) Darcy의 법칙이 성립한다.
5) 투수계수는 압력의 크기와 상관없이 일정하다.

02 Terzaghi의 압밀이론에서 2차 압밀이란? [07·11 기사]
① 과대 하중에 의해 생기는 압밀
② 과잉간극수압이 "0"이 되기 전의 압밀
③ 횡방향의 변형으로 인한 압밀
④ 과잉간극수압이 "0"이 된 후에도 계속되는 압밀

해설
과잉공극수압이 모두 소산된 후에도 계속되는 압밀을 2차 압밀이라 한다.

03 점토층이 소정의 압밀도에 도달 소요시간이 단면배수일 경우 4년이 걸렸다면 양면배수일 때는 몇 년이 걸리겠는가? [04.09.10.14 기사]
① 1년 ② 2년
③ 4년 ④ 16년

해설
$$t_1 : t_2 = H^2 : \left(\frac{H}{2}\right)^2$$

$$4 : t_2 = H^2 : \frac{H^2}{4} \qquad \therefore t_2 = 1년$$

04 어떤 시료의 압밀시험결과 $C_v = 2.3 \times 10^{-3}$ cm²/sec라면 두께 2cm인 공시체가 압밀도 50%에 소요되는 시간은? [01.04 기사]
① 1.43분 ② 1.53분
③ 1.63분 ④ 1.73분

해설
$$t_{50} = \frac{0.197 H^2}{C_v} = \frac{0.197 \left(\frac{2}{2}\right)^2}{2.3 \times 10^{-3}} = 85.65초 \fallingdotseq 1.43분$$

05 다짐되지 않은 두께 2m, 상대밀도 45%의 느슨한 사질토 지반이 있다. 실내시험 결과 최대 및 최소 간극비가 0.85, 0.40으로 각각 산출되었다. 이 사질토를 상대밀도 70%까지 다짐할 때 두께의 감소는 얼마나 되겠는가? [06·08·10·11 기사]
① 14cm ② 15cm
③ 17cm ④ 19cm

정답 01 ④ 02 ④ 03 ① 04 ① 05 ①

해설

1) $D_r = \dfrac{e_{\max} - e_1}{e_{\max} - e_{\min}} \times 100$

   $45 = \dfrac{0.85 - e_1}{0.85 - 0.4} \times 100$

   $\therefore e_1 = 0.648$

   $70 = \dfrac{0.85 - e_2}{0.85 - 0.4} \times 100$

   $\therefore e_2 = 0.535$

2) $\triangle H = \dfrac{e_1 - e_2}{1 + e_1} H$

   $= \dfrac{0.648 - 0.535}{1 + 0.648} \times 200$

   $\fallingdotseq 13.71 cm$

06 점토층에서 채취한 시료의 압축지수 C_c = 0.39, 간극비 e = 1.26이다. 이 점토층 위에 구조물이 축조되었다. 축조되기 이전의 유효압력은 8.0t/m², 축조된 후에 증가된 유효압력은 6.0t/m²이다. 점토층의 두께가 3m일 때 압밀침하량은? [02.09.11 기사]

① 12.6cm ② 9.1cm
③ 4.6cm   ④ 1.3cm

해설

$\triangle H = \dfrac{C_c}{1+e} \log \dfrac{P_2}{P_1} H$

$= \dfrac{0.39}{1+1.26} \log \left(\dfrac{8+6}{8} \right) \times 3$

$= 0.126 m$

$= 12.6 cm$

07 두께 6m의 점토층이 있다. 이 점토의 간극비는 e_0 = 2.0이고 액성한계는 W_L = 70%이다. 지금 압밀하중을 2kg/cm²에서 4kg/cm²로 증가시키려고 한다. 예상되는 압밀침하량은? (단, 압축지수 C_c는 Skempton의 식 C_c = $0.009(W_L - 10)$을 이용할 것) [03.04.07.12 기사]

① 0.27m ② 0.33m
③ 0.49m ④ 0.65m

해설

1) $C_c = 0.009(W_L - 10)$
   $= 0.009(70 - 10) = 0.54$

2) $\triangle H = \dfrac{C_c}{1 + e_o} \log \dfrac{P_2}{P_1} H$

   $= \dfrac{0.54}{1+2} \times \log \dfrac{4}{2} \times 6 \fallingdotseq 0.325 m$

08 그림과 같은 지반에 피에조미터를 설치하고 성토한 순간에 수주가 지표면에서부터 4m이었다. 4개월 후에 수주가 3m 되었다면 지하 6m 되는 곳의 압밀도와 과잉공극수압은? [98.11.13 기사]

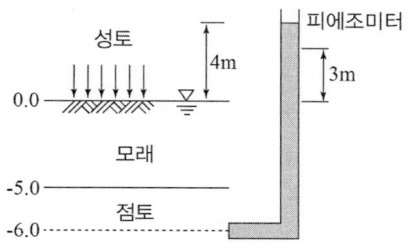

압밀도	과잉공극수압
① 0.10	9t/m²
② 0.25	3t/m²
③ 0.75	6t/m²
④ 0.9	5t/m²

해설

1) $u_i = \gamma_w h = 1 \times 4 = 4 t/m^2$
2) $u = \gamma_w h = 1 \times 3 = 3 t/m^2$
3) $U_z = \dfrac{u_i - u}{u_i} = \dfrac{4 - 3}{4} = 0.25$

정답 06 ① 07 ② 08 ②

09 그림과 같은 지반에 재하순간 수주(水柱)가 지표면으로부터 5m이었다. 20% 압밀이 일어난 후 지표면으로부터 수주의 높이는? (10.13 기사)

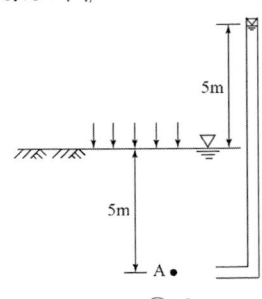

① 1m ② 2m
③ 3m ④ 4m

해설

1) 초기과잉간극수압 : $U_i = 1 \times 5 = 5t/m^2$
2) 압밀도
$$U_z = (1 - \frac{u_z}{u_i}) \times 100$$
$$20 = (1 - \frac{u_z}{5}) \times 100$$
$$\therefore u_z = 4t/m^2$$
3) $u_z = \gamma_w \cdot h$
$4 = 1 \times h$
$\therefore h = 4m$

10 압밀 시험에서 시간-압축량 곡선으로부터 구할 수 없는 것은? (13.14 기사)
① 압밀계수 (C_v)
② 선행압밀하중 (P_c)
③ 체적변화 계수 (m_v)
④ 투수계수 (k)

해설

선행압밀하중(P_c), 압축지수(C_c), 간극비(e)는 간극비-log 하중곡선에서 구할 수 있다.

11 그림과 같이 6m 두께의 모래층 밑에 2m 두께의 점토층이 존재한다. 지하수면은 지표아래 2m지점에 존재한다. 이때, 지표면에 $\triangle P = 5.0 t/m^2$의 등분포하중이 작용하여 상당한 시간이 경과한 후, 점토층의 중간높이 A점에 피에조미터를 세워 수두를 측정한 결과, $h = 4.0m$로 나타났다면 A점의 압밀도는? (11.12.13.14 기사)

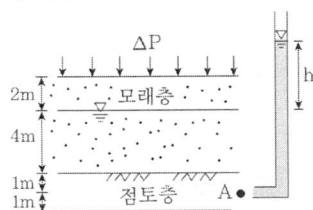

① 20% ② 30%
③ 50% ④ 80%

해설

$$U_Z = (1 - \frac{u_z}{u_i}) \times 100 = (1 - \frac{4}{5}) \times 100 = 20\%$$

12 모래지층 사이에 두께 6m의 점토층이 있다. 이 점토의 토질 실험결과가 다음 표와 같을 때, 이 점토층의 90%압밀을 요하는 시간은 약 얼마인가?(단, 1년은 365일로 계산) (10.14.20 기사)

・간극비 : 1.5
・압축계수(a_v) : 4×10^{-4} (cm^2/g)
・투수계수 k=3×10^{-7} (cm/sec)

① 52.2년 ② 12.9년
③ 5.22년 ④ 1.29년

해설

1) $t_{90} = \frac{0.848 H^2}{C_v}$
2) $K = C_v m_v \gamma_w = C_v \cdot \frac{a_v}{1+e_1} \cdot \gamma_w$
$$C_v = \frac{3 \times 10^{-7} \times (1+1.5)}{4 \times 10^{-4} \times 1}$$
$$C_v = 1.875 \times 10^{-3} cm^2/\text{sec}$$

$$\therefore t_{90} = \frac{0.848H^2}{C_v} = \frac{0.848 \times \left(\frac{600}{2}\right)^2}{1.875 \times 10^{-3}}$$
$$= 40,704,000 \text{초}$$
$$= 40,704,000 \div (365 \times 24 \times 60 \times 60)$$
$$= 1.29 \text{년}$$

13 그림과 같은 5m 두께의 포화점토층이 10t/m²의 상재하중에 의하여 30cm의 침하가 발생하는 경우에 압밀도는 약 $U=60\%$에 해당하는 것으로 추정되었다. 향후 몇 년이면 이 압밀도에 도달하겠는가?(단, 압밀계수($C_V = 3.5 \times 10^{-4} cm^2/\text{sec}$)

(15 기사)

U(%)	T_v
40	0.126
50	0.197
60	0.287
70	0.403

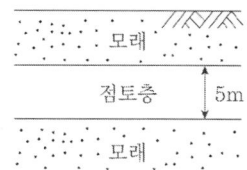

① 약 1.3년 ② 약 1.6년
③ 약 2.2년 ④ 약 2.4년

해설

$$t_{60} = \frac{0.287H^2}{C_V} = \frac{0.287\left(\frac{500}{2}\right)^2}{3.5 \times 10^{-4}}$$
$$= 51,250,000 \text{초}/60 \cdot 60 \cdot 24 \cdot 365$$
$$= 1.63 \text{년}$$

14 두께 2cm인 점토시료의 압밀시험 결과 전 압밀량의 90%에 도달하는 데 1시간이 걸렸다. 만일 같은 조건에서 같은 점토로 이루어진 3m의 토층 위에 구조물을 축조한 경우 최종침하량의 90%에 도달하는 데 걸리는 시간은? (11.15 기사)

① 약 250일 ② 약 368일
③ 약 938일 ④ 약 525일

해설

1) $t_{90} = \frac{0.848H^2}{C_v}$

$$1 = \frac{0.848 \times \left(\frac{0.02}{2}\right)^2}{C_v}$$

$$\therefore C_v = 8.48 \times 10^{-5} m^2/hr$$

2) $t_{90} = \frac{0.848H^2}{C_v} = \frac{0.848 \times \left(\frac{3}{2}\right)^2}{8.48 \times 10^{-5}}$

$$= \frac{22,500}{24} = 938 \text{일}$$

15 그림과 같은 점토지반에 재하순간 A점에서의 물의 높이가 그림에서와 같이 점토층의 윗면으로부터 5m이었다. 이러한 물의 높이가 4m까지 내려오는데 50일이 걸렸다면, 50%압밀이 일어나는데는 며칠이 더 걸리겠는가? (10.16 기사)

(단, 10% 압밀시 시간계수 $T_v = 0.008$
  20% 압밀시 $T_v = 0.031$
  50% 압밀시 $T_v = 0.197$

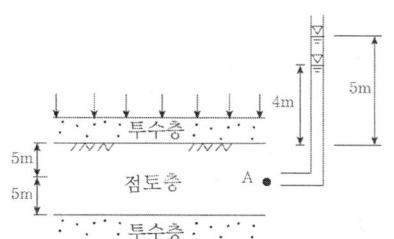

① 268일 ② 618일
③ 1181일 ④ 1231일

해설

1) 수위가 5m에서 4m까지 되었을 때 압밀도(U_z)

$$U_z = (1 - \frac{u_z}{u_i}) \times 100$$
$$= (1 - \frac{4}{5}) \times 100$$
$$= 20\%$$

2) 압밀도 20%가 되었을 때의 압밀계수

$$t_{20} = \frac{T_v \cdot H^2}{C_v}$$

$$C_v = \frac{T_v \cdot H^2}{t_{20}} = \frac{0.031 \times (\frac{10}{2})^2}{50}$$
$$= 0.0155 m^2/day$$

3) 압밀 50%가 일어나는데 걸린 전체 시간

$$t_{50} = \frac{0.197 \times (\frac{10}{2})^2}{0.0155} = 318일$$

4) 압밀 50%가 일어나는데 50일 이후 추가시간은 318일-50일=268일

16 그림과 같은 지층단면에서 지표면에 가해진 5t/m²의 상재하중으로 인한 점토층(정규압밀점토)의 1차압밀 최종침하량(S)을 구하고, 침하량이 5cm 일 때 평균압밀도(U)를 구하면? (02.09.16 기사)

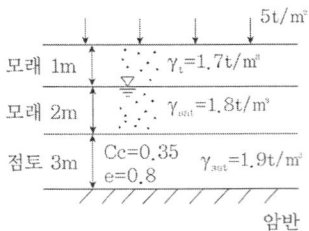

① S = 18.5cm, U = 27%
② S = 14.7cm, U = 22%
③ S = 18.5cm, U = 22%
④ S = 14.7cm, U = 27%

해설

1) 1차압밀침하량(정규압밀점토)

$$\cdot S = \frac{C_c}{1+e_o} H \log \frac{P_o + \triangle P}{P_o}$$

$$= \frac{0.35}{1+0.8} 3 \log \frac{4.65+5}{4.65} = 18.5 cm$$

$\cdot P_0 = 1.7 \times 1 + 0.8 \times 2 + 0.9 \times 1.5$
$= 4.65 t/m^2$

2) 평균압밀도

$\cdot \overline{U} = \frac{S_t}{S} \times 100$

$= \frac{5}{18.5} \times 100 = 27.02\%$

17 두께가 4미터인 점토층이 모래층 사이에 끼어있다. 점토층에 3t/m²의 유효응력이 작용하여 최종침하량이 10cm가 발생하였다. 실내압밀시험결과 측정된 압밀계수(C_v)=2×10⁻⁴cm²/sec라고 할 때 평균압밀도 50%가 될 때까지 소요일수는?

(05.16 기사)

① 288일   ② 312일
③ 388일   ④ 454일

해설

1) 압밀도 50% 소요일수(t_{50})

$$t_{50} = \frac{T_v \cdot H^2}{C_v} = \frac{0.197 \cdot (\frac{400}{2})^2}{2 \times 10^{-4}}$$

$$\frac{3.92 \times 10^7}{60 \times 60 \times 24} \fallingdotseq 454일$$

2) 압밀도 50%일 때의 시간계수(T_v)

$$T_v = \frac{\pi}{4}(\frac{u(\%)}{100})^2$$
$$= \frac{\pi}{4} \cdot (\frac{50}{100})^2 = 0.197$$

4-8 흙의 전단강도

1. 흙의 전단강도
(1) Coulomb은 흙의 전단시험을 통해 응력과 관련되는 성분과 접착제와 같이 흙을 결합시키는 성분의 합으로 전단강도를 표현 하였다.

(2) 전단강도
$$\tau = c + \sigma \tan \phi$$
여기서, τ : 전단강도
c : 점착력
σ : 수직응력
ϕ : 전단저항각

(3) 흙의 종류에 따른 전단강도
① 보통흙의 전단강도
$$\tau = c + \sigma \tan \phi$$
② 사질토의 전단강도
$$\tau = \sigma \tan \phi$$
③ 점성토의 전단강도
$$\tau = c$$

(4) 간극수압이 존재하는 경우 전단강도
$$\tau = c + (\sigma - u)\tan \phi = c + \overline{\sigma} \tan \phi$$
여기서, $\overline{\sigma}$: 유효수직응력

2. Mohr의 응력원(Mohr's Circle of stress)
(1) Mohr의 응력원 이란?
① 최대 주응력(σ_1)과 최소주응력(σ_3)의 차를 직경으로 해서 수직응력-전단응력 관계도2차원적으로 응력상태를 나타낸 원을 말한다.
② Mohr 원의 중심좌표 및 반경좌표

1) 중심좌표 : $\dfrac{\sigma_1 + \sigma_3}{2}$

2) 반경좌표 : $\dfrac{\sigma_1 - \sigma_3}{2}$

③ Mohr 응력원에 접선을 그었을 때 종축과 만나는 점이 점착력 c 이고, 그 접선의 기울기가 내부 마찰각 ϕ이다.

④ Mohr 응력원이 파괴포락선과 접하는 경우 그 흙은 전단파괴가 도달했음을 의미한다.
⑤ Mohr의 응력원에서 응력상태는 파괴 포락선 위쪽에 존재 할 수가 없다.

(2) 임의 평면에서의 수직응력과 전단응력
① Mohr 원으로부터 구하고자 하는 응력과 응력작용면의 방향을 알려면 극점(또는 평면 기점)을 찾아야 하고 극점은 최소 주응력점에서 최소 주응력면과 평행한 선이 Mohr 원에 만나는 점이 된다.
② 극점에서 임의의 평면에 평행하게 그은 선이 Mohr원과 만나는 점의 좌표가 그 면에 작용하는 응력의 크기를 나타낸다.
③ 임의 평면에서 응력은 극점을 이용하거나 계산에 의한 방법으로 구할 수 있다.
④ 수직응력(σ)과 전단응력(τ)

$$\sigma = \frac{\sigma_1 + \sigma_3}{2} + \frac{\sigma_1 - \sigma_3}{2}\cos 2\theta$$

$$\tau = \frac{\sigma_1 - \sigma_3}{2}\sin 2\theta$$

여기서 θ는 최대주응력면과 임의 평면이 이루는 반시계 방향각(파괴각)으로

$45° + \dfrac{\varnothing}{2}$ 로 표시된다.

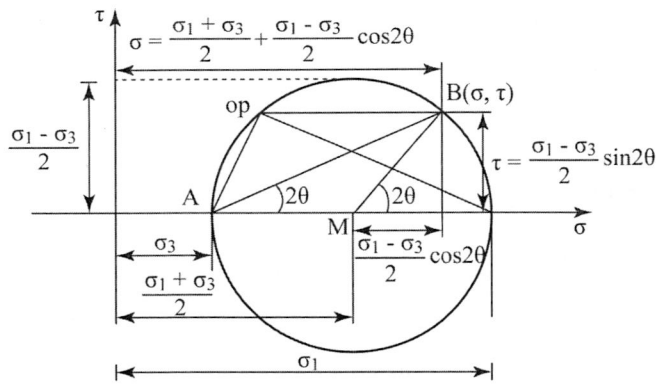

(3) Mohr 응력원과 전단강도 관계
① 여러개의 시료에 대해 구속응력(σ_3)을 바꿔서 시험을 하여 여러개의 Mohr응력 원을 그리면 Mohr원의 응력원에 공통되는 선을 그릴수가 있는데 이때의 선을 Mohr의 파괴포락선이라고 한다.
② Mohr의 파괴 포락선은 곡선으로 되어 있어 흙에 적용하는데 불편하므로 여기에 Coulomb의 전단강도 개념을 도입하여 Mohr 포락선을 직선으로 표시하여 Mohr-coulomb 의 파괴 포락선이라고 한다.

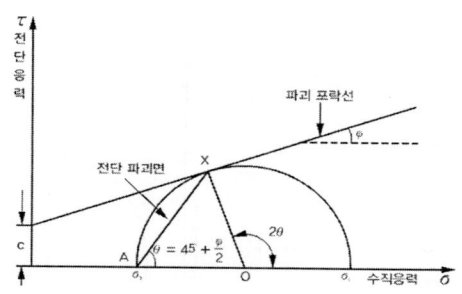

(4) 응력경로(stress path)
   ① 응력경로란?
      1) Mohr원의 정점을 연결한선으로 전단응력이 최대인 점을 연결하여 구한다.
      2) 응력경로는 전응력경로와 유효응력경로로 표시할 수 있다.

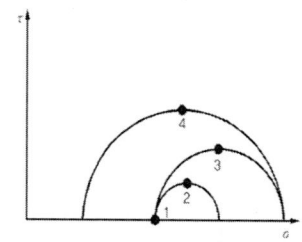 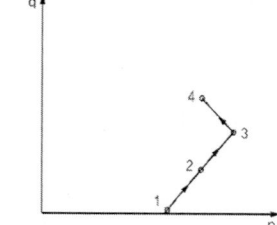

   ② 응력경로 종류 및 좌표
      1) 전응력 경로(total stress path : TSP)
      $$p = \frac{\sigma_1 + \sigma_3}{2}, \quad q = \frac{\sigma_1 - \sigma_3}{2}$$
      2) 유효응력 경로(effective stress path : ESP)
      $$p' = \frac{(\sigma_1 - u) + (\sigma_3 - u)}{2}, \quad q' = q = \frac{\sigma_1 - \sigma_3}{2}$$
   ③ 파괴포락선과 수정파괴포락선
      1) 파괴포락선 $\tau = C + \sigma \tan \emptyset$
      $$\frac{\sigma_1 - \sigma_3}{2} = C\cos\emptyset + \frac{(\sigma_1 + \sigma_3)}{2} \cdot \sin\emptyset$$
      2) 수정파괴포락선(K_f)
      $$\frac{\sigma_1 - \sigma_3}{2} = \alpha + \frac{(\sigma_1 + \sigma_3)}{2} \cdot \tan\beta$$
      3) 관 계
         가. $C \cdot \cos\emptyset = \alpha, \quad C = \frac{\alpha}{\cos\emptyset}$
         나. $\sin\emptyset = \tan\beta, \quad \emptyset = \sin^{-1}(\tan\beta)$

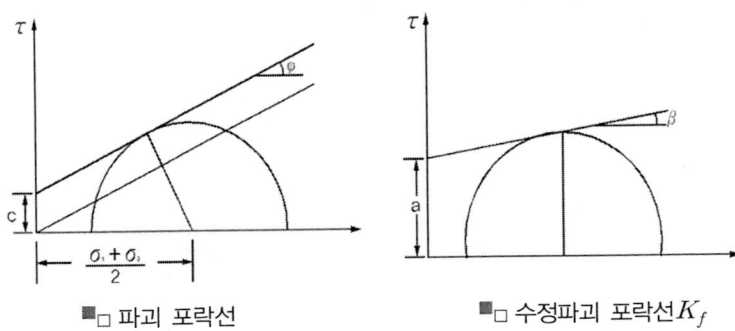

■□ 파괴 포락선　　　　　　■□ 수정파괴 포락선 K_f

④ 파괴시 간극수압 계수 A_f와 유효응력경로의 상관성

  1) $\triangle u = B[\triangle\sigma_3 + A(\triangle\sigma_1 - \triangle\sigma_3)]$ 에서 포화시 B=1로 계산

  2) $A = \dfrac{\triangle u - \triangle\sigma_3}{\triangle\sigma_1 - \triangle\sigma_3}$ 이 되고 전단시 구속압력은 일정하므로 $A = \dfrac{\triangle u}{\triangle\sigma_1}$

⑤ 배수조건에 따른 여러 응력경로

  1) 실내전단시험에 따른 응력경로(배수)

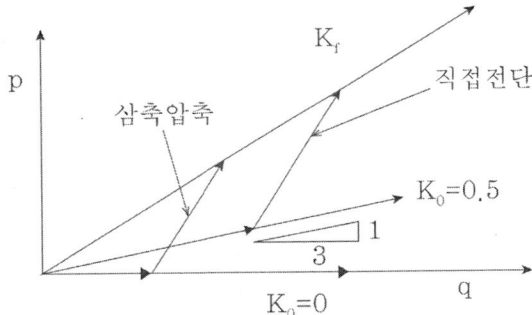

  2) 대표적인 응력경로

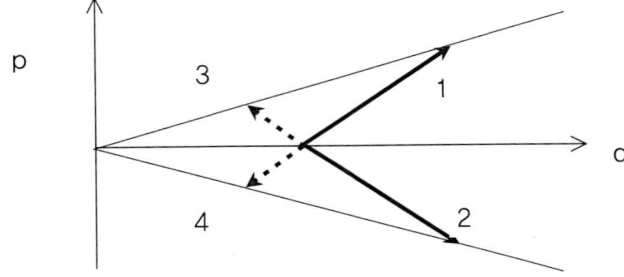

    가. 1 : 축압축조건 : 주동상태
    나. 2 : 축인장조건 : 수동상태
    다. 3 : 측인장조건 : 주동토압 상태
    라. 4 : 측압축조건 : 수동상태 토압

3. 전단강도 정수를 구하는 시험
(1) 실내시험에 의한 전단강도 정수
① 직접전단시험(Direct shear Test)
1) 상하로 분리된 전단상자에 공시체를 삽입하고 수직하중(3~4개)을 가한 상태로 수평력을 가해 경계면에서 전단파괴를 시켜서 횡축에 수직응력 종축에 전단강도를 취해 각하중에 따른 수직응력과 전단응력을 구하여 파괴포락선을 그린 후 점착력 C 와 전단저항각 $\varnothing$ 를 구한다.

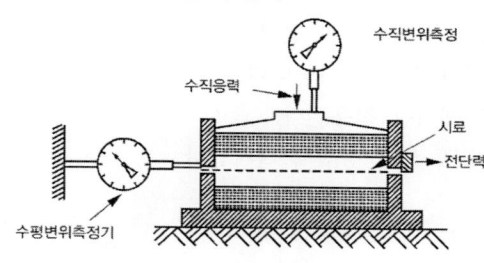

■□ 직접전단시험기

2) 전단응력의 계산
   가. 전단응력
   $$\tau = C + \sigma \tan \varnothing$$
   나. 수직응력
   $$\sigma = \frac{P}{A}$$
   다. 1면 전단응력
   $$\tau = \frac{S}{A}$$
   라. 2면 전단응력
   $$\tau = \frac{S}{2A}$$
   여기서, σ : 수직응력
   P : 수직하중
   A : 시료단면적
   τ : 전단응력
   S : 최대전단력

3) 직접전단시험의 장·단점
   가. 시험이 간단하고 조작이 용이하다.
   나. 전단면이 고정되어 있다.
   다. 응력이 전단면에 골고루 분포되지 않는다.
   라. 간극수압 측정을 못한다.

② 일축압축시험
  1) 측압을 받지 않는 공시체가 파괴될 때의 축방향압축응력 또는 압축변형율이 15% 달할 때까지의 응력-변형곡선으로부터 구한 최대압축응력을 일축압축강도(q_u)라 한다.
  2) 구속압력이 없는 시험이므로 흙은 점성토에만 적용되며, 비압밀 비배수(UU)전단강도 시험이므로 시료는 포화상태 이어야한다.
  3) 일축압축강도시험의 장·단점
     가. 시험장치 및 시험방법이 간단하다.
     나. 점성토에서만 적용이 가능하다.
     다. 비배수조건에서만 적용된다.
     라. 교란영향으로 강도가 적게 나타난다.

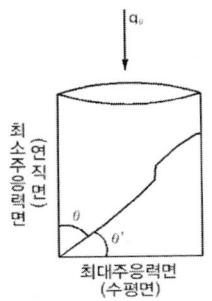
■□ 일축압축시험

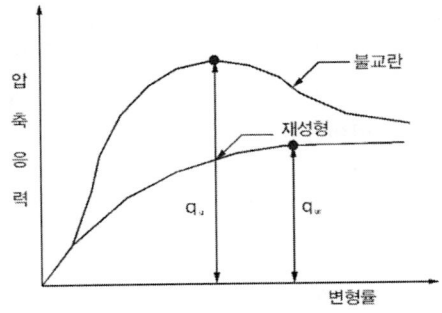
■□ 불교란 점토와 교란 점토의 일축압축강도

  4) 일축압축강도 시험 시 압축응력
  $$\sigma = \frac{P}{A_0} = \frac{P}{\frac{A}{1-\varepsilon}} = \frac{P(1-\varepsilon)}{A}$$
  여기서, A_0 : 환산단면적
  ε : 변형률 $\left(\frac{\triangle \ell}{\ell}\right)$
  ℓ : 시료의 최초높이

  5) 일축압축강도
  $$q_u = 2c \tan\left(45° + \frac{\varnothing}{2}\right)$$

  6) 점착력 (c)
  $$c = \frac{q_u}{2\tan\left(45° + \frac{\varnothing}{2}\right)} = \frac{q_u}{2}\tan\left(45° - \frac{\varnothing}{2}\right)$$

  7) $\varnothing = 0$인 점토의 경우 $c = \frac{q_u}{2}$

8) 파괴면과 주응력면과의 각
   가. 파괴면과 최대주응력면 (수평면)의 각
   $$\theta = 45° + \frac{\varnothing}{2}$$
   나. 파괴면과 최소주응력면 (연직면)의 각
   $$\theta = 45° - \frac{\varnothing}{2}$$

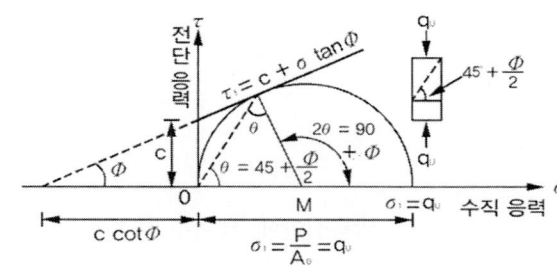

9) 결과의 이용
   가. 예민비
   - 예민비는 불교란시료와 교란시료의 일축압축강도비를 나타낸다.

   $$\text{예민비 } S_t = \frac{\text{불교란 흙의 일축압축강도}(q_u)}{\text{교란시킨 흙의 일축압축강도}(q_{ur})}$$

   - 예민비가 크면 불안정한 흙이되므로 안전율을 크게 고려해야 한다.

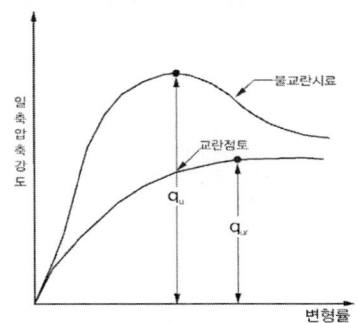

■□ 불교란 점토와 교란점토의 일축압축강도

   - 예민비가 큰 점토는 흙을 다시 이겼을 때 강도의 감소가 큰 점토를 말하며 예민비가 클수록 흙의 공학적 성질이 불안해진다.

- 예민비에 따른 점토의 분류

예민비	분 류
< 1	비예민성 점토
1~8	예민성 점토
8~64	초예민성 점토
> 64	extra 퀵 점토

나. N치 추정

- $q_u = \dfrac{N}{8}(kg/cm^2)$
- $q_u = 2c$

③ 삼축압축시험

1) 공시체에 고무막을 씌어 압축실안에 넣어주고 현장의 유효상재하중에 해당하는 구속압력(σ_3)을 일정하게 압밀을 시키면서 비배수 조건 하에 축하중(σ_1)을 가하면서 압력 및 간극수압을 측정한다.

2) 변형율 15% 또는 파괴시까지 축하중을 가한 후 압축을 중지한다. 현재 측압을 받는 지반의 강도정수를 구하는 시험중 가장 신뢰성이 있다.

3) 축차응력 및 최대주응력의 계산

가. 축차응력 = $\sigma_1 - \sigma_3$

나. 최대주응력 = σ_1 = 축차응력($\sigma_1 - \sigma_3$) + 최소주응력(σ_3)

다. 최소주응력 = σ_3

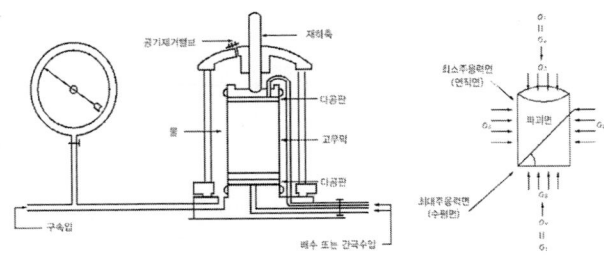

■□ 삼축압축 시험장치

4) 삼축압축 시험의 종류(배수조건에 따른 분류)

가. UU(Unconsolidated – Undrained) 시험(비압밀 비배수)시료에 대해 구속압을 가하고 축하중으로 전단실시하며, $\varnothing$는 "0"이고 C_u는 "0"이 아니다.

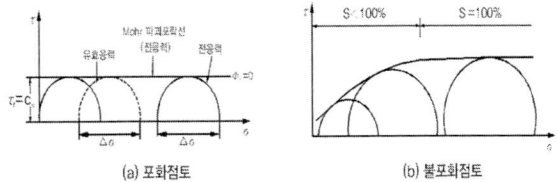

(a) 포화점토 (b) 불포화점토

나. CU(Consolidated – Undrained)시험(압밀 비배수)

시료에 구속압을 가하고 압밀시킨후 비배수 상태로 전단시험실시

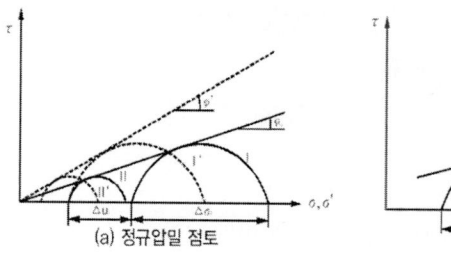
(a) 정규압밀 점토

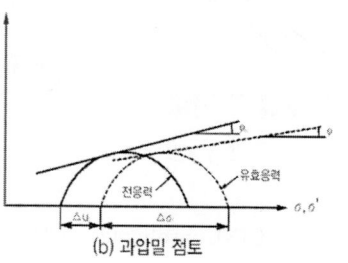
(b) 과압밀 점토

다. CD(Consolidated - Drained)시험(압밀 배수)

구속압을 가하고 압밀시킨후 배수상태로 전단시험을 실시

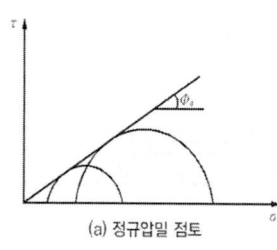
(a) 정규압밀 점토

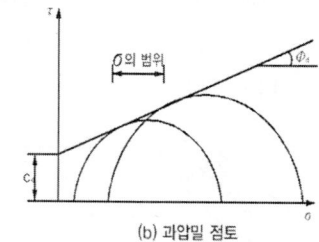
(b) 과압밀 점토

※ 흙의 전단시험중 비압밀 배수(UD) 시험은 없다.

5) 현장조건에 따른 삼축압축시험의 적용

가. UU(Unconsolidated - Undrained) 시험(비압밀 비배수)
- 시공속도가 과잉간극수압 소산속도보다 빠를 때
- 점토지반에 제방 성토 직후 초기 사면안정 해석하는 경우
- 점토지반에 급속히 성토 시공을 하였을 경우 초기 안정성 검토
- UU 조건 지반위에 구조물을 시공한 직후의 초기 안정성 검토

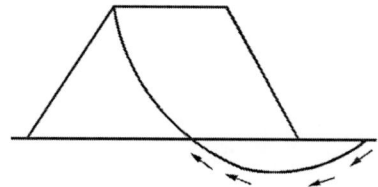
■□ 급속성토 시공직후 안정검토

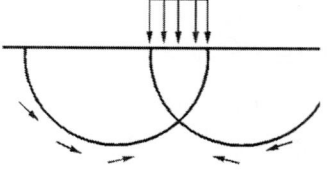
■□ 점토지반 기초지지력

나. CU(Consolidated - Undrained)시험(압밀 비배수)
- 점토 지반을 Pre-loading 공법 등으로 미리 압밀 시킨 후에
- 추가적으로 급속히 재하 성토를 실시하여 비배수 상태의 안정성을 검토하는 경우 적용
- 한계성토고 이상으로 단계성토시 적용
- 수위 급강하시 댐 제체의 상류측 안정성 검토 적용
- 이미 안정된 성토 제방에 추가로 급속 성토시공후 안정성 검토

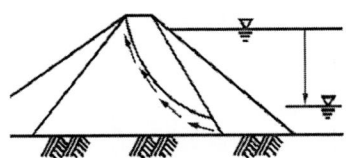
흙댐 배면의 수위 급강하

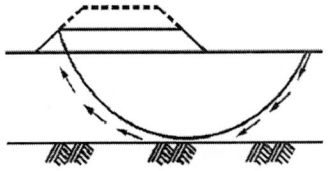
압밀 후 성토

다. CD(Consolidated - Drained)시험(압밀 배수)
- 완속시공 조건 적용
- 댐 제체의 정상침투 조건 적용
- 모래지반사면, 지지력 검토시 적용
- 성토 하중에 의해 압밀이 되고 파괴도 완만하게 일어나 간극수압이 발생되지 않는 경우 적용

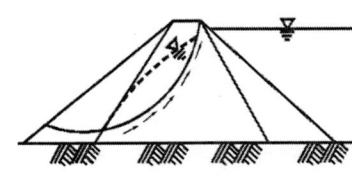
■□ 정상침투하의 흙댐   ■□ 연약한 점토위에 완속성토

6) 삼축압축시 간극수압
$$\Delta u = B\left[\Delta\sigma_3 + A(\Delta\sigma_1 - \Delta\sigma_3)\right]$$
여기서, A, B : Skempton의 간극수압계수

4. 전단특성

(1) 사질토의 전단특성

① 전단강도

$$\tau = \overline{\sigma} \cdot \tan\varnothing = (\sigma - u)\tan\varnothing$$

여기서, $\overline{\sigma}$: 유효응력
  σ : 전압력
  u : 간극수압

② 다이러턴시 (Dilatancy) 현상
  1) 시료에 전단응력을 가하면 느슨한 모래 또는 정규압밀점토의 경우 체적이 감소하고 조밀한 모래 또는 과압밀점토는 체적이 증가하는 경향을 보인다.
  2) 이와 같이 전단변형에 따른 체적변화를 Dilatancy라 한다.
  3) 이때 체적이 감소될 때 (−) Dilatancy가 되면서(+)양의 과잉간극수압 발생되며,
  4) 흙의 체적이 증가될 때 (+) Dilatancy가 되면서(-)부의 과잉간극수압발생

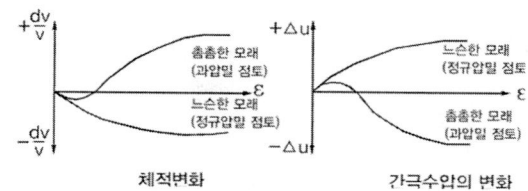

체적변화 　　　　　　　　간극수압의 변화

③ 한계 간극비
1) 간극비가 상대적으로 큰 느슨한 모래나 정규압밀점토의 경우 변형이 일어나면서 간극비가 감소되나, 촘촘한 모래나 과압밀점토의 경우 처음에는 약간 체적이 감소하였다가 전단이 진행되면서 점차로 체적이 팽창하게 된다.
2) 변형률이 상당히 커지면서 더이상의 체적변화가 발생하지 않는 간극비로 수렴 될 때 이때의 간극비를 한계간극비라 한다.

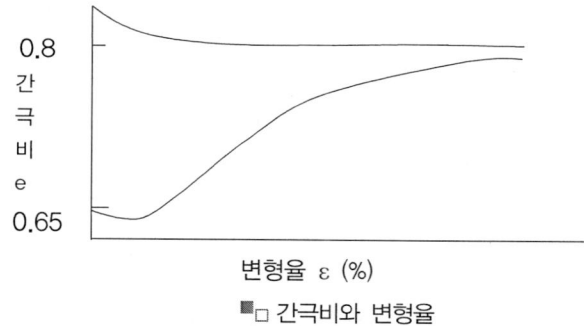

■□ 간극비와 변형율

④ 액상화(liquefaction)
1) 액상화란 느슨한 포화된 모래지반이 진동이나 충격 영향으로 체적은 압축이 되면서(+)양의 과잉간극수압이 발생됨.
2) 이러한 반복 진동으로 간극수압의 누적이 발생되면서 지반이 액체처럼 강도를 잃게되고 흙의 간극수압 상승으로 유효응력은 감소되고 전단강도가 0인 상태가되는 현상을 보이게 되는데 이러한 현상을 액상화라고 함.

(2) 점성토의 전단특성
① Thixotropy
1) Thixotropy 현상이란 교란된 점토시료를 함수비 변화 없이 그대로 두면 시간이 지나면서 점토광물의 전기화학적 성질에 의해서 전단강도(점착력)의 일부가 회복되는 현상을 말한다.
2) 이러한 전단강도 회복현상은 주로 정규압밀점토 또는 느슨한 모래지반에서 발생되어 질수 있다.

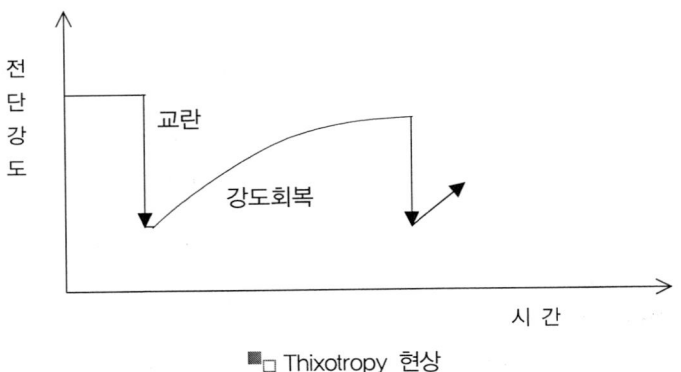

■□ Thixotropy 현상

② Leaching
    1) 토립자속 간극수에 있는 염류가 지하수 등에 의해 용해, 유출되거나 또는 해수상의 점토가 담수화 현상으로 염분의 감소가 발생되는 현상을 용탈(leaching)이라고 하며 이러한 대표적인 점토가 Quick Clay(예민성 점토)이다.
    2) 예민비 $S_t = \dfrac{\text{불교란 흙의 일축압축강도}(q_u)}{\text{교란시킨 흙의 일축압축강도}(q_{ur})}$

③ 예민비
    1) 예민비란 점토의 예민한 정도를 나타내는 것으로 동일한 점성토 시료에 일축압축시험을 시행할 경우 교란된 시료는 불교란 시료에 비하여 압축강도 작게 발생한다.
    2) 예민비란 불교란 시료와 교란 시료의 일축압축 강도비를 예민비라 한다.
    3) 예민비$(St) = \dfrac{\text{불교란 시료의 일축압축강도}(q_u)}{\text{교란시료의 일축압축강도}(q_{ur})}$

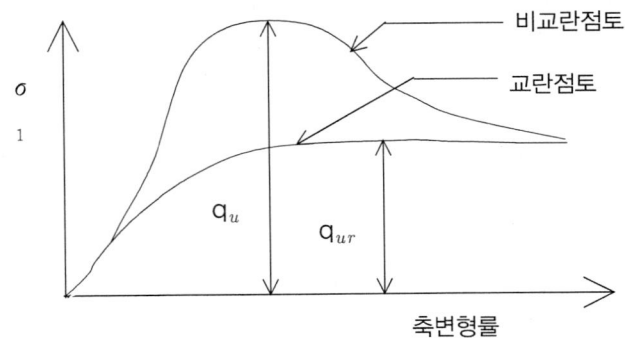

5. 전단강도의 증가 및 증가율 추정방법
  (1) $\overline{CU}$시험에 의한 방법
$$\alpha = \frac{C_u}{P'} = \frac{\sin\phi'}{1+\sin\phi'}$$

여기서, ϕ' : 유효응력으로 표시한 전단저항각
C_u : 점착력
P : 유효응력

(2) CU시험에 의한 방법

$$\alpha = \frac{C_u}{P'} = \tan\phi_{cu}$$

(3) 소성지수로 추정하는 방법(암기)

$$\alpha = \frac{C_u}{P} = 0.11 + 0.0037 \cdot PI (단, PI > 10)$$

여기서, PI : 소성지수

(4) 액성한계에 의한 방법

$$\alpha = \frac{C_u}{P'} = 0.45 LL$$

여기서, LL : 액성한계

※ 강도증가율 시험이 아닌 것은?(직접전단시험)
※ 평면변형 시험
　선형구조물, 제방기초지반, 옹벽, 사면 등의 해석에 있어서 길이방향이나 축방향 변형이 없다고 보고 해석한다. 실제 축방향이나 길이방향 변형은 거의 미소하다. 따라서 사면의 경우도 단위길이를 취하여 2차원으로 해석함.(길이방향 변형무시)

4-8 주요핵심문제
흙의 전단강도

01 내부마찰각 $\phi=30°$, 점착력 c=0인 그림과 같은 모래지반이 있다. 지표에서 6m 아래 지반의 전단강도는? (01.06.07.11.13.15 기사)

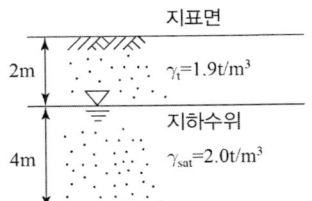

① $7.8t/m^2$ ② $9.8t/m^2$
③ $4.5t/m^2$ ④ $6.5t/m^2$

해설

1) 유효응력
 전응력 $\sigma = 2 \times 1.9 + 4 \times 2 = 11.8 t/m^2$
 간극수압 $u = 1 \times 4 = 4 t/m^2$
 유효응력 $\overline{\sigma} = \sigma - u = 11.8 - 4 = 7.8 t/m^2$

2) 전단강도
 $\tau = c + \overline{\sigma} \tan\phi = 0 + 7.8 \tan 30° = 4.5 t/m^2$

02 흐트러지지 않은 연약한 점토시료를 채취하여 일축압축시험을 실시하였다. 공시체의 직경이 35mm, 높이가 80mm이고 파괴시의 하중계의 읽음값이 2kg, 축방향의 변형량이 12mm일 때 이시료의 전단강도는?
(10.12.11.14 기사)

① $0.04kg/cm^2$ ② $0.06kg/cm^2$
③ $0.08kg/cm^2$ ④ $0.1kg/cm^2$

해설

1) $A_0 = \dfrac{A}{1-\epsilon} = \dfrac{\dfrac{\pi D^2}{4}}{1-\dfrac{\Delta l}{l}} = \dfrac{\dfrac{\pi \times 3.5^2}{4}}{1-\dfrac{1.2}{8}}$
$= 11.319 cm^2$

2) $\sigma = \dfrac{P}{A_o} = \dfrac{2}{11.319} = 0.177 kg/cm^2$

3) $\tau = C = \dfrac{q_u}{2} = \dfrac{0.177}{2} = 0.089 kg/cm^2$

03 흙 속에 있는 한 점의 최대 및 최소주응력이 각각 2.0kg/cm² 및 1.0kg/cm²일 때 최대주응력면과 30°를 이루는 평면상의 전단응력을 구한 값은?[02.04.06.08.10 기사]

① $0.105kg/cm^2$ ② $0.215kg/cm^2$
③ $0.323kg/cm^2$ ④ $0.433kg/cm^2$

해설

전단응력
$\tau = \dfrac{\sigma_1 - \sigma_3}{2} \sin 2\theta = \dfrac{2-1}{2} \times \sin(2 \times 30°)$
$= 0.433 kg/cm^2$

04 정규압밀점토의 삼축압축시험 결과를 나타낸 것이다. 파괴시의 전단응력 τ와 수직응력 σ를 구하면?[00.01.05.06.07.12.16 기사]

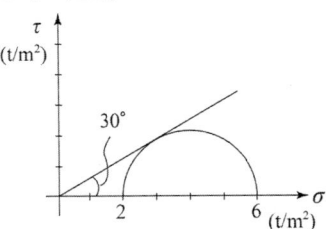

① $\tau = 1.73 t/m^2$, $\sigma = 2.50 t/m^2$
② $\tau = 1.41 t/m^2$, $\sigma = 3.00 t/m^2$
③ $\tau = 1.52 t/m^2$, $\sigma = 2.50 t/m^2$
④ $\tau = 1.73 t/m^2$, $\sigma = 3.00 t/m^2$

정답 01 ③ 02 ③ 03 ④ 04 ④

해설

1) $\theta = 45° + \dfrac{\phi}{2} = 45° + \dfrac{30°}{2} = 60°$

2) 수직응력

$\sigma = \dfrac{\sigma_1 + \sigma_3}{2} + \dfrac{\sigma_1 - \sigma_3}{2}\cos 2\theta$

$= \dfrac{6+2}{2} + \dfrac{6-2}{2}\cos(2 \times 60°) = 3 t/m^2$

3) 전단응력

$\tau = \dfrac{\sigma_1 - \sigma_3}{2}\sin 2\theta$

$= \dfrac{6-2}{2}\sin(2 \times 60°) = 1.73 t/m^2$

05 모래시료에 대해서 압밀배수 삼축압축시험을 실시하였다. 초기단계에서 구속응력(σ_3')은 100kg/cm²이고, 전단파괴 시에 작용된 축차응력(σ_{df})은 200kg/cm²이었다. 이와 같은 모래시료의 내부마찰각(ϕ) 및 파괴면에 작용하는 전단응력(τ_f)의 크기는? [03 · 08 기사]

① $\phi=30°$, $\tau_f=115.47 kg/cm^2$
② $\phi=40°$, $\tau_f=115.47 kg/cm^2$
③ $\phi=30°$, $\tau_f=86.60 kg/cm^2$
④ $\phi=40°$, $\tau_f=86.60 kg/cm^2$

해설

1) $\sigma_3' = 100 kg/cm^2$

$\sigma_1' = \sigma_3' + \sigma_{df} = 100 + 200$
$= 300 kg/cm^2$

2) $\sin\phi' = \dfrac{\sigma_1' - \sigma_3'}{\sigma_1' + \sigma_3'} = \dfrac{300-100}{300+100} = 0.5$

∴ $\phi' = 30°$

3) $\tau = \dfrac{\sigma_1' - \sigma_3'}{2}\sin 2\theta$

$= \dfrac{\sigma_1' - \sigma_3'}{2}\sin 2\left(45° + \dfrac{\phi}{2}\right)$

$= \dfrac{300-100}{2}\sin 2\left(45° + \dfrac{30°}{2}\right)$

$= 86.6 kg/cm^2$

06 어떤 흙의 전단실험 결과 $c=1.8kg/cm^2$, $\phi=35°$, 토립자에 작용하는 수직응력 $\sigma=3.6kg/cm^2$일 때 전단강도는?
[06,07 · 09,11,13,15 기사]

① $4.89kg/cm^2$　② $4.32kg/cm^2$
③ $6.33kg/cm^2$　④ $3.86kg/cm^2$

해설

$\tau = c + \sigma\tan\phi$ (전응력)

$= 1.8 + 3.6\tan 35°$

$= 4.32 kg/cm^2$

07 어떤 흙에 대해서 직접전단시험을 한 결과 수직응력이 10kg/cm²일 때 전단저항은 5kg/cm²이었고, 또 수직응력이 20kg/cm²일 때에는 전단저항이 8kg/cm²이었다. 이 흙의 점착력은? [05 · 08,10,11 기사]

① $2kg/cm^2$　② $3kg/cm^2$
③ $8kg/cm^2$　④ $10kg/cm^2$

해설

$\tau = c + \sigma \cdot \tan\phi$ 에서
$5 = c + 10\tan\phi$ ①
$8 = c + 20\tan\phi$ ②
식 ①, ②를 풀면
$c = 2 kg/cm^2$

08 사질토에 대한 직접 전단시험을 실시하여 다음과 같은 결과를 얻었다. 내부마찰각은 약 얼마인가? (09,11,16,20 기사)

수직응력 (t/m²)	3	6	9
최대전단 응력(t/m²)	1.73	3.46	5.19

① 25°　② 30°
③ 35°　④ 40°

해설

$\phi = \tan^{-1}\left(\dfrac{3.46-1.73}{6-3}\right) = 30°$

정답   05 ③   06 ②   07 ①   08 ②

09 최대주응력이 10t/m², 최소주응력이 4t/m²일 때 최소주응력 면과 45°를 이루는 평면에 일어나는 수직응력은?(11.13.16 기사)
① 7t/m²　　② 3t/m²
③ 6t/m²　　④ $4\sqrt{2}$ t/m²

해설

임의 평면에서 수직응력과 전단응력을 구하는 방법중 Mohr원을 이용한 2θ법

$$\sigma_n = \frac{\sigma_1+\sigma_3}{2} + \frac{\sigma_1-\sigma_3}{2} \cdot \cos 2\theta$$
$$= \frac{10+4}{2} + \frac{10-4}{2} \cdot \cos 90°$$
$$= 7t/m^2$$

10 어떤 시료에 대하여 일축압축 강도시험을 실시한 결과 파괴강도가 3t/m²이었다. 이 흙의 점착력은? (단, $\phi=0°$인 점성토이다.) [05.06·08.09 기사]
① 1.0t/m²　　② 1.5t/m²
③ 2.0t/m²　　④ 2.5t/m²

해설

$q_u = 2c\tan\left(45°+\frac{\phi}{2}\right) = 2c$
$3 = 2c$
$\therefore c = 1.5t/m^2$

11 흙의 일축압축 강도시험에 관한 설명 중 옳지 않은 것은? [06·07.09 기사]
① Mohr원이 하나밖에 그려지지 않는다.
② 점성이 없는 사질토의 경우는 시료 자립이 어렵고 배수상태를 파악할 수 없어 일반적으로 점성토에 주로 사용된다.
③ 배수조건에서의 시험결과밖에 얻지 못한다.
④ 일축압축 강도시험으로 결정할 수 있는 시험 값으로는 일축압축강도, 예민비, 변형계수 등이 있다.

해설

일축압축 강도시험
구속압력이 없는 시험이므로 흙은 점성토에만 적용되며, 비압밀 비배수(UU)전단강도 시험이므로 시료는 포화상태 이어야한다.

12 예민비가 큰 점토란? [01.05 기사]
① 입자의 모양이 날카로운 점토
② 입자가 가늘고 긴 형태의 점토
③ 흙을 다시 이겼을 때 강도가 감소하는 점토
④ 흙을 다시 이겼을 때 강도가 증가하는 점토

해설

예민비
예민비란 점토의 예민한 정도를 나타내는 것으로 흙을 다시 이겼을 때 강도가 감소하는 정도가 큰 점토를 예민비가 큰점토이다.

13 점토의 자연시료에 대한 일축압축강도가 3.6kg/cm²이고 이 흙을 되비볐을 때의 파괴압축응력이 1.2kg/cm²이었다. 이 흙의 점착력(c)과 예민비(S_t)는? [02.10 기사]
① $c=1.8$kg/cm², $S_t=3$
② $c=1.8$kg/cm², $S_t=2$
③ $c=2.4$kg/cm², $S_t=3$
④ $c=2.4$kg/cm², $S_t=2$

해설

1) 점착력
$q_u = 2 \cdot c \cdot \tan\left(45°+\frac{\phi}{2}\right)$
$3.6 = 2 \cdot c \cdot \tan\left(45°+\frac{0}{2}\right)$
$\therefore c = 1.8kg/cm^2$

2) 예민비
$S_t = \frac{q_u}{q_{ur}} = \frac{3.6}{1.2} = 3$

정답 09 ① 10 ② 11 ③ 12 ③ 13 ①

14 정규압밀점토에 대하여 구속응력 2kg/cm² 로 압밀배수 삼축압축시험을 실시한 결과 파괴시 축차응력이 4kg/cm²이었다. 이 흙의 내부마찰각은? [12.14 기사]
① 20°   ② 25°
③ 30°   ④ 45°

해설

1) $\sigma_1 - \sigma_3 = 4 kg/cm^2$ 이므로
$$\sigma_1 = \sigma_{df} + \sigma_3$$
$$= (\sigma_1 - \sigma_3) + \sigma_3 = 4 + 2 = 6 kg/cm^2$$

2) $\sin\phi = \dfrac{\sigma_1 - \sigma_3}{\sigma_1 + \sigma_3} = \dfrac{6-2}{6+2} = \dfrac{1}{2}$

∴ $\sin\phi = 30°$

15 점토지반에 제방을 쌓을 경우 초기 안정해석을 위한 흙의 전단강도를 측정하는 방법은? [00.02.05.08 기사]
① $UU-test$ ② $CU-test$
③ $\overline{CU}-test$ ④ $CD-test$

해설

UU(Unconsolidated - Undrained)시험(비압밀 비배수)
1) 시공속도가 과잉간극수압 소산속도보다 빠를 때
2) 점토지반에 제방 성토 직후 초기 사면 안정 해석하는 경우

16 다음 그림의 파괴포락선 중에서 완전 포화된 점토를 UU(비압밀비배수) 시험했을 때 생기는 파괴포락선은? [01.08.12 기사]

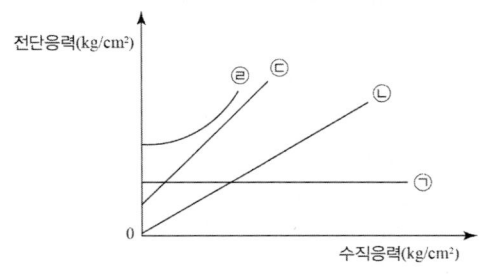

① ㉠   ② ㉡
③ ㉢   ④ ㉣

해설

UU(Unconsolidated - Undrained)시험(비압밀 비배수) 시료에 대해 구속압을 가하고 축하중으로 전단실시하며, ∅는 "0"이고 C_u는 "0"이 아니다.

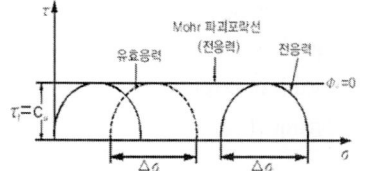

17 모래의 밀도에 따라 일어나는 전단특성에 대한 설명 중 옳지 않은 것은?[06·09 기사]
① 다시 성형한 시료의 강도는 작아지지만 조밀한 모래에서는 시간이 경과됨에 따라 강도가 회복된다.
② 전단저항각[내부마찰(ϕ)]은 조밀한 모래 일수록 크다.
③ 직접전단시험에 있어서 전단응력과 수평변위 곡선은 조밀한 모래에서는 peak가 생긴다.
④ 직접전단시험에 있어 수평변위-수직변위 곡선은 조밀한 모래에서는 전단이 진행됨에 따라 체적이 증가한다.

해설

Thixotropy 현상
점토지반의 전단특성 중 Thixotropy현상은 교란된 점토시료를 함수비 변화 없이 그대로 두면 시간이 지나면서 점토광물의 전기화학적 성질에 의해서 전단강도(점착력)의 일부가 회복되는 현상을 보인다. 반면 사질토 지반에서는 시간이 경과됨에 따라 강도 회복을 보이지 않는다.

정답 14 ③ 15 ① 16 ① 17 ①

18 입경이 가늘고 비교적 균일하며 느슨하게 쌓여있는 모래지반이 물로 포화되어 있을 때 지진이나 충격을 받으면 일시적으로 전단강도를 잃어버리는 현상은? [02.04 기사]
① 모관현상(capillarity)
② 분사현상(quick sand)
③ 틱소트로피(thixotropy)
④ 액상화현상(liquefaction)

해설

액상화(liquifaction)
1) 액상화란 느슨한 포화된 모래지반이 진동이나 충격 영향으로 체적은 압축이 되면서(+)양의 과잉간극수압이 발생됨.
2) 이러한 반복 진동으로 간극수압의 누적이 발생되면서 지반이 액체처럼 강도를 잃게되고 흙의 간극수압 상승으로 유효응력은 감소되고 전단강도가 0인 상태가 되는 현상을 보이게 되는데 이러한 현상을 액상화 라고 함

19 실내시험에 의한 점토의 강도 증가율 (C_u/P) 산정방법이 아닌 것은? [07·09·10·12 기사]
① 소성지수에 의한 방법
② 비배수 전단강도에 의한 방법
③ 압밀비배수 삼축압축시험에 의한 방법
④ 직접전단시험에 의한 방법

해설

강도 증가율 추정법
(1) $\overline{CU}$시험에 의한 방법
$$\alpha = \frac{C_u}{P'} = \frac{\sin\phi'}{1+\sin\phi'}$$
여기서, ϕ' : 유효응력으로 표시한 전단저항각
C_u : 점착력
P' : 유효응력
(2) CU시험에 의한 방법
$$\alpha = \frac{C_u}{P'} = \tan\phi_{cu}$$
(3) 소성지수로 추정하는 방법
$$\alpha = \frac{C_u}{P'} = 0.11 + 0.0037 \cdot PI (단, PI > 10)$$
여기서, PI : 소성지수

(4) 액성한계에 의한 방법
$$\alpha = \frac{C_u}{P'} = 0.45 LL$$
여기서, LL : 액성한계

20 그림과 같은 지반에서 하중으로 인하여 수직응력($\Delta\sigma_1$)이 1.0kg/cm² 증가되고 수평응력($\Delta\sigma_3$)이 0.5kg/cm² 증가되었다면 간극수압은 얼마가 증가되었는가? (단, 간극수압계수 A=0.5이고, B=1이다.) [05·08 기사]

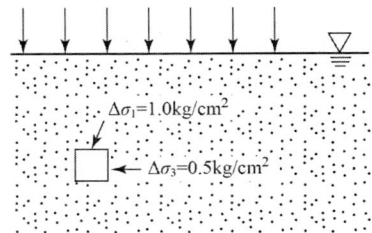

① 0.50kg/cm² ② 0.75kg/cm²
③ 1.00kg/cm² ④ 1.25kg/cm²

해설
$\Delta u = B[\Delta\sigma_3 + A(\Delta\sigma_1 - \Delta\sigma_3)]$
$= B[\Delta\sigma_3 + A(\Delta\sigma_1 - \Delta\sigma_3)]$
$= 1 \times [0.5 + 0.5(1.0 - 0.5)]$
$= 0.75 kg/cm^2$

21 그림과 같이 지하수위가 지표와 일치한 연약점토 지반 위에 양질의 흙으로 매립 성토할 때 매립이 끝난 후 매립 지표로부터 5m깊이에서의 과잉공극수압은 약 얼마인가? [05·07·09 기사]

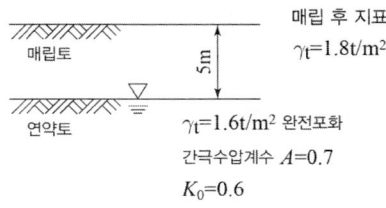

① 9.0t/m² ② 7.9t/m²
③ 5.4t/m² ④ 3.4t/m²

해설

1) 수직응력
$\sigma_v = \gamma_t h = 1.8 \times 5 = 9 t/m^2$

2) 수평응력
$\sigma_h = \sigma_v K_0 = 9 \times 0.6 = 5.4 t/m^2$

3) 과잉간극수압
$\triangle u = B[\triangle \sigma_3 + A(\triangle \sigma_1 - \triangle \sigma_3)]$
$= 5.4 + 0.7(9 - 5.4)$
$= 7.92 t/m^2$

22 다음은 전단시험을 한 응력경로이다. 어느 경우인가? [10 · 11 · 14 기사]

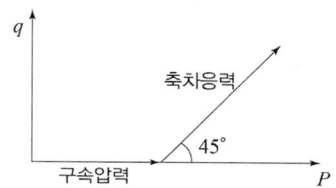

① 초기단계의 최대주응력과 최소주응력이 같은 상태에서 시행한 삼축압축시험의 전응력 경로이다.
② 초기단계의 최대주응력과 최소주응력이 같은 상태에서 시행한 일축압축시험의 전응력 경로이다.
③ 초기단계의 최대주응력과 최소주응력이 같은 상태에서 $K_o = 0.5$인 조건에서 시행한 삼축압축시험의 전응력 경로이다.
④ 초기단계의 최대주응력과 최소주응력이 같은 상태에서 $K_o = 0.7$인 조건에서 시행한 일축압축시험의 전응력 경로이다.

해설

실내전단시험에 따른 응력경로(배수)

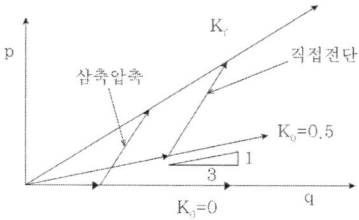

초기단계는 등방압축상태($\sigma_1 = \sigma_3$)에서 시행한 삼축압축시험의 전응력 경로이다.

23 비배수 점착력, 유효상재압력, 그리고 소성지수 사이의 관계는 $\dfrac{C_u}{P}$=0.11+0.0037(PI)이다. 다음 그림에서 정규압밀점토의 두께는 15m, 소성지수(PI)가 40%일 때 점토층의 중간 깊이에서 비배수 점착력은?
(10.13 기사)

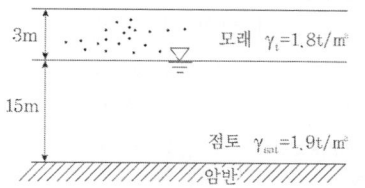

① 3.48t/m²
② 3.13t/m²
③ 2.65t/m²
④ 2.27t/m²

해설

1) 점토층 중앙점에서의 유효응력

전응력(σ)=$1.8 \times 3 + 1.9 \times \dfrac{15}{2} = 19.65 t/m^2$

간극수압(u)=$1 \times 7.5 = 7.5 t/m^2$

유효응력($\overline{\sigma}$)=$19.65 - 7.5 = 12.15 t/m^2$

2) 비배수 전단강도 추정식

· $\dfrac{C_u}{P} = 0.11 + 0.0037 PI$

· $\dfrac{C_u}{12.15} = 0.11 + 0.0037 \times 40$

· $C_u = 3.13 t/m^2$

정답 22 ① 23 ②

24 포화된 점토시료에 대해 비압밀 비배수 삼축압축시험을 실시하여 얻어진 비배수 전단강도는 180kg/cm²이었고 이 시험에서 가한 구속응력은 240kg/cm²이었다. 만약 동일한 점토시료에 대해 또 한 번의 비압밀 비배수 삼축압축시험을 실시할 경우 전단 파괴 시에 예상되는 축차응력의 크기는?(단, 이번 시험에서 가해질 구속응력의 크기 는 400kg/cm²) (01.04.13 기사)
① 90kg/cm² ② 180kg/cm²
③ 360kg/cm² ④ 540kg/cm²

> **해설**

전단강도(c_u)=Mohr원 반경(r)=180
구속응력(σ_e)=240이고 UU시험에서 Mohr원 크기가 동일하므로 $\sigma_1 = 200 + (180 \times 2) = 600$
따라서 UU-test ($S_r = 100\%$일 때)에서 또 한번의 UU시험 결과 축차응력 ($\sigma_1 - \sigma_3$)은 360이 된다.

정답 24 ③

4-9 토압

1. 구조물에 작용하는 토압
(1) 토압의 크기는 구조물 벽체의 변위와 밀접한 관계가 있으며 변위상태에 따라 주동, 정지, 수동상태로 구분할 수 있다.
(2) 토압의 크기는 Pa(주동토압) < Po(정지토압) < Pp(수동토압)상태로 크게 된다.

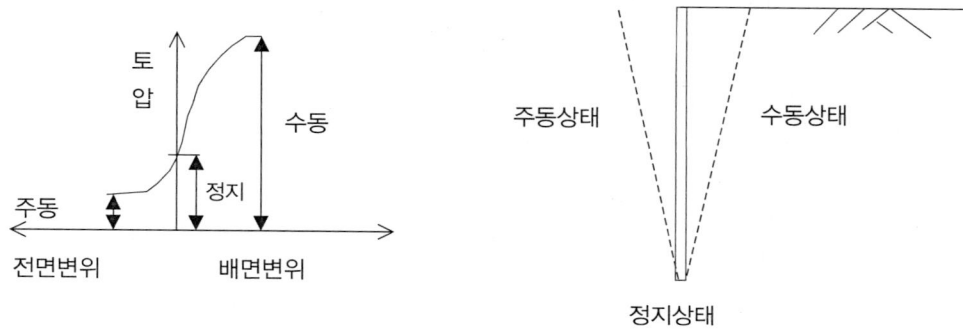

2. 토압의 종류
(1) 주동토압
① 벽체가 횡방향 압력으로 전면으로 움직인다면 뒷채움 흙이 팽창하면서 파괴가 일어날 때의 토압상태를 주동토압 이라한다.
② 이때 연직응력에 대한 수평토압의 비를 주동토압계수라 한다.
③ 주동토압계수(K_a)

$$K_a = \frac{\sigma_h}{\sigma_v} = \frac{1-\sin\varnothing}{1+\sin\varnothing} = \tan^2\left(45°-\frac{\varnothing}{2}\right)$$

여기서 $\varnothing$: 전단저항각
④ 적용
중력식 옹벽은 안정성 및 벽체 계산시 Coulomb 주동토압을 적용하며 역T형, L형옹벽처럼 뒷굽이 긴 경우는 안정검토시 Rankine의 주동토압 벽체 계산시 Coulomb 주동토압을 적용

(2) 정지토압
① 벽체가 횡방향으로 변위가 없는 정지상태에서 벽체에 작용하는 토압을 정지토압 이라한다.
② 정지상태의 연직응력에 대한 수평토압의 비를 정지토압계수라 한다.
③ 정지토압계수(K_o)

1) $K_o = \dfrac{\sigma_h}{\sigma_v} = \dfrac{\mu}{1-\mu}$

   여기서 $\sigma_v = \gamma \cdot Z$

   $\sigma_h : K_o \cdot \sigma_v$

   μ : 흙의 포아송비

2) Jaky 의 정지토압 계수 공식

   $K_o = 1 - \sin\phi$

3) 정규압밀점토

   $K_o = 0.95 - \sin\phi'$

   여기서, ϕ' : 유효전단 저항각

4) 과압밀점토

   $K_o = (1 - \sin\phi)\sqrt{OCR}$

   여기서, OCR : 과압밀비

5) 변위가 억제 또는 없는 경우 적용이 된다. 지하벽체, 지중매설암거, 지하 연속벽 등이 있다.

(3) 수동토압

① 벽체가 배면측으로 이동하게 되어 횡방향 압축에 의해 흙이 파괴될 때의 토압상태를 수동토압이라 한다.

② 이때 수동상태의 연직응력에 대한 수평토압의 비를 수동토압계수라 한다.

③ 수동토압계수(K_p)

$$K_p = \dfrac{\sigma_h}{\sigma_v} = \dfrac{1+\sin\phi}{1-\sin\phi} = \tan^2\left(45° + \dfrac{\phi}{2}\right) = \dfrac{1}{K_a}$$

여기서 ϕ : 전단저항각

④ 적 용

옹벽 전면 압성토가 있는 경우이거나 토류벽 근입부에 적용

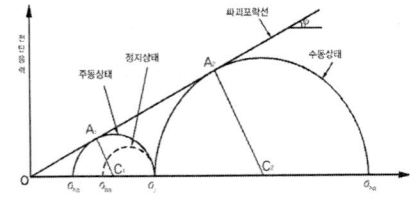

주동, 정지, 수동 응력 상태에 따른 Mohr 원

3. 토압의 이론

(1) Rankine의 이론

① 횡방향 팽창 또는 압축에 의한 소성파괴 상태에 따른 토압으로 벽면 마찰을 무시한

소성이론
② Rankine 토압이론은 벽마찰각 무시로 주동토압의 크기는 Coulomb 이론에 의한 값보다 10%정도 크게 과대평가 된다.

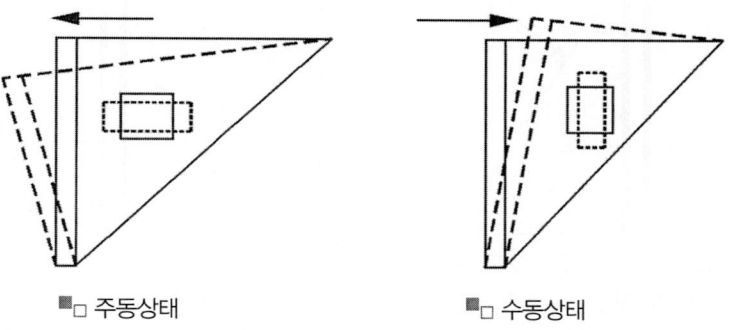

■□ 주동상태　　　　■□ 수동상태

(2) Coulomb의 이론
① 흙이 쐐기상태로 활동하면서 벽에 작용하는 토압으로 벽면 마찰을 고려한 흙쐐기 이론
② 벽체와 흙 사이의 벽마찰각($\delta \neq 0$)상태를 고려하고 있다.

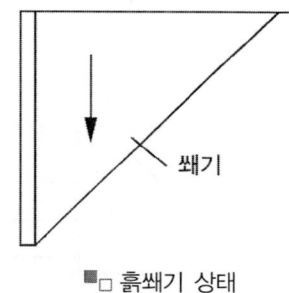

■□ 흙쐐기 상태

(3) Rankine 과 Coulomb 토압의 해석적 차이
① Rankine 토압
　1) 벽마찰각(δ)을 무시(설계상 안전측)
　2) 힘의 작용방향이 지표면과 평행하게 작용하며 지표면은 무한히 넓게 존재한다.
　3) 벽체의 경사는 연직($\theta = 0$)벽 상태
　4) 파괴면내 배면토는 모두 소성상태로 봄
　5) 흙은 비압축성이고 균질한 상태의 입자이다.
　6) 지표면 상재하중은 등분포 하중이다.
　7) 토립자는 흙 입자간의 마찰력으로 평형을 유지한다.
② Coulomb 토압
　1) 벽마찰각(δ)을 고려
　2) 힘의 작용방향은 지표면과 무관함.
　3) 벽체의 경사($\theta \neq 0$)상태를 고려함.
　4) 파괴면내 배면토는 흙쐐기 상태로 강체로 간주함.

(4) 강성(옹벽)벽체 및 연성(흙막이)벽체의 토압과 변위

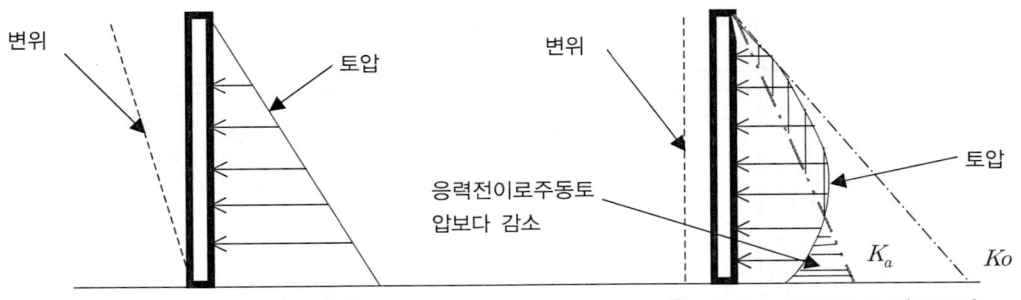

■□ 철근콘크리트 옹벽 토압(삼각형분포)　　■□ 흙막이, 널말뚝 토압(포물선)

① 옹벽의 경우 토압분포가 거의 삼각형 분포을 가지고 있다
② 흙막이, 널말뚝의 경우는 스트럿트, 앵커 등의 설치로 토압분포가 포물선 형태의 분포를 보이는 경향이 크다.

4. 옹벽에 작용하는 토압

(1) 지표면이 수평인 경우

① 사질토의 토압

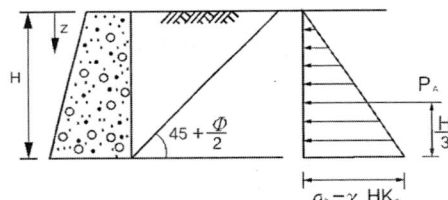

■□ 사질토 토압분포

1) 주동토압

$$P_a = \frac{1}{2} \cdot \gamma_t \cdot H^2 \cdot K_a$$

2) 수동토압

$$P_p = \frac{1}{2} \cdot \gamma_t \cdot H^2 \cdot K_p$$

3) 작용점

$$y = \frac{H}{3}$$

② 점성토의 토압

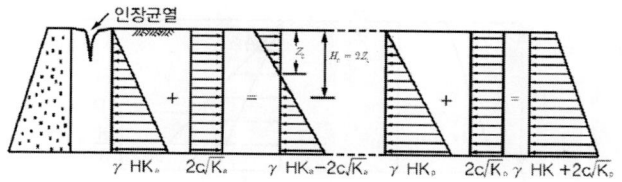

■□ 주동상태　　　　　　　■□ 수동상태

1) 주동토압

$$P_a = \frac{1}{2} \cdot \gamma_t \cdot H^2 \cdot K_a - 2c\sqrt{K_a} \cdot H$$

2) 수동토압

$$P_p = \frac{1}{2} \cdot \gamma_t \cdot H^2 \cdot K_p + 2 \cdot c\sqrt{K_p} \cdot H$$

3) 점착고(Z_c) : 인장균열의 깊이

$$Z_c = \frac{2c}{\gamma_t} \tan\left(45° + \frac{\varnothing}{2}\right)$$

4) 한계고(H_c)

   가. 구조물의 설치 없이 사면이 자립 유지되는 높이로 토압의 합력이 "0"이 되는 깊이를 한계고(깊이)라 한다.

   나. 한계고

$$H_c = 2 \cdot Z_c = \frac{4 \cdot c}{\gamma_t}\tan\left(45° + \frac{\varnothing}{2}\right) = \frac{2q_u}{\gamma_t} = \frac{4c}{\gamma_t}$$

(포화점토시 $c = \frac{q_u}{2}$, $q_u = \frac{N}{8}$)

5) 평면 파괴면을 갖는 사면의(Culmann의 도해법)한계고

$$H_c = \frac{4c}{\gamma} \cdot \frac{\sin\beta\cos\varnothing}{1-\cos(\beta-\varnothing)}$$

여기서, β : 사면의 경사각

        ϕ : 흙의 전단 저항각

        c : 점착력

        γ : 흙의 단위 중량

6) 안정도표에 의한 단순 사면의 한계고

$$H_c = \frac{N_s \cdot c}{\gamma}$$

여기서, N_s : 안전계수

(2) 뒷채움 흙이 수평이고 지하수위 존재하는 경우

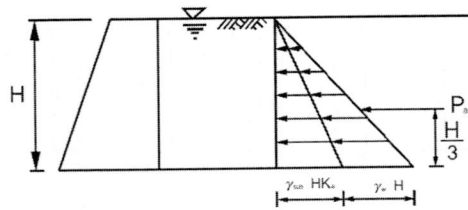

① 주동토압

$$P_a = \frac{1}{2}\gamma_{sub} \cdot H^2 \cdot K_a + \frac{1}{2}\gamma_w \cdot H^2$$

② 수동토압

$$P_p = \frac{1}{2}\gamma_{sub} \cdot H^2 \cdot K_p + \frac{1}{2}\gamma_w \cdot H^2$$

③ 작용점

$$y = \frac{H}{3}$$

(3) 상재하중(등분포하중) 재하시

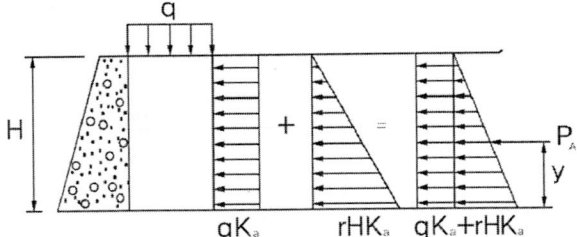

① 주동토압

$$P_a = P_{a1} + P_{a2} = q \cdot K_a \cdot H + \frac{1}{2}\gamma_t \cdot H^2 \cdot K_a$$

② 수동토압

$$P_p = P_{p1} + P_{p2} = q \cdot K_p \cdot H + \frac{1}{2}\gamma_t \cdot H^2 \cdot K_p$$

③ 작용점

$$y = \frac{H}{3} \cdot \frac{3q + \gamma_t H}{2q + \gamma_t H}, \quad \text{또는} \quad P_a \cdot y = P_{a1}\frac{H}{3} + P_{a2}\frac{H}{2} \text{ 식을 이용해서 계산}$$

(4) 뒷채움이 다른 층으로 구성되어 있는 경우($K_{a1} > K_{a2}$)

① 지하수위가 없는 경우

　1) 주동토압

$$P_a = \frac{1}{2}\gamma_1 H_1^2 K_{a1} + \gamma_1 H_1 H_2 K_{a2} + \frac{1}{2}\gamma_2 H_2^2 K_{a2}$$

2) 수동토압

$$P_p = \frac{1}{2}\gamma_1 H_1^2 K_{p1} + \gamma_1 H_1 H_2 K_{p2} + \frac{1}{2}\gamma_2 H_2^2 K_{p2}$$

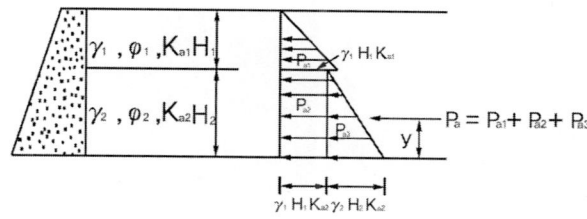

② 지하수위가 있는 경우

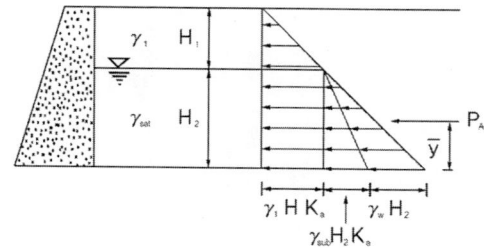

1) 주동토압

$$P_a = \frac{1}{2}\gamma_1 H_1^2 K_a + \gamma_1 H_1 H_2 K_a + \frac{1}{2}\gamma_{sub} H_2^2 K_a + \frac{1}{2}\gamma_w H_2^2$$

2) 수동토압

$$P_p = \frac{1}{2}\gamma_1 H_1^2 K_p + \gamma_1 H_1 H_2 K_p + \frac{1}{2}\gamma_{sub} H_2^2 K_p + \frac{1}{2}\gamma_w H_2^2$$

5. Coulomb의 토압

(1) 지하수위가 없는 경우

① 주동토압

$$P_a = \frac{1}{2}\gamma H^2 C_a \cos\varnothing_w$$

② 수동토압

$$P_p = \frac{1}{2}\gamma H^2 C_p \cos\varnothing_w$$

(2) 지하수위가 있는 경우

① 주동토압

$$P_a = \frac{1}{2}(\gamma_{sat} - \gamma_w)H^2 C_a \cos\varnothing_w + \frac{1}{2}\gamma_w H^2$$

② 수동토압

$$P_p = \frac{1}{2}(\gamma_{sat} - \gamma_w)H^2 C_p \cos \varnothing_w + \frac{1}{2}\gamma_w H^2$$

여기서, σ : 벽면마찰각

4-9 주요핵심문제

토압

01 Rankine 토압론의 가정 중 맞지 않는 것은? [03·07 기사]
① 흙은 비압축성이고 균질이다.
② 지표면은 무한히 넓다.
③ 흙은 입자간의 마찰에 의하여 평형조건을 유지한다.
④ 토압은 지표면에 수직으로 작용한다.

해설
Rankine 토압론 가정
1) 토압은 지표면에 평행하게 작용한다.
2) 지표면은 무한히 넓게 존재한다.
3) 흙은 입자간의 마찰에 의하여 평형조건을 유지한다.
4) 흙은 균질하고 비압축성이다.

02 토압론에 관한 설명 중 틀린 것은? [05·09 기사]
① Coulomb의 토압론은 강체역학에 기초를 둔 흙쐐기 이론이다.
② Rankine의 토압론은 소성이론에 의한 것이다.
③ 벽체가 배면에 있는 흙으로부터 떨어지도록 작용하는 토압을 수동토압이라 하고 벽체가 흙쪽으로 밀리도록 작용하는 힘을 주동토압이라 한다.
④ 정지토압계수의 크기는 수동토압계수와 주동토압계수 사이에 속한다.

해설
벽체가 배면에 있는 흙으로부터 떨어지도록 작용하는 토압을 주동토압이라 하고 벽체가 흙쪽으로 밀리도록 작용하는 힘을 수동토압이라 한다.

03 주동토압계수를 K_a 수동토압계수를 K_p 정지토압계수를 K_o라 할 때 그 크기의 순서가 맞는 것은? [04.07 기사]
① $K_a > K_o > K_p$ ② $K_p > K_o > K_a$
③ $K_o > K_a > K_p$ ④ $K_o > K_p > K_a$

해설
K_p(수동토압계수) > K_o(정지토압계수) > K_a(주동토압계수)

04 전단마찰각이 25°인 점토의 현장에 작용하는 수직응력이 5t/m²이다. 과거 작용했던 최대 하중이 15t/m²이라고 할 때 대상지반의 정지토압계수를 추정하면?
[10·12 기사]
① 0.40   ② 0.57
③ 0.82   ④ 1

해설
1) $P_o < P_c$ 상태인 과압밀 점토
정지 토압계수
$K_o = 1 - \sin\phi = 1 - \sin 25° = 0.58$
$OCR = \dfrac{P_c}{P_o} = \dfrac{15}{5} = 3$
2) $K_{o(과압밀)} = K_{o(정규압밀)} \sqrt{OCR} = 0.58\sqrt{3} = 1$

05 지표가 수평인 곳에 높이 6m의 연직옹벽이 있다. 흙의 단위중량이 1.7t/m², 내부마찰각이 30°이고 점착력이 없을 때 주동토압은? [04·08,09,10,12 기사]
① 4.5t/m   ② 10.2t/m
③ 6.5t/m   ④ 7.5t/m

정답 01 ④ 02 ③ 03 ② 04 ④ 05 ②

해설

1) $K_a = \tan^2\left(45° - \dfrac{\phi}{2}\right)$

   $= \tan^2\left(45° - \dfrac{30°}{2}\right) = \dfrac{1}{3}$

2) $P_a = \dfrac{1}{2}\gamma h^2 K_a$

   $= \dfrac{1}{2} \times 1.7 \times 6^2 \times \dfrac{1}{3} = 10.2 t/m$

06 그림과 같은 옹벽에 작용하는 주동토압의 합력은? (단, γ_{sat}=1.7t/m³, ϕ=30°, 벽마찰각 무시) [01.05·06·08·10.15 기사]

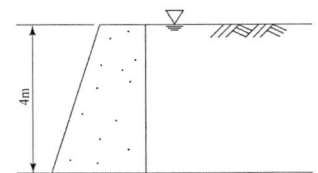

① 10.1t/m ② 9.87t/m
③ 13.7t/m ④ 18.1t/m

해설

1) $P_a = \dfrac{1}{2}\gamma_{sub}h^2 K_a + \dfrac{1}{2}\gamma_w h^2$

   $= \dfrac{1}{2} \times 0.7 \times 4^2 \times \dfrac{1}{3} + \dfrac{1}{2} \times 1 \times 4^2$
   $= 9.87 t/m$

2) $K_a = \tan^2\left(45° - \dfrac{\phi}{2}\right)$

   $= \tan^2\left(45° - \dfrac{30°}{2}\right)$

   $= \dfrac{1}{3}$

07 그림과 같이 옹벽 배면의 지표면에 등분포하중이 작용할 때, 옹벽에 작용하는 전체 주동토압의 합력(P_a)와 옹벽 저면으로부터 합력의 작용점까지의 높이(h)는?

(01.03.07.13 기사)

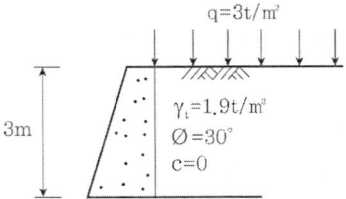

① P_a=2.85t/m, h=1.26m
② P_a=2.85t/m, h=1.38m
③ P_a=5.85t/m, h=1.26m
④ P_a=5.85t/m, h=1.38m

해설

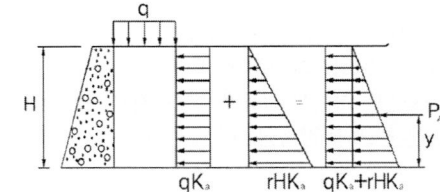

1) 전체주동토압

$P_A = \dfrac{1}{2}\gamma_t H^2 K_a + q \cdot K_a H = P_{a1} + P_{a2}$

$= \dfrac{1}{2} \times 1.9 \times 3^2 \times \dfrac{1}{3} + 3 \times \dfrac{1}{3} \times 3$

$= 5.85 t/m$

2) $K_a = \tan^2\left(45° - \dfrac{30°}{2}\right) = \dfrac{1}{3}$

3) $P_A \times y = P_{a1} \times \dfrac{H}{3} + P_{a2} \times \dfrac{H}{2}$ 식을 이용하여 y를 계산하면 $5.85 \times y = 2.85 \times \dfrac{H}{3} + 3 \times \dfrac{H}{2}$

   $\therefore\ y = 1.26 m$

08 옹벽배면의 지표면 경사가 수평이고, 옹벽배면 벽체의 기울기가 연직인 벽체에서 옹벽과 뒷채움 흙 사이의 벽면마찰각(δ)을 무시할 경우, Rankine토압과 Coulomb토압의 크기를 비교하면?

(10.14 기사)

① Rankine토압이 Coulomb토압보다 크다.
② Coulomb토압이 Rankine토압보다 크다.
③ 주동토압은 Rankine토압이 더 크고, 수동토압은 Coulomb토압이 더 크다.
④ 항상 Rankine토압과 Coulomb토압의 크기는 같다.

해설

Coulomb 토압론은 구조물 벽면과 흙의 마찰을 고려($\delta \neq 0$)한 이론으로 벽마찰각($\delta = 0$)이 무시되면 Coulomb 토압과 Rankine 토압계수가 같다.

정답 08 ④

4-10 사면안정

1. 사면의 종류 및 붕괴형태
(1) 사면은 자연사면과 인공사면으로 구별되며, 자연사면의 경사면 붕괴를 산사태라 하고, 인공사면의 붕괴 현상을 사면파괴라고 한다.
(2) 사면의 붕괴 원인은 흙의 전단응력이 증가되어 발생되는 인위적인 요인과 흙의 전단강도가 감속되어 발생되는 자연적인 요인으로 구분할 수 있다.
(3) 사면의 종류 및 붕괴형태
  ① 토사사면(자연)
    1) 반무한사면 (Land Creep)

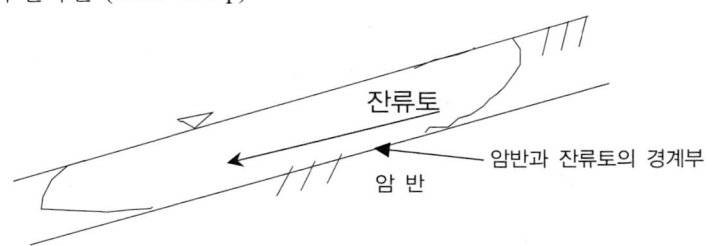

      가. 사면길이가 활동면 깊이에 비해 대략 10배이상으로 경사지의 산이 해당된다.
      나. 주로 잔류토와 암반경계부 통해서 슬라이딩 발생
      다. 사질토 $\phi < i$ 인조건(i : 사면경사각)
    2) 유한사면(단순사면, Land Slide)

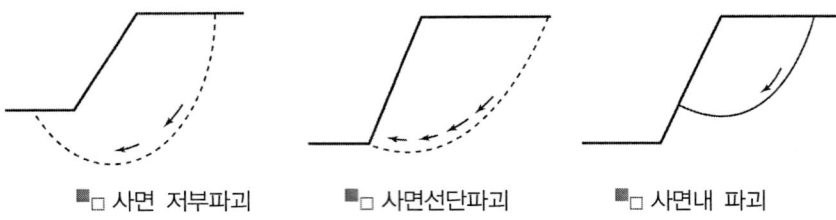

■□ 사면 저부파괴   ■□ 사면선단파괴   ■□ 사면내 파괴

      가. 사면 저부파괴
        - 사면경사가 완만하고 암반 또는 견고한 지층이 깊은곳에 있을 때 발생
        - 점착성의 토질
      나. 사면선단파괴
        - 사면경사가 급경사인 경우에 발생
        - 비점착성 토질(사질토)
      다. 사면내 파괴
        - 견고한 지층이 얕은곳에 있을 때 발생
        - 성토층이 여러 종류일 때 발생

② 암반사면

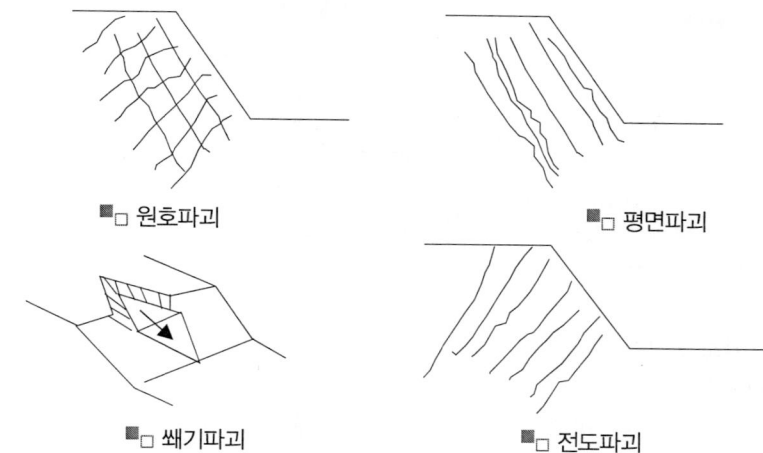

■□ 원호파괴　　■□ 평면파괴
■□ 쐐기파괴　　■□ 전도파괴

1) 원형(원호)파괴
   가. 풍화정도가 심하고 암반강도가 적은 경우
   나. 불연속면이 불규칙하고 발달이 심한 경우
2) 평면파괴
   가. 불연속면과 절취면의 경사방향이 같은 경우(한방향)
   나. 절취경사 〉 전단저항각(i 〉 φ)
3) 쐐기파괴
   가. 불연속면이 교차하여 발달된 경우
   나. 절취경사 〉 전단저항각 (i 〉 φ)
4) 전도파괴
   절취면경사와 불연속면 경사방향 반대방향

2. 사면 파괴 원인

(1) 전단응력 증가 요인(외적요인)
   ① 인위적인 절토, 강우, 유수에 의한 침식 등
   ② 인위적인 굴착 및 토피하중 제거
   ③ 강우, 눈, 건물, 성토 등 외부하중 증가
   ④ 지진에 의한 수평방향력 증가

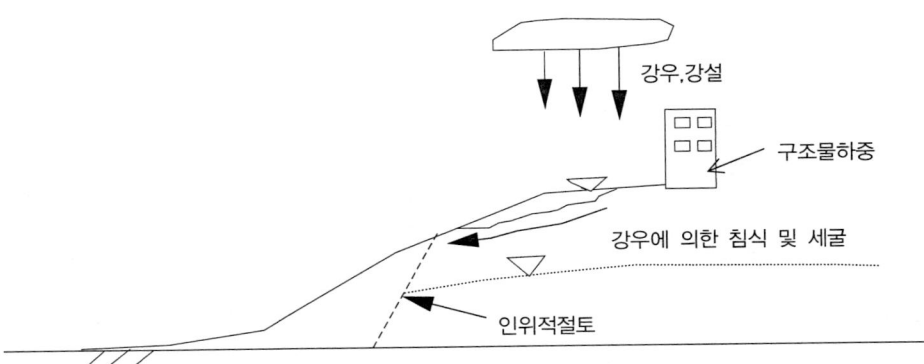

(2) 전단강도 감소 요인(내적요인)
① 강우에 영향으로 점토지반 팽창
② 지반내부에 생기는 미세한 균열 및 단층파쇄대
③ 과잉 간극수압의 증가
④ 사면 또는 제방사면의 수위가 급강하 할 경우

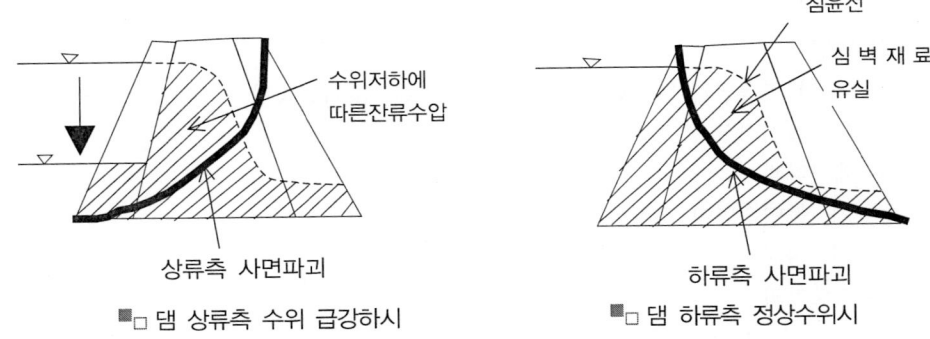

3. 사면붕괴 대책공법

사면보호공법(억제공)	사면보강공법(억지공)
① 표층 안전공 ② 식생공 ③ 블럭공 ④ 배수공 ⑤ 뿜기공	① 절토공 ② 압성토공 ③ 옹벽 또는 돌쌓기공 ④ 억지 말뚝공 ⑤ 앵커공 ⑥ Soil Nailing ⑦ Grouting 공

4. 사면의 안정계산

(1) 용 어

① 임계 활동면(critical surface)

안전율이 최소인 활동면으로 가장 불안전한 활동면을 임계활동면이라 한다.

② 임계원(critical circle)

안전율이 최소가 되는 활동면을 만드는 원을 임계원이라 하다.

③ 등치선

안전율이 같은 원의 중심을 연결한 선을 등치선이라 한다.

(2) 유한사면의 안정해석법

① 평면 파괴면을 갖는 사면의(Culmann의 도해법)한계고

1) $H_c = \dfrac{4c}{\gamma} \cdot \dfrac{\sin\beta\cos\phi}{1-\cos(\beta-\phi)}$

여기서, β : 사면의 경사각
 ϕ : 흙의 전단 저항각
 c : 점착력
 γ : 흙의 단위중량

2) 직립면의 한계고(H_c)

$\beta = 90°$

($\therefore \sin 90° = 1,\ \cos 90° = 0$) 이므로

$H_c = \dfrac{4c}{\gamma}\left(\dfrac{\cos\phi}{1-\sin\phi}\right) = \dfrac{4c}{\gamma}\tan\left(45° + \dfrac{\phi}{2}\right)$

3) $\phi = 0$인 점토의 경우 (c : 점착력)

$H_c = \dfrac{4c}{\gamma} = \dfrac{2q_u}{\gamma}$

② 안정도표에 의한 단순 사면의 안정해석

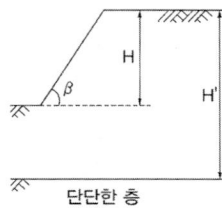
단단한 층

1) $H_c = \dfrac{N_s \cdot c}{\gamma}$

여기서, N_s : 안정계수 $\left(N_s = \dfrac{1}{안정수}\right)$, H_c : 한계고

2) 안전율

$$F_s = \frac{H_c}{H}$$

여기서, H_c : 한계고, H : 사면높이

3) 심도계수 (n_d)

$$n_d = \frac{H'}{H}$$

여기서, H' : 사면상부에서 견고한 지반까지의 깊이
H : 사면높이
$nd > 4$ 경우 사면 저부파괴 발생
$nd < 1$ 경우 사면 내 파괴 발생

4) 굴착깊이

$$F_s = \frac{c_u}{\gamma \cdot H \cdot N_s}$$ 에서 굴착깊이(H)를 구한다.

$$H = \frac{c_u}{N_s \cdot \gamma \cdot F_s}$$

(3) 반무한 사면의 안정해석법

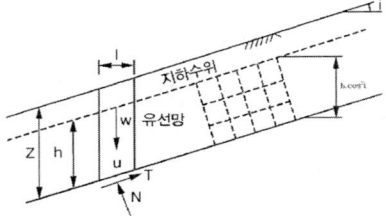

① 파괴면에 작용하는 수직응력 및 전단응력

1) 수직응력

$$\sigma = \gamma_t \cdot z \cdot \cos^2 i$$

2) 전단응력

$$\tau = \gamma_t \cdot z \cdot \cos i \cdot \sin i$$

3) 간극수압

$$u = h \cdot \gamma_w \cdot \cos^2 i$$

② Fellenius 일반식

1) $F_s = \dfrac{c' \cdot l + (W\cos \cdot i - ul)\tan \varnothing'}{W\sin \cdot i}$

여기서, $W = \gamma \cdot h \cdot b = \gamma \cdot h$ 여기서 b=1m

$$l = \frac{1}{\cos \cdot i}$$

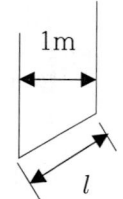

2) $F_s = \dfrac{c' \cdot \dfrac{1}{\cos \cdot i} + (\gamma \cdot h \cos \cdot i - u \dfrac{1}{\cos \cdot i}) \cdot \tan \varnothing'}{\gamma \cdot h \cdot \sin i}$

3) 분모, 분자에 $\cos \cdot i$를 곱해주면

$$F_s = \frac{c' + (\gamma \cdot h \cdot \cos^2 i - u)\tan \varnothing'}{\gamma \cdot h \cdot \sin i \cdot \cos i}$$

③ 건조한 모래사면(지하수위가 지표면 아래에 있을 때) C= 0, u = 0 인 조건이다

$$F_s = \frac{\tan \varnothing'}{\tan i}$$

④ 지하수위가 지표면과 일치된 경우(사질토 $c = 0$)

$$F_s = \frac{\gamma_{sub} \cdot \tan \varnothing'}{\gamma_{sat} \cdot \tan i}$$

⑤ 지하수위가 지표면과 일치된 경우($c \neq 0$ 일반적인 흙)

$$F_s = \frac{c'}{\gamma_{sat} h \cos i \sin i} + \frac{\gamma_{sub} \cdot \tan \varnothing'}{\gamma_{sat} \cdot \tan i}$$

(4) 질량법에 의한 사면의 원호안정해석

① 질량법
  1) 활동을 일으키는 파괴면 위의 흙을 하나의 덩어리로 취급하는 방법이다.
  2) 흙이 균질한 경우에 적용이 가능한 방법이나 실제 대부분의 자연사면의 경우 흙이 하나의 균질한 조건을 만족하기 어렵다.
  3) $\varnothing = 0$ 해석법과 마찰원법이 있다.

② $\varnothing = 0$ 해석법
  1) $\varnothing = 0$ 해석법은 주로 연약 지반상태에 축조된 제방의 단기 안정 해석에 적용한다.
  2) 안전율

$$F_s = \frac{M_r}{M_d} = \frac{c_u \cdot L_a \cdot r}{W \cdot d} = \frac{\text{전단저항모멘트}}{\text{활동모멘트}}$$

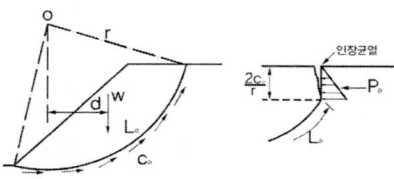

③ 마찰원법($\varnothing > 0$)
  1) Taylor에 의한 점착력(c)와 $\varnothing$ 가 동일한 균질한 지반에 적용하는 방법으로 마찰원

을 이용하여 사면안정을 해석하는 방법이다.

2) 안전율

가. $F_s = \dfrac{s}{\tau} = \dfrac{s}{s_m} = \dfrac{s}{c_m + \sigma \tan \phi_m}$

여기서, 작용 반작용 원리로 $\tau = s_m$ 같다고 볼 수 있다.

s_m : 전단응력(τ)과 같은 크기의 전단저항

나. 마찰력에 대한 안전율

$F_\phi = \dfrac{\tan \phi}{\tan \phi_m}$

다. 점착력에 대한 안전율

$F_c = \dfrac{c}{c_m}$

여기서, c_m : 현재 발휘되고 있는(mobilized)점착력

ϕ_m : 현재 발휘되고 있는(mobilized)마찰각

라. $F_\phi = F_c$가 되도록 반복하고 원호를 다시 여러개로 가정하여 최소 안전율 (F_s)을 계산한다.

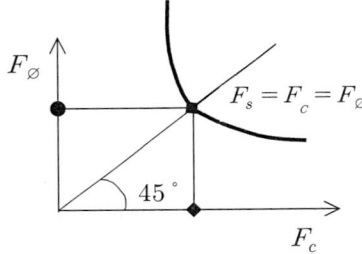

3) 굴착할 수 있는 최대깊이(H_{cr} 한계고)

가. $H_{cr} = \dfrac{c_u}{\gamma_t \cdot m}$

나. $F_s = \dfrac{H_{cr}}{H}$

여기서, H_{cr} : 한계고(굴착할 수 있는 최대깊이)

m : 안정수

γ_t : 흙의 단위 중량

(5) 절편법에 의한 사면의 원호 안정해석

① 사면을 여러 개의 절편으로 나누어 각 절편에 대해 안정성을 해석하는 방법으로 일반적으로 많이 사용된다.

② 평형방정식의 수보다 미지수가 더 많아 가정이 필요하고 가정에 따라 각 방법이 구

분되어 진다.
③ 절편법(분할법)의 특징
   1) 흙이 불균질하고 간극수압이 작용하는 경우 적합하다.
   2) 안전율은 전체 활동면상에서 일정하게 작용한다.
   3) 사면의 활동 파괴면을 원형 또는 평면으로 가정한다.
   4) 절편의 전 중량 W=흙의 단위중량 × 절편의 높이 × 절편의 폭 으로 계산된다.
   5) 안전율은 파괴원의 중심에서 절편의 저항 모멘트를 절편의 활동 모멘트로 나누어 구한다.

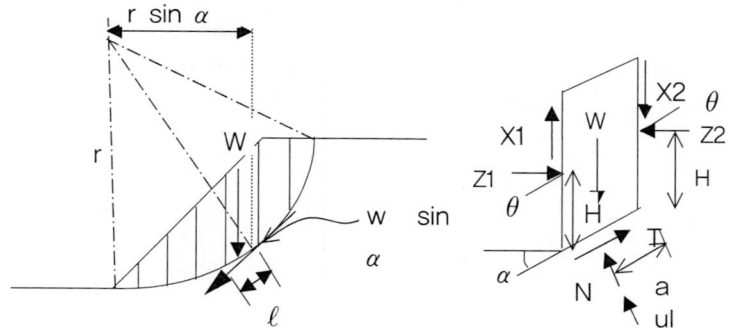

④ 가정조건에 따른 방법
   1) Fellenius(Swedish)
      X1-X2 = 0, Z1-Z2 = 0 가정하고 Bishop 방법보다 계산이 간단하므로 일반적으로 널리 사용된다.
   2) Bishop
      X1-X2 = 0 가정하고 Fellenius방법보다 복잡하나 안전율이 거의 실제와 같이 나타내고 있어 정확치에 가장 가까워 많이 사용되고 있다.
   3) Janbu
      X1-X2 = 0, Z1, Z2의 작용거리를 가정
   4) Morgenstern and Price
      X1-X2 = 0 , Z1, Z2 의 경사각을 가정
   5) Spencer
      X1-X2 = 0 , Z1, Z2 의 경사각을 일정하게 가정
⑤ $F_s = \dfrac{\text{절편에 대해 저항모멘트}}{\text{활동에 대해 활동모멘트}}$

4-10 주요핵심문제

사면안정

01 점착력이 1.4t/m², 내부마찰각이 30°, 단위중량이 1.85t/m³인 흙에서 인장균열의 깊이는? [05·06·08·09.15.16 기사]
① 1.74m ② 2.62m
③ 3.45m ④ 5.24m

해설

$$Z_c = \frac{2c \cdot \tan\left(45° + \frac{\phi}{2}\right)}{\gamma_t}$$

$$= \frac{2 \times 1.4 \times \tan\left(45° + \frac{30°}{2}\right)}{1.85}$$

$$= 2.62m$$

02 내부마찰각이 30°, 단위중량이 1.8t/m³인 흙의 인장균열 깊이가 3m일 때 점착력은?
(01.05.07.10.13.16 기사)
① 1.56t/m² ② 1.67t/m²
③ 1.75t/m² ④ 1.81t/m²

해설

인장균열깊이

$$Z_c = \frac{2c}{\gamma_t} \tan\left(45° + \frac{\varnothing}{2}\right)$$

$$c = \frac{Z_c \times \gamma_t}{2\tan\left(45 + \frac{\varnothing}{20}\right)} = \frac{3 \times 1.8}{2 \cdot \tan\left(45 + \frac{30}{2}\right)} = 1.56t/m^2$$

03 $\gamma_t = 1.8t/m^3$, $c_u = 5.0t/m^2$, $\phi = 0$의 점토지반을 수평면과 45°의 기울기로 굴착하려고 한다. 안전율을 2.0으로 가정하여 평면활동 이론에 의해 굴착깊이를 결정하면? (13.15 기사)
① 2.80m ② 5.60m
③ 13.4m ④ 9.84m

해설

평면파괴면을 갖는 사면(culmann)의 도해법에 의한 한계고

1) $H_c = \frac{4c}{\gamma_t}\left[\frac{\sin\beta \cdot \cos\phi}{1-\cos(\beta-\phi)}\right]$

$= \frac{4 \times 5}{1.8}\left[\frac{\sin 45° \cdot \cos 0°}{1-\cos(45°-0)}\right]$

$= 26.8m$

2) $F_s = \frac{H_c}{H}$

$2 = \frac{26.8}{H}$

∴ $H = 13.4m$

04 점착력이 0.4kg/cm², 내부마찰각이 30°, 습윤단위무게가 2.1t/m³이다. 이 지반을 연직으로 7m 굴착하였을 때 연직사면의 안전율은? [01.12 기사]
① 1.5 ② 1.9
③ 2.5 ④ 3.0

해설

1) 직립면의 한계고

$$H_c = \frac{4 \cdot c \cdot \tan\left(45° + \frac{\phi}{2}\right)}{\gamma_t}$$

$$= \frac{4 \times 4 \cdot \tan\left(45° + \frac{30°}{2}\right)}{2.1} = 13.20m$$

(∵ $c = 0.4kg/cm^2 = 4t/m^2$)

2) $F_s = \frac{H_c}{H} = \frac{13.2}{7} = 1.89$

정답 01 ② 02 ① 03 ③ 04 ②

05 어떤 굳은 점토층을 깊이 6m까지 연직 절토 하였다. 이 점토층의 일축압축강도가 1.4kg/cm², 흙의 단위중량 $\gamma_t = 2t/m^3$라면 파괴에 대한 안전율은? [10.12 기사]

① 1.0 ② 2.0
③ 2.3 ④ 3.0

해설

1) $H_c = \dfrac{4 \cdot c \cdot \tan\left(45° + \dfrac{\phi}{2}\right)}{\gamma_t}$

$= \dfrac{4 \times \dfrac{q_u}{2} \times \tan\left(45° + \dfrac{\phi}{2}\right)}{\gamma_t}$

$= \dfrac{4 \times \dfrac{14}{2} \times \tan\left(45° + \dfrac{\phi}{2}\right)}{2} = 14$

2) $F_s = \dfrac{H_c}{H} = \dfrac{14}{6} = 2.33$

06 연약한 점토지반($\phi = 0$)의 토질시험 결과 일축압축강도는 $4.0t/m^2$, 흙의 단위중량은 $1.8t/m^3$로 측정되었다. 이 점토의 한계고는? [09.10 기사]

① 5m ② 4m
③ 3m ④ 2m

해설

$H_c = \dfrac{4c}{\gamma_t} \tan\left(45° + \dfrac{\phi}{2}\right) \ (\therefore c = \dfrac{q_u}{2})$

$H_c = \dfrac{2q_u}{\gamma_t} = \dfrac{2 \times 4.0}{1.8} = 4.4m$

07 점착력이 $1.0t/m^2$, 내부마찰각이 35° 흙의 단위중량이 $1.8t/m^3$인 현장의 지반에서 흙 막이 벽체 없이 연직으로 굴착 가능한 깊이는? [11.15 기사]

① 1.82m ② 2.11m
③ 2.84m ④ 4.27m

해설

$H_c = \dfrac{4 \cdot c \cdot \tan\left(45° + \dfrac{\phi}{2}\right)}{\gamma_t}$

$= \dfrac{4 \times 1 \times \tan\left(45° + \dfrac{35°}{2}\right)}{1.8} = 4.27m$

08 그림과 같은 사면에서 깊이 6m 위치에서 발생하는 단위 폭당 전단응력은? [07·09 기사]

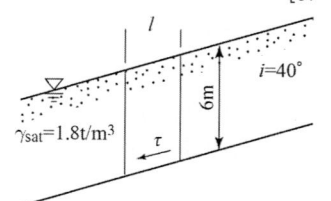

① $5.32t/m^2$ ② $2.34t/m^2$
③ $4.05t/m^2$ ④ $2.04t/m^2$

해설

$\tau = \gamma Z \cos i \sin i$
$= 1.8 \times 6 \times \cos 40° \times \sin 40°$
$= 5.32 t/m^2$

09 $\phi = 30°$인 사질토에 25° 경사의 사면을 조성하려고 한다. 이 비탈면의 지표까지 포화되었을 때 안전율을 계산하면? (단, 사면 흙의 $\gamma_{sat} = 1.8t/m^3$)[10·11 기사]

① 0.62 ② 0.55
③ 1.12 ④ 1.41

해설

$F_s = \dfrac{\gamma_{sub}}{\gamma_{sat}} \cdot \dfrac{\tan\phi}{\tan i}$

$= \dfrac{0.8}{1.8} \times \dfrac{\tan 30°}{\tan 25°} = 0.55$

정답 05 ③ 06 ② 07 ④ 08 ① 09 ②

10 사면안정계산에 있어서 Fellenius법과 간편 Bishop법의 비교 설명 중 틀린 것은?
(13.16 기사)
① Fellenius법은 간편 Bishop법보다 계산은 복잡하지만 계산결과는 더 안전측이다.
② 간편 Bishop법은 절편의 양쪽에 작용하는 연직 방향의 합력은 0(zero)이라고 가정한다.
③ Fellenius법은 절편의 양쪽에 작용하는 합력은 0(zero)이라고 가정한다.
④ 간편 Bishop법은 안전율을 시행착오법으로 구한다.

해설

Fellenius법은 절편과 수평력에 대한가정을 모두 무시한 방법으로 Bishop보다 계산이 간편해 일반적으로 널리 사용된다.
Bishop법은 Fellenius법보다 훨씬 복잡하나 안전율은 거의 실제와 비슷하게 정확치에 가깝게 나타난다.

11 사면안정 해석방법에 대한 설명으로 틀린 것은? (08.15 기사)
① 일체법은 활동면 위에 있는 흙덩어리를 하나의 물체로 보고 해석하는 방법이다.
② 절편법은 활동면 위에 있는 흙을 몇 개의 절편으로 분할하여 해석하는 방법이다.
③ 마찰원방법은 점착력과 마찰각을 동시에 갖고 있는 균질한 지반에 적용된다.
④ 절편법은 흙이 균질하지 않아도 적용이 가능하지만, 흙속에 간극수압이 있을 경우 적용이 불가능하다.

해설

절편법(분할법)
1) 파괴면 위의 흙을 수 개의 절편으로 나눈 후 각각의 절편에 대해 안정성을 계산하는 방법으로
2) $F_s = \dfrac{c.l + (W\cos\theta - U)\tan\varnothing}{W\sin\theta}$
절편법 Fellenius 식에서 간극수압 U를 고려하고 있다.

12 그림과 같이 c=0인 모래로 이루어진 무한 사면이 안정을 유지(안전율≥1)하기 위한 경사각 β의 크기로 옳은 것은?
(10.14.15.20 기사)

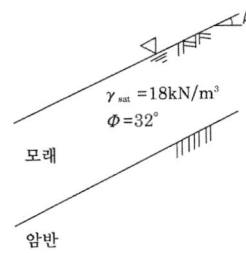

① $\beta \leq 7.8°$ ② $\beta \leq 15.5°$
③ $\beta \leq 31.3°$ ④ $\beta \leq 35.6°$

해설

$F_s = \dfrac{\gamma_{sub}}{\gamma_{sat}} \cdot \dfrac{\tan\phi}{\tan i}$ $1 = \dfrac{0.8}{1.8} \times \dfrac{\tan 32°}{\tan\beta}$

$\therefore \tan\beta = \dfrac{0.8 \times 1 \times \tan 32°}{1.8} = 0.2777$

$\beta = \tan^{-1} 0.2777 = 15.5°$

13 흙의 포화단위중량이 2.0t/m³인 포화점토층을 45° 경사로 8m를 굴착하였다. 흙의 강도계수 C_u=6.63t/m², $\phi_u = 0°$이다. 그림과 같은 파괴면에 대하여 사면의 안전율은?(단, ABCD의 면적은 70cm²이고 O점에서 ABCD의 무게중심까지의 수직거리는 5.0m이다.) (00.03.06.09.13 기사)

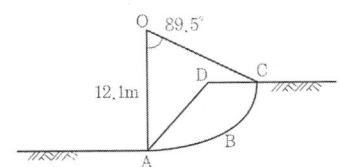

① 4.72   ② 2.67
③ 4.21   ④ 2.17

해설

1) $Fs = \dfrac{M_r}{M_d} = \dfrac{c_u \cdot L_a \cdot r}{W \cdot d} = \dfrac{1,516.21}{700} = 2.17$
2) $M_r = c_u \cdot L_a \cdot r = 6.63 \times 18.9 \times 12.1 = 1,516.21 t.m$

- $c_u = 6.63 t/m^2$
- $360 : \pi = 89.5 : L_a, \quad L_a = 18.9m$
- $r = 12.1m$

3) $M_D = W \cdot d = A \cdot \gamma \times e = 70 \times 2 \times 5.0 = 700 t \cdot m$

14 암반층 위에 5m 두께의 토층이 경사 15°의 자연사면으로 되어 있다. 이 토층은 c=1.5t/m², ϕ=30°, γ_{sat}=1.8t/m³이고, 지하수면은 토층의 지표면과 일치하고 침투는 경사면과 대략 평행이다. 이때의 안전율은? (14.16 기사)

① 0.8 ② 1.1
③ 1.6 ④ 2.0

해설

$$F_s = \frac{c'}{\gamma_{sat} h \cos i \sin i} + \frac{\gamma_{sub} \cdot \tan \phi'}{\gamma_{sat} \cdot \tan i}$$

$$= \frac{1.5}{1.8 \times 5 \times \cos 15° \times \sin 15°} + \frac{0.8}{1.8} \times \frac{\tan 30°}{\tan 15°}$$

$$= 1.624$$

15 ϕ=33°인 사질토에 25°경사의 사면을 조성하려고 한다. 이 비탈면의 지표까지 포화되었을 때 안전율을 계산하면?(단, 사면 흙의 γ_{sat}=1.8t/m³) (14.15 기사)

① 0.62 ② 0.70
③ 1.12 ④ 1.41

해설

$$F_s = \frac{\gamma_{sub}}{\gamma_{sat}} \cdot \frac{\tan \phi}{\tan i} = \frac{0.8}{1.8} \times \frac{\tan 33°}{\tan 25°} = 0.62$$

16 활동면 위의 흙을 몇 개의 연직 평행한 절편으로 나누어 사면을 안정 해석하는 방법이 아닌 것은? (11.16 기사)

① Fellenius 방법 ② 마찰원법
③ Bishop 방법 ④ Spencer 방법

해설

가정조건에 따른 방법

1) Fellenius(Swedish)
   X1-X2 = 0, Z1-Z2 = 0 가정
2) Bishop
   X1-X2 = 0 가정
3) Janbu
   X1-X2 = 0, Z1, Z2의 작용거리를 가정
4) Morgenstern and Price
   X1-X2 = 0, Z1, Z2 의 경사각을 가정
5) Spencer
   X1-X2 = 0, Z1, Z2 의 경사각을 일정하게 가정

4-11 지중응력

1. 탄성론에 의한 지중응력

(1) 지중응력이란?
   지표면에 하중이 작용할 때 이 하중으로 인하여 지반내에 생기는 응력을 지중응력이라고 한다.

(2) 흙의 자중으로 인한 응력

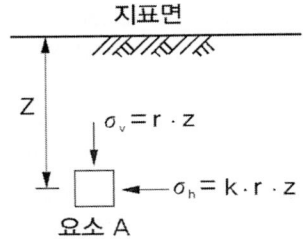

① 연직방향 응력
   $\sigma_v = \gamma \cdot z$
② 수평방향 응력
   $\sigma_h = \sigma_v \cdot K = \gamma \cdot z \cdot K$
   여기서, γ : 흙의 단위중량
   K : 토압계수

(3) Boussinesq 에 의한 지표면상의 집중하중에 의한 지중응력

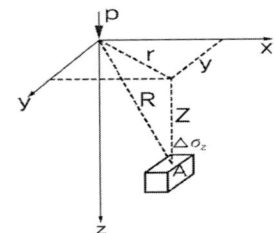

① A 점에서의 연직응력
   $$\triangle \sigma_v = I_B \left(\frac{P}{Z^2} \right)$$
   여기서, $I_B = \dfrac{3Z^5}{2\pi R^5}$ (I_B : 영향계수)
   연직응력과 증가는 변형계수(E)와는 무관하다.

② 집중하중과 응력의 상관성
  1) 연직응력의 증가는 변형계수(E)와 무관하다.
  2) 수평응력은 포아송비(μ)와 관계가 있다.

(4) 단위길이당 선하중에 의한 지중응력

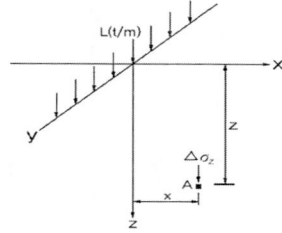

① 하중 작용점 직하에서의 연직응력 증가량
$$\triangle \sigma_v = \frac{2L}{\pi Z}$$

② 편심거리 x 만큼 떨어진 곳에서의 연직응력 증가량
$$\triangle \sigma_v = \frac{2L \cdot Z^3}{\pi (x^2 + Z^2)^2}$$

(5) 구형(직사각형) 등분포하중에 의한 지중응력

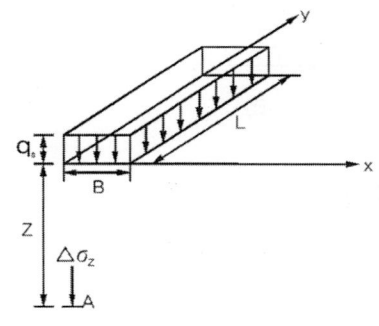 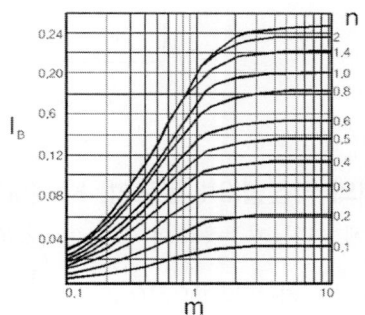

① 등분포 하중에 의한 연직응력의 증가량
  1) $\triangle \sigma_v = q_s \cdot I_B$
  2) I_B는 $m = \dfrac{B}{Z}$과 $n = \dfrac{L}{Z}$을 계산하여 그림으로부터 영향계수 I_B를 구한다. (시험에서는 상기식으로 계산하여 m, n을 구하고 m과 n에 해당하는 I_B를 선택해서 구할 수 있음)

② 임의점 A가 직사각형 안에 있는 연직응력
$$\triangle \sigma_v = \sigma_v(aeAh) + \sigma_v(bfAe) + \sigma_v(cgAf) + \sigma_v(dhAg)$$
$$= q \cdot I_\sigma(1) + q \cdot I_\sigma(2) + q \cdot I_\sigma(3) + q \cdot I_\sigma(4)$$

③ 임의점 A가 직사각형 밖에 있는 연직응력

$$\triangle \sigma_v = \sigma_v(Aebh) - \sigma_v(Aeag) - \sigma_v(Afch) + \sigma_v(Afdg)$$
$$= q \cdot I_\sigma(Aebh) - q \cdot I_\sigma(Aeag) - q \cdot I_\sigma(Afch) + \sigma_v(Afdg)$$

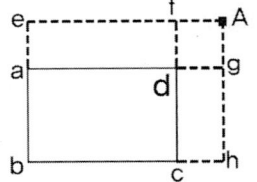

■□ 임의점 A가 직사각형 안에 있을 때   ■□ 임의점 A가 직사각형 밖에 있을때

④ 중첩의 원리
  1) 지반 중심에서 지중응력은 가장 크고 연단으로 갈수록 감소한다.
  2) 구형단면에 동일한 등분포하중이 작용하고 일정 깊이에서 증가되는 흙의 성질이 동일할 때 모서리 이외의 점에 대한 연직응력은 중첩의 원리에 의해서 $\sigma_A = 4\sigma_B$ 관계가 성립된다.

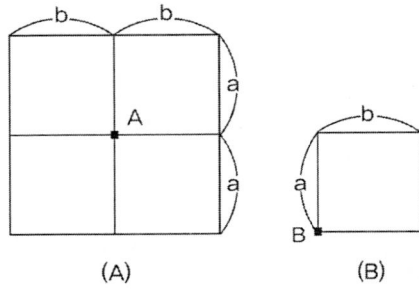

(A)   (B)

2. 지중응력의 약산법(2:1 분포법, Kogler의 간편법)

(1) 하중에 의한 지중응력의 분포가 연직(2) 수평(1)의 비율로 분포된다는 가정 하에 지중 응력을 결정하는 방법으로($\tan\theta = \dfrac{1}{2}$ 법)

(2) 분포되는 면적으로 하중을 나누어 평균 지중응력을 산출하는 방법이다.

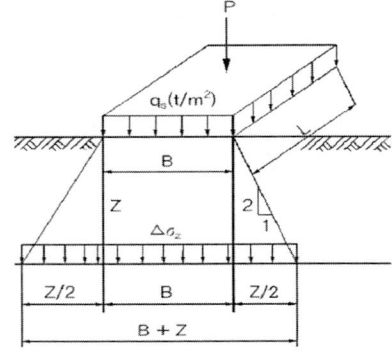

(3) 장방형 기초(B, L)

$$\triangle \sigma_v = \frac{P}{(B+Z)(L+Z)} = \frac{q_s \cdot B \cdot L}{(B+Z)(L+Z)}$$

3. 기초지반에 대한 접지압과 침하량 분포
(1) 접지압이란?
　　기초에 하중이 작용하는 경우 기초바닥과 지반사이에 작용하는 압력을 접지압이라 한다.
(2) 접지압의 분포는 기초바닥에 작용하는 휨모멘트와 전단력 산정에 필요하다.
(3) 이론적인 침하와 접지압 분포
　　① 연성기초(휨성기초, 탄성기초)

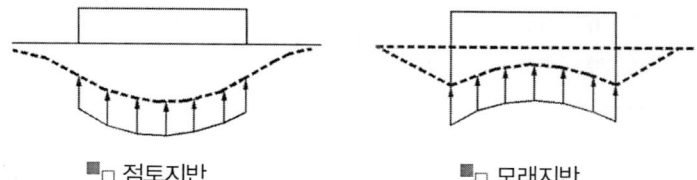

　　　　■□ 점토지반　　　　　　■□ 모래지반
　　1) 연성기초는 기초가 유연하여 접지압이 균등하게 작용함
　　2) 점토지반 접시처럼 오목하게 발생되며, 모래지반은 중앙부 보다 모서리쪽 침하가 크게 발생된다.
　　② 강성기초의 접지압 분포

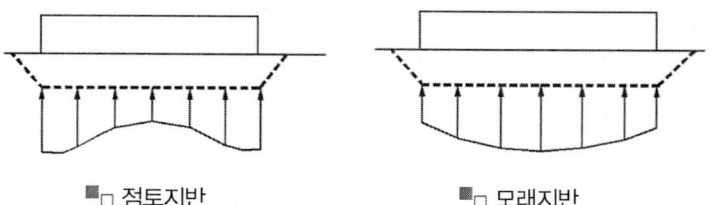

　　　　■□ 점토지반　　　　　　■□ 모래지반
　　1) 기초가 강성이므로 균등침하가 발생된다.
　　2) 점토지반에서는 모서리쪽 접지압이 커지고 중앙부 접지압이 줄어든다.
　　3) 모래지반에서는 모서리쪽 접지압이 작고 중앙부 접지압이 커진다.

4-11 주요핵심문제

지중응력

01 10t 의 집중하중이 지표면에 작용하고 있다. 이때 하중점 직하 5m 깊이에서 연직응력의 증가량은? (단 영향값 $I = 0.4775$)
[03,07,09,10,11 기사]

① 0.191t/m² ② 0.224t/m²
③ 0.324t/m² ④ 0.424t/m²

해설

$$\triangle \sigma_z = \frac{P}{Z^2} \cdot I$$

$$= \frac{10}{5^2} \times 0.4775 = 0.191 t/m^2$$

02 그림과 같이 지표면에 $P_1 =$ 100ton의 집중하중이 작용할 때 지중 0점의 집중하중에 의한 수직응력은? (단, 영향값 $I_\sigma =$ 0.2214) [03,05,07 기사]

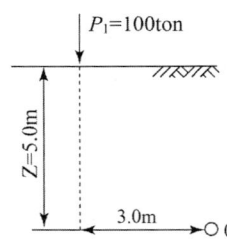

① $\sigma z = 0.10 t/m^2$
② $\sigma z = 0.20 t/m^2$
③ $\sigma z = 0.89 t/m^2$
④ $\sigma z = 2.00 t/m^2$

해설

$$\triangle \sigma z = \frac{P}{Z^2} I_\sigma = \frac{100}{5^2} \times 0.2214 = 0.89 t/m^2$$

03 다음 그림에서 지표면에서 깊이 6m에서의 연직응력(σ_v)과 수평응력(σ_h)의 크기를 구하면?(단, 토압계수는 0.5이다.)
(00.07.13 기사)

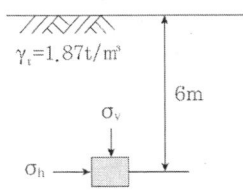

① σ_v=12.34t/m², σ_h = 7.4t/m²
② σ_v=8.73t/m², σ_h = 5.24t/m²
③ σ_v=11.22t/m², σ_h = 5.61t/m²
④ σ_v=9.52t/m², σ_h = 5.71t/m²

해설

1) $\sigma_v = \gamma_t h = 1.87 \times 6 = 11.22 t/m^2$
2) $\sigma_h = \sigma_v K = 11.22 \times 0.5 = 5.61 t/m^2$

04 단위중량(γ_t)=1.9t/m³, 내부마찰각(ϕ)=30°, 정지토압계수(K_o)=0.5인 균질한 사질토지반이 있다. 지하수위면이 지표면 아래 2m 지점에 있고 지하수위면 아래의 단위중량(γ_{sat})=2.0t/m³이다. 지표면 아래 4m지점에서 지반내 응력에 대한 다음 설명 중 틀린 것은? (10.14 기사)

① 간극수압(u)은 2.0t/m²이다.
② 연직응력(σ_u)은 8.0t/m²이다.
③ 유효연직응력($\sigma_u{'}$)은 5.8t/m²이다.
④ 유효수평응력($\sigma_h{'}$)은 2.9t/m²이다.

해설

1) $\sigma = 1.9 \times 2 + 2 \times 2 = 7.8 t/m^2$

정답 01 ① 02 ③ 03 ③ 04 ②

2) $u = 1 \times 2 = 2t/m^2$
3) $\bar{\sigma} = \sigma - u = 7.8 - 2 = 5.8t/m^2$
4) $\bar{\sigma_h} = \bar{\sigma} \cdot K_o = 5.8 \times 0.5 = 2.9t/m^2$

05 5m×10m의 장방형 기초 위에 q=5t/m²의 등분포하중이 작용할 때, 지표면 아래 10m에서 수직응력을 2:1법으로 구한 값은? [01.02.04.05.06.07.08.09.15.16 기사]
① 1.0t/m² ② 2.0t/m²
③ 3.0t/m² ④ 0.8t/m²

해설

$$\triangle \sigma_v = \frac{BLq_s}{(B+Z)(L+Z)}$$

$$= \frac{5 \times 10 \times 5}{(5+10)(10+10)} = 0.8 t/m^2$$

06 접지압(또는 지반반력)이 그림과 같이 되는 경우는? [00.08・09・12.15 기사]

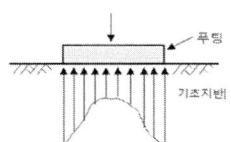

① 푸팅 : 강성, 기초지반 : 점토
② 푸팅 : 강성, 기초지반 : 모래
③ 푸팅 : 휨성, 기초지반 : 점토
④ 푸팅 : 휨성, 기초지반 : 모래

해설

침하와 접지압 분포
1) 연성기초(휨성기초, 탄성기초)

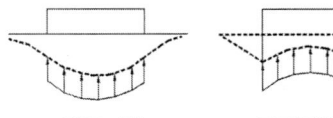

점토지반   모래지반

2) 강성기초의 접지압 분포

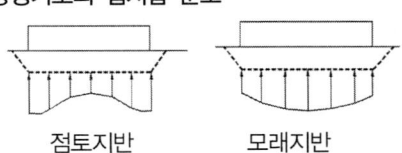

점토지반   모래지반

07 점토지반의 강성기초의 접지압 분포에 대한 설명으로 옳은 것은? [04.10.11 기사]
① 기초 모서리 부분에서 최대응력이 발생한다.
② 기초 중앙 부분에서 최대응력이 발생한다.
③ 기초 밑면의 응력은 어느 부분이나 동일하다.
④ 기초 밑면에서의 응력은 토질에 관계없이 일정하다.

해설

1) 기초가 강성이므로 균등침하가 발생된다.
2) 점토지반에서는 모서리쪽 접지압이 커지고 중앙부 접지압이 줄어든다.
3) 모래지반에서는 모서리쪽 접지압이 작고 중앙부 접지압이 커진다.

08 동일한 등분포 하중이 작용하는 그림과 같은 (A)와 (B) 두 개의 구형기초판에서 A와 B점의 수직 Z되는 깊이에서 증가되는 지중응력을 각각 σ_A, σ_B가 할 때 다음 중 옳은 것은?(단, 지반 흙의 성질은 동일함)
(02.07.16 기사)

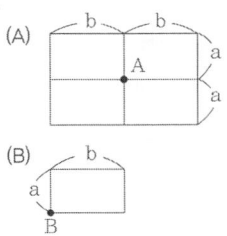

① $\sigma_A = \frac{1}{2}\sigma_B$ ② $\sigma_A = \frac{1}{4}\sigma_B$
③ $\sigma_A = 2\sigma_B$ ④ $\sigma_A = 4\sigma_B$

해설

구형단면에 동일한 등분포하중이 작용하고 일정 깊이에서 증가되는 흙의성질이 동일할 때 모서리 이외의 점에 대한 연직응력은 중첩의 원리에 의해서 $\sigma_A = 4\sigma_B$ 관계가 성립된다.

09 다음 그림과 같은 지표면에 2개의 집중하중이 작용하고 있다. 3t 의 집중하중 작용점 하부 2m 지점A에서의 연직하중의 증가량은 약 얼마인가?(단, 영향계수는 소수점 이하 넷째자리까지 구하여 계산하시오)

(10.14 기사)

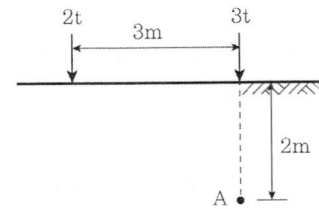

① 0.37t/m² ② 0.89t/m²
③ 1.42t/m² ④ 1.94t/m²

해설

1) 3t의 연직하중 증가량

$$\triangle \sigma_{z1} = \frac{P}{Z^2} \cdot I = \frac{P}{Z^2} \cdot \frac{3}{2\pi}$$

$$= \frac{3}{2^2} \times \frac{3}{2\pi} = 0.36 t/m^2$$

여기서 직하상태 영향계수
$I = \frac{3}{2\pi}$ 또는 0.4777을 사용

2) 2t의 연직하중 증가량

- $R = \sqrt{3^2 + 2^2} = 3.6056$
- $I = \frac{3Z^5}{2\pi R^5} = \frac{3 \times 2^5}{2\pi \times 3.6056^5} = 0.0251$
- $\triangle \sigma_{z2} = \frac{P}{Z^2} \cdot I$

$$= \frac{2}{2^2} \times 0.0251 = 0.01 t/m^2$$

3) $\triangle \sigma_z = \triangle \sigma_{z_1} + \triangle \sigma_{z_2}$
   $= 0.36 + 0.01 = 0.37 t/m^2$

정답 09 ①

4-12 직접기초(얕은기초)

1. 직접 기초의 분류
(1) 얕은 기초(직접기초)
  ① Df/B < 4인 경우 적용하며, 대체로 1.0이하인 경우를 말함.
  ② 상부 구조물의 하중을 직접 지반에 전달하기 위하여 좋은 토층이 지표면 부근에 있는 경우 지반위에 설치하는 기초
(2) 얕은기초의 분류
  ① Footing 기초
    1) 독립 푸팅기초
    2) 복합 푸팅기초
    3) 연속 푸팅기초
  ② 전면(mat)기초

2. 기초공의 구조상 요구조건
(1) 기초의 시공이 가능할 것
(2) 최소한의 근입깊이가 확보될 것
(3) 충분한 지지력을 확보하고 침하가 허용침하 이내 일 것
(4) 경제성이 확보될 것
(5) 기초 깊이는 동결깊이 이상일 것.

3. 기초아래 지반의 파괴 형태
(1) 전반전단파괴(General Shear Failure)
  ① 조밀한 모래나 굳은 점성토지반에서 발생
  ② 하중-침하량 곡선이 경사 완만하고 직선적이나 항복하중 도달한 후 침하가 급격히 커지고 주변지반이 팽창하며 지표면 균열이 발생한다.

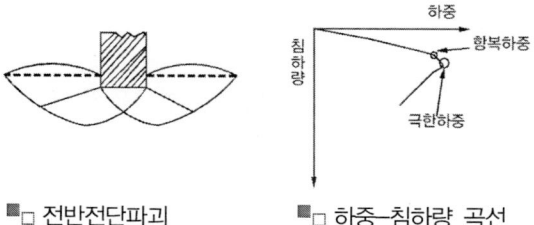

■□ 전반전단파괴　　■□ 하중-침하량 곡선

(2) 국부전단파괴(Local Shear Failure)
   ① 느슨한 모래나 연약한 점성토지반에서 발생
   ② 하중-침하곡선이 전반전단파괴에 비하여 곡선이 급하고 뚜렷한 항복점이 나타나지 않으며, 지표면에 약간의 팽창이 생기며 흙속에서 국부적으로 전단파괴 된다.

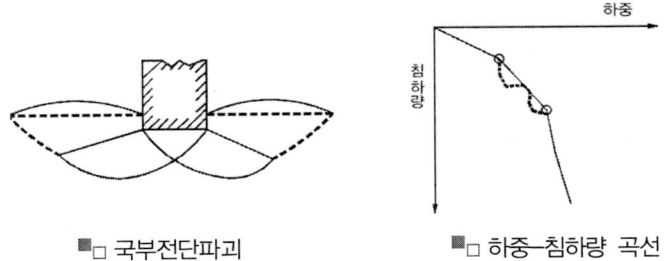

■□ 국부전단파괴   ■□ 하중-침하량 곡선

(3) 관입 전단파괴(Punching Shear Failure)
   ① 대단히 느슨한 모래 또는 대단히 연약한 점성토 지반에서 발생
   ② 흙이 가라앉으며 큰침하가 발생하면서 전단파괴가 발생한다. 주로 액상화 현상, 말뚝기초, 초기 준설토 침하형태에서 나타난다.

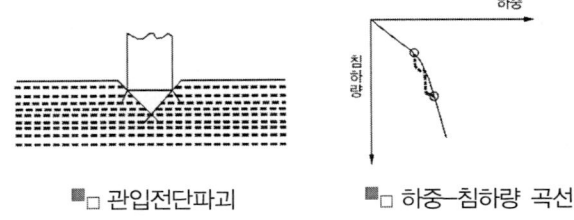

■□ 관입전단파괴   ■□ 하중-침하량 곡선

4. 직접기초의 지지력 및 영향인자

(1) 극한지지력(q_u)

지반 또는 말뚝이 상부 구조물을 지지할 수 있는 최대 하중으로 지반의 극한 지지력은 지반이 전단파괴를 일으킬 때의 지지력을 말한다.

(2) 허용지지력(q_a)
   ① 극한 지지력을 안전율로 나눈 값을 말하며 안전율은 보통 Fs =3을 사용한다.
   ② 허용지지력
   1) 전 허용지지력

   가. $q_a = \dfrac{q_u}{F_s}$

   나. $q_a \geq q$

   여기서 $q_u = a \cdot C \cdot N_c + \beta \cdot r_1 \cdot B \cdot N_r + r_2 \cdot D_f \cdot N_q$

q_a : 허용지지력

q : 구조물의 하중(Q)에 의하여 발생되는 지지력

2) 순 허용지지력

$$q_{a(net)} = \frac{q_{u(net)}}{F_s}$$

3) 순 극한지지력

$$q_{u(net)} = q_u - \gamma \cdot D_f$$

여기서, q_u : 극한지지력(기초깊이에 해당하는 부분의 지지력을 포함하는 지지력)

$q_{u(net)}$: 순극한지지력(극한지지력에서 기초깊이의 상재하중을 제외한 지지력)

$q_{o(net)}$: 순허용지지력(전 허용지지력에서 기초깊이의 상재하중을 제외한 지지력)

4) 허용 총 하중

$$Q_{all} = q_a \cdot A$$

여기서 A : 단면적

(3) 지지력 영향인자(지지력 감소요인)

$$q_u = a \cdot C \cdot N_c + \beta \cdot r_1 \cdot B \cdot N_r + r_2 \cdot D_f \cdot N_q$$

① 점착력, 전단저항각, 지반단위중량
② 근입깊이
③ 지하수위
④ 기초크기 및 형태
⑤ 기초의 경사
⑥ 편심하중

5. 전단파괴시 지반의 거동 형태

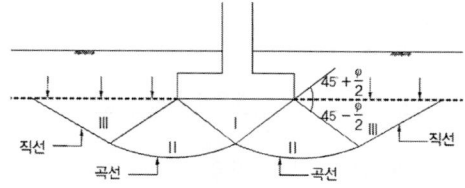

▣ 지반파괴 모식도

(1) 하중으로 기초바로 밑의 Ⅰ영역의 흙쐐기는 주동상태(탄성영역)
(2) 하중의 영향으로 Ⅱ 영역은 곡선의 활동면을 따라 전단상태영역
(3) Ⅱ 영역의 전단으로 Ⅲ 영역은 지표 융기하면서 활동면이 직선으로 수동영역

(4) Ⅰ영역의 파괴각은 수평면에 대해 $45° + \dfrac{\varnothing}{2}$이며 Ⅲ영역의 파괴각은 수평면에 대해 $45° - \dfrac{\varnothing}{2}$이다

(5) 파괴는 Ⅰ → Ⅱ → Ⅲ 영역 순으로 파괴가 발생된다.

6. 직접 기초의 극한지지력

(1) Terzaghi의 극한 지지력(점성토 사질토 적용)

① $q_u = \alpha \cdot C \cdot N_c + \beta \cdot r_1 \cdot B \cdot N_r + r_2 \cdot D_f \cdot N_q$

여기서, α, β : 기초의 형상 계수
　　　　C : 기초 하중면 아래의 지반 점착력
　　　　B : 기초의 폭
　　　　Df : 기초의 근입깊이
　　　　γ_1 : 기초 하중면 아래의 지반 단위중량
　　　　γ_2 : 기초 하중면 위의 지반 단위중량
　　　　Nc, Nr, Nq : 지지력계수($\varnothing$의 함수)
　　　　내부마찰각이 10°까지는 지지력계수 Nr=0

② 기초의 형상계수

구 분	연 속	정사각형 (정방형)	원 형	직사각형
α	1.0	1.3	1.3	$1 + 0.3 \dfrac{B}{L}$
β	0.5	0.4	0.3	$0.5 - 0.1 \dfrac{B}{L}$

③ 지하수위의 영향

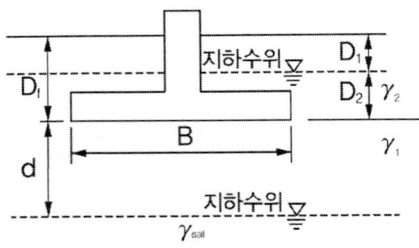

1) 지하수위가 기초바닥 위에 있는 경우

　가. $\gamma_1 = \gamma_{sat} - \gamma_w = \gamma_{sub}$

　나. $\gamma_2 \cdot D_f = D_1 \cdot \gamma_t + D_2 \cdot \gamma_{sub}$

2) 지하수위가 기초바닥 아래에 있는 경우 ($d \leq B$)

　가. $\gamma_1 = \dfrac{1}{B}[d \cdot \gamma_1 + (B-d) \cdot \gamma_{sub}]$

나. $\gamma_2 = \gamma_t$
3) 지하수위가 기초바닥 아래에 있는 경우 ($d > B$)
   가. $\gamma_1 = \gamma_t$ (지지력 공식에 영향이 없다)
   나. $\gamma_2 = \gamma_t$ (지지력 공식에 영향이 없다)

(2) Meyerhof의 극한지지력
① $q_u = 3NB(1 + \dfrac{D_f}{B})$

여기서, N : 표준관입시험 N치
q_u : 극한지지력(t/m²)
B : 기초의 폭

② Meyerhof 지지력 계수
1) 형상계수 : 기초의 형상을 고려한 계수
2) 깊이계수 : 기초의 근입깊이를 고려한 계수
3) 경사계수 : 기초 중심에 작용하는 하중의 방향을 고려한 계수

(3) Skempton의 극한지지력(비배수 $\varnothing_u = 0$ 조건)
$q_u = cN_c + \gamma D_f$

여기서, N_c : Skempton의 지지력 계수
γ : 전응력상태(비배수)의 γ_{sat} 사용

7. 직접기초의 침하

(1) 점토층의 즉시침하량(탄성침하)
① 이론식
$$S_i = I_s \cdot \dfrac{1-\mu^2}{E} q \cdot B$$

여기서, I_s : 탄성침하에 의한 영향계수
E : 지반의 탄성계수(흙의 변형계수)
q : 기초에 작용하는 하중강도(t/m²)
μ : 지반의 푸아송비
B : 기초폭
S_i : 즉시 침하량(탄성 침하량)

② 평판재하시험에 의한 방법
$$S_f = S_p \cdot \dfrac{B_f}{B_p} \text{ 또는 } S_f = S_{30} \cdot \dfrac{B_f}{0.3}$$

여기서, S_f : 실제 기초의 즉시 침하량
S_p : 재해판의 즉시침하량
B_f : 실제기초의 폭
B_p : 재하판의 폭(0.3m)

(2) 사질토의 즉시침하량(탄성침하량)
 ① 이론식
$$S_i = I_s \cdot \frac{1-\mu^2}{E} q \cdot B$$
 ② 평판재하시험에 의한 방법
$$S_f = S_p \cdot (\frac{2B_f}{B_p + B_f})^2 \text{ 또는 } S_{30} \cdot (\frac{2 \cdot B_f}{0.3 + B_f})^2$$

8. 구조물 기초의 침하
(1) 기초의 침하각도
$$\theta t = \sin^{-1}\left[\frac{s_1 - s_2}{\frac{B}{2} - e}\right]$$

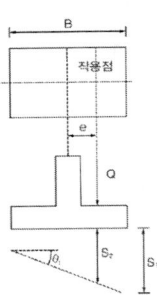

(2) 부등침하 및 각변위

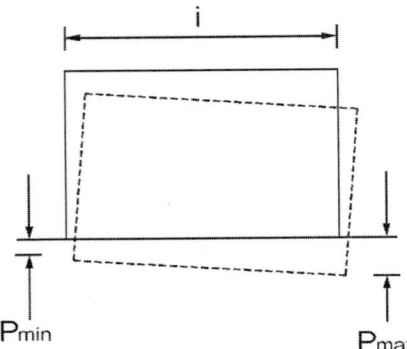

 ① 허용부등침하량 $\triangle \rho = \rho_{max} - \rho_{min}$
 ② 허용각변위량 $\frac{\triangle \rho}{\ell}$

9. 보상기초

(1) 보상기초란?
지지층이 매우 깊은곳에 위치하는 경우 직접기초의 형식으로 구조물의 침하방지 또는 하중경감을 목적으로 기초굴착에 의해 배제된 흙의 중량과 구조물하중이 균형을 이루도록 만든 직접(얕은)기초 형식으로 지하차도와 같은 구조물이 보상기초의 형식이라 볼 수 있다.

(2) 보상기초의 개념

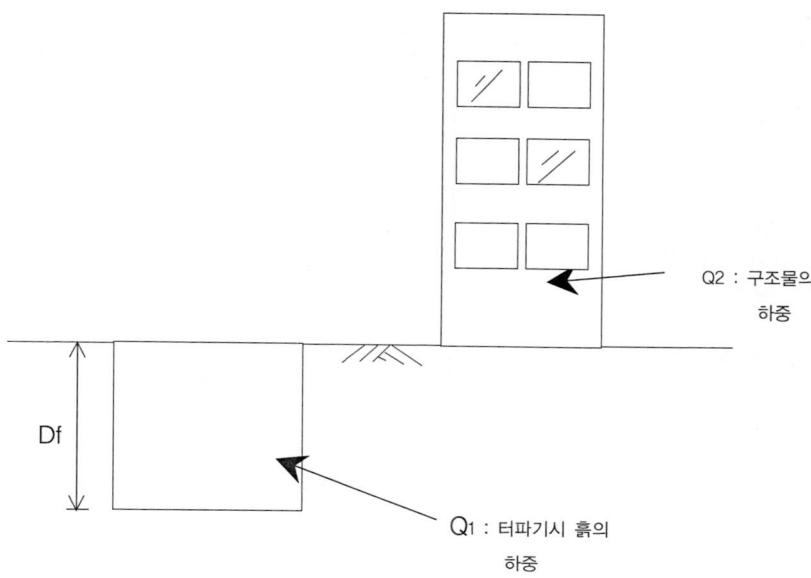

① 완전보상기초
　1) 굴착된 흙의 하중(지지력)과 구조물의 하중(근입깊이에 따른 지지력)이동일
　2) 즉 $q_1 = \dfrac{Q_1}{A} = \gamma \cdot D_f$

② 부분 보상기초
　1) 굴착된 흙의 하중보다 구조물의 하중이 클 경우
　2) 즉 $q_1 = \dfrac{Q_1}{A} > \gamma \cdot D_f$

③ 안전율 계산(근입깊이를 배제한 상태)

$$F_s = \dfrac{q_{ult(net)}(\text{순극한지지력})}{q_{all(net)}(\text{순허용지지력})}$$

여기서, $q_{all(net)} \geq q_{1(net)}$ (구조물 하중에 의해 발생된 순지지력)

$$q_{1(net)} = \dfrac{Q_1}{A} - \gamma \cdot D_f$$

4-12 주요핵심문제
직접기초

01 일반적인 기초의 필요조건으로 틀린 것은?
(98.16 기사)
① 동해를 받지 않는 최소한의 근입깊이를 가져야 한다.
② 지지력에 대해 안정해야 한다.
③ 침하를 허용해서는 안 된다.
④ 사용성, 경제성이 좋아야 한다.

해설
기초의 침하는 허용침하량 이내의 균등침하가 발생될 수 있다.

02 그림은 얕은 기초의 파괴영역이다. 설명이 옳은 것은? [00.05 · 09 기사]

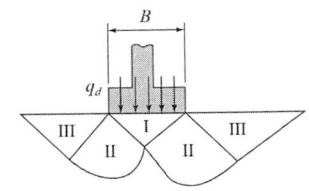

① 파괴순서는 Ⅲ→Ⅱ→Ⅰ 이다.
② 영역 Ⅲ에서 수평면과 $45°+\dfrac{\phi}{2}$ 의 각을 이룬다.
③ 영역 Ⅲ은 수동영역이다.
④ 국부전단파괴의 형상이다.

해설
1) 파괴의 순서는 Ⅰ→Ⅱ→Ⅲ이다.
2) 영역 Ⅲ에서 수평면과 $45°-\dfrac{\phi}{2}$ 의 각을 이룬다.

03 그림은 확대기초를 설치했을 때 지반의 전단파괴 형상을 가정(Terzaghi)한 것이다. 설명 중 옳지 않은 것은? [06 · 08 기사]

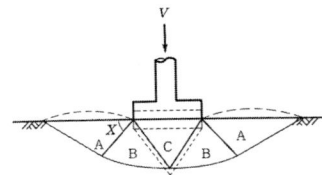

① 전반전단(general shear)일 때의 파괴형상이다.
② 파괴 순서는 C-B-A이다.
③ A영역에서 각 X는 수평선과 $45°+\dfrac{\phi}{2}$ 의 각을 이룬다.
④ C영역은 탄성영역이며, A영역은 수동영역이다.

해설
A영역에서 각 X는 수평선과 $45°-\dfrac{\phi}{2}$ 의 각을 이룬다.

04 테르자기(Terzaghi)의 극한지지력 공식 $q_u = \alpha c N_c + \beta B \gamma_1 N_r + D_f \gamma_2 N_q$ 에 대한 설명 중 옳지 않은 것은? [05.13 기사]
① α, β는 기초형상계수이다.
② 원형 기초에서 B는 원의 직경이다.
③ 정사각형 기초에서 α의 값은 1.3이다.
④ N_c, N_r, N_q는 지지력계수로서 흙의 점착력에 의해 결정된다.

해설
N_c, N_r, N_q는 지지력계수로서 흙의 내부마찰각에 의해 결정된다.

정답 01 ③ 02 ③ 03 ③ 04 ④

05 단위체적중량이 1.6t/m³, 점착력 $c=$ 1.5t/m², 내부마찰각 $\phi=0$인 점토지반에 폭 $B=2$m, 근입깊이 $D_f=3$m인 연속기초의 극한지지력은? (단, Terzaghi식을 이용, 지지력계수 $N_c=5.7$, $N_r=0$, $N_q=1.0$) [02.04.08 기사]

① 10.15t/m² ② 13.35t/m²
③ 15.42t/m² ④ 18.12t/m²

해설

$q_u = \alpha c N_c + \beta B \gamma_1 N_r + D_f \gamma_2 N_q$
  $= 1 \times 1.5 \times 5.7 + 0 + 3 \times 1.6 \times 1$
  $= 13.35 t/m^2$

06 그림과 같이 점토질지반에 연속기초가 설치되어 있다. Terzaghi 공식에 의한 이 기초의 허용지지력 q_a는? (단, $\phi=0$이며 $N_c=5.14$, $N_q=1.0$, $N_r=0$, 안전율 $F_s=3$이다.) [01.02.05 · 07 · 11.14.16 기사]

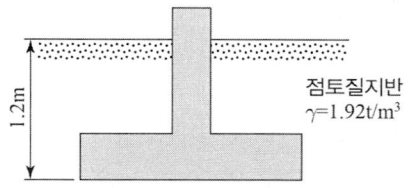

① 6.4t/m² ② 13.5t/m²
③ 18.5t/m² ④ 40.49t/m²

해설

연속기초 $\alpha=1.0$, $\beta=0.5$
1) $q_u = \alpha c N_c + \beta B \gamma_1 N_r + D_f \gamma_2 N_q$
  $= 1 \times \dfrac{14.86}{2} \times 5.14 + 0 + 1.2 \times 1.92 \times 1$
  $= 40.49 t/m^2$
2) $q_a = \dfrac{q_u}{F_s} = \dfrac{40.49}{3} = 13.5 t/m^2$

07 2m×2m 정방형 기초가 2.0m 깊이에 있다. 이 흙의 단위중량 $\gamma=1.7$t/m³, 점착력 c=0이며, $N_\gamma=19$, $N_q=22$이다. Terzaghi의 공식을 이용하여 전허용하중(Q_{all})을 구한 값은?(단, 안전율 $F_s=3$으로 한다.) [01.04.06 · 07.10.13.15 기사]

① 27.3t ② 54.6t
③ 81.9t ④ 134.2t

해설

1) $q_u = \alpha c N_c + \beta B \gamma_1 N_r + D_f \gamma_2 N_q$
  $= 0 + 0.4 \times 2 \times 1.7 \times 19 + 2 \times 1.7 \times 22$
  $= 100.64 t/m^2$
2) $q_a = \dfrac{q_u}{F_s} = \dfrac{100.64}{3} = 33.55 t/m^2$
  $q_a = \dfrac{Q_{all}}{A}$ 에서 $33.55 = \dfrac{Q_{all}}{2 \times 2}$
  $\therefore Q_{all} = 134.19 t$

08 다음 그림과 같은 정방형 기초에서 안전율을 3으로 할 때 Terzaghi 공식을 사용하여 한 변의 길이 B는? (단, 흙의 전단강도 $c=6t/m^2$, $\phi=0$이고 흙의 습윤 및 포화 단위중량은 각각 1.9t/m³, 2.0t/m³, $N_c=5.5$, $N_q=1.0$이다.) [06.07 · 10 기사]

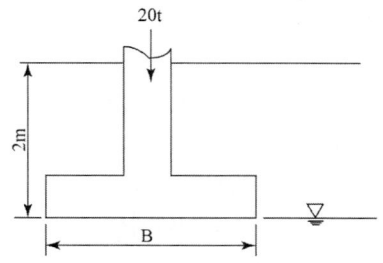

① 1.13m ② 1.432m
③ 1.512m ④ 1.624m

해설

1) $q_u = \alpha c N_c + \beta B \gamma_1 N_r + D_f \gamma_2 N_q$
  $= 1.3 \times 6 \times 5.5 + 0 + 2 \times 1.9 \times 1$
  $= 46.7 t/m^2$

정답 05 ② 06 ② 07 ④ 08 ①

2) $q_a = \dfrac{q_u}{F_s} = \dfrac{46.7}{3} = 15.57 t/m^2$

3) $q_a = \dfrac{Q_a}{A}$ 에서 $15.57 = \dfrac{20}{B^2}$

$\therefore B = 1.13 m$

09 크기가 30cm×30cm의 평판을 이용하여 사질토 위에서 평판재하시험을 실시하고 극한지지력 25t/m²을 얻었다. 크기가 1.8m×1.8m인 정사각형 기초의 총 허용하중은? (단, 안전율 3을 사용)

[06·09.14 기사]

① 90ton　② 110ton
③ 130ton　④ 162ton

해설

1) 정사각형 기초의 극한지지력

$q_{u(f)} = q_{u(p)} \cdot \dfrac{B_{(f)}}{B_{(p)}}$

$= 25 \times \dfrac{1.8}{0.3} = 150 t/m^2$

2) $q_a = \dfrac{q_u}{F_s} = \dfrac{150}{3} = 50 t/m^2$

3) $q_a = \dfrac{Q_a}{A}$ 에서 $50 = \dfrac{Q_a}{1.8 \times 1.8}$

$\therefore Q_a = 162 t$

10 3m×3m인 정방형 기초를 허용지지력이 30t/m²인 모래지반에 시공하였다. 이 경우 기초에 허용지지력 만큼의 하중이 가해졌을 때 기초 모서리에서 탄성침하량은? (단, I_s=0.561, μ=0.5, E_s=1,500t/m²)

[06·12 기사]

① 0.9cm　② 1.54cm
③ 1.68cm　④ 2.52cm

해설

$S_i = I_s \cdot \dfrac{1-\mu^2}{E} q \cdot B$

$= 0.561 \times \dfrac{1-0.5^2}{1,500} \times 30 \times 3$

$= 0.0252 m$

여기서, I_s : 탄성침하에 의한 영향계수
E : 지반의 탄성계수(흙의 변형계수)
q : 기초에 작용하는 하중강도(t/m²)
μ : 지반의 푸아송비
B : 기초폭
S_i : 즉시 침하량(탄성침하량)

11 기초폭 5m인 연속기초에서 기초면에 작용하는 합력의 연직성분은 10t이고 편심거리가 0.4m일 때, 기초지반에 작용하는 최대압력은? (10.13 기사)

① 3t/m²　② 4t/m²
③ 6t/m²　④ 8t/m²

해설

1) $e = 0.4m < \dfrac{B}{6} = \dfrac{5}{6} = 0.83 m$ 이므로

2) $q = \dfrac{R_v}{B \times L}\left(1 + \dfrac{6e}{B}\right) = \dfrac{10}{5 \times 1}\left(1 + \dfrac{6 \times 0.4}{5}\right)$

$= 2.96 t/m^2 \leq q_{all}$

12 기초의 크기가 25m×25m인 강성기초로 된 구조물이 있다. 이 구조물의 허용각변위(angular distortion)가 1/5000이라고 할 때, 최대허용 부등침하량은? (12.13 기사)

① 2cm　② 2.5cm
③ 4cm　④ 5cm

해설

1) 허용각변위량 $= \dfrac{\triangle \rho}{l}$

$\dfrac{1}{500} = \dfrac{\triangle \rho}{25}$

2) 허용부등침하량($\triangle \rho$)

$\triangle \rho = 0.05 cm = 5 cm$

정답 09 ④　10 ④　11 ①　12 ④

13 그림과 같은 20×30m 전면기초인 부분보상 기초(partically compensated foundation)의 지지력 파괴에 대한 안전율은? (13.16 기사)

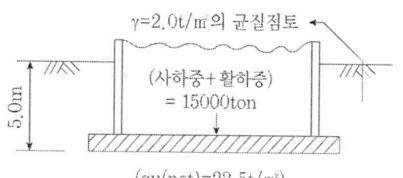

① 3.0   ② 2.5
③ 2.0   ④ 1.5

해설

1) $q_{1(net)} = \dfrac{Q_1}{A} - \gamma \cdot D_f = \dfrac{15,000}{20 \times 30} - 2 \times 5$

   $= 15 t/m^2$

2) $F_s = \dfrac{q_{u(net)}}{q_{all(net)}} = \dfrac{22.5}{15} = 1.5$

   여기서 $q_{all(net)} \geq q_{1(net)}$

14 모래지반에 30cm×30cm의 재하판으로 재하실험을 한 결과 10t/m²의 극한지지력을 얻었다. 4m×4m의 기초를 설치할 때 기대되는 극한지지력은? (10.14 기사)

① 10t/m²   ② 100t/m²
③ 133t/m² ④ 154t/m²

해설

1) $q_{u(f)} = q_{u(p)} \cdot \dfrac{B_{(f)}}{B_{(p)}}$

2) $q_{u(f)} = 10 \times \dfrac{4}{0.3} = 133 t/m^2$

15 기초폭 4m의 연속기초를 지표면 아래 3m 위치의 모래지반에 설치하려고 한다. 이때 표준관입시험 결과에 의한 사질지반의 평균 N값이 10일 때 극한지지력은? (단, Meyerhof공식 사용) (00.04.15 기사)

① 420t/m²   ② 210t/m²
③ 105t/m²   ④ 75t/m²

해설

Meyerhof공식

$q_u = 3NB\left(1 + \dfrac{D_f}{B}\right) = 3 \times 10 \times 4\left(1 + \dfrac{3}{4}\right)$

$= 210 t/m^2$

16 그림과 같이 3m×3m크기의 정사각형 기초가 있다. Terzaghi 지지력공식 $q_u = 1.3cN_c + \gamma_1 D_f N_q + 0.4\gamma_2 B N_\gamma$을 이용하여 극한지지력을 산정할 때 사용되는 흙의 단위중량 γ_2의 값은? (08.15 기사)

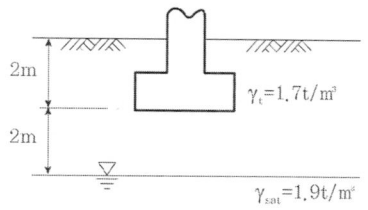

① 0.9t/m²   ② 1.17t/m²
③ 1.43t/m² ④ 1.7t/m²

해설

지하수위가 기초바닥 아래에 있는 경우

$\gamma_2 = \dfrac{1}{B}(d \cdot \gamma_t + (B-d) \cdot \gamma_{sub})$

$= \dfrac{1}{3} \cdot [2 \times 1.7 + 1 \times (1.9 - 1)]$

$= 1.43 t/m^3$

정답 13 ④ 14 ③ 15 ② 16 ③

17 직경 30cm의 평판재하시험에서 작용압력이 30t/m²일 때 평판의 침하량이 30mm이었다면, 직경 3m의 실제 기초에 30t/m²의 압력이 작용할 때의 침하량은?(단, 지반은 사질토 지반이다.) (13.15 기사)

① 30mm ② 99.2mm
③ 187.4mm ④ 300mm

해설

$$S_{(f)} = S_{(p)} \cdot \left[\frac{2B_{(f)}}{B_{(p)} + B_{(f)}}\right]^2$$
$$= 30 \times \left[\frac{2 \times 3}{0.3 + 3}\right]^2 = 99.17mm$$

18 두개의 기둥하중 Q_1=35t, Q_2=25t을 받기 위한 사다리꼴 기초의 폭 B_1, B_2를 구하면?(단, 지반의 허용지지력 q_a=2.5t/m²)

(09.15 기사)

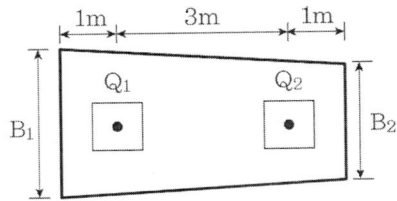

① $B_1 = 7.2m$, $B_2 = 2.8m$
② $B_1 = 7.8m$, $B_2 = 2.2m$
③ $B_1 = 6.2m$, $B_2 = 3.8m$
④ $B_1 = 6.2m$, $B_2 = 3.4m$

해설

1) $\sum V = 0$

$$Q_1 + Q_2 = q_a \cdot \left(\frac{B_1 + B_2}{2} \times L\right)$$
$$35 + 25 = 2.5 \times \left(\frac{B_1 + B_2}{2} \times 5\right)$$
$$\therefore B_1 + B_2 = 9.6m \cdots \cdots ⓐ$$

2) $\sum M_0 = 0$

$$Q_1 \times L_1 + Q_2 \times L_2$$
$$= q_a \times \left(\frac{B_1 + B_2}{2} \times L\right) \times \left(\frac{B_1 + 2B_2}{B_1 + B_2} \times \frac{5}{3}\right)$$

$$35 \times 1 + 25 \times 4$$
$$= 2.5 \times \left(\frac{B_1 + B_2}{2} \times 5\right) \times \left(\frac{B_1 + 2B_2}{B_1 + B_2} \times \frac{5}{3}\right) \cdots ⓑ$$

식 ⓐ를 식 ⓑ에 대입하여 정리하면
$B_1 = 6.2m$, $B_2 = 3.4m$

4-13 깊은기초

1. 깊은기초 분류
(1) 깊은기초란?

구조물의 무게가 무겁든지 또는 지지층이 깊고 지표부근 연약층이 존재시 상부하중을 말뚝이나 케이슨을 통해 깊은 지지층에 하중을 전달하는 기초를 말하며 보통 $Df/B \geq 4$ 인 경우 적용함

(2) 깊은기초의 분류

① 말뚝기초
  1) 기성말뚝 : RC말뚝, PC말뚝, 강말뚝, 나무말뚝
  2) 소규모 현장타설말뚝 : Franky 말뚝, Pedestal 말뚝, Raymond 말뚝

② 피어기초(Pier)
  1) 인력굴착방법 : Chicaco 공법, Gow 공법
  2) 기계굴착공법 : Earth drill 공법, RCD 공법, Benoto 공법

③ CAISSON 기초 : 우물통기초, 공기 케이슨 기초, BOX 케이슨 기초

2. 말뚝 박기 공법

(1) 콘크리트 파일의 말뚝박기 공법에는 진동공법, 타격공법, 중굴공법, Water Jet 공법, Preboring 공법 등이 있다.

(2) 기성 Con'c Pile의 박기공법

① 진동식 Hammer 공법 (Vibro Hammer)
  1) 말뚝머리에 진동주어 말뚝을 관입시키는 방법으로 도심지 공사에 부적합하다
  2) 모래층 및 자갈층의 박기에 유효하다.
  3) 점토지반에서는 진동으로 인한 교란으로 지지력의 저하가 있다.

② 타격공법
  1) 해머를 낙하시켜서 그 타격력으로 말뚝을 박는 방법
  2) 타격공법 종류
     가. Drop Hammer
        - 설비가 간단하여 공사비가 싸므로 소규모 공사에 주로 이용
        - 대규모 공사에서는 시공능률이 떨어진다.
     나. Steam Hammer(증기해머)
        - 드롭해머에 비하여 시공능률이 우수하다.
        - 수중말뚝 또는 경사말뚝 시공이 가능하다
        - 소음, 매연이 심해서 도심지 시공에는 부적합하다.
     다. Diesel Hammer
        - 말뚝의 타격력이 커서 단단한 지반에도 말뚝 시공이 가능하다.

- 항타시 매연 및 소음이 심하여 도심지 시공에는 부적합 하다.
- 연약지반에서는 시공 능률이 떨어진다.
- 램, 엔빌블록, 연료주입시스템으로 구성되어있다.

라. 유압식 Hammer
- 유압잭으로 말뚝을 압입시키는 방법으로 디젤해머의 폭발음과 비산을 해결하기 위해서 사용한다.

③ 중굴 공법(타격)
말뚝내부에 오거 굴착장비로 말뚝 선단부의 지반을 굴착하면서 말뚝을 회전, 관입하는 공법

④ Pre-boring 공법 (선행굴착매입말뚝)
1) 선굴착에 따른 말뚝 시공성이 좋은 공법으로 타격공법에 의한 소음, 진동의 발생이 작아 도심지 말뚝 박기 공사에 적합하다.
2) 공사비가 다소 비싸고, S.I.P 공법 같은 공벽보호를 위한 안정액 관리가 제대로 안되면 공벽붕괴 위험성이 있으며, 타격공법에 비하여 말뚝지지력이 작게 측정이 된다.

3. 말뚝의 지지력

(1) 말뚝의 지지력은 말뚝선단 지반의 지지력과 주면마찰력의 합을 말함.
(2) 말뚝의 허용지지력은 말뚝 지지력의 합(合)을 안전율로 나눈 것을 말한다.
(3) 말뚝의 지지력을 구하는 방법(공식 + 정적 + 동적)

① 정역학적 공식에 의한 방법
1) 설계 전에 여건상 재하시험을 실시하기 곤란할 때 이용
2) Terzaghi 공식 (토질 시험에 의한 방법)

$R_u = R_p + R_f$

(극한지지력 = 선단극한지지력 + 주면극한마찰력)

3) Meyerhof 공식 (표준 관입 시험에 의한 방법)

가. $R_u = 40 \cdot N \cdot A_p + \frac{1}{5} N_s A_s + \frac{1}{2} N_c A_c$

　　선단　　주면　　주면

여기서, N : 말뚝 선단의 N값　　As : 모래지반 말뚝 주면면적(㎡)
　　　　Ns : 모래지반에서 N값　　Ac : 점토지반 말뚝 주변면적(㎡)
　　　　Nc : 점토지반에서 N값
　　　　Ap : 말뚝 선단의 지지면적

나. 비배수 상태($\varnothing = 0$)포화점토시 선단지지력

$Q_p = A_p \cdot q_p = A_p \cdot 9c_u$

여기서, Q_p : 말뚝의 선단지지력
　　　　A_p : 말뚝 하단의 면적

q_p : 단위선단지지력

c_u : 말뚝하단 흙의 비배수 점착력

4) Dorr의 공식

가. $R_u = R_p + R_f$

나. $R_a = \dfrac{R_u}{F_s} (F_s = 3)$

② 동역학적 공식에 의한 방법

1) 말뚝 타격 Energy와 말뚝의 최종 관입량을 기준으로 측정
2) 공사규모 작고 비용면에서 재하시험 어려운 경우 큰 안전율을 적용
3) Sander 공식

$$Q_a = \dfrac{W \times H}{8S}$$

여기서, Q_a : 말뚝의 허용지지력(kg)

　　　　W : 해머의 중량(kg)

　　　　H : 해머의 낙하고(Cm)

　　　　S : 말뚝의 평균 관입량(Cm)

4) Engineering News 공식

가. $R_a = \dfrac{W \cdot H}{6(S + 2.54)}$ 　　드롭해머

나. $R_a = \dfrac{W \cdot H}{6(S + 0.254)}$ 　　단동식 증기해머

여기서, R_a : 말뚝의 허용지지력

　　　　W : 해머의 중량

　　　　H : 해머의 낙하고(cm)

　　　　δ : 1회 타격당 관입량(cm)

5) Hiley의 공식

말뚝과 지반 및 말뚝 머리의 탄성 변형량을 고려하여 말뚝의 지지력을 산정하며 말뚝머리에서 측정되는 리바운드량을 공식에 이용에 활용

$$Q_u = \dfrac{e_f \cdot F}{S + \dfrac{1}{2}(C_1 + C_2 + C_3)} \times \dfrac{W_r + n^2 W_p}{W_r + W_p}$$

여기서, F : W_h(해머중량)×h(낙하고)

　　　　e_f : 해머효율

　　　　S : 최종관입량

　　　　$C_1 + C_2 + C_3$: 탄성압축량

　　　　n : 반발계수

W_p : 말뚝의 무게(t)

③ 정적인 재하시험에 의한 방법(정재하 시험 SM TEST 표준재하법)
   1) 지지력 산정을 위하여 실물재하를 하는 가장 확실한 지지력 측정 방법
   2) 시간과 비용이 많이 소요 되므로 대규모의 중요 공사에 적용하는 재하방법이다.

(4) 재하시험에 의한 지반의 허용지지력 결정방법
  ① 장기 허용지지력
    1) q_t =항복하중강도(항복하중/단면적) × 1/2
    2) q_t =극한하중강도(극한하중/단면적) × 1/3중 작은값으로 결정한다.
  ② 단기 허용지지력 : 항복하중강도로 결정

4. 무리말뚝

(1) 무리말뚝이란?
    지반에 말뚝을 조밀하게 다수의 말뚝을 시공시 외말뚝간의 간격이 서로 근접하게 시공이 되어 있는 상태로, 말뚝간의 지중응력이 서로 중복되게 시공이 되어지는 말뚝을 군항 또는 무리말뚝이라고 한다.

(2) 무리말뚝의 침하량은 동일한 규모의 하중을 받는 외 말뚝(단항)의 침하량보다 크게 발생되며, 또한 무리말뚝의 응력의 중첩으로 단항보다 각개 말뚝의 지지력이 줄어든다.

(3) 무리말뚝의 지지력 구하는 방법
  ① 사질토 지반
    외말뚝의 지지력합값 ×무리말뚝 효율
  ② 점성토 지반
    외말뚝 지지력합 또는 매트기초 테두리를 지중으로 연결한 가상의 지지력으로 구한 값중 작은 것 선택

(4) 무리말뚝의 판정
  ① 말뚝간격과 말뚝지름에 의한 식 : $D_0 \leq 1.5\sqrt{r \cdot L}$
  ② 말뚝간격과 영향범위에 의한 식

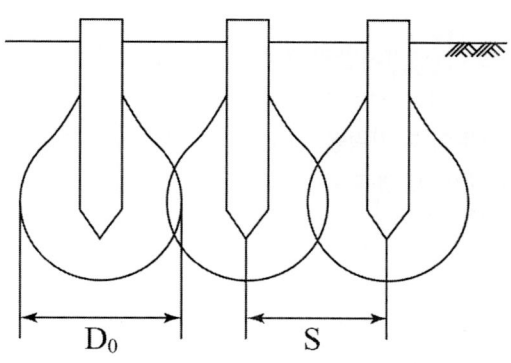 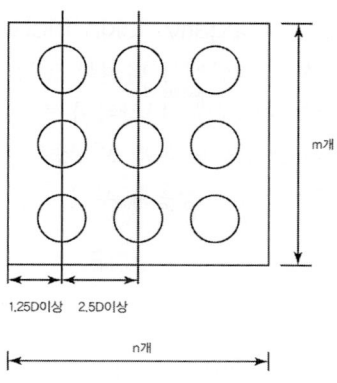

1) $S > D_0$: 단항
2) $S \leq D_0$: 무리말뚝

(5) 무리 말뚝의 효율 및 허용지지력

① 무리말뚝의 효율 $E = 1 - \dfrac{\varnothing}{90}\left[\dfrac{(n-1)m + (m-1)n}{m \cdot n}\right]$

여기서, m : 각 열의 말뚝수

n : 말뚝의 열수

ϕ : $\tan^{-1}\dfrac{D}{S}$ (도)

D : 말뚝의 직경(m)

S : 말뚝의 중심간격(m)

② 군항의 허용지지력 $R_{ag} = E.N.R_a$

여기서, N : 말뚝총수

R_a : 말뚝 1개(단항)의 허용지지력

E : 효율 $E = 1 - \dfrac{\phi}{90}\left[\dfrac{(n-1)m + (m-1)n}{m \cdot n}\right]$

(6) 무리말뚝의 특징

① 무리말뚝은 단항말뚝에 비하여 각개 말뚝의 지지력이 작다
② 모래지반의 경우 무리말뚝의 효율은 다짐효과로 1보다 크게 된다.
③ 점토지반의 경우 무리말뚝의 효율은 1보다 작게 된다.
④ 무리말뚝의 침하량은 동일한 규모의 하중을 받는 단항의 침하량보다 크게 발생된다.
⑤ 무리말뚝 효율성을 미고려시 극한지지력을 과대평가하여 위험한 설계유도가 될 수 있다.(지지력 저하)
⑥ 무리말뚝 시공중 지반의 융기 및 압밀침하 발생 우려

5. 부마찰력 (Negative skin friction)

(1) 점성토 지반에서 타설한 말뚝의 침하량보다 연약지반의 침하가 더 커서 말뚝주면 아래쪽으로 작용하는 마찰력이 발생하게 되는데 이러한 주면 마찰력을 부마찰력

(2) 부마찰력은 말뚝의 침하량을 증가 및 말뚝의 지지력을 감소시키며 때때로 부마찰력이 매우 큰 경우 중립축 부근에서 말뚝의 파손이 발생될 수 있다.

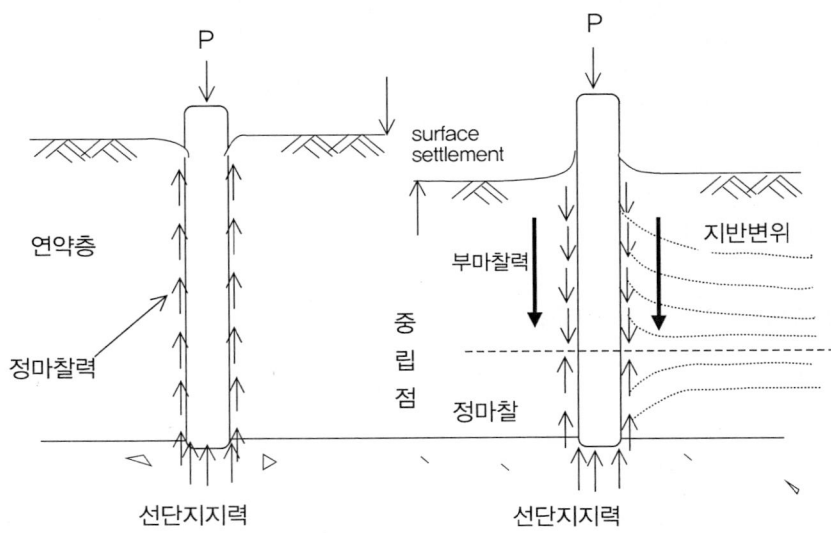

(3) 부마찰력의 발생원인
  ① Pile 이음부 시공불량
  ② 연약한 점토층위에 사질토층이 놓여 점토층 압밀이 진행될 때
  ③ Pile 간격이 조밀할 때
  ④ 지하수위 저하 또는 침하가 현재 진행중인 지반
  ⑤ 말뚝이 점토층에 타입되고 상재하중이 지표에 작용하는 경우
  ⑥ 주변지반 굴착 의해서 지하수위 내려갈 때
  ⑦ 팽창성 점토 지반인 경우

(4) 부마찰력의 방지대책
  ① 말뚝 선단면적 증가
  ② 말뚝 본수증가
  ③ 말뚝의 근입깊이 증가
  ④ 이중관(Slip Layer) 사용
  ⑤ 말뚝표면에 아스팔트(역청재) 도포
  ⑥ Tapered Pile 사용
  ⑦ 표면적 적은말뚝 사용(H-형강)
  ⑧ 마찰말뚝 또는 군말뚝으로 설계

(5) 부마찰력의 산정

$R_{nf} = U \cdot \ell \cdot f_s$

여기서, R_{nf} : 부마찰력
U : 말뚝의 둘레길이(주변장 πD)
ℓ : 연약층의 말뚝길이(m)
f_s : 말뚝의 평균 마찰력 또는 일축압축강도 $\left(f_s = \dfrac{q_u}{2}\right)$

6. 기성말뚝의 시간효과(Time effect)

(1) 말뚝은 항타후 시간의 경과에 따라 지지력이 증가하거나 감소하는 경우가 발생하게 되는데 이러한 현상의 시간효과(time effect)라고 한다.
(2) 시간효과에서 지지력의 증가 현상을 "Set up"이라고 하고 반대로 지지력의 감소현상을 "Relaxation" 이라고 한다.

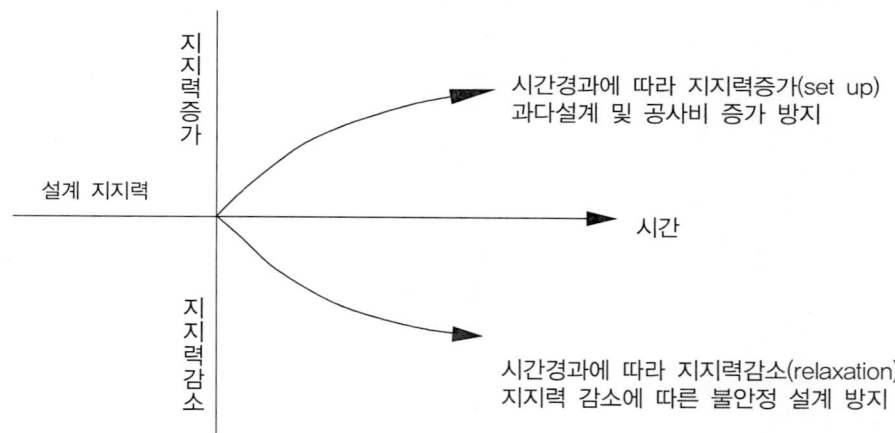

7. 주동말뚝과 수동말뚝

(1) 수평력을 받는 말뚝에서 말뚝과 지반중 움직임의 주체에 따라 주동말뚝과 수동말뚝으로 구분된다.

(2) 주동말뚝

말뚝이 수평력을 받는 경우 움직임의 주체가 말뚝이 되어서 지반이 저항하는 형식의 말뚝을 말한다.

(3) 수동말뚝

지반이 먼저 움직여서 변형을 일으키고 그 결과 말뚝이 움직이게 되는 경우 지반이 움직임의 주체가 되는 말뚝을 말한다.

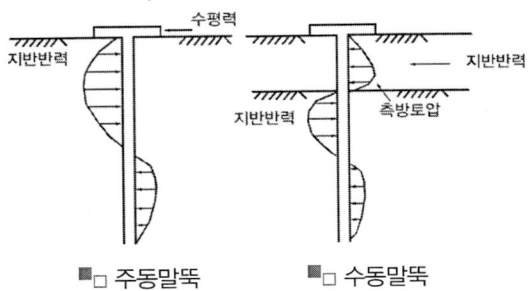

8. 피어기초(pier)

(1) 대구경 현장타설 말뚝의 종류는 Beneto 공법, R.C.D 공법, Earth drill 공법 등이 있으며, 소구경 현장타설 말뚝으로는 C.I.P, P.I.P, M.I.P 등이 있다.
(2) Pier 기초라고 하면 보통 현장타설말뚝(직경0.8m이상)을 말한다.

(3) 인력에 의한 굴착방법
 ① Chicaco 공법 : 굴착한 벽이 잘 무너지지 않는 지반의 굴착에 이용되는 공법으로 깊이가 약 1.2~1.8m 원통 형태의 구멍을 인력으로 굴착 후 반원형 형태의 강철링을 조립하여 유지시킨 상태로 밑의 지지층 까지 굴착하는 방법
 ② Gow 공법 : 강제 원통을 흙막이로써 사용하며, 조금 연약한 지반에 1.8~5.0m 강재 원통을 땅속에 박고 내부의 흙을 인력으로 굴착하는 공법

(4) 기계식 굴착방법
 ① RCD(Reverse Circulation Drill)공법
  1) RCD(Reverse Circulation Drill)공법은 특수한 비트의 회전으로 토사를 굴착한 후 정수압으로 공벽을 보호하면서 철근망을 삽입하고 트레미관(Tremie Pipe)을 이용하여 콘크리트를 타설하는 방법이다.
  2) 주로 대구경 현장타설 말뚝 시공이 가능하며 또한 깊은 심도까지 시공이 가능한 저진동 저소음 현장타설 말뚝 공법임.
 ② Benoto 공법(All casing 공법)
  1) 케이싱에 부착된 요동기(Oscillator)로 케이싱을 요동시키면서 케이싱 내부의 토사를 해머그랩 또는 개폐형버킷 장비로 흙을 배토시키면서 현타말뚝을 시공해 나가는 공법으로 케이싱 인발시 삽입된 철근망이 인발되는 공상현상이 발생 우려가 있다.
  2) 굴착도중 사력층 또는 전석층 존재시 해머그랩 시공 후 케이싱을 시공하는 경우 피압 대수층에서 공벽붕괴 우려가 있다.

③ Earth drill 공법
   1) Earth drill 공법이란 Drilling Bucket을 사용하여 지지층까지 굴착을 하면서 벤토나이트 안정액을 사용하여 지중 공벽을 보호하면서 현장타설 콘크리트 말뚝을 시공하는 공법
   2) 공벽의 안정을 위하여 사용되는 벤토나이트 안정액에 대한 점도, 비중, 사분함량 등 시험관리가 매우 중요하다.

9. 케이슨 기초(Caisson)

(1) 케이슨 기초 공법 종류
   ① 우물통 기초(Open Caisson) 공법
   ② 뉴메틱 케이슨(공기 케이슨)(Pneumatic Caisson) 기초 공법
   ③ 박스 케이슨(Box Caisson) 공법

(2) 우물통 기초(Open Caisson) 공법
   ① 우물통을 지표면에 거치한 후 우물통 내부를 굴착하여 소정의 지지층까지 침하하는 우물통을 침설하는 공법이다.
   ② 우물통 기초는 강성기초로서 수평지지력과 연직지지력이 매우 커서 대형구조물 기초로 많이 사용되어 지고 있는데 일반적으로 교량기초 또는 기계기초등에 주로 많이 사용
   ③ 공법의 특징
      1) 공사비가 비교적 저렴하다.
      2) 굴착 중 하부 경사변위가 자주 발생
      3) 호박돌, 큰 전석 및 기타 장애물이 있는 경우 제거가 어렵다.
      4) 가설비 및 기계 설비가 비교적 간단하다.
      5) 파랑 파고에 의한 편기우려가 있다.
      6) Boiling 및 Heaving이 발생된다.
   ④ 우물통 침하를 위한 침하 조건식
      Wc + WL > F + P + U
      (우물통하중+재하중 > 주면마찰력+선단지지력+양압력)

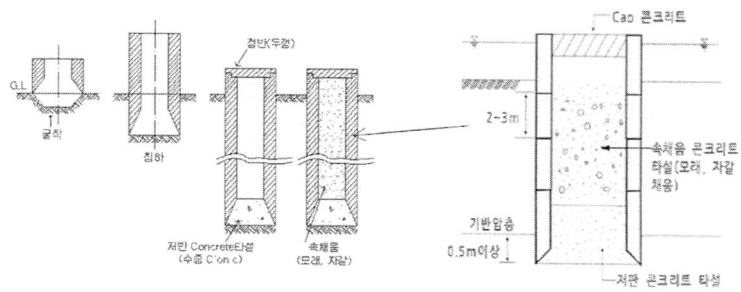

(3) 뉴메틱 케이슨 기초(Pneumatic Caisson) 공법
　① 육상에서 제작된 케이슨을 현장에 운반하여 거치시킨 후 케이슨 하부의 작업실에서 고압의 공기를 주입, 지하수의 침입을 방지하면서 굴착, 케이슨을 침하시키는 공법으로 공기 케이슨기초, 압기 케이슨 공법이라고 부른다.
　② 침하 원리
　　케이슨 중량 > 구체 선단지지력 + 주면마찰력 + 양압력
　③ 뉴메틱 케이슨 기초(Pneumatic Caisson) 특징
　　1) 오픈케이슨 보다 침하속도가 빠르고 장애물 제거가 용이하다.
　　2) 일반적인 굴착깊이는 30~40m로 제한되어 있다.
　　3) 토질 및 토층에 대한 확인이 용이하고 정확한 지지력 측정이 가능하다.
　　4) 콘크리트 시공의 품질관리가 확실하여 신뢰성이 높다.
　　5) 공기압으로 heaving 또는 boiling 발생을 방지할 수 있다.
　　6) 기계설비가 대규모로 공사비가 비싸고 소규모 공사에는 비경제적이다.
　　7) 케이슨 병(잠수병)이 발생 우려가 높다.

(4) 박스 케이슨(Box Caisson) 공법
　① 박스 케이슨이란 상자형태의 케이슨을 육상에서 제작한 후 해상에 진수시켜서 소정의 위치까지 케이슨을 이동 시킨 후 케이슨 내부에 속채움(모래, 자갈, 콘크리트 등)을 한 후 케이슨을 침하시켜서 설치하는 공법
　② 일반적으로 항만 구조물에 적용되며 대표적인 구조물로 방파제, 침매터널 등이 있다.
　③ Box caisson 공법의 특징
　　1) 육상 제작으로 콘크리트 품질관리 용이
　　2) 육상과 해상 작업으로 노무관리 어려움
　　3) 육상 및 해상 공사 동시 진행으로 공기 단축
　　4) 케이슨 운반시 파랑, 조류 등의 영향으로 케이슨 전도 위험
　　5) 침설부위 지지력 확인 어려움

4-13 주요핵심문제
깊은기초

01 다음은 말뚝을 시공할 때 사용되는 해머에 대한 설명이다. 어떤 해머에 대한 것인가?
[09·11 기사]

> 램, 앤빌블록, 연료주입시스템으로 구성된다. 연약지반에서는 램이 들어 올려지는 양이 적어 공기-연료혼합물의 점화가 불가능하여 사용이 어렵다.

① 증기해머 ② 진동해머
③ 디젤해머 ④ 드롭해머

해설

디젤해머에 대한 설명이다.

02 점착력이 5t/m², $\gamma_t=1.8$t/m³의 비배수상태($\phi=0$)인 포화된 점성토 지반에 직경 50cm, 길이 10m의 PHC 말뚝이 항타시공되었다. 이 말뚝의 선단지지력은 얼마인가? (단, Meyerhof 방법을 사용)
[09.11.16 기사]

① 1.57t ② 3.23t
③ 5.65t ④ 8.83t

해설

비배수상태($\phi=0$)인 포화점토
$$Q_p = q_p \cdot A_p = 9c_u \cdot A_p$$
$$= 9 \times 5 \times \frac{\pi \times 0.5^2}{4} = 8.83t$$

03 깊은 기초에 대한 설명으로 틀린 것은?
[09·12 기사]
① 점토지반 말뚝기초의 주면마찰저항을 산정하는 방법에는 α, β, λ 방법이 있다.
② 사질토에서 말뚝의 선단지지력은 깊이에 비례하여 증가하나 어느 한계에 도달하면 더 이상 증가하지 않고 거의 일정해 진다.
③ 무리말뚝의 효율은 1보다 작은 것이 보통이나 느슨한 사질토의 경우에는 1보다 클 수 있다.
④ 무리말뚝의 침하량은 동일한 규모의 하중을 받는 외말뚝의 침하량보다 작다.

해설

1) 무리말뚝은 응력의 중첩 문제로 지지력이 외말뚝보다 작게된다.
2) 무리말뚝의 지지력 부족으로 침하량은 동일한 규모의 하중을 받는 외말뚝의 침하량보다 크게된다.

04 말뚝재하시험 시 연약점토지반인 경우는 pile의 타입 후 20여 일이 지난 다음 말뚝재하시험을 한다. 그 이유로 가장 적당한 것은? [03.10.16 기사]
① 주면마찰력이 너무 크게 작용하기 때문에
② 부마찰력이 생겼기 때문에
③ 타입 시 주변이 교란되었기 때문에
④ 주위가 압축되었기 때문에

해설

Thixotropy 현상
연약지반에 말뚝을 타입 후 말뚝 주변지반의 교란으로 말뚝의 주면 마찰력이 작아지나 시간이 경과한 후 Thixotropy 현상에 의하여 주변 지반의 강도가 어느정도 회복이 되어지게 되므로 말뚝 타입 후 바로 지지력 측정을 하지 않고 20여일 정도 지난 후 지지력을 측정한다.

정답 01 ③ 02 ④ 03 ④ 04 ③

05 직경 30cm 콘크리트 말뚝을 단동식 증기해머로 타입하였을 때 엔지니어링 뉴스 공식을 적용한 말뚝의 허용지지력은?(단, 타격에너지=3.6t·m, 해머효율=0.8, 손실상수=0.25cm, 마지막 25mm관입에 필요한 타격횟수=5) [00·02·07·08·11.12.14 기사]

① 64t ② 128t
③ 192t ④ 384t

해설

1) $R_u = \dfrac{W.H.E}{s+0.25} = \dfrac{360 \times 0.8}{\dfrac{2.5}{5}+0.25} = 384t$

2) $R_a = \dfrac{R_u}{F_s} = \dfrac{384}{6} = 64t$

06 무게 400kg의 드롭해머로 3.5m 높이에서 말뚝을 타입할 때 1회 타격당 최종침하량이 1.5cm 발생하였다. Sander 공식을 이용하여 산정한 말뚝의 허용지지력은?

(04.08.15 기사)

① 11.7t ② 8.61t
③ 9.37t ④ 15.67t

해설

$R_a = \dfrac{Wh}{8s} = \dfrac{0.4 \times 350}{8 \times 1.5} = 11.7t$

07 말뚝의 부마찰력에 대한 설명 중 틀린 것은? [09·10.11 기사]

① 부마찰력이 작용하면 지지력이 감소한다.
② 연약지반에 말뚝을 박은 후 그 위에 성토를 한 경우 일어나기 쉽다.
③ 부마찰력은 말뚝 주변 침하량이 말뚝의침하량보다 클 때에 아래로 끌어내리는 마찰력을 말한다.
④ 연약한 점토에 있어서는 상대변위의 속도가 느릴수록 부마찰력은 크다.

해설

부마찰력은 상대변위의 속도가 클수록 커진다.

08 부마찰력에 대한 설명이다. 틀린 것은?

[04·06·09.13 기사]

① 부마찰력을 줄이기 위하여 말뚝표면을 아스팔트 등으로 코팅하여 타설한다.
② 지하수의 저하 또는 압밀이 진행중인 연약지반에서 부마찰력이 발생한다.
③ 점성토 위에 사질토를 성토한 지반에 말뚝을 타설한 경우에 부마찰력이 발생한다.
④ 부마찰력은 말뚝을 아랫방향으로 작용하는 힘이므로 결국에는 말뚝의 지지력을 증가시킨다.

해설

부마찰력이 작용하면 지지력이 감소한다.

09 연약점성토층을 관통하여 철근콘크리트 파일을 박았을 때 부마찰력(Negative friction)은? (단, 이때 지반의 일축압축강도 $q_u = 2t/m^2$, 파일직경 D=50cm, 관입깊이 $l = 10m$이다.) [00.01.03.11.12.14.16 기사]

① 15.71t ② 18.53t
③ 20.82t ④ 24.24t

해설

$R_{nf} = f_s \cdot U \cdot \ell = \dfrac{q_u}{2} \cdot \pi D \cdot \ell$
$= \dfrac{2}{2} \times (\pi \times 0.5 \times 10) = 15.71t$

10 말뚝이 20개인 군항기초에 있어서 효율이 0.75이고 단항으로 계산된 말뚝 한 개의 허용 지지력이 15ton일 때 군항의 허용지지력은 얼마인가? (08.13 기사)

① 112.5ton ② 225ton
③ 300ton ④ 400ton

해설

$R_{ag} = ENR_a = 0.75 \times 20 \times 15 = 225t$

11 지름 d=20cm인 나무말뚝을 25본 박아서 기초 상판을 지지하고 있다. 말뚝의 배치를 5열로 하고 각 열은 등간격으로 5본씩 박혀있다. 말뚝의 중심간격 S=1m이고 1본의 말뚝이 단독으로 10t의 지지력을 가졌다고 하면 이 무리 말뚝은 전체로 얼마의 하중을 견딜 수 있는가?
(단, Converse-Labbarre식을 사용한다.)
(03.05.12.16.20 기사)

① 100t　② 200t
③ 300t　④ 400t

해설

군항의 허용지지력(R_{ag})
1) 허용지지력
$R_{ag} = E.N.R_a = 0.8 \times 25 \times 10 = 200\, ton$

2) $\varnothing = \tan^{-1}\dfrac{D}{S} = \tan^{-1}\dfrac{20}{100} = 11.31°$

$E = 1 - \varnothing \cdot \dfrac{m.(n-1) + n.(m-1)}{90 m.n}$

$= 1 - 11.31 \times \dfrac{5(5-1) + 5(5-1)}{90 \times 5 \times 5}$

$= 0.80$

여기서, E : 말뚝의 효율
　　　　N : 말뚝의 총수
　　　　R_a : 단항의 허용지지력

12 말뚝기초의 지반거동에 관한 설명으로 틀린 것은? (14 기사)
① 연약지반상에 타입되어 지반이 먼저 변형하고 그 결과 말뚝이 저항하는 말뚝을 주동말뚝이라 한다.
② 말뚝에 작용한 하중은 말뚝 주변의 마찰력과 말뚝선단의 지지력에 의하여 주변지반에 전달된다.
③ 기성말뚝을 타입하면 전단파괴를 일으키며 말뚝 주위의 지반은 교란된다.
④ 말뚝 타입 후 지지력의 증가 또는 감소현상을 시간효과(Time effect)라 한다.

해설

1) 주동말뚝
움직임의 주체가 말뚝이 되는 경우로서 말뚝이 지표면에서 수평력을 받아 말뚝이 변형함에 따라 지반이 저항하는 형태

2) 수동말뚝
움직임의 주체가 연약지반으로서 먼저 연약지반이 측방유동에 의해 지반이 먼저 움직이고 그 결과 말뚝이 저항하는 형태

13 콘크리트 말뚝을 마찰말뚝으로 보고 설계할 때, 총 연직하중을 200ton, 말뚝 1개의 극한지지력을 89ton, 안전율을 2.0으로 하면 소요말뚝의 수는? (09.16 기사)
① 6개　② 5개
③ 3개　④ 2개

해설

$F_s = \dfrac{\text{극한지지력}}{\text{허용지지력}}, \ 2 = \dfrac{89 \times n}{200}$

$n = \dfrac{400}{89} = 5$개

14 깊은 기초의 지지력 평가에 관한 설명 중 잘못된 것은? (14 기사)
① 정역학적 지지력 추정방법은 논리적으로 타당하나 강도정수를 추정하는 데 한계성을 내포하고 있다.
② 동역학적 방법은 항타장비, 말뚝과 지반조건이 고려된 방법으로 해머 효율의 측정이 필요하다.
③ 현장 타설 콘크리트 말뚝 기초는 동역학적 방법으로 지지력을 추정한다.
④ 말뚝 항타분석기(PDA)는 말뚝의 응력분포, 경시 효과 및 해머 효율을 파악할 수 있다.

해설

현장타설 콘크리트 말뚝은 대규모 및 공사의 중요성이 따르는 말뚝시공으로 대다수의 현장타설 말뚝은 정적인 재하시험에 의한 방법 또는 정동재하 시험에 의해서 지지력을 추정한다.

정답　11 ②　12 ①　13 ②　14 ③

15 말뚝 지지력에 관한 여러가지 공식 중 정역학적 지지력 공식이 아닌 것은?

(02.04.14 기사)

① Dorr의 공식
② Terzaghi의 공식
③ Meyerhof의 공식
④ Engineering-News 공식

> 해설

Engineering News 공식은 동역학적 지지력 공식에 해당된다.

4-14 연약지반

1. 연약지반
① 연약지반이란 일축압축강도가 작고 압축되기 쉬운 흙을 말한다.
② 점토, Silt 및 유기질토, 느슨하게 쌓인 사질토 등이 이에 해당되는 지반으로서 상부하중에 의해 침하, 안정성, 측방유동, 액상화 등의 문제가 발생된다.

2. 점성토 지반 개량 공법
(1) 치환공법
   ① 굴착치환공법
   연약층을 굴착(백호, 클램쉘)하여 양질토사로 치환하는 방법
   ② 폭파치환공법
   연약층 내부에 폭약을 설치하여 폭파에 의한 에너지를 이용하여 연약층을 주위로 이동 시키면서 상부의 양질의 흙으로 치환하는 방법
   ③ 동치환 공법
   연약한 점성토 지반에 쇄석 또는 모래자갈 등의 재료를 미리 포설하고 중추로 낙하시켜 지중에 쇄석기둥을 형성하는 방법

(2) Vertical drain 공법
   ① Vertical drain 공법은 두꺼운 연약지반 처리공법 중 점성토로서 압밀속도가 극히 늦을 경우에 가장 적당한 공법으로 샌드드레인, 페이퍼드래인, 팩드레인 P.B.D 공법 등이 있다.
   ② 샌드 드레인(Sand drain)공법
   1) 연약한 점토질지반에 모래기둥 시공하여 점성토층의 배수거리를 짧게하여 압밀을 촉진시켜서 공기 단축하는 공법
   2) Pre-loading 공법과 병용하여 시공을 주로 함.
   3) 공법의 특징
      가. 압밀효과 큼
      나. 침하속도 조절가능
      다. 시공비 저렴
      라. 드레인 타설시 주변지반 교란 및 모래기둥 절단 우려
      마. 샌드파일(sand pile) 시공시 주변지반이 교란 되므로 $C_h = C_v$ 로 본다.
   4) 샌드 드레인 유효지름
      가. 정삼각형 배치 de=1.05d
      나. 정사각형 배치 de=1.13d

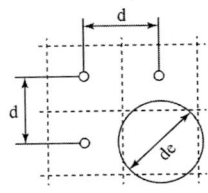
■□ 정사각형 배치

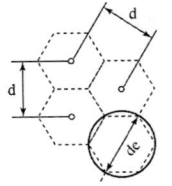
■□ 정삼각형 배치

5) 압밀도
가. 연직, 방사선방향을 고려한 평균압밀도
$$U_{ave} = 1 - (1 - U_V)(1 - U_R)$$
여기서, U_V : 연직방향의 압밀도
U_R : 방사선방향의 압밀도

나. 수평, 연직방향 투수를 고려한 평균압밀도
$$U_{ave} = 1 - (1 - U_h) \cdot (1 - U_v)$$
여기서, U_h : 수평방향의 평균압밀도
U_v : 연직방향의 평균압밀도

③ 페이퍼 드레인(Paper drain) 공법
1) 10cm ×0.3cm의 케미칼 보드를 지반속에 투입하여 배수압밀 촉진하는 공법으로공장 생산 제품으로 품질이 균일하며 배수효과가 일정하다.
2) 재료의 강도가 약해 습윤상태 및 지중에 장애물이 있는 경우 시공이 어려운 문제점이 있으며 초연약 점성토 지반의 압밀촉진에 사용되며, 장시간 사용시 제품의 열화(熱化)현상으로 배수효과가 감소된다.
3) 준설토가 적치되어 있는 연약지반에 함수비(100%이상)가 높은 지반조건에 적합하다.
4) 특 징
가. 시공속도가 빠르다.
나. 주위지반 교란이 적다.
다. 장시간 사용 시 열화현상으로 배수효과 감소
라. 단단한 모래층 관입 곤란
5) Paper drain 설계
$$D = \alpha \cdot \frac{2A + 2B}{\pi}$$
여기서, D : paper drain의 등치환산원의 지름
α : 현상계수(0.75)
A, B : paper drain 폭과 두께(cm)

④ 팩드레인(Pack drain) 공법
1) 투수성이 큰 모래를 특수 섬유질의 망태 속에 투입하여 연약지반내 모래기둥을

형성 시키는 공법으로 Sand Drain 공법에서 파일의 절단에 대한 문제점을 보완하기 위해 개발된 공법이다.
2) 동시에 4공의 모래기둥을 만들 수 있어 시공속도가 빠르다.
3) 특 징
가. 모래단면이 절단되지 않고 유지
나. 시공속도 빠르다.(4본 동시타설)
다. 장비선정, 작업원 수련도 요구

⑤ P.B.D(plastic board drain)공법
1) 연약지반 개량 공법의 일종인 PBD 공법은 플라스틱 보드재질의 연직 배수재로서 기존의 페이퍼 드레인과 같은 공장기성 제품이며 강성이 좋고 시공성이 좋아 최근 사용성이 많아지고 있는 연직배수공법이다.
2) 시공시 연직도 유지가 중요하며 또한 시공시 Smear 및 Well-resistance 발생이 되지 않도록 시공관리 하는 것이 매우 중요하다

(3) 샌드매트(Sand mat) 공법
① 연약한 점성토 지반에 수직의 Drain으로부터 나오는 물을 수평방향으로 배수가 잘되도록 하는 배수층 역할 및 장비의 주행이 원활하도록 지지력을 확보하기 위한 수평방향으로 포설되는 모래이다.
② 연약층이 두껍고 성토 중에 기초 지반의 강도 증가를 기대할 수 없는 지반상에 단기간으로 성토할 때의 공법으로 적당하다.

(4) Pre-loading(재하 압밀공법)
① Pre-loading 공법은 연약지반 상에서 설계하중 이상이 되는 하중을 사전에 재하시켜서 지반의 압밀을 촉진시켜 구조물에 해로운 잔류 침하를 남지 않게 하고 압밀에 의하여 점토 지반의 강도를 증가시켜서 기초지반의 전단파괴를 방지하는 것이 목적인 공법이다.
② Pre-loading 공법은 일반적으로 Vertical Drain 공법과 병행시공 한다.

(5) 압성토 공법 (Surcharge 공법)
① 토사 성토체의 측방에 소단모양의 성토를 쌓아 원지반의 침하에 따른 활동으로 측방이 융기될 때가 많은데 이를 방지하기 위하여 융기되는 방향으로 소단 모양의 성토를 하여 토사 성토체의 활동에 대한 저항 모멘트를 크게 하여 지반의 안정화를 목적으로 하는 공법이다.
② 압성토 공법의 특징
1) 압성토의 높이는 성토 본체 높이(H)의 H/3이 한계
2) 압성토의 길이는 2H 정도
3) 공사 중에는 공사용 도로 이용가능

4) Heaving 방지
5) 산사태 응급 대책 가능

3. 사질토 지반개량 공법

(1) 진동다짐(Vibroflotation)공법
① 느슨한 모래지반에 수평방향으로 진동하는 봉상(∅약20㎝)의 바이브레이타로 선단에서 물과 진동을 동시에 일으켜서 생긴 빈틈에 자갈을 채워 느슨한 모래지반을 개량하는 공법
② 적용심도 약 20m 내외 시공
③ 진동다짐 공법의 특징
   1) 지반이 균일
   2) 깊은 곳의 다짐을 지상에서 실시
   3) 지하수의 영향을 받지 않고 시공가능
   4) 시공비가 싸고 협소한곳 시공용이
   5) 액상화 방지에 효과적

(2) 다짐모래말뚝 (Sand Compaction Pile) 공법
① 점토지반에 모래기둥 형성으로 모래와 점토의 복합강도지반을 형성하여 지반 내 전단강도 증가
② 장비의 관입과 인발의 반복을 통한 모래기둥 강성 증대
③ 두께 10~15m에서 N치가 0에 가까운 실트(silt)질의 연약지반상에 높이 5m의 성토를 행하였을 때 지반처리 공법으로 적당하다.

(3) 약액주입공법
① 지반내 주입관을 삽입하여 주입관을 통해 주입재를 지중에 압송, 충전한 후 일정시간 (gel time)동안 경화한 후 지반을 고결하는 공법으로 차수, 지수 및 지반강도 증진을 목적으로 실시한다.
② 공법의 특징
   1) 지반융기 및 수평변위가 생길 수 있으며 지중구조물에 피해가 발생될 수 있다.
   2) 작업이 간편하고 소규모로 실시 할 수 있다.
   3) 지하수 오염 가능성 큼
   4) 소음, 진동 작다.
   5) 지반강도증대 및 차수효과 높일 수 있다.

(4) 동다짐 공법(동압밀 공법)
① 무거운 추(10~200TON)를 크레인을 이용하여 10m 이상 높이에서 낙하시켜 지표면에 가해지는 충격 에너지가 지반의 심층까지 지반을 다짐해 주는 공법이다.

② 공법 특징
1) 사질토, 전석, 쓰레기, 폐기물 등 광범위 토질에 적용할 수 있다.
2) 개량효과가 확실하다.
3) 깊은 심도의 지반개량이 가능하다.
4) 소음, 진동, 분진으로 인한 민원 발생 우려가 있다.

(5) 일시적 지반개량 공법
① 생석회 Pile 공법(산화 칼슘 CaO)
지반의 물을 급속하게 탈수함과 동시에 생석회 말뚝이 물을 흡수, 팽창, 발열하여 건조시키는 공법
② 소결공법
점토질 연약지반 중에 연직 또는 수평공동구를 설치하여 그 안에 연료를 연소시켜 고결 탈수하는 방법
③ 동결공법
1) 동결관을 땅 속에 박고 액체질소 같은 냉각제를 이용하여 흙을 동결시킴
2) 일시적인 가설공법에 주로 사용되며 동결된 흙의 강도효과는 기대하기 어려움이 있다.
④ Well point 공법
1) 지중에 pipe를 박고, well point를 사용하여 지하수를 진공 pump로 흡입 탈수시켜서 지하수위를 저하시키는 공법
2) 양정깊이가 7m 이상시는 다단식으로 Well point를 설치함.
3) 연약한 사질지반에 적당하고 집수관, 양수관, 연결관 등의 기계설비가 필요하다.
⑤ 대기압공법
1) 연약지반 개량 공법의 하나로 연약지반의 지표층에 배수를 위한 샌드 매트(Sand mat)를 시공하고 그 위에 외부와의 차단막을 설치하여 지반을 밀폐시킨 뒤, 진공압을 가하여 지반 내의 물과 공기를 배출시켜 압밀을 촉진시키는 공법이다.
2) 진공으로 탈수시키므로 정적하중에 의한 자연배수보다 2~5배 더 빨리 배수되어 압밀기간이 일반 탈수공법에 비해 2배 이상 단축된다.

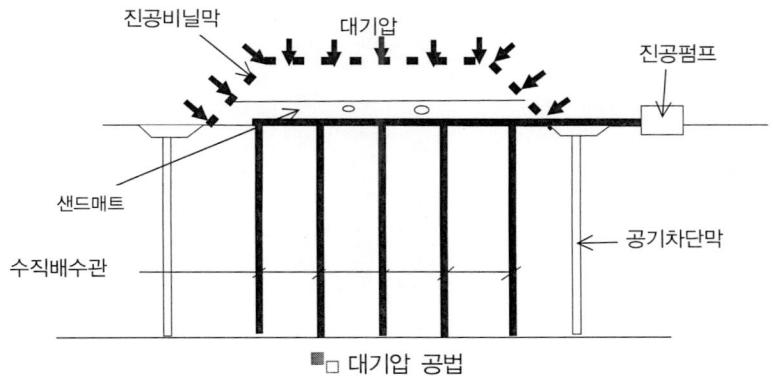

4. 액상화 현상

(1) 액상화란?

느슨한 포화된 모래지반이 진동이나 충격 영향으로 비배수조건이 될 수 있다. 이때 체적은 압축이 되면서(+)양의 과잉간극수압이 발생된다.

(2) 이러한 반복 진동으로 간극수압의 누적이 발생되면서 지반이 액체처럼 강도를 잃게 되고 전단강도가 0인 상태가 되는 현상을 액상화라고 한다.

(3) 액상화 방지대책

① 지하수위 저하
  1) well point 공법
  2) gravel drain 공법

② 지반 밀도 증가(진동을 주어 다지는 공법은 액상화 방지에 효과)
  1) 샌드 컴팩션 파일(sand compaction pile) 공법
  2) 바이브로 콤포져(vibro composer)공

③ 간극수압 제거
  1) vertical drain 공법
  2) gravel drain 공법

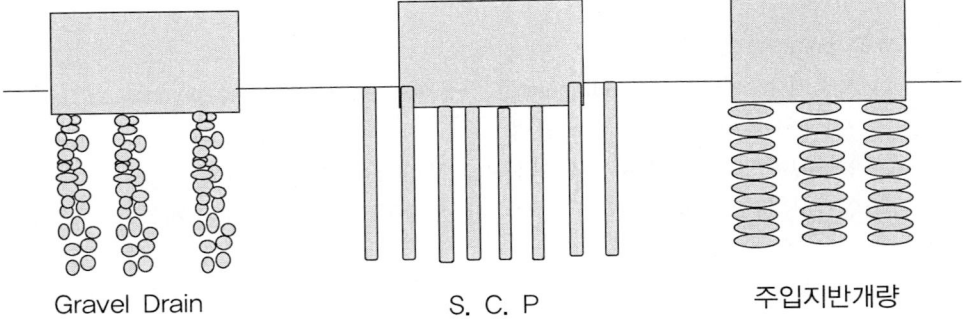

Gravel Drain   S. C. P   주입지반개량

4-14 주요핵심문제
연약지반

01 점성토지반의 개량 공법으로 적합하지 않은 것은? [05.06·07·08.12.13 기사]
① 샌드 드레인 공법
② 치환 공법
③ 바이브로 플로테이션 공법
④ 프리로딩 공법

해설

① 사질토 지반개량공법
 1) 진동다짐(Vibroflotation)공법
 2) 다짐모래말뚝 (Sand Compaction Pile) 공법
 3) 동다짐 공법(동압밀 공법)
② 점성토의 지반 개량 공법
 1) 치환 공법
 2) preloading 공법(사전압밀 공법)
 3) 전기침투 공법
 4) 생석회 말뚝(Chemico pile)공법 등

02 sand drain 공법의 지배영역에 관한 Barron의 4각형 배치에서 사주(sand pile)의 간격을 d, 영향원의 지름을 d_e라 할 때 d_e는? [03.08·12 기사]
① $d_e=1.13d$
② $d_e=1.05d$
③ $d_e=1.03d$
④ $d_e=1.50d$

해설

sand pile의 배열과 영향원 지름
1) 정삼각형 배열 : $d_e=1.05d$
2) 정사각형 배열 : $d_e=1.13d$

03 sand drain 공법에서 sand pile을 정삼각형으로 배치할 때 모래기둥의 간격은? (단, pile의 유효지름은 40cm이다.) [06·10.15 기사]
① 38cm
② 40cm
③ 42cm
④ 44cm

해설

$d_e=1.05d$ 에서 $40=1.05d$
∴ $d=38.1cm$

04 폭 10cm, 두께 3mm인 Paper drain설계 시 Sand drain의 직경과 동등한 값(등치환산원의 지름)으로 볼 수 있는 것은? [01.02.07.09.13.14.16 기사]
① 2.5cm
② 5.0cm
③ 7.5cm
④ 10.0cm

해설

$D=\alpha\dfrac{2A+2B}{\pi}=0.75\times\dfrac{2\times10+2\times0.3}{\pi}$
$=4.92cm$

05 연약지반 처리공법 중 sand drain 공법에서 연직과 방사선 방향을 고려한 평균 압밀도 U는? (단, $U_V=0.20$, $U_h=0.71$ 이다.) [07·12 기사]
① 0.573
② 0.697
③ 0.712
④ 0.768

해설

$U_{av}=1-(1-U_v)(1-U_h)$
$=1-(1-0.2)(1-0.71)$
$=0.768$

정답 01 ③ 02 ① 03 ① 04 ② 05 ④

06 다음의 연약지반개량공법에서 일시적인 개량공법은? (06.13.16 기사)
① well point 공법
② 치환공법
③ paper drain 공법
④ sand compaction pile 공법

해설

일시적 지반개량공법
1) well point 공법
2) deep well 공법
3) 대기압 공법
4) 동결 공법

07 다음의 연약지반 개량공법 중 지하수위를 저하시킬 목적으로 사용되는 공법은?
(10.13 기사)
① 샌드 드레인(Sand drain)공법
② 페이퍼 드레인(Paper drain)공법
③ 치환 공법
④ 웰 포인트(Well Point)공법

해설

지하수위 저하공법으로는 Well Point, Deep Well 공법, 대기압공법 등이 있다.

08 연약지반개량공법 중 프리로딩공법에 대한 설명으로 틀린 것은? (11.14 기사)
① 압밀침하를 미리 끝나게 하여 구조물에 잔류침하를 남기지 않게 하기 위한 공법이다.
② 도로의 성토나 항만의 방파제와 같이 구조물 자체의 일부를 상재하중으로 이용하여 개량 후 하중을 제거할 필요가 없을 때 유리하다.
③ 압밀계수가 작고 압밀토층 두께가 큰 경우에 주로 적용한다.
④ 압밀을 끝내기 위해서는 많은 시간이 소요되므로, 공사기간이 충분해야 한다.

해설

압밀계수가 작고 두께가 두꺼운 점성토층에서는 프리로딩 단독작업으로 압밀배수 효과가 적어 연직배수공법(sand drain, P.B.D 공법등)을 병용한다.

09 다음 연약지반 개량공법에 관한 사항 중 옳지 않은 것은? (10.14 기사)
① 샌드드레인 공법은 2차 압밀비가 높은 점토와 이탄 같은 흙에 큰 효과가 있다.
② 장기간에 걸친 배수공법은 샌드 드레인이 페이퍼 드레인보다 유리하다.
③ 동압밀공법 적용시 과잉간극 수압의 소산에 의한 강도 증가가 발생한다.
④ 화학적 변화에 의한 흙의 강화공법으로는 소결 공법, 전기화학적 공법등이 있다.

해설

샌드드레인 공법은 2차 압밀침하 보다 1차 압밀침하를 조절하는데 유효한 공법이다.

정답 06 ① 07 ④ 08 ③ 09 ①

PART 5

과년도 기출문제

2019 기출문제 제1회 건설재료시험기사

제1과목 콘크리트공학

01 프리플레이스트 콘크리트에 사용하는 골재에 대한 설명으로 틀린 것은?
① 잔골재의 조립률은 2.3~3.1 범위로 한다.
② 굵은 골재의 최소 치수는 15mm 이상이어야 한다.
③ 굵은 골재의 최대 치수와 최소 치수와의 차이를 작게 하면 굵은 골재의 실적률이 작아지고 주입모르타르의 소요량이 많아진다.
④ 굵은 골재의 최소 치수가 클수록 주입 모르타르의 주입성이 개선된다.

해설
잔골재의 조립률은 1.4~2.2 범위로 한다.

02 압축강도의 기록이 없는 현장에서 콘크리트 설계기준 압축강도가 28MPa인 경우 배합강도는?
① 30.5MPa ② 35MPa
③ 36.5MPa ④ 38MPa

해설
표준편차(s)를 모르고 압축강도 시험횟수가 14회 이하인 경우 콘크리트 배합강도

설계기준 압축강도 f_{ck}(MPa)	배합 강도 f_{cr}(MPa)
21 미만	$f_{ck}+7$
21 이상 35 이하	$f_{ck}+8.5$
35 초과	$1.1f_{ck}+5.0$

03 고압증기양생에 대한 설명으로 틀린 것은?
① 고압증기양생을 실시하면 황산염에 대한 저항성이 향상된다.
② 고압증기양생을 실시하면 보통 양생한 콘크리트에 비해 철근의 부착강도가 크게 향상된다.
③ 고압증기양생을 실시하면 백태현상을 감소시킨다.
④ 고압증기양생을 실시한 콘크리트는 어느 정도의 취성이 있다.

해설
고압증기양생을 실시하면 보통 양생한 콘크리트에 비해 철근의 부착강도가 떨어진다.

04 유동화 콘크리트에 대한 설명으로 틀린 것은?
① 유동화 콘크리트의 슬럼프 증가량은 50mm 이하를 원칙으로 한다.
② 유동화 콘크리트를 제조할 때 유동화제를 첨가하기 전의 기본 배합의 콘크리트를 베이스 콘크리트라고 한다.
③ 베이스 콘크리트 및 유동화 콘크리트의 슬럼프 및 공기량 시험은 50m³마다 1회씩 실시하는 것을 표준으로 한다.
④ 유동화제는 원액으로 사용하고, 미리 정한 소정의 양을 한꺼번에 첨가하여야 한다.

해설
유동화 콘크리트의 슬럼프 증가량은 100mm이하를 원칙으로 한다.

정답 01 ① 02 ③ 03 ② 04 ①

05 아래 표와 같은 조건에서 콘크리트의 배합강도를 결정하면?

[조건]
· 설계기준압축강도(f_{ck}) : 40MPa
· 압축강도의 시험회수 : 23회
· 23회의 압축강도 시험으로부터 구한 표준편차 : 6MPa
· 압축강도 시험회수 20회, 2회인 경우 표준편차의 보정계수 : 각각 1.08, 1.03

① 48.5MPa ② 49.6MPa
③ 50.7MPa ④ 51.2MPa

해설

1) 23회일 때 직선보간을 한 표준편차의 보정계수
$$\alpha = 1.03 + \frac{(1.08-1.03) \times 2}{5} = 1.05$$

2) 직선보간한 표준편차
$S = 1.05 \times 6.0 = 6.3 MPa$

3) 배합강도($f_{ck} > 35 MPa$)
· $f_{cr} = f_{ck} + 1.34S = 40 + 1.34 \times 6.3$
  $= 48.44 MPa$
· $f_{cr} = 0.9 f_{ck} + 2.33 \cdot S$
  $= 0.9 \times 40 + 2.33 \times 6.3$
  $= 50.68 MPa$

상기값 중 큰 값이 배합강도이므로 $f_{cr} = 50.7 MPa$

06 AE콘크리트에서 공기량에 영향을 미치는 요인들에 대한 설명으로 잘못된 것은?
① 단위시멘트량이 증가할수록 공기량은 감소한다.
② 배합과 재료가 일정하면 슬럼프가 작을수록 공기량은 증가한다.
③ 콘크리트의 온도가 낮을수록 공기량은 증가한다.
④ 콘크리트가 응결·경화되면 공기량은 증가한다.

해설

콘크리트가 응결·경화되면 공기량은 감소한다.

07 현장의 골재에 대한 체분석 결과 잔골재속에서 5mm체에 남는 것이 6%, 굵은 골재 속에서 5mm체를 통과하는 것이 11%였다. 시방배합표상의 단위잔골재량은 632kg/m³이며, 단위굵은골재량은 1176kg/m³이다. 현장배합을 위한 단위잔골재량은 얼마인가? (단, 표면수에 대한 보정은 무시한다.)

① 522kg/m³ ② 537kg/m³
③ 612kg/m³ ④ 648kg/m³

해설

입도에 대한 조정
$$X = \frac{100 \cdot S - b \cdot (S+G)}{100 - (a+b)}$$
$$= \frac{100 \times 632 - 11 \times (632 + 1,176)}{100 - (6+11)}$$
$$= 521.8 kg/m^3$$

08 외기온도가 25℃를 넘을 때 콘크리트의 비비기로부터 타설이 끝날 때까지 최대얼마의 시간을 넘어서는 안 되는가?
① 0.5시간 ② 1시간
③ 1.5시간 ④ 2시간

해설

비비기로부터 타설이 끝날 때까지의 시간은 외기온도가 25℃이상일 때는 1.5시간, 25℃미만일 때는 2시간 이내

09 콘크리트 다지기에 대한 설명 중 옳지 않은 것은?
① 콘크리트 다지기에는 내부진동기 사용을 원칙으로 한다.
② 내부진동기는 콘크리트로부터 천천히 빼내어 구멍이 남지 않도록 해야 한다.
③ 내부진동기는 연직방향으로 일정한 간격을 유지하며 찔러 넣는다.
④ 콘크리트가 한 쪽에 치우쳐 있을 때는 내부진동기로 평평하게 이동시켜야 한다.

정답 05 ③ 06 ④ 07 ① 08 ③ 09 ④

[해설]
내부진동기로 콘크리트를 횡방향으로 이동시킬 목적으로 사용하지 않는다.

10 서중 콘크리트에 대한 설명으로 틀린 것은?
① 콘크리트 재료의 온도를 낮추어서 사용한다.
② 콘크리트를 타설할 때의 콘크리트 온도는 35℃이하이어야 한다.
③ 하루의 평균기온이 25℃를 초과하는 것이 예상되는 경우 서중 콘크리트로 시공하여야 한다.
④ 콘크리트는 비빈 후 1.5시간 이내에 타설하여야 하며, 지연형 감수제를 사용한 경우라도 2시간 이내에 타설하는 것을 원칙으로 한다.

[해설]
콘크리트는 비빈 후 1.5시간 이내에 타설하여야 하며, 지연형 감수제를 사용한 경우라도 1.5시간 이내에 타설하는 것을 원칙으로 한다.

11 콘크리트 강도시험용 공시체의 제작에 대한 설명으로 틀린 것은?
① 압축강도 시험을 위한 공시체의 지름은 굵은 골재의 최대 치수의 3배 이상, 100mm 이상으로 한다.
② 휨강도 시험용 공시체는 단면이 정사각형인 각주로 하고, 그 한 변의 길이는 굵은 골재의 최대 치수의 3배 이상이며 150mm 이상으로 한다.
③ 몰드를 떼는 시기는 콘크리트 채우기가 끝나고 나서 16시간 이상 3일 이내로 한다.
④ 공시체의 양생 온도는 (20±2)℃로 한다.

[해설]
휨강도 시험용 공시체는 단면이 정사각형인 각주로 하고, 그 한 변의 길이는 굵은골재의 최대 치수의 4배 이상이며 100mm이상으로 한다.

12 프리스트레스트 콘크리트에서 프리텐션 방식으로 프리스트레싱할 때 콘크리트의 압축강도는 최소 얼마 이상이어야 하는가?
① 30MPa   ② 35MPa
③ 40MPa   ④ 45MPa

[해설]
프리텐션 방식으로 프리스트레싱할 때 콘크리트의 압축강도는 30MPa 이상

13 콘크리트 제작 시 재료의 계량에 대한 설명으로 틀린 것은?
① 각 재료는 1배치씩 질량으로 계량하여야 한다.
② 혼화제의 계량허용오차는 ±2%이다.
③ 계량은 현장 배합에 의해 실시하는 것으로 한다.
④ 골재의 계량허용오차는 ±3%이다.

[해설]
혼화제의 계량허용오차는 ±3%이다.

14 시멘트의 수화반응에 의해 생성된 수산화칼슘이 대기 중의 이산화탄소와 반응하여 콘크리트의 성능을 저하시키는 현상을 무엇이라고 하는가?
① 염해   ② 동결융해
③ 탄산화   ④ 알칼리 - 골재반응

[해설]
탄산화(중성화)에 대한 설명이다.

15 프리스트레스트 콘크리트 구조물이 철근 콘크리트 구조물보다 유리한 점을 설명한 것 중 옳지 않은 것은?
① 사용 하중하에서는 균열이 발생하지 않도록 설계되기 때문에 내구성 및 수밀성이 우수하다.
② 부재의 탄력성이 복원력이 강하다.
③ 부재의 중량을 줄일 수 있어 장대교량에

유리하다.

④ 강성이 크기 때문에 변형이 작고, 고온에 대한 저항력이 우수하다.

해설
프리스트레스트 콘크리트 구조물은 철근콘크리트 구조물에 비하여 강성은 작고 변형이 크며 진동에 취약하다.

16 굳지 않은 콘크리트 중의 전 염소이온량은 원칙적으로 몇 kg/m³이하로 하는 것을 표준으로 하는가?

① 0.20kg/m³ ② 0.30kg/m³
③ 0.50kg/m³ ④ 0.70kg/m³

해설
굳지않은 콘크리트의 염소이온량 0.30kg/m³ 이하

17 지름 150mm, 길이 300mm인 원주형 콘크리트 공시체로 쪼갬 인장 강도 시험을 실시한 결과 공시체가 파괴될 때까지의 최대 하중이 198kN이었다면, 이 공시체의 쪼갬 인장 강도는?

① 2.5MPa ② 2.8MPa
③ 3.1MPa ④ 3.4MPa

해설
쪼갬인장강도 시험

$(f_{sp}) = \dfrac{2P}{\pi d\ell}(MPa)$

$= \dfrac{2 \times 198,000}{\pi \times 150 \times 300} = 2.8 N/mm^2 = 2.8 MPa$

18 초음파 탐상에 의한 콘크리트 비파괴 시험의 적용가능한 분야로서 거리가 먼 것은?

① 콘크리트 두께 탐상
② 콘크리트의 균열 깊이
③ 콘크리트 내부의 공극 탐상
④ 콘크리트 내의 철근 부식 정도 조사

해설
콘크리트 내의 철근부식 정도 조사(평가)
1) 자연전위법
2) 분극저항법
3) 전기저항법

19 아래의 표에서 설명하는 콘크리트의 성질은?

> 콘크리트를 타설할 때 다짐작업 없이 자중만으로 철근 등을 통과하여 거푸집의 구석구석까지 균질하게 채워지는 정도를 나타내는 굳지 않은 콘크리트의 성질

① 자기 충전성 ② 유동성
③ 슬럼프 플로 ④ 피니셔빌리티

해설
자기충전성에 대한 설명이다.

20 숏크리트의 시공에 대한 일반적인 설명으로 틀린 것은?

① 건식 숏크리트는 배치 후 45분 이내에 뿜어붙이기를 실시하여야 한다.
② 습식 숏크리트는 배치 후 60분 이내에 뿜어붙이기를 실시하여야 한다.
③ 숏크리트는 타설되는 장소의 대기 온도가 25℃ 이상이 되면 건식 및 습식 숏크리트 모두 뿜어붙이기를 할 수 없다.
④ 숏크리트는 대기 온도가 10℃ 이상일 때 뿜어붙이기를 실시한다.

해설
숏크리트는 타설되는 장소의 대기 온도가 38℃ 이상이 되면 건식 및 습식 숏크리트 모두 뿜어붙이기를 할 수 없다.

정답 16 ② 17 ② 18 ④ 19 ① 20 ③

제2과목 건설시공 및 관리

21 교량 가설 공법인 디비닥(Dywidag) 공법의 특징으로 옳은 것은?
① 동바리가 필요하다.
② 시공 블록이 3~4m마다 생기므로 관리가 어렵다.
③ 동일 작업이 반복되지만 시공속도는 느리다.
④ 긴 경간의 PC교 가설이 가능하다.

해설
F.C.M (Free Cantilever Method) : 외팔보공법
1) 기시공된 교각을 중심으로 좌우평형을 유지하며 순차적으로 이동식 작업차를 이용하여 Segment 제작하면서 상부구조시공해 나가는 공법으로 캔틸레버식 가설공법이라고 한다.(Dywidag)
2) 동바리가 불필요하며 이동식 작업차에서 공사를 시행하므로 전천후 시공이 가능하다.
3) 교량외부의 제작장에서 일정길이 만큼 제작 후 연결하는 방식은 P.S.M 공법이다.

22 말뚝의 지지력의 결정하기 위한 방법 중에서 가장 정확한 것은?
① 정역학적 공식
② 동역학적 공식
③ 말뚝의 재하시험
④ 허용지지력 표로서 구하는 방법

해설
말뚝의 지지력 결정은 실제 실물재하를 통하여 구하는 재하시험이 신뢰성이 크다.

23 숏크리트 시공 시 리바운드양을 감소시키는 방법으로 옳지 않은 것은?
① 분사 부착면을 매끄럽게 한다.
② 압력을 일정하게 한다.
③ 벽면과 직각으로 분사한다.
④ 시멘트량을 증가시킨다.

해설
분사 부착면을 거칠게하여 부착력을 증대할수록 리바운드량이 감소된다.

24 AASHTO(1986) 설계법에 의해 아스팔트 포장의 설계 시 두께지수(SN, Structure Number) 결정에 이용되지 않는 것은?
① 각 층의 상대강도계수
② 각 층의 두께
③ 각 층의 배수계수
④ 각 층의 침입도지수

해설
각층의 침입도 지수는 두께지수(SN, StructureNumber)와 관계가 없다.

25 흙댐을 구조상 분류할 때 중앙에 불투수성의 흙을, 양측에는 투수성 흙을 배치한 것으로 두 가지 이상의 재료를 얻을 수 있는 곳에서 경제적인 댐 형식은?
① 심벽형 댐   ② 균일형 댐
③ 월류 댐   ④ Zone형 댐

해설
Zone형 댐에 대한 설명이다.

26 아래 표와 같은 조건에서 불도저로 압토와 리핑 작업을 동시에 실시할 때 시간당 작업량은?

- 압토 작업만 할 때의 작업량(Q_1) : 40m³/h
- 리핑 작업만 할 때의 작업량(Q_2) : 60m³/h

① 24m³/h   ② 37m³/h
③ 40m³/h   ④ 50m³/h

정답 21 ④ 22 ③ 23 ① 24 ④ 25 ④ 26 ①

해설

불도저 합성 작업량(Q)

$$Q = \frac{Q_1 \times Q_2}{Q_1 + Q_2} = \frac{40 \times 60}{40 + 60} = 24 m^3/h$$

27 불도저(bulldozer) 작업의 경우 다음의 조건에서 본바닥 토량으로 환산한 1시간당 토공 작업량(m^3/h)은?(단, 1회 굴착 압토량은 느슨한 상태로 3.0m^3, 작업효율=0.6, 토량변화율 L=1.2, 평균 압토 거리=30m, 전진속도 30m/분, 후진속도=60m/분, 기어변속시간 =0.5분)

① 45m^3/h ② 34m^3/h
③ 20m^3/h ④ 15m^3/h

해설

1) $C_m = \frac{l}{V_1} + \frac{l}{V_2} + t = \frac{30}{30} + \frac{30}{60} + 0.5 = 2$분

2) $Q = \frac{60 \cdot q \cdot f \cdot E}{C_m} = \frac{60 \times 3 \times \frac{1}{1.2} \times 0.6}{2} = 45 m^3/h$

28 지름 400mm, 길이 10m의 강관파일을 항타하여 아래 조건에서 시공하고자 한다. 소요시간은 얼마인가?

- α : 토질계수 4.0
- β : 해머계수 1.2
- N : 15
- F : 작업계수 0.6
- T_w : 0
- T_s : 파일 1본당 세우기 및 위치 조정 시간 20분
- T_t : 파일 1본당 해머의 이동 및 준비 시간 20분
- T_e : 파일 1본당 해머의 점검 및 급유 등 기타시간 20분
- $T_b = 0.05 \cdot \alpha \cdot \beta \cdot L(N+2)$로 가정한다.

① 124분 ② 136분
③ 145분 ④ 168분

해설

소요시간 $= T_s + T_t + T_e + T_b$
$= 20+20+20+[0.05 \times 4 \times 1.2 \times 10 \times (15+2)]$
$= 100.8$분

소요시간 $= \frac{100.8}{0.6(작업계수)} = 168$분

29 토적곡선(Mass curve)에 관한 설명 중 틀린 것은?

① 곡선의 저점 및 정점은 각각 성토에서 절토, 절토에서 성토의 변이점이다.
② 동일 단면내의 절토량, 성토량을 토적곡선에서 구한다.
③ 토적곡선을 작성하려면 먼저 토량 계산서를 작성하여야 한다.
④ 절토에서 성토까지의 평균 운반거리는 절토와 성토의 중심 간의 거리로 표시된다.

해설

동일 단면내의 절토량, 성토량을 토적곡선에서 구할 수 없다(횡방향 토량 배제)

30 옹벽 대신 이용하는 돌쌓기 공사 중 뒤채움에 콘크리트를 이용하고, 줄눈에 모르타르를 사용하는 2m 이상의 돌쌓기 방법은?

① 메쌓기 ② 찰쌓기
③ 견치돌쌓기 ④ 줄쌓기

해설

찰쌓기에 대한 설명이다.

31 다짐공법에서 물다짐공법에 적합한 흙은 어느 것인가?

① 점토질 흙 ② 롬(loam)질 흙
③ 실트질 흙 ④ 모래질 흙

해설

물다짐은 투수성이 큰 모래질 흙에 적합하다.

32 다음 중 깊은 기초의 종류가 아닌 것은?
① 전면 기초 ② 말뚝 기초
③ 피어 기초 ④ 케이슨 기초

해설
전면기초는 직접기초(얕은기초)에 해당된다.

33 Terzaghi의 기초에 대한 극한 지지력 공식에 대한 설명 중 옳지 않은 것은?
① 지지력 계수는 내부 마찰각이 커짐에 따라 작아진다.
② 직사각형 단면의 형상계수는 폭과 길이에 따라 정해진다.
③ 근입 깊이가 깊어지면 지지력도 증대된다.
④ 점착력이 $\phi ≒ 0$인 경우 일축 압축시험에 의해서도 구할 수 있다.

해설
지지력 계수는 내부 마찰각과 점착력에 의하여 커짐에 따라 증가된다.

34 암거의 배열방식 중 여러 개의 흡수거를 1개의 간선 집수거 또는 집수지거로 합류시키게 배치한 방식은?
① 차단식 ② 자연식
③ 빗식   ④ 사이펀식

해설
빗식에 대한 설명이다.

35 아래의 주어진 조건을 이용하여 3점시간법을 적용하여 activity time을 결정하면?(조건 : 표준값 = 5시간, 낙관값 = 3시간, 비관값 = 10시간)
① 4.5시간 ② 5.0시간
③ 5.5시간 ④ 6.0시간

해설
3점 시간법
$$t_e = \frac{t_o + 4t_m + t_p}{6} = \frac{3 + 4 \times 5 + 10}{6} = 5.5\text{시간}$$
여기서, t_e : 3점법에 의한 추정공사일수
t_o : 낙관작업일수
t_m : 정상작업일수
t_p : 비관작업일수

36 자연 함수비 8%인 흙으로 성토하고자 한다. 다짐한 흙의 함수비를 15%로 관리하도록 규정하였을 때 매 층마다 1m²당 몇 kg의 물을 살수해야 하는가?(단, 1층의 다짐 후 두께는 20cm이고, 토량 변화율 C는 0.9이며, 원지반 상태에서 흙의 단위중량은 1.8t/m³이다.)
① 7.15kg   ② 15.84kg
③ 25.93kg   ④ 27.22kg

해설
1) $1m^3$당 본바닥 체적
$$= 1 \times 1 \times 0.2 \times \frac{1}{0.9} = 0.222 m^3$$
2) $w = 8\%$일 때 흙의 무게
$\gamma_t = \frac{W}{V}$에서 $1.8 = \frac{W}{0.222}$, $W = 400kg$
3) $w = 8\%$일 때 물의 무게
$$W_w = \frac{w \cdot W}{100 + w} = \frac{8 \times 400}{100 + 8} = 29.63kg$$
4) $w = 15\%$일 때 물의 무게
$8 : 29.63 = 15 : W_w$
∴ $W_w = 55.56kg$
5) 살수량 $= 55.56 - 29.63 = 25.93kg$

37 아스팔트 포장의 기층으로서 사용하는 가열 혼합식에 의한 아스팔트 안정처리기층을 무엇이라 하는가?
① 보조기층   ② 블랙베이스
③ 입도조정층 ④ 화이트베이스

해설
블랙베이스에 대한 설명이며, 기층을 시멘트 콘크리트로 하는 경우를 화이트베이스라고 한다.

38 저항선 1.2m일 때 12.15kg의 폭약을 사용하였다면 저항선을 0.8m로 하였을 때 얼마의 폭약이 필요한가?(단, Hauser식을 사용한다.)

① 1.8kg ② 3.6kg
③ 5.6kg ④ 7.6kg

해설

1) $L = C \cdot W^3$, $12.15 = C \times 1.2^3$
   $C = 7.03$
2) $L = C \cdot W^3 = 7.03 \times 0.8^3 = 3.6 kg$

39 점성토에서 발생하는 히빙의 방지대책으로 틀린 것은?

① 널말뚝의 근입 깊이를 짧게 한다.
② 표토를 제거하거나 배면의 배수 처리로 하중을 작게 한다.
③ 연약 지반을 개량한다.
④ 부분굴착 및 트렌치 컷 공법을 적용한다.

해설

히빙 방지대책으로 널말뚝의 근입깊이를 길게 한다.

40 품셈에서 수량의 계산 중 플래니미터에 의한 면적을 계산할 때 몇 회 이상 측정하여 평균값을 구하는가?

① 4회 ② 3회
③ 2회 ④ 1회

해설

플래니미터에 의한 면적을 계산할 때는 3회이상 측정 후 평균을 취한다.

제3과목 건설재료 및 시험

41 화성암은 산성암, 중성암, 염기성암으로 분류가 되는데, 이때 분류 기준이 되는 것은?

① 규산의 함유량 ② 운모의 함유량
③ 장석의 함유량 ④ 각섬석의 함유량

해설

지구 내부에 용융상태로 마그마가 냉각 응고 된 것으로 규산(실리카) 함유량에 따라 산성암, 중성암, 염기성암으로 분류

42 스트레이트 아스팔트에 대한 설명 중 틀린 것은?

① 블론 아스팔트에 비해 투수계수가 크다.
② 블론 아스팔트에 비해 신장성이 크다.
③ 블론 아스팔트에 비해 점착성이 크다.
④ 블론 아스팔트에 비해 온도에 대한 감온성이 크다.

해설

블론 아스팔트는 가열한 스트레이트 아스팔트에 공기를 불어넣어 제조한 아스팔트이므로 투수계수가 큼

43 어떤 모래를 체가름 시험한 결과 다음 표를 얻었다. 이 때 모래의 조립률은?

체	각 체의 잔류율(%)
10mm	0
5mm	2
2.5mm	6
1.2mm	20
0.6mm	28
0.3mm	23
0.15mm	16
PAN	5
합계	100

① 2.68 ② 2.73
③ 3.69 ④ 5.28

해설

$$조립률 = \frac{각 체에 남은 잔류시료의 중량백분율의 합}{100}$$

$$조립률 = \frac{2+8+28+56+79+95}{100} = 2.68$$

체	각체 잔류율(%)	가적 잔류율(%)
10mm	0	0
5mm	2	2
2.5mm	6	8
1.2mm	20	28
0.6mm	28	56
0.3mm	23	79
0.15mm	16	95
PAN	5	100
합계	100	

44 주로 화성암에 많이 생기는 절리(joint)로 돌기둥을 배열한 것이 같은 모양의 절리를 무엇이라 하는가?

① 주상절리
② 구상절리
③ 불규칙 다면괴상절리
④ 판상저리

해설

주상절리에 대한 설명이다.

45 마샬시험방법에 따라 아스팔트 콘크리트 배합 설계를 진행 중이다. 재료 및 공시체에 대한 측정결과가 아래와 같을 때 포화도는 약 몇 %인가?

- 아스팔트의 밀도(G) : $1.025 g/cm^3$
- 아스팔트의 함량(A) : 5.8%
- 공시체의 실측밀도(d) : $2.366 g/cm^3$
- 공시체의 공극률(V_0) : 4.2%

① 56.0%   ② 58.8%
③ 76.1%   ④ 77.9%

해설

1) 아스팔트 용적률(체적비)

$$V_a = \frac{W_a \times d}{G_a} = \frac{5.8 \times 2.366}{1.025} = 13.39\%$$

여기서, W_a : 아스팔트 질량비(함량)(%)
G_a : 아스팔트의 밀도(g/cm^3)
d : 공시체의 실측밀도(g/cm^3)

2) 포화도

$$S = \frac{V_a}{V_a + V} \times 100 = \frac{13.39}{13.39 + 4.2} \times 100 = 76.1\%$$
$$= 0.7562 = 75.62\%$$

여기서, V : 공극률
V_a : 아스팔트의 체적비

46 아래의 표는 어떤 혼화재료의 종류인가?

CSA계, 석고계, 철분계

① 팽창재   ② AE제
③ 방수제   ④ 급결제

해설

팽창재에 대한 설명이다.

47 금속재료의 일반적 성질에 관한 설명 중 틀린 것은?

① 선철은 철광석 용광로 내에서 환원하여 만들며 주로 제강용 원료가 되며 Si원소가 가장 많고, C원소가 가장 적게 포함되어 있다.
② 탄소강은 0.04~1.7%의 탄소를 함유하는 Fe-C합금으로서 C < 0.3%는 저탄소강, 0.3% < C < 0.6%는 중탄소강, C > 0.6%는 고탄소강이라 한다.
③ 금속재료의 특징은 전기 및 열의 전도율이 크고, 연성과 전성이 풍부하다.
④ 금속재료는 철금속과 비철금속으로 나눌 수 있고, 광택이 있으며, 상온에서 결정형을 가진 고체로서 가공이 용이하다.

해설

1) 철에 탄소가 많으면 경도가 증가하지만 부서짐이 커진다.
2) 선철은 철광석 용광로 내에서 환원하여 만들며 주로 제강용 원료가 되며 Si원소가 가장 많고, C원소가 1.7% 이상으로 많은 C를 포함되어 있다.

48 콘크리트용 강섬유의 품질에 대한 설명으로 틀린 것은?

① 강섬유의 평균 인장강도는 700MPa 이상이 되어야 한다.
② 강섬유는 표면에 유해한 녹이 있어서는 안된다.
③ 강섬유 각각의 인장 강도는 600MPa 이상이어야 한다.
④ 강섬유는 16°C 이상의 온도에서 지름 안쪽 90°(곡선 반지름 3mm)방향으로 구부렸을 때, 부러지지 않아야 한다.

해설
강섬유 각각의 인장 강도는 650MPa 이상이어야 한다.

49 시멘트의 분말도 시험에 관한 설명 중 옳지 않은 것은?

① 분말도 시험은 시멘트 입자의 가는 정도를 알기 위한 시험으로 분말도와 비표면적을 구한다.
② 공기 투과 장치에 의한 방법은 표준시료와 시험시료로 만든 시멘트 베드를 공기가 투과하는 데 요하는 시간을 비교하여 비표면적을 구한다.
③ 표준체에 의한 방법(KS L 5112)은 표준체 45μm로 쳐서 남는 잔사량을 계량하여 분말도를 구한다.
④ 분말도 작은 시멘트일수록 물과의 접촉 표면적이 크며 수화가 빨리 진행된다.

해설
분말도 큰 시멘트일수록 물과의 접촉 표면적이 크며 수화가 빨리 진행된다.

50 폭약으로 사용되는 칼릿(Carlit)에 대한 설명으로 틀린 것은?

① 칼릿은 다이너마이트보다 발화점이 높다.
② 칼릿은 다이너마이트보다 충격에 둔감하여 취급이 편하다.
③ 칼릿은 폭발력이 다이너마이트보다 우수하다.
④ 칼릿은 유해가스 발생이 적고 흡수성이 적어 터널 공사에 적합하다.

해설
칼릿은 유해가스 발생이 많고 흡수성이 커서 터널 공사에 부적합하다.

51 콘크리트 배합에 관한 아래 표의 ( )에 들어갈 알맞은 수치는?

> 공사 중에 잔골재의 입도가 변하여 조립률이 ±( ) 이상 차이가 있을 경우에는 워커빌리티가 변화하므로 배합을 수정할 필요가 있다.

① 0.05 ② 0.1
③ 0.2   ④ 0.3

해설
공사 중에 잔골재의 입도가 변하여 조립률이 ±(0.2) 이상 차이가 있을 경우에는 워커빌리티가 변화하므로 배합을 수정할 필요가 있다.

52 다음 중 일반적인 목재의 비중은?

① 살아있는 상태의 나무비중
② 공기 건조 중의 비중
③ 물에서 포화상태의 비중
④ 절대건조 비중

해설
일반적인 목재의 비중은 공기 건조 중의 비중(기건비중)으로 한다.

53 골재의 취급과 저장 시 주의해야 할 사항으로 틀린 것은?

① 잔골재, 굵은 골재 및 종류, 입도가 다른 골재는 각각 구분하여 별도로 저장한다.
② 골재의 저장설비는 적당한 배수설비를 설치하고 그 용량을 검토하여 표면수가 일정한 골재의 사용이 가능하도록 한다.
③ 골재의 표면수는 굵은 골재는 건조 상태로, 잔골재는 습윤 상태로 저장하는 것이 좋다.
④ 골재는 빙설의 혼입방지, 동결방지를 위한 적당한 시설을 갖추어 저장해야 한다.

해설
표면수가 균일한 골재를 사용할 수 있도록 또 받아들인 골재를 시험한 후 사용할 수 있도록 한다.

54 포틀랜드 시멘트의 클링커에 대한 설명 중 틀린 것은?

① 클링커는 단일조성의 물질이 아니라 C_3S, C_2S, C_3A, C_4AF의 4가지 주요화합물로 구성되어 있다.
② 클링커의 화합물 중 C_3S 및 C_2S는 시멘트 강도의 대부분을 지배한다.
③ C_3A는 수화속도가 대단히 빠르고 발열량이 크며 수축도 크다.
④ 클링커의 화합물 중 C_3S가 많고 C_2S가 적으면 시멘트의 강도 발현이 늦어지지만 장기재령은 향상된다.

해설
클링커의 화합물 중 C_3S가 많고 C_2S가 적으면 시멘트의 강도 발현이 빨라지고 초기강도가 증가된다.

55 다음 설명 중 틀린 것은?

① 혼화재에는 플라이애시, 고로슬래그 미분말, 규산백토 등이 있다.
② 혼화제에는 AE제, 경화촉진제, 방수제 등이 있다.
③ 혼화재는 그 사용량이 비교적 적어서 그 자체의 부피가 콘크리트 배합의 계산에서 무시하여도 좋다.
④ AE제에 의해 만들어진 공기를 연행공기라 한다.

해설
혼화제에는 AE제, 경화촉진제, 방수제 등이 있다.

56 다음 강재의 응력 – 변형률 곡선에 관한 설명 중 잘못된 것은?

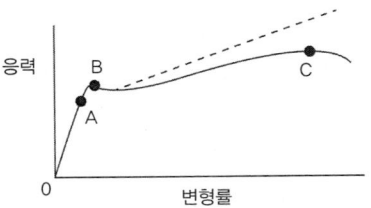

① A점은 응력과 변형률이 비례하는 최대한도지점이다.
② B점은 외력을 제거해도 영구변형을 남기지 않고 원래로 돌아가는 응력의 최대한도 지점이다.
③ C점은 부재 응력의 최댓값이다.
④ 강재는 하중을 받아 변형되며 단면이 축소되므로 실제 응력 – 변형률 선은 점선이다.

해설
B점(항복점)은 외력의 증가가 없는 상태에서 변형이 증가되는 최대응력점

57 다음 중 일반적으로 지연제를 사용하는 경우가 아닌 것은?

① 서중 콘크리트의 시공 시
② 레미콘 운반거리가 멀 때
③ 숏크리트 타설 시
④ 연속 타설 시 콜드 조인트를 방지하기 위해

해설
숏크리트 타설시 급결제를 사용한다.

58 잔골재를 각 상태에서 계량한 결과가 아래와 같을 때 골재의 유효흡수량(%)은?

- 노건조 상태 : 2000g
- 공기 중 건조 상태 : 2066g
- 표면건조포화 상태 : 2124g
- 습윤 상태 : 2152g

① 1.32%   ② 2.73%
③ 2.81%   ④ 7.60%

해설

유효흡수율 = $\dfrac{표건질량 - 기건질량}{기건질량} \times 100\%$

= $\dfrac{2,124 - 2,066}{2,066} \times 100 = 2.81\%$

59 역청재에 대한 설명 중 옳지 않은 것은?
① 석유 아스팔트는 원유를 증류한 잔유물을 원료로 한 것이다.
② 아스팔타이트의 성질 및 용도는 스트레이트 아스팔트와 같이 취급한다.
③ 포장용 타르는 타르를 다시 증류하여 수분, 나프타, 경유 등을 유출해 정제한 것이다.
④ 역청유제는 역청을 유화제 수용액 중에 미립자의 상태로 분포시킨 것이다.

해설
아스팔타이트의 성질 및 용도는 블로운 아스팔트와 같이 취급한다.

60 시멘트 모르타르의 압축강도 시험에서 공시체의 양생온도는?
① (10±2)℃   ② (15±2)℃
③ (23±2)℃   ④ (30±2)℃

해설
시멘트 모르타르의 압축강도 시험에서 공시체의 양생온도는 (23±2)℃ 이다.

제4과목 토질 및 기초

61 Meyerhof의 일반 지지력 공식에 포함되는 계수가 아닌 것은?
① 국부전단계수   ② 근입깊이계수
③ 경사하중계수   ④ 형상계수

해설
Meyerhof 지지력 계수
1) 형상계수 : 기초의 형상을 고려한 계수
2) 깊이계수 : 기초의 근입깊이를 고려한 계수
3) 경사계수 : 기초 중심에 작용하는 하중의 방향을 고려한 계수

62 다음의 투수계수에 대한 설명 중 옳지 않은 것은?
① 투수계수는 간극비가 클수록 크다.
② 투수계수는 흙의 입자가 클수록 크다.
③ 투수계수는 물의 온도가 높을수록 크다.
④ 투수계수는 물의 단위중량에 반비례한다.

해설
1) Taylor 경험식

$$k = D_{10}^2 \cdot \dfrac{r_w}{\mu} \cdot \dfrac{e^3}{1+e} \cdot C$$

2) 투수계수는 물의 단위중량에 비례한다.

63 흙의 다짐시험을 실시한 결과 다음과 같았다. 이 흙의 건조단위중량은 얼마인가?

① 몰드 + 젖은 시료 무게 : 3612g
② 몰드 무게 : 2143g
③ 젖은 흙의 함수비 : 15.4%
④ 몰드의 체적 : 944cm³

① 1.35g/cm³   ② 1.56g/cm³
③ 1.31g/cm³   ④ 1.42g/cm³

해설

1) $\gamma_t = \dfrac{W}{V} = \dfrac{(3,612 - 2,143)}{944} = 1.56 g/cm^3$

2) $\gamma_d = \dfrac{\gamma_t}{1+\dfrac{w}{100}} = \dfrac{1.56}{1+\dfrac{15.4}{100}} = 1.35 g/cm^3$

64 시료가 점토인지 아닌지 알아보고자 할 때 가장 거리가 먼 것은?
① 소성지수 ② 소성도표 A선
③ 포화도 ④ 200번체 통과량

[해설]
포화도는 해당사항이 없다.

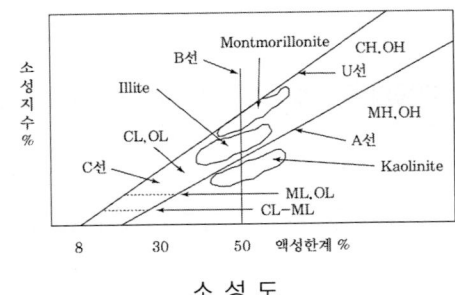

소 성 도

65 말뚝에서 부마찰력에 관한 설명 중 옳지 않은 것은?
① 아래쪽으로 작용하는 마찰력이다.
② 부마찰력이 작용하면 말뚝의 지지력은 증가한다.
③ 압밀층을 관통하여 견고한 지반에 말뚝을 박으면 일어나기 쉽다.
④ 연약지반에 말뚝을 박은 후 그 위에 성토를 하면 일어나기 쉽다.

[해설]
부마찰력이 작용하면 말뚝의 지지력은 감소한다.

66 보링(boring)에 관한 설명으로 틀린 것은?
① 보링(boring)에는 회전식(rotary boring)과 충격식(percussion boring)이 있다.
② 충격식은 굴진속도가 빠르고 비용도 싸지만 분말상의 교란된 시료만 얻어진다.
③ 회전식은 시간과 공사비가 많이 들뿐만 아니라 확실한 코어(core)도 얻을 수 없다.
④ 보링은 지반의 상황을 판단하기 위해 실시한다.

[해설]
회전식 보링 로드 선단에 드릴비트를 고속회전 및 가압시켜 토사 및 암반을 절삭분쇄 하는데 시간과 공사비가 적게 들며 확실한 코어(core)를 얻을 수 있다.

67 다음 지반 개량공법 중 연약한 점토지반에 적당하지 않은 것은?
① 샌드 드레인 공법
② 프리로딩 공법
③ 치환 공법
④ 바이브로 플로테이션 공법

[해설]
바이브로 플로테이션 공법은 사질토 지반개량공법에 적합하다.

68 흙이 동상을 일으키기 위한 조건으로 가장 거리가 먼 것은?
① 아이스 렌즈를 형성하기 위한 충분한 물의 공급이 있을 것
② 양(+)이온을 다량 함유할 것
③ 0℃ 이하의 온도가 오랫동안 지속될 것
④ 동상이 일어나기 쉬운 토질일 것

[해설]
동상조건
1) 동상이 일어나기 쉬운 실트질 토질
2) 0℃ 이하의 온도가 오랫동안 지속
3) 충분한 물의 공급

정답 64 ③ 65 ② 66 ③ 67 ④ 68 ②

69 어떤 사질 기초지반의 평판재하 시험결과 항복강도 60t/m², 극한강도가 100t/m²이었다. 그리고 그 기초는 지표에서 1.5m 깊이에 설치 될 것이고 그 기초 지반의 단위중량이 1.8t/m³일 때 지지력 계수 N_q=5이었다. 이 기초의 장기 허용지지력은?

① 24.7t/m² ② 26.9t/m²
③ 30t/m²   ④ 34.5t/m²

해설

1) $q_a = q_t + \frac{1}{3} \cdot \gamma \cdot D_f \cdot N_q$

2) $q_t = \frac{q_y}{2} = \frac{60}{2} = 30 t/m^2$

$q_t = \frac{q_u}{3} = \frac{100}{3} = 33.3 t/m^2$

둘 중 작은 것 $q_t = 30 t/m^2$

$\therefore q_a = q_t + \frac{1}{3} \cdot \gamma \cdot D_f \cdot N_q$
$= 30 + \frac{1}{3} \times 1.8 \times 1.5 \times 5 = 34.5 t/m^2$

70 흙댐에서 상류면 사면의 활동에 대한 안전율이 가장 저하되는 경우는?

① 만수된 물의 수위가 갑자기 저하할 때이다.
② 흙댐에 물을 담는 도중이다.
③ 흙댐이 만수되었을 때이다.
④ 만수된 물이 천천히 빠져나갈 때이다.

해설

흙댐에서 상류면 사면의 활동에 대한 안전율이 가장 저하되는 경우는 흙댐에서 만수된 물의 수위가 갑자기 저하하는 경우 발생된다.

71 세립토를 비중계법으로 입도분석을 할 때 반드시 분산제를 쓴다. 다음 설명 중 옳지 않은 것은?

① 입자의 면모화를 방지하기 위하여 사용한다.
② 분산제의 종류는 소성지수에 따라 달라진다.
③ 현탁액이 산성이면 알칼리성의 분산제를 쓴다.
④ 시험도중 물의 변질을 방지하기 위하여 분산제를 사용한다.

해설

비중 시험도중 흙입자의 면모화를 방지하기 위하여 분산제를 사용한다.

72 비중이 2.67, 함수비가 35%이며, 두께 10m 인 포화점토층이 압밀 후에 함수비가 25%로 되었다면, 이 토층 높이의 변화량은 얼마인가?

① 113cm ② 128cm
③ 138cm ④ 155cm

해설

1) $\Delta H = \frac{\Delta e}{1+e} \cdot H = \frac{e_1 - e_2}{1+e_1} \cdot H$

2) $e_1 = \frac{G_s \cdot w}{S} = \frac{2.67 \times 0.35}{1} = 0.9345$

$e_2 = \frac{G_s \cdot w}{S} = \frac{2.67 \times 0.25}{1} = 0.6675$

$\therefore \Delta H = \frac{(0.9345 - 0.6675)}{1 + 0.9345} \times 1,000 = 138\,cm$

73 아래 그림과 같은 모래지반에서 깊이 4m지점에서의 전단강도는?(단, 모래의 내부마찰각 ϕ=30°이며, 점착력 C=0)

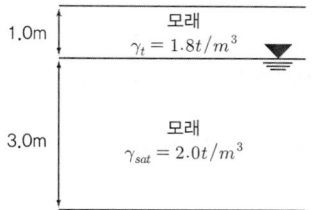

① 4.50t/m² ② 2.77t/m²
③ 2.32t/m² ④ 1.86t/m²

해설

1) $S = c + \overline{\sigma} \cdot \tan \phi$

2) $\overline{\sigma} = 1 \times 1.8 + 3 \times 1 = 4.8 t/m^2$

$\therefore S = 0 + 4.8 \times \tan 30° = 2.77 t/m^2$

74 100% 포화된 흐트러지지 않은 시료의 부피가 20.5cm³이고 무게는 34.2g 이었다. 이 시료를 오븐(Oven) 건조 시킨 후의 무게는 22.6g이었다. 간극비는?

① 1.3 ② 1.5
③ 2.1 ④ 2.6

해설

$e = \dfrac{V_v}{V_S} = \dfrac{V_v}{V - V_v}$

에서 포화도 100% 이므로

$V_v = V_w = W_w = W - W_s$
$= 34.2 - 22.6 = 11.6 cm^3$

$\therefore e = \dfrac{11.6}{20.5 - 11.6} = 1.3$

75 연약점토지반에 성토제방을 시공하고자 한다. 성토로 인한 재하속도가 과잉간극수압이 소산되는 속도보다 빠를 경우, 지반의 강도정수를 구하는 가장 적합한 시험방법은?

① 압밀 배수시험
② 압밀 비배수시험
③ 비압밀 비배수시험
④ 직접전단시험

해설

UU(Unconsolidated – Undrained) 시험(비압밀 비배수)
· 시공속도가 과잉간극수압 소산속도보다 빠를 때
· 점토지반에 제방 성토 직후 초기 사면안정 해석하는 경우
· 점토지반에 급속히 성토 시공을 하였을 경우 초기 안정성 검토
· UU 조건 지반위에 구조물을 시공한 직후의 초기 안정성 검토

76 유효응력에 관한 설명 중 옳지 않은 것은?

① 포화된 흙인 경우 전응력에서 공극수압을 뺀 값이다.
② 항상 전응력보다는 작은 값이다.
③ 점토지반의 압밀에 관계되는 응력이다.
④ 건조한 지반에서는 전응력과 같은 값으로 본다.

해설

부의 간극수압이 발생하는 경우 유효응력이 전응력보다 크게 발생된다.

77 다음 중 Rankine 토압이론의 기본가정에 속하지 않는 것은?

① 흙은 비압축성이고 균질의 입자이다.
② 지표면은 무한히 넓게 존재한다.
③ 옹벽과 흙과의 마찰을 고려한다.
④ 토압은 지표면에 평행하게 작용한다.

해설

Rankine의 이론
1) 횡방향 팽창 또는 압축에 의한 소성파괴 상태에 따른 토압으로 벽면 마찰을 무시한 소성이론
2) Rankine 토압이론은 벽마찰각 무시로 주동토압의 크기는 Coulomb 이론에 의한 값보다 10%정도 크게 과대평가 된다.

78 유선망의 특징을 설명한 것 중 옳지 않은 것은?

① 각 유로의 투수량은 같다.
② 인접한 두 등수두선 사이의 수두손실은 같다.
③ 유선망을 이루는 사변형은 이론상 정사각형이다.
④ 동수경사는 유선망의 폭에 비례한다.

해설

동수경사는 유선망의 폭에 반비례한다.

정답 74 ① 75 ③ 76 ② 77 ③ 78 ④

79 기초가 갖추어야 할 조건이 아닌 것은?
① 동결, 세굴 등에 안전하도록 최소의 근입 깊이를 가져야 한다.
② 기초의 시공이 가능하고 침하량이 허용치를 넘지 않아야 한다.
③ 상부로부터 오는 하중을 안전하게 지지하고 기초지반에 전달하여야 한다.
④ 미관상 아름답고 주변에서 쉽게 구득할 수 있는 재료로 설계되어야 한다.

해설
기초공의 구조상 요구조건
1) 기초의 시공이 가능할 것
2) 최소한의 근입깊이가 확보될 것
3) 충분한 지지력을 확보하고 침하가 허용침하 이내일 것
4) 경제성이 확보될 것
5) 기초 깊이는 동결깊이 이상일 것.

80 흙의 강도에 대한 설명으로 틀린 것은?
① 점성토에서는 내부마찰각이 작고 사질토에서는 점착력이 작다.
② 일축압축 시험은 주로 점성토에 많이 사용한다.
③ 이론상 모래의 내부마찰각은 0이다.
④ 흙의 전단응력은 내부마찰각과 점착력의 두 성분으로 이루어진다.

해설
이론상 점토의 내부마찰각은 0 이다.

정답 79 ④ 80 ③

2019 기출문제 제2회 건설재료시험기사

제1과목 콘크리트공학

01 다음 중 경화콘크리트의 강도 추정을 위한 비파괴 시험법이 아닌 것은?
① 반발경도법 ② 초음파속도법
③ 조합법 ④ 비중계법

해설
강도 추정을 위한 비파괴 시험법
1) 반발경도법
2) 초음파 속도법
3) 조합법

02 콘크리트의 다짐방법으로 내부진동기를 사용한 경우와 비교할 때 원심력 다짐의 특징이 아닌 것은?
① 물-시멘트비를 줄일 수 있다.
② 강도가 감소하는 경향이 있다.
③ 재료분리가 일어나기 쉽다.
④ 원통형의 제품을 생산하기 쉽다.

해설
원심력 다짐의 특징
1) 물-시멘트비를 줄일 수 있다.
2) 재료분리가 일어나기 쉽다.
3) 강도가 증가하는 경향이 있다.
4) 원통형의 제품을 생산하기 쉽다.

03 해양 콘크리트 구조물이 해양 환경에 의한 철근 부식의 영향을 가장 많이 받는 위치는?
① 해 중 ② 해상대기중
③ 물보라 지역 ④ 구조물의 내부

해설
물보라 지역은 파도의 영향으로 해양구조물의 해양환경에서 가장 취약한 부분이다.

04 콘크리트의 워커빌리티(workability)를 측정하기 위한 시험 방법 중 콘크리트에 일정한 에너지를 가하여 밀도의 변화를 수치적으로 나타내는 시험법은?
① 흐름 시험(flow test)
② 슬럼프 시험(slump test)
③ 리몰딩 시험(remolding test)
④ 다짐 계수 시험(compacting factor test)

해설
다짐 계수 시험(compacting factor test)이 시험기는 상부 호퍼에 시료를 다져넣고 신속하게 하부 호퍼로 시료를 낙하시킨 다음 다시 아래 실린더 몰드에 시료를 낙하시킨 후 몰드 윗면을 고르게 한 다음 무게 측정비를 계수치로 나타내는 시험

05 팽창콘크리트의 팽창률에 대한 설명으로 틀린 것은?
① 콘크리트의 팽창률은 일반적으로 재령 28일에 대한 시험치를 기준으로 한다.
② 수축 보상용 콘크리트의 팽창률은 $(150 \sim 250) \times 10^{-6}$을 표준으로 한다.
③ 화학적 프리스트레스용 콘크리트의 팽창률은 $(200 \sim 700) \times 10^{-6}$을 표준으로 한다.
④ 공장제품에 사용되는 화학적 프리스트레스용 콘크리트의 팽창률은 $(200 \sim 1000) \times 10^{-6}$을 표준으로 한다.

정답 01 ④ 02 ② 03 ③ 04 ④ 05 ①

해설
콘크리트 팽창률은 일반적으로 재령 7일에 대한 시험값을 기준으로 한다.

06 굵은 골재 최대 치수는 질량비로서 전체 골재질량의 몇 % 이상을 통과시키는 체의 최소 호칭치수를 의미하는가?
① 80%　② 85%
③ 90%　④ 95%

해설
굵은 골재 최대 치수는 질량비로서 전체 골재질량의 90% 이상을 통과시키는 체의 최소 호칭치수로 한다.

07 단면적이 600cm²인 프리스트레스트 콘크리트에서 콘크리트 도심에 PS강선을 배치하고 초기프리스트레스 P_i=340000N을 가할 때 콘크리트의 탄성변형에 의한 프리스트레스의 감소량은 얼마인가?(단, 탄성계수비 n=6이다.)
① 34MPa　② 38MPa
③ 42MPa　④ 46MPa

해설
$$\triangle f_p = E_p \varepsilon_p = E_c \varepsilon_c = E_p \frac{f_c}{E_c} = nf_c = n\frac{P}{A}$$
$$= 6 \times \frac{340,000}{600 \times 10^2} = 34 MPa$$

08 매스 콘크리트의 균열을 방지하기 위한 대책으로 잘못된 것은?
① 수화열이 적은 시멘트를 사용한다.
② 단위 시멘트량을 적게 한다.
③ 슬럼프를 크게 한다.
④ 프리쿨링을 실시한다.

해설
매스 콘크리트 균열을 방지하기 위해서는 슬럼프를 작게 한다.

09 레디믹스트 콘크리트에서 보통콘크리트 공기량의 허용 오차는?
① ±1%　② ±1.5%
③ ±2%　④ ±2.5%

해설
공기량의 허용오차
1) 일반 콘크리트 : 4.5% ±1.5%
2) 경량골재 콘크리트 : 5.5% ±1.5%
3) 고강도 콘크리트 : 3.5 ± 1.5%

10 유동화 콘크리트의 슬럼프 증가량은 몇 mm 이하를 원칙으로 하는가?
① 50mm　② 80mm
③ 100mm　④ 120mm

해설
유동화 콘크리트의 슬럼프 증가량은 100mm 이하를 원칙

11 소규모 공사에서 배합강도, f_{cr}=24MPa을 얻기 위해서 f_{28}=-21.0+21.5$\frac{C}{W}$식을 사용한다면 시멘트-물비는?
① 1.94　② 2.00
③ 2.09　④ 2.15

해설
$24 = -21 + 21.5\frac{C}{W}$, $45 = 21.5\frac{C}{W}$
$\frac{C}{W} = 2.09$

12 결합재로 시멘트와 시멘트 혼화용 폴리머(또는 폴리머 혼화제)를 사용한 콘크리트는?
① 폴리머 시멘트 콘크리트
② 폴리머 함침 콘크리트
③ 폴리머 콘크리트
④ 레진 콘크리트

정답 06 ③　07 ①　08 ③　09 ②　10 ③　11 ③　12 ①

해설

폴리머 시멘트 콘크리트(Polymer Cement Concrete)
1) 시멘트 콘크리트에서 결합재인 시멘트의 일부를 폴리머라텍스 등으로 시멘트 사용량의 5~30% 대체시켜 만든 것을 폴리머 시멘트 콘크리트라 한다.
2) 특 징
   가. 고강도 (120MPa)
   나. 휨강도 우수
   다. 인장강도 크다
   라. 동결융해 저항성 크다
   마. 내화학성 우수

13 다음은 고강도 콘크리트에 대한 설명이다. 옳지 않은 것은?
① 고강도 콘크리트는 공기연행 콘크리트로 하는 것을 원칙으로 한다.
② 고강도 콘크리트에 사용하는 골재의 품질기준에 의하면, 잔골재의 염화물 이온량은 0.02% 이하이다.
③ 고강도 콘크리트의 설계기준압축강도는 일반적으로 40MPa 이상으로 하며, 고강도 경량골재 콘크리트는 27MPa 이상으로 한다.
④ 고강도 콘크리트에 사용하는 골재의 품질기준에 의하면, 잔골재의 흡수율은 3% 이하, 굵은 골재의 흡수율은 2% 이하이다.

해설

고강도 콘크리트
기상의 변화가 심하거나 동결융해에 대한 대책이 필요한 경우를 제외하고 공기연행제를 사용하지 않는 것을 원칙으로 한다.

14 콘크리트의 양생에 대한 설명 중 틀린 것은?
① 수밀성 콘크리트의 습윤 양생 기간은 일반 경우보다 길게 한다.
② 양생은 장기 강도에 영향을 끼치므로 28일 이후의 양생에 특히 주의한다.
③ 콘크리트를 타설한 후 급격히 온도가 상승할 경우 콘크리트가 건조하지 않도록 주의한다.
④ 콘크리트를 타설한 후 경화를 시작하기까지 직사광선을 피한다.

해설

양생은 장기 강도에 영향을 끼치므로 28일 이전의 양생에 특히 주의한다.

15 시방배합표상 단위잔골재량은 643kg/m³이며, 단위 굵은 골재량은 1212kg/m³이다. 현장배합을 위한 단위 잔골재량은 얼마인가? (단, 현장 골재의 체분석 결과 잔골재 중 5mm체에 남는 것이 5%, 굵은 골재 중 5mm체를 통과하는 것이 10%이다.)
① 538kg/m³   ② 588kg/m³
③ 613kg/m³   ④ 637kg/m³

해설

단위잔골재량(X)
$$X = \frac{100S - b(S+G)}{100-(a+b)}$$
$$= \frac{100 \times 643 - 10(643+1,212)}{100-(5+10)} = 538kg$$

16 양단이 정착된 프리텐션 부재의 한 단에서의 활동량이 2mm로 양단 활동량이 4mm일 때 강재의 길이가 10m라면 이 때의 프리스트레스 감소량으로 맞는 것은?(단, 긴장재의 탄성계수(E_p)=2.0×10⁵MPa)
① 80MPa   ② 100MPa
③ 120MPa   ④ 140MPa

해설

$$\triangle f_p = E_p \cdot \epsilon_p = E_p \cdot \frac{\Delta l}{l}$$
$$= (2.0 \times 10^5) \times \frac{4}{10,000} = 80MPa$$

정답 13 ① 14 ② 15 ① 16 ①

17 콘크리트의 동결융해에 대한 설명 중 틀린 것은?
① 다공질의 골재를 사용한 콘크리트는 일반적으로 동결융해에 대한 저항성이 떨어진다.
② 콘크리트의 표층박리(scaling)는 동결융해작용에 의한 피해의 일종이다.
③ 동결융해에 의한 콘크리트의 피해는 콘크리트가 물로 포화되었을 때 가장 크다.
④ 콘크리트의 초기 동결융해에 대한 저항성을 높이기 위해서는 물-시멘트비를 크게 한다.

해설
콘크리트의 초기 동결융해에 대한 저항성을 높이기 위해서는 물-시멘트비를 작게 한다.

18 일반콘크리트의 비비기는 미리 정해둔 비비기 시간의 최대 몇 배 이상 계속해서는 안되는가?
① 2배 ② 3배
③ 4배 ④ 5배

해설
일반콘크리트의 비비기는 미리 정해둔 비비기 시간의 최대 3배 이상 계속해서는 안된다.

19 공기연행 콘크리트의 공기량에 대한 설명으로 옳은 것은?(단, 굵은 골재의 최대치수는 40mm을 사용한 일반콘크리트로서 보통 노출인 경우)
① 4.0%를 표준으로 하며, 그 허용 오차는 ±1.0%로 한다.
② 4.5%를 표준으로 하며, 그 허용 오차는 ±1.0%로 한다.
③ 4.0%를 표준으로 하며, 그 허용 오차는 ±1.5%로 한다.
④ 4.5%를 표준으로 하며, 그 허용 오차는 ±1.5%로 한다.

해설
공기량 허용 오차
1) 일반 콘크리트 : 4.5% ± 1.5%
2) 경량골재 콘크리트 : 5.5% ± 1.5%
3) 고강도 콘크리트 : 3.5 ± 1.5%

20 압축강도에 의한 콘크리트의 품질검사에서 판정기준으로 옳은 것은?(단, 설계기준압축강도로부터 배합을 정한 경우로서 $f_{ck} > 35MPa$인 콘크리트이며, 일반콘크리트 표준시방서 규정을 따른다.)
① ㉠ 연속 3회 시험값의 평균이 f_{ck}의 95% 이상
   ㉡ 1회 시험값이 f_{ck}의 90% 이상
② ㉠ 연속 3회 시험값의 평균이 f_{ck}의 95% 이상
   ㉡ 1회 시험값이 f_{ck}의 95% 이상
③ ㉠ 연속 3회 시험값의 평균이 f_{ck} 이상
   ㉡ 1회 시험값이 (f_{ck}-3.5MPa) 이상
④ ㉠ 연속 3회 시험값의 평균이 f_{ck} 이상
   ㉡ 1회 시험값이 f_{ck}의 90% 이상

해설
판정기준
1) $f_{ck} \leq 35MPa$인 경우 판정기준
 · 연속3회 시험값의 평균값이 f_{ck} 이상
 · 1회 시험값이 $f_{ck} - 3.5MPa$ 이상
2) $f_{ck} > 35MPa$인 경우 판정기준
 · 연속3회 시험값의 평균값이 f_{ck} 이상
 · 1회 시험값이 f_{ck}의 90% 이상

정답 17 ④ 18 ② 19 ④ 20 ④

제2과목 건설시공 및 관리

21 아래의 표에서 설명하는 아스팔트 포장의 파손은?

> - 골재 입자가 분리됨으로써 표층으로부터 하부로 진행되는 탈리 과정이다.
> - 표층에 잔골재가 부족하거나 아스팔트 층의 현장 밀도가 낮은 경우에 주로 발생한다.

① 영구 변형(Rutting)
② 라벨링(Raveling)
③ 블록 균열
④ 피로 균열

해설

아스팔트 포장의 Raveling
1) 골재에 세립먼지가 두껍게 형성되어 아스팔트 피막이 먼지를 코팅하게 되는 경우 골재 입자가 분리되는 탈리현상이다.
2) 주로 잔골재가 부족한 표층에 골재 분리현상이 발생되며 또한 다짐이 부적절한 경우(현장밀도가 낮을 경우)발생된다.

22 다짐 장비 중 마무리 다짐 및 아스팔트 포장의 끝손질에 사용하면 가장 유용한 장비는?

① 탠덤 롤러
② 타이어 롤러
③ 탬핑 롤러
④ 머캐덤 롤러

해설

다짐장비
1) Macadam roller
   3륜구조로 자갈 및 사질토, 쇄석층, 아스팔트 포장 1차다짐에 적합
2) 타이어롤러(Tire roller)
   아스팔트 포장의 2차 다짐 및 사질토 지반다짐에 적합
3) Tandem roller
   2륜구조로 아스팔트 포장의 마무리 다짐에 적합

23 공사일수를 3점 시간 추정법에 의해 산정할 경우 적절한 공사 일수는?(단, 낙관일수는 6일, 정상일수는 8일, 비관일수는 10일이다.)

① 6일
② 7일
③ 8일
④ 9일

해설

$$t_c = \frac{t_0 + 4t_m + t_p}{6} = \frac{6 + 4 \times 8 + 10}{6} = 8일$$

24 사장교를 케이블 형상에 따라 분류할 때 그 종류가 아닌 것은?

① 프랫형(Pratt)
② 방사형(Radiating)
③ 하프형(Harp)
④ 별형(Star)

해설

Cable 배열 형태
1) 방사형
2) 하프형(Harp)
3) 팬형(fan)
4) 별형(star)

25 필형 댐(fill type dam)의 설명으로 옳은 것은?

① 필형 댐은 여수로가 반드시 필요하지는 않다.
② 암반강도 면에서는 기초 암반에 걸리는 단위 체적당 힘은 콘크리트 댐보다 크므로 콘크리트 댐보다 제약이 많다.
③ 필형 댐은 홍수 시 월류에도 대단히 안정하다.
④ 필형 댐에서는 여수로를 댐 본체(本體)에 설치할 수 없다.

해설

필형 댐은 암석, 필터, 토사층으로 구성되어 있으며 댐 월류시 안정성에 매우 위험하다 따라서 여수로가 반드시 필요하며, 암반강도면에서는 기초 암반에 걸리는 단위체적당 힘은 콘크리트 댐보다 작게 작용한다.

26 암석 시험발파의 주된 목적으로 옳은 것은?
① 폭파계수 C를 구하려고 한다.
② 발파량을 추정하려고 한다.
③ 폭약의 종류를 결정하려고 한다.
④ 발파장비를 결정하려고 한다.

해설
시험발파 목적
1) 본발파 앞서 발파방법과 사용장약량 등을 변화시키면서 발파하여 암석의 비산상태, 장약량에 대한 기준을 정하여 본발파의 우수한 폭파계수(C)를 정하며,
2) 또한 방호시설 및 민원(소음, 진동, 비산)에 대한 대책을 수립하기 위해서 소음과 진동에 대한 계측을 실시하는 발파를 말한다.

27 아스팔트계 포장에서 거북등 균열(Alligator Cracking)이 발생하였다면 그 원인으로 가장 적당한 것은?
① 아스팔트와 골재 사이의 접착이 불량하다.
② 아스팔트를 가열할 때 Overheat 하였다.
③ 포장의 전압이 부족하다.
④ 노반의 지지력이 부족하다.

해설
거북등 균열의 원인은 토공(노상)의 다짐불량에 따른 지지력 부족으로 발생이 된다.

28 공정관리 기법인 PERT기법을 설명한 것 중 틀린 것은?
① 공법의 주목적은 공기 단축이다.
② 신규 사업, 비반복 사업에 많이 이용된다.
③ 3점 시간 추정법을 사용한다.
④ activity 중심의 일정으로 계산한다.

해설
PERT기법은 event 중심으로 일정을 계산

29 다음 조건일 때 트랙터 셔블(Tractor shovel) 운전 1시간당 싣기 작업량은?(단, 버킷 용량 $1.0m^3$, 버킷 계수 1.0, 사이클 타임 50초, f=1.0, E=0.75)
① $125m^3/h$ ② $90m^3/h$
③ $54m^3/h$ ④ $40m^3/h$

해설
$$Q = \frac{3600 \cdot q \cdot k \cdot f \cdot E}{Cm}$$
$$= \frac{3600 \times 1 \times 1 \times 1 \times 0.75}{50} = 54m^3/h$$

30 옹벽 등 구조물의 뒤채움 재료에 대한 조건으로 틀린 것은?
① 투수성이 있어야 한다.
② 압축성이 좋아야 한다.
③ 다짐이 양호해야 한다.
④ 물의 침입에 의한 강도 저하가 적어야 한다.

해설
구조물 뒤채움 재료는 압축성이 작아야 한다.

31 터널의 계획, 설계, 시공 시 본바닥의 성질 및 지질구조를 가장 정확하게 알기 위한 조사 방법은?
① 물리적 탐사 ② 탄성파 탐사
③ 전기 탐사 ④ 보링(Boring)

해설
1) 보링 조사방법은 터널의 계획, 설계, 시공시 본바닥의 성질 및 지질 구조를 가장 정확하게 파악할 수 있는 조사방법이다.
2) 회전 타격에 의한 시추, 코아로부터 단층 파쇄대, 연약층의 경계 위치 및 규모 등 막장 전방의 지반상태를 파악이 가능하다.

정답 26 ① 27 ④ 28 ④ 29 ③ 30 ② 31 ④

32 다음과 같은 점토 지반에서 연속 기초의 극한 지지력을 Terzaghi 방법으로 구하면 얼마인가?(단, 흙의 점착력 1.5t/m², 기초의 깊이 1m, 흙의 단위중량 1.6t/m³, 지지력 계수 N_c = 5.3, N_q=1.0)

① 7.05t/m² ② 8.78t/m²
③ 9.55t/m² ④ 12.98t/m²

해설

$q_u = \alpha \cdot c \cdot N_c + \beta \cdot B \cdot \gamma_1 \cdot N_r + \gamma_2 \cdot D_f \cdot N_q$
$= 1 \times 1.5 \times 5.3 + 1.6 \times 1 \times 1$
$= 9.55 t/m^2$

33 성토재료로서 사질토와 점성토의 특징에 관한 설명 중 옳지 않은 것은?

① 사질토는 횡방향 압력이 크고 점성토는 작다.
② 사질토는 다짐과 배수가 양호하다.
③ 점성토는 전단강도가 작고 압축성과 소성이 크다.
④ 사질토는 동결 피해가 작고 점성토는 동결 피해가 크다.

해설
점성토에 작용하는 수동토압의 횡방향 압력은 사질토보다 크다.

34 옹벽에 작용하는 토압을 산정하기 위해 Rankine의 토압론을 적용하고자 한다. Rankine 토압계산 시 이용되는 기본 가정이 아닌 것은?

① 토압은 지표에 평행하게 작용한다.
② 흙은 매우 균질한 재료이다.
③ 흙은 비압축성 재료이다.
④ 지표면은 유한한 평면으로 존재한다.

해설
Rankine 토압
1) 벽마찰각(δ)을 무시(설계상 안전측)
2) 힘의 작용방향이 지표면과 평행하게 작용하며 지표면은 무한히 넓게 존재한다.
3) 벽체의 경사는 연직($\theta=0$)벽 상태
4) 파괴면내 배면토는 모두 소성상태로 봄
5) 흙은 비압축성이고 균질한 상태의 입자이다.
6) 지표면 상재하중은 등분포 하중이다.
7) 토립자는 흙 입자간의 마찰력으로 평형을 유지한다.

35 말뚝 기초공사에는 많은 말뚝을 박아야 하는데 일반적인 원칙은?

① 외측에서 먼저 박는다.
② 중앙부에서 먼저 박는다.
③ 중앙부에서 좀 떨어진 부분부터 먼저 박는다.
④ +자형으로 먼저 박는다.

해설
말뚝 기초공사 시공시 원칙
1) 중앙부 → 외측으로 시공
2) 육지 → 바닷가쪽으로 시공

36 각종 준설선에 관한 설명 중 옳지 않은 것은?

① 그래브준설선은 버킷으로 해저의 토사를 굴삭하여 적재하고 운반하는 준설선을 말한다.
② 디퍼준설선은 파쇄된 암석이나 발파된 암석의 준설에는 부적당하다.
③ 펌프준설선은 사질해저의 대량준설과 매립을 동시에 시행할 수 있다.
④ 쇄암선은 해저의 암반을 파쇄하는데 사용한다.

해설
디퍼준설선은 파쇄된 암석이나 발파된 암석의 준설에 적당하다.

37 도로공사에서 성토해야 할 토량이 36000m³인데 흐트러진 토량이 30000m³가 있다. 이때 L=1.25, C=0.9라면 자연상태 토량의 부족 토량은?

① 8,000m³ ② 12,000m³
③ 16,000m³ ④ 20,000m³

정답 32 ③ 33 ① 34 ④ 35 ② 36 ② 37 ③

해설

1) 자연상태토량 = $\dfrac{\text{다짐토량}}{C}$

   $= \dfrac{36,000}{0.9} = 40,000 m^3$

2) 자연상태토량 = $\dfrac{\text{운반토량}}{L}$

   $= \dfrac{30,000}{1.25} = 24,000 m^3$

∴ 자연상태 부족토량
   $40,000 - 24,000 = 16,000 m^3$

38 불투수층에서 최소 침강 지하수면까지의 거리를 1m, 암거의 간격 10m, 투수계수 k=1×10⁻⁵cm/s라 할 때 이 암거의 단위 길이당 배수량을 Donnan식에 의하여 구하면 얼마인가?

① $2×10^{-2} cm^3/cm/s$ ② $2×10^{-4} cm^3/cm/s$
③ $4×10^{-2} cm^3/cm/s$ ④ $4×10^{-4} cm^3/cm/s$

해설

$D = \dfrac{4K}{Q}(H_o^2 - h_o^2)$

여기서, D : 암거의 간격
 Q : 암거의 단위길이당 배수량
 H_o^2 : 최소 침강지하수면까지의 거리
 h_0^2 : 암거매립 위치까지의 거리
 K : 투수계수

$1,000 = \dfrac{4 \times 10^{-5}}{Q}(100^2 - 0)$

∴ $Q = 4 \times 10^{-4} cm^3/cm/\sec$

39 단독 말뚝의 지지력과 비교하여 무리 말뚝 한 개의 지지력에 관한 설명으로 옳은 것은?(단, 마찰말뚝이라 한다.)

① 두 말뚝의 지지력이 똑같다.
② 무리 말뚝의 지지력이 크다.
③ 무리 말뚝의 지지력이 작다.
④ 무리 말뚝의 크기에 따라 다르다.

해설

무리말뚝은 인근말뚝과의 응력의 중첩으로 단독 말뚝에 비하여 지지력이 작아진다.

40 본바닥의 토량 500m³을 6일 동안에 걸쳐 성토장까지 운반하고자 한다. 이 때 필요한 덤프트럭은 몇 대인가?(단, 토량 변화율 L=1.20, 1대 1일당의 운반횟수는 5회, 덤프트럭의 적재용량은 5m³으로 한다.)

① 1대   ② 4대
③ 6대   ④ 8대

해설

1) D/T 1일 운반량
   $5m^3 \times 5회 = 25m^3/일$
2) D/T 대수
   $\dfrac{500m^3 \times 1.2}{25m^3 \times 6일} = 4대$

제3과목 건설재료 및 시험

41 고무혼입 아스팔트(rubberized asphalt)를 스트레이트 아스팔트와 비교할 때 특징으로 옳지 않은 것은?

① 응집성 및 부착성이 크다.
② 내노화성이 크다.
③ 마찰계수가 크다.
④ 감온성이 크다.

해설

고무혼입 아스팔트(rubberized asphalt)는 스트레이트 아스팔트에 비하여 감온성이 작다.

정답 38 ④ 39 ③ 40 ② 41 ④

42 용어의 설명으로 틀린 것은?
① 인장력에 재료가 길게 늘어나는 성질을 연성이라 한다.
② 외력에 의한 변형이 크게 일어나는 재료를 강성이 큰 재료라고 한다.
③ 작은 변형에도 쉽게 파괴되는 성질을 취성이라 한다.
④ 재료를 두들길 때 얇게 펴지는 성질을 전성이라 한다.

해설
1) 강성
  외력이 작용시 변형에 대하여 저항하는 성질
2) 강도
  외력이 작용시 외력에 대하여 저항하는 성질

43 목재에 대한 설명으로 틀린 것은?
① 목재의 벌목에 적당한 시기는 가을에서 겨울에 걸친 기간이다.
② 목재의 건조방법 중 끓임법은 자연건조법의 일종이다.
③ 목재의 방부처리법은 표면처리법과 방부제 주입법으로 크게 나눌 수 있다.
④ 목재의 비중은 보통 기건비중을 말하며 이때의 함수율은 15% 전후이다.

해설
목재의 건조법
1) 자연건조법 : 공기건조법, 침수법
2) 인공건조법 : 끓임법(자비법), 증기건조법, 열기건조법

44 콘크리트용 굵은 골재의 내구성을 판단하기 위해서 황산나트륨에 의한 안정성 시험을 할 경우 조작을 5번 반복했을 때 굵은 골재의 손실질량은 얼마 이하를 표준으로 하는가?
① 5% ② 8%
③ 10% ④ 12%

해설
골재의 안정성 시험
1) 골재의 안정성 시험은 골재의 내구성을 알기위해 황산나트륨 용액으로 골재의 부서짐 작용에 대한 저항성을 확인하는 시험이다.
2) 5회 시험했을 때 손실 질량 백분율

시험 용액	손실 질량비(%)	
	잔골재	굵은골재
황산나트륨	10이하	12이하

45 잔골재의 밀도 및 흡수율 시험(KS F 2504)에 대한 설명으로 틀린 것은?
① 일반적으로 플라스크는 검정된 것으로서 100mL로 하는 경우가 많다.
② 절대 건조 상태의 체적에 대한 절대 건조 상태의 질량을 진밀도라고 한다.
③ 밀도는 2회 시험의 평균값으로 결정하는데 이때 시험값은 평균과의 차이가 $0.01g/cm^3$ 이하여야 한다.
④ 흡수율은 2회 시험의 평균값으로 결정하는데 이때 시험값은 평균과의 차이가 0.05% 이하여야 한다.

해설
일반적으로 플라스크는 검정된 것으로서 500mL로 하는 경우가 많다.

46 시멘트 조성 광물에서 수축률이 가장 큰 것은?
① C_3S ② C_3A
③ C_4AF ④ C_2S

해설
시멘트 조성광물 중 C_3A가 수축률이 가장 크다.

정답 42 ② 43 ② 44 ④ 45 ① 46 ②

47 아스팔트의 특성에 대한 설명 중 틀린 것은?
① 점성과 감온성이 있다.
② 불투수성이어서 방수재료로도 사용된다.
③ 점착성이 크고 부착성이 좋기 때문에 결합재료, 접착재료로 사용된다.
④ 아스팔트는 증발감량이 작다.

해설
아스팔트는 증발감량이 크다.

48 포틀랜드시멘트 주성분의 함유 비율에 대한 시멘트의 특성을 설명한 것으로 옳은 것은?
① 수경률(H.M)이 크면 초기 강도가 크고 수화열이 큰 시멘트가 생긴다.
② 규산율(S.M)이 크면 C_3A가 많이 생성되어 초기 강도가 크다.
③ 철률(I.M)이 크면 초기 강도는 작고 수화열이 작아지며 화학 저항성이 높은 시멘트가 된다.
④ 일반적으로 중용열 포틀랜드 시멘트가 조강 포틀랜드 시멘트보다 수경률(H.M)이 크다.

해설
1) 규산율(S.M)이 높은 시멘트는 일반적으로 C_2S 생성량이 많아서 장기강도 발현에 유리함
2) 수경률(H.M)이 크면 초기 강도가 크고 수화열이 큰 시멘트가 생긴다.

49 고로슬래그 미분말을 사용한 콘크리트에 대한 설명으로 잘못된 것은?
① 수밀성이 향상된다.
② 염화물이온 침투 억제에 의한 철근 부식 억제에 효과가 있다.
③ 수화발열 속도가 빨라 조기강도가 향상된다.
④ 블리딩이 작고 유동성이 향상된다.

해설
고로슬래그 미분말을 사용한 콘크리트는 수화발열 속도가 느리고 장기강도가 향상된다.

50 석재의 내구성에 관한 설명으로 옳지 않은 것은?
① 알루미나 화합물, 규산, 규산염류는 풍화가 잘 되지 않는 조암광물이다.
② 동일한 석재라도 풍토, 기후, 노출 상태에 따라 풍화 속도가 다르다.
③ 흡수율이 작은 석재일수록 동해를 받기 쉽고 내구성이 약하다.
④ 조암광물의 풍화 정도에 따라 내구성이 달라진다.

해설
흡수율이 작은 석재일수록 동해를 받기 어렵고 내구성이 크다.

51 다음 중 토목공사 발파에 사용되는 것으로 폭발력이 가장 약한 것은?
① 흑색화약
② T.N.T
③ 다이너마이트(dynamite)
④ 칼릿(carlit)

해설
흑색 화약
1) 흑색화약은 KNO_3(초석), C(목탄), S(황)등의 3성분으로 구성 되어 있으며, 이 성분의 개개 성질을 보면 폭발성이 없으나 이들을 혼합하면 폭발성을 갖는다.
2) 폭파력은 그다지 강력하지 않으나 값이 싸고, 취급 및 보관이 용이하여 위험성이 작고, 발화가 간단하여 소규모 폭파에 사용되는 화약이다.

정답 47 ④ 48 ① 49 ③ 50 ③ 51 ①

52 광물질 혼화재 중의 실리카가 시멘트 수화 생성물인 수산화칼슘과 반응하여 장기 강도 증진 효과를 발휘하는 현상을 무엇이라 하는가?

① 포졸란 반응(pozzolan reaction)
② 수화 반응(hydration reaction)
③ 볼 베어링(ball bearing) 작용
④ 충전(filler) 효과

해설
포졸란 반응
1) 잠재수경성은 혼화재료에 있는 실리카 성분이 물과 있는 상태에서는 잠재적인 수경성 상태로 보이다, 시멘트의 수산화칼슘이 들어가면서 수경성 반응을 보이는 현상을 포졸란 반응이라고 한다.
2) 이러한 포졸란 반응을 가장 크게 가지고 있는 것이 고로슬래그 미분말이다.

53 잔골재의 조립률 2.3, 굵은 골재의 조립률 7.0을 사용하여 잔골재와 굵은 골재를 1 : 1.5의 비율로 혼합하여 이때 혼합된 골재의 조립률은?

① 4.92   ② 5.12
③ 5.32   ④ 5.52

해설
골재의 혼합시 조립률 계산
· A골재의 조립률 : a
· B골재의 조립률 : b

$$조립률 = \frac{A \cdot a + B \cdot b}{A+B}$$
$$= \frac{1 \times 2.3 + 1.5 \times 7}{1 + 1.5} = 5.12$$

54 컷백 아스팔트(Cutback asphalt) 중 건조가 가장 빠른 것은?

① MC   ② SC
③ LC   ④ RC

해설
컷백 아스팔트(cutback asphalt)
1) 급속 경화(RC)
  가솔린으로 컷 백 시킨 것으로 용해유의 증발 속도가 매우 빠르다.
2) 중속 경화(MC)
  등유로 컷 백 시킨 것으로 용해유의 증발 속도가 비교적 느리다.
3) 완속 경화(SC)
  중유로 컷 백 시킨 것으로 용해유의 증발 속도가 늦어 경화 시간이 오래 걸린다.

55 시멘트의 저장 방법으로 옳지 않은 것은?

① 방습 구조로 된 사일로(silo) 또는 창고에 품종별로 구분하여 저장한다.
② 3개월 이상 장기간 저장한 시멘트는 사용하기 전에 시험을 실시한다.
③ 포대시멘트는 지상 100mm 이상 되는 마루에 쌓아 저장한다.
④ 저장 중에 약간이라도 굳은 시멘트는 공사에 사용해서는 안 된다.

해설
포대시멘트는 지상 300mm 이상 되는 마루에 쌓아 저장한다.

56 길이가 15cm인 어떤 금속을 17cm로 인장시켰을 때 폭이 6cm에서 5.8cm가 되었다. 이 금속의 푸아송 비는?

① 0.15   ② 0.20
③ 0.25   ④ 0.30

해설
$$푸아송비\ \nu = \frac{\frac{\Delta d}{d}}{\frac{\Delta l}{l}} = \frac{\frac{0.2}{6}}{\frac{2}{15}} = 0.25$$

정답 52 ① 53 ② 54 ④ 55 ③ 56 ③

57 어떤 모래를 체가름 시험한 결과가 아래의 표와 같을 때 조립률은?

체	10 mm	5 mm	2.5 mm	1.2 mm	0.6 mm	0.3 mm	0.15 mm	팬
체의 잔류율 (%)	0	2	8	20	26	23	16	5

① 2.56 ② 2.68
③ 2.72 ④ 3.72

해설

체(mm)	10	5	2.5	1.2	0.6	0.3	0.15	팬
체의 잔류율(%)	0	2	8	20	26	23	16	5
누적 잔류율(%)	0	2	10	30	56	79	95	100

$$FM = \frac{0+2+10+30+56+79+95}{100} = 2.72$$

58 콘크리트용 혼화재료에 관한 설명 중 틀린 것은?

① 플라이애시를 사용한 콘크리트의 경우 목표 공기량을 얻기 위해서는 플라이애시를 사용하지 않은 콘크리트에 비해 AE제의 사용량이 증가된다.
② 고로슬래그 미분말은 비결정질의 유리질 재료로 잠재수경성을 가지고 있으며, 유리화율이 높을수록 잠재수경성 반응은 커진다.
③ 실리카퓸은 평균입경이 $0.1\mu m$ 크기의 초미립자로 이루어진 비결정질 재료로 포졸란 반응을 한다.
④ 팽창재를 사용한 콘크리트 팽창률 및 압축강도는 팽창재 혼입량이 증가되면 될수록 증가한다.

해설
1) 팽창재를 사용한 콘크리트 팽창률은 팽창재 혼입량이 증가되면 될수록 증가한다.
2) 팽창재를 사용한다고 압축강도가 증가되지는 않는다.

59 토목섬유(geotextiles)의 특징에 대한 설명으로 틀린 것은?

① 인장강도가 크다.
② 탄성계수가 작다.
③ 차수성, 분리성, 배수성이 크다.
④ 수축을 방지한다.

해설
토목섬유의 특징
1) 인장강도가 크다.
2) 탄성계수가 크다.
3) 차수, 분리, 배수, 보강, 필터 기능이 있다.
4) 수축을 방지한다.
5) 강섬유의 평균인장강도는 500MPa이상, 각각의 인장강도는 450MPa 이상

60 암석의 구조에 대한 설명 중 옳은 것은?

① 암석의 가공이나 채석에 이용되는 것으로 갈라지기 쉬운 면을 석리라 한다.
② 퇴적암이나 변성암의 일부에는 생기는 평행상의 절리를 벽개라 한다.
③ 암석 특유의 천연적으로 갈라진 금을 절리라 한다.
④ 암석을 구성하고 있는 조암광물의 집합 상태에 따라 생기는 눈모양을 층리라 한다.

해설
1) 암석의 가공이나 채석에 이용되는 것으로 갈라지기 쉬운 면을 석목(돌눈)라 한다.
2) 퇴적암이나 변성암의 일부에는 생기는 평행상의 절리를 층리라 한다.
3) 암석을 구성하고 있는 조암광물의 집합 상태에 따라 생기는 눈모양을 석리라 한다.

정답 57 ③ 58 ④ 59 ② 60 ③

제4과목 토질 및 기초

61 Rod에 붙인 어떤 저항체를 지중에 넣어 관입, 인발 및 회전에 의해 흙의 전단강도를 측정하는 원위치 시험은?

① 보링(boring)
② 사운딩(sounding)
③ 시료채취(sampling)
④ 비파괴 시험(NDT)

해설
1) 사운딩(Sounding)이란 현장에서 Rod 선단에 장착된 저항체를 땅속에 관입시켜 관입, 회전, 인발등의 저항 정도로 지반의 상태를 파악하는 원위치 시험을 사운딩이라 한다.
2) 사운딩의 종류
  ① 정적사운딩 (점성토 지반)
    휴대용 원추관입시험기, 화란식 원추관입시험기, 스웨덴식 관입시험기, 이스키미터, 베인시험기 등이 있다.
  ② 동적사운딩 (사질토 지반)
    동적원추 관입시험기, 표준 관입시험기(S.P.T) 등이 있다.

62 사면의 안정에 관한 다음 설명 중 옳지 않은 것은?

① 임계 활동면이란 안전율이 가장 크게 나타나는 활동면을 말한다.
② 안전율이 최소로 되는 활동면을 이루는 원을 임계원이라 한다.
③ 활동면에 발생하는 전단응력이 흙의 전단강도를 초과할 경우 활동이 일어난다.
④ 활동면은 일반적으로 원형활동면으로 가정한다.

해설
임계 활동면이란 안전율이 최소인 불안전한 활동면을 말한다.

63 모래의 밀도에 따라 일어나는 전단특성에 대한 다음 설명 중 옳지 않은 것은?

① 다시 성형한 시료의 강도는 작아지지만 조밀한 모래에서는 시간이 경과됨에 따라 강도가 회복 된다.
② 내부마찰각(ϕ)은 조밀한 모래일수록 크다.
③ 직접 전단시험에 있어서 전단응력과 수평변위 곡선은 조밀한 모래에서는 peak가 생긴다.
④ 조밀한 모래에서는 전단변형이 계속 진행되면 부피가 팽창한다.

해설
틱소트로피(thixotropy)
점성토시료를 교란시켜 재성형을 한 경우 시간이 지남에 따라 강도가 증가하는 현상

64 모래지반에 30cm×30cm의 재하판으로 재하 실험을 한 결과 10t/m²의 극한 지지력을 얻었다. 4m×4m의 기초를 설치할 때 기대되는 극한 지지력은?

① 10t/m² ② 100t/m²
③ 133t/m² ④ 154t/m²

해설
사질토 기초지지력
$$q_{u(f)} = q_{u(p)} \cdot \frac{B_{(f)}}{B_{(p)}} = 10 \times \frac{4}{0.3} = 133 t/m^2$$

65 단동식 증기 해머로 말뚝을 박았다. 해머의 무게 2.5t, 낙하고 3m, 타격 당 말뚝의 평균 관입량 1cm, 안전율 6일 때 Engineering-News 공식으로 허용지지력을 구하면?

① 250t ② 200t
③ 100t ④ 50t

해설
단동식 증기해머
$$R_a = \frac{W \cdot H}{6(S+0.254)} = \frac{2.5 \times 300}{(0.25+1) \times 6} = 100t$$

66 흙의 다짐 효과에 대한 설명 중 틀린 것은?
① 흙의 다짐중량 증가
② 투수계수 감소
③ 전단강도 저하
④ 지반의 지지력 증가

해설
흙의 다짐효과
1) 전단강도 증가
2) 압축성 감소
3) 투수성 감소
4) 지지력 증가

67 아래 그림과 같이 지표면에 집중하중이 작용할 때 A점에서 발생하는 연직응력의 증가량은?

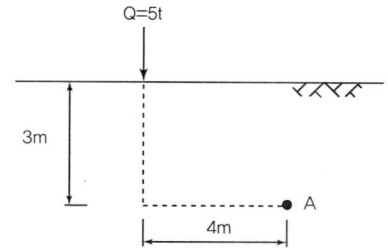

① 20.6kg/m² ② 24.4kg/m²
③ 27.2kg/m² ④ 30.3kg/m²

해설
1) $\triangle \sigma_z = \dfrac{P}{Z^2} \cdot I = \dfrac{P}{Z^2} \times \dfrac{3Z^5}{2\pi R^5}$
2) $R = \sqrt{3^2+4^2} = 5$
∴ $\triangle \sigma_z = \dfrac{5000}{3^2} \times \dfrac{3 \times 3^5}{2 \times \pi \times 5^5} = 20.6 kg/m^2$

68 다음 중 점성토 지반의 개량공법으로 거리가 먼 것은?
① paper drain 공법
② vibro-flotation 공법
③ chemico pile 공법
④ sand compaction pile 공법

해설
진동을 사용하는 vibro-flotation 공법은 사질토 지반 개량공법에 적용한다.

69 다음은 전단시험을 한 응력경로이다. 어느 경우인가?

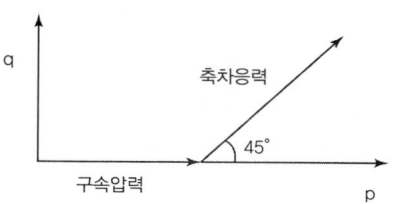

① 초기단계의 최대주응력과 최소주응력이 같은 상태에서 시행한 삼축압축시험의 전응력 경로이다.
② 초기단계의 최대주응력과 최소주응력이 같은 상태에서 시행한 일축압축시험의 전응력 경로이다.
③ 초기단계의 최대주응력과 최소주응력이 같은 상태에서 $K_0=0.5$인 조건에서 시행한 삼축압축시험의 전응력 경로이다.
④ 초기단계의 최대주응력과 최소주응력이 같은 상태에서 $K_0=0.7$인 조건에서 시행한 일축압축시험의 전응력 경로이다.

해설
전단시험 응력경로

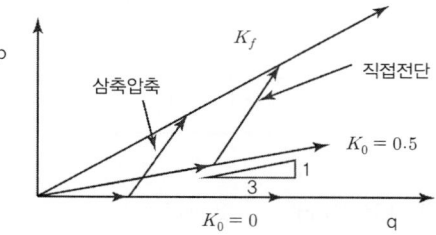

삼축압축시험은 초기에 등방압축을 한 후 축차응력을 가해 전단파괴 시키는 전응력 경로를 설명하고 있다.

정답 66 ③ 67 ① 68 ② 69 ①

70 다음과 같이 널말뚝을 박은 지반의 유선망을 작도하는데 있어서 경계조건에 대한 설명으로 틀린 것은?

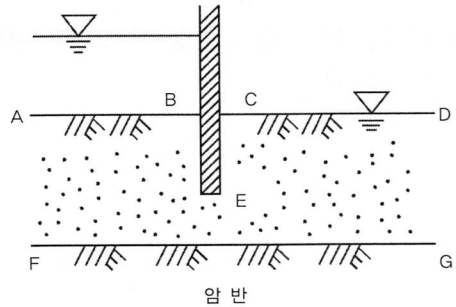

① $\overline{AB}$는 등수두선이다.
② $\overline{CD}$는 등수두선이다.
③ $\overline{FG}$는 유선이다.
④ $\overline{BEC}$는 등수두선이다.

해설
$\overline{BEC}$는 유선이다.

71 아래 그림과 같은 3m×3m 크기의 정사각형 기초의 극한지지력을 Terzaghi 공식으로 구하면?(단, 내부마찰각(ϕ)은 20°, 점착력(c)은 5t/m², 지지력계수 N_c=18, N_γ=5, N_q=7.5이다.)

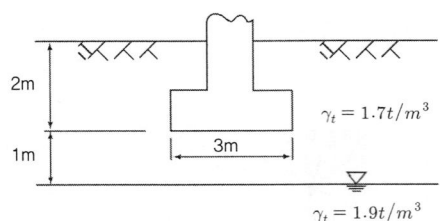

① 135.71t/m²   ② 149.52t/m²
③ 157.26t/m²   ④ 174.38t/m²

해설
Terzaghi 극한지지력 공식
$q_u = \alpha c N_c + \beta B \gamma_1 N_r + \gamma_2 D_f N_q$
여기서 $\gamma_1 = (1.7 \times 1 + (1.9-1) \times 2) \times \dfrac{1}{3} = 1.17$
$\therefore q_u = \alpha c N_c + \beta B \gamma_1 N_r + \gamma_2 D_f N_q$
$= 1.3 \times 5 \times 18 + 0.4 \times 3 \times 1.17 \times 5 + 1.7 \times 2 \times 7.5$
$= 149.52 t/m^2$

72 흙 입자의 비중은 2.56, 함수비는 35%, 습윤단위중량은 1.75g/cm³일 때 간극률은 약 얼마인가?
① 32%   ② 37%
③ 43%   ④ 49%

해설
1) $n = \dfrac{V_v}{V} \times 100 = \dfrac{e}{1+e} \times 100$
2) $\gamma_t = \dfrac{(G_s + S \cdot e)}{1+e} \cdot \gamma_w = 1.75$
$= \dfrac{(2.56 + 0.896)}{1+e} \times 1 = 1.75$
$e = 0.975$
여기서, $S \cdot e = G_s \cdot w = 2.56 \times 0.35 = 0.896$
$\therefore n = \dfrac{0.975}{1+0.975} \times 100 = 49\%$

73 토압에 대한 다음 설명 중 옳은 것은?
① 일반적으로 정지토압 계수는 주동토압 계수보다 작다.
② Rankine 이론에 의한 주동토압의 크기는 Coulomb 이론에 의한 값보다 작다.
③ 옹벽, 흙막이벽체, 널말뚝 중 토압분포가 삼각형 분포에 가장 가까운 것은 옹벽이다.
④ 극한 주동상태는 수동상태보다 훨씬 더 큰 변위에서 발생한다.

해설
토압 일반론
1) 일반적으로 정지토압 계수는 주동토압 계수보다 크다.
2) Rankine 이론에 의한 주동토압의 크기는 Coulomb 이론에 의한 값보다 크다.
3) 극한 수동상태는 주동상태보다 훨씬 더 큰 변위에서 발생한다.
4) 옹벽, 흙막이벽체, 널말뚝 중 토압분포가 삼각형 분포에 가장 가까운 것은 옹벽이다.

74 어떤 종류의 흙에 대해 직접전단(일면전단) 시험을 한 결과 아래 표와 같은 결과를 얻었다. 이 값으로부터 점착력(c)을 구하면?(단, 시료의 단면적은 10cm²이다.)

수직하중(kg)	10.0	20.0	30.0
전단력(kg)	24.785	25.570	26.355

① 3.0kg/cm² ② 2.7kg/cm²
③ 2.4kg/cm² ④ 1.9kg/cm²

해설

구분	σ	τ_f	$\sigma \cdot \tau_f$	σ^2
1	1	2.479	2.479	1
2	2	2.557	5.114	4
3	3	2.636	7.907	9
합계(Σ)	6	7.67	15.50	14

1) $\sigma_1 = \dfrac{P}{A} = \dfrac{10}{10} = 1$

$\tau_{f1} = \dfrac{S}{A} = \dfrac{24.785}{10} = 2.479$

2) $c = \dfrac{(\Sigma \tau_f \cdot \Sigma \sigma^2) - ((\Sigma \sigma \cdot \tau_f) \cdot \Sigma \sigma)}{n \cdot \Sigma \sigma^2 - \Sigma \sigma}$

$= \dfrac{(7.67 \times 14) - (15.5 \times 6)}{3 \times 14 - 6^2} = 2.4 kg/cm^2$

75 예민비가 큰 점토란 어느 것인가?
① 입자의 모양이 날카로운 점토
② 입자가 가늘고 긴 형태의 점토
③ 다시 반죽했을 때 강도가 감소하는 점토
④ 다시 반죽했을 때 강도가 증가하는 점토

해설
예민비
1) 예민비는 불교란시료와 교란시료의 일축압축강도 비를 나타낸다.
2) 예민비
$S_t = \dfrac{불교란 흙의 일축압축강도(q_u)}{교란시킨 흙의 일축압축강도(q_{ur})}$

76 그림과 같이 모래층에 널말뚝을 설치하여 물막이공 내의 물을 배수하였을 때, 분사현상이 일어나지 않게 하려면 얼마의 압력(↓)을 가하여야 하는가?(단, 모래의 비중은 2.65, 간극비는 0.65, 안전율은 3)

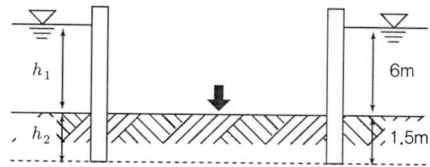

① 6.5t/m³ ② 16.5t/m³
③ 23t/m³   ④ 33t/m³

해설

1) $\gamma_{sub} = \dfrac{G_s - 1}{1 + e} \gamma_w = \dfrac{2.65 - 1}{1 + 0.65} = 1 t/m^3$

2) $\overline{\sigma} = \gamma_{sub} h_2 = 1 \times 1.5 = 1.5 t/m^2$

3) $F = \gamma_w h_1 = 1 \times 6 = 6 t/m^2$

4) F_s(안전율) $= \dfrac{흙의 유효응력(\overline{\sigma})}{수두차에 의한 침투압력(h_1 \cdot \gamma_w)}$

$F_s = \dfrac{\overline{\sigma} + \Delta \overline{\sigma}}{F}$ 에서 $3 = \dfrac{1.5 + \Delta \overline{\sigma}}{6}$

$\Delta \overline{\sigma} = 16.5 t/m^2$

77 표준압밀실험을 하였더니 하중 강도가 2.4kg/cm²에서 3.6kg/cm²로 증가할 때 간극비는 1.8에서 1.2로 감소하였다. 이 흙의 최종침하량은 약 얼마인가?(단, 압밀층의 두께는 20m이다.)

① 428.64cm   ② 214.29cm
③ 642.86cm   ④ 285.71cm

해설

1) $S = m_v \cdot \Delta P \cdot H = \dfrac{a_v}{1 + e_1} \cdot \Delta P \cdot H$

2) $a_v = \dfrac{e_1 - e_2}{P_2 - P_1} = \dfrac{1.8 - 1.2}{3.6 - 2.4} = 0.5$

$\therefore S = \dfrac{0.5}{1 + 1.8} \times (3.6 - 2.4) \times 2000 = 428.6 cm$

78 토립자가 둥글고 입도분포가 나쁜 모래 지반에서 표준관입시험을 한 결과 N치는 10이었다. 이 모래의 내부 마찰각을 Dunham의 공식으로 구하면?

① 21° ② 26°
③ 31° ④ 36°

해설
Dunham 공식
$\phi = \sqrt{12N} + 15 = \sqrt{12 \times 10} + 15 = 26°$

79 말뚝의 부마찰력에 대한 설명 중 틀린 것은?
① 부마찰력이 작용하면 지지력이 감소한다.
② 연약지반에 말뚝을 박은 후 그 위에 성토를 한 경우 일어나기 쉽다.
③ 부마찰력은 말뚝 주변 침하량이 말뚝의 침하량보다 클 때 아래로 끌어내리는 마찰력을 말한다.
④ 연약한 점토에 있어서 상대변위의 속도가 느릴수록 부마찰력은 크다.

해설
연약한 점토에 있어서 상대변위의 속도가 클수록 부마찰력은 크다.

80 유선망의 특징을 설명한 것으로 옳지 않은 것은?
① 각 유로의 침투유량은 같다.
② 유선과 등수두선은 서로 직교한다.
③ 유선망으로 이루어지는 사각형은 이론상 정사각형이다.
④ 침투속도 및 동수경사는 유선망의 폭에 비례한다.

해설
침투속도 및 동수경사는 유선망의 폭에 반비례한다.

2019 기출문제 제4회 건설재료시험기사

제1과목 콘크리트공학

01 콘크리트 양생 중 적절한 수분공급을 하지 않아 수분의 증발이 원인이 되어 타설 후부터 콘크리트의 응결, 종결 시까지 발생할 수 있는 결함으로 가장 적당한 것은?
① 초기 건조균열이 발생한다.
② 콘크리트의 부등침하에 의한 침하수축 균열이 발생한다.
③ 시멘트, 골재입자 등이 침하함으로써 물의 분리 상승 정도가 증가한다.
④ 블리딩에 의하여 콘크리트 표면에 미세한 물질이 떠올라 이음부 약점이 된다.

[해설]
콘크리트 양생 중 적절한 수분 공급을 하지 않아 수분의 증발의 원인 되는 균열은 초기 건조수축 균열 이다.

02 콘크리트의 타설에 대한 설명으로 틀린 것은?
① 한 구획 내의 콘크리트의 타설이 완료될 때까지 연속해서 타설하여야 한다.
② 타설한 콘크리트를 거푸집 안에서 횡방향으로 이동시켜서는 안 된다.
③ 외기온도가 25℃이하일 경우 허용 이어치기 시간간격은 2.5시간을 표준으로 한다.
④ 콘크리트를 2층 이상으로 나누어 타설할 경우, 상층의 콘크리트 타설은 원칙적으로 하층의 콘크리트가 굳은 뒤에 타설하여야 한다.

[해설]
콘크리트를 2층 이상으로 나누어 타설할 경우, 하층의 콘크리트가 굳기 시작하기 전에 상층부를 타설해야 한다.

03 고유동 콘크리트를 제조할 때에는 유동성, 재료 분리저항성 및 자기 충전성을 관리하여야 한다. 이때 유동성을 관리하기 위해 필요한 시험은?
① 깔때기 유하시간
② 슬럼프 플로시험
③ 500mm 플로 도달시간
④ 충전장치를 이용한 간극 통과성 시험

[해설]
슬럼프 플로우 시험(흐름시험 : Flow Test)
1) 중력에 의한 콘크리트 퍼짐 정도로 콘크리트 재료 분리 저항성 및 유동성을 측정하는 시험
2) 콘크리트 중에 굵은 골재 최대 치수가 40mm 이하인 고유동 콘크리트, 수중 불분리성 콘크리트 및 고강도 콘크리트의 워커빌리티를 측정하는데 사용

04 일반콘크리트 제조 시 목표하는 시멘트의 1회 계량 분량은 317kg이다. 그러나 현장에서 계량된 시멘트의 계측 값은 313kg으로 나타났다. 이러한 경우의 계량오차와 합격·불합격 여부를 정확히 판단한 것은?
① 계량오차 : -0.63%, 합격
② 계량오차 : -0.63%, 불합격
③ 계량오차 : -1.26%, 합격
④ 계량오차 : -1.26%, 불합격

정답 01 ① 02 ④ 03 ② 04 ④

해설
시멘트 317kg의 계량 오차 ±1% 313.83~320.17 사이에 들어오면 합격이나 오차 -1.26% 이으로 불합격

05 섬유보강 콘크리트에 대한 설명으로 틀린 것은?
① 섬유보강 콘크리트는 콘크리트의 인장강도와 균열에 대한 저항성을 높인 콘크리트이다.
② 믹서는 섬유를 콘크리트 속에 균일하게 분산시킬 수 있는 가경식 믹서를 사용하는 것을 원칙으로 한다.
③ 섬유보강 콘크리트에 사용하는 섬유는 섬유와 시멘트 결합재 사이의 부착성이 양호하고, 섬유의 인장강도가 커야 한다.
④ 시멘트계 복합재료용 섬유는 강섬유, 유리섬유, 탄소섬유 등의 무기계 섬유와 아라미드섬유, 비닐론섬유 등의 유기계 섬유로 분류한다.

해설
배합시 섬유 뭉침현상을 최소화 하기 위하여 강제식 믹서 사용을 원칙으로 한다.

06 시방배합에서 규정된 배합의 표시 방법에 포함되지 않는 것은?
① 잔골재율　② 물 – 결합재비
③ 슬럼프 범위　④ 잔골재의 최대치수

해설
시방배합에 표시방법 중 잔골재 최대치수가 아니라 굵은골재 최대치수를 표시한다.

07 프리스트레스트 콘크리트에서 프리스트레싱할 때의 일반적인 사항으로 틀린 것은?
① 긴장재는 이것을 구성하는 각각의 PS강재에 소정의 인장력이 주어지도록 긴장하여야 한다.
② 긴장재를 긴장할 때 정확한 인장력이 주어지도록 하기 위해 인장력을 설계값 이상으로 주었다가 다시 설계값으로 낮추는 방법으로 시공하여야 한다.
③ 긴장재에 대해 순차적으로 프리스트레싱을 실시할 경우는 각 단계에 있어서 콘크리트에 유해한 응력이 생기지 않도록 하여야 한다.
④ 프리텐션 방식의 경우 긴장재에 주는 인장력은 고정장치의 활동에 의한 손실을 고려하여야 한다.

해설
프리스트레싱할 때 긴장재에 인장력을 설계값 이상으로 주었다가 다시 설계 값으로 낮추는 방법으로 시공하지 않아야 한다.

08 거푸집의 높이가 높을 경우, 거푸집에 투입구를 설치하거나 연직슈트 또는 펌프배관의 배출구를 타설면 가까운 곳까지 내려서 콘크리트를 타설하여야 한다. 이때 슈트, 펌프배관 등의 배출구와 타설 면까지의 높이는 몇 m 이하를 원칙으로 하는가?
① 1.0m　② 1.5m
③ 2.0m　④ 2.5m

해설
슈트, 펌프배관 등의 배출구와 타설 면까지의 높이는 1.5m 이하를 원칙으로 한다.

09 30회 이상의 시험실적으로부터 구한 콘크리트 압축강도의 표준편차가 2.5MPa이고, 콘크리트의 설계기준압축강도가 30MPa일 때 콘크리트 배합강도는?
① 32.33MPa　② 33.35MPa
③ 34.25MPa　④ 35.33MPa

해설
설계기준 강도 35MPa 이하
1) $f_{cr} = f_{ck} + 1.34S$
　$= 30 + 1.34 \times 2.5 = 33.35 MPa$
2) $f_{cr} = (f_{ck} - 3.5) + 2.33S$
　$= (30 - 3.5) + 2.33 \times 2.5 = 32.33 MPa$
둘 중 큰 값이므로 33.35MPa

정답 05 ② 06 ④ 07 ② 08 ② 09 ②

10 한중 콘크리트에 대한 설명으로 틀린 것은?
① 하루의 평균기온이 4°C 이하로 예상될 때에 시공하는 콘크리트이다.
② 단위수량은 소요의 워커빌리티를 유지할 수 있는 범위 내에서 되도록 적게 정하여야 한다.
③ 한중 콘크리트는 소요의 압축강도가 얻어질 때까지는 콘크리트의 온도를 5°C 이상으로 유지해야 한다.
④ 물, 시멘트 및 골재를 가열하여 재료의 온도를 높일 경우에는 균일하게 가열하여 항상 소요온도의 재료가 얻어질 수 있도록 해야 한다.

해설
한중 콘크리트 시공시 시멘트를 가열하지 않는다.

11 쪼갬 인장 강도 시험(KS F 2423)으로부터 최대 하중 P=100kN을 얻었다. 원주 공시체의 지름이 100mm, 길이가 200mm일 때 이 공시체의 쪼갬 인장 강도는?
① 1.27MPa ② 1.59MPa
③ 3.18MPa ④ 6.36MPa

해설
$(f_{sp}) = \dfrac{2P}{\pi d \ell}(MPa)$
$= \dfrac{2 \times 100,000N}{\pi \times 100 \times 200} = 3.18 N/mm^2 = 3.18 MPa$

12 매스 콘크리트의 온도균열 발생에 대한 검토는 온도균열지수에 의해 평가하는 것을 원칙으로 한다. 철근이 배치된 일반적인 구조물의 표준적인 온도균열지수의 값 중 균열발생을 제한할 경우의 값으로 옳은 것은? (단, 표준시방서에 따른다.)
① 1.5 이상 ② 1.2~1.5
③ 0.7~1.2 ④ 0.7 이하

해설
온도균열지수

구 분	온도 균열 지수
균열발생을 방지하여야 할 경우	1.5 이상
균열발생을 제한할 경우	1.2~1.5
유해한 균열발생을 제한할 경우	0.7~1.2

13 구조체 콘크리트의 압축강도 비파괴 시험에 사용되는 슈미트 해머로 구조체가 경량 콘크리트인 경우에 사용하는 슈미트 해머는?
① N형 슈미트 해머
② L형 슈미트 해머
③ P형 슈미트 해머
④ M형 슈미트 해머

해설
슈미트 해머 종류
1) N형 슈미트 해머 : 보통 콘크리트
2) P형 슈미트 해머 : 저강도 콘크리트
3) L형 슈미트 해머 : 경량 콘크리트
4) M형 슈미트 해머 : 매스 콘크리트

14 프리스트레스트 콘크리트와 철근콘크리트의 비교 설명으로 틀린 것은?
① 프리스트레스트 콘크리트는 철근콘크리트에 비하여 내화성에 있어서는 불리하다.
② 프리스트레스트 콘크리트는 철근콘크리트에 비하여 강성이 커서 변형이 적고 진동에 강하다.
③ 프리스트레스트 콘크리트는 철근콘크리트에 비하여 고강도의 콘크리트와 강재를 사용하게 된다.
④ 프리스트레스트 콘크리트는 균열이 발생하지 않도록 설계되기 때문에 내구성 및 수밀성이 좋다.

정답 10 ④ 11 ③ 12 ② 13 ② 14 ②

해설
PSC 콘크리트 특징
1) PSC의 장점
   ① RC 보에 비하여 탄성적이고 복원성이 높다
   ② 고강도 콘크리트를 사용하므로 내구성이 우수하다.
   ③ RC보에 비하여 복부의 폭을 얇게 할 수 있어서 부재의 자중을 줄일 수 있다.
   ④ 부재의 처짐이 적다
2) PSC의 단점
   ① RC에 비하여 강성이 작아 변형이 크고 진동에 취약하다.
   ② 고강도 강재는 고온(400°C이상)에 접하는 경우 강도 감소로 RC보다 내화성이 불리하다.

15 굵은 골재의 최대치수에 대한 설명으로 옳은 것은?
① 단면이 큰 구조물인 경우 25mm를 표준으로 한다.
② 거푸집 양 측면 사이의 최소 거리의 3/4을 초과하지 않아야 한다.
③ 개별 철근, 다발철근, 긴장재 또는 덕트 사이 최소 순간격의 3/4을 초과하지 않아야 한다.
④ 무근 콘크리트인 경우 20mm를 표준으로 하며, 또한 부재 최소 치수의 1/5을 초과해서는 안 된다.

해설
굵은골재 최대치수

구조물의 종류		굵은골재 최대치수
무근 콘크리트		40mm이하, 부재 최소치수의 1/4 이하
철근 콘크리트	일반적인 경우	20mm 또는 25mm 이하 -거푸집 양측면 사이의 최소거리의 1/5 -슬래브 두께의 1/3 -개별철근, 다발철근, 긴장재 또는 덕트 사이 최소 순간격의 3/4을 초과하지 않아야 함
	단면이 큰 경우	40mm 이하
댐 콘크리트		150mm 이하
포장 콘크리트		40mm 이하

16 설계기준압축강도가 21MPa인 콘크리트로부터 5개의 공시체를 만들어 압축강도 시험을 한 결과 압축강도가 아래의 표와 같을 때, 품질관리를 위한 압축강도의 변동계수 값은 약 얼마인가?(단, 표준편차는 불편분산의 개념으로 구한다.)

[시험결과]
22, 23, 24, 27, 29 (MPa)

① 11.7%   ② 13.6%
③ 15.2%   ④ 17.4%

해설
1) 변동계수
   $$변동계수(V) = \frac{S}{\overline{x}} \times 100(\%)$$
2) 표준편차
   $$S = \sqrt{\frac{\sum(X_i - \overline{x})^2}{n-1}} = \sqrt{\frac{34}{4}} = 2.92$$
3) 압축강도 시험 평균값
   $$\overline{x} = \frac{22+23+24+27+29}{5} = 25$$
4) 편차의 제곱합
   $$\Sigma(22-25)^2 + (23-25)^2 + (24-25)^2$$
   $$+ (27-25)^2 + (29-25)^2 = 34$$
   여기서 V : 변동계수
   S : 표준편차
   X_i : 각 강도의 시험값
   $\overline{x}$: n회의 압축강도 시험 평균값
   n : 압축강도 시험횟수
   $\Sigma(X_i - \overline{x})^2$: 편차의 제곱합
   ∴ 변동계수$(V) = \frac{S}{\overline{x}} \times 100(\%) = \frac{2.92}{25} \times 100$
   $= 11.7\%$

17 기존 구조물의 철근부식을 평가할 수 있는 비파괴 시험방법이 아닌 것은?
① 자연전위법   ② 분극저항법
③ 전기저항법   ④ 관입저항법

해설

관입저항법(Probe Penetration Test)
1) 총을 사용하여 탐침(Probe)을 콘크리트 내에 관입시킨 후 침투 깊이를 측정함으로써 콘크리트의 압축강도 및 균질성을 평가하는 방법이다.
2) 장비가 간단하여 작동하기 쉬우므로 적은 훈련으로도 현장에서 쉽게 사용할 수 있고, 시험체에 손상을 입히지 않는다는 장점이 있으나, 정확한 콘크리트 강도를 제시하지 않을 수 있고 탐침을 제거하기 어려워 콘크리트 표면에 손상이 남을 수 있다는 단점이 있다.

18 콘크리트 공시체의 압축강도에 관한 설명으로 옳은 것은?

① 하중재하속도가 빠를수록 강도가 작게 나타난다.
② 시험 직전에 공시체를 건조시키면 강도가 크게 감소한다.
③ 공시체의 표면에 요철이 있는 경우는 압축강도가 크게 나타난다.
④ 원주형 공시체의 직경과 입방체 공시체의 한 변의 길이가 같으면 원주형 공시체의 강도가 작다.

해설

콘크리트 공시체 압축강도
1) 재하속도가 빠를수록 압축강도는 높게 평가된다.
2) 모양이 다르면 크기가 작은 공시체의 압축강도가 높게 평가된다.
3) 원주형 공시체의 직경과 입방체 공시체에 의한 변의 길이가 같으면 원주형 공시체의 강도가 크다.
4) 공시체에 따른 압축강도 크기 정육면체 > 원주형 > 각주형
5) 원주형과 각주형 공시체는 직경 또는 한 변의 길이(D)와 높이(H)의 비(H/D)가 작을수록 압축강도는 높게 평가된다.

19 콘크리트 압축강도 시험용 공시체를 제작하는 방법에 대한 설명으로 틀린 것은?

① 공시체는 지름의 2배의 높이를 가진 원기둥형으로 한다.
② 콘크리트를 몰드에 채울 때 2층 이상으로 거의 동일한 두께로 나눠서 채운다.
③ 콘크리트를 몰드에 채울 때 각 층의 두께는 100mm를 초과해서는 안 된다.
④ 몰드를 떼는 시기는 콘크리트 채우기가 끝나고 나서 16시간 이상 3일 이내로 한다.

해설

콘크리트를 몰드에 각 층의 채우는 두께는 160mm를 넘어서는 안 된다.

20 일반적인 수중 콘크리트의 재료 및 시공 상의 주의사항으로 옳은 것은?

① 물의 흐름을 막은 정수 중에는 콘크리트를 수중에 낙하시킬 수 있다.
② 물-결합재비는 40% 이하, 단위 결합재량은 300kg/m³ 이상을 표준으로 한다.
③ 수중에서 시공할 때의 강도가 표준공시체 강도의 0.6~0.8배가 되도록 배합강도를 설정하여야 한다.
④ 트레미를 사용하여 콘크리트를 타설할 경우, 콘크리트를 타설하는 동안 일정한 속도로 수평 이동시켜야 한다.

해설

수중 콘크리트
1) 수중 콘크리트의 물-결합재비 및 단위시멘트량

종류	일반 수중콘크리트	현장타설말뚝 및 지하연속벽
물-결합재비	50% 이하	55% 이하
단위 시멘트량	370kg/m³	350kg/m³

2) 물의 흐름을 막은 정수 중에도 콘크리트를 수중에 낙하시 0.5m 이내
3) 트레미를 사용하여 콘크리트를 타설하는 경우 콘크리트를 타설하는 동안 수평 이동 시켜서는 안된다.

정답 18 ④ 19 ③ 20 ③

제2과목 건설시공 및 관리

21 옹벽을 구조적 특성에 따라 분류할 때 여기에 속하지 않는 것은?
① 돌쌓기 옹벽 ② 중력식 옹벽
③ 부벽식 옹벽 ④ 캔틸레버식 옹벽

해설
돌쌓기 옹벽은 옹벽의 구조적 특성에 따른 분류에 해당되지 않는다.

22 방파제를 크게 보통방파제와 특수방파제로 분류할 때 특수방파제에 속하지 않는 것은?
① 공기 방파제
② 부양 방파제
③ 잠수 방파제
④ 콘크리트 단괴식 방파제

해설
콘크리트 단괴식 방파제는 일반적인 보통 방파제로 분류

23 다져진 토량 37800m³을 성토하는데 흐트러진 토량(운반토량)으로 30000m³이 있을 때, 부족 토량은 자연 상태 토량으로 얼마인가? (단, 토량변화율 L=1.25, C=0.9이다.)
① 22000m³ ② 18000m³
③ 15000m³ ④ 11000m³

해설
1) 본바닥토량 = $37,800 \times \dfrac{1}{0.9} = 42,000$
2) 본바닥토량 = $30,000 \times \dfrac{1}{1.25} = 24,000$
3) 부족토량 = $42,000 - 24,000 = 18,000 m^3$

24 운동장, 광장 등 넓은 지역의 배수방법으로 적당한 것은?
① 암거 배수 ② 지표 배수
③ 개수로 배수 ④ 맹암거 배수

해설
맹암거
① 지하수의 집. 배수를 위하여 모래, 자갈, 호박돌, 다발로 묶은 나뭇가지 등을 땅 속에 매설한 일종의 수로이다.
② 주로 운동장 또는 광장과 같은 넓은 지역의 배수를 위하여 설치한다.

25 히빙(Heaving)의 방지대책으로 틀린 것은?
① 굴착저면의 지반개량을 실시한다.
② 흙막이벽의 근입 깊이를 증대시킨다.
③ 굴착공법을 부분굴착에서 전면굴착으로 변경한다.
④ 중력배수나 강제배수 같은 지하수의 배수 대책을 수립한다.

해설
굴착공법을 부분굴착에서 전면 굴착으로 변경 시 급격한 히빙(Heaving) 및 붕괴 발생 우려가 있다.

26 아래 그림과 같은 지형에서 시공 기준면의 표고를 30m로 할 때 총 토공량은? (단, 격자점의 숫자는 표고를 나타내며 단위는 m이다.)

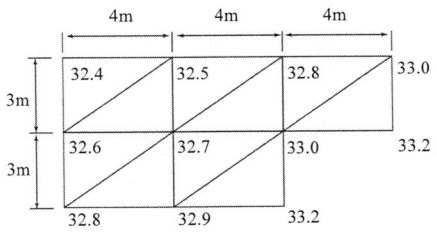

① 142m³ ② 168m³
③ 184m³ ④ 213m³

해설
삼각형 분할법
$$V = \dfrac{a \times b}{6}(\Sigma h_1 + 2\Sigma h_2 + 3\Sigma h_3 + 4\Sigma h_4 + \cdots + n\Sigma h_n)$$

정답 21 ① 22 ④ 23 ② 24 ④ 25 ③ 26 ②

$$V = \frac{4 \times 3}{6}[(2.4+3.2+3.2)+2\times(3+2.8)+ \\ 3\times(2.5+2.8+2.9+2.6)+5\times3+6\times2.7]$$
$$= 168 m^3$$

27 아스팔트 포장에서 프라임코트(Prime coat)의 중요 목적이 아닌 것은?

① 배수층 역할을 하여 노상토의 지지력을 증대시킨다.
② 보조기층에서 모세관 작용에 의한 물의 상승을 차단한다.
③ 보조기층과 그 위에 시공될 아스팔트 혼합물과의 융합을 좋게 한다.
④ 기층 마무리 후 아스팔트 포설까지의 기층과 보조기층의 파손 및 표면수의 침투, 강우에 의한 세굴을 방지한다.

해설
프라임 코트(Prime coat)
1) 보조기층 또는 기층 등에 침투시켜 이들 층의 방수성을 확보한다.
2) 보조기층 에서 모세관 현상에 의해 올라오는 물의 상승을 차단한다.
3) 보조기층과 기층 아스팔트 혼합물과의 부착이 잘되도록 살포하는 역청재료이다.

28 20,000m³의 본바닥을 버킷용량 0.6m³의 백호를 이용하여 굴착할 때 아래 조건에 의한 공기를 구하면?

[조건]
· 버킷계수 : 1.2
· 작업효율 : 0.8
· Cm : 25초
· 1일 작업시간 : 8시간
· 뒷정리 : 2일
· 토량의 변화율 : L=1.3, C=0.9

① 24일 ② 42일
③ 186일 ④ 314일

해설
1) $Q = \frac{3,600 \cdot q \cdot k \cdot f \cdot E}{C_m}$

$= \frac{3,600 \times 0.6 \times 1.2 \times \frac{1}{1.3} \times 0.8}{25}$

$= 63.80 m^3/hr$

2) 1일작업량 : $63.80 \times 8 = 510.4 m^3/$일
3) 소요일수 : $20,000 \div 510.4 \fallingdotseq 40$일
∴ 전체소요일수 : 40+2 = 42일

29 공정관리에서 PERT와 CPM의 비교 설명으로 옳은 것은?

① PERT는 반복사업에, CPM은 신규사업에 좋다.
② PERT는 1점 시간추정이고, CPM은 3점 시간추정이다.
③ PERT는 작업활동 중심관리이고, CPM은 작업단계 중심관리이다.
④ PERT는 공기 단축이 주목적이고, CPM은 공사비 절감이 주목적이다.

해설
공정관리 기법
1) PERT 기법(신비 3기event)
가. 신규사업, 비 반복사업, 경험이 없는 사업 등에 활용
나. 소요시간 추정 (3점법 확률 계산)
다. 가중 평균치 사용
$$t_e = \frac{t_o + 4t_m + t_p}{6}$$
여기서, t_o : 낙관 작업일수
t_m : 정상 작업일수
t_p : 비관 작업일수
t_e : 3점법에 의한 추정공사일수
라. 작업단계(event) 중심관리(결합점 중심관리)
마. 확률론적 검토
바. 공기 단축이 목적

2) CPM 기법
가. 반복사업, 경험이 있는 사업에 적용한다.
나. 1점 시간 추정(t_m)

다. 작업활동(Activity) 중심관리
라. 비용견적, 비용구배, 일정단축
바. 공비 절감이 목적

30 부마찰력에 대한 설명으로 틀린 것은?

① 말뚝이 타입된 지반이 압밀 진행 중일 때 발생된다.
② 지하수위의 감소로 체적이 감소할 때 발생된다.
③ 말뚝의 주면마찰력이 선단지지력보다 클 때 발생된다.
④ 상재 하중이 말뚝과 지표에 작용하여 침하할 경우에 발생된다.

해설

부마찰력 (Negative skin friction)
1) 점성토 지반에서 타설한 말뚝의 침하량보다 연약지반의 침하가 더 커서 말뚝주면 아래쪽으로 작용하는 마찰력이 발생하게 되는데 이러한 주면 마찰력을 부마찰력
2) 부마찰력은 말뚝의 침하량을 증가 및 말뚝의 지지력을 감소시키며 때때로 부마찰력이 매우 큰 경우 중립축 부근에서 말뚝의 파손이 발생될 수 있다.

31 터널의 시공에 사용되는 숏크리트 습식공법의 장점으로 틀린 것은?

① 분진이 적다.
② 품질관리가 용이하다.
③ 장거리 압송이 가능하다.
④ 대규모 터널 작업에 적합하다.

해설

숏크리트 공법의 종류 및 특징

구 분	건 식	습 식
Con'c 품질	품질관리 어렵다	품질관리 쉽다
운반시간 제약	적 다	크 다
압송 거리	장거리 (500m)	단거리
분진 발생	큼	적음
반 발 량	큼	적음
청소,유지보수	Nozzle 청소쉽다	어렵다

32 시료의 평균값이 279.1, 범위의 평균값이 56.32, 군의 크기에 따라 정하는 계수가 0.73일 때 상부관리 한계선(UCL) 값은?

① 316.0 ② 320.2
③ 338.0 ④ 342.1

해설

$\bar{x} - R$ 관리도의 관리한계선
1) 중심선 $CL = \bar{x}$
2) 상한 관리 한계 $UCL = \bar{x} + A_2 \cdot \bar{R}$

여기서, $\bar{x}$: x의 평균치
$\bar{R}$: 범위 R의 평균치
A_2 : 군의 크기에 따라 정하는 계수

∴ 상한 관리 한계
$UCL = \bar{x} + A_2 \cdot \bar{R} = 279.1 + 0.73 \times 56.32$
$= 320.2$

33 아스팔트 포장과 콘크리트 포장을 비교 설명한 것 중 아스팔트 포장의 특징으로 틀린 것은?

① 초기 공사비가 고가이다.
② 양생기간이 거의 필요 없다.
③ 주행성이 콘크리트 포장보다 좋다.
④ 보수 작업이 콘크리트 포장보다 쉽다.

해설

포장 형식별 특징 비교

구 분	아스팔트 포장	시멘트 콘크리트 포장(JCP)
시 공 성	즉시 교통 소통 가능	양생후 교통 소통
내 구 성	불 리(rutting)	유 리
경 제 성	유지관리비 과다	초기 투자비 과다
평 탄 성	평탄한 구조	다소 평탄한 구조
주 행 성	유 리	불 리
소 음	적음	많음
시공실적	실적 많음	실적 적음

34 건설기계 규격의 일반적인 표현방법으로 옳은 것은?

① 불도저 – 총 중량(ton)
② 모터 스크레이퍼 – 중량(ton)
③ 트랙터 셔블 – 버킷 면적(m^2)
④ 모터 그레이더 – 최대 견인력(ton)

해설
건설기계의 규격표시

건 설 기 계	규 격
Bulldozer, Roller	전 장비 중량(ton)
Shovel 계 굴착기	버킷 용량(m^3)
Track shovel	버킷 용량(m^3)
Motor grader	Blade의 길이(m)

35 교량 가설의 위치 선정에 대한 설명으로 틀린 것은?

① 하천과 유수가 안정한 곳일 것
② 하폭이 넓을 때는 굴곡부일 것
③ 하천과 양안의 지질이 양호한 곳일 것
④ 교각의 축방향이 유수의 방향과 평행하게 되는 곳일 것

해설
교량의 위치 선정시 고려사항
1) 하천과 양안의 지질이 양호한곳
2) 하천과 유수가 안정적인 곳
3) 하상의 변동이 크고 굴곡부(만곡부) 세굴영향이 큰 곳을 피할 것
4) 교각의 축방향이 유수의 방향과 평행한 곳

36 다음 중 직접기초 굴착 시 저면 중앙부에 섬과 같이 기초부를 먼저 구축하여 이것을 발판으로 주면부를 시공하는 방법은?

① Cut 공법 ② Island 공법
③ Open cut 공법 ④ Deep well 공법

해설
아일랜드 공법(Island)
1) 저면 중앙부분에 섬과 같이 기초부를 먼저 굴착 후 기초 콘크리트 및 상부구조물을 시공 후 이부분을 발판으로 주변부를 굴착한후 나머지 부분의 구조물을 시공 해나가는 방식
2) 20m 정도의 지반이 양호한 곳에서 사용하며, 분할 시공에 따른 공사비 증가 및 공사기간 길어진다.

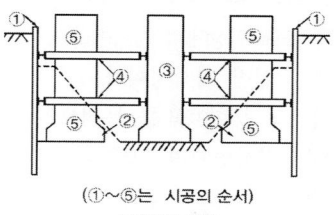

(①~⑤는 시공의 순서)
아일랜드 공법

37 기계화 시공에 있어서 중장비의 비용계산 중 기계손료를 구성하는 요소가 아닌 것은?

① 관리비 ② 정비비
③ 인건비 ④ 감가상각비

해설
기계손료 구성
1) 감가상각비(구입가격, 내용년수)
2) 정비비
3) 관리비

38 돌쌓기에 대한 설명으로 틀린 것은?

① 메쌓기는 콘크리트를 사용하지 않는다.
② 찰쌓기는 뒤채움에 콘크리트를 사용한다.
③ 메쌓기는 쌓는 높이의 제한을 받지 않는다.
④ 일반적으로 찰쌓기는 메쌓기보다 높이 쌓을 수 있다.

해설
메쌓기 방식은 몰탈을 사용하지 않아 쌓는 높이에 많은 제약이 따른다.

정답 34 ① 35 ② 36 ② 37 ③ 38 ③

39 록 볼트의 정착형식은 선단 정착형, 전면 접착형, 혼합형으로 구분할 수 있다. 이에 대한 설명으로 틀린 것은?
① 록 볼트 전장에서 원지반을 구속하는 경우에는 전면 접착형이다.
② 암괴의 봉합효과를 목적으로 하는 것은 선단 정착형이며, 그중 쐐기형이 많이 쓰인다.
③ 선단을 기계적으로 정착한 후 시멘트 밀크를 주입하는 것은 혼합형이다.
④ 경암, 보통암, 토사 원지반에서 팽창성 원지반까지 적용범위가 넓은 것은 전면 접착형이다.

해설
록볼트는 NATM 터널에서 충전형이 일반적으로 가장 많이 사용된다.

40 토목공사용 기계는 작업종류에 따라 굴삭, 운반, 부설, 다짐 및 정지 등으로 구분된다. 다음 중 운반용 기계가 아닌 것은?
① 탬퍼 ② 불도저
③ 덤프트럭 ④ 벨트 컨베이어

해설
탬퍼는 구조물의 뒷채움부 다짐용 장비로 사용된다.

제3과목 건설재료 및 시험

41 플라이 애시에 대한 설명으로 틀린 것은?
① 초기의 수화반응의 증대로 초기강도가 크다.
② 사용수량을 감소시키며 유동성을 개선한다.
③ 알칼리-골재 반응에 의한 팽창을 억제한다.
④ 화력발전소의 보일러에서 나오는 산업폐기물이다.

해설
플라이 애시는 초기 수화반응이 느리며 장기 강도에 크다.

42 직경 200mm, 길이 5m의 강봉에 축방향으로 400kN의 인장력을 가하여 변형을 측정한 결과 직경이 0.1mm 줄어들고 길이가 10mm 늘어났을 때 이 재료의 푸아송 비는?
① 0.25 ② 0.5
③ 1.0 ④ 4.0

해설
푸아송비 $(\nu) = \dfrac{\text{공시체 횡방향 변형률}}{\text{공시체 축방향 변형률}}$

$\therefore$ 푸아송비 $= \dfrac{0.1/200}{10/5000} = 0.25$

43 시멘트의 응결시험 방법으로 옳은 것은?
① 비비 시험
② 오토클레이브 방법
③ 길모어 침에 의한 방법
④ 공기 투과 장치에 의한 방법

해설
시멘트의 응결시험은 비카침 및 길모어침에 의해 시멘트 응결시간 측정

44 어떤 시멘트의 주요 성분이 아래 표와 같을 때 이 시멘트의 수경률은?

화학성분	조성비(%)	화학성분	조성비(%)
SiO_2	21.9	CaO	63.7
Al_2O_3	5.2	MgO	1.2
Fe_2O_3	2.8	SO_3	1.4

① 2.0 ② 2.05
③ 2.10 ④ 2.15

해설
수경률 $(H.M) = \dfrac{CaO - 0.7 \times SO_3}{SiO_2 + Al_2O_3 + Fe_2O_3}$

$\therefore$ 수경률 : $\dfrac{63.7 - 0.7 \times 1.4}{21.9 + 5.2 + 2.8} = 2.1$

45 다음 콘크리트용 골재에 대한 설명으로 틀린 것은?

① 골재의 비중이 클수록 흡수량이 작아 내구적이다.
② 조립률이 같은 골재라도 서로 다른 입도곡선을 가질 수 있다.
③ 콘크리트의 압축강도는 물-시멘트비가 동일한 경우 굵은 골재 최대치수가 커짐에 따라 증가한다.
④ 굵은 골재 최대치수를 크게 하면 같은 슬럼프의 콘크리트를 제조하는데 필요한 단위수량을 감소시킬 수 있다.

해설

굵은골재 최대치수가 커짐에 따라 강도, 내구성, 수밀성 측면에서 유리해지나, 근본적으로 물-시멘트비를 줄이지 않고 동일한 조건상태에서는 압축강도의 증가를 가져오지 못한다. 특히 고강도 콘크리트에서는 잔골재의 사용에 따라 강도의 크기가 영향을 받는 특성이 있다.

46 골재의 표준체에 의한 체가름시험에서 굵은 골재란 다음 중 어느 것인가?

① 10mm체를 전부 통과하고 5mm체를 거의 통과하며 0.15mm체에 거의 남는 골재
② 10mm체를 전부 통과하고 5mm체를 거의 통과하며 1.2mm체에 거의 남는 골재
③ 40mm체에 거의 남는 골재
④ 5mm체에 거의 다 남는 골재

해설

시방배합상 굵은골재 잔골재
1) 5mm 체를 100% 통과하는 것은 잔골재
2) 5mm 체에 100% 남는 것은 굵은골재

47 아래의 표에서 설명하는 것은?

- 시멘트를 염산 및 탄산나트륨용액에 넣었을 때 녹지 않고 남는 부분을 말한다.
- 이 양은 소성반응의 완전여부를 알아내는 척도가 된다.
- 보통 포틀랜드시멘트의 경우 이 양은 일반적으로 점토성분의 미소성에 의하여 발생되며 약 0.1%~0.6% 정도이다.

① 수경률   ② 규산율
③ 강열감량   ④ 불용해 잔분

해설

불용해 잔분
1) 시멘트를 염산 및 탄산나트륨 용액을 넣었을 때 녹지않고 남는 부분을 "불용해잔분"
2) 소성반응의 완전여부를 알아내는 척도의 기준으로 보통 P.C의 "불용해잔분"은 0.1~0.6% 정도임.

48 어떤 목재의 함수율을 시험한 결과 건조 전 목재의 중량은 165g이고, 비중이 1.5일 때 함수율은 얼마인가?(단, 목재의 절대 건조중량은 142g이었다.)

① 13.9%   ② 15.2%
③ 16.2%   ④ 17.2%

해설

$$함수율 = \frac{건조\ 전중량 - 건조\ 후중량}{건조\ 후중량}$$

$$\therefore 함수율 = \frac{165-142}{142} \times 100 = 16.2\%$$

정답 45 ③ 46 ④ 47 ④ 48 ③

49 다음 골재의 함수상태를 표시한 것 중 틀린 것은?

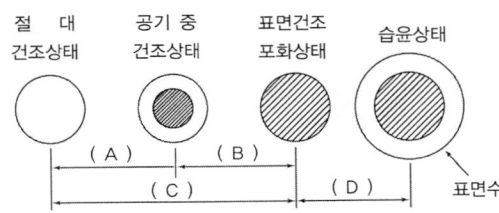

① A : 기건 함수량
② B : 유효흡수량
③ C : 함수량
④ D : 표면수량

해설

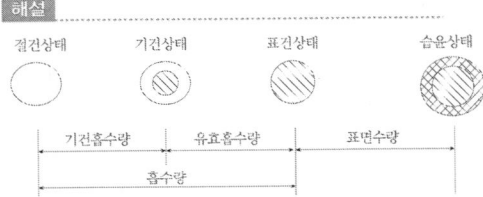

50 일반적으로 포장용 타르로 가장 많이 사용되는 것은?
① 피치 ② 잔류타르
③ 컷백타르 ④ 혼성타르

해설
컷백 타르
거친 타르를 증류하여 오일 성분과 피치 성분으로 나누고 얻어진 피치에 유출(留出) 오일을 여러 비율로 혼합하여 묽게 한 타르. 주로 포장용 타르로서 가장 많이 사용된다.

51 재료의 일반적 성질 중 아래 표에 해당하는 성질은 무엇인가?

| 외력에 의해서 변형된 재료가 외력을 제거했을 때, 원형으로 되돌아가지 않고 변형된 그대로 있는 성질 |

① 인성 ② 취성
③ 탄성 ④ 소성

해설
소성
외력에 의해 변형된 재료가 외력을 제거했을 때 원래대로 돌아가지 않고 변형이 남게되는 성질

52 콘크리트용 골재에 요구되는 성질 중 옳지 않은 것은?
① 화학적으로 안정할 것
② 골재의 입도 크기가 동일할 것
③ 물리적으로 안정하고 내구성이 클 것
④ 시멘트 풀과의 부착력이 큰 표면조직을 가질 것

해설
콘크리트용 골재의 입도 크기는 크고 작은 것이 골고루 섞여 있어야 한다.

53 다음 중 기폭약의 종류가 아닌 것은?
① 니트로글리세린 ② 뇌산수은
③ 질화납 ④ DDNP

해설
기폭약
1) 연소 또는 폭발에 의하여 다른 화약 등에 점화 또는 점폭을 목적으로 하는 화약류를 기폭약이라 한다.
2) 기폭약 종류
· 뇌홍($Hg(ONC)_2$, 뇌산수은)
· 질화납($Pb(N_3)_2$, 아지화연)
· D.D.N.P(디아조디니트로페놀)

54 토목섬유 중 지오텍스타일의 기능을 설명한 것으로 틀린 것은?
① 배수 : 물이 흙으로부터 여러 형태의 배수로로 빠져나갈 수 있도록 한다.
② 보강 : 토목섬유의 인장강도는 흙의 지지력을 증가시킨다.
③ 여과 : 입도가 다른 두 개의 층 사이에 배치되어 침투수 통과 시 토립자의 이동을 방지한다.
④ 혼합 : 도로 시공 시 여러 개의 흙층을 혼합하여 결합시키는 역할을 한다.

해설
토목섬유 기능
1) 배수기능
2) 필터기능
3) 차단기능
4) 보강기능
5) 분리기능

55 다음 중 천연아스팔트의 종류가 아닌 것은?
① 록(Rock)아스팔트
② 샌드(Sand)아스팔트
③ 블론(Blown)아스팔트
④ 레이크(Lake)아스팔트

해설
천연아스팔트
1) 레이크 아스팔트
2) 록 아스팔트
3) 오일샌드 아스팔트
4) 아스팔타이트

56 콘크리트용 혼화재료에 대한 설명으로 틀린 것은?
① 팽창재를 사용한 콘크리트의 수밀성은 일반적으로 작아지는 경향이 있다.
② 촉진제는 저온에서 강도발현이 우수하기 때문에 한중콘크리트에 사용된다.
③ 발포제를 사용한 콘크리트는 내부 기포에 의해 단열성 및 내화성이 떨어진다.
④ 착색재로 사용되는 안료를 혼합한 콘크리트는 보통콘크리트에 비해 강도가 저하된다.

해설
발포제를 사용한 콘크리트는 내부 기포에 의해 단열성 및 내화성이 증가한다.

57 다음 석재 중에서 압축강도가 가장 큰 것은?
① 사암
② 응회암
③ 안산암
④ 화강암

해설
석재중 압축강도가 가장 큰 것은 화강암 이다.

58 반 고체 상태의 아스팔트성 재료를 3.2mm 두께의 얇은 막 형태로 163°C로 5시간 가열한 후 침입도 시험을 실시하여 원 시료와의 비율을 측정하며, 가열 손실량도 측정하는 시험법은?
① 증발감량 시험
② 피막박리 시험
③ 박막가열 시험
④ 아스팔트 제품이 증류시험

해설
박막가열 시험
1) 아스팔트의 열이나 공기 등의 작용에 의해 변질되는 경향을 파악하기 위한 시험
2) 아스팔트 재료를 3.2mm 두께의 얇은 막 형태로 163°C로 5시간 가열한 후 침입도 시험을 실시하여 침입도 및 신도를 파악.

59 AE콘크리트의 AE제에 대한 특징으로 틀린 것은?
① AE제는 미소한 독립기포를 콘크리트 중에 균일하게 분포시킨다.
② AE 공기알의 지름은 대부분 0.025~0.25mm 정도이다.
③ AE제는 동결 융해에 대한 저항성을 감소시킨다.
④ AE제는 표면 활성제이다.

해설
AE제는 동결 융해에 대한 저항성을 향상 시킨다.

60 다음 암석 중 일반적으로 공극률이 가장 큰 것은?
① 사암
② 화강암
③ 응회암
④ 대리석

해설
사암
모래가 오랫동안 퇴적되어 높은열과 압력으로 형성된 암석으로 사암이 공극률이 가장 크다

정답 55 ③ 56 ③ 57 ④ 58 ③ 59 ③ 60 ①

제4과목 토질 및 기초

61 지중응력을 구하는 공식 중 Newmark의 영향원법을 사용했을 때 재해면적 내의 영향원 요소 수가 20개, 등분포하중이 100kN/m²인 경우 연직응력증가량($\triangle \sigma_z$)은?(단, 영향계수는 0.005이다.)

① 1kN/m² ② 10kN/m²
③ 50kN/m² ④ 100kN/m²

해설
$\triangle P = n \cdot I \cdot P$
여기서, $\triangle P$: 지중응력
  n : 영향원의 블록수
  I : 영향계수
  P : 작용하중
$\therefore \triangle P = 20 \times 0.005 \times 100 = 10 kN/m^2$

62 말뚝이 20개인 군항기초의 효율이 0.80이고, 단항으로 계산된 말뚝 1개의 허용지지력이 200kN일 때, 이 군항의 허용지지력은?

① 1,600kN ② 2,000kN
③ 3,200kN ④ 4,000kN

해설
$R_{ag} = ENR_a = 0.80 \times 20 \times 200 = 3,200 kN$

63 간극비가 0.80이고 토립자의 비중이 2.70인 지반에 허용되는 최대 동수경사는 약 얼마인가?(단, 지반의 분사현상에 대한 안전율은 3이다.)

① 0.11 ② 0.31
③ 0.61 ④ 0.91

해설
1) $F = \dfrac{i_c}{i} = 3$, $i = \dfrac{i_c}{3}$
2) $i_c = \dfrac{G_s - 1}{1 + e} = \dfrac{2.7 - 1}{1 + 0.8} = 0.94$
$\therefore i = \dfrac{0.94}{3} = 0.31$

64 액성한계가 60%인 점토의 흐트러지지 않은 시료에 대하여 압축지수를 Skempton(1994)의 방법에 의하여 구한 값은?

① 0.16 ② 0.28
③ 0.35 ④ 0.45

해설
Skempton의 경험식에 의한 Cc 값의 추정
1) 불교란 시료의 압축지수(Cc)
$C_c = 0.009(w_L - 10)$
$= 0.009(60 - 10) = 0.45$
2) 교란시료의 압축지수(Cc)
$C_c = 0.007(w_L - 10)$
여기서 w_L : 액성한계

65 흙의 전단강도에 대한 설명으로 틀린 것은? (단, c_u : 점착력, q_u : 일축압축강도, ϕ : 내부마찰각이다.)

① 예민비가 큰 흙을 Quick clay라고 한다.
② 흙 댐에 있어서 수위급강하 때의 안정문제는 c' 및 ϕ'를 사용해야 한다.
③ 일축압축강도시험으로부터 구한 점착력 c_u는 $\dfrac{1}{2} \times q_u \times \tan^2(45° - \dfrac{\phi}{2})$이다.
④ Mohr-coulomb의 파괴기준에 의하면 포화점토의 비압밀 비배수 상태의 내부마찰각은 0이다.

해설
점착력
$c = \dfrac{q_u}{2 \tan(45° + \dfrac{\phi}{2})} = \dfrac{q_u}{2} \tan(45° - \dfrac{\phi}{2})$

정답 61 ② 62 ③ 63 ② 64 ④ 65 ③

66 상하류의 수위 차 h=10m, 투수계수 K=1×10⁻⁵ cm/s, 투수층 유로의 수 N_f=3, 등수두면 수 N_d=9인 흙 댐의 단위 m당 1일 침투수량은?

① 0.0864m³/day ② 0.864m³/day
③ 0.288m³/day   ④ 0.0288m³/day

해설

$Q = KH \dfrac{N_f}{N_d} = (1 \times 10^{-7}) \times 10 \times \dfrac{3}{9}$

$= 3.33 \times 10^{-7} m^3/sec$

$= 3.33 \times 10^{-7} \times (24 \times 60 \times 60)$

$= 0.0288 m^3/day$

67 어떤 점토지반에서 베인 시험을 실시하였다. 베인의 지름이 50mm, 높이가 100mm, 파괴 시 토크가 59N·m일 때 이 점토의 점착력은?

① 129kN/m² ② 157kN/m²
③ 213kN/m² ④ 276kN/m²

해설

점착력$(C) = \dfrac{M_{max}}{\pi D^2 \left(\dfrac{H}{2} + \dfrac{D}{6}\right)}$

$= \dfrac{0.059}{\pi \times 0.05^2 \left(\dfrac{0.1}{2} + \dfrac{0.05}{6}\right)}$

$= 129 kN/m^2$

68 Rankine 토압이론의 가정 사항으로 틀린 것은?

① 지표면은 무한히 넓게 존재한다.
② 흙은 비압축성의 균질한 재료이다.
③ 토압은 지표면에 평행하게 작용한다.
④ 흙은 입자 간의 점착력에 의해 평형을 유지한다.

해설

Rankine 토압이론
1) 벽마찰각(δ)을 무시(설계상 안전측)
2) 힘의 작용방향이 지표면과 평행하게 작용하며 지표면은 무한히 넓게 존재한다.
3) 벽체의 경사는 연직($\theta = 0$)벽 상태
4) 파괴면내 배면토는 모두 소성상태로 봄
5) 흙은 비압축성이고 균질한 상태의 입자이다.
6) 지표면 상재하중은 등분포 하중이다.
7) 토립자는 흙 입자간의 마찰력으로 평형을 유지한다.

69 다음 표는 흙의 다짐에 대해 설명한 것이다. 옳게 설명한 것을 모두 고른 것은?

(1) 사질토에서 다짐에너지가 클수록 최대건조단위중량은 커지고 최적 함수비는 줄어든다.
(2) 입도분포가 좋은 사질토가 입도분포가 균등한 사질토보다 더 잘 다져진다.
(3) 다짐곡선은 반드시 영공기 간극곡선의 왼쪽에 그려진다.
(4) 양족롤러는 점성토를 다지는데 적합하다.
(5) 점성토에서 흙은 최적함수비보다 큰 함수비로 다지면 면모구조를 보이고 작은 함수비로 다지면 이산구조를 보인다.

① (1), (2), (3), (4)
② (1), (2), (3), (5)
③ (1), (4), (5)
④ (2), (4), (5)

해설

점성토에서 흙은 최적함수비보다 큰 함수비로 다지면 이산구조를 보이고 작은 함수비로 다지면 면모구조를 보인다.

정답 66 ④ 67 ① 68 ④ 69 ①

70 그림은 확대 기초를 설치했을 때 지반의 전단 파괴형상을 가정(Terzaghi의 가정)한 것이다. 다음 설명 중 틀린 것은?(단, ϕ는 내부마찰각이다.)

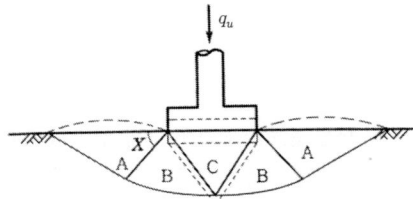

① 파괴 순서는 C→B→A이다.
② 전반전단(General Shear)일 때의 파괴형상이다.
③ A영역에서 각 X는 수평선과 $45° + \dfrac{\phi}{2}$의 각을 이룬다.
④ C영역은 탄성영역이며, A영역은 수동영역이다.

[해설]

영역 A에서 수평면과 $45° - \dfrac{\phi}{2}$의 각을 이룬다.

71 현장 도로 토공에서 모래치환법에 의한 흙의 밀도 시험을 하였다. 파낸 구멍의 체적이 1,960cm³, 흙의 질량이 3,390g이고, 이 흙의 함수비는 10%이었다. 실험실에서 구한 최대 건조 밀도가 1.65g/cm³일 때 다짐도는?

① 85.6%   ② 91.0%
③ 95.2%   ④ 98.7%

[해설]

1) γ_t(습윤상태) $= \dfrac{W}{V} = \dfrac{3390}{1960} = 1.73 g/cm^3$

2) γ_d(건조상태) $= \dfrac{\gamma_t}{1+\dfrac{w}{100}} = \dfrac{1.73}{1+\dfrac{10}{100}} = 1.57 g/cm^3$

3) C_d(상대다짐도) $= \dfrac{\gamma_d}{\gamma_{d\max}} \times 100$
$= \dfrac{1.57}{1.65} \times 100 = 95.2\%$

72 그림과 같은 점성토 지반의 토질시험 결과 내부마찰각 $\phi=30°$, 점착력 $c=15kN/m^2$일 때 A점의 전단강도는?(단, 물의 단위중량은 $9.81kN/m^3$이다.)

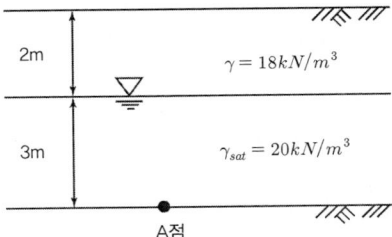

① $44.61kN/m^2$ ② $53.43kN/m^2$
③ $68.69kN/m^2$ ④ $70.41kN/m^2$

[해설]

1) 유효응력
전응력 $\sigma = 2 \times 18 + 3 \times 20 = 96 kN/m^2$
간극수압 $u = 3 \times 9.81 = 29.43 kN/m^2$
유효응력 $\overline{\sigma} = \sigma - u = 96 - 29.43 = 66.57 kN/m^2$

2) 전단강도
$\tau = c + \overline{\sigma} \tan\phi = 15 + 66.57 \tan 30°$
$= 53.43 kN/m^2$

73 4m×4m 크기인 정사각형 기초를 내부마찰각 $\phi=20°$, 점착력 $c=30kN/m^2$인 지반에 설치하였다. 흙의 단위중량(γ)=19kN/m³이고 안전율(FS)을 3으로 할 때 Terzaghi 지지력 공식으로 기초의 허용하중을 구하면? (단, 기초의 근입깊이는 1m이고, 전반전단 파괴가 발생한다고 가정하며, N_c=17.69, N_q=7.44, N_γ=4.97이다.)

① 4,780kN   ② 5,239kN
③ 5,672kN   ④ 6,218kN

[해설]

1) 기초형상계수는 정사각형 기초이므로
$\alpha = 1.3$, $\beta = 0.4$이다.

2) $q_u = \alpha C N_c + \beta B \gamma_1 N_\gamma + D_f \gamma_2 N_q$
$= 1.3 \times 30 \times 17.69 + 0.4 \times 4 \times 19 \times 4.97$
$+ 1 \times 19 \times 7.44 = 982.36 kN/m^2$

3) $q_a = \dfrac{q_u}{F_s} = \dfrac{982.36}{3} = 327.45 kN/m^2$

$q_a = \dfrac{P}{A}$ 에서 $327.45 = \dfrac{P}{4 \times 4}$

4) $P = 5,239 kN$

74 어떤 흙의 자연함수비가 액성한계 보다 많으면 그 흙의 상태로 옳은 것은?
① 고체 상태에 있다.
② 반고체 상태에 있다.
③ 소성 상태에 있다.
④ 액체 상태에 있다.

해설

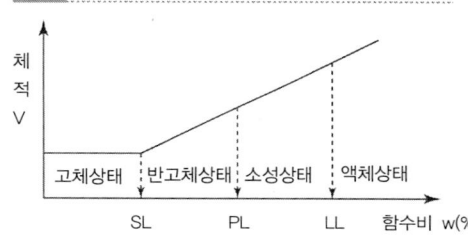

흙의 자연함수비가 액성한계보다 많으면 액체상태에 있다.

75 연약지반 개량공법 중에서 점성토지반에 쓰이는 공법은?
① 전기충격공법
② 폭파다짐공법
③ 생석회 말뚝공법
④ 바이브로 플로테이션 공법

해설
① 사질토 지반개량공법
  1) 진동다짐(Vibroflotation)공법
  2) 다짐모래말뚝 (Sand Compaction Pile) 공법
  3) 동다짐 공법(동압밀 공법)
② 점성토의 지반 개량 공법
  1) 치환 공법
  2) preloading 공법(사전압밀 공법)
  3) 전기침투 공법
  4) 생석회 말뚝(Chemico pile)공법 등

76 흙의 전단시험에서 배수조건이 아닌 것은?
① 비압밀 비배수 ② 압밀 비배수
③ 비압밀 배수   ④ 압밀 배수

해설
삼축압축 시험의 종류(배수조건에 따른 분류)
1) UU(Unconsolidated – Undrained) 시험(비압밀 비배수)
2) CU(Consolidated – Undrained)시험(압밀 비배수)
3) CD(Consolidated – Drained)시험(압밀 배수)

77 사면파괴가 일어날 수 있는 원인으로 옳지 않은 것은?
① 흙 중의 수분의 증가
② 과잉간극수압의 감소
③ 굴착에 따른 구속력의 감소
④ 지진에 의한 수평방향력의 증가

해설
과잉간급수압의 증가는 사면붕괴(파괴)를 가져온다.

78 다음은 시험 종류와 시험으로부터 얻을 수 있는 값을 연결한 것이다. 연결이 틀린 것은?
① 비중계분석시험 – 흙의 비중(G_s)
② 삼축압축시험 – 강도정수(c, ϕ)
③ 일축압축시험 – 흙의 예민비(S_t)
④ 평판재하시험 – 지반반력계수(k_s)

해설
비중계 분석시험-흙의 입도분석(NO 200체 이하)에 사용된다.

79 함수비가 20%인 어떤 흙 1200g과 함수비가 30%인 어떤 흙 2600g을 섞으면 그 흙의 함수비는 약 얼마인가?
① 21.1%   ② 25.0%
③ 26.7%   ④ 29.5%

해설
$\dfrac{(20 \times 1,200 + 30 \times 2,600)}{(1,200 + 2,600)} = 26.8\%$

정답 74 ④ 75 ③ 76 ③ 77 ② 78 ① 79 ③

80 유선망은 이론상 정사각형으로 이루어진다. 동수경사가 가장 큰 곳은?

① 어느 곳이나 동일함
② 땅속 제일 깊은 곳
③ 정사각형이 가장 큰 곳
④ 정사각형이 가장 작은 곳

해설

$i = \dfrac{\triangle h}{L}$ 에서 정사각형의 길이 L이 작아질수록 동수경사 i는 커짐

2020 기출문제
제1, 2회 건설재료시험기사

제1과목 콘크리트공학

01 압력법에 의한 굳지 않은 콘크리트의 공기량 시험(KS F 2421)중 물을 붓고 시험하는 경우(주수법)의 공기량 측정기 용량은 최소 얼마 이상으로 하여야 하는가?

① 3L ② 5L
③ 7L ④ 9L

해설
1) 주수법 : 5L
2) 무주수법 : 7L

02 고압증기양생한 콘크리트에 대한 설명으로 틀린 것은?

① 고압증기양생한 콘크리트는 어느 정도의 취성을 갖는다.
② 고압증기양생한 콘크리트는 보통양생한 것에 비해 백태현상이 감소된다.
③ 고압증기양생한 콘크리트는 보통양생한 것에 비해 열팽창계수와 탄성계수가 매우 작다.
④ 고압증기양생한 콘크리트는 보통양생한 것에 비해 철근의 부착강도가 약 1/2이 되므로 철근콘크리트 부재에 적용하는 것은 바람직하지 못하다.

해설
고압증기양생한 콘크리트는 보통 양생한 콘크리트와 열팽창계수 및 탄성계수에 차이가 없다.

03 콘크리트의 받아들이기 품질검사에 대한 설명으로 틀린 것은?

① 콘크리트의 받아들이기 검사는 콘크리트가 타설된 이후에 실시하는 것을 원칙으로 한다.
② 굳지 않은 콘크리트의 상태는 외관 관찰에 의하며, 콘크리트 타설 개시 및 타설 중 수시로 검사하여야 한다.
③ 바다 잔골재를 사용한 콘크리트의 염소이온량은 1일에 2회 시험하여야 한다.
④ 강도검사는 콘크리트의 배합검사를 실시하는 것을 표준으로 한다.

해설
콘크리트 강도검사는 콘크리트의 배합검사를 실시하는 것을 표준으로 하며 배합검사를 하지 않는 경우에는 압축강도시험에 의한 검사를 실시한다.

04 콘크리트 다지기에 대한 설명으로 틀린 것은?

① 내부진동기는 연직방향으로 일정한 간격으로 찔러 넣는다.
② 내부진동기를 하층의 콘크리트 속으로 0.1m 정도 찔러 넣는다.
③ 내부진동기는 콘크리트를 횡방향으로 이동시킬 목적으로 사용해서는 안 된다.
④ 콘크리트를 타설한 직후에는 절대 거푸집의 외측에 진동을 주어서는 안 된다.

해설
콘크리트 타설 후 외부 거푸집에 대하여 외부 진동장비로 충격을 주어서 거푸집 내부에 구석구석 콘크리트가 잘 채워질 수 있도록 하며 밀실한 콘크리트가 되도록 하는 것이 필요하다.

정답 01 ② 02 ③ 03 ① 04 ④

05 수중 콘크리트의 시공에서 주의해야 할 사항으로 틀린 것은?

① 콘크리트는 수중에 낙하시키지 않아야 한다.
② 물막이를 설치하여 물을 정지시킨 정수 중에서 타설하는 것을 원칙으로 한다.
③ 한 구획의 콘크리트 타설을 완료한 후 레이턴스를 모두 제거하고 다시 타설하여야 한다.
④ 완전히 물막이를 할 수 없어 콘크리트를 유수 중에 타설할 때 한계유속은 5m/s이하로 하여야 한다.

[해설]
완전히 물막이를 할 수 없어 콘크리트를 유수 중에 타설할 때 한계유속은 5cm/s 이하로 하여야 한다.

06 골재의 단위용적이 $0.7m^3$인 콘크리트에서 잔골재율이 40%이고, 잔골재의 비중이 2.58이면 단위 잔골재량은 얼마인가?

① 710.6kg/m³   ② 722.4kg/m³
③ 745.2kg/m³   ④ 750.0kg/m³

[해설]
단위 잔골재량
S = 잔골재단위용적 × 잔골재밀도
  = (0.7×0.4)×2.58×1000
  = 722.4kg/m³

07 15회의 시험실적으로부터 구한 콘크리트 압축강도의 표준편차가 2.5MPa이고, 콘크리트의 설계기준압축강도가 30MPa인 경우 콘크리트의 배합강도는?

① 32.89MPa   ② 33.26MPa
③ 33.89MPa   ④ 34.26MPa

[해설]
1) 시험실적에 따른 표준편차 보정계수

시험횟수	보정계수
15회	1.16
20회	1.08
25회	1.03
30회	1

2) 시험횟수 15회일 때 표준편차의 보정계수가 1.16이므로 수정된 표준편차
$S = 1.16 \times 2.5 = 2.9 MPa$

3) 설계기준 강도 35MPa 이하이므로
$f_{cr} = f_{ck} + 1.34S$
$= 30 + 1.34 \times 2.9 = 33.89 MPa$
$f_{cr} = (f_{ck} - 3.5) + 2.33S$
$= (30 - 3.5) + 2.33 \times 2.9$
$= 33.26 MPa$
두 값 중에서 큰 값을 배합강도를 정한다.
∴ $f_{cr} = 33.89 MPa$

08 경량골재 콘크리트의 특징으로 틀린 것은?

① 강도가 작다.
② 흡수율이 작다.
③ 탄성계수가 작다.
④ 열전도율이 작다.

[해설]
경량골재는 흡수율이 크다.

09 프리스트레스트 콘크리트에 대한 설명으로 틀린 것은?

① 프리스트레싱할 때의 콘크리트 압축강도는 프리텐션 방식으로 시공할 경우 30MPa이상이어야 한다.
② 프리스트레스트 그라우트에 사용하는 혼화제는 블리딩 발생이 없는 타입의 사용을 표준으로 한다.
③ 서중 시공의 경우에는 지연제를 겸한 감수제를 사용하여 그라우트 온도가 상승되거나 그라우트가 급결되지 않도록 하여야 한다.
④ 굵은 골재의 최대 치수는 보통의 경우 40mm를 표준으로 한다. 그러나 부재치수, 철근간격, 펌프압송 등의 사정에 따라 25mm를 사용할 수도 있다.

[해설]
프리스트레스트 콘크리트 굵은골재 최대치수는 보통의 경우 25mm를 표준으로하며, 부재치수, 철근간격, 펌프압송 등의 사정에 따라 20mm를 사용할 수도 있다.

10 콘크리트의 재료분리 현상을 줄이기 위한 사항으로 틀린 것은?

① 잔골재율을 증가시킨다.
② 물-시멘트비를 작게 한다.
③ 포졸란을 적당량 혼합한다.
④ 굵은 골재를 많이 사용한다.

해설
일반적으로 굵은골재를 많이 사용하면 콘크리트강도, 내구성, 수밀성 등이 좋아지나 지나치게 많이 사용하면 잔골재율 및 단위수량의 감소로 콘크리트 작업성이 떨어져서 재료분리의 원인이 된다.

11 숏크리트 시공에 대한 주의사항으로 틀린 것은?

① 숏크리트 작업에서 반발량이 최소가 되도록 하고, 리바운드된 재료는 즉시 혼합하여 사용하여야 한다.
② 숏크리트는 빠르게 운반하고, 급결제를 첨가한 후는 바로 뿜어붙이기 작업을 실시하여야 한다.
③ 대기 온도가 10°C이상일 때 뿜어붙이기를 실시하며, 그 이하의 온도일 때는 적절한 온도대책을 세운 후 실시한다.
④ 숏크리트는 뿜어붙인 콘크리트가 흘러내리지 않는 범위의 적당한 두께를 뿜어붙이고, 소정의 두께가 될 때까지 반복해서 뿜어붙여야 한다.

해설
숏크리트 작업에서 반발량이 최소가 되도록하고, 리바운드된 재료는 혼합하여 사용해서는 안된다.

12 유동화 콘크리트에 대한 설명으로 틀린 것은?

① 유동화 콘크리트의 슬럼프 값은 최대 210 mm이하로 한다.
② 유동화제는 질량 또는 용적으로 계량하고, 그 계량 오차는 1회에 1% 이내로 한다.
③ 유동화 콘크리트의 슬럼프 증가량은 100 mm이하를 원칙으로 하며, 50~80mm를 표준으로 한다.
④ 베이스 콘크리트 및 유동화 콘크리트의 슬럼프 및 공기량 시험은 $50m^3$마다 1회씩 실시하는 것을 표준으로 한다.

해설
유동화제 첨가량은 일반적으로 콘크리트를 비비는 용적 계산에서 무시해도 좋다.(시멘트 질량의 1%이하)

13 일반콘크리트 비비기로부터 타설이 끝날때까지의 시간 한도로 옳은 것은?

① 외기온도에 상관없이 1.5시간을 넘어서는 안 된다.
② 외기온도에 상관없이 2시간을 넘어서는 안 된다.
③ 외기온도가 25°C이상일 때에는 1.5시간, 25°C미만일 때에는 2시간을 넘어서는 안 된다.
④ 외기온도가 25°C 이상일 때에는 2시간, 25°C미만일 때에는 2.5시간을 넘어서는 안 된다.

해설
외기온도가 25°C이상일 때에는 1.5시간, 25°C미만일 때에는 2시간을 넘어서는 안 된다.

정답 10 ④ 11 ① 12 ② 13 ③

14 프리스트레스트 콘크리트 그라우트에 대한 설명으로 틀린 것은?

① 물-결합재비는 55%이하로 한다.
② 블리딩률은 0%를 표준으로 한다.
③ 팽창률은 팽창성 그라우트에서는 0~10%를 표준으로 하여야 한다.
④ 부재 콘크리트와 긴장재를 일체화시키는 부착강도는 재령 28일의 압축강도로 대신하여 설정할 수 있다.

해설
프리스트레스트 콘크리트 그라우트
1) 블리딩률은 0%를 표준으로 한다.
2) 팽창성 그라우트의 팽창률은 0~10%를 표준으로 한다.
3) 물-결합재비는 45% 이하로 한다.

15 콘크리트 타설에 대한 설명으로 틀린 것은?

① 콘크리트를 2층 이상으로 나누어 타설할 경우, 상층의 콘크리트 타설은 원칙적으로 하층의 콘크리트가 굳기 시작하기 전에 해야 한다.
② 콘크리트 타설 도중에 표면에 떠올라 고인 블리딩수가 있을 경우에는 표면에 홈을 만들어 제거하여야 한다.
③ 한 구획 내의 콘크리트는 타설이 완료될때까지 연속해서 타설해야 한다.
④ 콘크리트는 그 표면이 한 구획 내에서는 거의 수평이 되도록 타설하는 것을 원칙으로 한다.

해설
블리딩에 의하여 고인물을 제거하기 위하여 표면에 홈을 만드는 경우 오히려 시공이음의 하자가 될 수 있다.

16 콘크리트의 작업성(workability)을 증진시키기 위한 방법으로서 적당하지 않은 것은?

① 입도나 입형이 좋은 골재를 사용한다.
② 혼화재료로서 AE제나 감수제를 사용한다.
③ 일반적으로 콘크리트 반죽의 온도상승을 막아야 한다.
④ 일정한 슬럼프의 범위에서 시멘트량을 줄인다.

해설
일정한 슬럼프의 범위에서 시멘트량을 줄이면 단위수량도 감소되어 작업성이 감소된다.

17 한중 콘크리트에 대한 설명으로 틀린 것은?

① 하루의 평균기온이 4°C 이하가 예상되는 조건일 때는 한중 콘크리트로 시공하여야 한다.
② 재료를 가열할 경우, 물 또는 골재를 가열하는 것으로 하며, 시멘트는 어떠한 경우라도 직접 가열할 수 없다.
③ 한중 콘크리트에는 공기연행 콘크리트를 사용하는 것을 원칙으로 한다.
④ 타설할 때의 콘크리트 온도는 구조물의 단면치수, 기상조건 등을 고려하여 25~30°C의 범위에서 정하여야 한다.

해설
타설할 때의 콘크리트 온도는 구조물의 단면 치수, 기상 조건 등을 고려하여 5~20°C의 범위에서 정하여야 한다. 기상 조건이 가혹한 경우나 부재 두께가 얇을 경우에는 칠 때의 콘크리트의 최저온도는 10°C 정도를 확보하여야 한다.

18 콘크리트의 성능저하 원인의 하나인 알칼리 골재 반응에 대한 설명으로 틀린 것은?

① 알칼리골재 반응을 억제하기 위하여 단위시멘트량을 크게 하여야 한다.
② 알칼리골재 반응은 고로슬래그 미분말, 플라이애시 등의 포졸란 재료에 의해 억제된다.
③ 알칼리골재 반응은 알칼리-실리카 반응, 알칼리-탄산염 반응, 알칼리-실리케이트 반응으로 분류한다.
④ 알카리골재 반응이 진행되면 무근콘크리트에서는 거북이등과 같은 균열이 진행된다.

해설
알카리 골재 반응을 억제하기 위하여 단위시멘트량 사용을 줄여서 시멘트의 알카리 성분 함량 낮추는 것이 필요하다.

19 콘크리트 배합설계 시 굵은 골재 최대치수의 선정방법으로 틀린 것은?

① 단면이 큰 구조물인 경우 40mm를 표준으로 한다.
② 일반적인 구조물의 경우 20mm 또는 25mm를 표준으로 한다.
③ 거푸집 양 측면 사이의 최소 거리의 1/3을 초과해서는 안 된다.
④ 개별 철근, 다발철근, 긴장재 또는 덕트사이 최소 순간격의 3/4을 초과해서는 안된다.

해설
굵은골재 최대치수 선정방법
1) 거푸집 양 측면 사이의 최소 거리의 1/5을 초과해서는 안 된다.
2) 슬래브 두께의 1/3 이하

20 콘크리트의 크리프에 영향을 미치는 요인에 대한 설명으로 틀린 것은?

① 온도가 높을수록 크리프는 증가한다.
② 조강시멘트는 보통시멘트보다 크리프가 작다.
③ 단위 시멘트량이 많을수록 크리프는 감소한다.
④ 물-시멘트비, 응력이 클수록 크리프는 증가한다.

해설
단위 시멘트량이 많을수록 크리프는 증가한다.

제2과목 건설시공 및 관리

21 보강토 옹벽의 뒤채움재료로 가장 적합한 흙은?

① 점토질흙 ② 실트질흙
③ 유기질흙 ④ 모래 섞인 자갈

해설
보강토 뒷채움재는 흙의 마찰각이 있는 모래 섞인 자갈이 적합하다.

22 준설능력이 크고 대규모 공사에 적합하여 비교적 넓은 면적의 토질준설에 알맞고 선(船)형에 따라 경질토 준설도 가능한 준설선은?

① 그래브 준설선 ② 디퍼 준설선
③ 버킷 준설선   ④ 펌프 준설선

해설
버켓 준설선(Bucket Dredger)
1) Bucket 준설선은 상향식 에스컬레이터와 같은 사다리를 물밑까지 내리고 체인으로 연결된 많은 버킷들이 사다리 주위를 무한궤도로 돌게 하면서 바닥의 흙·모래 등을 긁어 담는 준설방식
2) 특 징
준설능력이 크고 대규모 공사에 적합하다. 넓은 면적의 토질 준설에 적합하고 선(船)형에 따라 경질토 준설이 가능하다. 굴착면을 평탄하게 해저를 비교적 고르게 준설할 수 있다.

정답 18 ① 19 ③ 20 ③ 21 ④ 22 ③

23 37,800m³(완성된 토량)의 성토를 하는데 유용토가 40,000m³(느슨한 토량)이 있다. 이때 부족한 토량은 본바닥 토량으로 얼마인가?(단, 흙의 종류는 사질토이고 토량의 변화율은 L=1.25, C=0.90이다.)

① 8,000m³　② 9,000m³
③ 10,000m³　④ 11,000m³

해설

1) 본바닥토량 = $37,800 \times \dfrac{1}{0.9} = 42,000$
2) 본바닥토량 = $40,000 \times \dfrac{1}{1.25} = 32,000$
3) 부족토량 = $42,000 - 32,000 = 10,000 m^3$

24 벤치 컷에서 벤치의 높이가 8m, 천공간경이 4m, 최소 저항선이 4m일 때 암석 굴착할 경우 장약량은? (단, 폭파계수(C)는 0.181이다.)

① 20.0kg　② 23.2kg
③ 31.2kg　④ 35.6kg

해설

장약량(L)
$L = C \cdot S \cdot W \cdot H$
$= 0.181 \times 4 \times 4 \times 8 = 23.2$ kg
여기서 L : 장약량(kg), C : 폭파계수
W : 최소저항선(m), H : 벤치높이(m)
S : 천공간격

25 유토곡선(Mass curve)의 성질에 대한 설명으로 틀린 것은?

① 유토곡선의 최댓값, 최솟값을 표시하는 점은 절토와 성토의 경계를 말한다.
② 유토곡선의 상승부분은 성토, 하강부분은 절토를 의미한다.
③ 유토곡선의 기선아래에서 종결될 때에는 토량이 부족하고 기선위에서 종결될 때에는 토량이 남는다.
④ 기선상에서의 토량은 "0"이다.

해설

유토곡선의 성질

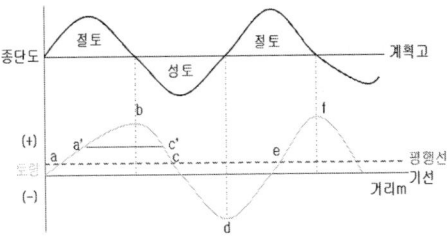

1) 유토곡선에서 상향구간(a∩b, d∩f)은 절토, 하향구간(b~d)은 성토
2) 절토에서 성토의 경계점은 극대점 성토에서 절토의 경계점은 극소점
3) 기선(기본선)에 평행한 임의직선을 그어 곡선과의 교점을 절토와 성토가 평행되게 하는선을 평행선
4) 평균운반거리 : a∩c 구간의 평균운반거리는 a'c'
5) 토적곡선이 기선 위에서 끝나면 토량이 남는것을 뜻하고, 반대이면 토량이 부족하다는 뜻.

26 교량의 구조에 따른 분류 중 아래에서 설명하는 교량 형식은?

> 주탑, 케이블, 주형의 3요소로 구성되어 있고, 케이블을 주형에 정착시킨 교량형식이며, 장지간 교량에 적합한 형식으로서 국내 서해대교에 적용된 형식이다.

① 사장교　② 현수교
③ 아치교　④ 트러스교

해설

사장교(cable-stayed girder bridge)
1) 주탑에서 비스듬히 친 케이블로 거더를 매단 교량으로 경간(徑間) 200~340m 정도 범위의 도로교에 많이 사용되며, 미관이 뛰어난 설계가 가능하다.
2) 한국에는 올림픽대교, 서해대교, 인천대교, 진도대교, 돌산대교 등이 있다

27 공기케이슨 공법의 장점에 대한 설명으로 틀린 것은?

① 토층의 확인이 가능하다.
② 장애물 제거가 용이하다.
③ 보일링 현상 및 히빙 현상의 방지로 인접 구조물에 대한 피해가 없다.
④ 소규모의 공사나 깊이가 얕은 경우에도 경제적이다.

해설
대규모의 공사나 깊이가 깊은 경우에 경제적이다.

28 아스팔트 콘크리트포장의 소성변형(rutting)에 대한 설명으로 틀린 것은?

① 아스팔트 콘크리트포장의 노면에서 차의 바퀴가 집중적으로 통과하는 위치에 생기는 도로연장 방향으로의 변형을 말한다.
② 하절기의 이상 고온 및 아스팔트량이 많은 경우 발생하기 쉽다.
③ 침입도가 작은 아스팔트를 사용하거나 골재의 최대치수가 큰 경우 발생하기 쉽다.
④ 변형이 발생한 위치에 물이 고일 경우 수막현상 등을 일으켜 주행 안전성에 심각한 영향을 줄 수 있다.

해설
침입도가 큰 아스팔트를 사용하거나 골재의 최대치수가 작은 경우 발생하기 쉽다.

29 그림과 같은 절토 단면도에서 길이 300m에 대한 토량은?

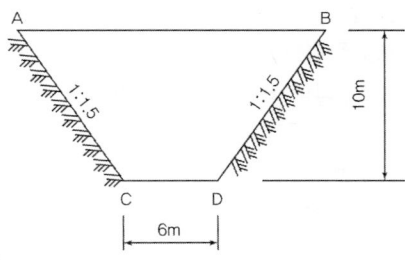

① 5700m³ ② 6030m³
③ 6300m³ ④ 6600m³

해설
∴ 토량 : $\dfrac{(36+6)}{2} \times 300 = 6,300 m^3$

30 PERT와 CPM의 차이점에 대한 설명으로 틀린 것은?

① PERT의 주목적은 공기단축, CPM은 공사비 절감이다.
② PERT는 작업 중심의 일정계산이고, CPM은 결합점 중심의 일정계산이다.
③ PERT는 3점 시간 추정이고, CPM은 1점 시간 추정이다.
④ PERT의 이용은 신규사업, 비반복사업에 이용되고, CPM은 반복사업, 경험이 있는 사업에 이용된다.

해설
PERT는 결합점 중심의 일정계산이고, CPM은 작업활동 중심의 일정계산이다.

31 댐에 관한 일반적인 설명으로 틀린 것은?

① 흙댐(Earth dam)은 기초가 다소 불량해도 시공할 수 있다.
② 중력식 댐(Gravity dam)은 안전율이 가장 높고 내구성도 크나 설계이론이 복잡하다.
③ 아치 댐(Arch dam)은 암반이 견고하고 계곡폭이 좁은 곳에 적합하다.
④ 부벽식 댐(Buttress dam)은 구조가 복잡하여 시공이 곤란하고 강성이 부족한 것이 단점이다.

해설
중력식 댐은 설계이론이 간단하고 자중이 크므로 견고한 지반이 필요하다.

정답 27 ④ 28 ③ 29 ③ 30 ② 31 ②

32 암거의 배열방식 중 집수지거를 향하여 지형의 경사가 완만하고, 같은 습윤상태인 곳에 적합하며, 1개의 간선집수지 또는 집수지거로 가능한 한 많은 흡수거를 합류하도록 배열하는 방식은?

① 자연식(Natural system)
② 차단식(Intercepting system)
③ 빗식(Gridiron system)
④ 집단식(Grouping system)

해설
암거의 배열방식
(1) 자연식
   자연지형에 맞추어서 암거를 매설하는 방식
(2) 차단식
   인접한 지대, 배수 지구를 둘러싼 높은 지대에서의 침투수를 차단할 수 있는 위치에 설치하여 배수구 내의 침투수를 막을 수 있는 곳에 암거를 설치하는 배열방식
(3) 빗 식
   집수 지거를 향하여 지형의 경사가 완만하고 같은 습윤상태인 곳에 적합한 배열방식으로, 1개의 간선 집수지 또는 집수지거로 되도록 많은 흡수거를 합류하도록 만든 배열방식
(4) 집단식
   1개 지구내에 여러개의 형태의 소규모 암거배수를 집단적으로 설치하여 배수시키는 배열방식
(5) 어골식
   길이가 길고 폭이 좁은 오목한 지대의 중앙에 집수 지거가 가로로 배치되어 있고 흡수거가 그 양쪽에서 합류하여 물고기뼈와 같은 형태의 배열방식

33 강말뚝의 부식에 대한 대책으로 적당하지 않은 것은?

① 초음파법
② 전기 방식법
③ 도장에 의한 방법
④ 말뚝의 두께를 증가시키는 방법

해설
초음파법은 음파를 피사체에 보내 돌아오는 파의 시간을 가지고 구조물의 강도 및 결함유무 등을 파악

34 흙의 지지력 시험과 직접적인 관계가 없는 것은?

① 평판재하시험 ② CBR 시험
③ 표준관입시험 ④ 정수위 투수시험

해설
정수위 투수시험은 투수계수 관련 시험이다.

35 아래 그림과 같은 네트워크 공정표에서 전체공기는?

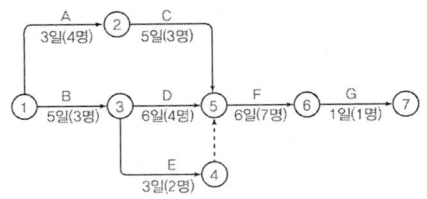

① 12일   ② 15일
③ 18일   ④ 21일

해설

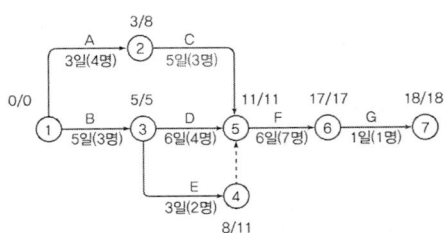

C.P : B → D → F → G
전체 공기 : 18일

36 딥퍼(dipper)용량이 $0.8m^3$일 때 파워 셔블의 1일 작업량을 구하면? (단, 사이클 타임은 30초, 딥퍼 계수는 1.0, 흙의 토량 변화율(L)은 1.25, 작업효율은 0.6, 1일 운전시간은 8시간이다.)

① $286.64m^3/day$ ② $324.52m^3/day$
③ $368.64m^3/day$ ④ $452.50m^3/day$

정답 32 ③ 33 ① 34 ④ 35 ③ 36 ③

해설
1) 시간당 작업량
$$Q = \frac{3{,}600q \cdot k \cdot f \cdot E}{C_m}$$
$$= \frac{3600 \times 0.8 \times 1.0 \times \frac{1}{1.25} \times 0.6}{30}$$
$$= 46.08 m^3/hr$$

2) 1일 작업량
46.08×8=368.64m³/day
∴ 1일 작업량 : 368.64m³/day

37 15t의 덤프트럭에 1.2m³의 버킷을 갖는 백호로 흙을 적재하고자 한다. 흙의 밀도가 1.7t/m³이고, 토량변화율 L=1.25이고, 버킷계수가 0.9일 때 트럭 1대당 백호 적재횟수는?

① 5회　　② 8회
③ 11회　　④ 14회

해설
1) $q_t = \frac{T}{\gamma_t} L = \frac{15}{1.7} \times 1.25 = 11.03 m^3$

2) $n = \frac{q_t}{qk} = \frac{11.03}{1.2 \times 0.9} = 10.21 ≒ 11회$

38 폭우 시 옹벽 배면의 흙은 다량의 물을 함유하게 되는데 뒤채움 흙에 배수 시설이 불량할 경우 침투수가 옹벽에 미치는 영향에 대한 설명으로 틀린 것은?

① 수평 저항력의 증가
② 활동면에서의 양압력 증가
③ 옹벽 저면에서의 양압력 증가
④ 포화 또는 부분포화에 의한 흙의 무게 증가

해설
배수시설이 불량한 경우 수평력 증가 한다.

39 시멘트 콘크리트 포장에 대한 설명으로 틀린 것은?

① 내구성이 풍부하다.
② 재료구입이 용이하다.
③ 부분적인 보수가 곤란하다.
④ 양생기간이 짧고, 주행성이 좋다.

해설
시멘트 콘크리트 포장은 양생 기간이 길고 주행성이 아스콘 포장보다 안좋다.

40 다음에서 설명하는 조절발파 공법의 명칭은?

> 원리는 쿠션 블라스팅 공법과 같으나 굴착선에 따라 천공하여 주굴착의 발파공과 동시에 점화하고 그 최종단에서 발파시키는 것이 이 공법의 특징이다.

① 벤치 컷　　② 라인 드릴링
③ 프리스플리팅　　④ 스무스 블라스팅

해설
스무스 블라스팅(Smooth Blasting)
1) 터널 단면의 최 외각부의 발파공에 주로 사용하며 여굴을 최소화하기 위해서 Line Drilling 하거나 큰 천공경에 작은 약포경을 사용하여 Decoupling 지수를 높이면서 정밀화약(FINEX)을 사용하는 발파공법
2) 원리는 쿠션블라스팅과 같으나 굴착선에 따라 천공하여 주굴착의 발파공과 동시에 점화하고 그 최종단에서 발파시키는 것이 이 공법의 특징.

제3과목　건설재료 및 시험

41 강의 열처리 방법 중에서 800~1000°C로 가열시킨 후 공기 중에서 서서히 냉각하여 강속의 조직이 치밀하게 되고 잔류응력이 제거되게 하는 방법은?

① 뜨임　　② 풀림
③ 불림　　④ 담금질

해설

강의 열처리
① 풀림
 1) 강을 적당한 온도(800~1,000℃)로 일정한 시간 가열한 후에 용광로 안에서 서서히 냉각시키는 방법
 2) 강을 연화, 결정조직을 균질화, 내부응력의 제거, 및 강의 기계적 물리적 성질변화를 목적으로 한다.
② 불림
 1) 800~1000℃로 가열시킨 후 공기 중에서 서서히 냉각하여 강속의 조직이 치밀하게되고 잔류응력이 제거되게 하는 방법
 2) 불균질한 조직을 미세화하고 균질화, 기계적 성질 향상, 강의 내부변형 및 응력의 제거 등을 목적으로 한다.
③ 담금질
 1) 강을 700~750℃ 정도 가열했다가 물 또는 기름속에서 급냉시키는 열처리 과정을 말한다.
 2) 강의 강도 및 경도를 증대 시킬 목적으로 한다.
④ 뜨임
 1) 뜨임은 강을 담금질하면 경도는 커지나 메지기 쉬우므로 이를 변태점 이하의 적당한온도로 재가열 했다가 공기 속에서 냉각 시키는 방법
 2) 담금질한 강에 인성을 주기위하여 조직을 연화, 안정시켜서 내부응력을 없애는 열처리방법으로 소려(燒戾)라고도 한다.

42 목재의 건조방법 중 인공건조법이 아닌 것은?
 ① 수침법 ② 끓임법
 ③ 증기법 ④ 열기법

해설
목재의 건조법
1) 자연건조법 : 공기건조법, 침수법
2) 인공건조법 : 끓임법(자비법), 증기건조법, 열기건조법

43 분말도가 큰 시멘트의 성질에 대한 설명으로 옳은 것은?
 ① 응결이 늦고 발열량이 많아진다.
 ② 초기 강도는 작으나 장기 강도의 증진이 크다.
 ③ 물에 접촉하는 면적이 커서 수화작용이 늦다.
 ④ 워커빌리티(workability)가 좋은 콘크리트를 얻을 수 있다.

해설
분말도가 높은 시멘트는 물에 접촉되는 면적이 커져 워커빌리티가 좋은 콘크리트를 얻을 수 있다.

44 암석의 분류 중 성인(지질학적)에 의한 분류의 결과가 아닌 것은?
 ① 화성암 ② 퇴적암
 ③ 변성암 ④ 점토질암

해설
암석의 분류
1) 화성암
2) 퇴적암
3) 변성암

45 토목섬유 중 폴리머를 판상으로 압축시키면서 격자모양의 형태로 구멍을 내어 만든 후 여러 가지 모양으로 늘린 것으로 연약지반 처리 및 지반 보강용으로 사용되는 것은?
 ① 웨빙(webbing)
 ② 지오그리드(geogrid)
 ③ 지오텍스타일(geotextile)
 ④ 지오멤브레인(geomembrane)

해설
지오그리드
① 지오그리드는 리브(rib)사이에 대략 1~10 cm의 작은구멍을 가진 격자형 재료이다.
② 주기능으로 보강 기능 및 분리 기능이 있다.

정답 42 ① 43 ④ 44 ④ 45 ②

46 포틀랜드 시멘트(KS L 5201)에서 1종인 보통 포틀랜드 시멘트의 비카 시험에 따른 초결 및 종결 시간에 대한 규정으로 옳은 것은?

① 초결 : 60분 이상, 종결 : 10시간 이하
② 초결 : 50분 이상, 종결 : 15시간 이하
③ 초결 : 40분 이상, 종결 : 9시간 이하
④ 초결 : 120분 이상, 종결 : 10시간 이하

해설

포틀랜드 시멘트(KS L 5201)에서 1종인 보통 포틀랜드 시멘트의 비카 시험에 따른 초결 및 종결 시간에 대한 규정은 초결 : 60분 이상, 종결 : 10시간 이하

47 콘크리트용 잔골재의 안정성에 대한 설명으로 옳은 것은?

① 잔골재의 안정성은 수산화나트륨으로 5회 시험으로 평가하며, 그 손실질량은 10% 이하를 표준으로 한다.
② 잔골재의 안정성은 수산화나트륨으로 3회 시험으로 평가하며, 그 손실질량은 5% 이하를 표준으로 한다.
③ 잔골재의 안정성은 황산나트륨으로 5회 시험으로 평가하며, 그 손실질량은 10% 이하를 표준으로 한다.
④ 잔골재의 안정성은 황산나트륨으로 3회 시험으로 평가하며, 그 손실질량은 5% 이하를 표준으로 한다.

해설

콘크리트용 골재의 품질기준

잔골재	굵은 골재
· 절건밀도는 2.5g/cm³ 이상 · 흡수율은 3% 이하 · 안정성은 10% 이하	· 절건밀도는 2.5g/cm³ 이상 · 흡수율은 3% 이상 · 안정성은 12% 이하 · 마모율은 40% 이하

48 대폭파 또는 수중폭파에서 동시 폭파를 실시하기 위하여 뇌관 대신에 사용하는 것은?

① 도화선   ② 도폭선
③ 첨장약   ④ 공업용 뇌관

해설

도폭선
1) 도폭선은 폭약을 금속 또는 섬유로 피복한 끈모양의 화공품으로서, 대폭파와 수중 폭파 등을 동시 폭파할 경우 뇌관 대신 사용하는 기폭 용품이다.
2) 면화약을 심약으로 하고 마사 면사 등으로 싸서 방습 포장을 한 것으로 점폭하면 5000m/s의 폭속으로 폭굉한다.

49 부순 굵은 골재의 품질에 대한 설명으로 틀린 것은?

① 마모율은 30% 이하이어야 한다.
② 흡수율은 3% 이하이어야 한다.
③ 입자 모양 판정 실적률 시험을 실시하여 그 값이 55% 이상이어야 한다.
④ 0.08mm체 통과량은 1.0% 이하이어야 한다.

해설

콘크리트용 골재의 품질기준

잔골재	굵은 골재
· 절건밀도는 2.5g/cm³ 이상 · 흡수율은 3% 이하 · 안정성은 10% 이하	· 절건밀도는 2.5g/cm³ 이상 · 흡수율은 3% 이상 · 안정성은 12% 이하 · 마모율은 40% 이하

50 플라이애시를 사용한 콘크리트의 특성으로 옳은 것은?

① 작업성 저하   ② 수화열 증가
③ 단위수량 감소   ④ 건조수축 증가

해설

플라이애시를 사용한 콘크리트는 단위수량이 감소한다.

정답 46 ① 47 ③ 48 ② 49 ① 50 ③

51 아스팔트의 침입도 시험기를 사용하여 온도 25°C로 일정한 조건에서 100g의 표준 침이 3mm 관입했다면, 이 재료의 침입도는 얼마인가?

① 3　　　② 6
③ 30　　④ 60

해설
침입도
침입도는 침의 관입량을 0.1mm 단위로 나타낸 것을 침입도 1로 한다.
1) 0.1 : 1 = 3 : x
2) x = 30

52 콘크리트 내부에 미세한 크기의 독립기포를 형성하여 워커빌리티 및 동결융해에 대한 저항성을 높이기 위하여 사용하는 혼화제는?

① 고성능감수제　② 팽창제
③ 발포제　　　　④ AE제

해설
AE제는 워커빌리티 및 동결 융해에 대한 저항성을 향상 시킨다.

53 잔골재 A의 조립률이 2.5이고, 잔골재 B의 조립률이 2.9일 때, 이 잔골재 A와 B를 섞어 조립률 2.8의 잔골재를 만들려면 A와 B의 질량비를 얼마로 섞어야 하는가? (단, 질량비는 A:B로 나타낸다.)

① 1 : 1　　② 1 : 2
③ 1 : 3　　④ 1 : 4

해설
1) A+B=100 ················ ①
2) (2.5A+2.9B)=2.8(A+B)······ ②
3) ②에서 2.5A+2.9B=2.8A+2.8B
　　　　0.3A−0.1B = 0 ········ ③
　　　　0.3A=0.1(100−A)
　　　　0.3A=10−0.1A
4) A = 25%(1),　B=75%(3)

54 역청 재료의 성질 및 시험에 대한 설명으로 틀린 것은?

① 인화점은 연소점보다 30~60°C 정도 높다.
② 일반적으로 가열속도가 빠르면 인화점은 떨어진다.
③ 연화점 시험 시 시료를 환에 주입하고 4시간 이내에 시험을 종료한다.
④ 연화점 시험 시 중탕 온도를 연화점이 80°C이하인 경우는 5°C로, 80°C초과인 경우는 32°C로 15분간 유지한다.

해설
1) 아스팔트의 인화점은 250~320°C이고 연소점은 인화점보다 25~60°C 정도 높다.
2) 아스팔트를 가열했을 때 인화하는데 이때의 최저 온도를 인화점이라 한다.
3) 아스팔트를 계속 가열하여 불꽃이 5초 동안 계속 될때의 최저 온도를 연소점이라 한다.

55 아스팔트 시료를 일정비율 가열하여 강구의 무게에 의해 시료가 25mm 내려갔을 때 온도를 측정한다. 이는 무엇을 구하기 위한 시험인가?

① 침입도　　② 인화점
③ 연소점　　④ 연화점

해설
연화점은 시료가 규정된 거리 (25.4mm)로 처졌을 때의 온도를 의미하며, 침입도와 연화점은 반비례 상태로서 연화점은 35~75°C 정도이다.

정답 51 ③　52 ④　53 ③　54 ①　55 ④

56 콘크리트용 혼화재료에 대한 설명으로 틀린 것은?

① 고로슬래그 시멘트를 사용한 콘크리트의 경우 목표 공기량을 얻기 위해서는 보통 콘크리트에 비하여 AE제의 사용량이 증가된다.
② 고로슬래그 미분말은 비결정질의 유리질 재료로 잠재수경성을 가지고 있으며, 유리화율이 높을수록 잠재수경성 반응은 커진다.
③ 팽창재를 사용한 콘크리트의 팽창률 및 압축강도는 팽창재 혼입량이 증가할수록 계속 증가한다.
④ 실리카 퓸은 입경이 $1\mu m$이하, 평균입경은 $0.1\mu m$정도의 초미립자로 이루어진 비결정질 재료로 시멘트 수화에서 생성되는 수산화칼슘과 강력한 포졸란 반응을 한다.

해설
1) 팽창재를 사용한 콘크리트 팽창률은 팽창재 혼입량이 증가되면 될수록 증가한다.
2) 팽창재를 사용한다고 압축강도가 증가 되지는 않는다.

57 잔골재의 유해물 함유량 허용한도 중 점토 덩어리인 경우 중량백분율로 최댓값은 얼마인가?

① 1% ② 2%
③ 3% ④ 4%

해설
잔골재의 유해물 함유량

종류	최대값
점토 덩어리	1
염화물(NaCl 환산량)	0.04

58 포틀랜드 시멘트의 주성분 비율 중 수경률(Hydraulic Modulus)에 대한 설명으로 틀린 것은?

① 수경률은 CaO성분이 많을 경우 커진다.
② 수경률은 다른 성분이 일정할 경우 석고량이 많을수록 커진다.
③ 수경률이 크면 초기강도가 커진다.
④ 수경률이 크면 수화열이 큰 시멘트가 생긴다.

해설
수경률(Hydraulic modulus)
1) 수경률(HM)= $\dfrac{CaO}{SiO_2 + Al_2O_3 + Fe_2O_3}$
2) 수경률은 산성성분에 대한 염기성분의 비율을 나타내는 것으로 수경률이 클수록 초기강도가 증가하며, 석고량과는 관계가 없다.

59 단위용적질량이 1.65kg/L인 굵은 골재의 절건밀도가 2.65kg/L일 때 이 골재의 공극률은 얼마인가?

① 28.6% ② 30.3%
③ 33.3% ④ 37.7%

해설
1) 실적률
= $\dfrac{골재의\ 단위질량(100+흡수율)}{골재의\ 표건밀도}$
= $\dfrac{골재의\ 단위용적질량}{골재의\ 절건밀도} \times 100$
= $\dfrac{1.65}{2.65} \times 100 = 62.26\%$
2) 공극률
100-실적률=100-62.26=37.74

60 재료의 역학적 성질 중 재료를 두들길 때 얇게 퍼지는 성질을 무엇이라 하는가?

① 인성 ② 강성
③ 전성 ④ 취성

정답 56 ③ 57 ① 58 ② 59 ④ 60 ③

[해설]
전성
압력을 가하거나 망치로 두드리면 넓은 판으로 얇게 펴지는 성질

제4과목 토질 및 기초

61 사운딩(Sounding)의 종류에서 사질토에 가장 적합하고 점성토에서도 쓰이는 시험법은?
① 표준 관입 시험
② 베인 전단 시험
③ 더치 콘 관입 시험
④ 이스키미터(Iskymeter)

[해설]
표준관입시험
중공의 Split Spoon Sampler를 Drill Rod에 장착하여 (63.5±0.5)kg의 해머로 (76±1)cm의 높이에서 타격하여 Sampler가 30cm 관입 될 때까지 요구되는 타격횟수 N값을 구하는 시험으로, 처음 관입시 Rod 회전으로 인한 교란된 흙을 배제하기 위하여 15cm 관입에 해당하는 N값은 제외한 후 그 후 30cm 관입에 대한 타격수로 N값을 구한다.

62 지표면에 설치된 2m×2m의 정사각형 기초에 100kN/m²의 등분포 하중이 작용하고 있을 때 5m 깊이에 있어서의 연직응력 증가량을 2:1 분포법으로 계산한 값은?
① 0.83kN/m²   ② 8.16kN/m²
③ 19.75kN/m² ④ 28.57kN/m²

[해설]
$$\triangle \sigma_v = \frac{q_s \cdot B \cdot L}{(B+Z)(L+Z)} = \frac{100 \times 2 \times 2}{(2+5) \times (2+5)}$$
$$= 8.16 kN/m^2$$

63 어떤 흙의 입경가적곡선에서 D_{10}=0.05mm, D_{30}=0.09mm, D_{60}=0.15mm이었다. 균등계수(C_u)와 곡률계수(C_g)의 값은?
① 균등계수=1.7, 곡률계수=2.45
② 균등계수=2.4, 곡률계수=1.82
③ 균등계수=3.0, 곡률계수=1.08
④ 균등계수=3.5, 곡률계수=2.08

[해설]
1) 균등계수 $C_u = \dfrac{D_{60}}{D_{10}} = \dfrac{0.15}{0.05} = 3$

2) 곡률계수 $C_g = \dfrac{D_{30}^2}{D_{10} \cdot D_{60}} = \dfrac{0.09^2}{0.05 \times 0.15} = 1.08$

64 다음 중 일시적인 지반 개량 공법에 속하는 것은?
① 동결공법   ② 프리로딩 공법
③ 약액주입 공법 ④ 모래다짐말뚝 공법

[해설]
일시적 지반 개량 공법
1) 생석회 Pile 공법(산화 칼슘 CaO)
2) 소결공법
3) 동결공법
4) Well point 공법
5) 대기압공법

65 압밀시험결과 시간-침하량 곡선에서 구할 수 없는 값은?
① 초기 압축비 ② 압밀 계수
③ 1차 압밀비   ④ 선행압밀 압력

[해설]
선행압밀 하중은 e-logP 곡선에서 구할 수 있다.

정답 61 ① 62 ② 63 ③ 64 ① 65 ④

66 100% 포화된 흐트러지지 않은 시료의 부피가 20cm³이고 질량이 36g이었다. 이 시료를 건조로에서 건조시킨 후의 질량이 24g일 때 간극비는 얼마인가?

① 1.36   ② 1.50
③ 1.62   ④ 1.70

해설

1) $V_v = V_w = \dfrac{W_w}{\gamma_w} = W_w = W - W_s$
   $= 36 - 24 = 12 cm^3$

2) $e = \dfrac{V_v}{V_s} = \dfrac{V_v}{V - V_v} = \dfrac{12}{20 - 12} = 1.5$

67 Terzaghi의 1차원 압밀이론에 대한 가정으로 틀린 것은?

① 흙은 균질하다.
② 흙은 완전 포화되어 있다.
③ 압축과 흐름은 1차원적이다.
④ 압밀이 진행되면 투수계수는 감소한다.

해설

Terzaghi의 1차 압밀 가정사항
1) 흙은 균질하고 토립자 공극은 완전포화되어있다.
2) 흙 입자와 물의 비압축성이다.
3) 흙 속의 물은 Darcy 법칙에 따르며 투수계수는 압력 크기와 상관없이 일정하다.
4) 압밀침하는 일축방향 (1차원)으로만 진행된다.
5) 어떤 압력이 작용해도 토립자의 성질은 변하지 않는다.

68 흙의 투수성에서 사용되는 Darcy의 법칙 $(Q = k \cdot \dfrac{\triangle h}{L} \cdot A)$에 대한 설명으로 틀린 것은?

① △h는 수두차이다.
② 투수계수(k)의 차원은 속도의 차원(cm/s)과 같다.
③ A는 실제로 물이 통하는 공극부분의 단면적이다.
④ 물의 흐름이 난류인 경우에는 Darcy의 법칙이 성립하지 않는다.

해설

A는 물의 흐름 방향에 직교하는 흙의 단면적이다.

69 평판 재하 시험에서 재하판의 크기에 의한 영향(scale effect)에 관한 설명으로 틀린 것은?

① 사질토 지반의 지지력은 재하판의 폭에 비례한다.
② 점토지반의 지지력은 재하판의 폭에 무관하다.
③ 사질토 지반의 침하량은 재하판의 폭이 커지면 약간 커지기는 하지만 비례하는 정도는 아니다.
④ 점토지반의 침하량은 재하판의 폭에 무관하다.

해설

재하판 크기에 대한 보정
1) 점성토 기초지지력
   $q_{u(f)} = q_{u(p)}$
2) 점성토 즉시 침하량
   $S_f = S_p \cdot \dfrac{B_f}{B_p}$

   점성토 지반의 침하량은 기초크기가 증가하면 지중응력 범위가 증가하여 침하 대상층이 더 커지게 된다. 따라서 실제기초 크기와 재하판 크기에 따른 침하량은 비례관계가 성립

3) 사질토 기초지지력
   $q_{u(f)} = q_{u(p)} \cdot \dfrac{B_{(f)}}{B_{(p)}}$
4) 사질토 즉시 침하량
   $S_f = S_p \cdot (\dfrac{2B_f}{B_p + B_f})^2$

정답 66 ② 67 ④ 68 ③ 69 ④

70 Paper drain 설계 시 Drain paper의 폭이 10cm, 두께가 0.3cm일 때 Drain paper의 등치환산원의 직경이 약 얼마이면 Sand drain과 동등한 값으로 볼 수 있는가? (단, 형상계수(α)는 0.75이다.)

① 5cm ② 8cm
③ 10cm ④ 15cm

해설
등치환산원 직경
$$D = \alpha \frac{2A+2B}{\pi} = 0.75 \times \frac{2\times 10 + 2 \times 0.3}{\pi} = 5cm$$

71 점착력이 8kN/m², 내부 마찰각이 30°, 단위중량 16kN/m³인 흙이 있다. 이 흙에 인장균열은 약 몇 m 깊이까지 발생할 것인가?

① 6.92m ② 3.73m
③ 1.73m ④ 1.00m

해설
인장균열깊이
$$Z_c = \frac{2c \tan(45° + \frac{\phi}{2})}{\gamma_t} = \frac{2 \times 8 \times \tan(45+\frac{30}{2})}{16} = 1.73m$$

72 그림에서 A점 흙의 강도정수가 c'=30kN/m², ϕ'=30°일 때, A점에서의 전단강도는? (단, 물의 단위중량은 9.81kN/m³이다.)

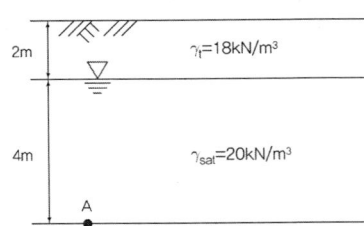

① 69.31kN/m² ② 74.32kN/m²
③ 96.97kN/m² ④ 103.92kN/m²

해설
1) 지반의 전단강도
   $\tau = c + \overline{\sigma} \cdot \tan\phi$
2) 유효응력
   $\overline{\sigma} = 18 \times 2 + (20 - 9.81) \times 4 = 76.76 kN/m^2$
   ∴ 전단강도 $= 30 + 76.76\tan30°$
   $= 74.32 kN/m^2$

73 말뚝 지지력에 관한 여러 가지 공식 중 정역학적 지지력 공식이 아닌 것은?

① Dörr의 공식
② Terzaghi의 공식
③ Meyerhof의 공식
④ Engineering news 공식

해설
Engineering-News 공식은 동역학적 공식에 해당된다.

74 외경이 50.8mm, 내경이 34.9mm인 스플릿 스푼 샘플러의 면적비는?

① 112% ② 106%
③ 53% ④ 46%

해설
면적비
면적비는 샘플러를 삽입함으로써 배제되는 흙체적의 비율을 나타내며 시료면적비가 10%이하 시 불교란으로 판정
$$A_r = \frac{D_o^2 - D_i^2}{D_i^2} \times 100$$
$$A_r = \frac{50.8^2 - 34.9^2}{34.9^2} \times 100 = 112\%$$

정답 70 ① 71 ③ 72 ② 73 ④ 74 ①

75 성토나 기초지반에 있어 특히 점성토의 압밀 완료 후 추가 성토 시 단기 안정문제를 검토하고자 하는 경우 적용되는 시험법은?

① 비압밀 비배수시험
② 압밀 비배수시험
③ 압밀 배수시험
④ 일축압축시험

해설

CU 시험(압밀 비배수) 적용
1) 점토 지반을 Pre-loading 공법 등으로 미리 압밀시킨 후에 추가적으로 급속히 재하 성토를 실시하여 비배수 상태의 안정성을 검토하는 경우 적용
2) 한계성토고 이상으로 단계성토시 적용
3) 수위 급강하시 댐 제체의 상류측 안정성 검토적용
4) 이미 안정된 성토 제방에 추가로 급속 성토시공후 단기 안정성 검토

76 아래 그림과 같은 지반의 A점에서 전응력(σ), 간극수압(u), 유효응력(σ')을 구하면?(단, 물의 단위중량은 $9.81kN/m^3$이다.)

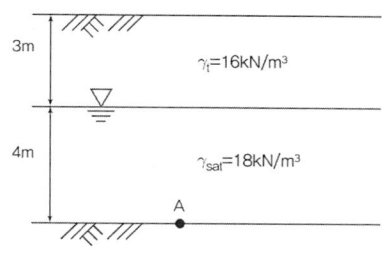

① $\sigma=100kN/m^2$, $u=9.8kN/m^2$, $\sigma'=90.2kN/m^2$
② $\sigma=100kN/m^2$, $u=29.4kN/m^2$, $\sigma'=70.6kN/m^2$
③ $\sigma=120kN/m^2$, $u=19.6kN/m^2$, $\sigma'=100.4kN/m^2$
④ $\sigma=120kN/m^2$, $u=39.2kN/m^2$, $\sigma'=80.8kN/m^2$

해설

전응력 $\sigma = 16 \times 3 + 18 \times 4 = 120 kN/m^2$
간극수압 $u = 9.81 \times 4 = 39.2 kN/m^2$
유효응력 $\sigma' = 120 - 39.2 = 80.8 kN/m^2$

77 그림과 같은 점토지반에서 안전수(m)가 0.1인 경우 높이 5m의 사면에 있어서 안전율은?

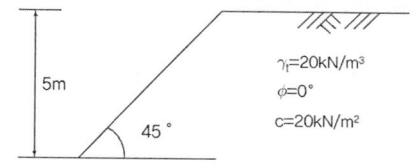

① 1.0
② 1.25
③ 1.50
④ 2.0

해설

안전율 = $\dfrac{H_c}{H}$

1) $H_c = \dfrac{N_s \cdot c}{\gamma_t} = \dfrac{\dfrac{1}{m} \times c}{\gamma_t}$

$H_c = \dfrac{N_s \cdot c}{\gamma_t} = \dfrac{\dfrac{1}{m} \times c}{\gamma_t} = \dfrac{\dfrac{1}{0.1} \times 20}{20} = 10m$

여기서 N_s : 안정계수

∴ 안전율 $= \dfrac{H_c}{H} = \dfrac{10}{5} = 2$

78 흙의 다짐에 대한 설명으로 틀린 것은?

① 최적함수비로 다질 때 흙의 건조밀도는 최대가 된다.
② 최대건조밀도는 점성토에 비해 사질토일수록 크다.
③ 최적함수비는 점성토일수록 작다.
④ 점성토일수록 다짐곡선은 완만하다.

해설

최적함수비는 점성토일수록 크다.

79 얕은 기초에 대한 Terzaghi의 수정지지력 공식은 아래의 표와 같다. 4m×5m의 직사각형 기초를 사용할 경우 형상계수 α와 β의 값으로 옳은 것은?

$$q_u = \alpha c N_c + \beta \gamma_1 B N_\gamma + \gamma_2 D_f N_q$$

① α=1.18, β=0.32
② α=1.24, β=0.42
③ α=1.28, β=0.42
④ α=1.32, β=0.38

해설

$\alpha = 1 + 0.3 \cdot \dfrac{B}{L} = 1 + 0.3 \times \dfrac{4}{5} = 1.24$

$\beta = 0.5 - 0.1 \cdot \dfrac{B}{L} = 0.5 - 0.1 \times \dfrac{4}{5} = 0.42$

80 어느 모래층의 간극률이 35%, 비중이 2.66이다. 이 모래의 분사현상(Quick Sand)에 대한 한계동수경사는 얼마인가?

① 0.99   ② 1.08
③ 1.16   ④ 1.32

해설

한계동수경사

1) $i_{cr} = \dfrac{\gamma_{sub}}{\gamma_w}$

2) $\gamma_{sub} = \dfrac{(Gs-1)}{1+e} \cdot \gamma_w$

3) $e = \dfrac{n}{1-n} = \dfrac{0.35}{1-0.35} = 0.538$

$\therefore i_{cr} = \dfrac{\gamma_{sub}}{\gamma_w} = \dfrac{\dfrac{(2.66-1)}{1+0.538}}{1} \times 1 = 1.08$

정답 79 ② 80 ②

2020 기출문제 제3회 건설재료시험기사

제1과목 콘크리트공학

01 한중 콘크리트의 양생에 관한 사항 중 틀린 것은?
① 콘크리트 타설한 직후에 찬바람이 콘크리트 표면에 닿는 것을 방지하였다.
② 소요 압축강도가 얻어질 때까지 콘크리트의 온도를 5°C이상으로 유지하여 양생하였다.
③ 소요 압축강도에 도달한 후 2일간은 구조물을 0°C 이상으로 유지하여 양생하였다.
④ 구조물이 보통의 노출상태였기 때문에 콘크리트 압축강도가 3MPa인 것을 확인하고 초기양생을 중단하였다.

해설
1) 한중 콘크리트는 소요 압축강도가 얻어질 때까지 콘크리트의 온도를 5°C이상으로 유지하여야 하며, 또한 소요 압축강도에 도달한 후 2일간은 구조물의 어느 부분이라도 0°C이상이 되도록 유지하여야 한다.
2) 구조물이 보통의 노출상태였기 때문에 콘크리트 압축강도가 5MPa인 것을 확인하고 초기양생을 중단하였다.

02 구속되어 있지 않은 무근 콘크리트 부재의 건조수축률이 500×10^{-6}일 때 콘크리트에 작용하는 응력의 크기는? (단, 콘크리트의 탄성계수는 25GPa이다.)
① 인장응력 5.0MPa
② 압축응력 12.5MPa
③ 인장응력 12.5MPa
④ 응력이 발생하지 않는다.

해설
콘크리트 구조물이 구속되어 있지 않은 무근 콘크리트 조건이므로 콘크리트에 응력이 발생하지 않는다.

03 콘크리트의 탄산화 반응에 대한 설명 중 틀린 것은?
① 온도가 높을수록 탄산화 속도는 빨라진다.
② 이 반응으로 시멘트의 알칼리성이 상실되어 철근의 부식을 촉진시킨다.
③ 보통포틀랜드시멘트의 탄산화 속도는 혼합시멘트의 탄산화 속도보다 빠르다.
④ 경화한 콘크리트의 표면에서 공기 중의 탄산가스에 의해 수산화칼슘이 탄산칼슘으로 바뀌는 반응이다.

해설
1) 보통포틀랜드 시멘트의 탄산화 속도는 혼합시멘트의 탄산화 속도보다 느리다.
2) 보통포틀랜드 시멘트가 혼합시멘트보다 시멘트 성분(알카리 성분)이 많아 탄산화 저항성에 유리하다.

04 단위골재의 절대용적이 0.70m³인 콘크리트에서 잔골재율이 30%일 경우 잔골재의 표건밀도가 2.60g/cm³이라면 단위 잔골재량은 얼마인가?
① 485kg ② 546kg
③ 603kg ④ 683kg

해설
단위 잔골재량
= 단위 잔골재 절대체적×잔골재율×잔골재 비중×1,000
= (0.7×0.3)×2.6×1,000=546kg

정답 01 ④ 02 ④ 03 ③ 04 ②

05 일반 콘크리트의 비비기에 대한 설명으로 틀린 것은?

① 비비기를 시작하기 전에 미리 믹서 내부를 모르타르로 부착시켜야 한다.
② 비비기는 미리 정해둔 비비기 시간의 3배 이상 계속해서는 안 된다.
③ 믹서 안의 콘크리트를 전부 꺼낸 후에 다음 비비기 재료를 투입하여야 한다.
④ 믹서 안에 재료를 투입한 후의 비비기 시간은 가경식 믹서의 경우 3분 이상을 표준으로 한다.

해설
일반 콘크리트 비비기
1) 가경식 믹서일 때 : 1분 30초 이상
2) 강제식 믹서일 때 : 1분 이상

06 압축강도에 의한 콘크리트의 품질 검사의 시기 및 횟수, 판정기준에 대한 내용으로 틀린 것은?

① 배합이 변경 될 때마다 실시한다.
② 1회/일, 또는 구조물의 중요도와 공사의 규모에 따라 120m³ 마다 1회 실시한다.
③ 연속 3회 시험 값의 평균이 설계기준 압축강도 이상이 되어야 합격이다.
④ 설계기준압축강도가 30MPa이고, 1회 시험 값이 27MPa인 경우 불합격이다.

해설
- 시험값 $\geq (f_{ck}-3.5)$
- 27MPa $\geq$ 26.5MPa
- ∴ 합격

07 다음 중 치밀하고 내구성이 양호한 콘크리트를 만들기 위하여 조기에 콘크리트의 경화를 촉진시키는 가장 효과적인 양생방법은?

① 습윤양생 ② 피막양생
③ 살수양생 ④ 오토클레이브양생

해설
고압증기양생(오토클레이브 양생)
1) 표준양생의 28일 강도를 약 24시간 만에 달성할 수 있다.
2) 용해성의 유리석회가 없기 때문에 백태 현상이 감소된다.
3) 열팽창계수와 탄성계수는 고압증기 양생에 따른 영향을 받지 않는다.
4) 보통 양생한 것에 비해 철근 부착강도가 약 $\frac{1}{2}$로 감소 되므로 철근콘크리트 부재에 적용하는 것은 바람직하지 못하다.
5) 양생온도를 높게하면 단기강도는 증가하나 장기강도가 감소하면서 수축과 균열이 발생된다.
6) 황산염에 대한 저항성이 향상된다.

08 해양 콘크리트의 시공에 대한 설명으로 틀린 것은?

① 보통 포틀랜드 시멘트를 사용한 경우 5일 정도는 직접 해수에 닿지 않도록 보호하여야 한다.
② 만조위로부터 위로 0.6m, 간조위로부터 아래로 0.6m 사이의 감조부분에 시공이음이 생기지 않도록 한다.
③ 굵은 골재 최대치수가 20mm이고 물보라 지역인 경우, 내구성을 확보하기 위한 최소 단위결합재량은 280kg/m³이다.
④ 해상 대기 중에 건설되는 일반 현장 시공의 경우 공기연행 콘크리트의 최대 물-결합재비는 45%로 한다.

해설
단위 시멘트량은 일반적으로 280~300 kg/m³ 이상, 수중 : 300kg/m³ 해상대기중, 물 보라(비말대구간) : 330kg/m³ 이상으로 한다.

09 숏크리트에 대한 설명 중 틀린 것은?
① 일반 숏크리트의 장기 설계기준압축강도는 재령 28일로 설정하며, 그 값은 21MPa 이상으로 한다.
② 영구 지보재로 숏크리트를 적용할 경우 재령 28일 부착강도는 1.0MPa이상이 되도록 한다.
③ 숏크리트의 분진농도는 10mg/m³ 이하로 하며, 뿜어붙이기 작업 개소로부터 5m 지점에 측정한다.
④ 영구 지보재 개념으로 숏크리트를 적용할 경우 초기강도는 3시간 1.0~3.0MPa, 24시간 강도 5.0~10.0MPa 이상으로 한다.

해설
숏크리트의 분진농도는 5mg/m³이하로 하며, 뿜어붙이기 작업 개소로부터 5m 지점에 측정한다.

10 포장용 시멘트 콘크리트의 배합기준으로 틀린 것은?
① 설계기준 휨강도(f_{28})는 4.5MPa 이상이어야 한다.
② 굵은 골재의 최대치수는 40mm 이하이어야 한다.
③ 슬럼프값은 80mm 이하이어야 한다.
④ AE콘크리트의 공기량 범위는 4~6%이어야 한다.

해설
포장용 콘크리트의 배합기준

항 목	기 준
설계기준 휨강도 (f_{28})	4.5 MPa 이상
단 위 수 량	150 kg/m³ 이하
굵은 골재의 최대치수	40mm 이하
슬 럼 프	40mm 이하
공기연행 콘크리트의 공기량 범위	4~6%

11 비벼진 콘크리트를 현장의 거푸집까지 운반하는 방법이 아닌 것은?
① 슈트 ② 드래그라인
③ 벨트 컨베이어 ④ 콘크리트 펌프

해설
드래그라인
1) 드래그라인은 버킷을 와이어로프에 달아 내는 형식으로 토사를 긁어서 굴삭하는 장비
2) 주로 기계보다 낮은 장소의 굴삭에 적합하고 하상 굴착이나 골재 채취에 사용된다.

12 철근이 배치된 일반적인 구조물의 표준적인 온도균열지수의 값 중 균열 발생을 방지하여야 할 경우의 값으로 옳은 것은?
① 1.5이상 ② 1.2~1.5
③ 0.7~1.2 ④ 0.7 이하

해설
온도균열지수
1) 균열발생을 방지하여야 할 경우 : 1.5이상
2) 균열 발생을 제한할 경우 : 1.2~1.5
3) 유해한 균열 발생을 제한할 경우: 0.7~1.2

13 크리프(Creep)의 양을 좌우하는 요소로서 가장 거리가 먼 것은?
① 재하 되는 기간
② 재하 되는 응력의 크기
③ 재하 되는 콘크리트의 AE제 첨가 여부
④ 재하가 시작하는 시점의 콘크리트의 재령과 강도

해설
재하되는 콘크리트의 AE제 첨가여부는 크리프의 양을 좌우하는 요소와는 거리가 멀다.

14 프리스트레스트 콘크리트에 대한 설명 중 틀린 것은?

① 포스트텐션방식에서는 긴장재와 콘크리트와의 부착력에 의해 콘크리트에 압축력이 도입된다.
② 프리텐션방식에서는 프리스트레스 도입 시의 콘크리트 압축강도가 일반적으로 30MPa 이상 요구된다.
③ 외력에 의해 인장응력을 상쇄하기 위하여 미리 인위적으로 콘크리트에 준 응력을 프리스트레스라고 한다.
④ 프리스트레스 도입 후 긴장재의 릴랙세이션, 콘크리트의 크리프와 건조수축 등에 의해 프리스트레스의 손실이 발생한다.

해설
포스트텐션방식에서는 긴장재에 긴장력을 도입한 후 긴장재의 상향 솟음에 의해 콘크리트 하단부에 압축력이 도입된다.

15 시방배합을 통해 단위수량 170kg/m³, 시멘트량 370kg/m³, 잔골재 700kg/m³, 굵은 골재 1050kg/m³을 산출하였다. 현장골재의 입도를 고려하여 현장배합으로 수정한다면 잔골재의 양은? (단, 현장골재의 입도는 잔골재 중 5mm체에 남는 양이 10%이고, 굵은 골재 중 5mm 체를 통과한 양이 5%이다.)

① 721kg/m³ ② 735kg/m³
③ 752kg/m³ ④ 767kg/m³

해설
잔골재 입도조정(X)
$$X = \frac{100 \cdot S - b(S+G)}{100 - (a+b)}$$
$$= \frac{100 \times 700 - 5(700 + 1050)}{100 - (10+5)}$$
$$= 721 kg/m^3$$

16 일반 콘크리트 다지기에 대한 설명으로 틀린 것은?

① 콘크리트 다지기에는 내부진동기의 사용을 원칙으로 하나, 얇은 벽 등 내부진동기의 사용이 곤란한 장소에서는 거푸집 진동기를 사용해도 좋다.
② 내부진동기를 사용할 때 하층의 콘크리트 속으로 진동기가 삽입되지 않도록 하여야 한다.
③ 내부진동기는 연직으로 찔러 넣으며, 삽입 간격은 일반적으로 0.5m 이하로 하는 것이 좋다.
④ 내부진동기를 사용할 때 1개소당 진동시간은 다짐할 때 시멘트풀이 표면 상부로 약간 부상하기까지가 적절하다.

해설
내부진동기를 사용할 때 하층의 콘크리트 속으로 진동기가 삽입도록 하여야 한다.

17 굳지 않은 콘크리트에서 재료분리가 일어나는 원인으로 볼 수 없는 것은?

① 단위골재량이 적은 경우
② 단위수량이 너무 많은 경우
③ 입자가 거친 잔골재를 사용한 경우
④ 굵은 골재의 최대치수가 지나치게 큰 경우

해설
단위골재량이 적은 경우는 콘크리트 재료분리에 영향을 미치지 않는다.

18 프리스트레스트 콘크리트 그라우트의 덕트 내의 충전성을 확보하기 위한 조건으로 틀린 것은?

① 블리딩률은 0%를 표준으로 한다.
② 비팽창성 그라우트에서의 팽창률은 -0.5~0.5%를 표준으로 한다.
③ 팽창성 그라우트에서의 팽창률은 0~10%를 표준으로 한다.
④ 물-결합재비를 55% 이하로 한다.

정답 14 ① 15 ① 16 ② 17 ① 18 ④

> **해설**
> 물-결합재비는 45% 이하로 한다.

19 온도균열을 완화하기 위한 시공 상의 대책으로 맞지 않는 것은?
① 단위시멘트량을 크게 한다.
② 수화열이 낮은 시멘트를 선택한다.
③ 1회에 타설하는 높이를 줄인다.
④ 사전에 재료의 온도를 가능한 한 적절하게 낮추어 사용한다.

> **해설**
> 온도균열을 줄이기 위해서 단위시멘트량을 작게 한다.

20 콘크리트의 배합강도를 결정하기 위해서는 30회 이상의 시험실적으로부터 구한 콘크리트 압축강도의 표준편차가 필요하다. 시험횟수가 29회 이하인 경우는 압축강도의 표준편차에 보정계수를 곱하여 그 값을 구하는데 시험횟수가 23회인 경우 보정계수 값은?
① 1.10   ② 1.07
③ 1.05   ④ 1.03

> **해설**
> 23회일 때 직선보간을 한 표준편차의 보정계수
> $\alpha = 1.03 + \dfrac{(1.08-1.03) \times 2}{5} = 1.05$

제2과목 건설시공 및 관리

21 운동장 또는 광장 등 넓은 지역의 배수는 주로 어떤 배수방법으로 하는 것이 적당한가?
① 암거 배수   ② 지표 배수
③ 맹암거 배수 ④ 개수로 배수

> **해설**
> 맹암거
> ① 지하수의 집. 배수를 위하여 모래, 자갈, 호박돌, 다발로 묶은 나뭇가지 등을 땅 속에 매설한 일종의 수로이다.
> ② 주로 운동장 또는 광장과 같은 넓은 지역의 배수를 위하여 설치한다.

22 건설사업의 기획, 설계, 시공, 유지관리 등 전과정의 정보를 발주자, 관련업체 등이 전산망을 통하여 교환·공유하기 위한 통합정보시스템을 무엇이라 하는가?
① Turn Key   ② 건설B2B
③ 건설CALS   ④ 건설EVMS

> **해설**
> 건설사업의 기획, 설계, 시공, 유지관리 등 전과정의 정보를 발주자, 관련업체 등이 전산망을 통하여 교환·공유하기 위한 통합정보시스템을 건설CALS라고 한다.

23 터널공사에서 사용하는 발파 방법 중 번 컷(Burn Cut)공법의 장점에 대한 설명으로 틀린 것은?
① 폭약이 절약된다.
② 긴 구멍의 굴착이 용이하다.
③ 발파 시 버력의 비산거리가 짧다.
④ 빈 구멍을 자유면으로 하여 연직 발파를 하므로 천공이 쉽다.

> **해설**
> 번 컷(Burn-cut)
> Jumbo Drill 로 φ102mm 대구경의 무장약공을 1~3공을 천공하고 무장약공을 자유면으로하여 나머지 공을 평행하게 천공하여 일정한 시차로 발파시키는 공법으로 버력의 비산거리가 짧고 좁은 도갱에서 장공(긴구멍) 발파에 유리하다.

정답 19 ① 20 ③ 21 ③ 22 ③ 23 ④

24 그림과 같은 단면으로 성토 후 비탈면에 떼붙임을 하려고 한다. 성토량과 떼붙임 면적을 계산하면? (단, 마구리면의 떼붙임은 제외한다.)

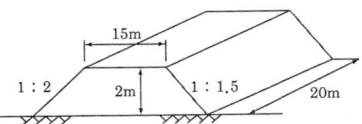

① 성토량 : 370m³, 떼붙임 면적 : 161.6m²
② 성토량 : 370m³, 떼붙임 면적 : 61.6m²
③ 성토량 : 740m³, 떼붙임 면적 : 161.6m²
④ 성토량 : 740m³, 떼붙임 면적 : 61.6m²

해설

1) 성토량
$$\frac{(15+15+4+3)}{2} \times 2 \times 20 = 740m^2$$

2) 떼붙임
$$(\sqrt{2^2+4^2}) \times 20 + (\sqrt{2^2+3^2}) \times 20 = 161.6m^2$$

25 공사 기간의 단축과 연장은 비용경사(cost slope)를 고려하여 하게 되는데 다음 표를 보고 비용 경사를 구하면?

표준상태		특급상태	
공기	비용	공기	비용
10일	35,000일	8일	45,000일

① 5,000원/일   ② 10,000원/일
③ 15,000원/일 ④ 20,000원/일

해설

비용경사 = $\frac{특급공비 - 표준공비}{표준공기 - 특급공기}$

$= \frac{45,000 - 35,000}{10 - 8} = 5,000원$

26 벤토나이트 공법을 써서 굴착벽면의 붕괴를 막으면서 굴착된 구멍에 철근 콘크리트를 넣어 말뚝이나 벽체를 연속적으로 만드는 공법은?
① Slurry wall 공법
② Earth drill 공법
③ Earth anchor 공법
④ Open cut 공법

해설

Slurry Wall 공법
가이드월을 따라 굴착장비로 계획바닥까지 굴착 후 안정액(벤토나이트)으로 벽체붕괴를 방지하면서 철근망 삽입 후 수중 콘크리트를 트레미관을 통해 지하에 타설하면서 지중 연속벽을 축조하는 공법으로, 대표적인 공법은 이코스공법, 엘제공법 등이 있다.

27 댐 기초의 시공에서 기초 암반의 변형성이나 강도를 개량하여 균일성을 주기 위하여 기초 전반에 걸쳐 격자형으로 그라우팅을 하는 방법은?
① 커튼 그라우팅
② 블랭킷 그라우팅
③ 콘택트 그라우팅
④ 콘솔리데이션 그라우팅

해설

압밀(Consolidation Grouting) 공법
1) 발파 굴착 등으로 느슨해진 불량 암반 부위의 지반을 보강, 안정 목적으로 설치하는 그라우팅으로 기초암반의 지내력을 향상.
2) 기초암반의 변형성이나 강도를 개량하여 기초암반에 균일성을 주기위하여 기초 전반에 격자형태로 그라우팅을 실시
3) 시공위치 : 기초면에 전면적 시공
4) 주입공 배치 : 3m × 3m (격자형)

28 아스팔트 콘크리트 포장에서 표층에 대한 설명으로 틀린 것은?
① 노상 바로 위의 인공층이다.
② 표면수가 내부로 침입하는 것을 막는다.
③ 기층에 비해 골재의 치수가 작은 편이다.
④ 교통에 의한 마모와 박리에 저항하는 층이다.

해설
노상 바로 위는 동상방지층 또는 보조기층으로 구성되어 있다.

29 8t 덤프트럭으로 보통 토사를 운반하고자 할 때, 적재 장비를 버킷용량 2.0m³인 백호를 사용하는 경우 백호의 적재횟수는? (단, 흙의 밀도는 1.5t/m³, 토량변화율(L)=1.2, 버킷계수(K)=0.85, 백호의 사이클 타임은 25초이다.)
① 2회 ② 4회
③ 6회 ④ 8회

해설
1) $q_t = \dfrac{T}{r_t}L = \dfrac{8}{1.5} \times 1.2 = 6.4 m^3$

2) $n = \dfrac{q_t}{q \cdot k} = \dfrac{6.4}{2 \times 0.85} = 3.76 = 4회$

30 다음에서 설명하는 교량 가설공법의 명칭은?

> 캔틸레버 공법의 일종으로 일정한 길이로 분할된 세그먼트를 공장에서 제작하여 가설현장에서는 크레인 등의 가설장비를 이용하여 상부구조를 완성하는 공법

① F.S.M ② I.L.M
③ M.S.S ④ P.S.M

해설
캔틸레버 공법의 일종으로 일정한 길이로 분할된 세그먼트를 공장에서 제작하여 가설현장에서는 크레인 등의 가설장비를 이용하여 상부구조를 완성하는 공법은 P.S.M 공법

31 토공에서 토취장 선정 시 고려하여야 할 사항으로 틀린 것은?
① 토질이 양호할 것
② 토량이 충분할 것
③ 성토장소를 향하여 상향경사(1/5~1/10)일 것
④ 운반로 조건이 양호하며, 가깝고 유지관리가 용이할 것

해설
성토 장소를 향하여 하향구배 $\dfrac{1}{50} \sim \dfrac{1}{100}$ 정도를 유지할 것

32 피어기초 중 기계에 의한 시공법이 아닌 것은?
① 베노토(Benoto) 공법
② 시카고(Chicago) 공법
③ 어스 드릴 (Earth drill) 공법
④ 리버스 서큘레이션(Reverse circulation) 공법

해설
피어기초(기계)
1) Benoto 공법(all casing 공법)
2) Earth drill 공법
3) RCD 공법

33 아스팔트포장에서 표층에 가해지는 하중을 분산시켜 보조기층에 전달하며, 교통하중에 의한 전단에 저항하는 역할을 하는 층은?
① 기층 ② 노상
③ 노체 ④ 차단층

해설
포장의 기층 아래층은 보조기층

34 셔블계 굴착기 가운데 수중작업에 많이 쓰이며, 협소한 장소의 깊은 굴착에 가장 적합한 건설기계는?

① 클램셀 ② 파워셔블
③ 어스드릴 ④ 파일드라이버

해설

크렘셀(Clam-shall)
1) 우물통과 같은 협소한 장소의 깊은굴착에 유리하다.
2) 지하철 등의 개착공사에서 버팀보 등이 많을 때에 사용에 좋다

35 교각기초를 위해 바깥지름이 10m, 깊이가 20m, 측벽두께가 50cm인 우물통 기초를 시공 중에 있다. 지반의 극한지지력이 200kN/m², 단위면적당 주면마찰력(f_s)이 5kN/m², 수중부력은 100kN일 때, 우물통이 침하하기 위한 최소 상부하중(자중+재하중)은?

① 5,201kN ② 6,227kN
③ 7,107kN ④ 7,523kN

해설

우물통 침하 조건식
W+WL ≥ F+P+U
여기서, W : 우물통하중
WL : 재하중
F : 주면마찰력
P : 선단지지력
U : 양압력

$$W+WL = 200 \times \left(\frac{\pi \times 10^2}{4} - \frac{\pi \times 9^2}{4}\right) + \pi \times 10 \times 20 \times 5 + 100 = 6,226 kN$$

36 암석을 발파할 때 암석이 외부의 공기 및 물과 접하는 표면을 자유면이라 한다. 이 자유면으로부터 폭약의 중심까지의 최단거리를 무엇이라 하는가?

① 보안거리 ② 누두반경
③ 적정심도 ④ 최소저항선

해설

최소저항선
암석을 발파할 때 암석이 외부의 공기 및 물과 접하는 표면을 자유면이라 한다. 이 자유면으로부터 폭약의 중심까지의 최단거리를 최소저항선

37 다음 중 보일링 현상이 가장 잘 발생하는 지반은?

① 모래질 지반 ② 실트질 지반
③ 점토질 지반 ④ 사질점토 지반

해설

보일링 현상은 모래지반에서 잘 발생되며, 히빙현상은 점토질지반에서 잘 발생된다.

38 로드 롤러를 사용하여 전압횟수 4회, 전압포설 두께 0.3m, 1회의 유효 전압폭 2.5m, 전압작업 속도를 3km/h로 할 때 시간당 작업량을 구하면? (단, 토량환산계수(f)는 1.0, 롤러의 효율(E)은 0.8을 적용한다.)

① 300m³/h ② 450m³/h
③ 600m³/h ④ 750m³/h

해설

다짐기계의 시간당 작업량
$$Q = \frac{1000 \cdot V \cdot W \cdot H \cdot f \cdot E}{N}$$
$$= \frac{1000 \times 3 \times 2.5 \times 0.3 \times 1 \times 0.8}{4} = 450 m^3/h$$

39 오픈 케이슨(Open caisson) 공법에 대한 설명으로 틀린 것은?

① 전석과 같은 장애물이 많은 곳에서의 작업은 곤란하다.
② 케이슨의 침하시 주면마찰력을 줄이기 위해 진동발파공법을 적용할 수 있다.
③ 케이슨의 선단부를 보호하고 침하를 쉽게 하기 위하여 커브 슈(curb shoe)라는 날끝을 붙인다.
④ 굴착 시 지하수를 저하시키지 않으면, 히

빙이나 보일링 현상의 염려가 없어 인접 구조물의 침하 우려가 없다.

해설
굴착 시 지하수를 저하시키지 않으면, 히빙이나 보일링 현상의 염려가 있으며, 인접구조물의 침하를 발생시킨다.

40 다져진 토량 45000m³를 성토하는데 흐트러진 토량 30000m³가 있다. 이때 부족토량은 자연 상태의 토량(m³)으로 얼마인가? (단, 토량변화율 L=1.25, C=0.9이다.)
① 18,600m³ ② 19,400m³
③ 23,800m³ ④ 26,000m³

해설
1) 본바닥토량 = $45,000 \times \frac{1}{0.9} = 50,000$
2) 본바닥토량 = $30,000 \times \frac{1}{1.25} = 24,000$
3) 부족토량 = $50,000 - 24,000 = 26,000 m^3$

제3과목 건설재료 및 시험

41 중용열 포틀랜드 시멘트의 장기 강도를 높여주기 위해 포함시키는 성분은?
① C_2S ② C_3A
③ CaO ④ MgO

해설
규산 이석회(C_2S)(벨라이트) : $2CaO \cdot SiO_2$
시멘트 수산화 작용이 늦고 콘크리트 장기강도가 크게 나타난다.

42 습윤 상태의 질량이 100g인 골재를 건조시켜 표면 건조 포화 상태에서 95g, 기건 상태에서 93g, 절대 건조 상태에서 92g이 되었을 때 유효 흡수율은?
① 2.2% ② 3.2%
③ 4.2% ④ 5.2%

해설
유효흡수율
$\frac{표건질량 - 기건질량}{기건질량} \times 100\%$
$\frac{95 - 93}{92} \times 100 = 2.2\%$

43 공시체 크기 50mm×50mm×300mm의 암석을 지간 250mm로 하여 중앙에서 압력을 가했더니 1000N에서 파괴 되었다. 이때 휨 강도는?
① 2MPa ② 20MPa
③ 3MPa ④ 30MPa

해설
휨 강도 = $\frac{3Pl}{2bd^2}(MPa) = \frac{3 \times 1000 \times 250}{2 \times 50 \times 50^2} = 3MPa$
여기서, P : 공시체의 파괴될 때의 압력 (N)
b : 공시체의 폭 (mm)
d : 공시체의 두께 (mm)
l : 지간 (mm)

44 토목섬유(Geosynthetics)의 기능과 관련된 용어 중 아래의 표에서 설명하는 기능은?

| 지오텍스타일이나 관련제품을 이용하여 인접한 다른 흙이나 채움재가 서로 섞이지 않도록 방지함 |

① 배수기능 ② 보강기능
③ 여과기능 ④ 분리기능

해설
토목섬유의 기능 중 인접한 다른흙과 채움재가 서로 섞이지 않도록 하는 기능은 분리기능에 해당된다.

정답 40 ④ 41 ① 42 ① 43 ③ 44 ④

45 아스팔트에 대한 설명으로 틀린 것은?
① 레이크 아스팔트는 천연 아스팔트의 하나이다.
② 석유 아스팔트는 증류방법에 의해서 스트레이트 아스팔트와 블론 아스팔트로 나눈다.
③ 아스팔트 유제는 유화제를 함유한 물속에 역청재를 분산시킨 것이다.
④ 피치는 아스팔트의 잔류물로서 얻어진다.

해설
피치(pitch)
석탄, 목재, 그외에 유기 물질의 건류에 의해 얻어지는 타르를 증류할 때에 얻어지는 흑색의 탄소질 고형 잔류물의 총칭

46 석재 사용 시 주의사항 중 틀린 것은?
① 석재는 예각부가 생기면 부서지기 쉬우므로 표면에 심한 요철 부분이 없어야 한다.
② 석재를 사용할 경우에는 휨응력과 인장응력을 받는 부재에 사용하여야 한다.
③ 석재를 압축부재에 사용할 경우에는 석재의 자연층에 직각으로 위치하여 사용하여야 한다.
④ 석재를 장기간 보존할 경우에는 석재 표면을 도포하여 우수의 침투방지 및 함수로 인한 동해방지에 유의하여야 한다.

해설
석재를 사용할 경우에는 휨응력과 인장응력을 받는 부재에 사용해서는 안된다.

47 잔골재 밀도시험의 결과가 아래 표와 같을 때 이 잔골재의 진밀도는?

- 검정된 용량을 나타낸 눈금까지 물을 채운 플라스크의 질량 : 665g
- 표면 건조 포화 상태 시료의 질량 : 500g
- 절대 건조 상태 시료의 질량 : 495g
- 시료와 물로 검정된 용량을 나타낸 눈금까지 채운 플라스크의 질량 : 975g
- 시험온도에서의 물의 밀도 : $0.997 g/cm^3$

① $2.62 g/cm^3$ ② $2.67 g/cm^3$
③ $2.72 g/cm^3$ ④ $2.77 g/cm^3$

해설
잔골재의 진밀도
$= \dfrac{A}{B+A-C} \times \rho_w$
$= \dfrac{495}{665+495-975} \times 0.997 = 2.67 g/cm^3$

48 알루미늄 분말이나 아연 분말을 콘크리트에 혼입하여 수소가스를 발생시켜 PSC용 그라우트의 충전성을 좋게 하기 위하여 사용하는 혼화제는?
① 유동화제 ② 방수제
③ AE제 ④ 발포제

해설
발포제
알루미늄 분말 또는 아연분말로 콘크리트 속의 미세기포를 형성시켜 PC용 그라우팅 재료에 사용된다.

49 일반적인 콘크리트용 골재에 대한 설명으로 틀린 것은?

① 잔골재의 절대건조밀도는 0.0025g/mm³ 이상의 값을 표준으로 한다.
② 굵은 골재의 절대건조밀도는 0.0025g/mm³ 이상의 값을 표준으로 한다.
③ 잔골재의 흡수율은 5.0% 이하의 값을 표준으로 한다.
④ 굵은 골재의 안정성은 황산나트륨으로 5회 시험을 하여 평가한다.

해설
잔골재의 흡수율은 3.0% 이하의 값을 표준으로 한다.

50 아래 표에서 설명하는 있는 목재의 종류로 옳은 것은?

- 각재를 얇은 톱으로 켜서 만든다.
- 단단한 목재일 때 많이 사용되며 아름다운 결이 얻어진다.
- 고급의 합판에 사용되나 톱밥이 많아 비경제적이다.
- 공업적인 용도에는 거의 사용되지 않는다.

① M.D.F ② 소드 베니어
③ 로터리 베니어 ④ 슬라이스트 베니어

해설
소드 베니어(Sawed Veneer)
판재를 얇은 작은 톱으로 켜서 만든 단판으로 아름다운 결을 얻을 수 있어, 고급 합판에 사용되나 톱밥이 많아 비경제적이다.

51 시멘트의 화학적 성분 중 주성분이 아닌 것은?

① 석회 ② 실리카
③ 알루미나 ④ 산화마그네슘

해설
시멘트의 화학적 주성분
1) 석회
2) 실리카
3) 알루미나

52 고로 슬래그 시멘트는 제철소의 용광로에서 선철을 만들 때 부산물로 얻은 슬래그를 포틀랜드 시멘트 클링커에 섞어서 만든 시멘트이다. 그 특성에 대한 설명을 틀린 것은?

① 내열성이 크고, 수밀성이 좋다.
② 초기 강도가 작으나 장기 강도는 큰 편이다.
③ 수화열이 커서 매스 콘크리트에는 적합하지 않다.
④ 일반적으로 내화학성이 좋으므로 해수, 하수, 공장폐수 등에 접하는 콘크리트에 적합하다.

해설
수화열이 작아서 매스 콘크리트에는 적합하다.

53 블론 아스팔트와 스트레이트 아스팔트의 성질에 관한 설명으로 틀린 것은?

① 스트레이트 아스팔트는 블론 아스팔트보다 연화점이 낮다.
② 스트레이트 아스팔트는 블론 아스팔트보다 감온성이 작다.
③ 블론 아스팔트는 스트레이트 아스팔트보다 유동성이 작다.
④ 블론 아스팔트는 스트레이트 아스팔트보다 방수성이 작다.

해설
1) 스트레이트 아스팔트는 블론 아스팔트보다 감온성이 크다.
2) 아스팔트는 저온에서 딱딱해지거나 고온에서 연화되는데 이렇게 변화하는 정도를 감온성이라 한다.

정답 49 ③ 50 ② 51 ④ 52 ③ 53 ②

54 Hooke의 법칙이 적용되는 인장력을 받는 부재의 늘음량(길이변형량)에 대한 설명으로 틀린 것은?

① 재료의 탄성계수가 클수록 늘음량도 커진다.
② 부재의 단면적이 작을수록 늘음량도 커진다.
③ 부재의 길이가 길수록 늘음량도 커진다.
④ 작용외력이 클수록 늘음량도 커진다.

해설
재료의 탄성계수가 클수록 응력은 커지고 응력이 커지면 늘음량(변형량)은 줄어든다.

55 스트레이트 아스팔트와 비교한 고무혼입 아스팔트의 특징으로 틀린 것은?

① 내후성이 크다.
② 응집성 및 부착력이 크다.
③ 탄성 및 충격저항이 크다.
④ 감온성이 크고 마찰계수가 작다.

해설
고무혼입 아스팔트는 스트레이트 아스팔트에 비하여 감온성이 작고 마찰계수가 크다.

56 콘크리트용 혼화재료에 대한 설명으로 틀린 것은?

① 감수제는 시멘트 입자를 분산시켜 콘크리트의 단위수량을 감소시키는 작용을 한다.
② 촉진제는 시멘트의 수화작용을 촉진하는 혼화제로서 보통 나프탈렌 설폰산염을 많이 사용한다.
③ 지연제는 여름철에 레미콘의 슬럼프 손실 및 콜드 조인트의 방지 등에 효과가 있다.
④ 급결제는 시멘트의 응결시간을 촉진하기 위하여 사용하며 숏크리트, 물막이 공법 등에 사용한다.

해설
촉진제는 보통 염화칼슘을 사용하며 일반적인 사용량은 시멘트 질량에 대하여 2% 이하를 사용한다.

57 강모래를 이용한 콘크리트와 비교한 부순 잔골재를 이용한 콘크리트의 특징을 설명한 것으로 틀린 것은?

① 동일 슬럼프를 얻기 위해서는 단위수량이 더 많이 필요하다.
② 미세한 분말량이 많아질 경우 건조수축률은 증대한다.
③ 미세한 분말량이 많아짐에 따라 응결의 초결시간과 종결시간이 길어진다.
④ 미세한 분말량이 많아지면 공기량이 줄어들기 때문에 필요시 공기량을 증가시켜야 한다.

해설
부순잔골재 증가는 미분량이 콘크리트 내에서 충전효과를 일으켜서 공기량감소, 슬럼프감소, 건조수축 증가, bleeding 감소, 압축강도 증가가 대체적으로 발생되며, 응결시간이 짧아진다.

58 포졸란을 사용한 콘크리트의 성질에 대한 설명으로 틀린 것은?

① 수밀성이 크고 발열량이 적다.
② 해수 등에 대한 화학적 저항성이 크다.
③ 강도의 증진이 빠르고 초기강도가 크다.
④ 워커빌리티를 개선시키고 재료의 분리가 적다.

해설
강도의 증진이 느리고 장기강도가 크다.

59 표점거리는 50mm, 지름은 14mm의 원형 단면봉으로 인장시험을 실시하였다. 축인장하중이 100kN이 작용하였을 때, 표점거리는 50.433mm, 지름은 13.970mm가 측정되었다면 이 재료의 푸아송 비는?

① 0.07 ② 0.247
③ 0.347 ④ 0.5

해설

푸아송 비

$$\nu = \frac{\frac{\triangle d}{d}}{\frac{\triangle l}{l}} = \frac{\frac{0.03}{14}}{\frac{0.433}{50}} = 0.247$$

60 니트로글리세린을 20%정도 함유하고 있으며 찐득한 엿 형태의 것으로 폭약 중 폭발력이 가장 강하고 수중에서도 사용이 가능한 폭약은?

① 칼릿 ② 함수폭약
③ 니트로글리콜 ④ 교질다이너마이트

해설

교질 다이너마이트
NC(니트로셀룰로오스) NG(니트로글리세린)20%를 가하여 교질상태로 융합한 플라스틱한 황색의 엿 같은 물질로 폭약 중에서 폭발력이 가장 강하여 터널과 암석발파에 주로 사용하고 또한 수중용으로도 사용한다.

제4과목 토질 및 기초

61 흙의 활성도에 대한 설명으로 틀린 것은?

① 점토의 활성도가 클수록 물을 많이 흡수하여 팽창이 많이 일어난다.
② 활성도는 $2\mu m$ 이하의 점토함유율에 대한 액성지수의 비로 정의된다.
③ 활성도는 점토광물의 종류에 따라 다르므로 활성도로부터 점토를 구성하는 점토광물을 추정할 수 있다.
④ 흙 입자의 크기가 작을수록 비표면적이 커져 물을 많이 흡수하므로, 흙의 활성은 점토에서 뚜렷이 나타난다.

해설

활성도는 $2\mu m$ 이하의 점토함유율에 대한 소성지수의 비로 정의된다.

62 도로의 평판 재하 시험방법(KS F 2310)에서 시험을 끝낼 수 있는 조건이 아닌 것은?

① 재하 응력이 현장에서 예상할 수 있는 가장 큰 접지 압력의 크기를 넘으면 시험을 멈춘다.
② 재하 응력이 그 지반의 항복점을 넘을 때 시험을 멈춘다.
③ 침하가 더 이상 일어나지 않을 때 시험을 멈춘다.
④ 침하량이 15mm에 달할 때 시험을 멈춘다.

해설

침하가 더 이상 일어나지 않을 때 시험을 멈추면 그 지반의 파괴가 되어서 지반의 지지력을 상실하게된다.

63 흙의 다짐에 대한 설명 중 틀린 것은?

① 일반적으로 흙의 건조밀도는 가하는 다짐에너지가 클수록 크다.
② 모래질 흙은 진동 또는 진동을 동반하는 다짐 방법이 유효하다.
③ 건조밀도-함수비 곡선에서 최적 함수비와 최대건조밀도를 구할 수 있다.
④ 모래질을 많이 포함한 흙의 건조밀도-함수비 곡선의 경사는 완만하다.

해설

모래질을 많이 포함한 흙의 건조밀도 함수비 곡선의 경사는 급하다.

64 표준관입시험(SPT)을 할 때 처음 150mm 관입에 요하는 N값은 제외하고, 그 후 300mm 관입에 요하는 타격수로 N값을 구한다. 그 이유로 옳은 것은?

① 흙은 보통 150mm 밑부터 그 흙의 성질을 가장 잘 나타낸다.
② 관입봉의 길이가 정확히 450mm 이므로 이에 맞도록 관입시키기 위함이다.
③ 정확히 300mm를 관입시키기가 어려워서 150mm 관입에 요하는 N값을 제외한다.

정답 60 ④ 61 ② 62 ③ 63 ④ 64 ④

④ 보링구멍 밑면 흙이 보링에 의하여 흐트러져 150mm 관입 후부터 N값을 측정한다.

해설
보링구멍 밑면 흙이 보링에 의하여 흐트러진 상태의 토질을 제외한 150mm 관입 후부터 N값을 측정한다.

65 흐트러지지 않은 시료를 이용하여 액성한계 40%, 소성한계 22.3%를 얻었다. 정규압밀 점토의 압축지수(C_c)값을 Terzaghi와 Peck의 경험식에 의해 구하면?
① 0.25   ② 0.27
③ 0.30   ④ 0.35

해설
불교란 시료의 압축지수(Cc)
$C_c = 0.009(w_L - 10) = 0.009 \times (40 - 10) = 0.27$

66 그림에서 흙의 단면적이 40cm²이고 투수계수가 0.1cm/s 일 때 흙 속을 통과하는 유량은?

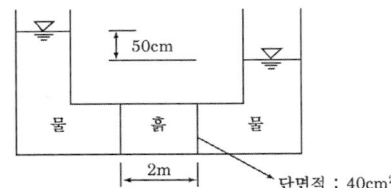

① 1m³/h   ② 1cm³/s
③ 100m³/h   ④ 100cm³/s

해설
흙속을 통과하는 유량
$Q = KiA = K\dfrac{h}{L}A$
$= 0.1 \times \dfrac{50}{200} \times 40 = 1 cm^3/\sec$

67 다음 중 흙댐(Dam)의 사면안정 검토 시 가장 위험한 상태는?
① 상류사면의 경우 시공 중과 만수위일 때
② 상류사면의 경우 시공 직후와 수위 급강하일 때
③ 하류사면의 경우 시공 직후와 수위 급강하일 때
④ 하류사면의 경우 시공 중과 만수위일 때

해설
흙댐 사면안정은 상류사면의 경우 시공 직후와 수위 급강하일 때 잔류수압에 의한 사면의 붕괴 우려가 가장 크다.

68 그림과 같은 지반에서 유효응력에 대한 점착력 및 마찰각이 각각 $c'=10kN/m^2$, $\phi'=20°$일 때, A점에서의 전단강도는? (단, 물의 단위중량은 9.81kN/m³이다.)

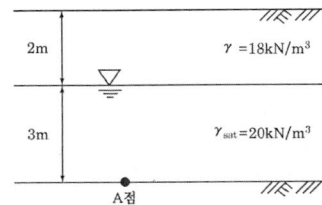

① 34.23kN/m²   ② 44.94kN/m²
③ 54.25kN/m²   ④ 66.17kN/m²

해설
1) 지반의 전단강도
$\tau = c + \overline{\sigma} \cdot \tan\phi$
2) 유효응력
$\overline{\sigma} = 18 \times 2 + (20 - 9.81) \times 3 = 66.57 kN/m^2$
∴ 전단강도
$\tau = 10 + 66.57 \tan 20° = 34.23 kN/m^2$

69 모래지층 사이에 두께 6m의 점토층이 있다. 이 점토의 토질시험 결과가 아래 표와 같을 때, 이 점토층의 90% 압밀을 요하는 시간은 약 얼마인가? (단, 1년은 365일로 하고, 물의 단위중량(γ_w)은 9.81kN/m³이다.)

- 간극비(e)=1.5
- 압축계수(a_v)=$4 \times 10^{-3} m^2/kN$
- 투수계수(k)=$3 \times 10^{-7} cm/s$

① 50.7년   ② 12.7년
③ 5.07년   ④ 1.27년

해설

1) $t_{90} = \dfrac{0.848H^2}{C_v}$

2) $K = C_v m_v \gamma_w = C_v \cdot \dfrac{a_v}{1+e_1} \cdot \gamma_w$

   $C_v = \dfrac{3 \times 10^{-9} \times (1+1.5)}{4 \times 10^{-3} \times 9.81}$

   $C_v = 1.911 \times 10^{-7} m^2/sec$

   $\therefore t_{90} = \dfrac{0.848H^2}{C_v} = \dfrac{0.848 \times \left(\dfrac{6}{2}\right)^2}{1.911 \times 10^{-7}}$

   $= 399,372,05.65$초
   $= 399,372,05.65 \div (365 \times 24 \times 60 \times 60)$
   $= 1.27$년

70 아래 그림에서 각 층의 손실수두 $\triangle h_1$, $\triangle h_2$, $\triangle h_3$를 각각 구한 값으로 옳은 것은? (단, k는 cm/s, H와 $\triangle$h는 m단위이다.)

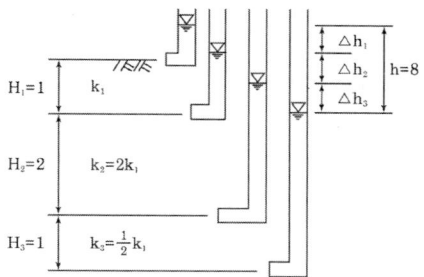

① $\triangle h_1=2$, $\triangle h_2=2$, $\triangle h_3=4$
② $\triangle h_1=2$, $\triangle h_2=3$, $\triangle h_3=3$
③ $\triangle h_1=2$, $\triangle h_2=4$, $\triangle h_3=2$
④ $\triangle h_1=2$, $\triangle h_2=5$, $\triangle h_3=1$

해설

각 층의 손실수두

1) $\triangle h_1 = \dfrac{H_1}{K_1} = \dfrac{1}{K_1}$

2) $\triangle h_2 = \dfrac{H_2}{K_2} = \dfrac{2}{2K_1} = \dfrac{1}{K_1}$

3) $\triangle h_3 = \dfrac{H_3}{K_3} = \dfrac{1}{\dfrac{1}{2}K_1} = \dfrac{2}{K_1}$

4) 총 손실수두가 8m에 대하여 1 : 1 : 2 비율을 고려하면 2m, 2m, 4m 이다.

71 흙의 동상에 영향을 미치는 요소가 아닌 것은?

① 모관 상승고
② 흙의 투수계수
③ 흙의 전단강도
④ 동결온도의 계속시간

해설

동상을 지배하는 인자
1) 흙의 투수성
2) 모관상승고의 크기
3) 동결온도의 지속시간

72 5m×10m의 장방형 기초위에 q=60kN/m²의 등분포하중이 작용할 때, 지표면 아래 10m에서의 연직응력증가량($\triangle \sigma_v$)은? (단, 2:1 응력분포법을 사용한다.)

① 10kN/m²
② 20kN/m²
③ 30kN/m²
④ 40kN/m²

해설

$\triangle \sigma_v = \dfrac{B.L.q_s}{(B+Z)(L+Z)}$

$= \dfrac{5 \times 10 \times 60}{(5+10)(10+10)} = 10 kN/m^2$

73 기초의 구비조건에 대한 설명 중 틀린 것은?

① 상부하중을 안전하게 지지해야 한다.
② 기초 깊이는 동결 깊이 이하여야 한다.
③ 기초는 전체침하나 부등침하가 전혀 없어야 한다.
④ 기초는 기술적, 경제적으로 시공 가능하여야 한다.

해설

기초는 전체침하나 부등침하가 허용침하량 이내에 있어야 한다.

정답 70 ① 71 ③ 72 ① 73 ③

74 다짐되지 않은 두께 2m, 상대밀도 40%의 느슨한 사질토 지반이 있다. 실내시험결과 최대 및 최소 간극비가 0.80, 0.40으로 각각 산출되었다. 이 사질토를 상대밀도 70%까지 다짐할 때 두께는 얼마나 감소되겠는가?

① 12.41cm ② 14.63cm
③ 22.71cm ④ 25.83cm

해설

상대밀도

1) $D_r = \dfrac{e_{max} - e_1}{e_{max} - e_{min}} \times 100$

$40 = \dfrac{0.8 - e_1}{0.8 - 0.4} \times 100$

∴ $e_1 = 0.64$

$70 = \dfrac{0.8 - e_2}{0.8 - 0.4} \times 100$

∴ $e_2 = 0.52$

2) $\triangle H = \dfrac{e_1 - e_2}{1 + e_1} H = \dfrac{0.64 - 0.52}{1 + 0.64} \times 200$

$= 14.63 cm$

75 Terzaghi의 얕은 기초에 대한 수정지지력 공식에서 형상계수에 대한 설명 중 틀린 것은? (단, B는 단변의 길이, L은 장변의 길이이다.)

① 연속기초에서 α=1.0, β=0.5이다.
② 원형기초에서 α=1.3, β=0.6이다.
③ 정사각형기초에서 α=1.3, β=0.4이다.
④ 직사각형기초에서 $\alpha = 1 + 0.3\dfrac{B}{L}$, $\beta = 0.5 - 0.1\dfrac{B}{L}$ 이다.

해설

기초의 형상계수

구분	연속	정사각형(정방형)	원형	직사각형
α	1.0	1.3	1.3	$1 + 0.3\dfrac{B}{L}$
β	0.5	0.4	0.3	$0.5 - 0.1\dfrac{B}{L}$

76 그림과 같이 수평지표면 위에 등분포하중 q가 작용할 때 연직옹벽에 작용하는 주동토압의 공식으로 옳은 것은? (단, 뒤채움 흙은 사질토이며, 이 사질토의 단위중량을 γ, 내부마찰각을 ϕ라 한다.)

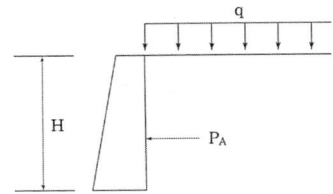

① $P_a = \left(\dfrac{1}{2}\gamma H^2 + qH\right)\tan^2\left(45° - \dfrac{\phi}{2}\right)$

② $P_a = \left(\dfrac{1}{2}\gamma H^2 + qH\right)\tan^2\left(45° + \dfrac{\phi}{2}\right)$

③ $P_a = \left(\dfrac{1}{2}\gamma H^2 + qH\right)\tan^2\phi$

④ $P_a = \left(\dfrac{1}{2}\gamma H^2 + q\right)\tan^2\phi$

해설

수평지표면 위에 등분포하중 q가 작용시 주동토압

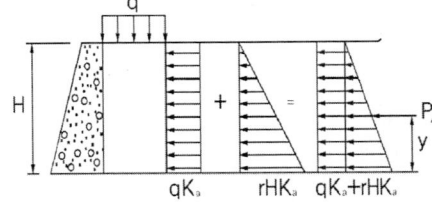

전체주동토압

$P_A = \dfrac{1}{2}\gamma_t H^2 K_a + q \cdot K_a H$

$K_a = \tan^2\left(45° - \dfrac{30°}{2}\right)$

77 모래나 점토 같은 입상재료를 전단할 때 발생하는 다일러턴시(dilatancy) 현상과 간극수압의 변화에 대한 설명으로 틀린 것은?

① 정규압밀 점토에서는 (-) 다일러턴시에 (+)의 간극수압이 발생한다.
② 과압밀 점토에서는 (+) 다일러턴시에 (-)의 간극수압이 발생한다.
③ 조밀한 모래에서는 (+) 다일러턴시가 일어난다.
④ 느슨한 모래에서는 (+) 다일러턴시가 일어난다.

해설

다일러턴시(Dilatancy) 현상
1) 시료에 전단응력을 가하면 느슨한 모래 또는 정규압밀점토의 경우 체적이 감소하고 조밀한 모래 또는 과압밀점토는 체적이 증가하는 경향을 보인다.
2) 이와 같이 전단변형에 따른 체적변화를 Dilatancy라 한다.
3) 이때 체적이 감소될 때 (-) Dilatancy가 되면서(+) 양의 과잉간극수압 발생되며,
4) 흙의 체적이 증가될 때 (+) Dilatancy가 되면서(-)부의 과잉간극수압발생

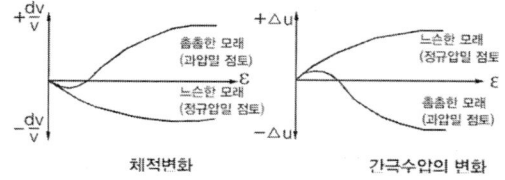

체적변화 / 간극수압의 변화

5) 느슨한 모래에서는 (-) 다일러턴시가 일어난다.

78 중심 간격이 2m, 지름 40cm인 말뚝을 가로 4개, 세로 5개씩 전체 20개의 말뚝을 박았다. 말뚝 한 개의 허용지지력이 150kN이라면 이 군항의 허용지지력은 약 얼마인가? (단, 군말뚝의 효율은 Converse- Labarre 공식을 사용한다.)

① 4,500kN ② 3,000kN
③ 2,415kN ④ 1,215kN

해설

1) 허용지지력
$R_{ag} = E.N.R_a$

2) $E = 1 - \emptyset \cdot \dfrac{m \cdot (n-1) + n \cdot (m-1)}{90 m.n}$
$= 1 - 11.31 \times \dfrac{4(5-1) + 5(4-1)}{90 \times 4 \times 5}$
$= 0.805$

3) $\emptyset = \tan^{-1}\dfrac{D}{S} = \tan^{-1}\dfrac{40}{200} = 11.31°$

여기서, E : 말뚝의 효율
N : 말뚝의 총수
R_a : 단항의 허용지지력
S : 말뚝의 중심간격
D : 말뚝의 지름

∴ $R_{ag} = E.N.R_a = 0.805 \times 20 \times 150 = 2,415$ ton

79 포화된 점토에 대하여 비압밀비배수(UU) 삼축압축시험을 하였을 때의 결과에 대한 설명으로 옳은 것은? (단, ϕ는 마찰각이고 c는 점착력이다.)

① ϕ와 c가 나타나지 않는다.
② ϕ와 c가 모두 "0"이 아니다.
③ ϕ는 "0"이고 c는 "0"이 아니다.
④ ϕ는 "0"이 아니지만 c는 "0"이다.

해설

uu 시험은 ϕ는 "0"이고 c는 "0"이 아니다.

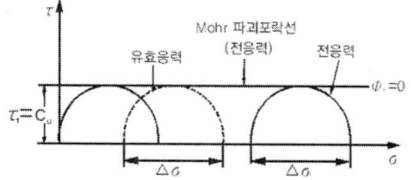

정답 77 ④ 78 ③ 79 ③

80 연약지반 개량공법에 대한 설명 중 틀린 것은?

① 샌드드레인 공법은 2차 압밀비가 높은 점토 및 이탄 같은 유기질 흙에 큰 효과가 있다.
② 화학적 변화에 의한 흙의 강화공법으로는 소결 공법, 전기화학적 공법 등이 있다.
③ 동압밀공법 적용 시 과잉간극 수압의 소산에 의한 강도증가가 발생한다.
④ 장기간에 걸친 배수공법은 샌드드레인이 페이퍼 드레인보다 유리하다.

해설

샌드 드레인(Sand drain)공법
연약한 점토질지반에 모래기둥 시공하여 점성토층의 배수거리를 짧게하여 압밀을 촉진시켜서 공기 단축하는 공법으로 1차압밀 침하를 촉진으로 주로 사용된다.

2020 기출문제 제4회 건설재료시험기사

제1과목 콘크리트공학

01 프리스트레스트 콘크리트에서 굵은 골재의 최대 치수는 보통의 경우 얼마를 표준으로 하는가?
① 15mm ② 25mm
③ 40mm ④ 50mm

해설
프리스트레스트 콘크리트에서 굵은골재 최대치수 표준은 25mm를 기준으로 한다.

02 콘크리트의 내구성 향상 방안으로 틀린 것은?
① 알칼리금속이나 염화물의 함유량이 많은 재료를 사용한다.
② 내구성이 우수한 골재를 사용한다.
③ 물-결합재비를 될 수 있는 한 적게 한다.
④ 목적에 맞는 시멘트나 혼화재료를 사용한다.

해설
콘크리트 내구성 향상 방안으로 알칼리금속이나 염화물의 함유량이 적은 재료를 사용한다.

03 고강도 콘크리트에 대한 설명으로 틀린 것은?
① 콘크리트의 강도를 확보하기 위하여 공기연행제를 사용하는 것을 원칙으로 한다.
② 고강도 콘크리트의 설계기준압축강도는 일반적으로 40MPa 이상으로 하며, 고강도경량골재 콘크리트는 27MPa 이상으로 한다.
③ 고강도 콘크리트에 사용되는 굵은 골재의 최대 치수는 40mm 이하로서 가능한 25mm 이하로 하며, 철근 최소 수평 순간격의 3/4이내의 것을 사용하도록 한다.
④ 단위 시멘트량은 소요의 워커빌리티 및 강도를 얻을 수 있는 범위 내에서 가능한 적게 되도록 시험에 의해 정하여야 한다.

해설
고강도 콘크리트
기상의 변화가 심하거나 동결융해에 대한 대책이 필요한 경우를 제외하고 공기연행제를 사용하지 않는 것을 원칙으로 한다.

04 콘크리트의 받아들이기 품질 검사 항목 중 염소이온량 시험의 시기 및 횟수에 대한 규정으로 옳은 것은?
① 바다 잔골재를 사용할 경우 : 2회/일, 그 밖의 경우 : 1회/주
② 바다 잔골재를 사용할 경우 : 1회/일, 그 밖의 경우 : 2회/주
③ 바다 잔골재를 사용할 경우 : 2회/일, 그 밖의 경우 : 2회/주
④ 바다 잔골재를 사용할 경우 : 1회/일, 그 밖의 경우 : 1회/주

해설
염소이온량 시험은 바다 잔골재를 사용할 경우는 1일에 2회 실시하고, 그 밖의 경우는 1주에 1회 실시한다.

정답 01 ② 02 ① 03 ① 04 ①

05 순환골재 콘크리트에 대한 설명으로 틀린 것은?

① 순환골재 콘크리트의 공기량은 보통골재를 사용한 콘크리트보다 1% 크게 하여야 한다.
② 순환골재 콘크리트의 제조에 있어서 순환 굵은 골재의 최대 치수는 40mm 이하로 하되, 가능하면 25mm 이하의 것을 사용하는 것이 좋다.
③ 콘크리트용 순환골재의 품질을 정하는 기준항목 중 절개 건조 밀도(g/cm³)는 순환 굵은 골재인 경우 2.5이상, 순환잔골재인 경우 2.3이상이어야 한다.
④ 순환골재를 사용하여 설계기준압축강도 27MPa 이하의 콘크리트를 제조할 경우 순환굵은골재의 최대 치환량은 총 굵은 골재 용적의 60%, 순환잔골재의 최대 치환량은 총 잔골재 용적의 30% 이하로 한다.

해설
순환 굵은골재의 최대치수는 20mm 또는 25mm 이하로 하되, 가능한 20mm 이하를 권장한다.

06 콘크리트 압축강도 추정을 위한 반발경도 시험(KS F 2730)에 대한 설명으로 틀린 것은?

① 콘크리트는 함수율이 증가함에 따라 반발경도가 크게 측정되므로 콘크리트 습윤상태에 따른 보정을 실시하여야 한다.
② 0°C 이하의 온도에서 콘크리트는 정상보다 높은 반발경도를 나타내므로, 콘크리트 내부가 완전히 융해된 후에 시험해야 한다.
③ 타격 위치는 가장자리로부터 100mm 이상 떨어지고 서로 30mm 이내로 근접해서는 안 된다.
④ 시험할 콘크리트 부재는 두께가 100mm 이상이어야 하며, 하나의 구조체에 고정되어야 한다.

해설
슈미트 해머는 콘크리트 표면의 습윤상태에 있으면 건조상태인 경우보다 반발경도가 작게 측정된다.

07 콘크리트의 압축강도를 시험하여 거푸집널을 해체하고자 할 때, 아래와 같은 조건에서 콘크리트 압축강도(f_{cu})가 얼마 이상인 경우 해체 가능한가?

・부재 : 슬래브의 밑면(단층구조)
・콘크리트의 설계기준 압축강도
　: 24MPa

① 7MPa 이상　② 10MPa 이상
③ 13MPa 이상　④ 16MPa 이상

해설
1) $f_{ck} \times \dfrac{2}{3} = 24 \times \dfrac{2}{3} = 16 MPa$
2) 슬래브 밑변 최소압축강도 = 14MPa
∴ 콘크리트 압축강도 : 16MPa

08 콘크리트의 건조수축 특성에 대한 설명으로 틀린 것은?

① 콘크리트 부재의 크기는 콘크리트 내의 수분이동 속도와 양에 영향을 주므로 건조수축에도 영향을 준다.
② 일반적으로 골재의 탄성계수가 클수록 콘크리트의 수축을 효과적으로 감소시킬 수 있다.
③ 단위 수량이 증가할수록 콘크리트의 건조 수축량은 증가한다.
④ 증기양생을 한 콘크리트의 경우 건조수축이 증가한다.

해설
고압증기 양생은 표준온도로 양생한 콘크리트에 비하여 수축률이 다소 감소하는 향이 있다.

09 프리스트레스트 콘크리트에서 프리스트레싱할 때의 유의사항에 대한 설명으로 틀린 것은?

① 긴장재에 대해 순차적으로 프리스트레싱을 실시할 경우는 각 단계에 있어서 콘크리트에 유해한 응력이 생기지 않도록 한다.
② 프리텐션 방식의 경우 긴장재에 주는 인장력은 고정장치의 활동에 의한 손실을 고려하여야 한다.
③ 프리스트레싱 작업 중에는 어떠한 경우라도 인장장치 또는 고정장치 뒤에 사람이 서 있지 않도록 하여야 한다.
④ 긴장재에 인장력이 주어지도록 긴장할 때 인장력을 설계값 이상으로 주었다가 다시 설계값으로 낮추어 정확한 힘이 전달되도록 시공하여야 한다.

[해설]
긴장재는 이것을 구성하는 각각의 PS강재에 소정의 인장력이 주어지도록 긴장하여야 하는데, 이때 인장력을 설계값 이상으로 주었다가 다시 설계값으로 낮추는 방법으로 시공하면 안된다.

10 서중 콘크리트에 대한 설명으로 틀린 것은?

① 하루 평균기온이 25°C를 초과하는 것이 예상되는 경우 서중 콘크리트로 시공한다.
② 일반적으로는 기온 10°C의 상승에 대하여 단위수량은 2~5% 감소하므로 단위수량에 비례하여 단위 시멘트량의 감소를 검토하여야 한다.
③ 콘크리트를 타설하기 전에 지반과 거푸집 등을 조사하여 콘크리트로부터의 수분흡수로 품질변화의 우려가 있는 부분은 습윤 상태로 유지하는 등의 조치를 하여야 한다.
④ 콘크리트는 비빈 후 즉시 타설하여야 하며, 일반적인 대책을 강구한 경우라도 1.5시간 이내에 타설하여야 한다.

[해설]
일반적으로는 기온 10°C의 상승에 대하여 단위수량은 2~5% 증가하므로 단위수량에 비례하여 단위시멘트량의 증가를 검토하여야 한다.

11 경화한 콘크리트는 건전부와 균열부에서 측정되는 초음파 전파시간이 다르게 되어 전파속도가 다르다. 이러한 전파속도의 차이를 분석함으로써 균열의 깊이를 평가할 수 있는 비파괴 시험방법은?

① Tc-To법 ② 분극저항법
③ RC-Rader법 ④ 전자파 레이더법

[해설]
Tc-To 법
1) 종파용 발, 수진자를 개구부를 중심으로 등간격L/2로 설치하였을 때, 균열선단부를 회절한 초음파의 전달시간 Tc와 균열이 없는 부분에서의 발,수진자의 거리L에서의 전파시간 To로부터 균열의 심도를 구하는 방법이다.
2) 균열깊이(심도)
$$d = \frac{L}{2} \cdot \sqrt{\left(\frac{T_c}{T_o}\right)^2 - 1}$$
여기서
d : 균열깊이(심도)
T_c : 균열을 사이에 두고 측정한 전파시간(μs)
T_o : 건전부 표면에서의 전파시간(μs)
L : 송신 및 수신 양 탐촉자의 거리

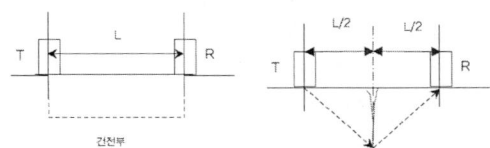

정답 09 ④ 10 ② 11 ①

12 수중 콘크리트에 대한 설명으로 틀린 것은?
① 일반 수중 콘크리트는 수중에서 시공할 때의 강도가 표준공시체 강도의 0.2~0.5배가 되도록 배합강도를 설정하여야 한다.
② 수중 불분리성 콘크리트에 사용하는 굵은 골재의 최대 치수는 40mm이하를 표준으로 한다.
③ 지하연속벽에 사용하는 수중 콘크리트의 경우, 지하연속벽을 가설만으로 이용할 경우에는 단위 시멘트량은 300kg/m³이상으로 하여야 한다.
④ 일반 수중 콘크리트의 타설에서 완전히 물막이를 할 수 없는 경우에도 유속은 50mm/s이하로 하여야 한다.

해설
일반 수중 콘크리트는 수중에서 시공할 때의 강도가 표준공시체 강도의 0.6~0.8배가 되도록 배합강도를 설정하여야 한다.

13 콘크리트 배합에 관한 일반적인 설명으로 틀린 것은?
① 유동화 콘크리트의 경우, 유동화 후 콘크리트의 워커빌리티를 고려하여 잔골재율을 결정할 필요가 있다.
② 잔골재율은 소요의 워커빌리티를 얻을 수 있는 범위 내에서 단위수량이 최대가 되도록 시험에 의하여 정하여야 한다.
③ 공사 중에 잔골재의 입도가 변하여 조립률이 ±0.20 이상 차이가 있을 경우에는 워커빌리티가 변화하므로 배합을 수정할 필요가 있다.
④ 고성능 공기연행감수제를 사용한 콘크리트의 경우로서 물-결합재비 및 슬럼프가 같으면, 일반적인 공기연행 감수제를 사용한 콘크리트와 비교하여 잔골재율을 1~2%정도 크게 하는 것이 좋다.

해설
잔골재율은 소요의 워커빌리티를 얻을 수 있는 범위 내에서 단위수량이 최소가 되도록 시험에 의하여 정하여야 한다.

14 콘크리트 배합설계에서 압축강도의 표준편차를 알지 못하고 설계기준 압축강도(f_{ck})가 25MPa일 때 콘크리트 표준시방서에 따른 배합강도(f_{cr})는?
① 30.5MPa ② 32.0MPa
③ 33.5MPa ④ 35.0MPa

해설
표준편차를 모르고 압축강도 시험횟수 14회 이하인 경우 콘크리트 배합강도
f_{ck} : 21미만인 경우 f_{ck}+7
f_{ck} : 21이상~35이하인 경우 f_{ck}+8.5
f_{ck} : 35초과 $1.1f_{ck}$+5
∴ $f_{cr} = f_{ck}+8.5=25+8.5=33.5$MPa

15 콘크리트 시방배합설계 계산에서 단위골재의 절대용적이 689L이고, 잔골재율이 41%, 굵은 골재의 표건밀도가 2.65g/cm³일 경우 단위 굵은 골재량은?
① 730.34kg ② 1021.24kg
③ 1077.25kg ④ 1137.11kg

해설
단위굵은골재량
$[0.689×(1-0.41)×(2.65×10^3)]=1,077.25$kg

16 거푸집의 높이가 높을 경우, 연직슈트 또는 펌프배관의 배출구를 타설면 가까운 곳까지 내려서 콘크리트를 타설해야 한다. 이 경우 슈트, 펌프배관, 버킷, 호퍼 등의 배출구와 타설 면까지의 높이는 최대 몇 m 이하를 원칙으로 하는가?
① 0.5m ② 1.0m
③ 1.5m ④ 2.0m

해설

슈트, 펌프배관 등의 배출구와 타설면까지의 높이는 1.5m 이하를 원칙으로 한다.

17 콘크리트의 타설에 대한 설명으로 틀린 것은?

① 타설한 콘크리트를 거푸집 안에서 횡방향으로 이동시켜서는 안 된다.
② 한 구획내의 콘크리트는 타설이 완료될 때까지 연속해서 타설하여야 한다.
③ 콘크리트 타설 도중 표면에 떠올라 고인 블리딩수가 있을 경우에는 콘크리트 표면에 홈을 만들어 배수 처리하여야 한다.
④ 콘크리트는 그 표면이 한 구획 내에서는 거의 수평이 되도록 타설하는 것을 원칙으로 한다.

해설

콘크리트 타설 도중 표면에 떠올라 고인 블리딩수가 있을 경우에는 적당한 방법으로 이 물을 제거한 후가 아니면 그 위에 콘크리트를 쳐서는 안 되며, 고인 물을 제거하기 위하여 콘크리트 표면에 홈을 만들어 흐르게 해서는 안 된다.

18 한중 콘크리트에서 주위의 기온이 영하 6°C, 비볐을 때의 콘크리트의 온도가 영상 15°C, 비빈 후부터 타설이 끝났을 때까지의 시간은 2시간이 소요되었다면 콘크리트 타설이 끝났을 때의 콘크리트 온도는 얼마인가?

① 6.7°C ② 7.2°C
③ 7.8°C ④ 8.7°C

해설

한중콘크리트 타설완료 후 콘크리트 온도
$T_2 = T_1 - 0.15(T_1 - T_0) \cdot t$
$= 15 - 0.15[15-(-6)] \times 2$
$= 8.7°C$

여기서, T_2 : 타설후 콘크리트 온도(°C)
T_1 : 비볐을 때 콘크리트 온도(°C)
T_0 : 주위의 온도(°C)
t : 비빈후부터 타설이 끝났을 때 까지의 시간

19 압력법에 의한 굳지 않은 콘크리트의 공기량시험(KS F 2421)에 대한 설명으로 틀린 것은?

① 물을 붓지 않고 시험(무주수법) 하는 경우 용기의 용적은 7L 이상으로 한다.
② 물을 붓고 시험(주수법) 하는 경우 용기의 용적은 적어도 5L로 한다.
③ 인공 경량 골재와 같은 다공질 골재를 사용한 콘크리트에 대해서도 적용된다.
④ 결과의 계산에서 콘크리트의 공기량은 콘크리트의 겉보기 공기량에서 골재 수정계수를 뺀 값이다.

해설

압력법에 의한 콘크리트의 공기량 시험은 워싱턴형 공기량 측정기를 사용하여, 공기실에 일정한 압력을 콘크리트에 주었을 때 공기량으로 인하여 내부압력이 감소되는 것으로부터 공기량을 구하는 시험으로 인공 경량골재와 같은 경량골재콘크리트에 대해서는 부적당하다.

20 팽창 콘크리트의 양생에 대한 설명으로 틀린 것은?

① 콘크리트를 타설한 후에는 살수 등 기타의 방법으로 습윤 상태를 유지하며 콘크리트 온도는 2°C 이상을 5일간 이상 유지시켜야 한다.
② 보온양생, 급열양생, 증기양생 등의 촉진양생을 실시하면 충분한 소요의 품질을 확보할 수가 없어 품질확인을 위한 시험을 할 필요가 없어 편리하다.
③ 거푸집을 제거한 후 콘크리트의 노출면, 특히 슬래브 상부 및 외벽 면은 직사일광, 급격한 건조 및 추위를 막기 위해 필요에 따라 양생매트·시트 또는 살수 등에 의한 적당한 양생을 실시하여야 한다.
④ 콘크리트 거푸집널의 존치기간은 평균기온 20°C 미만인 경우에는 5일 이상, 20°C 이상인 경우에는 3일 이상을 원칙으로 한다.

정답 17 ③ 18 ④ 19 ③ 20 ②

해설
보온 양생, 급열 양생, 증기 양생 그밖의 촉진 양생을 실시할 경우에는 소요의 품질이 얻어지는지를 시험에 의해 확인하여야 한다.

제2과목 건설시공 및 관리

21 댐 기초처리를 위한 그라우팅의 종류 중 아래에서 설명하는 것은?

> 기초암반의 변형성이나 강도를 개량하여 균일성을 주기 위하여 기초 전반에 걸쳐 격자형으로 그라우팅을 하는 방법이다.

① 커튼 그라우팅
② 블랭킷 그라우팅
③ 콘택트 그라우팅
④ 콘솔리데이션 그라우팅

해설
압밀(Consolidation Grouting) 공법
1) 발파 굴착 등으로 느슨해진 불량 암반 부위의 지반을 보강, 안정 목적으로 설치하는 그라우팅으로 기초암반의 지내력을 향상시킨다.
2) 기초암반의 변형성이나 강도를 개량하여 기초암반에 균일성을 주기 위하여 기초 전반에 격자형태로 그라우팅을 실시
3) 시공 위치 : 기초면에 전면적 시공
4) 주입공 배치 : 3m × 3m (격자형)

22 도로 토공을 위한 횡단 측량 결과가 아래 그림과 같을 때 Simpson 제 2법칙에 의해 횡단면적을 구하면? (단, 그림의 단위는 m 이다.)

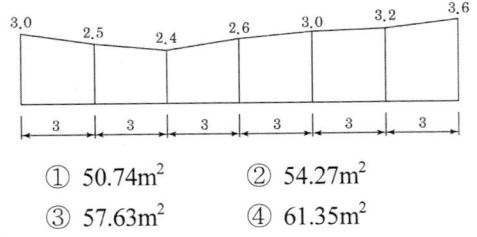

① 50.74m²
② 54.27m²
③ 57.63m²
④ 61.35m²

해설
심프슨 제2법칙
$$A = \frac{3d}{8}(y_o + y_n + 3\sum y_{나머지} + 2\sum y_{3배수})$$
$$= \frac{3 \times 3}{8}[3.0 + 3.6 + 3 \times (2.5 + 2.4 + 3.0 + 3.2) + 2 \times (2.6)] = 50.74m^2$$

23 사질토로 25,000m³의 성토공사를 할 경우 굴착 토량(자연 상태 토량) 및 운반 토량(흐트러진 상태 토량)은 얼마인가? (단, 토량변화율 L=1.25, C=0.9이다.)

① 굴착 토량=35600.2m³, 운반 토량=23650.5m³
② 굴착 토량=27777.8m³, 운반 토량=34722.2m³
③ 굴착 토량=27531.5m³, 운반 토량=36375.2m³
④ 굴착 토량=19865.3m³, 운반 토량=28652.8m³

해설
1) 굴착토량(자연)
$$= 25,000 \times \frac{1}{C} = 25,000 \times \frac{1}{0.9} = 27,777.8m^3$$
2) 운반토량
$$= 25,000 \times \frac{L}{C} = 25,000 \times \frac{1.25}{0.9} = 34,722.2m^3$$

24 하수도 관로의 최소 흙두께(매설깊이)는 원칙적으로 얼마를 하도록 되어 있는가?

① 1.2m
② 1.0m
③ 0.8m
④ 0.5m

해설
관로의 최소 흙두께는 원칙적으로 1m로 하나, 연결관, 노면하중, 노반두께 및 다른 매설물의 관계, 동결심도, 기타 도로점용조건을 고려하여 적절한 흙두께로 한다.

25 아스팔트 콘크리트 포장과 비교한 시멘트 콘크리트 포장의 특성에 대한 설명으로 틀린 것은?
① 내구성이 커서 유지관리비가 저렴하다.
② 표층은 교통하중을 하부 층으로 전달하는 역할을 한다.
③ 국부적 파손에 대한 보수가 곤란하다.
④ 시공 후 충분한 강도를 얻는데 까지 장시간의 양생이 필요하다.

해설
표층(슬래브)자체가 교통하중에 의해서 발생되는 응력을 표층(슬래브)의 강성으로 힘에 대하여 저항을 한다.

26 교대에서 날개벽(Wing)의 역할로 가장 적당한 것은?
① 교대의 하중을 부담한다.
② 교량의 상부구조를 지지한다.
③ 유량을 경감하여 토사의 퇴적을 촉진시킨다.
④ 배면(背面)토사를 보호하고 교대 부근의 세굴을 방지한다.

해설
교대 날개벽 역할
교대 날개벽은 교대배면 성토의 보호 및 세굴방지를 목적으로 한다.

27 뉴매틱 케이슨(Pneumatic Caisson)공법의 특징으로 틀린 것은?
① 소음과 진동이 커서 도시에서는 부적합하다.
② 기초 지반 토질의 확인 및 정확한 지지력의 측정이 가능하다.
③ 굴착 깊이에 제한이 없고 소규모 공사나 심도 깊은 공사에 경제적이다.
④ 기초 지반의 보일링 현상 및 히빙 현상을 방지할 수 있으므로 인접 구조물의 피해 우려가 없다.

해설
뉴매틱 케이슨 기초는 굴착깊이에 제한이 있고 대규모 공사에 경제적이나 소음과 진동이 커서 도심지 공사에 적합하지 않다.

28 터널 보강공법 중 숏크리트의 시공에서 탈락률을 감소시키는 방법으로 틀린 것은?
① 벽면과 직각으로 분사한다.
② 분사 부착면을 거칠게 한다.
③ 배합 시 시멘트량을 감소시킨다.
④ 호스의 압력을 일정하게 유지한다.

해설
숏크리트 탈락률을 감소시키기 방법으로 배합 시 시멘트량을 증가시킨다.

29 샌드 드레인(sand drain)공법에서 영향원의 지름을 d_e, 모래말뚝의 간격을 d라 할 때 정삼각형의 모래말뚝 배열 식으로 옳은 것은?
① d_e=1.13d   ② d_e=1.10d
③ d_e=1.05d   ④ d_e=1.01d

해설
샌드드레인 모래말뚝 배열식
d_e = 1.13d(정사각형)
d_e = 1.05d(정삼각형)

30 자연 함수비 8%인 흙으로 성토하고자 한다. 다짐한 흙의 함수비를 15%로 관리하도록 규정하였을 때 매 층마다 $1m^2$당 몇 kg의 물을 살수해야 하는가? (단, 1층의 다짐 후 두께는 20cm이고, 토량 변화율 C=0.8이며, 원지반 상태에서 흙의 밀도는 $1.8t/m^3$이다.)
① 21.59kg   ② 24.38kg
③ 27.23kg   ④ 29.17kg

해설
1) $1m^3$당 본바닥 체적
$= 1 \times 1 \times 0.2 \times \dfrac{1}{0.8} = 0.25 m^3$
2) $w = 8\%$일 때 흙의 무게

정답 25 ② 26 ④ 27 ③ 28 ③ 29 ③ 30 ④

$\gamma_t = \dfrac{W}{V}$ 에서 $1.8 = \dfrac{W}{0.25}$, $W = 0.45t$

3) $w = 8\%$ 일 때 물의 무게

$W_w = \dfrac{wW}{100+w} = \dfrac{8 \times 450}{100+8} = 33.33 kg$

4) $w = 15\%$ 일 때 물의 무게

$8 : 33.33 = 15 : W_w$

∴ $W_w = 62.5 kg$

5) 살수량 = $62.5 - 33.33 = 29.17 kg$

31 터널 굴착 공법인 TBM공법의 특징에 대한 설명으로 틀린 것은?

① 터널 단면에 대한 분할 굴착시공을 하므로, 지질변화에 대한 확인이 가능하다.
② 기계굴착으로 인해 여굴이 거의 발생하지 않는다.
③ 1km 이하의 비교적 짧은 터널의 시공에는 비경제적인 공법이다.
④ 본바닥 변화에 대하여 적응이 곤란하다.

해설
터널 단면에 대한 분할 굴착시공이 아닌 전단면 굴착시공으로, 지질변화에 대한 확인 어렵다.

32 주공정선(critical path)에 대한 설명으로 틀린 것은?

① 주공정선(critical path)상에서 모든 여유는 0(zero)이다.
② 주공정선(critical path)은 반드시 하나만 존재한다.
③ 공정의 단축 수단은 주공정선(critical path)의 단축에 착안해야 한다.
④ 주공정선(critical path)에 의해 전체 공정이 좌우된다.

해설
주공정선(critical path)은 여러개가 존재 할 수 있다.

33 폭우 시 옹벽 배면의 흙은 다량의 물을 함유하게 되는데 뒤채움 토사에 배수 시설이 불량할 경우 침투수가 옹벽에 미치는 영향에 대한 설명으로 틀린 것은?

① 활동면에서의 양압력 발생
② 옹벽 저면에 대한 양압력 발생
③ 수동저항(passive resistance)의 증가
④ 포화 또는 부분포화에 의한 흙의 무게 증가

해설
수동저항(passive resistance)이 감소한다.

34 PERT 공정 관리 기법에 대한 설명으로 틀린 것은?

① PERT 기법에서는 시간 견적을 3점법으로 확률 계산한다.
② PERT 기법은 결합점(Node)중심의 일정 계산을 한다.
③ PERT 기법은 공기 단축을 목적으로 한다.
④ PERT 기법은 경험이 있는 사업 및 반복사업에 이용된다.

해설
공정관리 기법
1) PERT 기법(신비 3기event)
 가. 신규사업, 비 반복사업, 경험이 없는 사업 등에 활용
 나. 소요시간 추정 (3점법 확률 계산)
 다. 가중 평균치 사용
 $t_e = \dfrac{t_o + 4t_m + t_p}{6}$
 여기서, t_o : 낙관 작업일수
  t_m : 정상 작업일수
  t_p : 비관 작업일수
  t_e : 3점법에 의한 추정공사일수
 라. 작업단계(event) 중심관리(결합점 중심관리)
 마. 확률론적 검토
 바. 공기 단축이 목적
2) CPM 기법
 가. 반복사업, 경험이 있는 사업에 적용한다.
 나. 1점 시간 추정(t_m)

다. 작업활동(Activity) 중심관리
라. 비용견적, 비용구배, 일정단축
바. 공비 절감이 목적

35 불도저의 종류 중 배토판의 좌, 우를 밑으로 10~40cm 정도 기울여 경사면 굴착이나 도랑파기 작업에 유리한 것은?

① U도저 ② 틸트도저
③ 레이크도저 ④ 스트레이트도저

해설

불도져 분류

분류	개요
틸트 도저 (Tilt Dozer)	배토판의 좌우(10~40cm)를 밑으로 기울게하여 도랑 파기, 경사굴착 등을 한다.
스트레이트 도저 (Straight Dozer)	배토판의 상단부를 전후로 이동하여 조정하므로 도랑파기 또는 동결지반의 굴착에 편리하다.
앵글 도저 (Angle Dozer)	배토판을 진행 방향에 전후로 20~30°이동시켜서 배토판의 작업 각도를 변동할 수 있어 굴착토사를 한쪽으로 이동 시킬 수 있다.
레이크 도저 (Rake Dozer)	배토판 대신에 레이크를 정착하여 벌개제근, 나무뿌리제거 작업등을 할 수 있다.

36 유효다짐폭 3m의 10t 머캐덤 롤러(macadam roller) 1대를 사용하여 성토의 다짐을 시행할 때 평균 깔기 두께가 20cm, 평균작업속도가 2km/h, 다짐횟수를 10회, 작업효율을 0.6으로 하면 시간당 작업량은? (단, 토량환산계수(f)는 0.8로 한다.)

① 57.6m³/h ② 76.2m³/h
③ 85.4m³/h ④ 92.7m³/h

해설

운전 1시간당 다짐 토량

$Q = \dfrac{1,000 \times V \times W \times H \times f \times E}{N}$

$Q = \dfrac{1,000 \times 2 \times 3 \times 0.2 \times 0.8 \times 0.6}{10}$

$= 57.6 m^3/hr$

37 교량가설공법 중 동바리를 이용하는 공법이 아닌 것은?

① 새들(Saddle) 공법
② 벤트(Bent) 공법
③ 외팔보(Free Cantilever) 공법
④ 가설 트러스(Erection Truss) 공법

해설

교량가설 공법
1) 비계를 사용하는 공법
 • 새들(saddle) 공법
 • 벤트(bent) 공법
 • 이렉션트러스(election truss) 공법
 • 스테이징 벤트(staging bent) 공법
2) 비계를 사용하지 않는 공법
 • ILM 공법
 • 캔틸레버식 공법(FCM 공법)
 • 케이블 공법

38 보조기층, 입도 조정기층 등에 침투시켜 이들 층의 방수성을 높이고 그 위에 포설하는 아스팔트 혼합물과의 부착이 잘되게 하기 위하여 보조기층 또는 기층 위에 역청재를 살포하는 것을 무엇이라 하는가?

① 프라임 코트(prime coat)
② 택 코트(tack coat)
③ 실 코트(seal coat)
④ 패칭(patching)

해설

프라임 코트(Prime coat)
1) 보조기층 또는 기층 등에 침투시켜 이들 층의 방수성을 확보한다.
2) 보조기층 에서 모세관 현상에 의해 올라오는 물의 상승을 차단한다.
3) 보조기층과 기층 아스팔트 혼합물과의 부착이 잘되도록 살포하는 역청재료이다.

39 지반중에 초고압으로 가압된 경화재를 에어 제트와 함께 이중관 선단에 부착된 분사노즐로 분사시켜 지반의 토립자를 교반하여 경화재와 혼합 고결시키는 공법은?

① LW공법 ② SGR공법
③ SCW공법 ④ JSP공법

해설

J.S.P(Jumbo Special Pile)
J.S.P 공법은 교반혼합공법(C.C.P공법)에서 발전된 것으로 교반혼합공법은 수평 방향으로 200kg/cm²의 고압의 경화재(Cement Paste)를 분사하여 지반의 토립자와 교반하여 경화재와 토립자를 혼합 고결시키는 공법

40 어느 토공현장의 흙의 운반거리가 60m, 전진속도 40m/min, 후진속도 80m/min, 기어변속시간 30초, 작업효율 0.8, 1회의 압토량 2.3m³, 토량변화율(L)이 1.2라면 불도저의 시간당 작업량은? (단, 본바닥 토량으로 구하시오.)

① 33.45m³/h ② 39.27m³/h
③ 45.62m³/h ④ 51.93m³/h

해설

1) $C_m = \dfrac{L}{V_1} + \dfrac{L}{V_2} + t_g$

$= \dfrac{60}{40} + \dfrac{60}{80} + \dfrac{30}{60} = 2.75$분

2) $Q = \dfrac{60 \cdot q \cdot f \cdot E}{C_m}$

$= \dfrac{60 \times 2.3 \times \dfrac{1}{1.2} \times 0.8}{2.75} = 33.45\,m^3/hr$

제3과목 건설재료 및 시험

41 아스팔트 혼합물에서 채움재(filler)를 혼합하는 목적은 다음 중 어느 것인가?

① 아스팔트의 공극을 메우기 위해서
② 아스팔트의 비중을 높이기 위해서
③ 아스팔트의 침입도를 높이기 위해서
④ 아스팔트의 내열성을 증가시키기 위해서

해설

아스팔트 혼합물에서 채움재(filler)역할
1) Asp 골재 틈을 메워 Asp 시멘트 소요량을 감소
2) Asp 시멘트와 일체로 되어 보강재 역할

42 면이 원칙적으로 거의 사각형에 가까운 것으로, 4면을 쪼개어 면에 직각으로 측정한 길이가 면의 최소 변의 1.5배 이상인 석재는?

① 사고석 ② 견치석
③ 각석   ④ 판석

해설

견치석
앞면은 규칙적으로 거의 사각형에 가깝고 길이는 최소변의 1.5배 이상인 석재.

43 양이온계 유화 아스팔트 중 택 코트용으로 사용하는 것은?

① RS(C)-1 ② RS(C)-2
③ RS(C)-3 ④ RS(C)-4

해설

아스팔트 유제의 종류

양이온계 유화 아스팔트	음이온계 유화 아스팔트	용 도
RS(C)-1	RS(A)-1	보통 침투용 및 표면 처리용
RS(C)-2	RS(A)-2	동절기 침투용 및 동절기 표면 처리용
RS(C)-3	RS(A)-3	프라임 코트용
RS(C)-4	RS(A)-4	택 코트용

44 콘크리트용 천연 굵은 골재의 유해물 함유량 한도(질량백분율)에 대한 설명으로 틀린 것은?

① 연한 석편은 2.0%이하여야 한다.
② 점토덩어리는 0.25%이하여야 한다.
③ 0.08mm체 통과량은 1.0% 이하여야 한다.
④ 콘크리트의 외관이 중요한 경우 석탄, 갈탄 등으로 밀도 0.002g/mm³의 액체에 뜨는 것은 0.5% 이하여야 한다.

해설
굵은골재 유해함유량의 허용치
1) 점토덩어리 함유량 : 0.25%, 연한석편 : 5%이하
2) 점토덩어리와 연한석편 함유량 그 합은 5%를 초과하지 않아야 한다.

45 화약에 대한 설명으로 틀린 것은?

① 흑색화약은 원용적의 약 300배의 가스로 팽창하여 2,000°C의 열과 660MPa의 압력을 발생시킨다.
② 무연화약은 흑색화약에 비해 낮은 압력을 비교적 장기간 작용시킬 수 있다.
③ 흑색화약은 내습성이 뛰어나 젖어도 쉽게 발화하는 장점이 있다.
④ 무연화약은 연소성을 조절할 수 있으므로 총탄, 포탄, 로켓 등의 발사에 사용된다.

해설
흑색 화약은 화학적으로 극히 안정하나, 습기에 약하다.

46 어떤 재료의 푸아송 비가 $\frac{1}{3}$이고, 탄성계수가 2×10^5MPa일 때 전단탄성계수는?

① 25600MPa   ② 75000MPa
③ 544000MPa ④ 229500MPa

해설
전단탄성계수
$$G = \frac{E_c}{2.(1+\nu)} = \frac{2\times10^5}{2\times(1+\frac{1}{3})} = 75,000 MPa$$

47 콘크리트용 화학 혼화제(KS F 2560)에서 규정하고 있는 AE제의 품질 성능(화학 혼화제의 요구 성능)에 대한 규정항목이 아닌 것은?

① 감수율   ② 경시 변화량
③ 길이 변화비 ④ 블리딩양의 비

해설
경시변화량 시험은 고성능 AE감수제의 슬럼프 변화량을 알아보는 시험이다.

48 표면 건조 포화 상태의 시료 1780g을 공기 중에서 건조시켰더니 1731g이 되었고, 이를 다시 노건조시켰더니 1709g이 되었다. 이 골재시료의 흡수율은?

① 1.3%   ② 2.8%
③ 3.9%   ④ 4.2%

해설
흡수율
$$\frac{표건질량-절건질량}{절건질량}\times100$$
$$\frac{1780-1709}{1709}\times100 = 4.2\%$$

49 시멘트의 응결에 대한 설명으로 틀린 것은?

① 단위 수량이 많으면 응결은 지연된다.
② 온도가 높을수록 응결은 빨라진다.
③ C₃A가 많을수록 응결은 지연된다.
④ 분말도가 높으면 응결은 빨라진다.

해설
C₃A가 많을수록 응결은 빠르게 일어난다.

50 혼화재로서 실리카 퓸을 사용한 콘크리트의 특성으로 틀린 것은?

① 내화학약품성이 향상된다.
② 재료분리 저항성이 향상된다.
③ 소요의 단위수량이 감소된다.
④ 콘크리트의 강도가 증가된다.

정답 44 ① 45 ③ 46 ② 47 ② 48 ④ 49 ③ 50 ③

해설
실리카 품 특징
1) 장점
   ① 콘크리트 강도, 내구성, 수밀성을 증대
   ② 골재와 결합재간의 부착력 증대로 콘크리트 강도를 증대시켜 고강도 콘크리트를 만드는데 사용된다.
   ③ 알카리 골재반응 억제 효과
2) 단점
   ① 워커빌리티가 불량
   ② 건조수축 증가
   ③ 단위수량 증가.

51 석재의 일반적인 성질에 대한 설명으로 틀린 것은?

① 암석의 압축강도가 50MPa이상을 경석, 10MPa이상 ~ 50MPa 미만을 준경석, 10MPa미만을 연석이라 한다.
② 암석의 구조에서 암석특유의 천연적으로 갈라진 금을 절리, 퇴적암이나 변성암에서 나타나는 평행의 절리를 층리라 한다.
③ 석재는 강도 중에서 압축강도가 제일 크며, 인장, 휨 및 전단강도는 작기 때문에 구조용으로 사용할 경우 주로 압축력을 받는 부분에 사용된다.
④ 석재는 열에 대한 양도체이기 때문에 열의 분포가 균일하며, 1000℃이상의 고온으로 가열하여도 잘 견디는 내화성 재료이다.

해설
석재로 사용되는 암석은 열의 불균등분포가 생겨 내부 열응력에 의해 1000℃ 이상으로 가열하면 조직이 파괴된다.

52 시멘트 클링커 화합물의 특성으로 틀린 것은?

① C_3S는 C_2S에 비하여 수화열이 크고 초기강도가 크다.
② C_2S는 수화열이 작으며 장기강도발현성과 화학저항성이 우수하다.
③ C_3A는 수화속도가 매우 빠르지만 수화발열량과 수축은 매우 적다.
④ C_4AF는 화학저항성이 양호해서 내황산염 시멘트에 많이 함유되어 있다.

해설
C_3A는 수화속도가 매우 빠르며 수화 발열량과 수축이 매우 크다.

53 아스팔트의 인화점과 연소점에 대한 설명을 틀린 것은?

① 아스파트를 가열하여 어느 일정 온도에 도달할 때 화기를 가까이 했을 경우 인화하는데, 이때 최저온도를 인화점이라 한다.
② 아스팔트가 인화되어 연소할 때의 최고온도를 연소점이라 한다.
③ 인화점은 연소점보다 온도가 낮다.
④ 아스팔트의 가열 시에 위험도를 알기 위해 인화점과 연소점을 측정한다.

해설
아스팔트의 인화점과 연소점
1) 아스팔트를 가열했을 때 인화하는데 이때의 최저 온도를 인화점이라 한다.
2) 아스팔트를 계속 가열하여 불꽃이 5초 동안 계속 될 때의 최저 온도를 연소점 이라한다.

54 다음에서 설명하는 토목섬유의 종류와 그 주요기능으로 옳은 것은?

> 폴리머를 판상으로 압축시키면서 격자 모양의 그리드 형태로 구멍을 내어 특수하게 만든 후 여러 모양으로 넓게 늘여 편 형태의 토목섬유

① 지오그리드-보강
② 지오멤브레인-보강
③ 지오네트-차단
④ 지오매트-차단

해설

지오그리드
1) 지오그리드는 리브 (rib)사이에 대략 1~10 cm의 작은 구멍을 가진 격자형 재료이다.
2) 주기능으로 보강 기능 및 분리 기능이 있다.

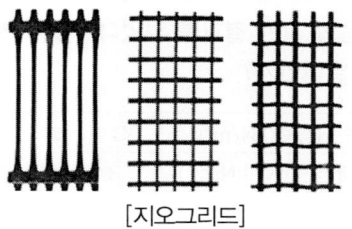
[지오그리드]

55 콘크리트용 골재(KS F 2527)에 규정되어 있는 콘크리트용 골재의 물리적 성질에 대한 설명으로 틀린 것은? (단, 천연골재의 굵은 골재, 잔골재이다.)

① 굵은 골재의 절대건조 밀도는 2.5g/cm³이상이어야 한다.
② 잔골재의 안정성은 15%이하이어야 한다.
③ 잔골재의 흡수율은 3.0%이하이어야 한다.
④ 굵은 골재의 마모율은 40%이하이어야 한다.

해설

잔골재의 안정성은 10% 이하
굵은골재의 안정성은 12% 이하

56 재료의 역학적 성질에 대한 설명으로 옳은 것은?

① 전성은 재료를 두들길 때 엷게 펴지는 성질이다.
② 크리프는 하중이 반복 작용할 때 재료가 정적강도보다도 낮은 강도에서 파괴되는 현상이다.
③ 연성은 하중을 받으면 작은 변형에서도 갑작스런 파괴가 일어나는 성질이다.
④ 소성은 하중을 받아 변형된 재료가 하중이 제거 되었을 때 다시 원래대로 돌아가려는 성질이다.

해설

1) 경도
재료의 긁기, 절단, 마모 등에 대한 저항성질
2) 연성
재료에 인장력을 주었을 때 재료가 가늘고 길게 늘어나는 성질
3) 소성
하중을 받아 변형된 재료가 하중이 제거되었을 때에 다시 원래대로 돌아가지 못하는 성질
4) 전성
압력을 가하거나 망치로 두드리면 넓은 판으로 얇게 펴지는 성질
5) 크리프(creep)
소재에 일정한 하중이 가해진 상태에서 시간의 경과에 따라 소재의 변형이 계속되는 현상

57 AE제를 사용한 콘크리트의 특성에 대한 설명으로 틀린 것은?

① 철근과의 부착강도가 작다.
② 동결융해에 대한 저항성이 크다.
③ 콘크리트 블리딩 현상이 증가된다.
④ 콘크리트의 워커빌리티를 개선하는 데 효과가 있다.

해설

AE제를 사용한 콘크리트의 블리딩 현상이 감소된다.

58 콘크리트용 골재의 알칼리골재 반응에 대한 설명 중 틀린 것은?

① 알칼리골재 반응은 반응성 있는 골재에 의해 콘크리트에 이상팽창을 일으켜 거북 등 모양의 균열을 일으키는 것이다.
② 콘크리트의 팽창량에 미치는 영향은 시멘트 중의 Na_2O량과 K_2O량의 비 및 반응성 골재의 특성에 의해 달라진다.
③ 알칼리골재 반응은 고로슬래그시멘트 및 플라이애시시멘트를 사용하여 억제할 수 있다.
④ 알칼리골재 반응을 억제하기 위하여 시멘트에 포함되어 있는 총 알칼리량을 높여야 한다.

정답 55 ② 56 ① 57 ③ 58 ④

> [해설]
> 알칼리골재 반응을 억제하기 위하여 시멘트에 포함되어 있는 총 알칼리량을 줄여야 한다.

59 목재의 강도 중 가장 큰 것은?
① 섬유에 평행방향의 압축강도
② 섬유에 직각방향의 압축강도
③ 섬유에 평행방향의 인장강도
④ 섬유에 평행방향의 전단강도

> [해설]
> 목재의 강도
> ① 압축강도는 비중이 크고 함수율이 적을수록 압축강도는 크다.
> ② 세로 인장강도는 세로 압축강도 보다 2.5배 정도 크다.
> ③ 전단강도는 휨강도보다 작다.
> ④ 섬유에 평행 방향의 인장강도(세로 인장강도)가 가장 크다.

60 시멘트의 강도 시험(KS L ISO 679)을 실시하기 위해 시험용 모르타르를 제작하고자 한다. 1회분의 재료로서 시멘트 450g이 사용되었다면 필요한 표준사의 질량은?
① 1103g
② 1215g
③ 1350g
④ 1575g

> [해설]
> 시멘트와 모래(표준사) 질량비 1 : 3
> 450×3=1,350g

제4과목 토질 및 기초

61 다음 지반 개량공법 중 연약한 점토지반에 적당하지 않은 것은?
① 프리로딩 공법
② 샌드 드레인 공법
③ 생석회 말뚝 공법
④ 바이브로 플로테이션 공법

> [해설]
> 바이브로 플로테이션 공법은 사질토 지반 개량공법에 적합하다.

62 사질토에 대한 직접 전단시험을 실시하여 다음과 같은 결과를 얻었다. 내부마찰각은 약 얼마인가?

수직응력(kN/m²)	30	60	90
최대전단응력(kN/m²)	17.3	34.6	51.9

① 25°
② 30°
③ 35°
④ 40°

> [해설]
> $\tau = c + \sigma \cdot \tan\phi$ 에서
> $\phi = \tan^{-1}\left(\dfrac{34.6-17.3}{60-30}\right) = 30°$

63 유선망의 특징에 대한 설명으로 틀린 것은?
① 각 유로의 침투유량은 같다.
② 유선과 등수두선은 서로 직교한다.
③ 인접한 유선 사이의 수두 감소량(head loss)은 동일하다.
④ 침투속도 및 동수경사는 유선망의 폭에 반비례한다.

> [해설]
> 인접한 등수두선간의 수두차는 모두 같다.

64 두께 H인 점토층에 압밀하중을 가하여 요구되는 압밀도에 달할때까지 소요되는 기간이 단면배수일 경우 400일이었다면 양면배수일 때는 며칠이 걸리겠는가?
① 800일
② 400일
③ 200일
④ 100일

> [해설]
> 1) $t = \dfrac{T_v \cdot H^2}{C_v}$
> 2) $t_1 : H_1^2 = t_2 : H_2^2$ 이므로
> 3) $400 : H^2 = t_2 : \left(\dfrac{H}{2}\right)^2$

$$\therefore t_2 = \frac{400 \cdot \left(\frac{H}{2}\right)^2}{H^2} = 100\text{일}$$

65 사질토 지반에 축조되는 강성기초의 접지압 분포에 대한 설명으로 옳은 것은?
① 기초 모서리 부분에서 최대 응력이 발생한다.
② 기초에 작용하는 접지압 분포는 토질에 관계없이 일정하다.
③ 기초의 중앙 부분에서 최대 응력이 발생한다.
④ 기초 밑면의 응력은 어느 부분이나 동일하다.

해설
강성기초의 접지압 분포

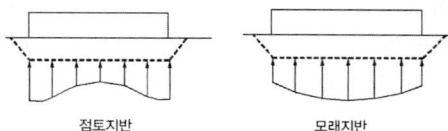

점토지반   모래지반

가. 기초가 강성이므로 균등침하가 발생된다.
나. 점토지반에서는 모서리쪽 접지압이 커지고 중앙부 접지압이 줄어든다.
다. 모래지반에서는 모서리쪽 접지압이 작고 중앙부 접지압이 커진다.

66 Terzaghi의 극한지지력 공식에 대한 설명으로 틀린 것은?
① 기초의 형상에 따라 형상계수를 고려하고 있다.
② 지지력계수 N_c, N_q, N_γ는 내부마찰각에 의해 결정된다.
③ 점성토에서의 극한지지력은 기초의 근입 깊이가 깊어지면 증가된다.
④ 사질토에서의 극한지지력은 기초의 폭에 관계없이 기초 하부의 흙에 의해 결정된다.

해설
$q_u = \alpha c N_c + \beta \gamma_1 B N_\gamma + \gamma_2 D_f N_q$
극한지지력은 기초폭의 크기에 관계있다.

67 $\gamma_t = 19\text{kN/m}^3$, $\phi = 30°$인 뒤채움 모래를 이용하여 8m 높이의 보강토 옹벽을 설치하고자 한다. 폭 75mm, 두께 3.69mm의 보강띠를 연직방향 설치간격 $S_v = 0.5\text{m}$, 수평방향 설치간격 $S_h = 1.0\text{m}$로 시공하고자 할 때, 보강띠에 작용하는 최대 힘(T_{max})의 크기는?
① 15.33kN   ② 25.33kN
③ 35.33kN   ④ 45.33kN

해설
보강띠에 작용하는 최대 힘
$T_{max} = \gamma \cdot H \cdot K_a \cdot S_v \cdot S_h$
여기서 주동토압계수는
$K_a = \tan^2\left(45° - \frac{\phi}{2}\right)$
$= \tan^2\left(45° - \frac{30°}{2}\right) = \frac{1}{3}$
$\therefore T_{max} = 19 \times 8 \times \frac{1}{3} \times 0.5 \times 1 = 25.33kN$

68 사운딩에 대한 설명으로 틀린 것은?
① 로드 선단에 지중저항체를 설치하고 지반 내 관입, 압입, 또는 회전하거나 인발하여 그 저항치로부터 지반의 특성을 파악하는 지반조사방법이다.
② 정적사운딩과 동적사운딩이 있다.
③ 압입식 사운딩의 대표적인 방법은 Standard Penetration Test(SPT)이다.
④ 특수사운딩 중 측압사운딩의 공내횡방향 재하시험은 보링공을 기계적으로 수평으로 확장시키면서 측압과 수평변위를 측정한다.

해설
1) 압입식 사운딩의 대표적인 방법은 베인(Vane) 시험
2) Standard Penetration Test(S.P.T)는 동적사운딩의 대표적인 방법.

정답 65 ③ 66 ④ 67 ② 68 ③

69 현장 흙의 밀도 시험 중 모래치환법에서 모래는 무엇을 구하기 위하여 사용하는가?
① 시험구멍에서 파낸 흙의 중량
② 시험구멍의 체적
③ 지반의 지지력
④ 흙의 함수비

해설
모래치환법의 모래는 파낸 구멍속에 채워진 모래의 질량을 모래의 밀도로 나누어 구멍속의 체적을 알기 위함이다.

70 습윤단위중량이 19kN/m³, 함수비 25%, 비중이 2.7인 경우 건조단위중량과 포화도는? (단, 물의 단위중량은 9.81kN/m³이다.)
① 17.3kN/m³, 97.8%
② 17.3kN/m³, 90.9%
③ 15.2kN/m³, 97.8%
④ 15.2kN/m³, 90.9%

해설
1) $\gamma_d = \dfrac{\gamma_t}{1+\dfrac{\omega}{100}} = \dfrac{19}{1+\dfrac{25}{100}} = 15.2 \text{N/m}^3$

2) $S = \dfrac{G_s \cdot \omega}{e}$

여기서, $e = \dfrac{\gamma_w}{\gamma_d} \cdot G_s - 1 = \dfrac{9.81}{15.2} \times 2.7 - 1 = 0.7426$

$S = \dfrac{2.7 \times 0.25}{0.7426} \times 100 = 90.9\%$

71 어떤 시료를 입도분석 한 결과, 0.075mm체 통과율이 65%이었고, 애터버그한계 시험결과 액성한계가 40%이었으며 소성도표(Plasticity chart)에서 A선 위의 구역에 위치한다면 이 시료의 통일분류법(USCS)상 기호로서 옳은 것은? (단, 시료는 무기질이다.)
① CL   ② ML
③ CH   ④ MH

해설
1) 0.075mm체 통과량 50%이상이므로 세립토이며 A선 위에 위치하므로 점토(C)로 분류되며,
2) $LL = 40\% < 50\%$이므로 저압축성(L)이므로 CL이다.

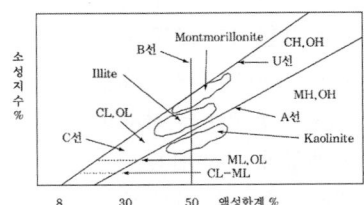

72 어떤 점토의 압밀계수는 $1.92 \times 10^{-7} \text{m}^2/\text{s}$, 압축계수는 $2.86 \times 10^{-1} \text{m}^2/\text{kN}$이었다. 이 점토의 투수계수는? (단, 이 점토의 초기간극비는 0.8이고, 물의 단위중량은 9.81kN/m³이다.)
① 0.99×10^{-5}cm/s   ② 1.99×10^{-5}cm/s
③ 2.99×10^{-5}cm/s   ④ 3.99×10^{-5}cm/s

해설
1) $k = C_v \cdot m_v \cdot \gamma_w = C_v \left(\dfrac{a_v}{1+e_0}\right)\gamma_w$

2) $m_v = \dfrac{a_v}{1+e_o} = \dfrac{2.86 \times 10^{-1}}{1+0.8} = 0.159 m^2/kN$

$\therefore k = C_v \cdot m_v \cdot \gamma_w$
$= 1.92 \times 10^{-7} m^2/s \times 0.159 m^2/kN \times 9.81 kN/m^3$
$= 2.99 \times 10^{-7} m/s = 2.99 \times 10^{-5} cm/s$

73 전체 시추코어 길이가 150cm이고 이중 회수된 코어 길이의 합이 80cm이었으며, 10cm 이상인 코어 길이의 합이 70cm이었을 때 코어의 회수율(TCR)은?
① 56.67%   ② 53.33%
③ 46.67%   ④ 43.33%

해설
회수율 $= \dfrac{\text{채취된 시료의 길이}}{\text{굴착 암석의 관입깊이}} \times 100(\%)$

회수율 $= \dfrac{80}{150} \times 100 = 53.33\%$

$$RQD = \frac{10cm \text{ 이상 회수된 길이의 합}}{\text{굴착 암석의 관입깊이}} \times 100(\%)$$

74 단위중량(γ_t)=19kN/m³, 내부마찰각(ϕ)=30°, 정지토압계수(K_o)=0.5인 균질한 사질토 지반이 있다. 이 지반의 지표면 아래 2m 지점에 지하수위면이 있고 지하수위면 아래의 포화단위중량(γ_{sat})=20kN/m³이다. 이때 지표면 아래 4m 지점에서 지반 내 응력에 대한 설명으로 틀린 것은? (단, 물의 단위중량은 9.81kN/m³이다.)

① 연직응력(σ_v)은 80kN/m²이다.
② 간극수압(u)은 19.62kN/m²이다.
③ 유효연직응력($\sigma_v{'}$)은 58.38kN/m²이다.
④ 유효수평응력($\sigma_h{'}$)은 29.19kN/m²이다.

해설

σ_v = 19×2+20×2 = 78kN/m²
u = 9.81×2 = 19.62kN/m²
$\sigma_v{'}$ = 78-19.62 = 58.38kN/m²
$\sigma_h{'}$ = 58.38×0.5 = 29.19kN/m²

75 말뚝기초의 지반거동에 대한 설명으로 틀린 것은?

① 연약지반상에 타입되어 지반이 먼저 변형하고 그 결과 말뚝이 저항하는 말뚝을 주동말뚝이라 한다.
② 말뚝에 작용한 하중은 말뚝주변의 마찰력과 말뚝선단의 지지력에 의하여 주변 지반에 전달된다.
③ 기성말뚝을 타입하면 전단파괴를 일으키며 말뚝 주위의 지반은 교란된다.
④ 말뚝 타입 후 지지력의 증가 또는 감소현상을 시간효과(time effect)라 한다.

해설

주동말뚝
말뚝이 수평력을 받는 경우 움직임의 주체가 말뚝이 되어서 지반이 저항하는 형식의 말뚝을 말한다.

76 아래의 공식은 흙 시료에 삼축압력이 작용할 때 흙 시료 내부에 발생하는 간극수압을 구하는 공식이다. 이 식에 대한 설명으로 틀린 것은?

$$\triangle u = B[\triangle \sigma_3 + A(\triangle \sigma_1 - \triangle \sigma_3)]$$

① 포화된 흙의 경우 B=1이다.
② 간극수압계수 A값은 언제나 (+)의 값을 갖는다.
③ 간극수압계수 A값은 삼축압축시험에서 구할 수 있다.
④ 포화된 점토에서 구속응력을 일정하게 두고 간극수압을 측정했다면, 축차응력과 간극수압으로부터 A값을 계산할 수 있다.

해설

간극수압계수 A
1) 정규압밀점토 A ≒ 1
2) 약간 과압밀점토 0 < A < 1
3) 심한 과압밀점토 A < 0

77 그림과 같은 모래시료의 분사현상에 대한 안전율을 3.0이상이 되도록 하려면 수두차 h를 최대 얼마 이하로 하여야 하는가?

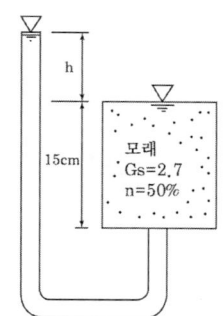

① 12.75cm   ② 9.75cm
③ 4.25cm   ④ 3.25cm

해설

1) $F_s = \dfrac{i_c}{i} = \dfrac{\dfrac{G_{s-1}}{1+e}}{\dfrac{h}{L}} \geq 3.0$

2) $e = \dfrac{n}{100-n} = \dfrac{50}{100-50} = 1$

$\therefore F_s = \dfrac{i_c}{i} = \dfrac{\dfrac{G_{s-1}}{1+e}}{\dfrac{h}{L}} \geq 3.0$

$\dfrac{\dfrac{2.7-1}{1+1}}{\dfrac{\triangle h}{15}} \geq 3.0$

$\therefore \triangle h \leq 4.25 cm$

78 그림과 같이 c=0인 모래로 이루어진 무한사면이 안정을 유지(안전율≥1)하기 위한 경사각(β)의 크기로 옳은 것은? (단, 물의 단위중량은 9.81kN/m³이다.)

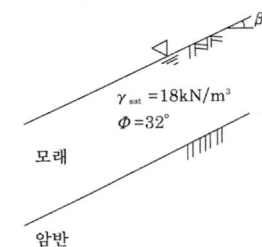

① $\beta \leq 7.94°$ ② $\beta \leq 15.87°$
③ $\beta \leq 23.79°$ ④ $\beta \leq 31.76°$

해설

$F_s = \dfrac{\gamma_{sub}}{\gamma_{sat}} \cdot \dfrac{\tan\phi}{\tan i}$

$1 = \dfrac{(18-9.81)}{18} \times \dfrac{\tan 32°}{\tan \beta}$

$\therefore \tan\beta = \dfrac{(18-9.81) \times 1 \times \tan 32°}{18} = 0.2843$

$\beta = \tan^{-1} 0.2843 = 15.87°$

79 동상 방지대책에 대한 설명으로 틀린 것은?

① 배수구 등을 설치하여 지하수위를 저하시킨다.
② 지표의 흙을 화학약품으로 처리하여 동결 온도를 내린다.
③ 동결 깊이보다 깊은 흙을 동결하지 않는 흙으로 치환한다.
④ 모관수의 상승을 차단하기 위해 조립의 차단층을 지하수위보다 높은 위치에 설치한다.

해설

동결 깊이보다 깊은 흙은 동결하지 않는 흙으로 치환하지 않는다.

80 두 개의 규소판 사이에 한 개의 알루미늄판이 결합된 3층 구조가 무수히 많이 연결되어 형성된 점토광물로서 각 3층 구조 사이에는 칼륨이온(K^+)으로 결합되어 있는 것은?

① 일라이트(illite)
② 카올리나이트(kaolinite)
③ 할로이사이트(halloysite)
④ 몬모릴로나이트(montmorillonite)

해설

일라이트 점토광물 구조는 두 개의 실리카 쉬트 사이에 깁사이트 쉬트 한 개가 끼어 있는 2:1 기본구조를 이루며 기본구조와 기본구조 사이에는 K^+ 이온에 의하여 결합되어 있다.

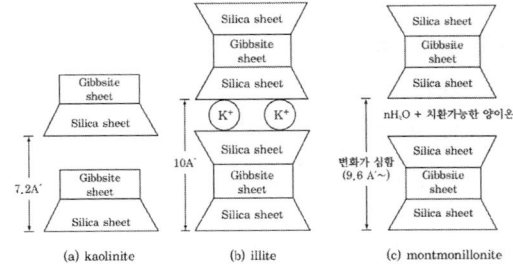

2021 기출문제 제1회 건설재료시험기사

제1과목 콘크리트공학

01 수중 콘크리트에 대한 설명으로 틀린 것은?
① 수중 콘크리트를 시공할 때 시멘트가 물에 씻겨서 흘러나오지 않도록 트레미나 콘크리트 펌프를 사용해서 타설하여야 한다.
② 수중 콘크리트를 타설할 때 완전히 물막이를 할 수 없는 경우에도 유속은 50mm/s 이하로 하여야 한다.
③ 일반 수중 콘크리트는 수중에서 시공할 때의 강도가 표준공시체 강도의 1.2~1.3배가 되도록 배합강도를 설정하여야 한다.
④ 수중 콘크리트의 비비는 시간은 시험에 의해 콘크리트 소요의 품질을 확인하여 정하여야 하며, 강제식 믹서의 경우 비비기 시간은 90~180초를 표준으로 한다.

해설
일반 수중 콘크리트는 수중에서 시공할 때의 강도가 표준공시체 강도의 0.6~0.8배가 되도록 배합강도를 설정하여야 한다.

02 프리스트레싱할 때의 콘크리트 강도에 대한 아래 설명에서 ( )안에 알맞은 수치는?

> 프리스트레싱을 할 때의 콘크리트의 압축강도는 어느 정도의 안전도를 확보하기 위하여 프리스트레스를 준 직후, 콘크리트에 일어나는 최대 압축응력의 ( )배 이상이어야 한다.

① 1.5   ② 1.7
③ 2.0   ④ 2.5

해설
프리스트레싱 작업시 콘크리트의 압축강도는 프리스트레싱후 콘크리트에서 발생되는 최대 압축응력의 최소 1.7배 이상

03 섬유보강 콘크리트에 대한 설명으로 틀린 것은?
① 섬유보강 콘크리트 1m³ 중 포함된 섬유의 용적 백분율(%)을 섬유 혼입률이라고 한다.
② 보강용 섬유를 혼입하여 주로 인성, 균열 억제, 내충격성 및 내마모성 등을 높인 콘크리트를 섬유보강 콘크리트라고 한다.
③ 섬유보강 콘크리트의 비비기에 사용하는 믹서는 가경식 믹서를 사용하는 것을 원칙으로 한다.
④ 섬유보강 콘크리트의 배합은 소요의 품질을 만족하는 범위 내에서 단위수량을 될 수 있는 대로 적게 되도록 정하여야 한다.

해설
배합시 섬유 뭉침현상을 최소화 하기 위하여 강제식 믹서 사용을 원칙으로 한다.

정답 01 ③ 02 ② 03 ③

04 콘크리트의 크리프(creep)에 대한 설명으로 틀린 것은?

① 조강 시멘트는 보통 시멘트보다 크리프가 크다.
② 재하기간 중의 대기의 습도가 낮을수록 크리프가 크다.
③ 응력은 변화가 없는데 변형은 시간에 따라 증가하는 현상을 크리프라 한다.
④ 물-시멘트비가 큰 콘크리트는 물-시멘트비가 작은 콘크리트보다 크리프가 크게 일어난다.

해설
조강시멘트가 보통시멘트 보다 초기발현이 좋아서 역학적으로 우수하므로 크리프가 작다.

05 굳지 않은 콘크리트의 워커빌리티를 측정하기 위한 시험 방법이 아닌 것은?

① 슬럼프 시험
② 구관입 시험
③ Vee-Bee 시험
④ Vicat 장치에 의한 시험

해설
시멘트의 응결시험은 비카침 및 길모어침에 의해 시멘트 응결시간 측정한다.

06 콘크리트 타설 및 다지기 작업에 대한 설명으로 틀린 것은?

① 타설한 콘크리트를 거푸집 안에서 횡방향으로 이동시켜서는 안 된다.
② 연직 시공일 때 슈트 등의 배출구와 타설면까지의 높이는 1.5m이하를 원칙으로 한다.
③ 내부진동기를 사용하여 진동다지기를 할 경우 삽입간격은 1.0m이하로 하는 것이 좋다.
④ 내부진동기를 사용하여 진동다지기를 할 경우 내부진동기를 하층의 콘크리트 속으로 0.1m정도 찔러 넣는다.

해설
콘크리트 타설 및 다지기
① 타설한 콘크리트를 거푸집안에서 횡방향으로 원활히 이동시켜서는 안된다.
② 슈트, 펌프배관 등의 배출구와 타설면까지의 높이는 1.5m 이하를 원칙으로 한다.
③ 깊은 보와 두꺼운 벽 등 부재가 두꺼운 경우 내부진동기의 사용을 원칙으로 한다.
④ 2층으로 나누어 타설할 경우 상층의 콘크리트 타설은 원칙적으로 하층의 콘크리트가 굳기 시작하기 전에 해야 한다.
⑤ 내부진동기는 연직으로 찔러 넣으며 삽입간격은 일반적으로 0.5m 이하로 한다.

07 현장 배합에 의한 재료량 및 재료의 계량값이 아래의 표와 같을 때 계량오차를 초과하여 불합격인 재료는?

재료 구분	물	시멘트	플라이 애시	잔골재
현장배합(kg)	145	272	68	820
계량값(kg)	144	270	65	844

① 물
② 시멘트
③ 플라이애시
④ 잔골재

해설
1) 재료계량의 허용오차
  시멘트(-1%, +2%), 물(-2%, +1%)(KS F4009 기준)
  시멘트(±1%), 물(±1%)(콘크리트 시방서 기준)
  혼화재 : ±2%이내
  골재, 혼화제 : ±3%이내
2) 플라이애시 계량오차
  $= \dfrac{68-65}{65} \times 100$
  $= 4.62\% > 2\%$ 이상 이므로 불합격이다.

08 레디믹스트 콘크리트(KS F 4009)에 따른 콘크리트 받아들이기 검사에서 강도 시험에 대한 설명으로 틀린 것은?

① 1회 시험결과는 3개의 공시체를 제작하여 시험한 평균값으로 한다.
② 콘크리트의 강도 시험 횟수는 450m³를 1로트로 하여 150m³당 1회의 비율로 한다.
③ 받아들이기 검사용 시료는 레디믹스트 콘크리트를 제조하는 배치플랜트에서 채취하는 것을 원칙으로 한다.
④ 1회의 시험결과는 구입자가 지정한 호칭강도의 85% 이상, 3회의 시험 결과 평균값은 호칭 강도 값 이상이어야 한다.

해설
콘크리트 받아들이기 품질검사는 콘크리트가 타설되기 전에 실시하는 것을 원칙으로 한다.

09 콘크리트 비비기에 대한 설명으로 틀린 것은?

① 재료를 믹서에 투입하는 순서는 강도시험, 블리딩시험 등의 결과 또는 실적을 참고로해서 정하여야 한다.
② 비비기는 미리 정해 둔 비비기 시간 이상 계속해서는 안 된다.
③ 비비기 시간에 대한 시험을 실시하지 않은 경우 가경식 믹서일 때 비비기 최소시간은 1분 30초 이상을 표준으로 한다.
④ 연속믹서를 사용할 경우, 비비기 시작 후 최초에 배출되는 콘크리트는 사용해서는 안된다.

해설
비비기는 미리 정해둔 비비기 시간의 3배 이상 계속하지 않아야 한다.

10 프리플레이스트 콘크리트에서 주입모르타르의 품질에 대한 설명으로 틀린 것은?

① 유하시간의 설정 값은 16~20초를 표준으로 한다.
② 블리딩률의 설정 값은 시험 시작 후 3시간에서의 값이 5% 이하가 되도록 한다.
③ 팽창률의 설정 값은 시험 시작 후 3시간에서의 값이 5~10%인 것을 표준으로 한다.
④ 모르타르가 굵은 골재의 공극에 주입될 때 재료분리가 적고 주입되어 경화되는 사이에 블리딩이 적으며 소요의 팽창을 하여야 한다.

해설
프리플레이스트 콘크리트 주입 모르타르의 블리딩률의 설정값은 시험 시작 후 3시간에서의 값이 3%이하가 되는 것으로 한다.

11 콘크리트의 받아들이기 품질 검사 항목이 아닌 것은?

① 공기량   ② 슬럼프
③ 평판재하 ④ 펌퍼빌리티

해설
평판재해시험은 지반에 대한 지지력을 확인하는 시험이다.

12 알칼리 골재반응(alkali-aggregate reaction)에 대한 설명으로 틀린 것은?

① 콘크리트 중의 알칼리 이온이 골재 중의 실리카 성분과 결합하여 구조물에 균열을 발생시키는 것을 말한다.
② 알칼리골재반응의 진행에 필수적인 3요소는 반응성 골재의 존재와 알칼리량 및 반응을 촉진하는 수분의 공급이다.
③ 알칼리골재반응이 진행되면 구조물의 표면에 불규칙한(거북이등 모양 등) 균열이 생기는 등의 손상이 발생한다.
④ 알칼리골재반응을 억제하기 위하여 포틀랜드시멘트의 등가알칼리량이 6%이하의 시멘트를 사용하는 것이 좋다.

정답 08 ③ 09 ② 10 ② 11 ③ 12 ④

해설
알카리골재반응은 시멘트의 알카리성분과 골재의 실리카 성분에 의해 주로 발생되므로 시멘트의 알카리 성분을 제한해주는 것이 필요하다.(전알칼리량 0.6%이하),

13 급속 동결 융해에 대한 콘크리트의 저항 시험(KS F 2456)에서 동결 융해 사이클에 대한 설명으로 틀린 것은?

① 동결 융해 1사이클은 공시체 중심부의 온도를 원칙으로 하며 원칙적으로 4°C에서 -18°C로 떨어지고, 다음에 -18°C에서 4°C로 상승되는 것으로 한다.
② 동결 융해 1사이클의 소요 시간은 2시간 이상, 4시간 이하로 한다.
③ 공시체의 중심과 표면의 온도차는 항상 28°C를 초과해서는 안 된다.
④ 동결 융해에서 상태가 바뀌는 순간의 시간이 5분을 초과해서는 안 된다.

해설
동결 융해에서 상태가 바뀌는 순간의 시간이 10분을 초과해서는 안 된다.

14 프리스트레스트 콘크리트의 프리스트레싱에 대한 설명으로 틀린 것은?

① 긴장재에 대해 순차적으로 프리스트레싱을 실시할 경우 각 단계에 있어서 콘크리트에 유해한 응력이 발생하지 않도록 하여야 한다.
② 긴장재는 이것을 구성하는 각각의 PS 강재에 소정의 인장력이 주어지도록 긴장하여야 한다. 이때 인장력을 설계값 이상으로 주었다가 다시 설계값으로 낮추는 방법으로 시공하여야 한다.
③ 프리텐션 방식의 경우 긴장재에 주는 인장력은 고정장치의 활동에 의한 손실을 고려하여야 한다.
④ 프리스트레싱 작업 중에는 어떠한 경우라도 인장장치 또는 고정장치 뒤에 사람이 서 있지 않도록 하여야 한다.

해설
긴장재는 이것을 구성하는 각각의 PS강재에 소정의 인장력이 주어지도록 긴장하여야 하는데, 이때 인장력을 설계값 이상으로 주었다가 다시 설계값으로 낮추는 방법으로 시공하면 안된다.

15 매스 콘크리트에 대한 설명으로 틀린 것은?

① 벽체구조물의 온도균열을 제어하기 위해 설치하는 수축이음의 단면 감소율은 20% 이상으로 하여야 한다.
② 철근이 배치된 일반적인 구조물에서 균열 발생을 제한할 경우 온도균열지수는 1.2~1.5이다.
③ 저발열형 시멘트를 사용하는 경우 91일 정도의 장기 재령을 설계기준압축강도의 기준 재령으로 하는 것이 바람직하다.
④ 매스 콘크리트로 다루어야 하는 구조물의 부재치수는 일반적인 표준으로서 넓이가 넓은 평판구조의 경우 두께 0.8m 이상, 하단이 구속된 벽체의 경우 두께 0.5m이상으로 한다.

해설
수축이음을 설치할 경우 계획된 위치에서 균열 발생을 확실히 유도(온도균열을 제어)하기 위해서 수축이음의 단면감소율을 35%이상으로 하여야 한다.

16 고강도 콘크리트에 대한 설명으로 틀린 것은?

① 보통중량콘크리트에서 설계기준압축강도가 40MPa이상인 콘크리트를 고강도 콘크리트라고 한다.
② 경량골재 콘크리트에서 설계기준압축강도가 21MPa 이상인 콘크리트를 고강도 콘크리트라고 한다.
③ 기상의 변화가 심하거나 동결융해에 대한 대책이 필요한 경우를 제외하고는 공기연행제를 사용하지 않는 것을 원칙으로 한다.
④ 단위 시멘트량은 소요의 워커빌리티 및 강도를 얻을 수 있는 범위 내에서 가능한 한 적게 되도록 시험에 의해 정하여야 한다.

정답 13 ④ 14 ② 15 ① 16 ②

해설

고강도 콘크리트의 설계기준압축강도는 일반적으로 40MPa 이상으로 하며, 고강도 경량골재 콘크리트는 27MPa 이상으로 한다.

17 고압증기양생을 한 콘크리트의 특징으로 틀린 것은?

① 건조수축이 증가한다.
② 철근의 부착강도가 감소한다.
③ 황산염에 대한 저항성이 증대된다.
④ 매우 짧은 기간에 고강도가 얻어진다.

해설

고압증기 양생은 표준온도로 양생한 콘크리트에 비하여 수축률이 다소 감소하는 경향이 있다.

18 설계기준압축강도(f_{ck})를 21MPa로 배합한 콘크리트 공시체 20개에 대한 압축강도시험 결과, 표준편차가 3.0MPa이었을 때 콘크리트의 배합강도는?

① 25.34MPa   ② 25.05MPa
③ 24.49MPa   ④ 24.08MPa

해설

1) 시험 횟수 20회시 수정 표준편차
   $s = 3.0 \times 1.08 = 3.24 MPa$
2) $f_{ck} \leq 35 MPa$이므로
   · $f_{cr} = f_{ck} + 1.34 \cdot s = 21 + 1.34 \times 3.24$
     $= 25.34 MPa$
   · $f_{cr} = (f_{ck} - 3.5) + 2.33 \cdot s$
     $= (21 - 3.5) + 2.33 \times 3.24$
     $= 25.05 MPa$
   상기값 중 큰 값이 배합강도이므로
   $f_{cr} = 25.34 MPa$

19 일반콘크리트 배합설계 시 콘크리트의 압축강도를 기준으로 물-결합재비를 정하는 경우, 압축강도 시험에 사용하는 공시체는 재령 며칠을 표준으로 하는가?

① 7일   ② 14일
③ 21일   ④ 28일

해설

콘크리트의 강도는 일반적으로 표준양생을 한 재령 28일 압축강도를 기준으로 하고 댐콘크리트의 경우는 재령 91일 압축강도를 기준으로 한다.

20 단위 골재의 절대 용적이 0.70m³인 콘크리트에서 잔골재율이 40%이고, 굵은 골재의 표건밀도가 2.65g/cm³이면 단위 굵은 골재량은?

① 722.4kg/m³   ② 742kg/m³
③ 984.6kg/m³   ④ 1113kg/m³

해설

1) 단위 잔골재 절대용적
   $= V_{(S+G)} \times S/a = 0.7 \times 0.4 = 0.28 m^3$
2) 단위 굵은골재 절대용적
   $= 0.7 - 0.28 = 0.42 m^3$
3) 단위 굵은골재량
   $= 0.42 \times 2.65 \times 1,000 = 1,113 kg/m^3$

제2과목 건설시공 및 관리

21 로드 롤러를 사용하여 전압횟수 4회, 전압포설 두께 0.2m, 유효 전압폭 2.5m, 전압작업 속도를 3km/h로 할 때 시간당 작업량은? (단, 토량환산계수는 1, 롤러의 효율은 0.8을 적용한다.)

① 151m³/h   ② 200m³/h
③ 251m³/h   ④ 300m³/h

해설

다짐기계의 다짐토량
$Q = \dfrac{1000 \cdot V \cdot W \cdot H \cdot f \cdot E}{N}$
$= \dfrac{1000 \times 3 \times 2.5 \times 0.2 \times 1 \times 0.8}{4} = 300 m^3/h$

정답 17 ① 18 ① 19 ④ 20 ④ 21 ④

22 아스팔트 포장의 특성에 대한 설명으로 틀린 것은?

① 부분파손에 대한 보수가 용이하다.
② 교통하중을 슬래브가 휨 저항으로 지지한다.
③ 양생기간이 짧아 시공 후 즉시 교통 개방이 가능하다.
④ 잦은 덧씌우기 등으로 인해 유지관리비가 많이 소요된다.

해설
콘크리트 슬래브
콘크리트 슬래브 자체가 상부하중에 의한 응력을 휨 저항으로 지지한다.

23 폭우 시 옹벽 배면에는 침투수압이 발생되는데, 이 침투수가 옹벽에 미치는 영향에 대한 설명으로 틀린 것은?

① 활동면에서의 양압력 발생
② 옹벽 저면에 대한 양압력 발생
③ 수동저항력(passive resistance)의 증가
④ 포화 또는 부분 포화에 의한 흙의 무게 증가

해설
폭우 시 옹벽 배면에 침투수가 옹벽에 작용시 옹벽 전면의 수동저항력이 감소한다.

24 콘크리트 말뚝이나 선단폐쇄 강관말뚝과 같은 타입말뚝은 흙을 횡방향으로 이동시켜서 주위의 흙을 다져주는 효과가 있다. 이러한 말뚝을 무엇이라고 하는가?

① 배토말뚝   ② 지지말뚝
③ 주동말뚝   ④ 수동말뚝

해설
1) 배토말뚝
타입말뚝처럼 주변지반과 선단지반의 흙이 말뚝에 의해서 지반토가 밀려서 인접지반이 영향을 받게 되는 말뚝
2) 비배토 말뚝
현장타설말뚝 처럼 말뚝이 위치 하는곳의 지반토를 제거하여 인접지반에 영향을 주지 않는 말뚝

25 옹벽의 안정상 수평 저항력을 증가시키기 위하여 경제성과 시공성을 고려할 경우 가장 적합한 방법은?

① 옹벽의 비탈경사를 크게 한다.
② 옹벽 배면의 흙을 포화시킨다.
③ 옹벽의 저판 밑에 돌기물(shear key)을 만든다.
④ 배면의 본바닥에 앵커 타이(Anchor tie)나 앵커벽을 설치한다.

해설
옹벽 저판 밑에 돌기(key)를 배면쪽으로 설치하여 수평력에 대한 저항을 키우는 방법이 옹벽의 활동 안정성을 높이는 가장 유리한 방법 중 하나다.

26 아래 그림과 같은 지형에서 등고선법에 의한 전체 토량을 구하면? (단, 각 등고선간의 높이차는 20m 이고, A_1의 면적은 1400m², A_2의 면적은 950m², A_3의 면적은 600m², A_4의 면적은 250m², A_5의 면적은 100m²이다.)

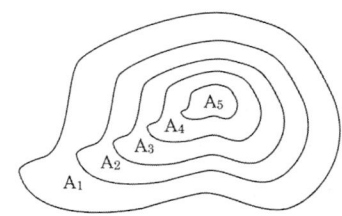

① 56000m³   ② 50000m³
③ 44400m³   ④ 38200m³

해설
등고선법(n 단면수가 홀수 인 경우)
전체 토적 (V)
$V = h/3 \{A_1 + A_n + 4(A_2 + \cdots + A_{n-1}) + 2(A_3 + \cdots + A_{n-2})\}$
$V = \frac{20}{3} \times \{1,400+100+4\times(950+250)+2\times(600)\}$
$= 50,000 m^3$
여기서, $4\times(A_2 + \cdots + A_{n-1})$: 짝수
$2\times(A_3 + \cdots + A_{n-2})$: 홀수

27 전면에 달린 배토판의 좌, 우를 밑으로 10~40cm 정도 기울어지게 하여 경사면 굴착이나 도랑파기 작업에 유리한 도저는?
① 틸트 도저 ② 앵글 도저
③ 레이크 도저 ④ 스트레이트 도저

해설
틸트 도저
배토판의 좌우(10~40cm)를 밑으로 기울게하여 도량파기, 경사굴착 등을 한다.

분류	개요
스트레이트 도저 (Straight Dozer)	배토판의 상단부를 전후로 이동하여 조정하므로 도랑파기 또는 동결지반의 굴착에 편리하다.
앵글 도저 (Angle Dozer)	배토판을 진행 방향에 전후로 20~30° 이동시켜서 배토판의 작업각도를 변동할 수 있어 굴착토사를 한쪽으로 이동 시킬 수 있다.
레이크 도저 (Rake Dozer)	배토판 대신에 레이크를 정착하여 벌개제근, 나무뿌리제거 작업등을 할 수 있다.

28 터널계측에서 일상계측(A 계측)항목이 아닌 것은?
① 내공변위 측정
② 천단침하 측정
③ 터널 내 관찰조사
④ 록볼트 축력 측정

해설
일상계측(A계측)은 터널에서 가장 일반적으로 하는 계측의 종류
① 갱내 관찰조사
② 내공변위 측정
③ rock bolt 인발시험
④ 천단침하 측정
⑤ 지표침하측정

29 아래에서 설명하는 굴착공법의 명칭은?

> 굴착폭이 넓은 경우에 비탈면 개착공법과 흙막이벽 개착공법의 장점을 이용한 공법으로 굴착저면 중앙부에 기초부를 먼저 구축하고 이것을 발판으로 하여 주변부를 시공하는 공법이다.

① 역타 공법 ② 언더피닝 공법
③ 아일랜드 공법 ④ 트렌치 컷 공법

해설
1) 아일랜드 공법(Island)
① 저면 중앙부분에 섬과 같이 기초부를 먼저 굴착후 기초 콘크리트 및 상부구조물을 시공후 이 부분을 발판으로 주변부를 굴착한후 나머지 부분의 구조물을 시공 해나가는 방식
② 20m 정도의 지반이 양호한곳에서 사용하며, 분할 시공에 따른 공사비 증가 및 공사기간 길어진다.

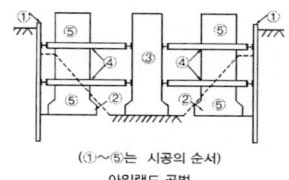
(①~⑤는 시공의 순서)
아일랜드 공법

2) 트랜치 컷(Trench Cut)
① 아일랜드 공법과는 반대로 주변부 흙을 굴착후 기초콘크리트 및 상부 구조물을 시공후 남아있는 중앙부를 굴착해 나가면서 나머지 부분의 구조물을 시공해 나가는 방식
② 20m 정도의 지반이 연약한곳에서 사용하며, Heaving 현상이 예상될 때 적용하며, 분할시공에 따른 공사비 증가 및 공사기간 길어진다.

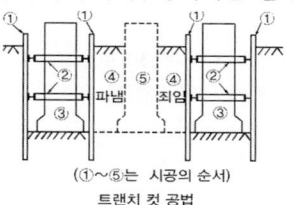
(①~⑤는 시공의 순서)
트랜치 컷 공법

3) 역타공법
역타공법은 1층 바닥을 시공한후 상, 하부를 동시에 시공에 나가는 공기단축에 유리한 흙막이 공법으로 구조물의 형태가 일정하지 않을 경우에는 역타공법의 적용이 곤란하다.

정답 27 ① 28 ④ 29 ③

30 37800m³(완성된 토량)의 성토를 하는데 유용토가 30000m³(느슨한 토량)이 있다. 이때 부족한 토량은 본바닥 토량으로 얼마인가? (단, 흙의 종류는 사질토이고, 토량의 변화율은 L=1.25, C=0.90이다.)

① 12000m³　② 13800m³
③ 16200m³　④ 18000m³

해설

1) 본바닥토량 $= 37,800 \times \dfrac{1}{0.9} = 42,000$

2) 본바닥토량 $= 30,000 \times \dfrac{1}{1.25} = 24,000$

3) 부족토량 $= 42,000 - 24,000 = 18,000 m^3$

31 뉴매틱 케이슨(Pneumatic caisson)공법의 장점에 대한 설명으로 틀린 것은?

① 오픈 케이슨보다 침하공정이 빠르고 장애물 제거가 쉽다.
② 시공 시에 토질 확인 가능 및 지지력 측정이 가능하다.
③ 압축공기를 이용하여 시공하므로 소규모 공사나 심도가 얕은 기초공사에 경제적이다.
④ 지하수를 저하시키지 않으며, 히빙 현상 및 보일링 현상을 방지할 수 있으므로 인접 구조물의 침하 우려가 없다.

해설

뉴메틱케이슨 기초(Pneumatic Caisson) 특징
1) 오픈케이슨 보다 침하속도가 빠르고 장애물 제거가 용이하다.
2) 일반적인 굴착깊이는 30~40m로 제한되어 있다.
3) 토질 및 토층에 대한 확인이 용이하고 정확한 지지력 측정이 가능하다.
4) 콘크리트 시공의 품질관리가 확실하여 신뢰성이 높다.
5) 공기압으로 heaving 또는 boiling 발생을 방지할 수 있다.
6) 기계설비가 대규모로 공사비가 비싸고 소규모 공사에는 비경제적이다.

32 PERT 공정 관리 기법에 대한 설명으로 틀린 것은? (단, t_e : 기대시간, a : 낙관적 시간, m : 정상시간, b : 비관적 시간)

① 경험이 없는 공사의 공기 단축을 목적으로 한다.
② 결합점(Node) 중심의 일정 계산을 한다.
③ 3점 시간 견적법에 따른 기대시간은 $t_e = \dfrac{1}{6}(a + 4m + b)$로 계산한다.
④ 3점 시간 견적법에서 시간 간의 관계는 비관적 시간 < 정상 시간 < 낙관적 시간이 성립 된다.

해설

1) PERT 기법
  가. 신규사업, 비 반복사업, 경험이 없는 사업 등에 활용
  나. 소요시간 추정 (3점법 확률 계산)
  다. 가중 평균치 사용
  $$t_e = \dfrac{t_o + 4t_m + t_p}{6}$$
  여기서, t_o : 낙관 작업일수
  　　　　t_m : 정상 작업일수
  　　　　t_p : 비관작업일수
  　　　　t_e : 3점법에 의한 추정공사일수
  라. 작업단계(event) 중심관리(결합점 중심관)
  마. 확률론적 검토
  바. 공기 단축이 목적
  사. 낙관적시간 < 정상시간 < 비관적시간

2) CPM 기법
  가. 반복사업, 경험이 있는 사업에 적용한다.
  나. 1점 시간 추정(t_m)
  다. 작업활동(Activity) 중심관리
  라. 비용견적, 비용구배, 일정단축
  바. 공비 절감이 목적

33 이동식 작업차 또는 가설용 트러스를 이용하여 교각의 좌, 우로 평형을 유지하면서 분할된 거더(길이 2~5m)를 순차적으로 시공하는 교량 가설공법은?

① FCM 공법　② FSM 공법
③ ILM공법　　④ MSS 공법

해설
F.C.M (Free Cantilever Method) : 외팔보공법
1) 기시공된 교각을 중심으로 좌우평형을 유지하며 순차적으로 이동식 작업차를 이용하여 분할된 거더(Segment)를 순차적으로 제작하면서 상부구조를 시공해 나가는 공법으로 캔틸레버식 가설공법이라고 한다.(Dywidag)
2) 동바리가 불필요하며 이동식 작업차에서 공사를 시행하므로 전천후 시공이 가능하다.

34 딥퍼의 용량이 0.6m³, 딥퍼 계수가 0.85, 작업효율이 0.9, 흙의 토량변화율(L)이 1.2, 사이클 타임의 25초인 파워 셔블의 시간당 작업량은?

① 52.45m³/h　② 55.08m³/h
③ 64.84m³/h　④ 79.32m³/h

해설
시간당 작업량

$Q = \dfrac{3,600 q \cdot k \cdot f \cdot E}{C_m}$

$= \dfrac{3600 \times 0.6 \times 0.85 \times \dfrac{1}{1.2} \times 0.9}{25}$

$= 55.08 m^3/hr$

35 터널 굴착공법 중 TBM공법의 특징에 대한 설명으로 틀린 것은?

① 낙석이 적다.
② 단면형상의 변경이 용이하다.
③ 여굴이 거의 발생하지 않는다.
④ 주변 암반에 대한 이완이 거의 없다.

해설
TBM 공법 특징
① 단면형상 변경이 곤란하다

② 복잡한 지질의 변화에 대응이 어렵다.
　(연약지반에 적응 곤란)
③ 설비 투자액이 고가이므로 초기 투자비가 많이든다.

36 콘크리트 포장에서 아래에서 설명하는 현상은?

> 콘크리트 포장에서 줄눈부에 이물질이 침입하여 기온의 상승 등에 따라 슬래브가 팽창할 때 줄눈 등에서 압축력에 견디지 못하고 좌굴을 일으켜 솟아오르는 현상

① scaling　　② spalling
③ blow up　 ④ pumping

해설
가. Blow Up
　슬래브의 줄눈 또는 균열 부근에서 습도나 온도가 높을 때 이물질 때문에 열팽창을 유지하지 못해 발생하는 일종의 좌굴현상
나. Pumping
　교통하중 반복에 따른 휨하중에 의해서 슬래브의 침하로 노상 및 보조기층내로 우수침투 발생되면서 슬래브 내부에 흙이 이토화 되어서 줄눈사이로 물과 함께 토사가 뿜어져 나오는 현상
다. Spalling
　줄눈내부에 비압축성 재료의 침투로 인한 콘크리트 수, 팽창 방해 및 하중 전달장치의 불량

37 댐의 그라우팅(grouting)에 관한 설명으로 옳은 것은?

① 커튼 그라우팅(curtain grouting)은 기초 암반의 변형성이나 강도를 개량하기 위하여 실시한다.
② 콘솔리데이션 그라우팅(consolidation grouting)은 기초 암반의 지내력 등을 개량하기 위하여 실시한다.
③ 콘택트 그라우팅(contact grouting)은 시공 이음으로 누수 방지를 위하여 실시한다.
④ 림 그라우팅(rim grouting)은 콘크리트와 암반사이의 공극을 메우기 위하여 실시한다.

정답 33 ① 34 ② 35 ② 36 ③ 37 ②

해설

1) 커튼(Curtain Grouting) 공법
   기초지반내의 균열, 간극에 시멘트, 점토, 약액을 주입하여 지수막을 형성하는 방법으로 기초암반에 침투하는 물을 차수할 목적으로 시공

2) 콘택트(Contact Grouting) 공법
   암반위에 콘크리트 타설 후 콘크리트와 암반부의 사이의 공극 충진을 하기위하여 실시하는 Grouting

3) 림(Rim Grouting)공법
   댐의 또는 저수지 주변에 차수대를 연장하기 위해서 실시하는 것으로 차수 그라우팅에 준하여 실시

4) 압밀(Consolidation Grouting) 공법
   발파 굴착 등으로 느슨해진 불량 암반 부위의 지반을 보강, 안정 목적으로 설치하는 그라우팅으로 기초암반의 지내력을 향상시킨다.

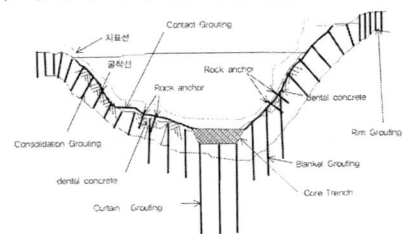

[그림] 댐 기초처리 그라우팅

38 암석의 발파이론에서 Hauser의 발파 기본식은? (단, L=폭약량, C=발파계수, W=최소저항선이다.)
① L=C·W ② L=C·W²
③ L=C·W³ ④ L=C·W⁴

해설
Hauser의 발파식
$L = C \cdot W^3$
여기서, L : 장약량
C : 발파 계수
W : 최소 저항선

39 지하수 침강 최소깊이가 2m, 암거매립간격이 10m, 투수계수가 1.0×10⁻⁵cm/s일 때, 불투수층에 놓인 암거 1m당 1시간 동안의 배수량은 몇 리터(L)인가? (단, Donnan식에 의해 구하시오.)
① 0.58L ② 1.00L
③ 1.58L ④ 2.00L

해설
$$D = \frac{4K}{Q}(H_o^2 - h_o^2)$$
여기서, D : 암거의 간격
Q : 암거의 단위길이당 배수량
H_0^2 : 최소침강지하수면까지의 거리
h_0^2 : 암거매립위치까지의 거리
K : 투수계수

$$10 = \frac{4 \times 10^{-7}}{Q}(2^2 - 0)$$
$\therefore Q = 1.6 \times 10^{-7} m^3/\sec$
$= 1.6 \times 10^{-7} \times (60 \times 60)$
$= 0.000576 \, m^3/hr = 0.58 L/hr$

40 토량곡선(mass curve)에 대한 설명으로 틀린 것은?
① 곡선의 극소점은 성토에서 절토로 옮기는 점이고 곡선의 극대점은 절토에서 성토로 옮기는 점이다.
② 토량곡선과 기선에 평행한 선분이 만나는 두 점 사이의 성토량 및 절토량은 균형을 이룬다.
③ 절토부분에서는 곡선이 위로 향하고 성토부분에서는 곡선이 아래로 향한다.
④ 토량곡선이 기선의 위에서 끝나면 토량이 모자란 경우이다.

정답 38 ③ 39 ① 40 ④

해설

유토곡선의 성질

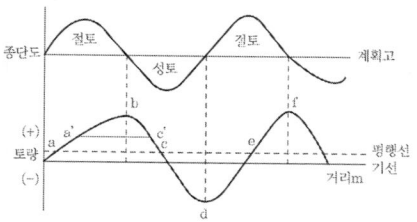

1) 유토곡선에서 상향구간(a∩b, d∩f)은 절토, 하향구간(b∩d)은 성토
2) 절토에서 성토의 경계점은 극대점 성토에서 절토의 경계점은 극소점
3) 기선(기본선)에 평행한 임의직선을 그어 곡선과의 교점을 절토와 성토가 평형되게 하는선을 평행선
4) 평균운반거리 : a∩c 구간의 평균운반거리는 a' c'
5) 토적곡선이 기선 위에서 끝나면 토량이 남는것을 뜻하고, 반대이면 토량이 부족하다는 뜻.

제3과목 건설재료 및 시험

41 목재 시험편의 질량을 측정한 결과 건조 전 질량이 30g, 건조 후 질량이 25g일 때 이 목재의 함수율은?

① 10% ② 15%
③ 20% ④ 25%

해설

함수율 = (건조 전중량 − 건조 후중량) / 건조 후중량

∴ 함수율 = $\frac{30-25}{25} \times 100 = 20\%$

42 포틀랜드 시멘트(KS L 5201)에 규정되어 있는 보통 포틀랜드 시멘트의 응결시간으로 옳은 것은?

① 초결 10분 이상, 종결 1시간 이하
② 초결 30분 이상, 종결 1시간 이하
③ 초결 60분 이상, 종결 10시간 이하
④ 초결 90분 이상, 종결 10시간 이하

해설

포틀랜드 시멘트(KS L 5201)에서 1종인 보통 포틀랜드 시멘트의 비카 시험에 따른 초결 및 종결 시간에 대한 규정은 초결 : 60분 이상, 종결 : 10시간 이하

43 콘크리트용 혼화재로 사용되는 플라이 애시가 콘크리트의 성질에 미치는 영향에 대한 설명으로 틀린 것은?

① 콘크리트의 화학저항성이 향상된다.
② 포졸란 반응에 의해 콘크리트의 수밀성이 향상된다.
③ 표면이 매끄러운 구형 입자로 되어 있어 콘크리트의 워커빌리티가 향상된다.
④ 포졸란 반응에 의해 콘크리트의 중성화 억제효과가 향상된다.

해설

포졸란 반응으로 시멘트의 수산기 부족으로 콘크리트에 중성화가 생길 가능성이 커진다.

44 인공 경량골재에 대한 설명으로 옳은 것은?

① 밀도는 입경에 따라 다르며 입경이 클수록 작다.
② 인공 경량골재에는 응회암, 경석화산자갈 등이 있다.
③ 인공 경량골재의 품질을 밀도로 나타낼 때 절대건조상태의 밀도를 사용한다.
④ 인공 경량골재는 순간 흡수량이 비교적 적기 때문에 컨시스턴시를 상승시킨다.

해설

1) 밀도는 입경에 따라 다르며 입경이 클수록 크다.
2) 인공 경량골재에는 팽창성 혈암, 팽창성 점토 등이 있다.
3) 인공 경량골재는 순간 흡수량이 비교적 크기 때문에 컨시스턴스를 감소시킨다.
4) 인공 경량골재의 품질을 밀도로 나타낼 때 절대건조상태의 밀도를 사용한다.

정답 41 ③ 42 ③ 43 ④ 44 ③

45 다음 중 재료에 작용하는 반복하중과 가장 밀접한 관계가 있는 성질은?

① 피로(fatigue)
② 크리프(creep)
③ 응력완화(relaxation)
④ 건조수축(dry shrinkage)

해설
재료에 반복하중의 작용은 피로에 의한 파괴를 가져온다.

46 다음 중 목면, 마사, 폐지 등을 물에서 혼합하여 원지를 만든 후 여기에 스트레이트 아스팔트를 침투시켜 만든 것으로 아스팔트 방수의 중간층재로 사용되는 것은?

① 아스팔트 타일(tile)
② 아스팔트 펠트(felt)
③ 아스팔트 시멘트(cement)
④ 아스팔트 콤파운드(compound)

해설
아스팔트 펠트
종이 부스러기·마(麻) 부스러기 등을 원료로 하여 만든 원종이에 스트레이트 아스팔트를 침투시킨 성형품으로 방수공사 재료 등에 주로 사용된다.

47 콘크리트용 골재가 갖추어야 할 성질에 대한 설명으로 틀린 것은?

① 물리, 화학적으로 안정하고 내구성이 클 것
② 크고 작은 알갱이의 혼합이 적당할 것
③ 깨끗하고 불순물이 섞이지 않을 것
④ 골재의 모양은 모나고 길어야 할 것

해설
모양은 콘크리트에 유동성이 있게 하고 공간율이 적어 시멘트를 절약할 수 있는 둥근 것이 좋고, 넓거나, 길쭉한 것, 예각으로 된 것은 좋지 않음.

48 어떤 석재를 건조기(105±5℃) 속에서 24시간 건조시킨 후 질량을 측정해보니 1000g이었다. 이것을 완전히 흡수시켜 물속에서 질량을 측정해보니 800g 이었고 물속에서 꺼내 표면을 잘 닦고 질량을 측정해보니 1200g 이었다면 이 석재의 표면 건조 포화 상태의 비중은?

① 1.50
② 2.50
③ 2.75
④ 3.00

해설
석재의 표면 건조 포화 상태의 비중
$$비중 = \frac{A}{B-C} = \frac{1000}{1200-800} = 2.5$$
여기서, A : 공시체의 건조 질량 (g)
B : 공시체의 침수 후 표면 건조 포화상태의 공시체의 질량 (g)
C : 공시체의 물속 질량 (g)

49 골재의 조립률 및 입도에 대한 설명으로 틀린 것은?

① 콘크리트용 잔골재의 조립률은 일반적으로 2.3~3.1범위에 해당되는 것이 좋다.
② 1개의 조립률에는 무수한 입도곡선이 존재하지만, 1개의 입도곡선에는 1개의 조립률이 존재한다.
③ 골재의 입도를 수량적으로 나타내는 한 방법으로 조립률이 있으며, 표준체 12개를 1조로 하여 체가름 시험을 한다.
④ 골재는 작은 입자와 굵은 입자가 적당히 혼합되어 있을 때 입자의 크기가 균일한 경우보다 워커빌리티면에서 유리하다.

해설
조립률
골재의 조립율(F.M)은 콘크리트에 사용되는 골재의 입도 정도를 표시하는 지표로서 80, 40, 20, 10. 5. 2.5, 1.2, 0.6, 0.3, 0.15mm의 10개 체로 골재체가름 시험을 하였을때 각체에 남는 누계량의 중량 백분율의 합을 100으로 나눈 값을 말한다.

50 토목섬유 중 직포형과 부직포형이 있으며 분리, 배수, 보강, 여과기능을 갖고 오탁방지망, drain board, pack drain포대, geo web등에 사용되는 자재는?

① 지오네트 ② 지오그리드
③ 지오맴브레인 ④ 지오텍스타일

해설

지오텍스타일
① 합성 고분자 재료를 써서 만들어진 투수성을 갖는 토질 안정용 섬유제품을 말한다.
② 직포형과 부직포형이 있으며 분리, 배수, 보강, 여과 기능을 갖고 오탁방지망, drain board, pack drain, geo web 등에 사용된다.

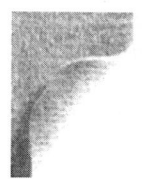
부직포형

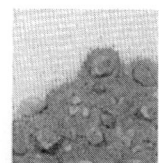
직포형

51 포틀랜드 시멘트의 클링커에 대한 설명으로 틀린 것은?

① C_3A는 수화속도가 대단히 빠르고 발열량이 크며 수축도 크다.
② 클링커의 화합물 중 C_3S 및 C_2S는 시멘트 강도의 대부분을 지배한다.
③ 클링커는 단일조성의 물질이 아니라 C_3S, C_2S, C_3A, C_4AF의 4가지 주요화합물로 구성되어 있다.
④ 클링커의 화합물 중 C_2S가 많고 C_3S가 적으면 시멘트의 강도 발현이 빨라져 초기강도가 향상된다.

해설

클링커의 화합물 중 C_2S가 많고 C_3S가 적으면 시멘트의 강도 발현이 느려지고 장기강도가 향상된다.

52 시멘트의 분말도와 물리적 성질에 대한 설명으로 틀린 것은?

① 분말도가 높을수록 블리딩이 많게 된다.
② 분말도가 높을수록 콘크리트의 초기 강도가 크다.
③ 분말도가 높은 시멘트는 작업이 용이한 콘크리트를 얻을 수 있다.
④ 분말도가 높으면 수축률이 커지기 쉽고 콘크리트에 균열이 발생할 우려가 있다.

해설

시멘트 분말도가 커질수록 시멘트 입자의 비표면적이 크게되어 수화열이 커지며, 초기강도가 빠르게 발현된다. 따라서 콘크리트 표면의 건조수축이 크게되며, 분말도가 높을수록 블리딩이 줄어든다.

53 도로의 표층공사에서 사용되는 가열아스팔트 혼합물의 안정도는 어떤 시험으로 판정하는가?

① 마샬 시험 ② 엥글러 시험
③ 박막가열 시험 ④ 레드우드 시험

해설

마샬시험
아스팔트 혼합물의 안정도 시험의 하나로, 혼합물의 배합 설계용에 널리 이용되고 있다. 1분간 50mm(2in)의 일정 속도로 가압하여 피 시험체가 파괴할 때까지 나타난 최대 하중(마샬안정도)과 그것에 대응하는 변형량(플로우값)을 측정한다.

54 석재의 성질에 대한 설명으로 틀린 것은?

① 대리석은 강도는 강하나 풍화되기 쉽다.
② 응회암은 내화성이 크나 강도 및 내구성은 작다.
③ 안산암은 강도가 크고 가공이 용이하므로 조각에 적당하다.
④ 화강암은 강도, 내구성 및 내화성이 크므로 조각 등에 적당하다.

해설

화강암은 강도 및 내구성이 우수하나 내화성에는 취약하다.

55 콘크리트용 화학 혼화제(KS F 2560)에서 규정하고 있는 화학 혼화제의 요구성능 항목이 아닌 것은?
① 감수율
② 압축강도비
③ 침입도 지수
④ 블리딩양의 비

해설
아스팔트 바인더의 온도에 대한 민감성을 나타내는 방법으로 침입도 지수가 사용된다.

56 철근 콘크리트용 봉강(KS D 3504)에서 기호가 SD300으로 표시된 철근을 설명한 것으로 옳은 것은?
① 항복점이 300MPa 이상인 이형철근
② 항복점이 300MPa 이상인 원형철근
③ 인장강도가 300MPa 이상인 이형철근
④ 인장강도가 300MPa 이상인 원형철근

해설
SD300 : 항복점 300MPa 이상인 이형철근

57 콘크리트에서 AE제를 사용하는 목적으로 틀린 것은?
① 워커빌리티를 개선시키기 위해
② 철근과의 부착력을 증진시키기 위해
③ 재료의 분리, 블리딩을 감소시키기 위해
④ 동결융해에 대한 저항성을 증가시키기 위해

해설
AE제는 콘크리트의 워커빌리티 및 동결에 대한 저항성을 향상시킨다.

58 다음 중 폭발력이 가장 강하고 수중에서도 폭발할 수 있는 폭약은?
① 분상 다이너마이트
② 교질 다이너마이트
③ 규조토 다이너마이트
④ 스트레이트 다이너마이트

해설
교질 다이너마이트
NC(니트로셀룰로오스) NG(니트로글리세린)20%를 가하여 교질상태로 융합한 플라스틱한 황색의 엿 같은 물질로 폭약 중에서 폭발력이 가장 강하여 터널과 암석발파에 주로 사용하고 또한 수중용으로도 사용한다.

59 골재의 실적률 시험에서 아래와 같은 결과를 얻었을 때 골재의 공극률은?

- 골재의 단위용적질량(T) : 1500kg/L
- 골재의 표건 밀도(d_s) : 2600kg/L
- 골재의 흡수율(Q) : 1.5%

① 41.4%
② 42.3%
③ 43.6%
④ 57.7%

해설
1) 실적률
$$= \frac{골재의\ 단위용적질량 \times (100+흡수율)}{골재의\ 표건밀도}$$
$$= \frac{골재의\ 단위용적질량}{골재의\ 절건밀도} \times 100$$
$$= \frac{1500(100+1.5)}{2600} = 58.56\%$$
2) 공극률 = 100−실적률 = 100−58.56 = 41.44%

60 스트레이트 아스팔트와 비교하여 고무혼입 아스팔트(rubberized asphalt)의 일반적인 성질에 대한 설명으로 옳은 것은?
① 탄성이 작다.
② 응집성이 작다.
③ 감온성이 작다.
④ 마찰계수가 작다.

해설
고무혼입 아스팔트
1) 고무혼입 아스팔트는 스트레이트 아스팔트에 고무를 2~5% 정도 혼입 후 아스팔트 성질을 개선한 특수 아스팔트
2) 고무 혼입 아스팔트 특징(감온성만 작다)
- 감온성이 작다.
- 응집성, 부착성이 크다.
- 탄성, 충격저항성이 크다.
- 내노화성이 크다.
- 마찰계수가 크다.

정답 55 ③ 56 ① 57 ② 58 ② 59 ① 60 ③

제4과목 토질 및 기초

61 흙 시료의 전단시험 중 일어나는 다일러턴시(Dilatancy)현상에 대한 설명으로 틀린 것은?

① 흙이 전단될 때 전단면 부근의 흙입자가 재배열되면서 부피가 팽창하거나 수축하는 현상을 다일러턴시라 부른다.
② 사질토 시료는 전단 중 다일러턴시가 일어나지 않는 한계의 간극비가 존재한다.
③ 정규압밀 점토의 경우 정(+)의 다일러턴시가 일어난다.
④ 느슨한 모래는 보통 부(-)의 다일러턴시가 일어난다.

해설

다일러턴시 (Dilatancy) 현상
1) 시료에 전단응력을 가하면 느슨한 모래 또는 정규압밀점토의 경우 체적이 감소하고 조밀한 모래 또는 과압밀점토는 체적이 증가하는 경향을 보인다.
2) 이와 같이 전단변형에 따른 체적변화를 Dilatancy라 한다.
3) 이때 체적이 감소될 때 (−) Dilatancy가 되면서 (+)양의 과잉간극수압 발생되며,
4) 흙의 체적이 증가될 때 (+) Dilatancy가 되면서 (−)부의 과잉간극수압발생

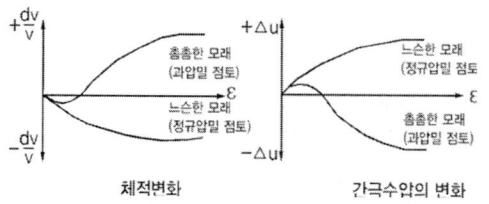

62 어떤 지반에 대한 흙의 입도분석결과 곡률계수(C_g)는 1.5, 균등계수(C_u)는 15이고 입자는 모난 형상이었다. 이때 Dunham의 공식에 의한 흙의 내부마찰각(ϕ)의 추정치는? (단, 표준관입시험 결과 N치는 10이었다.)

① 25°   ② 30°
③ 36°   ④ 40°

해설

1) Dunham 공식의 N값의 산정

토질입자가 둥글고 균일한(불량입도)경우	$\phi = \sqrt{12N} + 15$
토질입자가 둥글고 입도분포가 양호 토립자가 모가나고 균일한(불량한입도)경우	$\phi = \sqrt{12N} + 20$
토립자가 모가나고 입도분포가 좋을때	$\phi = \sqrt{12N} + 25$

2) 곡률계수 1.5(1~3)입도양호 균등계수 15 입도양호 입자는 모난 형상 이므로 아래식을 사용
$\phi = \sqrt{12N} + 25$
$= \sqrt{(12 \times 10)} + 25 = 35.95°$

63 다짐에 대한 설명으로 틀린 것은?

① 다짐에너지는 래머(rammer)의 중량에 비례한다.
② 입도배합이 양호한 흙에서는 최대건조 단위중량이 높다.
③ 동일한 흙일지라도 다짐기계에 따라 다짐효과는 다르다.
④ 세립토가 많을수록 최적함수비가 감소한다.

해설

세립토가 많을수록 최적함수비가 증가한다.

64 포화단위중량(γ_{sat})이 19.62kN/m³인 사질토로된 무한사면이 20°로 경사져 있다. 지하수위가 지표면과 일치하는 경우 이 사면의 안전율이 1 이상이 되기 위해서는 흙의 내부마찰각이 최소 몇 도 이상이어야 하는가? (단, 물의 단위중량은 9.81kN/m³이다.)

① 18.21°   ② 20.52°
③ 36.06°   ④ 45.47°

해설

무한사면 안전율
$F_s = \dfrac{c'}{\gamma_{sat} h \cos i \sin i} + \dfrac{\gamma_{sub} \cdot \tan \phi'}{\gamma_{sat} \cdot \tan i}$ 에서
사질토 지반이므로 c=0

정답 61 ③ 62 ③ 63 ④ 64 ③

$$F_s = \frac{\gamma_{sub}}{\gamma_{sat}} \cdot \frac{\tan\phi}{\tan i} = \frac{(19.62-9.81)}{19.62} \times \frac{\tan\phi}{\tan 20°} \geq 1$$

$$\emptyset = \tan^{-1}\left(\frac{1}{0.5} \times \tan 20°\right)$$

$$\therefore \phi \geq 36.05° \text{ 이므로 } 36.06°$$

65 그림에서 지표면으로부터 깊이 6m에서의 연직응력(σ_v)과 수평응력(σ_h)의 크기를 구하면? (단, 토압계수는 0.6이다.)

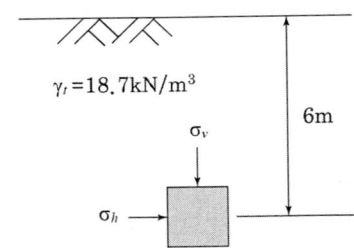

① σ_v=87.3kN/m², σ_h=52.4kN/m²
② σ_v=95.2kN/m², σ_h=57.1kN/m²
③ σ_v=112.2kN/m², σ_h=67.3kN/m²
④ σ_v=123.4N/m², σ_h=74.0kN/m²

해설

1) 연직응력 $\sigma_v = \gamma_t h$
  $= 18.7 \times 6$
  $= 112.2 kN/m^2$
2) 수평응력 $\sigma_h = \sigma_v K$
  $= 112.2 \times 0.6$
  $= 67.3 kN/m^2$

66 압밀시험에서 얻은 e-logP곡선으로 구할 수 있는 것이 아닌 것은?
① 선행압밀압력 ② 팽창지수
③ 압축지수   ④ 압밀계수

해설

압밀시험으로부터 구하는 각종 계수
1) 압축지수(C_c)
2) 팽창지수(C_s)
3) 압축계수(a_v)
4) 선행압밀하중(P_c)
5) 체적변화계수(m_v)

67 시료채취 시 샘플러(sampler)의 외경이 6cm, 내경이 5.5cm일 때, 면적비는?
① 8.3%   ② 9.0%
③ 16%   ④ 19%

해설

면적비는 샘플러를 삽입함으로서 배제되는 흙체적의 비율을 나타내며 시료면적비가 10% 이하시 불교란으로 판정

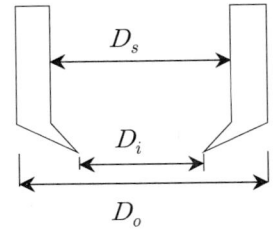

$$A_r = \frac{D_o^2 - D_i^2}{D_i^2} \times 100$$

$$A_r = \frac{6^2 - 5^2}{5.5^2} \times 100 = 19\%$$

68 그림에서 a-a'면 바로 아래의 유효응력은? (단, 흙의 간극비(e)는 0.4, 비중(Gs)은 2.65, 물의 단위중량은 9.81kN/m³이다.)

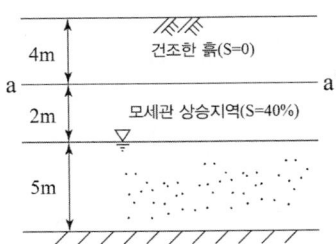

① 68.2kN/m²   ② 82.1kN/m²
③ 97.4kN/m²   ④ 102.1kN/m²

해설

1) 건조단위중량
$$\frac{G_s}{1+e} \cdot \gamma_w = \frac{2.65}{1+0.4} \times 9.81 = 18.57 kN/m^2$$

2) $a-a'$ 면에서의 유효응력
$$\bar{\sigma} = h_1 \times \gamma_d + h_2 \times \gamma_w \times \frac{S}{100}$$
$$= 4 \times 18.57 + 2 \times 9.81 \times 0.4 = 82.1 kN/m^2$$

69 도로의 평판재하 시험에서 시험을 멈추는 조건으로 틀린 것은?

① 완전히 침하가 멈출 때
② 침하량이 15mm에 달할 때
③ 재하 응력이 지반의 항복점을 넘을 때
④ 재하 응력이 현장에서 예상할 수 있는 가장 큰 접지 압력의 크기를 넘을 때

해설
지반이 완전히 침하가 멈추는 경우는 지반이 활동 파괴가 발생되는 상태이므로 그전에 평판재하시험을 멈추어야 한다.

70 아래와 같은 상황에서 강도정수 결정에 적합한 삼축압축시험의 종류는?

> 최근에 매립된 포화 점성토지반 위에 구조물을 시공한 직후의 초기 안정검토에 필요한 지반 강도정수 결정

① 비압밀 비배수시험(UU)
② 비압밀 배수시험(UD)
③ 압밀 비배수시험(CU)
④ 압밀 배수시험(CD)

해설
UU-test를 사용하는 경우
1) 점토지반에 제방 성토 직후 초기 사면안정 해석하는 경우
2) 시공속도가 과잉간극수압 소산속도보다 빠를 때
3) 점토지반에 급속성토 시공후

71 베인전단시험(vane shear test)에 대한 설명으로 틀린 것은?

① 베인전단시험으로부터 흙의 내부마찰각을 측정할 수 있다.
② 현장 원위치 시험의 일종으로 점토의 비배수 전단강도를 구할 수 있다.
③ 연약하거나 중간 정도의 점성토 지반에 적용된다.
④ 십자형의 베인(vane)을 땅 속에 압입한 후, 회전모멘트를 가해서 흙의 원통형으로 전단 파괴될 때 저항모멘트를 구함으로써 비배수 전단강도를 측정하게 된다.

해설
베인전단시험은 연약한 점토지반에 대한 전단강도를 확인하는 시험이므로 내부마찰각을 측정하지는 않는다.

72 연약지반 개량공법 중 점성토지반에 이용되는 공법은?

① 전기충격 공법
② 폭파다짐 공법
③ 생석회말뚝 공법
④ 바이브로플로테이션 공법

해설
사질토 지반개량공법
1) 진동다짐(Vibroflotation)공법
2) 다짐모래말뚝 (Sand Compaction Pile) 공법
3) 동다짐 공법(동압밀 공법)
4) 전기충격공법
점성토의 지반 개량 공법
1) 치환 공법
2) preloading 공법(사전압밀 공법)
3) 전기침투 공법
4) 생석회 말뚝(Chemico pile)공법 등
· 전기침투공법 : 물의 성질 중 전기가 양극에서 음극으로 흐르는 원리를 이용하여 Well Point를 음극봉으로 하여 탈수시키는 공법
· 전기충격공법 : 사질토 지반에서 워터젯트로 굴진하면서 물을 공급하여 지반을 포화상태로 만든 후 방전전극을 삽입하여 대전류를 흘려 지반 속에서 고압방전을 일으켜 이때의 충격으로 지반을 다짐

73 주동토압을 P_A, 수동토압을 P_P, 정지토압을 P_O라 할 때 토압의 크기를 비교한 것으로 옳은 것은?

① $P_A > P_P > P_O$ ② $P_P > P_O > P_A$
③ $P_P > P_A > P_O$ ④ $P_O > P_A > P_P$

해설
토압의 크기
수동토압 > 정지토압 > 주동토압

74 흙의 내부마찰각이 20°, 점착력이 50kN/m², 습윤단위중량이 17kN/m³, 지하수위 아래 흙의 포화단위중량이 19kN/m³일 때 3m×3m크기의 정사각형 기초의 극한지지력을 Terzaghi의 공식으로 구하면? (단, 지하수위는 기초바닥 깊이와 같으며 물의 단위중량은 9.81kN/m³이고, 지지력계수 $N_c=18$, $N_\gamma=5$, $N_q=7.5$이다.)

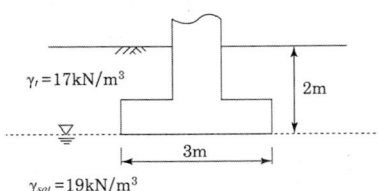

① 1231.24kN/m² ② 1337.31kN/m²
③ 1480.14kN/m² ④ 1540.42kN/m²

해설

1) 기초형상계수는 정사각형 기초이므로
   $\alpha = 1.3$, $\beta = 0.4$
2) 극한지지력
$$q_u = \alpha C N_c + \beta B \gamma_1 N_\gamma + D_f \gamma_2 N_q$$
$$= 1.3 \times 50 \times 18 + 0.4 \times 3 \times (19-9.81)$$
$$\times 5 + 17 \times 2 \times 7.5 = 1480.14 kN/m^2$$

75 그림과 같은 지반내의 유선망이 주어졌을 때 폭 10m에 대한 침투 유량은? (단, 투수계수(K)는 2.2×10^{-2}cm/s이다.)

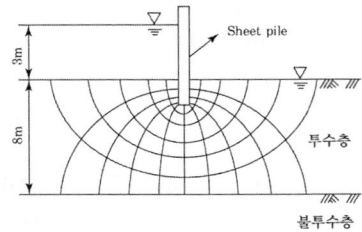

① 3.96cm³/s   ② 39.6cm³/s
③ 396cm³/s   ④ 3960cm³/s

해설

침투유량(폭10m)
$$Q = K \Delta H \frac{N_f (유면수)}{N_d (등수두면수)} \times 폭$$

$$= (2.2 \times 10^{-2}) \times 300 \times \frac{6}{10} \times 1000$$
$$= 3960 cm^3/\sec$$

76 어떤 모래층의 간극비(e)는 0.2, 비중(Gs)은 2.60이었다. 이 모래가 분사현상(Quick Sand)이 일어나는 한계 동수경사(i_c)는?

① 0.56   ② 0.95
③ 1.33   ④ 1.80

해설

한계동수경사
$$i_{cr} = \frac{G_s - 1}{1+e} = \frac{2.6-1}{1+0.2} = 1.33$$

77 20개의 무리말뚝에 있어서 효율이 0.75이고, 단항으로 계산된 말뚝 한 개의 허용지지력이 150kN일 때 무리말뚝의 허용지지력은?

① 1125kN   ② 2250kN
③ 3000kN   ④ 4000kN

해설

$R_{ag} = E N R_a = 0.75 \times 20 \times 150 = 2250 kN$

78 연약지반 위에 성토를 실시한 다음, 말뚝을 시공하였다. 시공 후 발생될 수 있는 현상에 대한 설명으로 옳은 것은?

① 성토를 실시하였으므로 말뚝의 지지력은 점차 증가한다.
② 말뚝을 암반층 상단에 위치하도록 시공하였다면 말뚝의 지지력에는 변함이 없다.
③ 압밀이 진행됨에 따라 지반의 전단강도가 증가되므로 말뚝의 지지력은 점차 증가된다.
④ 압밀로 인해 부주면마찰력이 발생되므로 말뚝의 지지력은 감소된다.

해설

연약지반위 성토 실시를 하는 경우 연약지반내 지반의 침하로 인하여 말뚝 주변에 부의 마찰력이 발생되며, 이는 말뚝의 지지력 감소를 가져온다.

79 흙의 분류법인 AASHTO분류법과 통일분류법을 비교·분석한 내용으로 틀린 것은?

① 통일분류법은 0.075mm체 통과율 35%를 기준으로 조립토와 세립토로 분류하는데 이것은 AASHTO분류법보다 적합하다.
② 통일분류법은 입도분포, 액성한계, 소성지수 등을 주요 분류인자로 한 분류법이다.
③ AASHTO분류법은 입도분포, 군지수 등을 주요 분류인자로 한 분류법이다.
④ 통일분류법은 유기질토 분류방법이 있으나 AASHTO분류법은 없다.

해설

통일분류법은 0.075mm체 통과율 50%를 기준으로 조립토와 세립토를 분류하며, 이는 AASHTO 분류법보다 정확도가 떨어진다.

80 상·하층이 모래로 되어 있는 두께 2m의 점토층이 어떤 하중을 받고 있다. 이 점토층의 투수계수가 5×10^{-7}cm/s, 체적변화계수(mv)가 5.0cm²/kN일 때 90% 압밀에 요구되는 시간은? (단, 물의 단위중량은 9.81kN/m³이다.)

① 약 5.6일 ② 약 9.8일
③ 약 15.2일 ④ 약 47.2일

해설

1) $t_{90} = \dfrac{0.848 \times H^2}{C_v}$

2) $C_v = \dfrac{k}{m_v \cdot \gamma_w}$

$= \dfrac{5 \times 10^{-9} m/s}{5 \times 10^{-4} m^2/kN \times 9.81 kN/m^3}$

$= 0.000001 m^2/s$

$\therefore t_{90} = \dfrac{0.848 \times (\frac{2}{2})^2}{0.000001} = 848,000$초

$= 848,000 \times \dfrac{1}{60 \times 60 \times 24} = 9.81$일

정답 79 ① 80 ②

2021 기출문제 제2회 건설재료시험기사

제1과목 콘크리트공학

01 시방배합을 통해 단위수량 174kg/m³, 시멘트량 369kg/m³, 잔골재 702kg/m³, 굵은골재 1049kg/m³을 산출하였다. 현장골재의 입도를 고려하여 현장배합으로 수정한다면 잔골재와 굵은 골재의 양은? (단, 현장 잔골재 중 5mm체에 남는 양이 10%, 굵은 골재 중 5mm체를 통과한 양이 5%, 표면수는 고려하지 않는다.)

① 잔골재 : 802kg/m³, 굵은 골재 : 949kg/m³
② 잔골재 : 723kg/m³, 굵은 골재 : 1028kg/m³
③ 잔골재 : 637kg/m³, 굵은 골재 : 1114kg/m³
④ 잔골재 : 563kg/m³, 굵은 골재 : 1188kg/m³

해설

입도조정

① 잔골재

$$X = \frac{100S - b(S+G)}{100-(a+b)}$$

$$= \frac{100 \times 702 - 5(702 + 1,049)}{100 - (10+5)} = 723 kg/m^3$$

② 굵은골재

$$Y = \frac{100G - a(S+G)}{100-(a+b)}$$

$$= \frac{100 \times 1,049 - 10(702 + 1,049)}{100 - (10+5)}$$

$$= 1,028 kg/m^3$$

02 유동화 콘크리트에 대한 설명으로 틀린 것은?

① 슬럼프 증가량은 100mm 이하를 원칙으로 한다.
② 유동화 콘크리트의 재유동화는 원칙적으로 할 수 없다.
③ 유동화제는 희석시켜 사용하고, 미리 정한 소정의 양을 1/3씩 3번에 나누어 첨가한다.
④ 베이스 콘크리트 및 유동화 콘크리트의 슬럼프 및 공기량 시험은 50m³마다 1회씩 실시하는 것을 표준으로 한다.

해설

유동화제는 원액으로 사용하고, 미리 정한 소정의 양을 한꺼번에 첨가하여야 한다.

03 콘크리트의 품질관리에 쓰이는 관리도 중 정규분포이론을 적용한 계량 값의 관리도에 속하지 않는 것은?

① $\bar{x} - R$관리도(평균값과 범위의 관리도)
② $\bar{x} - \sigma$관리도(평균값과 표준편차의 관리도)
③ x관리도(측정값 자체의 관리도)
④ p관리도(불량률 관리도)

해설

P관리도는 이항분포 이론을 적용한다.

정답 01 ② 02 ③ 03 ④

04 양단이 정착된 프리텐션 부재의 한 단에서의 활동량이 2mm로 양단 활동량이 4mm일 때 강재의 길이가 10m라면 이 때의 프리스트레스 감소량은? (단, 긴장재의 탄성계수 (Ep)=2.0×10⁵MPa)

① 80MPa ② 100MPa
③ 120MPa ④ 140MPa

해설

$$\triangle f_p = E_p \cdot \epsilon_p = E_p \cdot \frac{\triangle l}{l}$$
$$= (2.0 \times 10^5) \times \frac{4}{10,000} = 80 MPa$$

05 물-시멘트비가 40%이고 단위 시멘트량이 400kg/m³, 시멘트의 비중이 3.1, 공기량이 2%인 콘크리트의 단위 골재량의 절대 부피는?

① 0.48m³ ② 0.54m³
③ 0.69m³ ④ 0.72m³

해설

W/C=0.4에서 W=400×40=160kg/m³

$$V = 1 - \left(\frac{단위수량}{1,000} + \frac{단위시멘트량}{시멘트비중 \times 1,000} + \frac{공기량}{100}\right)$$
$$= 1 - \left(\frac{160}{1,000} + \frac{400}{3.1 \times 1,000} + \frac{2}{100}\right)$$
$$= 0.691 m^3$$

06 매스 콘크리트에 대한 아래의 설명에서 ( )안에 들어갈 알맞은 수치는?

매스 콘크리트로 다루어야 하는 구조물의 부재 치수는 일반적인 표준으로서 넓이가 넓은 평판구조의 경우 두께 (㉮)m이상, 하단이 구속된 벽조의 경우 두께 (㉯)m 이상으로 한다.

① ㉮ : 0.8, ㉯ : 0.5
② ㉮ : 1.0, ㉯ : 0.5
③ ㉮ : 0.5, ㉯ : 0.8
④ ㉮ : 0.5, ㉯ : 1.0

해설

매스콘크리트로 다루어야 하는 구조물의 부재치수는 일반적인 표준으로서 넓이가 넓은 평판구조의 경우 두께 0.8m 이상, 하단이 구속된 벽의 경우 두께 0.5m 이상되는 구조물을 매스콘크리트로 분류

07 콘크리트의 슬럼프 시험에 대한 설명으로 틀린 것은?

① 콘크리트 시료를 거의 같은 양의 3층으로 나눠서 채우며 각 층을 다짐봉으로 고르게 한 후 25회씩 다진다.
② 슬럼프콘은 윗면의 안지름이 100mm, 밑면의 안지름이 200mm, 높이가 300mm인 원추형을 사용한다.
③ 다짐봉은 지름 16mm, 길이 500~600mm의 강 또는 금속제 원형봉으로 그 앞끝을 반구모양으로 한다.
④ 슬럼프는 콘크리트를 채운 후 콘을 연직방향으로 들어 올렸을 때 무너지고 난 후 남은 시료의 높이를 말한다.

해설

슬럼프는 콘크리트를 채운 후 콘을 연직방향으로 들어 올렸을 때 콘크리트가 내려앉은 높이를 말한다.

08 한중 콘크리트에 대한 설명으로 틀린 것은?

① 공기연행콘크리트를 사용하는 것을 원칙으로 한다.
② 심한 기상작용을 받는 콘크리트의 양생종료 시의 소요압축강도의 표준은 2.5MPa 이다.
③ 타설할 때의 콘크리트 온도는 구조물의 단면치수, 기상조건 등을 고려하여(5~20)°C의 범위에서 정한다.
④ 단위수량은 초기동해 저감 및 방지를 위하여 소요의 워커빌리티를 유지할 수 있는 범위 내에서 되도록 적게 한다.

해설

한중 콘크리트는 소요의 압축강도가 얻어질 때까지는 콘크리트의 압축강도를 5MPa 이상으로 유지해야 한다.

정답 04 ① 05 ③ 06 ① 07 ④ 08 ②

09 일반콘크리트에서 비비기 시간에 대한 시험을 실시하지 않은 경우 비비기 최소시간은 강제식 믹서일 때 얼마 이상을 표준으로 하는가?

① 30초 이상   ② 1분 이상
③ 1분 30초 이상 ④ 2분 이상

해설
일반 콘크리트 비비기
1) 가경식 믹서일 때 : 1분 30초 이상
2) 강제식 믹서일 때 : 1분 이상

10 프리스트레스트 콘크리트에서 프리텐션 방식으로 프리스트레싱할 때 콘크리트의 압축강도는 최소 몇 MPa이상이어야 하는가?

① 25MPa   ② 30MPa
③ 35MPa   ④ 40MPa

해설
프리텐션 방식으로 프리스트레싱할 때 콘크리트의 압축강도는 30MPa 이상

11 아래 표와 같은 조건에서 콘크리트의 배합강도를 결정하면?

[조건]
· 설계기준압축강도(f_{ck}) : 40MPa
· 압축강도의 시험회수 : 23회
· 23회의 압축강도 시험으로부터 구한 표준편차 : 6MPa
· 압축강도 시험회수 20회, 25회인 경우 표준편차의 보정계수 : 각각 1.08, 1.03

① 48.5MPa   ② 49.6MPa
③ 50.7MPa   ④ 51.2MPa

해설
1) 수정표준편차
$1.03 + \left(\dfrac{1.08-1.03}{25-20} \times 2\right) = 1.05$ (23회 보정계수)
2) 설계기준 강도 35MPa 이상이므로

$f_{cr} = f_{ck} + 1.34S$
$= 40 + 1.34 \times 6.3 = 48.4 MPa$
$f_{cr} = 0.9 \cdot f_{ck} + 2.33 \cdot S$
$= 0.9 \times 40 + 2.33 \times 6.3$
$= 50.68 MPa$
두 값 중에서 큰 값을 배합강도를 정한다.
∴ $f_{cr} = 50.7 MPa$

12 구조물이 공용 중의 발생되는 손상을 복구하는데 있어서 보수 및 보강 공사를 시행한다. 다음 중 보수 공법에 속하지 않는 것은?

① 에폭시 주입 공법
② 철근 방청 공법
③ 표면 피복 공법
④ 강판 접착 공법

해설
강판 접착 공법
강판보강공법은 콘크리트구조물의 철근량의 부족에 의한 내력부족을 구조물의 인장측 표면에 강판을 부착하여 구조물의 내력을 향상시키는 보강공법으로, 강판을 보나 슬래브의 하단이나 상단에 접착하여 휨에 대한 내력을 증가시키거나, 보의 측면에 접착하여 전단 강도를 증가시키는 방법

13 아래의 표에서 설명하는 콘크리트의 성질은?

콘크리트를 타설할 때 다짐작업 없이 자중만으로 철근 등을 통과하여 거푸집의 구석구석까지 균질하게 채워지는 정도를 나타내는 굳지 않은 콘크리트의 성질

① 유동성   ② 자기 충전성
③ 슬럼프 플로 ④ 피니셔빌리티

해설
자기 충전성
자기 충전성이란 콘크리트를 타설 할 때 다짐작업 없이 자중만으로 철근 등을 통과하여 거푸집의 구석구석을 균질하게 채워지는 정도를 나타내는 굳지않은 콘크리트 성질

14 콘크리트의 타설에 대한 설명으로 틀린 것은?

① 타설한 콘크리트를 거푸집 안에서 횡방향으로 이동시켜서는 안 된다.
② 콘크리트는 그 표면이 한 구획 내에서는 거의 수평이 되도록 타설하는 것을 원칙으로 한다.
③ 거푸집의 높이가 높아 슈트 등을 사용하는 경우 배출구와 타설 면까지의 높이는 1.5m이하를 원칙으로 한다.
④ 콘크리트를 2층 이상으로 나누어 타설할 경우, 상층의 콘크리트 타설은 하층의 콘크리트가 굳은 후 해야 한다.

[해설]
콘크리트를 2층 이상으로 나누어 타설할 경우, 상층의 콘크리트 타설은 하층의 콘크리트가 굳기 전에 해야 한다.

15 지름이 150mm, 길이가 200mm인 원주형 공시체에 대한 쪼갬 인장 강도시험 결과 최대하중이 120kN일 때 이 공시체의 쪼갬 인장 강도는?

① 1.27MPa   ② 2.55MPa
③ 6.03MPa   ④ 7.66MPa

[해설]
쪼갬인장강도 시험

$$(f_{sp}) = \frac{2P}{\pi d \ell}(MPa)$$
$$= \frac{2 \times 120,000 N}{\pi \times 150 \times 200} = 2.55 N/mm^2 = 2.55 MPa$$

16 팽창 콘크리트의 팽창률에 대한 설명으로 틀린 것은?

① 콘크리트의 팽창률은 일반적으로 재령 28일에 대한 시험치를 기준으로 한다.
② 수축보상용 콘크리트의 팽창률은 (150~250)×10⁻⁶을 표준으로 한다.
③ 화학적 프리스트레스용 콘크리트의 팽창률은 (200~700)×10⁻⁶을 표준으로 한다.
④ 공장제품에 사용하는 화학적 프리스트레스용 콘크리트의 팽창률은 (200~1000)×10⁻⁶을 표준으로 한다.

[해설]
콘크리트 팽창률은 일반적으로 재령 7일에 대한 시험값을 기준

17 고압증기양생한 콘크리트의 특징에 대한 설명으로 틀린 것은?

① 고압증기양생한 콘크리트의 수축률은 크게 감소된다.
② 고압증기양생한 콘크리트의 크리프는 크게 감소된다.
③ 고압증기양생한 콘크리트의 외관은 보통 양생한 포틀랜드시멘트 콘크리트 색의 특징과 다르며, 흰색을 띤다.
④ 고압증기양생한 콘크리트는 보통양생한 콘크리트와 비교하여 철근과의 부착강도가 약 2배정도가 된다.

[해설]
고압증기양생한 콘크리트는 보통양생한 것에 비해 철근의 부착강도가 약 1/2이므로 철근콘크리트 부재에 적용하는 것은 바람직하지 못하다.

18 폴리머 시멘트 콘크리트에 대한 설명으로 틀린 것은?

① 비비기는 기계비빔을 원칙으로 한다.
② 폴리머-시멘트 비는 (5~30)%범위로 한다.
③ 물-결합재비는 (30~60)%의 범위에서 가능한 한 적게 정하여야 한다.
④ 시공 후 1~3일간 습윤 양생을 실시하며, 사용될 때까지의 양생 기간은 14일을 표준으로 한다.

[해설]
시공 후 1~3일간 습윤 양생을 실시하며, 사용될 때까지의 양생 기간은 7일을 표준으로 한다.

정답 14 ④ 15 ② 16 ① 17 ④ 18 ④

19 연직시공이음의 시공에 대한 설명으로 틀린 것은?
① 시공이음면의 거푸집을 견고하게 지지하고 이음부분의 콘크리트는 진동기를 써서 충분히 다져야 한다.
② 구 콘크리트의 시공이음면은 쇠솔이나 쪼아내기 등에 의해 거칠게 하고, 수분을 흡수시킨 후에 시멘트풀 등을 바른 후 새 콘크리트를 타설하여 이어나가야 한다.
③ 새 콘크리트를 타설할 때는 신·구 콘크리트가 충분히 밀착되도록 잘 다져야하며, 새 콘크리트를 타설한 후에는 재진동 다지기를 하여서는 안 된다.
④ 겨울철의 시공이음면 거푸집 제거시기는 콘크리트를 타설하고 난 후 10~15시간 정도로 한다.

[해설]
새 콘크리트를 타설할 때는 신·구 콘크리트가 충분히 밀착되도록 잘 다져야하며, 새 콘크리트를 타설한 후에 적당한 시기에 재진동 다지기를 하는 것이 좋다.

20 콘크리트의 크리프(creep)에 대한 설명으로 틀린 것은?
① 재하기간 중의 대기의 습도가 높을수록 크리프는 크다.
② 단위 시멘트량이 많을수록 크리프는 크다.
③ 부재치수가 작을수록 크리프는 크다.
④ 재하 응력이 클수록 크리프는 크다.

[해설]
재하기간 중의 대기의 습도가 높을수록 크리프는 작다.

제2과목 건설시공 및 관리

21 성토재료의 요구조건으로 틀린 것은?
① 투수계수가 작을 것
② 압축성, 흡수성이 클 것
③ 성토 후 압밀침하가 작을 것
④ 비탈면의 안정에 필요한 전단강도를 보유할 것

[해설]
성토재료는 압축성 및 흡수성이 작아야 한다.

22 아래와 같은 조건에서 파워셔블의 시간당 작업량은?

- 버킷의 용량 q=0.6m³
- 버킷 계수 K=0.9
- 토량 환산계수 f=0.8
- 작업효율 E=0.7
- 사이클 타임 C_m=25초

① 0.73m³/h   ② 1.13m³/h
③ 43.55m³/h   ④ 68.04m³/h

[해설]
$$Q = \frac{3,600 \cdot q \cdot k \cdot f \cdot E}{C_m}$$
$$= \frac{3,600 \times 0.6 \times 0.9 \times 0.8 \times 0.7}{25}$$
$$= 43.55 m^3/hr$$

23 터널의 시공법 중 침매공법의 특징에 대한 설명으로 틀린 것은?
① 수심이 깊은 곳에서도 시공이 가능하다.
② 협소한 장소의 수로나 항행선박이 많은 곳에 적합하다.
③ 단면형상이 비교적 자유롭고 큰 단면으로 시공할 수 있다.
④ 육상에서 제작하므로 신뢰성이 높은 터널 본체를 만들 수 있다.

[해설]
침매공법은 협소한 장소의 수로나 항행 선박이 많은 곳에 부적합하다.

24 굴착 단면의 양단을 먼저 버팀대공법으로 굴착하여 기초공과 벽체를 구축한 다음 이것을 흙막이공으로 하여 중앙부의 나머지 부분을 굴착 시공하는 공법으로 주로 넓은 면의 굴착에 유리한 공법은 무엇인가?

① Island공법 ② Open cut공법
③ Well point공법 ④ Trench cut공법

해설

트랜치 컷(Trench Cut)
① 아일랜드 공법과는 반대로 주변부 흙을 굴착 후 기초콘크리트 및 상부 구조물을 시공후 남아있는 중앙부를 굴착해 나가면서 나머지 부분의 구조물을 시공해 나가는 방식
② 20m 정도의 지반이 연약한곳에서 사용하며, Heaving 현상이 예상될 때 적용하며, 분할시공에 따른 공사비 증가 및 공사기간 길어진다.

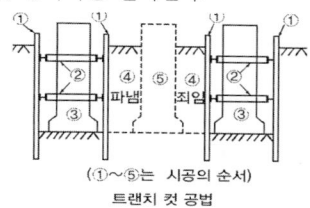
(①~⑤는 시공의 순서)
트랜치 컷 공법

25 여수로(Spill way)의 종류 중 댐의 본체에서 완전히 분리시켜 댐의 가장자리에 설치하고 월류부는 보통 수평으로 하는 것은?

① 슈트(Chute)식 여수로
② 사이펀(Siphon) 여수로
③ 측수로(Side channel) 여수로
④ 글로리 홀(Glory hole) 여수로

해설

① 슈트식(Chute) 여수토
 1) 댐 본체에서 완전히 분리시켜 설치하는 여수토
 2) 댐 가장자리 위치에 설치하고 월류부는 보통 수평으로 한다.
② 측수로 여수토
 1) Rock fill 댐 같이 댐 정상부를 월류 시킬 수 없을 때 댐의 한쪽 또는 양쪽에 설치하는 여수토
 2) 월류부는 난류를 막기 위하여 굳은 암반상에 일직선으로 설치한다.
③ 사이펀 여수토
 1) 사이펀 여수토는 여수로 설치 공간에 제한을 받는 경우 제체 안에 설치하는 관로시설물 로서 유출부로부터 공기 유입을 막기 위하여 관로 끝을 U형태로 구부리며 유입된 공기는 사이펀 마루(Crown)에서 배출 되도록 만든 여수토
 2) 상하류면의 수위차를 이용한 것으로 자유월류 방식에 비하여 다량의 물을 하류로 배출시킬 수 있다.
④ 나팔관형 여수토(그롤리홀 여수토)
 1) 원형나팔관으로 되어 있고 자유낙하부, 곡관부, 원형 터널 등으로 구성 되어있다.
 2) 유수의 유입에 의한 여수토 터널 내부 부압이 발생될 가능성이 있으므로 유의해야 한다.

26 현장에서 하는 타설 피어공법 중에서 콘크리트 타설 후 Casing tube의 인발 시 철근이 따라 뽑히는 현상이 발생하기 쉬운 공법은?

① reverse circulation 공법
② earth drill 공법
③ benoto 공법
④ gow 공법

해설

Benoto 공법(All casing 공법)
케이싱에 부착된 요동기(Oscillator)로 케이싱을 요동 시키면서 케이싱 내부의 토사를 해머그랩 또는 개폐형 버킷 장비로 흙을 배토시키면서 현타말뚝을 시공해 나가는 공법으로 케이싱 인발시 삽입된 철근망이 인발 되는 공상현상이 발생 우려가 있다.

27 큰 중량의 중추를 높은 곳에서 낙하시켜 지반에 가해지는 충격에너지와 그 때의 진동에 의해 지반을 다지는 개량공법으로 대부분의 지반에 지하수위와 관계없이 시공이 가능하고 시공 중 사운딩을 실시하여 개량 효과를 점검하는 시공법은?

① 동다짐공법
② 폭파다짐공법
③ 지하연속벽공법
④ 바이브로 플로테이션공법

정답 24 ④ 25 ① 26 ③ 27 ①

해설
동다짐공법
무거운추(10~200ton)를 크레인을 이용하여 10m이상 높이에서 낙하시켜 지표면에 가해지는 충격에너지가 지반의 심층까지 다짐을 해주는 공법이다.

28 보조기층의 보호 및 수분의 모관 상승을 차단하고 아스팔트 혼합물과의 접착성을 향상시키기 위하여 실시하는 것은?
① 프라임 코트(prime coat)
② 실 코트(seal coat)
③ 택 코트(tack coat)
④ 피치(pitch)

해설
프라임 코트(Prime coat)
1) 보조기층 또는 기층 등에 침투시켜 이들 층의 방수성을 확보한다.
2) 보조기층 에서 모세관 현상에 의해 올라오는 물의 상승을 차단한다.
3) 보조기층과 기층 아스팔트 혼합물과의 부착이 잘되도록 살포하는 역청재료이다.

29 불도저로 압토와 리핑 작업을 동시에 실시한다. 각 작업시의 작업량이 아래와 같을 때 시간당 합성작업량은?

| 압토 작업만 할 때의 작업량 $Q_1=50m^3/h$ |
| 리핑 작업만 할 때의 작업량 $Q_2=80m^3/h$ |

① 28.54m^3/h ② 30.77m^3/h
③ 32.84m^3/h ④ 34.25m^3/h

해설
불도저 합성 작업량(Q)
$$Q = \frac{Q_1 \times Q_2}{Q_1 + Q_2} = \frac{50 \times 80}{50 + 80} = 30.77 m^3/hr$$

30 역 T형 옹벽에 대한 설명으로 옳은 것은?
① 자중만으로 토압에 저항한다.
② 자중이 다른 형식의 옹벽보다 대단히 크다.
③ 자중과 뒤채움 토사의 중량으로 토압에 저항한다.
④ 일반적으로 옹벽의 높이가 낮은 경우에 사용된다.

해설
역 T형 옹벽
1) 철근콘크리트로 만들어진 옹벽을 캔틸레버식 옹역이라고 하며 역T형 옹벽이라고도 함.
2) 가장보편적으로 사용되는 옹벽으로 3~10m 높이로 자중과 뒷채움 토사의 중량으로 토압에 저항하는 형식이다.

31 버럭이 너무 비산하지 않는 심빼기에 유효하고, 수직도갱 밑에 물이 많이 고였을 때 적당한 심빼기 공법은?
① 노 컷 ② 번 컷
③ V 컷 ④ 스윙 컷

해설
스윙컷
수직갱에서 주로 사용되며 밑변의 반만큼 먼저 발파시키고 물을 집중시킨 다음 물이 없는 부분을 발파하는 공법

32 주탑, 케이블, 주형의 3요소로 구성되어 있고, 케이블을 거더에 정착시킨 교량 형식으로서 아래의 그림과 같은 형식의 교량은?

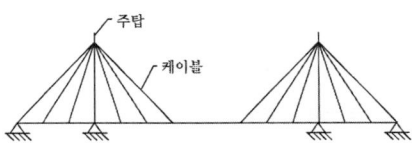

① 거더교 ② 아치교
③ 현수교 ④ 사장교

해설
사장교(cable-stayed girder bridge)
1) 주탑에서 비스듬히 친 케이블로 거더를 매단 교량으로 경간(徑間) 200~340m 정도 범위의 도로교에 많이 사용되며, 미관이 뛰어난 설계가 가능하다.
2) 한국에는 올림픽대교, 서해대교, 인천대교, 진도대교, 돌산대교 등이 있다

33 케이슨 기초 중 오픈케이슨 공법의 특징에 대한 설명으로 틀린 것은?
① 기계설비가 비교적 간단하다.
② 굴착 시 히빙이나 보일링 현상의 우려가 있다.
③ 큰 전석이나 장애물이 있는 경우 침하작업이 지연된다.
④ 일반적인 굴착 깊이는 30~40m정도로 침하깊이에 제한을 받는다.

해설
일반적인 굴착깊이 30~40m 정도의 굴착깊이의 제한은 뉴메틱케이슨 공법에 해당된다.

34 어떤 공사의 공정에 따른 비용 증가율이 아래의 그림과 같을 때 이 공정을 계획보다 3일 단축하고자 하면, 소요되는 추가 비용은 약 얼마인가?

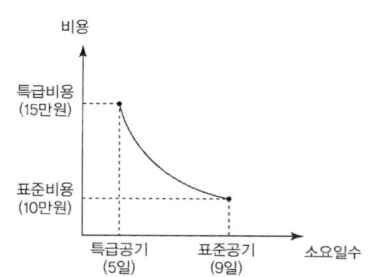

① 40000원 ② 37500원
③ 35000원 ④ 32500원

해설
추가공사비
추가공사비 : 비용경사 × 단축일수
1) 비용경사 = $\dfrac{특급공비 - 표준공비}{표준공기 - 특급공기}$
$= \dfrac{150,000 - 100,000}{9 - 5} = 12,500$원/일
2) 단축일수 : 3일
∴ 추가공사비 = 12,500×3 = 37,500원

35 PERT기법과 CPM기법의 비교 설명 중 PERT기법에 관련된 내용이 아닌 것은?
① 공사비 절감을 주목적으로 한다.
② 비반복 사업을 대상으로 한다.
③ 신규 사업을 대상으로 한다.
④ 3점 견적법으로 공기를 추정한다.

해설
공사비 절감을 목적으로 하는 것은 CPM 기법에 해당된다.

36 아래 그림과 같은 유토곡선에서 A-B구간의 평균운반거리를 구하면?

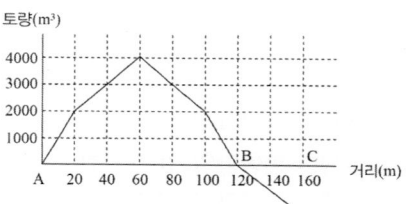

① 40m   ② 60m
③ 80m   ④ 100m

해설
A-B 구간 평균 토량 2000에서 100-20=80m

37 45000m³의 성토공사를 위하여 토량의 변화율이 L=1.2, C=0.9인 현장 흙을 굴착운반하고자 한다. 이때 운반토량은 얼마인가?
① 33750m³   ② 45000m³
③ 54000m³   ④ 60000m³

해설
성토토량 × $\dfrac{L}{C} = 45,000 \times \dfrac{1.2}{0.9} = 60,000 m^3$

38 관내의 집수효과를 크게 하기 위하여 관 둘레에 구멍을 뚫어 지하에 매설하는 집수암거의 일종으로 하천의 복류수를 주로 이용하기 위하여 쓰이는 것은?
① 관거   ② 함거
③ 다공 관거 ④ 사이펀 관거

해설

다공관거
1) 관내의 집수 효과를 크게 하기 위해서 관 둘레에 구멍을 내어 하천의 복류수 또는 지하수를 집수하기 위한 집수암거의 일종이다.
2) 복류수(伏流水)를 취수하기 위해 하천이나 호소(湖沼)의 저부 또는 측부에 흐름의방향과 직각 또는 평행으로 매설한 유공(有孔) 관거(管渠)이다.

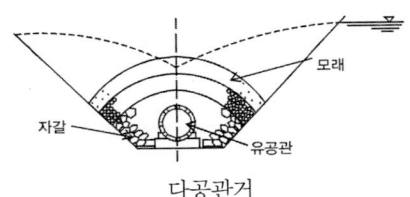

다공관거

39 아스팔트포장의 파손현상 중 차량하중에 의해 발생한 변형량의 일부가 회복되지 못하여 발생하는 영구변형으로 차량통과위치에 균일하게 발생하는 침하를 보이는 아스팔트 포장의 대표적인 파손현상을 무엇이라 하는가?
① 피로균열
② 저온균열
③ 루팅(Rutting)
④ 라벨링(Revelling)

해설

소성변형(Rutting) 방지대책
1) 아스팔트 포장에 가장 크게 만연하고 있는 손상형태는 소성변형이 있다.
2) 도로 주행 중에 노면의 한 개소를 차량이 집중 통과하여 표면의 재료가 마모되고 유동을 일으켜서 노면이 얕게 패인 자국을 소성변형(Rutting)이라고 한다.
3) 여름철 고온시 중차량이 많이 다니고, 정체가 심한 도로에서 횡방향 밀림현상에 의해서 발생한 요철로서 대형 교통사고의 원인이 된다.

40 운반토량 1200m³을 용적이 5m³인 덤프트럭으로 운반하려고 한다. 트럭의 평균속도는 10km/h이고, 상하차 시간이 각각 4분일 때 하루에 전량을 운반하려면 몇 대의 트럭이 필요한가? (단, 1일 덤프트럭 가동시간은 8시간이며, 토사장까지의 거리는 2km이다.)
① 12대
② 14대
③ 16대
④ 18대

해설

1) $C_{mt} = \dfrac{60 \times 2}{10} + \dfrac{60 \times 2}{10} + 4 \times 2 = 32$분
   상하차 시간 각각 4분씩이므로 8분

2) $Q = \dfrac{60 q_t f E_t}{C_{mt}}$
   $= \dfrac{60 \times 5 \times 1 \times 1}{32} = 9.38 m^3/hr$

3) 1일 트럭 1대 운반량
   $9.38 \times 8 = 75 m^3$
   ∴ 트럭대수 $= \dfrac{1,200}{75} = 16$대

제3과목 건설재료 및 시험

41 아래는 굵은 골재의 밀도 시험 결과이다. 이때 골재의 표면 건조 포화 상태의 밀도는?

- 절대 건조 상태의 시료 질량 : 2000g
- 표면 건조 포화 상태의 시료 질량 : 2100g
- 침지된 시료의 수중 질량 : 1300g
- 시험 온도에서의 물의 밀도 : 1g/cm³

① 2.63g/cm³
② 2.65g/cm³
③ 2.67g/cm³
④ 2.69g/cm³

해설

$\dfrac{B}{B-C} \times \rho_w = \dfrac{2100}{2100-1300} \times 1 = 2.63 g/cm^3$

42 콘크리트용 혼화재료인 플라이애시에 대한 설명으로 틀린 것은?

① 플라이애시는 워커빌리티 증가 및 단위수량 감소효과가 있다.
② 초기재령에서의 강도는 크게 나타나지만 강도의 증진율이 낮다.
③ 플라이애시 중의 미연탄소분에 의해 AE제 등이 흡착되어 연행공기량이 현저히 감소한다.
④ 플라이애시는 보존 중에 입자가 응집하여 고결하는 경우가 생기므로 저장에 유의하여야 한다.

해설
초기재령에서의 강도가 작게 나타나며, 강도의 증진율이 낮다.

43 목재의 함수율을 측정하기 위해 시험을 실시한 결과가 아래와 같을 때 함수율은 얼마인가?

- 시험편의 건조 전 질량 : 2750g
- 시험편의 건조 후 질량 : 2350g

① 15%   ② 17%
③ 19%   ④ 21%

해설
목재의 함수율
$$\frac{건조\ 전\ 중량(W_1) - 건조\ 후\ 중량(W_2)}{건조\ 후\ 중량(W_2)} \times 100(\%)$$
$$= \frac{2750 - 2350}{2350} \times 100 = 17\%$$

44 지오텍스타일의 특징에 대한 설명으로 틀린 것은?

① 인장강도가 크다.
② 수축을 방지한다.
③ 탄성계수가 크다.
④ 열에 강하고 무게가 무겁다.

해설
지오텍스타일
① 합성 고분자 재료를 써서 만들어진 투수성을 갖는 토질 안정용 섬유제품으로 열에 취약하고 무게가 가볍다.
② 직포형과 부직포형이 있으며 분리, 배수, 보강, 여과 기능을 갖고 오탁방지망, drain board, pack drain, geo web 등에 사용된다.

45 재료에 외력을 작용시키고 변형을 억제하면 시간이 경과함에 따라 재료의 응력이 감소하는 현상을 무엇이라 하는가?

① 탄성   ② 취성
③ 크리프   ④ 릴랙세이션

해설
PS강재의 Relaxation
P.S 강재를 긴장한 채 일정한 길이를 유지하면 시간의 경과에 따라 인장응력이 감소하게 되는데 이러한 현상을 PS강재의 Relaxation 이라 한다.

46 고무혼입 아스팔트와 스트레이트 아스팔트를 비교한 설명으로 틀린 것은?

① 감온성은 스트레이트 아스팔트가 크다.
② 응집성은 스트레이트 아스팔트가 크다.
③ 마찰계수는 고무혼입 아스팔트가 크다.
④ 충격저항성은 고무혼입 아스팔트가 크다.

해설
고무 혼입 아스팔트
1) 스트레이트 아스팔트에 고무를 2~5% 정도 혼입후 아스팔트의 성질을 개선한 특수 아스팔트를 말한다.
2) 고무 혼입 아스팔트의 특징
스트레이트 아스팔트에 비해서 감온성이 작다.
스트레이트 아스팔트에 비해서 응집성이 크다.
3) 스트레이트 아스팔트에 비해서 탄성 및 충격저항이 크다.
4) 스트레이트 아스팔트에 비해서 마찰 계수가 크다.

정답 42 ② 43 ② 44 ④ 45 ④ 46 ②

47 아래와 같은 특성을 가지는 시멘트는?

- 발열량이 대단히 많으며 조강성이 크다.
- 열분해 온도가 높으므로(1300℃ 정도) 내화용 콘크리트에 적합하다.
- 산, 염류, 해수 등의 화학적 침식에 대한 저항성이 크다.

① 고로 시멘트
② 알루미나 시멘트
③ 플라이애시 시멘트
④ 백색 포틀랜드 시멘트

해설
알루미나 시멘트
1) 보크사이트와 석회석을 혼합해서 분말로 만든 시멘트
2) 1일 강도가 보통 포틀랜드 시멘트의 28일 강도와 같다.
3) 발열량이 커 한중공사, 긴급공사에 적합하다.
4) 해수 및 기타 화학작용을 받는 곳에 저항성이 크다.
5) 열분해 온도가 높으므로 내화용 콘크리트에 적합하다.

48 아스팔트의 분류 중 석유 아스팔트에 해당하는 것은?

① 아스팔타이트(asphaltite)
② 록 아스팔트(rock asphalt)
③ 레이크 아스팔트(lake asphalt)
④ 스트레이트 아스팔트(straight asphalt)

해설
천연아스팔트
1) 레이크 아스팔트
2) 록 아스팔트
3) 오일샌드 아스팔트
4) 아스팔타이트

49 다음 중 화성암에 속하지 않는 것은?

① 편마암   ② 섬록암
③ 현무암   ④ 화강암

해설
화성암 (화성안에 현무 있다)
1) 화강암(압축강도, 내구성 크나 내화성이 취약)
2) 섬록암
3) 안산암
4) 현무암

50 실리카 퓸을 콘크리트의 혼화재로 사용할 때 나타나는 특징으로 틀린 것은?

① 단위수량과 건조수축이 감소한다.
② 콘크리트의 재료분리를 감소시킨다.
③ 수화 초기에 C-S-H겔을 생성하므로 블리딩이 감소한다.
④ 콘크리트의 조직이 치밀해져 강도가 커지고, 수밀성이 증대된다.

해설
실리카 퓸(Silica Fume) 특징
1) 장기강도 및 내구성 증대
2) 장기적으로 동결에 대한 저항성 증대
3) 시멘트 질량의 5~15% 범위내 치환되면 콘크리트 고강도화
4) 초기 수화열 감소
5) 화학적 저항성 증대
6) W/C가 너무적어서 건조수축 발생가능성 있으나 블리딩은 줄어듬

51 아스팔트 혼합물의 마샬 안정도 시험을 실시한 결과가 아래와 같을 때 아스팔트 혼합물의 용적률 및 포화도는 얼마인가?

- 아스팔트의 밀도 : $1.03 g/cm^3$
- 아스팔트 혼합률 : 4.5%
- 실측 밀도 : $2.355 g/cm^3$
- 공극률 : 5.3%

① 용적률=8.65%, 포화도=62.0%
② 용적률=9.42%, 포화도=64.0%
③ 용적률=10.29%, 포화도=66.0%
④ 용적률=11.26% 포화도=68.0%

해설

1) 아스팔트 용적률(부피비)

$$V_a = \frac{W_a \times d}{G_a} = \frac{4.5 \times 2.355}{1.03} = 10.29\%$$

2) 아스팔트 포화도

$$S = \frac{V_a}{V_a + V} \times 100(\%)$$
$$= \frac{10.29}{10.29 + 5.3} \times 100 = 66\%$$

52 시멘트의 비중시험(KS L 5110)에서 정밀도 및 편차에 대한 규정으로 옳은 것은?

① 동일 시험자가 동일 재료에 대하여 3회 측정한 결과가 ±0.05 이내이어야 한다.
② 동일 시험자가 동일 재료에 대하여 2회 측정한 결과가 ±0.03 이내이어야 한다.
③ 서로 다른 시험자가 동일 재료에 대하여 3회 측정한 결과가 ±0.05 이내이어야 한다.
④ 서로 다른 시험자가 동일 재료에 대하여 2회 측정한 결과가 ±0.03 이내이어야 한다.

해설

시멘트 비중 정밀도 및 편차규정
동일 시험자가 동일 재료에 대하여 2회 측정한 결과가 ±0.03 이내이어야 한다.

53 시멘트가 풍화작용과 탄산화작용을 받은 정도를 나타내는 척도로 고온으로 가열하여 시멘트 중량의 감소율을 나타내는 것은?

① 수경률   ② 규산율
③ 강열감량   ④ 불용해잔분

해설

풍화 정도를 판단하는 방법(강열감량)
1) 시멘트를 1,000℃ 가열후 감소되는 질량 측정후 백분율로 나타내서 시멘트 풍화정도를 판단
2) 강열감량

$$\frac{물 + CO_2 \text{와 결합된 } Cement량}{최초의 시멘트량} \times 100\%$$

3) Fresh 한 시멘트 강열감량 범위는 0.5~0.8%이며 관리기준은 3%이하로 한다.

54 콘크리트용 잔골재로 사용하고자 하는 바다모래(해사)의 염분에 대한 대책으로 틀린 것은?

① 콘크리트용 혼화제로 방청제를 사용한다.
② 살수법, 침수법 및 자연방치법 등에 의해서 염분을 사전에 제거한다.
③ 콘크리트를 가능한 빈배합으로 하여 수밀성을 향상시킨다.
④ 염분이 많은 바다모래를 사용할 경우 콘크리트에 사용되는 철근을 아연도금 등으로 방청하여 사용한다.

해설

콘크리트를 가능한 부배합으로 하여 수밀성을 향상시킨다.

55 콘크리트용 모래에 포함되어 있는 유기불순물 시험에 대한 설명으로 옳은 것은?

① 무수황산나트륨을 시약으로 사용한다.
② 모래시료는 2분법으로 채취하는 것을 원칙으로 한다.
③ 식별용 표준색 용액은 염소이온을 0.1% 함유한 염화나트륨 수용액과 0.5% 함유한 염화나트륨 수용액을 사용한다.
④ 시험 결과 시험 용액의 색도가 표준색용액보다 연한 경우 콘크리트용으로 사용할 수 있다.

해설

잔골재 유기불순물 시험
1) 콘크리트에 사용되는 자연모래 중에 함유되어있는 유기 불순물의 양을 측정하는 시험으로
2) 콘크리트 강도, 내구성을 저하시키는 유기물을 색조를 통하여 파악하는 시험
3) 시험결과 용액의 색도가 표준색 용액보다 연한 경우 합격으로 한다.

56 다음 중 천연 경량골재가 아닌 것은?

① 용암   ② 응회암
③ 팽창성 혈암   ④ 경석화산자갈

정답 52 ② 53 ③ 54 ③ 55 ④ 56 ③

해설
인공경량골재는 점토, 혈암 등을 고온으로 소성한 것으로 팽창성 혈암은 인공경량골재에 해당된다.

57 콘크리트 내부에 독립된 미세기포를 발생시켜 콘크리트의 워커빌리티 개선과 동결융해에 대한 저항성을 갖도록 하기 위해 사용하는 혼화제는?

① AE제 ② 지연제
③ 기포제 ④ 응결·경화촉진제

해설
AE제
콘크리트용 계면활성제(surface active agent)의 일종으로 콘크리트 내부에 독립된 미세기포를 발생시켜 콘크리트의 워커빌리티 개선과 동결융해에 대한 저항성을 갖도록 하기 위해 사용하는 혼화제이다.

58 암석의 구조에 대한 설명으로 틀린 것은?

① 석목은 암석의 갈라지기 쉬운 면을 말하며 돌눈이라고도 한다.
② 절리는 암석 특유의 천연적으로 갈라진 금으로 화성암에서 많이 보인다.
③ 층리는 암석을 구성하는 조암광물의 집합 상태에 따라 생기는 눈 모양을 말한다.
④ 편리는 변성암에서 된 절리로 암석이 얇은 판자모양 등으로 갈라지는 성질을 말한다.

해설
층리는 퇴적암이나 변성암의 일부에서 생기는 평행상의 절리.

59 이형철근의 인장시험 데이터가 아래와 같을 때 파단 연신율은?

- 원단면적(A_o)=190mm^2
- 표점거리(l_o)=128mm
- 파단 후 표점거리(l)=156mm
- 파단 후 단면적(A)=130mm^2
- 최대인장하중(P_{max})=11800kN

① 19.85% ② 21.88%
③ 23.85% ④ 25.88%

해설
$$파단연신율 = \frac{l - l_o}{l_o} \times 100$$
$$= \frac{156 - 128}{128} \times 100 = 21.88\%$$

60 수중에서 폭발하며 발화점이 높고, 구리와 화합하면 위험하므로 뇌관의 관체는 알루미늄을 사용하는 기폭약은?

① 뇌산수은 ② 질화납
③ DDNP ④ 칼릿

해설
질화납
물속에서도 폭발하며, 낮은 온도로 가열해도 분해되는 일이 없으므로 물 속에 저장하면 안전하다. 결점으로는 발화점이 높고, 결정 입자에 따라 예민한 것과 둔한 것이 있으므로 폭발의 확실성이 적다. 기폭력은 뇌홍보다도 우수하며, 뇌관의 관체로는 알루미늄을 사용한다.

제4과목 토질 및 기초

61 연속 기초에 대한 Terzaghi의 극한지지력 공식은 $q_u = cN_c + 0.5\gamma_1 BN_\gamma + \gamma_2 D_f N_q$로 나타낼 수 있다. 아래 그림과 같은 경우 극한지지력 공식의 두 번째 항의 단위중량(γ_1)의 값은? (단, 물의 단위중량은 9.81kN/m^{3}이다.)

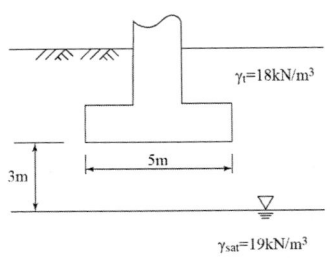

① 14.48kN/m^3 ② 16.00kN/m^3
③ 17.45kN/m^3 ④ 18.20kN/m^3

> **해설**
> 지하수위가 기초바닥 아래에 있는 경우
> $\gamma_1 = \frac{1}{B}(d \cdot \gamma_t + (B-d) \cdot \gamma_{sub})$
> $= \frac{1}{5}[3 \times 18 + (5-3) \times (19-9.81)]$
> $= 14.48 t/m^3$

62 토질시험 결과 내부마찰각이 30°, 점착력이 50kN/m², 간극수압이 800kN/m², 파괴면에 작용하는 수직응력이 3000kN/m²일 때 이 흙의 전단응력은?

① 1270kN/m² ② 1320kN/m²
③ 1580kN/m² ④ 1950kN/m²

> **해설**
> 전단응력
> $\tau = c + (\sigma - u) \cdot \tan\phi$
> $= 50 + (3000 - 800) \cdot \tan 30 = 1320 kN/m^2$

63 내부마찰각이 30°, 단위중량이 18kN/m³ 인 흙의 인장균열 깊이가 3m일 때 점착력은?

① 15.6kN/m² ② 16.7kN/m²
③ 17.5kN/m² ④ 18.1kN/m²

> **해설**
> 점착력
> $Z_c = \frac{2c \tan(45° + \frac{\phi}{2})}{\gamma_t}$ 에서
> $c = \frac{3 \times 18}{2 \cdot \tan(45 + \frac{30}{2})} = 15.6 kN/m^2$

64 토립자가 둥글고 입도분포가 양호한 모래지반에서 N치를 측정한 결과 N=19가 되었을 경우, Dunham의 공식에 의한 이 모래의 내부 마찰각(ϕ)은?

① 20° ② 25°
③ 30° ④ 35°

> **해설**
>
> | 토질입자가 둥글고 균일한(불량입도)경우 | $\phi = \sqrt{12N} + 15$ |
> |---|---|
> | 토질입자가 둥글고 입도분포가 양호 토립자가 모가나고 균일한(불량한입도)경우 | $\phi = \sqrt{12N} + 20$ |
> | 토립자가 모가나고 입도분포가 좋을때 | $\phi = \sqrt{12N} + 25$ |
>
> $\phi = \sqrt{12 \times 19} + 20 = 35°$

65 흙의 포화단위중량이 20kN/m³인 포화점토층을 45°경사로 8m를 굴착하였다. 흙의 강도정수 C_u=65kN/m², ϕ=0°이다. 그림과 같은 파괴면에 대하여 사면의 안전율은? (단, ABCD의 면적은 70m²이고 O점에서 ABCD의 무게중심까지의 수직거리는 4.5m이다.)

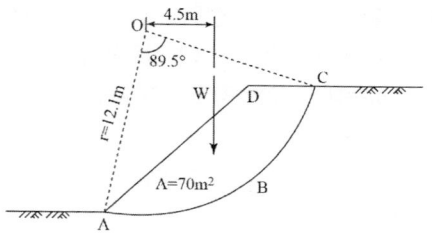

① 4.72 ② 4.21
③ 2.67 ④ 2.36

> **해설**
> 안전율
> $Fs = \frac{M_r}{M_d} = \frac{c_u \cdot L_a \cdot r}{W \cdot d}$ 여기서
> 1) $M_r = c_u \cdot L_a \cdot r$ 에서
> · $c_u = 65 kN/m^2$
> · $360 : \pi D = 89.5 : L_a$, $L_a = 18.9m$
> · 반경 $r = 12.1m$
> $M_r = c_u \cdot L_a \cdot r = 65 \times 18.9 \times 12.1 = 14,865 t \cdot m$
> 2) $M_D = A \cdot \gamma \times e = 70 \times 20 \times 4.5 = 6,300 t \cdot m$
> $\therefore Fs = \frac{M_r}{M_d} = \frac{c_u \cdot L_a \cdot r}{W \cdot d} = \frac{14865}{6300} = 2.36$

정답 62 ② 63 ① 64 ④ 65 ④

66 아래와 같은 조건에서 AASHTO분류법에 따른 군지수(GI)는?

- 흙의 액성한계 : 45%
- 흙의 소성한계 : 25%
- 200번체 통과율 : 50%

① 7 ② 10
③ 13 ④ 16

해설
군지수 : GI = $0.2a + 0.005ac + 0.01bd$
여기서, a=50-35=15
b=50-15=35
c=45-40=5(LL-40)
d=20-10=10(PI-10)
GI=0.2×15+0.005×15×5+0.01×35×10
=6.8
=7(정수처리)

67 점토층 지반위에 성토를 급속히 하려한다. 성토 직후에 있어서 이 점토의 안정성을 검토하는데 필요한 강도정수를 구하는 합리적인 시험은?

① 비압밀 비배수시험(UU-test)
② 압밀 비배수시험(CU-test)
③ 압밀 배수시험(CD-test)
④ 투수시험

해설
점토지반 비압밀 상태 및 급속성토로 인한 비배수 상태 조건에 해당된다. 따라서 UU시험으로 실내에서 시험을 할 수 있다.

68 점토 지반에 있어서 강성 기초의 접지압 분포에 대한 설명으로 옳은 것은?

① 접지압은 어느 부분이나 동일하다.
② 접지압은 토질에 관계없이 일정하다.
③ 기초의 모서리 부분에서 접지압이 최대가 된다.
④ 기초의 중앙 부분에서 접지압이 최대가 된다.

해설
이론적인 침하와 접지압 분포
① 연성기초(휨성기초, 탄성기초)

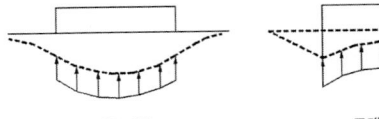

1) 연성기초는 기초가 유연하여 접지압이 균등하게 작용함
2) 점토지반 접시처럼 오목하게 발생되며, 모래지반은 중앙부 보다 모서리쪽 침하가 크게 발생된다.

② 강성기초의 접지압 분포

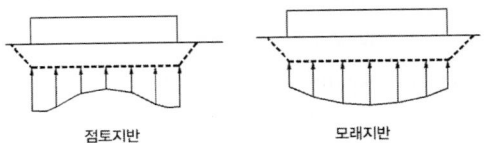

1) 기초가 강성이므로 균등침하가 발생된다.
2) 점토지반에서는 모서리쪽 접지압이 커지고 중앙부 접지압이 줄어든다.
3) 모래지반에서는 모서리쪽 접지압이 작고 중앙부 접지압이 커진다.

69 흙의 다짐곡선은 흙의 종류나 입도 및 다짐 에너지 등의 영향으로 변한다. 흙의 다짐 특성에 대한 설명으로 틀린 것은?

① 세립토가 많을수록 최적함수비는 증가한다.
② 점토질 흙은 최대건조단위중량이 작고 사질토는 크다.
③ 일반적으로 최대건조단위중량이 큰 흙일수록 최적함수비도 커진다.
④ 점성토는 건조측에서 물을 많이 흡수하므로 팽창이 크고 습윤측에서는 팽창이 작다.

해설
일반적으로 최대건조단위중량이 큰 흙일수록 최적함수비도 작아진다.

70 그림과 같은 지반에 대해 수직방향 등가투수계수를 구하면?

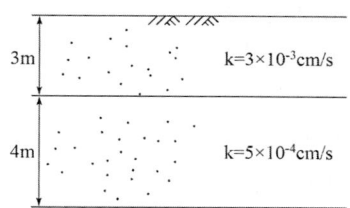

① 3.89×10^{-4} cm/s ② 7.78×10^{-4} cm/s
③ 1.57×10^{-3} cm/s ④ 3.14×10^{-3} cm/s

해설

$$K_v = \frac{H}{\frac{h_1}{K_{v1}} + \frac{h_2}{K_{v2}}} = \frac{300 + 400}{\frac{300}{3 \times 10^{-3}} + \frac{400}{5 \times 10^{-4}}}$$
$$= 7.78 \times 10^{-4} cm/\sec$$

71 통일분류법에 의한 분류기호와 흙의 성질을 표현한 것으로 틀린 것은?

① SM : 실트 섞인 모래
② GC : 점토 섞인 자갈
③ CL : 소성이 큰 무기질 점토
④ GP : 입도분포가 불량한 자갈

해설

CL : 저압축성 점토

72 다음 중 연약점토지반 개량공법이 아닌 것은?

① 프리로딩(Pre-loading) 공법
② 샌드 드레인(Sand drain) 공법
③ 페이퍼 드레인(Paper drain) 공법
④ 바이브로 플로테이션(Vibro flotation) 공법

해설

바이브로 플로테이션(Vibro flotation) 공법은 사질토 지반개량 공법에 해당된다.

73 다음 중 동상에 대한 대책으로 틀린 것은?

① 모관수의 상승을 차단한다.
② 지표부근에 단열재료를 매립한다.
③ 배수구를 설치하여 지하수위를 낮춘다.
④ 동결심도 상부의 흙을 실트질 흙으로 치환한다.

해설

동결심도 상부의 흙을 실트질 흙으로 치환하는 경우 모관수 상승이 커져서 동상의 발생 가능성이 높아진다.

74 현장에서 채취한 흙 시료에 대하여 아래 조건과 같이 압밀시험을 실시하였다. 이 시료에 320kPa의 압밀압력을 가했을 때, 0.2cm의 최종 압밀침하가 발생되었다면 압밀이 완료된 후 시료의 간극비는? (단, 물의 단위중량은 $9.81kN/m^3$이다.)

- 시료의 단면적(A) : $30cm^2$
- 시료의 초기 높이(H) : 2.6cm
- 시료의 비중(G_s) : 2.5
- 시료의 건조중량(W_s) : 1.18N

① 0.125 ② 0.385
③ 0.500 ④ 0.625

해설

$H : 1 + e_0 = \triangle H : e_0 - e_1$에서
$\triangle H = \frac{e_0 - e_1}{1 + e_0} \cdot H$가 되고 여기서
초기 간극비(e_0)

$e_0 = \frac{\gamma_w}{\gamma_d} \cdot G_s - 1$ 식에서

$\gamma_d = \frac{W_s}{V} = \frac{1.18N}{78cm^3} = \frac{1.18 \times 10^{-3} kN}{78 \times 10^{-6} m^3} = 15.13 kN/m^3$

여기서, $V = A \times H = 30 \times 2.6 = 78 cm^3$

$e_0 = \frac{9.81}{15.13} \times 2.5 - 1 = 0.621$

상기식 $\triangle H = \frac{e_0 - e_1}{1 + e_0} \cdot H$식에서

$0.2 = \frac{0.621 - e_1}{1 + 0.621} \times 2.6$, $e_1 = \frac{(1.615 - 0.324)}{2.6} = 0.5$

정답 70 ② 71 ③ 72 ④ 73 ④ 74 ③

75 일반적인 기초의 필요조건으로 틀린 것은?
① 침하를 허용해서는 안 된다.
② 지지력에 대해 안정해야 한다.
③ 사용성, 경제성이 좋아야 한다.
④ 동해를 받지 않는 최소한의 근입깊이를 가져야 한다.

해설
침하는 허용침하 이내에 들어와야 한다.

76 노상토 지지력비(CBR)시험에서 피스톤 2.5mm 관입될 때와 5.0mm 관입될 때를 비교한 결과, 관입량 5.0mm에서 CBR이 더 큰 경우 CBR 값을 결정하는 방법으로 옳은 것은?
① 그대로 관입량 5.0mm일 때의 CBR 값으로 한다.
② 2.5mm 값과 5.0mm 값의 평균을 CR 값으로 한다.
③ 5.0mm 값을 무시하고 2.5mm 값을 표준으로 하여 CBR 값으로 한다.
④ 새로운 공시체로 재시험을 하며, 재시험 결과도 5.0mm 값이 크게 나오면 관입량 5.0mm일 때의 CBR값으로 한다.

해설
CBR의 결정
1) CBR5.0 < CBR2.5의 경우 CBR2.5 을 CBR값으로 한다.
2) CBR5.0 ≥ CBR2.5 로 재시험에서도 결과가 동일하게 나오는 경우는 CBR5.0을 CBR값으로 결정한다.

77 단면적이 100cm², 길이가 30cm인 모래 시료에 대하여 정수두 투수시험을 실시하였다. 이때 수두차가 50cm, 5분 동안 집수된 물이 350cm³이었다면 이 시료의 투수계수는?
① 0.001cm/s   ② 0.007cm/s
③ 0.01cm/s   ④ 0.07cm/s

해설
시료의 투수계수
$$k = \frac{Q_t \cdot L}{A \cdot h \cdot t} = \frac{350 \times 30}{100 \times 50 \times 5 \times 60}$$
$$= 0.007 cm/\sec$$

78 다음 중 사운딩 시험이 아닌 것은?
① 표준관입시험   ② 평판재하시험
③ 콘 관입시험   ④ 베인 시험

해설
사운딩(Sounding)이란 지중에 저항체를 삽입하여 토층의 성상을 파악하는 현장시험이다

79 흙 속에 있는 한 점의 최대 및 최소 주응력이 각각 200kN/m² 및 100kN/m²일 때 최대 주응력면과 30°를 이루는 평면상의 전단응력을 구한 값은?
① 10.5kN/m²   ② 21.5kN/m²
③ 32.3kN/m²   ④ 43.3kN/m²

해설
평면상의 전단응력
$$\tau = \frac{\sigma_1 - \sigma_3}{2} \sin 2\theta = (\frac{200-100}{2}) \times \sin(2 \times 30)$$
$$= 43.3 kN/m^2$$

80 그림과 같은 지반에서 재하순간 수주(水柱)가 지표면으로부터 5m이었다. 20% 압밀이 일어난 후 지표면으로부터 수주의 높이는? (단, 물의 단위중량은 9.81kN/m³이다.)

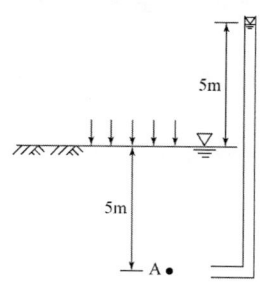

① 1m ② 2m
③ 3m ④ 4m

해설

지표면으로부터 수주의 높이
$5 - (5 \times 0.2) = 4m$

2021 기출문제 제4회 건설재료시험기사

제1과목 콘크리트공학

01 콘크리트의 워커빌리티에 영향을 미치는 요인에 대한 설명으로 틀린 것은?
① 포졸란 혼화재를 사용하면 콘크리트의 점성을 개선하는 효과가 있어 워커빌리티가 좋아진다.
② 일반적으로 단위시멘트 사용량이 많은 부배합의 경우는 빈배합의 경우보다 워커빌리티는 좋아진다.
③ 골재의 입도분포가 양호하고 입형이 둥글면 워커빌리티는 좋아진다.
④ 같은 배합의 경우라도 온도가 높으면 워커빌리티는 좋아진다.

해설
같은 배합의 경우라도 온도가 높으면 워커빌리티가 나빠진다.

02 고강도 콘크리트에 대한 일반적인 설명으로 틀린 것은?
① 단위 시멘트량은 소요의 워커빌리티 및 강도를 얻을 수 있는 범위 내에서 가능한 한 적게 되도록 시험에 의해 정하여야 한다.
② 잔골재율은 소요의 워커빌리티를 얻도록 시험에 의하여 결정하여야 하며, 가능한 작게 하도록 한다.
③ 고강도 콘크리트의 설계기준압축강도는 보통콘크리트에서 40MPa 이상, 경량골재 콘크리트는 27MPa 이상으로 한다.
④ 고강도 콘크리트의 워커빌리티 확보를 위해 공기연행제를 사용함을 원칙으로 한다.

해설
고강도 콘크리트
기상의 변화가 심하거나 동결융해에 대한 대책이 필요한 경우를 제외하고 공기연행제를 사용하지 않는 것을 원칙으로 한다.

03 콘크리트를 제조할 때 재료의 계량에 대한 설명으로 틀린 것은?
① 계량은 시방 배합에 의해 실시하여야 한다.
② 유효 흡수율의 시험에서 골재에 흡수시키는 시간은 실용상으로 보통 15~30분간의 흡수율을 유효 흡수율로 보아도 좋다.
③ 골재의 경우 1회 계량분의 계량 허용오차는 ±3%이다.
④ 혼화재의 경우 1회 계량분의 계량 허용오차는 ±2%이다.

해설
계량은 현장 배합에 의해 실시하여야 한다.

04 프리스트레스트 콘크리트에 대한 설명으로 틀린 것은?
① 긴장재에 긴장을 주는 시기에 따라서 포스트텐션방식과 프리텐션방식으로 분류된다.
② 프리텐션방식에 있어서 프리스트레싱할 때의 콘크리트의 압축강도는 20MPa 이상이어야 한다.
③ 프리스트레싱을 할 때의 콘크리트의 압축강도는 프리스트레스를 준 직후에 콘크리트에 일어나는 최대 압축 응력의 1.7배 이상이어야 한다.

정답 01 ④ 02 ④ 03 ① 04 ②

④ 그라우트 시공은 프리스트레싱이 끝나고 8시간이 경과한 다음 가능한 한 빨리 하여야 한다.

해설

프리텐션방식에 있어서 프리스트레싱할 때의 콘크리트의 압축강도는 30MPa이상이어야 한다.

05 경량골재 콘크리트에서 경량골재의 유해물 함유량의 한도로 틀린 것은?
① 경량골재의 강열감량은 5% 이하이어야 한다.
② 경량골재의 점토 덩어리 양은 2%이하이어야 한다.
③ 경량골재의 철 오염물 시험 결과, 진한얼룩이 생기지 않아야 한다.
④ 경량골재 중 굵은 골재의 부립률은 15%이하이어야 한다.

해설

굵은골재의 부립률은 공사 시작 전, 공사중 1회/월, 부립률 상한값 10%로 관리
부립률 : 경량골재 중 물에 뜨는 입자의 질량백분율

06 골재의 내구성 시험 중 황산나트륨에 의한 안정성 시험의 경우 조작을 5회 반복하였을 때 굵은 골재의 손실질량은 최대 얼마 이하를 표준으로 하는가?
① 4%   ② 7%
③ 12%   ④ 15%

해설

골재의 안정성 시험
1) 골재의 안정성 시험은 골재의 내구성을 알기위해 황산나트륨 용액으로 골재의 부서짐 작용에 대한 저항성을 확인하는 시험이다.
2) 5회 시험했을 때 손실 질량 백분율

시험 용액	손실 질량비(%)	
	잔골재	굵은골재
황산나트륨	10이하	12이하

07 콘크리트의 압축강도(f_{cu})를 시험하여 거푸집널의 해체시기를 결정하고자 한다. 아래와 같은 조건일 경우 콘크리트의 압축강도(f_{cu})가 얼마 이상인 경우 거푸집널을 해체할 수 있는가?

- 부재 : 슬래브 및 보의 밑면(단층구조)
- 설계기준압축강도(f_{ck}) : 30MPa

① 5MPa   ② 10MPa
③ 13MPa   ④ 20MPa

해설

거푸집 널 해체시기

부재	콘크리트 압축강도(f_{cu})
확대기초, 보 옆, 기둥 등의 측벽	5MPa 이상
슬래브 및 보의 밑면, 아치 내면	설계기준압축강도의 $\frac{2}{3}$ 배 이상, 또한 최소 14MPa 이상

1) $f_{ck} \times \frac{2}{3} = 30 \times \frac{2}{3} = 20 MPa$
2) 슬래브 밑변 최소 압축강도=14MPa
∴ 콘크리트 압축강도 : 20MPa

08 내부진동기의 사용 방법으로 틀린 것은?
① 내부진동기를 하층의 콘크리트 속으로 0.1m정도 찔러 넣는다.
② 내부진동기는 연직으로 찔러 넣으며 삽입 간격은 일반적으로 1.0m 이상으로 한다.
③ 내부진동기의 1개소당 진동 시간은 다짐할 때 시멘트풀이 표면 상부로 약간 부상하기 까지가 적절하다.
④ 내부진동기는 콘크리트로부터 천천히 빼내어 구멍이 남지 않도록 한다.

해설

내부진동기는 연직으로 찔러 넣으며, 삽입간격을 일반적으로 0.5m 이하로 하는 것이 좋다.

정답 05 ④ 06 ③ 07 ④ 08 ②

09 해양 콘크리트에 대한 설명으로 틀린 것은?
① 육상구조물 중에 해풍의 영향을 많이 받는 구조물도 해양 콘크리트로 취급하여야 한다.
② 해수는 알칼리골재반응의 반응성을 촉진하는 경우가 있으므로 충분한 검토를 하여야 한다.
③ 단위결합재량을 작게 하면 균등질의 밀실한 콘크리트를 얻을 수 있고, 각종 염류의 화학적 침식에 대한 저항성이 커진다.
④ 해수작용에 대한 저항성 향상을 위하여 고로슬래그 시멘트, 플라이 애시 시멘트 등을 사용할 수 있다.

해설
단위결합재량을 크게 하면 균등질의 밀실한 콘크리트를 얻을 수 있고, 각종 염류의 화학적 침식에 대한 저항성이 커진다.

10 일반콘크리트의 배합에서 물-결합재비에 대한 설명으로 틀린 것은?
① 콘크리트의 물-결합재비는 원칙적으로 60%이하이어야 한다.
② 물-결합재비는 소요의 강도, 내구성, 수밀성 및 균열저항성 등을 고려하여 정하여야 한다.
③ 압축강도와 물-결합재비와의 관계는 시험에 의하여 정하는 것을 원칙으로 하고, 이 때 공시체는 재령 7일을 표준으로 한다.
④ 배합에 사용할 물-결합재비는 기준 재령의 결합재-물비와 압축강도와의 관계식에서 배합강도에 해당하는 결합재-물비 값의 역수로 한다.

해설
콘크리트의 압축강도를 기준으로 물-결합재비를 정하는 경우, 압축강도와 물-결합재비와의 관계는 시험에 의하여 정하는 것을 원칙으로 하며, 이 때 공시체는 재령 28일을 기준으로 한다.

11 콘크리트의 설계기준압축강도(f_{ck})가 20MPa인 콘크리트의 탄성계수는?(단, 보통중량골재를 사용한 콘크리트로 단위질량이 2300kg/m³인 경우이다.)
① 1.58×10^4MPa ② 2.45×10^4MPa
③ 3.85×10^4MPa ④ 4.45×10^4MPa

해설
콘크리트 탄성계수
$$E_c = 0.077 m_c^{1.5} \cdot \sqrt[3]{f_{cu}}$$
$$= 0.077 \times 2300^{1.5} \times \sqrt[3]{24}$$
$$= 2.45 \times 10^4 MPa$$
여기서, $f_{cu} = f_{ck} + \triangle f = 20 + 4 = 24$

12 150×150×550mm의 휨강도 시험용 장방형 공시체를 4점 재하 장치에 의해 시험한 결과 지간 방향 중심선의 4점 사이에서 재하하중(P)이 30kN일 때 공시체가 파괴되었다. 공시체의 휨강도는 얼마인가? (단, 지간 길이는 450mm이다.)
① 4MPa ② 4.5MPa
③ 5MPa ④ 5.5MPa

해설
공시체의 휨강도
$$f_b = \frac{P \cdot \ell}{bd^2} = \frac{30{,}000 \times 450}{150 \times 150^2} = 4 MPa$$

13 굳지 않은 콘크리트의 슬럼프(slump) 및 슬럼프시험에 대한 설명으로 틀린 것은?
① 슬럼프콘의 규격은 밑면의 안지름은 200mm, 윗면의 안지름은 100mm, 높이는 300mm이다.
② 슬럼프콘에 콘크리트를 채우기 시작하고 나서 슬럼프콘을 들어 올리기를 종료할 때까지의 시간은 3분 이내로 한다.
③ 굵은 골재의 최대 치수가 30mm를 넘는 콘크리트의 경우에는 30mm가 넘는 굵은 골재를 제거한다.
④ 슬럼프콘을 가만히 연직으로 들어 올리고,

콘크리트의 중앙부에서 공시체 높이와의 차를 5mm 단위로 측정하여 이것을 슬럼프 값으로 한다.

해설
굵은 골재의 최대 치수가 40mm를 넘는 콘크리트의 경우에는 40mm가 넘는 굵은 골재를 제거한다.

14 품질기준강도가 28MPa 이고, 15회의 압축강도 시험으로부터 구한 표준편차가 3.0MPa일 때 콘크리트의 배합강도를 구하면?

① 29.32MPa ② 32.12MPa
③ 32.66MPa ④ 36.52MPa

해설
1) 15회일 때 표준편차 보정계수 : 1.16
2) 직선보간한 수정 표준편차
$s = 3 \times 1.16 = 3.48 MPa$
3) 배합강도($f_{ck} \leq 35MPa$)
$f_{cr} = f_{ck} + 1.34s$
$= 28 + 1.34 \times 3.48 = 32.66 MPa$
$f_{cr} = (f_{ck} - 3.5) + 2.33s$
$= (28 - 3.5) + 2.33 \times 3.48$
$= 32.61 MPa$
두 값 중 큰 값이 배합강도이므로
$\therefore f_{cr} = 32.66 MPa$

15 한중 콘크리트에 대한 설명으로 틀린 것은?

① 하루의 평균기온이 10°C 이하가 예상되는 조건일 때는 한중 콘크리트로 시공하여야 한다.
② 한중 콘크리트에는 공기연행콘크리트를 사용하는 것을 원칙으로 한다.
③ 재료를 가열할 경우 시멘트는 어떠한 경우라도 직접 가열할 수 없다.
④ 기상조건이 가혹한 경우나 부재두께가 얇을 경우에는 타설할 때의 콘크리트의 최저 온도는 10°C 정도를 확보하여야 한다.

해설
하루의 평균기온이 4°C 이하가 예상되는 조건일 때는 한중 콘크리트로 시공하여야 한다.

16 일반콘크리트 배합에서 잔골재율에 대한 설명으로 틀린 것은?

① 고성능AE감수제를 사용한 콘크리트의 경우로서 물-결합재비 및 슬럼프가 같으면, 일반적인 공기연행감수제를 사용한 콘크리트와 비교하여 잔골재율을 10~20%정도 작게 하는 것이 좋다.
② 콘크리트 펌프시공의 경우에는 펌프의 성능, 배관, 압송거리 등에 따라 적절한 잔골재율을 결정하여야 한다.
③ 유동화 콘크리트의 경우, 유동화 후 콘크리트의 워커빌리티를 고려하여 잔골재율을 결정할 필요가 있다.
④ 잔골재율은 소요의 워커빌리티를 얻을 수 있는 범위 내에서 단위수량이 최소가 되도록 시험에 의해 정하여야 한다.

해설
고성능 공기연행 감수제를 사용한 콘크리트의 경우로서 물-결합재비 및 슬럼프가 같으면 일반적인 공기연행 감수제를 사용한 콘크리트와 비교하여 잔골재율을 1~2% 크게 하는 것이 좋다.

17 오토클레이브(Autoclave) 양생에 대한 설명으로 틀린 것은?

① 양생온도 약 180°C 정도, 증기압 약 0.8MPa정도의 고온고압 상태에서 양생하는 방법이다.
② 오토클레이브 양생을 실시한 콘크리트의 외관은 보통 양생한 포틀랜드시멘트 콘크리트 색의 특징과 다르며, 흰색을 띤다.
③ 오토클레이브 양생을 실시한 콘크리트는 어느 정도의 취성을 가지게 된다.
④ 오토클레이브 양생은 고강도 콘크리트를 얻을 수 있어 철근콘크리트 부재에 적용할 경우 특히 유리하다.

해설
고압증기 양생은 보통 양생한 것에 비해 철근의 부착강도가 약 1/2로 줄어들어 철근 콘크리트 부재에 적용하는 것은 바람직하지 못하다.

정답 14 ③ 15 ① 16 ① 17 ④

18 프리스트레스트 콘크리트의 원리를 설명하는 3가지 개념에 속하지 않는 것은?

① 내력 모멘트의 개념
② 모멘트 분배의 개념
③ 균등질 보의 개념
④ 하중평형의 개념

해설
P.S.C의 기본개념
1) 응력개념(균질보의 개념)
2) 강도개념(내력 모멘트 개념)
3) 하중평형개념(등가하중개념)

19 페놀프탈레인 1% 에탄올 용액을 구조체 콘크리트 또는 코어공시체에 분무하여 측정할 수 있는 것은?

① 균열 폭과 깊이
② 철근의 부식정도
③ 콘크리트의 투수성
④ 콘크리트의 탄산화 깊이

해설
페놀프탈레인 용액 1% 알콜용액으로 코어 공시체로부터 콘크리트 중성화(탄산화) 깊이를 파악할 수 있다.

20 수중 콘크리트에 대한 설명으로 틀린 것은?

① 수중 콘크리트는 물막이를 설치하여 물을 정지시킨 정수 중에서 타설하여야 한다.
② 수중 콘크리트는 트레미나 콘크리트 펌프를 사용해서 타설하여야 한다.
③ 일반 수중 콘크리트의 물-결합재비는 60% 이하를 표준으로 한다.
④ 수중 콘크리트는 콘크리트가 경화될 때까지 물의 유동을 방지해야 한다.

해설
일반 수중 콘크리트의 물-결합재비는 50%이하를 표준으로 한다.

제2과목 건설시공 및 관리

21 작업거리가 60m인 불도저 작업에 있어서 전진속도 40m/min 후진속도 50m/min 기어 조작시간 15초일 때 사이클 타임은?

① 2.7min   ② 2.95min
③ 17.7min ④ 19.35min

해설
$$C_m = \frac{l}{V_1} + \frac{l}{V_2} + t_g$$
$$= \frac{60}{40} + \frac{60}{50} + \frac{15}{60} = 2.95\min$$

22 3점 견적법에 따른 적정 공사일수는? (단, 낙관일수=5일, 정상일수=7일, 비관일수=15일)

① 6일   ② 7일
③ 8일   ④ 9일

해설
$$t_e = \frac{t_o + 4t_m + t_p}{6} = \frac{5 + 4 \times 7 + 15}{6} = 8일$$

여기서, t_o : 낙관 작업일수
t_m : 정상 작업일수
t_p : 비관 작업일수

23 AASHTO(1986) 설계법에 의해 아스팔트 포장의 설계 시 두께지수(SN, Structure Number) 결정에 이용되지 않는 것은?

① 각 층의 두께
② 각 층의 배수계수
③ 각 층의 침입도지수
④ 각 층의 상대강도계수

해설
각층의 침입도 지수는 두께지수(SN, Structure Number)와 관계가 없다.

정답 18 ② 19 ④ 20 ③ 21 ② 22 ③ 23 ③

24 오픈케이슨 공법의 장점에 대한 설명으로 틀린 것은?
① 공사비가 비교적 싸다.
② 기계굴착이므로 시공이 빠르다.
③ 가설비 및 기계설비가 비교적 간단하다.
④ 호박돌 및 기타 장애물이 있을시 제거작업이 쉽다.

해설
뉴메틱 케이슨 기초(Pneumatic Caisson)
1) 오픈케이슨 보다 침하속도가 빠르고 장애물 제거가 용이하다.
2) 일반적인 굴착깊이는 30~40m로 제한되어 있다.

25 콘크리트 포장 이음부의 시공과 관계가 가장 적은 것은?
① 타이바(tie bar)
② 프라이머(primer)
③ 슬립폼(slip form)
④ 다우월바(dowel bar)

해설
프라이머(primer)
아스팔트 포장의 보조기층 위에 살포되는 역청재료로 기층과의 부착성 및 방수를 목적으로 사용

26 암거의 배열방식 중 여러 개의 흡수거를 1개의 간선 집수거 또는 집수지거로 합류시키게 배치한 방식은?
① 차단식 ② 자연식
③ 빗식   ④ 사이펀식

해설
빗 식
집수 지거를 향하여 지형의 경사가 완만하고 같은 습윤 상태인 곳에 적합한 배열방식으로, 1개의 간선 집수지 또는 집수지거로 되도록 많은 흡수거를 합류하도록 만든 배열방식

27 성토에 사용되는 흙의 조건으로 틀린 것은?
① 취급하기 쉬워야 한다.
② 충분한 전단강도를 가져야 한다.
③ 도로성토에서는 투수성이 양호해야 한다.
④ 가급적 점토성분을 많이 포함하고 자갈 및 왕모래 등은 적어야 한다.

해설
성토용재료의 구비조건
1) 공학적으로 안정된 재료
2) 전단강도(지지력)가 큰 재료
3) 투수성이 큰 재료
4) 압축성이 적은 재료

28 연약 점토지반에 시트 파일을 박고 내부를 굴착하였을 때 외부의 흙 무게에 의해 굴착 저면이 부풀어 오르는 현상을 무엇이라 하는가?
① 히빙(Heaving) ② 보일링(Boiling)
③ 파이핑(Piping) ④ 슬라이딩(Sliding)

해설
Heaving 현상
연약한 점토를 굴착할 때 흙막이 배면의 토괴중량이 굴착저면 하단의 지반 지지력보다 크게 되어 지반내의 흙이 전단활동 되면서 굴착 저면이 부풀어 오르는 현상

29 보강토 옹벽에 대한 설명으로 틀린 것은?
① 옹벽시공 현장에서의 콘크리트 타설 작업이 필요 없다.
② 전면판과 보강재가 제품화 되어 있어 시공속도가 빠르다.
③ 지진 위험지역에서는 기존의 옹벽에 비하여 안정적이지 못하다.
④ 전면판과 보강재의 연결 및 보강재와 흙 사이의 마찰에 의하여 토압을 지지한다.

해설
보강토 옹벽
1) 보강토 옹벽은 흙과 그 속에 매설한 인장강도가 큰 보강재를 마찰력에 의해 일체화 시킴으로서 자중이나 외력에 대하여 저항성 증가시킨 구조체이다.
2) 프리캐스트 제품으로 공기단축 및 용지 폭이 적게 들어 경제적이며, 진동, 소음 등의 건설공해가 적으

정답 24 ④ 25 ② 26 ③ 27 ④ 28 ① 29 ③

며, 기초지반에 대한 부등침하의 영향이 비교적 적은 공법

30 발파에 의한 터널공사 시공 중 발파진동 저감 대책으로 틀린 것은?
① 동시 발파
② 정밀한 천공
③ 장약량 조절
④ 방진공(무장약공) 수행

해설
발파시 동시발파는 발파소음 및 진동이 크게된다.

31 36000m³(완성된 토량)의 흙 쌓기를 하는데 유용토가 30000m³(느슨한 토량=운반토량)이 있다. 이때 부족한 토량은 본바닥 토량으로 얼마인가? (단, 흙의 종류는 사질토이고, 토량의 변화율은 L=1.25, C=0.9 이다.)
① 18000m³ ② 16000m³
③ 13800m³ ④ 7800m³

해설
1) 본바닥토량 $= 36,000 \times \dfrac{1}{0.9} = 40,000$
2) 본바닥토량 $= 30,000 \times \dfrac{1}{1.25} = 24,000$
∴ 부족토량 $= 40,000 - 24,000 = 16,000 m^3$

32 부벽식 옹벽에 대한 설명으로 틀린 것은?
① 토압을 받지 않는 쪽에 부벽부재를 가지는 것을 뒷부벽식 옹벽이라고 한다.
② 뒷부벽은 T형보로 설계하여야 하며, 앞부벽은 직사각형보로 설계하여야 한다.
③ 토압에 저항하는 앞면 수직벽과 이와 직교하는 밑판 및 수직부벽으로 이루어지고 있다.
④ 밑판은 부벽을 지점으로 하는 연속판으로서 윗부분의 토사중량과 지점반력과의 차이로서 설계하게 된다.

해설
토압을 받지 않는 쪽에 부벽부재를 가지는 것을 앞부벽식 옹벽이라고 한다.

33 현장에서 타설하는 피어공법 중 시공 시 케이싱튜브를 인발할 때 철근이 따라 올라오는 공상(共上)현상이 일어나는 단점이 있는 공법은?
① 시카고 공법
② 돗바늘 공법
③ 베노토 공법
④ RCD(Reverse Circulation Drill)공법

해설
베노토 공법
케이싱을 사용하는 공법은 베노토공법이며, 케이싱을 뽑을 때 수직도가 맞지 않으면 케이싱에 의하여 철근망이 따라 올라오는 공상현상이 발생될 수 있다.

34 1회 굴착토량이 3.2m³, 토량 환산계수가 0.77, 불도저의 작업효율이 0.6, 사이클 타임이 2.5분, 1일 작업시간(불도저)이 7시간, 1개월에 22일 작업한다면 이 공사는 몇 개월 소요되겠는가? (단, 성토량은 20000m³이고, 불도저 1대로 작업하는 경우이다.)
① 약 3.7개월 ② 약 4.2개월
③ 약 5.6개월 ④ 약 6개월

해설
1) 공사의 소요개월 $= \dfrac{성토량}{불도저 1개월 작업량}$
2) 불도저 시간당 작업량 $= \dfrac{60 \cdot q \cdot f \cdot E}{Cm}$
$= \dfrac{60 \times 3.2 \times 0.77 \times 0.6}{2.5} = 35.48 m^3/hr$
3) 불도저 1개월 작업량
$35.48 \times 7 \times 22 = 5,464 m^3/월$
∴ 공사 소요개월 $= \dfrac{20,000}{5,464} = 3.7$개월

35 항만의 방파제를 크게 경사제, 직립제, 혼성제, 특수방파제로 나눌 경우 각 방파제에 대한 설명으로 옳은 것은?

① 경사제는 주로 수심이 깊은 곳 및 파고가 높은 곳에 적용되며, 공사비와 유지보수비가 다른 형식의 방파제와 비교하여 가장 저렴하다.
② 직립제는 연약지반에 가장 적합한 형식으로서 파랑을 전부 반사시킴으로 인해 전면해저의 세굴 염려가 없다.
③ 혼성제는 사석부를 기초로 하고 그 위에 직립부의 본체를 설치하는 형식으로 경사제와 직립제의 장점을 고려한 것이다.
④ 특수방파제는 항구 내가 안전하도록 하기 위해 파도가 방파제를 절대 넘지 않도록 설계하여야 한다.

해설

보통 방파제의 종류
1) 경사제
 • 경사제는 방파제 중에서 가장 원시적이고 전통적으로 가장 많이 사용해 온 양식제
 • 경사제는 수심이 얕고 파고가 비교적 작은 소규모의 어항에 주로 축조된다.
 • 파고가 높은 곳에서는 피해 빈도수가 많아지고, 유지보수비가 많이 든다.
2) 직립제
 • 전면을 연직으로 구조물을 만들어 파도를 몸체로 반사시키는 것을 목적으로 하고 있어 반사식 방파제
 • 직립제는 지반이 견고하여 파에 의하여 세굴될 염려가 거의 없는 경우에 적용
3) 혼성제
 • 사석부는 경사제 형식을 취하고 본체는 직립제 형식을 혼용한 형식으로 혼성제는 방파제 공사에서 가장 많이 사용
 • 제체 전체가 일체로 되어 파력에 강하다.
 • 수심이 깊은 곳에 건설할 수 있다.
4) 특수방파제
 • 특수방파제는 방파제의 기존 기능은 물론 항내의 해수 통수 및 예기치 못한 자연재해에 효과적 대비하기 위해 설치

36 토적곡선(Mass curve)에 대한 설명으로 틀린 것은?

① 곡선의 저점 및 정점은 각각 성토에서 절토, 절토에서 성토의 변이점이다.
② 동일 단면 내의 절토량과 성토량을 토적곡선에서 구한다.
③ 토적곡선을 작성하려면 먼저 토량 계산서를 작성하여야 한다.
④ 절토에서 성토까지의 평균 운반거리는 절토와 성토의 중심 간의 거리로 표시된다.

해설

토적곡선에서 절토량, 성토량은 토적곡선에서 구할 수 없다(횡방향 토량 배제)
[참고] 유토곡선의 성질

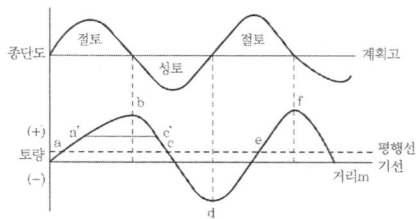

1) 유토곡선에서 상향구간(a⌒b, d⌒f)은 절토, 하향구간(b⌒d)은 성토
2) 절토에서 성토의 경계점은 극대점 성토에서 절토의 경계점은 극소점
3) 기선(기본선)에 평행한 임의직선을 그어 곡선과의 교점을 절토와 성토가 평형되게 하는선을 평형선
4) 평균운반거리 : a⌒c 구간의 평균운반거리는 a' c'
5) 토적곡선이 기선 위에서 끝나면 토량이 남는것을 뜻하고, 반대이면 토량이 부족하다는 뜻.

37 콘크리트 압축강도 시험에 있어서 10개의 공시체를 측정한 결과, 평균치는 18MPa, 표준편차는 1MPa일 때의 변동계수는?

① 3.46% ② 5.56%
③ 8.21% ④ 11.11%

해설

변동계수$(V) = \dfrac{S}{x} \times 100 = \dfrac{1}{18} \times 100$
$= 5.56\%$

정답 35 ③ 36 ② 37 ②

38 암석의 발파이론에서 Hauser의 발파 기본식은? (단, L=폭약량, C=발파계수, W=최소저항선)

① $L = C \cdot W$ ② $L = C \cdot W^2$
③ $L = C \cdot W^3$ ④ $L = C \cdot W^4$

해설
Hauser의 발파식
$L = C \cdot W^3$

39 버킷의 용량이 0.6m³, 버킷계수가 0.9, 토량변화율(L)=1.25, 작업효율이 0.7, 사이클 타임이 25초인 파워 셔블의 시간당 작업량은?

① 68.0m³/h ② 61.2m³/h
③ 54.4m³/h ④ 43.5m³/h

해설
시간당 작업량
$$Q = \frac{3,600 \cdot q \cdot k \cdot f \cdot E}{C_m}$$
$$= \frac{3,600 \times 0.6 \times 0.9 \times \frac{1}{1.25} \times 0.7}{25}$$
$$= 43.55 m^3/hr$$

40 교량의 구조는 상부구조와 하부구조로 나누어진다. 다음 중 상부구조가 아닌 것은?

① 교대(abutment)
② 브레이싱(bracing)
③ 바닥판(bridge deck)
④ 바닥틀(floor system)

해설
교량하부구조의 구성
1) 교 대
2) 교 각
3) 구 체
4) 날개벽
5) 기 초

제3과목 건설재료 및 시험

41 건설재료용 석재에 대한 설명으로 틀린 것은?
① 대리석은 강도는 매우 크지만 내구성이 약하며, 풍화하기 쉬우므로 실외에 사용하는 경우는 드물고, 실내장식용으로 많이 사용된다.
② 석회암은 석회물질이 침전·응고한 것으로서 용도는 석회, 시멘트, 비료 등의 원료 및 제철시의 용매제 등에 사용된다.
③ 혈암(頁岩)은 점토가 불완전하게 응고된 것으로서, 색조는 흑색, 적갈색 및 녹색이 있으며, 부순 돌, 인공경량골재 및 시멘트 제조시 원료로 많이 사용된다.
④ 화강암은 화성암 중에서도 심성암에 속하며, 화강암의 특징은 조직이 불균일하고 내구성, 강도가 적고, 내화성이 크다.

해설
화강암
1) 조직이 균일하고 내구성 및 강도가 크다.
2) 풍화나 마모에 강하다.
3) 내화성이 작다.

42 재료의 성질을 나타내는 용어의 설명으로 틀린 것은?
① 인장력에 재료가 길게 늘어나는 성질을 연성이라 한다.
② 외력에 의한 변형이 크게 일어나는 재료를 강성이 큰 재료라고 한다.
③ 작은 변형에도 쉽게 파괴되는 성질을 취성이라 한다.
④ 재료를 두들길 때 얇게 펴지는 성질을 전성이라 한다.

해설
재료의 성질
1) 강성 : 재료가 외력을 받아 변형에 저항하는 성질로서, 탄성계수와 관계가 있다.
2) 강도 : 재료가 외력에 대하여 저항하는 성질로서, 탄성계수와 직접적인 관계가 없다.

정답 38 ③ 39 ④ 40 ① 41 ④ 42 ②

43 표점거리 L=50mm, 지름 D=14mm의 원형 단면봉을 가지고 인장시험을 하였다. 축 인장 하중 P=100kN이 작용하였을 때, 표점거리 L=50.433mm와 지름 D=13.970mm가 측정 되었다. 이 재료의 탄성계수는 약 얼마인가?

① 143,000MPa ② 75,000MPa
③ 27,000MPa   ④ 8,000MPa

해설
탄성계수
$$E = \frac{f}{\epsilon} = \frac{P/A}{\triangle l/l} = \frac{Pl}{A \cdot \triangle l}$$
$$= \frac{100000 \times 50}{153.938 \times 0.433} = 75,013 MPa$$

여기서, $A = \frac{\pi D^2}{4} = \frac{\pi \times 14^2}{4} = 153.938 mm^2$
$\triangle l = 50.433 - 50 = 0.433 mm$

44 콘크리트용 골재의 품질판정에 대한 설명으로 틀린 것은?
① 조립률로 골재의 입형을 판정할 수 있다.
② 체가름 시험을 통하여 골재의 입도를 판정할 수 있다.
③ 골재의 입도가 일정한 경우 실적률을 통하여 골재 입형을 판정할 수 있다.
④ 황산나트륨 용액에 골재를 침수시켜 건조시키는 조작을 반복하여 골재의 안정성을 판정할 수 있다.

해설
조립률이란 골재의 입도를 수치적으로 나타낸 것으로서 조립률로 골재의 입도를 판정할 수 으며, 골재의 입형은 골재의 실적률로 판정한다.

45 잔골재의 조립률 2.3, 굵은 골재의 조립률 7.0을 사용하여 잔골재와 굵은 골재를 1 : 1.5의 비율로 혼합하면 이때 혼합된 골재의 조립률은?
① 4.92 ② 5.12
③ 5.32 ④ 5.52

해설
$$FM = \frac{A \cdot a + B \cdot b}{A + B} = \frac{(1 \times 2.3) + (1.5 \times 7.0)}{1 + 1.5} = 5.12$$

46 역청재료의 점도를 측정하는 시험방법이 아닌 것은?
① 환구법   ② 스토머법
③ 앵글러법 ④ 세이볼트법

해설
환구법
아스팔트를 서서히 가열하여 아스팔트가 차츰 연화해서 액상이 되어 가는 온도를 측정하는 시험

47 굵은 골재의 밀도시험 결과가 아래의 표와 같을 때 이 골재의 표면 건조 포화 상태의 밀도는?

[시험결과]
· 표면 건조 포화 상태 시료의 질량 : 4000g
· 절대 건조 상태 시료의 질량 : 3950g
· 시료의 수중 질량 : 2490g
· 시험 온도에서 물의 밀도 : 0.997g/cm³

① 2.57g/cm³ ② 2.60g/cm³
③ 2.64g/cm³ ④ 2.70g/cm³

해설
표면건조 포화상태 밀도
$$\frac{B}{B-C} \times \rho_w = \frac{4000}{4000-2490} \times 0.997 = 2.64 g/cm^3$$

48 콘크리트용 강섬유의 품질에 대한 설명으로 틀린 것은?
① 강섬유의 평균 인장강도는 700MPa 이상이 되어야 한다.
② 강섬유는 표면에 유해한 녹이 있어서는 안 된다.
③ 강섬유 각각의 인장 강도는 600MPa 이상이어야 한다.
④ 강섬유는 16℃이상의 온도에서 지름 안쪽 90°(곡선 반지름 3mm)방향으로 구부렸을 때, 부러지지 않아야 한다.

정답 43 ② 44 ① 45 ② 46 ① 47 ③ 48 ③

해설
강섬유 각각의 인장강도는 450MPa 이상이어야 한다.

49 아스팔트 시료 채취량 100g을 가지고 증발감량 시험을 실시하였더니 증발 후 시료의 질량이 93g이 되었다. 이 아스팔트의 증발감량(증발 무게 변화율)은?
① +7.5%   ② -7.5%
③ +7.0%   ④ -7.0%

해설
증발감량
휘발성 물질을 많이 함유한 아스팔트의 증발에 의한 감량을 측정하는 시험

$$V = \frac{W - W_s}{W_s} \times 100 = \frac{93 - 100}{100} \times 100 = -7\%$$

여기서, V = 증발무게 변화율(%)
　　　　W_s = 시료채취량(g)
　　　　W = 증발 후 시료의 무게(g)

50 콘크리트용 혼화재료로 사용되는 고로슬래그 미분말에 대한 설명으로 틀린 것은?
① 탄산화에 대한 내구성이 증진된다.
② 잠재수경성이 있어 수밀성이 향상된다.
③ 염화물이온 침투를 억제하여 철근부식 억제효과가 있다.
④ 포틀랜드시멘트와의 비중차가 작아 혼화재로 사용할 경우 혼합 및 분산성이 우수하다.

해설
고로슬래그 사용으로 시멘트의 염기성 저하로 탄산화에 대한 내구성이 저하된다.

51 암석의 물리적 성질에 대한 설명으로 틀린 것은?
① 석재의 비중은 조암광물의 성질, 비율, 공극의 정도 등에 따라 달라진다.
② 암석의 흡수율은 시료의 중량에 대한 공극을 채우고 있는 물의 중량을 백분율로 나타낸다.
③ 일반적으로 석재의 비중이라면 절대 건조비중을 말한다.
④ 암석의 공극률이란 암석에 포함된 전 공극과 겉보기체적의 비를 말한다.

해설
1) 석재의 비중은 일반적으로 겉보기 비중을 말한다.
2) 비중은 보통 2.65g/cm³
3) 석재의 밀도(비중)이 클수록 흡수율이 작고, 압축강도가 크다.
[참고] 겉보기 밀도(비중)
물질의 단위 체적당의 질량을 밀도라 정의하지만 섬유나 가벼운 돌과 같이 물질 자신의 표면이나 내부에 공극을 가진 물질에 있어서는 밀도외에 그 공극을 포함한 밀도를 보는데 이를 겉보기 밀도

52 컷백(Cut back) 아스팔트에 대한 설명으로 틀린 것은?
① 대부분의 도로포장에 사용된다.
② 경화 속도가 빠른 것부터 느린 순서로 나누면 RC > MC > SC순이다.
③ 컷백 아스팔트를 사용할 때는 가열하여 사용하여야 한다.
④ 침입도 60~120 정도의 연한 스트레이트 아스팔트에 용제를 가해 유동성을 좋게 한 것이다.

해설
컷백 아스팔트를 사용할 때는 원유 중의 아스팔트 성분이 열에 의한 변화가 생기지 쉬우므로 가열해서는 안된다.

53 폴리머시멘트 콘크리트의 특징에 대한 설명으로 틀린 것은?
① 방수성, 불투수성이 양호하다.
② 내충격성 및 내마모성이 좋다.
③ 동결융해 저항성이 양호하다.
④ 건조수축이 커서 균열발생이 쉽다.

해설
폴리머 콘크리트(Polymer Concrete)
보통 포틀랜드 시멘트를 사용한 콘크리트는 경제적, 구조 특성상 장점이 있으나 결합체가 시멘트 수화물로 늦은경화 작은 인장강도, 큰건조수축, 내약품성 등에 대한 취약한 문제점을 개선한 콘크리트를 폴리머 콘크리트

54 아래는 잔골재의 입도에 대한 설명이다. ( )안에 들어갈 알맞은 값은?

> 잔골재의 조립률이 콘크리트 배합을 정할 때 가정한 잔골재의 조립률에 비하여 ( )이상의 변화를 나타내었을 때는 배합의 적정성 확인 후 배합 보완 및 변경 등을 검토하여야 한다.

① ±0.1   ② ±0.2
③ ±0.3   ④ ±0.4

해설
콘크리트 배합을 정할 때 가정한 잔골재의 조립률에 비하여 조립률이 ±0.2% 이상의 변화를 나타내었을 때는 배합을 변경하여야 한다.

55 합판에 대한 설명으로 틀린 것은?
① 로터리 베니어는 증기에 가열 연화되어진 둥근 원목을 나이테에 따라 연속적으로 감아 둔 종이를 펴는 것과 같이 엷게 벗겨 낸 것이다.
② 슬라이스트 베니어는 끌로서 각목을 얇게 절단한 것으로 아름다운 결을 장식용으로 이용하기에 좋은 특징이 있다.
③ 합판의 종류는 내수성과 내구성의 정도에 따라 섬유판, 조각판, 적층판, 강화적층재 등이 있다.
④ 합판의 특징은 동일한 원재로부터 많은 정목판과 나무결 무늬판이 제조되며, 팽창 수축 등에 의한 결점이 없고 방향에 따른 강도 차이가 없다.

해설
합판의 종류
1) 일반합판 : 일반 포장용 및 건축용합판
2) O.S.B 합판 : 원목의 칩을 합포하여 만든 합판
3) 태고합판 : 양면에 필름을 접착하고 열에 달구어서 생산된 합판
4) 코아합판 : 양면에 베니어를 속에는 목판을 접합하여 생산되는 합판

56 시멘트에 대한 설명으로 틀린 것은?
① 제조법에는 건식법, 습식법, 반습식법 등이 있다.
② 분말도가 작을수록 수화반응이 빠르고 조기 강도가 크다.
③ 포틀랜드 시멘트는 석회질 원료와 점토질 원료를 혼합하여 만든다.
④ 저장할 때는 바닥에서 30cm이상 떨어진 마루에 적재하되 13포대 이하로 쌓아야 한다.

해설
분말도가 클수록 수화반응이 빠르고 조기강도가 크다.

57 다이너마이트 중 폭발력이 가장 강하여 터널과 암석발파에 주로 사용되는 것은?
① 교질 다이너마이트
② 분상 다이너마이트
③ 규조토 다이너마이트
④ 스트레이트 다이너마이트

해설
교질 다이너마이트
NC(니트로셀룰로오스) NG(니트로글리세린)20%를 가하여 교질상태로 융합한 플라스틱한 황색의 엿 같은 물질로 폭약 중에서 폭발력이 가장 강하여 터널과 암석발파에 주로 사용하고 또한 수중용으로도 사용한다.

58 플라이애시에 대한 설명으로 틀린 것은?
① 표면이 매끄러운 구형입자로 되어 있어 콘크리트의 워커빌리티를 좋게 한다.
② 플라이애시를 사용한 콘크리트는 초기재령에서의 강도는 다소 작으나 장기재령의 강도는 증가한다.
③ 양질의 플라이애시를 적절히 사용함으로써 건조, 습윤에 따른 체적 변화와 동결융해에 대한 저항성을 향상시켜 준다.
④ 플라이애시에 포함되어 있는 함유탄소분의 일부가 AE제를 흡착하는 성질이 있어 소요의 공기량을 얻기 위한 AE제의 사용량을 줄일 수 있다.

정답 54 ② 55 ③ 56 ② 57 ① 58 ④

해설
플라이애시 중의 미연탄소분에 의해 AE제 등이 흡착되어 연행공기량이 현저히 감소한다.

59 콘크리트의 건조수축균열을 방지하고 화학적 프리스트레스를 도입하는데 사용되는 시멘트는?

① 팽창시멘트 ② 초속경시멘트
③ 알루미나시멘트 ④ 고로슬래그시멘트

해설
팽창시멘트
1) 보통 포틀랜드 시멘트에서 발생되는 수축성을 개선할 목적으로 사용한다.
2) 팽창시멘트 종류 : 수축보상용 시멘트 및 화학적 프리스트레스 도입용 시멘트가 있다.

60 AE제의 기능에 대한 설명으로 틀린 것은?

① 연행공기의 증가는 콘크리트의 워커빌리티 개선 효과를 나타낸다.
② 연행공기량은 재료분리를 억제하고, 블리딩을 감소시킨다.
③ 물의 동결에 의한 팽창응력을 기포가 흡수함으로써 콘크리트의 동결융해에 대한 내구성을 개선한다.
④ 갇힌공기와는 달리 AE제에 의한 연행공기는 그 양이 다소 많아져도 강도손실을 일으키지 않는다.

해설
갇힌공기와 마찬가지로 AE제에 의한 연행공기는 양이 지나치게 많으면 콘크리트의 내구성을 저하시킨다.

제4과목 토질 및 기초

61 흙의 다짐 시험 시 래머의 질량이 2.5kg 낙하고 30cm, 3층으로 각 층 다짐 횟수가 25회일 때 다짐에너지는? (단, 몰드의 체적은 1000cm³이다.)

① 0.66kg · cm/cm³ ② 5.63kg · cm/cm³
③ 6.96kg · cm/cm³ ④ 10.45kg · cm/cm³

해설
다짐에너지
$$E_c = \frac{W_R \cdot H \cdot N_B \cdot N_L}{V} = \frac{2.5 \times 30 \times 25 \times 3}{1,000}$$
$$= 5.63 kg.cm/cm^3$$

62 어떤 흙 시료의 변수위 투수시험을 한 결과가 아래와 같을 때 15°C에서의 투수계수는?

- 스탠드파이프 내경(d) : 4.3mm
- 측정 개시시간(t_1) : 09시 20분
- 측정 완료시간(t_2) : 09시 30분
- 시료의 지름(D) : 5.0cm
- 시료의 길이(L) : 20.0cm
- t_1에서 수위(H_1) : 30cm
- t_2에서 수위(H_2) : 15cm
- 수온 : 15°C

① 1.75×10^{-3}cm/s ② 1.71×10^{-4}cm/s
③ 3.93×10^{-4}cm/s ④ 7.42×10^{-5}cm/s

해설
1) $A = \frac{\pi \times 5^2}{4} = 19.6349 cm^2$

2) $a = \frac{\pi \times 0.43^2}{4} = 0.1452 cm^2$

여기서, A : 시료의 단면적
a : Stand pipe 단면적

3) $K = \frac{2.3aL}{A.t} \log \frac{h_1}{h_2}$
$= \frac{2.3 \times 0.1452 \times 20}{19.6349 \times 600} \times \log \frac{30}{15}$
$≒ 1.71 \times 10^{-4} cm/s$

정답 59 ① 60 ④ 61 ② 62 ②

63 통일분류법으로 흙을 분류할 때 사용하는 인자가 아닌 것은?
① 군지수
② 입도 분포
③ 색, 냄새
④ 애터버그 한계

해설
군지수는 AASHTO 분류방법에 속한다.

64 말뚝의 부주면마찰력에 대한 설명으로 옳은 것은?
① 부주면마찰력이 작용하면 지지력이 증가한다.
② 연약지반에 말뚝을 박은 후 그 위에 성토를 한 경우에는 발생하지 않는다.
③ 연약한 점토에 있어서는 상대변위의 속도가 느릴수록 부주면 마찰력은 크다.
④ 부주면마찰력은 말뚝 주변 침하량이 말뚝의 침하량보다 클 때 아래로 끌어내리는 마찰력을 말한다.

해설
부마찰력
1) 점성토 지반에서 타설한 말뚝의 침하량보다 연약지반의 침하가 더 커서 말뚝주면 아래쪽으로 작용하는 마찰력이 발생하게 되는데 이러한 마찰력을 부마찰력
2) 부마찰력은 말뚝의 침하량을 증가 및 말뚝의 지지력을 감소시키며 때때로 부마찰력이 매우 큰 경우 중립축 부근에서 말뚝의 파손이 발생될 수 있다.

65 압밀시험 결과 중 시간-침하량 곡선에서 구할 수 없는 값은?
① 압밀계수
② 압축지수
③ 초기 압축비
④ 1차 압밀비

해설
압밀시험으로부터 구하는 각종 계수
1) 압축지수(C_c)
2) 팽창지수(C_s)
3) 압축계수(a_v)
4) 선행압밀하중(P_c)
5) 체적변화계수(m_v)

66 분할법에 의한 사면안정 해석 시에 제일 먼저 결정되어야 할 사항은?
① 분할절편의 중량
② 가상파괴 활동면
③ 활동면상의 마찰력
④ 각 절편의 공극수압

해설
절편법
1) 사면을 여러 개의 절편으로 나누어 각 절편에 대해 안정성을 해석하는 방법으로 일반적으로 많이 사용된다.
2) 제일 먼저사면의 활동 파괴면을 원형 또는 평면으로 가정한다.

67 모래지반에 30cm×30cm의 재하판으로 재하실험을 한 결과 100kN/m²의 극한 지지력을 얻었다. 4m×4m의 기초를 설치할 때 기대되는 극한지지력은?
① 100kN/m²
② 1000kN/m²
③ 1333kN/m²
④ 1540kN/m²

해설
극한지지력
$q_{u(f)} = q_{u(p)} \cdot \dfrac{B_{(f)}}{B_{(p)}}$ 식에서
$\therefore q_{u(f)} = 100 \times \dfrac{4}{0.3} = 1,333 kN/m^2$

68 지표면에 연직 집중하중이 작용할 때 Boussinesq의 지중 연직응력 증가량에 대한 설명으로 옳은 것은? (단, E : 흙의 탄성계수, μ : 흙의 푸아송비)
① E 및 μ와는 무관하다.
② E와는 무관하지만 μ에는 정비례한다.
③ μ와는 무관하지만 E에는 정비례한다.
④ E와 μ에는 정비례한다.

해설
집중하중과 응력의 상관성
1) 연직응력의 증가는 변형계수(E)와 무관하다.
2) 수평응력은 포와송비(μ)와 관계가 있다.
$$푸아송비(\nu) = \dfrac{공시체\ 횡방향\ 변형률}{공시체\ 축방향\ 변형률}$$

정답 63 ① 64 ④ 65 ② 66 ② 67 ③ 68 ①

69 포화된 점성토 흙에 대한 일축압축시험 결과, 일축압축강도는 100kN/m²이었다. 이 시료의 점착력은?

① 25kN/m² ② 33.3kN/m²
③ 50kN/m² ④ 100kN/m²

해설

$$c = \frac{q_u}{2\tan(45° + \frac{\varnothing}{2})} = \frac{100}{2} = 50 kN/m^2$$

70 토질조사에서 사운딩(Sounding)에 대한 설명으로 옳은 것은?

① 동적인 사운딩 방법은 주로 점성토에 유효하다.
② 표준관입 시험(S.P.T)은 정적인 사운딩이다.
③ 베인전단시험은 동적인 사운딩이다.
④ 사운딩은 주로 원위치 시험으로서 의미가 있고 예비조사에 사용하는 경우가 많다.

해설

사운딩
Rod에 붙인 어떤 저항체를 지중에 넣어 관입, 인발 및 회전에 의해 흙의 전단강도를 측정하는 원위치 시험으로 예비조사에 주로 사용된다.

71 2m×3m 크기의 직사각형 기초에 60kN/m²의 등분포하중이 작용할 때 2:1 분포법으로 구한 기초 아래 10m 깊이에서의 응력 증가량은?

① 2.31kN/m² ② 5.43kN/m²
③ 13.3kN/m² ④ 18.3kN/m²

해설

$$\triangle \sigma_v = \frac{q_s \cdot B \cdot L}{(B+Z)(L+Z)}$$
$$= \frac{60 \times 2 \times 3}{(2+10) \times (3+10)} = 2.31 kN/m^2$$

72 Jaky의 정지토압계수(K_o)를 구하는 공식은?

① $K_o = 1 + \sin\phi$ ② $K_o = 1 - \sin\phi$
③ $K_o = 1 - \cos\phi$ ④ $K_o = 1 + \cos\phi$

해설

Jaky의 정지토압 계수 공식
$K_o = 1 - \sin\varnothing$

73 모래의 밀도에 따라 일어나는 전단특성에 대한 설명으로 틀린 것은?

① 내부마찰각(ϕ)은 조밀한 모래일수록 크다.
② 조밀한 모래에서는 전단변형이 계속 진행되면 부피가 팽창한다.
③ 직접 전단시험에 있어서 전단응력과 수평변위 곡선은 조밀한 모래에서 정점을 보인다.
④ 시료를 재성형하면 강도가 작아지지만 조밀한 모래에서는 시간이 경과됨에 따라 강도가 회복 된다.

해설

사질토의 전단특성
1) 시료에 전단응력을 가하면 느슨한 모래 또는 정규압밀점토의 경우 체적이 감소하고 조밀한 모래 또는 과압밀점토는 체적이 증가하는 경향을 보인다.
2) 이때 체적이 감소될 때 (−) Dilatancy가 되면서(+) 양의 과잉간극수압 발생되며,
3) 흙의 체적이 증가될 때 (+) Dilatancy가 되면서(-)부의 과잉간극수압발생

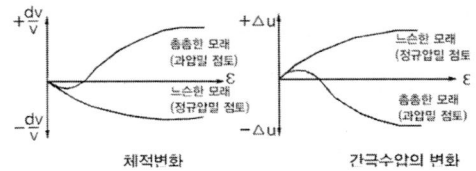

74 다음 중 사질토 지반의 개량공법에 속하지 않는 것은?

① 다짐 말뚝 공법
② 전기 충격 공법
③ 생석회 말뚝 공법
④ 바이브로 플로테이션(vibro-flotation)공법

해설

생석회 말뚝 공법은 점성토 지반 개량공법에 속한다.

75 그림과 같은 지층단면에서 지표면에 가해진 $50kN/m^2$의 상재하중으로 인한 점토층(정규압밀점토)의 1차 압밀 최종침하량(S)과 침하량이 5cm일 때의 평균압밀도(U)는? (단, 물의 단위중량은 $9.81kN/m^3$이다.)

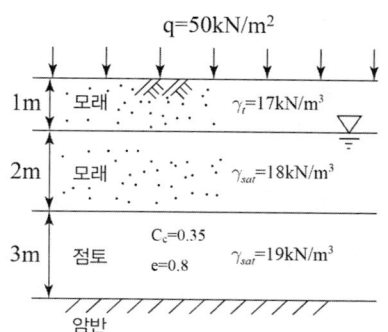

① S=18.3cm, U=27%
② S=18.3cm, U=22%
③ S=14.7cm, U=27%
④ S=14.7cm, U=22%

해설

1) 1차압밀침하량(정규압밀점토)

$$S = \frac{C_c}{1+e_o} H \log \frac{P_o + \triangle P}{P_o}$$

$$= \frac{0.35}{1+0.8} 3 \log \frac{47.18+50}{47.18} = 0.183m = 18.3cm$$

여기서 $P_0 = 17 \times 1 + (18-9.81) \times 2 + (19-9.8) \times 1.5$
$= 47.18kN/m^2$

2) 평균압밀도

$$\overline{U} = \frac{S_t}{S} \times 100$$

$$= \frac{5}{18.3} \times 100 = 27\%$$

76 그림과 같은 조건에서 분사현상에 대한 안전율은? (단, 모래의 포화단위중량은 $19.62kN/m^3$이고, 물의 단위중량은 $9.81kN/m^3$이다.)

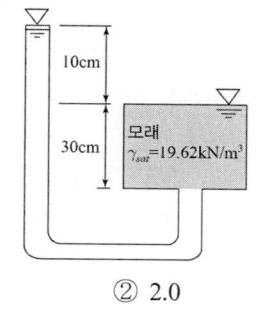

① 1.0   ② 2.0
③ 2.5   ④ 3.0

해설

1) $i = \dfrac{H}{L} = \dfrac{10}{30} = 0.33$

2) $i_c = \dfrac{\gamma_{sub}}{\gamma_w} = \dfrac{(19.62-9.81)}{9.81} = 1$

∴ $F = \dfrac{i_c}{i} = \dfrac{1}{0.33} = 3$

77 Terzaghi의 얕은 기초 지지력 공식 $(q_u = \alpha c N_c + \beta \gamma_1 B N_\gamma + \gamma_2 D_f N_q)$에 대한 설명으로 틀린 것은?

① 계수 α, β를 형상계수라 하며 기초의 모양에 따라 결정된다.
② 지지력계수인 N_c, N_γ, N_q는 내부마찰각과 점착력에 의해서 정해진다.
③ 기초의 설치 깊이 D_f가 클수록 극한지지력도 이와 더불어 커진다고 볼 수 있다.
④ γ_1는 흙의 단위중량이며, 기초 바닥이 지하수위 보다 아래에 위치하면 수중단위중량을 써야 한다.

해설

N_c, N_q, $N_{\gamma'}$는 내부마찰각에 의한 지지력 계수

정답 75 ① 76 ④ 77 ②

78 흙 시료 채취에 대한 설명으로 틀린 것은?
① 교란의 효과는 소성이 낮은 흙이 소성이 높은 흙보다 크다.
② 교란된 흙은 자연 상태의 흙보다 압축강도가 작다.
③ 교란된 흙은 자연 상태의 흙보다 전단강도가 작다.
④ 흙 시료 채취 직후에 비교적 교란되지 않은 코어(core)는 부(負)의 과잉간극수압이 생긴다.

해설
교란의 효과는 소성이 낮은 흙이 소성이 높은 흙보다 작다.

79 현장 모래지반의 습윤단위중량을 측정한 결과 18kN/m³으로 얻어졌으며 동일한 모래를 채취하여 실내에서 가장 조밀한 상태의 간극비를 구한 결과 $e_{min}=0.45$, 가장 느슨한 상태의 간극비를 구한 결과 $e_{max}=0.92$를 얻었다. 현장상태의 상대밀도는 약 몇 %인가? (단, 물의 단위중량은 9.81kN/m³, 모래의 비중은 2.7이고, 현장상태의 함수비는 10%이다.)
① 44%   ② 54%
③ 64%   ④ 74%

해설
1) 상대밀도 $D_r = \dfrac{e_{max}-e}{e_{max}-e_{min}} \times 100$
2) 습윤밀도
$\gamma_t = \dfrac{(G_s+S\cdot e)}{1+e} \cdot \gamma_w = \dfrac{(G_s+G_s\cdot w)}{1+e}\gamma_w$
$18 = \dfrac{(2.7+2.7\times 0.1)}{1+e} \times 9.81$
$18+18\cdot e = 29.14$
여기서, 간극비 e
　　e=0.62
∴ 상대밀도 $D_r = \dfrac{e_{max}-e}{e_{max}-e_{min}} \times 100$
$= \dfrac{0.92-0.62}{0.92-0.45} \times 100 = 64\%$

80 Sand drain공법의 지배 영역에 관한 Barron의 정사각형 배치에서 Sand pile의 중심 간격을 d, 유효원의 지름을 d_e라 할 때 d_e를 구하는 식으로 옳은 것은?
① $d_e=1.03d$ ② $d_e=1.05d$
③ $d_e=1.13d$ ④ $d_e=1.50d$

해설
샌드 드레인 유효지름
1) 정삼각형 배치 $d_e=1.05d$
2) 정사각형 배치 $d_e=1.13d$

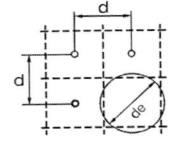
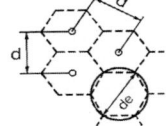

정사각형 배치　　　정삼각형 배치

2022 기출문제 제1회 건설재료시험기사

제1과목 콘크리트공학

01 일반적인 경우 콘크리트의 건조수축에 가장 큰 영향을 미치는 요인은?
① 단위 굵은 골재량
② 단위 시멘트량
③ 잔골재율
④ 단위수량

해설
단위수량이 많아지고 적어짐에 따라 콘크리트 표면의 건조수축에 크게 영향을 미친다.

02 유동화 콘크리트에 대한 설명으로 틀린 것은?
① 미리 비빈 베이스 콘크리트에 유동화제를 첨가하여 유동성을 증대시킨 콘크리트를 유동화 콘크리트라고 한다.
② 유동화제는 희석하여 사용하고, 미리 정한 소정의 양을 2~3회 나누어 첨가하며, 계량은 질량 또는 용적으로 계량하고, 그 계량오차는 1회에 1% 이내로 한다.
③ 유동화 콘크리트의 슬럼프 증가량은 100mm 이하를 원칙으로 하며, 50~80mm를 표준으로 한다.
④ 베이스 콘크리트 및 유동화 콘크리트의 슬럼프 및 공기량 시험은 50m³마다 1회씩 실시하는 것을 표준으로 한다.

해설
1) 유동화제는 물에 희석해서는 안되고 원액으로 사용하고, 미리 정한 소정의 양을 한꺼번에 첨가하여 유동화시킨다.
2) 유동화 콘크리트의 재유동화는 원칙으로 할 수 없으며, 부득이한 경우 책임기술자의 승인하에 1회에 한하여 재유동화 할 수 있다.
3) 베이스콘크리트 및 유동화콘크리트의 슬럼프 및 공기량 시험은 50m³마다 1회씩 실시하는 것을 표준으로 한다.

03 고압증기양생에 대한 설명으로 틀린 것은?
① 고압증기양생을 실시하면 백태현상을 감소시킨다.
② 고압증기양생을 실시하면 황산염에 대한 저항성이 향상된다.
③ 고압증기양생을 실시한 콘크리트는 어느 정도의 취성이 있다.
④ 고압증기양생을 실시하면 보통 양생한 콘크리트에 비해 철근의 부착강도가 크게 향상된다.

해설
고압증기양생을 실시하면 보통 양생한 콘크리트에 비해 철근의 부착강도가 작게 될 가능성이 있다.

04 PS강재에 요구되는 일반적인 성질로 틀린 것은?
① 인장 강도가 작을 것
② 릴랙세이션이 작을 것
③ 콘크리트와 부착력이 클 것
④ 어느 정도의 피로 강도를 가질 것

해설
PS강재에 요구되는 일반적인 성질로 인장강도가 클 것

정답 01 ④ 02 ② 03 ④ 04 ①

05 콘크리트 다지기에 대한 설명으로 틀린 것은?
① 콘크리트 다지기에는 내부진동기의 사용을 원칙으로 하나, 사용이 곤란한 장소에서는 거푸집 진동기를 사용할 수 있다.
② 콘크리트는 타설 직후 바로 충분히 다져서 구석구석까지 채워져 밀실한 콘크리트가 되도록 하여야 한다.
③ 진동다지기를 할 때에는 내부진동기를 하층의 콘크리트 속으로 0.1m 정도 찔러 넣는다.
④ 재 진동은 콘크리트에 나쁜 영향이 생기므로 하지 않는 것을 원칙으로 한다.

해설
재 진동을 할 경우에는 콘크리트에 나쁜 영향이 생기지 않도록 초결이 일어나기 전에 실시하여야 한다.

06 현장 타설 말뚝에 사용하는 수중 콘크리트의 타설에 대한 설명으로 틀린 것은?
① 굵은 골재 최대 치수 25mm의 경우, 관지름이 200~250mm의 트레미를 사용하여야 한다.
② 먼저 타설하는 부분의 콘크리트 타설속도는 8~10m/h로 실시하여야 한다.
③ 콘크리트 상면은 설계면 보다 0.5m 이상 높이로 여유 있게 타설하고 경화한 후 이것을 제거하여야 한다.
④ 콘크리트 타설하는 도중에는 콘크리트 속의 트레미의 삽입 깊이는 2m 이상으로 하여야 한다.

해설
현장타설 말뚝 콘크리트의 타설속도는 일반적으로 먼저 타설하는 부분의 경우 4~9m/h, 나중에 타설하는 부분의 경우 8~10m/h로 실시한다.

07 23회의 시험실적으로부터 구한 압축강도의 표준편차가 4MPa이었고, 콘크리트의 품질 기준강도(f_{cq})가 30MPa일 때 배합강도는? (단, 표준편차의 보정계수는 시험횟수가 20회인 경우 1.08이고, 25회인 경우 1.03이다.)
① 34.4MPa   ② 35.7MPa
③ 36.3MPa   ④ 38.5MPa

해설
배합강도($f_{cq} \leq 35MPa$)
$f_{cr} = f_{cq} + 1.34 \cdot s$
$f_{cr} = (f_{cq} - 3.5) + 2.33 \cdot s$
1) 23회일 때 표준편차 보정계수(직선보간)
   25회일 때 1.03을 사용하여 1회 시험시 보정계수
   23회 보정계수 $= 1.03(25회) + \dfrac{(1.08-1.03) \times 2}{25-20} = 1.05$
2) 직선보간한 수정 표준편차
   $s = 4 \times 1.05 = 4.2 MPa$
   배합강도($f_{cq} \leq 35Mpa$)
   $f_{cr} = f_{cq} + 1.34 \cdot s$
       $= 30 + 1.34 \times 4.2 = 35.63 MPa$
   $f_{cr} = (f_{cq} - 3.5) + 2.33 \cdot s$
       $= (30 - 3.5) + 2.33 \times 4.2$
       $= 36.29 MPa$
두 값 중 큰 값이 배합강도이므로
∴ $f_{cr} = 36.29 MPa$

08 숏크리트의 특징에 대한 설명으로 틀린 것은?
① 용수가 있는 곳에서도 시공하기 쉽다.
② 수밀성이 적고 작업 시에 분진이 생긴다.
③ 노즐맨의 기술에 의하여 품질, 시공성 등에 변동이 생긴다.
④ 임의 방향으로 시공 가능하나 리바운드 등의 재료손실이 많다.

해설
용수가 있는 곳에서는 시공하기 어렵다.

정답 05 ④ 06 ② 07 ③ 08 ①

09 현장의 골재에 대한 체분석 결과 잔골재 속에서 5mm체에 남는 것이 6%, 굵은 골재속에서 5mm체를 통과하는 것이 11%이었다. 시방배합표상의 단위 잔골재량이 632kg/m³, 단위 굵은 골재량이 1176kg/m³일 때 현장배합을 위한 단위 잔골재량은? (단, 표면수에 대한 보정은 무시한다.)

① 522kg/m³   ② 537kg/m³
③ 612kg/m³   ④ 648kg/m³

해설

단위잔골재량(X)

$$X = \frac{100S - b(S+G)}{100-(a+b)}$$

$$= \frac{100 \times 632 - 11 \times (632+1,176)}{100-(6+11)}$$

$$= 521.83 kg/m^3$$

10 프리텐션 방식의 프리스트레스트 콘크리트에서 프리스트레싱을 할 때의 콘크리트 압축강도는 얼마 이상이어야 하는가?

① 21MPa   ② 24MPa
③ 27MPa   ④ 30MPa

해설

프리텐션 방식은 콘크리트압축강도 30MPa 이상시 도입하며, 실험이나 기존실적 등을 통해서 안정성이 증명된 경우는 25MPa로 하향 조정할 수 있다.

11 시멘트의 수화반응에 의해 생성된 수산화칼슘이 대기 중의 이산화탄소와 반응하여 콘크리트의 성능을 저하시키는 현상을 무엇이라고 하는가?

① 염해
② 탄산화
③ 동결융해
④ 알칼리-골재반응

해설

중성화 (탄산화)
콘크리트가 강도 발현시 수화반응에 의해 생성된 수산화칼슘은 PH 12.0~13.0 정도의 강알카리성이나 대기 중의 탄산가스와 접촉시 반응하여 탄산화 되는 현상으로 탄산칼슘은 PH = 8.5~10 정도로서 탄산화가 콘크리트 내부로 진행되어 철근을 보호하는 부동태막을 파괴되면서 철근의 부식을 유발하는 현상을 중성화현상

12 콘크리트 배합설계에서 잔골재율(S/a)을 작게하였을 때 나타나는 현상으로 틀린 것은?

① 소요의 워커빌리티를 얻기 위하여 필요한 단위 시멘트량이 증가한다.
② 소요의 워커빌리티를 얻기 위하여 필요한 단위수량이 감소한다.
③ 재료분리가 발생되기 쉽다.
④ 워커빌리티가 나빠진다.

해설

소요의 워커빌리티를 얻기 위하여 필요한 단위 시멘트량이 감소한다.

13 $\phi 100 \times 200mm$인 원주형 공시체를 사용한 쪼갬 인장 강도 시험에서 파괴하중이 100kN이면 콘크리트의 쪼갬 인장 강도는?

① 1.6MPa   ② 2.5MPa
③ 3.2MPa   ④ 5.0MPa

해설

쪼갬인장강도 시험

$$(f_{sp}) = \frac{2P}{\pi d \ell}(Mpa)$$

$$= \frac{2 \times 100,000N}{\pi \times 100 \times 200} = 3.18 N/mm^2$$

$$= 3.18 MPa$$

정답 09 ① 10 ④ 11 ② 12 ① 13 ③

14 콘크리트의 받아들이기 품질 검사에 대한 설명으로 틀린 것은?

① 콘크리트를 타설한 후에 실시한다.
② 내구성 검사는 공기량, 염화물 함유량을 측정하는 것으로 한다.
③ 강도검사는 압축강도 시험에 의한 검사를 실시한다.
④ 워커빌리티의 검사는 굵은 골재 최대 치수 및 슬럼프가 설정치를 만족하는지의 여부를 확인함과 동시에 재료 분리 저항성을 외관관찰에 의해 확인하여야 한다.

해설
콘크리트를 타설하기 전에 실시한다.

15 콘크리트 재료의 계량 및 비비기에 대한 설명으로 옳은 것은?

① 비비기는 미리 정해 둔 비비기 시간의 4배 이상 계속하지 않아야 한다.
② 비비기 시간은 강제식 믹서의 경우에는 1분 30초 이상을 표준으로 한다.
③ 재료의 계량은 시방 배합에 의해 실시한다.
④ 골재 계량의 허용오차는 3%이다.

해설
① 비비기는 미리 정해 둔 비비기 시간의 3배 이상 계속하지 않아야 한다.
② 비비기 시간은 강제식 믹서의 경우에는 1분 이상을 표준으로 한다.
③ 재료의 계량은 현장 배합에 의해 실시한다.
④ 골재 계량의 허용오차는 3%이다.

16 콘크리트의 휨 강도 시험에 대한 설명으로 틀린 것은?

① 공시체 단면 한 변의 길이는 굵은 골재 최대 치수의 4배 이상이면서 100mm 이상으로 한다.
② 공시체의 길이는 단면의 한 변의 길이의 3배 보다 80mm 이상 길어야 한다.
③ 공시체에 하중을 가하는 속도는 가장자리 응력도의 증가율이 매초 0.6±0.4MPa이 되도록 조정하여야 한다.
④ 공시체가 인장쪽 표면의 지간 방향 중심선의 4점의 바깥쪽에서 파괴된 경우는 그 시험 결과를 무효로 한다.

해설
공시체에 하중을 가하는 속도는 가장자리 응력도의 증가율이 매초 0.06±0.04MPa이 되도록 조정하여야 한다.

17 경량골재 콘크리트에 대한 설명으로 옳은 것은?

① 내구성이 보통 콘크리트보다 크다.
② 열전도율은 보통 콘크리트보다 작다.
③ 동결융해에 대한 저항성은 보통 콘크리트보다 크다.
④ 건조수축에 의한 변형이 생기지 않는다.

해설
경량골재 콘크리트
① 내구성이 보통 콘크리트보다 작다.
② 열전도율은 보통 콘크리트보다 작다.
③ 동결융해에 대한 저항성은 보통 콘크리트보다 작다.
④ 건조수축에 의한 변형이 생긴다.

18 콘크리트의 초기균열 중 콘크리트 표면수의 증발속도가 블리딩 속도보다 빠른 경우와 같이 급속한 수분 증발이 일어나는 경우 발생하기 쉬운 균열은?

① 거푸집 변형에 의한 균열
② 침하수축균열
③ 건조수축균열
④ 소성수축균열

해설
소성수축균열
콘크리트의 초기균열 중 콘크리트 표면수의 증발속도가 블리딩 속도보다 빠른 경우와 같이 급속한 수분 증발이 일어나는 경우 발생하기 쉬운 균열

19 한중콘크리트의 동결융해에 대한 내구성 개선에 주로 사용되는 혼화재료는?

① AE제 ② 포졸란
③ 지연제 ④ 플라이애시

해설
AE제는 미소한 독립기포를 콘크리트 중에 균일하게 분포시켜 동결융해 저항성 및 워커빌리티를 좋게한다.

20 콘크리트의 운반 및 타설에 관한 설명으로 틀린 것은?

① 신속하게 운반하여 즉시 타설하고 충분히 다져야 한다.
② 공사 개시 전에 운반, 타설 등에 관하여 미리 충분한 계획을 세워야 한다.
③ 비비기로부터 타설이 끝날 때까지의 시간은 원칙적으로 외기온도가 25°C이상일 때는 1.0시간을 넘어서는 안 된다.
④ 운반 중에 재료분리가 일어났으면 충분히 다시 비벼서 균질한 상태로 콘크리트를 타설하여야 한다.

해설
외기온도가 25°C이상일 때에는 1.5시간, 25°C미만일 때에는 2시간을 넘어서는 안 된다.

제2과목 건설시공 및 관리

21 버킷의 용량이 0.8m³, 버킷계수가 0.9인 백호를 사용하여 12t 덤프트럭 1대에 흙을 적재하고자 할 때 필요한 적재시간은? (단, 백호의 사이클타임(Cm)은 30초, 백호의 작업효율(E)은 0.75, 흙의 습윤밀도(ρ_t)는 1.6t/m³, 토량변화율(L)은 1.2이다.)

① 7.13분 ② 7.94분
③ 8.67분 ④ 9.51분

해설
적재시간 $C_{mt} = \dfrac{C_m \cdot n}{60 E_s}$

1) $n = \dfrac{q_t}{qk} = \dfrac{11.25}{0.8 \times 0.9 \times 0.75 \times 1.2} = 17.36$회

2) $q_t = \dfrac{T}{\gamma_t} L = \dfrac{15}{1.6} \times 1.2 = 11.25 m^3$

∴ $C_{mt} = \dfrac{C_m \cdot n}{60 E_s} = \dfrac{30 \times 17.36}{60} = 8.67 \min$

22 RCD(Reverse Circulation Drill)공법의 특징에 대한 설명으로 틀린 것은?

① 케이싱 없이 굴착이 가능한 공법이다.
② 엔진의 소음 외에는 소음 및 진동 공해가 거의 없다.
③ 굴착 중 투수층을 만났을 때 급격한 수위 저하로 공벽이 붕괴될 수 있다.
④ 기종에 따라 약 35° 정도의 경사 말뚝 시공이 가능하다.

해설
현장타설말뚝 중에서는 올케이싱(Beneto)공법이 15도 경사까지 경사말뚝 시공이 가능하다.

23 옹벽 등 구조물의 뒤채움 재료에 대한 조건으로 틀린 것은?

① 투수성이 있어야 한다.
② 압축성이 좋아야 한다.
③ 다짐이 양호해야 한다.
④ 물의 침입에 의한 강도 저하가 적어야 한다.

해설
옹벽 등 구조물의 뒤채움 재료로 압축성이 큰재료는 큰 침하를 동반한다.

24 흙의 성토작업에서 아래 그림과 같은 쌓기 방법은?

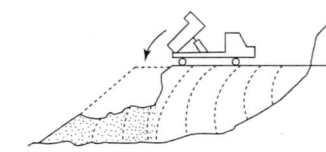

① 수평층 쌓기 ② 전방층 쌓기
③ 비계층 쌓기 ④ 물다짐 공법

해설

전방층 쌓기
1) 도로, 철도, 방조제 등에서 낮은 축제에 사용되며 공사 중 압밀이 진행 중인 상태로 시공되어 준공 후 잔류침하가 우려되어 품질관리 어려움.
2) 공기 단축 및 공사비가 저렴하게 시공하는 방법

전방층 쌓기

25 공정관리에서 PERT와 CPM의 비교 설명으로 옳은 것은?

① PERT는 반복사업에, CPM은 신규사업에 좋다.
② PERT는 1점 시간추정이고, CPM은 3점 시간추정이다.
③ PERT는 작업활동 중심관리이고, CPM은 작업단계 중심관리이다.
④ PERT는 공기 단축이 주목적이고, CPM은 공사비 절감이 주목적이다.

해설

네트워크 (Network) 공정표
1) PERT 기법(신비 3기event)
   가. 신규사업, 비 반복사업, 경험이 없는 사업 등에 활용
   나. 소요시간 추정 (3점법 확률 계산)
   다. 가중 평균치 사용
   $$t_e = \frac{t_o + 4t_m + t_p}{6}$$
   여기서, t_o : 낙관 작업일수
   t_m : 정상 작업일수
   t_p : 비관 작업일수
   t_e : 3점법에 의한 추정공사일수
   라. 작업단계(event) 중심관리(결합점 중심관리)
   마. 확률론적 검토
   바. 공기 단축이 목적

2) CPM 기법
   가. 반복사업, 경험이 있는 사업에 적용한다.
   나. 1점 시간 추정$(t_m)(t_m)$
   다. 작업활동(Activity) 중심관리
   라. 비용견적, 비용구배, 일정단축
   바. 공비 절감이 목적

26 아래에서 설명하는 심빼기 발파공법의 명칭은?

- 버력이 너무 비산하지 않는 심빼기에 유효하며, 특히 용수가 많을 때 편리하다.
- 밑면의 반만큼 먼저 발파하여 놓고 물이 그 곳에 집중되면 물이 없는 부분을 발파하는 방법이다.

① 노 컷 ② 번 컷
③ 스윙 컷 ④ 피라미드 컷

해설

스윙컷
수직갱에서 주로 사용되며 밑변의 반만큼 먼저 발파시키고 물을 집중시킨다음 물이 없는 부분을 발파하는 공법

27 그림과 같이 20개의 말뚝으로 구성된 무리말뚝이 있다. 이 무리말뚝의 효율(E)을 Converse-Labarre식을 이용해서 구하면?

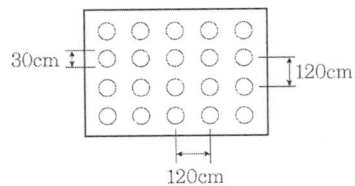

① 0.647 ② 0.684
③ 0.721 ④ 0.758

해설

$$E = 1 - \frac{\varnothing}{90}\left[\frac{(n-1)m + (m-1)n}{m \cdot n}\right]$$

여기서 $\varnothing = \tan^{-1}\frac{0.3(말뚝직경)}{1.2(말뚝중심간격)} = 14.04$

$$E = 1 - \frac{14.04}{90} \times \left(\frac{(4-1) \times 5 + (5-1) \times 4}{5 \times 4}\right)$$
$$= 0.758$$

28 배수로의 설계 시 유의해야 할 사항으로 틀린 것은?

① 집수면적이 커야 한다.
② 유하속도는 느릴수록 좋다.
③ 집수지역은 다소 깊어야 한다.
④ 배수 단면은 하류로 갈수록 커야 한다.

해설
유속을 빠르게 하여 흙의 퇴적 발생을 가급적 줄여야 한다.

29 그림과 같은 네트워크 공정표에서 주공정선(CP)으로 옳은 것은?

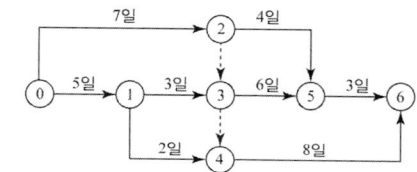

① 0 → 1 → 3 → 5 → 6
② 0 → 1 → 3 → 4 → 6
③ 0 → 2 → 5 → 6
④ 0 → 1 → 4 → 6

해설

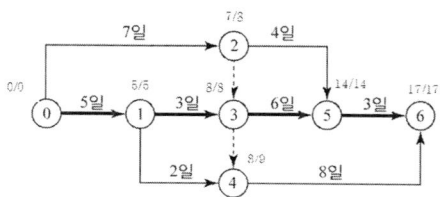

30 콘크리트교의 가설공법 중 현장타설 콘크리트에 의한 공법의 종류에 속하지 않는 것은?

① 동바리공법(FSM 공법)
② 캔틸레버 공법(FCM 공법)
③ 이동식 비계공법(MSS 공법)
④ 프리캐스트 세그먼트공법(PSM 공법)

해설
프리캐스트 세그먼트공법(PSM 공법)은 공장제작 공법에 해당된다.

31 터널공사에 있어서 TBM공법의 특징에 대한 설명으로 틀린 것은?

① 여굴이 거의 발생하지 않는다.
② 주변 암반에 대한 이완이 거의 없다.
③ 복잡한 지질변화에 대한 적응성이 좋다.
④ 갱내의 분진, 진동 등 환경조건이 양호하다.

해설
TBM 공법은 기계식 굴착공법으로 단면형상은 원형단면을 유지하며, 단면형상의 변경이 용이하지 않으며 지질의 변화에 대한 대처 능력이 떨어진다.

32 옹벽을 구조적 특성에 따라 분류할 때 여기에 속하지 않는 것은?

① 돌쌓기 옹벽   ② 중력식 옹벽
③ 부벽식 옹벽   ④ 캔틸레버식 옹벽

해설
돌쌓기 옹벽 시공방법
메쌓기 : 몰탈을 사용하지 않고 쌓는 것
찰쌓기 : 몰탈이나 콘크리트를 사용하여 쌓는 것

33 무한궤도식 건설기계의 운전중량이 22t, 접지길이가 270cm, 무한궤도의 폭(슈폭)이 55cm일 때 이 건설기계의 접지압은? (단, 무한궤도 트랙의 수는 2개이다.)

① $0.37 kg/cm^2$ ② $0.74 kg/cm^2$
③ $1.48 kg/cm^2$ ④ $2.96 kg/cm^2$

해설
접지압 = $\dfrac{22000}{270 \times 55 \times 2} = 0.74 kg/cm^2$

34 아스팔트 포장과 콘크리트 포장을 비교 설명한 것 중 아스팔트 포장의 특징으로 틀린 것은?

① 초기 공사비가 고가이다.
② 양생기간이 거의 필요 없다.
③ 주행성이 콘크리트 포장보다 좋다.
④ 보수 작업이 콘크리트 포장보다 쉽다.

해설
아스팔트 포장은 콘크리트 포장에 비하여 초기 공사비가 적게 들어간다.

35 30000m³의 성토 공사를 위하여 토량의 변화율이 L=1.2, C=0.9인 현장 흙을 굴착 운반하고자 한다. 이때 운반 토량은?

① 22500m³ ② 32400m³
③ 40000m³ ④ 62500m³

해설

1) 본바닥토량
$$30,000 \times \frac{1}{C} = 30,000 \times \frac{1}{0.9} = 33,333 m^3$$

2) 운반토량 = $33,333 \times 1.2 = 40,000 m^3$

36 토적곡선(mass curve)의 성질에 대한 설명으로 틀린 것은?

① 토적곡선상에 동일 단면 내의 절토량과 성토량은 구할 수 없다.
② 토적곡선이 기선 아래에서 종결될 때에는 토량이 부족하고, 기선 위에서 종결될 때는 토량이 남는다.
③ 기선에 평행한 임의의 직선을 그어 토적곡선과 교차하는 인접한 교차점 사이의 절토량과 성토량은 서로 같다.
④ 토적곡선이 평형선 위쪽에 있을 때 절취토는 우에서 좌로 운반되고, 반대로 아래쪽에 있을 때는 좌에서 우로 운반된다.

해설

토적곡선의 성질

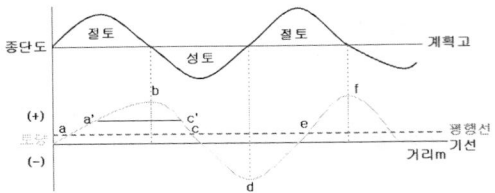

1) 토적곡선상에 동일 단면 내의 절토량과 성토량은 구할 수 없다.
2) 토적곡선이 기선 아래에서 종결될 때에는 토량이 부족하고, 기선 위에서 종결될 때는 토량이 남는다.
3) 기선에 평행한 임의의 직선을 그어 토적곡선과 교차하는 인접한 교차점 사이의 절토량과 성토량은 서로 같다.

4) 토적곡선이 평형선 위쪽에 있을 때 절취토는 좌에서 우로 운반되고 반대로 아래쪽에 있을때는 우에서 좌로 운반된다.

37 디퍼 준설선(Dipper Dredger)의 특징으로 틀린 것은?

① 기계의 고장이 비교적 적다.
② 작업장소가 넓지 않아도 된다.
③ 암석이나 굳은 지반의 준설에 적합하고 굴착력이 우수하다.
④ 준설비가 비교적 저렴하고, 연속식에 비하여 작업능률이 뛰어나다.

해설

디퍼 준설선(Dipper Dredger)
1) 동력으로 작동되는 강력한 셔블을 가지고 물밑 바닥을 퍼올리는 것으로, 바닥의 토질이 까다로운 바위가 아니면 어떤 것이라도 준설가능
2) 연질토사부터 파쇄된 암석, 발파된 암석 등의 준설에 적합
3) 경사면 준설에 적합하다.
4) 준설(작업)능력이 적고 준설비(단가)가 고가이다.

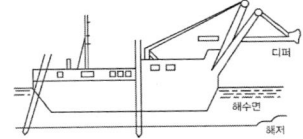

38 우물통의 침하 공법 중 초기에는 자중으로 침하되지만 심도가 깊어짐에 따라 콘크리트 블록, 흙가마니 등이 사용되는 공법은?

① 분기식 침하공법
② 물하중식 침하 공법
③ 재하중에 의한 공법
④ 발파에 의한 침하 공법

해설

분기식 침하공법
케이슨과 흙의 사이를 (air pocket) 공기를 사용해서 분리시켜 케이슨의 침하를 촉진

39 아스팔트 포장의 안정성 부족으로 인해 발생하는 대표적인 파손은 소성변형(바퀴자국, 측방유동)이다. 소성변형의 원인이 아닌 것은?

① 수막현상
② 중차량 통행
③ 여름철 고온 현상
④ 표시된 차선을 따라 차량이 일정위치로 주행

해설

소성변형
1) 아스팔트 포장에 가장 크게 만연하고 있는 손상형태는 소성변형이 있다.
2) 도로 주행 중에 노면의 한 개소를 차량이 집중 통과하여 표면의 재료가 마모되고 유동을 일으켜서 노면이 얕게 패인 자국을 소성변형(Rutting)이라고 한다.
3) 여름철 고온시 중차량이 많이 다니고, 정체가 심한 도로에서 횡방향 밀림현상에 의해서 발생한 요철로서 대형 교통사고의 원인이 된다.

40 흙 댐(Earth dam)의 특징에 대한 설명으로 틀린 것은?

① 성토용 재료의 구입이 용이하며 경제적이다.
② 높은 댐의 축조가 어려우며, 내진력이 약하다.
③ 여수로의 설치가 필요치 않아 공사비가 저렴하다.
④ 기초 지반이 비교적 견고하지 않더라도 축조가 가능하다.

해설

필댐(fill dam)의 특징
1) 현장 부근의 자연재료를 사용하여 댐을 시공한다.
2) 일반적으로 토공용 중장비를 사용한다.
3) 기초바닥의 지반이 암반이 아닌 풍화암에도 시공이 가능하다.
4) 홍수시 월류 방지를 위한 여수로 설치가 필요하며, 침하가 발생된다.
5) 저렴한 재료의 사용으로 콘크리트 댐에 비하여 공사비가 저렴하다.
6) 비교적 댐의 높이가 낮은 경우에 적용된다.

제3과목 건설재료 및 시험

41 콘크리트용 혼화제에 대한 일반적인 설명으로 틀린 것은?

① AE제에 의한 연행공기는 시멘트, 골재입자 주위에서 베어링(bearing)과 같은 작용을 함으로써 콘크리트의 워커빌리티를 개선하는 효과가 있다.
② 고성능 감수제는 그 사용방법에 따라 고강도 콘크리트용 감수제와 유동화제로 나누어지지만 기본적인 성능은 동일하다.
③ 촉진제는 응결시간이 빠르고 조기강도를 증대시키는 효과가 있기 때문에 여름철공사에 사용하면 유리하다.
④ 지연제는 사일로, 대형구조물 및 수조 등과 같이 연속 타설을 필요로 하는 콘크리트구조에 작업이음의 발생 등의 방지에 유효하다.

해설

촉진제는 응결시간이 빠르고 조기강도를 증대시키는 효과가 있기 때문에 겨울철공사에 사용하면 유리하다.

42 아스팔트의 성질에 대한 설명으로 틀린 것은?

① 아스팔트의 밀도는 침입도가 작을수록 작다.
② 아스팔트의 밀도는 온도가 상승할수록 저하된다.
③ 아스팔트는 온도에 따라 컨시스턴시가 현저하게 변화된다.
④ 아스팔트의 강성은 온도가 높을수록, 침입도가 클수록 작다.

해설

아스팔트의 밀도는 침입도가 클수록 작다.

정답 39 ① 40 ③ 41 ③ 42 ①

43 도폭선에서 심약(心藥)으로 사용되는 것은?
① 뇌홍 ② 질화납
③ 면화약 ④ 피크린산

해설
1) 심약은 도화선, 도폭선 등에 들어있는 화약, 또는 폭약을 말한다.
2) 도폭선은 면화약을 심약으로 사용하고 금속 또는 섬유로 피복한 끈 모양의 화공품으로서, 대폭파와 수중 폭파 등을 동시 폭파할 경우 뇌관 대신 사용하는 기폭용품이다.

44 냉간가공을 했을 때 강재의 특성으로 틀린 것은?
① 경도가 증가한다.
② 신장률이 증가한다.
③ 항복점이 증가한다.
④ 인장강도가 증가한다.

해설
냉간가공
1) 재료의 가공에 있어서 비교적 낮은 온도에서 재료를 변형시키는 것으로 압축 프레스 등을 이용해 재료를 찍어내기 등의 방법을 이용해 재료(깡통, 식판 등)의 모양을 만드는 것을 말한다.
2) 냉간가공을 하면 금속의 기계적 성질이 변화하며 그 영향은 인장강도, 항복점 탄성한계, 경도 등의 성질은 점차 증가되고, 연신율, 단면수축률, 비중, 신장 등은 반대로 감소된다.

45 시멘트의 강열감량(ignition loss)에 대한 설명으로 틀린 것은?
① 강열감량은 시멘트에 약 1000°C에 강한 열을 가했을 때의 시멘트 중량감소량을 말한다.
② 강열감량은 주로 시멘트 속에 포함된 H_2O와 CO_2의 양이다.
③ 강열감량은 클링커와 혼합하는 석고의 결정수량과 거의 같은 양이다.
④ 시멘트가 풍화하면 강열감량이 적어지므로 풍화의 정도를 파악하는데 사용된다.

해설
1) 시멘트가 풍화하면 강열감량이 커지므로 풍화의 정도를 파악하는데 사용된다.
2) 강열감량 = $\dfrac{물 + CO_2 와 결합된\ Cement량}{최초의\ 시멘트량} \times 100\%$

46 굵은 골재의 밀도 시험 결과가 아래와 같을 때 이 골재의 표면 건조 포화 상태의 밀도는?

- 절대 건조 상태의 시료 질량 : 2000g
- 표면 건조 포화 상태의 시료 질량 : 2090g
- 침지된 시료의 수중질량 : 1290g
- 시험 온도에서의 물의 밀도 : $1g/cm^3$

① $2.50g/cm^3$ ② $2.61g/cm^3$
③ $2.68g/cm^3$ ④ $2.82g/cm^3$

해설
표면건조 포화상태 밀도
$\dfrac{B}{B-C} \times \rho_w = \dfrac{2090}{2090-1290} \times 1 = 2.61 g/cm^3$

47 잔골재를 계량한 결과가 아래와 같을 때 흡수율은?

- 절대 건조 상태 시료의 질량 : 950g
- 공기 중 건조 상태 시료의 질량 : 970g
- 표면 건조 포화 상태 시료의 질량 : 980g
- 습윤 상태 시료의 질량 : 1000g

① 2.06% ② 3.06%
③ 3.16% ④ 3.26%

해설
$흡수율(\%) = \dfrac{m-A}{A} \times 100$
$= \dfrac{980-950}{950} \times 100 = 3.16\%$

정답 43 ③ 44 ② 45 ④ 46 ② 47 ③

48 스트레이트 아스팔트와 비교한 고무혼입 아스팔트(rubberized asphalt)의 특징으로 틀린 것은?

① 응집성 및 부착력이 크다.
② 마찰계수가 크다.
③ 충격저항이 크다.
④ 감온성이 크다.

해설
고무 혼입 아스팔트의 특징
1) 스트레이트 아스팔트에 비해서 감온성이 작다.
2) 스트레이트 아스팔트에 비해서 응집성이 크다.
3) 스트레이트 아스팔트에 비해서 탄성 및 충격저항이 크다.
4) 스트레이트 아스팔트에 비해서 마찰 계수가 크다.

49 로스앤젤레스 시험기에 의한 굵은 골재의 마모 시험 결과가 아래와 같을 때 마모감량은?

- 시험 전 시료의 질량 : 5000g
- 시험 후 1.7mm의 망체에 남은 시료의 질량 : 4321g

① 6.4%   ② 7.4%
③ 13.6% ④ 15.7%

해설
마모감량

$R = \dfrac{\text{시험전시료질량} - \text{시험후}1.7mm\text{체 남는질량}}{\text{시험전시료질량}} \times 100$

$= \dfrac{5000 - 4321}{5000} \times 100 = 13.6\%$

50 방청제를 사용한 콘크리트에서 방청제의 작용에 의한 방식 방법으로 틀린 것은?

① 콘크리트 중의 철근표면의 부동태 피막을 보강하는 방법
② 콘크리트 중의 이산화탄소를 소비하여 철근에 도달하지 않도록 하는 방법
③ 콘크리트 중의 염소이온을 결합하여 고정하는 방법
④ 콘크리트의 내부를 치밀하게 하여 부식성 물질의 침투를 막는 방법

해설
방청제
1) 콘크리트 등의 염화물에 의한 철근의 부식을 억제할 목적으로 사용한다.
2) 주성분으로 이황산소다, 인산염, 염화 제1주석, 리그닌설폰 염화칼슘염 등 사용된다.
3) 방청제의 방식방법
   ① 철근 표면의 부동태 피막을 보강한다.
   ② 산소를 소비하거나 염소이온을 결합하여 고정한다.
   ③ 콘크리트 내부를 치밀하게 하여 부식성 물질의 침투를 막는다.

51 토목섬유가 힘을 받아 한 방향으로 찢어지는 특성을 측정하는 시험법은 무엇인가?

① 인열강도시험 ② 할렬강도시험
③ 봉합강도시험 ④ 직접전단시험

해설
인열강도란 토목섬유을 찢는데 필요한 힘을 말한다.

52 화성암은 산성암, 중성암, 염기성암으로 분류가 되는데, 이때 분류 기준이 되는 것은?

① 규산의 함유량 ② 운모의 함유량
③ 장석의 함유량 ④ 각섬석의 함유량

해설
화성암은 산성암, 중성암, 염기성암으로 분류하는데 분류기준은 규산의 함유량을 기준으로 한다.

53 석재로서 화강암의 특징에 대한 설명으로 틀린 것은?

① 조직이 균일하고 내구성 및 강도가 크다.
② 외관이 아름다워 장식재로 사용할 수 있다.
③ 균열이 적기 때문에 비교적 큰 재료를 채취할 수 있다.
④ 내화성이 강하므로 고열을 받는 내화용 재료로 많이 사용된다.

해설
석재로서 화강암은 내화성에 취약하다.

정답 48 ④ 49 ③ 50 ② 51 ① 52 ① 53 ④

54 시멘트의 응결에 영향을 미치는 요소에 대한 설명으로 틀린 것은?

① 풍화된 시멘트는 일반적으로 응결이 빨라진다.
② 온도가 높을수록 응결은 빨라진다.
③ 배합 수량이 많을수록 응결은 지연된다.
④ 석고의 첨가량이 많을수록 응결은 지연된다.

해설
풍화된 시멘트는 일반적으로 응결이 느려진다.

55 혼화재 중 대표적인 포졸란의 일종으로서, 석탄 화력발전소 등에서 미분탄을 연소시킬 때 불연 부분이 용융상태로 부유한 것을 냉각 고화시켜 채취한 미분탄재를 무엇이라고 하는가?

① 플라이애시   ② 고로슬래그
③ 실리카흄   ④ 소성점토

해설
1) 고로슬래그 : 용광로에서 철광석으로부터 선철을 만들 때 생기는 슬래그(鑛滓)로서 철 이외의 불순물이 모인 것
2) 실리카흄 : 실리콘 제조 시 발생하는 초미립자의 규소 부산물을 전기집진장치에 의해서 얻어지는 혼화재로 초고강도 콘크리트 제조에 사용된다.

56 골재의 취급과 저장 시 주의해야 할 사항으로 틀린 것은?

① 잔골재, 굵은 골재 및 종류, 입도가 다른 골재는 각각 구분하여 별도로 저장한다.
② 골재의 저장설비는 적당한 배수설비를 설치하고 그 용량을 검토하여 표면수가 균일한 골재의 사용이 가능하도록 한다.
③ 골재의 표면수는 굵은 골재는 건조 상태로, 잔골재는 습윤 상태로 저장하는 것이 좋다.
④ 골재는 빙설의 혼입방지, 동결방지를 위한 적당한 시설을 갖추어 저장해야 한다.

해설
골재의 표면수는 굵은 골재 및 잔골재는 표건 상태로 저장하는 것이 좋다.

57 아래는 길모어 침에 의한 시멘트의 응결시간 시험 방법(KS L 5103)에서 습도에 대한 내용이다. 아래의 (   )안에 들어갈 내용으로 옳은 것은?

시험실의 상대 습도는 (㉠)이상이어야 하며, 습기함이나 습기실은 시험체를 (㉡)이상의 상대습도에서 저장할 수 있는 구조이어야 한다.

① ㉠ : 30%, ㉡ : 60%
② ㉠ : 50%, ㉡ : 70%
③ ㉠ : 30%, ㉡ : 80%
④ ㉠ : 50%, ㉡ : 90%

해설
시험실의 상대 습도는 (50%)이상이어야 하며, 습기함이나 습기실은 시험체를 (90%)이상의 상대습도에서 저장할 수 있는 구조이어야 한다.

58 아래에서 설명하는 합판은?

끌로 각재를 얇게 절단한 것으로서, 곧은결과 무늬 결을 자유로이 얻을 수 있어 장식용으로 이용할 수 있는 특징이 있다.

① 소드 베니어
② 로터리 베니어
③ 파티클 보드(PB)
④ 슬라이스트 베니어

해설
제조 방법에 의한 분류
1) 로터리 베니어(Rotary Veneer)(a) : 목재의 이용 효율이 높고 가장 널리 쓰이는 방법으로서, 둥근 원목을 나이테에 따라 회전시키면서 얇게 깎아내는 방법으로 낭비가 적다.
2) 슬라이스트 베니어(Sliced Veneer)(b) : 끌로 각재를 얇게 절단한 것으로서 곧은결과 무늬결을 얻을 수 있어 장식용으로 이용할 수 있다.
3) 소드 베니어(Sawed Veneer)(c) : 판재를 얇은 작은 톱으로 켜서 만든 단판으로 아름다운 결이 얻을 수 있어, 고급 합판에 사용되나 톱밥이 많아 비경제적이다.

정답 54 ① 55 ① 56 ③ 57 ④ 58 ④

4) 파티클 보드 : 목재로 사용하고 남는 폐자재를 작은 칩의 형태로 분쇄 후 접착제를 첨가하여 강한 열과 힘으로 압착해 만든 판상형 가공재

59 다음 강재의 응력-변형률 곡선에 대한 설명으로 틀린 것은?

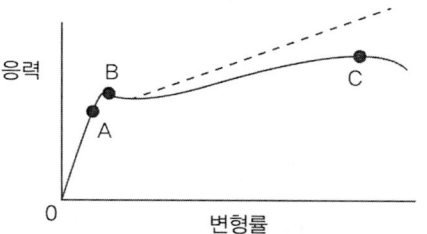

① A점은 응력과 변형률이 비례하는 최대한도지점이다.
② B점은 외력을 제거해도 영구변형을 남기지 않고 원래로 돌아가는 응력의 최대한도 지점이다.
③ C점은 부재 응력의 최댓값이다.
④ 강재는 하중을 받아 변형되며 단면이 축소되므로 실제 응력-변형률 선은 점선이다.

해설
B점은 응력-변형률도에서 항복점(Yielding Pont)라 한다. 항복점은 외력의 증가가없는 상태에서 변형이 증가 되는 최대 응력점

60 도로포장용 아스팔트는 수분을 함유하지 않고 몇 °C까지 가열하여도 거품이 생기지 않아야 하는가?

① 150°C ② 175°C
③ 220°C ④ 280°C

해설
도로포장용 아스팔트는 수분을 함유하지 않고 175°C까지 가열하여도 거품이 생기지 않아야한다.

제4과목 토질 및 기초

61 비교적 가는 모래와 실트가 물속에서 침강하여 고리 모양을 이루며 작은 아치를 형성한 구조로 단립구조보다 간극비가 크고 충격과 진동에 약한 흙의 구조는?

① 봉소구조 ② 낱알구조
③ 분산구조 ④ 면모구조

해설
비점성토의 구조
1) 단립구조(자갈, 모래) : 모래, 자갈이 있으며, 입자사이의 마찰력에 의하여 맞물려 있는 구조를 가지는 특징이 있다.
2) 봉소구조(실트, 가는 모래) : 실트(silt)가 있으며, 아주 가는 모래와 silt가 물속에 침강하여 이루어져 있으며, 간극비 크고 충격과 진동에 약한 흙의 구조이다.

62 모래시료에 대해서 압밀배수 삼축압축시험을 실시하였다. 초기 단계에서 구속응력(σ_3)은 100kN/m²이고, 전단파괴시에 작용된 축차응력(σ_{df})은 200kN/m²이었다. 이와 같은 모래시료의 내부마찰각(ϕ) 및 파괴면에 작용하는 전단응력(τ_f)의 크기는?

① $\phi=30°$, $\tau_f=115.47$kN/m²
② $\phi=40°$, $\tau_f=115.47$kN/m²
③ $\phi=30°$, $\tau_f=86.60$kN/m²
④ $\phi=40°$, $\tau_f=86.60$kN/m²

해설
1) $\sigma_3' = 100 kg/cm^2$
$\sigma_1' = \sigma_3' + \sigma_{df} = 100 + 200$
$= 300 kg/cm^2$
2) $\sin\phi' = \dfrac{\sigma_1' - \sigma_3'}{\sigma_1' + \sigma_3'} = \dfrac{300-100}{300+100} = 0.5$
$\therefore \phi' = 30°$

정답 59 ② 60 ② 61 ① 62 ③

3) $\tau = \dfrac{\sigma_1' - \sigma_3'}{2} \sin 2\theta$

$= \dfrac{\sigma_1' - \sigma_3'}{2} \sin\left(2 \times 45 - \dfrac{\varnothing}{2}\right)$

$= \dfrac{300 - 100}{2} \sin\left(2 \times (45 - \dfrac{30}{2})\right)$

$= 86.6 kg/cm^2$

63 말뚝의 부주면마찰력에 대한 설명으로 틀린 것은?

① 연약한 지반에서 주로 발생한다.
② 말뚝 주변의 지반이 말뚝보다 더 침하될 때 발생한다.
③ 말뚝주변에 역청 코팅을 하면 부주면 마찰력을 감소시킬 수 있다.
④ 부주면 마찰력의 크기는 말뚝과 흙 사이의 상대적인 변위속도와는 큰 연관성이 없다.

해설
부주면마찰력의 크기는 말뚝과 흙 사이의 상대적인 변위속도와는 큰 연관성이 있다.

64 말뚝기초에 대한 설명으로 틀린 것은?

① 군항은 전달되는 응력이 겹쳐지므로 말뚝 1개의 지지력에 말뚝 개수를 곱한 값보다 지지력이 크다.
② 동역학적 지지력 공식 중 엔지니어링 뉴스 공식의 안전율(Fs)은 6이다.
③ 부주면마찰력이 발생하면 말뚝의 지지력은 감소한다.
④ 말뚝기초는 기초의 분류에서 깊은 기초에 속한다.

해설
군항은 전달되는 응력이 겹쳐지므로 말뚝 1개의 지지력에 말뚝 개수를 곱한 값보다 지지력이 작다.

65 두께 9m의 점토층에서 하중강도 P1일 때 간극비는 2.0이고 하중강도를 P2로 증가시키면 간극비는 1.8로 감소되었다. 이 점토층의 최종 압밀 침하량은?

① 20cm   ② 30cm
③ 50cm   ④ 60cm

해설
$H : \triangle H = 1 + e_1 : e_1 - e_2$ 식에서

$\triangle H = \dfrac{e_1 - e_2}{1 + e_1} \cdot H = \dfrac{2 - 1.8}{1 + 2} \times 900 = 60 cm$

66 그림과 같이 3개의 지층으로 이루어진 지반에서 토층에서 수직한 방향의 평균 투수계수(k_v)는?

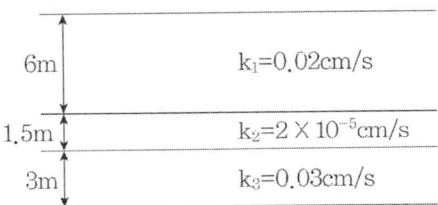

① 2.515×10^{-6} cm/s   ② 1.274×10^{-5} cm/s
③ 1.393×10^{-4} cm/s   ④ 2.0×10^{-2} cm/s

해설
수직한 방향 평균 투수계수

$K_v = \dfrac{H}{\dfrac{h_1}{K_{v1}} + \dfrac{h_2}{K_{v2}} + \dfrac{h_3}{K_{v3}}}$

$= \dfrac{600 + 150 + 300}{\dfrac{600}{0.02} + \dfrac{150}{2 \times 10^{-5}} + \dfrac{300}{0.03}}$

$= 1.393 \times 10^{-4} cm/sec$

67 아래 그림과 같은 흙의 구성도에서 체적 V를 1로 했을 때의 간극의 체적은? (단, 간극률은 n, 함수비는 w, 흙입자의 비중은 G_s, 물의 단위중량은 γ_w)

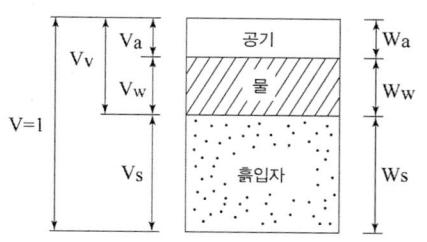

① n ② wG_s
③ $\gamma_w(1-n)$ ④ $[G_s - n(G_s-1)]\gamma_w$

해설

간극률 $n = \dfrac{V_v}{V} \times 100\%$

∴ $V_v = \dfrac{n \cdot V}{100} = \dfrac{n}{100} = n$

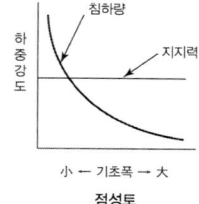
점성토

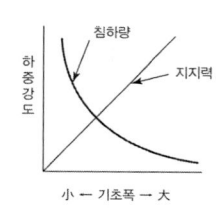
사질토

68 평판재하시험에 대한 설명으로 틀린 것은?
① 순수한 점토지반의 지지력은 재하판 크기와 관계없다.
② 순수한 모래지반의 지지력은 재하판의 폭에 비례한다.
③ 순수한 점토지반의 침하량은 재하판의 폭에 비례한다.
④ 순수한 모래지반의 침하량은 재하판의 폭에 관계없다.

해설

1) 점성토
  기초지지력 $q_{u(f)} = q_{u(p)}$
  즉시 침하량 $S_f = S_p \cdot \dfrac{B_f}{B_p}$

2) 사질토
  기초지지력 $q_{u(f)} = q_{u(p)} \cdot \dfrac{B_{(f)}}{B_{(p)}}$
  즉시 침하량 $S_f = S_p \cdot \left(\dfrac{2B_f}{B_p + B_f}\right)^2$

69 두께 2cm의 점토시료에 대한 압밀 시험결과 50%의 압밀을 일으키는데 6분이 걸렸다. 같은 조건하에서 두께 3.6m의 점토층 위에 축조한 구조물이 50%의 압밀에 도달하는데 며칠이 걸리는가?
① 1350일 ② 270일
③ 135일 ④ 27일

해설

50% 압밀에 도달하는 시간 $t_{50} = \dfrac{T_v \cdot H^2}{C_v}$

1) 2cm 시료 점토의 압밀계수
  log t법
  $C_v = \dfrac{T_v \cdot H^2}{t_{50}}$
  $= \dfrac{0.197 \times \left(\dfrac{0.02}{2}\right)^2}{6} = \dfrac{0.197 \times \left(\dfrac{0.02}{2}\right)^2}{6 \times \dfrac{1}{60} \times \dfrac{1}{24}}$
  $= 4.728 m^2 \times 10^{-3}/$일

2) 3.6m 점토가 50% 압밀에 도달하는 시간
  ∴ $t_{50} = \dfrac{T_v \cdot H^2}{C_v} = \dfrac{0.197 \times \left(\dfrac{3.6}{2}\right)^2}{4.728 \times 10^{-3}} = 135$일

70 토립자가 둥글고 입도분포가 나쁜 모래 지반에서 표준관입시험을 한 결과 N값은 10이었다. 이 모래의 내부 마찰각(ϕ)을 Dunham의 공식을 구하면?

① 21° ② 26°
③ 31° ④ 36°

해설
Dunham 공식의 N값 산정

토질입자가 둥글고 균일한(불량입도)경우	$\phi = \sqrt{12N} + 15$
토질입자가 둥글고 입도분포가 양호 토립자가 모가나고 균일한(불량한입도)경우	$\phi = \sqrt{12N} + 20$
토립자가 모가나고 입도분포가 좋을때	$\phi = \sqrt{12N} + 25$

$\phi = \sqrt{12N} + 15$
$= \sqrt{12 \times 10} + 15 = 25.95°$

71 그림과 같이 폭이 2m, 길이가 3m인 기초에 100kN/m²의 등분포 하중이 작용할 때, A점 아래 4m 깊이에서의 연직응력 증가량은? (단, 아래 표의 영향계수 값을 활용하여 구하며, $m = \dfrac{B}{z}$, $n = \dfrac{L}{z}$이고, B는 직사각형 단면의 폭, L은 직사각형 단면의 길이, z는 토층의 깊이이다.)

[영향계수(I) 값]

m	0.25	0.5	0.5	0.5
n	0.5	0.25	0.75	1.0
I	0.048	0.048	0.115	0.122

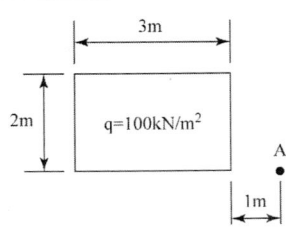

① 6.7kN/m²   ② 7.4kN/m²
③ 12.2kN/m² ④ 17.0kN/m²

해설
$\triangle \sigma_v = q_s \cdot I_B$
1) 직사각형 (3+1)m×2m
$m = \dfrac{B}{Z} = \dfrac{2}{4} = 0.5,\ n = \dfrac{L}{Z} = \dfrac{4}{4} = 1$
$I_B(m,n) = 0.122$
2) 직사각형 (1m×2m)
$m = \dfrac{B}{Z} = \dfrac{2}{4} = 0.5,\ n = \dfrac{L}{Z} = \dfrac{1}{4} = 0.25$
$I_B(m,n) = 0.048$
∴ 연직응력 증가량
$\triangle \sigma_v = q_s \cdot I_B = 100 \times (0.122 - 0.048)$
$= 7.4 kN/m^2$

72 기초가 갖추어야 할 조건이 아닌 것은?
① 동결, 세굴 등에 안전하도록 최소한의 근입깊이를 가져야 한다.
② 기초의 시공이 가능하고 침하량이 허용치를 넘지 않아야 한다.
③ 상부로부터 오는 하중을 안전하게 지지하고 기초지반에 전달하여야 한다.
④ 기관상 아름답고 주변에서 쉽게 구득할 수 있는 재료로 설계되어야 한다.

해설
기초공의 구조상 요구조건
1) 기초의 시공이 가능할 것
2) 최소한의 근입깊이가 확보될 것
3) 충분한 지지력을 확보하고 침하가 허용침하 이내일것
4) 경제성이 확보될 것
5) 기초 깊이는 동결깊이 이상일 것.

73 벽체에 작용하는 주동토압을 Pa, 수동토압을 Pp, 정지토압을 Po라 할 때 크기의 비교로 옳은 것은?

① Pa > Pp > Po ② Pp > Po > Pa
③ Pp > Pa > Po ④ Po > Pa > Pp

해설

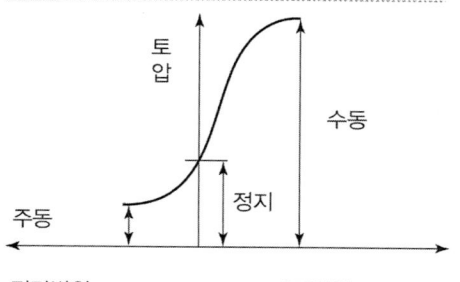

토압크기 : Pp > Po > Pa

74 지반개량공법 중 주로 모래질 지반을 개량하는데 사용되는 공법은?

① 프리로딩 공법
② 생석회 말뚝 공법
③ 페이퍼 드레인 공법
④ 바이브로 플로테이션 공법

해설
① 사질토 지반개량공법
 1) 진동다짐(Vibroflotation)공법
 2) 다짐모래말뚝 (Sand Compaction Pile) 공법
 3) 동다짐 공법(동압밀 공법)
② 점성토의 지반 개량 공법
 1) 치환 공법
 2) preloading 공법(사전압밀 공법)
 3) 전기침투 공법
 4) 생석회 말뚝(Chemico pile)공법 등

75 포화된 점토에 대하여 비압밀 비배수(UU) 시험을 하였을 때 결과에 대한 설명으로 옳은 것은? (단, ϕ : 내부마찰각, c : 점착력)

① ϕ와 c가 나타나지 않는다.
② ϕ와 c가 모두 "0"이 아니다.
③ ϕ는 "0"이 아니지만 c는 "0"이다.
④ ϕ는 "0"이고 c는 "0"이 아니다.

해설
UU(Unconsolidated –Undrained) 시험(비압밀 비배수)
· 시공속도가 과잉간극수압 소산속도보다 빠를 때
· 점토지반에 제방 성토 직후 초기 사면안정해석하는 경우
· 점토지반에 급속히 성토 시공을 하였을 경우 초기 안정성 검토
· UU 조건 지반위에 구조물을 시공한 직후의 초기 안정성 검토
· ϕ는 "0"이고 c는 "0"이 아니다.

76 흙의 다짐시험에서 다짐에너지를 증가시킬 때 일어나는 결과는?

① 최적함수비는 증가하고, 최대건조 단위중량은 감소한다.
② 최적함수비는 감소하고, 최대건조 단위중량은 증가한다.
③ 최적함수비와 최대건조단위중량이 모두 감소한다.
④ 최적함수비와 최대건조단위중량이 모두 증가한다.

해설
양입도에서 다짐에너지 클수록 건조밀도 증가하고 최적함수비는 감소한다.

77 점토지반으로부터 불교란 시료를 채취하였다. 이 시료의 지름이 50mm, 길이가 100mm, 습윤 질량이 350g, 함수비가 40%일 때 이 시료의 건조밀도는?

① 1.78g/cm³ ② 1.43g/cm³
③ 1.27g/cm³ ④ 1.14g/cm³

해설
1) 시료의 습윤밀도
$\gamma_t = \dfrac{W}{V} = \dfrac{350}{196.35} = 1.783 g/cm^3$
여기서 $V = \dfrac{\pi \cdot D^2}{4} \times L$
$= \dfrac{\pi \times 0.5^2}{4} \times 10 = 196.35 cm^3$

2) 시료의 건조밀도

$$\gamma_d = \frac{\gamma_t}{1+\frac{w}{100}} = \frac{1.78}{1+\frac{40}{100}} = 1.27 g/cm^3$$

$$\therefore \gamma_d = 1.27 g/cm^3$$

78 응력경로(stress path)에 대한 설명으로 틀린 것은?

① 응력경로는 특성상 전응력으로만 나타낼 수 있다.
② 응력경로란 시료가 받는 응력의 변화과정을 응력공간에 궤적으로 나타낸 것이다.
③ 응력경로는 Mohr의 응력원에서 전단응력이 최대인 점을 연결하여 구한다.
④ 시료가 받는 응력상태에 대한 응력경로는 직선 또는 곡선으로 나타난다.

해설

응력경로(stress path)
① 응력경로란?
  1) Mohr원의 정점을 연결한선으로 전단응력이 최대인 점을 연결하여 구한다.
  2) 응력경로는 전응력경로와 유효응력경로로 표시할 수 있다.

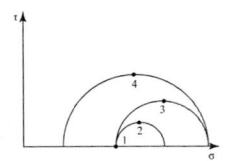 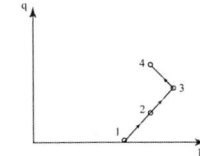

② 응력경로 종류 및 좌표
  1) 전응력 경로
  $$p = \frac{\sigma_1+\sigma_3}{2}, \quad q = \frac{\sigma_1-\sigma_3}{2}$$
  2) 유효응력 경로
  $$p' = \frac{(\sigma_1-u)+(\sigma_3-u)}{2} \quad q' = q = \frac{\sigma_1-\sigma_3}{2}$$

79 유선망의 특징에 대한 설명으로 틀린 것은?

① 각 유로의 침투수량은 같다.
② 동수경사는 유선망의 폭에 비례한다.
③ 인접한 두 등수두선 사이의 수두손실은 같다.
④ 유선망을 이루는 사변형은 이론상 정사각형이다.

해설

침투속도 및 동수구배는 유선망의 폭에 반비례한다.

80 암반층 위에 5m 두께의 토층이 경사 15°의 자연사면으로 되어 있다. 이 토층의 강도정수 $c=15kN/m^2$, $\phi=30°$이며, 포화단위중량(γ_{sat})은 $18kN/m^3$이다. 지하수면은 토층의 지표면과 일치하고 침투는 경사면과 대략 평행이다. 이때 사면의 안전율은? (단, 물의 단위중량은 $9.81kN/m^3$이다.)

① 0.85   ② 1.15
③ 1.65   ④ 2.05

해설

무한사면 안전율

$$F_s = \frac{c'}{\gamma_{sat} h \cos i \sin i} + \frac{\gamma_{sub} \cdot \tan \phi'}{\gamma_{sat} \cdot \tan i}$$

$$= \frac{15}{18 \times 5 \times \cos 15° \times \sin 15°} + \frac{(18-9.8)}{18} \times \frac{\tan 30}{\tan 15}$$

$$= 1.65$$

2022 기출문제
제2회 건설재료시험기사

제1과목 콘크리트공학

01 콘크리트의 양생에 대한 설명으로 틀린 것은?
① 거푸집판이 건조될 우려가 있는 경우에는 살수하여 습윤 상태로 유지하여야 한다.
② 막양생제는 콘크리트 표면의 물빛(水光)이 없어진 직후에 얼룩이 생기지 않도록 살포하여야 한다.
③ 콘크리트는 양생 기간 중에 유해한 작용으로부터 보호하여야 하며, 재령 5일이 될 때까지는 물에 씻기지 않도록 보호한다.
④ 고로 슬래그 시멘트 2종을 사용한 경우, 습윤 양생의 기간은 보통 포틀랜드 시멘트를 사용한 경우보다 짧게 하여야 한다.

해설
고로 슬래그 시멘트 2종을 사용한 경우, 습윤 양생의 기간은 보통 포틀랜드 시멘트를 사용한 경우보다 길게 하여야 한다.

02 프리스트레스트 콘크리트 부재에서 프리스트레스의 손실 원인 중 프리스트레스 도입 후에 발생하는 시간적 손실의 원인에 해당하는 것은?
① 정착장치의 활동
② 콘크리트의 탄성수축
③ 긴장재 응력의 릴랙세이션
④ 포스트텐션 긴장재와 덕트 사이의 마찰

해설
1) 도입 시 일어나는 손실원인(마찰활동)
  ① 콘크리트의 탄성변형
  ② PS강재와 시스 사이의 마찰
  ③ 정착장치의 활동
2) 도입 후 손실원인(건CR)
  ① 콘크리트 크리프
  ② 콘크리트 건조수축
  ③ PS강재의 Relaxation

03 일반콘크리트의 비비기는 미리 정해 둔 비비기 시간의 최대 몇 배 이상 계속해서는 안 되는가?
① 2배 ② 3배
③ 4배 ④ 5배

해설
일반콘크리트의 비비기는 미리 정해 둔 비비기 시간의 최대 3배 이상 계속해야 한다.

04 소요의 품질을 갖는 프리플레이스트 콘크리트를 얻기 위한 주입 모르타르의 품질에 대한 설명으로 틀린 것은?
① 굳지 않은 상태에서 압송과 주입이 쉬워야 한다.
② 굵은 골재의 공극을 완벽하게 채울 수 있는 양호한 유동성을 가지며, 주입 작업이 끝날 때까지 이 특성이 유지되어야 한다.
③ 모르타르가 굵은 골재의 공극에 주입되어 경화되는 사이에 블리딩이 적으며, 팽창하지 않아야 한다.
④ 경화 후 충분한 내구성 및 수밀성과 강재를 보호하는 성능을 가져야 한다.

해설
프리플레이스트 콘크리트에 주입되어 모르타르는 경화되는 사이에 블리딩이 적으며, 일정한 범위내 팽창으로 콘크리트 내부 공극을 충분히 채울 수 있어야 한다.

정답 01 ④ 02 ③ 03 ② 04 ③

05 콘크리트의 시방배합이 아래의 표와 같을 때 공기량은 얼마인가? (단, 시멘트의 밀도는 3.15g/cm³, 잔골재의 표건 밀도는 2.60g/cm³, 굵은 골재의 표건 밀도는 2.65g/cm³이다.)

[시방배합표(kg/m³)]

물	시멘트	잔골재	굵은골재
180	360	745	990

① 2.6% ② 3.6%
③ 4.6% ④ 5.6%

해설

공기량 $= 1 - \left(\dfrac{180}{1,000} + \dfrac{360}{3.15 \times 1,000} + \dfrac{745}{2.60 \times 1,000} + \dfrac{990}{2.65 \times 1,000}\right)$
$= 0.0456 \times 100 = 4.6\%$

06 비파괴 시험 방법 중 콘크리트 내의 철근부식 유무를 평가할 수 있는 방법이 아닌 것은?
① 반발경도법 ② 자연전위법
③ 분극저항법 ④ 전기저항법

해설

반발경도법으로 콘크리트의 강도를 추정할 수 있다.

07 프리스트레스트 콘크리트에 대한 설명으로 틀린 것은?
① 굵은 골재의 최대 치수는 보통의 경우 25mm를 표준으로 한다.
② 프리스트레스트 콘크리트용 그라우트의 물-결합재비는 45% 이하로 하여야 한다.
③ 프리텐션 방식으로 프리스트레싱할 때 콘크리트의 압축강도는 30MPa 이상이어야 한다.
④ 프리스트레싱할 때 긴장재에 인장력을 설계값 이상으로 주었다가 다시 설계값으로 낮추는 방법으로 시공하여야 한다.

해설

프리스트레싱할 때 긴장재에 인장력을 설계값 이상으로 주었다가 다시 설계 값으로 낮추는 방법으로 시공하지 않아야 한다.

08 아래는 고강도 콘크리트의 타설에 대한 내용으로 ( )안에 들어갈 알맞은 값은?

> 수직부재에 타설하는 콘크리트의 강도와 수평부재에 타설하는 콘크리트 강도의 차가 ( )배를 초과하는 경우에는 수직부재에 타설한 고강도 콘크리트는 수직-수평부재의 접합면으로부터 수평부재 쪽으로 안전한 내민 길이를 확보하도록 하여야 한다.

① 1.4 ② 1.6
③ 1.8 ④ 2.0

해설

수직부재에 타설하는 콘크리트의 강도와 수평부재에 타설하는 콘크리트 강도의 차가 (1.4)배를 초과하는 경우에는 수직부재에 타설한 고강도 콘크리트는 수직-수평부재의 접합면으로부터 수평부재 쪽으로 안전한 내민 길이를 확보하도록 하여야 한다.

수직부재(기둥)(40)MPa/수평부재강도(24MPa)≥1.4 이상인 경우

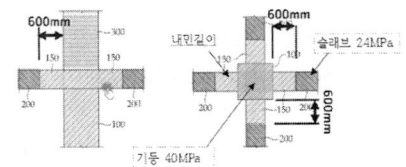

09 콘크리트 압축 강도 시험에서 공시체에 하중을 가하는 속도는 압축응력도의 증가율이 매초 몇 MPa이 되도록 하여야 하는가?
① (6.0±0.4)MPa ② (6.0±0.04)MPa
③ (0.6±0.4)MPa ④ (0.06±0.04)MPa

해설

압축응력도의 증가율이 매초 (0.6±0.4)MPa

10 아래는 압축강도에 의한 콘크리트의 품질 검사 판정기준으로 ( )안에 들어갈 알맞은 값은? (단, 호칭강도(f_{cn})로부터 배합을 정한 경우이며, f_{cn}>35MPa이다.)

[판정기준]
① 연속 (㉠)회 시험값의 평균이 호칭강도 이상
② 1회 시험값이 호칭강도의 (㉡)%이상

① ㉠ : 3, ㉡ 90 ② ㉠ : 5, ㉡ 90
③ ㉠ : 3, ㉡ 80 ④ ㉠ : 5, ㉡ 80

해설

콘크리트 압축강도판정기준
1) $f_{cn} \leq 35MPa$인 경우 판정기준
 · 연속3회 시험값의 평균값이 f_{cn}(호칭강도)이상
 · 1회 시험값이 f_{cn}-3.5MPa이상
2) $f_{cn} > 35MPa$인 경우 판정기준
 · 연속3회 시험값의 평균값이 f_{cn}(호칭강도)이상
 · 1회 시험값이 f_{cn}의 90% 이상($0.9f_{ck}$)

11 콘크리트의 압축강도를 기준으로 거푸집널을 해체하고자 할 때 확대기초, 보, 기둥 등의 측면 거푸집널은 압축강도가 최소 얼마 이상인 경우 해체할 수 있는가?

① 5MPa 이상
② 14MPa 이상
③ 설계기준압축강도의 $\frac{1}{3}$ 이상
④ 설계기준압축강도의 $\frac{2}{3}$ 이상

해설

콘크리트의 압축강도를 시험한 경우 거푸집널의 해체시기

부재	콘크리트 압축강도(f_{cu})
확대기초, 보 옆, 기둥 등의 측벽	5MPa 이상
슬래브 및 보의 밑면, 아치 내면	설계기준압축강도의 $\frac{2}{3}$ 배 이상, 또한 최소 14MPa 이상

12 일반콘크리트 타설에 대한 설명으로 틀린 것은?

① 타설한 콘크리트를 거푸집 안에서 횡방향으로 이동시켜서는 안 된다.
② 한 구획 내의 콘크리트 타설이 완료될 때까지 연속해서 타설하여야 한다.
③ 콘크리트는 그 표면이 한 구획 내에서는 거의 수평이 되도록 타설하는 것을 원칙으로 한다.
④ 콘크리트 타설 도중 표면에 떠올라 고인 블리딩수가 있을 경우에는 콘크리트 표면에 홈을 만들어 흐르게 하여 제거한다.

해설

콘크리트 타설 도중 표면에 떠올라 고인 블리딩수가 있을 경우에는 적당한 방법으로 이 물을 제거한 후가 아니면 그 위에 콘크리트를 쳐서는 안 되며, 고인 물을 제거하기 위하여 콘크리트 표면에 홈을 만들어 흐르게 해서는 안 된다.

13 매스 콘크리트의 온도균열 발생에 대한 검토는 온도균열지수에 의해 평가하는 것을 원칙으로 한다. 철근이 배치된 일반적인 구조물의 표준적인 온도균열지수의 값 중 균열발생을 제한할 경우의 값으로 옳은 것은?

① 1.5 이상 ② 1.2~1.5
③ 0.7~1.2 ④ 0.7 이하

해설

표준적인 온도균열지수

구 분	온도 균열 지수
균열발생을 방지하여야 할 경우	1.5 이상
균열발생을 제한할 경우	1.2~1.5
유해한 균열발생을 제한할 경우	0.7~1.2

정답 10 ① 11 ① 12 ④ 13 ②

14 굳지 않은 콘크리트의 워커빌리티에 대한 설명으로 옳은 것은?

① 시멘트의 비표면적은 워커빌리티에 영향을 주지 않는다.
② 모양이 각진 골재를 사용하면 워커빌리티가 개선된다.
③ AE제, 플라이애시를 사용하면 워커빌리티가 개선된다.
④ 콘크리트의 온도가 높을수록 슬럼프는 증가하며 워커빌리티가 개선된다.

해설
1) 시멘트의 비표면적은 워커빌리티에 영향을 준다.
2) 모양이 각진 골재를 사용하면 워커빌리티가 불량해진다.
3) 콘크리트의 온도가 높을수록 슬럼프는 증가하며 워커빌리티가 불량하게 된다.

15 숏크리트의 시공에 대한 일반적인 설명으로 틀린 것은?

① 건식 숏크리트는 배치 후 45분 이내에 뿜어붙이기를 실시하여야 한다.
② 습식 숏크리트는 배치 후 60분 이내에 뿜어붙이기를 실시하여야 한다.
③ 숏크리트는 타설되는 장소의 대기 온도가 25℃ 이상이 되면 건식 및 습식 숏크리트 모두 뿜어붙이기를 할 수 없다.
④ 숏크리트는 대기 온도가 10℃ 이상일 때 뿜어붙이기를 실시한다.

해설
숏크리트는 타설 장소의 대기온도가 38℃ 이상이 되면 건식 및 습식 숏크리트 모두 뿜어붙이기를 할 수 없다.

16 22회의 압축강도 시험 결과로부터 구한 압축강도의 표준편차가 5MPa이었고, 콘크리트의 호칭강도(f_{cn})가 40MPa일 때 배합강도는?
(단, 표준편차의 보정계수는 시험횟수가 20회인 경우 1.08이고, 25회인 경우 1.03이다.)

① 47.10MPa ② 47.65MPa
③ 48.35MPa ④ 48.85MPa

해설
배합강도
$f_{cn} > 35MPa$ 이므로
· $f_{cr} = f_{cn} + 1.34 \cdot s$
· $f_{cr} = 0.9 \cdot f_{cn} + 2.33 \cdot s$

1) 22회일 때 직선보간을 한 표준편차의 보정계수
$$\alpha = 1.03 + \frac{(1.08 - 1.03) \times 3}{5} = 1.06$$

2) 직선보간한 표준편차
$s = 5 \times 1.06 = 5.3 MPa$

∴ 배합강도
$f_{cn} > 35MPa$ 이므로
· $f_{cr} = f_{cn} + 1.34 \cdot s = 40 + 1.34 \times 5.3$
  $= 47.10 MPa$
· $f_{cr} = 0.9 \cdot f_{cn} + 2.33 \cdot s$
  $= 0.9 \times 40 + 2.33 \times 5.3$
  $= 48.35 MPa$
상기값 중 큰 값이 배합강도이므로
$f_{cr} = 48.35 MPa$

17 시방배합 결과 콘크리트 $1m^3$에 사용되는 물은 180kg, 시멘트는 390kg, 잔골재는 700kg, 굵은 골재는 1100kg이었다. 현장 골재의 상태가 아래와 같을 때 현장배합에 필요한 단위 굵은 골재량은?

· 현장의 잔골재는 5mm체에 남는 것을 10% 포함
· 현장의 굵은 골재는 5mm체를 통과하는 것을 5% 포함
· 잔골재의 표면수량은 2%
· 굵은 골재의 표면수량은 1%

① 1060kg ② 1071kg
③ 1082kg ④ 1093kg

해설
1) 입도조정
굵은골재
$$Y = \frac{100G - a(S+G)}{100 - (a+b)}$$

정답 14 ③ 15 ③ 16 ③ 17 ④

$$= \frac{100 \times 1,100 - 10(700 + 1,100)}{100 - (10 + 5)}$$
$$= 1,082 kg$$

2) 표면수량 보정
$$1,082 \times (1 + 0.01) = 1,093 kg/m^3$$

18 아래는 유동화 콘크리트의 슬럼프에 대한 내용으로 ( )안에 들어갈 알맞은 값은?

> 유동화 콘크리트의 슬럼프는 (㉠)mm 이하를 원칙으로 하며, 슬럼프 증가량은 유동화제의 첨가량에 따라 커지지만 너무 크게 되면 재료 분리가 발생할 가능성이 높아지므로 (㉡)mm이하를 원칙으로 한다.

① ㉠ : 180, ㉡ : 100
② ㉠ : 210, ㉡ : 100
③ ㉠ : 180, ㉡ : 150
④ ㉠ : 210, ㉡ : 150

해설
유동화 콘크리트의 슬럼프는 (210)mm 이하를 원칙으로 하며, 슬럼프 증가량은 유동화제의 첨가량에 따라 커지지만 너무 크게 되면 재료 분리가 발생할 가능성이 높아지므로 (100)mm이하를 원칙으로 한다.

19 급속 동결 융해에 대한 콘크리트의 저항 시험방법에서 동결 융해 1사이클의 소요시간으로 옳은 것은?

① 1시간 이상, 2시간 이하로 한다.
② 2시간 이상, 4시간 이하로 한다.
③ 4시간 이상, 5시간 이하로 한다.
④ 5시간 이상, 7시간 이하로 한다.

해설
동결 융해 1사이클의 소요시간은 2시간이상, 4시간 이하로 한다.

20 콘크리트의 크리프에 대한 설명으로 틀린 것은?

① 부재의 치수가 작을수록 콘크리트는 증가한다.
② 단위시멘트량이 많을수록 크리프는 증가한다.
③ 조강 시멘트는 보통 시멘트보다 크리프가 작다.
④ 상대습도가 높고, 온도가 낮을수록 크리프는 증가한다.

해설
상대습도가 높고, 온도가 낮을수록 크리프는 감소한다.

제2과목 건설시공 및 관리

21 45000m³의 성토 공사를 위하여 토량의 변화율이 L=1.2, C=0.9인 현장 흙을 굴착 운반하고자 한다. 이때 운반 토량은?

① 60000m³ ② 55000m³
③ 50000m³ ④ 45000m³

해설
성토토량 $\times \frac{L}{C} = 45,000 \times \frac{1.2}{0.9} = 60,000 m^3$

22 현장 타설 콘크리트 말뚝의 장점에 대한 설명으로 틀린 것은?

① 지층의 깊이에 따라 말뚝의 길이를 자유로이 조절할 수 있다.
② 말뚝선단에 구근을 만들어 지지력을 크게 할 수 있다.
③ 현장 지반 중에서 제작·양생되므로 품질관리가 쉽다.
④ 시공 중에 발생하는 소음 및 진동이 적어 도심지 공사에도 적합하다.

해설
현장 지반 중에서 제작·양생되므로 품질관리가 어렵다.

정답 18 ② 19 ② 20 ④ 21 ① 22 ③

23 폭우 시 옹벽 배면에 배수시설이 취약하면 옹벽저면을 통하여 침투수의 수위가 올라간다. 이 침투수가 옹벽에 미치는 영향으로 틀린 것은?

① 활동면에서의 양압력 발생
② 옹벽 저면에 대한 양압력 발생
③ 수동저항(passive resistance)의 증가
④ 포화 또는 부분포화에 의한 흙의 무게 증가

해설
수동저항(passive resistance)의 감소

24 도로 파손의 주요 원인인 소성변형의 억제방법 중 하나로 기존의 밀입도 아스팔트 혼합물 대신 상대적으로 큰 입경의 골재를 이용하는 아스팔트 포장방법을 무엇이라 하는가?

① SBR   ② SBA
③ SMR   ④ SMA

해설
SMA(Stone Mastic Asphalt)
1) 소성변형의 억제방법 중 하나로 기존의 밀입도 아스팔트 혼합물 대신 상대적으로 큰 입경의 골재를 이용하는 아스팔트 포장 방법이다.
2) 아스팔트 바인더 자체의 물성변화에 따른 혼합물의 개념보다는 골재의 맞물림특성을 최대로 하고 아스팔트는 가능한 많이 함유케 하여 기존의 밀입도아스팔트 혼합물의 단점을 보안한 개념의 혼합물

25 공사일수를 3점 시간 추정법에 의해 산정할 경우 적절한 공사 일수는? (단, 낙관일수는 6일, 정상일수는 8일, 비관일수는 10일이다.)

① 6일   ② 7일
③ 8일   ④ 9일

해설
적정 공사일수 산정
$t_e = \dfrac{t_o + 4t_m + t_p}{6} = \dfrac{6 + 4 \times 8 + 10}{6} = 8$일

26 말뚝의 부주면 마찰력(negative friction)에 대한 설명으로 틀린 것은?

① 말뚝의 주변지반이 말뚝의 침하량 보다 상대적으로 큰 침하를 일으키는 경우 부주면 마찰력이 생긴다.
② 지하수위가 상승할 경우 부주면 마찰력이 생긴다.
③ 표면적이 작은 말뚝을 사용하여 부주면 마찰력을 줄일 수 있다.
④ 말뚝 직경보다 약간 큰 케이싱을 박아서 부주면 마찰력을 차단할 수 있다.

해설
지하수위가 상승할 경우 부주면 마찰력이 감소한다.

27 아래 그림과 같은 지형에서 시공 기준면의 표고를 30m로 할 때 총 토공량은? (단, 격자점의 숫자는 표고를 나타내며 단위는 m이다.)

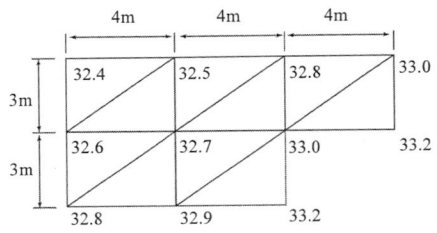

① 142m³   ② 168m³
③ 184m³   ④ 213m³

해설
삼각형 분할법
$V = \dfrac{a \times b}{6}(\Sigma h_1 + 2\Sigma h_2 + 3\Sigma h_3 + 4\Sigma h_4 + .. + n\Sigma h_n)$

$V = \dfrac{4 \times 3}{6}(2.4 + 3.2 + 3.2) + 2 \times (3 + 2.8) +$
$3 \times (2.5 + 2.8 + 2.9 + 2.6) + 5 \times (3 + 2.7)$
$= 168m^3$

28 줄눈이 벌어지거나 단차가 발생하는 것을 막기 위해 세로 줄눈 등을 횡단하여 콘크리트 슬래브의 중앙에 설치하는 이형 철근을 무엇이라 하는가?

① 타이바   ② 루팅
③ 슬립바   ④ 컬러코트

해설

타이바

타이바는 하중전달 기능이 아니라 인접 슬래브면을 견고하게 연결시켜 노상면상의 측방향으로 밀려남을 방지하는 목적으로 사용하는 것으로 맹줄눈, 맞댄줄눈, 교합줄눈 등을 횡단하는 콘크리트 슬래브에 삽입한 이형강봉으로 줄눈이 벌어지거나 층이 지는 것을 막는 작용을 한다.

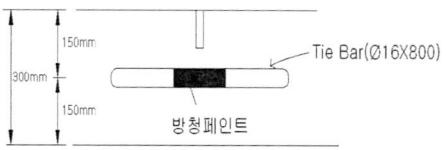

29 공기 케이슨 공법에 대한 설명으로 틀린 것은?

① 장애물의 제거가 용이하고 경사의 교정이 가능하다.
② 토질을 확인 할 수 있고 정확한 지지력 측정이 가능하다.
③ 소규모 공사 또는 심도가 얕은 곳에는 비경제적이다.
④ 배수를 하면서 시공하므로 지하수위 변화를 주어 인접지반에 침하를 일으킨다.

해설

굴착내부로 공기압을 불어 넣으면서 공기압으로 외부로부터 들어오는 물을 차단하거나 점토지반에서의 히빙을 방지하면서 굴착이 가능한 공법이다.

30 착암기로 표준암을 천공하여 60cm/min의 천공속도를 얻었다. 천공 깊이 3m, 천공수 15공을 한 대의 착암기로 암반을 천공할 경우 소요되는 총 소요 시간은? (단, 표준암에 대한 천공 대상암의 암석저항 계수는 1.35, 작업조건계수는 0.6, 전천공시간에 대한 대한 순천공시간의 비율은 0.65이다.)

① 2.0시간 ② 2.4시간
③ 3.0시간 ④ 3.4시간

해설

총소요시간

1) 천공속도 $V_T = \alpha(C_1 C_2) V$
   $= 0.65 \times (1.35 \times 0.6) \times 60$
   $= 31.59 cm/min$

2) 천공시간 $t = \dfrac{L}{V_T} = \dfrac{300}{31.59} = 9.50$분

3) 총 소요시간 $= 9.5 \times 15 = 142.5$분
   $= 2.4$시간

31 관의 지름(D)이 20cm, 관의 길이(L)가 300m, 관내의 평균유속(V)이 0.6m/s일 때 원활한 배수를 위한 관 길이에 대한 낙차는? (단, Giesler의 공식에 의한다.)

① 0.86m ② 1.35m
③ 1.84m ④ 2.24m

해설

$V = 20\sqrt{\dfrac{D \cdot h}{L}}$ 에서

$h = (\dfrac{V}{20} \times L)^2 / D$

$= (\dfrac{0.6}{20})^2 \times 300 / 0.2 = 1.35m$

여기서, V : 관내의 평균유속(m/sec)
D : 관의 직경(m)
L : 암거의 길이(m)
h : 길이 L에 대한 낙차(m)

32 토공현장에서 흙의 운반거리가 60m, 불도저의 전진속도가 40m/min, 후진속도가 100m/min, 기어 변속시간이 0.25분이고, 1회의 압토량이 2.3m³, 작업효율이 0.65일 때 불도저의 시간당 작업량을 본바닥 토량으로 구하면? (단, 토량의 변화율 C=0.9, L=1.25이다.)

① 27.4m³/h ② 30.5m³/h
③ 38.6m³/h ④ 42.4m³/h

해설

시간당 작업량

$Q = \dfrac{60 \cdot q \cdot f \cdot E}{C_m}$

$C_m = \dfrac{l}{V_1} + \dfrac{l}{V_2} + t_g$

$$= \frac{60}{40} + \frac{60}{100} + 0.25 = 2.35 \min$$

∴ 시간당 작업량(본바닥)

$$Q = \frac{60 \cdot q \cdot f \cdot E}{C_m} = \frac{60 \times 2.3 \times \frac{1}{1.25} \times 0.65}{2.35} = 30.5 m^3/h$$

33 교량 가설 공법 중 동바리를 사용하는 공법에 해당하는 것은?

① 새들식 공법 ② 크레인식 공법
③ 이동벤트식 공법 ④ 캔틸레버식 공법

해설

교량가설 공법
1) 비계(동바리)를 사용하는 공법
  · 새들(saddle) 공법
  · 벤트(bent) 공법
  · 이렉션트러스(election truss) 공법
  · 스테이징 벤트(staging bent) 공법
2) 비계(동바리)를 사용하지 않는 공법
  · ILM 공법
  · 캔틸레버식 공법(FCM 공법)
  · 케이블 공법
  · 이동식 벤트 공법

34 암거 둘레의 흙이 포화된 경우 지하수위가 상승할 때 암거가 빈 상태로 되면 양압력 때문에 암거가 뜨는 일이 있다. 이를 방지하기 위한 수단으로 틀린 것은?

① 자중을 증가시킨다.
② 흙 쌓기의 양을 증가시킨다.
③ 암거의 토압과 마찰력을 감소시킨다.
④ 배수공법으로 지하수위를 저하시킨다.

해설

암거의 토압과 마찰력을 증가시킨다.

35 역타(Top-down) 공법에 대한 설명으로 틀린 것은?

① 작업 능률이 높아 시공성이 우수하며, 공사비용이 저렴하다.
② 상부 구조물과 지하 구조물을 동시에 시공하므로 공기단축이 가능하다.
③ 건물 본체의 바닥 및 보를 구축한 후 이를 지지구조로 사용하여 흙막이의 안정성이 높다.
④ 1층 바닥을 선시공하여 작업장으로 활용하고 악천후에도 하부 굴착과 구조물의 시공이 가능하다.

해설

작업 능률이 높아 시공성이 우수하나 공사비용이 비싸다

36 운반토량 1200m^3을 용적이 8m^3인 덤프트럭으로 운반하려고 한다. 트럭의 평균속도는 10km/h이고, 상·하차 시간이 각각 4분일 때 하루에 전량을 운반하려면 몇 대의 트럭이 필요한가? (단, 1일 덤프트럭 가동시간은 8시간이며, 토사장까지의 거리는 2km이다.)

① 10대 ② 13대
③ 15대 ④ 18대

해설

트럭대수
1) $C_{mt} = \frac{60 \times 2}{10} + \frac{60 \times 2}{10} + 4 \times 2 = 32$분

 상하차 시간 각각 4분씩이므로 8분

2) $Q = \frac{60 \cdot q_t \cdot f \cdot e}{C_{mt}}$

 $= \frac{60 \times 8}{32} = 15 m^3/hr$

3) 1일 트럭 1대 운반량
 $15 \times 8 = 120 m^3$

∴ 트럭대수 $= \frac{1,200}{120} = 10$대

37 그림과 같이 성토 높이가 8m인 사면에서 비탈 경사가 1:1.3일 때 수평거리 x는?

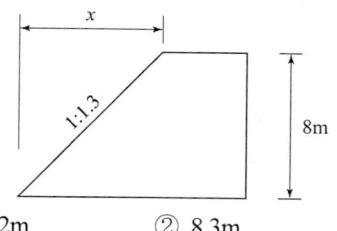

① 6.2m ② 8.3m
③ 9.4m ④ 10.4m

해설

1 : 1.3 = 8 : x
$X = 1.3 \times 8 = 10.4m$

38 CPM기법 중 더미(dummy)에 대한 설명으로 옳은 것은?

① 시간은 필요 없으나 자원은 필요한 활동이다.
② 자원은 필요 없으나 시간은 필요한 활동이다.
③ 자원과 시간이 필요 없는 명목상의 활동이다.
④ 자원과 시간이 모두 필요한 활동이다.

해설

더미(dummy)
시간과 자원이 필요하지 않는 명목상의 활동이다.

39 TBM공법에 대한 설명으로 틀린 것은?

① 폭약을 사용하지 않고, 원형으로 굴착하므로 역학적으로도 안전하다.
② 기계의 시공 충격으로 인하여 발파공법보다 동바리공이 더 많이 필요하다.
③ 기계에 의한 굴착이므로 작업환경이 양호하며 낙반 등의 사고 위험이 적다.
④ 발파공법에 비하여 특히 암질에 의한 제약을 많이 받기 때문에 지질조사가 중요하다.

해설

기계의 시공 충격으로 인하여 발파공법보다 동바리공이 많이 사용되지 않는다.

40 록 볼트의 정착형식은 선단 정착형, 전면 접착형, 혼합형으로 구분할 수 있다. 이에 대한 설명으로 틀린 것은?

① 록 볼트 전장에서 원지반을 구속하는 경우에는 전면 접착형이다.
② 선단을 기계적으로 정착한 후 시멘트 밀크를 주입하는 것은 혼합형이다.
③ 경암, 보통암, 토사 원지반에서 팽창성 원지반까지 적용범위가 넓은 것은 전면 접착형이다.
④ 암괴의 봉합효과를 목적으로 하는 것은 선단 정착형이며, 그 중 쐐기형이 많이 사용된다.

해설

록볼트는 NATM 터널에서 충전형이 일반적으로 가장 많이 사용된다.

구분	적용범위
선단정착형	절리 또는 균열발달이 비교적 적은 경암 또는 보통암 중에서 일부 사용
전면접착형	경암, 보통암, 연암, 토사 원지반에서 팽창성 원지반까지 적용
혼합형(선단정착+전면접착)	팽창성 원지반 또는 프리스트레스를 도입하는 경우 유효

제3과목 건설재료 및 시험

41 콘크리트용 인공경량골재에 대한 설명으로 틀린 것은?

① 인공경량골재의 부립률이 클수록 콘크리트의 압축강도는 저하된다.
② 흡수율이 큰 인공경량골재를 사용할 경우 프리웨팅(pre-wetting)하여 사용하는 것이 좋다.
③ 인공경량골재를 사용하는 콘크리트는 공기연행 콘크리트로 하는 것을 원칙으로 한다.
④ 인공경량골재를 사용한 콘크리트의 탄성계수는 보통골재를 사용한 콘크리트 탄성계수보다 크다.

해설
인공경량골재를 사용한 콘크리트의 탄성계수는 보통 골재를 사용한 콘크리트 탄성계수보다 작다.

42 터널 굴착을 위하여 장약량 4kg으로 시험 발파한 결과 누두지수(n)가 1.5, 폭파반경(R)이 3m이었다면, 최소저항선 길이를 5m로 할 때 필요한 장약량은?

① 6.67kg ② 11.1kg
③ 18.5kg ④ 62.5kg

해설
장약량 $L = C \cdot W^3$
1) $n(누두지수) = \dfrac{R(폭파반경)}{W(최소저항선)}$
   $1.5 = \dfrac{3}{W}$, $W = 2$
2) L(장약량) = C(폭파계수)·W³(최소저항선)
   4 = C×2³
   C = 0.5
∴ L = 0.5×5³ = 62.5kg

43 아래 설명에 해당하는 재료의 일반적 성질은?

> 외력에 의해서 변형된 재료가 외력을 제거했을 때, 원형으로 되돌아가지 않고 변형된 그대로 있는 성질

① 탄성 ② 소성
③ 취성 ④ 인성

해설
외력에 의해서 변형된 재료가 외력을 제거했을 때, 원형으로 되돌아가지 않고 변형된 그대로 있는 성질을 소성 이라한다.

44 혼화재료 중 감수제에 대한 설명으로 틀린 것은?

① 시멘트 입자를 분산시킴으로서 단위수량을 줄인다.
② 공기연행 작용이 없는 감수제와 공기연행 작용을 함께 하는 AE감소제 등으로 나누어진다.
③ 감수제를 사용하면 동결융해에 대한 저항성이 증대된다.
④ 감수제를 사용하면 동일한 워커빌리티 및 강도의 콘크리트를 얻기 위해 시멘트가 더 많이 들어가야 한다.

해설
동일 워커빌리티 및 강도의 콘크리트를 얻기 위하여 필요한 단위시멘트량을 감소시킨다.

45 콘크리트용 혼화재료의 일반적인 성질에 대한 설명으로 틀린 것은?

① 방청제는 철근이나 PC강선이 부식하는 것을 방지하기 위해 사용한다.
② 지연제는 시멘트의 수화반응을 늦춰 응결 시간을 길게 할 목적으로 사용되는 혼화제이다.
③ 촉진제는 보통 염화칼슘을 사용하며 일반적인 사용량은 시멘트 질량에 대하여 2% 이하를 사용한다.
④ 급결제를 사용한 콘크리트는 초기 28일의 강도증진은 매우 크고, 장기강도의 증진 또한 큰 경우가 많다.

해설
급결제를 사용한 콘크리트는 초기 재령 3시간 및 1일 강도증진이 크다

46 시멘트의 응결시험 방법으로 옳은 것은?

① 비비 시험
② 오토클레이브 방법
③ 길모어 침에 의한 방법
④ 공기 투과 장치에 의한 방법

해설
시멘트의 응결시험 방법
1) 길모어 침에 의한 방법
2) 비카 침에 의한 방법

정답 42 ④ 43 ② 44 ④ 45 ④ 46 ③

47 암석의 구조에 대한 설명으로 옳은 것은?
① 암석 특유의 천연적으로 갈라진 금을 절리라 한다.
② 퇴적암이나 변성암의 일부에서 생기는 평행상의 절리를 벽개라 한다.
③ 암석의 가공이나 채석에 이용되는 것으로 갈라지기 쉬운 면을 석리라 한다.
④ 암석을 구성하고 있는 조암광물의 집합상태에 따라 생기는 눈모양을 층리라 한다.

[해설]
1) 절 리 : 암석 특유의 천연적으로 갈라진 금으로 주로 화성암에서 볼 수 있는 형태
2) 층 리 : 퇴적암이나 변성암의 일부에서 생기는 평행상의 절리로 수성암에서 주로 볼 수 있다.
3) 편 리 : 변성암에서 주로 생기는 불규칙한 절리.
4) 석 리 : 조암 광물의 접합상태에 따라 생기는 눈의 모양을 석리. (석리모양)
5) 석 목(돌 눈) : 암석의 가공이나 채석에 이용하는 것으로 석재의 갈라지기 쉬운 면을 석목 또는 돌눈.(석목면)
6) 벽 개 : 암석의 잘 갈라지는 면을 벽개.

48 스트레이트 아스팔트에 대한 설명으로 틀린 것은?
① 블론 아스팔트에 비해 투수계수가 크다.
② 블론 아스팔트에 비해 신장성이 크다.
③ 블론 아스팔트에 비해 점착성이 크다.
④ 블론 아스팔트에 비해 감온성이 크다.

[해설]
블론 아스팔트에 비해 투수계수가 작다.

49 다음은 비철금속 재료 중 어떤 것에 대한 설명인가?

- 비중은 약 8.93 정도이다.
- 전기 및 열전도율이 높다.
- 전성과 연성이 크다.
- 부식하면 청록색이 된다.

① 니켈　　② 구리
③ 주석　　④ 알루미늄

[해설]
구리의 성질
1) 비중은 8.93 정도이다.
2) 전기 및 열전도율이 높다.
3) 부식이 잘 안되나, 부식하면 청록색으로 변한다.
4) 전성과 연성이 크다.

50 아래와 같은 경량 굵은 골재에 대한 밀도 및 흡수율 시험을 하고자 할 때 1회 시험에 사용되는 시료의 최소 질량은?

- 경량 굵은 골재의 최대 치수 : 50mm
- 경량 굵은 골재의 추정 밀도 : 1.4g/cm³

① 2.0kg　　② 2.5kg
③ 2.8kg　　④ 5.0kg

[해설]
$$m_{min} = \frac{d_{max} \times De}{25} = \frac{50 \times 1.4}{25} = 2.8 kg$$

51 시멘트의 저장 및 사용에 대한 설명으로 틀린 것은?
① 시멘트는 방습적인 구조물에 저장한다.
② 시멘트를 쌓아올리는 높이는 13포대 이하로 하는 것이 바람직하다.
③ 저장 중에 약간 굳은 시멘트는 품질검사 후 사용한다.
④ 시멘트의 온도는 일반적으로 50℃ 이하에서 사용한다.

[해설]
저장 중에 약간 굳은 시멘트는 사용해서는 안된다.

정답 47 ① 48 ① 49 ② 50 ③ 51 ③

52 콘크리트용으로 사용하는 굵은 골재의 안정성은 황산나트륨으로 5회 시험을 하여 평가한다. 이때 손질질량은 몇 %이하를 표준으로 하는가?
① 15% ② 12%
③ 10% ④ 7%

해설
골재의 안정성시험
1) 골재의 내구성을 알기위해 황산나트륨 또는 황산마그네슘 포화용액으로 골재의 부서짐 저항성을 시험하는 것
2) 골재의 손실질량 백분율

시험용 용액	손실질량 백분율(%)	
	잔 골 재	굵은골재
황산나트륨	10%이하	12%이하
황산마그네슘	15%이하	18%이하

53 제철소에서 발생하는 산업부산물로서 냉수나 차가운 공기 등으로 급랭한 후 미분쇄하여 사용하는 혼화재료는?
① 고로슬래그 미분말
② 플라이애시
③ 실리카 퓸
④ 화산회

해설
고로슬래그 미분말은 용광로에서 선철과 동시에 생성되는 슬래그를 급냉하여 얻은 혼화재료로서 잠재수경성 반응이 가장 크게 나타난다.

54 시멘트의 일반적인 성질에 대한 설명으로 틀린 것은?
① 시멘트가 불안정하면 이상팽창 등을 일으켜 콘크리트에 균열을 발생시킨다.
② 시멘트의 입자가 작고 온도가 높을수록 수화속도가 빠르게 되어 초기강도가 증가된다.
③ 시멘트의 분말도가 높으면 수축이 크고 균열발생의 가능성이 크며, 시멘트 자체가 풍화되기 쉽다.
④ 시멘트의 응결 시간은 수량이 많고 온도가 낮으면 빨라지고, 분말도가 높거나 C_3A의 양이 많으면 느리게 된다.

해설
시멘트의 응결 시간은 수량이 많고 온도가 낮으면 느려지고, 분말도가 높거나 C_3A의 양이 많으면 빠르게 된다.

55 목재의 건조에 대한 설명으로 틀린 것은?
① 건조 시 목재의 강도 및 내구성이 증가한다.
② 목재 건조 시 방부제 등의 약제주입을 용이하게 할 수 있다.
③ 목재 건조 시 균류에 의한 부식과 벌레에 의한 피해를 예방할 수 있다.
④ 목재의 자연건조법 중 수침법을 사용하면 공기 건조의 시간이 길어진다.

해설
목재의 자연건조법 중 *수침법을 사용하면 공기 건조 시간을 단축하고 변형을 적게한다.
*수침법 : 원목을 흐르는 담수에 1년 정도 담가두는 방법

56 석재를 사용할 경우 고려해야 할 사항으로 틀린 것은?
① 내화구조물에는 석재를 사용할 수 없다.
② 석재를 다량으로 사용 시 안정적으로 공급할 수 있는지 여부를 조사한다.
③ 휨응력과 인장응력을 받는 곳은 가급적이면 사용하지 않는 것이 좋다.
④ 외벽이나 콘크리트 포장용 석재에는 가급적이면 연석은 피하는 것이 좋다.

해설
내화구조물에는 석재를 사용할 수 있다.

정답 52 ② 53 ① 54 ④ 55 ④ 56 ①

57 지오신세틱스 - 제2부(KS K ISO10318-2)에서 아래 그림이 나타내는 토목섬유의 주요기능은?

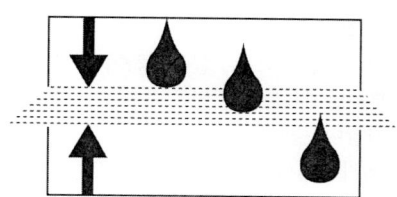

① 배수 ② 여과
③ 보호 ④ 분리

해설

지오신세틱스 토목섬유의 주기능 배수, 여과, 분리, 보강 기능중 상기 조건은 흙입자는 보호하고 물만 투과시키는 여과기능을 나타낸다.

58 역청재료의 침입도 지수(PI)를 구하는 식으로 옳은 것은? (단, $A = \dfrac{\log 800 - \log P_{25}}{연화점 - 25}$ 이고, P_{25}는 25°C에서의 침입도이다.)

① $\dfrac{30}{1+50A} - 10$ ② $\dfrac{25}{1+50A} - 10$

③ $\dfrac{30}{1+40A} - 10$ ④ $\dfrac{25}{1+40A} - 10$

해설

1) 아스팔트 바인더는 온도가 높아지면 연성이 증가하고 온도가 낮아지면 점성이 증가하는 특성을 갖는다. Pfeiffer 외(1936)는 아스팔트 바인더의 온도에 대한 민감성을 나타내는 방법으로 침입도 지수를 제시하였다.

2) 침입도지수 : $PI = \dfrac{30}{1+50A} - 10$

59 마샬시험방법에 따라 아스팔트 콘크리트 배합설계를 진행 중이다. 재료 및 공시체에 대한 측정결과가 아래와 같을 때 포화도는?

- 아스팔트의 밀도(G) : 1.030g/cm³
- 아스팔트의 혼합률(A) : 6.3%
- 공시체의 실측밀도(d) : 2.435g/cm³
- 공시체의 공극률(Vo) : 4.8%

① 58% ② 66%
③ 71% ④ 76%

해설

포화도 $S = \dfrac{V_a}{V_a + V} \times 100$

1) 아스팔트 용적률(체적비)

$V_a = \dfrac{W_a \times d}{G_a} = \dfrac{6.3 \times 2.435}{1.030} = 14.89\%$

여기서, W_a : 아스팔트 질량비(혼합률)(%)
G_a : 아스팔트의 밀도(g/cm³)
d : 공시체의 실측밀도(g/cm³)

2) 포화도

$S = \dfrac{V_a}{V_a + V} \times 100$

$= \dfrac{14.89}{14.89 + 4.8} \times 100 = 75.6\%$

$= 0.7562 = 75.62\%$

여기서, V : 공극률
V_a : 아스팔트의 체적비

60 다음 중 골재의 조립률을 구하는데 사용되는 표준체의 크기가 아닌 것은?

① 40mm ② 10mm
③ 1.5mm ④ 0.3mm

해설

표준체
표준체 75mm, 40mm, 20mm, 10mm, 5mm, 2.5mm, 1.2mm, 0.6mm, 0.3mm, 0.15mm 체

정답 57 ② 58 ① 59 ④ 60 ③

제4과목 토질 및 기초

61 그림과 같은 지반에서 하중으로 인하여 수직응력($\triangle \sigma_1$)이 100kN/m² 증가되고 수평응력($\triangle \sigma_3$)이 50kN/m² 증가되었다면 간극수압은 얼마나 증가되었는가? (단, 간극수압계수 A=0.5이고, B=1이다.)

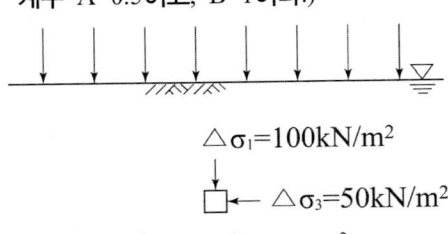

① 50kN/m² ② 75kN/m²
③ 100kN/m² ④ 125kN/m²

[해설]

$\triangle u = B[\triangle \sigma_3 + A(\triangle \sigma_1 - \triangle \sigma_3)]$

$= B[\triangle \sigma_3 + A(\triangle \sigma_1 - \triangle \sigma_3)]$

$= 1 \times [50 + 0.5(100 - 50)]$

$= 75 kN/m^2$

62 접지압(또는 지반반력)이 그림과 같이 되는 경우는?

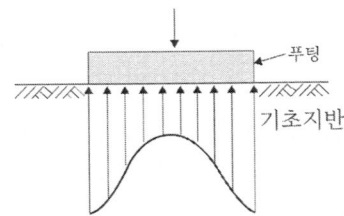

① 푸팅 : 강성, 기초지반 : 점토
② 푸팅 : 강성, 기초지반 : 모래
③ 푸팅 : 연성, 기초지반 : 점토
④ 푸팅 : 연성, 기초지반 : 모래

[해설]

강성기초의 접지압 분포

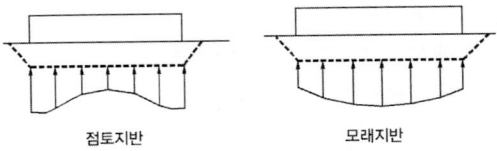

1) 기초가 강성이므로 균등침하가 발생된다.
2) 점토지반에서는 모서리쪽 접지압이 커지고 중앙부 접지압이 줄어든다.
3) 모래지반에서는 모서리쪽 접지압이 작고 중앙부 접지압이 커진다.

연성기초(휨성기초, 탄성기초)

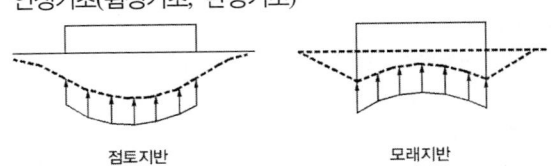

1) 연성기초는 기초가 유연하여 접지압이 균등하게 작용함
2) 점토지반 접시처럼 오목하게 발생되며, 모래지반은 중앙부 보다 모서리쪽 침하가 크게 발생된다.

63 Terzaghi의 1차 압밀에 대한 설명으로 틀린 것은?

① 압밀방정식은 점토 내에 발생하는 과잉간극수압의 변화를 시간과 배수거리에 따라 나타낸 것이다.
② 압밀방정식을 풀면 압밀도를 시간계수의 함수로 나타낼 수 있다.
③ 평균압밀도는 시간에 따른 압밀침하량을 최종압밀침하량으로 나누면 구할 수 있다.
④ 압밀도는 배수거리에 비례하고, 압밀계수에 반비례 한다.

[해설]

압밀도는 배수거리에 반비례하고, 압밀계수에 비례 한다.

64 간극비 e_1=0.80인 어떤 모래의 투수계수가 k_1=8.5×10⁻²cm/s일 때, 이 모래를 다져서 간극비를 e_2=0.57로 하면 투수계수 k_2는?

① 4.1×10⁻¹cm/s ② 8.1×10⁻²cm/s
③ 3.5×10⁻²cm/s ④ 8.5×10⁻³cm/s

정답 61 ② 62 ① 63 ④ 64 ③

해설

$$K_1 : K_2 = \frac{e_1^3}{1+e_1} : \frac{e_2^3}{1+e_2} \text{ 에서}$$

$$K_2 = \frac{\frac{0.57^3}{1+0.57}}{\frac{0.8^3}{1+0.8}} \times 8.5 \times 10^{-2}$$

$$= 3.5 \times 10^{-2} cm/\sec$$

65 표준관입시험(S.P.T) 결과 N값이 25이었고, 이때 채취한 교란시료로 입도시험을 한 결과 입자가 둥글고, 입도분포가 불량할 때 Dunham의 공식으로 구한 내부 마찰각(ϕ)은?

① 32.3° ② 37.3°
③ 42.3° ④ 48.3°

해설

토질입자가 둥글고 균일한(불량입도)경우	$\phi = \sqrt{12N} + 15$
토질입자가 둥글고 입도분포가 양호 토립자가 모가나고 균일한(불량한입도)경우	$\phi = \sqrt{12N} + 20$
토립자가 모가나고 입도분포가 좋을때	$\phi = \sqrt{12N} + 25$

$\phi = \sqrt{12N} + 15 = \sqrt{12 \times 25} + 15 = 32.32°$

66 흙의 다짐에 대한 설명으로 틀린 것은?

① 다짐에 의하여 간극이 작아지고 부착력이 커져서 역학적 강도 및 지지력은 증대하고, 압축성, 흡수성 및 투수성은 감소한다.
② 점토를 최적함수비보다 약간 건조측의 함수비로 다지면 면모구조를 가지게 된다.
③ 점토를 최적함수비보다 약간 습윤측에서 다지면 투수계수가 감소하게 된다.
④ 면모구조를 파괴시키지 못할 정도의 작은 압력으로 점토시료를 압밀할 경우 건조측 다짐을 한 시료가 습윤측 다짐을 한 시료보다 압축성이 크게 된다.

해설

면모구조를 파괴시키지 못할 정도의 작은 압력으로 점토시료를 압밀할 경우 건조측 다짐을 한 시료가 습윤측 다짐을 한 시료보다 압축성이 작게 된다.

67 현장에서 완전히 포화되었던 시료라 할지라도 시료 채취 시 기포가 형성되어 포화도가 저하될 수 있다. 이 경우 생성된 기포를 원상태로 용해시키기 위해 작용시키는 압력을 무엇이라고 하는가?

① 배압(back pressure)
② 축차응력(deviator stress)
③ 구속압력(confined pressure)
④ 선행압밀압력(preconsolidation pressure)

해설

시료를 포화상태로하여 현장간극수압의 조건과 일치시키기 위하여 실험실에서 통상 2~3kg/cm²의 압력을 가하게 되는데 이때의 압력을 배압이라 한다.

68 지표에 설치된 3m×3m의 정사각형 기초에 80kN/m²의 등분포하중이 작용할 때, 지표면 아래 5m 깊이에서의 연직응력의 증가량은? (단, 2:1분포법을 사용한다.)

① 7.15kN/m² ② 9.20kN/m²
③ 11.25kN/m² ④ 13.10kN/m²

해설

$$\Delta\sigma_v = \frac{B.L.q_s}{(B+Z)(L+Z)}$$
$$= \frac{3 \times 3 \times 80}{(3+5)(3+5)} = 11.25 kN/m^2$$

정답 65 ① 66 ④ 67 ① 68 ③

69 지표면이 수평이고 옹벽의 뒷면과 흙과의 마찰각이 0°인 연직옹벽에서 Coulomb토압과 Rankine 토압은 어떤 관계가 있는가? (단, 점착력은 무시한다.)
① Coulomb 토압은 항상 Rankine 토압보다 크다.
② Coulomb 토압과 Rankine 토압은 같다.
③ Coulomb 토압이 Rankine 토압보다 작다.
④ 옹벽의 형상과 흙의 상태에 따라 클 때도 있고 작을 때도 있다.

해설
Coulomb의 토압은 흙과 벽마찰각을 무시하고 뒷채움은 수평이며, 작용하는 하중이 등분포하중일 때 Rankine 토압과 같아진다.

70 그림과 같이 지표면에 집중하중이 작용할 때 A점에서 발생하는 연직응력의 증가량은?

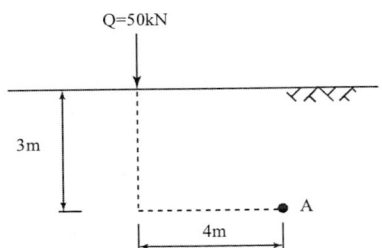

① $0.21 kN/m^2$ ② $0.24 kN/m^2$
③ $0.27 kN/m^2$ ④ $0.30 kN/m^2$

해설
1) $\triangle \sigma_z = \dfrac{P}{Z^2} \cdot I = \dfrac{P}{Z^2} \times \dfrac{3Z^5}{2\pi R^5}$
2) $R = \sqrt{3^2 + 4^2} = 5$
∴ $\triangle \sigma_z = \dfrac{50}{3^2} \times \dfrac{3 \times 3^5}{2 \times \pi \times 5^5} = 0.21 kN/m^2$

71 다음 지반 개량공법 중 연약한 점토지반에 적합하지 않은 것은?
① 프리로딩 공법
② 샌드 드레인 공법
③ 페이퍼 드레인 공법
④ 바이브로 플로테이션 공법

해설
바이브로 플로테이션 공법은 사질토 지반 개량공법

72 3층 구조로 구조결합 사이에 치환성 양이온이 있어서 활성이 크고, 시트(sheet) 사이에 물이 들어가 팽창·수축이 크고, 공학적 안정성이 약한 점토 광물은?
① sand ② illite
③ kaolinite ④ montmorillonite

해설

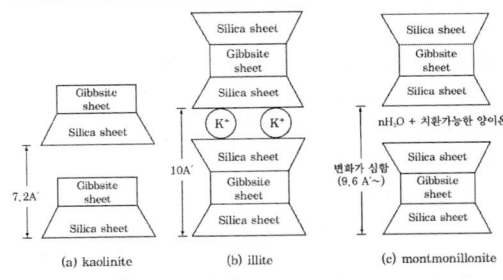

(a) kaolinite (b) illite (c) montmorillonite

3대 점토광물의 기본 구조
① Kaolinite (고령토)
 1) 수축, 팽창이 없어 공학적 안정성이 대단히 좋다
 2) 활성이 적다.
 3) 수소결합의 2층 판상구조
② Illite(일라이트)
 1) 수축, 팽창이 거의 없지만 공학적 안전성은 중간
 2) 두 개의 규소판 사이에 한 개의 알루미늄판이 결합된 3층 판상구조 사이에 칼륨이온 (K^+)으로 결합되어 있는 점토광물
③ Montmorillonite(몬모릴로나이트)
 1) 팽창, 수축이 커 공학적 안정성이 제일 불안전
 2) 활성도가 제일 크다.
 3) 3층 판상구조로 구조 결합 사이에 치환성 양이온이 있어서 활성이 제일 크다.

73 연약지반에 구조물을 축조할 때 피에조미터를 설치하여 과잉간극수압의 변화를 측정한 결과 어떤 점에서 구조물 축조 직후 과잉간극수압이 $100kN/m^2$이었고, 4년 후에 $20kN/m^2$이었다. 이때의 압밀도는?

① 20% ② 40%
③ 60% ④ 80%

해설

압밀도 $= 1 - \dfrac{20(4년후 간극수압)}{100(초기간극수압)} \times 100 = 80\%$

74 다음 연약지반 개량공법 중 일시적인 개량 공법은?

① 치환 공법 ② 동결 공법
③ 약액주입 공법 ④ 모래다짐말뚝 공법

해설

일시적 지반개량공법
1) well point 공법
2) deep well 공법
3) 대기압 공법
4) 동결 공법

75 사면안정 해석방법에 대한 설명으로 틀린 것은?

① 일체법은 활동면 위에 있는 흙덩어리를 하나의 물체로 보고 해석하는 방법이다.
② 마찰원법은 점착력과 마찰각을 동시에 갖고 있는 균질한 지반에 적용된다.
③ 절편법은 활동면 위에 있는 흙을 여러 개의 절편으로 분할하여 해석하는 방법이다.
④ 절편법은 흙이 균질하지 않아도 적용이 가능하지만, 흙 속에 간극수압이 있을 경우 적용이 불가능하다.

해설

절편법(분할법)
1) 파괴면 위의 흙을 수 개의 절편으로 나눈 후 각각의 절편에 대해 안정성을 계산하는 방법으로
2) $F_s = \dfrac{c.l + (W\cos\theta - U)\tan\varnothing}{W\sin\theta}$
절편법 Fellenius 식에서 간극수압 U를 고려하고 있다.

76 도로의 평판 재하 시험에서 1.25mm 침하량에 해당하는 하중 강도가 $250kN/m^2$일 때 지반반력 계수는?

① $100MN/m^3$ ② $200MN/m^3$
③ $1000MN/m^3$ ④ $2000MN/m^3$

해설

지지력 계수
$\dfrac{하중강도}{침하량} = \dfrac{250}{0.00125}$
$= 200,000 kN/m^3 = 200 MN/m^3$

77 4.75mm체(4번 체) 통과율이 90%, 0.075mm체(200번 체) 통과율이 4%이고, $D_{10}=0.25mm$, $D_{30}=0.6mm$, $D_{60}=2mm$인 흙을 통일분류법으로 분류하면?

① GP ② GW
③ SP ④ SW

해설

1) 0.075mm 통과량 50%이하이므로 조립토로 분류
4.75mm 통과량 50%이상이므로 모래(S)로 분류
2) 균등계수 및 곡률계수
$C_u = \dfrac{D_{60}}{D_{10}} = \dfrac{2}{0.25} = 8 > 6$
$C_g = \dfrac{D_{30}^2}{D_{10} \cdot D_{60}} = \dfrac{0.6^2}{0.25 \times 2} = 0.72$

∴ 균등계수 6이상이나 곡률계수 1~3범위를 벗어나므로 SP로 분류

78 그림과 같이 동일한 두께의 3층으로 된 수평 모래층이 있을 때 토층에 수직한 방향의 평균 투수계수(k_v)는?

3m	$k_1 = 2.3 \times 10^{-4}$ cm/s
3m	$k_2 = 9.8 \times 10^{-3}$ cm/s
3m	$k_3 = 4.7 \times 10^{-4}$ cm/s

① 2.38×10^{-3} cm/s ② 3.01×10^{-4} cm/s
③ 4.56×10^{-4} cm/s ④ 5.60×10^{-4} cm/s

정답 73 ④ 74 ② 75 ④ 76 ② 77 ③ 78 ③

해설

수직한 방향 평균 투수계수

$$K_v = \frac{H}{\frac{h_1}{K_{v1}} + \frac{h_2}{K_{v2}} + \frac{h_3}{K_{v3}}}$$

$$= \frac{300+300+300}{\frac{300}{2.3\times 10^{-4}} + \frac{300}{9.8\times 10^{-3}} + \frac{300}{4.7\times 10^{-4}}}$$

$$= 4.56\times 10^{-4} cm/\sec$$

79 어떤 점토지반에서 베인 시험을 실시하였다. 베인의 지름이 50mm, 높이가 100mm, 파괴 시 토크가 59N·m일 때 이 점토의 점착력은?

① 129kN/m² ② 157kN/m²
③ 213kN/m² ④ 276kN/m²

해설

$$점착력(C) = \frac{M_{\max}}{\pi D^2(\frac{H}{2}+\frac{D}{6})}$$

$$= \frac{0.059}{\pi\times 0.05^2(\frac{0.1}{2}+\frac{0.05}{6})}$$

$$= 129 kN/m^2$$

80 그림과 같은 정사각형 기초에서 안전율을 3으로 할 때 Terzaghi의 공식을 사용하여 지지력을 구하고자 한다. 이때 한 변의 최소길이(B)는? (단, 물의 단위중량은 9.81kN/m³, 점착력(c)은 60kN/m², 내부 마찰각(ϕ)은 0°이고, 지지력계수 $N_c = 5.7$, $N_q = 1.0$, $N_\gamma = 0$이다.)

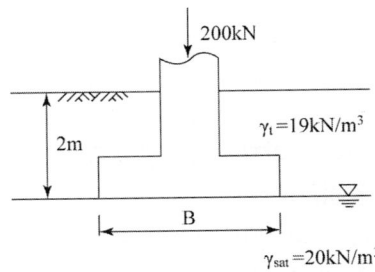

① 1.12m ② 1.43m
③ 1.51m ④ 1.62m

해설

1) $q_u = \alpha c N_c + \beta B \gamma_1 N_r + D_f \gamma_2 N_q$
   $= 1.3\times 60\times 5.7 + 0 + 2\times 19\times 1$
   $= 482.6 kN/m^2$

2) $q_a = \frac{q_u}{F_s} = \frac{482.6}{3} = 160.87 kN/m^2$

3) $q_a = \frac{Q_a}{A}$ 에서 $160.87 = \frac{200}{B^2}$
   ∴ $B = 1.12m$

CBT 모의고사
제1회 건설재료시험기사

제1과목 콘크리트공학

01 한중(寒中) 콘크리트에 사용하는 재료에 대한 설명으로 옳지 않은 것은?

① 한중 콘크리트에는 AE 콘크리트를 사용하는 것을 원칙으로 한다.
② 물-결합재비는 원칙적으로 60%이하로 한다.
③ 골재는 시트 등으로 덮어서 동결이 방지되도록 저장해야 한다.
④ 시멘트는 냉각되지 않도록 하고, 사용시 직접 가열하여 온도 저하를 방지하는 것이 좋다.

해설
시멘트는 직접 가열해서는 안된다.

02 콘크리트의 압축강도를 시험하여 슬래브 및 보 밑면의 거푸집과 동바리를 떼어낼 때 콘크리트 압축강도 기준값으로 옳은 것은?

① 설계기준강도×1/3이상, 14MPa이상
② 설계기준강도×2/3이상, 14MPa이상
③ 설계기준강도×1/3이상, 10MPa이상
④ 설계기준강도×2/3이상, 10MPa이상

해설
콘크리트의 압축강도를 시험한 경우 거푸집 및 동바리 해체시기

부재	콘크리트 압축강도(f_{cu})
확대기초, 보 옆, 기둥 등의 측벽	5MPa 이상
슬래브 및 보의 밑면, 아치 내면	설계기준압축강도의 $\frac{2}{3}$배 이상, 또한 최소 14MPa 이상

03 벽 또는 기둥과 같이 높이가 높은 콘크리트를 연속해서 타설할 경우 콘크리트를 쳐 올라가는 속도로서 가장 적당한 것은?

① 30분에 0.5~1m 정도
② 30분에 1~1.5m 정도
③ 30분에 1.5~2m 정도
④ 30분에 2~2.5m 정도

해설
벽 기둥과 같은 높은 콘크리트의 타설속도는 일반적으로 30분에 1~1.5m가 적당하다.

정답 01 ④ 02 ② 03 ②

04 단위 골재량의 절대부피가 $800l$인 콘크리트에서 잔골재율(S/a)이 40%이고, 굵은 골재의 표건밀도가 2.65g/cm³이면, 단위 굵은골재량은 얼마인가?

① 848kg
② 1,272kg
③ 1,044kg
④ 2,120kg

해설

1) 단위 잔골재 절대체적($1M^3 = 1000L$)
   $= 0.8 \times 0.4 = 0.32 m^3$
2) 단위 굵은골재 절대체적
   $= 0.8 - 0.32 = 0.48 m^3$
3) 단위 굵은골재량
   $= 0.48 \times 2.65 \times 1,000 = 1,272 kg$

05 콘크리트 구조물의 전자파레이더법에 의한 비파괴시험에서 진공 중에서 전자파의 속도를 C, 콘크리트의 비유전율을 ϵ_γ이라 할 때 콘크리트 내의 전자파의 속도 V를 구하는 식으로 맞는 것은?

① $V = C \cdot \epsilon_\gamma (m/s)$
② $V = C/\epsilon_\gamma (m/s)$
③ $V = C \cdot \sqrt{\epsilon_\gamma} (m/s)$
④ $V = C/\sqrt{\epsilon_\gamma} (m/s)$

해설

콘크리트 내의 전자파속도(V)
$V = C/\sqrt{\epsilon_\gamma} (m/s)$
여기서, C : 진공 중에서의 전자파속도
ϵ_γ : 콘크리트의 비유전율

06 압력법에 의한 굳지 않은 콘크리트의 공기량시험(KS F 2421)중 물을 붓고 시험하는 경우(주수법)의 공기량 측정 용량은 최소 얼마 이상으로 하는가?

① 3L
② 5L
③ 7L
④ 9L

해설

1) 주수법 : 5L
2) 무주수법 : 7L

07 현장의 골재에 대한 체분석 결과 잔골재 속에 5mm체에 남는 것이 4%, 굵은골재 속에 5mm체를 통과하는 것이 10%였다. 시방배합표상의 단위 잔골재량은 643kg/m³이며, 단위 굵은골재량은 1,212kg/m³이다. 현장배합을 위한 단위 잔골재량은 얼마인가?

① 532kg/m³
② 588kg/m³
③ 613kg/m³
④ 637kg/m³

해설

단위잔골재량(X)
$X = \dfrac{100S - b(S+G)}{100 - (a+b)}$
$= \dfrac{100 \times 643 - 10(643 + 1,212)}{100 - (4+10)} = 532 kg$

08 고유동 콘크리트에서 굳지 않은 콘크리트의 유동성을 관리하는 시험으로 옳은 것은?

① 슬럼프 플로 시험
② 간극 통과성 시험
③ 깔때기 유하시험
④ 자기 충전 시험

해설

고유동 콘크리트에서 유동성은 슬럼프 플로시험으로 한다.

09 일반 콘크리트의 제조 시 굵은골재 목표 1회 계량분은 2,530kg이나 현장에서 굵은골재 저울에 의한 계량치는 2,500kg이다. 계량오차와 허용치 여부에 대해 옳은 것은?

① 계량오차 : -1%, 허용치 만족 여부 : 합격
② 계량오차 : -2%, 허용치 만족 여부 : 합격
③ 계량오차 : -1%, 허용치 만족 여부 : 불합격
④ 계량오차 : -2%, 허용치 만족 여부 : 불합격

해설

1) 계량오차 = $\frac{2500-2530}{2530} \times 100 = -1.19\%$

2) 골재의 허용 오차는 ±3% 이므로 합격

10 고강도 콘크리트의 타설에 대한 내용 중 ( )에 적합한 것은?

> 기둥 부재에 쳐 넣은 콘크리트 강도와 슬래브나 보에 쳐 넣은 콘크리트 강도의 차가 ( )배 이상일 경우에는 기둥에 사용한 콘크리트가 수평부재의 접합면에서 0.6m정도 충분히 수평재 쪽으로 안전한 내민 길이를 확보한다.

① 0.6   ② 1.0
③ 1.4   ④ 1.6

해설

수직부재에 부어넣는 콘크리트의 강도와 수평부재에 부어넣는 콘크리트 강도의 차가 1.4배 이상일 경우에는 수직부재에 부어넣는 고강도 콘크리트는 수직-수평부재의 접합면으로부터 수평부재쪽으로 안전한 내민 길이를 확보하도록 한다.

11 콘크리트의 품질관리 중 받아들이기 품질검사에 대한 설명으로 틀린 것은?

① 콘크리트의 받아들이기 품질관리는 콘크리트를 타설하기 전에 실시한다.
② 강도 검사는 콘크리트의 배합검사를 실시하는 것을 표준으로 한다.
③ 내구성 검사는 공기량, 염소이온량을 측정하는 것으로 한다.
④ 워커빌리티 검사는 잔골재율의 설정치를 만족하는지의 여부를 확인하고 재료분리 저항성을 실험에 의하여 확인한다.

해설

콘크리트의 받아들이기 품질검사에서 워커빌리티의 검사는 굵은골재 최대치수 및 슬럼프가 설정치를 만족하는 지의 여부를 확인하고 동시에 재료분리에 대한 저항성을 외관관찰로 확인하는 검사다.

12 굳지 않은 콘크리트의 성질에 대한 설명으로 잘못된 것은?

① 단위 시멘트량이 큰 콘크리트일수록 성형성이 좋다.
② 온도가 높을수록 슬럼프는 감소된다.
③ 둥근 입형의 잔골재를 사용한 콘크리트는 모가 진 부순모래를 사용한 것에 비해 워커빌리티가 나쁘다.
④ 일반적으로 플라이 애시를 사용한 콘크리트는 워커빌리티가 개선된다.

해설

둥근 입형의 잔골재를 사용하면 워커빌리티는 좋아진다.

13 숏크리트에 대한 설명으로 틀린 것은?

① 일반 숏크리트의 장기 설계기준 압축강도는 재령 28일로 설정한다.
② 습식 숏크리트는 배치 후 60분 이내에 뿜어붙이기를 실시하여야 한다.
③ 숏크리트의 초기강도는 재령 3시간에서 1.0~3.0MPa을 표준으로 한다.
④ 굵은골재의 최대치수는 25mm의 것이 널리 쓰인다.

해설

숏크리트용 굵은골재에는 부순돌 및 강자갈이 사용되며, 최대치수는 8~20mm로 한다.

정답 09 ① 10 ③ 11 ④ 12 ③ 13 ④

14 콘크리트용 화학혼화제의 일반적인 특성에 관한 다음 설명 중 잘못된 것은?

① 고성능 공기연행 감수제는 감수효과가 현저히 크지만, 시간경과와 더불어 콘크리트 슬럼프가 공기연행제보다 저하되기 쉽다.
② 공기연행제는 독립된 미세한 공기포를 연행시키는 기능을 갖고, 콘크리트의 동결융해 저항성을 현저히 증대시킨다.
③ 감수제는 시멘트 입자를 정전기적인 반발작용에 따라 분산시켜 콘크리트의 단위수량을 감소시킨다.
④ 공기연행 감수제는 시멘트 분산작용과 공기연행작용을 병행하여 감수효과가 크다.

해설
고성능 AE감수제는 종래의 감수제에 비해 w/c를 획기적으로 감수가 가능하고, 슬럼프 저하가 적은 혼화제이다.

15 콘크리트 구조물의 온도 균열에 대한 시공상의 대책으로 틀린 것은?

① 단위시멘트량을 적게 한다.
② 1회의 콘크리트 타설 높이를 줄인다.
③ 수축이음부를 설치하고, 콘크리트 내부 온도를 낮춘다.
④ 기존의 콘크리트로 새로운 콘크리트의 온도에 따른 이동을 구속시킨다.

해설
온도에 따른 이동을 구속시키면 온도에 따른 균열이 더 크게 발생된다. 따라서 온도에 따른 구속도를 적게 하며, 수축이음부의 설치간격을 줄이고 팽창제사용 단위시멘트량을 적게 사용, 프리쿨링, 파이프 쿨링 등의 방법을 강구하는 것이 중요하다.

16 굳지 않은 콘크리트에 관한 설명으로 틀린 것은?

① 잔골재의 세립분 함유량 및 잔골재율이 작으면 콘크리트의 재료분리 경향이 커진다.
② 단위시멘트량을 크게 하면 성형성이 나빠진다.
③ 혼합시 콘크리트의 온도가 높으면 슬럼프 값은 저하한다.
④ 포졸란 재료를 사용하면 세립이 부족한 잔골재를 사용한 콘크리트의 워커빌리티를 개선한다.

해설
1) 잔골재에 세립분 함유량 및 잔골재량이 너무 작으면 골재의 유동성이 떨어져 재료분리가 일어날 가능성이 크며 반대로 잔골재율이 너무 크게 되면 단위수량이 늘어나 재료분리의 가능성이 생긴다. 따라서 과도한 잔골재율의 변동이 없도록 배합설계를 하는 것이 필요하다.
2) 단위시멘트량이 크면 시멘트의 부착성이 커져서 변형에 대한 저항성이 증가돼 성형성이 유지된다.

17 일반적인 경우 콘크리트의 건조수축에 가장 큰 영향을 미치는 요인은?

① 단위시멘트량 ② 단위수량
③ 잔골재율   ④ 단위굵은골재량

해설
단위수량이 많을수록 콘크리트 내부물의 표면장력에 의한 시멘트페이스트 수축이 커져 건조 수축량이 증가된다.

정답 14 ① 15 ④ 16 ② 17 ②

18 프리스트레스트콘크리트(PSC)와 철근콘크리트(RC)의 비교 설명으로 틀린 것은?

① PSC는 RC에 비하여 강성이 커서 변형이 작고 진동에 강하다.
② PSC는 RC에 비하여 고강도의 콘크리트와 강재를 사용하게 된다.
③ PSC는 RC에 비하여 탄성적이고 복원성이 크다.
④ PSC는 균열이 발생하지 않도록 설계되기 때문에 내구성 및 수밀성이 좋다.

[해설]
PSC는 단면이 작아 처짐(변형) 및 진동이 RC에 비해서 크게 발생된다.

19 경화 전의 콘크리트에 발생하는 균열에 관한 설명 중 틀린 것은?

① 초기수축균열은 콘크리트로부터의 급격한 수분증발이 주요 발생원인이다.
② 초기수축균열을 플라스틱수축균열이라고도 한다.
③ 침하균열은 블리딩이 많은 콘크리트일수록 적게 된다.
④ 침하균열은 콘크리트를 친 후 1~3시간 지나 상부표면에 주로 발생한다.

[해설]
침하균열은 블리딩이 많이 생길수록 많이 발생한다.

20 거푸집 및 동바리의 구조계산에 관한 설명으로 틀린 것은?

① 고정하중은 철근콘크리트와 거푸집의 중량을 고려하여 합한 하중이며, 철근의 중량을 포함한 콘크리트의 단위중량은 보통콘크리트에서는 $24kN/m^3$을 적용하고, 거푸집 하중은 최소 $0.4kN/m^3$이상을 적용한다.
② 활하중은 작업원, 경량의 장비하중, 기타 콘크리트 타설에 필요한 자재 및 공구 등의 시공하중, 그리고 충격하중을 포함한다.
③ 동바리에 작용하는 수평방향 하중으로는 고정하중의 2%이상 또는 동바리 상단의 수평방향 단위 길이당 $1.5kN/m$ 이상 중에서 큰 쪽의 하중이 동바리 머리부분에 수평방향으로 작용하는 것으로 가정한다.
④ 벽체 거푸집의 경우에는 거푸집 측면에 대하여 $5kN/m^2$이상의 수평방향 하중이 작용하는 것으로 본다.

[해설]
동바리 : 고정하중 2%이상 또는 $1.5kN/m$이상 고려
옹벽거푸집 : $0.5kN/m^2$이상

제2과목   건설시공 및 관리

21 토량의 변화율이 L=1.2, C=0.9일 때, 보통 흙으로 $45,000m^3$의 성토를 하고자 한다. 운반하여야 할 토량은?

① $33,750m^3$ ② $45,000m^3$
③ $54,000m^3$ ④ $60,000m^3$

[해설]
1) 본바닥토량=45,000÷0.9=50,000m^3
2) 운반토량=50,000×1.2=60,000m^3

정답 18 ① 19 ③ 20 ④ 21 ④

22 아스팔트 콘크리트 포장과 비교한 시멘트 콘크리트 포장의 특성에 대한 설명으로 틀린 것은?
① 내구성이 커서 유지관리비가 저렴하다.
② 표층은 교통하중을 하부층으로 전달하는 역할을 한다.
③ 국부적 파손에 대한 보수가 곤란하다.
④ 시공 후 충분한 강도를 얻는 데까지 장시간의 양생이 필요하다.

해설
시멘트 콘크리트 구조특성상 상부하중을 표층(콘크리트슬래브)에서 부담하고 하부구조까지 응력이 미치지 않는다.

23 교량구조 중 좌우의 주형을 연결하여 구조물의 횡방향지지 및 강성을 확보, 횡하중의 받침부로 원활한 하중 전달을 하기 위해 설치된 구조는 무엇인가?
① 브레이싱   ② 교대
③ 바닥틀   ④ 구체

해설
브레이싱(bracing)은 교량의 좌우 주형을 연결하여 구조물 횡방향지지, 교량단면 형상유지, 강성의 확보를 하기위해 설치되는 구조물이다.

24 토적곡선(mass curve)에 대한 설명 중 틀린 것은?
① 동일 단면 내의 절토량, 성토량은 토적곡선에서 구할 수 있다.
② 평균 운반거리는 절토량 2등분 선상의 점을 통하는 평행선과 나란한 수평거리로 표시한다.
③ 절토구간의 토적곡선은 상승곡선이 되고 성토구간의 토적곡선은 하향곡선이 된다.
④ 곡선의 최대값을 나타내는 점은 절토에서 성토로 옮기는 점이다.

해설
토적곡선에서 절토량, 성토량은 토적곡선에서 구할 수 없다(횡방향 토량 배제)

25 지반안정용액을 주수하면서 수직굴착하고 철근콘크리트를 타설한 후 굴착하는 공법으로 타공법에 비해 차수성이 우수하고 지반변위가 작은 토류공법은?
① 강널말뚝 흙막이벽
② 벽강관 널말뚝 흙막이벽
③ 벽식 연속 지중벽 공법
④ Top down 공법

해설
벽식 연속지중벽 공법(Slurry wall)에 대한 설명으로 도심지 소음진동이 적고 차수효과가 우수한 흙막이 공법

26 연약지반처리 공법으로서 적당하지 않은 것은?
① 바이브로플로테이션 공법
② 침매공법
③ 버티컬 드레인 공법
④ 치환공법

해설
침매공법은 터널시공 공법으로 해저터널공사 적용에 유용한 공법이다.

27 항만공사에서 간만의 차가 큰 장소에 축조되는 항은?
① 하구항(coastal harbor)
② 개구항(open harbor)
③ 폐구항(closed harbor)
④ 피난항(refuge harbor)

해설
1) 폐구항 : 조수 간만의 차가 큰장소에 선박의 출입이 가능하도록 폐구시켜 놓는 항.
2) 하구항 : 하구에 위치한 항구를 하구항이라한다. 연안의 일반적인 항만과 달리 대규모의 방파제가 필요없고 또한 소형선에 의하여 상류까지의 내륙운송이 가능한 이점이 있지만, 하천에 유입되는 토사 때문에 항로의 수심을 유지하기 곤란한 단점이 있다.

정답 22 ② 23 ① 24 ① 25 ③ 26 ② 27 ③

3) 개구항 : 간만(干滿)에 관계없이 언제나 자유롭게 배가 출입하고 정박할 수 있는 항구
4) 피난항 : 태풍 등 날씨가 좋지 않을 때 선박이 태풍과 파도를 피하기 위한 항구

28 지하 굴착에 따라 수반되는 지하수를 배출할 때 주변지반에 미치는 영향을 설명한 것으로 틀린 것은?

① 흙막이벽에 작용하는 주동토압의 감소
② 흙막이벽에 작용하는 수동토압의 감소
③ 히빙(Heaving) 방지
④ 지반의 압축침하와 압밀침하 발생

해설
1) 지하수가 배출되면 연직응력은 증가하나 수평응력은 감소하고(주동토압감소) 배면 지반이 침하가 발생된다.
2) 주동토압의 감소로 수동토압은 증가된다.

29 아스팔트 포장 시공 단계에서 보조기층의 보호 및 수분의 모관상승을 차단하고 아스팔트 혼합물과의 접착성을 좋게 하기 위하여 실시하는 것은 무엇인가?

① 택 코트(tack coat)
② 프라임 코트(prime coat)
③ 실 코트(seal coat)
④ 컬러 코트(color coat)

해설
프라임 코트에 대한 설명이다.

30 공상현상에 대한 대책으로 올바르지 않은 것은?

① 말뚝은 수직으로 굴착하고 철근도 수직으로 세운다.
② 철근이 뽑혀올라오지 않도록 slime의 생성을 촉진한다.
③ 철근망을 달아매는 기계를 사용하여 세우는 도중의 비틀림, 좌굴을 방지한다.
④ 콘크리트를 Chute 내에서 절대로 흘리지 않게 한다.

해설
공상현상은 공내 수직도가 맞지 않아서 생기는 현상으로 Slime 생성과는 전혀 관계없다.

31 샌드 드레인 공법에서 Sand pile을 정삼각형 배치할 경우 모래기둥의 간격은?(단, Sand pile의 유효지름은 40cm이다.)

① 35.3cm ② 36.9cm
③ 38.1cm ④ 39.2cm

해설
1) $d_e = 1.05d$
2) $40 = 1.05d$
∴ 모래기둥 간격 $d = 38.1$cm

32 8t 덤프 트럭으로 보통 토사를 운반하고자 할 때, 적재장비를 버킷용량 2.0m³인 백호를 사용하는 경우 백호의 적재횟수는?(단, 흙의 γ=1.5t/m³, 토량변화율(L)=1.2, 버킷계수(K)=0.85, 백호의 사이클시간(C_{ms})=25s, 작업효율(E)=0.75)

① 2회 ② 4회
③ 6회 ④ 8회

해설
1) $q_t = \dfrac{T}{r_t}L = \dfrac{8}{1.5} \times 1.2 = 6.4 m^3$
2) $n = \dfrac{q_t}{q \cdot k} = \dfrac{6.4}{2 \times 0.85} = 3.76 = 4$회
∴ 적재횟수 : 4회

정답 28 ② 29 ② 30 ② 31 ③ 32 ②

33 사이폰 관거(syphon drain)에 대한 다음 설명 중 옳지 않은 것은?
① 암거가 앞뒤의 수로바닥에 비하여 대단히 낮은 위치에 축조된다.
② 일종의 집수암거로 주로 하천의 복류수를 이용하기 위하여 쓰인다.
③ 용수, 배수, 운하 등 성질이 다른 수로가 교차하지만 합류시킬 수 없을 때 사용한다.
④ 다른 수로 혹은 노선과 교차할 때 사용된다.

해설
사이펀 암거
수로교로서 물을 횡단시키지 못하는 경우에 암거 전후의 수로바닥보다 대단히 낮은 위치에 만들어 물을 횡단시키는 목적으로 설치한다.

34 철륜 표면에 다수의 돌기를 붙여 접지면적을 작게 하여 접지압을 증가시킨 다짐기계로 일반 성토 다짐보다 비교적 함수비가 많은 점질토 다짐에 적합한 롤러는?
① 진동롤러   ② 탬핑롤러
③ 타이어 롤러 ④ 로드 롤러

해설
전압식 다짐장비
1) 로드롤러(Road Roller)
  가. Macadam roller
    3륜구조로 자갈 및 사질토, 쇄석층, 아스팔트 포장 1차다짐에 적합
  나. Tandem roller 2륜구조로 아스팔트 포장의 마무리 다짐에 적합
2) 타이어롤러(Tire roller)
  아스팔트 포장의 2차 다짐 및 사질토 지반 다짐에 적합
3) 탬핑롤러(Tamping Roller)
  가. 드럼에 다수의 돌기를 붙여 흙의 깊은 위치를 다지는 기계.
  나. 함수비가 높은 점토질 지반의 다짐에 적합

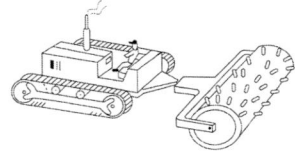

탬핑롤러(Tamping Roller)

35 $\bar{x}-R$관리도에서 필요하지 않은 관리선은?
① UCL   ② PCL
③ LCL   ④ CL

해설
$\bar{x}-R$관리도
· 중심선 : CL
· 상부 관리한계 : UCL
· 하부 관리한계 : LCL

36 디퍼 준설선(Dipper Dredger)의 특징으로 틀린 것은?
① 암석이나 굳은 토질에도 적합하다.
② 작업장소가 넓지 않아도 된다.
③ 준설비가 비교적 작고, 연속식에 비하여 작업능률이 뛰어나다.
④ 기계의 고장이 비교적 적다.

해설
디퍼 준설선
1) 동력으로 작동되는 강력한 셔블을 가지고 바닥을 퍼올리는 장비
2) 연질토사부터 파쇄된 암석까지 준설에 적합
3) 경사면 준설이 가능
4) 준설능력이 적으므로 준설단가가 고가

37 다음의 연약지반 처리 공법 중에서 일시적인 공법이 아닌 것은?
① 약액주입공법 ② 동결공법
③ 대기압공법   ④ 웰포인트 공법

해설
일시적인 주입공법
1) 웰포인트(well point)공법
2) 대기압공법
3) 동결공법
4) 전기침투공법
5) 소결공법

38 다음 공정표에 대한 설명으로 가장 적합한 것은?

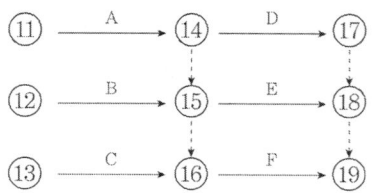

① D는 A, B가 완료하여야 시작할 수 있다.
② F는 A, B, C가 완료하여야 시작할 수 있다.
③ E는 A만 완료하면 시작할 수 있다.
④ E는 A, D가 완료하여야 시작할 수 있다.

해설
1) D는 A가 완료하여야 시작할 수 있다.
2) F는 A,B,C가 완료하여야 시작할 수 있다.
3) E는 A,B가 완료하여야 시작할 수 있다.

39 점성토에서 발생하는 히빙의 방지대책으로 틀린 것은?
① 널말뚝의 근입 깊이를 짧게 한다.
② 표토를 제거하거나 배면의 배수 처리로 하중을 작게 한다.
③ 연약지반을 개량한다.
④ 부분굴착 및 트렌치 컷 공법을 적용한다.

해설
히빙방지대책으로 널말뚝의 근입깊이를 길게 한다.

40 공정관리법 가운데 CPM에 대한 설명으로 옳은 것은?
① 최소비용에 관련된 이론이 없다.
② 경험이 없는 사업에 적용한다.
③ 활동 중심의 일정 계산을 한다.
④ 3점 추정방법으로 공기를 추정한다.

해설
CPM은 반복적, 경험있는 사업, 1점시간추정, 공비절감 목적으로 사용되는 공정관리기법이다.

제3과목 건설재료 및 시험

41 경량골재 콘크리트에 사용되는 경량골재에 대한 설명 중 틀린 것은?
① 깨끗하고, 강하며 내구적이어야 하고 적당한 입도 및 단위질량을 가져야 한다.
② 골재의 씻기 시험에 의하여 손실되는 양은 10%이하로 하여야 한다.
③ 굵은 골재의 최대 치수는 원칙적으로 25mm로 한다.
④ 경량골재 중 잔골재는 건조된 상태의 최대 단위질량이 $1,100 kg/m^3$이어야 한다.

해설
경량골재 콘크리트의 굵은골재 최대치수는 원칙적으로 20mm로 한다.

42 시멘트의 분말도와 물리적 성질에 관한 설명 중 틀린 것은?
① 시멘트의 분말도는 높을수록 콘크리트의 초기 강도가 크다.
② 분말도가 높은 시멘트는 작업이 용이한 콘크리트를 얻을 수 있다.
③ 분말도가 높으면 수축률이 커지기 쉽고 콘크리트에 틈이 생길 가능성이 많다.
④ 분말도가 높으면 내구성이 따라서 증가한다.

해설
분말도가 큰 시멘트는 초기강도는 증가되나 궁극적으로 표면의 건조수축량이 커져서 내구성이 증가 되지는 않는다.

43 암석은 그 성인(成因)에 따라 대별되는데 편마암, 대리석 등은 어느 암으로 분류되는가?
① 수성암 ② 화성암
③ 변성암 ④ 석회질암

해설
암석의 성인에 따른 분류
1) 화성암 : 화강암, 안산암, 현무암 등
2) 변성암 : 대리석, 편마암, 사문암 등
3) 퇴적암 : 사암, 적판암, 석회암 등

정답 38 ② 39 ① 40 ③ 41 ③ 42 ④ 43 ③

44 다음 골재의 함수상태를 표시한 것 중 틀린 것은?

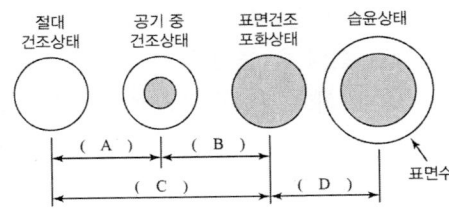

① A : 기건 함수량
② B : 유효 흡수량
③ C : 함수량
④ D : 표면수량

해설
C는 흡수량이다.

45 콘크리트용 골재(骨材)에 요구되는 성질 중 옳지 않은 것은?
① 물리적으로 안정하고 내구성이 클 것
② 화학적으로 안정할 것
③ 시멘트 풀과의 부착력이 큰 표면조직을 가질 것
④ 골재의 입도 크기가 균일할 것

해설
골재의 입도는 크고 작은 입도로 골고루 섞여있어야 한다.

46 어떤 재료의 포아송 비가 1/3이고, 탄성계수는 $2×10^5$MPa 일 때 전단 탄성계수는?
① 25,600MPa ② 75,000MPa
③ 544,000MPa ④ 229,500MPa

해설
$$G = \frac{E_c}{2.(1+\nu)} = \frac{2 \times 10^5}{2 \times (1+\frac{1}{3})} = 75,000 MPa$$

47 다음 특성을 가지는 시멘트는?

- 발열량이 대단히 많으며 조강성이 크다.
- 열분해 온도가 높으므로 (1,300℃정도) 내화용 콘크리트에 적합하다.
- 해수 기타 화학작용을 받는 곳에 저항성이 크다.

① 플라이애시 시멘트
② 고로 시멘트
③ 백색 포틀랜드 시멘트
④ 알루미나 시멘트

해설
알루미나(Al_2O_3)의 함량이 30~40%인 고급(혼합・조강)시멘트의 하나. 보통 포틀랜드 시멘트와는 달리 규산(SiO_2)의 양과 알루미나의 양이 정반대이다. 단시간에 경화하고 해수, 화학약품 등에 저항력이 크며, 취약성이 있고 수화 열량이 많다. 동기 공사, 해안 공사, 긴급공사 등에 쓰인다.

48 아스팔트 혼합재에서 채움재(filer)를 혼합하는 목적은 다음 중 어느 것인가?
① 아스팔트의 비중을 높이기 위해서
② 아스팔트의 침입도를 높이기 위해서
③ 아스팔트의 공극을 메우기 위해서
④ 아스팔트의 내열성을 증가시키기 위해서

해설
채움재는 아스팔트 혼합물의 공극을 채워서 점도를 증가 시킨다.

정답 44 ③ 45 ④ 46 ② 47 ④ 48 ③

49 콘크리트 중의 염화물 함유량은 콘크리트 중에 함유된 염화물 이온의 총량으로 표시하는데 비빌 때 콘크리트 중의 전염화물 이온량은 원칙적으로 얼마 이하로 하여야 하는가?

① 0.5kg/m³ ② 0.3kg/m³
③ 0.2kg/m³ ④ 0.1kg/m³

해설
염화물 함유량 시험
1) 굳지 않은 콘크리트 중의 전 염소이온량은 원칙적으로 0.3kg/m³ 이하로 표시
2) 염소이온량 검사 횟수
① 바다 잔골재 : 2회/일
② 그 외 경우는 1회/주

50 시멘트와 관련된 내용의 연결이 잘못된 것은?

① 비카트 침(Vicat needle)-시멘트 응결시간 시험
② 수경률-시멘트 원료의 조합비
③ 강열감량-시멘트의 풍화정도
④ 르샤틀리에 플라스크-시멘트 분말도 시험

해설
르샤틀리에 플라스크
시멘트 비중시험에 사용되는 기구이다.

51 암석 전체의 체적에 대한 공극의 비율을 공극률(porosity)이라고 한다. 다음 암석 중 일반적으로 공극률이 가장 큰 것은?

① 화강암   ② 사암
③ 응회암   ④ 대리석

해설
모래가 오랫동안 퇴적되어 높은열과 압력으로 형성된 암석으로 사암이 공극률이 가장 크다.

52 다음 혼화재료에 대한 설명 중 틀린 것은?

① 사용량에 따라 혼화재와 혼화제로 나뉜다.
② 콘크리트의 성능을 개선, 향상시킬 목적으로 사용되는 재료이다.
③ 혼화제는 비록 1%이하의 양이 소요되지만 콘크리트의 배합 계산 시 고려해야 한다.
④ 혼화재료를 사용할 때는 반드시 시험 또는 검토를 거쳐 성능을 확인하여야 한다.

해설
혼화재료
1) 혼화재 : 콘크리트 배합계산에서 고려되는 것(시멘트 중량의 5%이상 사용)
2) 혼화제 : 콘크리트 배합계산에서 무시되는 것(시멘트 중량의 1%이하 사용)

53 콘크리트용 골재에 사용되는 하천골재 및 육상골재 중의 미립분이 콘크리트의 품질에 미치는 영향에 대한 설명 중 틀린 것은?

① 골재 중의 미립분이 증가하면 콘크리트의 단위수량이 증가한다.
② 골재 중의 미립분이 증가하면 콘크리트의 레이턴스가 감소한다.
③ 골재 중의 미립분이 증가하면 콘크리트의 블리딩이 감소한다.
④ 골재 중의 미립분이 증가하면 콘크리트의 건조수축이 증가한다.

해설
0.3mm 이하의 미립분이 콘크리트에 많이 들어있으면 단위수량이 증가하고, 블리딩이 감소하며, 표면에 레이턴스가 많아진다.

54 천연 아스팔트에 속하지 않는 것은?

① 록 아스팔트   ② 레이크 아스팔트
③ 샌드 아스팔트 ④ 스트레이트 아스팔트

해설
천연 아스팔트
1) 레이크 아스팔트
2) 록 아스팔트
3) 오일샌드 아스팔트
4) 아스팔타이트

정답 49 ② 50 ④ 51 ② 52 ③ 53 ② 54 ④

55 콘크리트용 화학 혼화제(KS F 2560)에서 규정하고 있는 AE제의 품질 성능에 대한 규정항목이 아닌 것은?
① 경시 변화량 ② 감수율
③ 블리딩양의 비 ④ 길이 변화비

해설
경시변화량 시험은 고성능 AE감수제 의 슬럼프 변화량을 알아보는 시험이다.

56 다음 중 시멘트의 성질과 그 성질을 측정하는 시험기의 연결이 잘못된 것은?
① 안정성-오토클레이브
② 비중-르샤틀리에병
③ 응결-비카트침
④ 유동성-길모아침

해설
시멘트 응결시험
1) 비카트침
2) 길모어침

57 혼화재료의 일반적인 사용목적이 아닌 것은?
① 강도 증가
② 발열량 증가
③ 수밀성 증진
④ 응결, 경화시간 조절

58 포틀랜드 시멘트의 제조에 필요한 주원료는?
① 응회암과 점토 ② 석회암과 점토
③ 화강암과 모래 ④ 점판암과 모래

해설
포틀랜드 시멘트
석회석과 점토를 4:1로 혼합하여 1,400~1,500°C 정도의 소성로를 거쳐 생산된 클링커

59 화강암의 일반적인 특징에 대한 설명으로 틀린 것은?
① 조직이 균일하고 내구성 및 강도가 크다.
② 내화성이 풍부하고 내화구조물용으로 적당하다.
③ 경도 및 자중이 커서 가공 및 시공이 어렵다.
④ 균열이 적기 때문에 큰 재료를 채취할 수 있다.

해설
화강암은 압축강도 및 내구성이 크나, 내화성에 취약해 내화 구조물용으로는 부적당하다.

60 골재의 함수상태에 대한 설명으로 틀린 것은?
① 절대건조상태는 105±5°C의 온도에서 일정한 질량이 될 때까지 건조하여 골재 알의 내부에 포함되어 있는 자유수가 완전히 제거된 상태이다.
② 공기 중 건조상태는 골재를 실내에 방치한 경우 골재입자의 표면과 내부의 일부가 건조된 상태이다.
③ 표면건조포화상태는 골재의 표면수는 없고 골재알 속의 빈틈이 물로 차있는 상태이다.
④ 습윤상태는 골재입자의 표면에 물이 부착되어 있으나 골재입자 내부에는 물이 없는 상태이다.

해설
습윤상태는 골재 입자의 내부 및 표면이 물로 젖어있는 상태이다.

정답 55 ① 56 ④ 57 ② 58 ② 59 ② 60 ④

제4과목 토질 및 기초

61 압밀시험결과 시간-침하량 곡선에서 구할 수 없는 값은?

① 1차 압밀비 (γ_p)
② 초기 침하비
③ 선행압밀 하중 (P_c)
④ 압밀계수 (C_v)

해설
e-logP 곡선에서 선행압밀하중을 구할 수 있다.

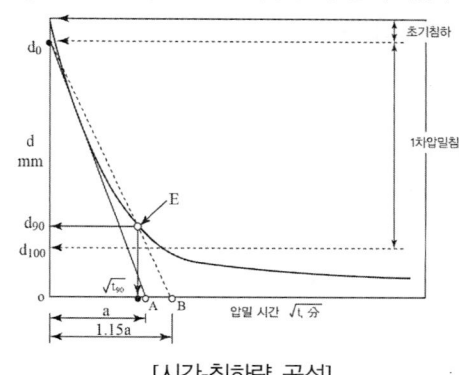

[시간-침하량 곡선]

62 사면의 안정에 관한 다음 설명 중 옳지 않은 것은?

① 임계 활동면이란 안전율이 가장 크게 나타나는 활동면을 말한다.
② 안전율이 최소로 되는 활동면을 이루는 원을 임계원이라 한다.
③ 활동면에 발생하는 전단응력이 흙의 전단강도를 초과할 경우 활동이 일어난다.
④ 활동면은 일반적으로 원형활동면으로 가정한다.

해설
임계 활동면이란 안전율이 최소인 불안전한 활동면을 말한다.

63 Rod에 붙인 어떤 저항체를 지중에 넣어 관입, 인발 및 회전에 흙의 전단강도를 측정하는 원위치 시험은?

① 보링(boring)
② 사운딩(sounding)
③ 시료채취(sampling)
④ 비파괴 시험(NDT)

해설
1) 사운딩(Sounding)이란 현장에서 Rod 선단에 장착된 저항체를 땅속에 관입시켜 관입, 회전, 인발등의 저항 정도로 지반의 상태를 파악하는 원위치 시험을 사운딩이라 한다.
2) 사운딩의 종류
① 정적사운딩 (점성토 지반)
휴대용 원추관입시험기, 화란식 원추관입시험기, 스웨덴식 관입시험기, 이스키미터, 베인시험기 등이 있다.
② 동적사운딩 (사질토 지반)
동적원추 관입시험기, 표준 관입시험기(S.P.T) 등이 있다.

64 다음 표의 설명과 같은 경우 강도정수 결정에 적합한 삼축압축 시험의 종류?

> 최근에 매립된 포화 점성토 지반 위에 구조물을 시공한 직후의 초기 안정 검토에 필요한 지반 강도정수 결정

① 압밀배수 시험(CD)
② 압밀비배수 시험(CU)
③ 비압밀비배수 시험(UU)
④ 비압밀배수 시험(UD)

해설
UU-test를 사용하는 경우
1) 점토지반에 제방 성토 직후 초기 사면안정해석하는 경우
2) 시공속도가 과잉간극수압 소산속도보다 빠를 때
3) 점토지반에 급속성토 시공후

정답 61 ③ 62 ① 63 ② 64 ③

65 다음 중 시료채취에 대한 설명으로 틀린 것은?

① 오거보링(Auger Boring)은 흐트러지지 않은 시료를 채취하는데 적합하다.
② 교란된 흙은 자연상태의 흙보다 전단강도가 작다.
③ 액성한계 및 소성한계 시험에서는 교란시료를 사용하여도 괜찮다.
④ 입도분석시험에서는 교란시료를 사용하여도 괜찮다.

해설
오거보링(Auger Boring)은 흐트러진 시료를 채취하는데 적합하다.

66 어떤 굳은 점토층을 깊이 7m까지 연직 절토 하였다. 이 점토층의 일축압축강도가 $1.4kg/cm^2$, 흙의 단위중량이 $2t/m^3$라 하면 파괴에 대한 안전율은?(단, 내부마찰각은 30°)

① 0.5 ② 1.0
③ 1.5 ④ 2.0

해설
직립면의 한계고
1) $H_c = \dfrac{4c}{\gamma}\left(\dfrac{\cos\varnothing}{1-\sin\varnothing}\right) = \dfrac{4c}{\gamma}\tan\left(45°+\dfrac{\varnothing}{2}\right)$
$= \dfrac{4 \times 4.04 \times \tan\left(45°+\dfrac{30}{2}\right)}{2} = 14m$

2) $c = \dfrac{q_u}{2\cdot\tan\left(45+\dfrac{\varnothing}{2}\right)} = \dfrac{14}{2\times\tan\left(45+\dfrac{30}{2}\right)}$
$= 4.04 t/m^2$

$\therefore F_s = \dfrac{H_c}{H} = \dfrac{14}{7} = 2$

67 아래 그림과 같은 지표면에 2개의 집중하중이 작용하고 있다. 3t의 집중하중 작용점 하부 2m지점 A에서의 연직하중의 증가량은 약 얼마인가?(단, 영향계수는 소수점이하 넷째자리까지 구하여 계산하시오.)

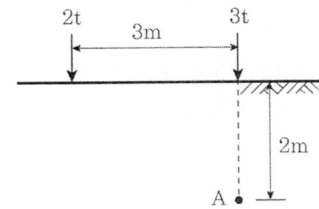

① $0.37t/m^2$ ② $0.89t/m^2$
③ $1.42t/m^2$ ④ $1.94t/m^2$

해설
1) 3t의 연직하중 증가량
$\triangle\sigma_{z1} = \dfrac{P}{Z^2}\cdot I = \dfrac{P}{Z^2}\cdot\dfrac{3}{2\pi}$
$= \dfrac{3}{2^2}\times\dfrac{3}{2\pi} = 0.36 t/m^2$

여기서 직하상태 영향계수
$I = \dfrac{3}{2\pi}$ 또는 0.4777을 사용

2) 2t의 연직하중 증가량
· $R = \sqrt{3^2+2^2} = 3.6056$
· $I = \dfrac{3Z^5}{2\pi R^5} = \dfrac{3\times 2^5}{2\pi\times 3.6056^5} = 0.0251$
· $\triangle\sigma_{z2} = \dfrac{P}{Z^2}\cdot I = \dfrac{2}{2^2}\times 0.0251 = 0.01 t/m^2$

3) $\triangle\sigma_z = \triangle\sigma_{z_1} + \triangle\sigma_{z_2} = 0.36 + 0.01 = 0.37 t/m^2$

68 흙의 투수성에서 사용되는 Darcy의 법칙 ($Q = k \cdot \frac{\triangle h}{L} \cdot A$)에 대한 설명으로 틀린 것은?

① △h는 수두차이다.
② 투수계수(k)의 차원은 속도의 차원(cm/s)과 같다.
③ A는 실제로 물이 통하는 공극부분의 단면적이다.
④ 물의 흐름이 난류인 경우에는 Darcy의 법칙이 성립하지 않는다.

해설
A는 물의 흐름 방향에 직교하는 흙의 단면적이다.

69 평판 재하 시험에서 재하판의 크기에 의한 영향(scale effect)에 관한 설명으로 틀린 것은?

① 사질토 지반의 지지력은 재하판의 폭에 비례한다.
② 점토지반의 지지력은 재하판의 폭에 무관하다.
③ 사질토 지반의 침하량은 재하판의 폭이 커지면 약간 커지기는 하지만 비례하는 정도는 아니다.
④ 점토지반의 침하량은 재하판의 폭에 무관하다.

해설
재하판 크기에 대한 보정
1) 점성토 기초지지력
   $q_{u(f)} = q_{u(p)}$
2) 점성토 즉시 침하량
   $S_f = S_p \cdot \frac{B_f}{B_p}$
   점성토 지반의 침하량은 기초크기가 증가하면 지중응력 범위가 증가하여 침하 대상층이 더 커지게 된다. 따라서 실제기초 크기와 재하판 크기에 따른 침하량은 비례관계가 성립
3) 사질토 기초지지력
   $q_{u(f)} = q_{u(p)} \cdot \frac{B_{(f)}}{B_{(p)}}$

4) 사질토 즉시 침하량
   $S_f = S_p \cdot (\frac{2B_f}{B_p + B_f})^2$

70 Paper drain 설계 시 Drain paper의 폭이 10cm, 두께가 0.3cm일 때 Drain paper의 등치환산원의 직경이 약 얼마이면 Sand drain과 동등한 값으로 볼 수 있는가? (단, 형상계수(α)는 0.75이다.)

① 5cm   ② 8cm
③ 10cm   ④ 15cm

해설
등치환산원 직경
$D = \alpha \frac{2A + 2B}{\pi} = 0.75 \times \frac{2 \times 10 + 2 \times 0.3}{\pi} = 5cm$

71 어떤 시료를 입도분석 한 결과, 0.075mm체 통과율이 65%이었고, 애터버그한계 시험결과 액성한계가 40%이었으며 소성도표(Plasticity chart)에서 A선 위의 구역에 위치한다면 이 시료의 통일분류법(USCS)상 기호로서 옳은 것은? (단, 시료는 무기질이다.)

① CL   ② ML
③ CH   ④ MH

해설
1) 0.075mm체 통과량 50%이상이므로 세립토이며 A선 위에 위치하므로 점토(C)로 분류되며,
2) $LL = 40\% < 50\%$이므로 저압축성(L)이므로 CL이다.

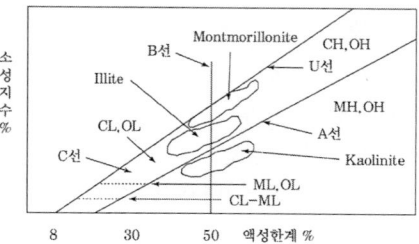

정답 68 ③ 69 ④ 70 ① 71 ①

72 어떤 점토의 압밀계수는 $1.92 \times 10^{-7} m^2/s$, 압축계수는 $2.86 \times 10^{-1} m^2/kN$이었다. 이 점토의 투수계수는? (단, 이 점토의 초기간극비는 0.8이고, 물의 단위중량은 $9.81 kN/m^3$이다.)

① 0.99×10^{-5} cm/s ② 1.99×10^{-5} cm/s
③ 2.99×10^{-5} cm/s ④ 3.99×10^{-5} cm/s

해설

1) $k = C_v \cdot m_v \cdot \gamma_w = C_v (\dfrac{a_v}{1+e_0}) \gamma_w$

2) $m_v = \dfrac{a_v}{1+e_o} = \dfrac{2.86 \times 10^{-1}}{1+0.8} = 0.159$

$\therefore k = C_v \cdot m_v \cdot \gamma_w$
$= 1.92 \times 10^{-7} \times 0.159 \times 9.81$
$= 2.99 \times 10^{-5} cm/s$

73 전체 시추코어 길이가 150cm이고 이중 회수된 코어 길이의 합이 80cm이었으며, 10cm 이상인 코어 길이의 합이 70cm이었을 때 코어의 회수율(TCR)은?

① 56.67% ② 53.33%
③ 46.67% ④ 43.33%

해설

회수율 $= \dfrac{\text{채취된 시료의 길이}}{\text{굴착 암석의 관입깊이}} \times 100(\%)$

회수율 $= \dfrac{80}{150} \times 100 = 53.33\%$

$RQD = \dfrac{10cm \text{ 이상 회수된 길이의 합}}{\text{굴착 암석의 관입깊이}} \times 100(\%)$

74 다음 중 사질토 지반의 개량공법에 속하지 않는 것은?

① 다짐 말뚝 공법
② 전기 충격 공법
③ 생석회 말뚝 공법
④ 바이브로 플로테이션(vibro-flotation)공법

해설
생석회 말뚝 공법은 점성토 지반 개량공법에 속한다.

75 그림과 같은 지층단면에서 지표면에 가해진 $50kN/m^2$의 상재하중으로 인한 점토층(정규압밀점토)의 1차 압밀 최종침하량(S)과 침하량이 5cm일 때의 평균압밀도(U)는? (단, 물의 단위중량은 $9.81kN/m^3$이다.)

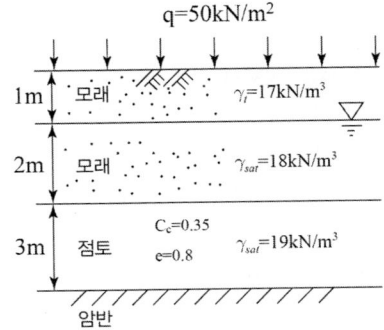

① S=18.3cm, U=27%
② S=18.3cm, U=22%
③ S=14.7cm, U=27%
④ S=14.7cm, U=22%

해설

1) 1차압밀침하량(정규압밀점토)

$S = \dfrac{C_c}{1+e_o} H \log \dfrac{P_o + \Delta P}{P_o}$

$= \dfrac{0.35}{1+0.8} 3 \log \dfrac{41.18 + 50}{47.18} = 18.3 cm$

여기서
$P_0 = 17 \times 1 + (18 - 9.81) \times 2 + (19 - 9.8) \times 1.5$
$= 47.18 kN/m^2$

2) 평균압밀도

$\overline{U} = \dfrac{S_t}{S} \times 100$

$= \dfrac{5}{18.3} \times 100 = 27\%$

76 도로의 평판 재하 시험에서 1.25mm 침하량에 해당하는 하중 강도가 250kN/m²일 때 지반반력 계수는?

① 100MN/m³ ② 200MN/m³
③ 1000MN/m³ ④ 2000MN/m³

해설

지지력 계수

$$\frac{하중강도}{침하량} = \frac{250}{0.00125}$$

$= 200,000 kN/m^3 = 200 MN/m^3$

77 말뚝의 부마찰력에 대한 설명 중 틀린 것은?

① 부마찰력이 작용하면 지지력이 감소한다.
② 연약지반에 말뚝을 박은 후 그 위에 성토를 한 경우 일어나기 쉽다.
③ 부마찰력은 말뚝 주변 침하량이 말뚝의 침하량보다 클 때 아래로 끌어내리는 마찰력을 말한다.
④ 연약한 점토에 있어서 상대변위의 속도가 느릴수록 부마찰력은 크다.

해설

연약한 점토에 있어서 상대변위의 속도가 클수록 부마찰력은 크다.

78 다음은 시험 종류와 시험으로부터 얻을 수 있는 값을 연결한 것이다. 연결이 틀린 것은?

① 비중계분석시험 – 흙의 비중(G_s)
② 삼축압축시험 – 강도정수(c, ϕ)
③ 일축압축시험 – 흙의 예민비(S_t)
④ 평판재하시험 – 지반반력계수(k_s)

해설

비중계 분석시험-흙의 입도분석(N0 200체 이하)에 사용된다.

79 함수비가 20%인 어떤 흙 1200g과 함수비가 30%인 어떤 흙 2600g을 섞으면 그 흙의 함수비는 약 얼마인가?

① 21.1% ② 25.0%
③ 26.7% ④ 29.5%

해설

$$\frac{(20 \times 1200 + 30 \times 2600)}{(1200 + 2600)} = 26.8\%$$

80 Jaky의 정지토압계수(K_o)를 구하는 공식은?

① $K_o = 1 + \sin\phi$
② $K_o = 1 - \sin\phi$
③ $K_o = 1 - \cos\phi$
④ $K_o = 1 + \cos\phi$

해설

Jaky의 정지토압 계수 공식

$K_o = 1 - \sin\phi$

제2회 건설재료시험기사 CBT 모의고사

제1과목 콘크리트공학

01 콘크리트 진동다지기에서 내부진동기 사용방법의 표준으로 틀린 것은?

① 2층 이상으로 나누어 타설한 경우 상층콘크리트의 다지기에서 내부진동기는 하층의 콘크리트 속으로 찔러 넣으면 안된다.
② 내부진동기의 삽입간격은 일반적으로 0.5m 이하로 하는 것이 좋다.
③ 1개소당 진동시간은 다짐할 때 시멘트 페이스트가 표면 상부로 약간 부상하기 까지한다.
④ 내부진동기는 콘크리트를 횡방향으로 이동시킬 목적으로 사용하지 않아야 한다.

해설
내부진동기를 하층의 콘크리트 속으로 0.1m이상 정도 찔러 넣어서 상하로 충분한 다짐을 하여야 한다.

02 콘크리트 시방배합설계 계산에서 단위골재의 절대용적이 689ℓ이고, 잔골재율이 41%, 굵은골재의 표건밀도가 2.65g/cm³일 경우 단위굵은골재량은?

① 739kg   ② 1,021kg
③ 1,077kg ④ 1,137kg

해설
단위굵은골재량
$[0.689 \times (1-0.41) \times (2.65 \times 10^3)] = 1,077 kg$

03 거푸집 및 동바리 구조계산에 대한 설명으로 틀린 것은?

① 고정하중은 철근 콘크리트와 거푸집의 중량을 고려하여 합한 하중이며, 콘크리트의 단위 중량은 철근의 중량을 포함하여 보통 콘크리트에서는 24kN/m³을 적용한다.
② 활하중은 구조물의 수평투영면적(연직방향으로 투영시킨 수평면적)당 최소 2.5kN/m² 이상으로 하여야 한다.
③ 고정하중과 활하중을 합한 연직하중은 슬래브 두께에 관계없이 최소 5.0kN/m² 이상을 고려하여 거푸집 및 동바리를 설계하여야 한다.
④ 목재 거푸집 및 수평부재는 집중하중이 작용하는 캔틸레버보로 검토하여야 한다.

해설
목재 거푸집 및 수평부재는 등분포하중이 작용하는 단순보로 검토하여야 한다.

04 콘크리트 비파괴 시험방법 중 철근 부식상태를 평가할 수 있는 시험법은?

① 초음파속도법
② 전자유도법
③ 전자파 레이더법
④ 자연전위법

해설
철근의 부식상태 평가 방법
① 전기화학적인 자연전위법
② 분극 저항법
③ 전기적인 전기저항법

정답 01 ① 02 ③ 03 ④ 04 ④

05 일반 콘크리트에 사용되는 재료의 계량허용 오차에 대한 설명으로 틀린 것은?

① 잔골재 : ±3%　② 혼화제 : ±3%
③ 혼화재 : ±3%　④ 굵은 골재 : ±3%

해설

계량 허용오차
- 골재 및 혼화제 ±3%
- 시멘트 : -1%, +2%
- 물 : -2%, +1%
- 혼화재 : ±2%

06 프리스트레싱할 때의 콘크리트 강도에 대한 아래 표의 설명에서 (　)안에 알맞은 수치는?

> 프리스트레싱을 할 때의 콘크리트의 압축강도는 어느 정도의 안전도를 확보하기 위하여 프리스트레스를 준 직후, 콘크리트에 일어나는 최대 압축응력의 (　)배 이상이어야 한다.

① 0.8　② 1.0
③ 1.7　④ 2.5

해설

프리스트레싱을 할 때의 콘크리트의 압축강도는 어느 정도의 안전도를 확보하기 위하여 프리스트레스를 준 직후, 콘크리트에 일어나는 최대 압축응력의(1.7)배 이상이어야 한다.

07 경화한 콘크리트는 건전부와 균열부에서 측정되는 초음파 전파시간이 다르게 되어 전파속도가 다르다. 이러한 전파속도의 차이를 분석함으로써 균열의 깊이를 평가할 수 있는 비파괴 시험방법은?

① Tc-To법　② 전자파 레이더법
③ 분극저항법　④ RC-Radar법

해설

초음파법에 의한 균열 깊이(심도)검사 방법
① Tc-To 법
② T법
③ 기타 : BS법

08 콘크리트 타설 및 다지기 작업 시 주의 해야 할 사항으로 틀린 것은?

① 연직 시공일 때 슈트 등의 배출구와 타설 면까지의 높이는 1.5m이하를 원칙으로 한다.
② 내부진동기를 사용하여 진동다지기를 할 경우 삽입간격은 일반적으로 1m이하로 하는 것이 좋다.
③ 내부진동기를 이용하여 진동다지기를 할 경우 내부진동기를 하층의 콘크리트 속으로 0.1m정도 찔러 넣는다.
④ 타설한 콘크리트를 거푸집 안에서 횡방향으로 이동시켜서는 안 된다.

해설

콘크리트 타설 및 다지기
① 타설한 콘크리트를 거푸집안에서 횡방향으로 원활히 이동시켜서는 안된다.
② 슈트, 펌프배관 등의 배출구와 타설면까지의 높이는 1.5m 이하를 원칙으로 한다.
③ 깊은 보와 두꺼운 벽 등 부재가 두꺼운 경우 내부진동기의 사용을 원칙으로 한다.
④ 2층으로 나누어 타설할 경우 상층의 콘크리트 타설은 원칙적으로 하층의 콘크리트가 굳기 시작하기 전에 해야 한다.

정답 05 ③　06 ③　07 ①　08 ②

09 프리스트레싱할 때의 콘크리트 압축강도에 대한 설명으로 옳은 것은?

① 프리텐션 방식에 있어서 콘크리트의 압축강도는 40MPa 이상이어야 한다.
② 포스트텐션 방식에 있어서 콘크리트의 압축강도는 20MPa 이상이어야 한다.
③ 프리스트레싱을 할 때의 콘크리트의 압축강도는 프리스트레스를 준 직후, 콘크리트에 일어나는 최대 인장응력의 2.5배 이상이어야 한다.
④ 프리스트레싱을 할 때의 콘크리트의 압축강도는 프리스트레스를 준 직후, 콘크리트에 일어나는 최대 압축응력의 1.7배 이상이어야 한다.

해설
1) 프리스트레싱을 할 때의 콘크리트의 압축강도는 프리스트레스를 준 직후, 콘크리트에 일어나는 최대 압축응력의 1.7배 이상이어야 한다.
2) 프리텐션 방식에 있어서 콘크리트의 압축강도는 30MPa 이상이어야 한다.
3) 포스트텐션 방식에 있어서 콘크리트의 압축강도는 25MPa 이상이어야 한다.

10 콘크리트의 블리딩시험(KS F 2414)에 대한 설명으로 틀린 것은?

① 블리딩 시험은 굵은골재의 최대 치수가 50mm 이하인 경우에 적용한다.
② 콘크리트를 블리딩 용기에 채울 때 콘크리트 표면이 용기의 가장자리에서 3±0.3cm 높아지도록 고른다.
③ 시험 중에는 실온 20±3℃로 한다.
④ 기록한 처음 시각에서 60분 동안 10분마다, 콘크리트 표면에 스며나온 물을 빨아낸다.

해설
블리딩 용기에 채울 때 콘크리트 표면이 용기의 가장자리에서 3±0.3cm낮게 고른다.

11 콘크리트의 압축강도를 시험하여 거푸집널을 해체하고자 할 때, 아래와 같은 조건에서 콘크리트 압축강도는 얼마 이상인 경우 해체가 가능한가?

· 슬래브 밑면의 거푸집널
· 콘크리트의 설계기준 압축강도 : 24MPa

① 5MPa 이상   ② 10MPa 이상
③ 14MPa 이상   ④ 16MPa 이상

해설
1) $24 \times \dfrac{2}{3} = 16 MPa$
2) 최소 압축강도 14MPa 보다 크므로 16 사용
[콘크리트 압축강도를 시험한 경우]

부재	콘크리트 압축강도(f_{cu})
확대기초, 보 옆, 기둥 등의 측벽	5MPa 이상
슬래브 및 보의 밑면, 아치 내면	설계기준압축강도의 $\dfrac{2}{3}$배 이상, 또한 최소 14MPa 이상

12 다음의 비파괴검사 시험 방법 중 철근배근 조사 방법은?

① 초음파속도법   ② 전자파 레이더법
③ 인발법   ④ 슈미트 해머법

해설
철근 배근 비파괴 검사법
1) 전자파 레이더법
2) 전자 유도법
3) 방사선법

13 매스 콘크리트의 타설온도를 낮추는 선행냉각(pre-cooling)방법으로 적절하지 않은 것은?

① 냉수나 얼음을 따로따로 혹은 조합해서 배합수로 사용하는 방법
② 냉각한 골재를 사용하는 방법
③ 액체질소를 사용하는 방법
④ 관로식 냉각 방법

해설
관로식 냉각(Pipe-cooling)방법은 선행냉각방식이 아닌 후행냉각방식이다.

14 프리스트레스트 콘크리트 구조물이 철근콘크리트 구조물보다 유리한 점을 설명한 것 중 옳지 않은 것은?

① 사용하중하에서는 균열이 발생하지 않도록 설계되기 때문에 내구성 및 수밀성이 우수하다.
② 콘크리트의 전단면을 유효하게 이용할 수 있어 동일한 하중에 대해 부재 처짐이 작다.
③ 충격하중이나 반복하중에 대해 저항력이 크며 부재의 중량을 줄일 수 있어 장대교량에 유리하다.
④ 강성이 크기 때문에 변형이 작고, 고온에 대한 저항력이 우수하다.

해설
RC에 비해 강성이 작아 변형이 크고 내화성에 불리하다.

15 다음은 고강도 콘크리트에 대한 설명이다. 옳지 않은 것은?

① 고강도 콘크리트는 공기연행 콘크리트로 하는 것을 원칙으로 한다.
② 고강도 콘크리트에 사용하는 골재의 품질 기준에 의하면, 잔골재의 염화물 이온량은 0.02% 이하이다.
③ 고강도 콘크리트의 설계기준압축강도는 일반적으로 40MPa 이상으로 하며, 고강도 경량골재 콘크리트는 27MPa 이상으로 한다.
④ 고강도 콘크리트에 사용하는 골재의 품질 기준에 의하면, 잔골재의 흡수율은 3% 이하, 굵은 골재의 흡수율은 2% 이하이다.

해설
고강도 콘크리트
기상의 변화가 심하거나 동결융해에 대한 대책이 필요한 경우를 제외하고 공기연행제를 사용하지 않는 것을 원칙으로 한다.

16 공기연행 콘크리트의 공기량에 대한 설명으로 옳은 것은?(단, 굵은 골재의 최대치수는 40mm을 사용한 일반콘크리트로서 보통 노출인 경우)

① 4.0%를 표준으로 하며, 그 허용 오차는 ±1.0%로 한다.
② 4.5%를 표준으로 하며, 그 허용 오차는 ±1.0%로 한다.
③ 4.0%를 표준으로 하며, 그 허용 오차는 ±1.5%로 한다.
④ 4.5%를 표준으로 하며, 그 허용 오차는 ±1.5%로 한다.

해설
공기량 허용 오차
1) 일반 콘크리트 : 4.5% ± 1.5%
2) 경량골재 콘크리트 : 5.5% ± 1.5%
3) 고강도 콘크리트 : 3.5 ± 1.5%

정답 13 ④ 14 ④ 15 ① 16 ④

17 아래 표와 같은 조건에서 콘크리트의 배합강도를 결정하면?

[조건]
- 설계기준압축강도(f_{ck}) : 40MPa
- 압축강도의 시험회수 : 23회
- 23회의 압축강도 시험으로부터 구한 표준편차 : 6MPa
- 압축강도 시험회수 20회, 25회인 경우 표준편차의 보정계수 : 각각 1.08, 1.03

① 48.5MPa ② 49.6MPa
③ 50.7MPa ④ 51.2MPa

해설

1) 수정표준편차
$$1.03 + \left(\frac{1.08-1.03}{25-20} \times 2\right) = 1.05 (23회\ 보정계수)$$

2) 설계기준 강도 35MPa 이상이므로
$$f_{cr} = f_{cq} + 1.34 \cdot S$$
$$= 40 + 1.34 \times 6.3 = 48.4 MPa$$
$$f_{cr} = 0.9 \cdot f_{cq} + 2.33 \cdot S$$
$$= 0.9 \times 40 + 2.33 \times 6.3$$
$$= 50.68 MPa$$

두 값 중에서 큰 값을 배합강도를 정한다.
$$\therefore f_{cr} = 50.7 MPa$$

18 외기온도가 25°C를 넘을 때 콘크리트의 비비기로부터 타설이 끝날 때까지 최대얼마의 시간을 넘어서는 안 되는가?

① 0.5시간 ② 1시간
③ 1.5시간 ④ 2시간

해설

비비기로부터 타설이 끝날 때까지의 시간은 외기온도가 25°C이상일 때는 1.5시간, 25°C미만일 때는 2시간 이내

19 서중 콘크리트에 대한 설명으로 틀린 것은?

① 콘크리트 재료의 온도를 낮추어서 사용한다.
② 콘크리트를 타설할 때의 콘크리트 온도는 35°C이하이어야 한다.
③ 하루의 평균기온이 25°C를 초과하는 것이 예상되는 경우 서중 콘크리트로 시공하여야 한다.
④ 콘크리트는 비빈 후 1.5시간 이내에 타설하여야 하며, 지연형 감수제를 사용한 경우라도 2시간 이내에 타설하는 것을 원칙으로 한다.

해설

콘크리트는 비빈 후 1.5시간 이내에 타설하여야 하며, 지연형 감수제를 사용한 경우라도 1.5시간 이내에 타설하는 것을 원칙으로 한다.

20 콘크리트의 재료분리 현상을 줄이기 위한 사항으로 틀린 것은?

① 잔골재율을 증가시킨다.
② 물-시멘트비를 작게 한다.
③ 포졸란을 적당량 혼합한다.
④ 굵은 골재를 많이 사용한다.

해설

일반적으로 굵은골재를 많이 사용하면 콘크리트강도, 내구성, 수밀성 등이 좋아지나 지나치게 많이 사용하면 잔골재율 및 단위수량의 감소로 콘크리트 작업성이 떨어져서 재료분리의 원인이 된다.

정답 17 ③ 18 ③ 19 ④ 20 ④

제2과목 건설시공 및 관리

21 다져진 토량 37800m³를 성토하는데 흐트러진 토량 30000m³가 있다. 이 때, 부족토량은 자연 상태 토량(m³)으로 얼마인가?(단, 토량변화율 L = 1.25, C = 0.9)

① 22,000m³ ② 18,000m³
③ 15,000m³ ④ 11,000m³

해설

부족토량

$= 37,800 \times \dfrac{1}{0.9} = 42,000 m^3 (자연상태)$

$= 30,000 \times \dfrac{1}{1.25} = 24,000 m^3 (자연상태)$

$= 42,000 - 24,000 = 18,000 m^3$

22 특수터널 공법 중 침매공법에 대한 설명으로 틀린 것은?

① 육상에서 제작하므로 신뢰성이 높은 터널 본체를 만들 수 있다.
② 단면의 형상이 비교적 자유롭다.
③ 협소한 장소의 수로에 적당하다.
④ 수중에 설치하므로 자중이 적고 연약지반 위에도 쉽게 시공할 수 있다.

해설

침매터널 공법의 특징
1) 육상 제작으로 콘크리트 품질관리 용이
2) 단면 형상이 비교적 자유롭고 큰 단면을 만들 수 있다.
3) 연약지반에도 시공이 가능하며 육·해상 공사 동시 진행으로 공기 단축
4) 수심이 깊은 곳에서도 시공이 용이하다.
5) 수중에 설치하므로 부력작용으로 자중이 작아 시공이 용이하다.
6) 유속이 빠른 장소에서는 침설작업이 어렵다
7) 협소한 장소의 수로나 항해 선박이 많은 곳에서는 시공이 어렵다.

23 말뚝이 30개로 형성된 군항 기초에서 말뚝의 효율은 0.75이다. 단항으로 계산할 때 말뚝 한 개의 허용 지지력이 20t이라면 군항의 허용지지력은?

① 450t ② 220t
③ 500t ④ 350t

해설

군항의 허용지지력
$R_{ag} = ENR_a = 0.75 \times 30 \times 20 = 450 t$

24 도로주행 중 노면의 한 개소를 차량이 집중 통과하여 표면의 재료가 마모되고 유동을 일으켜서 노면이 얕게 패인 자국을 무엇이라고 하는가?

① 플러시(Flush)
② 러팅(Rutting)
③ 블로업(Blow up)
④ 블랙베이스(Black base)

해설

소성변형(Rutting) 대책
1) 아스콘에 설계아스팔트량 보다 가급적 아스팔트량을 적게 사용.
2) 굵은골재 최대치수 13 → 19mm사용
3) 양질의 석분 함량 증가
4) 침입도가 작은 아스팔트 사용

25 로드 롤러를 사용하여 전압횟수 4회, 전압포설 두께 0.2m, 유효 전압폭 2.5m, 전압작업속도를 3km/h로 할 때 시간당 작업량을 구하면? (단, 토량환산계수는 1, 롤러의 효율은 0.8을 적용한다.)

① 300m³/h ② 251m³/h
③ 200m³/h ④ 151m³/h

해설

다짐기계의 다짐토량

$Q = \dfrac{1000 \cdot V \cdot W \cdot H \cdot f \cdot E}{N}$

$= \dfrac{1000 \times 3 \times 2.5 \times 0.2 \times 1 \times 0.8}{4} = 300 m^3/h$

정답 21 ② 22 ③ 23 ① 24 ② 25 ①

26 옹벽을 구조적 특성에 따라 분류할 때 여기에 속하지 않는 것은?
① 돌쌓기 옹벽　② 중력식 옹벽
③ 부벽식 옹벽　④ 캔틸레버식 옹벽

해설
돌쌓기 옹벽은 옹벽의 구조적 특성에 따른 분류에 해당되지 않는다.

27 다져진 토량 37800m³을 성토하는데 흐트러진 토량(운반토량)으로 30000m³이 있을 때, 부족 토량은 자연 상태 토량으로 얼마인가? (단, 토량변화율 L=1.25, C=0.9이다.)
① 22000m³　② 18000m³
③ 15000m³　④ 11000m³

해설
1) 본바닥토량 $= 37,800 \times \dfrac{1}{0.9} = 42,000$

2) 본바닥토량 $= 30,000 \times \dfrac{1}{1.25} = 24,000$

3) 부족토량 $= 42,000 - 24,000 = 18,000 m^3$

28 기계화 시공에 있어서 중장비의 비용계산 중 기계손료를 구성하는 요소가 아닌 것은?
① 관리비　② 정비비
③ 인건비　④ 감가상각비

해설
기계손료 구성
1) 감가상각비(구입가격, 내용년수)
2) 정비비
3) 관리비

29 돌쌓기에 대한 설명으로 틀린 것은?
① 메쌓기는 콘크리트를 사용하지 않는다.
② 찰쌓기는 뒤채움에 콘크리트를 사용한다.
③ 메쌓기는 쌓는 높이의 제한을 받지 않는다.
④ 일반적으로 찰쌓기는 메쌓기보다 높이 쌓을 수 있다.

해설
메쌓기 방식은 몰탈을 사용하지 않아 쌓는 높이에 많은 제약이 따른다.

30 필형 댐(fill type dam)의 설명으로 옳은 것은?
① 필형 댐은 여수로가 반드시 필요하지는 않다.
② 암반강도 면에서는 기초암반에 걸리는 단위 체적당의 힘은 콘크리트 댐보다 크므로 콘크리트 댐보다 제약이 많다.
③ 필형 댐은 홍수시 월류에도 대단히 안정하다.
④ 필형 댐에서는 여수로를 댐 본체(本體)에 설치할 수 없다.

해설
필형 댐에서는 여수로나 방류설비 등을 제체의 가운데나 위 또는 바닥에 둘 수가 없기 때문에 주변의 원지반에 설치한다.

정답 26 ① 27 ② 28 ③ 29 ③ 30 ④

31 암석 시험발파의 주된 목적으로 옳은 것은?
① 폭파계수 C를 구하려고 한다.
② 발파량을 추정하려고 한다.
③ 폭약의 종류를 결정하려고 한다.
④ 발파장비를 결정하려고 한다.

해설

시험발파 목적
1) 본발파 앞서 발파방법과 사용장약량 등을 변화시키면서 발파하여 암석의 비산상태, 장약량에 대한 기준을 정하여 본발파의 우수한 폭파계수(C)를 정하며,
2) 또한 방호시설 및 민원(소음, 진동, 비산)에 대한 대책을 수립하기 위해서 소음과 진동에 대한 계측을 실시하는 발파를 말한다.

32 아스팔트계 포장에서 거북등 균열(Alligator Cracking)이 발생하였다면 그 원인으로 가장 적당한 것은?
① 아스팔트와 골재 사이의 접착이 불량하다.
② 아스팔트를 가열할 때 Overheat 하였다.
③ 포장의 전압이 부족하다.
④ 노반의 지지력이 부족하다.

해설

거북등 균열의 원인은 토공(노상)의 다짐불량에 따른 지지력 부족으로 발생이 된다.

33 말뚝의 지지력의 결정하기 위한 방법 중에서 가장 정확한 것은?
① 정역학적 공식
② 동역학적 공식
③ 말뚝의 재하시험
④ 허용지지력 표로서 구하는 방법

해설

말뚝의 지지력 결정은 실제 실물재하를 통하여 구하는 재하시험이 신뢰성이 크다.

34 교각기초를 위해 바깥지름이 10m, 깊이가 20m, 측벽두께가 50cm인 우물통 기초를 시공 중에 있다. 지반의 극한지지력이 $200kN/m^2$, 단위면적당 주면마찰력(f_s)이 $5kN/m^2$, 수중부력은 100kN일 때, 우물통이 침하하기 위한 최소 상부하중(자중+재하중)은?
① 5,201kN ② 6,227kN
③ 7,107kN ④ 7,523kN

해설

우물통 침하 조건식
W+WL ≥ F+P+U
여기서, W : 우물통하중
  WL : 재하중
  F : 주면마찰력
  P : 선단지지력
  U : 양압력

$$W+WL=200\times\left(\frac{\pi\times 10^2}{4}-\frac{\pi\times 9^2}{4}\right)+\pi\times 10\times 20 \times 5+100=6,226kN$$

35 자연 함수비 8%인 흙으로 성토하고자 한다. 다짐한 흙의 함수비를 15%로 관리하도록 규정하였을 때 매 층마다 $1m^2$당 몇 kg의 물을 살수해야 하는가? (단, 1층의 다짐 후 두께는 20cm이고, 토량 변화율 C=0.8이며, 원지반 상태에서 흙의 밀도는 $1.8t/m^3$이다.)
① 21.59kg ② 24.38kg
③ 27.23kg ④ 29.17kg

해설

1) $1m^3$당 본바닥 체적
$$=1\times 1\times 0.2\times\frac{1}{0.8}=0.25m^3$$
2) $w=8\%$일 때 흙의 무게
$$\gamma_t=\frac{W}{V}에서\ 1.8=\frac{W}{0.25}, W=0.45t$$
3) $w=8\%$일 때 물의 무게
$$W_w=\frac{wW}{100+w}=\frac{8\times 450}{100+8}=33.33kg$$

4) $w=15\%$일 때 물의 무게
   $8:33.33=15:W_w$
   $\therefore W_w=62.49kg$
5) 살수량 $=62.49-33.33=29.17kg$

36 폭우 시 옹벽 배면의 흙은 다량의 물을 함유하게 되는데 뒤채움 토사에 배수 시설이 불량할 경우 침투수가 옹벽에 미치는 영향에 대한 설명으로 틀린 것은?

① 활동면에서의 양압력 발생
② 옹벽 저면에 대한 양압력 발생
③ 수동저항(passive resistance)의 증가
④ 포화 또는 부분포화에 의한 흙의 무게 증가

해설
수동저항(passive resistance)이 감소한다.

37 이동식 작업차 또는 가설용 트러스를 이용하여 교각의 좌, 우로 평형을 유지하면서 분할된 거더(길이 2~5m)를 순차적으로 시공하는 교량 가설공법은?

① FCM 공법   ② FSM 공법
③ ILM공법   ④ MSS 공법

해설
F.C.M (Free Cantilever Method) : 외팔보공법
1) 기시공된 교각을 중심으로 좌우평형을 유지하며 순차적으로 이동식 작업차를 이용하여 분할된 거더(Segment)를 순차적으로 제작하면서 상부구조를 시공해 나가는 공법으로 캔틸레버식 가설공법이라고 한다.(Dywidag)
2) 동바리가 불필요하며 이동식 작업차에서 공사를 시행하므로 전천후 시공이 가능하다.

38 성토시공 공법 중 두께가 90~120cm로 하천제방, 도로, 철도의 축제에 시공되며, 층마다 일정 기간 동안 방치하여 자연침하를 기다려 다음 층을 위에 쌓아 올리는 방법은?

① 물 다짐 공법   ② 비계 쌓기법
③ 전방 쌓기법   ④ 수평층 쌓기법

해설
수평층 쌓기법에 대한 설명이다.

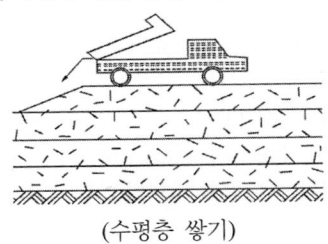

(수평층 쌓기)

39 흙댐을 구조상 분류할 때 중앙에 불투성의 흙을, 양측에는 투수성 흙을 배치한 것으로 두 가지 이상의 재료를 얻을 수 있는 곳에서 경제적인 댐 형식은?

① 심벽형 댐   ② 균일형 댐
③ 월류 댐   ④ Zone형 댐

해설
중심 Zone형 필댐(fill dam)
1) 제체 내 심벽과 투과층의 Zone을 두어 각층의 투수특성을 이용하는 댐을 Zone형 필댐이라 한다.
2) 투수성재료(Rock zone), 반투수성재료(Filter zone), 불투수성재료(Core zone)로 구성 되어있다.

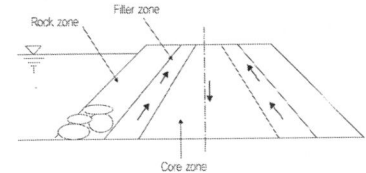

40 다음은 아스팔트 포장의 단면도이다. 상단부터 (A~E) 차례대로 옳게 기술한 것은?

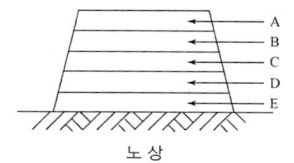

① 차단층, 중간층, 표층, 기층, 보조기층
② 표층, 기층, 중간층, 보조기층, 차단층
③ 표층, 중간층, 차단층, 기층, 보조기층
④ 표층, 중간층, 기층, 보조기층, 차단층

제3과목 건설재료 및 시험

41 토목섬유재료인 EPS 블록은 고분자 재료중 어떤 원료를 주로 사용 하는가?
① 폴리에틸렌 ② 폴리스틸렌
③ 폴리아미드 ④ 폴리프로필렌

해설
토목섬유재료인 EPS 블록은 폴리스틸렌을 주 원료로 사용한다.

42 재료의 역학적 성질 중 재료를 얇게 펴서 늘일 수 있는 성질을 무엇이라 하는가?
① 인성 ② 강성
③ 전성 ④ 취성

해설
전성 ; 압력을 가하거나 망치로 두드리면 넓은 판으로 얇게 펴지는 성질

43 조립률이 3.43인 모래 A와 조립률이 2.36인 모래 B를 혼합하여 조립률 2.80의 모래 C를 만들려면 모래 A와 B는 얼마를 섞어야 하는가? (단, A : B의 질량비)
① 41(%) : 59(%) ② 43(%) : 57(%)
③ 40(%) : 60(%) ④ 38(%) : 62(%)

해설
A+B = 100 ·················· ①
$2.8 = \dfrac{A \times 3.43 + B \times 2.36}{A+B}$ ·········· ②
2.8A+2.8B=3.43A+2.36B
0.63A = 0.44B
0.63×(100-B)=0.44B
A = 41%, B=59%

44 콘크리트에 AE제를 혼입했을 때의 설명 중 옳지 않은 것은?
① 유동성이 증가한다.
② 재료의 분리를 줄일 수 있다.
③ 작업하기 쉽고 블리딩이 커진다.
④ 단위 수량을 줄일 수 있다.

해설
AE제 혼입시 작업하기 쉽고 블리딩이 작아진다.

45 목재에 관한 다음 설명 중 옳지 않은 것은?
① 제재후의 심재는 변재보다 썩기 쉽다.
② 벌목시기는 가을에서 겨울에 걸친 기간이 가장 적당하다.
③ 목재는 세포막 중에 스며든 결합수가 감소하면 수축변형한다.
④ 목재의 강도는 절대 건조일 때 최대가 된다.

해설
목재의 구조
① 변재
  목질의 중앙부 외관의 연한 색깔 부분으로 연질이며 수액이 이동한다.
② 심재
  목질부분의 중앙부의 암색을 나타내며 수목이 성장하면 변재가 심재로 변해 간다.

정답 40 ④ 41 ② 42 ③ 43 ① 44 ③ 45 ①

46 콘크리트용 화학 혼화제의 품질시험 항목이 아닌 것은?

① 침입도 지수(PI)
② 감수율(%)
③ 응결시간의 차(mim)
④ 압축강도비(%)

해설

콘크리트 화학혼화제 품질시험 항목
① 감수율
② 블리딩양의 비
③ 응결시간 차
④ 압축강도의 비
⑤ 길이 변화비
⑥ 상대동탄성 계수

47 재료에 외력을 작용시키고 변형을 억제하면 시간이 경과함에 따라 재료의 응력이 감소하는 현상을 무엇이라 하는가?

① 탄성   ② 취성
③ 크리프   ④ 릴랙세이션

해설

릴랙세이션
PC 강재에 고장력을 가한 상태 그대로 장기간 양끝을 고정해 두면, 점차 소성 변형하여 인장 응력이 감소해 가는 현상.

48 다음 중 시멘트에 관한 설명으로 틀린 것은?

① 시멘트의 강도시험은 결합재료로서의 결합력발현의 정도를 알기 위해 실시한다.
② 시멘트는 저장중에 공기와 접촉하면 공기 중의 수분 및 이산화탄소를 흡수하여 가벼운 수화반응을 일으키게 되는데, 이것을 풍화라 한다.
③ 응결시간시험은 시멘트의 강도 발현속도를 알기 위해 실시한다. 초결이 빠른 시멘트는 장기강도가 크다.
④ 중용열포틀랜드시멘트는 수화열을 낮추기 위하여 화학조성 중 C_3A의 양을 적게 하고 그 대신 장기강도를 발현하기 위하여 C_2S량을 많게 한 시멘트이다.

해설

응결시간시험은 시멘트가 유동성과 점성을 잃고 굳어지는 시간을 알기 위해서 실시하며, 초결이 빠른 시멘트는 초기강도가 크다.

49 토목섬유 중 지오텍스타일의 기능을 설명한 것으로 틀린 것은?

① 배수 : 물이 흙으로부터 여러 형태의 배수로로 빠져나갈 수 있도록 한다.
② 보강 : 토목섬유의 인장강도는 흙의 지지력을 증가시킨다.
③ 여과 : 입도가 다른 두 개의 층 사이에 배치되어 침투수 통과 시 토립자의 이동을 방지한다.
④ 혼합 : 도로 시공 시 여러 개의 흙층을 혼합하여 결합시키는 역할을 한다.

해설

토목섬유 기능
1) 배수기능
2) 필터기능
3) 차단기능
4) 보강기능
5) 분리기능

50 토목섬유(geotextiles)의 특징에 대한 설명으로 틀린 것은?

① 인장강도가 크다.
② 탄성계수가 작다.
③ 차수성, 분리성, 배수성이 크다.
④ 수축을 방지한다.

해설

토목섬유는 탄성계수가 크다.

51 어떤 모래를 체가름 시험한 결과 다음 표를 얻었다. 이 때 모래의 조립률은?

체	각 체의 잔류율(%)
10mm	0
5mm	2
2.5mm	6
1.2mm	20
0.6mm	28
0.3mm	23
0.15mm	16
PAN	5
합계	100

① 2.68 ② 2.73
③ 3.69 ④ 5.28

해설

조립률 = $\dfrac{\text{각 체에 남은 잔류시료의 중량백분율의 합}}{100}$

조립률 = $\dfrac{2+8+28+56+79+95}{100} = 2.68$

체	각체 잔류율(%)	가적 잔류율(%)
10mm	0	0
5mm	2	2
2.5mm	6	8
1.2mm	20	28
0.6mm	28	56
0.3mm	23	79
0.15mm	16	95
PAN	5	100
합계	100	

52 다음 중 일반적으로 지연제를 사용하는 경우가 아닌 것은?

① 서중 콘크리트의 시공 시
② 레미콘 운반거리가 멀 때
③ 숏크리트 타설 시
④ 연속 타설 시 콜드 조인트를 방지하기 위해

해설

숏크리트 타설시 급결제를 사용한다.

53 포틀랜드 시멘트(KS L 5201)에서 1종인 보통 포틀랜드 시멘트의 비카 시험에 따른 초결 및 종결 시간에 대한 규정으로 옳은 것은?

① 초결 : 60분 이상, 종결 : 10시간 이하
② 초결 : 50분 이상, 종결 : 15시간 이하
③ 초결 : 40분 이상, 종결 : 9시간 이하
④ 초결 : 120분 이상, 종결 : 10시간 이하

해설

포틀랜드 시멘트(KS L 5201)에서 1종인 보통 포틀랜드 시멘트의 비카 시험에 따른 초결 및 종결 시간에 대한 규정은 초결 : 60분 이상, 종결 : 10시간 이하

54 플라이애시를 사용한 콘크리트의 특성으로 옳은 것은?

① 작업성 저하 ② 수화열 증가
③ 단위수량 감소 ④ 건조수축 증가

해설

플라이애시를 사용한 콘크리트는 단위수량이 감소한다.

55 고무혼입 아스팔트(rubberized asphalt)를 스트레이트 아스팔트와 비교할 때 특징으로 옳지 않은 것은?

① 응집성 및 부착성이 크다.
② 내노화성이 크다.
③ 마찰계수가 크다.
④ 감온성이 크다.

해설

고무혼입 아스팔트(rubberized asphalt)는 스트레이트 아스팔트에 비하여 감온성이 작다.

정답 51 ① 52 ③ 53 ① 54 ③ 55 ④

56 잔골재의 유해물 함유량 허용한도 중 점토 덩어리인 경우 중량백분율로 최댓값은 얼마인가?

① 1%   ② 2%
③ 3%   ④ 4%

[해설]
잔골재의 유해물 함유량

종류	최대값
점토 덩어리	1
염화물(NaCl 환산량)	0.04

57 단위용적질량이 1.65kg/L인 굵은 골재의 절건밀도가 2.65kg/L일 때 이 골재의 공극률은 얼마인가?

① 28.6%   ② 30.3%
③ 33.3%   ④ 37.7%

[해설]
1) 실적률
$$= \frac{골재의\ 단위질량(100+흡수율)}{골재의\ 표건밀도}$$
$$= \frac{골재의\ 단위용적질량}{골재의\ 절건밀도} \times 100$$
$$= \frac{1.65}{2.65} \times 100 = 62.26\%$$

2) 공극률
100 − 실적률 = 100 − 62.26 = 37.73

58 시멘트의 화학적 성분 중 주성분이 아닌 것은?

① 석회   ② 실리카
③ 알루미나   ④ 산화마그네슘

[해설]
시멘트의 화학적 주성분
1) 석회
2) 실리카
3) 알루미나

59 철근 콘크리트용 봉강(KS D 3504)에서 기호가 SD300으로 표시된 철근을 설명한 것으로 옳은 것은?

① 항복점이 300MPa 이상인 이형철근
② 항복점이 300MPa 이상인 원형철근
③ 인장강도가 300MPa 이상인 이형철근
④ 인장강도가 300MPa 이상인 원형철근

[해설]
SD300 : 항복점 300MPa 이상인 이형철근

60 제철소에서 발생하는 산업부산물로서 찬공기나 냉수로 급냉한 후 미분쇄하여 사용하는 혼화재는?

① 고로슬래그 미분말
② 플라이애시
③ 화산회
④ 실리카흄

[해설]
고로슬래그 미분말에 대한 설명이다.

제4과목 토질 및 기초

61 아래 그림과 같은 무한 사면이 있다. 흙과 암반의 경계면에서 흙의 강도정수 c=1.8t/m², φ=25°이고, 흙의 단위중량 γ=1.9t/m³인 경우 경계면에서 활동에 대한 안전율을 구하면?

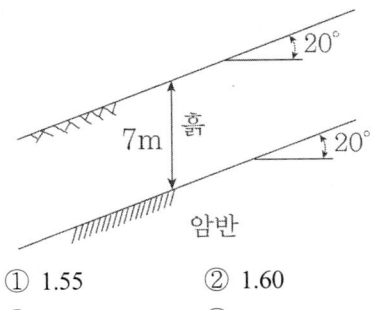

① 1.55   ② 1.60
③ 1.65   ④ 1.70

해설

Fellenius 일반식

1) $F_s = \dfrac{c'.l + (W\cos.i - ul)\tan\varnothing'}{W\sin.i}$

여기서 $W = \gamma.h.b = \gamma.h$ 여기서 b=1m

$l = \dfrac{1}{\cos.i}$

분모, 분자에 $\cos\cdot i$를 곱해주면

$F_s = \dfrac{c' + (\gamma.h.\cos^2 i - u)\tan\varnothing'}{\gamma.h.\sin i.\cos i}$

$F_s = \dfrac{1.8 + (1.9 \times 7 \times \cos(20)^2 - 0)\tan 25}{1.9 \times 7 \times \sin 20 \times \cos 20} = 1.7$

62 중심간격이 2.0m, 지름 40cm인 말뚝을 가로 4개, 세로 5개씩 전체 20개의 말뚝을 박았다. 말뚝 한 개의 허용지지력이 15ton이라면 이 군항의 허용지지력은 약 얼마인가? (단, 군말뚝의 효율은 Converse-Labarre 공식을 사용)

① 450.0t ② 300.0t
③ 241.5t ④ 114.5t

해설

군항의 허용지지력(R_{ag})

1) $R_{ag} = E.N.R_a = 0.805 \times 20 \times 15 = 241.5 ton$

2) $\varnothing = \tan^{-1}\dfrac{D}{S} = \tan^{-1}\dfrac{40}{200} = 11.31°$

$E = 1 - \varnothing \cdot \dfrac{m.(n-1) + n.(m-1)}{90 m.n}$

$= 1 - 11.31 \times \dfrac{4(5-1) + 5(4-1)}{90 \times 4 \times 5}$

$= 0.805$

여기서, E : 말뚝의 효율
N : 말뚝의 총수
R_a : 단항의 허용지지력

63 사질토 지반에 축조되는 강성기초의 접지압 분포에 대한 설명 중 맞는 것은?

① 기초 모서리 부분에서 최대 응력이 발생한다.
② 기초에 작용하는 접지압 분포는 토질에 관계없이 일정하다.
③ 기초의 중앙 부분에서 최대 응력이 발생한다.
④ 기초 밑면의 응력은 어느 부분이나 동일하다.

해설

강성기초의 접지압 분포

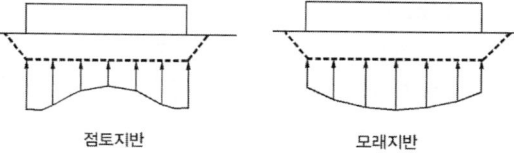

점토지반   모래지반

가. 기초가 강성이므로 균등침하가 발생된다.
나. 점토지반에서는 모서리쪽 접지압이 커지고 중앙부 접지압이 줄어든다.
다. 모래지반에서는 모서리쪽 접지압이 작고 중앙부 접지압이 커진다.

64 다음 중 시료채취에 대한 설명으로 틀린 것은?

① 오거보링(Auger Boring)은 흐트러지지 않은 시료를 채취하는데 적합하다.
② 교란된 흙은 자연상태의 흙보다 전단강도가 작다.
③ 액성한계 및 소성한계 시험에서는 교란시료를 사용하여도 괜찮다.
④ 입도분석시험에서는 교란시료를 사용하여도 괜찮다.

해설

오거보링(Auger Boring)은 흐트러진 시료를 채취하는데 적합하다.

정답 62 ③ 63 ③ 64 ①

65 자연상태의 모래지반을 다져 e_{min}에 이르도록 했다면 이 지반의 상대밀도는?

① 0%   ② 50%
③ 75% ④ 100%

해설

상대밀도

1) $D_r = \dfrac{e_{max} - e}{e_{max} - e_{min}} \times 100$

2) $e = e_{min}$ 조건이 되면 상대밀도는 100%

66 Meyerhof의 극한지지력 공식에서 사용하지 않는 계수는?

① 형상계수   ② 깊이계수
③ 시간계수   ④ 하중경사계수

해설

Meyerhof 지지력 계수
1) 형상계수
2) 깊이계수
3) 경사계수

67 포화된 점토지반에 성토하중으로 어느 정도 압밀된 후 급속한 파괴가 예상될 때, 이용해야 할 강도정수를 구하는 시험은?

① CU-test   ② UU-test
③ UC-test   ④ CD-test

해설

압밀 후 급속한 파괴(비배수 상태) 이므로 CU-test 시험을 적용한다.

68 그림과 같은 점성토 지반의 토질시험 결과 내부마찰각 $\phi=30°$, 점착력 $c=15kN/m^2$일 때 A점의 전단강도는?(단, 물의 단위중량은 $9.81kN/m^3$이다.)

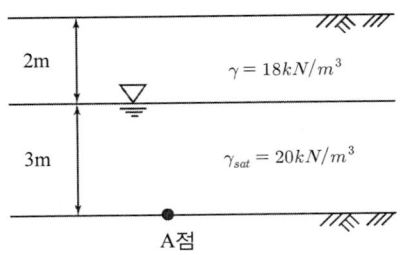

① $44.61kN/m^2$ ② $53.43kN/m^2$
③ $68.69kN/m^2$ ④ $70.41kN/m^2$

해설

1) 유효응력

전응력 $\sigma = 2 \times 18 + 3 \times 20 = 96 kN/m^2$

간극수압 $u = 3 \times 9.81 = 29.43 kN/m^2$

유효응력 $\overline{\sigma} = \sigma - u = 96 - 29.43 = 66.57 kN/m^2$

2) 전단강도

$\tau = c + \overline{\sigma} \tan\phi = 15 + 66.57 \tan 30°$
$= 53.43 kN/m^2$

69 유선망의 특징을 설명한 것으로 옳지 않은 것은?

① 각 유로의 침투유량은 같다.
② 유선과 등수두선은 서로 직교한다.
③ 유선망으로 이루어지는 사각형은 이론상 정사각형이다.
④ 침투속도 및 동수구배는 유선망의 폭에 비례한다.

해설

침투속도 및 동수구배는 유선망의 폭에 반비례한다.

정답 65 ④ 66 ③ 67 ① 68 ② 69 ④

70 아래 그림과 같은 모래지반에서 깊이 4m지점에서의 전단강도는?(단, 모래의 내부마찰각 $\phi=30°$이며, 점착력 C=0)

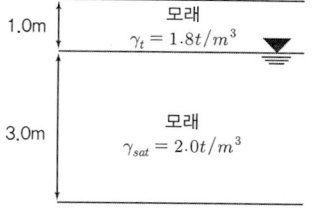

① 4.50t/m² ② 2.77t/m²
③ 2.32t/m² ④ 1.86t/m²

해설
1) $S = c + \bar{\sigma} \cdot \tan\phi$
2) $\bar{\sigma} = 1 \times 1.8 + 3 \times 1 = 4.8 t/m^2$
∴ $S = 0 + 4.8 \times \tan 30° = 2.77 t/m^2$

71 포화된 점토에 대하여 비압밀비배수(UU) 삼축압축시험을 하였을 때의 결과에 대한 설명으로 옳은 것은? (단, ϕ는 마찰각이고 c는 점착력이다.)

① ϕ와 c가 나타나지 않는다.
② ϕ와 c가 모두 "0"이 아니다.
③ ϕ는 "0"이고 c는 "0"이 아니다.
④ ϕ는 "0"이 아니지만 c는 "0"이다.

해설
uu 시험은 ϕ는 "0"이고 c는 "0"이 아니다.

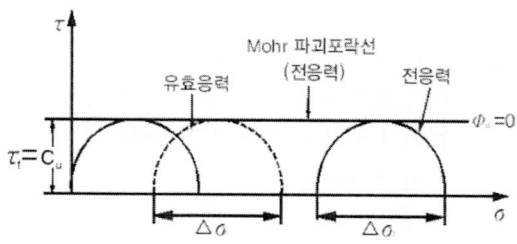

72 다짐에 대한 설명으로 틀린 것은?
① 다짐에너지는 래머(rammer)의 중량에 비례한다.
② 입도배합이 양호한 흙에서는 최대건조 단위중량이 높다.
③ 동일한 흙일지라도 다짐기계에 따라 다짐 효과는 다르다.
④ 세립토가 많을수록 최적함수비가 감소한다.

해설
세립토가 많을수록 최적함수비가 증가한다.

73 그림에서 지표면으로부터 깊이 6m에서의 연직응력(σ_v)과 수평응력(σ_h)의 크기를 구하면? (단, 토압계수는 0.6이다.)

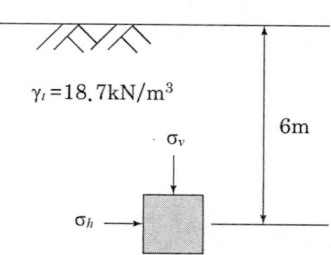

① σ_v=87.3kN/m², σ_h=52.4kN/m²
② σ_v=95.2kN/m², σ_h=57.1kN/m²
③ σ_v=112.2kN/m², σ_h=67.3kN/m²
④ σ_v=123.4N/m², σ_h=74.0kN/m²

해설
1) 연직응력 $\sigma_v = \gamma_t h$
   $= 18.7 \times 6$
   $= 112.2 kN/m^2$
2) 수평응력 $\sigma_h = \sigma_v K$
   $= 112.2 \times 0.6$
   $= 67.3 kN/m^2$

74 상·하층이 모래로 되어 있는 두께 2m의 점토층이 어떤 하중을 받고 있다. 이 점토층의 투수계수가 $5×10^{-7}$cm/s, 체적변화계수(mv)가 5.0cm²/kN일 때 90% 압밀에 요구되는 시간은? (단, 물의 단위중량은 9.81kN/m³이다.)

① 약 5.6일   ② 약 9.8일
③ 약 15.2일 ④ 약 47.2일

해설

1) $t_{90} = \dfrac{0.848 \times H^2}{C_v}$

2) $C_v = \dfrac{k}{m_v \cdot \gamma_w}$

$= \dfrac{5 \times 10^{-9} m/s}{5 \times 10^{-4} m^2/kN \times 9.81 kN/m^3}$

$= 0.000001 m^2/s$

$\therefore t_{90} = \dfrac{0.848 \times (\frac{2}{2})^2}{0.000001} = 848,000$초

$= 848,000 \times \dfrac{1}{60 \times 60 \times 24} = 9.81$일

75 점착력이 5t/m², γ_t=1.8t/m³의 비배수상태(ϕ=0)인 포화된 점성토 지반에 직경 40cm, 길이 10m의 PHC 말뚝이 항타시공되었다. 이 말뚝의 선단지지력은? (단, Meyerhof 방법을 사용)

① 1.57t   ② 3.23t
③ 5.65t   ④ 45t

해설

Meyerhof 공식에 의한 (비배수 상태)($\phi = 0$) 포화점토시 선단지지력

$Q_p = A_p \cdot q_p = A_p \cdot 9c_u$

$Q_p = \dfrac{3.14 \times 0.4^2}{4} \cdot (9 \times 5) = 5.65 ton$

여기서, Q_p : 말뚝의 선단지지력
A_p : 말뚝하단의 면적
q_p : 단위선단지지력
c_u : 말뚝하단 흙의 비배수 점착력

76 내부마찰각이 30°, 단위중량이 1.8t/m³인 흙의 인장균열 깊이가 3m일 때 점착력은?

① 1.56t/m²   ② 1.67t/m²
③ 1.75t/m²   ④ 1.81t/m²

해설

인장균열깊이

$Z_c = \dfrac{2c}{\gamma_t} \tan(45° + \dfrac{\phi}{2})$

$c = \dfrac{Z_c \times \gamma_t}{2\tan(45+\dfrac{\phi}{20})} = \dfrac{3 \times 1.8}{2 \cdot \tan(45+\dfrac{30}{2})} = 1.56 t/m^2$

77 말뚝재하시험 시 연약점토지반인 경우는 pile의 타입 후 20여일 지난 다음 말뚝재하시험을 한다. 그 이유는?

① 주면 마찰력이 너무 크게 작용하기 때문에
② 부마찰력이 생겼기 때문에
③ 타입시 주변이 교란되었기 때문에
④ 주위가 압축되었기 때문에

해설

Thixotropy 현상
연약지반에 말뚝을 타입 후 말뚝 주변지반의 교란으로 말뚝의 주면 마찰력이 작아지나 시간이 경과한 후 Thixotropy 현상에 의하여 주변 지반의 강도가 어느정도 회복이 되어지게 되므로 말뚝 타입 후 바로 지지력 측정을 하지 않고 20여일 정도 지난 후 지지력을 측정한다.

78 3층 구조로 구조결합 사이에 치환성 양이온이 있어서 활성이 크고 시트 사이에 물이 들어가 팽창 수축이 크고 공학적 안정성은 약한 점토광물은?

① Kaolinite   ② illite
③ Montmorillonite ④ Sand

해설

Montmorillonite에 대한 설명이다.

79 크기가 1m×2m인 기초에 10t/m²의 등분포 하중이 작용할 때 기초 아래 4m인 점의 압력 증가는 얼마인가?(단, 2:1 분포법을 이용한다.)

① 0.67t/m²   ② 0.33t/m²
③ 0.22t/m²   ④ 0.11t/m²

해설

$$\triangle \sigma_v = \frac{q_s \cdot B \cdot L}{(B+Z)(L+Z)}$$
$$= \frac{10 \times 1 \times 2}{(1+4) \times (2+4)} = 0.67 t/m^2$$

80 두께 5m의 점토층을 90% 압밀하는데 50일이 걸렸다. 같은 조건하에서 10m의 점토층을 90% 압밀하는데 걸리는 시간은?

① 100일   ② 160일
③ 200일   ④ 240일

해설

1) $50 : 5^2 = X : 10^2$
2) $X = \frac{10^2}{5^2} \times 50 = 200$일

제3회 건설재료시험기사

제1과목 콘크리트공학

01 일반적인 수중콘크리트에 관한 설명으로 틀린 것은?

① 물-결합재비는 50%이하, 단위시멘트량은 370kg/m³이상을 표준으로 한다.
② 잔골재율을 적절한 범위 내에서 크게 하여 점성이 풍부한 배합으로 할 필요가 있다.
③ 수중콘크리트의 치기는 물을 정지시킨 정수 중에서 치는 것이 좋다.
④ 강제식 배치믹서를 사용하여 비비는 경우 콘크리트가 드럼내부에 부착되어 충분히 비벼지지 못할 경우가 있기 때문에 믹서는 가경식 배치믹서를 사용하여야 한다.

해설

가경식 배치믹서를 사용하여 비비는 경우 콘크리트가 드럼내부에 부착되어 충분히 비벼지지 못할 경우가 있기 때문에 믹서는 강제식 배치믹서를 사용하여야 한다.

02 아래 표의 조건과 같을 경우 콘크리트의 압축강도(f_{cu})를 시험하여 거푸집널의 해체 시기를 결정하고자 한다. 콘크리트의 압축강도(f_{cu})가 몇 MPa 이상인 경우 거푸집널을 해체할 수 있는가?

- 설계기준압축강도(f_{ck})가 30MPa
- 슬래브 및 보의 밑면 거푸집

① 5MPa ② 10MPa
③ 14MPa ④ 20MPa

해설

부재	콘크리트 압축강도(f_{cu})
확대기초, 보 옆, 기둥 등의 측벽	5MPa 이상
슬래브 및 보의 밑면, 아치 내면	설계기준압축강도의 $\frac{2}{3}$배 이상, 또한 최소 14MPa 이상

정답 01 ④ 02 ④

03 섬유보강 콘크리트에 대한 설명으로 틀린 것은?

① 강섬유보강 콘크리트의 경우, 소요단위수량은 강섬유의 용적 혼입률 1% 증가에 대하여 약 20kg/m³정도 증가한다.
② 섬유보강으로 인해 인장강도, 휨강도, 전단강도 및 인성은 증대되지만, 압축강도는 그다지 변화하지 않는다.
③ 강제식 믹서를 이용한 경우, 섬유보강 콘크리트의 비비기 부하는 일반 콘크리트에 비해 2~4배 커지는 수가 있다.
④ 섬유혼입률은 섬유보강 콘크리트 1m³중에 점유하는 섬유의 질량백분율(%)로서 보통 0.5~2.0% 정도이다.

[해설]
섬유혼입률은 섬유보강 콘크리트 1m³중에 점유하는 섬유의 용적백분율(%)로서 보통 0.5~2.0% 정도이다.

04 일반 콘크리트의 배합에서 물-결합재비에 대한 설명으로 틀린 것은?

① 물-결합재비는 소요의 강도, 내구성, 수밀성, 균열저항성 등을 고려하여 정하여야 한다.
② 제빙화학제가 사용되는 콘크리트의 물-결합재비는 55% 이하로 한다.
③ 콘크리트의 수밀성을 기준으로 물-결합재비를 정할 경우 그 값은 50%이하로 한다.
④ 콘크리트의 탄산화 저항성을 고려하여 물-결합재비를 정할 경우 55%이하로 한다.

[해설]
제빙화학제가 사용되는 콘크리트의 물-결합재비는 45% 이하로 한다.

05 프리스트레스트 콘크리트에 있어서 프리스트레싱을 할 때의 콘크리트의 압축강도는 프리스트레스를 준 직후 콘크리트에 일어나는 최대압축응력의 최소 몇 배 이상이어야 하는가?

① 1.3배　② 1.5배
③ 1.7배　④ 2.0배

[해설]
프리스트레싱을 할 때의 콘크리트의 압축강도는 어느 정도의 안전도를 확보하기 위하여 프리스트레스를 준 직후, 콘크리트에 일어나는 최대 압축응력의 1.7배 이상이어야 한다.

06 일반 콘크리트에 사용되는 재료의 계량허용오차에 대한 설명으로 틀린 것은?

① 잔골재 : ±3%　② 혼화제 : ±3%
③ 혼화재 : ±3%　④ 굵은 골재 : ±3%

[해설]
계량 허용오차
· 골재 및 혼화제 ±3%
· 시멘트 : -1%, +2%
· 물 : -2%, +1%
· 혼화재 : ±2%

07 프리플레이스트 콘크리트에 사용하는 재료에 대한 설명으로 틀린 것은?

① 프리플레이스트 콘크리트의 주입 모르타르는 포틀랜드 시멘트를 사용하는 것을 표준으로 한다.
② 잔골재의 조립률은 2.3~3.1 범위로 한다.
③ 굵은 골재의 최소 치수는 15mm 이상으로 하여야 한다.
④ 일반적으로 굵은 골재의 최대치수는 최소 치수의 2~4배 정도로 한다.

[해설]
잔골재는 입경 2.5mm이하, 조립률은 1.4~2.2 범위로 정한다.

정답 03 ④　04 ②　05 ③　06 ③　07 ②

08 굵은 골재의 최대치수에 따른 콘크리트 펌프 압송관의 호칭치수에 대한 설명으로 옳은 것은?
① 굵은 골재의 최대치수가 25mm일 때 압송관의 호칭치수는 100mm 이상이어야 한다.
② 굵은 골재의 최대치수가 20mm일 때 압송관의 호칭치수는 100mm 이하이어야 한다.
③ 굵은 골재의 최대치수가 20mm일 때 압송관의 호칭치수는 125mm 이상이어야 한다.
④ 굵은 골재의 최대치수가 40mm일 때 압송관의 호칭치수는 80mm 이상이어야 한다.

해설
• 굵은골재최대치수 20~25mm인 경우
  압송관 호칭치수 : 100mm 이상
• 굵은골재최대치수 40mm 이상인 경우
  압송관 호칭치수 : 125mm 이상

09 방사선 차폐용 콘크리트에 대한 설명으로 틀린 것은?
① 일반적인 경우 슬럼프는 150mm 이하로 하여야 한다.
② 주로 생물체의 방호를 위하여 X선, γ선 및 중성자선을 차폐할 목적으로 사용된다.
③ 방사선 차폐용 콘크리트는 열전도율이 작고, 열팽창률이 커야 하므로 밀도가 낮은 골재를 사용하여야 한다.
④ 물-결합재비는 50%이하를 원칙으로 하고, 워커빌리티 개선을 위하여 품질이 입증된 혼화제를 사용할 수 있다.

해설
방사선 차폐용 콘크리트는 열전도율이 작고, 열팽창률이 작아야 하므로 밀도가 높은 골재를 사용하여야 한다.

10 시방배합에서 규정된 배합의 표시 방법에 포함되지 않는 것은?
① 잔골재율 ② 물 – 결합재비
③ 슬럼프 범위 ④ 잔골재의 최대치수

해설
시방배합에 표시방법 중 잔골재 최대치수가 아니라 굵은골재 최대치수를 표시한다.

11 외기온도가 25°C를 넘을 때 콘크리트의 비비기로부터 치기가 끝날 때까지 얼마의 시간을 넘어서는 안 되는가?
① 0.5시간 ② 1시간
③ 1.5시간 ④ 2시간

해설
25°C 이하 : 2시간

12 공기연행 콘크리트의 공기량에 대한 설명으로 옳은 것은?(단, 굵은 골재의 최대치수는 40mm을 사용한 일반콘크리트로서 보통 노출인 경우)
① 4.0%를 표준으로 하며, 그 허용오차는 ±1.0%로 한다.
② 4.5%를 표준으로 하며, 그 허용오차는 ±1.0%로 한다.
③ 4.0%를 표준으로 하며, 그 허용오차는 ±1.5%로 한다.
④ 4.5%를 표준으로 하며, 그 허용오차는 ±1.5%로 한다.

해설
굵은골재 최대치수 40mm인 경우 공기량은 4.5%를 표준으로 하며, 그 허용오차는 ±1.5%로 한다.

13 굳은 콘크리트의 압축강도 시험에 대한 설명으로 잘못된 것은?

① 공시체 양생은 20±2°C에서 습윤상태로 양생한다.
② 공시체는 지름의 3배의 높이를 가진 원기둥형으로 하며, 그 지름은 굵은골재의 최대치수의 3배 이상, 150mm 이상으로 한다.
③ 몰드를 떼는 시기는 채우기가 끝나고 나서 16시간 이상 3일 이내로 한다.
④ 하중을 가하는 속도는 압축 응력도의 증가율이 매초 0.6±0.4MPa이 되도록 한다.

해설
콘크리트 압축강도 공시체
1) 지름은 굵은골재 최대치수의 3배 이상, 100mm이상으로 한다.
2) 참고 : 인장강도 굵은골재 최대치수 4배이상 150mm 이상

14 콘크리트의 블리딩시험(KS F 2414)에 대한 설명으로 틀린 것은?

① 블리딩 시험은 굵은골재의 최대 치수가 50mm 이하인 경우에 적용한다.
② 콘크리트를 블리딩 용기에 채울 때 콘크리트 표면이 용기의 가장자리에서 3±0.3cm 높아지도록 고른다.
③ 시험 중에는 실온 20±3°C로 한다.
④ 기록한 처음 시각에서 60분 동안 10분마다, 콘크리트 표면에 스며나온 물을 빨아낸다.

해설
블리딩 용기에 채울 때 콘크리트 표면이 용기의 가장자리에서 3±0.3cm낮게 고른다.

15 22회의 시험실적으로부터 구한 콘크리트 압축강도의 표준편차가 4MPa이고, 실제기준 압축강도가 40MPa인 경우 배합강도는? (단, 시험횟수가 20회인 경우 표준편차의 보정계수는 1.08이고, 시험횟수가 25회인 경우 표준편차의 보정계수는 1.03이다.)

① 46.5MPa ② 47.2MPa
③ 45.9MPa ④ 48.9MPa

해설
1) 22회일 때 표준편차 보정계수
$$= 1.03 + \frac{(1.08 - 1.03) \times 3}{5} = 1.06$$
2) 직선보간한 표준편차
$S = 1.06 \times 4 = 4.24 MPa$
3) 배합강도
$f_{cr} = f_{cq} + 1.34 \cdot S$
$\quad = 40 + 1.34 \times 4.24 = 45.68 MPa$
$f_{cr} = 0.9 \cdot f_{cq} + 2.33 \cdot S$
$\quad = 0.9 \times 40 + 2.33 \times 4.24$
$\quad = 45.88 MPa$
두 값 중 큰 값이 배합강도이므로
$\therefore f_{cr} = 45.88 MPa$

16 콘크리트의 받아들이기 품질검사 항목에 따른 판정기준으로 틀린 것은?

① 공기량의 허용오차는 ±1.5%이다.
② 염소이온량은 원칙적으로 0.3kg/m³이하이어야 한다.
③ 슬럼프값이 30mm 이상 80mm미만일 경우의 허용오차는 ±15mm이다.
④ 콘크리트 펌프의 최대 이론토출압력에 대한 최대 압송부하의 비율이 70%이하 이어야 한다.

해설
콘크리트 받아들이기 품질검사중 콘크리트 펌프의 최대 이론토출압력에 대한 최대 압송부하의 비율은 80% 이하로 한다.

17 수중 불분리성 콘크리트의 타설에 대한 설명으로 틀린 것은?

① 유속이 50mm/s정도 이하의 정수 중에서 수중 낙하높이 0.5m 이하에서 타설한다.
② 콘크리트 펌프로 압송할 경우, 압송압력은 보통 콘크리트의 2~3배 정도 요구된다.
③ 품질저하 및 불균일성을 방지하기 위해 수중 유동거리는 10m 이하로 한다.
④ 소규모 공사 등에는 버킷을 이용하여 시공할 수도 있다.

해설
품질저하 및 불균일성을 방지하기 위해 수중 유동거리는 5m 이하로 한다.

18 시방배합 결과 물 180kg/m³, 잔골재 650kg/m³, 굵은골재 1000kg/m³을 얻었다. 잔골재의 흡수율이 2%, 표면수율이 3%라고 하면 현장배합상의 단위 잔골재량은?

① 637.0kg/m³ ② 656.5kg/m³
③ 663.0kg/m³ ④ 669.5kg/m³

해설
표면수 보정에 따른 단위 잔골재량
단위 잔골재량=650×1.03=669.5kg/m³

19 아래 표와 같은 조건의 시방배합에서 굵은 골재의 단위량은 약 얼마인가?

- 단위수량=189kg, S/a=50%, W/C=50%
- 시멘트 밀도=3.15g/cm³
- 잔골재 표건밀도=2.6g/cm³
- 굵은골재 표건밀도=2.7g/cm³
- 공기량=1.5%

① 935kg ② 1,115kg
③ 1,042kg ④ 913kg

해설
1) 단위시멘트량
$$\frac{W}{C}=50\%, \quad \therefore C=\frac{189}{0.5}=378kg$$
2) 단위골재의 체적
$$V=1-\left(\frac{189}{1,000}+\frac{378}{3.15\times1,000}+\frac{1.5}{100}\right)=0.676m^3$$
3) 굵은골재의 체적
$$0.676\times(1-0.5)=0.338m^3$$
4) 굵은골재량
$$2.7\times0.338\times1,000=913kg$$

20 매스 콘크리트에 대한 다음 표의설명에서 빈칸에 알맞은 수치는?

매스 콘크리트로 다루어야 하는 구조물의 부재 치수는 일반적인 표준으로서 넓이가 넓은 평판구조의 경우 두께 (㉮)m 이상, 하단이 구속된 벽조의 경우 두께 (㉯)m이상으로 한다.

① ㉮ : 0.8, ㉯ : 0.5
② ㉮ : 1.0, ㉯ : 0.5
③ ㉮ : 0.5, ㉯ : 0.8
④ ㉮ : 0.5, ㉯ : 1.0

해설
매스콘크리트로 다루어야 하는 구조물의 부재치수는 일반적인 표준으로서 넓이가 넓은 평판구조의 경우 두께 0.8m 이상, 하단이 구속된 벽의 경우 두께 0.5m 이상되는 구조물을 매스콘크리트로 분류

제2과목 건설시공 및 관리

21 옹벽의 수평 저항력을 증가시키기 위해 경제성과 시공성을 고려할 경우 다음 중 가장 적합한 방법은?

① 옹벽의 비탈구배를 크게 한다.
② 옹벽 전면에 Apron을 설치한다.
③ 옹벽 기초밑판에 돌기 Key를 설치한다.
④ 옹벽 배면에 Anchor를 설치한다.

해설

활동에 대한 안정

① 안정조건 : $F_S = \dfrac{\text{저면마찰력의 합}}{\text{수평력의 합}} \geq 1.5$

② 대 책 : Shear Key 설치, 말뚝기초시공, 밑판의 길이를 증대
  ※ Shear Key(돌기물) 설치가 가장 유리한 방법

22 공정관리 수법중 Net work 공정의 특징에 관한 설명으로 옳지 않은 것은?

① 간단하게 작성할 수 있다.
② 합리적으로 설득성이 있다.
③ 중점적으로 관리할 수 있다.
④ 전체와 부분의 관계가 명백하다.

해설

Net work 공정은 작업의 세분화로 공정작성 및 수정이 어렵다.

23 기초를 시공할 때 지면의 굴착 공사에 있어서 굴착면이 무너지거나 변형이 일어나지 않도록 흙막이 지보공을 설치하는데 이 지보공의 설비가 아닌 것은?

① 흙막이판   ② 널 말뚝
③ 띠장   ④ 우물통

해설

우물통은 교량의 케이슨 기초 공법에 해당된다.

24 RCD(reverse circulation drill)) 공법의 시공 방법 설명 중 옳지 않은 것은?

① 물을 사용하여 약 0.2~0.3kg/cm²의 정수압으로 공벽을 안정시킨다.
② 기종에 따라 35°정도의 경사 말뚝 시공이 가능하다.
③ 케이싱 없이 굴삭이 가능한 공법이다.
④ 수압을 이용하며, 연약한 흙에 적합하다.

해설

경사말뚝 시공이 가능한 공법은 타입식 기성말뚝 공법 중 강관을 이용한 말뚝공법이 가능하다.

25 케이슨을 침하시킬 때 유의사항으로 틀린 것은?

① 침하시 초기 3m까지는 안정하므로 경사 이동의 조정이 용이하다.
② 케이슨은 정확한 위치의 확보가 중요하다.
③ 토질에 따라 케이슨의 침하 속도가 다르므로 사전 조사가 중요하다.
④ 편심이 생기지 않도록 주의해야 한다.

해설

케이슨 침하는 초기 3m까지의 정확한 위치 안착이 매우 중요하다. 따라서 정확한 측량 및 침하가 편기가 발생되지 않도록 최대한 신중을 기하여 한다.

정답 21 ③ 22 ① 23 ④ 24 ② 25 ①

26 콘크리트 포장에서 아래의 표에서 설명하는 현상은?

> 콘크리트 포장에서 기온의 상승 등에 따라 콘크리트 슬래브가 팽창할 때 줄눈 등에서 압축력에 견디지 못하고 좌굴을 일으켜 부분적으로 솟아오르는 현상

① spalling ② blow up
③ pumping ④ reflection crack

해설

1) Spalling
   줄눈내부에 비압축성 재료의 침투로 인한 콘크리트 수, 팽창 방해 및 하중 전달장치의 불량으로 줄눈부 파손
2) Pumping
   교통하중 반복에 따른 휨하중에 의해서 슬래브의 침하로 노상, 보조기층내로 우수침투 발생되면서 슬래브 내부에 흙이 이토화 되어서 줄눈사이로 물과 함께 토사가 뿜어져 나오는 현상
3) reflection crack(반사균열)
   기존 콘크리트 포장면 새로운 아스팔트 혼합물로 덧씌우기 할 경우 하부의 기 시공된 상태의 균열이 상층으로 반사되어 발생하는 균열

27 공정관리에서 PERT와 CPM의 비교 설명으로 옳은 것은?

① PERT는 반복사업에, CPM은 신규사업에 좋다.
② PERT는 1점 시간추정이고, CPM은 3점 시간추정이다.
③ PERT는 작업활동 중심관리이고, CPM은 작업단계 중심관리이다.
④ PERT는 공기 단축이 주목적이고, CPM은 공사비 절감이 주목적이다.

해설

공정관리 기법
1) PERT 기법(신비 3기event)
   가. 신규사업, 비 반복사업, 경험이 없는 사업 등에 활용
   나. 소요시간 추정 (3점법 확률 계산)
   다. 가중 평균치 사용
   $$t_e = \frac{t_o + 4t_m + t_p}{6}$$
   여기서, t_o : 낙관 작업일수
   t_m : 정상 작업일수
   t_p : 비관 작업일수
   t_e : 3점법에 의한 추정공사일수
   라. 작업단계(event) 중심관리(결합점 중심관리)
   마. 확률론적 검토
   바. 공기 단축이 목적

28 시료의 평균값이 279.1, 범위의 평균값이 56.32, 군의 크기에 따라 정하는 계수가 0.73일 때 상부관리 한계선(UCL) 값은?

① 316.0 ② 320.2
③ 338.0 ④ 342.1

해설

$\bar{x} - R$관리도의 관리한계선
1) 중심선 $CL = \bar{x}$
2) 상한 관리 한계 $UCL = \bar{x} + A_2 \cdot \bar{R}$
   여기서, $\bar{x}$: x의 평균치
   $\bar{R}$: 범위 R의 평균치
   A_2 : 군의 크기에 따라 정하는 계수
∴ 상한 관리 한계
$UCL = \bar{x} + A_2 \cdot \bar{R} = 279.1 + 0.73 \times 56.32$
$= 320.2$

29 다짐 장비 중 마무리 다짐 및 아스팔트 포장의 끝손질에 사용하면 가장 유용한 장비는?

① 탠덤 롤러 ② 타이어 롤러
③ 탬핑 롤러 ④ 머캐덤 롤러

해설

다짐장비
1) Macadam roller
   3륜구조로 자갈 및 사질토, 쇄석층, 아스팔트 포장 1차다짐에 적합
2) 타이어롤러(Tire roller)
   아스팔트 포장의 2차 다짐 및 사질토 지반다짐에 적합

정답 26 ② 27 ④ 28 ② 29 ①

3) Tandem roller
2륜구조로 아스팔트 포장의 마무리 다짐에 적합

30 암석 시험발파의 주된 목적으로 옳은 것은?
① 폭파계수 C를 구하려고 한다.
② 발파량을 추정하려고 한다.
③ 폭약의 종류를 결정하려고 한다.
④ 발파장비를 결정하려고 한다.

해설
시험발파 목적
1) 본발파 앞서 발파방법과 사용장약량 등을 변화시키면서 발파하여 암석의 비산상태, 장약량에 대한 기준을 정하여 본발파의 우수한 폭파계수(C)를 정하며,
2) 또한 방호시설 및 민원(소음, 진동, 비산)에 대한 대책을 수립하기 위해서 소음과 진동에 대한 계측을 실시하는 발파를 말한다.

31 다음과 같은 점토 지반에서 연속 기초의 극한 지지력을 Terzaghi 방법으로 구하면 얼마인가?(단, 흙의 점착력 $1.5t/m^2$, 기초의 깊이 1m, 흙의 단위중량 $1.6t/m^3$, 지지력 계수 N_c = 5.3, N_q=1.0)
① $7.05t/m^2$
② $8.78t/m^2$
③ $9.55t/m^2$
④ $12.98t/m^2$

해설
$q_u = \alpha \cdot c \cdot N_c + \beta \cdot B \cdot \gamma_1 \cdot N_r + \gamma_2 \cdot D_f \cdot N_q$
$= 1 \times 1.5 \times 5.3 + 1.6 \times 1 \times 1$
$= 9.55 t/m^2$

32 옹벽에 작용하는 토압을 산정하기 위해 Rankine의 토압론을 적용하고자 한다. Rankine 토압계산 시 이용되는 기본 가정이 아닌 것은?
① 토압은 지표에 평행하게 작용한다.
② 흙은 매우 균질한 재료이다.
③ 흙은 비압축성 재료이다.
④ 지표면은 유한한 평면으로 존재한다.

해설
Rankine 토압
1) 벽마찰각(δ)을 무시(설계상 안전측)
2) 힘의 작용방향이 지표면과 평행하게 작용하며 지표면은 무한히 넓게 존재한다.
3) 벽체의 경사는 연직($\theta = 0$)벽 상태
4) 파괴면내 배면토는 모두 소성상태로 봄
5) 흙은 비압축성이고 균질한 상태의 입자이다.
6) 지표면 상재하중은 등분포 하중이다.
7) 토립자는 흙 입자간의 마찰력으로 평형을 유지한다.

33 암거의 배열방식 중 집수지거를 향하여 지형의 경사가 완만하고, 같은 습윤상태인 곳에 적합하며, 1개의 간선집수지 또는 집수지거로 가능한 한 많은 흡수거를 합류하도록 배열하는 방식은?
① 자연식(Natural system)
② 차단식(Intercepting system)
③ 빗식(Gridiron system)
④ 집단식(Grouping system)

해설
암거의 배열방식
(1) 자연식
   자연지형에 맞추어서 암거를 매설하는 방식
(2) 차단식
   인접한 지대, 배수 지구를 둘러싼 높은 지대에서의 침투수를 차단할 수 있는 위치에 설치하여 배수구 내의 침투수를 막을 수 있는 곳에 암거를 설치하는 배열방식
(3) 빗 식
   집수 지거를 향하여 지형의 경사가 완만하고 같은 습윤상태인 곳에 적합한 배열방식으로, 1개의 간선집수지 또는 집수지거로 되도록 많은 흡수거를 합류하도록 만든 배열방식
(4) 집단식
   1개 지구내에 여러개의 형태의 소규모 암거배수를 집단적으로 설치하여 배수시키는 배열방식
(5) 어골식
   길이가 길고 폭이 좁은 오목한 지대의 중앙에 집수지거가 가로로 배치되어 있고 흡수거가 그 양쪽에서 합류하여 물고기뼈와 같은 형태의 배열방식

정답 30 ① 31 ③ 32 ④ 33 ③

34 어느 토공현장의 흙의 운반거리가 60m, 전진속도 40m/min, 후진속도 80m/min, 기어변속시간 30초, 작업효율 0.8, 1회의 압토량 2.3m³, 토량변화율(L)이 1.2라면 불도저의 시간당 작업량은? (단, 본바닥 토량으로 구하시오.)

① 33.45m³/h ② 39.27m³/h
③ 45.62m³/h ④ 51.93m³/h

해설

1) $C_m = \dfrac{L}{V_1} + \dfrac{L}{V_2} + t_g$

$= \dfrac{60}{40} + \dfrac{60}{80} + \dfrac{30}{60} = 2.75$분

2) $Q = \dfrac{60 \cdot q \cdot f \cdot E}{C_m}$

$= \dfrac{60 \times 2.3 \times \dfrac{1}{1.2} \times 0.8}{2.75} = 33.45\, m^3/hr$

35 전면에 달린 배토판의 좌, 우를 밑으로 10~40cm 정도 기울어지게 하여 경사면 굴착이나 도랑파기 작업에 유리한 도저는?

① 틸트 도저   ② 앵글 도저
③ 레이크 도저 ④ 스트레이트 도저

해설

틸트 도저
배토판의 좌우(10~40cm)를 밑으로 기울게하여 도랑파기, 경사굴착 등을 한다.

분류	개요
스트레이트 도저 (Straight Dozer)	배토판의 상단부를 전후로 이동하여 조정하므로 도랑파기 또는 동결지반의 굴착에 편리하다.
앵글 도저 (Angle Dozer)	배토판을 진행 방향에 전후로 20~30°이동시켜서 배토판의 작업각도를 변동할 수 있어 굴착토사를 한쪽으로 이동 시킬 수 있다.
레이크 도저 (Rake Dozer)	배토판 대신에 레이크를 정착하여 벌개제근, 나무뿌리제거 작업 등을 할 수 있다.

36 아래에서 설명하는 심빼기 발파공은?

> 버력이 너무 비산하지 않는 심빼기에 유효하며, 특히 용수가 많을 때 편리하다.

① 노 컷   ② 벤치 컷
③ 스윙 컷   ④ 피라미드 컷

해설

스윙컷
수직갱에서 주로 사용되며 밑변의 반만큼 먼저 발파시키고 물을 집중시킨 다음 물이 없는 부분을 발파하는 공법

37 터널의 시공에 사용되는 숏크리트 습식공법의 장점으로 틀린 것은?

① 분진이 적다.
② 품질관리가 용이하다.
③ 장거리 압송이 가능하다.
④ 대규모 터널 작업에 적합하다.

해설

숏크리트 공법의 종류 및 특징

구 분	건 식	습 식
Con'c 품질	품질관리 어렵다	품질관리 쉽다
운반시간 제약	적 다	크 다
압송 거리	장거리 (500m)	단거리
분진 발생	큼	적음
반 발 량	큼	적음
청소,유지보수	Nozzle 청소쉽다	어렵다

38 점보드릴(Jumbo drill)에 대한 설명으로 옳지 않은 것은?

① 착암기를 싣고 굴착작업을 할 수 있도록 되어있는 장비이다.
② 한 대의 Jumbo 위에는 여러 대의 착암기를 장치할 수 있다.
③ 상·하로 자유로이 이동작업이 가능하나 좌·우로의 조정은 불가능하다.
④ NATM 공법에 많이 사용한다.

해설

점보드릴 장비
점보드릴 장비는 터널 NATM 공사의 천공작업에 사용되는 장비로서 상,하 좌,우로 이동작업이 가능하다.

39 공사일수를 3점 시간 추정법에 의해 산정할 경우 적절한 공사 일수는?(단, 낙관일수는 6일, 정상일수는 8일, 비관일수는 10일이다.)

① 6일   ② 7일
③ 8일   ④ 9일

해설

$$t_c = \frac{t_0 + 4t_m + t_p}{6} = \frac{6 + 4 \times 8 + 10}{6} = 8일$$

40 어느 토공현장에서 흙의 운반거리가 60m, 불도저의 전진속도 40m/min, 후진속도 60m/min, 1회의 압토량 2.5m³, 기어 변속시간 0.25분이고, 작업효율 0.65일 때 불도저의 시간당 작업량을 본바닥 토량으로 구하면? (단, 토질은 보통토, 평탄지로 토량의 변화율 C=0.9, L=1.25이다.)

① 27.3m³/h   ② 28.4m³/h
③ 38.6m³/h   ④ 42.4m³/h

해설

1) $C_m = \frac{l}{V_1} + \frac{l}{V_2} + t_g$

$= \frac{60}{40} + \frac{60}{60} + 0.25 = 2.75분$

2) $Q = \frac{60 \cdot q \cdot f \cdot E}{C_m} = \frac{60 \times 2.5 \times \frac{1}{1.25} \times 0.65}{2.75}$

$= 28.36 m^3/hr$

제3과목 건설재료 및 시험

41 암석의 분류중 성인(지질학적)에 의한 분류의 결과가 아닌 것은?

① 화성암   ② 퇴적암
③ 점토질암 ④ 변성암

해설

1) 화성암
  지구 내부에 용융상태로 마그마가 냉각 응고 된 것으로 규산(실리카)의 함유량에 딸 산성암, 중성암, 염기성암으로 분류
2) 퇴적암
  물, 바람의 작용으로 퇴적되어 이루어진 암석
3) 변성암
  높은 열, 압력 작용으로 암석이 변질 작용을 받아 생성된 암석

42 굵은 골재의 최대 치수란 질량비로 몇 %이상 통과시키는 체 중에서 최소 치수인 체의 호칭치수를 말하는가?

① 80   ② 85
③ 90   ④ 95

해설

굵은 골재의 최대 치수란 질량비로 몇 90%이상 통과시키는 체 중에서 최소 치수인 체

43 석재를 모양 및 치수에 따라 분류할 경우 아래의 표에서 설명하는 석재는?

> 면이 원칙적으로 거의 사각형에 가까운 것으로, 2면을 쪼개어 면에 직각으로 측정한 길이가 면의 최소 변의 1.2배 이상일 것

① 각석   ② 판석
③ 사고석 ④ 견치석

해설
석재의 규격
1) 각 석
   폭이 두께의 3배 미만이고 폭보다 길이가 긴 직육면체형의 석재
2) 판 석
   두께가 15cm 미만이고 폭이 두께의 3배 이상인 판 모양의 석재
3) 견치석
   앞면은 규칙적으로 거의 사각형에 가깝고 길이는 최소변의 1.5배 이상인 석재
4) 활 석(사고석)
   앞면은 거의 정사각형에 가깝고 길이는 최소변의 1.2배 이상인 석재

44 콘크리트용 혼화재로 실리카 퓸(Silica fume)을 사용한 경우 그 효과에 대한 설명으로 잘못된 것은?

① 콘크리트의 재료분리 저항성, 수밀성이 향상된다.
② 알칼리 골재반응의 억제효과가 있다.
③ 내화학약품성이 향상된다.
④ 단위수량과 건조수축이 감소된다.

해설
단위수량과 건조수축을 감소시키는 혼화재료로는 AE 감수제 등이 있다.

45 골재의 함수상태에 대한 설명으로 틀린 것은?

① 골재의 표면수는 없고 내부 공극에는 물로 차있는 상태를 골재의 표면건조포화상태라고 한다.
② 골재의 표면 및 내부에 있는 물 전체질량의 절대건조상태 골재 질량에 대한 백분율을 골재의 표면수율이라고 한다.
③ 표면건조포화상태의 골재에 함유되어 있는 전체 수량의 절대건조상태 골재 질량에 대한 백분율을 골재의 흡수율이라고 한다.
④ 골재를 100~110°C의 온도에서 일정한 질량이 될 때까지 건조하여 골재알 내부에 포함되어 있는 자유수가 완전히 제거된 상태를 골재의 절대건조상태라고 한다.

해설
골재의 표면건조 내부포화상태에 대한 골재의 습윤상태 골재 질량에 대한 백분율을 골재의 표면수율이라고 한다.

46 터널 굴착을 위하여 장약량 4kg으로 시험발파한 결과 누두지수(n)가 1.5, 폭파반경(R)이 3m이었다면, 최소저항선 길이를 5m로 할 때 필요한 장약량은?

① 6.67kg   ② 11.1kg
③ 18.5kg   ④ 62.5kg

해설
1) $n(누두지수) = \dfrac{R(폭파반경)}{W(최소저항선)}$
   $1.5 = \dfrac{3}{W}$, $W = 2$
2) $L(장약량) = C(폭파계수) \cdot W^3(최소저항선)$
   $4 = C \times 2^3$, $C = 0.5$
3) $L = 0.5 \times 5^3 = 62.5 kg$

정답 43 ③ 44 ④ 45 ② 46 ④

47 플라이 애시에 대한 설명으로 틀린 것은?
① 초기의 수화반응의 증대로 초기강도가 크다.
② 사용수량을 감소시키며 유동성을 개선한다.
③ 알칼리-골재 반응에 의한 팽창을 억제한다.
④ 화력발전소의 보일러에서 나오는 산업폐기물이다.

해설
플라이 애시는 초기 수화반응이 느리며 장기 강도에 크다.

48 직경 200mm, 길이 5m의 강봉에 축방향으로 400kN의 인장력을 가하여 변형을 측정한 결과 직경이 0.1mm 줄어들고 길이가 10mm 늘어났을 때 이 재료의 푸아송 비는?
① 0.25   ② 0.5
③ 1.0   ④ 4.0

해설
푸아송비 $(\nu) = \dfrac{공시체 \; 횡방향 \; 변형률}{공시체 \; 축방향 \; 변형률}$

∴ 푸아송비 $= \dfrac{0.1/200}{10/5000} = 0.25$

49 콘크리트용 굵은 골재의 내구성을 판단하기 위해서 황산나트륨에 의한 안정성 시험을 할 경우 조작을 5번 반복했을 때 굵은 골재의 손실질량은 얼마 이하를 표준으로 하는가?
① 5%   ② 8%
③ 10%   ④ 12%

해설
골재의 안정성 시험
1) 골재의 안정성 시험은 골재의 내구성을 알기위해 황산나트륨 용액으로 골재의 부서짐 작용에 대한 저항성을 확인하는 시험이다.

2) 5회 시험했을 때 손실 질량 백분율

시험 용액	손실 질량비(%)	
	잔골재	굵은골재
황산나트륨	10이하	12이하

50 잔골재의 밀도 및 흡수율 시험(KS F 2504)에 대한 설명으로 틀린 것은?
① 일반적으로 플라스크는 검정된 것으로써 100mL로 하는 경우가 많다.
② 절대 건조 상태의 체적에 대한 절대 건조 상태의 질량을 진밀도라고 한다.
③ 밀도는 2회 시험의 평균값으로 결정하는데 이때 시험값은 평균과의 차이가 $0.01g/cm^3$ 이하여야 한다.
④ 흡수율은 2회 시험의 평균값으로 결정하는데 이때 시험값은 평균과의 차이가 0.05% 이하여야 한다.

해설
일반적으로 플라스크는 검정된 것으로써 500mL로 하는 경우가 많다.

51 콘크리트 배합에 관한 아래 표의 ( )에 들어갈 알맞은 수치는?

공사 중에 잔골재의 입도가 변하여 조립률이 ±( ) 이상 차이가 있을 경우에는 워커빌리티가 변화하므로 배합을 수정할 필요가 있다.

① 0.05   ② 0.1
③ 0.2   ④ 0.3

해설
공사 중에 잔골재의 입도가 변하여 조립률이 ±(0.2) 이상 차이가 있을 경우에는 워커빌리티가 변화하므로 배합을 수정할 필요가 있다.

정답 47 ① 48 ① 49 ④ 50 ① 51 ③

52 알루미늄 분말이나 아연 분말을 콘크리트에 혼입하여 수소가스를 발생시켜 PSC용 그라우트의 충전성을 좋게 하기 위하여 사용하는 혼화제는?

① 유동화제 ② 방수제
③ AE제   ④ 발포제

해설

발포제
알루미늄 분말 또는 아연분말로 콘크리트 속의 미세기포를 형성시켜 PC용 그라우팅 재료에 사용된다.

53 표점거리는 50mm, 지름은 14mm의 원형 단면봉으로 인장시험을 실시하였다. 축인장 하중이 100kN이 작용하였을 때, 표점거리는 50.433mm, 지름은 13.970mm가 측정되었다면 이 재료의 푸아송 비는?

① 0.07   ② 0.247
③ 0.347   ④ 0.5

해설

푸아송 비

$$\nu = \frac{\frac{\triangle d}{d}}{\frac{\triangle l}{l}} = \frac{\frac{0.03}{14}}{\frac{0.433}{50}} = 0.247$$

54 아스팔트 혼합물에서 채움재(filler)를 혼합하는 목적은 다음 중 어느 것인가?

① 아스팔트의 공극을 메우기 위해서
② 아스팔트의 비중을 높이기 위해서
③ 아스팔트의 침입도를 높이기 위해서
④ 아스팔트의 내열성을 증가시키기 위해서

해설

아스팔트 혼합물에서 채움재(filler)역할
1) Asp 골재 틈을 메워 Asp 시멘트 소요량을 감소
2) Asp 시멘트와 일체로 되어 보강재 역할

55 콘크리트용 화학 혼화제(KS F 2560)에서 규정하고 있는 AE제의 품질 성능(화학 혼화제의 요구 성능)에 대한 규정항목이 아닌 것은?

① 감수율   ② 경시 변화량
③ 길이 변화비 ④ 블리딩양의 비

해설

경시변화량 시험은 고성능 AE감수제의 슬럼프 변화량을 알아보는 시험이다.

56 혼화재로서 실리카 퓸을 사용한 콘크리트의 특성으로 틀린 것은?

① 내화학약품성이 향상된다.
② 재료분리 저항성이 향상된다.
③ 소요의 단위수량이 감소된다.
④ 콘크리트의 강도가 증가된다.

해설

실리카 퓸 특징
1) 장점
  ① 콘크리트 강도, 내구성, 수밀성을 증대
  ② 골재와 결합재간의 부착력 증대로 콘크리트 강도를 증대시켜 고강도 콘크리트를 만드는데 사용된다.
  ③ 알카리 골재반응 억제 효과
2) 단점
  ① 워커빌리티가 불량
  ② 건조수축 증가
  ③ 단위수량 증가.

57 재료의 역학적 성질에 대한 설명으로 옳은 것은?

① 전성은 재료를 두들길 때 얇게 펴지는 성질이다.
② 크리프는 하중이 반복 작용할 때 재료가 정적강도보다도 낮은 강도에서 파괴되는 현상이다.
③ 연성은 하중을 받으면 작은 변형에서도 갑작스런 파괴가 일어나는 성질이다.
④ 소성은 하중을 받아 변형된 재료가 하중이 제거 되었을 때 다시 원래대로 돌아가려는 성질이다.

해설

1) 경도
   재료의 긁기, 절단, 마모 등에 대한 저항성질
2) 연성
   재료에 인장력을 주었을 때 재료가 가늘고 길게 늘어나는 성질
3) 소성
   하중을 받아 변형된 재료가 하중이 제거되었을 때에 다시 원래대로 돌아가지 못하는 성질
4) 전성
   압력을 가하거나 망치로 두드리면 넓은 판으로 얇게 펴지는 성질
5) 크리프(creep)
   소재에 일정한 하중이 가해진 상태에서 시간의 경과에 따라 소재의 변형이 계속되는 현상

58 골재의 조립률 및 입도에 대한 설명으로 틀린 것은?

① 콘크리트용 잔골재의 조립률은 일반적으로 2.3~3.1범위에 해당되는 것이 좋다.
② 1개의 조립률에는 무수한 입도곡선이 존재하지만, 1개의 입도곡선에는 1개의 조립률이 존재한다.
③ 골재의 입도를 수량적으로 나타내는 한 방법으로 조립률이 있으며, 표준체 12개를 1조로 하여 체가름 시험을 한다.
④ 골재는 작은 입자와 굵은 입자가 적당히 혼합되어 있을 때 입자의 크기가 균일한 경우보다 워커빌리티면에서 유리하다.

해설

조립률
골재의 조립율(F.M)은 콘크리트에 사용되는 골재의 입도 정도를 표시하는 지표로서 80, 40, 20, 10. 5. 2.5, 1.2, 0.6, 0.3, 0.15mm의 10개 체로 골재체가름 시험을 하였을 때 각체에 남는 누계량의 중량 백분율의 합을 100으로 나눈 값을 말한다.

59 다음 중 폭발력이 가장 강하고 수중에서도 폭발할 수 있는 폭약은?

① 분상 다이너마이트
② 교질 다이너마이트
③ 규조토 다이너마이트
④ 스트레이트 다이너마이트

해설

교질 다이너마이트
NC(니트로셀룰로오스) NG(니트로글리세린)20%를 가하여 교질상태로 융합한 플라스틱한 황색의 엿 같은 물질로 폭약 중에서 폭발력이 가장 강하여 터널과 암석 발파에 주로 사용하고 또한 수중용으로도 사용한다.

60 응결지연제의 사용목적으로 틀린 것은?

① 거푸집의 조기탈형과 장기강도 향상을 위하여 사용한다.
② 시멘트의 수화반응을 늦추어 응결과 경화 시간을 길게 할 목적으로 사용한다.
③ 서중콘크리트나 장거리 수송 레미콘의 워커빌리티 저하방지를 도모한다.
④ 콘크리트의 연속타설에서 작업이음을 방지한다.

해설

응결지연제
시멘트 응결지연을 목적으로 사용되는 혼화제로서 서중 콘크리트나 장거리 운반시 사용되며 콜드조인트 방지에 유효하다.

정답 57 ① 58 ③ 59 ② 60 ①

제4과목 토질 및 기초

61 흙의 다짐에 관한 설명 중 옳지 않은 것은?
① 조립토는 세립토보다 최적함수비가 작다.
② 최대 건조단위중량이 큰 흙일수록 최적함수비는 작은 것이 보통이다.
③ 점성토 지반을 다질 때는 진동 로울러로 다지는 것이 유리한다.
④ 일반적으로 다짐 에너지를 크게 할수록 최대 건조단위중량은 커지고 최적함수비는 줄어든다.

해설
점성토 지반을 다질 때는 정적인 상태로 지반을 다져야 한다.

62 연약지반 위에 성토를 실시한 다음, 말뚝을 시공하였다. 시공 후 발생될 수 있는 현상에 대한 설명으로 옳은 것은?
① 성토를 실시하였으므로 말뚝의 지지력은 점차 증가한다.
② 말뚝을 암반층 상단에 위치하도록 시공하였다면 말뚝의 지지력에는 변함이 없다.
③ 압밀이 진행됨에 따라 지반의 전단강도가 증가되므로 말뚝의 지지력은 점차 증가된다.
④ 압밀로 인해 부의 주면마찰력이 발생되므로 말뚝의 지지력은 감소된다.

해설
부마찰력
1) 점성토 지반에서 타설한 말뚝의 침하량보다 연약지반의 침하가 더 커서 말뚝주면이 아래쪽으로 작용하는 마찰력이 발생하게 되는데 이러한 주면 마찰력을 부마찰력
2) 부마찰력 발생으로 말뚝의 지지력은 감소된다.

63 얕은 기초에 대한 Terzaghi의 수정지지력 공식은 아래의 표와 같다. 4m × 5m의 직사각형 기초를 사용할 경우 형상계수 α와 β의 값으로 옳은 것은?

$$q_u = \alpha c N_c + \beta \gamma_1 B N_\gamma + \gamma_2 D_f N_q$$

① α=1.2, β=0.4
② α=1.28, β=0.42
③ α=1.24, β=0.42
④ α=1.32, β=0.38

해설
1) 기초의 형상계수

구 분	연 속	정사각형 (정방형)	원 형	직사각형
α	1.0	1.3	1.3	$1+0.3\dfrac{B}{L}$
β	0.5	0.4	0.3	$0.5-0.1\dfrac{B}{L}$

2) 직사각형 형상계수
$\alpha = 1+0.3\dfrac{B}{L} = 1+0.3\times\dfrac{4}{5} = 1.24$
$\beta = 0.5-0.1\dfrac{B}{L} = 0.5-0.1\times\dfrac{4}{5} = 0.42$

64 자연상태의 모래지반을 다져 e_{min}에 이르도록 했다면 이 지반의 상대밀도는?
① 0%   ② 50%
③ 75% ④ 100%

해설
상대밀도
1) $D_r = \dfrac{e_{max}-e}{e_{max}-e_{min}} \times 100$
2) $e = e_{min}$ 조건이 되면 상대밀도는 100%

정답 61 ③ 62 ④ 63 ③ 64 ④

65 수직방향의 투수계수가 4.5×10^{-8} m/sec이고, 수평방향의 투수계수가 1.6×10^{-8} m/sec 인 균질하고 비등방(非等方)인 흙댐의 유선망을 그린 결과 유로(流路)수가 4개이고 등수두선의 간격수가 18개 이었다. 단위길이(m)당 침투수량은?(단, 댐의 상하류의 수면의 차는 18m이다.)

① 1.1×10^{-7} m³/sec ② 2.3×10^{-7} m³/sec
③ 2.3×10^{-8} m³/sec ④ 1.5×10^{-8} m³/sec

해설

1) $K = \sqrt{K_h \times K_v}$
    $= \sqrt{(1.6 \times 10^{-8}) \times (4.5 \times 10^{-8})}$
    $= 2.68 \times 10^{-8}$ m/sec

2) $Q = KH\dfrac{N_f}{N_d}$
    $= 2.68 \times 10^{-8} \times 18 \times \dfrac{4}{18} \times 1$
    $= 1.1 \times 10^{-7}$ m³/sec

66 A점토층이 전체압밀량의 99%까지 압밀이 이루어지는 데 걸린 시간이 10년이었다면 B점토층의 배수거리와 압밀계수가 다음과 같을 때 99%의 압밀이 이루어지는 데 걸리는 시간은? (단, B점토층의 배수거리(H)는 A점토층의 2배이고, 압밀계수(C_v)는 A점토층의 3배이다.)

① $\dfrac{20}{3}$년   ② $\dfrac{40}{3}$년
③ $\dfrac{20}{9}$년   ④ $\dfrac{40}{9}$년

해설

$\dfrac{Tv \cdot H^2}{Cv} : 10$년 $= \dfrac{Tv \cdot 4H^2}{3 \cdot Cv} : x$

$x : \dfrac{40}{3}$년

67 Mohr의 응력원에 대한 설명 중 틀린 것은?
① Mohr의 응력원에서 응력상태는 파괴포락선 위쪽에 존재할 수 없다.
② Mohr의 응력원이 파괴포락선과 접하지 않을 경우 전단파괴가 발생됨을 뜻한다.
③ 비압밀비배수 시험조건에서 Mohr의 응력원은 수평축과 평행한 형상이 된다.
④ Mohr의 응력원에 접선을 그었을 때 종축과 만나는 점이 점착력 C이고, 그 접선의 기울기가 내부마찰각 ϕ이다.

해설

Mohr의 응력원이 파괴포락선과 접하지 않을 경우 안정적인 상태이다.

68 사운딩(Sounding)의 종류에서 사질토에 가장 적합하고 점성토에서도 쓰이는 시험법은?
① 표준 관입 시험
② 베인 전단 시험
③ 더치 콘 관입 시험
④ 이스키미터(Iskymeter)

해설

표준관입시험
중공의 Split Spoon Sampler를 Drill Rod에 장착하여 (63.5±0.5)kg의 해머로 (76±1)cm의 높이에서 타격하여 Sampler가 30cm 관입 될 때까지 요구되는 타격횟수 N값을 구하는 시험으로, 처음 관입시 Rod 회전으로 인한 교란된 흙을 배제하기 위하여 15cm 관입에 해당하는 N값은 제외한 후 그 후 30cm 관입에 대한 타격수로 N값을 구한다.

69 압밀시험결과 시간-침하량 곡선에서 구할 수 없는 값은?
① 초기 압축비   ② 압밀 계수
③ 1차 압밀비   ④ 선행압밀 압력

해설

선행압밀 하중은 e-logP 곡선에서 구할 수 있다.

정답 65 ① 66 ② 67 ② 68 ① 69 ④

70 아래 그림과 같은 지반의 A점에서 전응력(σ), 간극수압(u), 유효응력(σ')을 구하면?(단, 물의 단위중량은 9.81kN/m^3이다.)

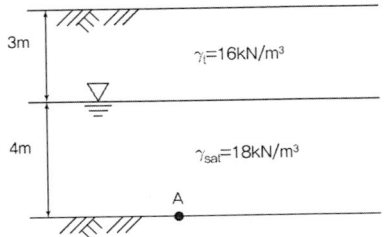

① $\sigma=100\text{kN/m}^2$, $u=9.8\text{kN/m}^2$, $\sigma'=90.2\text{kN/m}^2$
② $\sigma=100\text{kN/m}^2$, $u=29.4\text{kN/m}^2$, $\sigma'=70.6\text{kN/m}^2$
③ $\sigma=120\text{kN/m}^2$, $u=19.6\text{kN/m}^2$, $\sigma'=100.4\text{kN/m}^2$
④ $\sigma=120\text{kN/m}^2$, $u=39.2\text{kN/m}^2$, $\sigma'=80.8\text{kN/m}^2$

71 흙의 동상에 영향을 미치는 요소가 아닌 것은?
① 모관 상승고 ② 흙의 투수계수
③ 흙의 전단강도 ④ 동결온도의 계속시간

해설
동상을 지배하는 인자
1) 흙의 투수성
2) 모관상승고의 크기
3) 동결온도의 지속시간

72 모래나 점토 같은 입상재료를 전단할 때 발생하는 다일러턴시(dilatancy) 현상과 간극수압의 변화에 대한 설명으로 틀린 것은?
① 정규압밀 점토에서는 (-) 다일러턴시에 (+)의 간극수압이 발생한다.
② 과압밀 점토에서는 (+) 다일러턴시에 (-)의 간극수압이 발생한다.
③ 조밀한 모래에서는 (+) 다일러턴시가 일어난다.
④ 느슨한 모래에서는 (+) 다일러턴시가 일어난다.

해설
다일러턴시(Dilatancy) 현상

1) 시료에 전단응력을 가하면 느슨한 모래 또는 정규압밀점토의 경우 체적이 감소하고 조밀한 모래 또는 과압밀점토는 체적이 증가하는 경향을 보인다.
2) 이와 같이 전단변형에 따른 체적변화를 Dilatancy라 한다.
3) 이때 체적이 감소될 때 (-) Dilatancy가 되면서(+) 양의 과잉간극수압 발생되며,
4) 흙의 체적이 증가될 때 (+) Dilatancy가 되면서(-)부의 과잉간극수압발생

73 유선망의 특징에 대한 설명으로 틀린 것은?
① 각 유로의 침투유량은 같다.
② 유선과 등수두선은 서로 직교한다.
③ 인접한 유선 사이의 수두 감소량(head loss)은 동일하다.
④ 침투속도 및 동수경사는 유선망의 폭에 반비례한다.

해설
인접한 등수두선간의 수두차는 모두 같다.

74 흙의 분류법인 AASHTO분류법과 통일분류법을 비교·분석한 내용으로 틀린 것은?
① 통일분류법은 0.075mm체 통과율 35%를 기준으로 조립토와 세립토로 분류하는데 이것은 AASHTO분류법보다 적합하다.
② 통일분류법은 입도분포, 액성한계, 소성지수 등을 주요 분류인자로 한 분류법이다.
③ AASHTO분류법은 입도분포, 군지수 등을 주요 분류인자로 한 분류법이다.
④ 통일분류법은 유기질토 분류방법이 있으나 AASHTO분류법은 없다.

해설
통일분류법은 0.075mm체 통과율 50%를 기준으로 조립토와 세립토를 분류하며, 이는 AASHTO 분류법보다 정확도가 떨어진다.

75 상·하층이 모래로 되어 있는 두께 2m의 점토층이 어떤 하중을 받고 있다. 이 점토층의 투수계수가 5×10⁻⁹m/s, 체적변화계수(mv)가 5.0cm²/kN일 때 90% 압밀에 요구되는 시간은? (단, 물의 단위중량은 9.81kN/m³이다.)

① 약 5.6일   ② 약 9.8일
③ 약 15.2일   ④ 약 47.2일

해설

1) $t_{90} = \dfrac{0.848 \times H^2}{C_v}$

2) $C_v = \dfrac{k}{m_v \cdot \gamma_w}$

$= \dfrac{5 \times 10^{-9} m/s}{5 \times 10^{-4} m^2/kN \times 9.81 kN/m^3}$

$= 0.000001 m^2/s$

$\therefore t_{90} = \dfrac{0.848 \times (\frac{2}{2})^2}{0.000001} = 848,000$초

$= 848,000 \times \dfrac{1}{60 \times 60 \times 24} = 9.81$일

76 그림에서 안전율 3을 고려하는 경우, 수두차 h를 최소 얼마로 높일 때 모래시료에 분사현상이 발생하겠는가?

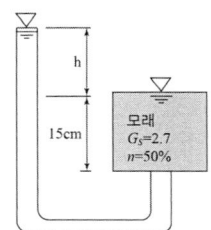

① 12.75cm   ② 9.75cm
③ 4.25cm   ④ 3.25cm

해설

한계동수 경사에 의한 분사현상

$F_s = \dfrac{i_{cr}}{ic} = \dfrac{0.85}{\frac{\Delta H}{L}} = \dfrac{0.85}{\frac{\Delta H}{15}}$

$\Delta H = \dfrac{0.85 \times 15}{3} = 4.25 cm$

$i = \dfrac{\Delta H}{L} = \dfrac{\Delta H}{15}$

$i_{cr} = \dfrac{G_s - 1}{1 + e} = \dfrac{2.7 - 1}{1 + 1} = 0.85$

$e = \dfrac{n}{100 - n} = \dfrac{50}{100 - 50} = 1$

77 사질토에 대한 직접 전단시험을 실시하여 다음과 같은 결과를 얻었다. 내부마찰각은 약 얼마인가?

수직응력(t/m²)	3	6	9
최대전단응력(t/m²)	1.73	3.46	5.19

① 25°   ② 30°
③ 35°   ④ 40°

해설

$\varnothing = \tan^{-1}(\dfrac{3.46 - 1.73}{6 - 3}) = 30°$

78 흙 속에서 물의 흐름에 대한 설명으로 틀린 것은?

① 투수계수는 온도에 비례하고 점성에 반비례한다.
② 불포화토는 포화토에 비해 유효응력이 작고, 투수계수가 크다.
③ 흙 속의 침투수량은 Darcy 법칙, 유선망, 침투해석 프로그램 등에 의해 구할 수 있다.
④ 흙 속에서 물이 흐를 때 수두차가 커져 한계동수구배에 이르면 분사현상이 발생한다.

해설

1) 온도가 증가함에 따라 물의 점성계수는 감소하고 투수계수는 증가한다.

$k_{15} = k_t \cdot \dfrac{\eta_t}{\eta_{15}}$

여기서, k_{15} : 15°에서의 투수계수
η_{15} : 15°에서의 점성계수
k_t : t시간에서의 투수계수
η_t : t시간에서의 점성계수

2) 흙이 포화되지 않았다면 기포가 물의 흐름을 방해하므로 포화도가 높을수록 투수계수는 커진다.

정답 75 ② 76 ③ 77 ② 78 ②

79 다음 중 사면의 안정해석 방법이 아닌 것은?
① 마찰원법
② 비숍(Bishop)의 방법
③ 펠레니우스(Fellenius) 방법
④ 테르자기(Terzaghi)의 방법

80 다음 현장시험 중 Sounding의 종류가 아닌 것은?
① Vane 시험
② 표준관입 시험
③ 동적 원추관입 시험
④ 평판재하 시험

해설

사운딩(Sounding)
1) 현장에서 Rod 선단에 장착된 저항체를 땅속에 관입시켜 관입, 회전, 인발등의 저항 정도로 지반의 상태를 파악하는 원위치 시험을 사운딩이라 한다.
2) 사운딩의 종류
  ① 정적사운딩 (점성토 지반)
    휴대용 원추관입시험기, 화란식 원추 관입시험기, 스웨덴식 관입시험기, 이스키미터, 베인시험기 등
  ② 동적사운딩 (사질토 지반)
    동적원추 관입시험기, 표준 관입시험기(S.P.T) 등

제4회 건설재료시험기사

제1과목 콘크리트공학

01 프리스트레스트 콘크리트에 사용하는 그라우트에 대한 설명으로 틀린 것은?
① 팽창성 그라우트의 팽창률은 0~10%를 표준으로 한다.
② 블리딩률은 5% 이하를 표준으로 한다.
③ 팽창성 그라우트의 재령 28일의 압축강도는 20MPa 이상을 표준으로 한다.
④ 물-결합재비는 45% 이하로 한다.

해설
프리스트레스트 콘크리트 그라우트 블리딩률은 0%를 표준으로 한다.

02 서중 콘크리트에 대한 설명으로 틀린 것은?
① 콘크리트를 타설할 때의 콘크리트 온도는 35°C이하이어야 한다.
② 타설을 끝낸 콘크리트에는 살수, 덮개 등의 조치를 하여 표면의 건조를 억제한다.
③ 배관에 의해 유동화 콘크리트를 타설 할 때, 운반 후 타설 완료까지 1시간 이내로 하여야 한다.
④ 일반적으로는 기온 10°C의 상승에 대하여 단위수량은 2~5% 정도 증가하는 경향이 있다.

해설
서중 콘크리트는 지연형 감수제를 사용한 경우라도 1.5시간 이내 타설 완료하여야 한다.

03 콘크리트의 습윤양생에 대한 설명으로 틀린 것은?
① 습윤양생기간 중에 거푸집판이 건조하더라도 살수를 해서는 안 된다.
② 콘크리트는 타설한 후 경화가 될 때까지 양생기간 동안 직사광선이나 바람에 의해 수분이 증발하지 않도록 보호하여야 한다.
③ 습윤양생에서 습윤상태의 보호기간은 보통 포틀랜드 시멘트를 사용하고 일평균기온이 15°C이상인 경우에 5일간 이상을 표준으로 한다.
④ 막양생을 할 경우에는 사용 전에 살포량, 시공방법 등에 관하여 시험을 통하여 충분히 검토해야 한다.

해설
습윤양생 기간의 표준

일평균 기온	조강 P.C	보통 P.C	고로 슬래그 및 플라이애시시멘트 B종
15°C 이상	3일	5일	7일
10°C 이상	4일	7일	9일
5°C 이상	5일	9일	12일

정답 01 ② 02 ③ 03 ①

04 서중 콘크리트에 대한 설명으로 틀린 것은?
① 하루 평균기온이 25°C를 초과하는 것이 예상되는 경우 서중 콘크리트로 시공하여야 한다.
② 서중 콘크리트의 배합온도는 낮게 관리하여야 한다.
③ 콘크리트를 타설하기 전에는 지반, 거푸집 등 콘크리트로부터 물을 흡수할 우려가 있는 부분을 습윤상태로 유지하여야 한다.
④ 콘크리트를 타설할 때의 콘크리트 온도는 25°C 이하이어야 한다.

해설
콘크리트를 타설할 때의 콘크리트 온도는 35°C 이하이어야 한다.

05 경화한 콘크리트는 건전부와 균열부에서 측정되는 초음파 전파시간이 다르게 되어 전파속도가 다르다. 이러한 전파속도의 차이를 분석함으로써 균열의 깊이를 평가할 수 있는 비파괴 시험방법은?
① Tc-To법 ② 전자파 레이더법
③ 분극저항법 ④ RC-Radar법

해설
초음파법에 의한 균열 깊이(심도)검사 방법
① Tc-To 법
② T법
③ 기타 : BS법

06 굵은 골재 최대 치수는 질량비로서 전체 골재질량의 몇 % 이상을 통과시키는 체의 최소 호칭치수를 의미하는가?
① 80% ② 85%
③ 90% ④ 95%

해설
굵은 골재 최대 치수는 질량비로서 전체 골재질량의 90% 이상을 통과시키는 체의 최소 호칭치수로 한다.

07 레디믹스트 콘크리트에서 보통콘크리트 공기량의 허용 오차는?
① ±1% ② ±1.5%
③ ±2% ④ ±2.5%

해설
공기량의 허용오차
1) 일반 콘크리트 : 4.5% ±1.5%
2) 경량골재 콘크리트 : 5.5% ±1.5%
3) 고강도 콘크리트 : 3.5 ± 1.5%

08 유동화 콘크리트의 슬럼프 증가량은 몇 mm 이하를 원칙으로 하는가?
① 50mm ② 80mm
③ 100mm ④ 120mm

해설
유동화 콘크리트의 슬럼프 증가량은 100mm 이하를 원칙

09 소규모 공사에서 배합강도, f_{cr}=24MPa을 얻기 위해서 f_{28}=-21.0+21.5$\frac{C}{W}$식을 사용한다면 시멘트-물비는?
① 1.94 ② 2.00
③ 2.09 ④ 2.15

해설
$24 = -21 + 21.5\frac{C}{W}$, $45 = 21.5\frac{C}{W}$
$\frac{C}{W} = 2.09$

10 프리스트레스트 콘크리트에 대한 설명 중 틀린 것은?

① 포스트텐션방식에서는 긴장재와 콘크리트와의 부착력에 의해 콘크리트에 압축력이 도입된다.
② 프리텐션방식에서는 프리스트레스 도입 시의 콘크리트 압축강도가 일반적으로 30MPa 이상 요구된다.
③ 외력에 의해 인장응력을 상쇄하기 위하여 미리 인위적으로 콘크리트에 준 응력을 프리스트레스라고 한다.
④ 프리스트레스 도입 후 긴장재의 릴랙세이션, 콘크리트의 크리프와 건조수축 등에 의해 프리스트레스의 손실이 발생한다.

해설
포스트텐션방식에서는 긴장재에 긴장력을 도입한 후 긴장재의 상향 솟음에 의해 콘크리트 하단부에 압축력이 도입된다.

11 콘크리트 시방배합설계 계산에서 단위골재의 절대용적이 689L이고, 잔골재율이 41%, 굵은 골재의 표건밀도가 2.65g/cm³일 경우 단위 굵은 골재량은?

① 730.34kg ② 1021.24kg
③ 1077.25kg ④ 1137.11kg

해설
단위굵은골재량
$[0.689 \times (1-0.41) \times (2.65 \times 10^3)] = 1{,}077.25\text{kg}$

12 한중 콘크리트에서 주위의 기온이 영하 6°C, 비볐을 때의 콘크리트의 온도가 영상 15°C, 비빈 후부터 타설이 끝났을 때까지의 시간은 2시간이 소요되었다면 콘크리트 타설이 끝났을 때의 콘크리트 온도는 얼마인가?

① 6.7°C ② 7.2°C
③ 7.8°C ④ 8.7°C

해설
한중콘크리트 타설완료 후 콘크리트 온도
$T_2 = T_1 - 0.15(T_1 - T_0) \cdot t$
$= 15 - 0.15\{15 - (-6)\} \times 2$
$= 8.7°C$

여기서, T_2 : 타설후 콘크리트 온도(°C)
T_1 : 비볐을 때 콘크리트 온도(°C)
T_0 : 주위의 온도(°C)
t : 비빈후부터 타설이 끝났을 때 까지의 시간

13 압력법에 의한 굳지 않은 콘크리트의 공기량시험(KS F 2421)에 대한 설명으로 틀린 것은?

① 물을 붓지 않고 시험(무주수법) 하는 경우 용기의 용적은 7L 이상으로 한다.
② 물을 붓고 시험(주수법) 하는 경우 용기의 용적은 적어도 5L로 한다.
③ 인공 경량 골재와 같은 다공질 골재를 사용한 콘크리트에 대해서도 적용된다.
④ 결과의 계산에서 콘크리트의 공기량은 콘크리트의 겉보기 공기량에서 골재 수정계수를 뺀 값이다.

해설
압력법에 의한 콘크리트의 공기량 시험은 워싱턴형 공기량 측정기를 사용하여, 공기실에 일정한 압력을 콘크리트에 주었을 때 공기량으로 인하여 내부압력이 감소되는 것으로부터 공기량을 구하는 시험으로 인공 경량골재와 같은 경량골재콘크리트에 대해서는 부적당하다.

정답 10 ① 11 ③ 12 ④ 13 ③

14 프리스트레싱할 때의 콘크리트 강도에 대한 아래 설명에서 ( )안에 알맞은 수치는?

> 프리스트레싱을 할 때의 콘크리트의 압축강도는 어느 정도의 안전도를 확보하기 위하여 프리스트레스를 준 직후, 콘크리트에 일어나는 최대 압축응력의 ( )배 이상이어야 한다.

① 1.5 ② 1.7
③ 2.0 ④ 2.5

해설
프리스트레싱 작업시 콘크리트의 압축강도는 프리스트레싱후 콘크리트에서 발생되는 최대 압축응력의 최소 1.7배 이상

15 매스 콘크리트에 대한 설명으로 틀린 것은?
① 벽체구조물의 온도균열을 제어하기 위해 설치하는 수축이음의 단면 감소율은 20% 이상으로 하여야 한다.
② 철근이 배치된 일반적인 구조물에서 균열 발생을 제한할 경우 온도균열지수는 1.2~1.5이다.
③ 저발열형 시멘트를 사용하는 경우 91일 정도의 장기 재령을 설계기준압축강도의 기준 재령으로 하는 것이 바람직하다.
④ 매스 콘크리트로 다루어야 하는 구조물의 부재치수는 일반적인 표준으로서 넓이가 넓은 평판구조의 경우 두께 0.8m 이상, 하단이 구속된 벽체의 경우 두께 0.5m이상으로 한다.

해설
수축이음을 설치할 경우 계획된 위치에서 균열 발생을 확실히 유도(온도균열을 제어)하기 위해서 수축이음의 단면감소율을 35%이상으로 하여야 한다.

16 설계기준압축강도(f_{ck})를 21MPa로 배합한 콘크리트 공시체 20개에 대한 압축강도시험 결과, 표준편차가 3.0MPa이었을 때 콘크리트의 배합강도는?
① 25.34MPa ② 25.05MPa
③ 24.49MPa ④ 24.08MPa

해설
1) 시험 횟수 20회시 수정 표준편차
$s = 3.0 \times 1.08 = 3.24 MPa$
2) $f_{ck} \leq 35 MPa$ 이므로
· $f_{cr} = f_{cq} + 1.34 \cdot s = 21 + 1.34 \times 3.24$
$= 25.34 MPa$
· $f_{cr} = (f_{cq} - 3.5) + 2.33 \cdot s$
$= (21 - 3.5) + 2.33 \times 3.24$
$= 25.05 MPa$
상기값 중 큰 값이 배합강도이므로
$f_{cr} = 25.34 MPa$

17 콘크리트의 중성화에 관한 설명으로 틀린 것은?
① 콘크리트 중의 수산화칼슘이 공기중의 탄산가스와 반응하면 중성화가 진행된다.
② 중성화가 철근의 위치까지 도달하면 철근은 부식되기 시작한다.
③ 공기중의 탄산가스의 농도가 높을수록, 온도가 높을수록 중성화 속도는 빨라진다.
④ 중성화의 대책으로는 플라이애시와 같은 실리카질 혼화재를 시멘트와 혼합하여 사용하는 것이 좋다.

해설
플라이애시와 같은 실리카질 혼화재를 시멘트와 혼합하여 사용하면 시멘트의 알카리성분이 감소하여 중성화 발생가능성이 있을 수 있다.

18 콘크리트 받아들이기 품질관리에 대한 설명으로 틀린 것은?(단, 콘크리트표준시방서 규정을 따른다.)

① 콘크리트 슬럼프시험은 압축강도 시험용 공시체 채취시 및 타설 중에 품질변화가 인정될 때 실시한다.
② 염소이온량 시험은 바다 잔골재를 사용할 경우는 1일에 2회 실시하고, 그 밖의 경우는 1주에 1회 실시한다.
③ 콘크리트 받아들이기 품질검사는 콘크리트가 타설되고 난 후에 실시하는 것을 원칙으로 한다.
④ 굳지 않은 콘크리트의 상태에 대한 검사는 외관 관찰로서 콘크리트 타설 개시 및 타설 중 수시로 실시한다.

해설
콘크리트 받아들이기 품질검사는 콘크리트가 타설되기 전에 실시하는 것을 원칙으로 한다.

19 다음 중 프리스트레스트 콘크리트의 프리스트레스 감소의 원인이 아닌 것은?

① 강재의 릴렉세이션
② 콘크리트의 건조수축
③ 콘크리트의 크리프
④ 쉬이스관의 크기

해설
1) PS 도입시 일어나는 손실원인
 · 콘크리트의 탄성변형
 · PS강재와 시스 사이의 마찰
 · 정착장치의 활동
2) 도입 후 손실원인
 · 콘크리트 크리프
 · 콘크리트 건조수축
 · PS강재의 Relaxation

20 알칼리 골재반응(alkali-aggregate reaction)에 대한 설명으로 틀린 것은?

① 콘크리트 중의 알칼리 이온이 골재 중의 실리카 성분과 결합하여 구조물에 균열을 발생시키는 것을 말한다.
② 알칼리골재반응의 진행에 필수적인 3요소는 반응성 골재의 존재와 알칼리량 및 반응을 촉진하는 수분의 공급이다.
③ 알칼리골재반응이 진행되면 구조물의 표면에 불규칙한(거북이등 모양 등) 균열이 생기는 등의 손상이 발생한다.
④ 알칼리골재반응을 억제하기 위하여 포틀랜드시멘트의 등가알칼리량이 6%이하의 시멘트를 사용하는 것이 좋다.

해설
알카리골재반응은 시멘트의 알카리성분과 골재의 실리카 성분에 의해 주로 발생되므로 시멘트의 알카리 성분을 제한해주는 것이 필요하다.(전알칼리량 0.6% 이하)

제2과목　건설시공 및 관리

21 오픈 케이슨 기초의 특징에 대한 일반적인 설명으로 틀린 것은?

① 기계설비가 비교적 간단하다.
② 다른 케이슨 기초와 비교하여 공사비가 싸다.
③ 침하 깊이의 제한을 받지 않는다.
④ 굴착 시 히빙이나 보일링 현상의 우려가 없다.

해설
뉴메틱케이슨 기초(Pneumatic Caisson) 특징
1) 오픈케이슨 보다 침하속도가 빠르고 장애물 제거가 용이하다.
2) 일반적인 굴착깊이는 30~40m로 제한되어 있다.
3) 토질 및 토층에 대한 확인이 용이하고 정확한지지력 측정이 가능하다.
4) 콘크리트 시공의 품질관리가 확실하여 신뢰성이

정답　18 ③　19 ④　20 ④　21 ④

높다.
5) 공기압으로 heaving 또는 boiling 발생을 방지할 수 있다.
6) 기계설비가 대규모로 공사비가 비싸고 소규모 공사에는 비경제적이다.

22 다음 중 보일링 현상이 가장 잘 생기는 지반은?

① 사질지반 ② 사질점토지반
③ 보통토   ④ 점토질지반

해설
보일링 현상은 사질토 모래 지반에서 발생된다.

23 교량 가설공법 중 압출공법(ILM)의 특징을 설명한 것으로 틀린 것은?

① 비계작업 없이 시공할 수 있으므로 계곡 등과 같은 교량 밑의 장해물에 관계없이 시공할 수 있다.
② 기하학적인 형상에 적용이 용이하므로 곡선교 및 곡선의 변화가 많은 교량의 시공에 적합하다.
③ 대형 크레인 등 거치장비가 필요하다.
④ 몰드 및 추진성에 제한이 있어 상부 구조물의 횡단면과 두께가 일정해야 한다.

해설
I.L.M 공법은 곡선교 및 곡선의 변화가 많은 교량의 시공에 적합하지 않다.

24 관암거의 직경이 20cm, 유속이 0.6m/sec, 암거길이가 300m일 때 원활한 배수를 위한 암거낙차를 구하면?(단, Giesler의 공식을 사용하시오.)

① 0.86m ② 1.35m
③ 1.84m ④ 2.24m

해설
1) 암거 내의 유속(Giesler 공식)

$$V = 20\sqrt{\frac{D \cdot h}{L}}$$

여기서, V : 관내의 평균유속(m/sec)
D : 관의 직경(m)
L : 암거의 길이(m)
h : 길이 L에 대한 낙차(m)

2) 암거낙차(h)

$$h = \frac{V^2 \times L}{20^2 \times D} = \frac{0.6^2 \times 300}{20^2 \times 0.2} = 1.35m$$

25 터널굴착공법인 TBM공법의 특징에 대한 설명으로 틀린 것은?

① 터널 단면에 대한 분할 굴착시공을 하므로, 지질변화에 대한 확인이 가능하다.
② 기계굴착으로 인해 여굴이 거의 발생하지 않는다.
③ 1km 이하의 비교적 짧은 터널의 시공에는 비경제적인 공법이다.
④ 본바닥 변화에 대하여 적응이 곤란하다.

해설
TBM 공법 특징
1) 전단면 굴착 가능
2) 원형단면으로 구조적 안정성 높다
3) 시공속도 빠르다
4) 구배 회전에 제약
5) 복잡한 지질의 변화에 대응이 어렵다.
6) 설비 투자액이 고가이므로 초기 투자비가 많이 든다.

26 사이폰 관거(syphon drain)에 대한 다음 설명 중 옳지 않은 것은?

① 암거가 앞뒤의 수로바닥에 비하여 대단히 낮은 위치에 축조된다.
② 일종의 집수암거로 주로 하천의 복류수를 이용하기 위하여 쓰인다.
③ 용수, 배수, 운하 등 성질이 다른 수로가 교차하지만 합류시킬 수 없을 때 사용한다.
④ 다른 수로 혹은 노선과 교차할 때 사용된다.

해설

1) 사이펀 암거
   수로교로서 물을 횡단시키지 못하는 경우에 암거 전후의 수로바닥보다 대단히 낮은 위치에 만들어 물을 횡단시키는 목적으로 설치한다.
2) 다공관거
   관내의 집수 효과를 크게 하기 위해서 관 둘레에 구멍을 내어 하천의 복류수 또는 지하수를 집수하기 위한 집수암거의 일종

27 특수터널 공법 중 침매공법에 대한 설명으로 틀린 것은?

① 육상에서 제작하므로 신뢰성이 높은 터널 본체를 만들 수 있다.
② 단면의 형상이 비교적 자유롭다.
③ 협소한 장소의 수로에 적당하다.
④ 수중에 설치하므로 자중이 적고 연약지반 위에도 쉽게 시공할 수 있다.

해설

침매터널 공법의 특징
1) 육상 제작으로 콘크리트 품질관리 용이
2) 단면 형상이 비교적 자유롭고 큰 단면을 만들 수 있다.
3) 연약지반에도 시공이 가능하며 육·해상 공사 동시 진행으로 공기 단축
4) 수심이 깊은 곳에서도 시공이 용이하다.
5) 수중에 설치하므로 부력작용으로 자중이 작아 시공이 용이하다.
6) 유속이 빠른 장소에서는 침설작업이 어렵다
7) 협소한 장소의 수로나 항해 선박이 많은 곳에서는 시공이 어렵다.

28 아스팔트 포장의 표면에 부분적인 균열, 변형, 마모 및 붕괴와 같은 파손이 발생할 경우 적용하는 공법을 표면처리라고 하는데 다음 중 이 공법에 속하지 않는 것은?

① 실 코드(Seal Coat)
② 카펫 코트(Carpet Coat)
③ 택 코트(Tack Coat)
④ 포그 실(Fog Seal)

해설

1) 실코트
   표층위 역청재를 살포 후 골재, 모래 등을 포설하는 표면처리 공법
2) 카펫코트
   아스팔트 혼합물을 2.5cm 이하로 얇게 포설하는 표면처리 공법
3) 포그실
   묽은 유화 아스팔트를 포설해서 포장내 균열 공극을 메우는 공법
4) 택코트
   아스팔트 중간층 또는 기층위에 표층과의 부착을 좋게하기 위하여 컷백 아스팔트, 아스팔트 유제, 스트레이트 아스팔트 등을 소량 균일하게 살포하여 시공하는 역청재료(중간층이 없는 경우 기층에 포설)

29 콘크리트 포장에서 아래의 표에서 설명하는 현상은?

> 콘크리트 포장에서 기온의 상승 등에 따라 콘크리트 슬래브가 팽창할 때 줄눈 등에서 압축력에 견디지 못하고 좌굴을 일으켜 부분적으로 솟아오르는 현상

① spalling ② blow up
③ pumping ④ reflection crack

정답 26 ② 27 ③ 28 ③ 29 ②

해설

1) Spalling
   줄눈내부에 비압축성 재료의 침투로 인한 콘크리트 수, 팽창 방해 및 하중 전달장치의 불량으로 줄눈부 파손
2) Pumping
   교통하중 반복에 따른 휨하중에 의해서 슬래브의 침하로 노상, 보조기층내로 우수침투 발생되면서 슬래브 내부에 흙이 이토화 되어서 줄눈사이로 물과 함께 토사가 뿜어져 나오는 현상
3) reflection crack(반사균열)
   기존 콘크리트 포장면 새로운 아스팔트 혼합물로 덧씌우기 할 경우 하부의 기 시공된 상태의 균열이 상층으로 반사되어 발생하는 균열

30 흙의 성토작업에서 아래 그림과 같은 쌓기 방법에 대한 설명으로 틀린 것은?

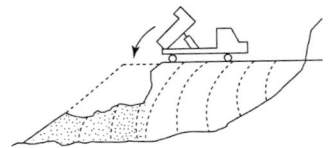

① 전방쌓기법이다.
② 공사비가 싸고 공정이 빠른 장점이 있다.
③ 주로 중요하지 않은 구조물의 공사에 사용된다.
④ 층마다 다소의 수분을 주어서 충분히 다진 후 다음 층을 쌓는 공법이다.

해설

전방쌓기법
전방쌓기법 공법은 매층마다 다짐장비로 하지 않고 흙을 부어가면서 덤프의 자중으로 다짐이 이루어지므로 주로 중요하지 않는 토공사에 적용이 가능한 공법이다.

31 트랙터의 단위중량 17t, 전장비 중량 23t, 접지장 270cm, 캐터필러 폭 55cm, 캐터필러의 중심거리가 2m일 때 불도저의 평균 접지압은 얼마인가?

① 0.37kg/cm² ② 0.77kg/cm²
③ 1.11kg/cm² ④ 2.96kg/cm²

해설

$$접지압 = \frac{전장비중량}{접지면적} = \frac{23,000}{270 \times 55 \times 2}$$
$$= 0.77 kg/cm^2$$

32 폭우 시 옹벽 배면의 흙은 다량의 물을 함유하게 되는데 뒷채움 토사에 배수 시설이 불량할 경우 침투수가 옹벽에 미치는 영향에 대한 설명으로 틀린 것은?

① 포화 또는 부분포화에 의한 흙의 무게증가
② 활동면에서의 양압력 발생
③ 수동저항(passive resistance)의 증가
④ 옹벽저면에 대한 양압력 발생으로 안정성 감소

해설

침투의 영향으로 주동토압의 증가가 발생된다.

33 보통토(사질토)를 재료로 하여 36,000m³의 성토를 하는 경우 굴착 및 운반 토량(m³)은 얼마인가?(단, 토량환산계수 L=1.25, C=0.90)

① 굴착토량=38,889, 운반토량=48,611
② 굴착토량=32,400, 운반토량=40,500
③ 굴착토량=28,800, 운반토량=50,000
④ 굴착토량=32,400, 운반토량=45,000

해설

1) $C = \frac{성토한 토량}{굴착할 토량}$

   ∴ 굴착할 토량 $= \frac{36,000}{0.9} = 38,889 m^3$

2) $L = \frac{운반할 토량}{굴착할 토량}$

   ∴ 운반할 토량 $= 1.25 \times 38,889 = 48,611 m^3$

34 T.B.M(tunnel boring machine)공법에 대한 설명으로 거리가 먼 것은?

① 폭약을 사용하지 않고, 원형으로 굴착하므로 역학적으로도 안전하다.
② 기계의 시공 충격으로 인하여 폭파에 의한 터널굴착공법보다 동바리공이 더 많이 필요하다.
③ 굴착은 필요 이상의 큰 단면을 하지 않으므로 라이닝과 본바닥에 밀착되어 재료가 절약된다.
④ 굴착 진전이 비교적 빠른 반면, 다량의 열이 발생되므로 냉각설비가 필요하다.

해설
기계식 굴착공법 특성상 폭파에 의한 터널굴착 공법에 비하여 동바리 사용이 적다

35 운반토량 1200m³을 용적이 5m³인 덤프트럭으로 운반하려고 한다. 트럭의 평균속도는 10km/h이고, 상하차 시간이 각각 4분일 때 하루에 전량을 운반하려면 몇 대의 트럭이 필요한가? (단, 1일 덤프트럭 가동시간은 8시간이며, 토사장까지의 거리는 2km이다.)

① 12대   ② 14대
③ 16대   ④ 18대

해설
1) $C_{mt} = \dfrac{60 \times 2}{10} + \dfrac{60 \times 2}{10} + 4 \times 2 = 32$분
  상하차 시간 각각 4분씩이므로 8분
2) $Q = \dfrac{60 q_t f E_t}{C_{mt}}$
  $= \dfrac{60 \times 5 \times 1 \times 1}{32} = 9.38 m^3/hr$
3) 1일 트럭 1대 운반량
  $9.38 \times 8 = 75 m^3$
∴ 트럭대수 $= \dfrac{1,200}{75} = 16$대

36 토량의 변화율이 L=1.2, C=0.9일 때, 보통 흙으로 45,000m³의 성토를 하고자 한다. 운반하여야 할 토량은?

① 33,750m³   ② 45,000m³
③ 54,000m³   ④ 60,000m³

해설
1) 본바닥토량=45,000÷0.9=50,000m³
2) 운반토량=50,000×1.2=60,000m³

37 도로를 신설할 때 실시하는 토질조사 중 보링(boring)에 대한 설명으로 틀린 것은?

① 토층이 변화하는 곳에는 보링의 간격을 줄인다.
② 기복이 심한 장소에는 절토와 성토 중에서 성토부분에만 보링을 실시한다.
③ 토층의 단면이 균일하면 보링의 간격을 늘려도 된다.
④ 보링의 간격은 토층 단면의 균일성, 지형 조건에 따라 달리한다.

해설
기복이 심한 곳에서 절토 및 성토 구간 모두다 보링을 실시한다.

38 Network 공정표에서 주공정선에 대한 설명 중 틀린 것은?

① 공정 단축은 주공정선에서 한다.
② 주공정선상에서 총 여유시간(TF)은 0이다.
③ 주공정선은 반드시 1개가 존재하게 된다.
④ 주공정선은 작업경로 중에서 가장 긴 경로이다.

해설
주공정선(CP)은 네트워크상의 최장 경로로서 CP가 2개 이상 있을 수 있다.

정답 34 ② 35 ③ 36 ④ 37 ② 38 ③

39 TBM(Tunnel Boring Machine)공법을 이용하여 암석을 굴착하여 터널 단면을 만들려고 한다. TBM 공법의 단점이 아닌 것은?
① 설비투자액이 고가이므로 초기 투자비가 많이 든다.
② 본바닥 변화에 대하여 적응이 곤란하다.
③ 지반에 따라 적용범위에 제약을 받는다.
④ lining 두께가 두꺼워야 한다.

해설
TBM으로 굴착하는 터널의 지질은 대부분 산악암반등 같이 지질이 좋은 조건에 시공되므로 별도로 Lining 두께가 두꺼워야할 이유가 없다.

40 보조기층, 입도 조정기층 등에 침투시켜 이들 층의 방수성을 높이고 그 위에 포설하는 아스팔트 혼합물과의 부착이 잘되게 하기 위하여 보조기층 또는 기층 위에 역청재를 살포하는 것을 무엇이라 하는가?
① 프라임 코트(prime coat)
② 택 코트(tack coat)
③ 실 코트(seal coat)
④ 패칭(patching)

해설
프라임 코트(Prime coat)
1) 보조기층 또는 기층 등에 침투시켜 이들 층의 방수성을 확보한다.
2) 보조기층 에서 모세관 현상에 의해 올라오는 물의 상승을 차단한다.
3) 보조기층과 기층 아스팔트 혼합물과의 부착이 잘되도록 살포하는 역청재료이다.

제3과목 건설재료 및 시험

41 아스팔트 포장용 혼합물의 아스팔트 함유량 시험(KS F 2354)에 사용되는 시약이 아닌 것은?
① 염화메틸렌 ② 탄산암모늄 용액
③ 황산나트륨 ④ 삼염화에틸렌

해설
아스팔트 함유량 시험에 사용되는 시약
1) 포화탄산암모늄 용액
2) 염화에틸렌
3) 삼염화에틸렌
4) 삼염화에탄

42 건설용 재료로 목재를 사용하기 위하여 목재를 건조시키는 목적 및 효과로 틀린 것은?
① 가공성을 향상 시킨다.
② 균류의 발생을 방지할 수 있다.
③ 수축균열 및 부정변형을 방지할 수 있다.
④ 목재의 중량을 경감시킬 수 있다.

해설
목재의 건조 목적 중 가공성은 해당되지 않는다.

43 아래의 표에서 설명하는 아스팔트의 성질은?

> 고체상에서 액상으로 되는 과정 중에 일정한 반죽질기(즉, 점도)에 달했을 때의 온도를 나타내는 것으로 일반적인 측정 방법으로는 환구법이 사용된다.

① 연화점 ② 인화점
③ 신 도   ④ 연소점

해설
연화점
1) 아스팔트가 온도가 높아지면서 아스팔트가 액상화가 되는 과정 중에 일정한 점도에 도달했을 때의 온도를 연화점이라 한다.

정답 39 ④ 40 ① 41 ③ 42 ① 43 ①

2) 연화점은 시료가 규정된 거리 (25.4mm)로 처졌을 때의 온도를 의미하며, 침입도와 연화점은 반비례 상태로서 연화점은 35~75℃정도로 일반적인 측정 방법으로 환구법을 사용한다.

44 강의 열처리 방법 중 담금질을 한 강에 인성을 주기 위해 변태점 이하의 적당한 온도에서 가열한 다음 냉각시키는 방법은?
① 용융   ② 뜨임
③ 풀림   ④ 불림

해설
강의 열처리
① 풀 림
 1) 강을 적당한 온도(800~1,000℃)로 일정한 시간가열한 후에 용광로 안에서 서서히 냉각시키는 방법
 2) 강을 연화, 결정조직을 균질화, 내부응력의 제거, 및 강의 기계적 물리적 성질변화를 목적으로 한다.
② 불 림
 1) 강(鋼)의 조직을 균질화 시키기 위해서 변태점이상의 높은 온도로 가열한 후 대기 중에서 냉각시키는 방법이다.
 2) 불균질한 조직을 미세화하고 균질화, 기계적 성질향상, 강의 내부변형 및 응력의 제거 등을 목적으로 한다.
③ 담금질
 1) 강을 700~750℃ 정도 가열했다가 물 또는 기름속에서 급냉시키는 열처리 과정을 말한다.
 2) 강의 강도 및 경도를 증대 시킬 목적으로 한다.
④ 뜨 임
 1) 뜨임은 강을 담금질하면 경도는 커지나 메지기 쉬우므로 이를 변태점 이하의 적당한 온도로 재가열 했다가 공기 속에서 냉각 시키는 방법
 2) 담금질한 강에 인성을 주기위하여 조직을 연화, 안정시켜서 내부응력을 없애는 열처리 방법으로 소려(燒戾)라고도 한다.

45 콘크리트용 혼화재료인 플라이애시에 대한 다음 설명 중 틀린 것은?
① 플라이애시는 보존 중에 입자가 응집하여 고결하는 경우가 생기므로 저장에 유의하여야 한다.
② 플라이애시는 인공포졸란 재료로 잠재수경성을 가지고 있다.
③ 플라이애시는 워커빌리티 증가 및 단위수량 감소효과가 있다.
④ 플라이애시 중의 미연탄소분에 의해 AE제 등이 흡착되어 연행공기량이 현저히 감소한다.

해설
고로슬래그는 인공포졸란 재료로 잠재수경성을 가지고 있다.

46 발화점이 295℃ 정도이며, 충격에 둔감하고, 폭발위력이 Dynamite보다 우수하며, 흑색화약의 4배에 달하는 폭약은 어느 것인가?
① TNT   ② 니트로 글리세린
③ Slurry 폭약   ④ 칼릿(Carlit)

해설
카알릿(Carlit)
과염소산암모늄을 주성분으로 하는 폭약으로 폭발력은 다이너마이트보다 우수하고 흑색화약의 4배에 달하지만 폭속(3,500m/s이상)은 느리다.

47 콘크리트용 화학 혼화제의 품질시험 항목이 아닌 것은?
① 침입도 지수(PI)   ② 감수율(%)
③ 응결시간의 차(mim)   ④ 압축강도비(%)

해설
콘크리트 화학혼화제 품질시험 항목
1) 감수율
2) 블리딩 양의 비
3) 응결시간차
4) 압축강도의 비
5) 길이변화비
6) 상대동탄성계수

정답 44 ② 45 ② 46 ④ 47 ①

48 골재의 함수상태에 대한 설명으로 틀린 것은?

① 골재의 표면수는 없고 내부 공극에는 물로 차있는 상태를 골재의 표면건조포화상태라고 한다.
② 골재의 표면 및 내부에 있는 물 전체질량의 절대건조상태 골재 질량에 대한 백분율을 골재의 표면수율이라고 한다.
③ 표면건조포화상태의 골재에 함유되어 있는 전체 수량의 절대건조상태 골재 질량에 대한 백분율을 골재의 흡수율이라고 한다.
④ 골재를 100~110℃의 온도에서 일정한 질량이 될 때까지 건조하여 골재알 내부에 포함되어 있는 자유수가 완전히 제거된 상태를 골재의 절대건조상태라고 한다.

해설
골재의 표면건조 내부포화상태에 대한 골재의 습윤상태 골재 질량에 대한 백분율을 골재의 표면수율이라고 한다.

49 직경 200mm, 길이 5m의 강봉에 축방향으로 400kN의 인장력을 가하여 변형을 측정한 결과 직경이 0.1mm 줄어들고 길이가 10mm 늘어났을 때 이 재료의 푸아송 비는?

① 0.25　② 0.5
③ 1.0　④ 4.0

해설
푸아송비 $(\nu) = \dfrac{공시체\ 횡방향\ 변형률}{공시체\ 축방향\ 변형률}$

∴ 푸아송비 $= \dfrac{0.1/200}{10/5000} = 0.25$

50 다음 중 천연아스팔트의 종류가 아닌 것은?

① 록(Rock)아스팔트
② 샌드(Sand)아스팔트
③ 블론(Blown)아스팔트
④ 레이크(Lake)아스팔트

해설
천연아스팔트
1) 레이크 아스팔트
2) 록 아스팔트
3) 오일샌드 아스팔트
4) 아스팔타이트

51 화약류 취급 및 사용 시의 주의점에 대한 설명으로 틀린 것은?

① 뇌관과 폭약은 항상 동일장소에 식별이 용이토록 구분하여 보관함으로서 손실로 인한 작업의 중단이 없도록 하여야 한다.
② 장기간 보관 시는 온도나 습도에 의해 변질하지 않도록 하고 흡수하여 동결하지 않도록 해야 한다.
③ 도화선과 뇌관의 이음부에 수분이 침투하지 못하도록 기름 등을 도포해야 한다.
④ 도화선을 삽입하여 뇌관에 압착할 때 충격이 가해지지 않도록 해야 한다.

해설
폭약의 취급 시 주의사항
뇌관과 폭약은 따로따로 다른 장소에 저장해야 한다.

52 아래의 표에서 설명하는 것은?

- 시멘트를 염산 및 탄산나트륨용액에 넣었을 때 녹지 않고 남는 부분을 말한다.
- 이 양은 소성반응의 완전여부를 알아내는 척도가 된다.
- 보통 포틀랜드시멘트의 경우 이 양은 일반적으로 점토성분의 미소성에 의하여 발생되며 약 0.1%~0.6% 정도이다.

① 수경률 ② 규산율
③ 강열감량 ④ 불용해 잔분

해설

불용해 잔분
1) 시멘트를 염산 및 탄산나트륨 용액을 넣었을 때 녹지않고 남는 부분을 "불용해잔분"
2) 소성반응의 완전여부를 알아내는 척도의 기준으로 보통 P.C의 "불용해잔분"은 0.1~0.6% 정도임.

53 석재로서 화강암의 특징에 대한 설명으로 틀린 것은?

① 조직이 균일하고 내구성 및 강도가 크다.
② 외관이 아름다워 장식재로 사용할 수 있다.
③ 균열이 적기 때문에 비교적 큰 재료를 채취할 수 있다.
④ 내화성이 강하므로 고열을 받는 내화용 재료로 많이 사용된다.

해설

석재로서 화강암은 내화성에 취약하다.

54 시멘트의 분말도와 물리적 성질에 관한 설명 중 틀린 것은?

① 시멘트의 분말도는 높을수록 콘크리트의 초기 강도가 크다.
② 분말도가 높은 시멘트는 작업이 용이한 콘크리트를 얻을 수 있다.
③ 분말도가 높으면 수축률이 커지기 쉽고 콘크리트에 틈이 생길 가능성이 많다.
④ 분말도가 높으면 내구성이 따라서 증가한다.

해설

분말도가 큰 시멘트는 초기강도는 증가되나 궁극적으로 표면의 건조수축량이 커져서 내구성이 증가 되지는 않는다.

55 경량골재 콘크리트에 사용되는 경량골재에 대한 설명 중 틀린 것은?

① 깨끗하고, 강하며 내구적이어야 하고 적당한 입도 및 단위질량을 가져야 한다.
② 골재의 씻기 시험에 의하여 손실되는 양은 10%이하로 하여야 한다.
③ 굵은 골재의 최대 치수는 원칙적으로 25mm로 한다.
④ 경량골재 중 잔골재는 건조된 상태의 최대 단위질량이 1,100kg/m³이어야 한다.

해설

경량골재 콘크리트의 굵은골재 최대치수는 원칙적으로 20mm로 한다.

56 다음 표에서 설명하는 아스팔트의 성질은?

> 고체상에서 액상으로 되는 과정 중에 일정한 반죽질기(즉, 점도)에 달했을 때의 온도를 나타내는 것으로 일반적인 측정방법으로는 환구법이 사용된다.

① 연화점   ② 인화점
③ 신도   ④ 연소점

해설
연화점(softening point)에 대한 설명이다.

57 목재의 특징에 대한 설명 중 틀린 것은?

① 함수율에 따라 수축팽창이 크다.
② 가연성이 있어 내화성이 작다.
③ 온도에 의한 수축, 팽창이 크다.
④ 부식이 쉽고 충해를 입는다.

해설
목재의 특징
1) 가볍고 취급 및 가공 등이 쉽다.
2) 온도에 의한 수축이 작고 탄성, 인성이 크다.
3) 충격, 진동을 잘 흡수한다.
4) 가연성이므로 내화성이 작다.
5) 재질과 강도가 균일하지 못하다.
6) 함수율에 따른 변형과 팽창, 수축이 크다.

58 대폭파와 수중폭파 등 동시 폭파할 경우 뇌관 대신에 사용하는 기폭용품은?

① 도화선   ② 첨장제
③ 테트릴   ④ 도폭선

해설
기폭용품으로 도폭선에 대한 설명이다.

59 재료에 외력을 작용시키고 변형을 억제하면 시간이 경과함에 따라 재료의 응력이 감소하는 현상을 무엇이라 하는가?

① 탄성   ② 취성
③ 크리프   ④ 릴랙세이션

해설
릴랙세이션
PC 강재에 고장력을 가한 상태 그대로 장기간 양끝을 고정해 두면, 점차 소성 변형하여 인장 응력이 감소해 가는 현상.

60 이형철근의 인장시험 데이터가 아래와 같을 때 파단 연신율은?

· 원단면적(A_o)=190mm^2
· 표점거리(l_o)=128mm
· 파단 후 표점거리(l)=156mm
· 파단 후 단면적(A)=130mm^2
· 최대인장하중(P_{max})=11800kN

① 19.85%   ② 21.88%
③ 23.85%   ④ 25.88%

해설
$$파단연신율 = \frac{l - l_o}{l_o} \times 100$$
$$= \frac{156 - 128}{128} \times 100 = 21.88\%$$

제4과목 토질 및 기초

61 10m 두께의 점토층이 10년 만에 90% 압밀이 된다면, 40m 두께의 동일한 점토층이 90% 압밀에 도달하는 소요되는 기간은?

① 16년　② 80년
③ 160년　④ 240년

해설

1) $t_{90} = \dfrac{0.848 H^2}{C_v}$ 에서

$C_v = \dfrac{0.848 \times (\frac{10}{2})^2}{10 \times 365 \times 24} = 0.000242 \, m^2/hr$

2) $t_{90} = \dfrac{0.848 \times (\frac{40}{2})^2}{0.000242} = 1.4 \times 10^6 hr$

$= \dfrac{1.4 \times 10^6}{24 \times 365} = 160$년

62 테르쟈기(Terzaghi)의 얕은 기초에 대한 지지력 공식 $q_u = \alpha c N_c + \beta \gamma_1 B N_\gamma + \gamma_2 D_f N_q$에 대한 설명으로 틀린 것은?

① 계수 α, β를 형상계수라 하며 기초의 모양에 따라 결정된다.
② 기초의 깊이 D_f가 클수록 극한지지력도 이와 더불어 커진다고 볼 수 있다.
③ N_c, N_γ, N_q는 지지력계수라 하는데 내부마찰각과 점착력에 의해서 정해진다.
④ γ_1, γ_2는 흙의 단위 중량이며 지하수위 아래에서는 수중단위 중량을 써야 한다.

해설

지지력계수
Nc, Nr, Nq : 지지력계수(∅ 의 함수)
내부마찰각이 10°까지는 지지력계수 Nr=0

63 도로 연장 3km 건설 구간에서 7개 지점의 시료를 채취하여 다음과 같은 CBR을 구하였다. 이때의 설계 CBR은 얼마인가?

· 7개의 CBR : 5.3, 5.7, 7.6, 8.7, 7.4, 8.6, 7.2

[설계 CBR 계산용 계수]

개수	d_2
2	1.41
3	1.91
4	2.24
5	2.48
6	2.67
7	2.83
8	2.96
9	3.08
10이상	3.18

① 4　② 5
③ 6　④ 7

해설

설계CBR 구하는 방법(일본 도로공단)

설계$CBR = $ 평균$CBR - \left(\dfrac{최대 CBR - 최소 CBR}{d_2}\right)$

설계$CBR = 7.21 - \left(\dfrac{8.7 - 5.3}{2.83}\right) = 6$

여기서 d_2 : n개 지점의 설계 CBR 계산용 계수

정답 61 ③ 62 ③ 63 ③

64 그림과 같이 옹벽 배면의 지표면에 등분포 하중이 작용할 때, 옹벽에 작용하는 전체 주동토압의 합력(P_a)과 옹벽 저면으로부터 합력의 작용점까지의 높이(h)는?

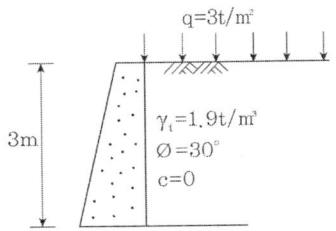

① $P_a = 2.85 t/m$, $h = 1.26 m$
② $P_a = 2.85 t/m$, $h = 1.38 m$
③ $P_a = 5.85 t/m$, $h = 1.26 m$
④ $P_a = 5.85 t/m$, $h = 1.38 m$

해설

1) 전체주동토압

$$P_A = \frac{1}{2}\gamma_t H^2 K_a + q \cdot K_a H = P_{a1} + P_{a2}$$
$$= \frac{1}{2} \times 1.9 \times 3^2 \times \frac{1}{3} + 3 \times \frac{1}{3} \times 3$$
$$= 2.85 + 3 = 5.85 t/m$$

2) $K_a = \tan^2\left(45° - \frac{30°}{2}\right) = \frac{1}{3}$

3) $P_A \times y = P_{a1} \times \frac{H}{3} + P_{a2} \times \frac{H}{2}$ 식을 이용하여 y를 계산하면

$5.85 \times y = 2.85 \times \frac{H}{3} + 3 \times \frac{H}{2}$

∴ $y = 1.26 m$

65 어떤 흙에 대해서 일축압축시험을 한 결과 일축압축 강도가 $1.0 kg/cm^2$이고 이 시료의 파괴면과 수평면이 이루는 각이 50°일 때 이 흙의 점착력(C_u)과 내부 마찰각(ϕ)은?

① $c_u = 0.60 kg/cm^2$, $\phi = 10°$
② $c_u = 0.42 kg/cm^2$, $\phi = 50°$
③ $c_u = 0.60 kg/cm^2$, $\phi = 50°$
④ $c_u = 0.42 kg/cm^2$, $\phi = 10°$

해설

1) 내부마찰각 $\theta = 45° + \frac{\phi}{2}$, $50 = 45 + \frac{\phi}{2}$
   $\phi = 10°$

2) 점착력

$$c = \frac{q_u}{2\tan\left(45° + \frac{\phi}{2}\right)} = \frac{1}{2 \cdot \tan\left(45° + \frac{10}{2}\right)}$$
$$= 0.42 kg/cm^2$$

66 점토의 다짐에서 최적함수비보다 함수비가 적은 건조측 및 함수비가 많은 습윤측에 대한 설명으로 옳지 않은 것은?

① 다짐의 목적에 따라 습윤 및 건조측으로 구분하여 다짐계획을 세우는 것이 효과적이다.
② 흙의 강도 증가가 목적인 경우, 건조측에서 다지는 것이 유리하다.
③ 습윤측에서 다지는 경우, 투수계수 증가 효과가 크다.
④ 다짐의 목적이 차수를 목적으로 하는 경우, 습윤측에서 다지는 것이 유리하다.

해설

습윤측에서 다지는 경우, 투수계수가 작아진다.

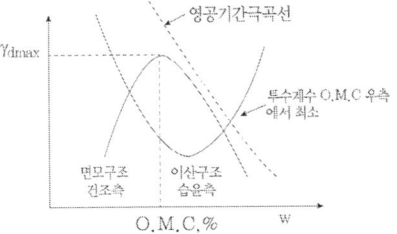

정답 64 ③ 65 ④ 66 ③

67 2.0kg/cm²의 구속응력을 가하여 시료를 완전히 압밀시킨 다음, 축차응력을 가하여 비배수 상태로 전단시켜 파괴시 축변형률 ε_f =10%, 축차응력 $\triangle \sigma_f$ =2.8kg/cm², 간극수압 $\triangle u_f$ =2.1kg/cm²를 얻었다. 파괴시 간극수압계수 A는?(단, 간극수압계수 B는 1.0으로 가정한다.)

① 0.44　② 0.75
③ 1.33　④ 2.27

해설
간극수압계수
$$A = \frac{\triangle u}{\triangle \sigma_f} = \frac{2.1}{2.8} = 0.75$$

68 기초의 지지력을 결정하는 방법이 아닌 것은?

① 평판재하시험 이용
② 탄성파시험결과 이용
③ 표준관입시험결과 이용
④ 이론에 의한 지지력 계산

해설
기초의 지지력 결정방법
1) 평판재하시험 이용
2) 표준관입시험결과 이용
3) 이론에 의한 지지력 계산

69 어느 포화된 점토의 자연함수비는 45%이었고, 비중은 2.70이었다. 이 점토의 간극비(e)는?

① 1.22　② 1.32
③ 1.42　④ 1.52

해설
1) S · e = Gs · w
2) $e = \frac{2.7 \times 0.45}{1} = 1.22$

70 흙의 전단시험에서 배수조건이 아닌 것은?

① 비압밀 비배수　② 압밀 비배수
③ 비압밀 배수　　④ 압밀 배수

해설
삼축압축 시험의 종류(배수조건에 따른 분류)
1) UU(Unconsolidated – Undrained) 시험(비압밀 비배수)
2) CU(Consolidated – Undrained)시험(압밀 비배수)
3) CD(Consolidated – Drained)시험(압밀 배수)

71 예민비가 큰 점토란 어느 것인가?

① 입자의 모양이 날카로운 점토
② 입자가 가늘고 긴 형태의 점토
③ 다시 반죽했을 때 강도가 감소하는 점토
④ 다시 반죽했을 때 강도가 증가하는 점토

해설
예민비
1) 예민비는 불교란시료와 교란시료의 일축압축강도 비를 나타낸다.
2) 예민비
$$S_t = \frac{불교란 흙의 일축압축강도(q_u)}{교란시킨 흙의 일축압축강도(q_{ur})}$$

72 다짐되지 않은 두께 2m, 상대밀도 40%의 느슨한 사질토 지반이 있다. 실내시험결과 최대 및 최소 간극비가 0.80, 0.40으로 각각 산출되었다. 이 사질토를 상대밀도 70%까지 다짐할 때 두께는 얼마나 감소되겠는가?

① 12.41cm　② 14.63cm
③ 22.71cm　④ 25.83cm

해설
상대밀도
1) $40 = \frac{0.8 - e_1}{0.8 - 0.4} \times 100$
∴ $e_1 = 0.64$

$70 = \frac{0.8 - e_2}{0.8 - 0.4} \times 100$
∴ $e_2 = 0.52$

2) $\triangle H = \dfrac{e_1 - e_2}{1 + e_1} H$

   $= \dfrac{0.64 - 0.52}{1 + 0.64} \times 200 = 14.63 cm$

73 두께 H인 점토층에 압밀하중을 가하여 요구되는 압밀도에 달할때까지 소요되는 기간이 단면배수일 경우 400일이었다면 양면배수일 때는 며칠이 걸리겠는가?

① 800일 ② 400일
③ 200일 ④ 100일

해설

1) $t = \dfrac{T_v \cdot H^2}{C_v}$

2) $t_1 : H_1^2 = t_2 : H_2^2$ 이므로

3) $400 : H^2 = t_2 : \left(\dfrac{H}{2}\right)^2$

   $\therefore t_2 = \dfrac{400 \cdot \left(\dfrac{H}{2}\right)^2}{H^2} = 100$일

74 현장 흙의 밀도 시험 중 모래치환법에서 모래는 무엇을 구하기 위하여 사용하는가?

① 시험구멍에서 파낸 흙의 중량
② 시험구멍의 체적
③ 지반의 지지력
④ 흙의 함수비

해설

모래치환법의 모래는 파낸 구멍속에 채워진 모래의 질량을 모래의 밀도로 나누어 구멍속의 체적을 알기 위함이다.

75 아래의 공식은 흙 시료에 삼축압력이 작용할 때 흙 시료 내부에 발생하는 간극수압을 구하는 공식이다. 이 식에 대한 설명으로 틀린 것은?

$$\triangle u = B[\triangle \sigma_3 + A(\triangle \sigma_1 - \triangle \sigma_3)]$$

① 포화된 흙의 경우 B=1이다.
② 간극수압계수 A값은 언제나 (+)의 값을 갖는다.
③ 간극수압계수 A값은 삼축압축시험에서 구할 수 있다.
④ 포화된 점토에서 구속응력을 일정하게 두고 간극수압을 측정했다면, 축차응력과 간극수압으로부터 A값을 계산할 수 있다.

해설

간극수압계수 A
1) 정규압밀점토 A ≒ 1
2) 약간 과압밀점토 0 < A < 1
3) 심한 과압밀점토 A < 0

76 아래와 같은 상황에서 강도정수 결정에 적합한 삼축압축시험의 종류는?

최근에 매립된 포화 점성토지반 위에 구조물을 시공한 직후의 초기 안정검토에 필요한 지반 강도정수 결정

① 비압밀 비배수시험(UU)
② 비압밀 배수시험(UD)
③ 압밀 비배수시험(CU)
④ 압밀 배수시험(CD)

해설

UU-test를 사용하는 경우
1) 점토지반에 제방 성토 직후 초기 사면안정 해석하는 경우
2) 시공속도가 과잉간극수압 소산속도보다 빠를 때
3) 점토지반에 급속성토 시공후

77 흙의 분류법인 AASHTO분류법과 통일분류법을 비교·분석한 내용으로 틀린 것은?

① 통일분류법은 0.075mm체 통과율 35%를 기준으로 조립토와 세립토로 분류하는데 이것은 AASHTO분류법보다 적합하다.
② 통일분류법은 입도분포, 액성한계, 소성지수 등을 주요 분류인자로 한 분류법이다.
③ AASHTO분류법은 입도분포, 군지수 등을 주요 분류인자로 한 분류법이다.
④ 통일분류법은 유기질토 분류방법이 있으나 AASHTO분류법은 없다.

해설
통일분류법은 0.075mm체 통과율 50%를 기준으로 조립토와 세립토를 분류하며, 이는 AASHTO 분류법보다 정확도가 떨어진다.

78 그림과 같은 점토지반에 재하순간 A점에서의 물의 높이가 그림에서와 같이 점토층의 윗면으로부터 5m이었다. 이러한 물의 높이가 4m까지 내려오는데 50일이 걸렸다면, 50%압밀이 일어나는데는 며칠이 더 걸리겠는가?

(단, 10% 압밀시 시간계수 $T_v = 0.008$
　　　20% 압밀시 　　　　$T_v = 0.031$
　　　50% 압밀시 　　　　$T_v = 0.197$이다.)

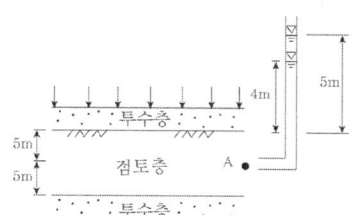

① 268일　② 618일
③ 1181일　④ 1231일

해설
1) 수위가 5m에서 4m까지 되었을 때 압밀도(U_z)
$$U_z = 1 - \left(\frac{u_z}{u_i}\right) \times 100$$
$$= 1 - \left(\frac{4}{5}\right) \times 100 = 20\%$$

2) 압밀도 20%가 되었을때의 압밀계수
$$t_{20} = \frac{T_v \cdot H^2}{C_v}$$
$$C_v = \frac{T_v \cdot H^2}{t_{20}} = \frac{0.031 \times \left(\frac{10}{2}\right)^2}{50}$$
$$= 0.0155 m^2/day$$

3) 압밀 50%가 일어나는데 걸린전체시간
$$t_{50} = \frac{0.197 \times \left(\frac{10}{2}\right)^2}{0.0155} = 318일$$

4) 압밀 50%가 일어나는데 50일 이후 추가시간
318일−50일=268일

79 최대주응력이 $10t/m^2$, 최소주응력이 $4t/m^2$일 때 최소주응력 면과 45°를 이루는 평면에 일어나는 수직응력은?

① $7t/m^2$　② $3t/m^2$
③ $6t/m^2$　④ $4\sqrt{2} \, t/m^2$

해설
임의 평면에서 수직응력과 전단응력을 구하는 방법중 Mohr원을 이용한 2θ법
$$\sigma_n = \frac{\sigma_1 + \sigma_3}{2} + \frac{\sigma_1 - \sigma_3}{2} \cdot \cos 2\theta$$
$$= \frac{10+4}{2} + \frac{10-4}{2} \cdot \cos 90°$$
$$= 7t/m^2$$

80 어느 지반에 30cm×30cm 재하판을 이용하여 평판재하시험을 한 결과, 항복하중이 5t, 극한하중이 9t이었다. 이 지반의 허용지지력은?

① 55.6t/m² ② 27.8t/m²
③ 100t/m²   ④ 33.3t/m²

해설

지반의 허용지지력 결정

(1) 항복강도(q_y)
$$q_y = \frac{P_y(\text{항복하중})}{A(\text{재하판 크기})} = \frac{5}{0.3 \times 0.3} = 55.6 t/m^2$$

(2) 극한강도(q_u)
$$q_u = \frac{P_u(\text{극한하중})}{A(\text{재하판 크기})} = \frac{9}{0.3 \times 0.3} = 100 t/m^2$$

(3) 재하시험 결과에 의한 허용지지력(q_t)

  1) $q_t = q_y/2 = \dfrac{55.6}{2} = 27.8 t/m^2$

  2) $q_t = q_u/3 = \dfrac{100}{3} = 33.3 t/m^2$

(4) 허용지지력은 위 둘 중 작은값을 사용한다.

제5회 건설재료시험기사

제1과목 콘크리트공학

01 일반적인 수중콘크리트에 관한 설명으로 틀린 것은?

① 물-결합재비는 50%이하, 단위시멘트량은 370kg/m³이상을 표준으로 한다.
② 잔골재율을 적절한 범위 내에서 크게 하여 점성이 풍부한 배합으로 할 필요가 있다.
③ 수중콘크리트의 치기는 물을 정지시킨 정수 중에서 치는 것이 좋다.
④ 강제식 배치믹서를 사용하여 비비는 경우 콘크리트가 드럼내부에 부착되어 충분히 비벼지지 못할 경우가 있기 때문에 믹서는 가경식 배치믹서를 사용하여야 한다.

해설
가경식 배치믹서를 사용하여 비비는 경우 콘크리트가 드럼내부에 부착되어 충분히 비벼지지 못할 경우가 있기 때문에 믹서는 강제식 배치믹서를 사용하여야 한다.

02 포스트텐션 방식의 프리스트레스트 콘크리트에서 긴장재의 정착장치로 일반적으로 사용되는 방법이 아닌 것은?

① PS강봉을 갈고리로 만들어 정착시키는 방법
② 반지름 방향 또는 원주 방향의 쐐기 작용을 이용한 방법
③ PS강봉의 단부에 나사 전조가공을 하여 너트로 정착하는 방법
④ PS강봉의 단부에 헤딩(heading)가공을 하여 가공된 강재 머리에 의하여 정착하는 방법

03 서중콘크리트에 대한 설명으로 틀린 것은?

① 일반적으로는 기온 10℃의 상승에 대하여 단위수량은 2~5% 감소하므로 단위수량에 비례하여 단위시멘트량의 감소를 검토하여야 한다.
② 하루 평균기온이 25℃를 초과하는 경우 서중 콘크리트로 시공한다.
③ 콘크리트를 타설하기 전에 지반, 거푸집 등을 습윤상태로 유지하기 위해서 살수 또는 덮개 등의 적절한 조치를 취해야 한다.
④ 콘크리트는 비빈 후 즉시 타설하여야 하며, 일반적인 대책을 강구한 경우라도 1.5시간 이내에 타설하여야 한다.

해설
일반적으로는 기온 10℃의 상승에 대하여 단위수량은 2~5% 증가하므로 단위수량에 비례하여 단위시멘트량의 증가를 검토하여야 한다.

04 콘크리트의 내구성 향상 방안으로 옳지 않은 것은?

① 알칼리금속이나 염화물의 함유량이 많은 재료를 사용한다.
② 내구성이 우수한 골재를 사용한다.
③ 물 – 결합재비를 될 수 있는 한 적게 한다.
④ 목적에 맞는 시멘트나 혼화재료를 사용한다.

해설
알칼리금속이나 염화물의 함유량이 적은 재료를 사용한다.

정답 01 ④ 02 ① 03 ① 04 ①

05 콘크리트 구조물의 내화성을 향상시키기 위한 방안으로 틀린 것은?

① 제조 시에 골재는 화강암이나 사암을 사용하면 좋다.
② 콘크리트 표면을 단열재로 보호한다.
③ 내화성능이 약한 강재는 보호하여 피복두께를 충분히 취한다.
④ 철근의 외측 콘크리트가 벗겨지는 것을 방지하기 위하여 팽창성 금속(expanded metal)을 표층부에 넣는다.

해설
화강암은 조직이 균일하고 강도 및 내구성이 크나, 내화성이 작다.

06 숏크리트에 대한 설명으로 틀린 것은?

① 일반 숏크리트의 장기 설계기준 압축강도는 재령 28일로 설정한다.
② 습식 숏크리트의 배치 후 60분 이내에 뿜어붙이기를 실시하여야 한다.
③ 숏크리트의 초기강도는 재령 3시간에서 1.0~3.0MPa을 표준으로 한다.
④ 굵은 골재의 최대치수는 25mm의 것이 널리 쓰인다.

해설
숏크리트 굵은 골재의 최대치수는 13mm의 것이 널리 쓰인다.

07 급속 동결 융해에 대한 콘크리트의 저항 시험(KS F 2456)에서 동결 융해 사이클에 대한 설명으로 틀린 것은?

① 동결 융해 1사이클은 공시체 중심부의 온도를 원칙으로 하며 원칙적으로 4°C에서 −18°C로 떨어지고, 다음에 −18°C에서 4°C로 상승되는 것으로 한다.
② 동결 융해 1사이클의 소요 시간은 2시간 이상, 4시간 이하로 한다.
③ 공시체의 중심과 표면의 온도차는 항상 28°C를 초과해서는 안 된다.
④ 동결 융해에서 상태가 바뀌는 순간의 시간이 5분을 초과해서는 안 된다.

해설
동결 융해에서 상태가 바뀌는 순간의 시간이 10분을 초과해서는 안 된다.

08 다음 관리도의 종류에서 정규분포이론이 적용되지 않는 것은?

① P 관리도(불량률 관리도)
② x 관리도(측정값 자체의 관리도)
③ $\bar{x}$ - R관리도(평균값과 범위의 관리도)
④ $\bar{x}$ - σ관리도(평균값과 표준편차의 관리도)

해설
계수형 관리도 적용이론
1) P관리도 : 이항분포, 불량률 관리도
2) Pn관리도 : 이항분포, 불량률 개수 관리도
3) C관리도 : 푸아송분포, 물품크기 일정시 결점수 관리도
4) U관리도 : 푸아송분포, 단위당 결점수 관리도

09 프리스트레스트 콘크리트(PSC)를 철근콘크리트(RC)와 비교할 때 사용재료와 역학적 성질의 특징에 대한 설명으로 틀린 것은?
① 부재 전단면의 유효한 이용
② 뛰어난 부재의 탄성과 복원성
③ 긴장재로 인한 자중과 전단력의 증가
④ 고강도 콘크리트와 고강도 강재의 사용

해설
프리스트레스트 콘크리트는 긴장재로 인하여 자중과 전단력이 감소

10 방사선 차폐용 콘크리트에 대한 설명으로 틀린 것은?
① 일반적인 경우 슬럼프는 150mm 이하로 하여야 한다.
② 주로 생물체의 방호를 위하여 X선, γ선 및 중성자선을 차폐할 목적으로 사용된다.
③ 방사선 차폐용 콘크리트는 열전도율이 작고, 열팽창률이 커야 하므로 밀도가 낮은 골재를 사용하여야 한다.
④ 물-결합재비는 50%이하를 원칙으로 하고, 워커빌리티 개선을 위하여 품질이 입증된 혼화제를 사용할 수 있다.

해설
방사선 차폐용 콘크리트는 열전도율이 작고, 열팽창률이 작아야 하므로 밀도가 높은 골재를 사용하여야 한다.

11 공칭압축강도가 21MPa인 콘크리트로부터 5개의 공시체를 만들어 압축강도 시험을 한 결과 압축강도가 아래의 표와 같을 때, 품질관리를 위한 압축강도의 변동계수 값은 약 얼마인가?(단, 표준편차는 불편분산의 개념으로 구한다.)

[시험결과]
22, 23, 24, 27, 29 (MPa)

① 11.7% ② 13.6%
③ 15.2% ④ 17.4%

해설
1) 변동계수
    변동계수(V) = $\frac{S}{\bar{x}} \times 100(\%)$
2) 표준편차
    $S = \sqrt{\frac{\sum(X_i - \bar{x})^2}{n-1}} = \sqrt{\frac{34}{4}} = 2.92$
3) 압축강도 시험 평균값
    $\bar{x} = \frac{22+23+24+27+29}{5} = 25$
4) 편차의 제곱합
    $\Sigma(22-25)^2 + (23-25)^2 + (24-25)^2 + (27-25)^2 + (29-25)^2 = 34$
    여기서 V : 변동계수
    S : 표준편차
    X_i : 각 강도의 시험값
    $\bar{x}$: n회의 압축강도 시험 평균값
    n : 압축강도 시험횟수
    $\sum(X_i - \bar{x})^2$: 편차의 제곱합

∴ 변동계수(V) = $\frac{S}{\bar{x}} \times 100(\%)$
    = $\frac{2.92}{25} \times 100 = 11.7\%$

12 콘크리트 압축강도 시험용 공시체를 제작하는 방법에 대한 설명으로 틀린 것은?
① 공시체는 지름의 2배의 높이를 가진 원기둥형으로 한다.
② 콘크리트를 몰드에 채울 때 2층 이상으로 거의 동일한 두께로 나눠서 채운다.
③ 콘크리트를 몰드에 채울 때 각 층의 두께는 100mm를 초과해서는 안 된다.
④ 몰드를 떼는 시기는 콘크리트 채우기가 끝나고 나서 16시간 이상 3일 이내로 한다.

해설
콘크리트를 몰드에 각 층의 채우는 두께는 160mm를 넘어서는 안 된다.

13 단면적이 600cm²인 프리스트레스트 콘크리트에서 콘크리트 도심에 PS강선을 배치하고 초기프리스트레스 P_i=340000N을 가할 때 콘크리트의 탄성변형에 의한 프리스트레스의 감소량은 얼마인가?(단, 탄성계수비 n=6이다.)
① 34MPa ② 38MPa
③ 42MPa ④ 46MPa

해설
$$\triangle f_p = E_p \varepsilon_p = E_p \varepsilon_c = E_p \frac{f_c}{E_c} = nf_c = n\frac{P}{A}$$
$$= 6 \times \frac{340,000}{600 \times 10^2} = 34 Mpa$$

14 콘크리트 다지기에 대한 설명으로 틀린 것은?
① 내부진동기는 연직방향으로 일정한 간격으로 찔러 넣는다.
② 내부진동기를 하층의 콘크리트 속으로 0.1m 정도 찔러 넣는다.
③ 내부진동기는 콘크리트를 횡방향으로 이동시킬 목적으로 사용해서는 안 된다.
④ 콘크리트를 타설한 직후에는 절대 거푸집의 외측에 진동을 주어서는 안 된다.

해설
콘크리트 타설 후 외부 거푸집에 대하여 외부 진동장비로 충격을 주어서 거푸집 내부에 구석구석 콘크리트가 잘 채워질 수 있도록 하며 밀실한 콘크리트가 되도록 하는 것이 필요하다.

15 콘크리트의 작업성(workability)을 증진시키기 위한 방법으로서 적당하지 않은 것은?
① 입도나 입형이 좋은 골재를 사용한다.
② 혼화재료로서 AE제나 감수제를 사용한다.
③ 일반적으로 콘크리트 반죽의 온도상승을 막아야 한다.
④ 일정한 슬럼프의 범위에서 시멘트량을 줄인다.

해설
일정한 슬럼프의 범위에서 시멘트량을 줄이면 단위수량도 감소되어 작업성이 감소된다.

16 해양 콘크리트의 시공에 대한 설명으로 틀린 것은?
① 보통 포틀랜드 시멘트를 사용한 경우 5일 정도는 직접 해수에 닿지 않도록 보호하여야 한다.
② 만조위로부터 위로 0.6m, 간조위로부터 아래로 0.6m 사이의 감조부분에 시공이음이 생기지 않도록 한다.
③ 굵은 골재 최대치수가 20mm이고 물보라 지역인 경우, 내구성을 확보하기 위한 최소 단위결합재량은 280kg/m³이다.
④ 해상 대기 중에 건설되는 일반 현장 시공의 경우 공기연행 콘크리트의 최대 물-결합재비는 45%로 한다.

해설
단위 시멘트량은 일반적으로 280~300 kg/m³ 이상, 수중 : 300kg/m³ 해상대기중, 물 보라(비말대구간) : 330kg/m³ 이상으로 한다.

정답 12 ③ 13 ① 14 ④ 15 ④ 16 ③

17 시방배합상의 잔골재의 양은 500kg/m³이고 굵은골재의 양은 1000kg/m³이다. 표면수량은 각각 5%와 3%이었다. 현장배합으로 환산한 잔골재와 굵은골재의 양은?

① 잔골재 : 525kg/m³, 굵은골재 : 1030kg/m³
② 잔골재 : 475kg/m³, 굵은골재 : 970kg/m³
③ 잔골재 : 470kg/m³, 굵은골재 : 975kg/m³
④ 잔골재 : 520kg/m³, 굵은골재 : 1025kg/m³

해설

1) 잔골재량
   · 잔골재 표면수량 $500 \times 0.05 = 25 kg$
   · 잔골재량 : $500 + 25 = 525 kg$
2) 굵은골재량
   · 굵은골재 표면수량 $1,000 \times 0.03 = 30 kg$
   · 굵은골재량 : $1,000 + 30 = 1,030 kg$

18 아래 표와 같은 조건의 시방배합에서 굵은골재의 단위량은 약 얼마인가?

· 단위수량=189kg, S/a=40%, W/C=50%
· 시멘트 밀도=3.15g/cm³
· 잔골재표건밀도=2.6g/cm³
· 굵은골재표건밀도=2.7g/cm³
· 공기량=1.5%

① 945kg   ② 1015kg
③ 1052kg ④ 1095kg

해설

1) 단위 골재량 전체체적 $V_{(S+G)}$
$$1 - \left(\frac{189}{1,000} + \frac{378}{3.15 \times 1,000} + \frac{1.5}{100}\right) = 0.676 m^3$$
2) 단위 잔골재량
   $= 0.676 \times 0.4 \times 2.6 \times 1,000 = 703 kg$
3) 단위 굵은골재량
   $= 0.676 \times (1-0.4) \times 2.7 \times 1,000 = 1,095 kg$

19 섬유보강콘크리트에 대한 일반적인 설명으로 틀린 것은?

① 섬유보강콘크리트의 비비기에 사용하는 믹서는 가경식 믹서를 사용하는 것을 원칙으로 한다.
② 섬유보강 콘크리트 1m³중에 점유하는 섬유의 용적 백분율(%)을 섬유 혼입률이라고 한다.
③ 보강용 섬유를 혼입하여 주로 인성, 균열억제, 내충격성 및 내마모성 등을 높인 콘크리트를 섬유보강콘크리트라고 한다.
④ 강섬유보강콘크리트의 보강효과는 강섬유가 길수록 크며, 섬유의 분산 등을 고려하면 굵은골재 최대치수의 1.5배 이상의 길이를 갖는 것이 좋다.

해설

섬유보강콘크리트의 비비기에 사용하는 믹서는 강제식 믹서를 사용하는 것을 원칙으로 한다.

20 콘크리트의 호칭강도가 40MPa이고 22회의 압축강도시험결과로부터 구한 압축강도의 표준편차가 5MPa인 경우 배합강도는?(단, 시험횟수가 20회 및 25회인 경우 표준편차의 보정계수는 각각 1.08, 1.03이다.)

① 47.10MPa   ② 47.65MPa
③ 48.35MPa   ④ 48.85MPa

해설

1) 22회일 때 직선보간을 한 표준편차의 보정계수
$$\alpha = 1.03 + \frac{(1.08-1.03) \times 3}{5} = 1.06$$
2) 직선보간한 표준편차
   $S = 1.06 \times 5.0 = 5.3 MPa$
3) $f_{cn} > 35 MPa$이므로
   $f_{cr} = f_{ck} + 1.34S = 40 + 1.34 \times 5.3$
   $= 47.10 MPa$
   $f_{cr} = 0.9 \cdot f_{ck} + 2.33S$
   $\quad = 0.9 \times 40 + 2.33 \times 5.3 = 48.35 MPa$
상기값 중 큰 값이 배합강도이므로
$f_{cr} = 48.35 MPa$

제2과목 건설시공 및 관리

21 아래의 작업 조건하에서 백호로 굴착 상차 작업을 하려고 할 때 시간당 작업량은 본바닥토량으로 얼마인가?

- 작업효율 : 0.6
- 버킷용량 : 0.7m³
- Cm : 42초
- L = 1.25, C = 0.9
- 버킷계수 : 0.9

① 23.3m³/hr ② 25.9m³/hr
③ 29.2m³/hr ④ 40.5m³/hr

해설

$$Q = \frac{3,600 \cdot q \cdot k \cdot f \cdot E}{C_m}$$

$$= \frac{3,600 \times 0.7 \times 0.9 \times \frac{1}{1.25} \times 0.6}{25} = 25.9 m^3/hr$$

22 불도저로 압토와 리핑 작업을 동시에 실시한다. 각 작업 시의 작업량이 다음 표와 같을 때 시간당 작업량은?

- 압토 작업만 할 때의 작업량
 : $Q_1 = 40 m^3/h$
- 리핑 작업만 할 때의 작업량
 : $Q_2 = 60 m^3/h$

① 24m³/h ② 30m³/h
③ 34m³/h ④ 50m³/h

해설

$$Q = \frac{Q_1 Q_2}{Q_1 + Q_2} = \frac{40 \times 60}{40 + 60} = 24 m^3/h$$

23 토공에 대한 설명 중 틀린 것은?

① 시공기면은 현재 공사를 하고 있는 면을 말한다.
② 토공은 굴착, 싣기, 운반, 성토(사토) 등의 4공정으로 이루어진다.
③ 준설은 수저의 토사 등을 굴착하는 작업을 말한다.
④ 법면은 비탈면으로 성토, 절토의 사면을 말한다.

해설

가장 경제적인 시공이 되도록 하기 위해서 절, 성토 토량 계획을 세우는데 필요한 지반 계획고를 정하는 것을 시공기면 이라고 한다.

24 말뚝기초의 부마찰력 감소방법으로 틀린 것은?

① 표면적이 작은 말뚝을 사용하는 방법
② 단면이 하단으로 가면서 증가하는 말뚝을 사용하는 방법
③ 선행하중을 가하여 지반침하를 미리 감소하는 방법
④ 말뚝직경보다 약간 큰 케이싱을 박아서 부 마찰력을 차단하는 방법

해설

부마찰력의 방지대책
① 말뚝 선단면적 증가
② 말뚝 본수증가
③ 말뚝의 근입깊이 증가
④ 이중관(Slip Layer) 사용
⑤ 말뚝표면에 아스팔트(역청재) 도포
⑥ Tapered Pile 사용(단면이 하단으로 가면서 감소하는 말뚝 : 측면경사말뚝)

정답 21 ② 22 ① 23 ① 24 ②

25 흙쌓기 재료로서 구비해야 할 성질 중 틀린 것은?

① 완성 후 큰 변형이 없도록 지지력이 클 것
② 압축침하가 적도록 압축성이 클 것
③ 흙쌓기 비탈면의 안정에 필요한 전단강도를 가질 것
④ 시공기계의 Trafficability가 확보될 것

해설
압축침하가 적도록 압축성이 작을 것

26 아스팔트 포장의 안정성 부족으로 인해 발생하는 대표적인 파손은 소성변형(바퀴자국, 측방유동)이다. 최근 우리나라의 도로에서 이 소성변형이 문제가 되고 있는데, 다음 중 그 원인이 아닌 것은?

① 여름철 고온 현상
② 중차량 통행
③ 수막현상
④ 표시된 차선을 따라 차량이 일정위치로 주행

해설
소성변형 발생원인
1) Asphalt함량이 과다한 경우
2) 골재의 최대치수가 적은경우
3) 침입도가 큰 아스팔트 사용
4) 시공불량 : 다짐불량, 온도관리 불량 등

27 다음은 어떤 공사의 품질관리에 대한 내용이다. 가장 먼저 해야 할 일은?

① 품질특성의 선정
② 작업표준의 결정
③ 관리한계 설정
④ 관리도의 작성

해설
품질관리 순서
1) 품질특성을 선정
2) 품질표준을 결정
3) 작업표준을 결정
4) 규격 대조
5) 공정, 안전 검토

28 폭우시 옹벽 배면에는 침투수압이 발생되는데 이 침투수에 의한 중요 영향으로 옳지 않은 것은?

① 활동면에서의 양압력 증가
② 포화에 의한 흙의 무게 증가
③ 옹벽 저면에서의 양압력 증가
④ 수평 저항력의 증대

해설
수평 저항력이 증대 되는 것이 아니고 수평력이 증대 되므로 구조물의 안정성을 저하시킨다.

29 아래 그림과 같이 20개의 말뚝으로 구성된 군항이 있다. 이 군항의 효율(E)을 Converse-Labarre 식을 이용해서 구하면?

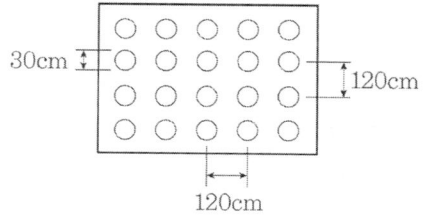

① 0.758
② 0.721
③ 0.684
④ 0.647

해설
군항의 효율(E)
1) $\varnothing = \tan^{-1}\dfrac{D}{S} = \tan^{-1}\dfrac{30}{120} = 14.04°$
2) $E = 1 - \varnothing \cdot \dfrac{m(n-1)+n(m-1)}{90\,m\,n}$
$= 1 - 14.04 \times \dfrac{4(5-1)+5(4-1)}{90 \times 4 \times 5}$
$= 0.758$

정답 25 ② 26 ③ 27 ① 28 ④ 29 ①

30 항만공사에서 간만의 차가 큰 장소에 축조되는 항은?

① 하구항(coastal harbor)
② 개구항(open harbor)
③ 폐구항(closed harbor)
④ 피난항(refuge harbor)

해설

1) 폐구항
   조수 간만의 차가 큰장소에 선박의 출입이 가능하도록 폐구시켜 놓는 항
2) 개구항
   항구가 항상 개방되어 있는 항
3) 하구항(연안항)
   해안에 있는 연안항으로 대부분의 항이 해당
4) 피난항
   악천후시 배가 피난할 수 있는 항

31 교대에서 날개벽(Wing)의 역할로 가장 적당한 것은?

① 배면(背面)토사를 보호하고 교대 부근의 세굴을 방지한다.
② 교대의 하중을 부담한다.
③ 유량을 경감하여 토사의 퇴적을 촉진시킨다.
④ 교량의 상부구조를 지지한다.

해설

교대 날개벽 역할
교대 날개벽은 교대배면 성토의 보호 및 세굴방지를 목적으로 한다.

32 도로주행 중 노면의 한 개소를 차량이 집중 통과하여 표면의 재료가 마모되고 유동을 일으켜서 노면이 얕게 패인 자국을 무엇이라고 하는가?

① 플러시(Flush)
② 러팅(Rutting)
③ 블로업(Blow up)
④ 블랙베이스(Black base)

해설

소성변형(Rutting) 대책
1) 아스콘에 설계아스팔트량 보다 가급적 아스팔트량을 적게 사용.
2) 굵은골재 최대치수 13 → 19mm사용.
3) 양질의 석분 함량 증가
4) 침입도가 작은 아스팔트 사용

33 아스팔트 포장에서 프라임코트(Prime coat)의 중요 목적이 아닌 것은?

① 배수층 역할을 하여 노상토의 지지력을 증대시킨다.
② 보조기층에서 모세관 작용에 의한 물의 상승을 차단한다.
③ 보조기층과 그 위에 시공될 아스팔트 혼합물과의 융합을 좋게 한다.
④ 기층 마무리 후 아스팔트 포설까지의 기층과 보조기층의 파손 및 표면수의 침투, 강우에 의한 세굴을 방지한다.

해설

프라임 코트(Prime coat)
1) 보조기층 또는 기층 등에 침투시켜 이들 층의 방수성을 확보한다.
2) 보조기층 에서 모세관 현상에 의해 올라오는 물의 상승을 차단한다.
3) 보조기층과 기층 아스팔트 혼합물과의 부착이 잘되도록 살포하는 역청재료이다.

34 다짐 장비 중 마무리 다짐 및 아스팔트 포장의 끝손질에 사용하면 가장 유용한 장비는?

① 탠덤 롤러 ② 타이어 롤러
③ 탬핑 롤러 ④ 머캐덤 롤러

해설

다짐장비
1) Macadam roller
   3륜구조로 자갈 및 사질토, 쇄석층, 아스팔트 포장 1차다짐에 적합
2) 타이어롤러(Tire roller)
   아스팔트 포장의 2차 다짐 및 사질토 지반다짐에 적합
3) Tandem roller
   2륜구조로 아스팔트 포장의 마무리 다짐에 적합

35 터널의 계획, 설계, 시공 시 본바닥의 성질 및 지질구조를 가장 정확하게 알기 위한 조사 방법은?

① 물리적 탐사 ② 탄성파 탐사
③ 전기 탐사 ④ 보링(Boring)

해설

1) 보링 조사방법은 터널의 계획, 설계, 시공시 본바닥의 성질 및 지질 구조를 가장 정확하게 파악할 수 있는 조사방법이다.
2) 회전 타격에 의한 시추, 코아로부터 단층 파쇄대, 연약층의 경계 위치 및 규모 등 막장 전방의 지반상태를 파악이 가능하다.

36 저항선 1.2m일 때 12.15kg의 폭약을 사용하였다면 저항선을 0.8m로 하였을 때 얼마의 폭약이 필요한가?(단, Hauser식을 사용한다.)

① 1.8kg ② 3.6kg
③ 5.6kg ④ 7.6kg

해설

1) $L = C \cdot W^3$, $12.15 = C \times 1.2^3$
   $C = 7.03$
2) $L = C \cdot W^3 = 7.03 \times 0.8^3 = 3.6 kg$

37 아래 그림과 같은 네트워크 공정표에서 전체공기는?

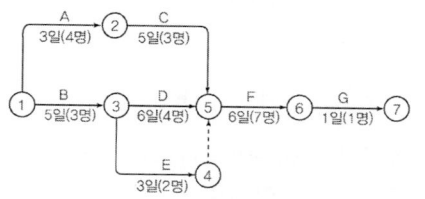

① 12일 ② 15일
③ 18일 ④ 21일

해설

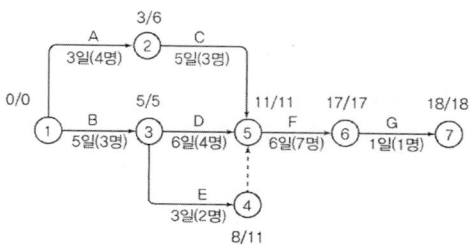

C.P : B → D → F → G
전체 공기 : 18일

38 아스팔트 콘크리트 포장에서 표층에 대한 설명으로 틀린 것은?

① 노상 바로 위의 인공층이다.
② 표면수가 내부로 침입하는 것을 막는다.
③ 기층에 비해 골재의 치수가 작은 편이다.
④ 교통에 의한 마모와 박리에 저항하는 층이다.

해설

노상 바로 위는 동상방지층 또는 보조기층으로 구성되어 있다.

39 피어기초 중 기계에 의한 시공법이 아닌 것은?

① 베노토(Benoto) 공법
② 시카고(Chicago) 공법
③ 어스 드릴 (Earth drill) 공법
④ 리버스 서큘레이션(Reverse circulation) 공법

정답 34 ① 35 ④ 36 ② 37 ③ 38 ① 39 ②

해설

피어기초(기계)
1) Benoto 공법(all casing 공법)
2) Earth drill 공법
3) RCD 공법

40 뉴매틱 케이슨(Pneumatic Caisson)공법의 특징으로 틀린 것은?
① 소음과 진동이 커서 도시에서는 부적합하다.
② 기초 지반 토질의 확인 및 정확한 지지력의 측정이 가능하다.
③ 굴착 깊이에 제한이 없고 소규모 공사나 심도 깊은 공사에 경제적이다.
④ 기초 지반의 보일링 현상 및 히빙 현상을 방지할 수 있으므로 인접 구조물의 피해 우려가 없다.

해설

뉴매틱 케이슨 기초는 굴착깊이에 제한이 있고 대규모 공사에 경제적이나 소음과 진동이 커서 도심지 공사에 적합하지 않다.

제3과목 건설재료 및 시험

41 잔골재에 대한 체가름 시험을 한 결과가 다음 표와 같을 때 조립률은?(단, 10mm 이상 체에 잔류된 잔골재는 없다.)

체의 호칭(mm)	5	2.5	1.2	0.6	0.3	0.15	Pan
각 체에 남은 양(%)	2	11	20	22	24	16	5

① 1.0 ② 2.63
③ 2.77 ④ 3.15

해설

체의호칭(mm)	5	2.5	1.2	0.6	0.3	0.15	Pan
각 체에 남은 양(%)	2	11	20	22	24	16	5
누적잔유량	2	13	33	55	79	95	100

$$FM = \frac{2+13+33+55+79+95}{100} = 2.77$$

42 어떤 목재의 함수율을 시험한 결과 건조 전 목재의 중량은 165g이고, 비중이 1.5일 때 함수율은 얼마인가?(단, 목재의 절대 건조 무게는 142g이었다.)
① 13.9% ② 15.2%
③ 16.2% ④ 17.2%

해설

1) 함수율 = $\dfrac{건조\ 전중량 - 건조\ 후중량}{건조\ 후중량} \times 100$

2) 함수율 = $\dfrac{165-142}{142} \times 100 = 16.2\%$

43 콘크리트용 혼화재료에 의한 포졸란 반응이 콘크리트의 성질에 미치는 영향에 대한 설명으로 틀린 것은?
① 포졸란 반응은 시멘트의 수화반응에 비해 늦어 콘크리트의 초기수화열이 저감된다.
② 포졸란 반응에 의해 모세관 공극의 효과적으로 채워져 콘크리트의 수밀성이 향상된다.
③ 포졸란 반응에 의해 염분의 침투를 막을 수 있어 콘크리트의 내염성이 향상된다.
④ 포졸란 반응은 시멘트에서 생성되는 수산화칼슘을 소모하기 때문에 콘크리트의 중성화 억제효과가 있다.

해설

포졸란 반응으로 콘크리트에 중성화가 생길 가능성이 커진다.

44 콘크리트 내부에 미세 독립기포를 형성하여 워커빌리티 및 동결융해저항성을 높이기 위하여 사용하는 혼화제는?
① 고성능감수제 ② 팽창제
③ 발포제 ④ AE제

해설
AE제
콘크리트용 계면활성제(surface active agent)의 일종으로 콘크리트 내부에 독립된 미세기포를 발생시켜 콘크리트의 워커빌리티 개선과 동결융해에 대한 저항성을 갖도록 하기 위해 사용하는 혼화제이다.

45 대폭파 또는 수중폭파에서 동시폭파를 실시하기 위하여 뇌관 대신에 사용하는 것은?
① 도화선 ② 도폭선
③ 전기뇌관 ④ 첨장약

해설
도폭선
① 도폭선은 폭약을 금속 또는 섬유로 피복한 끈 모양의 화공품으로서, 대폭파와 수중 폭파 등을 동시 폭파할 경우 뇌관 대신 사용하는 기폭용품이다.
② 면화약을 심약으로 하고 마사 면사 등으로 싸서 방습 포장을 한 것으로 점폭하면 5000m/s의 폭속으로 폭굉한다.

46 고무혼입 아스팔트를 스트레이트 아스팔트와 비교할 때 다음 설명 중 옳지 않은 것은?
① 응집성 및 부착력이 크다.
② 마찰계수가 크다.
③ 충격저항이 크다.
④ 감온성이 크다.

해설
고무혼입 아스팔트 특징
1) 스트레이트 아스팔트에 비해서 감온성이 작다.
2) 스트레이트 아스팔트에 비해서 응집성이 크다.
3) 스트레이트 아스팔트에 비해서 탄성 및 충격저항이 크다.
4) 스트레이트 아스팔트에 비해서 마찰 계수가 크다.

47 컷백(cut back) 아스팔트에 대한 설명으로 틀린 것은?
① 대부분의 도로포장에 사용된다.
② 경화 속도 순서로 나누면 RC>MC>SC의 순이다.
③ 컷백 아스팔트를 사용할 때는 가열하여 사용하여야 한다.
④ 침입도 60~120 정도의 연한 스트레이트 아스팔트에 용제를 가해 유동성을 좋게 한 것이다.

해설
컷백 아스팔트를 사용할 때는 원유 중의 아스팔트 성분이 열에 의한 변화가 생기기 쉬우므로 가열해서는 안된다.

48 표면건조 포화상태의 골재시료 1,782g을 공기중에서 건조시켰더니 1,731g이 되었고, 이를 다시 노건조시켰더니 1,709g이 되었다. 이 골재시료의 흡수율은?
① 1.3% ② 2.8%
③ 3.9% ④ 4.3%

해설
$$흡수율 = \frac{1,782 - 1,709}{1,709} \times 100 = 4.3\%$$

49 석재의 사용시 고려할 사항으로 틀린 것은?
① 인장응력이나 휨응력을 받는 곳은 가능한 사용하지 않는 것이 좋다.
② 콘크리트 포장용이나 외벽에 사용되는 석재는 연석을 피한다.
③ 내화성 재료로 석재는 부적합하다.
④ 석재는 구조용으로 사용할 경우 주로 압축력을 받는 부분에 사용된다.

해설
석재를 내화성 재료로 사용하는 경우 주로 압축력을 받는 부분에 사용한다.

정답 44 ④ 45 ② 46 ④ 47 ③ 48 ④ 49 ③

50 아래와 같은 특성을 가지는 시멘트는?

- 발열량이 대단히 많으며 조강성이 크다.
- 열분해 온도가 높으므로(1300°C정도) 내화용 콘크리트에 적합하다.
- 산, 염류, 해수 등의 화학적 침식에 대한 저항성이 크다.

① 고로 시멘트
② 알루미나 시멘트
③ 플라이애시 시멘트
④ 백색 포틀랜드 시멘트

해설

알루미나 시멘트
1) 보크사이트와 석회석을 혼합해서 분말로 만든 시멘트
2) 1일 강도가 보통 포틀랜드 시멘트의 28일 강도와 같다.
3) 발열량이 커 한중공사, 긴급공사에 적합하다.
4) 해수 및 기타 화학작용을 받는 곳에 저항성이 크다.
5) 열분해 온도가 높으므로 내화용 콘크리트에 적합하다.

51 시멘트와 관련된 내용의 연결이 잘못된 것은?

① 비카트 침(Vicat needle)-시멘트 응결시간 시험
② 수경률-시멘트 원료의 조합비
③ 강열감량-시멘트의 풍화정도
④ 르샤틀리에 플라스크-시멘트 분말도 시험

해설

르샤틀리에 플라스크
시멘트 비중시험에 사용되는 기구이다.

52 폭약에 대한 설명으로 틀린 것은?

① 다이너마이트보다 칼릿은 발화점이 높다.
② 다이너마이트의 주성분은 니트로글리세린이다.
③ ANFO폭약은 폭발가스량이 적고 폭발온도는 비교적 높다.
④ 니트로글리세린은 글리세린에 질산과 황산을 혼합하여 반응시켜 만든다.

해설

ANFO(초유폭약)
1) 질산암모늄(94)+연료(6)비율로 섞어 혼합한 초안폭약
2) 취급이 안전하고 가격이 저렴하다
3) 폭발가스량이 많다

53 마샬 시험방법에 따라 아스팔트 콘크리트 배합설계를 진행할 경우 포화도는 몇%인가?[단, 아스팔트 밀도(G_a) : 1.030g/cm³, 아스팔트의 함량(A) : 6.3%, 공시체의 실측밀도(d) : 2.435g/cm³, 공시체의 공극률(V) : 4.8%]

① 58%   ② 66%
③ 71%   ④ 76%

해설

1) 아스팔트 용적률(체적비)

$$V_a = \frac{W_a \times d}{G_a} = \frac{6.3 \times 2.435}{1.03} = 14.89\%$$

여기서, W_a : 아스팔트 질량비(함량)(%)
G_a : 아스팔트의 밀도(g/cm³)
d : 공시체의 실측밀도(g/cm³)

2) 포화도

$$S = \frac{V_a}{V_a + V} = \frac{14.89}{14.89 + 4.8} = 0.7562 = 75.62\%$$

여기서, V : 공극률
V_a : 아스팔트의 체적비

54 연화점이 높고 방수공사용으로 많이 사용되고 석유계 아스팔트는?
① 록 아스팔트 ② 레이크 아스팔트
③ 블론 아스팔트 ④ 스트레이트 아스팔트

해설
블론 아스팔트는 주로 방수재료, 접착제, 방식 도장용 등에 사용된다.

55 블리딩에 관한 사항 중 잘못된 것은?
① 블리딩이 많으면 레이턴스도 많아지므로 콘크리트의 이음부에서는 블리딩이 큰 콘크리트는 불리하다.
② 시멘트의 분말도가 높고 단위수량이 적은 콘크리트는 블리딩이 작아진다.
③ 블리딩이 큰 콘크리트는 강도와 수밀성이 작아지나 철근콘크리트에서는 철근과의 부착을 증가시킨다.
④ 콘크리트 치기가 끝나면 블리딩이 발생하며 대략 2~4시간에 끝난다.

해설
블리딩이 큰 콘크리트는 강도 및 수밀성 작아지며 철근과의 부착이 감소한다.

56 고성능 감수제를 사용한 콘크리트에 대한 설명 중 틀린 것은?
① 고성능 감수제는 단위수량을 20~30%정도 크게 감소시킬 수 있어서 고강도 콘크리트 제조에 주로 사용된다.
② 고성능 감수제 사용 콘크리트는 일반적으로 믹싱 후 경과시간 2시간까지는 슬럼프 손실현상이 거의 없다.
③ 고성능 감수제의 첨가량이 증가할수록 워커빌리티는 증가하지만 과도하게 사용하면 재료분리가 발생한다.
④ 고성능 감수제를 사용하면 수량이 대폭 감소되기 때문에 건조수축이 적다.

해설
고성능 감수제
1) 고성능 감수제의 첨가량이 과대하면 슬럼프가 커져서 콘크리트 재료분리가 현저하게 일어난다.
2) 경과시간에 따른 슬럼프 손실은 보통 콘크리트와 비교해서 크기 때문에 슬럼프 손실에 따른 방안 검토가 필요하다.

57 콘크리트용 잔골재의 유해물 중 염화물(NaCl 환산량)의 함유량 한도(질량 백분율)는 몇 %인가?
① 0.04% ② 0.1%
③ 0.5% ④ 1%

해설
염화물 함유량 시험 방법에 따라 시험하였을 때 0.04% 이하여야 한다.

58 상온에서 액체이며 동해를 입기에 가장 쉬운 폭약은?
① 다이너마이트
② 칼릿
③ 니트로글리세린
④ 질산암모늄계 폭약

해설
니트로글리세린(nitroglycerine, NG)
1) 상온에서 무색, 무취의 투명하고 무거운 기름같은 액체 상태로서, 가장 강력한 폭약으로 충격 및 마찰, 진동에 예민하여 폭발위험성이 크다.
2) 단독으로는 사용하지 못하고 다이너마이트 또는 무연 화약 의 화약제조에 사용되며, 동해를 입기 쉽고 점화만으로 연소한다.

정답 54 ③ 55 ③ 56 ② 57 ① 58 ③

59 다음 중 급결제를 사용해야 하는 경우는?
① 레디믹스트 콘크리트의 운반거리가 먼 경우
② 서중 콘크리트를 시공할 경우
③ 연속 타설에 의한 콜트 조인트를 방지하기 위해
④ 숏크리트 타설 시

해설
숏크리트 타설시 타설 벽면과의 신속한 부착을 위하여 급결제를 사용한다.

60 플라이애시에 대한 설명으로 틀린 것은?
① 표면이 매끄러운 구형입자로 되어 있어 콘크리트의 워커빌리티를 좋게 한다.
② 플라이애시를 사용한 콘크리트는 초기재령에서의 강도는 다소 작으나 장기재령의 강도는 증가한다.
③ 양질의 플라이애시를 적절히 사용함으로써 건조, 습윤에 따른 체적 변화와 동결융해에 대한 저항성을 향상시켜 준다.
④ 플라이애시에 포함되어 있는 함유탄소분의 일부가 AE제를 흡착하는 성질이 있어 소요의 공기량을 얻기 위한 AE제의 사용량을 줄일 수 있다.

해설
플라이애시 중의 미연탄소분에 의해 AE제 등이 흡착되어 연행공기량이 현저히 감소한다.

제4과목 토질 및 기초

61 연약지반 위에 성토를 실시한 다음, 말뚝을 시공하였다. 시공 후 발생될 수 있는 현상에 대한 설명으로 옳은 것은?
① 성토를 실시하였으므로 말뚝의 지지력은 점차 증가한다.
② 말뚝을 암반층 상단에 위치하도록 시공하였다면 말뚝의 지지력에는 변함이 없다.
③ 압밀이 진행됨에 따라 지반의 전단강도가 증가되므로 말뚝의 지지력은 점차 증가된다.
④ 압밀로 인해 부의 주면마찰력이 발생되므로 말뚝의 지지력은 감소된다.

해설
부마찰력
1) 점성토 지반에서 타설한 말뚝의 침하량보다 연약지반의 침하가 더 커서 말뚝주면이 아래쪽으로 작용하는 마찰력이 발생하게 되는데 이러한 주면 마찰력을 부마찰력
2) 부마찰력 발생으로 말뚝의 지지력은 감소된다.

62 아래 그림에서 투수계수 $K=4.8\times10^{-3}$cm/sec 일 때 Darcy 유출속도(v)와 실제 물의 속도(침투속도, v_s)는?

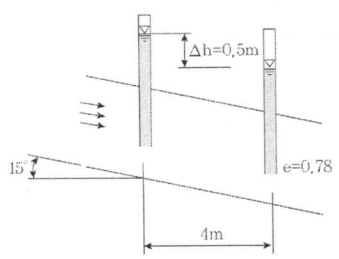

① $v = 3.4 \times 10^{-4}$cm/sec,
   $v_s = 5.6 \times 10^{-4}$cm/sec
② $v = 3.4 \times 10^{-4}$cm/sec,
   $v_s = 9.4 \times 10^{-4}$cm/sec
③ $v = 5.8 \times 10^{-4}$cm/sec,
   $v_s = 10.8 \times 10^{-4}$cm/sec

④ $v = 5.8 \times 10^{-4} cm/sec$,
$v_s = 12.4 \times 10^{-4} cm/sec$

해설

1) $v = k \cdot i = 4.8 \times 10^{-3} \times \dfrac{50}{\left(\dfrac{400}{\cos 15°}\right)}$
   $= 5.8 \times 10^{-4} cm/sec$

2) $V_s = \dfrac{V}{n}$
   $n = \dfrac{e}{1+e} = \dfrac{0.78}{1+0.78} = 0.438$
   $\therefore V_s = \dfrac{5.4 \times 10^{-4}}{0.438} = 12.4 \times 10^{-4} cm/sec$

63 어떤 모래의 비중이 2.78, 간극율(n)이 28%일 때 분사현상을 일으키는 한계동수경사는?

① 2   ② 4.5
③ 0.78   ④ 1.28

해설

한계동수경사 $i_{cr} = \dfrac{\gamma_{sub}}{\gamma_w}$

1) $\gamma_{sub} = \dfrac{(Gs-1)}{1+e} \cdot \gamma_w$

2) $e = \dfrac{n}{1-n} = \dfrac{0.28}{1-0.28} = 0.389$

$\therefore i_{cr} = \dfrac{\gamma_{sub}}{\gamma_w} = \dfrac{\dfrac{(2.78-1)}{1+0.389}}{1} \times 1 = 1.28$

64 상하류의 수위 차 h=10m, 투수계수 K=1×10⁻⁷ cm/s, 투수층 유로의 수 N_f=3, 등수두면 수 N_d=9인 흙 댐의 단위 m당 1일 침투수량은?

① 0.0864m³/day   ② 0.864m³/day
③ 0.288m³/day   ④ 0.0285m³/day

해설

1일 침투수량
$Q = KH\dfrac{N_f}{N_d} = (1 \times 10^{-7}) \times 10 \times \dfrac{3}{9}$
$= 3.3 \times 10^{-7} m^3/sec$
$= 3.3 \times 10^{-7} \times (24 \times 60 \times 60) = 0.0285 m^3/day$

65 그림과 같은 점성토 지반의 토질시험 결과 내부마찰각 ϕ=30°, 점착력 c=15kN/m²일 때 A점의 전단강도는?(단, 물의 단위중량은 9.81kN/m³이다.)

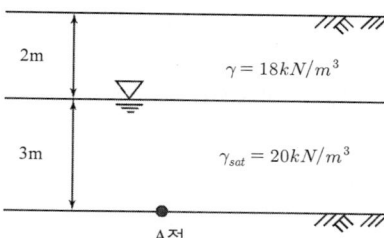

① 44.61kN/m²   ② 53.43kN/m²
③ 68.69kN/m²   ④ 70.41kN/m²

해설

전단강도 $\tau = c + \overline{\sigma}\tan\phi$

1) 유효응력
   전응력 $\sigma = 2 \times 18 + 3 \times 20 = 96 kN/m^2$
   간극수압 $u = 3 \times 9.81 = 29.43 kN/m^2$
   유효응력 $\overline{\sigma} = \sigma - u = 96 - 29.43 = 66.57 kN/m^2$

2) 전단강도
   $\tau = c + \overline{\sigma}\tan\phi = 15 + 66.57\tan 30°$
   $= 53.43 kN/m^2$

66 유선망의 특징에 대한 설명으로 틀린 것은?

① 각 유로의 침투유량은 같다.
② 유선과 등수두선은 서로 직교한다.
③ 인접한 유선 사이의 수두 감소량(head loss)은 동일하다.
④ 침투속도 및 동수경사는 유선망의 폭에 반비례한다.

해설

인접한 등수두선간의 수두차는 모두 같다.

정답 63 ④ 64 ④ 65 ② 66 ④

67 연약점토지반에 성토제방을 시공하고자 한다. 성토로 인한 재하속도가 과잉간극수압이 소산되는 속도보다 빠를 경우, 지반의 강도정수를 구하는 가장 적합한 시험방법은?

① 압밀 배수시험 ② 압밀 비배수시험
③ 비압밀 비배수시험 ④ 직접전단시험

해설
비압밀 비배수 (UU-test)시험에 대한 설명이다.

68 유효응력에 관한 설명 중 옳지 않은 것은?
① 포화된 흙인 경우 전응력에서 공극수압을 뺀 값이다.
② 항상 전응력보다는 작은 값이다.
③ 점토지반의 압밀에 관계되는 응력이다.
④ 건조한 지반에서는 전응력과 같은 값으로 본다.

해설
부의 간극수압이 발생하는 경우 유효응력이 전응력보다 크게 발생된다.

69 점착력이 8kN/m², 내부 마찰각이 30°, 단위중량 16kN/m³인 흙이 있다. 이 흙에 인장균열은 약 몇 m 깊이까지 발생할 것인가?

① 6.92m ② 3.73m
③ 1.73m ④ 1.00m

해설
인장균열깊이
$$Z_c = \frac{2c\tan(45°+\frac{\phi}{2})}{\gamma_t} = \frac{2 \times 8 \times \tan(45+\frac{30}{2})}{16} = 1.73m$$

70 외경이 50.8mm, 내경이 34.9mm인 스플릿 스푼 샘플러의 면적비는?
① 112% ② 106%
③ 53% ④ 46%

해설
면적비
면적비는 샘플러를 삽입함으로써 배제되는 흙체적의 비율을 나타내며 시료면적비가 10%이하 시 불교란으로 판정
$$A_r = \frac{D_o^2 - D_i^2}{D_i^2} \times 100$$
$$A_r = \frac{50.8^2 - 34.9^2}{34.9^2} \times 100 = 112\%$$

71 연약지반 개량공법에 대한 설명 중 틀린 것은?
① 샌드드레인 공법은 2차 압밀비가 높은 점토 및 이탄 같은 유기질 흙에 큰 효과가 있다.
② 화학적 변화에 의한 흙의 강화공법으로는 소결 공법, 전기화학적 공법 등이 있다.
③ 동압밀공법 적용 시 과잉간극 수압의 소산에 의한 강도증가가 발생한다.
④ 장기간에 걸친 배수공법은 샌드드레인이 페이퍼 드레인보다 유리하다.

해설
샌드 드레인(Sand drain)공법
연약한 점토질지반에 모래기둥 시공하여 점성토층의 배수거리를 짧게하여 압밀을 촉진시켜서 공기 단축하는 공법으로 1차압밀 침하를 촉진으로 주로 사용된다.

정답 67 ③ 68 ② 69 ③ 70 ① 71 ①

72 베인전단시험(vane shear test)에 대한 설명으로 옳지 않은 것은?

① 베인전단시험으로부터 흙의 내부마찰각을 측정할 수 있다.
② 현장 원위치 시험의 일종으로 점토의 비배수 전단강도를 구할 수 있다.
③ 십자형의 베인(vane)을 지중에 압입한 후, 회전모멘트르 가해서 흙이 원통형으로 전단파괴될 때 저항모멘트를 구함으로써 비배수 전단강도를 측정하게 된다.
④ 연약점토지반에 적용된다.

해설
연약한 점성토 지반의 특성을 파악하기 위한 베인전단시험으로는 흙의 내부마찰각을 측정할 수 없다.

73 사질토 지반에 축조되는 강성기초의 접지압 분포에 대한 설명으로 옳은 것은?

① 기초 모서리 부분에서 최대 응력이 발생한다.
② 기초에 작용하는 접지압 분포는 토질에 관계없이 일정하다.
③ 기초의 중앙 부분에서 최대 응력이 발생한다.
④ 기초 밑면의 응력은 어느 부분이나 동일하다.

해설
강성기초의 접지압 분포

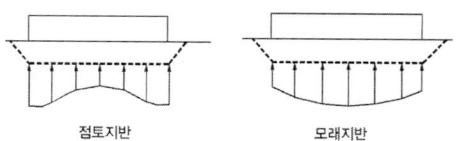

점토지반　　　　모래지반

가. 기초가 강성이므로 균등침하가 발생된다.
나. 점토지반에서는 모서리쪽 접지압이 커지고 중앙부 접지압이 줄어든다.
다. 모래지반에서는 모서리쪽 접지압이 작고 중앙부 접지압이 커진다.

74 사면안정계산에 있어서 Fellenius법과 간편 Bishop법의 비교 설명 중 틀린 것은?

① Fellenius법은 간편 Bishop법보다 계산은 복잡하지만 계산결과는 더 안전측이다.
② 간편 Bishop법은 절편의 양쪽에 작용하는 연직 방향의 합력은 0(zero)이라고 가정한다.
③ Fellenius법은 절편의 양쪽에 작용하는 합력은 0(zero)이라고 가정한다.
④ 간편 Bishop법은 안전율을 시행착오법으로 구한다.

해설
Fellenius법은 절편과 수평력에 대한 가정을 모두 무시한 방법으로 Bishop보다 계산이 간편해 일반적으로 널리 사용된다, Bishop법은 Fellenius법보다 훨씬 복잡하나 안전율은 거의 실제와 비슷하게 정확치에 가깝게 나타난다.

75 연약 점토층을 관통하여 철근콘크리트 파일을 박았을 때 부마찰력(Negative friction)은?(단, 지반의 일축압축강도 q_u=2t/m², 파일직경 D=50cm, 관입깊이 ℓ=10m 이다.)

① 15.71t　　② 18.53t
③ 20.82t　　④ 24.24t

해설
$$R_{nf} = f_s \cdot U\ell = \frac{q_u}{2} \cdot \pi D \cdot \ell$$
$$= \frac{2}{2} \times (\pi \times 0.5 \times 10) = 15.71t$$

76 다음 중 연약점토지반 개량공법이 아닌 것은?

① 프리로딩(Pre-loading) 공법
② 샌드 드레인(Sand drain) 공법
③ 페이퍼 드레인(Paper drain) 공법
④ 바이브로 플로테이션(Vibro flotation) 공법

해설
바이브로 플로테이션(Vibro flotation) 공법은 사질토 지반개량 공법에 해당된다.

77 $\gamma_{sat} = 2.0t/m^3$인 사질토가 30°로 경사진 무한사면이 있다. 지하수위가 지표면과 일치하는 경우 이 사면의 안전율이 1 이상이 되기 위해서는 흙의 내부마찰각이 최소 몇 도 이상이어야 하는가?

① 18.21°   ② 20.52°
③ 49.1°   ④ 45.47°

해설
$$F_s = \frac{\gamma_{sub}}{\gamma_{sat}} \cdot \frac{\tan\phi}{\tan i} = \frac{1}{2} \times \frac{\tan\phi}{\tan 30°} \geq 1$$
$$\therefore \phi \geq 49.1°$$

78 무게 320kg인 드롭해머(drop hammer)로 2m의 높이에서 말뚝을 때려 박았더니 침하량이 2cm이었다. Sander의 공식을 사용할 때 이 말뚝의 허용지지력은?

① 1,000kg   ② 2,000kg
③ 3,000kg   ④ 4,000kg

해설
$$R_u = \frac{wh}{8s} = \frac{320 \times 200}{8 \times 2} = 4,000kg$$

79 모래시료에 대해서 압밀배수 삼축압축시험을 실시하였다. 초기 단계에서 구속응력 (σ_3)은 100kN/m²이고, 전단파괴시에 작용된 축차응력(σ_{df})은 200kN/m²이었다. 이와 같은 모래시료의 내부마찰각(ϕ) 및 파괴면에 작용하는 전단응력(τ_f)의 크기는?

① $\phi=30°$, $\tau_f=115.47kN/m^2$
② $\phi=40°$, $\tau_f=115.47kN/m^2$
③ $\phi=30°$, $\tau_f=86.60kN/m^2$
④ $\phi=40°$, $\tau_f=86.60kN/m^2$

해설
1) $\sigma_3' = 100kN/m^2$
$$\sigma_1' = \sigma_3' + \sigma_{df} = 100 + 200 = 300kN/m^2$$
2) $\sin\phi' = \frac{\sigma_1' - \sigma_3'}{\sigma_1' + \sigma_3'} = \frac{300-100}{300+100} = 0.5$
$$\therefore \phi' = 30°$$
3) $\tau = \frac{\sigma_1' - \sigma_3'}{2} \sin 2\theta$
$$= \frac{\sigma_1' - \sigma_3'}{2} \sin\left(2 \times 45 - \frac{\phi}{2}\right)$$
$$= \frac{300-100}{2} \sin\left(2 \times (45 - \frac{30}{2})\right)$$
$$= 86.6kN/m^2$$

80 예민비가 큰 점토란 어느 것인가?

① 입자의 모양이 날카로운 점토
② 입자가 가늘고 긴 형태의 점토
③ 다시 반죽했을 때 강도가 감소하는 점토
④ 다시 반죽했을 때 강도가 증가하는 점토

해설
예민비
1) 예민비는 불교란시료와 교란시료의 일축압축강도 비를 나타낸다.
2) 예민비
$$S_t = \frac{불교란 흙의 일축압축강도(q_u)}{교란시킨 흙의 일축압축강도(q_{ur})}$$

정답 76 ④ 77 ③ 78 ④ 79 ③ 80 ③

제6회 건설재료시험기사

제1과목 콘크리트공학

01 콘크리트의 재료분리 현상을 줄이기 위한 사항으로 틀린 것은?
① 잔골재율을 증가시킨다.
② 물-시멘트비를 작게 한다.
③ 굵은 골재를 많이 사용한다.
④ 포졸란을 적당량 혼합한다.

해설
일반적으로 굵은골재를 많이 사용하면 콘크리트 강도, 내구성, 수밀성 등이 좋아지나 지나치게 많이 사용하면 잔골재율 및 단위수량의 감소로 콘크리트 작업성이 떨어져서 재료분리의 원인이 된다.

02 초음파법에 의한 균열깊이 평가방법이 아닌 것은?
① TS법
② Tc-To법
③ BS법
④ Pull-off법

해설
Pull out법은 원주 시험체에 인장하중을 가하고 그 때의 인장강도로부터 콘크리트 압축강도를 추정하는 시험법 이다.

03 콘크리트 재료 계량의 허용오차에 대한 설명으로 옳은 것은?
① 혼화재의 계량 허용오차는 ±2%이다.
② 혼화제의 계량 허용오차는 ±2%이다.
③ 골재의 계량 허용오차는 ±2%이다.
④ 시멘트의 계량 허용오차는 ±2%이다.

해설
재료의 계량 허용오차
1) 물, 시멘트 : 1% 이하
2) 골재, 혼화제 : 3%
3) 혼화재 : 2% 이하

04 콘크리트 비파괴 시험방법 중 철근 부식상태를 평가할 수 있는 시험법은?
① 초음파속도법
② 전자유도법
③ 전자파 레이더법
④ 자연전위법

해설
철근의 부식상태 평가 방법
① 전기화학적인 자연전위법
② 분극 저항법
③ 전기적인 전기저항법

정답 01 ③ 02 ④ 03 ① 04 ④

05 거푸집 및 동바리의 구조계산에 관한 설명으로 틀린 것은?

① 고정하중은 철근콘크리트와 거푸집의 중량을 고려하여 합한 하중이며, 철근의 중량을 포함한 콘크리트의 단위중량은 보통 콘크리트에서는 24kN/m³을 적용하고, 거푸집 하중은 최소 0.4kN/m²이상을 적용한다.
② 활하중은 작업원, 경량의 장비하중, 기타 콘크리트 타설에 필요한 자재 및 공구 등의 시공하중, 그리고 충격하중을 포함한다.
③ 동바리에 작용하는 수평방향 하중으로는 고정하중의 2% 이상 또는 동바리 상단의 수평방향 단위 길이당 1.5kN/m 이상 중에서 큰 쪽의 하중이 동바리 머리부분에 수평방향으로 작용하는 것으로 가정한다.
④ 벽체 거푸집의 경우에는 거푸집 측면에 대하여 5.0kN/m² 이상의 수평방향 하중이 작용하는 것으로 본다.

해설
벽체 거푸집의 경우에는 거푸집 측면에 대하여 0.5kN/m² 이상의 수평방향 하중이 작용하는 것으로 본다.

06 PS 강재에 요구되는 일반적인 특성을 설명한 것으로 옳지 않은 것은?

① 인장강도가 높아야 한다.
② 릴랙세이션이 커야 한다.
③ 어느 정도의 늘음과 인성이 있어야 한다.
④ 항복비가 커야 한다.

해설
PS강재는 릴랙세이션이 작아야 한다.

07 고압증기양생한 콘크리트의 특징에 대한 설명으로 틀린 것은?

① 고압증기양생한 콘크리트의 수축률은 크게 감소된다.
② 고압증기양생한 콘크리트의 크리프는 크게 감소된다.
③ 고압증기양생한 콘크리트의 외관은 보통 양생한 포틀랜드시멘트 콘크리트 색의 특징과 다르며, 흰색을 띤다.
④ 고압증기양생한 콘크리트는 보통양생한 콘크리트와 비교하여 철근과의 부착강도가 약 2배정도가 된다.

해설
고압증기양생한 콘크리트는 보통양생한 콘크리트와 비교하여 철근과의 부착강도가 약 1/2배정도 감소된다. 따라서 중요한 철근콘크리트 부재의 사용에 있어서 지양할 필요가 있다.

08 고유동 콘크리트를 제조할 때에는 유동성, 재료 분리저항성 및 자기 충전성을 관리하여야 한다. 이때 유동성을 관리하기 위해 필요한 시험은?

① 깔때기 유하시간
② 슬럼프 플로시험
③ 500mm 플로 도달시간
④ 충전장치를 이용한 간극 통과성 시험

해설
슬럼프 플로우 시험(흐름시험 : Flow Test)
1) 중력에 의한 콘크리트 퍼짐 정도로 콘크리트 재료 분리 저항성 및 유동성을 측정하는 시험
2) 콘크리트 중에 굵은 골재 최대 치수가 40mm 이하인 고유동 콘크리트, 수중 불분리성 콘크리트 및 고강도 콘크리트의 워커빌리티를 측정하는데 사용

09 일반콘크리트 제조 시 목표하는 시멘트의 1회 계량 분량은 317kg이다. 그러나 현장에서 계량된 시멘트의 계측 값은 313kg으로 나타났다. 이러한 경우의 계량오차와 합격·불합격 여부를 정확히 판단한 것은?

① 계량오차 : -0.63%, 합격
② 계량오차 : -0.63%, 불합격
③ 계량오차 : -1.26%, 합격
④ 계량오차 : -1.26%, 불합격

해설
시멘트 317kg의 계량 오차 ±1% 313.83~320.17 사이에 들어오면 합격이나 오차 -1.26% 이으로 불합격

10 아래 표와 같은 조건에서 콘크리트의 배합강도를 결정하면?

[조건]
- 호칭강도(f_{cn}) : 40MPa
- 압축강도의 시험회수 : 23회
- 23회의 압축강도 시험으로부터 구한 표준편차 : 6MPa
- 압축강도 시험회수 20회, 25회인 경우 표준편차의 보정계수 : 각각 1.08, 1.03

① 48.5MPa
② 49.6MPa
③ 50.7MPa
④ 51.2MPa

해설
1) 수정표준편차
$$1.03 + \left(\frac{1.08-1.03}{25-20} \times 2\right) = 1.05(23회\ 보정계수)$$
수정표준편차 = 6×1.05 = 6.3
2) 호칭강도 35MPa 이상이므로
$f_{cr} = f_{cn} + 1.34S$
$= 40 + 1.34 \times 6.3 = 48.4 MPa$
$f_{cr} = 0.9 \cdot f_{cn} + 2.33 \cdot S$
$= 0.9 \times 40 + 2.33 \times 6.3$
$= 50.68 MPa$
두 값 중에서 큰 값을 배합강도를 정한다.
∴ $f_{cr} = 50.7 MPa$

11 초음파 탐상에 의한 콘크리트 비파괴 시험의 적용가능한 분야로서 거리가 먼 것은?

① 콘크리트 두께 탐상
② 콘크리트의 균열 깊이
③ 콘크리트 내부의 공극 탐상
④ 콘크리트 내의 철근 부식 정도 조사

해설
콘크리트 내의 철근부식 정도 조사(평가)
1) 자연전위법
2) 분극저항법
3) 전기저항법

12 일반콘크리트 비비기로부터 타설이 끝날때까지의 시간 한도로 옳은 것은?

① 외기온도에 상관없이 1.5시간을 넘어서는 안 된다.
② 외기온도에 상관없이 2시간을 넘어서는 안 된다.
③ 외기온도가 25°C이상일 때에는 1.5시간, 25°C미만일 때에는 2시간을 넘어서는 안 된다.
④ 외기온도가 25°C 이상일 때에는 2시간, 25°C미만일 때에는 2.5시간을 넘어서는 안 된다.

해설
외기온도가 25°C이상일 때에는 1.5시간, 25°C미만일 때에는 2시간을 넘어서는 안 된다.

정답 09 ④ 10 ③ 11 ④ 12 ③

13 콘크리트의 작업성(workability)을 증진시키기 위한 방법으로서 적당하지 않은 것은?

① 입도나 입형이 좋은 골재를 사용한다.
② 혼화재료로서 AE제나 감수제를 사용한다.
③ 일반적으로 콘크리트 반죽의 온도상승을 막아야 한다.
④ 일정한 슬럼프의 범위에서 시멘트량을 줄인다.

해설
일정한 슬럼프의 범위에서 시멘트량을 줄이면 단위수량도 감소되어 작업성이 감소된다.

14 구속되어 있지 않은 무근 콘크리트 부재의 건조수축률이 500×10^{-6}일 때 콘크리트에 작용하는 응력의 크기는? (단, 콘크리트의 탄성계수는 25GPa이다.)

① 인장응력 5.0MPa
② 압축응력 12.5MPa
③ 인장응력 12.5MPa
④ 응력이 발생하지 않는다.

해설
콘크리트 구조물이 구속되어 있지 않은 무근 콘크리트 조건이므로 콘크리트에 응력이 발생하지 않는다.

15 시방배합을 통해 단위수량 170kg/m³, 시멘트량 370kg/m³, 잔골재 700kg/m³, 굵은 골재 1050kg/m³을 산출하였다. 현장골재의 입도를 고려하여 현장배합으로 수정한다면 잔골재의 양은? (단, 현장골재의 입도는 잔골재 중 5mm체에 남는 양이 10%이고, 굵은 골재 중 5mm 체를 통과한 양이 5%이다.)

① 721kg/m³ ② 735kg/m³
③ 752kg/m³ ④ 767kg/m³

해설
잔골재 입도조정(X)
$$X = \frac{100 \cdot S - b(S+G)}{100-(a+b)}$$
$$= \frac{100 \times 700 - 5(700+1050)}{100-(10+5)} = 721 kg/m^3$$

16 굳지 않은 콘크리트에서 재료분리가 일어나는 원인으로 볼 수 없는 것은?

① 단위골재량이 적은 경우
② 단위수량이 너무 많은 경우
③ 입자가 거친 잔골재를 사용한 경우
④ 굵은 골재의 최대치수가 지나치게 큰 경우

해설
단위골재량이 적은 경우는 콘크리트 재료분리에 영향을 미치지 않는다.

17 프리스트레스트 콘크리트에서 프리스트레싱할 때의 유의사항에 대한 설명으로 틀린 것은?

① 긴장재에 대해 순차적으로 프리스트레싱을 실시할 경우는 각 단계에 있어서 콘크리트에 유해한 응력이 생기지 않도록 한다.
② 프리텐션 방식의 경우 긴장재에 주는 인장력은 고정장치의 활동에 의한 손실을 고려하여야 한다.
③ 프리스트레싱 작업 중에는 어떠한 경우라도 인장장치 또는 고정장치 뒤에 사람이 서 있지 않도록 하여야 한다.
④ 긴장재에 인장력이 주어지도록 긴장할 때 인장력을 설계값 이상으로 주었다가 다시 설계값으로 낮추어 정확한 힘이 전달되도록 시공하여야 한다.

해설
긴장재는 이것을 구성하는 각각의 PS강재에 소정의 인장력이 주어지도록 긴장하여야 하는데, 이때 인장력을 설계값 이상으로 주었다가 다시 설계값으로 낮추는 방법으로 시공하면 안된다.

18 수중 콘크리트에 대한 설명으로 틀린 것은?
① 수중 콘크리트를 시공할 때 시멘트가 물에 씻겨서 흘러나오지 않도록 트레미나 콘크리트 펌프를 사용해서 타설하여야 한다.
② 수중 콘크리트를 타설할 때 완전히 물막이를 할 수 없는 경우에도 유속은 50mm/s 이하로 하여야 한다.
③ 일반 수중 콘크리트는 수중에서 시공할 때의 강도가 표준공시체 강도의 1.2~1.3배가 되도록 배합강도를 설정하여야 한다.
④ 수중 콘크리트의 비비는 시간은 시험에 의해 콘크리트 소요의 품질을 확인하여 정하여야 하며, 강제식 믹서의 경우 비비기 시간은 90~180초를 표준으로 한다.

해설
일반 수중 콘크리트는 수중에서 시공할 때의 강도가 표준공시체 강도의 0.6~0.8배가 되도록 배합강도를 설정하여야 한다.

19 매스 콘크리트에 대한 설명으로 틀린 것은?
① 벽체구조물의 온도균열을 제어하기 위해 설치하는 수축이음의 단면 감소율은 20% 이상으로 하여야 한다.
② 철근이 배치된 일반적인 구조물에서 균열 발생을 제한할 경우 온도균열지수는 1.2~1.5이다.
③ 저발열형 시멘트를 사용하는 경우 91일 정도의 장기 재령을 설계기준압축강도의 기준 재령으로 하는 것이 바람직하다.
④ 매스 콘크리트로 다루어야 하는 구조물의 부재치수는 일반적인 표준으로서 넓이가 넓은 평판구조의 경우 두께 0.8m 이상, 하단이 구속된 벽체의 경우 두께 0.5m이상으로 한다.

해설
수축이음을 설치할 경우 계획된 위치에서 균열 발생을 확실히 유도(온도균열을 제어)하기 위해서 수축이음의 단면감소율을 35%이상으로 하여야 한다.

20 콘크리트 다지기에 대한 설명으로 틀린 것은?
① 콘크리트 다지기에는 내부진동기 사용을 원칙으로 한다.
② 내부진동기는 콘크리트로부터 천천히 빼내어 구멍이 남지 않도록 해야 한다.
③ 내부진동기는 될 수 있는 대로 연직으로 일정한 간격으로 찔러 넣는다.
④ 콘크리트가 한 쪽에 치우쳐 있을 때는 내부진동기로 평평하게 이동시켜야 한다.

해설
내부진동기로 콘크리트를 횡방향으로 이동시킬 목적으로 사용하지 않는다.

제2과목 건설시공 및 관리

21 사장교를 케이블 형상에 따라 분류할 때 여기에 속하지 않는 것은?
① 방사(radiating)형
② 하프(harp)형
③ 타이드(tied)형
④ 팬(fan)형

해설
Cable 배열 형태
1) 방사형(Radiating)
2) 하프형(Harp)
3) 팬형(Fan)
4) 별형(Star)

22 15t 덤프트럭으로 토사를 운반하고자 한다. 적재장비로 버킷용량이 2.5m³인 백호를 사용하는 경우 트럭 1대를 적재하는데 소요되는 시간은?(단, 흙의 단위중량은 1.5t/m³, L = 1.25, 버킷계수 K=0.85, 백호의 사이클타임=25sec, 작업효율 E=0.75 이다.)

① 3.33min ② 3.89min
③ 4.37min ④ 4.82min

해설

1대를 적재하는데 소요시간 $C_{mt} = \dfrac{C_m \cdot n}{60 E_s}$

1) $q_t = \dfrac{T}{\gamma_t} L = \dfrac{15}{1.5} \times 1.25 = 12.5 m^3$

2) $n = \dfrac{q_t}{qk} = \dfrac{12.5}{2.5 \times 0.85} = 5.88$회

3) $C_{mt} = \dfrac{C_m \cdot n}{60 E_s} = \dfrac{25 \times 6}{60 \times 0.75} = 3.33 \min$

23 100000m³의 성토공사를 위하여 L=1.2, C=0.8인 현장 흙을 굴착 운반하고자 한다. 운반 토량은?

① 120,000m³ ② 125,000m³
③ 145,000m³ ④ 150,000m³

해설

1) 본바닥토량
$100,000 \times \dfrac{1}{C} = 100,000 \times \dfrac{1}{0.8} = 125,000 m^3$

2) 운반토량=$125,000 \times 1.2 = 150,000 m^3$

24 아스팔트 포장의 안정성 부족으로 인해 발생하는 대표적인 파손은 소성변형(바퀴자국, 측방유동)이다. 최근 우리나라의 도로에서 이 소성변형이 문제가 되고 있는데, 다음 중 그 원인이 아닌 것은?

① 여름철 고온 현상
② 중차량 통행
③ 수막현상
④ 표시된 차선을 따라 차량이 일정위치로 주행

해설

소성변형 발생원인
1) Asphalt함량이 과다한 경우
2) 골재의 최대치수가 적은경우
3) 침입도가 큰 아스팔트 사용
4) 시공불량 : 다짐불량, 온도관리 불량 등
5) 기타 : 고온현상, 중차량 통행

25 자연 함수비 8%인 흙으로 성토하고자 한다. 다짐한 흙의 함수비를 15%로 관리하도록 규정하였을 때 매층마다 1m²당 약 몇 kg의 물을 살수해야 하는가?(단, 1층의 다짐 후 두께는 30cm이고, 토량 변화율 C=0.9이며, 원지반상태에서 흙의 단위중량은 1.8t/m³이다.)

① 27.4kg ② 34.2kg
③ 38.9kg ④ 46.7kg

해설

1) 1m³당 본바닥 체적
$= 1 \times 1 \times 0.3 \times \dfrac{1}{0.9} = 0.333 m^3$

2) $w = 8\%$일 때 흙의 무게
$\gamma_t = \dfrac{W}{V}$에서 $1.8 = \dfrac{W}{0.333}$, $W = 599.4 kg$

3) $w = 8\%$일 때 물의 무게
$W_w = \dfrac{wW}{100+w} = \dfrac{8 \times 599.4}{100+8} = 44.4 kg$

4) $w = 15\%$일 때 물의 무게
$8 : 44.4 = 15 : W_w$
$\therefore W_w = 83.25 kg$

5) 살수량=$83.25 - 44.37 = 38.88 kg$

26 15t 불도우저로 60m를 도우저 작업을 할 경우에 시간당 작업능력은?(단, 토질은 보통토, 평탄지로 작업효율 0.65, 불도우저의 전진속도 40m/min, 후진속도 100m/min, 브레이드의 정격용량 2.3m³, 토량의 변화율은 보통토로서 C=0.9, L=1.25이고 기어 변속시간은 0.25분이다.)

① 28.2m³/h   ② 30.5m³/h
③ 43.7m³/h   ④ 53.1m³/h

해설

1) 시간당 작업능력 $Q = \dfrac{60 \cdot q \cdot f \cdot E}{C_m}$

$C_m = \dfrac{l}{V_1} + \dfrac{l}{V_2} + t$

$= \dfrac{60}{40} + \dfrac{60}{100} + 0.25 = 2.35 \min$

2) 시간당 작업량 $Q = \dfrac{60qfE}{C_m}$

$= \dfrac{60 \times 2.3 \times \dfrac{1}{1.25} \times 0.65}{2.35} = 30.5 m^3/hr$

27 현장 콘크리트 말뚝의 장점에 대한 설명으로 틀린 것은?

① 지층의 깊이에 따라 말뚝길이를 자유로이 조절할 수 있다.
② 말뚝선단에 구근을 만들어 지지력을 크게 할 수 있다.
③ 현장 지반 중에서 제작·양생되므로 품질관리가 쉽다.
④ 말뚝재료의 운반에 제한이 적다.

해설
현장 지반 중에서 제작·양생되므로 품질관리가 어렵다.

28 터널의 시공에 사용되는 숏크리트 습식공법의 장점으로 틀린 것은?

① 분진이 적다.
② 품질관리가 용이하다.
③ 장거리 압송이 가능하다.
④ 대규모 터널 작업에 적합하다.

해설
숏크리트 공법의 종류 및 특징

구 분	건 식	습 식
Con'c 품질	품질관리 어렵다	품질관리 쉽다
운반시간 제약	적 다	크 다
압송 거리	장거리 (500m)	단거리
분진 발생	큼	적음
반 발 량	큼	적음
청소,유지보수	Nozzle 청소쉽다	어렵다

29 준설능력이 크고 대규모 공사에 적합하여 비교적 넓은 면적의 토질준설에 알맞고 선(船)형에 따라 경질토 준설도 가능한 준설선은?

① 그래브 준설선   ② 디퍼 준설선
③ 버킷 준설선   ④ 펌프 준설선

해설
버킷 준설선(Bucket Dredger)
1) Bucket 준설선은 상향식 에스컬레이터와 같은 사다리를 물밑까지 내리고 체인으로 연결된 많은 버킷들이 사다리 주위를 무한궤도로 돌게 하면서 바닥의 흙·모래 등을 긁어 담는 준설방식
2) 특 징
준설능력이 크고 대규모 공사에 적합하다. 넓은 면적의 토질 준설에 적합하고 선(船)형에 따라 경질토 준설이 가능하다. 굴착면을 평탄하게 해저를 비교적 고르게 준설할 수 있다.

30 벤치 컷에서 벤치의 높이가 8m, 천공간경이 4m, 최소 저항선이 4m일 때 암석 굴착할 경우 장약량은? (단, 폭파계수(C)는 0.181이다.)

① 20.0kg   ② 23.2kg
③ 31.2kg   ④ 35.6kg

해설
장약량(L)
L = C · S · W · H
= 0.181×4×4×8 = 23.2kg
여기서 L : 장약량(kg), C : 폭파계수
W : 최소저항선(m), H : 벤치높이(m)
S : 천공간격

정답 26 ② 27 ③ 28 ③ 29 ③ 30 ②

31 암거의 배열방식 중 인접한 높은 지대에서 배수지구로 스며드는 침투수를 차단하기 위하여 구역둘레에 배수암거를 매설하는 방식은?

① 빗식 ② 자연식
③ 어골식 ④ 차단식

해설
차단식
인접한 지대, 배수 지구를 둘러싼 높은 지대에서의 침투수를 차단할 수 있는 위치에 설치하여 배수구 내의 침투수를 막을 수 있는 곳에 암거를 설치하는 배열방식

32 사이폰 관거(syphon drain)에 대한 다음 설명 중 옳지 않은 것은?

① 암거가 앞뒤의 수로바닥에 비하여 대단히 낮은 위치에 축조된다.
② 일종의 집수암거로 주로 하천의 복류수를 이용하기 위하여 쓰인다.
③ 용수, 배수, 운하 등 성질이 다른 수로가 교차하지만 합류시킬 수 없을 때 사용한다.
④ 다른 수로 혹은 노선과 교차할 때 사용된다.

해설
사이펀 암거
수로교로서 물을 횡단시키지 못하는 경우에 암거 전후의 수로바닥보다 대단히 낮은 위치에 만들어 물을 횡단시키는 목적으로 설치한다.

33 다음 공정표에 대한 설명으로 가장 적합한 것은?

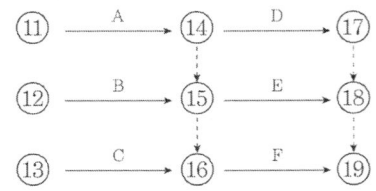

① D는 A,B가 완료하여야 시작할 수 있다.
② F는 A,B,C가 완료하여야 시작할 수 있다.
③ E는 A만 완료하면 시작할 수 있다.
④ E는 A,D가 완료하여야 시작할 수 있다.

해설
1) D는 A가 완료하여야 시작할 수 있다.
2) F는 A,B,C가 완료하여야 시작할 수 있다.
3) E는 A,B가 완료하여야 시작할 수 있다.

34 지중연속벽 공법에 대한 설명으로 틀린 것은?

① 주변 지반의 침하를 방지할 수 있다.
② 시공시 소음, 진동이 크다.
③ 벽체의 강성이 높고 지수성이 좋다.
④ 큰 지지력을 얻을 수 있다.

해설
지중연속벽 공법 특징
1) 저소음, 저진동 공법.
2) 벽체의 강성 및 차수성이 우수.
3) 안정액으로 지하수 오염 우려.
4) 공사비가 고가이다.
5) 케이슨 인발시 철근 오름 및 부상의 우려
6) 안정액(비중, 점도)관리가 잘못될 경우 공벽 붕괴 우려.

35 댐의 그라우트(Grout)에 관한 기술 중 옳은 것은?

① 커튼 그라우트(curtain grout)는 기초암반의 변형성이나 강도를 개량하기 위하여 실시한다.
② 콘솔리데이션 그라우트(consolidation grout)는 기초암반의 지내력 등을 개량하기 위하여 실시한다.
③ 콘택트 그라우트(contact grout)는 기초암반의 지내력 등을 개량하기 위하여 실시한다.
④ 림 그라우트(rim grout)는 콘크리트와 암반 사이의 공극을 메우기 위하여 실시한다.

정답 31 ④ 32 ② 33 ② 34 ② 35 ②

해설
1) 커튼(Curtain Grouting) 공법
   기초지반내의 균열, 간극에 시멘트, 점토, 약액을 주입하여 지수막을 형성 하는방법으로 기초암반에 침투하는 물을 차수할 목적으로 시공
2) 콘택트(Contact Grouting) 공법
   암반위에 콘크리트 타설 후 콘크리트와 암반부의 사이의 공극 충진을 하기 위하여 실시하는 Grouting
3) 림(Rim Grouting)공법
   댐의 또는 저수지 주변에 차수대를 연장하기 위해서 실시하는 것으로 차수 그라우팅에 준하여 실시
4) 블랭킷(Blanket Grouting) 공법
   기초의 표층부로 흐르는 침투류를 억제 콘솔리데이션과 커튼그라우팅이 효과 증대 목적

36 아래 그림과 같은 유토곡선에서 A-B구간의 평균운반거리를 구하면?

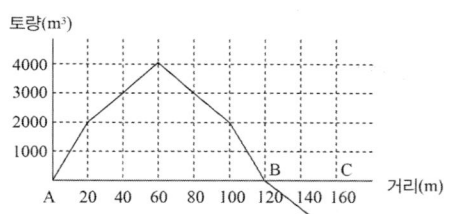

① 40m ② 60m
③ 80m ④ 100m

해설
A-B 구간 평균 토량 2000에서 100-20=80m

37 흙을 자연 상태로 쌓아 올렸을 때 급경사면은 점차로 붕괴하여 안정된 비탈면이 되는데 이때 형성되는 각도를 무엇이라 하는가?
① 흙의 자연각   ② 흙의 경사각
③ 흙의 안정각   ④ 흙의 안식각

해설
흙의 안식각
흙의 자연상태로 쌓아올렸을 때 그 경사를 유지할 수 있는 최대 경사각

38 암거의 매설깊이가 1.8m이고 암거 상부 지하수면 최저 위치와의 거리 30cm, 지하수면의 경사 6°인 암거가 지하수면의 깊이를 1m로 할 때 암거 간 매설 간격은?
① 4.7m   ② 9.5m
③ 8.7m   ④ 10.7m

해설
암거의 간격
$$D = \frac{2(H-h-h_1)}{\tan\beta} = \frac{2(1.8-1-0.3)}{\tan 6°} = 9.51m$$
여기서, D : 암거의 간격
  H : 암거 깊이
  h : 지하수의 깊이
  h_1 : 암거와 지하수면과의 최저점거리
  β : 지하수면의 경사

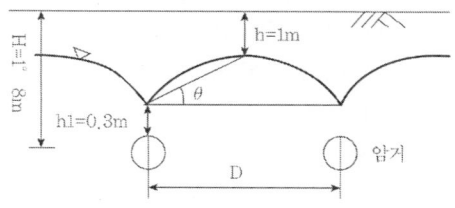

39 공사일수를 3점 견적법에 의해 산정할 때 적정한 공사 일수는?(단 낙관일수 5일, 정상일수 7일, 비관일수 9일)
① 5일   ② 6일
③ 7일   ④ 8일

해설
3점법에 의한 추정공사일수
$$t_e = \frac{t_o + 4t_m + t_p}{6} = \frac{5 + 4 \times 7 + 9}{6} = 7일$$

정답 36 ③ 37 ④ 38 ② 39 ③

40 공정관리 기법인 PERT 기법을 설명한 것 중 틀린 것은?
① 개발은 미군수국에 의하여 개발되었다.
② 신규사업, 비반복 사업에 많이 이용된다.
③ 3점 시간 추정법을 사용한다.
④ Activity 중심의 일정으로 계산한다.

해설
작업활동(Activity) 중심관리는 CPM 기법에 해당된다.

제3과목 건설재료 및 시험

41 일반구조용 압연강재를 SS330, SS400, SS490등과 같이 표현하고 있다. 이 때 "SS400"에서 400이란 무엇에 대한 최소 기준인가?
① 항복점(N/mm^2)
② 항복점(kg/mm^2)
③ 인장강도(N/mm^2)
④ 연신율(%)

해설
SS(Steel Structure)400 일반 구조용 강재로서 인장강도 400N/mm^{2}를 의미한다.

42 AE제를 사용한 콘크리트의 특성을 설명한 것으로 옳지 않은 것은?
① 동결융해에 대한 저항성이 크다.
② 철근과의 부착강도가 작다.
③ 콘크리트의 워커빌리티를 개선하는 데 효과가 있다.
④ 콘크리트 블리딩 현상이 증가된다.

해설
AE제를 사용한 콘크리트는 블리딩 현상이 감소된다.

43 다음 중 목재의 인공건조법이 아닌 것은?
① 수침법 ② 끓임법
③ 열기법 ④ 증기법

해설
목재의 건조법
1) 자연건조법 : 공기건조법, 침수법
2) 인공건조법
  ・끓임법(자비법)
  ・증기건조법
  ・열기건조법

44 다음 중 시멘트 응결시간 측정에 사용하는 기구는?
① 데발(Deval)
② 블레인(Blaine)
③ 오토클레이브(Autoclave)
④ 길모아침(Gillmore needle)

해설
시멘트에 대한 응결시간 측정 시험은 길모아침, 비카트침 시험방법이 있다.

45 포틀랜드시멘트에 혼합물질을 섞은 시멘트를 혼합시멘트라고 한다. 다음 중 혼합시멘트에 속하지 않은 것은?
① 알루미나시멘트
② 고로슬래그시멘트
③ 플라이애쉬시멘트
④ 포졸란시멘트

해설
혼합 시멘트
① 고로 슬래그 시멘트
② 실리카 시멘트
③ 플라이 애시 시멘트
④ 포졸란 시멘트

46 시멘트의 비중을 측정하기 위하여 르샤틀리에 비중병에 0.8cc 눈금까지 등유를 주입하고 시멘트 64g을 가하여 눈금이 21.3cc로 증가되었다. 이 시멘트의 비중은?

① 3.08　　② 3.12
③ 3.15　　④ 3.18

해설

시멘트 밀도(비중)

$$비중 = \frac{시멘트의\ 질량(g)}{비중병\ 눈금의\ 차(mL)}$$

$$\frac{64}{21.3-0.8} = 3.12$$

47 아스팔트 품질에 있어 공용성 등급(Performance Grade)을 KS 등에 도입하여 적용하고 있다. 아래 표와 같은 표기에서 "76"의 의미로 옳은 것은?

PG 76-22

① 7일 간의 평균 최고 포장 설계 온도
② 22일 간의 평균 최고 포장 설계 온도
③ 최저 포장 설계 온도
④ 연화점

해설

PG 76-22
1) 76은 7일 평균 최고 포장온도를 의미한다.
2) 22는 최저 포장온도를 의미한다.

48 콘크리트용 응결촉진제에 대한 설명으로 틀린 것은?

① 조기강도를 증가시키지만 사용량이 과다하면 순결 또는 강도저하를 나타낼 수 있다.
② 한중콘크리트에 있어서 동결이 시작되기 전에 미리 동결에 저항하기 위한 강도를 조기에 얻기 위한 용도로 많이 사용된다.
③ 염화칼슘을 주성분으로 한 촉진제는 콘크리트의 황산염에 대한 저항성을 증가시키는 경향을 나타낸다.
④ PSC강재에 접촉하면 부식 또는 녹이 슬기 쉽다.

해설

염화칼슘을 주성분으로 한 촉진제는 과다하게 사용하는 경우 콘크리트의 철근을 부식 시킨다.

49 재료의 성질 중 작은 변형에도 파괴하는 성질을 무엇이라 하는가?

① 소성　　② 탄성
③ 연성　　④ 취성

해설

취성(脆性)
재료가 외력을 받을 때 갑작스럽게 작은 변형에도 파괴되는 성질

50 아스팔트의 분류 중 석유 아스팔트에 해당하는 것은?

① 아스팔타이트(asphaltite)
② 록 아스팔트(rock asphalt)
③ 레이크 아스팔트(lake asphalt)
④ 스트레이트 아스팔트(straight asphalt)

해설

천연아스팔트
1) 레이크 아스팔트
2) 록 아스팔트
3) 오일샌드 아스팔트
4) 아스팔타이트

51 금속재료의 특징에 대한 설명으로 옳지 않은 것은?
① 연성과 전성이 작다.
② 금속 고유의 광택이 있다.
③ 전기, 열의 전도율이 크다.
④ 일반적으로 상온에서 결정형을 가진 고체로서 가공성이 좋다.

해설
금속재료는 연성과 전성이 크다.

52 어떤 목재의 함수율을 시험한 결과 건조 전 목재의 중량은 165g이고, 비중이 1.5일 때 함수율은 얼마인가?(단, 목재의 절대 건조중량은 142g이었다.)
① 13.9%　② 15.2%
③ 16.2%　④ 17.2%

해설
$$함수율 = \frac{건조 \ 전중량 - 건조 \ 후중량}{건조 \ 후중량}$$
$$\therefore 함수율 = \frac{165-142}{142} \times 100 = 16.2\%$$

53 시멘트의 응결에 대한 설명으로 틀린 것은?
① 온도가 높을수록 응결은 빨라진다.
② 습도가 높을수록 응결은 빨라진다.
③ 분말도가 낮으면 응결은 빨라진다.
④ C_3A가 많을수록 응결은 빨라진다.

해설
시멘트의 응결은 습도가 낮을수록 빨라진다.

54 다음 석재 중에서 압축강도가 가장 큰 것은?
① 사암　② 응회암
③ 안산암　④ 화강암

해설
석재중 압축강도가 가장 큰 것은 화강암 이다.

55 잔골재의 조립률 2.3, 굵은 골재의 조립률 7.0을 사용하여 잔골재와 굵은 골재를 1 : 1.5의 비율로 혼합하면 이때 혼합된 골재의 조립률은?
① 4.92　② 5.12
③ 5.32　④ 5.52

해설
$$FM = \frac{A \cdot a + B \cdot b}{A+B} = \frac{(1 \times 2.3)+(1.5 \times 7.0)}{1+1.5} = 5.12$$

56 시멘트의 저장 방법으로 옳지 않은 것은?
① 방습 구조로 된 사일로(silo) 또는 창고에 품종별로 구분하여 저장한다.
② 3개월 이상 장기간 저장한 시멘트는 사용하기 전에 시험을 실시한다.
③ 포대시멘트는 지상 100mm 이상 되는 마루에 쌓아 저장한다.
④ 저장 중에 약간이라도 굳은 시멘트는 공사에 사용해서는 안 된다.

해설
포대시멘트는 지상 300mm 이상 되는 마루에 쌓아 저장한다.

정답 51 ① 52 ③ 53 ② 54 ④ 55 ② 56 ③

57 콘크리트용 강섬유의 품질에 대한 설명으로 틀린 것은?

① 강섬유의 평균 인장강도는 700MPa 이상이 되어야 한다.
② 강섬유는 표면에 유해한 녹이 있어서는 안 된다.
③ 강섬유 각각의 인장 강도는 600MPa 이상이어야 한다.
④ 강섬유는 16°C이상의 온도에서 지름 안쪽 90°(곡선 반지름 3mm)방향으로 구부렸을 때, 부러지지 않아야 한다.

해설
강섬유 각각의 인장강도는 650MPa 이상이어야 한다.

58 토목섬유 중 폴리머를 판상으로 압축시키면서 격자모양의 형태로 구멍을 내어 만든 후 여러 가지 모양으로 늘린 것으로 연약지반 처리 및 지반 보강용으로 사용되는 것은?

① 웨빙(webbing)
② 지오그리드(geogrid)
③ 지오텍스타일(geotextile)
④ 지오멤브레인(geomembrane)

해설
지오그리드
① 지오그리드는 리브(rib)사이에 대략 1~10 cm의 작은구멍을 가진 격자형 재료이다.
② 주기능으로 보강 기능 및 분리 기능이 있다.

59 토목섬유(Geosynthetics)의 기능과 관련된 용어 중 아래의 표에서 설명하는 기능은?

> 지오텍스타일이나 관련제품을 이용하여 인접한 다른 흙이나 채움재가 서로 섞이지 않도록 방지함

① 배수기능
② 보강기능
③ 여과기능
④ 분리기능

해설
토목섬유의 기능 중 인접한 다른흙과 채움재가 서로 섞이지 않도록 하는 기능은 분리기능에 해당된다.

60 골재의 체가름시험에 사용하는 시료의 최소 건조질량에 대한 설명으로 틀린 것은?

① 굵은 골재의 경우 사용하는 골재의 최대치수(mm)의 0.2배를 시료의 최소 건조 질량(kg)으로 한다.
② 잔골재의 경우 1.18mm체를 95%(질량비) 이상 통과하는 것에 대한 최소 건조 질량은 100g으로 한다.
③ 잔골재의 경우 1.18mm체를 5%(질량비) 이상 남는 것에 대한 최소 건조 질량은 500g으로 한다.
④ 구조용 경량 골재의 최소 건조 질량은 보통 중량 골재의 최소 건조 질량의 2배로 한다.

해설
구조용 경량 골재의 최소건조질량은 보통 중량 골재의 최소 건조 질량의 1/2로 한다.

제4과목 토질 및 기초

61 흐트러지지 않은 연약한 점토시료를 채취하여 일축압축시험을 실시하였다. 공시체의 직경이 35mm, 높이가 100mm이고 파괴 시의 하중계의 읽음값이 2kg, 축방향의 변형량이 12mm일 때 이 시료의 전단강도는?

① $0.04kg/cm^2$
② $0.06kg/cm^2$
③ $0.09kg/cm^2$
④ $0.12kg/cm^2$

해설
시료의 전단강도 $\tau = C = \dfrac{q_u}{2}$

여기서 공시체의 진단면적 A_0을 구하면

1) $A_0 = \dfrac{A}{1-\epsilon} = \dfrac{\frac{\pi D^2}{4}}{1-\frac{\Delta l}{l}} = \dfrac{\frac{\pi \times 3.5^2}{4}}{1-\frac{1.2}{10}} = 11.31 cm^2$

2) $\sigma = \dfrac{P}{A_o} = \dfrac{2}{11.31} = 0.177 kg/cm^2$

응력의 최대치 σ는 압축강도 q_u이므로
∴ 시료의 전단강도

$\tau = C = \dfrac{q_u}{2} = \dfrac{0.177}{2} = 0.09 kg/cm^2$

정답 57 ③ 58 ② 59 ④ 60 ④ 61 ③

62 다음의 연약지반개량공법에서 일시적인 개량공법은?

① well point 공법
② 치환공법
③ paper drain 공법
④ sand compaction pile

해설

일시적 지반개량공법
1) well point 공법
2) deep well 공법
3) 대기압 공법
4) 동결 공법

63 다음 그림에서 A점의 간극 수압은?

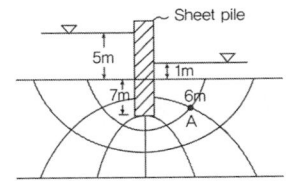

① 4.87t/m²   ② 6.67t/m²
③ 12.31t/m²   ④ 4.65t/m²

해설

전수두 : $\dfrac{nd'}{nd} \times \Delta h = \dfrac{1}{6} \times 4 = 0.67m$

위치수두 : $-6m$

압력수두 : $0.67 - (-6) = 6.67m$

간극수압 : $1t/m^3 \times 6.67m = 6.67t/m^2$

64 $\phi=33°$인 사질토에 25°경사의 사면을 조성하려고 한다. 이 비탈면의 지표까지 포화되었을 때 안전율을 계산하면?(단, 사면 흙의 $\gamma_{sat}=1.8t/m^3$)

① 0.62   ② 0.70
③ 1.12   ④ 1.14

해설

$F_s = \dfrac{\gamma_{sub}}{\gamma_{sat}} \cdot \dfrac{\tan\phi}{\tan i} = \dfrac{0.8}{1.8} \times \dfrac{\tan 33°}{\tan 25°} = 0.62$

65 얕은 기초에 대한 Terzaghi의 수정지지력 공식은 아래의 표와 같다. 4m × 5m의 직사각형 기초를 사용할 경우 형상계수 α와 β의 값으로 옳은 것은?

$$q_u = \alpha c N_c + \beta \gamma_1 B N_\gamma + \gamma_2 D_f N_q$$

① $\alpha=1.2$, $\beta=0.4$
② $\alpha=1.28$, $\beta=0.42$
③ $\alpha=1.24$, $\beta=0.42$
④ $\alpha=1.32$, $\beta=0.38$

해설

1) 기초의 형상계수

구 분	연 속	정사각형(정방형)	원 형	직사각형
α	1.0	1.3	1.3	$1+0.3\dfrac{B}{L}$
β	0.5	0.4	0.3	$0.5-0.1\dfrac{B}{L}$

2) 직사각형 형상계수

$\alpha = 1+0.3\dfrac{B}{L} = 1+0.3\times\dfrac{4}{5} = 1.24$

$\beta = 0.5-0.1\dfrac{B}{L} = 0.5-0.1\times\dfrac{4}{5} = 0.42$

66 테르쟈기(Terzaghi)의 얕은 기초에 대한 지지력 공식 $q_u=\alpha c N_c+\beta\gamma_1 B N_\gamma+\gamma_2 D_f N_q$에 대한 설명으로 틀린 것은?

① 계수 α, β를 형상계수라 하며 기초의 모양에 따라 결정된다.
② 기초의 깊이 D_f가 클수록 극한지지력도 이와 더불어 커진다고 볼 수 있다.
③ N_c, N_γ, N_q는 지지력계수라 하는데 내부마찰각과 점착력에 의해서 정해진다.
④ γ_1, γ_2는 흙의 단위 중량이며 지하수위 아래에서는 수중단위 중량을 써야 한다.

해설

지지력계수
Nc, Nr, Nq : 지지력계수(∅ 의 함수)
내부마찰각이 10°까지는 지지력계수 Nr=0

정답 62 ① 63 ② 64 ① 65 ③ 66 ③

67 어떤 점토의 압밀계수는 $1.92 \times 10^{-3} cm^2/sec$, 압축계수는 $2.86 \times 10^{-2} cm^2/g$이었다. 이 점토의 투수계수는?(단, 이 점토의 초기간극비는 0.8이다.)

① 1.05×10^{-5} cm/sec
② 2.05×10^{-5} cm/sec
③ 3.05×10^{-5} cm/sec
④ 4.05×10^{-5} cm/sec

해설

투수계수

$$k = C_v \cdot m_v \cdot r_w = C_v \cdot \frac{a_v}{1+e} \cdot \gamma_w$$

$$= 1.92 \times 10^{-3} \times \frac{2.86 \times 10^{-2}}{1+0.8} \times 1$$

$$= 3.05 \times 10^{-5} cm/\sec$$

68 포화단위중량이 $1.8 t/m^3$인 흙에서의 한계동수경사는 얼마인가?

① 0.8   ② 1.0
③ 1.8   ④ 2.0

해설

한계동수경사

$$i_{cr} = \frac{\gamma_{sub}}{\gamma_w} = \frac{(1.8-1)}{1} = 0.8$$

69 Mohr의 응력원에 대한 설명 중 틀린 것은?

① Mohr의 응력원에서 응력상태는 파괴포락선 위쪽에 존재할 수 없다.
② Mohr의 응력원이 파괴포락선과 접하지 않을 경우 전단파괴가 발생됨을 뜻한다.
③ 비압밀비배수 시험조건에서 Mohr의 응력원은 수평축과 평행한 형상이 된다.
④ Mohr의 응력원에 접선을 그었을 때 종축과 만나는 점이 점착력 C이고, 그 접선의 기울기가 내부마찰각 ϕ이다.

해설

Mohr의 응력원이 파괴포락선과 접하지 않을 경우 안정적인 상태이다.

70 말뚝이 20개인 군항기초의 효율이 0.80이고, 단항으로 계산된 말뚝 1개의 허용지지력이 200kN일 때, 이 군항의 허용지지력은?

① 1,600kN   ② 2,000kN
③ 3,200kN   ④ 4,000kN

해설

$R_{ag} = ENR_a = 0.80 \times 20 \times 200 = 3,200 kN$

71 Rankine 토압이론의 가정 사항으로 틀린 것은?

① 지표면은 무한히 넓게 존재한다.
② 흙은 비압축성의 균질한 재료이다.
③ 토압은 지표면에 평행하게 작용한다.
④ 흙은 입자 간의 점착력에 의해 평형을 유지한다.

해설

Rankine 토압이론
1) 벽마찰각(δ)을 무시(설계상 안전측)
2) 힘의 작용방향이 지표면과 평행하게 작용하며 지표면은 무한히 넓게 존재한다.
3) 벽체의 경사는 연직($\theta=0$)벽 상태
4) 파괴면내 배면토는 모두 소성상태로 봄
5) 흙은 비압축성이고 균질한 상태의 입자이다.
6) 지표면 상재하중은 등분포 하중이다.
7) 토립자는 흙 입자간의 마찰력으로 평형을 유지한다.

72 4m×4m 크기인 정사각형 기초를 내부마찰각 $\phi=20°$, 점착력 $c=30kN/m^2$인 지반에 설치하였다. 흙의 단위중량(γ)=$19kN/m^3$이고 안전율(F_s)을 3으로 할 때 Terzaghi 지지력 공식으로 기초의 허용하중을 구하면? (단, 기초의 근입깊이는 1m이고, 전반전단 파괴가 발생한다고 가정하며, N_c=17.69, N_q=7.44, N_γ=4.97이다.)

① 4,780kN   ② 5,239kN
③ 5,672kN   ④ 6,218kN

해설

1) 기초형상계수는 정사각형 기초이므로
   $\alpha = 1.3$, $\beta = 0.4$이다.
2) $q_u = \alpha CN_c + \beta B\gamma_1 N_\gamma + D_f\gamma_2 N_q$
   $= 1.3 \times 30 \times 17.69 + 0.4 \times 4 \times 19 \times 4.97$
   $+ 1 \times 19 \times 7.44 = 982.36 kN/m^2$
3) $q_a = \dfrac{q_u}{F_s} = \dfrac{982.36}{3} = 327.45 kN/m^2$

   $q_a = \dfrac{P}{A}$에서 $327.45 = \dfrac{P}{4 \times 4}$

   ∴ 기초의 허용하중 $P = 5,239 kN$

73
아래 그림과 같은 3m×3m 크기의 정사각형 기초의 극한지지력을 Terzaghi 공식으로 구하면?(단, 내부마찰각(ϕ)은 20°, 점착력(c)은 5t/m², 지지력계수 N_c=18, N_γ=5, N_q=7.5이다.)

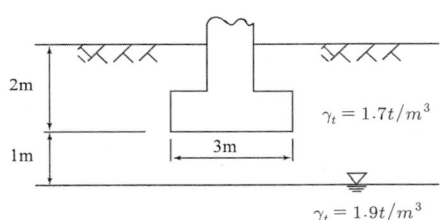

① 135.71t/m²   ② 149.52t/m²
③ 157.26t/m²   ④ 174.38t/m²

해설
Terzaghi 극한지지력 공식
$q_u = \alpha cN_c + \beta B\gamma_1 N_r + \gamma_2 D_f N_q$
여기서 $\gamma_1 = (1.7 \times 1 + (1.9-1) \times 2) \times \dfrac{1}{3} = 1.17$
∴ $q_u = \alpha cN_c + \beta B\gamma_1 N_r + \gamma_2 D_f N_q$
$= 1.3 \times 5 \times 18 + 0.4 \times 3 \times 1.17 \times 5 +$
$1.7 \times 2 \times 7.5$
$= 149.52 t/m^2$

74
유선망의 특징을 설명한 것 중 옳지 않은 것은?
① 각 유로의 투수량은 같다.
② 인접한 두 등수두선 사이의 수두손실은 같다.
③ 유선망을 이루는 사변형은 이론상 정사각형이다.
④ 동수경사는 유선망의 폭에 비례한다.

해설
동수경사는 유선망의 폭에 반비례한다.

75
압밀시험결과 시간-침하량 곡선에서 구할 수 없는 값은?
① 초기 압축비   ② 압밀 계수
③ 1차 압밀비   ④ 선행압밀 압력

해설
선행압밀 하중은 e-logP 곡선에서 구할 수 있다.

76
모래지층 사이에 두께 6m의 점토층이 있다. 이 점토의 토질시험 결과가 아래 표와 같을 때, 이 점토층의 90% 압밀을 요하는 시간은 약 얼마인가? (단, 1년은 365일로 하고, 물의 단위중량(γ_w)은 9.81kN/m³이다.)

- 간극비(e)=1.5
- 압축계수(a_v)=4×10⁻³m²/kN
- 투수계수(k)=3×10⁻⁷cm/s

① 50.7년   ② 12.7년
③ 5.07년   ④ 1.27년

해설
1) $t_{90} = \dfrac{0.848 H^2}{C_v}$
2) $K = C_v m_v \gamma_w = C_v \cdot \dfrac{a_v}{1+e_1} \cdot \gamma_w$

   $C_v = \dfrac{3 \times 10^{-9} \times (1+1.5)}{4 \times 10^{-3} \times 9.81}$

$$C_v = 1.911 \times 10^{-7} m^2/\text{sec}$$

$$\therefore t_{90} = \frac{0.848 H^2}{C_v} = \frac{0.848 \times \left(\frac{6}{2}\right)^2}{1.911 \times 10^{-7}}$$

$$= 399{,}372{,}05.65 \text{초}$$
$$= 399{,}372{,}05.65 \div (365 \times 24 \times 60 \times 60)$$
$$= 1.27 \text{년}$$

77 기초의 구비조건에 대한 설명 중 틀린 것은?
① 상부하중을 안전하게 지지해야 한다.
② 기초 깊이는 동결 깊이 이하여야 한다.
③ 기초는 전체침하나 부등침하가 전혀 없어야 한다.
④ 기초는 기술적, 경제적으로 시공 가능하여야 한다.

해설
기초는 전체침하나 부등침하가 허용침하량 이내에 있어야 한다.

78 도로의 평판재하 시험에서 시험을 멈추는 조건으로 틀린 것은?
① 완전히 침하가 멈출 때
② 침하량이 15mm에 달할 때
③ 재하 응력이 지반의 항복점을 넘을 때
④ 재하 응력이 현장에서 예상할 수 있는 가장 큰 접지 압력의 크기를 넘을 때

해설
지반이 완전히 침하가 멈추는 경우는 지반이 활동 파괴가 발생되는 상태이므로 그전에 평판재하시험을 멈추어야 한다.

79 어느 점토의 체가름 시험과 액·소성시험 결과 0.002mm(2μm)이하의 입경이 전시료 중량의 90%, 액성한계 60%, 소성한계 20%이었다. 이 점토 광물의 주성분은 어느 것으로 추정되는가?
① Kaolinite ② Illite
③ Calcite ④ Montmorillonite

해설
활성도에 따른 흙의 분류
$$A = \frac{PI}{2\mu m \text{ 이하의 점토입자의 중량백분률}(\%)}$$
1) $PI = LL - PL = 60 - 20 = 40\%$
2) $A = \frac{40}{90} = 0.44$
3) 판정
   A < 0.75 = 비활성점토(Kaolinite)
   0.75 ≤ A ≤ 1.25 = 보통점토(Illite)
   A > 1.25 = 활성점토(Montmorillonite)
   ∴ Kaolinite로 분류함

80 다음 그림과 같은 Sampler에서 면적비는 얼마인가?

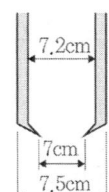

① 5.80% ② 5.97%
③ 14.62% ④ 14.80%

해설
$$A_r = \frac{D_w^2 - D_e^2}{D_e^2} \times 100$$
$$= \frac{7.5^2 - 7^2}{7^2} \times 100$$
$$= 14.79\%$$

CBT 모의고사
제7회 건설재료시험기사

제1과목 콘크리트공학

01 현장의 골재에 대한 체분석 결과 잔골재 속에 5mm체에 남는 것이 4%, 굵은골재 속에 5mm체를 통과하는 것이 10%였다. 시방배합표상의 단위 잔골재량은 643kg/m³ 이며, 단위 굵은골재량은 1,212kg/m³이다. 현장배합을 위한 단위 잔골재량은 얼마인가?
① 532kg/m³   ② 588kg/m³
③ 613kg/m³   ④ 637kg/m³

해설
단위잔골재량(X)
$$X = \frac{100S - b(S+G)}{100 - (a+b)}$$
$$= \frac{100 \times 643 - 10(643 + 1,212)}{100 - (4+10)} = 532kg$$

02 콘크리트의 중성화에 관한 설명으로 틀린 것은?
① 콘크리트 중의 수산화칼슘이 공기중의 탄산가스와 반응하면 중성화가 진행된다.
② 중성화가 철근의 위치까지 도달하면 철근은 부식되기 시작한다.
③ 공기중의 탄산가스의 농도가 높을수록, 온도가 높을수록 중성화 속도는 빨라진다.
④ 중성화의 대책으로는 플라이애시와 같은 실리카질 혼화재를 시멘트와 혼합하여 사용하는 것이 좋다.

해설
플라이애시와 같은 실리카질 혼화재를 시멘트와 혼합하여 사용하면 시멘트의 알카리성분이 감소하여 중성화 발생가능성이 있을 수 있다.

03 AE콘크리트에 대한 설명 중 옳지 않은 것은?
① 수밀성 및 화학적 저항성이 증대된다.
② 동일한 슬럼프에 대한 사용수량을 감소시킨다.
③ 콘크리트의 유동성을 증가시키고 재료분리에 대한 저항성을 증대시킨다.
④ 물-시멘트비가 일정할 경우 공기량이 증가할수록 강도 및 내구성이 증가한다.

해설
물-시멘트비가 일정할 경우 공기량이 증가할수록 강도 및 내구성이 감소한다.

04 다음 중 프리스트레스트 콘크리트의 프리스트레스 감소의 원인이 아닌 것은?
① 강재의 릴렉세이션
② 콘크리트의 건조수축
③ 콘크리트의 크리프
④ 쉬이스관의 크기

해설
1) PS 도입시 일어나는 손실원인
 · 콘크리트의 탄성변형
 · PS강재와 시스 사이의 마찰
 · 정착장치의 활동
2) 도입 후 손실원인
 · 콘크리트 크리프
 · 콘크리트 건조수축
 · PS강재의 Relaxation

정답 01 ① 02 ④ 03 ④ 04 ④

05 수중콘크리트에 대한 설명으로 틀린 것은?
① 수중콘크리트를 시공할 때 시멘트가 물에 씻겨서 흘러나오지 않도록 트레미나 콘크리트 펌프를 사용해서 타설하여야 한다.
② 수중콘크리트를 타설할 때 완전히 물막이를 할 수 없는 경우에도 유속은 50mm/s 이하로 하여야 한다.
③ 일반 수중콘크리트는 수중에서 시공할 때의 강도가 표준공시체 강도의 1.2~1.5배가 되도록 배합강도를 설정하여야 한다.
④ 수중콘크리트의 비비는 시간은 시험에 의해 콘크리트 소요의 품질을 확인하여 정하여야 하며, 강제식 믹서의 경우 비비기 시간은 90~180초를 표준으로 한다.

해설
수중콘크리트
현장타설 콘크리트 말뚝 및 지하연속벽에 적용하는 수중 콘크리트는 수중시공시의 강도를 공기중 시공시 강도의 0.8배 정도, 안정액 중에서의 시공시의 강도는 공기중 시공시의 0.7배의 정도로 보고 배합강도를 설정한다.

06 시방배합결과 단위잔골재량 700kg/m³, 단위굵은골재량 1,300kg/m³을 얻었다. 현장 골재의 입도만을 고려하여 현장배합으로 수정하면 굵은골재의 양은?(단, 현장 잔골재 : 야적 상태에서 포함된 굵은골재=2%, 현장 굵은골재 : 야적 상태에서 포함된 잔골재 =4%)
① 1,284kg/m³ ② 1,316kg/m³
③ 1,340kg/m³ ④ 1,400kg/m³

해설
단위 굵은골재량(Y)
$$Y = \frac{100G - a(S+G)}{100 - (a+b)}$$
$$= \frac{100 \times 1,300 - 2(700 + 1,300)}{100 - (2+4)}$$
$$= 1,340 kg/m^3$$

07 다음의 비파괴검사 시험 방법 중 철근배근 조사 방법은?
① 초음파속도법 ② 전자파 레이더법
③ 인발법   ④ 슈미트 해머법

해설
철근 배근 비파괴 검사법
1) 전자파 레이더법
2) 전자 유도법
3) 방사선법

08 시방배합 결과 콘크리트 1m³에 사용되는 물은 180kg, 시멘트는 390kg, 잔골재는 700kg, 굵은골재는 1100kg이었다. 현장 골재의 상태가 아래의 표와 같을 때 현장배합에 필요한 단위 굵은골재량은?

- 현장의 잔골재는 5mm체에 남는 것을 10% 포함
- 현장의 굵은골재는 5mm체를 통과하는 것을 5% 포함
- 잔골재의 표면수량은 2%
- 굵은골재의 표면수량은 1%

① 1,060kg   ② 1,071kg
③ 1,082kg   ④ 1,093kg

해설
1) 입도조정
① 잔골재
$$X = \frac{100S - b(S+G)}{100 - (a+b)}$$
$$= \frac{100 \times 700 - 5(700 + 1,100)}{100 - (10+5)} = 718 kg$$
② 굵은골재
$$Y = \frac{100G - a(S+G)}{100 - (a+b)}$$
$$= \frac{100 \times 1,100 - 10(700 + 1,100)}{100 - (10+5)}$$
$$= 1,082 kg$$

정답 05 ③ 06 ③ 07 ② 08 ④

2) 표면수량 보정
① 잔골재
$$S' = X(1+\frac{c}{100}) = 718 \times (1+2/100) = 732kg$$
② 굵은골재
$$G' = Y(1+\frac{d}{100})$$
$$= 1,082 \times (1+1/100) = 1,093kg$$

09 유동화 콘크리트 배합에 대한 설명 중 틀린 것은?

① 슬럼프 증가량은 100mm 이하를 원칙으로 하며 50~80mm를 표준으로 한다.
② 베이스 콘크리트 및 유동화 콘크리트의 슬럼프 및 공기량 시험은 50m³마다 1회씩 실시하는 것을 표준으로 한다.
③ 유동화제는 희석시켜 사용하며 미리 정한 소정의 양을 1/2씩 2번에 나누어 첨가한다.
④ 유동화 콘크리트의 재유동화는 원칙적으로 할 수 없다.

해설
유동화제는 원액으로 사용하고 미리 정한 소정의 양을 한꺼번에 첨가한다.

10 콘크리트의 강도에 영향을 미치는 요인에 대한 설명으로 옳지 않은 것은?

① 성형시에 가압양생하면 콘크리트의 강도가 크게 된다.
② 물-결합재비가 일정할 때 공기량이 증가하면 압축강도는 감소한다.
③ 부순돌을 사용한 콘크리트의 강도는 강자갈을 사용한 콘크리트의 강도보다 크다.
④ 물-결합재비가 일정할 때 굵은 골재의 최대치수가 클수록 콘크리트의 강도는 커진다.

해설
물-결합재비가 일정할 때 굵은 골재의 최대치수가 클수록 콘크리트는 단위시멘트량의 감소로 경제적인 콘크리트가 된다.

11 프리스트레스트 콘크리트 그라우트에 대한 설명으로 틀린 것은?

① 물-결합재비는 55%이하로 한다.
② 블리딩률은 0%를 표준으로 한다.
③ 팽창률은 팽창성 그라우트에서는 0~10%를 표준으로 하여야 한다.
④ 부재 콘크리트와 긴장재를 일체화시키는 부착강도는 재령 28일의 압축강도로 대신하여 설정할 수 있다.

해설
프리스트레스트 콘크리트 그라우트
1) 블리딩률은 0%를 표준으로 한다.
2) 팽창성 그라우트의 팽창률은 0~10%를 표준으로 한다.
3) 물-결합재비는 45% 이하로 한다.

12 매스 콘크리트를 시공할 때 온도균열 대한 검토는 온도균열지수에 의해 평가한다. 다음의 조건에서 재령 28일에서의 온도균열지수는? (단, 보통 포틀랜드 시멘트를 사용한 경우)

- 재령 28일에서의 수화열에 의한 부재 내부의 온도응력 최대값 : 2MPa
- $f_{cu}(t) = \dfrac{t}{a+bt} d_i f_{ck}$,
  $f_{sp}(t) = 0.44\sqrt{f_{cu}(t)}$
- 콘크리트 호칭압축강도(f_{cn}) : 30MPa
- 보통 포틀랜드 시멘트를 사용할 경우 계수 a, b, d_i의 값

a	b	d_i
4.4	0.95	1.11

① 0.8 ② 1.0
③ 1.2 ④ 1.4

정답 09 ③ 10 ④ 11 ① 12 ③

해설

1) 재령 t일의 콘크리트 압축강도(MPa)

$$f_{cu}(t) = \frac{t}{a+bt} d_i f_{ck}$$
$$= \frac{28}{4.4 + 0.95 \times 28} \times 1.11 \times 30$$
$$= 30.07 MPa$$

2) 재령 t일의 콘크리트 쪼갬 인장강도(MPa)

$$f_{sp}(t) = c\sqrt{f_{cu}(t)}$$
$$= 0.44\sqrt{30.07}$$
$$= 2.41 MPa$$

∴ 온도균열지수

$$I_{cr}(t) = \frac{f_{sp}(t)}{f_t(t)} = \frac{2.41}{2} = 1.21$$

13 숏크리트의 특징에 대한 설명으로 틀린 것은?

① 임의 방향으로 시공이 가능하나 리바운드 등의 재료손실이 많다.
② 용수가 있는 곳에서도 시공하기 쉽다.
③ 노즐맨의 기술에 의하여 품질, 시공성 등에 변동이 생긴다.
④ 수밀성이 적고 작업 시에 분진이 생긴다.

해설
숏크리트 타설시 용수가 있는 곳에서는 타설작업이 어렵다.

14 다음의 콘크리트 워커빌리티 측정 시험방법 중 틀린 것은?

① 슬럼프 시험 ② 리몰딩 시험
③ 구관입 시험 ④ 블리딩 시험

해설
블리딩 시험은 콘크리트 내부의 물이 표면위로 상승하는 현상을 알아보기 위한 시험이다.

15 내부 진동기를 사용하여 콘크리트를 다질 경우에 옳지 않은 것은?

① 내부 진동기는 하층의 콘크리트 속에 0.1m 정도 찔러 다진다.
② 연직방향으로 내부 진동기 삽입간격은 0.5m이하로 한다.
③ 콘크리트를 횡방향으로 이동시킬 목적으로 사용해서는 안 된다.
④ 콘크리트를 타설한 직후에 거푸집 외부에 충격을 줘서는 안 된다.

해설
콘크리트 타설한 직후 외벽에 진동을 주거나 충격을 주어서 거푸집 내부 구석 구석에 콘크리트가 채워지도록 외부 진동다짐을 주는 것이 필요하다.

16 숏크리트에 대한 설명으로 틀린 것은?

① 일반 숏크리트의 장기 설계기준 압축강도는 재령 28일로 설정한다.
② 습식 숏크리트는 배치 후 60분 이내에 뿜어붙이기를 실시하여야 한다.
③ 숏크리트의 초기강도는 재령 3시간에서 1.0~3.0MPa을 표준으로 한다.
④ 굵은골재의 최대치수는 25mm의 것이 널리 쓰인다.

해설
숏크리트용 굵은골재에는 부순돌 및 강자갈이 사용되며, 최대치수는 8~20mm로 한다.

정답 13 ② 14 ④ 15 ④ 16 ④

17 아래 표는 콘크리트 배합설계의 일부이다. 이 배합표에서 골재의 절대 용적은 약 얼마인가?

- 굵은골재 최대치수 : 25mm
- 슬럼프 : 70mm
- 공기량 : 1.2%
- 물 - 시멘트비 : 50%
- 시멘트 절대 용적 : 103L
- 시멘트 밀도 : 3.14g/cm³
- 잔골재율 : 40%

① 692L   ② 723L
③ 827L   ④ 839L

해설

1) 잔골재 +굵은골재 절대 용적
   =1000-103-161.7-12 = 723.3L
   여기서, 물의 절대 용적 계산을 위해 물-시멘트에서
              시멘트 질량을 계산으로 물의 무게를 계산
   시멘트 절대용적 × 시멘트 밀도
   = 0.103m³ × 3.14×10³kg/m³ = 323.42kg
   물의 밀도는 1g/cm³이며
   물-시멘트비가 50% 이므로
   물의 무게 = 323.42 × 0.5 = 161.7kg=161.7L
   공기량 (1.2/100) ×1000=12L
2) 잔골재율 40%이므로 잔골재와 굵은골재 절대 용적
   잔골재 절대 용적 : 723.3 × 0.4 = 289.32L
   굵은골재 절대 용적 : 723.3 × 0.6 = 433.98L
   ∴ 골재의 총 절대 용적 = 289.32+433.98 = 723.3L
[정답] 723.3L

18 일반콘크리트에서 재료의 계량 시 허용오차가 가장 큰 것은?

① 시멘트   ② 물
③ 혼화제   ④ 혼화재

해설

재료의 계량 허용오차
1) 물, 시멘트 : 1% 이하
2) 골재, 혼화제 : 3%
3) 혼화재 : 2% 이하

19 품질기준강도가 28MPa 이고, 15회의 압축강도 시험으로부터 구한 표준편차가 3.0MPa일 때 콘크리트의 배합강도를 구하면?

① 29.32MPa   ② 32.12MPa
③ 32.66MPa   ④ 36.52MPa

해설

1) 15회일 때 표준편차 보정계수
   1.16
2) 직선보간한 수정 표준편차
   $s = 3 \times 1.16 = 3.48 MPa$
3) 배합강도($f_{cn} \leq 35 MPa$)
   $f_{cr} = f_{cn} + 1.34s = 28 + 1.34 \times 3.48 = 32.66 MPa$
   $f_{cr} = (f_{cn} - 3.5) + 2.33s$
   $= (28 - 3.5) + 2.33 \times 3.48$
   $= 32.61 MPa$
두 값 중 큰 값이 배합강도이므로
∴ $f_{cr} = 32.66 MPa$

20 오토클레이브(Autoclave) 양생에 대한 설명으로 틀린 것은?

① 양생온도 약 180℃ 정도, 증기압 약 0.8MPa정도의 고온고압 상태에서 양생하는 방법이다.
② 오토클레이브 양생을 실시한 콘크리트의 외관은 보통 양생한 포틀랜드시멘트 콘크리트 색의 특징과 다르며, 흰색을 띤다.
③ 오토클레이브 양생을 실시한 콘크리트는 어느 정도의 취성을 가지게 된다.
④ 오토클레이브 양생은 고강도 콘크리트를 얻을 수 있어 철근콘크리트 부재에 적용할 경우 특히 유리하다.

해설

고압증기 양생은 보통 양생한 것에 비해 철근의 부착강도가 약 $\frac{1}{2}$로 줄어들어 철근 콘크리트 부재에 적용하는 것은 바람직하지 못하다.

제2과목 건설시공 및 관리

21 발파에 대한 용어 중 장약중심으로부터 자유면까지의 최단거리를 무엇이라 하는가?
① 최소 누두반경 ② 최소 저항선
③ 누두공 ④ 누두지수

해설
최소저항선(W)
폭약의 중심에서 자유면까지의 최단거리

22 절토사면의 안전율을 증대시키기 위하여 적용하는 사면보강공법이 아닌 것은?
① 앵커공법
② 숏크리트
③ Soil nailing 공법
④ 억지말뚝공법

해설
숏크리트 공법은 사면보호공법에 해당된다.

23 40,000m³(완성된 토량)의 성토를 하는데 유용토가 30,000m³(느슨한 토량)이 있다. 이 때 부족한 토량은 본바닥 토량으로 얼마인가? (단, 토량의 변화율은 L=1.25, C=0.90이다.)
① 7,800m³ ② 13,800m³
③ 16,200m³ ④ 20,444m³

해설
1) 자연상태의 토량(완성토량)
$= 40,000 \times \dfrac{1}{C} = 40,000 \times \dfrac{1}{0.9} = 44,444 m^3$
2) 자연상태의 토량(유용토)
$= 30,000 \times \dfrac{1}{L} = 30,000 \times \dfrac{1}{1.25} = 24,000 m^3$
3) 부족토량 $= 44,444 - 24,000 = 20,444 m^3$

24 지하철 공사의 공법에 관한 다음 설명 중 틀린 것은?
① Open cut 공법은 얕은 곳에서는 경제적이나 노면복공을 하는데 지상에서의 지장이 크다.
② 개방형 실드로 지하수위 아래를 굴착할 때는 압기할 때가 많다.
③ 연속 지중벽 공법은 연약지반에서 적합하고 지수성도 양호하나, 소음 대책이 어렵다.
④ 연속 지중벽 공법의 대표적인 것은 이코스 공법, 엘제공법, 솔레턴슈 공법 등이 있다.

해설
연속지중벽 공법
저소음, 저진동 공법으로 건설공해 대책의 일환으로 도심지 대규모 흙막이 공사에 사용된다.

25 토공에서 시공기면을 정할 경우 성토와 절토량이 최소가 되게 하는 것이 경제적이다. 토공의 균형을 알아내기 위해 사용되는 것은?
① 유토곡선 ② 토취곡선
③ 균형곡선 ④ 평균곡선

해설
유토곡선

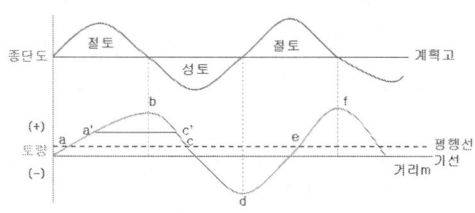

1) 유토곡선에서 상향구간(a∩b, d∩f)은 절토, 하향구간(b∩d)은 성토
2) 절토에서 성토의 경계점은 극대점 성토에서 절토의 경계점은 극소점
3) 기선(기본선)에 평행한 임의직선을 그어 곡선과의 교점을 절토와 성토가 평형되게 하는선을 평행선
4) 평균운반거리 : a∩c 구간의 평균운반거리는 a' c'
5) 토적곡선이 기선 위에서 끝나면 토량이 남는 것을 뜻하고, 반대이면 토량이 부족하다는 뜻이다.

정답 21 ② 22 ② 23 ④ 24 ③ 25 ①

26 그림과 같은 네트워크 공정표에서 주공정선(CP)으로 옳은 것은?

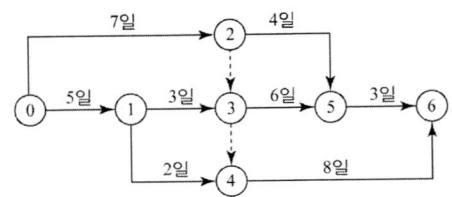

① 0 → 1 → 3 → 5 → 6
② 0 → 1 → 3 → 4 → 6
③ 0 → 2 → 5 → 6
④ 0 → 1 → 4 → 6

해설

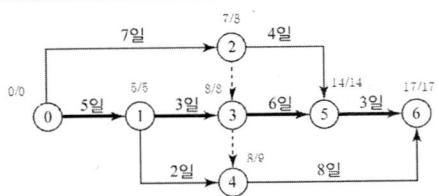

27 터널굴착 방법 중 기계굴착 방법의 특징에 대한 설명으로 틀린 것은?
① 견고한 암반에 주로 적용한다.
② 폭발물을 사용하지 않으므로 안정성이 높다.
③ 원지반의 이완이 적어서 지보공이 절약된다.
④ 기계의 방향제어를 정확히 관리하면 여굴이 감소하므로 굴착량과 콘크리트량을 절감 할 수 있다.

해설
TBM 공법 산악지대 경암굴착이 가능하며, Shield 공법은 주로 연약지반굴착에 적용이 가능하다.

28 아스팔트 포장 시공 단계에서 보조기층의 보호 및 수분의 모관상승을 차단하고 아스팔트 혼합물과의 접착성을 좋게하기 위하여 실시하는 것은 무엇인가?
① 택 코우트(tack coat)
② 프라임 코우트(prime coat)
③ 실 코우트(seal coat)
④ 컬러 코우트(color coat)

해설
프라임 코트(Prime coat)
1) 보조기층 또는 기층 등에 침투시켜 이들 층의 방수성을 확보한다.
2) 보조기층 에서 모세관 현상에 의해 올라오는 물의 상승을 차단한다.
3) 보조기층과 기층 아스팔트 혼합물과의 부착이 잘되도록 살포하는 역청재료이다.

29 교량에서 좌우의 주형을 연결하여 구조물의 휨방향지지, 교량 단면 형상의 유지, 강성의 확보, 횡하중의 받침부로의 원활한 전달 등을 위해서 설치하는 것은?
① 교좌   ② 바닥판
③ 바닥틀 ④ 브레이싱

해설
브레이싱(bracing)
교량의 좌우 주형을 연결하여 구조물의 횡방향지지, 교량단면 형상유지, 강성의 확보, 횡방향 하중을 받침부로 전달하는 역할을 하는 구조체이다.

30 $\bar{x} - R$ 관리도에서 필요하지 않은 관리선은?
① UCL   ② PCL
③ LCL   ④ CL

해설
$\bar{x} - R$ 관리도
· 중심선 : CL
· 상부 관리한계 : UCL
· 하부 관리한계 : LCL

정답 26 ② 27 ① 28 ② 29 ④ 30 ②

31 암거의 매설을 위한 기초공에 대한 설명 중 옳지 않은 것은?

① 기초가 다소 불량한 곳은 침목, 콘크리트 침목 등의 기초공을 해야 한다.
② 기초가 양호하면 암거를 직접 매설하여도 된다.
③ 기초바닥이 매우 불량할 때는 말뚝기초를 하여야 한다.
④ 부등침하의 우려가 있는 기초에는 잡석, 조약돌 등을 포설한다.

해설
부등침하 우려가 있는 경우 기초에 조약돌, 잡석을 포설하면 부등침하의 가능성이 있다.

32 10m³ 덤프 트럭으로 1,200m³의 운반토량을 토사장에 운반할 때 1일 소요 대수는? (단, 트럭의 운반속도 15km/hr, 상하차시간 8분, 1일 작업시간 8시간, 토사장까지의 거리 3km)

① 8대　② 9대
③ 10대　④ 11대

해설
1) $C_m = \dfrac{3 \times 2}{15} \times 60 + 8 = 32$분

2) $Q_t = \dfrac{60 q_t f E_t}{C_m} = \dfrac{60 \times 10 \times 1 \times 1}{32} = 18.75 \text{m}^3/\text{hr}$

3) 1일 운반토량 = 18.75 × 8 = 150m³

∴ 1일 소요대수 = $\dfrac{1200}{150} = 8$대

33 여수로의 종류 중 댐 정상부를 월류시킬 수 없을 때 댐의 한쪽 또는 양쪽에 설치하며 월류부는 난류를 막기 위해 굳은 암반상에 일직선으로 설치하는 것은?

① 그롤리홀 여수로
② 슈트식 여수로
③ 사이펀 여수로
④ 측수로 여수로

해설
1) 여수토(Spill way)는 댐 축조공사에서 계획 저수량 이상으로 댐으로 흘러드는 홍수량을 안전하게 하류로 방류할 목적으로 설치하는 시설물
2) 측수로 여수토는 Rock fill 댐 같이 댐 정상부를 월류 시킬 수 없을 때 댐의 한쪽 또는 양쪽에 설치하는 여수토, 월류부는 난류를 막기 위하여 굳은 암반상에 일직선으로 설치한다.

34 Boiling 현상은 주로 어떤 지반에 많이 생기는가?

① 모래지반　② 사질점토지반
③ 보통토　④ 점토질지반

해설
Boiling현상은 모래지반에서 주로 발생된다.

35 100000m³의 성토공사를 위하여 L=1.25, C=0.9인 현장 흙을 굴착 운반하고자 한다. 운반 토량은?

① 138,888.9m³　② 112,500m³
③ 111,111.1m³　④ 88,888.9m³

해설
1) 본바닥토량 = 다짐토량
$100,000 \times \dfrac{1}{C} = 100,000 \times \dfrac{1}{0.9} = 111,111.11 m^3$

2) 운반토량 = 111,111.11 × 1.25 = 138,888.9 m^3

36 디퍼 준설선(Dipper Dredger)의 특징으로 틀린 것은?
① 암석이나 굳은 토질에도 적합하다.
② 작업장소가 넓지 않아도 된다.
③ 준설비가 비교적 작고, 연속식에 비하여 작업능률이 뛰어나다.
④ 기계의 고장이 비교적 적다.

해설
디퍼 준설선
1) 동력으로 작동되는 강력한 셔블을 가지고 바닥을 퍼올리는 장비
2) 연질토사부터 파쇄된 암석까지 준설에 적합
3) 경사면 준설이 가능
4) 준설능력이 적으므로 준설단가가 고가

37 유토곡선에서 구할 수 있는 사항이 아닌 것은?
① 시공 방법 결정
② 토량 배분
③ 공사비 산출 및 노무비 산출
④ 평균 운반거리 산출

해설
유토곡선으로 공사비 및 노무비를 산출할 수 없으며 별도의 단가산출서를 통하여 공사비 및 노무비를 산출함.

38 Preloading공법에 대한 설명 중에서 적당하지 못한 것은?
① 구조물의 잔류 침하를 미리 막는 공법의 일종이다.
② 도로, 방파제 등 구조물 자체가 재하중으로 작용하는 형식이다.
③ 공기가 급한 경우에 적용한다.
④ 압밀에 의한 점성토지반의 강도를 증가시키는 효과가 있다.

해설
Pre-loading 공법
공사기간이 충분한 여유가 있는 경우 상재하중에 의한 연약점토 지반의 압밀을 촉진시켜 지반의 강도를 증진시키는 공법이다.

39 함수비가 큰 점토질 흙의 다짐에 가장 적합한 기계는?
① 로드롤러   ② 진동롤러
③ 탬핑롤러   ④ 타이어 롤러

해설
점성토 지반에는 정적인 다짐을 할 수 있는 탬핑롤러가 적합하다.

40 내·외관을 동시에 타격하여 소정의 깊이에 도달하면 내관을 뽑아내고 외관안에 콘크리트를 치는 방법으로 외관은 지중에 남겨두는 현장 콘크리트 말뚝은?
① 강널말뚝   ② PIP 말뚝
③ 레이몬드말뚝 ④ 페데스탈말뚝

해설
소규모 현장타설말뚝기초
① Pedestal 말뚝
내외 이중관을 박은 후 내관을 빼내고 콘크리트 구근이 만들어 진후 외관을 빼내어 만드는 현장타설 말뚝
② Simplex 말뚝
단단한 지반에 철제신을 입힌 외관을 박고 무거운 추로 다지면서 외관을 들어 올려 만드는 현장타설 말뚝
③ Raymond 말뚝
내외관을 동시에 타격하여 소정의 깊이에 도달하면 내관을 뽑아내고 외관 안에 콘크리트를 치는 방법으로 외관은 지중에 남겨 두는 현장타설 말뚝
④ Franky 말뚝
구근을 만들기 위하여 미리 외관속에 콘크리트를 채워서 지지층 까지 박은 후 외관을 빼면서 추로 콘크리트를 타격하여 만드는 현장타설 말뚝

제3과목 건설재료 및 시험

41 시멘트의 응결시험 시 습기함이나 습기실의 상대습도는 몇 %이상이어야 하는가?
① 30%   ② 50%
③ 70%   ④ 90%

해설
1) 실험실의 상대습도는 50% 이상
2) 습기함이나 습기실은 90%이상

42 다루기 쉽고 안전하여 안전폭약이라고도 하며, 흡습성이 보통 폭약보다 크므로 취급 시 방습에 특히 유의를 해야 하나, 값이 저렴하여 채석, 채광, 갱 등의 발파에 많이 사용하는 폭약은?
① 질산암모늄계 폭약
② 칼릿
③ 다이너마이트
④ 니트로글리세린

해설
질산암모늄계 폭약
1) 초안 폭약
  ① 질산암모늄(NH_4NO_3)을 주성분으로 초안 폭약이라 하며, 국내 폭약산업의 초창기부터 널리 사용되고 있는 폭약이다.
  ② 유해가스가 많이 발생하여 주로 석재 채취용과 채광 발파에 사용되고 있으나, 터널공사에는 부적당하다.
2) 초유 폭약(ANFO, 질산암모늄 유제폭약)
  ① 질산암모늄(NH_4NO_3)(94)에 연료유(6)를 섞어 혼합한 초안폭약의 일종이다.
  ② 다른 폭약에 비해 기폭 감도가 둔감하여 취급이 극히 안전하고 가격이 저렴하다

43 수지 혼입 아스팔트의 성질에 대한 설명으로 틀린 것은?
① 신도가 크다.
② 점도가 높다.
③ 가열 안정성이 좋다.
④ 감온성이 저하한다.

해설
에폭시 수지 혼입 아스팔트는 에폭시 수지를 아스팔트에 혼입하여 아스팔트의 인성, 탄성, 감온성을 개선한 아스팔트로서 신도가 작다.

44 화약류 취급 및 사용 시의 주의점에 대한 설명으로 틀린 것은?
① 뇌관과 폭약은 항상 동일장소에 식별이 용이토록 구분하여 보관함으로서 손실로 인한 작업의 중단이 없도록 하여야 한다.
② 장기간 보관 시는 온도나 습도에 의해 변질하지 않도록 하고 흡수하여 동결하지 않도록 해야 한다.
③ 도화선과 뇌관의 이음부에 수분이 침투하지 못하도록 기름 등을 도포해야 한다.
④ 도화선을 삽입하여 뇌관에 압착할 때 충격이 가해지지 않도록 해야 한다.

해설
폭약의 취급 시 주의사항
뇌관과 폭약은 따로따로 다른 장소에 저장해야 한다.

45 역청재료의 침입도 시험에서 중량 100g의 표준침이 5초 동안에 5mm관입했다면 이 재료의 침입도는 얼마인가?
① 100   ② 50
③ 25   ④ 5

해설
0.1mm 관입량이 침입도 1로 표시함
따라서 0.1 : 1 = 5 : x
 x =50

정답 41 ④ 42 ① 43 ① 44 ① 45 ②

46 다이너마이트 중 폭발력이 가장 강하여 터널과 암석발파에 주로 사용되는 것은?
① 규조토 다이너마이트
② 교질 다이너마이트
③ 스트레이트 다이너마이트
④ 분상 다이너마이트

해설
교질 다이너마이트
NC(니트로셀룰로오스) NG(니트로그리세린)20%를 가하여 교질상태로 융합한 플라스틱한 황색의 엿 같은 물질로 폭약 중에서 폭발력이 가장 강하여 터널과 암석발파에 주로 사용하고 또한 수중용으로도 사용한다.

47 시멘트 제조 공정 중 소성이 불충분한 경우 발생하는 현상이 아닌 것은?
① 수화작용이 빨리 일어나 시멘트의 조기 강도가 커진다.
② 시멘트의 밀도가 작아진다.
③ 시멘트의 안정성이 저하되고 장기강도가 저하된다.
④ 시멘트의 주원료인 석회성분의 분리현상이 발생된다.

해설
시멘트 소성이 불충분하면 시멘트 비중이 저하되고 시멘트 강도가 저하된다.

48 목재에 대한 설명으로 틀린 것은?
① 목재의 벌목에 적당한 시기는 가을에서 겨울에 걸친 기간이다.
② 목재의 건조방법 중 자비법(煮沸法)은 자연건조법의 일종이다.
③ 목재의 방부처리법은 표면처리법과 방부제 주입법으로 크게 나눌 수 있다.
④ 목재의 비중은 보통 기건비중을 말하며 이때의 함수율은 15% 전후이다.

해설
목재의 자연건조법
1) 자연건조법 : 공기건조법, 침수법(수침법)
2) 인공건조법 : 끓임법(자비법), 증기건조법, 열기건조법

49 표점거리 L=50mm, 직경 D=14mm의 원형 단면봉을 가지고 인장시험을 하였다. 축인장 하중 P=100kN이 작용하였을 때, 표점거리 L=50.633mm와 직경 D=13.970mm가 측정되었다. 이 재료의 탄성계수는 약 얼마인가?
① 143GPa ② 51GPa
③ 27GPa ④ 8GPa

해설
$$E = \frac{f}{\epsilon} = \frac{P/A}{\triangle l/l} = \frac{Pl}{A \cdot \triangle l} = \frac{100,000 \times 50}{153.86 \times 0.633}$$
$$= 51,338 MPa = 51 GPa$$
여기서, $A = \frac{\pi D^2}{4} = \frac{3.14 \times 14^2}{4} = 153.86 mm^2$

50 암석의 구조에 대한 설명으로 틀린 것은?
① 석목은 암석의 갈라지기 쉬운 면을 말하며 돌눈이라고도 한다.
② 절리는 암석 특유의 천연적으로 갈라진 금으로 화성암에서 많이 보인다.
③ 층리는 암석을 구성하는 조암광물의 집합상태에 따라 생기는 눈 모양을 말한다.
④ 편리는 변성암에서 된 절리로 암석이 얇은 판자모양 등으로 갈라지는 성질을 말한다.

해설
층리는 퇴적암이나 변성암의 일부에서 생기는 평행상의 절리.

정답 46 ② 47 ① 48 ② 49 ② 50 ③

51 동일 시험자가 동일 시멘트에 대해 2회의 시멘트 비중시험을 실시한 결과가 다음의 표와 같을 때 이 시멘트의 비중은?

측정번호	1	2
시멘트 무게(g)	64.15	64.10
비중병 눈금의 읽음 차	20.40mL	20.10mL

① 평균값인 3.17을 시멘트의 비중값으로 한다.
② 두 시험 중 작은 값인 3.14를 시멘트의 비중값으로 한다.
③ 2회 측정한 결과가 ±0.03보다 크므로 재시험을 실시한다.
④ 2회 측정한 평균값과 ±0.02이상 차이나는 시험결과가 있으므로 재시험을 실시한다.

해설

시멘트 비중
1) No 1
시멘트비중 = $\dfrac{\text{시멘트의 질량}}{\text{눈금차}} = \dfrac{64.15}{20.4} = 3.14$

2) No 2
시멘트비중 = $\dfrac{64.1}{20.1} = 3.19$

· 시험을 2회 이상 실시하여 평균값: 3.17
· 3.14-3.19=-0.05
· ±0.03 보다 오차값이 크므로 재시험

52 시멘트 분말도가 모르타르 및 콘크리트 성질에 미치는 영향을 설명한 것으로 옳은 것은?

① 분말도가 높을수록 강도 발현이 늦어진다.
② 분말도가 높을수록 블리딩이 많게 된다.
③ 분말도가 높을수록 수화열이 적게 된다.
④ 분말도가 높을수록 건조 수축이 크게 된다.

해설

시멘트 분말도가 커질수록 시멘트 입자의 비표면적이 크게되어 수화열이 커지며, 초기강도가 빠르게 발현된다. 따라서 콘크리트표면의 건조수축이 크게되는 문제점이 발생된다.

53 플라이 애시를 사용한 콘크리트에 대한 설명 중 옳지 않은 것은?

① 워커빌리티가 좋아진다.
② 초기강도가 크고 장기강도는 다소 작다.
③ 수화열이 작고 혼합량이 증가하면 응결이 지연된다.
④ 수밀성 개선과 단위수량을 감소시킨다.

해설

플라이 애시를 사용하면 장기강도 증가, 동결융해저항성증대, 건조수축감소, 강도, 내구성, 수밀성이 증대된다.

54 시멘트 모르타르 인장강도 시험을 할 때 시멘트 : 표준사의 혼합비율은?

① 무게비 1 : 3   ② 부피비 1 : 3
③ 무게비 1 : 2.7 ④ 부피비 1 : 2.7

해설

시멘트와 표준모래를 섞어 질량비가 1:2.7의 질량비로 한다.

55 아스팔트의 인화점 및 연소점 시험에 대한 설명으로 잘못된 것은?

① 인화점과 연소점은 °C로 나타내며, 정수치로 보고한다.
② 인화점은 연소점보다 3~6°C 정도 높다.
③ 일반적으로 가열속도가 빠르면 인화점은 떨어진다.
④ 사람과 장치가 같을 때 2회의 시험결과에 있어 그 차가 8°C를 넘지 않을 때에 그 평균값을 취한다.

해설

1) 아스팔트를 가열하여 불을 가까이 하는 순간에 불이 붙을 때의 온도를 인화점이라하고 아스팔트를 계속 가열하면 불꽃이 5초동안 계속될 때의 최저온도를 연소점이라 한다.
2) 연소점은 인화점보다 25~60°C 정도 높다.

정답 51 ③ 52 ④ 53 ② 54 ③ 55 ②

56 다음 합성수지 중 열가소성 수지는?

① 멜라민 수지 ② 실리콘 수지
③ 요소 수지   ④ 아크릴 수지

해설
열가소성 수지
① 열을 가할 때마다 부드럽고 유연하게 되거나 녹으며, 소성을 나타내며 성형되어 상온이 되면 단단하게 굳어지고 소성이 없어진다.
② 폴리염화비닐 수지, 폴리스티렌 수지, 폴리에틸렌 수지, 폴리프로필렌 수지, 아크릴수지, 나일론, 염화비닐 수지 등이 있다.

57 직경 200mm, 길이 5m의 강봉에 축방향으로 400kN의 인장력을 가하여 변형을 측정한 결과 직경이 0.1mm 줄어들고 길이가 10mm 늘어났을 때 이 재료의 푸아송 비는?

① 0.25   ② 0.5
③ 1.0   ④ 4.0

해설

$$\text{푸아송비}(\nu) = \frac{\text{공시체 횡방향 변형률}}{\text{공시체 축방향 변형률}}$$

$$\therefore \text{푸아송비} = \frac{0.1/200}{10/5000} = 0.25$$

58 실리카 퓸을 혼합한 콘크리트의 성질로서 틀린 것은?

① 콘크리트의 유동화적 특성이 변화하여 블리딩과 재료분리가 감소된다.
② 실리카 퓸은 일반적인 포졸란 재료와 비교하여 담배연기와 같은 정도의 초미립 분말이기 때문에 조기재령에서 포졸란 반응이 발생한다.
③ 마이크로 필러 효과와 포졸란 반응에 의해 0.1㎛ 이상의 큰 공극은 작아지고 미세한 공극이 많아져 골재와 결합재간의 부착력이 증가하여 콘크리트의 강도가 증진된다.
④ 실리카 퓸은 초미립 분말로서 콘크리트의 워커빌리티를 향상시키므로 단위수량을 감소시킬 수 있으며, 플라스틱 수축균열을 방지하는데 효과적이다.

해설
실리카 퓸은 합금 제조시 나오는 폐가스를 집진하여 얻어진 초미립자의 부산물로서 고강도 및 고내구성 콘크리트를 만드는데 필수적인 혼화재료이나, 콘크리트 워커빌리티가 불량해지고 건조, 수축 증가 및 단위수량이 증가되는 특성이 있다

59 아래의 표에서 설명하는 것은?

- 시멘트를 염산 및 탄산나트륨용액에 넣었을 때 녹지 않고 남는 부분을 말한다.
- 이 양은 소성반응의 완전여부를 알아내는 척도가 된다.
- 보통 포틀랜드시멘트의 경우 이 양은 일반적으로 점토성분의 미소성에 의하여 발생되며 약 0.1%~0.6% 정도이다.

① 강열감량   ② 불용해 잔분
③ 수경률   ④ 규산율

해설
불용해 잔분
1) 시멘트를 염산 및 탄산나트륨 용액을 넣었을 때 녹지않고 남는 부분을 "불용해잔분"
2) 소성반응의 완전여부를 알아내는 척도의 기준으로 보통 P.C의 "불용해잔분"은 0.1~0.6% 정도임.

60 아스팔트 시료 채취량 100g을 가지고 증발감량 시험을 실시하였더니 증발 후 시료의 질량이 93g이 되었다. 이 아스팔트의 증발감량(증발 무게 변화율)은?

① +7.5% ② -7.5%
③ +7.0% ④ -7.0%

해설
증발감량
휘발성 물질을 많이 함유한 아스팔트의 증발에 의한 감량을 측정하는 시험
$$V = \frac{W - W_s}{W_s} \times 100 = \frac{93 - 100}{100} \times 100 = -7\%$$
여기서, V = 증발무게 변화율(%)
Ws = 시료채취량(g)
W = 증발 후 시료의 무게(g)

제4과목 토질 및 기초

61 아래 그림과 같은 지표면에 2개의 집중하중이 작용하고 있다. 3t의 집중하중 작용점 하부 2m지점 A에서의 연직하중의 증가량은 약 얼마인가?(단, 영향계수는 소수점이하 넷째자리까지 구하여 계산하시오.)

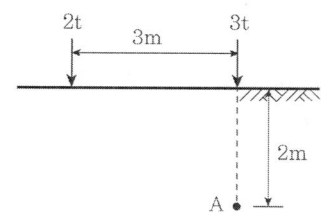

① 0.37t/m² ② 0.89t/m²
③ 1.42t/m² ④ 1.94t/m²

해설
1) 3t의 연직하중 증가량
$$\Delta \sigma_{z1} = \frac{P}{Z^2} \cdot I = \frac{P}{Z^2} \cdot \frac{3}{2\pi}$$
$$= \frac{3}{2^2} \times \frac{3}{2\pi} = 0.36 t/m^2$$
여기서 직하상태 영향계수
$I = \frac{3}{2\pi}$ 또는 0.4777을 사용

2) 2t의 연직하중 증가량
- $R = \sqrt{3^2 + 2^2} = 3.6056$
- $I = \frac{3Z^5}{2\pi R^5} = \frac{3 \times 2^5}{2\pi \times 3.6056^5} = 0.0251$
- $\Delta \sigma_{z2} = \frac{P}{Z^2} \cdot I = \frac{2}{2^2} \times 0.0251 = 0.01 t/m^2$

3) $\Delta \sigma_z = \Delta \sigma_{z_1} + \Delta \sigma_{z_2} = 0.36 + 0.01 = 0.37 t/m^2$

62 사면안정 해석방법에 대한 설명으로 틀린 것은?

① 일체법은 활동면 위에 있는 흙덩어리를 하나의 물체로 보고 해석하는 방법이다.
② 절편법은 활동면 위에 있는 흙을 몇 개의 절편으로 분할하여 해석하는 방법이다.
③ 마찰원방법은 점착력과 마찰각을 동시에 갖고 있는 균질한 지반에 적용된다.
④ 절편법은 흙이 균질하지 않아도 적용이 가능하지만, 흙속에 간극수압이 있을 경우 적용이 불가능하다.

해설
절편법(분할법)
1) 파괴면 위의 흙을 수 개의 절편으로 나눈 후 각각의 절편에 대해 안정성을 계산하는 방법으로
2) $F_s = \frac{c.l + (W\cos\theta - U)\tan\varnothing}{W\sin\theta}$

절편법 Fellenius 식에서 간극수압 U를 고려하고 있다.

정답 60 ④ 61 ① 62 ④

63 깊은 기초의 지지력 평가에 관한 설명으로 틀린 것은?

① 현장 타설 콘크리트 말뚝 기초는 동역학적 방법으로 지지력을 추정한다.
② 말뚝 항타분석기(PDA)는 말뚝의 응력분포, 경시 효과 및 해머 효율을 파악할 수 있다.
③ 정역학적 지지력 추정방법은 논리적으로 타당하나 강도정수를 추정하는데 한계성을 내포하고 있다.
④ 동역학적 방법은 항타장비, 말뚝과 지반조건이 고려된 방법으로 해머 효율의 측정이 필요하다.

해설

현장타설 콘크리트 말뚝은 대규모 및 공사의 중요성이 따르는 말뚝시공으로 대다수의 현장타설 말뚝은 정적인 재하시험에 의한 방법 또는 양방향재하시험에 의한다.

64 다음 시료채취에 사용되는 시료기(sampler) 중 불교란시료 채취에 사용되는 것만 고른 것으로 옳은 것은?

(1) 분리형 원통 시료기(split spoon sampler)
(2) 피스톤 튜브 시료기(piston tube sampler)
(3) 얇은 관 시료기(thin wall tube sampler)
(4) Laval 시료기(Laval sampler)

① (1), (2), (3) ② (1), (2), (4)
③ (1), (3), (4) ④ (2), (3), (4)

해설

시료 채취기 종류 (Sampling)
① 분리형 원통 시료기(split spoon sampler) 교란된 시료 채취용으로 채취.
② 피스톤 튜브 시료기(piston tube sampler) 불교란 시료 채취용으로 사용
③ 얇은관 시료기(thin wall tube sampler) 불교란 시료 채취용으로 사용
④ Laval 시료기(Laval sampler) 불교란 시료 채취용으로 사용

65 다음 현장시험 중 Sounding의 종류가 아닌 것은?

① Vane 시험
② 표준관입 시험
③ 동적 원추관입 시험
④ 평판재하 시험

해설

사운딩(Sounding)
1) 현장에서 Rod 선단에 장착된 저항체를 땅속에 관입시켜 관입, 회전, 인발등의 저항 정도로 지반의 상태를 파악하는 원위치 시험을 사운딩이라 한다.
2) 사운딩의 종류
① 정적사운딩 (점성토 지반)
휴대용 원추관입시험기, 화란식 원추 관입시험기, 스웨덴식 관입시험기, 이스키미터, 베인시험기 등
② 동적사운딩 (사질토 지반)
동적원추 관입시험기, 표준 관입시험기(S.P.T) 등

66 간극비가 0.80이고 토립자의 비중이 2.70인 지반에 허용되는 최대 동수경사는 약 얼마인가?(단, 지반의 분사현상에 대한 안전율은 3이다.)

① 0.11 ② 0.31
③ 0.61 ④ 0.91

해설

1) $F = \dfrac{i_c}{i} = 3$, $i = \dfrac{i_c}{3}$

2) $i_c = \dfrac{G_s - 1}{1 + e} = \dfrac{2.7 - 1}{1 + 0.8} = 0.94$

∴ $i = \dfrac{0.94}{3} = 0.31$

67 어떤 점토지반에서 베인 시험을 실시하였다. 베인의 지름이 50mm, 높이가 100mm, 파괴 시 토크가 59N·m일 때 이 점토의 점착력은?

① 129kN/m² ② 157kN/m²
③ 213kN/m² ④ 276kN/m²

해설

$$점착력(C) = \frac{M_{max}}{\pi D^2 \left(\frac{H}{2} + \frac{D}{6}\right)}$$

$$= \frac{0.059}{\pi \times 0.05^2 \left(\frac{0.1}{2} + \frac{0.05}{6}\right)}$$

$$= 129 kN/m^2$$

68 함수비가 20%인 어떤 흙 1200g과 함수비가 30%인 어떤 흙 2600g을 섞으면 그 흙의 함수비는 약 얼마인가?

① 21.1% ② 25.0%
③ 26.7% ④ 29.5%

해설

$$\frac{(20 \times 1200 + 30 \times 2600)}{(1200 + 2600)} = 26.8\%$$

69 예민비가 큰 점토란 어느 것인가?

① 입자의 모양이 날카로운 점토
② 입자가 가늘고 긴 형태의 점토
③ 다시 반죽했을 때 강도가 감소하는 점토
④ 다시 반죽했을 때 강도가 증가하는 점토

해설

예민비
1) 예민비는 불교란시료와 교란시료의 일축압축강도 비를 나타낸다.
2) 예민비

$$S_t = \frac{불교란 흙의 일축압축강도(q_u)}{교란시킨 흙의 일축압축강도(q_{ur})}$$

70 다음의 투수계수에 대한 설명 중 옳지 않은 것은?

① 투수계수는 간극비가 클수록 크다.
② 투수계수는 흙의 입자가 클수록 크다.
③ 투수계수는 물의 온도가 높을수록 크다.
④ 투수계수는 물의 단위중량에 반비례한다.

해설

1) Taylor 경험식

$$k = D_{10}^2 \cdot \frac{r_w}{\mu} \cdot \frac{e^3}{1+e} \cdot C$$

2) 투수계수는 물의 단위중량에 비례한다.

71 세립토를 비중계법으로 입도분석을 할 때 반드시 분산제를 쓴다. 다음 설명 중 옳지 않은 것은?

① 입자의 면모화를 방지하기 위하여 사용한다.
② 분산제의 종류는 소성지수에 따라 달라진다.
③ 현탁액이 산성이면 알칼리성의 분산제를 쓴다.
④ 시험도중 물의 변질을 방지하기 위하여 분산제를 사용한다.

해설

비중 시험도중 흙입자의 면모화를 방지하기 위하여 분산제를 사용한다.

72 평판 재하 시험에서 재하판의 크기에 의한 영향(scale effect)에 관한 설명으로 틀린 것은?

① 사질토 지반의 지지력은 재하판의 폭에 비례한다.
② 점토지반의 지지력은 재하판의 폭에 무관하다.
③ 사질토 지반의 침하량은 재하판의 폭이 커지면 약간 커지기는 하지만 비례하는 정도는 아니다.
④ 점토지반의 침하량은 재하판의 폭에 무관하다.

해설

재하판 크기에 대한 보정
1) 점성토 기초지지력
$$q_{u(f)} = q_{u(p)}$$
2) 점성토 즉시 침하량
$$S_f = S_p \cdot \frac{B_f}{B_p}$$

점성토 지반의 침하량은 기초크기가 증가하면 지중응력 범위가 증가하여 침하 대상층이 더 커지게 된다. 따라서 실제기초 크기와 재하판 크기에 따른 침하량은 비례관계가 성립

3) 사질토 기초지지력
$$q_{u(f)} = q_{u(p)} \cdot \frac{B_{(f)}}{B_{(p)}}$$
4) 사질토 즉시 침하량
$$S_f = S_p \cdot \left(\frac{2B_f}{B_p + B_f}\right)^2$$

73 다짐되지 않은 두께 2m, 상대밀도 40%의 느슨한 사질토 지반이 있다. 실내시험결과 최대 및 최소 간극비가 0.80, 0.40으로 각각 산출되었다. 이 사질토를 상대밀도 70%까지 다짐할 때 두께는 얼마나 감소되겠는가?

① 12.41cm ② 14.63cm
③ 22.71cm ④ 25.83cm

해설

상대밀도
1) $D_r = \dfrac{e_{max} - e_1}{e_{max} - e_{min}} \times 100$

$40 = \dfrac{0.8 - e_1}{0.8 - 0.4} \times 100$

$\therefore e_1 = 0.64$

$70 = \dfrac{0.8 - e_2}{0.8 - 0.4} \times 100$

$\therefore e_2 = 0.52$

2) $\triangle H = \dfrac{e_1 - e_2}{1 + e_1}$

$H = \dfrac{0.64 - 0.52}{1 + 0.64} \times 200 = 14.63 cm$

74 γ_t=19kN/m³, ϕ=30°인 뒤채움 모래를 이용하여 8m 높이의 보강토 옹벽을 설치하고자 한다. 폭 75mm, 두께 3.69mm의 보강띠를 연직방향 설치간격 Sv=0.5m, 수평방향 설치간격 Sh=1.0m로 시공하고자 할 때, 보강띠에 작용하는 최대 힘(T_{max})의 크기는?

① 15.33kN ② 25.33kN
③ 35.33kN ④ 45.33kN

해설

보강띠에 작용하는 최대 힘
$T_{max} = \gamma \cdot H \cdot K_a \cdot S_v \cdot S_h$
여기서 주동토압계수는
$K_a = \tan^2\left(45° - \dfrac{\phi}{2}\right)$
$= \tan^2\left(45° - \dfrac{30°}{2}\right) = \dfrac{1}{3}$

$\therefore T_{max} = 19 \times 8 \times \dfrac{1}{3} \times 0.5 \times 1 = 25.33 kN$

75 동상 방지대책에 대한 설명으로 틀린 것은?

① 배수구 등을 설치하여 지하수위를 저하시킨다.
② 지표의 흙을 화학약품으로 처리하여 동결온도를 내린다.
③ 동결 깊이보다 깊은 흙을 동결하지 않는 흙으로 치환한다.
④ 모관수의 상승을 차단하기 위해 조립의 차단층을 지하수위보다 높은 위치에 설치한다.

해설

동결 깊이보다 깊은 흙은 동결하지 않는 흙으로 치환하지 않는다.

76 연약지반 위에 성토를 실시한 다음, 말뚝을 시공하였다. 시공 후 발생될 수 있는 현상에 대한 설명으로 옳은 것은?

① 성토를 실시하였으므로 말뚝의 지지력은 점차 증가한다.
② 말뚝을 암반층 상단에 위치하도록 시공하였다면 말뚝의 지지력에는 변함이 없다.
③ 압밀이 진행됨에 따라 지반의 전단강도가 증가되므로 말뚝의 지지력은 점차 증가된다.
④ 압밀로 인해 부주면마찰력이 발생되므로 말뚝의 지지력은 감소된다.

[해설]
연약지반위 성토 실시를 하는 경우 연약지반내 지반의 침하로 인하여 말뚝 주변에 부의 마찰력이 발생되며, 이는 말뚝의 지지력 감소를 가져온다.

77 아래 표의 식은 3축 압축시험에 있어서 간극수압을 측정하여 간극수압계수 A를 계산하는 식이다. 이 식에 대한 설명으로 틀린 것은?

$$\triangle \mu = B[\triangle \sigma_3 + A(\triangle \sigma_1 - \triangle \sigma_3)]$$

① 포화된 흙에서는 B=1 이다.
② 정규압밀 점토에서는 A값이 1에 가까운 값을 나타낸다.
③ 포화된 점토에서 구속압력을 일정하게 할 경우 간극수압의 측정값과 축차응력을 알면 A값을 구할 수 있다.
④ 매우 과압밀된 점토의 A값은 언제나 (+)의 값을 갖는다.

[해설]
간극수압계수 A
1) 정규압밀점토 A≒1
2) 약간 과압밀점토 0 < A < 1
3) 심한 과압밀점토 A < 0

78 모래지반의 현장상태 습윤 단위 중량을 측정한 결과 $1.8t/m^3$으로 얻어졌으며 동일한 모래를 채취하여 실내에서 가장 조밀한 상태의 간극비를 구한 결과 e_{min}=0.45, 가장 느슨한 상태의 간극비를 구한 결과 e_{max}=0.92를 얻었다. 현장상태의 상대밀도는 약 몇 %인가? (단, 모래의 비중 $G_s = 2.7$이고, 현장상태의 함수비 $\omega = 10\%$ 이다.)

① 44% ② 57%
③ 64% ④ 80%

[해설]
$$D_r = \frac{e_{max} - e}{e_{max} - e_{min}} \times 100$$

여기서, 습윤밀도
$$\gamma_t = \frac{(G_s + S \cdot e)}{1+e} \cdot \gamma_w = \frac{(G_s + G_s \cdot w)}{1+e} \gamma_w 식에서$$

간극비를 구하면
$$1.8 = \frac{(2.7 + 2.7 \times 0.1)}{1+e} \times 1$$
$e = 0.65$

∴ 상대밀도 $D_r = \frac{e_{max} - e}{e_{max} - e_{min}} \times 100$
$= \frac{0.92 - 0.65}{0.92 - 0.45} \times 100 = 57\%$

79 일반적인 기초의 필요조건으로 틀린 것은?

① 동해를 받지 않는 최소한의 근입깊이를 가져야 한다.
② 지지력에 대해 안정해야 한다.
③ 침하를 허용해서는 안 된다.
④ 사용성, 경제성이 좋아야 한다.

[해설]
기초의 침하는 허용침하량 이내의 균등침하가 발생될 수 있다.

정답 76 ④ 77 ④ 78 ② 79 ③

80 어떤 흙에 대한 일축압축시험 결과, 일축압축강도는 1.0kg/cm², 파괴면과 수평면이 이루는 각은 50°였다. 이 시료의 점착력은?

① 0.36kg/cm² ② 0.42kg/cm²
③ 0.5kg/cm²   ④ 0.54kg/cm²

해설

점착력 $C = \dfrac{q_u}{2\tan(45° + \dfrac{\varnothing}{2})}$

여기서 파괴면과 수평면이 이루는각은
파괴각 $(\theta) = \left(45 + \dfrac{\phi}{2}\right)$ 이므로

$C = \dfrac{1}{2 \cdot \tan 50°} = 0.42 kg/cm^2$

정답 80 ②

올배움BOOK 이러닝 강의 및 교재내용 문의

올배움 홈페이지 www.kisa.co.kr 에
방문하시면 본 교재의 저자직강 강의를 통하여
자격증 단기합격을 할 수 있습니다.
또한 본 교재의 정오표는
올배움 홈페이지를 통해 확인이 가능하며
그 밖의 다른 의견 및 오탈자를 제보해주시면
더 좋은 강의와 교재로 보답하겠습니다.

www.kisa.co.kr

📞 1544-8509   TALK 카톡 ID : kisa

올배움BOOK
홈페이지
바로가기 >

건설재료시험기사 필기

1판1쇄 발행	2019년 1월 10일		2판1쇄 발행	2020년 1월 20일
3판1쇄 발행	2021년 1월 10일		4판1쇄 발행	2022년 1월 10일
5판1쇄 발행	2023년 1월 10일		6판1쇄 발행	2024년 1월 10일
7판1쇄 발행	2025년 3월 10일		8판1쇄 발행	2026년 1월 10일

지 은 이 • 김 현 우
펴 낸 이 • 이 정 훈
펴 낸 곳 •
주   소 • 서울시 금천구 가산디지털1로 168 B동 B105(가산동, 우림라이온스밸리)
전   화 • 1544-8509 / FAX 0505-909-0777
홈페이지 • www.kisa.co.kr
이 메 일 • kisa1997@kisa.co.kr

법인등록번호 • 110111-5784750
I S B N • 979-11-6517-188-9 (13530)

정가 32,000원

이 책에서 내용의 일부 또는 도해를 다음과 같은 행위자들이 사전 승인없이 인용할 경우에는
저작권법 제93조「손해배상청구권」에 적용 받습니다.
① 단순히 공부할 목적으로 부분 또는 전체를 복제하여 사용하는 학생 또는 복사업자
② 공공기관 및 사설교육기관(학원, 인정직업학교), 단체 등에서 영리를 목적으로 복제·배포하는
   대표, 또는 당해 교육자
③ 디스크 복사 및 기타 정보 재생 시스템을 이용하여 사용하는 자
※ 파본은 구입하신 서점에서 교환해 드립니다.